KUNSTSTOFFE

Technische Daten von Handelsprodukten

Thermoplaste

12

Merkblätter 4401-4800

Herausgegeben vom
Deutschen Kunststoff-Institut

Bearbeitet von
B. Carlowitz und J. Wierer

Springer-Verlag Berlin Heidelberg GmbH

Deutsches Kunststoff-Institut
Schloßgartenstraße 6R
6100 Darmstadt

Dr.-Ing. Bodo Carlowitz
Am Erdbeerstein 54
6240 Königstein im Taunus

Dipl.-Chem. Jutta Wierer
Deutsches Kunststoff-Institut
Schloßgartenstraße 6R
6100 Darmstadt

Die vorliegende Datensammlung stellt eine Auswahl aus der Datenbank „Polymat" dar

ISBN 978-3-662-12475-8 ISBN 978-3-662-12474-1 (eBook)
DOI 10.1007/978-3-662-12474-1

Ursprünglich erschienen bei Springer-Verlag Berlin Heidelberg New York 1989

Herstellung der Plastikordner: Lux-Plastik oHG, Murnau
2151/3130-543210

Geleitwort

Die für den Forschungs- und Entwicklungsprozeß in Wissenschaft und Praxis benötigten Informationen werden in zunehmendem Maße über Datenbanken zur Verfügung gestellt, die den direkten Zugriff auf Literaturhinweise, auf Fakten oder auch auf den Volltext eines Dokumentes gestatten. Die Bundesregierung fördert den Aufbau derartiger Datenbanken, da sie der Überzeugung ist, hiermit einen Beitrag zur Schaffung optimaler Voraussetzungen für den wissenschaftlichen Fortschritt und den industriellen Innovationsprozeß zu erbringen. Die gerade in der Bundesrepublik auf einer anerkannten Tradition beruhenden gedruckten Informationsdienste verlieren gegenüber elektronischer Fachinformation aber keineswegs an Bedeutung, da sie als preiswerte Nachschlagewerke jederzeit verfügbar sind.
Mit den vorliegenden ersten Bänden der Datensammlung „Kunststoffe – Technische Daten von Handelsprodukten" liegt ein Werk vor, das auf der Datenbank POLYMAT aufbaut. Diese Datenbank des Deutschen Kunststoff-Instituts wird vom Fachinformationszentrum Chemie über das Fachinformationszentrum Karlsruhe im internationalen Verbundsystem Scientific and Technical Information Network (STN) im Online-Zugriff angeboten. Im vorliegenden Werk sehe ich einen wichtigen Beitrag zur Forschung und Entwicklung in einem immer bedeutender werdenden Werkstoffbereich und bin davon überzeugt, daß hiermit allen auf diesem Gebiet Tätigen ein nützliches und gerne genutztes Informationsmittel in die Hand gegeben wird.

Probst

Dr. Albert Probst
Parlamentarischer Staatssekretär im
Bundesministerium für Forschung und Technologie

Vorwort

Die vorliegende Sammlung technischer Daten soll Konstrukteuren, Verarbeitern und Anwendern von Kunststoffen den Überblick über das Werkstoffangebot erleichtern. Sie soll bei der Werkstoffauswahl unterstützen und den Zugriff auf die für moderne, rechner-gestützte Fertigungsverfahren erforderlichen Daten vereinfachen.

Wie jede Zusammenstellung von Werkstoffkennwerten auf Merkblättern kann auch diese Sammlung nur die gegenwärtige Situation widerspiegeln. Lücken bei der Verfügbarkeit von Meßwerten und Unzulänglichkeiten bei der Vereinheitlichung der Prüfverfahren werden auf diese Weise deutlicher sichtbar. Aufgabe der für die Kunststoffprüfung und die Normung zuständigen Gremien und der Rohstoff-Hersteller ist es, sich um weitere Verbesserungen zu bemühen. Auch der Fachmann, der die tabellierten Werte zur Lösung seiner konstruktiven Aufgaben verwendet, wird aus der Verantwortung für die Beurteilung und Interpretation der Daten nicht entlassen. Das vorliegende Werk kann und soll weder Fachwissen noch Erfahrung ersetzen, sondern nur von der unproduktiven Arbeit des Suchens entlasten und das bestehende Angebot an Werkstoffen und an Werkstoffdaten transparent machen.

Für das Sammeln, Beurteilen und Auswählen der Daten wie auch für ihre Präsentation auf den Merkblättern zeichnet Herr Dr. B. Carlowitz verantwortlich. Die dokumentarische und organisatorische Betreuung des Werkes oblag Frau Dipl.-Chem. J. Wierer, die dabei von weiteren Mitarbeitern des Deutschen Kunststoff-Instituts unterstützt wurde. Hier sind vor allem die Herren Dipl.-Ing. N. Herrlich und Dipl.-Ing. V. Mauler zu nennen. An der Harmonisierung und Korrektur der chemischen Bezeichnungen und der Datei Chemikalienbeständigkeit haben Frau Dipl.-Chem. G. Klump und Frau Dipl.-Ing. S. Zopf mitgewirkt. Die Fachinformationszentrum Chemie GmbH hat die Programmierung und Datenverarbeitung für die Selektion und Aufbereitung der Daten für den Druck übernommen und die Register erstellt; beteiligt hierbei waren insbesondere Herr Dr. F. Ehrhardt und Herr Dipl.-Chem. U. Klingebiel.

Schließlich sei nicht versäumt, auf die Bemühungen von Herrn Dr. A. Franck, Stuttgart, um die Veröffentlichung des Werkes hinzuweisen.

Die Datensammlung und die ihr zugrunde liegende Datenbank wurde vom Bundesminister für Forschung und Technologie gefördert.

Allen, die am Zustandekommen dieses Werkes mitgewirkt haben, sei an dieser Stelle für Ihren Einsatz, für zahlreiche Anregungen und für wertvolle ideelle und materielle Hilfe gedankt.

Prof. Dr. D. Braun
Leiter des Deutschen Kunststoff-Instituts
Darmstadt, April 1989

Gesamtinhaltsverzeichnis

Band: Erläuterungen und Register

Datenbank-Nr. **T01745** Merkblatt-Nr. **4401**

PA

Produkt	Polyamid 6		
Handelsname	**Durethan BKV 30..Z**		
Hersteller	BAYER		
DIN-Bez 1	16773-PA6,MPR,14-090,GF30		
DIN-Bez 2			
Zusätze	Entformungsmittel; Schlagzaehmodifier	*Füllstoffe/ Verstärkung*	30.0% Glasfaser
Bevorzugte Verarbeitung	Spritzgiessen	*Lieferform*	Granulat
		Farben	
Besondere Merkmale	Gegenueber BKV 30 erhoehte Zaehigkeit, besonders bei biaxialer Schlagbeanspruchung	*Bevorzugte Anwendungen*	

Dichte	g/cm^3	1.36	*Schmelzindex*	g/10 min	:
Schüttdichte	g/cm^3		*Volumenfließindex*	cm^3/10 min	:
Viskositätszahl	ml/g				

Verarbeitungsbedingungen für Spritzgießen

Massetemp.	°C	*Schwindung*	% lgs 0.3, quer 0.8
Werkzeugtemp.	°C	*Bemerkungen*	Schwindung ermittelt an Platten 150x90x3 mm
Spritzdruck	bar		

Zugversuch 23 °C DIN 53455; ISO R/527; DIN 53457; ISO R/527

Probekörper: *Form* Nr. 3; 4 mm dick — *Herstellung* Spritzgiessen
Zustand Trocken — *Vorbehandlung* Normalklima

Streckspannung	N/mm^2		*Dehnung bei Streckspannung*	%	
Zugfestigkeit	N/mm^2	180	*Reißdehnung*	%	3
Reißfestigkeit	N/mm^2		*% Dehnspannung*	N/mm^2	
E-Modul	N/mm^2	9500	*Dehnung bei % Dehnspg.*	%	

Kriechmoduln und Zeitstandwerte 23 °C

Probekörper: *Form* — *Herstellung*
Zustand — *Vorbehandlung*

Kriechmodul	*1 min* N/mm^2	*Zeitstandzugfestigkeit*	h	N/mm^2
Kriechmodul	*1000 h* N/mm^2	*Zeitdehnspg.* %	h	N/mm^2
bei Spannung	N/mm^2			

Biegeversuch 23 °C

Probekörper: *Form* — *Herstellung*
Zustand — *Vorbehandlung*

Biegefestigkeit	N/mm^2	*E-Modul*	N/mm^2
3,5% *Biegespannung*	N/mm^2		

Härte 23 °C *Probekörper:* *Zustand* — *Herstellung*
Vorbehandlung

Kugeldruckhärte	N/mm^2 bei N, s	*Shore-Härte* A	
Rockwellhärte		*Shore-Härte* D	

Schlagversuch *Probekörper:* *(1)*
(2) — *Herstellung*
Zustand — *Vorbehandlung*

	°C	°C	°C	*Probekörper-Form*
Schlagzähigkeit kJ/m^2				
Kerbschlagzähigkeit (1) kJ/m^2				
IZOD-Kerbschlagzähigkeit (2) J/m				
Kerbschlagzugzähigkeit kJ/m^2				

Abrieb und Reibung

Taber-Abrieb (Reibradverfahren)	mm^3/100 U		
Abriebfaktor LNP (Thrust washer) Vergleichswert			
Statische Reibungszahl			
Dynamische Reibungszahl	(p · v = N/mm^2 ·		m/min)
Zulässiger p · v Wert	N/mm^2 · (m/min)	v =	m/min
		v =	m/min

Thermische Eigenschaften

Formbeständigkeit in der Wärme	*Verfahren*	A		200 °C
	Verfahren	B		215 °C
Vicat Erweichungstemperatur (VST)	*Verfahren*	B/50		200 °C
	Verfahren			°C
Kristallit-Schmelzpunkt	*Verfahren*			
Längenausdehnungskoeffizient	*Bereich*	23–80	°C	0.25 · $10^{-4}K^{-1}$
	Temperatur			· $10^{-4}K^{-1}$
Wärmeleitfähigkeit	*Verfahren*			W/(K · m)
Spezifische Wärmekapazität	*Verfahren*			J/(K · g)
Glasumwandlungstemperatur	*Torsionsschwingungsversuch*		°C	
	Differentialkalorimetrie		°C	

Brandverhalten

UL-Test vertikal Dicke mm, Wert HB
Dicke mm, Wert

	Norm	*Bewertung*	*Abmessungen*
Sauerstoff-Index	ASTM D 2863		
Glühstab-Verfahren			
Brandverhalten	DIN 4102		
MVSS			
FAR			

Elektrische Eigenschaften

		Hz	°C		*Probekörper, Form*
Dielektrizitätszahl		50	23	4	Durchmesser 80x1 mm
		10^3	23	4	Durchmesser 80x1 mm
		10^6			
Dielektrischer Verlustfaktor tan δ		50	23	0.005	Durchmesser 80x1 mm
		10^3	23	0.015	Durchmesser 80x1 mm
		10^6			
Spezifischer Durchgangs-widerstand	Ohm · cm		23	1*10**15	Durchmesser 80x1 mm
Durchschlagfestigkeit	kV/mm		23	40	1 mm dick
Oberflächenwiderstand	Ohm		23	1*10**14	Durchmesser 80x1 mm

Kriechstromfestigkeit	KC	KB	KA	
Elektrolytische Korrosionswirkung	A 1.6			30x10x4 mm
Lichtbogenfestigkeit nach DIN				
nach ASTM s				

Beständigkeit *(Chemische Beständigkeit siehe Anhang)*

Wasseraufnahme 23 C Bis zur Saettigung	7 %	
Feuchtigkeitsaufnahme Normalklima		2.1 %
Wetterbeständigkeit		
Spannungskorrosion		

Optische Eigenschaften

Brechungszahl n_D
Transmissionsgrad τ_c % mm dick
Lichtdurchlässigkeit

Datenbank-Nr. **T01746** *Merkblatt-Nr.* **4402**

Produkt	Polyamid 6		**PA**
Handelsname	**Durethan BKV 35 H**		
Hersteller	BAYER		
DIN-Bez 1	16773-PA6,MHR,14-110,GF35		
DIN-Bez 2			
Zusätze	Entformungsmittel; Waermestabilisator	*Füllstoffe/ Verstärkung*	35.0% Glasfaser
Bevorzugte Verarbeitung	Spritzgiessen	*Lieferform*	Granulat
		Farben	
Besondere Merkmale	Hitzestabilisiert	*Bevorzugte Anwendungen*	

Dichte	g/cm^3	1.41	*Schmelzindex*	g/10 min	:
Schüttdichte	g/cm^3		*Volumenfließindex*	$cm^3/10$ min	:
Viskositätszahl	ml/g				

Verarbeitungsbedingungen für Spritzgießen

Massetemp.	°C	*Schwindung*	% lgs 0.3, quer 0.9
Werkzeugtemp.	°C	*Bemerkungen*	Schwindung ermittelt an Platten 150x90x3 mm
Spritzdruck	bar		

Zugversuch 23 °C DIN 53455; ISO R/527; DIN 53457; ISO R/527

Probekörper: *Form* Nr. 3; 4 mm dick — *Herstellung* Spritzgiessen
Zustand Trocken — *Vorbehandlung* Normalklima

Streckspannung	N/mm^2		*Dehnung bei Streckspannung*	%	
Zugfestigkeit	N/mm^2	190	*Reißdehnung*	%	3
Reißfestigkeit	N/mm^2		*% Dehnspannung*	N/mm^2	
E-Modul	N/mm^2	10800	*Dehnung bei % Dehnspg.*	%	

Kriechmoduln und Zeitstandwerte 23 °C

Probekörper: *Form* — *Herstellung*
Zustand — *Vorbehandlung*

Kriechmodul	*1 min*	N/mm^2	*Zeitstandzugfestigkeit*	h	N/mm^2
Kriechmodul	*1000 h*	N/mm^2	*Zeitdehnspg. %*	h	N/mm^2
bei Spannung		N/mm^2			

Biegeversuch 23 °C

Probekörper: *Form* — *Herstellung*
Zustand — *Vorbehandlung*

Biegefestigkeit	N/mm^2	*E-Modul*	N/mm^2
3,5% *Biegespannung*	N/mm^2		

Härte 23 °C *Probekörper:* *Zustand* — *Herstellung*
Vorbehandlung

Kugeldruckhärte	N/mm^2 bei N, s	*Shore-Härte* A	
Rockwellhärte		*Shore-Härte* D	

Schlagversuch *Probekörper:* *(1)*
(2) — *Herstellung*
Zustand — *Vorbehandlung*

	°C	°C	°C	*Probekörper-Form*
Schlagzähigkeit kJ/m^2				
Kerbschlagzähigkeit (1) kJ/m^2				
IZOD-Kerbschlagzähigkeit (2) J/m				
Kerbschlagzugzähigkeit kJ/m^2				

Abrieb und Reibung

Taber-Abrieb (Reibradverfahren)	mm^3/100 U		
Abriebfaktor LNP (Thrust washer) Vergleichswert			
Statische Reibungszahl			
Dynamische Reibungszahl	(p · v=	N/mm² ·	m/min)
Zulässiger p · v Wert	N/mm² · (m/min)	v=	m/min
		v=	m/min

Thermische Eigenschaften

Formbeständigkeit in der Wärme	*Verfahren*	A		200 °C
	Verfahren	B		215 °C
Vicat Erweichungstemperatur (VST)	*Verfahren*	B/50		200 °C
	Verfahren			°C
Kristallit-Schmelzpunkt	*Verfahren*			
Längenausdehnungskoeffizient	*Bereich*	23–80	°C	$0.25 \cdot 10^{-4} K^{-1}$
	Temperatur			$\cdot 10^{-4} K^{-1}$
Wärmeleitfähigkeit	*Verfahren*			W/(K · m)
Spezifische Wärmekapazität	*Verfahren*			J/(K · g)
Glasumwandlungstemperatur	*Torsionsschwingungsversuch*		°C	
	Differentialkalorimetrie		°C	

Brandverhalten

UL-Test vertikal	Dicke 1.47 mm, Wert HB
	Dicke mm, Wert

	Norm	*Bewertung*	*Abmessungen*
Sauerstoff-Index	ASTM D 2863		
Glühstab-Verfahren			
Brandverhalten	DIN 4102		
MVSS			
FAR			

Elektrische Eigenschaften

		Hz	°C		*Probekörper, Form*
Dielektrizitätszahl		50	23	4	Durchmesser 80x1 mm
		10^3	23	4	Durchmesser 80x1 mm
		10^6			
Dielektrischer Verlustfaktor tan δ		50	23	0.005	Durchmesser 80x1 mm
		10^3	23	0.015	Durchmesser 80x1 mm
		10^6			
Spezifischer Durchgangs-widerstand	Ohm · cm		23	1*10**15	Durchmesser 80x1 mm
Durchschlagfestigkeit	kV/mm		23	40	1 mm dick
Oberflächenwiderstand	Ohm		23	1*10**14	Durchmesser 80x1 mm

Kriechstromfestigkeit	KC	KB	KA	
Elektrolytische Korrosionswirkung	A/B 3			30x10x4 mm
Lichtbogenfestigkeit nach DIN				
nach ASTM s				

Beständigkeit *(Chemische Beständigkeit siehe Anhang)*

Wasseraufnahme 23 C Bis zur Saettigung	6.5 %	
Feuchtigkeitsaufnahme Normalklima		1.9 %
Wetterbeständigkeit		
Spannungskorrosion		

Optische Eigenschaften

Brechungszahl n_D		
Transmissionsgrad τ_c	%	mm dick
Lichtdurchlässigkeit		

Datenbank-Nr. **T01747** Merkblatt-Nr. **4403**

Produkt	Polyamid 6		**PA**
Handelsname	**Durethan BKV 35**		
Hersteller	BAYER		
DIN-Bez 1	16773-PA6,MR,14-110,GF35		
DIN-Bez 2			
Zusätze	Entformungsmittel	*Füllstoffe/ Verstärkung*	35.0% Glasfaser
Bevorzugte Verarbeitung	Spritzgiessen	*Lieferform*	Granulat
		Farben	
Besondere Merkmale		*Bevorzugte Anwendungen*	

Dichte	g/cm^3	1.41	*Schmelzindex*	g/10 min	:
Schüttdichte	g/cm^3		*Volumenfließindex*	$cm^3/10$ min	:
Viskositätszahl	ml/g				

Verarbeitungsbedingungen für Spritzgießen

Massetemp.	°C	*Schwindung*	% lgs 0.3, quer 0.9
Werkzeugtemp.	°C	*Bemerkungen*	Schwindung ermittelt an Platten 150x90x3 mm
Spritzdruck	bar		

Zugversuch 23 °C DIN 53455; ISO R/527; DIN 53457; ISO R/527

Probekörper: *Form* Nr. 3; 4 mm dick — *Herstellung* Spritzgiessen
Zustand Trocken — *Vorbehandlung* Normalklima

Streckspannung	N/mm^2		*Dehnung bei Streckspannung*	%	
Zugfestigkeit	N/mm^2	190	*Reißdehnung*	%	3
Reißfestigkeit	N/mm^2		*% Dehnspannung*	N/mm^2	
E-Modul	N/mm^2	10800	*Dehnung bei % Dehnspg.*	%	

Kriechmoduln und Zeitstandwerte 23 °C

Probekörper: *Form* — *Herstellung*
Zustand — *Vorbehandlung*

Kriechmodul	*1 min*	N/mm^2	*Zeitstandzugfestigkeit*	h	N/mm^2
Kriechmodul	*1000 h*	N/mm^2	*Zeitdehnspg. %*	h	N/mm^2
bei Spannung		N/mm^2			

Biegeversuch 23 °C

Probekörper: *Form* — *Herstellung*
Zustand — *Vorbehandlung*

Biegefestigkeit	N/mm^2	*E-Modul*	N/mm^2
3,5% *Biegespannung*	N/mm^2		

Härte 23 °C *Probekörper:* *Zustand* — *Herstellung*
Vorbehandlung

Kugeldruckhärte	N/mm^2 bei N, s	*Shore-Härte*	A
Rockwellhärte		*Shore-Härte*	D

Schlagversuch *Probekörper:* *(1)*
(2) — *Herstellung*
Zustand — *Vorbehandlung*

	°C	°C	°C	*Probekörper-Form*
Schlagzähigkeit kJ/m^2				
Kerbschlagzähigkeit (1) kJ/m^2				
IZOD-Kerbschlagzähigkeit (2) J/m				
Kerbschlagzugzähigkeit kJ/m^2				

Abrieb und Reibung

Taber-Abrieb (Reibradverfahren)	mm^3/100 U		
Abriebfaktor LNP (Thrust washer) Vergleichswert			
Statische Reibungszahl			
Dynamische Reibungszahl	(p·v= N/mm^2·		m/min)
Zulässiger p · v Wert	N/mm^2 · (m/min)	v=	m/min
		v=	m/min

Thermische Eigenschaften

Formbeständigkeit in der Wärme	*Verfahren* A		200 °C
	Verfahren B		215 °C
Vicat Erweichungstemperatur (VST)	*Verfahren* B/50		200 °C
	Verfahren		°C
Kristallit-Schmelzpunkt	*Verfahren*		
Längenausdehnungskoeffizient	*Bereich* 23–80 °C		$0.25 \cdot 10^{-4} K^{-1}$
	Temperatur		$\cdot 10^{-4} K^{-1}$
Wärmeleitfähigkeit	*Verfahren*		W/(K · m)
Spezifische Wärmekapazität	*Verfahren*		J/(K · g)
Glasumwandlungstemperatur	*Torsionsschwingungsversuch*	°C	
	Differentialkalorimetrie	°C	

Brandverhalten

UL-Test vertikal Dicke 1.47 mm, Wert HB
Dicke mm, Wert

	Norm	*Bewertung*	*Abmessungen*
Sauerstoff-Index	ASTM D 2863		
Glühstab-Verfahren			
Brandverhalten	DIN 4102		
MVSS			
FAR			

Elektrische Eigenschaften

		Hz	°C		*Probekörper, Form*
Dielektrizitätszahl		50	23	4	Durchmesser 80x1 mm
		10^3	23	4	Durchmesser 80x1 mm
		10^6			
Dielektrischer Verlustfaktor tan δ		50	23	0.005	Durchmesser 80x1 mm
		10^3	23	0.015	Durchmesser 80x1 mm
		10^6			
Spezifischer Durchgangs-widerstand	Ohm · cm		23	1*10**15	Durchmesser 80x1 mm
Durchschlagfestigkeit	kV/mm		23	40	1 mm dick
Oberflächenwiderstand	Ohm		23	1*10**14	Durchmesser 80x1 mm

Kriechstromfestigkeit	KC	KB	KA	
Elektrolytische Korrosionswirkung	A 1.6			30x10x4 mm
Lichtbogenfestigkeit nach DIN				
nach ASTM s				

Beständigkeit *(Chemische Beständigkeit siehe Anhang)*

Wasseraufnahme 23 C Bis zur Saettigung	6.5 %	
Feuchtigkeitsaufnahme Normalklima		1.9 %
Wetterbeständigkeit		
Spannungskorrosion		

Optische Eigenschaften

Brechungszahl n_D
Transmissionsgrad τ_c % mm dick
Lichtdurchlässigkeit

Datenbank-Nr. **T01748** Merkblatt-Nr. **4404**

Produkt	Polyamid 6		**PA**
Handelsname	**Durethan BKV 35..Z**		
Hersteller	BAYER		
DIN-Bez 1	16773-PA6,MPR,14-100,GF35		
DIN-Bez 2			
Zusätze	Entformungsmittel; Schlagzaehmodifier	*Füllstoffe/ Verstärkung*	35.0% Glasfaser
Bevorzugte Verarbeitung	Spritzgiessen	*Lieferform*	Granulat
		Farben	
Besondere Merkmale	Schlagzaeh modifiziert	*Bevorzugte Anwendungen*	

Dichte	g/cm^3	1.41	*Schmelzindex*	g/10 min	:
Schüttdichte	g/cm^3		*Volumenfließindex*	$cm^3/10$ min	:
Viskositätszahl	ml/g				

Verarbeitungsbedingungen für Spritzgießen

Massetemp.	°C	*Schwindung*	% lgs 0.3, quer 0.8
Werkzeugtemp.	°C	*Bemerkungen*	Schwindung ermittelt an Platten 150x90x3 mm
Spritzdruck	bar		

Zugversuch 23 °C DIN 53455; ISO R/527; DIN 53457; ISO R/527

Probekörper: *Form* Nr. 3; 4 mm dick — *Herstellung* Spritzgiessen
Zustand Trocken — *Vorbehandlung* Normalklima

Streckspannung	N/mm^2		*Dehnung bei Streckspannung*	%	
Zugfestigkeit	N/mm^2	190	*Reißdehnung*	%	3
Reißfestigkeit	N/mm^2		*% Dehnspannung*	N/mm^2	
E-Modul	N/mm^2	10500	*Dehnung bei % Dehnspg.*	%	

Kriechmoduln und Zeitstandwerte 23 °C

Probekörper: *Form* — *Herstellung*
Zustand — *Vorbehandlung*

Kriechmodul	*1 min* N/mm^2	*Zeitstandzugfestigkeit*	h	N/mm^2
Kriechmodul	*1000 h* N/mm^2	*Zeitdehnspg.* %	h	N/mm^2
bei Spannung	N/mm^2			

Biegeversuch 23 °C

Probekörper: *Form* — *Herstellung*
Zustand — *Vorbehandlung*

Biegefestigkeit	N/mm^2	*E-Modul*	N/mm^2
3,5% *Biegespannung*	N/mm^2		

Härte 23 °C *Probekörper:* *Zustand* — *Herstellung*
Vorbehandlung

Kugeldruckhärte	N/mm^2 bei N, s	*Shore-Härte* A	
Rockwellhärte		*Shore-Härte* D	

Schlagversuch *Probekörper:* *(1)*
(2) — *Herstellung*
Zustand — *Vorbehandlung*

	°C	°C	°C	*Probekörper-Form*
Schlagzähigkeit kJ/m^2				
Kerbschlagzähigkeit (1) kJ/m^2				
IZOD-Kerbschlagzähigkeit (2) J/m				
Kerbschlagzugzähigkeit kJ/m^2				

Abrieb und Reibung

Taber-Abrieb (Reibradverfahren) mm^3/100 U
Abriebfaktor LNP (Thrust washer) Vergleichswert
Statische Reibungszahl
Dynamische Reibungszahl (p·v= N/mm^2· m/min)
Zulässiger p · v Wert N/mm^2 · (m/min) v= m/min
v= m/min

Thermische Eigenschaften

Formbeständigkeit in der Wärme	*Verfahren*	A		200 °C
	Verfahren	B		215 °C
Vicat Erweichungstemperatur (VST)	*Verfahren*	B/50		200 °C
	Verfahren			°C
Kristallit-Schmelzpunkt	*Verfahren*			
Längenausdehnungskoeffizient	*Bereich*	23–80	°C	$0.25 \cdot 10^{-4} K^{-1}$
	Temperatur			$\cdot 10^{-4} K^{-1}$
Wärmeleitfähigkeit	*Verfahren*			W/(K · m)
Spezifische Wärmekapazität	*Verfahren*			J/(K · g)
Glasumwandlungstemperatur	*Torsionsschwingungsversuch*		°C	
	Differentialkalorimetrie		°C	

Brandverhalten

UL-Test vertikal Dicke mm, Wert HB
Dicke mm, Wert

	Norm	*Bewertung*	*Abmessungen*
Sauerstoff-Index	ASTM D 2863		
Glühstab-Verfahren			
Brandverhalten	DIN 4102		
MVSS			
FAR			

Elektrische Eigenschaften

		Hz	°C			*Probekörper, Form*
Dielektrizitätszahl		50	23	4		Durchmesser 80x1 mm
		10^3	23	4		Durchmesser 80x1 mm
		10^6				
Dielektrischer Verlustfaktor tan δ		50	23	0.005		Durchmesser 80x1 mm
		10^3	23	0.015		Durchmesser 80x1 mm
		10^6				
Spezifischer Durchgangs-widerstand	Ohm · cm		23	1*10**15		Durchmesser 80x1 mm
Durchschlagfestigkeit	kV/mm		23	40		1 mm dick
Oberflächenwiderstand	Ohm		23	1*10**14		Durchmesser 80x1 mm
Kriechstromfestigkeit		KC		KB	KA	
Elektrolytische Korrosionswirkung		A 1.6				30x10x4 mm
Lichtbogenfestigkeit nach DIN						
nach ASTM	s					

Beständigkeit *(Chemische Beständigkeit siehe Anhang)*

Wasseraufnahme 23 C Bis zur Saettigung 6.5 %

Feuchtigkeitsaufnahme Normalklima 1.9 %
Wetterbeständigkeit

Spannungskorrosion

Optische Eigenschaften

Brechungszahl n_D
Transmissionsgrad τ_c % mm dick
Lichtdurchlässigkeit

Datenbank-Nr. **T01749** Merkblatt-Nr. **4405**

Produkt	Polyamid 6		**PA**
Handelsname	**Durethan BKV 40 H**		
Hersteller	BAYER		
DIN-Bez 1	16773-PA6,MHR,14-120,GF40		
DIN-Bez 2			
Zusätze	Entformungsmittel; Waermestabilisator	*Füllstoffe/ Verstärkung*	40.0% Glasfaser
Bevorzugte Verarbeitung	Spritzgiessen	*Lieferform*	Granulat
		Farben	
Besondere Merkmale	Hitzestabilisiert	*Bevorzugte Anwendungen*	

Dichte	g/cm^3	1.46	*Schmelzindex*	g/10 min		:
Schüttdichte	g/cm^3		*Volumenfließindex*	cm^3/10 min		:
Viskositätszahl	ml/g					

Verarbeitungsbedingungen für Spritzgießen

Massetemp.	°C	*Schwindung*	% lgs 0.3, quer 0.8
Werkzeugtemp.	°C	*Bemerkungen*	Schwindung ermittelt an Platten 150x90x3 mm
Spritzdruck	bar		

Zugversuch 23 °C DIN 53455; ISO R/527; DIN 53457; ISO R/527

Probekörper: *Form* Nr. 3; 4 mm dick — *Herstellung* Spritzgiessen
Zustand Trocken — *Vorbehandlung* Normalklima

Streckspannung	N/mm^2		*Dehnung bei Streckspannung*	%	
Zugfestigkeit	N/mm^2	200	*Reißdehnung*	%	3
Reißfestigkeit	N/mm^2		*% Dehnspannung*	N/mm^2	
E-Modul	N/mm^2	12200	*Dehnung bei % Dehnspg.*	%	

Kriechmoduln und Zeitstandwerte 23 °C

Probekörper: *Form* — *Herstellung*
Zustand — *Vorbehandlung*

Kriechmodul	*1 min* N/mm^2	*Zeitstandzugfestigkeit*	h	N/mm^2
Kriechmodul	*1000 h* N/mm^2	*Zeitdehnspg.* %	h	N/mm^2
bei Spannung	N/mm^2			

Biegeversuch 23 °C

Probekörper: *Form* — *Herstellung*
Zustand — *Vorbehandlung*

Biegefestigkeit	N/mm^2	*E-Modul*	N/mm^2
3,5% *Biegespannung*	N/mm^2		

Härte 23 °C *Probekörper:* *Zustand* — *Herstellung*
Vorbehandlung

Kugeldruckhärte	N/mm^2 bei N, s	*Shore-Härte* A	
Rockwellhärte		*Shore-Härte* D	

Schlagversuch *Probekörper:* *(1)*
(2) — *Herstellung*
Zustand — *Vorbehandlung*

	°C	°C	°C	*Probekörper-Form*
Schlagzähigkeit kJ/m^2				
Kerbschlagzähigkeit (1) kJ/m^2				
IZOD-Kerbschlagzähigkeit (2) J/m				
Kerbschlagzugzähigkeit kJ/m^2				

Abrieb und Reibung

Taber-Abrieb (Reibradverfahren)	$mm^3/100$ U		
Abriebfaktor LNP (Thrust washer) Vergleichswert			
Statische Reibungszahl			
Dynamische Reibungszahl	(p · v =	N/mm^2 ·	m/min)
Zulässiger p · v Wert	N/mm^2 · (m/min)	v =	m/min
		v =	m/min

Thermische Eigenschaften

Formbeständigkeit in der Wärme	*Verfahren*	A		200 °C
	Verfahren	B		215 °C
Vicat Erweichungstemperatur (VST)	*Verfahren*	B/50		200 °C
	Verfahren			°C
Kristallit-Schmelzpunkt	*Verfahren*			
Längenausdehnungskoeffizient	*Bereich*	23–80	°C	$0.2 \cdot 10^{-4} K^{-1}$
	Temperatur			$\cdot 10^{-4} K^{-1}$
Wärmeleitfähigkeit	*Verfahren*			W/(K · m)
Spezifische Wärmekapazität	*Verfahren*			J/(K · g)
Glasumwandlungstemperatur	*Torsionsschwingungsversuch*		°C	
	Differentialkalorimetrie		°C	

Brandverhalten

UL-Test vertikal	Dicke	mm, Wert HB
	Dicke	mm, Wert

	Norm	*Bewertung*	*Abmessungen*
Sauerstoff-Index	ASTM D 2863		
Glühstab-Verfahren			
Brandverhalten	DIN 4102		
MVSS			
FAR			

Elektrische Eigenschaften

		Hz	°C		*Probekörper, Form*
Dielektrizitätszahl		50	23	4	Durchmesser 80x1 mm
		10^3	23	4	Durchmesser 80x1 mm
		10^6			
Dielektrischer Verlustfaktor tan δ		50	23	0.01	Durchmesser 80x1 mm
		10^3	23	0.015	Durchmesser 80x1 mm
		10^6			
Spezifischer Durchgangs-widerstand	Ohm · cm		23	1*10**15	Durchmesser 80x1 mm
Durchschlagfestigkeit	kV/mm		23	40	1 mm dick
Oberflächenwiderstand	Ohm		23	1*10**14	Durchmesser 80x1 mm

Kriechstromfestigkeit	KC	KB	KA	
Elektrolytische Korrosionswirkung	A/B 3			30x10x4 mm
Lichtbogenfestigkeit nach DIN				
nach ASTM s				

Beständigkeit *(Chemische Beständigkeit siehe Anhang)*

Wasseraufnahme 23 C Bis zur Saettigung	6 %	
Feuchtigkeitsaufnahme Normalklima		1.8 %
Wetterbeständigkeit		
Spannungskorrosion		

Optische Eigenschaften

Brechungszahl n_D		
Transmissionsgrad τ_c	%	mm dick
Lichtdurchlässigkeit		

Produkt	Polyamid 6		**PA**
Handelsname	**Durethan BKV 40**		
Hersteller	BAYER		
DIN-Bez 1	16773-PA6,MR,14-120,GF40		
DIN-Bez 2			
Zusätze	Entformungsmittel	*Füllstoffe/ Verstärkung*	40.0% Glasfaser
Bevorzugte Verarbeitung	Spritzgiessen	*Lieferform*	Granulat
		Farben	
Besondere Merkmale		*Bevorzugte Anwendungen*	

Dichte	g/cm^3	1.46	*Schmelzindex*	g/10 min	:
Schüttdichte	g/cm^3		*Volumenfließindex*	$cm^3/10$ min	:
Viskositätszahl	ml/g				

Verarbeitungsbedingungen für Spritzgießen

Massetemp.	°C	*Schwindung*	% lgs 0.3, quer 0.8
Werkzeugtemp.	°C	*Bemerkungen*	Schwindung ermittelt an Platten 150x90x3 mm
Spritzdruck	bar		

Zugversuch 23 °C DIN 53455; ISO R/527; DIN 53457; ISO R/527

Probekörper: *Form* Nr. 3; 4 mm dick — *Herstellung* Spritzgiessen
Zustand Trocken — *Vorbehandlung* Normalklima

Streckspannung	N/mm^2		*Dehnung bei Streckspannung*	%	
Zugfestigkeit	N/mm^2	200	*Reißdehnung*	%	3
Reißfestigkeit	N/mm^2		*% Dehnspannung*	N/mm^2	
E-Modul	N/mm^2	12200	*Dehnung bei % Dehnspg.*	%	

Kriechmoduln und Zeitstandwerte 23 °C

Probekörper: *Form* — *Herstellung*
Zustand — *Vorbehandlung*

Kriechmodul	*1 min* N/mm^2	*Zeitstandzugfestigkeit*	h	N/mm^2
Kriechmodul	*1000 h* N/mm^2	*Zeitdehnspg. %*	h	N/mm^2
bei Spannung	N/mm^2			

Biegeversuch 23 °C

Probekörper: *Form* — *Herstellung*
Zustand — *Vorbehandlung*

Biegefestigkeit	N/mm^2	*E-Modul*	N/mm^2
3,5% *Biegespannung*	N/mm^2		

Härte 23 °C *Probekörper:* *Zustand* — *Herstellung*
Vorbehandlung

Kugeldruckhärte	N/mm^2 bei N, s	*Shore-Härte*	A
Rockwellhärte		*Shore-Härte*	D

Schlagversuch *Probekörper:* *(1)*
(2) — *Herstellung*
Zustand — *Vorbehandlung*

	°C	°C	°C	*Probekörper-Form*
Schlagzähigkeit kJ/m^2				
Kerbschlagzähigkeit (1) kJ/m^2				
IZOD-Kerbschlagzähigkeit (2) J/m				
Kerbschlagzugzähigkeit kJ/m^2				

Abrieb und Reibung

Taber-Abrieb (Reibradverfahren)	mm^3/100 U		
Abriebfaktor LNP (Thrust washer) Vergleichswert			
Statische Reibungszahl			
Dynamische Reibungszahl	(p · v =	N/mm^2 ·	m/min)
Zulässiger p · v Wert	N/mm^2 · (m/min)	v =	m/min
		v =	m/min

Thermische Eigenschaften

Formbeständigkeit in der Wärme	Verfahren	A		200 °C
	Verfahren	B		215 °C
Vicat Erweichungstemperatur (VST)	Verfahren	B/50		200 °C
	Verfahren			°C
Kristallit-Schmelzpunkt	Verfahren			
Längenausdehnungskoeffizient	Bereich	23–80	°C	$0.2 \cdot 10^{-4}K^{-1}$
	Temperatur			$\cdot 10^{-4}K^{-1}$
Wärmeleitfähigkeit	Verfahren			W/(K · m)
Spezifische Wärmekapazität	Verfahren			J/(K · g)
Glasumwandlungstemperatur	Torsionsschwingungsversuch		°C	
	Differentialkalorimetrie		°C	

Brandverhalten

UL-Test vertikal — Dicke 1.57 mm, Wert HB; Dicke 0.78 mm, Wert HB

	Norm	Bewertung	Abmessungen
Sauerstoff-Index	ASTM D 2863		
Glühstab-Verfahren			
Brandverhalten	DIN 4102		
MVSS			
FAR			

Elektrische Eigenschaften

		Hz	°C		Probekörper, Form
Dielektrizitätszahl		50	23	4	Durchmesser 80x1 mm
		10^3	23	4	Durchmesser 80x1 mm
		10^6			
Dielektrischer Verlustfaktor tan δ		50	23	0.005	Durchmesser 80x1 mm
		10^3	23	0.015	Durchmesser 80x1 mm
		10^6			
Spezifischer Durchgangswiderstand	Ohm · cm		23	1*10**15	Durchmesser 80x1 mm
Durchschlagfestigkeit	kV/mm		23	40	1 mm dick
Oberflächenwiderstand	Ohm		23	1*10**14	Durchmesser 80x1 mm

Kriechstromfestigkeit	KC	KB	KA	
Elektrolytische Korrosionswirkung	A 1.6			30x10x4 mm
Lichtbogenfestigkeit nach DIN				
nach ASTM s				

Beständigkeit *(Chemische Beständigkeit siehe Anhang)*

Wasseraufnahme 23 C	Bis zur Saettigung	6 %
Feuchtigkeitsaufnahme Normalklima		1.8 %
Wetterbeständigkeit		
Spannungskorrosion		

Optische Eigenschaften

Brechungszahl n_D		
Transmissionsgrad τ_c	%	mm dick
Lichtdurchlässigkeit		

Produkt	Polyamid 6		**PA**
Handelsname	**Durethan BM 230 H**		
Hersteller	BAYER		
DIN-Bez 1	16773-PA6,MHR,14-050,M30		
DIN-Bez 2			
Zusätze	Entformungsmittel; Waermestabilisator	*Füllstoffe/ Verstärkung*	30% Mineral
Bevorzugte Verarbeitung	Spritzgiessen	*Lieferform*	Granulat
		Farben	
Besondere Merkmale	Galvanisierbar; Isotrope Schwindung; Verzugsfrei; Mit Mineralgehalten von 10-40 % in Abstufungen von 5 % erhaeltlich	*Bevorzugte Anwendungen*	Radkappe fuer PKW

Dichte	g/cm^3	1.36	*Schmelzindex*	g/10 min	:
Schüttdichte	g/cm^3		*Volumenfließindex*	$cm^3/10$ min	:
Viskositätszahl	ml/g				

Verarbeitungsbedingungen für Spritzgießen

Massetemp.	°C	*Schwindung*	% lgs 1, quer 1
Werkzeugtemp.	°C	*Bemerkungen*	Schwindung ermittelt an Platten 150x90x3 mm
Spritzdruck	bar		

Zugversuch 23 °C DIN 53455; ISO R/527; DIN 53457; ISO R/527

Probekörper: *Form* Nr. 3; 4 mm dick — *Herstellung* Spritzgiessen
Zustand Trocken — *Vorbehandlung* Normalklima

Streckspannung	N/mm^2	85	*Dehnung bei Streckspannung*	%	3
Zugfestigkeit	N/mm^2		*Reißdehnung*	%	15
Reißfestigkeit	N/mm^2		*% Dehnspannung*	N/mm^2	
E-Modul	N/mm^2	5000	*Dehnung bei % Dehnspg.*	%	

Kriechmoduln und Zeitstandwerte 23 °C

Probekörper: *Form* — *Herstellung*
Zustand — *Vorbehandlung*

Kriechmodul	*1 min* N/mm^2	*Zeitstandzugfestigkeit*	h	N/mm^2
Kriechmodul	*1000 h* N/mm^2	*Zeitdehnspg.* %	h	N/mm^2
bei Spannung	N/mm^2			

Biegeversuch 23 °C

Probekörper: *Form* — *Herstellung*
Zustand — *Vorbehandlung*

Biegefestigkeit	N/mm^2	*E-Modul*	N/mm^2
3,5% *Biegespannung*	N/mm^2		

Härte 23 °C *Probekörper:* *Zustand* — *Herstellung*
Vorbehandlung

Kugeldruckhärte	N/mm^2 bei N, s	*Shore-Härte* A	
Rockwellhärte		*Shore-Härte* D	

Schlagversuch *Probekörper:* *(1)*
(2) — *Herstellung*
Zustand — *Vorbehandlung*

	°C	°C	°C	*Probekörper-Form*
Schlagzähigkeit kJ/m^2				
Kerbschlagzähigkeit (1) kJ/m^2				
IZOD-Kerbschlagzähigkeit (2) J/m				
Kerbschlagzugzähigkeit kJ/m^2				

Abrieb und Reibung

Taber-Abrieb (Reibradverfahren)	mm^3/100 U		
Abriebfaktor LNP (Thrust washer) Vergleichswert			
Statische Reibungszahl			
Dynamische Reibungszahl	(p · v =	N/mm^2 ·	m/min)
Zulässiger p · v Wert	N/mm^2 · (m/min)	v =	m/min
		v =	m/min

Thermische Eigenschaften

Formbeständigkeit in der Wärme	*Verfahren*	A		90 °C
	Verfahren	B		190 °C
Vicat Erweichungstemperatur (VST)	*Verfahren*	B/50		200 °C
	Verfahren			°C
Kristallit-Schmelzpunkt	*Verfahren*			
Längenausdehnungskoeffizient	*Bereich*	23–80	°C	$0.6 \cdot 10^{-4} K^{-1}$
	Temperatur			$\cdot 10^{-4} K^{-1}$
Wärmeleitfähigkeit	*Verfahren*			W/(K · m)
Spezifische Wärmekapazität	*Verfahren*			J/(K · g)
Glasumwandlungstemperatur	*Torsionsschwingungsversuch*		°C	
	Differentialkalorimetrie		°C	

Brandverhalten

UL-Test vertikal	Dicke	mm, Wert HB
	Dicke	mm, Wert

	Norm	*Bewertung*	*Abmessungen*
Sauerstoff-Index	ASTM D 2863		
Glühstab-Verfahren			
Brandverhalten	DIN 4102		
MVSS			
FAR			

Elektrische Eigenschaften

		Hz	°C		*Probekörper, Form*
Dielektrizitätszahl		50			
		10^3	23	4	Durchmesser 80x1 mm
		10^6			
Dielektrischer Verlustfaktor tan δ		50			
		10^3	23	0.015	Durchmesser 80x1 mm
		10^6			
Spezifischer Durchgangs-widerstand	Ohm · cm		23	1*10**15	Durchmesser 80x1 mm
Durchschlagfestigkeit	kV/mm		23	35	1 mm dick
Oberflächenwiderstand	Ohm		23	1*10**14	Durchmesser 80x1 mm

Kriechstromfestigkeit	KC	KB	KA
Elektrolytische Korrosionswirkung			
Lichtbogenfestigkeit nach DIN			
nach ASTM s			

Beständigkeit *(Chemische Beständigkeit siehe Anhang)*

Wasseraufnahme

Feuchtigkeitsaufnahme Normalklima %

Wetterbeständigkeit

Spannungskorrosion

Optische Eigenschaften

Brechungszahl n_D

Transmissionsgrad τ_c % mm dick

Lichtdurchlässigkeit

Datenbank-Nr. **T01752** Merkblatt-Nr. **4408**

Produkt	Polyamid 6		**PA**
Handelsname	**Durethan BM 240 H**		
Hersteller	BAYER		
DIN-Bez 1	16773-PA6,MHR,14-060,M40		
DIN-Bez 2			
Zusätze	Entformungsmittel; Waermestabilisator	*Füllstoffe/ Verstärkung*	40% Mineral
Bevorzugte Verarbeitung	Spritzgiessen	*Lieferform*	Granulat
		Farben	
Besondere Merkmale	Galvanisierbar; Isotrope Schwindung; Verzugsfrei; Mit Mineralgehalten von 10-40 % in Abstufungen von 5 % erhaeltlich	*Bevorzugte Anwendungen*	Radkappe fuer PKW

Dichte	g/cm^3	1.46	*Schmelzindex*	g/10 min	:
Schüttdichte	g/cm^3		*Volumenfließindex*	$cm^3/10$ min	:
Viskositätszahl	ml/g				

Verarbeitungsbedingungen für Spritzgießen

Massetemp.	°C	*Schwindung*	% lgs 1, quer 1
Werkzeugtemp.	°C	*Bemerkungen*	Schwindung ermittelt an Platten 150x90x3 mm
Spritzdruck	bar		

Zugversuch 23 °C DIN 53455; ISO R/527; DIN 53457; ISO R/527

Probekörper: *Form* Nr. 3; 4 mm dick — *Herstellung* Spritzgiessen

Zustand Trocken — *Vorbehandlung* Normalklima

Streckspannung	N/mm^2	90	*Dehnung bei Streckspannung*	%	3
Zugfestigkeit	N/mm^2		*Reißdehnung*	%	10
Reißfestigkeit	N/mm^2		*% Dehnspannung*	N/mm^2	
E-Modul	N/mm^2	6100	*Dehnung bei % Dehnspg.*	%	

Kriechmoduln und Zeitstandwerte 23 °C

Probekörper: *Form* — *Herstellung*

Zustand — *Vorbehandlung*

Kriechmodul	*1 min*	N/mm^2	*Zeitstandzugfestigkeit*	h	N/mm^2
Kriechmodul	*1000 h*	N/mm^2	*Zeitdehnspg. %*	h	N/mm^2
bei Spannung		N/mm^2			

Biegeversuch 23 °C

Probekörper: *Form* — *Herstellung*

Zustand — *Vorbehandlung*

Biegefestigkeit	N/mm^2	*E-Modul*	N/mm^2
3,5% *Biegespannung*	N/mm^2		

Härte 23 °C *Probekörper:* *Zustand* — *Herstellung* / *Vorbehandlung*

Kugeldruckhärte	N/mm^2 bei N, s	*Shore-Härte* A	
Rockwellhärte		*Shore-Härte* D	

Schlagversuch *Probekörper:* *(1)* *(2)* *Zustand* — *Herstellung* / *Vorbehandlung*

		°C	°C	°C	*Probekörper-Form*
Schlagzähigkeit	kJ/m^2				
Kerbschlagzähigkeit (1)	kJ/m^2				
IZOD-Kerbschlagzähigkeit (2)	J/m				
Kerbschlagzugzähigkeit	kJ/m^2				

Abrieb und Reibung

Taber-Abrieb (Reibradverfahren)	mm^3/100 U		
Abriebfaktor LNP (Thrust washer) Vergleichswert			
Statische Reibungszahl			
Dynamische Reibungszahl	(p·v= N/mm^2·		m/min)
Zulässiger p · v Wert	N/mm^2 · (m/min)	v=	m/min
		v=	m/min

Thermische Eigenschaften

Formbeständigkeit in der Wärme	*Verfahren*	A		100 °C
	Verfahren	B		200 °C
Vicat Erweichungstemperatur (VST)	*Verfahren*	B/50		200 °C
	Verfahren			°C
Kristallit-Schmelzpunkt	*Verfahren*			
Längenausdehnungskoeffizient	*Bereich*	23–80	°C	$0.6 \cdot 10^{-4} K^{-1}$
	Temperatur			$\cdot 10^{-4} K^{-1}$
Wärmeleitfähigkeit	*Verfahren*			W/(K · m)
Spezifische Wärmekapazität	*Verfahren*			J/(K · g)
Glasumwandlungstemperatur	*Torsionsschwingungsversuch*		°C	
	Differentialkalorimetrie		°C	

Brandverhalten

UL-Test vertikal	Dicke	mm, Wert HB
	Dicke	mm, Wert

	Norm	*Bewertung*	*Abmessungen*
Sauerstoff-Index	ASTM D 2863		
Glühstab-Verfahren			
Brandverhalten	DIN 4102		
MVSS			
FAR			

Elektrische Eigenschaften

		Hz	°C			*Probekörper, Form*
Dielektrizitätszahl		50				
		10^3	23	4		Durchmesser 80x1 mm
		10^6				
Dielektrischer Verlustfaktor tan δ		50				
		10^3	23	0.015		Durchmesser 80x1 mm
		10^6				
Spezifischer Durchgangs-widerstand	Ohm · cm		23	1*10**15		Durchmesser 80x1 mm
Durchschlagfestigkeit	kV/mm		23	35		1 mm dick
Oberflächenwiderstand	Ohm		23	1*10**14		Durchmesser 80x1 mm
Kriechstromfestigkeit		KC		KB	KA	
Elektrolytische Korrosionswirkung						
Lichtbogenfestigkeit nach DIN						
nach ASTM	s					

Beständigkeit *(Chemische Beständigkeit siehe Anhang)*

Wasseraufnahme

Feuchtigkeitsaufnahme Normalklima %

Wetterbeständigkeit

Spannungskorrosion

Optische Eigenschaften

Brechungszahl n_D

Transmissionsgrad τ_c % mm dick

Lichtdurchlässigkeit

PA

Produkt	Polyamid 6		
Handelsname	**Durethan BM 30 X**		
Hersteller	BAYER		
DIN-Bez 1	16773-PA6,MHR,14-060,GF+M30		
DIN-Bez 2			
Zusätze	Entformungsmittel	*Füllstoffe/ Verstärkung*	30% Glasfaser; Mineral
Bevorzugte Verarbeitung	Spritzgiessen	*Lieferform*	Granulat
		Farben	
Besondere Merkmale	Schlagzaeh modifiziert	*Bevorzugte Anwendungen*	Radkappe fuer PKW

Dichte	g/cm^3	1.38	*Schmelzindex*	g/10 min	:
Schüttdichte	g/cm^3		*Volumenfließindex*	cm^3/10 min	:
Viskositätszahl	ml/g				

Verarbeitungsbedingungen für Spritzgießen

Massetemp.	°C	*Schwindung*	% lgs 0.4, quer 0.9
Werkzeugtemp.	°C	*Bemerkungen*	Schwindung ermittelt an Platten 150x90x3 mm
Spritzdruck	bar		

Zugversuch 23 °C DIN 53455; ISO R/527; DIN 53457; ISO R/527

Probekörper: *Form* Nr. 3; 4 mm dick — *Herstellung* Spritzgiessen
Zustand Trocken — *Vorbehandlung* Normalklima

Streckspannung	N/mm^2		*Dehnung bei Streckspannung*	%	
Zugfestigkeit	N/mm^2	120	*Reißdehnung*	%	3.5
Reißfestigkeit	N/mm^2		*% Dehnspannung*	N/mm^2	
E-Modul	N/mm^2	6700	*Dehnung bei % Dehnspg.*	%	

Kriechmoduln und Zeitstandwerte 23 °C

Probekörper: *Form* — *Herstellung*
Zustand — *Vorbehandlung*

Kriechmodul	*1 min* N/mm^2	*Zeitstandzugfestigkeit*	h N/mm^2
Kriechmodul	*1000 h* N/mm^2	*Zeitdehnspg. %*	h N/mm^2
bei Spannung	N/mm^2		

Biegeversuch 23 °C

Probekörper: *Form* — *Herstellung*
Zustand — *Vorbehandlung*

Biegefestigkeit	N/mm^2	*E-Modul*	N/mm^2
3,5% *Biegespannung*	N/mm^2		

Härte 23 °C *Probekörper:* *Zustand* — *Herstellung*
Vorbehandlung

Kugeldruckhärte	N/mm^2 bei N, s	*Shore-Härte* A	
Rockwellhärte		*Shore-Härte* D	

Schlagversuch *Probekörper:* *(1)*
(2) — *Herstellung*
Zustand — *Vorbehandlung*

		°C	°C	°C	*Probekörper-Form*
Schlagzähigkeit	kJ/m^2				
Kerbschlagzähigkeit (1)	kJ/m^2				
IZOD-Kerbschlagzähigkeit (2)	J/m				
Kerbschlagzugzähigkeit	kJ/m^2				

Abrieb und Reibung

Taber-Abrieb (Reibradverfahren)	mm^3/100 U		
Abriebfaktor LNP (Thrust washer) Vergleichswert			
Statische Reibungszahl			
Dynamische Reibungszahl	(p·v=	N/mm^2·	m/min)
Zulässiger p · v Wert	N/mm^2 · (m/min)	v=	m/min
		v=	m/min

Thermische Eigenschaften

Formbeständigkeit in der Wärme	*Verfahren*	A	190 °C
	Verfahren	B	200 °C
Vicat Erweichungstemperatur (VST)	*Verfahren*	B/50	200 °C
	Verfahren		°C
Kristallit-Schmelzpunkt	*Verfahren*		
Längenausdehnungskoeffizient	*Bereich*	23–80 °C	$0.35 \cdot 10^{-4}K^{-1}$
	Temperatur		$\cdot 10^{-4}K^{-1}$
Wärmeleitfähigkeit	*Verfahren*		W/(K · m)
Spezifische Wärmekapazität	*Verfahren*		J/(K · g)
Glasumwandlungstemperatur	*Torsionsschwingungsversuch*	°C	
	Differentialkalorimetrie	°C	

Brandverhalten

UL-Test vertikal		Dicke mm, Wert HB	
		Dicke mm, Wert	
	Norm	*Bewertung*	*Abmessungen*
Sauerstoff-Index	ASTM D 2863		
Glühstab-Verfahren			
Brandverhalten	DIN 4102		
MVSS			
FAR			

Elektrische Eigenschaften

		Hz	°C			*Probekörper, Form*
Dielektrizitätszahl		50				
		10^3	23	4		Durchmesser 80x1 mm
		10^6				
Dielektrischer Verlustfaktor tan δ		50				
		10^3	23	0.007		Durchmesser 80x1 mm
		10^6				
Spezifischer Durchgangswiderstand	Ohm · cm		23	1*10**14		Durchmesser 80x1 mm
Durchschlagfestigkeit	kV/mm		23	40		1 mm dick
Oberflächenwiderstand	Ohm		23	1*10**14		Durchmesser 80x1 mm
Kriechstromfestigkeit		KC		KB	KA	
Elektrolytische Korrosionswirkung		A 2				30x10x4 mm
Lichtbogenfestigkeit nach DIN						
nach ASTM	s					

Beständigkeit *(Chemische Beständigkeit siehe Anhang)*

Wasseraufnahme

Feuchtigkeitsaufnahme Normalklima %

Wetterbeständigkeit

Spannungskorrosion

Optische Eigenschaften

Brechungszahl n_D

Transmissionsgrad τ_c % mm dick

Lichtdurchlässigkeit

PA

Produkt	Polyamid 6		
Handelsname	**Durethan BM 40 X**		
Hersteller	BAYER		
DIN-Bez 1	16773-PA6,MHR,14-070,GF+M40		
DIN-Bez 2			
Zusätze	Entformungsmittel	*Füllstoffe/ Verstärkung*	40% Glasfaser; Mineral
Bevorzugte Verarbeitung	Spritzgiessen	*Lieferform*	Granulat
		Farben	
Besondere Merkmale		*Bevorzugte Anwendungen*	

Dichte	g/cm^3	1.46	*Schmelzindex*	g/10 min	:
Schüttdichte	g/cm^3		*Volumenfließindex*	cm^3/10 min	:
Viskositätszahl	ml/g				

Verarbeitungsbedingungen für Spritzgießen

Massetemp.	°C	*Schwindung*	% lgs 0.5, quer 0.9
Werkzeugtemp.	°C	*Bemerkungen*	Schwindung ermittelt an Platten 150x90x3 mm
Spritzdruck	bar		

Zugversuch 23 °C DIN 53455; ISO R/527; DIN 53457; ISO R/527

Probekörper: *Form* Nr. 3; 4 mm dick — *Herstellung* Spritzgiessen
Zustand Trocken — *Vorbehandlung* Normalklima

Streckspannung	N/mm^2		*Dehnung bei Streckspannung*	%	
Zugfestigkeit	N/mm^2	130	*Reißdehnung*	%	3
Reißfestigkeit	N/mm^2		*% Dehnspannung*	N/mm^2	
E-Modul	N/mm^2	8000	*Dehnung bei % Dehnspg.*	%	

Kriechmoduln und Zeitstandwerte 23 °C

Probekörper: *Form* — *Herstellung*
Zustand — *Vorbehandlung*

Kriechmodul	*1 min* N/mm^2	*Zeitstandzugfestigkeit*	h	N/mm^2
Kriechmodul	*1000 h* N/mm^2	*Zeitdehnspg.* %	h	N/mm^2
bei Spannung	N/mm^2			

Biegeversuch 23 °C

Probekörper: *Form* — *Herstellung*
Zustand — *Vorbehandlung*

Biegefestigkeit	N/mm^2	*E-Modul*	N/mm^2
3,5% *Biegespannung*	N/mm^2		

Härte 23 °C *Probekörper:* *Zustand* — *Herstellung*
Vorbehandlung

Kugeldruckhärte	N/mm^2 bei N, s	*Shore-Härte* A	
Rockwellhärte		*Shore-Härte* D	

Schlagversuch *Probekörper:* *(1)*
(2) — *Herstellung*
Zustand — *Vorbehandlung*

	°C	°C	°C	*Probekörper-Form*
Schlagzähigkeit kJ/m^2				
Kerbschlagzähigkeit (1) kJ/m^2				
IZOD-Kerbschlagzähigkeit (2) J/m				
Kerbschlagzugzähigkeit kJ/m^2				

Abrieb und Reibung

Taber-Abrieb (Reibradverfahren)	mm^3/100 U		
Abriebfaktor LNP (Thrust washer) Vergleichswert			
Statische Reibungszahl			
Dynamische Reibungszahl	(p · v=	N/mm^2 ·	m/min)
Zulässiger p · v Wert	N/mm^2 · (m/min)	v=	m/min
		v=	m/min

Thermische Eigenschaften

Formbeständigkeit in der Wärme	Verfahren	A		200 °C
	Verfahren	B		220 °C
Vicat Erweichungstemperatur (VST)	Verfahren	B/50		200 °C
	Verfahren			°C
Kristallit-Schmelzpunkt	Verfahren			
Längenausdehnungskoeffizient	Bereich	23–80	°C	$0.3 \cdot 10^{-4} K^{-1}$
	Temperatur			$\cdot 10^{-4} K^{-1}$
Wärmeleitfähigkeit	Verfahren			W/(K · m)
Spezifische Wärmekapazität	Verfahren			J/(K · g)
Glasumwandlungstemperatur	Torsionsschwingungsversuch		°C	
	Differentialkalorimetrie		°C	

Brandverhalten

UL-Test vertikal	Dicke	mm, Wert HB
	Dicke	mm, Wert

	Norm	Bewertung	Abmessungen
Sauerstoff-Index	ASTM D 2863		
Glühstab-Verfahren			
Brandverhalten	DIN 4102		
MVSS			
FAR			

Elektrische Eigenschaften

		Hz	°C		Probekörper, Form
Dielektrizitätszahl		50			
		10^3			
		10^6			
Dielektrischer Verlustfaktor tan δ		50			
		10^3			
		10^6			
Spezifischer Durchgangswiderstand	Ohm · cm				
Durchschlagfestigkeit	kV/mm				mm dick
Oberflächenwiderstand	Ohm				
Kriechstromfestigkeit		KC	KB	KA	
Elektrolytische Korrosionswirkung		A 1.2			30x10x4 mm
Lichtbogenfestigkeit nach DIN					
nach ASTM	s				

Beständigkeit *(Chemische Beständigkeit siehe Anhang)*

Wasseraufnahme	
Feuchtigkeitsaufnahme Normalklima	%
Wetterbeständigkeit	
Spannungskorrosion	

Optische Eigenschaften

Brechungszahl n_D		
Transmissionsgrad τ_c	%	mm dick
Lichtdurchlässigkeit		

Datenbank-Nr. **T01755** Merkblatt-Nr. **4411**

Produkt	Polyamid 66		**PA**
Handelsname	**Durethan KL1-2223**		
Hersteller	BAYER		
DIN-Bez 1	16773-(PA66+PA6),MS,22-030		
DIN-Bez 2			
Zusätze	Entformungsmittel	*Füllstoffe/ Verstärkung*	
Bevorzugte Verarbeitung	Spritzgiessen	*Lieferform*	Granulat
		Farben	
Besondere Merkmale	Erhoehter Kriechmodul	*Bevorzugte Anwendungen*	

Dichte	g/cm^3	1.14	*Schmelzindex*	g/10 min	:
Schüttdichte	g/cm^3		*Volumenfließindex*	cm^3/10 min	:
Viskositätszahl	ml/g				

Verarbeitungsbedingungen für Spritzgießen

Massetemp.	°C	*Schwindung*	% lgs 1.6, quer 1.7
Werkzeugtemp.	°C	*Bemerkungen*	Schwindung ermittelt an Platten 150x90x3 mm
Spritzdruck	bar		

Zugversuch 23 °C DIN 53455; ISO R/527; DIN 53457; ISO R/527

Probekörper: *Form* Nr. 3; 4 mm dick — *Herstellung* Spritzgiessen
Zustand Trocken — *Vorbehandlung* Normalklima

Streckspannung	N/mm^2	80	*Dehnung bei Streckspannung*	%	4
Zugfestigkeit	N/mm^2		*Reißdehnung*	%	≧50
Reißfestigkeit	N/mm^2		*% Dehnspannung*	N/mm^2	
E-Modul	N/mm^2	3200	*Dehnung bei % Dehnspg.*	%	

Kriechmoduln und Zeitstandwerte 23 °C

Probekörper: *Form* — *Herstellung*
Zustand — *Vorbehandlung*

Kriechmodul	*1 min*	N/mm^2	*Zeitstandzugfestigkeit*	h	N/mm^2
Kriechmodul	*1000 h*	N/mm^2	*Zeitdehnspg. %*	h	N/mm^2
bei Spannung		N/mm^2			

Biegeversuch 23 °C

Probekörper: *Form* — *Herstellung*
Zustand — *Vorbehandlung*

Biegefestigkeit	N/mm^2	*E-Modul*	N/mm^2
3,5% *Biegespannung*	N/mm^2		

Härte 23 °C *Probekörper:* *Zustand* — *Herstellung*
Vorbehandlung

Kugeldruckhärte	N/mm^2 bei N, s	*Shore-Härte A*	
Rockwellhärte		*Shore-Härte D*	

Schlagversuch *Probekörper:* *(1)*
(2) — *Herstellung*
Zustand — *Vorbehandlung*

	°C	°C	°C	*Probekörper-Form*
Schlagzähigkeit kJ/m^2				
Kerbschlagzähigkeit (1) kJ/m^2				
IZOD-Kerbschlagzähigkeit (2) J/m				
Kerbschlagzugzähigkeit kJ/m^2				

Abrieb und Reibung

Taber-Abrieb (Reibradverfahren)	mm^3/100 U		
Abriebfaktor LNP (Thrust washer) Vergleichswert			
Statische Reibungszahl			
Dynamische Reibungszahl	(p · v =	N/mm^2 ·	m/min)
Zulässiger p · v Wert	N/mm^2 · (m/min)	v =	m/min
		v =	m/min

Thermische Eigenschaften

Formbeständigkeit in der Wärme	*Verfahren*	A	75 °C
	Verfahren	B	200 °C
Vicat Erweichungstemperatur (VST)	*Verfahren*	B/50	200 °C
	Verfahren		°C
Kristallit-Schmelzpunkt	*Verfahren*		
Längenausdehnungskoeffizient	*Bereich*	23–80 °C	$0.85 \cdot 10^{-4}K^{-1}$
	Temperatur		$\cdot 10^{-4}K^{-1}$
Wärmeleitfähigkeit	*Verfahren*		W/(K · m)
Spezifische Wärmekapazität	*Verfahren*		J/(K · g)
Glasumwandlungstemperatur	*Torsionsschwingungsversuch*	°C	
	Differentialkalorimetrie	°C	

Brandverhalten

UL-Test vertikal	Dicke	mm, Wert HB
	Dicke	mm, Wert

	Norm	*Bewertung*	*Abmessungen*
Sauerstoff-Index	ASTM D 2863		
Glühstab-Verfahren			
Brandverhalten	DIN 4102		
MVSS			
FAR			

Elektrische Eigenschaften

		Hz	°C		*Probekörper, Form*
Dielektrizitätszahl		50	23	4	Durchmesser 80x1 mm
		10^3	23	4	Durchmesser 80x1 mm
		10^6			
Dielektrischer Verlustfaktor tan δ		50	23	0.006	Durchmesser 80x1 mm
		10^3	23	0.02	Durchmesser 80x1 mm
		10^6			
Spezifischer Durchgangswiderstand	Ohm · cm		23	1*10**15	Durchmesser 80x1 mm
Durchschlagfestigkeit	kV/mm		23	30	1 mm dick
Oberflächenwiderstand	Ohm		23	1*10**12	Durchmesser 80x1 mm

Kriechstromfestigkeit	KC	KB	KA	
Elektrolytische Korrosionswirkung	A 1.2			30x10x4 mm
Lichtbogenfestigkeit nach DIN				
nach ASTM s				

Beständigkeit *(Chemische Beständigkeit siehe Anhang)*

Wasseraufnahme

Feuchtigkeitsaufnahme Normalklima %

Wetterbeständigkeit

Spannungskorrosion

Optische Eigenschaften

Brechungszahl n_D

Transmissionsgrad τ_c % mm dick

Lichtdurchlässigkeit

Produkt	Polyamid 66		**PA**
Handelsname	**Durethan KL1-2224/30**		
Hersteller	BAYER		
DIN-Bez 1	16773-PA66,MPR,14-090,GF30		
DIN-Bez 2			
Zusätze	Entformungsmittel	*Füllstoffe/ Verstärkung*	30% Glasfaser
Bevorzugte Verarbeitung	Spritzgiessen	*Lieferform*	Granulat
		Farben	
Besondere Merkmale	Gegenueber AKV 30 erhoehte Zaehigkeit; Mit Glasgehalten von 15 - 40 % in Abstufungen von 5 % erhaeltlich	*Bevorzugte Anwendungen*	

Dichte	g/cm³	1.36	*Schmelzindex*	g/10 min	:
Schüttdichte	g/cm³		*Volumenfließindex*	cm³/10 min	:
Viskositätszahl	ml/g				

Verarbeitungsbedingungen für Spritzgießen

Massetemp.	°C	*Schwindung*	% lgs 0.3, quer 1.2
Werkzeugtemp.	°C	*Bemerkungen*	Schwindung ermittelt an Platten 150x90x3 mm
Spritzdruck	bar		

Zugversuch 23 °C DIN 53455; ISO R/527; DIN 53457; ISO R/527

Probekörper: *Form* Nr. 3; 4 mm dick — *Herstellung* Spritzgiessen
Zustand Trocken — *Vorbehandlung* Normalklima

Streckspannung	N/mm²		*Dehnung bei Streckspannung*	%	
Zugfestigkeit	N/mm²	170	*Reißdehnung*	%	3.5
Reißfestigkeit	N/mm²		*% Dehnspannung*	N/mm²	
E-Modul	N/mm²	9500	*Dehnung bei % Dehnspg.*	%	

Kriechmoduln und Zeitstandwerte 23 °C

Probekörper: *Form* — *Herstellung*
Zustand — *Vorbehandlung*

Kriechmodul	*1 min*	N/mm²	*Zeitstandzugfestigkeit*	h	N/mm²
Kriechmodul	*1000 h*	N/mm²	*Zeitdehnspg. %*	h	N/mm²
bei Spannung		N/mm²			

Biegeversuch 23 °C

Probekörper: *Form* — *Herstellung*
Zustand — *Vorbehandlung*

Biegefestigkeit	N/mm²	*E-Modul*	N/mm²
3,5% *Biegespannung*	N/mm²		

Härte 23 °C *Probekörper:* *Zustand* — *Herstellung*
Vorbehandlung

Kugeldruckhärte	N/mm² bei N, s	*Shore-Härte* A	
Rockwellhärte		*Shore-Härte* D	

Schlagversuch *Probekörper:* *(1)*
(2) — *Herstellung*
Zustand — *Vorbehandlung*

	°C	°C	°C	*Probekörper-Form*
Schlagzähigkeit kJ/m²				
Kerbschlagzähigkeit (1) kJ/m²				
IZOD-Kerbschlagzähigkeit (2) J/m				
Kerbschlagzugzähigkeit kJ/m²				

Abrieb und Reibung

Taber-Abrieb (Reibradverfahren)	mm^3/100 U		
Abriebfaktor LNP (Thrust washer) Vergleichswert			
Statische Reibungszahl			
Dynamische Reibungszahl	(p·v= N/mm^2·		m/min)
Zulässiger p · v Wert	N/mm^2 · (m/min)	v=	m/min
		v=	m/min

Thermische Eigenschaften

Formbeständigkeit in der Wärme	*Verfahren*	A		240 °C
	Verfahren	B		250 °C
Vicat Erweichungstemperatur (VST)	*Verfahren*	B/50		230 °C
	Verfahren			°C
Kristallit-Schmelzpunkt	*Verfahren*			
Längenausdehnungskoeffizient	*Bereich*	23–80	°C	$0.25 \cdot 10^{-4}K^{-1}$
	Temperatur			$\cdot 10^{-4}K^{-1}$
Wärmeleitfähigkeit	*Verfahren*			W/(K · m)
Spezifische Wärmekapazität	*Verfahren*			J/(K · g)
Glasumwandlungstemperatur	*Torsionsschwingungsversuch*		°C	
	Differentialkalorimetrie		°C	

Brandverhalten

UL-Test vertikal	Dicke	mm, Wert HB
	Dicke	mm, Wert

	Norm	*Bewertung*	*Abmessungen*
Sauerstoff-Index	ASTM D 2863		
Glühstab-Verfahren			
Brandverhalten	DIN 4102		
MVSS			
FAR			

Elektrische Eigenschaften

		Hz	°C		*Probekörper, Form*
Dielektrizitätszahl		50	23	4	Durchmesser 80x1 mm
		10^3	23	4	Durchmesser 80x1 mm
		10^6			
Dielektrischer Verlustfaktor tan δ		50	23	0.008	Durchmesser 80x1 mm
		10^3	23	0.015	Durchmesser 80x1 mm
		10^6			
Spezifischer Durchgangswiderstand	Ohm · cm		23	1*10**15	Durchmesser 80x1 mm
Durchschlagfestigkeit	kV/mm		23	40	1 mm dick
Oberflächenwiderstand	Ohm		23	1*10**14	Durchmesser 80x1 mm

Kriechstromfestigkeit	KC	KB	KA	
Elektrolytische Korrosionswirkung	A 1.6			30x10x4 mm
Lichtbogenfestigkeit nach DIN				
nach ASTM s				

Beständigkeit *(Chemische Beständigkeit siehe Anhang)*

Wasseraufnahme 23 C Bis zur Saettigung	5.5 %	
Feuchtigkeitsaufnahme Normalklima		2 %
Wetterbeständigkeit		
Spannungskorrosion		

Optische Eigenschaften

Brechungszahl n_D		
Transmissionsgrad τ_c	%	mm dick
Lichtdurchlässigkeit		

Produkt	Polyamid 66		**PA**
Handelsname	**Durethan KL1-2227**		
Hersteller	BAYER		
DIN-Bez 1			
DIN-Bez 2			
Zusätze	Entformungsmittel; Brandschutzmittel	*Füllstoffe/ Verstärkung*	
Bevorzugte Verarbeitung	Spritzgiessen	*Lieferform*	Granulat
		Farben	
Besondere Merkmale	Flammwidrig	*Bevorzugte Anwendungen*	

Dichte	g/cm³	1.17	*Schmelzindex*	g/10 min		:
Schüttdichte	g/cm³		*Volumenfließindex*	cm³/10 min		:
Viskositätszahl	ml/g					

Verarbeitungsbedingungen für Spritzgießen

Massetemp.	°C	*Schwindung*	%	lgs	, quer
Werkzeugtemp.	°C	*Bemerkungen*			
Spritzdruck	bar				

Zugversuch 23 °C DIN 53455; ISO R/527; DIN 53457; ISO R/527

Probekörper: *Form* Nr. 3; 4 mm dick — *Herstellung* Spritzgiessen
Zustand Trocken — *Vorbehandlung* Normalklima

Streckspannung	N/mm²	95	*Dehnung bei Streckspannung*	%	4
Zugfestigkeit	N/mm²		*Reißdehnung*	%	8
Reißfestigkeit	N/mm²		*% Dehnspannung*	N/mm²	
E-Modul	N/mm²	3800	*Dehnung bei % Dehnspg.*	%	

Kriechmoduln und Zeitstandwerte 23 °C

Probekörper: *Form* — *Herstellung*
Zustand — *Vorbehandlung*

Kriechmodul	*1 min*	N/mm²	*Zeitstandzugfestigkeit*	h	N/mm²
Kriechmodul	*1000 h*	N/mm²	*Zeitdehnspg. %*	h	N/mm²
bei Spannung		N/mm²			

Biegeversuch 23 °C

Probekörper: *Form* — *Herstellung*
Zustand — *Vorbehandlung*

Biegefestigkeit	N/mm²	*E-Modul*	N/mm²
3,5% *Biegespannung*	N/mm²		

Härte 23 °C *Probekörper:* *Zustand* — *Herstellung*
Vorbehandlung

Kugeldruckhärte	N/mm² bei N, s	*Shore-Härte* A	
Rockwellhärte		*Shore-Härte* D	

Schlagversuch *Probekörper:* *(1)*
(2) — *Herstellung*
Zustand — *Vorbehandlung*

		°C	°C	°C	*Probekörper-Form*
Schlagzähigkeit	kJ/m²				
Kerbschlagzähigkeit (1)	kJ/m²				
IZOD-Kerbschlagzähigkeit (2)	J/m				
Kerbschlagzugzähigkeit	kJ/m²				

Abrieb und Reibung

Taber-Abrieb (Reibradverfahren)	mm^3/100 U		
Abriebfaktor LNP (Thrust washer) Vergleichswert			
Statische Reibungszahl			
Dynamische Reibungszahl	(p · v = N/mm^2 ·		m/min)
Zulässiger p · v Wert	N/mm^2 · (m/min)	v =	m/min
		v =	m/min

Thermische Eigenschaften

Formbeständigkeit in der Wärme	*Verfahren*	A		75 °C
	Verfahren	B		190 °C
Vicat Erweichungstemperatur (VST)	*Verfahren*	B/50		230 °C
	Verfahren			°C
Kristallit-Schmelzpunkt	*Verfahren*			
Längenausdehnungskoeffizient	*Bereich*	23–80	°C	$0.75 \cdot 10^{-4} K^{-1}$
	Temperatur			$\cdot 10^{-4} K^{-1}$
Wärmeleitfähigkeit	*Verfahren*			W/(K · m)
Spezifische Wärmekapazität	*Verfahren*			J/(K · g)
Glasumwandlungstemperatur	*Torsionsschwingungsversuch*		°C	
	Differentialkalorimetrie		°C	

Brandverhalten

UL-Test vertikal	Dicke 1.57 mm, Wert V-0
	Dicke 0.81 mm, Wert V-0

	Norm	*Bewertung*	*Abmessungen*
Sauerstoff-Index	ASTM D 2863		
Glühstab-Verfahren			
Brandverhalten	DIN 4102		
MVSS			
FAR			

Elektrische Eigenschaften

		Hz	°C			*Probekörper, Form*
Dielektrizitätszahl		50	23	4		Durchmesser 80x1 mm
		10^3	23	4		Durchmesser 80x1 mm
		10^6				
Dielektrischer Verlustfaktor tan δ		50	23	0.006		Durchmesser 80x1 mm
		10^3	23	0.015		Durchmesser 80x1 mm
		10^6				
Spezifischer Durchgangs-widerstand	Ohm · cm		23	1*10**15		Durchmesser 80x1 mm
Durchschlagfestigkeit	kV/mm		23	30		1 mm dick
Oberflächenwiderstand	Ohm		23	1*10**15		Durchmesser 80x1 mm
Kriechstromfestigkeit		KC		KB	KA	
Elektrolytische Korrosionswirkung		A 1				30x10x4 mm
Lichtbogenfestigkeit nach DIN						
nach ASTM	s					

Beständigkeit *(Chemische Beständigkeit siehe Anhang)*

Wasseraufnahme	
Feuchtigkeitsaufnahme Normalklima	2.5 %
Wetterbeständigkeit	
Spannungskorrosion	

Optische Eigenschaften

Brechungszahl n_D		
Transmissionsgrad τ_c	%	mm dick
Lichtdurchlässigkeit		

Produkt	Polyamid 6		**PA**
Handelsname	**Durethan KL1-2315**		
Hersteller	BAYER		
DIN-Bez 1	16773-PA6,MPR,14-10		
DIN-Bez 2			
Zusätze	Gleitmit.; Entformungsmit.; Elastomer; Weichmacher	*Füllstoffe/ Verstärkung*	
Bevorzugte Verarbeitung	Spritzgiessen	*Lieferform*	Granulat
		Farben	
Besondere Merkmale	Weich; Extreme Kaeltezaehigkeit	*Bevorzugte Anwendungen*	

Dichte	g/cm^3	1.07	*Schmelzindex*	g/10 min	:
Schüttdichte	g/cm^3		*Volumenfließindex*	cm^3/10 min	:
Viskositätszahl	ml/g				

Verarbeitungsbedingungen für Spritzgießen

Massetemp.	°C	*Schwindung*	% lgs 1.6, quer 1.6
Werkzeugtemp.	°C	*Bemerkungen*	Schwindung ermittelt an Platten 150x90x3 mm
Spritzdruck	bar		

Zugversuch 23 °C DIN 53457; ISO R/527

Probekörper: *Form* Nr. 3; 4 mm dick — *Herstellung* Spritzgiessen
Zustand Trocken — *Vorbehandlung* Normalklima

Streckspannung	N/mm^2		*Dehnung bei Streckspannung*	%	
Zugfestigkeit	N/mm^2	40	*Reißdehnung*	%	≧50
Reißfestigkeit	N/mm^2		*% Dehnspannung*	N/mm^2	
E-Modul	N/mm^2	900	*Dehnung bei % Dehnspg.*	%	

Kriechmoduln und Zeitstandwerte 23 °C

Probekörper: *Form* — *Herstellung*
Zustand — *Vorbehandlung*

Kriechmodul	*1 min* N/mm^2	*Zeitstandzugfestigkeit*	h N/mm^2
Kriechmodul	*1000 h* N/mm^2	*Zeitdehnspg.* %	h N/mm^2
bei Spannung	N/mm^2		

Biegeversuch 23 °C

Probekörper: *Form* — *Herstellung*
Zustand — *Vorbehandlung*

Biegefestigkeit	N/mm^2	*E-Modul*	N/mm^2
3,5% *Biegespannung*	N/mm^2		

Härte 23 °C *Probekörper:* *Zustand* — *Herstellung*
Vorbehandlung

Kugeldruckhärte	N/mm^2 bei N, s	*Shore-Härte* A	
Rockwellhärte		*Shore-Härte* D	

Schlagversuch *Probekörper:* *(1)*
(2) — *Herstellung*
Zustand — *Vorbehandlung* Normalklima

	°C	°C	°C	*Probekörper-Form*
Schlagzähigkeit kJ/m^2				
Kerbschlagzähigkeit (1) kJ/m^2				
IZOD-Kerbschlagzähigkeit (2) J/m				
Kerbschlagzugzähigkeit kJ/m^2				

Abrieb und Reibung

Taber-Abrieb (Reibradverfahren)	mm^3/100 U		
Abriebfaktor LNP (Thrust washer) Vergleichswert			
Statische Reibungszahl			
Dynamische Reibungszahl	(p·v=	N/mm^2 ·	m/min)
Zulässiger p · v Wert	N/mm^2 · (m/min)	v=	m/min
		v=	m/min

Thermische Eigenschaften

Formbeständigkeit in der Wärme	Verfahren	A		40 °C
	Verfahren	B		85 °C
Vicat Erweichungstemperatur (VST)	Verfahren	B/50		130 °C
	Verfahren			°C
Kristallit-Schmelzpunkt	Verfahren			
Längenausdehnungskoeffizient	Bereich	23–80	°C	$1.3 \cdot 10^{-4} K^{-1}$
	Temperatur			$\cdot 10^{-4} K^{-1}$
Wärmeleitfähigkeit	Verfahren			W/(K · m)
Spezifische Wärmekapazität	Verfahren			J/(K · g)
Glasumwandlungstemperatur	Torsionsschwingungsversuch		°C	
	Differentialkalorimetrie		°C	

Brandverhalten

UL-Test vertikal	Dicke	mm, Wert
	Dicke	mm, Wert

	Norm	Bewertung	Abmessungen
Sauerstoff-Index	ASTM D 2863		
Glühstab-Verfahren			
Brandverhalten	DIN 4102		
MVSS			
FAR			

Elektrische Eigenschaften

		Hz	°C		Probekörper, Form	
Dielektrizitätszahl		50				
		10^3				
		10^6				
Dielektrischer Verlustfaktor tan δ		50				
		10^3				
		10^6				
Spezifischer Durchgangswiderstand	Ohm · cm					
Durchschlagfestigkeit	kV/mm		23	30	1	mm dick
Oberflächenwiderstand	Ohm					

Kriechstromfestigkeit	KC	KB	KA
Elektrolytische Korrosionswirkung			
Lichtbogenfestigkeit nach DIN			
nach ASTM	s		

Beständigkeit *(Chemische Beständigkeit siehe Anhang)*

Wasseraufnahme	
Feuchtigkeitsaufnahme Normalklima	%
Wetterbeständigkeit	
Spannungskorrosion	

Optische Eigenschaften

Brechungszahl n_D		
Transmissionsgrad τ_c	%	mm dick
Lichtdurchlässigkeit		

Produkt	Polyamid 6		**PA**
Handelsname	**Durethan KL1-2401/30**		
Hersteller	BAYER		
DIN-Bez 1 *DIN-Bez 2*	16773-PA6,MR,14-070,T30		
Zusätze	Entformungsmittel	*Füllstoffe/ Verstärkung*	30% Mineral
Bevorzugte Verarbeitung	Spritzgiessen	*Lieferform*	Granulat
		Farben	
Besondere Merkmale	Geringe nahezu isotrope Schwindung; Mit Mineralgehalten von 10 - 40 % in Abstufungen von 10 % erhaeltlich	*Bevorzugte Anwendungen*	

Dichte	g/cm³	1.38	*Schmelzindex*	g/10 min	:
Schüttdichte	g/cm³		*Volumenfließindex*	cm³/10 min	:
Viskositätszahl	ml/g				

Verarbeitungsbedingungen für Spritzgießen

Massetemp.	°C	*Schwindung*	% lgs 0.7, quer 0.8
Werkzeugtemp.	°C	*Bemerkungen*	Schwindung ermittelt an Platten 150x90x3 mm
Spritzdruck	bar		

Zugversuch 23 °C DIN 53455; ISO R/527; DIN 53457; ISO R/527

Probekörper: *Form* Nr. 3; 4 mm dick — *Herstellung* Spritzgiessen
Zustand Trocken — *Vorbehandlung* Normalklima

Streckspannung	N/mm²		*Dehnung bei Streckspannung*	%	
Zugfestigkeit	N/mm²	75	*Reißdehnung*	%	3
Reißfestigkeit	N/mm²		*% Dehnspannung*	N/mm²	
E-Modul	N/mm²	7000	*Dehnung bei % Dehnspg.*	%	

Kriechmoduln und Zeitstandwerte 23 °C

Probekörper: *Form* — *Herstellung*
Zustand — *Vorbehandlung*

Kriechmodul	*1 min* N/mm²	*Zeitstandzugfestigkeit*	h	N/mm²
Kriechmodul	*1000 h* N/mm²	*Zeitdehnspg. %*	h	N/mm²
bei Spannung	N/mm²			

Biegeversuch 23 °C

Probekörper: *Form* — *Herstellung*
Zustand — *Vorbehandlung*

Biegefestigkeit	N/mm²	*E-Modul*	N/mm²
3,5% *Biegespannung*	N/mm²		

Härte 23 °C *Probekörper:* *Zustand* — *Herstellung*
Vorbehandlung

Kugeldruckhärte	N/mm² bei N, s	*Shore-Härte* A	
Rockwellhärte		*Shore-Härte* D	

Schlagversuch *Probekörper:* *(1)*
(2) — *Herstellung*
Zustand — *Vorbehandlung*

	°C	°C	°C	*Probekörper-Form*
Schlagzähigkeit kJ/m²				
Kerbschlagzähigkeit (1) kJ/m²				
IZOD-Kerbschlagzähigkeit (2) J/m				
Kerbschlagzugzähigkeit kJ/m²				

Abrieb und Reibung

Taber-Abrieb (Reibradverfahren)	mm^3/100 U		
Abriebfaktor LNP (Thrust washer) Vergleichswert			
Statische Reibungszahl			
Dynamische Reibungszahl	(p · v =	N/mm^2 ·	m/min)
Zulässiger p · v Wert	N/mm^2 · (m/min)	v =	m/min
		v =	m/min

Thermische Eigenschaften

Formbeständigkeit in der Wärme	*Verfahren*	A		100 °C
	Verfahren	B		190 °C
Vicat Erweichungstemperatur (VST)	*Verfahren*	B/50		195 °C
	Verfahren			°C
Kristallit-Schmelzpunkt	*Verfahren*			
Längenausdehnungskoeffizient	*Bereich*	23–80	°C	0.55 · $10^{-4}K^{-1}$
	Temperatur			· $10^{-4}K^{-1}$
Wärmeleitfähigkeit	*Verfahren*			W/(K · m)
Spezifische Wärmekapazität	*Verfahren*			J/(K · g)
Glasumwandlungstemperatur	*Torsionsschwingungsversuch*		°C	
	Differentialkalorimetrie		°C	

Brandverhalten

UL-Test vertikal	Dicke	mm, Wert HB
	Dicke	mm, Wert

	Norm	*Bewertung*	*Abmessungen*
Sauerstoff-Index	ASTM D 2863		
Glühstab-Verfahren			
Brandverhalten	DIN 4102		
MVSS			
FAR			

Elektrische Eigenschaften

		Hz	°C			*Probekörper, Form*
Dielektrizitätszahl		50				
		10^3	23	3.5		Durchmesser 80x1 mm
		10^6				
Dielektrischer Verlustfaktor tan δ		50				
		10^3	23	0.02		Durchmesser 80x1 mm
		10^6				
Spezifischer Durchgangs-widerstand	Ohm · cm		23	1*10**14		Durchmesser 80x1 mm
Durchschlagfestigkeit	kV/mm		23	40		1 mm dick
Oberflächenwiderstand	Ohm		23	1*10**13		Durchmesser 80x1 mm
Kriechstromfestigkeit		KC		KB	KA	
Elektrolytische Korrosionswirkung		A 4				30x10x4 mm
Lichtbogenfestigkeit nach DIN						
nach ASTM	s					

Beständigkeit *(Chemische Beständigkeit siehe Anhang)*

Wasseraufnahme	
Feuchtigkeitsaufnahme Normalklima	%
Wetterbeständigkeit	
Spannungskorrosion	

Optische Eigenschaften

Brechungszahl n_D		
Transmissionsgrad τ_c	%	mm dick
Lichtdurchlässigkeit		

Produkt	Polyamid 6		**PA**
Handelsname	**Durethan KL1-2402/30**		
Hersteller	BAYER		
DIN-Bez 1	16773-PA6,MPR,18-050,M30		
DIN-Bez 2			
Zusätze	Entformungsmittel; Schlagzaehmodifier	*Füllstoffe/ Verstärkung*	30% Mineral
Bevorzugte Verarbeitung	Spritzgiessen	*Lieferform*	Granulat
		Farben	
Besondere Merkmale	Galvanisierbar; Schlagzaeh modifiziert; Mit Mineralgehalten von 10 - 40 % in Abstufungen von 10 % erhaeltlich	*Bevorzugte Anwendungen*	

Dichte	g/cm^3	1.36	*Schmelzindex*	g/10 min	:
Schüttdichte	g/cm^3		*Volumenfließindex*	cm^3/10 min	:
Viskositätszahl	ml/g				

Verarbeitungsbedingungen für Spritzgießen

Massetemp.	°C	*Schwindung*	% lgs 1.2, quer 1.2
Werkzeugtemp.	°C	*Bemerkungen*	Schwindung ermittelt an Platten 150x90x3 mm
Spritzdruck	bar		

Zugversuch 23 °C DIN 53455; ISO R/527; DIN 53457; ISO R/527

Probekörper: *Form* Nr. 3; 4 mm dick — *Herstellung* Spritzgiessen
Zustand Trocken — *Vorbehandlung* Normalklima

Streckspannung	N/mm^2	75	*Dehnung bei Streckspannung*	%	3
Zugfestigkeit	N/mm^2		*Reißdehnung*	%	20
Reißfestigkeit	N/mm^2		*% Dehnspannung*	N/mm^2	
E-Modul	N/mm^2	4800	*Dehnung bei % Dehnspg.*	%	

Kriechmoduln und Zeitstandwerte 23 °C

Probekörper: *Form* — *Herstellung*
Zustand — *Vorbehandlung*

Kriechmodul	*1 min*	N/mm^2	*Zeitstandzugfestigkeit*	h	N/mm^2
Kriechmodul	*1000 h*	N/mm^2	*Zeitdehnspg. %*	h	N/mm^2
bei Spannung		N/mm^2			

Biegeversuch 23 °C

Probekörper: *Form* — *Herstellung*
Zustand — *Vorbehandlung*

Biegefestigkeit	N/mm^2	*E-Modul*	N/mm^2
3,5% *Biegespannung*	N/mm^2		

Härte 23 °C *Probekörper:* *Zustand* — *Herstellung*
Vorbehandlung

Kugeldruckhärte	N/mm^2 bei N, s	*Shore-Härte* A	
Rockwellhärte		*Shore-Härte* D	

Schlagversuch *Probekörper:* *(1)*
(2) — *Herstellung*
Zustand — *Vorbehandlung*

	°C	°C	°C	*Probekörper-Form*
Schlagzähigkeit kJ/m^2				
Kerbschlagzähigkeit (1) kJ/m^2				
IZOD-Kerbschlagzähigkeit (2) J/m				
Kerbschlagzugzähigkeit kJ/m^2				

Abrieb und Reibung

Taber-Abrieb (Reibradverfahren)	mm^3/100 U		
Abriebfaktor LNP (Thrust washer) Vergleichswert			
Statische Reibungszahl			
Dynamische Reibungszahl	(p·v= N/mm^2·		m/min)
Zulässiger p · v Wert	N/mm^2·(m/min)	v=	m/min
		v=	m/min

Thermische Eigenschaften

Formbeständigkeit in der Wärme	*Verfahren*	A		90 °C
	Verfahren	B		190 °C
Vicat Erweichungstemperatur (VST)	*Verfahren*	B/50		200 °C
	Verfahren			°C
Kristallit-Schmelzpunkt	*Verfahren*			
Längenausdehnungskoeffizient	*Bereich*	23–80	°C	$0.7 \cdot 10^{-4} K^{-1}$
	Temperatur			$\cdot 10^{-4} K^{-1}$
Wärmeleitfähigkeit	*Verfahren*			W/(K · m)
Spezifische Wärmekapazität	*Verfahren*			J/(K · g)
Glasumwandlungstemperatur	*Torsionsschwingungsversuch*		°C	
	Differentialkalorimetrie		°C	

Brandverhalten

UL-Test vertikal	Dicke	mm, Wert HB
	Dicke	mm, Wert

	Norm	*Bewertung*	*Abmessungen*
Sauerstoff-Index	ASTM D 2863		
Glühstab-Verfahren			
Brandverhalten	DIN 4102		
MVSS			
FAR			

Elektrische Eigenschaften

		Hz	°C			*Probekörper, Form*
Dielektrizitätszahl		50				
		10^3	23	4		Durchmesser 80x1 mm
		10^6				
Dielektrischer Verlustfaktor tan δ		50				
		10^3	23	0.025		Durchmesser 80x1 mm
		10^6				
Spezifischer Durchgangs-widerstand	Ohm · cm		23	1*10**14		Durchmesser 80x1 mm
Durchschlagfestigkeit	kV/mm		23	35		1 mm dick
Oberflächenwiderstand	Ohm		23	1*10**14		Durchmesser 80x1 mm
Kriechstromfestigkeit		KC		KB	KA	
Elektrolytische Korrosionswirkung		A 1.8				30x10x4 mm
Lichtbogenfestigkeit nach DIN						
nach ASTM	s					

Beständigkeit *(Chemische Beständigkeit siehe Anhang)*

Wasseraufnahme	
Feuchtigkeitsaufnahme Normalklima	%
Wetterbeständigkeit	
Spannungskorrosion	

Optische Eigenschaften

Brechungszahl n_D		
Transmissionsgrad τ_c	%	mm dick
Lichtdurchlässigkeit		

Datenbank-Nr.	**T01761**		*Merkblatt-Nr.* **4417**

Produkt	Polyamid 66		**PA**
Handelsname	**Durethan KL1-2403/30**		
Hersteller	BAYER		
DIN-Bez 1	16773-PA66,MHR,18-060,M30		
DIN-Bez 2			
Zusätze	Entformungsmittel	*Füllstoffe/ Verstärkung*	30% Mineral
Bevorzugte Verarbeitung	Spritzgiessen	*Lieferform*	Granulat
		Farben	
Besondere Merkmale		*Bevorzugte Anwendungen*	

Dichte	g/cm³	1.36	*Schmelzindex*	g/10 min	:
Schüttdichte	g/cm³		*Volumenfließindex*	cm³/10 min	:
Viskositätszahl	ml/g				

Verarbeitungsbedingungen für Spritzgießen

Massetemp.	°C	*Schwindung*	% lgs 1.6, quer 1.6
Werkzeugtemp.	°C	*Bemerkungen*	Schwindung ermittelt an Platten 150x90x3 mm
Spritzdruck	bar		

Zugversuch 23 °C DIN 53455; ISO R/527; DIN 53457; ISO R/527

Probekörper:	*Form*	Nr. 3; 4 mm dick	*Herstellung*	Spritzgiessen
	Zustand	Trocken	*Vorbehandlung*	Normalklima

Streckspannung	N/mm²		*Dehnung bei Streckspannung*	%	
Zugfestigkeit	N/mm²	90	*Reißdehnung*	%	4.5
Reißfestigkeit	N/mm²		*% Dehnspannung*	N/mm²	
E-Modul	N/mm²	5500	*Dehnung bei % Dehnspg.*	%	

Kriechmoduln und Zeitstandwerte 23 °C

Probekörper:	*Form*	*Herstellung*	
	Zustand	*Vorbehandlung*	

Kriechmodul	*1 min* N/mm²	*Zeitstandzugfestigkeit*	h	N/mm²
Kriechmodul	*1000 h* N/mm²	*Zeitdehnspg. %*	h	N/mm²
bei Spannung	N/mm²			

Biegeversuch 23 °C

Probekörper:	*Form*	*Herstellung*	
	Zustand	*Vorbehandlung*	

Biegefestigkeit	N/mm²	*E-Modul*	N/mm²
3,5% *Biegespannung*	N/mm²		

Härte 23 °C

Probekörper:	*Zustand*	*Herstellung*	
		Vorbehandlung	

Kugeldruckhärte	N/mm² bei N, s	*Shore-Härte* A	
Rockwellhärte		*Shore-Härte* D	

Schlagversuch

Probekörper:	*(1)*		
	(2)	*Herstellung*	
	Zustand	*Vorbehandlung*	

	°C	°C	°C	*Probekörper-Form*
Schlagzähigkeit kJ/m²				
Kerbschlagzähigkeit (1) kJ/m²				
IZOD-Kerbschlagzähigkeit (2) J/m				
Kerbschlagzugzähigkeit kJ/m²				

Abrieb und Reibung

Taber-Abrieb (Reibradverfahren)	mm^3/100 U		
Abriebfaktor LNP (Thrust washer) Vergleichswert			
Statische Reibungszahl			
Dynamische Reibungszahl	(p · v= N/mm^2 ·		m/min)
Zulässiger p · v Wert	N/mm^2 · (m/min)	v=	m/min
		v=	m/min

Thermische Eigenschaften

Formbeständigkeit in der Wärme	*Verfahren*	A		120 °C
	Verfahren	B		235 °C
Vicat Erweichungstemperatur (VST)	*Verfahren*	B/50		230 °C
	Verfahren			°C
Kristallit-Schmelzpunkt	*Verfahren*			
Längenausdehnungskoeffizient	*Bereich*	23–80	°C	$0.75 \cdot 10^{-4} K^{-1}$
	Temperatur			$\cdot 10^{-4} K^{-1}$
Wärmeleitfähigkeit	*Verfahren*			W/(K · m)
Spezifische Wärmekapazität	*Verfahren*			J/(K · g)
Glasumwandlungstemperatur	*Torsionsschwingungsversuch*		°C	
	Differentialkalorimetrie		°C	

Brandverhalten

UL-Test vertikal	Dicke	mm, Wert HB
	Dicke	mm, Wert

	Norm	*Bewertung*	*Abmessungen*
Sauerstoff-Index	ASTM D 2863		
Glühstab-Verfahren			
Brandverhalten	DIN 4102		
MVSS			
FAR			

Elektrische Eigenschaften

		Hz	°C		*Probekörper, Form*
Dielektrizitätszahl		50	23	4	Durchmesser 80x1 mm
		10^3	23	4	Durchmesser 80x1 mm
		10^6			
Dielektrischer Verlustfaktor tan δ		50	23	0.01	Durchmesser 80x1 mm
		10^3	23	0.02	Durchmesser 80x1 mm
		10^6			
Spezifischer Durchgangs-widerstand	Ohm · cm		23	1*10**15	Durchmesser 80x1 mm
Durchschlagfestigkeit	kV/mm		23	35	1 mm dick
Oberflächenwiderstand	Ohm		23	1*10**14	Durchmesser 80x1 mm

Kriechstromfestigkeit	KC	KB	KA	
Elektrolytische Korrosionswirkung	A/B 3			30x10x4 mm
Lichtbogenfestigkeit nach DIN				
nach ASTM s				

Beständigkeit *(Chemische Beständigkeit siehe Anhang)*

Wasseraufnahme 23 C Bis zur Saettigung	5.5 %
Feuchtigkeitsaufnahme Normalklima	1.8 %
Wetterbeständigkeit	
Spannungskorrosion	

Optische Eigenschaften

Brechungszahl n_D

Transmissionsgrad τ_c % mm dick

Lichtdurchlässigkeit

Datenbank-Nr. **T01762** Merkblatt-Nr. **4418**

Produkt	Polyamid 66		**PA**
Handelsname	**Durethan KL1-2403/40**		
Hersteller	BAYER		
DIN-Bez 1	16773-PA66,MHR,18-070,M40		
DIN-Bez 2			
Zusätze	Entformungsmittel	*Füllstoffe/ Verstärkung*	40% Mineral
Bevorzugte Verarbeitung	Spritzgiessen	*Lieferform*	Granulat
		Farben	
Besondere Merkmale		*Bevorzugte Anwendungen*	

Dichte	g/cm^3	1.46	*Schmelzindex*	g/10 min	:
Schüttdichte	g/cm^3		*Volumenfließindex*	cm^3/10 min	:
Viskositätszahl	ml/g				

Verarbeitungsbedingungen für Spritzgießen

Massetemp.	°C	*Schwindung*	% lgs 1.4, quer 1.4
Werkzeugtemp.	°C	*Bemerkungen*	Schwindung ermittelt an Platten 150x90x3 mm
Spritzdruck	bar		

Zugversuch 23 °C DIN 53455; ISO R/527; DIN 53457; ISO R/527

Probekörper: *Form* Nr. 3; 4 mm dick — *Herstellung* Spritzgiessen
Zustand Trocken — *Vorbehandlung* Normalklima

Streckspannung	N/mm^2		*Dehnung bei Streckspannung*	%	
Zugfestigkeit	N/mm^2	95	*Reißdehnung*	%	4.5
Reißfestigkeit	N/mm^2		*% Dehnspannung*	N/mm^2	
E-Modul	N/mm^2	6300	*Dehnung bei % Dehnspg.*	%	

Kriechmoduln und Zeitstandwerte 23 °C

Probekörper: *Form* — *Herstellung*
Zustand — *Vorbehandlung*

Kriechmodul	*1 min* N/mm^2	*Zeitstandzugfestigkeit*	h	N/mm^2
Kriechmodul	*1000 h* N/mm^2	*Zeitdehnspg.* %	h	N/mm^2
bei Spannung	N/mm^2			

Biegeversuch 23 °C

Probekörper: *Form* — *Herstellung*
Zustand — *Vorbehandlung*

Biegefestigkeit	N/mm^2	*E-Modul*	N/mm^2
3,5% *Biegespannung*	N/mm^2		

Härte 23 °C *Probekörper:* *Zustand* — *Herstellung*
Vorbehandlung

Kugeldruckhärte	N/mm^2 bei N, s	*Shore-Härte* A	
Rockwellhärte		*Shore-Härte* D	

Schlagversuch *Probekörper:* *(1)*
(2) — *Herstellung*
Zustand — *Vorbehandlung*

	°C	°C	°C	*Probekörper-Form*
Schlagzähigkeit kJ/m^2				
Kerbschlagzähigkeit (1) kJ/m^2				
IZOD-Kerbschlagzähigkeit (2) J/m				
Kerbschlagzugzähigkeit kJ/m^2				

Abrieb und Reibung

Taber-Abrieb (Reibradverfahren)	$mm^3/100$ U		
Abriebfaktor LNP (Thrust washer) Vergleichswert			
Statische Reibungszahl			
Dynamische Reibungszahl	(p·v= N/mm²·		m/min)
Zulässiger p · v Wert	N/mm²·(m/min)	v=	m/min
		v=	m/min

Thermische Eigenschaften

Formbeständigkeit in der Wärme	*Verfahren*	A		130 °C
	Verfahren	B		235 °C
Vicat Erweichungstemperatur (VST)	*Verfahren*	B/50		230 °C
	Verfahren			°C
Kristallit-Schmelzpunkt	*Verfahren*			
Längenausdehnungskoeffizient	*Bereich*	23–80	°C	$0.7 \cdot 10^{-4}K^{-1}$
	Temperatur			$\cdot 10^{-4}K^{-1}$
Wärmeleitfähigkeit	*Verfahren*			W/(K · m)
Spezifische Wärmekapazität	*Verfahren*			J/(K · g)
Glasumwandlungstemperatur	*Torsionsschwingungsversuch*		°C	
	Differentialkalorimetrie		°C	

Brandverhalten

UL-Test vertikal	Dicke mm, Wert HB
	Dicke mm, Wert

	Norm	*Bewertung*	*Abmessungen*
Sauerstoff-Index	ASTM D 2863		
Glühstab-Verfahren			
Brandverhalten	DIN 4102		
MVSS			
FAR			

Elektrische Eigenschaften

		Hz	°C		*Probekörper, Form*
Dielektrizitätszahl		50	23	4	Durchmesser 80x1 mm
		10^3	23	4	Durchmesser 80x1 mm
		10^6			
Dielektrischer Verlustfaktor tan δ		50	23	0.01	Durchmesser 80x1 mm
		10^3	23	0.015	Durchmesser 80x1 mm
		10^6			
Spezifischer Durchgangs-widerstand	Ohm · cm		23	1*10**15	Durchmesser 80x1 mm
Durchschlagfestigkeit	kV/mm		23	35	1 mm dick
Oberflächenwiderstand	Ohm		23	1*10**14	Durchmesser 80x1 mm
Kriechstromfestigkeit		KC	KB	KA	
Elektrolytische Korrosionswirkung		A/B 3			30x10x4 mm
Lichtbogenfestigkeit nach DIN					
nach ASTM	s				

Beständigkeit *(Chemische Beständigkeit siehe Anhang)*

Wasseraufnahme 23 C Bis zur Saettigung	4.5 %
Feuchtigkeitsaufnahme Normalklima	1.4 %
Wetterbeständigkeit	
Spannungskorrosion	

Optische Eigenschaften

Brechungszahl n_D		
Transmissionsgrad τ_c	%	mm dick
Lichtdurchlässigkeit		

Datenbank-Nr.	**T01763**		Merkblatt-Nr. **4419**

Produkt	Polyamid 66		**PA**
Handelsname	**Durethan KL2-2408/40**		
Hersteller	BAYER		
DIN-Bez 1	16773-PA66,EHR,22-070,M40		
DIN-Bez 2			
Zusätze		*Füllstoffe/ Verstärkung*	40% Mineral
Bevorzugte Verarbeitung	Spritzgiessen	*Lieferform*	Granulat
		Farben	
Besondere Merkmale	Erhoehte Viskositaet	*Bevorzugte Anwendungen*	

Dichte	g/cm³	1.46	*Schmelzindex*	g/10 min	:
Schüttdichte	g/cm³		*Volumenfließindex*	cm³/10 min	:
Viskositätszahl	ml/g				

Verarbeitungsbedingungen für Spritzgießen

Massetemp.	°C	*Schwindung*	% lgs 1, quer 1.5
Werkzeugtemp.	°C	*Bemerkungen*	Schwindung ermittelt an Platten 150x90x3 mm
Spritzdruck	bar		

Zugversuch 23 °C DIN 53455; ISO R/527; DIN 53457; ISO R/527

Probekörper:	*Form*	Nr. 3; 4 mm dick	*Herstellung*	Spritzgiessen
	Zustand	Trocken	*Vorbehandlung*	Normalklima

Streckspannung	N/mm²		*Dehnung bei Streckspannung*	%	
Zugfestigkeit	N/mm²	90	*Reißdehnung*	%	8
Reißfestigkeit	N/mm²		*% Dehnspannung*	N/mm²	
E-Modul	N/mm²	6700	*Dehnung bei % Dehnspg.*	%	

Kriechmoduln und Zeitstandwerte 23 °C

Probekörper:	*Form*	*Herstellung*
	Zustand	*Vorbehandlung*

Kriechmodul	*1 min*	N/mm²	*Zeitstandzugfestigkeit*	h	N/mm²
Kriechmodul	*1000 h*	N/mm²	*Zeitdehnspg. %*	h	N/mm²
bei Spannung		N/mm²			

Biegeversuch 23 °C

Probekörper:	*Form*	*Herstellung*
	Zustand	*Vorbehandlung*

Biegefestigkeit	N/mm²	*E-Modul*	N/mm²
3,5% *Biegespannung*	N/mm²		

Härte 23 °C *Probekörper:* *Zustand* *Herstellung* *Vorbehandlung*

Kugeldruckhärte	N/mm² bei N, s	*Shore-Härte* A	
Rockwellhärte		*Shore-Härte* D	

Schlagversuch *Probekörper:* *(1)* *(2)* *Zustand* *Herstellung* *Vorbehandlung*

		°C	°C	°C	*Probekörper-Form*
Schlagzähigkeit	kJ/m²				
Kerbschlagzähigkeit (1)	kJ/m²				
IZOD-Kerbschlagzähigkeit (2)	J/m				
Kerbschlagzugzähigkeit	kJ/m²				

Abrieb und Reibung

Taber-Abrieb (Reibradverfahren)	mm^3/100 U		
Abriebfaktor LNP (Thrust washer) Vergleichswert			
Statische Reibungszahl			
Dynamische Reibungszahl	(p · v=	N/mm^2 ·	m/min)
Zulässiger p · v Wert	N/mm^2 · (m/min)	v=	m/min
		v=	m/min

Thermische Eigenschaften

Formbeständigkeit in der Wärme	*Verfahren*	A		130 °C
	Verfahren	B		235 °C
Vicat Erweichungstemperatur (VST)	*Verfahren*	B/50		230 °C
	Verfahren			°C
Kristallit-Schmelzpunkt	*Verfahren*			
Längenausdehnungskoeffizient	*Bereich*	23–80	°C	$0.7 \cdot 10^{-4} K^{-1}$
	Temperatur			$\cdot 10^{-4} K^{-1}$
Wärmeleitfähigkeit	*Verfahren*			W/(K · m)
Spezifische Wärmekapazität	*Verfahren*			J/(K · g)
Glasumwandlungstemperatur	*Torsionsschwingungsversuch*		°C	
	Differentialkalorimetrie		°C	

Brandverhalten

UL-Test vertikal		Dicke mm, Wert HB	
		Dicke mm, Wert	
	Norm	*Bewertung*	*Abmessungen*
Sauerstoff-Index	ASTM D 2863		
Glühstab-Verfahren			
Brandverhalten	DIN 4102		
MVSS			
FAR			

Elektrische Eigenschaften

		Hz	°C				*Probekörper, Form*
Dielektrizitätszahl		50	23	4			Durchmesser 80x1 mm
		10^3	23	4			Durchmesser 80x1 mm
		10^6					
Dielektrischer Verlustfaktor tan δ		50	23	0.01			Durchmesser 80x1 mm
		10^3	23	0.015			Durchmesser 80x1 mm
		10^6					
Spezifischer Durchgangs-widerstand	Ohm · cm		23	1*10**15			Durchmesser 80x1 mm
Durchschlagfestigkeit	kV/mm		23	40			1 mm dick
Oberflächenwiderstand	Ohm		23	1*10**15			Durchmesser 80x1 mm
Kriechstromfestigkeit		KC			KB	KA	
Elektrolytische Korrosionswirkung		A 1.2					30x10x4 mm
Lichtbogenfestigkeit nach DIN							
nach ASTM	s						

Beständigkeit *(Chemische Beständigkeit siehe Anhang)*

Wasseraufnahme 23 C Bis zur Saettigung	4.5 %	
Feuchtigkeitsaufnahme Normalklima		1.7 %
Wetterbeständigkeit		
Spannungskorrosion		

Optische Eigenschaften

Brechungszahl n_D		
Transmissionsgrad τ_c	%	mm dick
Lichtdurchlässigkeit		

Produkt	Polyamid 66		**PA**
Handelsname	**Durethan KU2-2319**		
Hersteller	BAYER		
DIN-Bez 1	16773-PA66,MPR,18-020		
DIN-Bez 2			
Zusätze	Entformungsmittel; Elastomer	*Füllstoffe/ Verstärkung*	
Bevorzugte Verarbeitung	Spritzgiessen	*Lieferform*	Granulat
		Farben	
Besondere Merkmale	Hohe Kaeltezaehigkeit	*Bevorzugte Anwendungen*	

Dichte	g/cm³	1.09	*Schmelzindex*	g/10 min	:
Schüttdichte	g/cm³		*Volumenfließindex*	cm³/10 min	:
Viskositätszahl	ml/g				

Verarbeitungsbedingungen für Spritzgießen

Massetemp.	°C	*Schwindung*	% lgs 2.6, quer 1.7
Werkzeugtemp.	°C	*Bemerkungen*	Schwindung ermittelt an Platten 150x90x3 mm
Spritzdruck	bar		

Zugversuch 23 °C DIN 53457; ISO R/527

Probekörper: *Form* Nr. 3; 4 mm dick — *Herstellung* Spritzgiessen
Zustand Trocken — *Vorbehandlung* Normalklima

Streckspannung	N/mm²	55	*Dehnung bei Streckspannung*	%	4.5
Zugfestigkeit	N/mm²		*Reißdehnung*	%	≧50
Reißfestigkeit	N/mm²		*% Dehnspannung*	N/mm²	
E-Modul	N/mm²	2200	*Dehnung bei % Dehnspg.*	%	

Kriechmoduln und Zeitstandwerte 23 °C

Probekörper: *Form* — *Herstellung*
Zustand — *Vorbehandlung*

Kriechmodul	*1 min*	N/mm²	*Zeitstandzugfestigkeit*	h	N/mm²
Kriechmodul	*1000 h*	N/mm²	*Zeitdehnspg. %*	h	N/mm²
bei Spannung		N/mm²			

Biegeversuch 23 °C

Probekörper: *Form* — *Herstellung*
Zustand — *Vorbehandlung*

Biegefestigkeit	N/mm²	*E-Modul*	N/mm²
3,5% *Biegespannung*	N/mm²		

Härte 23 °C *Probekörper:* *Zustand* — *Herstellung*
Vorbehandlung

Kugeldruckhärte	N/mm² bei N, s	*Shore-Härte* A	
Rockwellhärte		*Shore-Härte* D	

Schlagversuch *Probekörper:* *(1)*
(2) — *Herstellung*
Zustand — *Vorbehandlung*

	°C	°C	°C	*Probekörper-Form*
Schlagzähigkeit kJ/m²				
Kerbschlagzähigkeit (1) kJ/m²				
IZOD-Kerbschlagzähigkeit (2) J/m				
Kerbschlagzugzähigkeit kJ/m²				

Abrieb und Reibung

Taber-Abrieb (Reibradverfahren)	mm^3/100 U		
Abriebfaktor LNP (Thrust washer) Vergleichswert			
Statische Reibungszahl			
Dynamische Reibungszahl	(p·v=	N/mm^2 ·	m/min)
Zulässiger p · v Wert	N/mm^2 · (m/min)	v=	m/min
		v=	m/min

Thermische Eigenschaften

Formbeständigkeit in der Wärme	*Verfahren*			°C
	Verfahren			°C
Vicat Erweichungstemperatur (VST)	*Verfahren*	B/50		210 °C
	Verfahren			°C
Kristallit-Schmelzpunkt	*Verfahren*			
Längenausdehnungskoeffizient	*Bereich*	23–80	°C	$1.5 \cdot 10^{-4} K^{-1}$
	Temperatur			$\cdot 10^{-4} K^{-1}$
Wärmeleitfähigkeit	*Verfahren*			W/(K · m)
Spezifische Wärmekapazität	*Verfahren*			J/(K · g)
Glasumwandlungstemperatur	*Torsionsschwingungsversuch*		°C	
	Differentialkalorimetrie		°C	

Brandverhalten

UL-Test vertikal	Dicke	mm, Wert
	Dicke	mm, Wert

	Norm	*Bewertung*	*Abmessungen*
Sauerstoff-Index	ASTM D 2863		
Glühstab-Verfahren			
Brandverhalten	DIN 4102		
MVSS			
FAR			

Elektrische Eigenschaften

		Hz	°C		*Probekörper, Form*
Dielektrizitätszahl		50			
		10^3			
		10^6			
Dielektrischer Verlustfaktor tan δ		50			
		10^3			
		10^6			
Spezifischer Durchgangs-widerstand	Ohm · cm				
Durchschlagfestigkeit	kV/mm				mm dick
Oberflächenwiderstand	Ohm				
Kriechstromfestigkeit		KC	KB	KA	
Elektrolytische Korrosionswirkung					
Lichtbogenfestigkeit nach DIN					
nach ASTM	s				

Beständigkeit *(Chemische Beständigkeit siehe Anhang)*

Wasseraufnahme

Feuchtigkeitsaufnahme Normalklima %

Wetterbeständigkeit

Spannungskorrosion

Optische Eigenschaften

Brechungszahl n_D		
Transmissionsgrad τ_c	%	mm dick
Lichtdurchlässigkeit		

Datenbank-Nr.	**T01765**		Merkblatt-Nr. **4421**

Produkt	Polyamid 6		**PA**
Handelsname	**Durethan KU2-2322/50**		
Hersteller	BAYER		
DIN-Bez 1	16773-PA6,MPR,14-140,GF50		
DIN-Bez 2			
Zusätze	Entformungsmittel; Elastomer	*Füllstoffe/ Verstärkung*	50% Glasfaser
Bevorzugte Verarbeitung	Spritzgiessen	*Lieferform*	Granulat
		Farben	
Besondere Merkmale	Galvanisierbar; Gegenueber BKV 50 bereits im spritzfrischen Zustand deutlich erhoehte Kerbschlagzaehigkeit und Energieaufnahme bei biaxialer Schlagbeanspruchung	*Bevorzugte Anwendungen*	

Dichte	g/cm³	1.56	*Schmelzindex*	g/10 min	:
Schüttdichte	g/cm³		*Volumenfließindex*	cm³/10 min	:
Viskositätszahl	ml/g				

Verarbeitungsbedingungen für Spritzgießen

Massetemp.	°C	*Schwindung*	% lgs 0.3, quer 0.7
Werkzeugtemp.	°C	*Bemerkungen*	Schwindung ermittelt an Platten 150x90x3 mm
Spritzdruck	bar		

Zugversuch 23 °C DIN 53455; ISO R/527; DIN 53457; ISO R/527

Probekörper:	*Form*	Nr. 3; 4 mm dick	*Herstellung*	Spritzgiessen
	Zustand	Trocken	*Vorbehandlung*	Normalklima

Streckspannung	N/mm²		*Dehnung bei Streckspannung*	%	
Zugfestigkeit	N/mm²	200	*Reißdehnung*	%	3
Reißfestigkeit	N/mm²		*% Dehnspannung*	N/mm²	
E-Modul	N/mm²	13000	*Dehnung bei % Dehnspg.*	%	

Kriechmoduln und Zeitstandwerte 23 °C

Probekörper:	*Form*	*Herstellung*	
	Zustand	*Vorbehandlung*	

Kriechmodul	*1 min* N/mm²	*Zeitstandzugfestigkeit*	h	N/mm²
Kriechmodul	*1000 h* N/mm²	*Zeitdehnspg.* %	h	N/mm²
bei Spannung	N/mm²			

Biegeversuch 23 °C

Probekörper:	*Form*	*Herstellung*	
	Zustand	*Vorbehandlung*	

Biegefestigkeit	N/mm²	*E-Modul*	N/mm²
3,5% *Biegespannung*	N/mm²		

Härte 23 °C

Probekörper:	*Zustand*	*Herstellung*	
		Vorbehandlung	

Kugeldruckhärte	N/mm² bei N, s	*Shore-Härte* A	
Rockwellhärte		*Shore-Härte* D	

Schlagversuch

Probekörper:	*(1)*		
	(2)	*Herstellung*	
	Zustand	*Vorbehandlung*	

		°C	°C	°C	*Probekörper-Form*
Schlagzähigkeit	kJ/m²				
Kerbschlagzähigkeit (1)	kJ/m²				
IZOD-Kerbschlagzähigkeit (2)	J/m				
Kerbschlagzugzähigkeit	kJ/m²				

Abrieb und Reibung

Taber-Abrieb (Reibradverfahren)	mm^3/100 U		
Abriebfaktor LNP (Thrust washer) Vergleichswert			
Statische Reibungszahl			
Dynamische Reibungszahl	(p · v =	N/mm^2 ·	m/min)
Zulässiger p · v Wert	N/mm^2 · (m/min)	v =	m/min
		v =	m/min

Thermische Eigenschaften

Formbeständigkeit in der Wärme	*Verfahren*	A		200 °C
	Verfahren	B		215 °C
Vicat Erweichungstemperatur (VST)	*Verfahren*	B/50		200 °C
	Verfahren			°C
Kristallit-Schmelzpunkt	*Verfahren*			
Längenausdehnungskoeffizient	*Bereich*	23–80	°C	$0.2 \cdot 10^{-4} K^{-1}$
	Temperatur			$\cdot 10^{-4} K^{-1}$
Wärmeleitfähigkeit	*Verfahren*			W/(K · m)
Spezifische Wärmekapazität	*Verfahren*			J/(K · g)
Glasumwandlungstemperatur	*Torsionsschwingungsversuch*		°C	
	Differentialkalorimetrie		°C	

Brandverhalten

UL-Test vertikal	Dicke	mm, Wert HB
	Dicke	mm, Wert

	Norm	*Bewertung*	*Abmessungen*
Sauerstoff-Index	ASTM D 2863		
Glühstab-Verfahren			
Brandverhalten	DIN 4102		
MVSS			
FAR			

Elektrische Eigenschaften

		Hz	°C		*Probekörper, Form*
Dielektrizitätszahl		50	23	4	Durchmesser 80x1 mm
		10^3	23	4	Durchmesser 80x1 mm
		10^6			
Dielektrischer Verlustfaktor tan δ		50	23	0.005	Durchmesser 80x1 mm
		10^3	23	0.005	Durchmesser 80x1 mm
		10^6			
Spezifischer Durchgangs-widerstand	Ohm · cm		23	1*10**15	Durchmesser 80x1 mm
Durchschlagfestigkeit	kV/mm		23	40	1 mm dick
Oberflächenwiderstand	Ohm		23	1*10**14	Durchmesser 80x1 mm

Kriechstromfestigkeit	KC	KB	KA	
Elektrolytische Korrosionswirkung	A 1.6			30x10x4 mm
Lichtbogenfestigkeit nach DIN				
nach ASTM s				

Beständigkeit *(Chemische Beständigkeit siehe Anhang)*

Wasseraufnahme 23 C Bis zur Saettigung	5 %	
Feuchtigkeitsaufnahme Normalklima		1.4 %
Wetterbeständigkeit		
Spannungskorrosion		

Optische Eigenschaften

Brechungszahl n_D		
Transmissionsgrad τ_c	%	mm dick
Lichtdurchlässigkeit		

Datenbank-Nr. **T01766** Merkblatt-Nr. **4422**

Produkt	Polyamid 66		**PA**
Handelsname	**Durethan KU2-2410/30**		
Hersteller	BAYER		
DIN-Bez 1	16773-PA66,M,14-050,M30		
DIN-Bez 2			
Zusätze	Entformungsmittel	*Füllstoffe/ Verstärkung*	30% Mineral
Bevorzugte Verarbeitung	Spritzgiessen	*Lieferform*	Granulat
		Farben	
Besondere Merkmale	Mit Mineralgehalten von 10-40 % in Abstufungen von 5 % erhaeltlich; Gegenueber KL 1-2403/30 deutlich verbesserte Oberflaeche	*Bevorzugte Anwendungen*	

Dichte	g/cm^3	1.36	*Schmelzindex*	g/10 min	:
Schüttdichte	g/cm^3		*Volumenfließindex*	$cm^3/10$ min	:
Viskositätszahl	ml/g				

Verarbeitungsbedingungen für Spritzgießen

Massetemp.	°C	*Schwindung*	% lgs 1.5, quer 1.5
Werkzeugtemp.	°C	*Bemerkungen*	Schwindung ermittelt an Platten 150x90x3 mm
Spritzdruck	bar		

Zugversuch 23 °C DIN 53455; ISO R/527; DIN 53457; ISO R/527

Probekörper: *Form* Nr. 3; 4 mm dick — *Herstellung* Spritzgiessen
Zustand Trocken — *Vorbehandlung* Normalklima

Streckspannung	N/mm^2		*Dehnung bei Streckspannung*	%	
Zugfestigkeit	N/mm^2	85	*Reißdehnung*	%	10
Reißfestigkeit	N/mm^2		*% Dehnspannung*	N/mm^2	
E-Modul	N/mm^2	5500	*Dehnung bei % Dehnspg.*	%	

Kriechmoduln und Zeitstandwerte 23 °C

Probekörper: *Form* — *Herstellung*
Zustand — *Vorbehandlung*

Kriechmodul	*1 min*	N/mm^2	*Zeitstandzugfestigkeit*	h	N/mm^2
Kriechmodul	*1000 h*	N/mm^2	*Zeitdehnspg.* %	h	N/mm^2
bei Spannung		N/mm^2			

Biegeversuch 23 °C

Probekörper: *Form* — *Herstellung*
Zustand — *Vorbehandlung*

Biegefestigkeit	N/mm^2	*E-Modul*	N/mm^2
3,5% *Biegespannung*	N/mm^2		

Härte 23 °C *Probekörper:* *Zustand* — *Herstellung*
Vorbehandlung

Kugeldruckhärte	N/mm^2 bei N, s	*Shore-Härte* A	
Rockwellhärte		*Shore-Härte* D	

Schlagversuch *Probekörper:* *(1)*
(2) — *Herstellung*
Zustand — *Vorbehandlung*

		°C	°C	°C	*Probekörper-Form*
Schlagzähigkeit	kJ/m^2				
Kerbschlagzähigkeit (1)	kJ/m^2				
IZOD-Kerbschlagzähigkeit (2)	J/m				
Kerbschlagzugzähigkeit	kJ/m^2				

Abrieb und Reibung

Taber-Abrieb (Reibradverfahren)	mm^3/100 U		
Abriebfaktor LNP (Thrust washer) Vergleichswert			
Statische Reibungszahl			
Dynamische Reibungszahl	(p·v=	N/mm^2·	m/min)
Zulässiger p·v Wert	N/mm^2·(m/min)	v=	m/min
		v=	m/min

Thermische Eigenschaften

Formbeständigkeit in der Wärme	Verfahren	A		110 °C
	Verfahren	B		230 °C
Vicat Erweichungstemperatur (VST)	Verfahren	B/50		200 °C
	Verfahren			°C
Kristallit-Schmelzpunkt	Verfahren			
Längenausdehnungskoeffizient	Bereich	23–80	°C	$0.75 \cdot 10^{-4} K^{-1}$
	Temperatur			$\cdot 10^{-4} K^{-1}$
Wärmeleitfähigkeit	Verfahren			W/(K · m)
Spezifische Wärmekapazität	Verfahren			J/(K · g)
Glasumwandlungstemperatur	Torsionsschwingungsversuch		°C	
	Differentialkalorimetrie		°C	

Brandverhalten

UL-Test vertikal	Dicke	mm, Wert HB
	Dicke	mm, Wert

	Norm	Bewertung	Abmessungen
Sauerstoff-Index	ASTM D 2863		
Glühstab-Verfahren			
Brandverhalten	DIN 4102		
MVSS			
FAR			

Elektrische Eigenschaften

		Hz	°C		Probekörper, Form
Dielektrizitätszahl		50	23	4	Durchmesser 80x1 mm
		10^3	23	4	Durchmesser 80x1 mm
		10^6			
Dielektrischer Verlustfaktor tan δ		50			
		10^3			
		10^6			
Spezifischer Durchgangswiderstand	Ohm · cm		23	1*10**16	Durchmesser 80x1 mm
Durchschlagfestigkeit	kV/mm		23	35	1 mm dick
Oberflächenwiderstand	Ohm		23	1*10**16	Durchmesser 80x1 mm

Kriechstromfestigkeit	KC	KB	KA	
Elektrolytische Korrosionswirkung	A 1.8			30x10x4 mm
Lichtbogenfestigkeit nach DIN				
nach ASTM s				

Beständigkeit *(Chemische Beständigkeit siehe Anhang)*

Wasseraufnahme

Feuchtigkeitsaufnahme Normalklima %

Wetterbeständigkeit

Spannungskorrosion

Optische Eigenschaften

Brechungszahl n_D

Transmissionsgrad τ_c % mm dick

Lichtdurchlässigkeit

Produkt	Polyamid 6			**PA**
Handelsname	**Durethan KU2-2501/30**			
Hersteller	BAYER			
DIN-Bez 1	16773-PA6,M,14-100,GF30			
DIN-Bez 2				
Zusätze	Entformungsmittel	*Füllstoffe/ Verstärkung*	30% Glasfaser	
Bevorzugte Verarbeitung	Spritzgiessen	*Lieferform*	Granulat	
		Farben		
Besondere Merkmale	Galvanisierbar; Geringe Wasseraufnahme; Gute Dimensionsstabilitaet; Gute Oberflaeche; Sehr gute Fliessfaehigkeit	*Bevorzugte Anwendungen*		

Dichte	g/cm^3	1.36	*Schmelzindex*	g/10 min	:
Schüttdichte	g/cm^3		*Volumenfließindex*	cm^3/10 min	:
Viskositätszahl	ml/g				

Verarbeitungsbedingungen für Spritzgießen

Massetemp.	°C	*Schwindung*	% lgs , quer
Werkzeugtemp.	°C	*Bemerkungen*	
Spritzdruck	bar		

Zugversuch 23 °C DIN 53455; ISO R/527; DIN 53457; ISO R/527

Probekörper:	*Form*	Nr. 3; 4 mm dick	*Herstellung*	Spritzgiessen
	Zustand	Trocken	*Vorbehandlung*	Normalklima

Streckspannung	N/mm^2		*Dehnung bei Streckspannung*	%	
Zugfestigkeit	N/mm^2	175	*Reißdehnung*	%	3
Reißfestigkeit	N/mm^2		*% Dehnspannung*	N/mm^2	
E-Modul	N/mm^2	9400	*Dehnung bei % Dehnspg.*	%	

Kriechmoduln und Zeitstandwerte 23 °C

Probekörper:	*Form*	*Herstellung*	
	Zustand	*Vorbehandlung*	

Kriechmodul	*1 min* N/mm^2		*Zeitstandzugfestigkeit*	h	N/mm^2
Kriechmodul	*1000 h* N/mm^2		*Zeitdehnspg. %*	h	N/mm^2
bei Spannung	N/mm^2				

Biegeversuch 23 °C

Probekörper:	*Form*	*Herstellung*	
	Zustand	*Vorbehandlung*	

Biegefestigkeit	N/mm^2	*E-Modul*	N/mm^2
3,5% *Biegespannung*	N/mm^2		

Härte 23 °C

Probekörper:	*Zustand*	*Herstellung*
		Vorbehandlung

Kugeldruckhärte	N/mm^2	bei N, s	*Shore-Härte* A
Rockwellhärte			*Shore-Härte* D

Schlagversuch

Probekörper:	*(1)*	
	(2)	*Herstellung*
	Zustand	*Vorbehandlung*

		°C	°C	°C	*Probekörper-Form*
Schlagzähigkeit	kJ/m^2				
Kerbschlagzähigkeit (1)	kJ/m^2				
IZOD-Kerbschlagzähigkeit (2)	J/m				
Kerbschlagzugzähigkeit	kJ/m^2				

Abrieb und Reibung

Taber-Abrieb (Reibradverfahren)	mm^3/100 U		
Abriebfaktor LNP (Thrust washer) Vergleichswert			
Statische Reibungszahl			
Dynamische Reibungszahl	(p·v= N/mm^2·		m/min)
Zulässiger p · v Wert	N/mm^2 · (m/min)	v=	m/min
		v=	m/min

Thermische Eigenschaften

Formbeständigkeit in der Wärme	*Verfahren* A			195 °C
	Verfahren A			195 °C
Vicat Erweichungstemperatur (VST)	*Verfahren*			°C
	Verfahren			°C
Kristallit-Schmelzpunkt	*Verfahren*			
Längenausdehnungskoeffizient	*Bereich*	°C		$\cdot 10^{-4}K^{-1}$
	Temperatur			$\cdot 10^{-4}K^{-1}$
Wärmeleitfähigkeit	*Verfahren*			W/(K · m)
Spezifische Wärmekapazität	*Verfahren*			J/(K · g)
Glasumwandlungstemperatur	*Torsionsschwingungsversuch*		°C	
	Differentialkalorimetrie		°C	

Brandverhalten

UL-Test vertikal	Dicke mm, Wert
	Dicke mm, Wert

	Norm	*Bewertung*	*Abmessungen*
Sauerstoff-Index	ASTM D 2863		
Glühstab-Verfahren			
Brandverhalten	DIN 4102		
MVSS			
FAR			

Elektrische Eigenschaften

		Hz	°C	*Probekörper, Form*
Dielektrizitätszahl		50		
		10^3		
		10^6		
Dielektrischer Verlustfaktor tan δ		50		
		10^3		
		10^6		
Spezifischer Durchgangswiderstand	Ohm · cm			
Durchschlagfestigkeit	kV/mm			mm dick
Oberflächenwiderstand	Ohm			

Kriechstromfestigkeit	KC	KB	KA
Elektrolytische Korrosionswirkung			
Lichtbogenfestigkeit nach DIN			
nach ASTM s			

Beständigkeit *(Chemische Beständigkeit siehe Anhang)*

Wasseraufnahme

Feuchtigkeitsaufnahme Normalklima %

Wetterbeständigkeit

Spannungskorrosion

Optische Eigenschaften

Brechungszahl n_D

Transmissionsgrad τ_c % mm dick

Lichtdurchlässigkeit

Datenbank-Nr. **T01768** *Merkblatt-Nr.* **4424**

Produkt	Polyamid 6		**PA**
Handelsname	**Durethan KU2-2521/30**		
Hersteller	BAYER		
DIN-Bez 1	16773-PA6,MPR,14-090,GF30		
DIN-Bez 2			
Zusätze	Entformungsmittel	*Füllstoffe/ Verstärkung*	30% Glasfaser
Bevorzugte Verarbeitung	Spritzgiessen	*Lieferform*	Granulat
		Farben	
Besondere Merkmale	Galvanisierbar; Geringe Wasseraufnahme; Gute Dimensionsstabilitaet; Erhoehte Zaehigkeit; Gute Fliessfaehigkeit	*Bevorzugte Anwendungen*	

Dichte	g/cm^3	1.36	*Schmelzindex*	g/10 min	:
Schüttdichte	g/cm^3		*Volumenfließindex*	$cm^3/10$ min	:
Viskositätszahl	ml/g				

Verarbeitungsbedingungen für Spritzgießen

Massetemp.	°C	*Schwindung*	% lgs , quer
Werkzeugtemp.	°C	*Bemerkungen*	
Spritzdruck	bar		

Zugversuch 23 °C DIN 53455; ISO R/527; DIN 53457; ISO R/527

Probekörper: *Form* Nr. 3; 4 mm dick — *Herstellung* Spritzgiessen
Zustand Trocken — *Vorbehandlung* Normalklima

Streckspannung	N/mm^2		*Dehnung bei Streckspannung*	%	
Zugfestigkeit	N/mm^2	165	*Reißdehnung*	%	3.5
Reißfestigkeit	N/mm^2		*% Dehnspannung*	N/mm^2	
E-Modul	N/mm^2	8300	*Dehnung bei % Dehnspg.*	%	

Kriechmoduln und Zeitstandwerte 23 °C

Probekörper: *Form* — *Herstellung*
Zustand — *Vorbehandlung*

Kriechmodul	*1 min* N/mm^2		*Zeitstandzugfestigkeit*	h	N/mm^2
Kriechmodul	*1000 h* N/mm^2		*Zeitdehnspg.* %	h	N/mm^2
bei Spannung	N/mm^2				

Biegeversuch 23 °C

Probekörper: *Form* — *Herstellung*
Zustand — *Vorbehandlung*

Biegefestigkeit	N/mm^2	*E-Modul*	N/mm^2
3,5% *Biegespannung*	N/mm^2		

Härte 23 °C *Probekörper:* *Zustand* — *Herstellung*
Vorbehandlung

Kugeldruckhärte	N/mm^2 bei N, s	*Shore-Härte* A	
Rockwellhärte		*Shore-Härte* D	

Schlagversuch *Probekörper:* *(1)*
(2) — *Herstellung*
Zustand — *Vorbehandlung*

	°C	°C	°C	*Probekörper-Form*
Schlagzähigkeit kJ/m^2				
Kerbschlagzähigkeit (1) kJ/m^2				
IZOD-Kerbschlagzähigkeit (2) J/m				
Kerbschlagzugzähigkeit kJ/m^2				

Abrieb und Reibung

Taber-Abrieb (Reibradverfahren)	mm^3/100 U		
Abriebfaktor LNP (Thrust washer) Vergleichswert			
Statische Reibungszahl			
Dynamische Reibungszahl	(p · v =	N/mm^2 ·	m/min)
Zulässiger p · v Wert	N/mm^2 · (m/min)	v =	m/min
		v =	m/min

Thermische Eigenschaften

Formbeständigkeit in der Wärme	*Verfahren* A		190 °C
	Verfahren		°C
Vicat Erweichungstemperatur (VST)	*Verfahren*		°C
	Verfahren		°C
Kristallit-Schmelzpunkt	*Verfahren*		
Längenausdehnungskoeffizient	*Bereich*	°C	$\cdot 10^{-4} K^{-1}$
	Temperatur		$\cdot 10^{-4} K^{-1}$
Wärmeleitfähigkeit	*Verfahren*		W/(K · m)
Spezifische Wärmekapazität	*Verfahren*		J/(K · g)
Glasumwandlungstemperatur	*Torsionsschwingungsversuch*	°C	
	Differentialkalorimetrie	°C	

Brandverhalten

UL-Test vertikal	Dicke mm,	Wert
	Dicke mm,	Wert

	Norm	*Bewertung*	*Abmessungen*
Sauerstoff-Index	ASTM D 2863		
Glühstab-Verfahren			
Brandverhalten	DIN 4102		
MVSS			
FAR			

Elektrische Eigenschaften

		Hz	°C		*Probekörper, Form*
Dielektrizitätszahl		50			
		10^3			
		10^6			
Dielektrischer Verlustfaktor tan δ		50			
		10^3			
		10^6			
Spezifischer Durchgangswiderstand	Ohm · cm				
Durchschlagfestigkeit	kV/mm				mm dick
Oberflächenwiderstand	Ohm				
Kriechstromfestigkeit		KC	KB	KA	
Elektrolytische Korrosionswirkung					
Lichtbogenfestigkeit nach DIN					
nach ASTM	s				

Beständigkeit *(Chemische Beständigkeit siehe Anhang)*

Wasseraufnahme	
Feuchtigkeitsaufnahme Normalklima	%
Wetterbeständigkeit	
Spannungskorrosion	

Optische Eigenschaften

Brechungszahl n_D		
Transmissionsgrad τ_c	%	mm dick
Lichtdurchlässigkeit		

Datenbank-Nr. **T01769** *Merkblatt-Nr.* **4425**

Produkt	Polyamid 6		**PA**
Handelsname	**Durethan T 40**		
Hersteller	BAYER		
DIN-Bez 1	16773-PA6-I,MR,12-30		
DIN-Bez 2			
Zusätze		*Füllstoffe/ Verstärkung*	
Bevorzugte Verarbeitung	Spritzgiessen	*Lieferform*	Granulat
		Farben	Glasklar; Transparent
Besondere Merkmale	In allen Wanddicken tranparent	*Bevorzugte Anwendungen*	

Dichte	g/cm^3	1.18	*Schmelzindex*	g/10 min		:
Schüttdichte	g/cm^3		*Volumenfließindex*	$cm^3/10$ min		:
Viskositätszahl	ml/g					

Verarbeitungsbedingungen für Spritzgießen

Massetemp.	°C	*Schwindung*	%	lgs 0.6, quer 0.6
Werkzeugtemp.	°C	*Bemerkungen*	Schwindung ermittelt an Platten 150x90x3 mm	
Spritzdruck	bar			

Zugversuch 23 °C DIN 53455; ISO R/527; DIN 53457; ISO R/527

Probekörper: *Form* Nr. 3; 4 mm dick — *Herstellung* Spritzgiessen
Zustand Trocken — *Vorbehandlung* Normalklima

Streckspannung	N/mm^2	110	*Dehnung bei Streckspannung*	%	6
Zugfestigkeit	N/mm^2		*Reißdehnung*	%	≧50
Reißfestigkeit	N/mm^2		*% Dehnspannung*	N/mm^2	
E-Modul	N/mm^2	3000	*Dehnung bei % Dehnspg.*	%	

Kriechmoduln und Zeitstandwerte 23 °C

Probekörper: *Form* — *Herstellung*
Zustand — *Vorbehandlung*

Kriechmodul	*1 min*	N/mm^2	*Zeitstandzugfestigkeit*	h	N/mm^2
Kriechmodul	*1000 h*	N/mm^2	*Zeitdehnspg. %*	h	N/mm^2
bei Spannung		N/mm^2			

Biegeversuch 23 °C

Probekörper: *Form* — *Herstellung*
Zustand — *Vorbehandlung*

Biegefestigkeit	N/mm^2	*E-Modul*	N/mm^2
3,5% *Biegespannung*	N/mm^2		

Härte 23 °C *Probekörper:* *Zustand* — *Herstellung*
Vorbehandlung

Kugeldruckhärte	N/mm^2 bei N, s	*Shore-Härte*	A
Rockwellhärte		*Shore-Härte*	D

Schlagversuch *Probekörper:* *(1)*
(2) — *Herstellung*
Zustand — *Vorbehandlung*

		°C	°C	°C	*Probekörper-Form*
Schlagzähigkeit	kJ/m^2				
Kerbschlagzähigkeit (1)	kJ/m^2				
IZOD-Kerbschlagzähigkeit (2)	J/m				
Kerbschlagzugzähigkeit	kJ/m^2				

Abrieb und Reibung

Taber-Abrieb (Reibradverfahren)	mm^3/100 U		
Abriebfaktor LNP (Thrust washer) Vergleichswert			
Statische Reibungszahl			
Dynamische Reibungszahl	(p · v= N/mm^2 ·		m/min)
Zulässiger p · v Wert	N/mm^2 · (m/min)	v=	m/min
		v=	m/min

Thermische Eigenschaften

Formbeständigkeit in der Wärme	*Verfahren*	A	110 °C
	Verfahren	B	118 °C
Vicat Erweichungstemperatur (VST)	*Verfahren*	B/50	125 °C
	Verfahren		°C
Kristallit-Schmelzpunkt	*Verfahren*		
Längenausdehnungskoeffizient	*Bereich*	23–80 °C	$0.65 \cdot 10^{-4} K^{-1}$
	Temperatur		$\cdot 10^{-4} K^{-1}$
Wärmeleitfähigkeit	*Verfahren*		W/(K · m)
Spezifische Wärmekapazität	*Verfahren*		J/(K · g)
Glasumwandlungstemperatur	*Torsionsschwingungsversuch*	°C	
	Differentialkalorimetrie	°C	

Brandverhalten

UL-Test vertikal — Dicke 1.57 mm, Wert V-2
Dicke mm, Wert

	Norm	*Bewertung*	*Abmessungen*
Sauerstoff-Index	ASTM D 2863		
Glühstab-Verfahren			
Brandverhalten	DIN 4102		
MVSS			
FAR			

Elektrische Eigenschaften

		Hz	°C			*Probekörper, Form*
Dielektrizitätszahl		50	23	4.3		Durchmesser 80x1 mm
		10^3	23	3.8		Durchmesser 80x1 mm
		10^6				
Dielektrischer Verlustfaktor tan δ		50	23	0.04		Durchmesser 80x1 mm
		10^3	23	0.09		Durchmesser 80x1 mm
		10^6				
Spezifischer Durchgangswiderstand	Ohm · cm		23	1*10**15		Durchmesser 80x1 mm
Durchschlagfestigkeit	kV/mm		23	25		1 mm dick
Oberflächenwiderstand	Ohm		23	1*10**15		Durchmesser 80x1 mm
Kriechstromfestigkeit		KC		KB	KA	
Elektrolytische Korrosionswirkung		A 1				30x10x4 mm
Lichtbogenfestigkeit nach DIN						
nach ASTM	s					

Beständigkeit *(Chemische Beständigkeit siehe Anhang)*

Wasseraufnahme 23 C Bis zur Saettigung	6 %	
Feuchtigkeitsaufnahme Normalklima		2 %
Wetterbeständigkeit		
Spannungskorrosion		

Optische Eigenschaften

Brechungszahl n_D 1.59
Transmissionsgrad τ_c % mm dick
Lichtdurchlässigkeit

Produkt	Polycarbonat modifiziert			**PC**
Handelsname	**Makroblend EC 900**			
Hersteller	BAYER			
DIN-Bez 1				
DIN-Bez 2				
Zusätze		*Füllstoffe/ Verstärkung*		
Bevorzugte Verarbeitung	Spritzgiessen; Extrudieren; Folienextrusion; Blasformen; Kalandrieren	*Lieferform*	Granulat	
		Farben		
Besondere Merkmale	Schlagzaeh modifiziert	*Bevorzugte Anwendungen*		

Dichte	g/cm³	1.18	*Schmelzindex*	g/10 min	:
Schüttdichte	g/cm³		*Volumenfließindex*	cm³/10 min	:
Viskositätszahl	ml/g				

Verarbeitungsbedingungen für Spritzgießen

Massetemp.	°C	*Schwindung*	% lgs , quer
Werkzeugtemp.	°C	*Bemerkungen*	
Spritzdruck	bar		

Zugversuch 23 °C DIN 53455; ISO R/527; DIN 53457; ISO R/527

Probekörper: *Form* Nr. 3; 4 mm dick — *Herstellung* Spritzgiessen
Zustand — *Vorbehandlung* Normalklima

Streckspannung	N/mm²	55	*Dehnung bei Streckspannung*	%	5
Zugfestigkeit	N/mm²		*Reißdehnung*	%	≧50
Reißfestigkeit	N/mm²		*% Dehnspannung*	N/mm²	
E-Modul	N/mm²	2100	*Dehnung bei % Dehnspg.*	%	

Kriechmoduln und Zeitstandwerte 23 °C

Probekörper: *Form* — *Herstellung*
Zustand — *Vorbehandlung*

Kriechmodul	*1 min* N/mm²	*Zeitstandzugfestigkeit*	h	N/mm²
Kriechmodul	*1000 h* N/mm²	*Zeitdehnspg.* %	h	N/mm²
bei Spannung	N/mm²			

Biegeversuch 23 °C

Probekörper: *Form* — *Herstellung*
Zustand — *Vorbehandlung*

Biegefestigkeit	N/mm²	*E-Modul*	N/mm²
3,5% *Biegespannung*	N/mm²		

Härte 23 °C *Probekörper:* *Zustand* — *Herstellung*
Vorbehandlung

Kugeldruckhärte	N/mm² bei N, s	*Shore-Härte*	A
Rockwellhärte		*Shore-Härte*	D

Schlagversuch *Probekörper:* *(1)*
(2) — *Herstellung*
Zustand — *Vorbehandlung*

	°C	°C	°C	*Probekörper-Form*
Schlagzähigkeit kJ/m²				
Kerbschlagzähigkeit (1) kJ/m²				
IZOD-Kerbschlagzähigkeit (2) J/m				
Kerbschlagzugzähigkeit kJ/m²				

Abrieb und Reibung

Taber-Abrieb (Reibradverfahren) $mm^3/100$ U
Abriebfaktor LNP (Thrust washer) Vergleichswert
Statische Reibungszahl
Dynamische Reibungszahl (p · v= N/mm^2 · m/min)
Zulässiger p · v Wert N/mm^2 · (m/min) v= m/min
v= m/min

Thermische Eigenschaften

Formbeständigkeit in der Wärme	*Verfahren* A		120 °C
	Verfahren B		135 °C
Vicat Erweichungstemperatur (VST)	*Verfahren* B/50		143 °C
	Verfahren		°C
Kristallit-Schmelzpunkt	*Verfahren*		
Längenausdehnungskoeffizient	*Bereich* 23–80 °C		$0.72 \cdot 10^{-4}K^{-1}$
	Temperatur		$\cdot 10^{-4}K^{-1}$
Wärmeleitfähigkeit	*Verfahren*		W/(K · m)
Spezifische Wärmekapazität	*Verfahren*		J/(K · g)
Glasumwandlungstemperatur	*Torsionsschwingungsversuch*	°C	
	Differentialkalorimetrie	°C	

Brandverhalten

UL-Test vertikal Dicke mm, Wert
Dicke mm, Wert

	Norm	*Bewertung*	*Abmessungen*
Sauerstoff-Index	ASTM D 2863		
Glühstab-Verfahren			
Brandverhalten	DIN 4102		
MVSS			
FAR			

Elektrische Eigenschaften

		Hz	°C			*Probekörper, Form*
Dielektrizitätszahl		50	23	3		Durchmesser 80x1 mm
		10^3	23	3		Durchmesser 80x1 mm
		10^6				
Dielektrischer Verlustfaktor tan δ		50	23	0.0008		Durchmesser 80x1 mm
		10^3	23	0.0085		Durchmesser 80x1 mm
		10^6				
Spezifischer Durchgangs-widerstand	Ohm · cm		23	≧1*10**15		Durchmesser 80x1 mm
Durchschlagfestigkeit	kV/mm		23	30		1 mm dick
Oberflächenwiderstand	Ohm		23	≧1*10**15		Durchmesser 80x1 mm
Kriechstromfestigkeit		KC		KB	KA	
Elektrolytische Korrosionswirkung		A 1				30x10x4 mm
Lichtbogenfestigkeit nach DIN						
nach ASTM	s					

Beständigkeit *(Chemische Beständigkeit siehe Anhang)*

Wasseraufnahme

Feuchtigkeitsaufnahme Normalklima %
Wetterbeständigkeit

Spannungskorrosion

Optische Eigenschaften

Brechungszahl n_D
Transmissionsgrad τ_c % mm dick
Lichtdurchlässigkeit

Datenbank-Nr. **T01771** Merkblatt-Nr. **4427**

Produkt	Polycarbonat modifiziert		**PC**
Handelsname	**Makroblend EC 900 LF**		
Hersteller	BAYER		
DIN-Bez 1			
DIN-Bez 2			
Zusätze		*Füllstoffe/ Verstärkung*	
Bevorzugte Verarbeitung	Spritzgiessen; Extrudieren; Folienextrusion; Blasformen; Kalandrieren	*Lieferform*	Granulat
		Farben	
Besondere Merkmale	Schlagzaeh modifiziert	*Bevorzugte Anwendungen*	

Dichte	g/cm³	1.18	*Schmelzindex*	g/10 min	:
Schüttdichte	g/cm³		*Volumenfließindex*	cm³/10 min	:
Viskositätszahl	ml/g				

Verarbeitungsbedingungen für Spritzgießen

Massetemp.	°C	*Schwindung*	% lgs , quer
Werkzeugtemp.	°C	*Bemerkungen*	
Spritzdruck	bar		

Zugversuch 23 °C DIN 53455; ISO R/527; DIN 53457; ISO R/527

Probekörper: *Form* Nr. 3; 4 mm dick — *Herstellung* Spritzgiessen
Zustand — *Vorbehandlung* Normalklima

Streckspannung	N/mm²	55	*Dehnung bei Streckspannung*	%	5
Zugfestigkeit	N/mm²		*Reißdehnung*	%	≧50
Reißfestigkeit	N/mm²		*% Dehnspannung*	N/mm²	
E-Modul	N/mm²	2100	*Dehnung bei % Dehnspg.*	%	

Kriechmoduln und Zeitstandwerte 23 °C

Probekörper: *Form* — *Herstellung*
Zustand — *Vorbehandlung*

Kriechmodul	*1 min*	N/mm²	*Zeitstandzugfestigkeit*	h	N/mm²
Kriechmodul	*1000 h*	N/mm²	*Zeitdehnspg. %*	h	N/mm²
bei Spannung		N/mm²			

Biegeversuch 23 °C

Probekörper: *Form* — *Herstellung*
Zustand — *Vorbehandlung*

Biegefestigkeit	N/mm²	*E-Modul*	N/mm²
3,5% *Biegespannung*	N/mm²		

Härte 23 °C *Probekörper:* *Zustand* — *Herstellung*
Vorbehandlung

Kugeldruckhärte	N/mm² bei N, s	*Shore-Härte*	A
Rockwellhärte		*Shore-Härte*	D

Schlagversuch *Probekörper:* *(1)*
(2) — *Herstellung*
Zustand — *Vorbehandlung*

		°C	°C	°C	*Probekörper-Form*
Schlagzähigkeit	kJ/m²				
Kerbschlagzähigkeit (1)	kJ/m²				
IZOD-Kerbschlagzähigkeit (2)	J/m				
Kerbschlagzugzähigkeit	kJ/m²				

Abrieb und Reibung

Taber-Abrieb (Reibradverfahren)	mm^3/100 U		
Abriebfaktor LNP (Thrust washer) Vergleichswert			
Statische Reibungszahl			
Dynamische Reibungszahl	(p · v =	N/mm^2 ·	m/min)
Zulässiger p · v Wert	N/mm^2 · (m/min)	v =	m/min
		v =	m/min

Thermische Eigenschaften

Formbeständigkeit in der Wärme	*Verfahren*	A		120 °C
	Verfahren	B		135 °C
Vicat Erweichungstemperatur (VST)	*Verfahren*	B/50		143 °C
	Verfahren			°C
Kristallit-Schmelzpunkt	*Verfahren*			
Längenausdehnungskoeffizient	*Bereich*	23–80	°C	0.72 · $10^{-4}K^{-1}$
	Temperatur			· $10^{-4}K^{-1}$
Wärmeleitfähigkeit	*Verfahren*			W/(K · m)
Spezifische Wärmekapazität	*Verfahren*			J/(K · g)
Glasumwandlungstemperatur	*Torsionsschwingungsversuch*		°C	
	Differentialkalorimetrie		°C	

Brandverhalten

UL-Test vertikal	Dicke	mm, Wert
	Dicke	mm, Wert

	Norm	*Bewertung*	*Abmessungen*
Sauerstoff-Index	ASTM D 2863		
Glühstab-Verfahren			
Brandverhalten	DIN 4102		
MVSS			
FAR			

Elektrische Eigenschaften

		Hz	°C	*Probekörper, Form*
Dielektrizitätszahl		50		
		10^3		
		10^6		
Dielektrischer Verlustfaktor tan δ		50		
		10^3		
		10^6		
Spezifischer Durchgangswiderstand	Ohm · cm			
Durchschlagfestigkeit	kV/mm			mm dick
Oberflächenwiderstand	Ohm			

Kriechstromfestigkeit	KC	KB	KA
Elektrolytische Korrosionswirkung			
Lichtbogenfestigkeit nach DIN			
nach ASTM s			

Beständigkeit *(Chemische Beständigkeit siehe Anhang)*

Wasseraufnahme

Feuchtigkeitsaufnahme Normalklima %

Wetterbeständigkeit

Spannungskorrosion

Optische Eigenschaften

Brechungszahl n_D		
Transmissionsgrad τ_c	%	mm dick
Lichtdurchlässigkeit		

Produkt	Polycarbonat-Polybutylenterephthalat-Blend		**PC+PBT**
Handelsname	**Makroblend KL1-1190**		
Hersteller	BAYER		
DIN-Bez 1			
DIN-Bez 2			
Zusätze		*Füllstoffe/ Verstärkung*	
Bevorzugte Verarbeitung	Spritzgiessen; Extrudieren; Folienextrusion; Blasformen; Kalandrieren	*Lieferform*	Granulat
		Farben	
Besondere Merkmale	Schlagzaeh modifiziert	*Bevorzugte Anwendungen*	

Dichte	g/cm^3	1.21	*Schmelzindex*	g/10 min	:	
Schüttdichte	g/cm^3		*Volumenfließindex*	cm^3/10 min	12:	260/5
Viskositätszahl	ml/g					

Verarbeitungsbedingungen für Spritzgießen

Massetemp.	°C	*Schwindung*	%	lgs , quer
Werkzeugtemp.	°C	*Bemerkungen*		
Spritzdruck	bar			

Zugversuch 23 °C DIN 53455; ISO R/527; DIN 53457; ISO R/527

Probekörper: *Form* Nr. 3; 4 mm dick — *Herstellung* Spritzgiessen
Zustand — *Vorbehandlung* Normalklima

Streckspannung	N/mm^2	50	*Dehnung bei Streckspannung*	%	4
Zugfestigkeit	N/mm^2		*Reißdehnung*	%	≧50
Reißfestigkeit	N/mm^2		*% Dehnspannung*	N/mm^2	
E-Modul	N/mm^2	2000	*Dehnung bei % Dehnspg.*	%	

Kriechmoduln und Zeitstandwerte 23 °C

Probekörper: *Form* — *Herstellung*
Zustand — *Vorbehandlung*

Kriechmodul	*1 min* N/mm^2	*Zeitstandzugfestigkeit*	h	N/mm^2
Kriechmodul	*1000 h* N/mm^2	*Zeitdehnspg.* %	h	N/mm^2
bei Spannung	N/mm^2			

Biegeversuch 23 °C

Probekörper: *Form* — *Herstellung*
Zustand — *Vorbehandlung*

Biegefestigkeit	N/mm^2	*E-Modul*	N/mm^2
3,5% *Biegespannung*	N/mm^2		

Härte 23 °C *Probekörper:* *Zustand* — *Herstellung*
Vorbehandlung

Kugeldruckhärte	N/mm^2 bei N, s	*Shore-Härte* A	
Rockwellhärte		*Shore-Härte* D	

Schlagversuch *Probekörper:* *(1)*
(2) — *Herstellung*
Zustand — *Vorbehandlung*

	°C	°C	°C	*Probekörper-Form*
Schlagzähigkeit kJ/m^2				
Kerbschlagzähigkeit (1) kJ/m^2				
IZOD-Kerbschlagzähigkeit (2) J/m				
Kerbschlagzugzähigkeit kJ/m^2				

Abrieb und Reibung

Taber-Abrieb (Reibradverfahren)	mm^3/100 U		
Abriebfaktor LNP (Thrust washer) Vergleichswert			
Statische Reibungszahl			
Dynamische Reibungszahl	(p·v= N/mm^2·		m/min)
Zulässiger p · v Wert	N/mm^2 · (m/min)	v=	m/min
		v=	m/min

Thermische Eigenschaften

Formbeständigkeit in der Wärme	*Verfahren*	A		80 °C
	Verfahren	B		110 °C
Vicat Erweichungstemperatur (VST)	*Verfahren*	B/50		122 °C
	Verfahren			°C
Kristallit-Schmelzpunkt	*Verfahren*			
Längenausdehnungskoeffizient	*Bereich*	23–80	°C	$0.83 \cdot 10^{-4} K^{-1}$
	Temperatur			$\cdot 10^{-4} K^{-1}$
Wärmeleitfähigkeit	*Verfahren*			W/(K · m)
Spezifische Wärmekapazität	*Verfahren*			J/(K · g)
Glasumwandlungstemperatur	*Torsionsschwingungsversuch*		°C	
	Differentialkalorimetrie		°C	

Brandverhalten

UL-Test vertikal	Dicke mm, Wert	
	Dicke mm, Wert	

	Norm	*Bewertung*	*Abmessungen*
Sauerstoff-Index	ASTM D 2863		
Glühstab-Verfahren			
Brandverhalten	DIN 4102		
MVSS			
FAR			

Elektrische Eigenschaften

		Hz	°C	*Probekörper, Form*
Dielektrizitätszahl		50		
		10^3		
		10^6		
Dielektrischer Verlustfaktor tan δ		50		
		10^3		
		10^6		
Spezifischer Durchgangswiderstand	Ohm · cm			
Durchschlagfestigkeit	kV/mm			mm dick
Oberflächenwiderstand	Ohm			

Kriechstromfestigkeit	KC	KB	KA
Elektrolytische Korrosionswirkung			
Lichtbogenfestigkeit nach DIN			
nach ASTM s			

Beständigkeit *(Chemische Beständigkeit siehe Anhang)*

Wasseraufnahme

Feuchtigkeitsaufnahme Normalklima %

Wetterbeständigkeit

Spannungskorrosion

Optische Eigenschaften

Brechungszahl n_D

Transmissionsgrad τ_c % mm dick

Lichtdurchlässigkeit

Produkt	Polycarbonat-Polybutylenterephthalat-Blend		**PC + PBT**
Handelsname	**Makroblend KU1-1304**		
Hersteller	BAYER		
DIN-Bez 1			
DIN-Bez 2			
Zusätze		*Füllstoffe/ Verstärkung*	
Bevorzugte Verarbeitung	Spritzgiessen; Extrudieren; Folienextrusion; Blasformen; Kalandrieren	*Lieferform*	Granulat
		Farben	
Besondere Merkmale	Schlagzaeh modifiziert	*Bevorzugte Anwendungen*	

Dichte	g/cm^3	1.2	*Schmelzindex*	g/10 min	:	
Schüttdichte	g/cm^3		*Volumenfließindex*	cm^3/10 min	12:	260/5
Viskositätszahl	ml/g					

Verarbeitungsbedingungen für Spritzgießen

Massetemp.	°C	*Schwindung*	%	lgs , quer
Werkzeugtemp.	°C	*Bemerkungen*		
Spritzdruck	bar			

Zugversuch 23 °C DIN 53455; ISO R/527; DIN 53457; ISO R/527

Probekörper: *Form* Nr. 3; 4 mm dick — *Herstellung* Spritzgiessen
Zustand — *Vorbehandlung* Normalklima

Streckspannung	N/mm^2	50	*Dehnung bei Streckspannung*	%	
Zugfestigkeit	N/mm^2		*Reißdehnung*	%	≧50
Reißfestigkeit	N/mm^2		*% Dehnspannung*	N/mm^2	
E-Modul	N/mm^2	2000	*Dehnung bei % Dehnspg.*	%	

Kriechmoduln und Zeitstandwerte 23 °C

Probekörper: *Form* — *Herstellung*
Zustand — *Vorbehandlung*

Kriechmodul	*1 min* N/mm^2	*Zeitstandzugfestigkeit*	h	N/mm^2
Kriechmodul	*1000 h* N/mm^2	*Zeitdehnspg. %*	h	N/mm^2
bei Spannung	N/mm^2			

Biegeversuch 23 °C

Probekörper: *Form* — *Herstellung*
Zustand — *Vorbehandlung*

Biegefestigkeit	N/mm^2	*E-Modul*	N/mm^2
3,5% *Biegespannung*	N/mm^2		

Härte 23 °C *Probekörper:* *Zustand* — *Herstellung*
Vorbehandlung

Kugeldruckhärte	N/mm^2 bei N, s	*Shore-Härte*	A
Rockwellhärte		*Shore-Härte*	D

Schlagversuch *Probekörper:* *(1)*
(2) — *Herstellung*
Zustand — *Vorbehandlung*

	°C	°C	°C	*Probekörper-Form*
Schlagzähigkeit kJ/m^2				
Kerbschlagzähigkeit (1) kJ/m^2				
IZOD-Kerbschlagzähigkeit (2) J/m				
Kerbschlagzugzähigkeit kJ/m^2				

Abrieb und Reibung

Taber-Abrieb (Reibradverfahren)	mm^3/100 U		
Abriebfaktor LNP (Thrust washer) Vergleichswert			
Statische Reibungszahl			
Dynamische Reibungszahl	(p · v =	N/mm^2 ·	m/min)
Zulässiger p · v Wert	N/mm^2 · (m/min)	v =	m/min
		v =	m/min

Thermische Eigenschaften

Formbeständigkeit in der Wärme	*Verfahren*	A		80 °C
	Verfahren	B		110 °C
Vicat Erweichungstemperatur (VST)	*Verfahren*	B/50		122 °C
	Verfahren			°C
Kristallit-Schmelzpunkt	*Verfahren*			
Längenausdehnungskoeffizient	*Bereich*	23–80	°C	0.83 · $10^{-4}K^{-1}$
	Temperatur			· $10^{-4}K^{-1}$
Wärmeleitfähigkeit	*Verfahren*			W/(K · m)
Spezifische Wärmekapazität	*Verfahren*			J/(K · g)
Glasumwandlungstemperatur	*Torsionsschwingungsversuch*		°C	
	Differentialkalorimetrie		°C	

Brandverhalten

UL-Test vertikal	Dicke 1.6 mm, Wert HB
	Dicke 3.2 mm, Wert HB

	Norm	*Bewertung*	*Abmessungen*
Sauerstoff-Index	ASTM D 2863		
Glühstab-Verfahren			
Brandverhalten	DIN 4102		
MVSS			
FAR			

Elektrische Eigenschaften

		Hz	°C			*Probekörper, Form*
Dielektrizitätszahl		50				
		10^3				
		10^6				
Dielektrischer Verlustfaktor tan δ		50				
		10^3				
		10^6				
Spezifischer Durchgangs-widerstand	Ohm · cm					
Durchschlagfestigkeit	kV/mm					mm dick
Oberflächenwiderstand	Ohm					
Kriechstromfestigkeit		KC		KB	KA	
Elektrolytische Korrosionswirkung						
Lichtbogenfestigkeit nach DIN						
nach ASTM	s					

Beständigkeit *(Chemische Beständigkeit siehe Anhang)*

Wasseraufnahme	
Feuchtigkeitsaufnahme Normalklima	%
Wetterbeständigkeit	
Spannungskorrosion	

Optische Eigenschaften

Brechungszahl n_D		
Transmissionsgrad τ_c	%	mm dick
Lichtdurchlässigkeit		

Datenbank-Nr.	**T01775**	*Merkblatt-Nr.* **4430**

Produkt	Polycarbonat		**PC**
Handelsname	**Makrolon 2600**		
Hersteller	BAYER		
DIN-Bez 1			
DIN-Bez 2			
Zusätze		*Füllstoffe/ Verstärkung*	
Bevorzugte Verarbeitung	Spritzgiessen; Folienextrusion; Blasformen	*Lieferform*	Granulat
		Farben	Glasklar; Transparent; Gedeckt
Besondere Merkmale	Etwas geringere Fliessfaehigkeit als Makrolon 2400	*Bevorzugte Anwendungen*	

Dichte	g/cm^3	1.2	*Schmelzindex*	g/10 min	:
Schüttdichte	g/cm^3		*Volumenfließindex*	$cm^3/10$ min	:
Viskositätszahl	ml/g	57			

Verarbeitungsbedingungen für Spritzgießen

Massetemp.	°C	*Schwindung*	% lgs , quer
Werkzeugtemp.	°C	*Bemerkungen*	
Spritzdruck	bar		

Zugversuch 23 °C DIN 53455; ISO R/527; DIN 53457; ISO R/527

Probekörper: *Form*	Nr. 3; 4 mm dick	*Herstellung*	Spritzgiessen
Zustand		*Vorbehandlung*	Normalklima

Streckspannung	N/mm^2	60	*Dehnung bei Streckspannung*	%	6
Zugfestigkeit	N/mm^2		*Reißdehnung*	%	≧50
Reißfestigkeit	N/mm^2		*% Dehnspannung*	N/mm^2	
E-Modul	N/mm^2	2300	*Dehnung bei % Dehnspg.*	%	

Kriechmoduln und Zeitstandwerte 23 °C DIN 53444; ISO 899

Probekörper: *Form*	Nr. 3; 4 mm dick	*Herstellung*	Spritzgiessen
Zustand		*Vorbehandlung*	Normalklima

Kriechmodul	*1 min*	N/mm^2	2100	*Zeitstandzugfestigkeit*	h	N/mm^2
Kriechmodul	*1000 h*	N/mm^2	1700	*Zeitdehnspg.* %	h	N/mm^2
bei Spannung		N/mm^2				

Biegeversuch 23 °C

Probekörper: *Form*	*Herstellung*
Zustand	*Vorbehandlung*

Biegefestigkeit	N/mm^2	*E-Modul*	N/mm^2
3,5% *Biegespannung*	N/mm^2		

Härte 23 °C *Probekörper:* *Zustand* — *Herstellung* / *Vorbehandlung*

Kugeldruckhärte	N/mm^2 bei N, s	*Shore-Härte* A	
Rockwellhärte		*Shore-Härte* D	

Schlagversuch *Probekörper:* *(1)* *(2)* *Zustand* — *Herstellung* / *Vorbehandlung*

		°C	°C	°C	*Probekörper-Form*
Schlagzähigkeit	kJ/m^2				
Kerbschlagzähigkeit (1)	kJ/m^2				
IZOD-Kerbschlagzähigkeit (2)	J/m				
Kerbschlagzugzähigkeit	kJ/m^2				

Abrieb und Reibung

Taber-Abrieb (Reibradverfahren)	$mm^3/100$ U		
Abriebfaktor LNP (Thrust washer) Vergleichswert			
Statische Reibungszahl			
Dynamische Reibungszahl	(p · v = N/mm^2 ·		m/min)
Zulässiger p · v Wert	N/mm^2 · (m/min)	v =	m/min
		v =	m/min

Thermische Eigenschaften

Formbeständigkeit in der Wärme	*Verfahren*	A		130 °C
	Verfahren	B		138 °C
Vicat Erweichungstemperatur (VST)	*Verfahren*	B/50		148 °C
	Verfahren			°C
Kristallit-Schmelzpunkt	*Verfahren*			
Längenausdehnungskoeffizient	*Bereich*	23–80	°C	$0.7 \cdot 10^{-4} K^{-1}$
	Temperatur			$\cdot 10^{-4} K^{-1}$
Wärmeleitfähigkeit	*Verfahren*			W/(K · m)
Spezifische Wärmekapazität	*Verfahren*			J/(K · g)
Glasumwandlungstemperatur	*Torsionsschwingungsversuch*		°C	
	Differentialkalorimetrie		°C	

Brandverhalten

UL-Test vertikal	Dicke 1.47 mm, Wert V-2		
	Dicke mm, Wert		

	Norm	*Bewertung*	*Abmessungen*
Sauerstoff-Index	ASTM D 2863		
Glühstab-Verfahren			
Brandverhalten	DIN 4102		
MVSS			
FAR			

Elektrische Eigenschaften

		Hz	°C		*Probekörper, Form*
Dielektrizitätszahl		50	23	3	Durchmesser 80x1 mm
		10^3	23	2.9	Durchmesser 80x1 mm
		10^6			
Dielektrischer Verlustfaktor tan δ		50	23	0.0009	Durchmesser 80x1 mm
		10^3	23	0.01	Durchmesser 80x1 mm
		10^6			
Spezifischer Durchgangs-widerstand	Ohm · cm		23	1*10**16	Durchmesser 80x1 mm
Durchschlagfestigkeit	kV/mm		23	30	1 mm dick
Oberflächenwiderstand	Ohm		23	1*10**15	Durchmesser 80x1 mm

Kriechstromfestigkeit	KC	KB	KA	
Elektrolytische Korrosionswirkung	A 1			30x10x4 mm
Lichtbogenfestigkeit nach DIN				
nach ASTM s				

Beständigkeit *(Chemische Beständigkeit siehe Anhang)*

Wasseraufnahme 23 C Bis zur Saettigung	0.35 %
Feuchtigkeitsaufnahme Normalklima	0.15 %
Wetterbeständigkeit	
Spannungskorrosion	

Optische Eigenschaften

Brechungszahl n_D 1.58
Transmissionsgrad τ_c % mm dick
Lichtdurchlässigkeit

Produkt	Polycarbonat		**PC**
Handelsname	**Makrolon 6560**		
Hersteller	BAYER		
DIN-Bez 1			
DIN-Bez 2			
Zusätze	Brandschutzmittel; Bromfrei	*Füllstoffe/ Verstärkung*	
Bevorzugte Verarbeitung	Spritzgiessen	*Lieferform*	Granulat
		Farben	
Besondere Merkmale	Flammwidrig; Nicht transparent lieferbar; Geringere UV-Bestaendigkeit als Makrolon 6485 und 6555	*Bevorzugte Anwendungen*	

Dichte	g/cm³	1.2	*Schmelzindex*	g/10 min	:
Schüttdichte	g/cm³		*Volumenfließindex*	cm³/10 min	:
Viskositätszahl	ml/g	59			

Verarbeitungsbedingungen für Spritzgießen

Massetemp.	°C	*Schwindung*	% lgs , quer
Werkzeugtemp.	°C	*Bemerkungen*	
Spritzdruck	bar		

Zugversuch 23 °C DIN 53455; ISO R/527; DIN 53457; ISO R/527

Probekörper: *Form* Nr. 3; 4 mm dick — *Herstellung* Spritzgiessen
Zustand — *Vorbehandlung* Normalklima

Streckspannung	N/mm²	60	*Dehnung bei Streckspannung*	%	6
Zugfestigkeit	N/mm²		*Reißdehnung*	%	≧50
Reißfestigkeit	N/mm²		*% Dehnspannung*	N/mm²	
E-Modul	N/mm²	2300	*Dehnung bei % Dehnspg.*	%	

Kriechmoduln und Zeitstandwerte 23 °C DIN 53444; ISO 899

Probekörper: *Form* Nr. 3; 4 mm dick — *Herstellung* Spritzgiessen
Zustand — *Vorbehandlung* Normalklima

Kriechmodul	*1 min* N/mm²	2100	*Zeitstandzugfestigkeit*		h	N/mm²
Kriechmodul	*1000 h* N/mm²	1700	*Zeitdehnspg.*	%	h	N/mm²
bei Spannung	N/mm²					

Biegeversuch 23 °C

Probekörper: *Form* — *Herstellung*
Zustand — *Vorbehandlung*

Biegefestigkeit	N/mm²	*E-Modul*	N/mm²
3,5% *Biegespannung*	N/mm²		

Härte 23 °C *Probekörper:* *Zustand* — *Herstellung*
Vorbehandlung

Kugeldruckhärte	N/mm² bei N, s	*Shore-Härte* A
Rockwellhärte		*Shore-Härte* D

Schlagversuch *Probekörper:* *(1)*
(2) — *Herstellung*
Zustand — *Vorbehandlung*

	°C	°C	°C	*Probekörper-Form*
Schlagzähigkeit kJ/m²				
Kerbschlagzähigkeit (1) kJ/m²				
IZOD-Kerbschlagzähigkeit (2) J/m				
Kerbschlagzugzähigkeit kJ/m²				

Abrieb und Reibung

Taber-Abrieb (Reibradverfahren)	mm^3/100 U		
Abriebfaktor LNP (Thrust washer) Vergleichswert			
Statische Reibungszahl			
Dynamische Reibungszahl	(p · v =	N/mm^2 ·	m/min)
Zulässiger p · v Wert	N/mm^2 · (m/min)	v =	m/min
		v =	m/min

Thermische Eigenschaften

Formbeständigkeit in der Wärme	*Verfahren* A		128 °C
	Verfahren B		138 °C
Vicat Erweichungstemperatur (VST)	*Verfahren* B/50		146 °C
	Verfahren		°C
Kristallit-Schmelzpunkt	*Verfahren*		
Längenausdehnungskoeffizient	*Bereich* 23–80 °C		$0.7 \cdot 10^{-4} K^{-1}$
	Temperatur		$\cdot 10^{-4} K^{-1}$
Wärmeleitfähigkeit	*Verfahren*		W/(K · m)
Spezifische Wärmekapazität	*Verfahren*		J/(K · g)
Glasumwandlungstemperatur	*Torsionsschwingungsversuch*	°C	
	Differentialkalorimetrie	°C	

Brandverhalten

UL-Test vertikal Dicke 1.57 mm, Wert V-0
Dicke 0.89 mm, Wert V-0

	Norm	*Bewertung*	*Abmessungen*
Sauerstoff-Index	ASTM D 2863		
Glühstab-Verfahren			
Brandverhalten	DIN 4102		
MVSS			
FAR			

Elektrische Eigenschaften

		Hz	°C		*Probekörper, Form*
Dielektrizitätszahl		50	23	3	Durchmesser 80x1 mm
		10^3	23	2.9	Durchmesser 80x1 mm
		10^6			
Dielektrischer Verlustfaktor tan δ		50	23	0.001	Durchmesser 80x1 mm
		10^3	23	0.009	Durchmesser 80x1 mm
		10^6			
Spezifischer Durchgangswiderstand	Ohm · cm		23	1*10**16	Durchmesser 80x1 mm
Durchschlagfestigkeit	kV/mm		23	30	1 mm dick
Oberflächenwiderstand	Ohm		23	1*10**15	Durchmesser 80x1 mm

Kriechstromfestigkeit	KC	KB	KA	
Elektrolytische Korrosionswirkung	A 1			30x10x4 mm
Lichtbogenfestigkeit nach DIN				
nach ASTM s				

Beständigkeit *(Chemische Beständigkeit siehe Anhang)*

Wasseraufnahme 23 C Bis zur Saettigung	0.35 %
Feuchtigkeitsaufnahme Normalklima	0.15 %
Wetterbeständigkeit	
Spannungskorrosion	

Optische Eigenschaften

Brechungszahl n_D
Transmissionsgrad τ_c % mm dick
Lichtdurchlässigkeit

Datenbank-Nr. **T01777** Merkblatt-Nr. **4432**

Produkt	Acrylnitril-Butadien-Styrol-Polymerisat		**ABS**
Handelsname	**Novodur P2L**		
Hersteller	BAYER		
DIN-Bez 1			
DIN-Bez 2			
Zusätze	Gleitmittel; Schmiermittel	*Füllstoffe/ Verstärkung*	
Bevorzugte Verarbeitung	Spritzgiessen	*Lieferform*	Granulat
		Farben	
Besondere Merkmale		*Bevorzugte Anwendungen*	

Dichte	g/cm³	1.04	*Schmelzindex*	g/10 min	:	
Schüttdichte	g/cm³		*Volumenfließindex*	cm³/10 min	35:	220/10
Viskositätszahl	ml/g					

Verarbeitungsbedingungen für Spritzgießen

Massetemp.	°C	*Schwindung*	% lgs , quer
Werkzeugtemp.	°C	*Bemerkungen*	
Spritzdruck	bar		

Zugversuch 23 °C DIN 53455; ISO R/527; DIN 53457; ISO R/527

Probekörper: *Form* Nr. 3; 4 mm dick — *Herstellung* Spritzgiessen
Zustand — *Vorbehandlung* Normalklima

Streckspannung	N/mm²	48	*Dehnung bei Streckspannung*	%	2.4
Zugfestigkeit	N/mm²		*Reißdehnung*	%	
Reißfestigkeit	N/mm²		*% Dehnspannung*	N/mm²	
E-Modul	N/mm²	2800	*Dehnung bei % Dehnspg.*	%	

Kriechmoduln und Zeitstandwerte 23 °C

Probekörper: *Form* — *Herstellung*
Zustand — *Vorbehandlung*

Kriechmodul	*1 min*	N/mm²	*Zeitstandzugfestigkeit*	h	N/mm²
Kriechmodul	*1000 h*	N/mm²	*Zeitdehnspg. %*	h	N/mm²
bei Spannung		N/mm²			

Biegeversuch 23 °C

Probekörper: *Form* — *Herstellung*
Zustand — *Vorbehandlung*

Biegefestigkeit	N/mm²	*E-Modul*	N/mm²
3,5% *Biegespannung*	N/mm²		

Härte 23 °C *Probekörper:* *Zustand* — *Herstellung*
Vorbehandlung

Kugeldruckhärte	N/mm² bei N, s	*Shore-Härte* A	
Rockwellhärte		*Shore-Härte* D	

Schlagversuch *Probekörper:* *(1)*
(2) — *Herstellung*
Zustand — *Vorbehandlung*

		°C	°C	°C	*Probekörper-Form*
Schlagzähigkeit	kJ/m²				
Kerbschlagzähigkeit (1)	kJ/m²				
IZOD-Kerbschlagzähigkeit (2)	J/m				
Kerbschlagzugzähigkeit	kJ/m²				

Abrieb und Reibung

Taber-Abrieb (Reibradverfahren)	mm^3/100 U		
Abriebfaktor LNP (Thrust washer) Vergleichswert			
Statische Reibungszahl			
Dynamische Reibungszahl	(p·v=	N/mm^2·	m/min)
Zulässiger p · v Wert	N/mm^2 · (m/min)	v=	m/min
		v=	m/min

Thermische Eigenschaften

Formbeständigkeit in der Wärme	*Verfahren*	A		96 °C
	Verfahren	B		100 °C
Vicat Erweichungstemperatur (VST)	*Verfahren*	B/50		98 °C
	Verfahren			°C
Kristallit-Schmelzpunkt	*Verfahren*			
Längenausdehnungskoeffizient	*Bereich*	23–80	°C	$0.85 \cdot 10^{-4} K^{-1}$
	Temperatur			$\cdot 10^{-4} K^{-1}$
Wärmeleitfähigkeit	*Verfahren*			W/(K · m)
Spezifische Wärmekapazität	*Verfahren*			J/(K · g)
Glasumwandlungstemperatur	*Torsionsschwingungsversuch*		°C	
	Differentialkalorimetrie		°C	

Brandverhalten

UL-Test vertikal	Dicke 1.57 mm, Wert HB
	Dicke 3.18 mm, Wert HB

	Norm	*Bewertung*	*Abmessungen*
Sauerstoff-Index	ASTM D 2863		
Glühstab-Verfahren			
Brandverhalten	DIN 4102		
MVSS			
FAR			

Elektrische Eigenschaften

		Hz	°C	*Probekörper, Form*
Dielektrizitätszahl		50		
		10^3		
		10^6		
Dielektrischer Verlustfaktor tan δ		50		
		10^3		
		10^6		
Spezifischer Durchgangs-widerstand	Ohm · cm			
Durchschlagfestigkeit	kV/mm			mm dick
Oberflächenwiderstand	Ohm			

Kriechstromfestigkeit	KC	KB	KA
Elektrolytische Korrosionswirkung			
Lichtbogenfestigkeit nach DIN			
nach ASTM s			

Beständigkeit *(Chemische Beständigkeit siehe Anhang)*

Wasseraufnahme

Feuchtigkeitsaufnahme Normalklima %

Wetterbeständigkeit

Spannungskorrosion

Optische Eigenschaften

Brechungszahl n_D		
Transmissionsgrad τ_c	%	mm dick
Lichtdurchlässigkeit		

Datenbank-Nr. **T01778** Merkblatt-Nr. **4433**

Produkt	Acrylnitril-Butadien-Styrol-Polymerisat		**ABS**
Handelsname	**Novodur P2L-AT**		
Hersteller	BAYER		
DIN-Bez 1			
DIN-Bez 2			
Zusätze	Gleitmittel; Schmiermittel	Füllstoffe/ Verstärkung	
Bevorzugte Verarbeitung	Spritzgiessen	Lieferform	Granulat
		Farben	
Besondere Merkmale	Sehr leicht fliessend; Antistatisch; Hohe Steifigkeit; Gute Waermeformbestaendigkeit	Bevorzugte Anwendungen	Gehaeuse fuer elektrisches Haushaltsgeraet

Dichte	g/cm^3	1.04	Schmelzindex	g/10 min		:
Schüttdichte	g/cm^3		Volumenfließindex	cm^3/10 min	45:	220/10
Viskositätszahl	ml/g					

Verarbeitungsbedingungen für Spritzgießen

Massetemp.	°C	Schwindung	% lgs , , quer
Werkzeugtemp.	°C	Bemerkungen	
Spritzdruck	bar		

Zugversuch 23 °C DIN 53455; ISO R/527; DIN 53457; ISO R/527

Probekörper: Form Nr. 3; 4 mm dick — Herstellung: Spritzgiessen
Zustand — Vorbehandlung: Normalklima

Streckspannung	N/mm^2	45	Dehnung bei Streckspannung	%	2.1
Zugfestigkeit	N/mm^2		Reißdehnung	%	
Reißfestigkeit	N/mm^2		% Dehnspannung	N/mm^2	
E-Modul	N/mm^2	2700	Dehnung bei % Dehnspg.	%	

Kriechmoduln und Zeitstandwerte 23 °C

Probekörper: Form — Herstellung
Zustand — Vorbehandlung

Kriechmodul	1 min N/mm^2	Zeitstandzugfestigkeit	h	N/mm^2
Kriechmodul	1000 h N/mm^2	Zeitdehnspg. %	h	N/mm^2
bei Spannung	N/mm^2			

Biegeversuch 23 °C

Probekörper: Form — Herstellung
Zustand — Vorbehandlung

Biegefestigkeit	N/mm^2	E-Modul	N/mm^2
3,5% Biegespannung	N/mm^2		

Härte 23 °C Probekörper: Zustand — Herstellung
Vorbehandlung

Kugeldruckhärte	N/mm^2 bei N, s	Shore-Härte	A
Rockwellhärte		Shore-Härte	D

Schlagversuch Probekörper: (1)
(2) — Herstellung
Zustand — Vorbehandlung

	°C	°C	°C	Probekörper-Form
Schlagzähigkeit kJ/m^2				
Kerbschlagzähigkeit (1) kJ/m^2				
IZOD-Kerbschlagzähigkeit (2) J/m				
Kerbschlagzugzähigkeit kJ/m^2				

Abrieb und Reibung

Taber-Abrieb (Reibradverfahren)	mm^3/100 U		
Abriebfaktor LNP (Thrust washer) Vergleichswert			
Statische Reibungszahl			
Dynamische Reibungszahl	(p · v = N/mm^2 ·		m/min)
Zulässiger p · v Wert	N/mm^2 · (m/min)	v =	m/min
		v =	m/min

Thermische Eigenschaften

Formbeständigkeit in der Wärme	*Verfahren*	A		94 °C
	Verfahren	B		98 °C
Vicat Erweichungstemperatur (VST)	*Verfahren*	B/50		95 °C
	Verfahren			°C
Kristallit-Schmelzpunkt	*Verfahren*			
Längenausdehnungskoeffizient	*Bereich*	23–80	°C	0.9 · $10^{-4}K^{-1}$
	Temperatur			· $10^{-4}K^{-1}$
Wärmeleitfähigkeit	*Verfahren*			W/(K · m)
Spezifische Wärmekapazität	*Verfahren*			J/(K · g)
Glasumwandlungstemperatur	*Torsionsschwingungsversuch*		°C	
	Differentialkalorimetrie		°C	

Brandverhalten

UL-Test vertikal	Dicke 3.2 mm, Wert HB
	Dicke mm, Wert

	Norm	*Bewertung*	*Abmessungen*
Sauerstoff-Index	ASTM D 2863		
Glühstab-Verfahren			
Brandverhalten	DIN 4102		
MVSS			
FAR			

Elektrische Eigenschaften

		Hz	°C		*Probekörper, Form*
Dielektrizitätszahl		50			
		10^3			
		10^6			
Dielektrischer Verlustfaktor tan δ		50			
		10^3			
		10^6			
Spezifischer Durchgangs-widerstand	Ohm · cm				
Durchschlagfestigkeit	kV/mm				mm dick
Oberflächenwiderstand	Ohm				
Kriechstromfestigkeit		KC	KB	KA	
Elektrolytische Korrosionswirkung					
Lichtbogenfestigkeit nach DIN					
nach ASTM	s				

Beständigkeit *(Chemische Beständigkeit siehe Anhang)*

Wasseraufnahme

Feuchtigkeitsaufnahme Normalklima %

Wetterbeständigkeit

Spannungskorrosion

Optische Eigenschaften

Brechungszahl n_D		
Transmissionsgrad τ_c	%	mm dick
Lichtdurchlässigkeit		

Datenbank-Nr.	**T01779**	Merkblatt-Nr. **4434**

Produkt	Acrylnitril-Butadien-Styrol-Polymerisat		**ABS**
Handelsname	**Novodur P2LE**		
Hersteller	BAYER		
DIN-Bez 1			
DIN-Bez 2			
Zusätze	Gleitmittel; Schmiermittel	*Füllstoffe/ Verstärkung*	
Bevorzugte Verarbeitung	Extrudieren; Folienextrusion; Blasformen; Kalandrieren	*Lieferform*	Granulat
		Farben	
Besondere Merkmale	Mittlere Zaehigkeit; Guter Glanz; Leicht extrudierbar; Gut tiefziehfaehig; Niedriger Restmonomergehalt; Entspricht BGA-Empfehlung VI	*Bevorzugte Anwendungen*	Folie; Lebensmittelverpackung

Dichte	g/cm³	1.04	*Schmelzindex*	g/10 min	:	
Schüttdichte	g/cm³		*Volumenfließindex*	cm³/10 min	14:	220/10
Viskositätszahl	ml/g					

Verarbeitungsbedingungen für Spritzgießen

Massetemp.	°C	*Schwindung*	% lgs	, quer
Werkzeugtemp.	°C	*Bemerkungen*		
Spritzdruck	bar			

Zugversuch 23 °C DIN 53455; ISO R/527; DIN 53457; ISO R/527

Probekörper: *Form* Nr. 3; 4 mm dick — *Herstellung* Spritzgiessen
Zustand — *Vorbehandlung* Normalklima

Streckspannung	N/mm²	42	*Dehnung bei Streckspannung*	%	2.2
Zugfestigkeit	N/mm²		*Reißdehnung*	%	
Reißfestigkeit	N/mm²		*% Dehnspannung*	N/mm²	
E-Modul	N/mm²	2500	*Dehnung bei % Dehnspg.*	%	

Kriechmoduln und Zeitstandwerte 23 °C

Probekörper: *Form* — *Herstellung*
Zustand — *Vorbehandlung*

Kriechmodul	*1 min*	N/mm²	*Zeitstandzugfestigkeit*	h	N/mm²
Kriechmodul	*1000 h*	N/mm²	*Zeitdehnspg. %*	h	N/mm²
bei Spannung		N/mm²			

Biegeversuch 23 °C

Probekörper: *Form* — *Herstellung*
Zustand — *Vorbehandlung*

Biegefestigkeit	N/mm²	*E-Modul*	N/mm²
3,5% *Biegespannung*	N/mm²		

Härte 23 °C *Probekörper:* *Zustand* — *Herstellung*
Vorbehandlung

Kugeldruckhärte	N/mm² bei N, s	*Shore-Härte*	A
Rockwellhärte		*Shore-Härte*	D

Schlagversuch *Probekörper:* *(1)*
(2) — *Herstellung*
Zustand — *Vorbehandlung*

		°C	°C	°C	*Probekörper-Form*
Schlagzähigkeit	kJ/m²				
Kerbschlagzähigkeit (1)	kJ/m²				
IZOD-Kerbschlagzähigkeit (2)	J/m				
Kerbschlagzugzähigkeit	kJ/m²				

Abrieb und Reibung

Taber-Abrieb (Reibradverfahren)	mm^3/100 U		
Abriebfaktor LNP (Thrust washer) Vergleichswert			
Statische Reibungszahl			
Dynamische Reibungszahl	(p · v =	N/mm^2 ·	m/min)
Zulässiger p · v Wert	N/mm^2 · (m/min)	v =	m/min
		v =	m/min

Thermische Eigenschaften

Formbeständigkeit in der Wärme	*Verfahren* A		95 °C
	Verfahren B		100 °C
Vicat Erweichungstemperatur (VST)	*Verfahren* B/50		98 °C
	Verfahren		°C
Kristallit-Schmelzpunkt	*Verfahren*		
Längenausdehnungskoeffizient	*Bereich*	°C	$\cdot 10^{-4} K^{-1}$
	Temperatur		$\cdot 10^{-4} K^{-1}$
Wärmeleitfähigkeit	*Verfahren*		W/(K · m)
Spezifische Wärmekapazität	*Verfahren*		J/(K · g)
Glasumwandlungstemperatur	*Torsionsschwingungsversuch*	°C	
	Differentialkalorimetrie	°C	

Brandverhalten

UL-Test vertikal	Dicke	mm, Wert
	Dicke	mm, Wert

	Norm	*Bewertung*	*Abmessungen*
Sauerstoff-Index	ASTM D 2863		
Glühstab-Verfahren			
Brandverhalten	DIN 4102		
MVSS			
FAR			

Elektrische Eigenschaften

		Hz	°C		*Probekörper, Form*
Dielektrizitätszahl		50	23	3	Durchmesser 80x1 mm
		10^3	23	2.9	Durchmesser 80x1 mm
		10^6			
Dielektrischer Verlustfaktor tan δ		50	23	0.005	Durchmesser 80x1 mm
		10^3	23	0.007	Durchmesser 80x1 mm
		10^6			
Spezifischer Durchgangswiderstand	Ohm · cm		23	1*10**15	Durchmesser 80x1 mm
Durchschlagfestigkeit	kV/mm		23	33	1 mm dick
Oberflächenwiderstand	Ohm		23	1*10**15	Durchmesser 80x1 mm

Kriechstromfestigkeit	KC	KB	KA
Elektrolytische Korrosionswirkung			
Lichtbogenfestigkeit nach DIN			
nach ASTM s			

Beständigkeit *(Chemische Beständigkeit siehe Anhang)*

Wasseraufnahme

Feuchtigkeitsaufnahme Normalklima %

Wetterbeständigkeit

Spannungskorrosion

Optische Eigenschaften

Brechungszahl n_D		
Transmissionsgrad τ_c	%	mm dick
Lichtdurchlässigkeit		

Datenbank-Nr. **T01780** *Merkblatt-Nr.* **4435**

Produkt	Acrylnitril-Butadien-Styrol-Polymerisat		**ABS**
Handelsname	**Novodur P2X/K**		
Hersteller	BAYER		
DIN-Bez 1			
DIN-Bez 2			
Zusätze	Gleitmittel; Schmiermittel	*Füllstoffe/ Verstärkung*	
Bevorzugte Verarbeitung	Spritzgiessen	*Lieferform*	Granulat
		Farben	
Besondere Merkmale	Hart; Hohe Biegefestigkeit; Gut fliessend; Hochglaenzend	*Bevorzugte Anwendungen*	Kfz-Industrie

Dichte	g/cm^3	1.04	*Schmelzindex*	g/10 min	:
Schüttdichte	g/cm^3		*Volumenfließindex*	cm^3/10 min	25: 220/10
Viskositätszahl	ml/g				

Verarbeitungsbedingungen für Spritzgießen

Massetemp.	°C	*Schwindung*	%	lgs , quer
Werkzeugtemp.	°C	*Bemerkungen*		
Spritzdruck	bar			

Zugversuch 23 °C DIN 53455; ISO R/527; DIN 53457; ISO R/527

Probekörper: *Form* Nr. 3; 4 mm dick — *Herstellung* Spritzgiessen
Zustand — *Vorbehandlung* Normalklima

Streckspannung	N/mm^2	45	*Dehnung bei Streckspannung*	%	2.3
Zugfestigkeit	N/mm^2		*Reißdehnung*	%	
Reißfestigkeit	N/mm^2		*% Dehnspannung*	N/mm^2	
E-Modul	N/mm^2	2700	*Dehnung bei % Dehnspg.*	%	

Kriechmoduln und Zeitstandwerte 23 °C

Probekörper: *Form* — *Herstellung*
Zustand — *Vorbehandlung*

Kriechmodul	*1 min*	N/mm^2	*Zeitstandzugfestigkeit*	h	N/mm^2
Kriechmodul	*1000 h*	N/mm^2	*Zeitdehnspg.* %	h	N/mm^2
bei Spannung		N/mm^2			

Biegeversuch 23 °C

Probekörper: *Form* — *Herstellung*
Zustand — *Vorbehandlung*

Biegefestigkeit	N/mm^2	*E-Modul*	N/mm^2
3,5% *Biegespannung*	N/mm^2		

Härte 23 °C *Probekörper:* *Zustand* — *Herstellung*
Vorbehandlung

Kugeldruckhärte	N/mm^2 bei N, s	*Shore-Härte* A	
Rockwellhärte		*Shore-Härte* D	

Schlagversuch *Probekörper:* *(1)*
(2) — *Herstellung*
Zustand — *Vorbehandlung*

	°C	°C	°C	*Probekörper-Form*
Schlagzähigkeit kJ/m^2				
Kerbschlagzähigkeit (1) kJ/m^2				
IZOD-Kerbschlagzähigkeit (2) J/m				
Kerbschlagzugzähigkeit kJ/m^2				

Abrieb und Reibung

Taber-Abrieb (Reibradverfahren)	$mm^3/100$ U		
Abriebfaktor LNP (Thrust washer) Vergleichswert			
Statische Reibungszahl			
Dynamische Reibungszahl	(p · v= N/mm² ·		m/min)
Zulässiger p · v Wert	N/mm² · (m/min)	v=	m/min
		v=	m/min

Thermische Eigenschaften

Formbeständigkeit in der Wärme	*Verfahren*	A		94 °C
	Verfahren	B		98 °C
Vicat Erweichungstemperatur (VST)	*Verfahren*	B/50		98 °C
	Verfahren			°C
Kristallit-Schmelzpunkt	*Verfahren*			
Längenausdehnungskoeffizient	*Bereich*	23–80	°C	$0.85 \cdot 10^{-4} K^{-1}$
	Temperatur			$\cdot 10^{-4} K^{-1}$
Wärmeleitfähigkeit	*Verfahren*			W/(K · m)
Spezifische Wärmekapazität	*Verfahren*			J/(K · g)
Glasumwandlungstemperatur	*Torsionsschwingungsversuch*		°C	
	Differentialkalorimetrie		°C	

Brandverhalten

UL-Test vertikal	Dicke 1.57 mm, Wert HB
	Dicke 3.18 mm, Wert HB

	Norm	*Bewertung*	*Abmessungen*
Sauerstoff-Index	ASTM D 2863		
Glühstab-Verfahren			
Brandverhalten	DIN 4102		
MVSS			
FAR			

Elektrische Eigenschaften

		Hz	°C			*Probekörper, Form*
Dielektrizitätszahl		50				
		10^3				
		10^6				
Dielektrischer Verlustfaktor tan δ		50				
		10^3				
		10^6				
Spezifischer Durchgangs-widerstand	Ohm · cm					
Durchschlagfestigkeit	kV/mm					mm dick
Oberflächenwiderstand	Ohm					
Kriechstromfestigkeit		KC		KB	KA	
Elektrolytische Korrosionswirkung						
Lichtbogenfestigkeit nach DIN						
nach ASTM	s					

Beständigkeit *(Chemische Beständigkeit siehe Anhang)*

Wasseraufnahme	
Feuchtigkeitsaufnahme Normalklima	%
Wetterbeständigkeit	
Spannungskorrosion	

Optische Eigenschaften

Brechungszahl n_D		
Transmissionsgrad τ_c	%	mm dick
Lichtdurchlässigkeit		

Datenbank-Nr.	**T01781**		*Merkblatt-Nr.* **4436**

Produkt	Acrylnitril-Butadien-Styrol-Polymerisat		**ABS**
Handelsname	**Novodur P3H**		
Hersteller	BAYER		
DIN-Bez 1			
DIN-Bez 2			
Zusätze	Gleitmittel; Schmiermittel	*Füllstoffe/ Verstärkung*	
Bevorzugte Verarbeitung	Spritzgiessen	*Lieferform*	Granulat
		Farben	
Besondere Merkmale	Hohe Zugfestigkeit; Hohe Schlagzaehigkeit; Hohe Steifigkeit; Gute Waermeformbestaendigkeit	*Bevorzugte Anwendungen*	Haushaltsgeraeteteil; Kuechengeraeteteil, Bueromaschinengehaeuse

Dichte	g/cm³	1.04	*Schmelzindex*	g/10 min	:
Schüttdichte	g/cm³		*Volumenfließindex*	cm³/10 min	10: 220/10
Viskositätszahl	ml/g				

Verarbeitungsbedingungen für Spritzgießen

Massetemp.	°C	*Schwindung*	% lgs , quer
Werkzeugtemp.	°C	*Bemerkungen*	
Spritzdruck	bar		

Zugversuch 23 °C DIN 53455; ISO R/527; DIN 53457; ISO R/527

Probekörper: *Form* Nr. 3; 4 mm dick — *Herstellung* Spritzgiessen
Zustand — *Vorbehandlung* Normalklima

Streckspannung	N/mm²	50	*Dehnung bei Streckspannung*	%	2.6
Zugfestigkeit	N/mm²		*Reißdehnung*	%	
Reißfestigkeit	N/mm²		*% Dehnspannung*	N/mm²	
E-Modul	N/mm²	2600	*Dehnung bei % Dehnspg.*	%	

Kriechmoduln und Zeitstandwerte 23 °C

Probekörper: *Form* — *Herstellung*
Zustand — *Vorbehandlung*

Kriechmodul	*1 min*	N/mm²	*Zeitstandzugfestigkeit*	h	N/mm²
Kriechmodul	*1000 h*	N/mm²	*Zeitdehnspg. %*	h	N/mm²
bei Spannung		N/mm²			

Biegeversuch 23 °C

Probekörper: *Form* — *Herstellung*
Zustand — *Vorbehandlung*

Biegefestigkeit	N/mm²	*E-Modul*	N/mm²
3,5% *Biegespannung*	N/mm²		

Härte 23 °C *Probekörper:* *Zustand* — *Herstellung*
Vorbehandlung

Kugeldruckhärte	N/mm² bei N, s	*Shore-Härte* A	
Rockwellhärte		*Shore-Härte* D	

Schlagversuch *Probekörper:* *(1)*
(2) — *Herstellung*
Zustand — *Vorbehandlung*

		°C	°C	°C	*Probekörper-Form*
Schlagzähigkeit	kJ/m²				
Kerbschlagzähigkeit (1)	kJ/m²				
IZOD-Kerbschlagzähigkeit (2)	J/m				
Kerbschlagzugzähigkeit	kJ/m²				

Abrieb und Reibung

Taber-Abrieb (Reibradverfahren)	mm^3/100 U		
Abriebfaktor LNP (Thrust washer) Vergleichswert			
Statische Reibungszahl			
Dynamische Reibungszahl	(p·v=	N/mm^2·	m/min)
Zulässiger p · v Wert	N/mm^2 · (m/min)	v=	m/min
		v=	m/min

Thermische Eigenschaften

Formbeständigkeit in der Wärme	*Verfahren*		°C
	Verfahren		°C
Vicat Erweichungstemperatur (VST)	*Verfahren*	B/50	98 °C
	Verfahren		°C
Kristallit-Schmelzpunkt	*Verfahren*		
Längenausdehnungskoeffizient	*Bereich*	°C	$\cdot 10^{-4} K^{-1}$
	Temperatur		$\cdot 10^{-4} K^{-1}$
Wärmeleitfähigkeit	*Verfahren*		W/(K · m)
Spezifische Wärmekapazität	*Verfahren*		J/(K · g)
Glasumwandlungstemperatur	*Torsionsschwingungsversuch*	°C	
	Differentialkalorimetrie	°C	

Brandverhalten

UL-Test vertikal Dicke 1.57 mm, Wert HB
Dicke 3.18 mm, Wert HB

	Norm	*Bewertung*	*Abmessungen*
Sauerstoff-Index	ASTM D 2863		
Glühstab-Verfahren			
Brandverhalten	DIN 4102		
MVSS			
FAR			

Elektrische Eigenschaften

		Hz	°C	*Probekörper, Form*
Dielektrizitätszahl		50		
		10^3		
		10^6		
Dielektrischer Verlustfaktor tan δ		50		
		10^3		
		10^6		
Spezifischer Durchgangs-widerstand	Ohm · cm			
Durchschlagfestigkeit	kV/mm			mm dick
Oberflächenwiderstand	Ohm			

Kriechstromfestigkeit KC KB KA
Elektrolytische Korrosionswirkung
Lichtbogenfestigkeit nach DIN
nach ASTM s

Beständigkeit *(Chemische Beständigkeit siehe Anhang)*

Wasseraufnahme

Feuchtigkeitsaufnahme Normalklima %
Wetterbeständigkeit

Spannungskorrosion

Optische Eigenschaften

Brechungszahl n_D
Transmissionsgrad τ_c % mm dick
Lichtdurchlässigkeit

Datenbank-Nr. **T01782** Merkblatt-Nr. **4437**

Produkt	Acrylnitril-Butadien-Styrol-Polymerisat		**ABS**
Handelsname	**Novodur P3T-AT**		
Hersteller	BAYER		
DIN-Bez 1			
DIN-Bez 2			
Zusätze	Gleitmittel; Schmiermittel	*Füllstoffe/ Verstärkung*	
Bevorzugte Verarbeitung	Spritzgiessen	*Lieferform*	Granulat
		Farben	
Besondere Merkmale	Antistatisch	*Bevorzugte Anwendungen*	

Dichte	g/cm³	1.04	*Schmelzindex*	g/10 min	:	
Schüttdichte	g/cm³		*Volumenfließindex*	cm³/10 min	2:	220/10
Viskositätszahl	ml/g					

Verarbeitungsbedingungen für Spritzgießen

Massetemp.	°C	*Schwindung*	% lgs , quer
Werkzeugtemp.	°C	*Bemerkungen*	
Spritzdruck	bar		

Zugversuch 23 °C DIN 53455; ISO R/527; DIN 53457; ISO R/527

Probekörper: *Form* Nr. 3; 4 mm dick *Zustand* — *Herstellung* Spritzgiessen *Vorbehandlung* Normalklima

Streckspannung	N/mm²	54	*Dehnung bei Streckspannung*	%	2.8
Zugfestigkeit	N/mm²		*Reißdehnung*	%	
Reißfestigkeit	N/mm²		*% Dehnspannung*	N/mm²	
E-Modul	N/mm²	3000	*Dehnung bei % Dehnspg.*	%	

Kriechmoduln und Zeitstandwerte 23 °C

Probekörper: *Form* *Zustand* — *Herstellung* *Vorbehandlung*

Kriechmodul	*1 min*	N/mm²	*Zeitstandzugfestigkeit*	h	N/mm²
Kriechmodul	*1000 h*	N/mm²	*Zeitdehnspg. %*	h	N/mm²
bei Spannung		N/mm²			

Biegeversuch 23 °C

Probekörper: *Form* *Zustand* — *Herstellung* *Vorbehandlung*

Biegefestigkeit	N/mm²	*E-Modul*	N/mm²
3,5% *Biegespannung*	N/mm²		

Härte 23 °C *Probekörper:* *Zustand* — *Herstellung* *Vorbehandlung*

Kugeldruckhärte	N/mm² bei N, s	*Shore-Härte* A	
Rockwellhärte		*Shore-Härte* D	

Schlagversuch *Probekörper:* *(1)* *(2)* *Zustand* — *Herstellung* *Vorbehandlung*

		°C	°C	°C	*Probekörper-Form*
Schlagzähigkeit	kJ/m²				
Kerbschlagzähigkeit (1)	kJ/m²				
IZOD-Kerbschlagzähigkeit (2)	J/m				
Kerbschlagzugzähigkeit	kJ/m²				

Abrieb und Reibung

Taber-Abrieb (Reibradverfahren)	mm^3/100 U		
Abriebfaktor LNP (Thrust washer) Vergleichswert			
Statische Reibungszahl			
Dynamische Reibungszahl	(p·v=	N/mm^2·	m/min)
Zulässiger p · v Wert	N/mm^2·(m/min)	v=	m/min
		v=	m/min

Thermische Eigenschaften

Formbeständigkeit in der Wärme	Verfahren	A		98 °C
	Verfahren	B		103 °C
Vicat Erweichungstemperatur (VST)	Verfahren	B/50		111 °C
	Verfahren			°C
Kristallit-Schmelzpunkt	Verfahren			
Längenausdehnungskoeffizient	Bereich	23–80	°C	$0.8 \cdot 10^{-4}K^{-1}$
	Temperatur			$\cdot 10^{-4}K^{-1}$
Wärmeleitfähigkeit	Verfahren			W/(K · m)
Spezifische Wärmekapazität	Verfahren			J/(K · g)
Glasumwandlungstemperatur	Torsionsschwingungsversuch		°C	
	Differentialkalorimetrie		°C	

Brandverhalten

UL-Test vertikal — Dicke 3.2 mm, Wert HB
Dicke mm, Wert

	Norm	Bewertung	Abmessungen
Sauerstoff-Index	ASTM D 2863		
Glühstab-Verfahren			
Brandverhalten	DIN 4102		
MVSS			
FAR			

Elektrische Eigenschaften

		Hz	°C		Probekörper, Form
Dielektrizitätszahl		50	23	3	Durchmesser 80x1 mm
		10^3	23	2.9	Durchmesser 80x1 mm
		10^6			
Dielektrischer Verlustfaktor tan δ		50	23	0.006	Durchmesser 80x1 mm
		10^3	23	0.005	Durchmesser 80x1 mm
		10^6			
Spezifischer Durchgangswiderstand	Ohm · cm		23	1*10**15	Durchmesser 80x1 mm
Durchschlagfestigkeit	kV/mm		23	33	1 mm dick
Oberflächenwiderstand	Ohm		23	1*10**14	Durchmesser 80x1 mm

Kriechstromfestigkeit — KC KB KA
Elektrolytische Korrosionswirkung
Lichtbogenfestigkeit nach DIN
nach ASTM s

Beständigkeit *(Chemische Beständigkeit siehe Anhang)*

Wasseraufnahme 23 C Bis zur Saettigung	0.3 %
Feuchtigkeitsaufnahme Normalklima	%
Wetterbeständigkeit	
Spannungskorrosion	

Optische Eigenschaften

Brechungszahl n_D
Transmissionsgrad τ_c % mm dick
Lichtdurchlässigkeit

Datenbank-Nr.	**T01783**		Merkblatt-Nr. **4438**
Produkt	Acrylnitril-Butadien-Styrol-Polymerisat		**ABS**
Handelsname	**Novodur P3T/F**		
Hersteller	BAYER		
DIN-Bez 1 DIN-Bez 2			
Zusätze	Gleitmittel; Schmiermittel	Füllstoffe/ Verstärkung	
Bevorzugte Verarbeitung	Spritzgiessen	Lieferform Farben	Granulat
Besondere Merkmale	Hohe Waermeformbestaendigkeit; Gute Fliessfaehigkeit	Bevorzugte Anwendungen	Kfz-Industrie; Radkappe; Armaturentafelteil

Dichte	g/cm³	1.04	Schmelzindex	g/10 min	:	
Schüttdichte	g/cm³		Volumenfließindex	cm³/10 min	3:	220/10
Viskositätszahl	ml/g					

Verarbeitungsbedingungen für Spritzgießen

Massetemp.	°C	Schwindung	%	lgs , quer
Werkzeugtemp.	°C	Bemerkungen		
Spritzdruck	bar			

Zugversuch 23 °C DIN 53455; ISO R/527; DIN 53457; ISO R/527

Probekörper: Form Nr. 3; 4 mm dick — Herstellung: Spritzgiessen
Zustand — Vorbehandlung: Normalklima

Streckspannung	N/mm²	55	Dehnung bei Streckspannung	%	2.4
Zugfestigkeit	N/mm²		Reißdehnung	%	
Reißfestigkeit	N/mm²		% Dehnspannung	N/mm²	
E-Modul	N/mm²	3100	Dehnung bei % Dehnspg.	%	

Kriechmoduln und Zeitstandwerte 23 °C

Probekörper: Form — Herstellung
Zustand — Vorbehandlung

Kriechmodul	1 min	N/mm²	Zeitstandzugfestigkeit	h	N/mm²
Kriechmodul	1000 h	N/mm²	Zeitdehnspg. %	h	N/mm²
bei Spannung		N/mm²			

Biegeversuch 23 °C

Probekörper: Form — Herstellung
Zustand — Vorbehandlung

Biegefestigkeit	N/mm²	E-Modul	N/mm²
3,5% Biegespannung	N/mm²		

Härte 23 °C Probekörper: Zustand — Herstellung
Vorbehandlung

Kugeldruckhärte	N/mm² bei N, s	Shore-Härte	A
Rockwellhärte		Shore-Härte	D

Schlagversuch Probekörper: (1)
(2) — Herstellung
Zustand — Vorbehandlung

	°C	°C	°C	Probekörper-Form
Schlagzähigkeit kJ/m²				
Kerbschlagzähigkeit (1) kJ/m²				
IZOD-Kerbschlagzähigkeit (2) J/m				
Kerbschlagzugzähigkeit kJ/m²				

Abrieb und Reibung

Taber-Abrieb (Reibradverfahren)	mm^3/100 U		
Abriebfaktor LNP (Thrust washer) Vergleichswert			
Statische Reibungszahl			
Dynamische Reibungszahl	(p · v =	N/mm^2 ·	m/min)
Zulässiger p · v Wert	N/mm^2 · (m/min)	v =	m/min
		v =	m/min

hermische Eigenschaften

Formbeständigkeit in der Wärme	*Verfahren*	A		101 °C
	Verfahren	B		108 °C
Vicat Erweichungstemperatur (VST)	*Verfahren*	B/50		111 °C
	Verfahren			°C
Kristallit-Schmelzpunkt	*Verfahren*			
Längenausdehnungskoeffizient	*Bereich*	23–80	°C	$0.8 \cdot 10^{-4} K^{-1}$
	Temperatur			$\cdot 10^{-4} K^{-1}$
Wärmeleitfähigkeit	*Verfahren*			W/(K · m)
Spezifische Wärmekapazität	*Verfahren*			J/(K · g)
Glasumwandlungstemperatur	*Torsionsschwingungsversuch*		°C	
	Differentialkalorimetrie		°C	

Brandverhalten

UL-Test vertikal	Dicke 3.2 mm, Wert HB	
	Dicke mm, Wert	

	Norm	*Bewertung*	*Abmessungen*
Sauerstoff-Index	ASTM D 2863		
Glühstab-Verfahren			
Brandverhalten	DIN 4102		
MVSS			
FAR			

Elektrische Eigenschaften

		Hz	°C		*Probekörper, Form*
Dielektrizitätszahl		50			
		10^3			
		10^6			
Dielektrischer Verlustfaktor tan δ		50			
		10^3			
		10^6			
Spezifischer Durchgangs-widerstand	Ohm · cm				
Durchschlagfestigkeit	kV/mm				mm dick
Oberflächenwiderstand	Ohm				
Kriechstromfestigkeit		KC	KB	KA	
Elektrolytische Korrosionswirkung					
Lichtbogenfestigkeit nach DIN					
nach ASTM	s				

Beständigkeit *(Chemische Beständigkeit siehe Anhang)*

Wasseraufnahme 23 C	Bis zur Saettigung	0.3 %	
Feuchtigkeitsaufnahme Normalklima			%
Wetterbeständigkeit			
Spannungskorrosion			

Optische Eigenschaften

Brechungszahl n_D		
Transmissionsgrad τ_c	%	mm dick
Lichtdurchlässigkeit		

Produkt	Acrylnitril-Butadien-Styrol-Polymerisat		**ABS**
Handelsname	**Novodur PKT2-AT**		
Hersteller	BAYER		
DIN-Bez 1			
DIN-Bez 2			
Zusätze	Gleitmittel; Schmiermittel	*Füllstoffe/ Verstärkung*	
Bevorzugte Verarbeitung	Spritzgiessen	*Lieferform*	Granulat
		Farben	
Besondere Merkmale	Antistatisch	*Bevorzugte Anwendungen*	

Dichte	g/cm^3 1.04	*Schmelzindex*	g/10 min	:	
Schüttdichte	g/cm^3	*Volumenfließindex*	cm^3/10 min	5:	220/10
Viskositätszahl	ml/g				

Verarbeitungsbedingungen für Spritzgießen

Massetemp.	°C	*Schwindung*	% lgs , quer
Werkzeugtemp.	°C	*Bemerkungen*	
Spritzdruck	bar		

Zugversuch 23 °C DIN 53455; ISO R/527; DIN 53457; ISO R/527

Probekörper: *Form* Nr. 3; 4 mm dick; *Zustand*; *Herstellung* Spritzgiessen; *Vorbehandlung* Normalklima

Streckspannung	N/mm^2 40	*Dehnung bei Streckspannung*	% 2.6
Zugfestigkeit	N/mm^2	*Reißdehnung*	%
Reißfestigkeit	N/mm^2	*% Dehnspannung*	N/mm^2
E-Modul	N/mm^2 2200	*Dehnung bei % Dehnspg.*	%

Kriechmoduln und Zeitstandwerte 23 °C

Probekörper: *Form*; *Zustand*; *Herstellung*; *Vorbehandlung*

Kriechmodul	*1 min* N/mm^2	*Zeitstandzugfestigkeit*	h N/mm^2
Kriechmodul	*1000 h* N/mm^2	*Zeitdehnspg. %*	h N/mm^2
bei Spannung	N/mm^2		

Biegeversuch 23 °C

Probekörper: *Form*; *Zustand*; *Herstellung*; *Vorbehandlung*

Biegefestigkeit	N/mm^2	*E-Modul*	N/mm^2
3,5% *Biegespannung*	N/mm^2		

Härte 23 °C *Probekörper:* *Zustand*; *Herstellung*; *Vorbehandlung*

Kugeldruckhärte	N/mm^2 bei N, s	*Shore-Härte*	A
Rockwellhärte		*Shore-Härte*	D

Schlagversuch *Probekörper:* *(1)*; *(2)*; *Zustand*; *Herstellung*; *Vorbehandlung*

		°C	°C	°C	*Probekörper-Form*
Schlagzähigkeit	kJ/m^2				
Kerbschlagzähigkeit (1)	kJ/m^2				
IZOD-Kerbschlagzähigkeit (2)	J/m				
Kerbschlagzugzähigkeit	kJ/m^2				

Abrieb und Reibung

Taber-Abrieb (Reibradverfahren)	mm^3/100 U		
Abriebfaktor LNP (Thrust washer) Vergleichswert			
Statische Reibungszahl			
Dynamische Reibungszahl	(p·v= N/mm^2·		m/min)
Zulässiger p · v Wert	N/mm^2 · (m/min)	v=	m/min
		v=	m/min

Thermische Eigenschaften

Formbeständigkeit in der Wärme	*Verfahren* A		96 °C
	Verfahren B		100 °C
Vicat Erweichungstemperatur (VST)	*Verfahren* B/50		100 °C
	Verfahren		°C
Kristallit-Schmelzpunkt	*Verfahren*		
Längenausdehnungskoeffizient	*Bereich*	°C	$\cdot 10^{-4} K^{-1}$
	Temperatur		$\cdot 10^{-4} K^{-1}$
Wärmeleitfähigkeit	*Verfahren*		W/(K · m)
Spezifische Wärmekapazität	*Verfahren*		J/(K · g)
Glasumwandlungstemperatur	*Torsionsschwingungsversuch*	°C	
	Differentialkalorimetrie	°C	

Brandverhalten

UL-Test vertikal Dicke 3.2 mm, Wert HB
Dicke mm, Wert

	Norm	*Bewertung*	*Abmessungen*
Sauerstoff-Index	ASTM D 2863		
Glühstab-Verfahren			
Brandverhalten	DIN 4102		
MVSS			
FAR			

Elektrische Eigenschaften

		Hz	°C	*Probekörper, Form*
Dielektrizitätszahl		50		
		10^3		
		10^6		
Dielektrischer Verlustfaktor tan δ		50		
		10^3		
		10^6		
Spezifischer Durchgangs-widerstand	Ohm · cm			
Durchschlagfestigkeit	kV/mm			mm dick
Oberflächenwiderstand	Ohm			

Kriechstromfestigkeit KC KB KA
Elektrolytische Korrosionswirkung
Lichtbogenfestigkeit nach DIN
nach ASTM s

Beständigkeit *(Chemische Beständigkeit siehe Anhang)*

Wasseraufnahme 23 C Bis zur Saettigung 0.3 %

Feuchtigkeitsaufnahme Normalklima %
Wetterbeständigkeit

Spannungskorrosion

Optische Eigenschaften

Brechungszahl n_D
Transmissionsgrad τ_c % mm dick
Lichtdurchlässigkeit

Datenbank-Nr. **T01785** Merkblatt-Nr. **4440**

Produkt	Acrylnitril-Butadien-Styrol-Polymerisat		**ABS**
Handelsname	**Novodur PKT4**		
Hersteller	BAYER		
DIN-Bez 1			
DIN-Bez 2			
Zusätze	Gleitmittel; Schmiermittel	*Füllstoffe/ Verstärkung*	
Bevorzugte Verarbeitung	Spritzgiessen	*Lieferform*	Granulat
		Farben	
Besondere Merkmale		*Bevorzugte Anwendungen*	

Dichte	g/cm³	1.04	*Schmelzindex*	g/10 min	:	
Schüttdichte	g/cm³		*Volumenfließindex*	cm³/10 min	4:	220/10
Viskositätszahl	ml/g					

Verarbeitungsbedingungen für Spritzgießen

Massetemp.	°C	*Schwindung*	%	lgs , quer
Werkzeugtemp.	°C	*Bemerkungen*		
Spritzdruck	bar			

Zugversuch 23 °C DIN 53455; ISO R/527; DIN 53457; ISO R/527

Probekörper: *Form* Nr. 3; 4 mm dick — *Herstellung* Spritzgiessen
Zustand — *Vorbehandlung* Normalklima

Streckspannung	N/mm²	41	*Dehnung bei Streckspannung*	%	2.6
Zugfestigkeit	N/mm²		*Reißdehnung*	%	
Reißfestigkeit	N/mm²		*% Dehnspannung*	N/mm²	
E-Modul	N/mm²	2100	*Dehnung bei % Dehnspg.*	%	

Kriechmoduln und Zeitstandwerte 23 °C

Probekörper: *Form* — *Herstellung*
Zustand — *Vorbehandlung*

Kriechmodul	*1 min*	N/mm²	*Zeitstandzugfestigkeit*	h	N/mm²
Kriechmodul	*1000 h*	N/mm²	*Zeitdehnspg. %*	h	N/mm²
bei Spannung		N/mm²			

Biegeversuch 23 °C

Probekörper: *Form* — *Herstellung*
Zustand — *Vorbehandlung*

Biegefestigkeit	N/mm²	*E-Modul*	N/mm²
3,5% *Biegespannung*	N/mm²		

Härte 23 °C *Probekörper:* *Zustand* — *Herstellung*
Vorbehandlung

Kugeldruckhärte	N/mm² bei N, s	*Shore-Härte* A	
Rockwellhärte		*Shore-Härte* D	

Schlagversuch *Probekörper:* *(1)*
(2) — *Herstellung*
Zustand — *Vorbehandlung*

	°C	°C	°C	*Probekörper-Form*
Schlagzähigkeit kJ/m²				
Kerbschlagzähigkeit (1) kJ/m²				
IZOD-Kerbschlagzähigkeit (2) J/m				
Kerbschlagzugzähigkeit kJ/m²				

Abrieb und Reibung

Taber-Abrieb (Reibradverfahren)	mm^3/100 U		
Abriebfaktor LNP (Thrust washer) Vergleichswert			
Statische Reibungszahl			
Dynamische Reibungszahl	(p·v=	N/mm^2 ·	m/min)
Zulässiger p · v Wert	N/mm^2 · (m/min)	v=	m/min
		v=	m/min

Thermische Eigenschaften

Formbeständigkeit in der Wärme	*Verfahren* A	96 °C	
	Verfahren B	100 °C	
Vicat Erweichungstemperatur (VST)	*Verfahren* B/50	100 °C	
	Verfahren	°C	
Kristallit-Schmelzpunkt	*Verfahren*		
Längenausdehnungskoeffizient	*Bereich* °C		$\cdot 10^{-4} K^{-1}$
	Temperatur		$\cdot 10^{-4} K^{-1}$
Wärmeleitfähigkeit	*Verfahren*		W/(K · m)
Spezifische Wärmekapazität	*Verfahren*		J/(K · g)
Glasumwandlungstemperatur	*Torsionsschwingungsversuch*	°C	
	Differentialkalorimetrie	°C	

Brandverhalten

UL-Test vertikal	Dicke 3.2 mm, Wert HB	
	Dicke mm, Wert	

	Norm	*Bewertung*	*Abmessungen*
Sauerstoff-Index	ASTM D 2863		
Glühstab-Verfahren			
Brandverhalten	DIN 4102		
MVSS			
FAR			

Elektrische Eigenschaften

		Hz	°C	*Probekörper, Form*
Dielektrizitätszahl		50		
		10^3		
		10^6		
Dielektrischer Verlustfaktor tan δ		50		
		10^3		
		10^6		
Spezifischer Durchgangswiderstand	Ohm · cm			
Durchschlagfestigkeit	kV/mm			mm dick
Oberflächenwiderstand	Ohm			
Kriechstromfestigkeit		KC	KB	KA
Elektrolytische Korrosionswirkung				
Lichtbogenfestigkeit nach DIN				
nach ASTM	s			

Beständigkeit *(Chemische Beständigkeit siehe Anhang)*

Wasseraufnahme

Feuchtigkeitsaufnahme Normalklima %

Wetterbeständigkeit

Spannungskorrosion

Optische Eigenschaften

Brechungszahl n_D

Transmissionsgrad τ_c % mm dick

Lichtdurchlässigkeit

Datenbank-Nr. **T01786** Merkblatt-Nr. **4441**

Produkt	Acrylnitril-Butadien-Styrol-Polymerisat		**ABS**
Handelsname	**Novodur PKT5**		
Hersteller	BAYER		
DIN-Bez 1 *DIN-Bez 2*			
Zusätze	Gleitmittel; Schmiermittel	*Füllstoffe/ Verstärkung*	
Bevorzugte Verarbeitung	Spritzgiessen	*Lieferform*	Granulat
		Farben	
Besondere Merkmale		*Bevorzugte Anwendungen*	

Dichte	g/cm^3	1.04	*Schmelzindex*	g/10 min	:	
Schüttdichte	g/cm^3		*Volumenfließindex*	cm^3/10 min	3:	220/10
Viskositätszahl	ml/g					

Verarbeitungsbedingungen für Spritzgießen

Massetemp.	°C	*Schwindung*	% lgs , quer
Werkzeugtemp.	°C	*Bemerkungen*	
Spritzdruck	bar		

Zugversuch 23 °C DIN 53455; ISO R/527; DIN 53457; ISO R/527

Probekörper: *Form* Nr. 3; 4 mm dick — *Herstellung* Spritzgiessen
Zustand — *Vorbehandlung* Normalklima

Streckspannung	N/mm^2	48	*Dehnung bei Streckspannung*	%	2.6
Zugfestigkeit	N/mm^2		*Reißdehnung*	%	
Reißfestigkeit	N/mm^2		*% Dehnspannung*	N/mm^2	
E-Modul	N/mm^2	2300	*Dehnung bei % Dehnspg.*	%	

Kriechmoduln und Zeitstandwerte 23 °C

Probekörper: *Form* — *Herstellung*
Zustand — *Vorbehandlung*

Kriechmodul	*1 min* N/mm^2	*Zeitstandzugfestigkeit*	h N/mm^2
Kriechmodul	*1000 h* N/mm^2	*Zeitdehnspg. %*	h N/mm^2
bei Spannung	N/mm^2		

Biegeversuch 23 °C

Probekörper: *Form* — *Herstellung*
Zustand — *Vorbehandlung*

Biegefestigkeit	N/mm^2	*E-Modul*	N/mm^2
3,5% *Biegespannung*	N/mm^2		

Härte 23 °C *Probekörper:* *Zustand* — *Herstellung*
Vorbehandlung

Kugeldruckhärte	N/mm^2 bei N, s	*Shore-Härte*	A
Rockwellhärte		*Shore-Härte*	D

Schlagversuch *Probekörper:* *(1)*
(2) — *Herstellung*
Zustand — *Vorbehandlung*

		°C	°C	°C	*Probekörper-Form*
Schlagzähigkeit	kJ/m^2				
Kerbschlagzähigkeit (1)	kJ/m^2				
IZOD-Kerbschlagzähigkeit (2)	J/m				
Kerbschlagzugzähigkeit	kJ/m^2				

Abrieb und Reibung

Taber-Abrieb (Reibradverfahren)	$mm^3/100$ U		
Abriebfaktor LNP (Thrust washer) Vergleichswert			
Statische Reibungszahl			
Dynamische Reibungszahl	(p·v=	N/mm²·	m/min)
Zulässiger p·v Wert	N/mm²·(m/min)	v=	m/min
		v=	m/min

Thermische Eigenschaften

Formbeständigkeit in der Wärme	*Verfahren*	A	97 °C	
	Verfahren	B	102 °C	
Vicat Erweichungstemperatur (VST)	*Verfahren*	B/50	103 °C	
	Verfahren		°C	
Kristallit-Schmelzpunkt	*Verfahren*			
Längenausdehnungskoeffizient	*Bereich*	°C		$\cdot 10^{-4}K^{-1}$
	Temperatur			$\cdot 10^{-4}K^{-1}$
Wärmeleitfähigkeit	*Verfahren*			W/(K · m)
Spezifische Wärmekapazität	*Verfahren*			J/(K · g)
Glasumwandlungstemperatur	*Torsionsschwingungsversuch*		°C	
	Differentialkalorimetrie		°C	

Brandverhalten

UL-Test vertikal Dicke mm, Wert
Dicke mm, Wert

	Norm	*Bewertung*	*Abmessungen*
Sauerstoff-Index	ASTM D 2863		
Glühstab-Verfahren			
Brandverhalten	DIN 4102		
MVSS			
FAR			

Elektrische Eigenschaften

		Hz	°C		*Probekörper, Form*
Dielektrizitätszahl		50			
		10^3			
		10^6			
Dielektrischer Verlustfaktor tan δ		50			
		10^3			
		10^6			
Spezifischer Durchgangswiderstand	Ohm · cm				
Durchschlagfestigkeit	kV/mm				mm dick
Oberflächenwiderstand	Ohm				
Kriechstromfestigkeit		KC	KB	KA	
Elektrolytische Korrosionswirkung					
Lichtbogenfestigkeit nach DIN					
nach ASTM	s				

Beständigkeit *(Chemische Beständigkeit siehe Anhang)*

Wasseraufnahme 23 C Bis zur Saettigung	0.3 %	
Feuchtigkeitsaufnahme Normalklima		%
Wetterbeständigkeit		
Spannungskorrosion		

Optische Eigenschaften

Brechungszahl n_D		
Transmissionsgrad τ_c	%	mm dick
Lichtdurchlässigkeit		

Datenbank-Nr.	**T01787**		Merkblatt-Nr. **4442**
Produkt	Acrylnitril-Butadien-Styrol-Polymerisat		**ABS**
Handelsname	**Novodur PMT-F**		
Hersteller	BAYER		
DIN-Bez 1			
DIN-Bez 2			
Zusätze	Gleitmittel; Schmiermittel	Füllstoffe/ Verstärkung	
Bevorzugte Verarbeitung	Spritzgiessen	Lieferform	Granulat
		Farben	
Besondere Merkmale		Bevorzugte Anwendungen	

Dichte	g/cm^3	1.04	Schmelzindex	g/10 min	:	
Schüttdichte	g/cm^3		Volumenfließindex	cm^3/10 min	8:	220/10
Viskositätszahl	ml/g					

Verarbeitungsbedingungen für Spritzgießen

Massetemp.	°C	Schwindung	%	lgs	, quer
Werkzeugtemp.	°C	Bemerkungen			
Spritzdruck	bar				

Zugversuch 23 °C DIN 53455; ISO R/527; DIN 53457; ISO R/527

Probekörper: Form	Nr. 3; 4 mm dick	Herstellung	Spritzgiessen
Zustand		Vorbehandlung	Normalklima

Streckspannung	N/mm^2	44	Dehnung bei Streckspannung	%	2.4
Zugfestigkeit	N/mm^2		Reißdehnung	%	
Reißfestigkeit	N/mm^2		% Dehnspannung	N/mm^2	
E-Modul	N/mm^2	2500	Dehnung bei % Dehnspg.	%	

Kriechmoduln und Zeitstandwerte 23 °C

Probekörper: Form		Herstellung	
Zustand		Vorbehandlung	

Kriechmodul	1 min	N/mm^2	Zeitstandzugfestigkeit	h	N/mm^2
Kriechmodul	1000 h	N/mm^2	Zeitdehnspg. %	h	N/mm^2
bei Spannung		N/mm^2			

Biegeversuch 23 °C

Probekörper: Form		Herstellung	
Zustand		Vorbehandlung	

Biegefestigkeit	N/mm^2	E-Modul	N/mm^2
3,5% Biegespannung	N/mm^2		

Härte 23 °C

Probekörper: Zustand		Herstellung	
		Vorbehandlung	
Kugeldruckhärte	N/mm^2 bei N, s	Shore-Härte A	
Rockwellhärte		Shore-Härte D	

Schlagversuch

Probekörper: (1)			
(2)		Herstellung	
Zustand		Vorbehandlung	

		°C	°C	°C	Probekörper-Form
Schlagzähigkeit	kJ/m^2				
Kerbschlagzähigkeit (1)	kJ/m^2				
IZOD-Kerbschlagzähigkeit (2)	J/m				
Kerbschlagzugzähigkeit	kJ/m^2				

Abrieb und Reibung

Taber-Abrieb (Reibradverfahren)	mm^3/100 U		
Abriebfaktor LNP (Thrust washer) Vergleichswert			
Statische Reibungszahl			
Dynamische Reibungszahl	(p·v= N/mm^2·		m/min)
Zulässiger p · v Wert	N/mm^2 · (m/min)	v=	m/min
		v=	m/min

Thermische Eigenschaften

Formbeständigkeit in der Wärme	*Verfahren*	A		96 °C
	Verfahren	B		100 °C
Vicat Erweichungstemperatur (VST)	*Verfahren*	B/50		101 °C
	Verfahren			°C
Kristallit-Schmelzpunkt	*Verfahren*			
Längenausdehnungskoeffizient	*Bereich*	23–80	°C	$0.89 \cdot 10^{-4} K^{-1}$
	Temperatur			$\cdot 10^{-4} K^{-1}$
Wärmeleitfähigkeit	*Verfahren*			W/(K · m)
Spezifische Wärmekapazität	*Verfahren*			J/(K · g)
Glasumwandlungstemperatur	*Torsionsschwingungsversuch*		°C	
	Differentialkalorimetrie		°C	

Brandverhalten

UL-Test vertikal Dicke 3.2 mm, Wert HB
Dicke mm, Wert

	Norm	*Bewertung*	*Abmessungen*
Sauerstoff-Index	ASTM D 2863		
Glühstab-Verfahren			
Brandverhalten	DIN 4102		
MVSS			
FAR			

Elektrische Eigenschaften

		Hz	°C		*Probekörper, Form*
Dielektrizitätszahl		50	23	2.7	Durchmesser 80x1 mm
		10^3	23	2.9	Durchmesser 80x1 mm
		10^6			
Dielektrischer Verlustfaktor tan δ		50	23	0.009	Durchmesser 80x1 mm
		10^3	23	0.009	Durchmesser 80x1 mm
		10^6			
Spezifischer Durchgangs-widerstand	Ohm · cm		23	1*10**15	Durchmesser 80x1 mm
Durchschlagfestigkeit	kV/mm		23	30	1 mm dick
Oberflächenwiderstand	Ohm		23	1*10**14	Durchmesser 80x1 mm

Kriechstromfestigkeit KC KB KA
Elektrolytische Korrosionswirkung
Lichtbogenfestigkeit nach DIN
nach ASTM s

Beständigkeit *(Chemische Beständigkeit siehe Anhang)*

Wasseraufnahme 23 C Bis zur Saettigung 0.3 %

Feuchtigkeitsaufnahme Normalklima %
Wetterbeständigkeit

Spannungskorrosion

Optische Eigenschaften

Brechungszahl n_D
Transmissionsgrad τ_c % mm dick
Lichtdurchlässigkeit

Datenbank-Nr. **T01788** Merkblatt-Nr. **4443**

Produkt	Acrylnitril-Butadien-Styrol-Polymerisat		**ABS**
Handelsname	**Novodur PSK**		
Hersteller	BAYER		
DIN-Bez 1 *DIN-Bez 2*			
Zusätze	Gleitmittel; Schmiermittel	*Füllstoffe/ Verstärkung*	
Bevorzugte Verarbeitung	Extrudieren; Folienextrusion	*Lieferform*	Granulat
		Farben	
Besondere Merkmale	Hochzaeh	*Bevorzugte Anwendungen*	Skifolie

Dichte	g/cm³	1.04	*Schmelzindex*	g/10 min	:	
Schüttdichte	g/cm³		*Volumenfließindex*	cm³/10 min	5:	220/10
Viskositätszahl	ml/g					

Verarbeitungsbedingungen für Spritzgießen

Massetemp.	°C	*Schwindung*	%	lgs	, quer
Werkzeugtemp.	°C	*Bemerkungen*			
Spritzdruck	bar				

Zugversuch 23 °C DIN 53455; ISO R/527; DIN 53457; ISO R/527

Probekörper:	*Form*	Nr. 3; 4 mm dick	*Herstellung*	Spritzgiessen
	Zustand		*Vorbehandlung*	Normalklima

Streckspannung	N/mm²	34	*Dehnung bei Streckspannung*	%	2.8
Zugfestigkeit	N/mm²		*Reißdehnung*	%	
Reißfestigkeit	N/mm²		*% Dehnspannung*	N/mm²	
E-Modul	N/mm²	1800	*Dehnung bei % Dehnspg.*	%	

Kriechmoduln und Zeitstandwerte 23 °C

Probekörper:	*Form*	*Herstellung*	
	Zustand	*Vorbehandlung*	

Kriechmodul	*1 min*	N/mm²	*Zeitstandzugfestigkeit*	h	N/mm²
Kriechmodul	*1000 h*	N/mm²	*Zeitdehnspg. %*	h	N/mm²
bei Spannung		N/mm²			

Biegeversuch 23 °C

Probekörper:	*Form*	*Herstellung*	
	Zustand	*Vorbehandlung*	

Biegefestigkeit	N/mm²	*E-Modul*	N/mm²
3,5% *Biegespannung*	N/mm²		

Härte 23 °C *Probekörper:* *Zustand* *Herstellung* *Vorbehandlung*

Kugeldruckhärte	N/mm² bei N, s	*Shore-Härte* A	
Rockwellhärte		*Shore-Härte* D	

Schlagversuch *Probekörper:* *(1)* *(2)* *Zustand* *Herstellung* *Vorbehandlung*

		°C	°C	°C	*Probekörper-Form*
Schlagzähigkeit	kJ/m²				
Kerbschlagzähigkeit (1)	kJ/m²				
IZOD-Kerbschlagzähigkeit (2)	J/m				
Kerbschlagzugzähigkeit	kJ/m²				

Abrieb und Reibung

Taber-Abrieb (Reibradverfahren)	mm^3/100 U		
Abriebfaktor LNP (Thrust washer) Vergleichswert			
Statische Reibungszahl			
Dynamische Reibungszahl	(p·v=	N/mm^2·	m/min)
Zulässiger p·v Wert	N/mm^2·(m/min)	v=	m/min
		v=	m/min

Thermische Eigenschaften

Formbeständigkeit in der Wärme	*Verfahren* A		90 °C
	Verfahren B		94 °C
Vicat Erweichungstemperatur (VST)	*Verfahren* B/50		88 °C
	Verfahren		°C
Kristallit-Schmelzpunkt	*Verfahren*		
Längenausdehnungskoeffizient	*Bereich* 23–80 °C		$1.14 \cdot 10^{-4} K^{-1}$
	Temperatur		$\cdot 10^{-4} K^{-1}$
Wärmeleitfähigkeit	*Verfahren*		W/(K·m)
Spezifische Wärmekapazität	*Verfahren*		J/(K·g)
Glasumwandlungstemperatur	*Torsionsschwingungsversuch*	°C	
	Differentialkalorimetrie	°C	

Brandverhalten

UL-Test vertikal	Dicke 3.2 mm, Wert HB	
	Dicke mm, Wert	

	Norm	*Bewertung*	*Abmessungen*
Sauerstoff-Index	ASTM D 2863		
Glühstab-Verfahren			
Brandverhalten	DIN 4102		
MVSS			
FAR			

Elektrische Eigenschaften

		Hz	°C		*Probekörper, Form*
Dielektrizitätszahl		50	23	3	Durchmesser 80x1 mm
		10^3	23	2.9	Durchmesser 80x1 mm
		10^6			
Dielektrischer Verlustfaktor tan δ		50	23	0.005	Durchmesser 80x1 mm
		10^3	23	0.008	Durchmesser 80x1 mm
		10^6			
Spezifischer Durchgangswiderstand	Ohm·cm		23	1*10**15	Durchmesser 80x1 mm
Durchschlagfestigkeit	kV/mm				mm dick
Oberflächenwiderstand	Ohm		23	1*10**14	Durchmesser 80x1 mm

Kriechstromfestigkeit	KC	KB	KA
Elektrolytische Korrosionswirkung			
Lichtbogenfestigkeit nach DIN			
nach ASTM s			

Beständigkeit *(Chemische Beständigkeit siehe Anhang)*

Wasseraufnahme 23 C Bis zur Saettigung	0.3 %
Feuchtigkeitsaufnahme Normalklima	%
Wetterbeständigkeit	
Spannungskorrosion	

Optische Eigenschaften

Brechungszahl n_D		
Transmissionsgrad τ_c	%	mm dick
Lichtdurchlässigkeit		

Datenbank-Nr.	**T01790**	*Merkblatt-Nr.* **4444**

Produkt	Acrylnitril-Butadien-Styrol-Polymerisat		**ABS**
Handelsname	**Novodur PVM2**		
Hersteller	BAYER		
DIN-Bez 1			
DIN-Bez 2			
Zusätze	Gleitmittel; Schmiermittel	*Füllstoffe/ Verstärkung*	
Bevorzugte Verarbeitung	Spritzgiessen	*Lieferform*	Granulat
		Farben	
Besondere Merkmale		*Bevorzugte Anwendungen*	

Dichte	g/cm³ 1.04	*Schmelzindex*	g/10 min	:	
Schüttdichte	g/cm³	*Volumenfließindex*	cm³/10 min	10:	220/10
Viskositätszahl	ml/g				

Verarbeitungsbedingungen für Spritzgießen

Massetemp.	°C	*Schwindung*	% lgs , quer
Werkzeugtemp.	°C	*Bemerkungen*	
Spritzdruck	bar		

Zugversuch 23 °C DIN 53455; ISO R/527; DIN 53457; ISO R/527

Probekörper: *Form* Nr. 3; 4 mm dick — *Herstellung* Spritzgiessen
Zustand — *Vorbehandlung* Normalklima

Streckspannung	N/mm²	40	*Dehnung bei Streckspannung*	% 2
Zugfestigkeit	N/mm²		*Reißdehnung*	%
Reißfestigkeit	N/mm²		*% Dehnspannung*	N/mm²
E-Modul	N/mm²	2400	*Dehnung bei % Dehnspg.*	%

Kriechmoduln und Zeitstandwerte 23 °C

Probekörper: *Form* — *Herstellung*
Zustand — *Vorbehandlung*

Kriechmodul	*1 min* N/mm²	*Zeitstandzugfestigkeit*	h N/mm²
Kriechmodul	*1000 h* N/mm²	*Zeitdehnspg.* %	h N/mm²
bei Spannung	N/mm²		

Biegeversuch 23 °C

Probekörper: *Form* — *Herstellung*
Zustand — *Vorbehandlung*

Biegefestigkeit	N/mm²	*E-Modul*	N/mm²
3,5% *Biegespannung*	N/mm²		

Härte 23 °C *Probekörper:* *Zustand* — *Herstellung*
Vorbehandlung

Kugeldruckhärte	N/mm² bei N, s	*Shore-Härte*	A
Rockwellhärte		*Shore-Härte*	D

Schlagversuch *Probekörper:* *(1)*
(2) — *Herstellung*
Zustand — *Vorbehandlung*

	°C	°C	°C	*Probekörper-Form*
Schlagzähigkeit kJ/m²				
Kerbschlagzähigkeit (1) kJ/m²				
IZOD-Kerbschlagzähigkeit (2) J/m				
Kerbschlagzugzähigkeit kJ/m²				

Abrieb und Reibung

Taber-Abrieb (Reibradverfahren)	$mm^3/100$ U		
Abriebfaktor LNP (Thrust washer) Vergleichswert			
Statische Reibungszahl			
Dynamische Reibungszahl	(p · v =	N/mm^2 ·	m/min)
Zulässiger p · v Wert	N/mm^2 · (m/min)	v =	m/min
		v =	m/min

Thermische Eigenschaften

Formbeständigkeit in der Wärme	*Verfahren*	A		89 °C
	Verfahren	B		99 °C
Vicat Erweichungstemperatur (VST)	*Verfahren*	B/50		98 °C
	Verfahren			°C
Kristallit-Schmelzpunkt	*Verfahren*			
Längenausdehnungskoeffizient	*Bereich*	23–80 °C		$0.97 \cdot 10^{-4} K^{-1}$
	Temperatur			$\cdot 10^{-4} K^{-1}$
Wärmeleitfähigkeit	*Verfahren*			W/(K · m)
Spezifische Wärmekapazität	*Verfahren*			J/(K · g)
Glasumwandlungstemperatur	*Torsionsschwingungsversuch*		°C	
	Differentialkalorimetrie		°C	

Brandverhalten

UL-Test vertikal		Dicke mm, Wert	
		Dicke mm, Wert	

	Norm	*Bewertung*	*Abmessungen*
Sauerstoff-Index	ASTM D 2863		
Glühstab-Verfahren			
Brandverhalten	DIN 4102		
MVSS			
FAR			

Elektrische Eigenschaften

		Hz	°C	*Probekörper, Form*
Dielektrizitätszahl		50		
		10^3		
		10^6		
Dielektrischer Verlustfaktor tan δ		50		
		10^3		
		10^6		
Spezifischer Durchgangswiderstand	Ohm · cm			
Durchschlagfestigkeit	kV/mm			mm dick
Oberflächenwiderstand	Ohm			

Kriechstromfestigkeit	KC	KB	KA
Elektrolytische Korrosionswirkung			
Lichtbogenfestigkeit nach DIN			
nach ASTM s			

Beständigkeit *(Chemische Beständigkeit siehe Anhang)*

Wasseraufnahme 23 C Bis zur Saettigung	0.3 %	
Feuchtigkeitsaufnahme Normalklima		%
Wetterbeständigkeit		
Spannungskorrosion		

Optische Eigenschaften

Brechungszahl n_D		
Transmissionsgrad τ_c	%	mm dick
Lichtdurchlässigkeit		

Datenbank-Nr.	**T01791**	Merkblatt-Nr. **4445**

Produkt	Polyethylenterephthalat		**PET**
Handelsname	**Petlon 4630**		
Hersteller	BAYER		
DIN-Bez 1 *DIN-Bez 2*			
Zusätze	Entformungsmittel; Brandschutzmittel; UV-Stabilis.	*Füllstoffe/ Verstärkung*	30% Glasfaser
Bevorzugte Verarbeitung	Spritzgiessen	*Lieferform*	Granulat
		Farben	
Besondere Merkmale	Flammwidrig; Stabilisiert; Stabil-Bewitterung; Gegenueber PBT kurzzeitig hoehere Temperaturbestaendigkeit	*Bevorzugte Anwendungen*	

Dichte	g/cm^3	1.65	*Schmelzindex*	g/10 min	:
Schüttdichte	g/cm^3		*Volumenfließindex*	cm^3/10 min	:
Viskositätszahl	ml/g				

Verarbeitungsbedingungen für Spritzgießen

Massetemp.	°C	270	*Schwindung*	% lgs , quer
Werkzeugtemp.	°C	130	*Bemerkungen*	
Spritzdruck	bar			

Zugversuch 23 °C DIN 53455; ISO R/527; DIN 53457; ISO R/527

Probekörper: Form Nr. 3; 4 mm dick — *Herstellung* Spritzgiessen
Zustand — *Vorbehandlung* Normalklima

Streckspannung	N/mm^2		*Dehnung bei Streckspannung*	%	
Zugfestigkeit	N/mm^2	145	*Reißdehnung*	%	2.2
Reißfestigkeit	N/mm^2		*% Dehnspannung*	N/mm^2	
E-Modul	N/mm^2	13000	*Dehnung bei % Dehnspg.*	%	

Kriechmoduln und Zeitstandwerte 23 °C

Probekörper: Form — *Herstellung*
Zustand — *Vorbehandlung*

Kriechmodul	*1 min*	N/mm^2	*Zeitstandzugfestigkeit*	h	N/mm^2
Kriechmodul	*1000 h*	N/mm^2	*Zeitdehnspg. %*	h	N/mm^2
bei Spannung		N/mm^2			

Biegeversuch 23 °C

Probekörper: Form — *Herstellung*
Zustand — *Vorbehandlung*

Biegefestigkeit	N/mm^2	*E-Modul*	N/mm^2
3,5% *Biegespannung*	N/mm^2		

Härte 23 °C *Probekörper: Zustand* — *Herstellung*
Vorbehandlung

Kugeldruckhärte	N/mm^2 bei N, s	*Shore-Härte* A	
Rockwellhärte		*Shore-Härte* D	

Schlagversuch *Probekörper:* *(1)*
(2) — *Herstellung*
Zustand — *Vorbehandlung*

		°C	°C	°C	*Probekörper-Form*
Schlagzähigkeit	kJ/m^2				
Kerbschlagzähigkeit (1)	kJ/m^2				
IZOD-Kerbschlagzähigkeit (2)	J/m				
Kerbschlagzugzähigkeit	kJ/m^2				

Abrieb und Reibung

Taber-Abrieb (Reibradverfahren)	mm^3/100 U	
Abriebfaktor LNP (Thrust washer) Vergleichswert		
Statische Reibungszahl		
Dynamische Reibungszahl	(p · v = N/mm^2 ·	m/min)
Zulässiger p · v Wert	N/mm^2 · (m/min) v =	m/min
	v =	m/min

Thermische Eigenschaften

Formbeständigkeit in der Wärme	*Verfahren* A		225 °C
	Verfahren B		245 °C
Vicat Erweichungstemperatur (VST)	*Verfahren* B/50		230 °C
	Verfahren		°C
Kristallit-Schmelzpunkt	*Verfahren*		255 °C
Längenausdehnungskoeffizient	*Bereich* °C		· $10^{-4}K^{-1}$
	Temperatur		· $10^{-4}K^{-1}$
Wärmeleitfähigkeit	*Verfahren*		W/(K · m)
Spezifische Wärmekapazität	*Verfahren*		J/(K · g)
Glasumwandlungstemperatur	*Torsionsschwingungsversuch*	°C	
	Differentialkalorimetrie	°C	

Brandverhalten

UL-Test vertikal		Dicke 1.47 mm, Wert V-0	
		Dicke 0.71 mm, Wert V-0	
	Norm	*Bewertung*	*Abmessungen*
Sauerstoff-Index	ASTM D 2863		
Glühstab-Verfahren			
Brandverhalten	DIN 4102		
MVSS			
FAR			

Elektrische Eigenschaften

		Hz	°C			*Probekörper, Form*
Dielektrizitätszahl		50	23	4.2		Durchmesser 80x1 mm
		10^3	23	4		Durchmesser 80x1 mm
		10^6				
Dielektrischer Verlustfaktor tan δ		50	23	0.0019		Durchmesser 80x1 mm
		10^3	23	0.013		Durchmesser 80x1 mm
		10^6				
Spezifischer Durchgangs-widerstand	Ohm · cm		23	≧1*10**15		Durchmesser 80x1 mm
Durchschlagfestigkeit	kV/mm		23	22		1 mm dick
Oberflächenwiderstand	Ohm		23	≧1*10**15		Durchmesser 80x1 mm
Kriechstromfestigkeit		KC		KB	KA	
Elektrolytische Korrosionswirkung		A 1				30x10x4 mm
Lichtbogenfestigkeit nach DIN						
nach ASTM	s					

Beständigkeit *(Chemische Beständigkeit siehe Anhang)*

Wasseraufnahme

Feuchtigkeitsaufnahme Normalklima %

Wetterbeständigkeit

Spannungskorrosion

Optische Eigenschaften

Brechungszahl n_D		
Transmissionsgrad τ_c	%	mm dick
Lichtdurchlässigkeit		

Datenbank-Nr. **T01792** *Merkblatt-Nr.* **4446**

Produkt	Polybutylenterephthalat		**PBT**
Handelsname	**Pocan B 1501**		
Hersteller	BAYER		
DIN-Bez 1 *DIN-Bez 2*			
Zusätze	Entformungsmittel; Waermestabilisator	*Füllstoffe/ Verstärkung*	
Bevorzugte Verarbeitung	Spritzgiessen	*Lieferform*	Granulat
		Farben	
Besondere Merkmale	Hochviskos; BGA-Typ; FDA-Typ; Erhoehte Zaehigkeit gegenueber B 1505	*Bevorzugte Anwendungen*	Filmscharnier

Dichte	g/cm^3	1.3	*Schmelzindex*	g/10 min	:	
Schüttdichte	g/cm^3		*Volumenfließindex*	$cm^3/10$ min	19:	260/2.16
Viskositätszahl	ml/g	134				

Verarbeitungsbedingungen für Spritzgießen

Massetemp.	°C	*Schwindung*	% lgs , quer
Werkzeugtemp.	°C	*Bemerkungen*	
Spritzdruck	bar		

Zugversuch 23 °C DIN 53455; ISO R/527; DIN 53457; ISO R/527

Probekörper: *Form* Nr. 3; 4 mm dick — *Herstellung* Spritzgiessen
Zustand — *Vorbehandlung* Normalklima

Streckspannung	N/mm^2	55	*Dehnung bei Streckspannung*	%	3.7
Zugfestigkeit	N/mm^2		*Reißdehnung*	%	≧50
Reißfestigkeit	N/mm^2		*% Dehnspannung*	N/mm^2	
E-Modul	N/mm^2	2600	*Dehnung bei % Dehnspg.*	%	

Kriechmoduln und Zeitstandwerte 23 °C

Probekörper: *Form* — *Herstellung*
Zustand — *Vorbehandlung*

Kriechmodul	*1 min* N/mm^2	*Zeitstandzugfestigkeit*	h	N/mm^2
Kriechmodul	*1000 h* N/mm^2	*Zeitdehnspg.* %	h	N/mm^2
bei Spannung	N/mm^2			

Biegeversuch 23 °C

Probekörper: *Form* — *Herstellung*
Zustand — *Vorbehandlung*

Biegefestigkeit	N/mm^2	*E-Modul*	N/mm^2
3,5% *Biegespannung*	N/mm^2		

Härte 23 °C *Probekörper:* *Zustand* — *Herstellung*
Vorbehandlung

Kugeldruckhärte	N/mm^2 bei N, s	*Shore-Härte* A	
Rockwellhärte		*Shore-Härte* D	

Schlagversuch *Probekörper:* *(1)*
(2) — *Herstellung*
Zustand — *Vorbehandlung*

	°C	°C	°C	*Probekörper-Form*
Schlagzähigkeit kJ/m^2				
Kerbschlagzähigkeit (1) kJ/m^2				
IZOD-Kerbschlagzähigkeit (2) J/m				
Kerbschlagzugzähigkeit kJ/m^2				

Abrieb und Reibung

Taber-Abrieb (Reibradverfahren)	mm^3/100 U		
Abriebfaktor LNP (Thrust washer) Vergleichswert			
Statische Reibungszahl			
Dynamische Reibungszahl	(p·v=	N/mm^2·	m/min)
Zulässiger p · v Wert	N/mm^2 · (m/min)	v=	m/min
		v=	m/min

Thermische Eigenschaften

Formbeständigkeit in der Wärme	*Verfahren*	A		70 °C
	Verfahren	B		170 °C
Vicat Erweichungstemperatur (VST)	*Verfahren*	A/50		220 °C
	Verfahren	B/50		170 °C
Kristallit-Schmelzpunkt	*Verfahren*			
Längenausdehnungskoeffizient	*Bereich*	23–80	°C	$1.2 \cdot 10^{-4} K^{-1}$
	Temperatur			$\cdot 10^{-4} K^{-1}$
Wärmeleitfähigkeit	*Verfahren*			W/(K · m)
Spezifische Wärmekapazität	*Verfahren*			J/(K · g)
Glasumwandlungstemperatur	*Torsionsschwingungsversuch*		°C	
	Differentialkalorimetrie		°C	

Brandverhalten

UL-Test vertikal	Dicke	mm, Wert HB
	Dicke	mm, Wert

	Norm	*Bewertung*	*Abmessungen*
Sauerstoff-Index	ASTM D 2863		
Glühstab-Verfahren			
Brandverhalten	DIN 4102		
MVSS			
FAR			

Elektrische Eigenschaften

		Hz	°C			*Probekörper, Form*
Dielektrizitätszahl		50	23	3.2		Durchmesser 80x1 mm
		10^3	23	3.1		Durchmesser 80x1 mm
		10^6				
Dielektrischer Verlustfaktor tan δ		50	23	0.002		Durchmesser 80x1 mm
		10^3	23	0.02		Durchmesser 80x1 mm
		10^6				
Spezifischer Durchgangs-widerstand	Ohm · cm		23	1*10**16		Durchmesser 80x1 mm
Durchschlagfestigkeit	kV/mm		23	27		1 mm dick
Oberflächenwiderstand	Ohm		23	1*10**15		Durchmesser 80x1 mm
Kriechstromfestigkeit		KC		KB	KA	
Elektrolytische Korrosionswirkung		A 1.2				30x10x4 mm
Lichtbogenfestigkeit nach DIN						
nach ASTM	s					

Beständigkeit *(Chemische Beständigkeit siehe Anhang)*

Wasseraufnahme

Feuchtigkeitsaufnahme Normalklima %

Wetterbeständigkeit

Spannungskorrosion

Optische Eigenschaften

Brechungszahl n_D		
Transmissionsgrad τ_c	%	mm dick
Lichtdurchlässigkeit		

Datenbank-Nr.	**T01793**		Merkblatt-Nr. **4447**
Produkt	Polybutylenterephthalat		**PBT**
Handelsname	**Pocan B 7425**		
Hersteller	BAYER		
DIN-Bez 1			
DIN-Bez 2			
Zusätze	Entformungsmittel; Waermestabilisator	*Füllstoffe/ Verstärkung*	20% Glaskugel
Bevorzugte Verarbeitung	Spritzgiessen	*Lieferform*	Granulat
		Farben	
Besondere Merkmale	Gute Oberflaechenqualitaet; Verzugsarm	*Bevorzugte Anwendungen*	

Dichte	g/cm^3	1.46	*Schmelzindex*	g/10 min	:	
Schüttdichte	g/cm^3		*Volumenfließindex*	cm^3/10 min	11:	260/2.16
Viskositätszahl	ml/g	130				

Verarbeitungsbedingungen für Spritzgießen

Massetemp.	°C	*Schwindung*	% lgs	, quer
Werkzeugtemp.	°C	*Bemerkungen*		
Spritzdruck	bar			

Zugversuch 23 °C DIN 53455; ISO R/527; DIN 53457; ISO R/527

Probekörper: *Form* Nr. 3; 4 mm dick — *Herstellung* Spritzgiessen
Zustand — *Vorbehandlung* Normalklima

Streckspannung	N/mm^2		*Dehnung bei Streckspannung*	%	
Zugfestigkeit	N/mm^2	50	*Reißdehnung*	%	5
Reißfestigkeit	N/mm^2		*% Dehnspannung*	N/mm^2	
E-Modul	N/mm^2	3400	*Dehnung bei % Dehnspg.*	%	

Kriechmoduln und Zeitstandwerte 23 °C

Probekörper: *Form* — *Herstellung*
Zustand — *Vorbehandlung*

Kriechmodul	*1 min* N/mm^2	*Zeitstandzugfestigkeit*	h	N/mm^2
Kriechmodul	*1000 h* N/mm^2	*Zeitdehnspg. %*	h	N/mm^2
bei Spannung	N/mm^2			

Biegeversuch 23 °C

Probekörper: *Form* — *Herstellung*
Zustand — *Vorbehandlung*

Biegefestigkeit	N/mm^2	*E-Modul*	N/mm^2
3,5% *Biegespannung*	N/mm^2		

Härte 23 °C *Probekörper:* *Zustand* — *Herstellung*
Vorbehandlung

Kugeldruckhärte	N/mm^2 bei N, s	*Shore-Härte* A	
Rockwellhärte		*Shore-Härte* D	

Schlagversuch *Probekörper:* *(1)*
(2) — *Herstellung*
Zustand — *Vorbehandlung*

		°C	°C	°C	*Probekörper-Form*
Schlagzähigkeit	kJ/m^2				
Kerbschlagzähigkeit (1)	kJ/m^2				
IZOD-Kerbschlagzähigkeit (2)	J/m				
Kerbschlagzugzähigkeit	kJ/m^2				

Abrieb und Reibung

Taber-Abrieb (Reibradverfahren)	mm^3/100 U		
Abriebfaktor LNP (Thrust washer) Vergleichswert			
Statische Reibungszahl			
Dynamische Reibungszahl	(p · v = N/mm^2 ·		m/min)
Zulässiger p · v Wert	N/mm^2 · (m/min)	v =	m/min
		v =	m/min

Thermische Eigenschaften

Formbeständigkeit in der Wärme	*Verfahren* A			70 °C
	Verfahren B			185 °C
Vicat Erweichungstemperatur (VST)	*Verfahren*			°C
	Verfahren			°C
Kristallit-Schmelzpunkt	*Verfahren*			
Längenausdehnungskoeffizient	*Bereich* 23–80 °C			$1.2 \cdot 10^{-4} K^{-1}$
	Temperatur			$\cdot 10^{-4} K^{-1}$
Wärmeleitfähigkeit	*Verfahren*			W/(K · m)
Spezifische Wärmekapazität	*Verfahren*			J/(K · g)
Glasumwandlungstemperatur	*Torsionsschwingungsversuch*		°C	
	Differentialkalorimetrie		°C	

Brandverhalten

UL-Test vertikal	Dicke 0.8 mm, Wert HB
	Dicke mm, Wert

	Norm	*Bewertung*	*Abmessungen*
Sauerstoff-Index	ASTM D 2863		
Glühstab-Verfahren			
Brandverhalten	DIN 4102		
MVSS			
FAR			

Elektrische Eigenschaften

		Hz	°C			*Probekörper, Form*
Dielektrizitätszahl		50	23	3.8		Durchmesser 80x1 mm
		10^3	23	3.5		Durchmesser 80x1 mm
		10^6				
Dielektrischer Verlustfaktor tan δ		50	23	0.009		Durchmesser 80x1 mm
		10^3	23	0.017		Durchmesser 80x1 mm
		10^6				
Spezifischer Durchgangs-widerstand	Ohm · cm		23	1*10**15		Durchmesser 80x1 mm
Durchschlagfestigkeit	kV/mm		23	25		1 mm dick
Oberflächenwiderstand	Ohm		23	1*10**15		Durchmesser 80x1 mm
Kriechstromfestigkeit		KC		KB	KA	
Elektrolytische Korrosionswirkung		A 1.2				30x10x4 mm
Lichtbogenfestigkeit nach DIN						
nach ASTM	s					

Beständigkeit *(Chemische Beständigkeit siehe Anhang)*

Wasseraufnahme

Feuchtigkeitsaufnahme Normalklima %

Wetterbeständigkeit

Spannungskorrosion

Optische Eigenschaften

Brechungszahl n_D

Transmissionsgrad τ_c % mm dick

Lichtdurchlässigkeit

Produkt	Polybutylenterephthalat		**PBT**
Handelsname	**Pocan KL1-7215**		
Hersteller	BAYER		
DIN-Bez 1			
DIN-Bez 2			
Zusätze	Entformungsmittel; Brandschutzmittel; Waermestabilisator	*Füllstoffe/ Verstärkung*	12% Glasfaser
Bevorzugte Verarbeitung	Spritzgiessen	*Lieferform*	Granulat
		Farben	
Besondere Merkmale	Flammwidrig; Stabiles Flammschutzsystem; Keine Kontaktkorrosion; Gute Oberflaechenqualitaet	*Bevorzugte Anwendungen*	

Dichte	g/cm^3	1.49	*Schmelzindex*	g/10 min	:	
Schüttdichte	g/cm^3		*Volumenfließindex*	cm^3/10 min	37:	260/2.16
Viskositätszahl	ml/g	83				

Verarbeitungsbedingungen für Spritzgießen

Massetemp.	°C	*Schwindung*	% lgs , quer
Werkzeugtemp.	°C	*Bemerkungen*	
Spritzdruck	bar		

Zugversuch 23 °C DIN 53455; ISO R/527; DIN 53457; ISO R/527

Probekörper: *Form* Nr. 3; 4 mm dick — *Herstellung* Spritzgiessen
Zustand — *Vorbehandlung* Normalklima

Streckspannung	N/mm^2		*Dehnung bei Streckspannung*	%	
Zugfestigkeit	N/mm^2	110	*Reißdehnung*	%	2.7
Reißfestigkeit	N/mm^2		*% Dehnspannung*	N/mm^2	
E-Modul	N/mm^2	6200	*Dehnung bei % Dehnspg.*	%	

Kriechmoduln und Zeitstandwerte 23 °C

Probekörper: *Form* — *Herstellung*
Zustand — *Vorbehandlung*

Kriechmodul	*1 min* N/mm^2		*Zeitstandzugfestigkeit*	h	N/mm^2
Kriechmodul	*1000 h* N/mm^2		*Zeitdehnspg.* %	h	N/mm^2
bei Spannung	N/mm^2				

Biegeversuch 23 °C

Probekörper: *Form* — *Herstellung*
Zustand — *Vorbehandlung*

Biegefestigkeit	N/mm^2	*E-Modul*	N/mm^2
3,5% *Biegespannung*	N/mm^2		

Härte 23 °C *Probekörper:* *Zustand* — *Herstellung*
Vorbehandlung

Kugeldruckhärte	N/mm^2 bei N, s	*Shore-Härte*	A
Rockwellhärte		*Shore-Härte*	D

Schlagversuch *Probekörper:* *(1)*
(2) — *Herstellung*
Zustand — *Vorbehandlung*

	°C	°C	°C	*Probekörper-Form*
Schlagzähigkeit kJ/m^2				
Kerbschlagzähigkeit (1) kJ/m^2				
IZOD-Kerbschlagzähigkeit (2) J/m				
Kerbschlagzugzähigkeit kJ/m^2				

Abrieb und Reibung

Taber-Abrieb (Reibradverfahren)	mm^3/100 U		
Abriebfaktor LNP (Thrust washer) Vergleichswert			
Statische Reibungszahl			
Dynamische Reibungszahl	(p·v= N/mm^2 ·		m/min)
Zulässiger p · v Wert	N/mm^2 · (m/min)	v=	m/min
		v=	m/min

Thermische Eigenschaften

Formbeständigkeit in der Wärme	*Verfahren*	A		170 °C
	Verfahren	B		195 °C
Vicat Erweichungstemperatur (VST)	*Verfahren*			°C
	Verfahren			°C
Kristallit-Schmelzpunkt	*Verfahren*			
Längenausdehnungskoeffizient	*Bereich*	23–80	°C	0.4 · $10^{-4}K^{-1}$
	Temperatur			· $10^{-4}K^{-1}$
Wärmeleitfähigkeit	*Verfahren*			W/(K · m)
Spezifische Wärmekapazität	*Verfahren*			J/(K · g)
Glasumwandlungstemperatur	*Torsionsschwingungsversuch*		°C	
	Differentialkalorimetrie		°C	

Brandverhalten

UL-Test vertikal	Dicke 1.57 mm, Wert V-0
	Dicke mm, Wert

	Norm	*Bewertung*	*Abmessungen*
Sauerstoff-Index	ASTM D 2863		
Glühstab-Verfahren			
Brandverhalten	DIN 4102		
MVSS			
FAR			

Elektrische Eigenschaften

		Hz	°C		*Probekörper, Form*
Dielektrizitätszahl		50	23	3.7	Durchmesser 80x1 mm
		10^3	23	3.5	Durchmesser 80x1 mm
		10^6			
Dielektrischer Verlustfaktor tan δ		50	23	0.004	Durchmesser 80x1 mm
		10^3	23	0.019	Durchmesser 80x1 mm
		10^6			
Spezifischer Durchgangs-widerstand	Ohm · cm		23	≧1*10**15	Durchmesser 80x1 mm
Durchschlagfestigkeit	kV/mm		23	29	1 mm dick
Oberflächenwiderstand	Ohm		23	1*10**15	Durchmesser 80x1 mm

Kriechstromfestigkeit	KC	KB	KA	
Elektrolytische Korrosionswirkung	A 1.2			30x10x4 mm
Lichtbogenfestigkeit nach DIN				
nach ASTM s				

Beständigkeit *(Chemische Beständigkeit siehe Anhang)*

Wasseraufnahme

Feuchtigkeitsaufnahme Normalklima %

Wetterbeständigkeit

Spannungskorrosion

Optische Eigenschaften

Brechungszahl n_D

Transmissionsgrad τ_c % mm dick

Lichtdurchlässigkeit

Produkt	Polybutylenterephthalat		**PBT**
Handelsname	**Pocan KL1-7265**		
Hersteller	BAYER		
DIN-Bez 1			
DIN-Bez 2			
Zusätze	Entformungsmittel; Waermestabilisator	*Füllstoffe/ Verstärkung*	15% Glasfaser
Bevorzugte Verarbeitung	Spritzgiessen	*Lieferform*	Granulat
		Farben	
Besondere Merkmale	Gute Oberflaechenqualitaet	*Bevorzugte Anwendungen*	

Dichte	g/cm³	1.43	*Schmelzindex*	g/10 min	:	
Schüttdichte	g/cm³		*Volumenfließindex*	cm³/10 min	22:	260/2.16
Viskositätszahl	ml/g	101				

Verarbeitungsbedingungen für Spritzgießen

Massetemp.	°C	*Schwindung*	% lgs , quer
Werkzeugtemp.	°C	*Bemerkungen*	
Spritzdruck	bar		

Zugversuch 23 °C DIN 53455; ISO R/527; DIN 53457; ISO R/527

Probekörper: *Form* Nr. 3; 4 mm dick — *Herstellung* Spritzgiessen
Zustand — *Vorbehandlung* Normalklima

Streckspannung	N/mm²		*Dehnung bei Streckspannung*	%	
Zugfestigkeit	N/mm²	100	*Reißdehnung*	%	3
Reißfestigkeit	N/mm²		*% Dehnspannung*	N/mm²	
E-Modul	N/mm²	6000	*Dehnung bei % Dehnspg.*	%	

Kriechmoduln und Zeitstandwerte 23 °C

Probekörper: *Form* — *Herstellung*
Zustand — *Vorbehandlung*

Kriechmodul	*1 min*	N/mm²	*Zeitstandzugfestigkeit*	h	N/mm²
Kriechmodul	*1000 h*	N/mm²	*Zeitdehnspg. %*	h	N/mm²
bei Spannung		N/mm²			

Biegeversuch 23 °C

Probekörper: *Form* — *Herstellung*
Zustand — *Vorbehandlung*

Biegefestigkeit	N/mm²	*E-Modul*	N/mm²
3,5% *Biegespannung*	N/mm²		

Härte 23 °C *Probekörper:* *Zustand* — *Herstellung*
Vorbehandlung

Kugeldruckhärte	N/mm² bei N, s	*Shore-Härte* A	
Rockwellhärte		*Shore-Härte* D	

Schlagversuch *Probekörper:* *(1)*
(2) — *Herstellung*
Zustand — *Vorbehandlung*

		°C	°C	°C	*Probekörper-Form*
Schlagzähigkeit	kJ/m²				
Kerbschlagzähigkeit (1)	kJ/m²				
IZOD-Kerbschlagzähigkeit (2)	J/m				
Kerbschlagzugzähigkeit	kJ/m²				

Abrieb und Reibung

Taber-Abrieb (Reibradverfahren)	mm^3/100 U	
Abriebfaktor LNP (Thrust washer) Vergleichswert		
Statische Reibungszahl		
Dynamische Reibungszahl	(p·v= N/mm^2· m/min)	
Zulässiger p · v Wert	N/mm^2 · (m/min) v= m/min	
	v= m/min	

Thermische Eigenschaften

Formbeständigkeit in der Wärme	*Verfahren*	A	190 °C
	Verfahren	B	205 °C
Vicat Erweichungstemperatur (VST)	*Verfahren*	A/50	220 °C
	Verfahren	B/50	206 °C
Kristallit-Schmelzpunkt	*Verfahren*		
Längenausdehnungskoeffizient	*Bereich*	23–80 °C	$0.45 \cdot 10^{-4} K^{-1}$
	Temperatur		$\cdot 10^{-4} K^{-1}$
Wärmeleitfähigkeit	*Verfahren*		W/(K · m)
Spezifische Wärmekapazität	*Verfahren*		J/(K · g)
Glasumwandlungstemperatur	*Torsionsschwingungsversuch*	°C	
	Differentialkalorimetrie	°C	

Brandverhalten

UL-Test vertikal Dicke 1.57 mm, Wert HB
Dicke mm, Wert

	Norm	*Bewertung*	*Abmessungen*
Sauerstoff-Index	ASTM D 2863		
Glühstab-Verfahren			
Brandverhalten	DIN 4102		
MVSS			
FAR			

Elektrische Eigenschaften

		Hz	°C		*Probekörper, Form*
Dielektrizitätszahl		50	23	3.6	Durchmesser 80x1 mm
		10^3	23	3.4	Durchmesser 80x1 mm
		10^6			
Dielektrischer Verlustfaktor tan δ		50	23	0.0024	Durchmesser 80x1 mm
		10^3	23	0.0194	Durchmesser 80x1 mm
		10^6			
Spezifischer Durchgangswiderstand	Ohm · cm		23	1*10**16	Durchmesser 80x1 mm
Durchschlagfestigkeit	kV/mm		23	25	1 mm dick
Oberflächenwiderstand	Ohm		23	≧1*10**15	Durchmesser 80x1 mm

Kriechstromfestigkeit	KC	KB	KA
Elektrolytische Korrosionswirkung	A 1		30x10x4 mm
Lichtbogenfestigkeit nach DIN			
nach ASTM s			

Beständigkeit *(Chemische Beständigkeit siehe Anhang)*

Wasseraufnahme

Feuchtigkeitsaufnahme Normalklima %

Wetterbeständigkeit

Spannungskorrosion

Optische Eigenschaften

Brechungszahl n_D

Transmissionsgrad τ_c % mm dick

Lichtdurchlässigkeit

Produkt	Polybutylenterephthalat		**PBT**
Handelsname	**Pocan KL1-7300**		
Hersteller	BAYER		
DIN-Bez 1 *DIN-Bez 2*			
Zusätze		*Füllstoffe/ Verstärkung*	
Bevorzugte Verarbeitung	Spritzgiessen; Extrudieren; Folienextrusion; Beschichten	*Lieferform*	Granulat
		Farben	
Besondere Merkmale	Mittelviskos; BGA-Typ; FDA-Typ; Massstabil; Sterilisationsfaehig; Gute optische Qualitaet auch nach der Sterilisation	*Bevorzugte Anwendungen*	Folie; Folienverbund

Dichte	g/cm³	1.3	*Schmelzindex*	g/10 min	:	
Schüttdichte	g/cm³		*Volumenfließindex*	cm³/10 min	59:	260/2.16
Viskositätszahl	ml/g	102				

Verarbeitungsbedingungen für Spritzgießen

Massetemp.	°C	*Schwindung*	% lgs , quer
Werkzeugtemp.	°C	*Bemerkungen*	
Spritzdruck	bar		

Zugversuch 23 °C DIN 53455; ISO R/527; DIN 53457; ISO R/527

Probekörper: *Form* Nr. 3; 4 mm dick — *Herstellung* Spritzgiessen
Zustand — *Vorbehandlung* Normalklima

Streckspannung	N/mm²	57	*Dehnung bei Streckspannung*	%	3.7
Zugfestigkeit	N/mm²		*Reißdehnung*	%	30
Reißfestigkeit	N/mm²		*% Dehnspannung*	N/mm²	
E-Modul	N/mm²	2700	*Dehnung bei % Dehnspg.*	%	

Kriechmoduln und Zeitstandwerte 23 °C

Probekörper: *Form* — *Herstellung*
Zustand — *Vorbehandlung*

Kriechmodul	*1 min*	N/mm²	*Zeitstandzugfestigkeit*	h	N/mm²
Kriechmodul	*1000 h*	N/mm²	*Zeitdehnspg.* %	h	N/mm²
bei Spannung		N/mm²			

Biegeversuch 23 °C

Probekörper: *Form* — *Herstellung*
Zustand — *Vorbehandlung*

Biegefestigkeit	N/mm²	*E-Modul*	N/mm²
3,5% *Biegespannung*	N/mm²		

Härte 23 °C *Probekörper:* *Zustand* — *Herstellung*
Vorbehandlung

Kugeldruckhärte	N/mm² bei N, s	*Shore-Härte* A	
Rockwellhärte		*Shore-Härte* D	

Schlagversuch *Probekörper:* *(1)*
(2) — *Herstellung*
Zustand — *Vorbehandlung*

	°C	°C	°C	*Probekörper-Form*
Schlagzähigkeit kJ/m²				
Kerbschlagzähigkeit (1) kJ/m²				
IZOD-Kerbschlagzähigkeit (2) J/m				
Kerbschlagzugzähigkeit kJ/m²				

Abrieb und Reibung

Taber-Abrieb (Reibradverfahren)	mm^3/100 U	
Abriebfaktor LNP (Thrust washer) Vergleichswert		
Statische Reibungszahl		
Dynamische Reibungszahl	(p·v= N/mm^2·	m/min)
Zulässiger p · v Wert	N/mm^2 · (m/min) v=	m/min
	v=	m/min

Thermische Eigenschaften

Formbeständigkeit in der Wärme	*Verfahren*	A		65 °C
	Verfahren	B		160 °C
Vicat Erweichungstemperatur (VST)	*Verfahren*	A/50		217 °C
	Verfahren	B/50		170 °C
Kristallit-Schmelzpunkt	*Verfahren*			
Längenausdehnungskoeffizient	*Bereich*	23–80	°C	$1.4 \cdot 10^{-4} K^{-1}$
	Temperatur			$\cdot 10^{-4} K^{-1}$
Wärmeleitfähigkeit	*Verfahren*			W/(K · m)
Spezifische Wärmekapazität	*Verfahren*			J/(K · g)
Glasumwandlungstemperatur	*Torsionsschwingungsversuch*		°C	
	Differentialkalorimetrie		°C	

Brandverhalten

UL-Test vertikal	Dicke mm, Wert HB	
	Dicke mm, Wert	

	Norm	*Bewertung*	*Abmessungen*
Sauerstoff-Index	ASTM D 2863		
Glühstab-Verfahren			
Brandverhalten	DIN 4102		
MVSS			
FAR			

Elektrische Eigenschaften

		Hz	°C		*Probekörper, Form*
Dielektrizitätszahl		50	23	3.2	Durchmesser 80x1 mm
		10^3	23	3.1	Durchmesser 80x1 mm
		10^6			
Dielektrischer Verlustfaktor tan δ		50	23	0.003	Durchmesser 80x1 mm
		10^3	23	0.019	Durchmesser 80x1 mm
		10^6			
Spezifischer Durchgangs-widerstand	Ohm · cm		23	≧1*10**15	Durchmesser 80x1 mm
Durchschlagfestigkeit	kV/mm		23	29	1 mm dick
Oberflächenwiderstand	Ohm		23	≧1*10**15	Durchmesser 80x1 mm

Kriechstromfestigkeit	KC	KB	KA	
Elektrolytische Korrosionswirkung	A 1.2			30x10x4 mm
Lichtbogenfestigkeit nach DIN				
nach ASTM s				

Beständigkeit *(Chemische Beständigkeit siehe Anhang)*

Wasseraufnahme

Feuchtigkeitsaufnahme Normalklima %

Wetterbeständigkeit

Spannungskorrosion

Optische Eigenschaften

Brechungszahl n_D

Transmissionsgrad τ_c % mm dick

Lichtdurchlässigkeit

Datenbank-Nr. **T01797** Merkblatt-Nr. **4451**

Produkt	Polybutylenterephthalat		**PBT**
Handelsname	**Pocan KL1-7323**		
Hersteller	BAYER		
DIN-Bez 1 *DIN-Bez 2*			
Zusätze	Entformungsmittel; Waermestabilisator	*Füllstoffe/ Verstärkung*	20% Glasfaser
Bevorzugte Verarbeitung	Spritzgiessen	*Lieferform*	Granulat
		Farben	
Besondere Merkmale	Thermoplastmodifiziert; Hervorragende Oberflaechenqualitaet; Gute Witterungsbestaendigkeit; Schmelzpunkt 250 C; Erhoehte Kurzzeittemperaturbestaendigkeit gegenueber reinem PBT	*Bevorzugte Anwendungen*	

Dichte	g/cm³ 1.47	*Schmelzindex*	g/10 min		:
Schüttdichte	g/cm³	*Volumenfließindex*	cm³/10 min		:
Viskositätszahl	ml/g 97				

Verarbeitungsbedingungen für Spritzgießen

Massetemp.	°C	*Schwindung*	%	lgs	, quer
Werkzeugtemp.	°C	*Bemerkungen*			
Spritzdruck	bar				

Zugversuch 23 °C DIN 53455; ISO R/527; DIN 53457; ISO R/527

Probekörper: *Form* Nr. 3; 4 mm dick — *Herstellung* Spritzgiessen
Zustand — *Vorbehandlung* Normalklima

Streckspannung	N/mm²	*Dehnung bei Streckspannung*	%	
Zugfestigkeit	N/mm² 130	*Reißdehnung*	%	3
Reißfestigkeit	N/mm²	*% Dehnspannung*	N/mm²	
E-Modul	N/mm² 8000	*Dehnung bei % Dehnspg.*	%	

Kriechmoduln und Zeitstandwerte 23 °C

Probekörper: *Form* — *Herstellung*
Zustand — *Vorbehandlung*

Kriechmodul	*1 min* N/mm²	*Zeitstandzugfestigkeit*	h	N/mm²
Kriechmodul	*1000 h* N/mm²	*Zeitdehnspg. %*	h	N/mm²
bei Spannung	N/mm²			

Biegeversuch 23 °C

Probekörper: *Form* — *Herstellung*
Zustand — *Vorbehandlung*

Biegefestigkeit	N/mm²	*E-Modul*	N/mm²
3,5% *Biegespannung*	N/mm²		

Härte 23 °C *Probekörper:* *Zustand* — *Herstellung*
Vorbehandlung

Kugeldruckhärte	N/mm² bei N, s	*Shore-Härte* A	
Rockwellhärte		*Shore-Härte* D	

Schlagversuch *Probekörper:* *(1)*
(2) — *Herstellung*
Zustand — *Vorbehandlung*

	°C	°C	°C	*Probekörper-Form*
Schlagzähigkeit kJ/m²				
Kerbschlagzähigkeit (1) kJ/m²				
IZOD-Kerbschlagzähigkeit (2) J/m				
Kerbschlagzugzähigkeit kJ/m²				

Abrieb und Reibung

Taber-Abrieb (Reibradverfahren)	mm^3/100 U		
Abriebfaktor LNP (Thrust washer) Vergleichswert			
Statische Reibungszahl			
Dynamische Reibungszahl	(p · v =	N/mm^2 ·	m/min)
Zulässiger p · v Wert	N/mm^2 · (m/min)	v =	m/min
		v =	m/min

Thermische Eigenschaften

Formbeständigkeit in der Wärme	*Verfahren*	A		195 °C
	Verfahren	B		220 °C
Vicat Erweichungstemperatur (VST)	*Verfahren*			°C
	Verfahren			°C
Kristallit-Schmelzpunkt	*Verfahren*			
Längenausdehnungskoeffizient	*Bereich*	23–80	°C	$0.4 \cdot 10^{-4} K^{-1}$
	Temperatur			$\cdot 10^{-4} K^{-1}$
Wärmeleitfähigkeit	*Verfahren*			W/(K · m)
Spezifische Wärmekapazität	*Verfahren*			J/(K · g)
Glasumwandlungstemperatur	*Torsionsschwingungsversuch*		°C	
	Differentialkalorimetrie		°C	

Brandverhalten

UL-Test vertikal	Dicke 0.79 mm, Wert HB	
	Dicke mm, Wert	

	Norm	*Bewertung*	*Abmessungen*
Sauerstoff-Index	ASTM D 2863		
Glühstab-Verfahren			
Brandverhalten	DIN 4102		
MVSS			
FAR			

Elektrische Eigenschaften

		Hz	°C		*Probekörper, Form*
Dielektrizitätszahl		50	23	3.9	Durchmesser 80x1 mm
		10^3	23	3.8	Durchmesser 80x1 mm
		10^6			
Dielektrischer Verlustfaktor tan δ		50	23	0.0018	Durchmesser 80x1 mm
		10^3	23	0.017	Durchmesser 80x1 mm
		10^6			
Spezifischer Durchgangs-widerstand	Ohm · cm		23	1*10**16	Durchmesser 80x1 mm
Durchschlagfestigkeit	kV/mm		23	33	1 mm dick
Oberflächenwiderstand	Ohm		23	1*10**16	Durchmesser 80x1 mm

Kriechstromfestigkeit	KC	KB	KA	
Elektrolytische Korrosionswirkung	A 1			30x10x4 mm
Lichtbogenfestigkeit nach DIN				
nach ASTM s				

Beständigkeit *(Chemische Beständigkeit siehe Anhang)*

Wasseraufnahme

Feuchtigkeitsaufnahme Normalklima %

Wetterbeständigkeit

Spannungskorrosion

Optische Eigenschaften

Brechungszahl n_D

Transmissionsgrad τ_c % mm dick

Lichtdurchlässigkeit

Datenbank-Nr. **T01798** Merkblatt-Nr. **4452**

Produkt	Polybutylenterephthalat		**PBT**
Handelsname	**Pocan KL1-7331**		
Hersteller	BAYER		
DIN-Bez 1			
DIN-Bez 2			
Zusätze	Entformungsmittel; Waermestabilisator	*Füllstoffe/ Verstärkung*	20% Glasfaser
Bevorzugte Verarbeitung	Spritzgiessen	*Lieferform*	Granulat
		Farben	
Besondere Merkmale	Thermoplastmodifiziert; Hervorragende Oberflaechenqualitaet; Gute Witterungsbestaendigkeit; Schmelzpunkt 250 C; Erhoehte Kurzzeittemperaturbestaendigkeit u. geringere Verzugsneigung als reines PBT	*Bevorzugte Anwendungen*	

Dichte	g/cm^3	1.55	*Schmelzindex*	g/10 min	:	
Schüttdichte	g/cm^3		*Volumenfließindex*	cm^3/10 min	16:	270/2.16
Viskositätszahl	ml/g	94				

Verarbeitungsbedingungen für Spritzgießen

Massetemp.	°C	*Schwindung*	% lgs , quer
Werkzeugtemp.	°C	*Bemerkungen*	
Spritzdruck	bar		

Zugversuch 23 °C DIN 53455; ISO R/527; DIN 53457; ISO R/527

Probekörper: *Form* Nr. 3; 4 mm dick — *Herstellung* Spritzgiessen
Zustand — *Vorbehandlung* Normalklima

Streckspannung	N/mm^2		*Dehnung bei Streckspannung*	%	
Zugfestigkeit	N/mm^2	150	*Reißdehnung*	%	2.5
Reißfestigkeit	N/mm^2		*% Dehnspannung*	N/mm^2	
E-Modul	N/mm^2	11500	*Dehnung bei % Dehnspg.*	%	

Kriechmoduln und Zeitstandwerte 23 °C

Probekörper: *Form* — *Herstellung*
Zustand — *Vorbehandlung*

Kriechmodul	*1 min* N/mm^2	*Zeitstandzugfestigkeit*	h N/mm^2
Kriechmodul	*1000 h* N/mm^2	*Zeitdehnspg.* %	h N/mm^2
bei Spannung	N/mm^2		

Biegeversuch 23 °C

Probekörper: *Form* — *Herstellung*
Zustand — *Vorbehandlung*

Biegefestigkeit	N/mm^2	*E-Modul*	N/mm^2
3,5% *Biegespannung*	N/mm^2		

Härte 23 °C *Probekörper:* *Zustand* — *Herstellung*
Vorbehandlung

Kugeldruckhärte	N/mm^2 bei N, s	*Shore-Härte* A
Rockwellhärte		*Shore-Härte* D

Schlagversuch *Probekörper:* *(1)*
(2) — *Herstellung*
Zustand — *Vorbehandlung*

	°C	°C	°C	*Probekörper-Form*
Schlagzähigkeit kJ/m^2				
Kerbschlagzähigkeit (1) kJ/m^2				
IZOD-Kerbschlagzähigkeit (2) J/m				
Kerbschlagzugzähigkeit kJ/m^2				

Abrieb und Reibung

Taber-Abrieb (Reibradverfahren)	mm^3/100 U		
Abriebfaktor LNP (Thrust washer) Vergleichswert			
Statische Reibungszahl			
Dynamische Reibungszahl	(p · v =	N/mm^2 ·	m/min)
Zulässiger p · v Wert	N/mm^2 · (m/min)	v =	m/min
		v =	m/min

Thermische Eigenschaften

Formbeständigkeit in der Wärme	*Verfahren*	A		205 °C
	Verfahren	B		225 °C
Vicat Erweichungstemperatur (VST)	*Verfahren*			°C
	Verfahren			°C
Kristallit-Schmelzpunkt	*Verfahren*			
Längenausdehnungskoeffizient	*Bereich*	23–80	°C	$0.3 \cdot 10^{-4} K^{-1}$
	Temperatur			$\cdot 10^{-4} K^{-1}$
Wärmeleitfähigkeit	*Verfahren*			W/(K · m)
Spezifische Wärmekapazität	*Verfahren*			J/(K · g)
Glasumwandlungstemperatur	*Torsionsschwingungsversuch*		°C	
	Differentialkalorimetrie		°C	

Brandverhalten

UL-Test vertikal	Dicke 0.79 mm, Wert HB
	Dicke mm, Wert

	Norm	*Bewertung*	*Abmessungen*
Sauerstoff-Index	ASTM D 2863		
Glühstab-Verfahren			
Brandverhalten	DIN 4102		
MVSS			
FAR			

Elektrische Eigenschaften

		Hz	°C		*Probekörper, Form*
Dielektrizitätszahl		50	23	4	Durchmesser 80x1 mm
		10^3	23	3.8	Durchmesser 80x1 mm
		10^6			
Dielektrischer Verlustfaktor tan δ		50	23	0.0018	Durchmesser 80x1 mm
		10^3	23	0.017	Durchmesser 80x1 mm
		10^6			
Spezifischer Durchgangs-widerstand	Ohm · cm		23	1*10**15	Durchmesser 80x1 mm
Durchschlagfestigkeit	kV/mm		23	36	1 mm dick
Oberflächenwiderstand	Ohm		23	1*10**15	Durchmesser 80x1 mm

Kriechstromfestigkeit	KC	KB	KA	
Elektrolytische Korrosionswirkung	A 1			30x10x4 mm
Lichtbogenfestigkeit nach DIN				
nach ASTM s				

Beständigkeit *(Chemische Beständigkeit siehe Anhang)*

Wasseraufnahme

Feuchtigkeitsaufnahme Normalklima %

Wetterbeständigkeit

Spannungskorrosion

Optische Eigenschaften

Brechungszahl n_D

Transmissionsgrad τ_c % mm dick

Lichtdurchlässigkeit

Datenbank-Nr. **T01799** Merkblatt-Nr. **4453**

Produkt	Polybutylenterephthalat		**PBT**
Handelsname	**Pocan KL1-7341**		
Hersteller	BAYER		
DIN-Bez 1 *DIN-Bez 2*			
Zusätze	Entformungsmittel; Waermestabilisator	*Füllstoffe/ Verstärkung*	40% Glasfaser; Mineral
Bevorzugte Verarbeitung	Spritzgiessen	*Lieferform*	Granulat
		Farben	
Besondere Merkmale	Thermoplastmodifiziert; Gute Oberflaechenqualitaet; Verzugsarm	*Bevorzugte Anwendungen*	

Dichte	g/cm^3	1.6	*Schmelzindex*	g/10 min		:
Schüttdichte	g/cm^3		*Volumenfließindex*	$cm^3/10$ min	18:	270/2.16
Viskositätszahl	ml/g	91				

Verarbeitungsbedingungen für Spritzgießen

Massetemp.	°C	*Schwindung*	% lgs , quer
Werkzeugtemp.	°C	*Bemerkungen*	
Spritzdruck	bar		

Zugversuch 23 °C DIN 53455; ISO R/527; DIN 53457; ISO R/527

Probekörper: *Form* Nr. 3; 4 mm dick — *Herstellung* Spritzgiessen
Zustand — *Vorbehandlung* Normalklima

Streckspannung	N/mm^2		*Dehnung bei Streckspannung*	%	
Zugfestigkeit	N/mm^2	100	*Reißdehnung*	%	1.7
Reißfestigkeit	N/mm^2		*% Dehnspannung*	N/mm^2	
E-Modul	N/mm^2	9200	*Dehnung bei % Dehnspg.*	%	

Kriechmoduln und Zeitstandwerte 23 °C

Probekörper: *Form* — *Herstellung*
Zustand — *Vorbehandlung*

Kriechmodul	*1 min*	N/mm^2	*Zeitstandzugfestigkeit*	h	N/mm^2
Kriechmodul	*1000 h*	N/mm^2	*Zeitdehnspg. %*	h	N/mm^2
bei Spannung		N/mm^2			

Biegeversuch 23 °C

Probekörper: *Form* — *Herstellung*
Zustand — *Vorbehandlung*

Biegefestigkeit	N/mm^2	*E-Modul*	N/mm^2
3,5% *Biegespannung*	N/mm^2		

Härte 23 °C *Probekörper:* *Zustand* — *Herstellung*
Vorbehandlung

Kugeldruckhärte	N/mm^2 bei N, s	*Shore-Härte* A	
Rockwellhärte		*Shore-Härte* D	

Schlagversuch *Probekörper:* *(1)*
(2) — *Herstellung*
Zustand — *Vorbehandlung*

		°C	°C	°C	*Probekörper-Form*
Schlagzähigkeit	kJ/m^2				
Kerbschlagzähigkeit (1)	kJ/m^2				
IZOD-Kerbschlagzähigkeit (2)	J/m				
Kerbschlagzugzähigkeit	kJ/m^2				

Abrieb und Reibung

Taber-Abrieb (Reibradverfahren)	mm^3/100 U		
Abriebfaktor LNP (Thrust washer) Vergleichswert			
Statische Reibungszahl			
Dynamische Reibungszahl	(p·v=	N/mm^2·	m/min)
Zulässiger p · v Wert	N/mm^2 · (m/min)	v=	m/min
		v=	m/min

Thermische Eigenschaften

Formbeständigkeit in der Wärme	*Verfahren*	A		125 °C
	Verfahren	B		190 °C
Vicat Erweichungstemperatur (VST)	*Verfahren*			°C
	Verfahren			°C
Kristallit-Schmelzpunkt	*Verfahren*			
Längenausdehnungskoeffizient	*Bereich*	23–80	°C	$0.45 \cdot 10^{-4} K^{-1}$
	Temperatur			$\cdot 10^{-4} K^{-1}$
Wärmeleitfähigkeit	*Verfahren*			W/(K · m)
Spezifische Wärmekapazität	*Verfahren*			J/(K · g)
Glasumwandlungstemperatur	*Torsionsschwingungsversuch*		°C	
	Differentialkalorimetrie		°C	

Brandverhalten

UL-Test vertikal	Dicke	mm, Wert HB
	Dicke	mm, Wert

	Norm	*Bewertung*	*Abmessungen*
Sauerstoff-Index	ASTM D 2863		
Glühstab-Verfahren			
Brandverhalten	DIN 4102		
MVSS			
FAR			

Elektrische Eigenschaften

		Hz	°C			*Probekörper, Form*
Dielektrizitätszahl		50				
		10^3				
		10^6				
Dielektrischer Verlustfaktor tan δ		50				
		10^3				
		10^6				
Spezifischer Durchgangs-widerstand	Ohm · cm					
Durchschlagfestigkeit	kV/mm					mm dick
Oberflächenwiderstand	Ohm					
Kriechstromfestigkeit		KC		KB	KA	
Elektrolytische Korrosionswirkung						
Lichtbogenfestigkeit nach DIN						
nach ASTM	s					

Beständigkeit *(Chemische Beständigkeit siehe Anhang)*

Wasseraufnahme	
Feuchtigkeitsaufnahme Normalklima	%
Wetterbeständigkeit	
Spannungskorrosion	

Optische Eigenschaften

Brechungszahl n_D		
Transmissionsgrad τ_c	%	mm dick
Lichtdurchlässigkeit		

Produkt	Polybutylenterephthalat		**PBT**
Handelsname	**Pocan KL1-7391**		
Hersteller	BAYER		
DIN-Bez 1			
DIN-Bez 2			
Zusätze	Entformungsmittel; Waermestabilisator	*Füllstoffe/ Verstärkung*	45% Glasfaser
Bevorzugte Verarbeitung	Spritzgiessen	*Lieferform*	Granulat
		Farben	
Besondere Merkmale	Thermoplastmodifiziert; Sehr gute Oberflaechenqualitaet; Geringe Verzugsneigung; Hohe Steifigkeit	*Bevorzugte Anwendungen*	

Dichte	g/cm^3	1.67	*Schmelzindex*	g/10 min		:
Schüttdichte	g/cm^3		*Volumenfließindex*	cm^3/10 min	11:	270/2.16
Viskositätszahl	ml/g	80				

Verarbeitungsbedingungen für Spritzgießen

Massetemp.	°C	*Schwindung*	% lgs , quer
Werkzeugtemp.	°C	*Bemerkungen*	
Spritzdruck	bar		

Zugversuch 23 °C DIN 53455; ISO R/527; DIN 53457; ISO R/527

Probekörper: *Form* Nr. 3; 4 mm dick — *Herstellung* Spritzgiessen
Zustand — *Vorbehandlung* Normalklima

Streckspannung	N/mm^2		*Dehnung bei Streckspannung*	%	
Zugfestigkeit	N/mm^2	170	*Reißdehnung*	%	2.2
Reißfestigkeit	N/mm^2		*% Dehnspannung*	N/mm^2	
E-Modul	N/mm^2	16000	*Dehnung bei % Dehnspg.*	%	

Kriechmoduln und Zeitstandwerte 23 °C

Probekörper: *Form* — *Herstellung*
Zustand — *Vorbehandlung*

Kriechmodul	*1 min*	N/mm^2	*Zeitstandzugfestigkeit*	h	N/mm^2
Kriechmodul	*1000 h*	N/mm^2	*Zeitdehnspg. %*	h	N/mm^2
bei Spannung		N/mm^2			

Biegeversuch 23 °C

Probekörper: *Form* — *Herstellung*
Zustand — *Vorbehandlung*

Biegefestigkeit	N/mm^2	*E-Modul*	N/mm^2
3,5% *Biegespannung*	N/mm^2		

Härte 23 °C *Probekörper:* *Zustand* — *Herstellung*
Vorbehandlung

Kugeldruckhärte	N/mm^2 bei N, s	*Shore-Härte* A	
Rockwellhärte		*Shore-Härte* D	

Schlagversuch *Probekörper:* *(1)*
(2) — *Herstellung*
Zustand — *Vorbehandlung*

	°C	°C	°C	*Probekörper-Form*
Schlagzähigkeit	kJ/m^2			
Kerbschlagzähigkeit (1)	kJ/m^2			
IZOD-Kerbschlagzähigkeit (2)	J/m			
Kerbschlagzugzähigkeit	kJ/m^2			

Abrieb und Reibung

Taber-Abrieb (Reibradverfahren)	mm^3/100 U		
Abriebfaktor LNP (Thrust washer) Vergleichswert			
Statische Reibungszahl			
Dynamische Reibungszahl	(p · v =	N/mm² ·	m/min)
Zulässiger p · v Wert	N/mm² · (m/min)	v =	m/min
		v =	m/min

Thermische Eigenschaften

Formbeständigkeit in der Wärme	*Verfahren*	A		214 °C
	Verfahren	B		225 °C
Vicat Erweichungstemperatur (VST)	*Verfahren*			°C
	Verfahren			°C
Kristallit-Schmelzpunkt	*Verfahren*			
Längenausdehnungskoeffizient	*Bereich*	23–80	°C	$0.25 \cdot 10^{-4} K^{-1}$
	Temperatur			$\cdot 10^{-4} K^{-1}$
Wärmeleitfähigkeit	*Verfahren*			W/(K · m)
Spezifische Wärmekapazität	*Verfahren*			J/(K · g)
Glasumwandlungstemperatur	*Torsionsschwingungsversuch*		°C	
	Differentialkalorimetrie		°C	

Brandverhalten

UL-Test vertikal	Dicke 0.8 mm,	Wert HB
	Dicke mm,	Wert

	Norm	*Bewertung*	*Abmessungen*
Sauerstoff-Index	ASTM D 2863		
Glühstab-Verfahren			
Brandverhalten	DIN 4102		
MVSS			
FAR			

Elektrische Eigenschaften

		Hz	°C			*Probekörper, Form*
Dielektrizitätszahl		50	23	4.3		Durchmesser 80x1 mm
		10^3	23	4.2		Durchmesser 80x1 mm
		10^6				
Dielektrischer Verlustfaktor tan δ		50	23	0.002		Durchmesser 80x1 mm
		10^3	23	0.014		Durchmesser 80x1 mm
		10^6				
Spezifischer Durchgangs-widerstand	Ohm · cm		23	1*10**15		Durchmesser 80x1 mm
Durchschlagfestigkeit	kV/mm		23	38		1 mm dick
Oberflächenwiderstand	Ohm		23	1*10**15		Durchmesser 80x1 mm
Kriechstromfestigkeit		KC		KB	KA	
Elektrolytische Korrosionswirkung		A 1				30x10x4 mm
Lichtbogenfestigkeit nach DIN						
nach ASTM	s					

Beständigkeit *(Chemische Beständigkeit siehe Anhang)*

Wasseraufnahme

Feuchtigkeitsaufnahme Normalklima %

Wetterbeständigkeit

Spannungskorrosion

Optische Eigenschaften

Brechungszahl n_D

Transmissionsgrad τ_c % mm dick

Lichtdurchlässigkeit

Datenbank-Nr. **T01801** Merkblatt-Nr. **4455**

Produkt	Polybutylenterephthalat		**PBT**
Handelsname	**Pocan KL1-7503**		
Hersteller	BAYER		
DIN-Bez 1 *DIN-Bez 2*			
Zusätze	Entformungsmittel; Brandschutzmittel; Waermestabilisator	*Füllstoffe/ Verstärkung*	
Bevorzugte Verarbeitung	Spritzgiessen	*Lieferform*	Granulat
		Farben	
Besondere Merkmale	Flammwidrig; Stabiles Flammschutzmittelsystem; Keine Kontaktkorrosion; Gute Kriechstromfestigkeit	*Bevorzugte Anwendungen*	

Dichte	g/cm^3	1.41	*Schmelzindex*	g/10 min	:	
Schüttdichte	g/cm^3		*Volumenfließindex*	$cm^3/10$ min	14:	250/2.16
Viskositätszahl	ml/g	114				

Verarbeitungsbedingungen für Spritzgießen

Massetemp.	°C	*Schwindung*	%	lgs , quer
Werkzeugtemp.	°C	*Bemerkungen*		
Spritzdruck	bar			

Zugversuch 23 °C DIN 53455; ISO R/527; DIN 53457; ISO R/527

Probekörper: *Form* Nr. 3; 4 mm dick — *Herstellung* Spritzgiessen
Zustand — *Vorbehandlung* Normalklima

Streckspannung	N/mm^2	55	*Dehnung bei Streckspannung*	%	3.3
Zugfestigkeit	N/mm^2		*Reißdehnung*	%	10
Reißfestigkeit	N/mm^2		*% Dehnspannung*	N/mm^2	
E-Modul	N/mm^2	2900	*Dehnung bei % Dehnspg.*	%	

Kriechmoduln und Zeitstandwerte 23 °C

Probekörper: *Form* — *Herstellung*
Zustand — *Vorbehandlung*

Kriechmodul	*1 min* N/mm^2	*Zeitstandzugfestigkeit*	h	N/mm^2
Kriechmodul	*1000 h* N/mm^2	*Zeitdehnspg. %*	h	N/mm^2
bei Spannung	N/mm^2			

Biegeversuch 23 °C

Probekörper: *Form* — *Herstellung*
Zustand — *Vorbehandlung*

Biegefestigkeit	N/mm^2	*E-Modul*	N/mm^2
3,5% *Biegespannung*	N/mm^2		

Härte 23 °C *Probekörper:* *Zustand* — *Herstellung*
Vorbehandlung

Kugeldruckhärte	N/mm^2 bei N, s	*Shore-Härte* A	
Rockwellhärte		*Shore-Härte* D	

Schlagversuch *Probekörper:* *(1)*
(2) — *Herstellung*
Zustand — *Vorbehandlung*

		°C	°C	°C	*Probekörper-Form*
Schlagzähigkeit	kJ/m^2				
Kerbschlagzähigkeit (1)	kJ/m^2				
IZOD-Kerbschlagzähigkeit (2)	J/m				
Kerbschlagzugzähigkeit	kJ/m^2				

Abrieb und Reibung

Taber-Abrieb (Reibradverfahren)	mm^3/100 U		
Abriebfaktor LNP (Thrust washer) Vergleichswert			
Statische Reibungszahl			
Dynamische Reibungszahl	(p·v= N/mm^2·		m/min)
Zulässiger p · v Wert	N/mm^2 · (m/min)	v=	m/min
		v=	m/min

Thermische Eigenschaften

Formbeständigkeit in der Wärme	*Verfahren* A		70 °C
	Verfahren B		170 °C
Vicat Erweichungstemperatur (VST)	*Verfahren*		°C
	Verfahren		°C
Kristallit-Schmelzpunkt	*Verfahren*		
Längenausdehnungskoeffizient	*Bereich* 23–80 °C		$1.3 \cdot 10^{-4}K^{-1}$
	Temperatur		$\cdot 10^{-4}K^{-1}$
Wärmeleitfähigkeit	*Verfahren*		W/(K · m)
Spezifische Wärmekapazität	*Verfahren*		J/(K · g)
Glasumwandlungstemperatur	*Torsionsschwingungsversuch*	°C	
	Differentialkalorimetrie	°C	

Brandverhalten

UL-Test vertikal Dicke 1.57 mm, Wert V-0
Dicke 0.81 mm, Wert V-0

	Norm	*Bewertung*	*Abmessungen*
Sauerstoff-Index	ASTM D 2863		
Glühstab-Verfahren			
Brandverhalten	DIN 4102		
MVSS			
FAR			

Elektrische Eigenschaften

		Hz	°C		*Probekörper, Form*
Dielektrizitätszahl		50	23	3.4	Durchmesser 80x1 mm
		10^3	23	3.3	Durchmesser 80x1 mm
		10^6			
Dielektrischer Verlustfaktor tan δ		50	23	0.001	Durchmesser 80x1 mm
		10^3	23	0.015	Durchmesser 80x1 mm
		10^6			
Spezifischer Durchgangs-widerstand	Ohm · cm		23	1*10**15	Durchmesser 80x1 mm
Durchschlagfestigkeit	kV/mm		23	28	1 mm dick
Oberflächenwiderstand	Ohm		23	1*10**13	Durchmesser 80x1 mm

Kriechstromfestigkeit	KC	KB	KA	
Elektrolytische Korrosionswirkung	A 1			30x10x4 mm
Lichtbogenfestigkeit nach DIN				
nach ASTM s				

Beständigkeit *(Chemische Beständigkeit siehe Anhang)*

Wasseraufnahme

Feuchtigkeitsaufnahme Normalklima %

Wetterbeständigkeit

Spannungskorrosion

Optische Eigenschaften

Brechungszahl n_D

Transmissionsgrad τ_c % mm dick

Lichtdurchlässigkeit

Datenbank-Nr.	**T01802**		Merkblatt-Nr. **4456**
Produkt	Polybutylenterephthalat		**PBT**
Handelsname	**Pocan KL1-7600**		
Hersteller	BAYER		
DIN-Bez 1			
DIN-Bez 2			
Zusätze		Füllstoffe/ Verstärkung	
Bevorzugte Verarbeitung	Spritzgiessen; Extrudieren	Lieferform	Granulat
		Farben	
Besondere Merkmale	Hochviskos; BGA-Typ; FDA-Typ	Bevorzugte Anwendungen	Roehrchen; Halbzeug

Dichte	g/cm^3	1.3	Schmelzindex	g/10 min	:	
Schüttdichte	g/cm^3		Volumenfließindex	cm^3/10 min	18:	260/2.16
Viskositätszahl	ml/g	138				

Verarbeitungsbedingungen für Spritzgießen

Massetemp.	°C	Schwindung	%	lgs , quer
Werkzeugtemp.	°C	Bemerkungen		
Spritzdruck	bar			

Zugversuch 23 °C DIN 53455; ISO R/527; DIN 53457; ISO R/527

Probekörper: Form Nr. 3; 4 mm dick — Herstellung: Spritzgiessen
Zustand — Vorbehandlung: Normalklima

Streckspannung	N/mm^2	55	Dehnung bei Streckspannung	%	3.8
Zugfestigkeit	N/mm^2		Reißdehnung	%	≧50
Reißfestigkeit	N/mm^2		% Dehnspannung	N/mm^2	
E-Modul	N/mm^2	2600	Dehnung bei % Dehnspg.	%	

Kriechmoduln und Zeitstandwerte 23 °C

Probekörper: Form — Herstellung
Zustand — Vorbehandlung

Kriechmodul	1 min	N/mm^2	Zeitstandzugfestigkeit	h	N/mm^2
Kriechmodul	1000 h	N/mm^2	Zeitdehnspg. %	h	N/mm^2
bei Spannung		N/mm^2			

Biegeversuch 23 °C

Probekörper: Form — Herstellung
Zustand — Vorbehandlung

Biegefestigkeit	N/mm^2	E-Modul	N/mm^2
3,5% Biegespannung	N/mm^2		

Härte 23 °C Probekörper: Zustand — Herstellung
Vorbehandlung

Kugeldruckhärte	N/mm^2 bei N, s	Shore-Härte A	
Rockwellhärte		Shore-Härte D	

Schlagversuch Probekörper: (1)
(2) — Herstellung
Zustand — Vorbehandlung

		°C	°C	°C	Probekörper-Form
Schlagzähigkeit	kJ/m^2				
Kerbschlagzähigkeit (1)	kJ/m^2				
IZOD-Kerbschlagzähigkeit (2)	J/m				
Kerbschlagzugzähigkeit	kJ/m^2				

Abrieb und Reibung

Taber-Abrieb (Reibradverfahren)	mm^3/100 U		
Abriebfaktor LNP (Thrust washer) Vergleichswert			
Statische Reibungszahl			
Dynamische Reibungszahl	(p·v= N/mm^2 ·		m/min)
Zulässiger p · v Wert	N/mm^2 · (m/min)	v=	m/min
		v=	m/min

Thermische Eigenschaften

Formbeständigkeit in der Wärme	*Verfahren*	A		65 °C
	Verfahren	B		160 °C
Vicat Erweichungstemperatur (VST)	*Verfahren*	A/50		218 °C
	Verfahren	B/50		170 °C
Kristallit-Schmelzpunkt	*Verfahren*			
Längenausdehnungskoeffizient	*Bereich*	23–80 °C		$1.2 \cdot 10^{-4} K^{-1}$
	Temperatur			$\cdot 10^{-4} K^{-1}$
Wärmeleitfähigkeit	*Verfahren*			W/(K · m)
Spezifische Wärmekapazität	*Verfahren*			J/(K · g)
Glasumwandlungstemperatur	*Torsionsschwingungsversuch*		°C	
	Differentialkalorimetrie		°C	

Brandverhalten

UL-Test vertikal	Dicke	mm, Wert HB	
	Dicke	mm, Wert	

	Norm	*Bewertung*	*Abmessungen*
Sauerstoff-Index	ASTM D 2863		
Glühstab-Verfahren			
Brandverhalten	DIN 4102		
MVSS			
FAR			

Elektrische Eigenschaften

		Hz	°C		*Probekörper, Form*
Dielektrizitätszahl		50	23	3.2	Durchmesser 80x1 mm
		10^3	23	3.1	Durchmesser 80x1 mm
		10^6			
Dielektrischer Verlustfaktor tan δ		50	23	0.002	Durchmesser 80x1 mm
		10^3	23	0.021	Durchmesser 80x1 mm
		10^6			
Spezifischer Durchgangs-widerstand	Ohm · cm		23	≧1*10**15	Durchmesser 80x1 mm
Durchschlagfestigkeit	kV/mm		23	27	1 mm dick
Oberflächenwiderstand	Ohm		23	1*10**15	Durchmesser 80x1 mm

Kriechstromfestigkeit	KC	KB	KA	
Elektrolytische Korrosionswirkung	A 1.2			30x10x4 mm
Lichtbogenfestigkeit nach DIN				
nach ASTM s				

Beständigkeit *(Chemische Beständigkeit siehe Anhang)*

Wasseraufnahme

Feuchtigkeitsaufnahme Normalklima %

Wetterbeständigkeit

Spannungskorrosion

Optische Eigenschaften

Brechungszahl n_D

Transmissionsgrad τ_c % mm dick

Lichtdurchlässigkeit

Datenbank-Nr.	**T01803**		Merkblatt-Nr. **4457**

Produkt	Polybutylenterephthalat		**PBT**
Handelsname	**Pocan KL1-7835**		
Hersteller	BAYER		
DIN-Bez 1			
DIN-Bez 2			
Zusätze	Entformungsmittel; Brandschutzmittel; Waermestabilisator	*Füllstoffe/ Verstärkung*	30% Glasfaser; Glaskugel
Bevorzugte Verarbeitung	Spritzgiessen	*Lieferform*	Granulat
		Farben	
Besondere Merkmale	Flammwidrig; Verzugsarm	*Bevorzugte Anwendungen*	

Dichte	g/cm^3	1.65	*Schmelzindex*	g/10 min		:
Schüttdichte	g/cm^3		*Volumenfließindex*	cm^3/10 min	16:	260/2.16
Viskositätszahl	ml/g	88				

Verarbeitungsbedingungen für Spritzgießen

Massetemp.	°C	*Schwindung*	% lgs , quer
Werkzeugtemp.	°C	*Bemerkungen*	
Spritzdruck	bar		

Zugversuch 23 °C DIN 53455; ISO R/527; DIN 53457; ISO R/527

Probekörper: *Form* Nr. 3; 4 mm dick — *Herstellung* Spritzgiessen
Zustand — *Vorbehandlung* Normalklima

Streckspannung	N/mm^2		*Dehnung bei Streckspannung*	%	
Zugfestigkeit	N/mm^2	80	*Reißdehnung*	%	2
Reißfestigkeit	N/mm^2		*% Dehnspannung*	N/mm^2	
E-Modul	N/mm^2	6500	*Dehnung bei % Dehnspg.*	%	

Kriechmoduln und Zeitstandwerte 23 °C

Probekörper: *Form* — *Herstellung*
Zustand — *Vorbehandlung*

Kriechmodul	*1 min*	N/mm^2	*Zeitstandzugfestigkeit*	h	N/mm^2
Kriechmodul	*1000 h*	N/mm^2	*Zeitdehnspg. %*	h	N/mm^2
bei Spannung		N/mm^2			

Biegeversuch 23 °C

Probekörper: *Form* — *Herstellung*
Zustand — *Vorbehandlung*

Biegefestigkeit	N/mm^2	*E-Modul*	N/mm^2
3,5% *Biegespannung*	N/mm^2		

Härte 23 °C *Probekörper:* *Zustand* — *Herstellung*
Vorbehandlung

Kugeldruckhärte	N/mm^2 bei N, s	*Shore-Härte* A	
Rockwellhärte		*Shore-Härte* D	

Schlagversuch *Probekörper:* *(1)*
(2) — *Herstellung*
Zustand — *Vorbehandlung*

	°C	°C	°C	*Probekörper-Form*
Schlagzähigkeit kJ/m^2				
Kerbschlagzähigkeit (1) kJ/m^2				
IZOD-Kerbschlagzähigkeit (2) J/m				
Kerbschlagzugzähigkeit kJ/m^2				

Abrieb und Reibung

Taber-Abrieb (Reibradverfahren)	$mm^3/100$ U		
Abriebfaktor LNP (Thrust washer) Vergleichswert			
Statische Reibungszahl			
Dynamische Reibungszahl	(p · v= N/mm² ·		m/min)
Zulässiger p · v Wert	N/mm² · (m/min)	v=	m/min
		v=	m/min

Thermische Eigenschaften

Formbeständigkeit in der Wärme	*Verfahren*	A		155 °C
	Verfahren	B		190 °C
Vicat Erweichungstemperatur (VST)	*Verfahren*			°C
	Verfahren			°C
Kristallit-Schmelzpunkt	*Verfahren*			
Längenausdehnungskoeffizient	*Bereich*	23–80	°C	$0.45 \cdot 10^{-4}K^{-1}$
	Temperatur			$\cdot 10^{-4}K^{-1}$
Wärmeleitfähigkeit	*Verfahren*			W/(K · m)
Spezifische Wärmekapazität	*Verfahren*			J/(K · g)
Glasumwandlungstemperatur	*Torsionsschwingungsversuch*		°C	
	Differentialkalorimetrie		°C	

Brandverhalten

UL-Test vertikal	Dicke	mm, Wert V-0
	Dicke	mm, Wert

	Norm	*Bewertung*	*Abmessungen*
Sauerstoff-Index	ASTM D 2863		
Glühstab-Verfahren			
Brandverhalten	DIN 4102		
MVSS			
FAR			

Elektrische Eigenschaften

		Hz	°C			*Probekörper, Form*
Dielektrizitätszahl		50	23	3.9		Durchmesser 80x1 mm
		10^3	23	3.8		Durchmesser 80x1 mm
		10^6				
Dielektrischer Verlustfaktor tan δ		50	23	0.003		Durchmesser 80x1 mm
		10^3	23	0.017		Durchmesser 80x1 mm
		10^6				
Spezifischer Durchgangs-widerstand	Ohm · cm		23	1*10**13		Durchmesser 80x1 mm
Durchschlagfestigkeit	kV/mm		23	26		1 mm dick
Oberflächenwiderstand	Ohm		23	1*10**13		Durchmesser 80x1 mm
Kriechstromfestigkeit		KC		KB	KA	
Elektrolytische Korrosionswirkung		A 1.2				30x10x4 mm
Lichtbogenfestigkeit nach DIN						
nach ASTM	s					

Beständigkeit *(Chemische Beständigkeit siehe Anhang)*

Wasseraufnahme

Feuchtigkeitsaufnahme Normalklima %

Wetterbeständigkeit

Spannungskorrosion

Optische Eigenschaften

Brechungszahl n_D

Transmissionsgrad τ_c % mm dick

Lichtdurchlässigkeit

Datenbank-Nr. **T01804** | Merkblatt-Nr. **4458**

Produkt	Polybutylenterephthalat		**PBT**
Handelsname	**Pocan KL1-7920**		
Hersteller	BAYER		
DIN-Bez 1 *DIN-Bez 2*			
Zusätze	Entformungsmittel; Brandschutzmittel; Waermestabilisator	*Füllstoffe/ Verstärkung*	
Bevorzugte Verarbeitung	Spritzgiessen	*Lieferform*	Granulat
		Farben	
Besondere Merkmale	Flammwidrig	*Bevorzugte Anwendungen*	

Dichte	g/cm³	1.35	*Schmelzindex*	g/10 min		:
Schüttdichte	g/cm³		*Volumenfließindex*	cm³/10 min		:
Viskositätszahl	ml/g					

Verarbeitungsbedingungen für Spritzgießen

Massetemp.	°C	*Schwindung*	%	lgs	, quer
Werkzeugtemp.	°C	*Bemerkungen*			
Spritzdruck	bar				

Zugversuch 23 °C DIN 53455; ISO R/527; DIN 53457; ISO R/527

Probekörper: *Form* Nr. 3; 4 mm dick — *Herstellung* Spritzgiessen
Zustand — *Vorbehandlung* Normalklima

Streckspannung	N/mm²	45	*Dehnung bei Streckspannung*	%	2.7
Zugfestigkeit	N/mm²		*Reißdehnung*	%	20
Reißfestigkeit	N/mm²		*% Dehnspannung*	N/mm²	
E-Modul	N/mm²	2500	*Dehnung bei % Dehnspg.*	%	

Kriechmoduln und Zeitstandwerte 23 °C

Probekörper: *Form* — *Herstellung*
Zustand — *Vorbehandlung*

Kriechmodul	*1 min*	N/mm²	*Zeitstandzugfestigkeit*	h	N/mm²
Kriechmodul	*1000 h*	N/mm²	*Zeitdehnspg. %*	h	N/mm²
bei Spannung		N/mm²			

Biegeversuch 23 °C

Probekörper: *Form* — *Herstellung*
Zustand — *Vorbehandlung*

Biegefestigkeit	N/mm²	*E-Modul*	N/mm²
3,5% *Biegespannung*	N/mm²		

Härte 23 °C *Probekörper:* *Zustand* — *Herstellung*
Vorbehandlung

Kugeldruckhärte	N/mm² bei N, s	*Shore-Härte* A	
Rockwellhärte		*Shore-Härte* D	

Schlagversuch *Probekörper:* *(1)*
(2) — *Herstellung*
Zustand — *Vorbehandlung*

	°C	°C	°C	*Probekörper-Form*
Schlagzähigkeit kJ/m²				
Kerbschlagzähigkeit (1) kJ/m²				
IZOD-Kerbschlagzähigkeit (2) J/m				
Kerbschlagzugzähigkeit kJ/m²				

Abrieb und Reibung

Taber-Abrieb (Reibradverfahren)	mm^3/100 U		
Abriebfaktor LNP (Thrust washer) Vergleichswert			
Statische Reibungszahl			
Dynamische Reibungszahl	(p · v =	N/mm^2 ·	m/min)
Zulässiger p · v Wert	N/mm^2 · (m/min)	v =	m/min
		v =	m/min

Thermische Eigenschaften

Formbeständigkeit in der Wärme	*Verfahren*	A		60 °C
	Verfahren	B		120 °C
Vicat Erweichungstemperatur (VST)	*Verfahren*			°C
	Verfahren			°C
Kristallit-Schmelzpunkt	*Verfahren*			
Längenausdehnungskoeffizient	*Bereich*	23–80 °C		$1.2 \cdot 10^{-4} K^{-1}$
	Temperatur			$\cdot 10^{-4} K^{-1}$
Wärmeleitfähigkeit	*Verfahren*			W/(K · m)
Spezifische Wärmekapazität	*Verfahren*			J/(K · g)
Glasumwandlungstemperatur	*Torsionsschwingungsversuch*		°C	
	Differentialkalorimetrie		°C	

Brandverhalten

UL-Test vertikal	Dicke	mm, Wert V-0
	Dicke	mm, Wert

	Norm	*Bewertung*	*Abmessungen*
Sauerstoff-Index	ASTM D 2863		
Glühstab-Verfahren			
Brandverhalten	DIN 4102		
MVSS			
FAR			

Elektrische Eigenschaften

		Hz	°C			*Probekörper, Form*
Dielektrizitätszahl		50	23	3.1		Durchmesser 80x1 mm
		10^3	23	3		Durchmesser 80x1 mm
		10^6				
Dielektrischer Verlustfaktor tan δ		50	23	0.002		Durchmesser 80x1 mm
		10^3	23	0.014		Durchmesser 80x1 mm
		10^6				
Spezifischer Durchgangs-widerstand	Ohm · cm		23	1*10**16		Durchmesser 80x1 mm
Durchschlagfestigkeit	kV/mm					mm dick
Oberflächenwiderstand	Ohm		23	1*10**16		Durchmesser 80x1 mm
Kriechstromfestigkeit		KC		KB	KA	
Elektrolytische Korrosionswirkung		A 1				30x10x4 mm
Lichtbogenfestigkeit nach DIN						
nach ASTM	s					

Beständigkeit *(Chemische Beständigkeit siehe Anhang)*

Wasseraufnahme

Feuchtigkeitsaufnahme Normalklima %

Wetterbeständigkeit

Spannungskorrosion

Optische Eigenschaften

Brechungszahl n_D

Transmissionsgrad τ_c % mm dick

Lichtdurchlässigkeit

Datenbank-Nr. **T01806** Merkblatt-Nr. **4459**

Produkt	Polybutylenterephthalat	**PBT**
Handelsname	**Pocan KU1-7017**	
Hersteller	BAYER	
DIN-Bez 1		
DIN-Bez 2		

Zusätze		*Füllstoffe/ Verstärkung*	
Bevorzugte Verarbeitung		*Lieferform*	
		Farben	
Besondere Merkmale		*Bevorzugte Anwendungen*	

Dichte	g/cm^3	1.27	*Schmelzindex*	g/10 min	:	
Schüttdichte	g/cm^3		*Volumenfließindex*	$cm^3/10$ min	8:	260/2.16
Viskositätszahl	ml/g	125				

Verarbeitungsbedingungen für Spritzgießen

Massetemp.	°C	*Schwindung*	%	lgs	, quer
Werkzeugtemp.	°C	*Bemerkungen*			
Spritzdruck	bar				

Zugversuch 23 °C DIN 53455; ISO R/527; DIN 53457; ISO R/527

Probekörper: *Form* Nr. 3; 4 mm dick — *Herstellung* Spritzgiessen

Zustand — *Vorbehandlung* Normalklima

Streckspannung	N/mm^2	42	*Dehnung bei Streckspannung*	%	3.9
Zugfestigkeit	N/mm^2		*Reißdehnung*	%	≧50
Reißfestigkeit	N/mm^2		*% Dehnspannung*	N/mm^2	
E-Modul	N/mm^2	1900	*Dehnung bei % Dehnspg.*	%	

Kriechmoduln und Zeitstandwerte 23 °C

Probekörper: *Form* — *Herstellung*

Zustand — *Vorbehandlung*

Kriechmodul	*1 min* N/mm^2	*Zeitstandzugfestigkeit*	h	N/mm^2
Kriechmodul	*1000 h* N/mm^2	*Zeitdehnspg. %*	h	N/mm^2
bei Spannung	N/mm^2			

Biegeversuch 23 °C

Probekörper: *Form* — *Herstellung*

Zustand — *Vorbehandlung*

Biegefestigkeit	N/mm^2	*E-Modul*	N/mm^2
3,5% *Biegespannung*	N/mm^2		

Härte 23 °C *Probekörper:* *Zustand* — *Herstellung*

Vorbehandlung

Kugeldruckhärte	N/mm^2 bei N, s	*Shore-Härte A*	
Rockwellhärte		*Shore-Härte D*	

Schlagversuch *Probekörper:* *(1)*

(2) — *Herstellung*

Zustand — *Vorbehandlung*

		°C	°C	°C	*Probekörper-Form*
Schlagzähigkeit	kJ/m^2				
Kerbschlagzähigkeit (1)	kJ/m^2				
IZOD-Kerbschlagzähigkeit (2)	J/m				
Kerbschlagzugzähigkeit	kJ/m^2				

Abrieb und Reibung

Taber-Abrieb (Reibradverfahren)	mm^3/100 U		
Abriebfaktor LNP (Thrust washer) Vergleichswert			
Statische Reibungszahl			
Dynamische Reibungszahl	(p · v = N/mm^2 ·		m/min)
Zulässiger p · v Wert	N/mm^2 · (m/min)	v =	m/min
		v =	m/min

Thermische Eigenschaften

Formbeständigkeit in der Wärme	*Verfahren*	A		54 °C
	Verfahren	B		116 °C
Vicat Erweichungstemperatur (VST)	*Verfahren*	A/50		217 °C
	Verfahren	B/50		150 °C
Kristallit-Schmelzpunkt	*Verfahren*			
Längenausdehnungskoeffizient	*Bereich*	23–80	°C	$1.2 \cdot 10^{-4} K^{-1}$
	Temperatur			$\cdot 10^{-4} K^{-1}$
Wärmeleitfähigkeit	*Verfahren*			W/(K · m)
Spezifische Wärmekapazität	*Verfahren*			J/(K · g)
Glasumwandlungstemperatur	*Torsionsschwingungsversuch*		°C	
	Differentialkalorimetrie		°C	

Brandverhalten

UL-Test vertikal		Dicke 0.8 mm, Wert HB	
		Dicke mm, Wert	
	Norm	*Bewertung*	*Abmessungen*
Sauerstoff-Index	ASTM D 2863		
Glühstab-Verfahren			
Brandverhalten	DIN 4102		
MVSS			
FAR			

Elektrische Eigenschaften

		Hz	°C			*Probekörper, Form*
Dielektrizitätszahl		50	23	3.7		Durchmesser 80x1 mm
		10^3	23	3.4		Durchmesser 80x1 mm
		10^6				
Dielektrischer Verlustfaktor tan δ		50	23	0.0036		Durchmesser 80x1 mm
		10^3	23	0.028		Durchmesser 80x1 mm
		10^6				
Spezifischer Durchgangs-widerstand	Ohm · cm		23	1*10**15		Durchmesser 80x1 mm
Durchschlagfestigkeit	kV/mm		23	18		1 mm dick
Oberflächenwiderstand	Ohm		23	1*10**15		Durchmesser 80x1 mm
Kriechstromfestigkeit		KC		KB	KA	
Elektrolytische Korrosionswirkung		A 1				30x10x4 mm
Lichtbogenfestigkeit nach DIN						
nach ASTM	s					

Beständigkeit *(Chemische Beständigkeit siehe Anhang)*

Wasseraufnahme	
Feuchtigkeitsaufnahme Normalklima	0.08 %
Wetterbeständigkeit	
Spannungskorrosion	

Optische Eigenschaften

Brechungszahl n_D		
Transmissionsgrad τ_c	%	mm dick
Lichtdurchlässigkeit		

Datenbank-Nr.	**T01807**	Merkblatt-Nr. **4460**

Produkt	Polybutylenterephthalat		**PBT**
Handelsname	**Pocan KU1-7020**		
Hersteller	BAYER		
DIN-Bez 1 *DIN-Bez 2*			
Zusätze	Entformungsmittel; Brandschutzmittel; Waermestabilisator	*Füllstoffe/ Verstärkung*	
Bevorzugte Verarbeitung	Spritzgiessen	*Lieferform*	Granulat
		Farben	
Besondere Merkmale	Flammwidrig	*Bevorzugte Anwendungen*	

Dichte	g/cm³	1.35	*Schmelzindex*	g/10 min	:
Schüttdichte	g/cm³		*Volumenfließindex*	cm³/10 min	10: 260/2.16
Viskositätszahl	ml/g				

Verarbeitungsbedingungen für Spritzgießen

Massetemp.	°C	*Schwindung*	% lgs , quer
Werkzeugtemp.	°C	*Bemerkungen*	
Spritzdruck	bar		

Zugversuch 23 °C DIN 53455; ISO R/527; DIN 53457; ISO R/527

Probekörper: *Form* Nr. 3; 4 mm dick — *Herstellung* Spritzgiessen
Zustand — *Vorbehandlung* Normalklima

Streckspannung	N/mm²	47	*Dehnung bei Streckspannung*	%	3.5
Zugfestigkeit	N/mm²		*Reißdehnung*	%	20
Reißfestigkeit	N/mm²		*% Dehnspannung*	N/mm²	
E-Modul	N/mm²	2400	*Dehnung bei % Dehnspg.*	%	

Kriechmoduln und Zeitstandwerte 23 °C

Probekörper: *Form* — *Herstellung*
Zustand — *Vorbehandlung*

Kriechmodul	*1 min*	N/mm²	*Zeitstandzugfestigkeit*	h	N/mm²
Kriechmodul	*1000 h*	N/mm²	*Zeitdehnspg. %*	h	N/mm²
bei Spannung		N/mm²			

Biegeversuch 23 °C

Probekörper: *Form* — *Herstellung*
Zustand — *Vorbehandlung*

Biegefestigkeit	N/mm²	*E-Modul*	N/mm²
3,5% *Biegespannung*	N/mm²		

Härte 23 °C *Probekörper:* *Zustand* — *Herstellung*
Vorbehandlung

Kugeldruckhärte	N/mm² bei N, s	*Shore-Härte* A	
Rockwellhärte		*Shore-Härte* D	

Schlagversuch *Probekörper:* *(1)*
(2) — *Herstellung*
Zustand — *Vorbehandlung*

		°C	°C	°C	*Probekörper-Form*
Schlagzähigkeit	kJ/m²				
Kerbschlagzähigkeit (1)	kJ/m²				
IZOD-Kerbschlagzähigkeit (2)	J/m				
Kerbschlagzugzähigkeit	kJ/m²				

Abrieb und Reibung

Taber-Abrieb (Reibradverfahren)	mm^3/100 U		
Abriebfaktor LNP (Thrust washer) Vergleichswert			
Statische Reibungszahl			
Dynamische Reibungszahl	(p·v= N/mm^2·		m/min)
Zulässiger p · v Wert	N/mm^2 · (m/min)	v=	m/min
		v=	m/min

Thermische Eigenschaften

Formbeständigkeit in der Wärme	*Verfahren* A			65 °C
	Verfahren B			135 °C
Vicat Erweichungstemperatur (VST)	*Verfahren*			°C
	Verfahren			°C
Kristallit-Schmelzpunkt	*Verfahren*			
Längenausdehnungskoeffizient	*Bereich* 23–80 °C			$1 \cdot 10^{-4} K^{-1}$
	Temperatur			$\cdot 10^{-4} K^{-1}$
Wärmeleitfähigkeit	*Verfahren*			W/(K · m)
Spezifische Wärmekapazität	*Verfahren*			J/(K · g)
Glasumwandlungstemperatur	*Torsionsschwingungsversuch*		°C	
	Differentialkalorimetrie		°C	

Brandverhalten

UL-Test vertikal	Dicke mm, Wert V-0
	Dicke mm, Wert

	Norm	*Bewertung*	*Abmessungen*
Sauerstoff-Index	ASTM D 2863		
Glühstab-Verfahren			
Brandverhalten	DIN 4102		
MVSS			
FAR			

Elektrische Eigenschaften

		Hz	°C			*Probekörper, Form*
Dielektrizitätszahl		50	23	3.8		Durchmesser 80x1 mm
		10^3	23	3.6		Durchmesser 80x1 mm
		10^6				
Dielektrischer Verlustfaktor tan δ		50	23	0.014		Durchmesser 80x1 mm
		10^3	23	0.024		Durchmesser 80x1 mm
		10^6				
Spezifischer Durchgangs-widerstand	Ohm · cm		23	1*10**15		Durchmesser 80x1 mm
Durchschlagfestigkeit	kV/mm		23	23		1 mm dick
Oberflächenwiderstand	Ohm		23	1*10**15		Durchmesser 80x1 mm
Kriechstromfestigkeit		KC		KB	KA	
Elektrolytische Korrosionswirkung		A 1				30x10x4 mm
Lichtbogenfestigkeit nach DIN						
nach ASTM	s					

Beständigkeit *(Chemische Beständigkeit siehe Anhang)*

Wasseraufnahme

Feuchtigkeitsaufnahme Normalklima %

Wetterbeständigkeit

Spannungskorrosion

Optische Eigenschaften

Brechungszahl n_D

Transmissionsgrad τ_c % mm dick

Lichtdurchlässigkeit

Datenbank-Nr. **T01808** Merkblatt-Nr. **4461**

Produkt	Polybutylenterephthalat		**PBT**
Handelsname	**Pocan KU1-7033**		
Hersteller	BAYER		
DIN-Bez 1			
DIN-Bez 2			
Zusätze	Entformungsmittel; Waermestabilisator; Elastomer	*Füllstoffe/ Verstärkung*	30% Glasfaser; Glaskugel
Bevorzugte Verarbeitung	Spritzgiessen	*Lieferform*	Granulat
		Farben	
Besondere Merkmale	Gute Bewitterungsstabilitaet; Schlagzaeh; Hohe Dauergebrauchstemperatur; Elastomermodifiziert	*Bevorzugte Anwendungen*	

Dichte	g/cm^3	1.46	*Schmelzindex*	g/10 min	:
Schüttdichte	g/cm^3		*Volumenfließindex*	cm^3/10 min	:
Viskositätszahl	ml/g	88			

Verarbeitungsbedingungen für Spritzgießen

Massetemp.	°C	*Schwindung*	% lgs , quer
Werkzeugtemp.	°C	*Bemerkungen*	
Spritzdruck	bar		

Zugversuch 23 °C DIN 53455; ISO R/527; DIN 53457; ISO R/527

Probekörper: *Form* Nr. 3; 4 mm dick — *Herstellung* Spritzgiessen
Zustand — *Vorbehandlung* Normalklima

Streckspannung	N/mm^2		*Dehnung bei Streckspannung*	%	
Zugfestigkeit	N/mm^2	105	*Reißdehnung*	%	5
Reißfestigkeit	N/mm^2		*% Dehnspannung*	N/mm^2	
E-Modul	N/mm^2	8000	*Dehnung bei % Dehnspg.*	%	

Kriechmoduln und Zeitstandwerte 23 °C

Probekörper: *Form* — *Herstellung*
Zustand — *Vorbehandlung*

Kriechmodul	*1 min* N/mm^2	*Zeitstandzugfestigkeit*	h	N/mm^2
Kriechmodul	*1000 h* N/mm^2	*Zeitdehnspg.* %	h	N/mm^2
bei Spannung	N/mm^2			

Biegeversuch 23 °C

Probekörper: *Form* — *Herstellung*
Zustand — *Vorbehandlung*

Biegefestigkeit	N/mm^2	*E-Modul*	N/mm^2
3,5% *Biegespannung*	N/mm^2		

Härte 23 °C *Probekörper:* *Zustand* — *Herstellung*
Vorbehandlung

Kugeldruckhärte	N/mm^2 bei N, s	*Shore-Härte* A
Rockwellhärte		*Shore-Härte* D

Schlagversuch *Probekörper:* *(1)*
(2) — *Herstellung*
Zustand — *Vorbehandlung*

	°C	°C	°C	*Probekörper-Form*
Schlagzähigkeit kJ/m^2				
Kerbschlagzähigkeit (1) kJ/m^2				
IZOD-Kerbschlagzähigkeit (2) J/m				
Kerbschlagzugzähigkeit kJ/m^2				

Abrieb und Reibung

Taber-Abrieb (Reibradverfahren)	mm^3/100 U		
Abriebfaktor LNP (Thrust washer) Vergleichswert			
Statische Reibungszahl			
Dynamische Reibungszahl	(p · v = N/mm^2 ·		m/min)
Zulässiger p · v Wert	N/mm^2 · (m/min)	v =	m/min
		v =	m/min

Thermische Eigenschaften

Formbeständigkeit in der Wärme	*Verfahren*	A		200 °C
	Verfahren	B		210 °C
Vicat Erweichungstemperatur (VST)	*Verfahren*			°C
	Verfahren			°C
Kristallit-Schmelzpunkt	*Verfahren*			
Längenausdehnungskoeffizient	*Bereich*	23–80	°C	$0.4 \cdot 10^{-4} K^{-1}$
	Temperatur			$\cdot 10^{-4} K^{-1}$
Wärmeleitfähigkeit	*Verfahren*			W/(K · m)
Spezifische Wärmekapazität	*Verfahren*			J/(K · g)
Glasumwandlungstemperatur	*Torsionsschwingungsversuch*		°C	
	Differentialkalorimetrie		°C	

Brandverhalten

UL-Test vertikal	Dicke	mm, Wert HB
	Dicke	mm, Wert

	Norm	*Bewertung*	*Abmessungen*
Sauerstoff-Index	ASTM D 2863		
Glühstab-Verfahren			
Brandverhalten	DIN 4102		
MVSS			
FAR			

Elektrische Eigenschaften

		Hz	°C			*Probekörper, Form*
Dielektrizitätszahl		50	23	4.2		Durchmesser 80x1 mm
		10^3	23	4		Durchmesser 80x1 mm
		10^6				
Dielektrischer Verlustfaktor tan δ		50	23	0.006		Durchmesser 80x1 mm
		10^3	23	0.026		Durchmesser 80x1 mm
		10^6				
Spezifischer Durchgangs-widerstand	Ohm · cm		23	1*10**14		Durchmesser 80x1 mm
Durchschlagfestigkeit	kV/mm		23	28		1 mm dick
Oberflächenwiderstand	Ohm		23	1*10**15		Durchmesser 80x1 mm
Kriechstromfestigkeit		KC		KB	KA	
Elektrolytische Korrosionswirkung		A 1				30x10x4 mm
Lichtbogenfestigkeit nach DIN						
nach ASTM	s					

Beständigkeit *(Chemische Beständigkeit siehe Anhang)*

Wasseraufnahme

Feuchtigkeitsaufnahme Normalklima %

Wetterbeständigkeit

Spannungskorrosion

Optische Eigenschaften

Brechungszahl n_D

Transmissionsgrad τ_c % mm dick

Lichtdurchlässigkeit

Produkt	Polyphenylensulfid		**PPS**
Handelsname	**Tedur KU1-9523**		
Hersteller	BAYER		
DIN-Bez 1			
DIN-Bez 2			
Zusätze	Waermestabilisator	*Füllstoffe/ Verstärkung*	60% Glasfaser; Mineral
Bevorzugte Verarbeitung	Spritzgiessen	*Lieferform*	Granulat
		Farben	
Besondere Merkmale	Flammwidrig	*Bevorzugte Anwendungen*	

Dichte	g/cm^3	1.9	*Schmelzindex*	g/10 min	:
Schüttdichte	g/cm^3		*Volumenfließindex*	$cm^3/10$ min	:
Viskositätszahl	ml/g				

Verarbeitungsbedingungen für Spritzgießen

Massetemp.	°C	*Schwindung*	% lgs , quer
Werkzeugtemp.	°C	*Bemerkungen*	
Spritzdruck	bar		

Zugversuch 23 °C DIN 53455; ISO R/527; DIN 53457; ISO R/527

Probekörper: *Form* Nr. 3; 4 mm dick — *Herstellung* Spritzgiessen
Zustand — *Vorbehandlung* Normalklima

Streckspannung	N/mm^2		*Dehnung bei Streckspannung*	%	
Zugfestigkeit	N/mm^2	120	*Reißdehnung*	%	0.8
Reißfestigkeit	N/mm^2		*% Dehnspannung*	N/mm^2	
E-Modul	N/mm^2	18000	*Dehnung bei % Dehnspg.*	%	

Kriechmoduln und Zeitstandwerte 23 °C

Probekörper: *Form* — *Herstellung*
Zustand — *Vorbehandlung*

Kriechmodul	*1 min*	N/mm^2	*Zeitstandzugfestigkeit*	h	N/mm^2
Kriechmodul	*1000 h*	N/mm^2	*Zeitdehnspg. %*	h	N/mm^2
bei Spannung		N/mm^2			

Biegeversuch 23 °C

Probekörper: *Form* — *Herstellung*
Zustand — *Vorbehandlung*

Biegefestigkeit	N/mm^2	*E-Modul*	N/mm^2
3,5% *Biegespannung*	N/mm^2		

Härte 23 °C *Probekörper:* *Zustand* — *Herstellung*
Vorbehandlung

Kugeldruckhärte	N/mm^2 bei N, s	*Shore-Härte*	A
Rockwellhärte		*Shore-Härte*	D

Schlagversuch *Probekörper:* *(1)*
(2) — *Herstellung*
Zustand — *Vorbehandlung*

	°C	°C	°C	*Probekörper-Form*
Schlagzähigkeit kJ/m^2				
Kerbschlagzähigkeit (1) kJ/m^2				
IZOD-Kerbschlagzähigkeit (2) J/m				
Kerbschlagzugzähigkeit kJ/m^2				

Abrieb und Reibung

Taber-Abrieb (Reibradverfahren)	mm^3/100 U		
Abriebfaktor LNP (Thrust washer) Vergleichswert			
Statische Reibungszahl			
Dynamische Reibungszahl	(p · v =	N/mm^2 ·	m/min)
Zulässiger p · v Wert	N/mm^2 · (m/min)	v =	m/min
		v =	m/min

Thermische Eigenschaften

Formbeständigkeit in der Wärme	*Verfahren*	A		260 °C
	Verfahren	C		230 °C
Vicat Erweichungstemperatur (VST)	*Verfahren*	B/50		260 °C
	Verfahren			°C
Kristallit-Schmelzpunkt	*Verfahren*			
Längenausdehnungskoeffizient	*Bereich*	23–80	°C	$0.2 \cdot 10^{-4} K^{-1}$
	Temperatur			$\cdot 10^{-4} K^{-1}$
Wärmeleitfähigkeit	*Verfahren*			W/(K · m)
Spezifische Wärmekapazität	*Verfahren*			J/(K · g)
Glasumwandlungstemperatur	*Torsionsschwingungsversuch*		°C	
	Differentialkalorimetrie		°C	

Brandverhalten

UL-Test vertikal	Dicke	mm,	Wert V-0
	Dicke	mm,	Wert

	Norm	*Bewertung*	*Abmessungen*
Sauerstoff-Index	ASTM D 2863		
Glühstab-Verfahren			
Brandverhalten	DIN 4102		
MVSS			
FAR			

Elektrische Eigenschaften

		Hz	°C		*Probekörper, Form*
Dielektrizitätszahl		50	23	4.1	Durchmesser 80x1 mm
		10^3	23	4	Durchmesser 80x1 mm
		10^6			
Dielektrischer Verlustfaktor tan δ		50	23	0.007	Durchmesser 80x1 mm
		10^3	23	0.006	Durchmesser 80x1 mm
		10^6			
Spezifischer Durchgangs-widerstand	Ohm · cm		23	≧1*10**15	Durchmesser 80x1 mm
Durchschlagfestigkeit	kV/mm		23	18	1 mm dick
Oberflächenwiderstand	Ohm		23	≧1*10**15	Durchmesser 80x1 mm

Kriechstromfestigkeit	KC	KB	KA	
Elektrolytische Korrosionswirkung	A 1			30x10x4 mm
Lichtbogenfestigkeit nach DIN				
nach ASTM s				

Beständigkeit *(Chemische Beständigkeit siehe Anhang)*

Wasseraufnahme 23 C Bis zur Saettigung	0.05 %
Feuchtigkeitsaufnahme Normalklima	%
Wetterbeständigkeit	
Spannungskorrosion	

Optische Eigenschaften

Brechungszahl n_D		
Transmissionsgrad τ_c	%	mm dick
Lichtdurchlässigkeit		

Datenbank-Nr.	**T01995**		Merkblatt-Nr. **4463**
Produkt	Polyphenylensulfid		**PPS**
Handelsname	**Tedur KU1-9530**		
Hersteller	BAYER		
DIN-Bez 1 DIN-Bez 2			
Zusätze	Waermestabilisator	Füllstoffe/ Verstärkung	
Bevorzugte Verarbeitung	Spritzgiessen	Lieferform	Granulat
		Farben	
Besondere Merkmale	Flammwidrig	Bevorzugte Anwendungen	

Dichte	g/cm^3	1.9	Schmelzindex	g/10 min	:
Schüttdichte	g/cm^3		Volumenfließindex	$cm^3/10$ min	:
Viskositätszahl	ml/g				

Verarbeitungsbedingungen für Spritzgießen

Massetemp.	°C	Schwindung	% lgs , quer
Werkzeugtemp.	°C	Bemerkungen	
Spritzdruck	bar		

Zugversuch 23 °C DIN 53455; ISO R/527; DIN 53457; ISO R/527

Probekörper:	Form	Nr. 3; 4 mm dick	Herstellung	Spritzgiessen
	Zustand		Vorbehandlung	Normalklima

Streckspannung	N/mm^2		Dehnung bei Streckspannung	%	
Zugfestigkeit	N/mm^2	55	Reißdehnung	%	0.5
Reißfestigkeit	N/mm^2		% Dehnspannung	N/mm^2	
E-Modul	N/mm^2	13000	Dehnung bei % Dehnspg.	%	

Kriechmoduln und Zeitstandwerte 23 °C

Probekörper:	Form	Herstellung	
	Zustand	Vorbehandlung	

Kriechmodul	1 min N/mm^2	Zeitstandzugfestigkeit	h	N/mm^2
Kriechmodul	1000 h N/mm^2	Zeitdehnspg. %	h	N/mm^2
bei Spannung	N/mm^2			

Biegeversuch 23 °C

Probekörper:	Form	Herstellung	
	Zustand	Vorbehandlung	

Biegefestigkeit	N/mm^2	E-Modul	N/mm^2
3,5% Biegespannung	N/mm^2		

Härte 23 °C

Probekörper:	Zustand	Herstellung	
		Vorbehandlung	

Kugeldruckhärte	N/mm^2 bei N, s	Shore-Härte A	
Rockwellhärte		Shore-Härte D	

Schlagversuch

Probekörper:	(1)		
	(2)	Herstellung	
	Zustand	Vorbehandlung	

	°C	°C	°C	Probekörper-Form
Schlagzähigkeit kJ/m^2				
Kerbschlagzähigkeit (1) kJ/m^2				
IZOD-Kerbschlagzähigkeit (2) J/m				
Kerbschlagzugzähigkeit kJ/m^2				

Abrieb und Reibung

Taber-Abrieb (Reibradverfahren)	mm^3/100 U		
Abriebfaktor LNP (Thrust washer) Vergleichswert			
Statische Reibungszahl			
Dynamische Reibungszahl	(p · v =	N/mm^2 ·	m/min)
Zulässiger p · v Wert	N/mm^2 · (m/min)	v =	m/min
		v =	m/min

Thermische Eigenschaften

Formbeständigkeit in der Wärme	*Verfahren*	A		200 °C
	Verfahren	C		130 °C
Vicat Erweichungstemperatur (VST)	*Verfahren*	B/50		260 °C
	Verfahren			°C
Kristallit-Schmelzpunkt	*Verfahren*			
Längenausdehnungskoeffizient	*Bereich*	23–80	°C	$0.2 \cdot 10^{-4} K^{-1}$
	Temperatur			$\cdot 10^{-4} K^{-1}$
Wärmeleitfähigkeit	*Verfahren*			W/(K · m)
Spezifische Wärmekapazität	*Verfahren*			J/(K · g)
Glasumwandlungstemperatur	*Torsionsschwingungsversuch*		°C	
	Differentialkalorimetrie		°C	

Brandverhalten

UL-Test vertikal	Dicke 0.8 mm,	Wert V-0
	Dicke mm,	Wert

	Norm	*Bewertung*	*Abmessungen*
Sauerstoff-Index	ASTM D 2863		
Glühstab-Verfahren			
Brandverhalten	DIN 4102		
MVSS			
FAR			

Elektrische Eigenschaften

		Hz	°C		*Probekörper, Form*
Dielektrizitätszahl		50	23	4.5	Durchmesser 80x1 mm
		10^3	23	4.4	Durchmesser 80x1 mm
		10^6			
Dielektrischer Verlustfaktor tan δ		50	23	0.0025	Durchmesser 80x1 mm
		10^3	23	0.001	Durchmesser 80x1 mm
		10^6			
Spezifischer Durchgangs-widerstand	Ohm · cm		23	≧1*10**15	Durchmesser 80x1 mm
Durchschlagfestigkeit	kV/mm		23	20	1 mm dick
Oberflächenwiderstand	Ohm		23	≧1*10**15	Durchmesser 80x1 mm

Kriechstromfestigkeit	KC	KB	KA	
Elektrolytische Korrosionswirkung	A 1			30x10x4 mm
Lichtbogenfestigkeit nach DIN				
nach ASTM s				

Beständigkeit *(Chemische Beständigkeit siehe Anhang)*

Wasseraufnahme 23 C Bis zur Saettigung	0.05 %	
Feuchtigkeitsaufnahme Normalklima		%
Wetterbeständigkeit		
Spannungskorrosion		

Optische Eigenschaften

Brechungszahl n_D		
Transmissionsgrad τ_c	%	mm dick
Lichtdurchlässigkeit		

Datenbank-Nr.	**T01996**	Merkblatt-Nr. **4464**

Produkt	Polyphenylensulfid		**PPS**
Handelsname	**Tedur KU1-9560**		
Hersteller	BAYER		
DIN-Bez 1			
DIN-Bez 2			
Zusätze	Waermestabilisator	*Füllstoffe/ Verstärkung*	60% Mineral
Bevorzugte Verarbeitung	Spritzgiessen	*Lieferform*	Granulat
		Farben	
Besondere Merkmale	Flammwidrig; Direkt bedampfbar	*Bevorzugte Anwendungen*	

Dichte	g/cm³	1.9	*Schmelzindex*	g/10 min	:
Schüttdichte	g/cm³		*Volumenfließindex*	cm³/10 min	:
Viskositätszahl	ml/g				

Verarbeitungsbedingungen für Spritzgießen

Massetemp.	°C	*Schwindung*	% lgs , quer
Werkzeugtemp.	°C	*Bemerkungen*	
Spritzdruck	bar		

Zugversuch 23 °C DIN 53455; ISO R/527; DIN 53457; ISO R/527

Probekörper: *Form* Nr. 3; 4 mm dick — *Herstellung* Spritzgiessen
Zustand — *Vorbehandlung* Normalklima

Streckspannung	N/mm²		*Dehnung bei Streckspannung*	%	
Zugfestigkeit	N/mm²	50	*Reißdehnung*	%	0.4
Reißfestigkeit	N/mm²		*% Dehnspannung*	N/mm²	
E-Modul	N/mm²	16000	*Dehnung bei % Dehnspg.*	%	

Kriechmoduln und Zeitstandwerte 23 °C

Probekörper: *Form* — *Herstellung*
Zustand — *Vorbehandlung*

Kriechmodul	*1 min* N/mm²	*Zeitstandzugfestigkeit*	h	N/mm²
Kriechmodul	*1000 h* N/mm²	*Zeitdehnspg.* %	h	N/mm²
bei Spannung	N/mm²			

Biegeversuch 23 °C

Probekörper: *Form* — *Herstellung*
Zustand — *Vorbehandlung*

Biegefestigkeit	N/mm²	*E-Modul*	N/mm²
3,5% *Biegespannung*	N/mm²		

Härte 23 °C *Probekörper:* *Zustand* — *Herstellung*
Vorbehandlung

Kugeldruckhärte	N/mm² bei N, s	*Shore-Härte*	A
Rockwellhärte		*Shore-Härte*	D

Schlagversuch *Probekörper:* *(1)*
(2) — *Herstellung*
Zustand — *Vorbehandlung*

		°C	°C	°C	*Probekörper-Form*
Schlagzähigkeit	kJ/m²				
Kerbschlagzähigkeit (1)	kJ/m²				
IZOD-Kerbschlagzähigkeit (2)	J/m				
Kerbschlagzugzähigkeit	kJ/m²				

Abrieb und Reibung

Taber-Abrieb (Reibradverfahren)	mm^3/100 U		
Abriebfaktor LNP (Thrust washer) Vergleichswert			
Statische Reibungszahl			
Dynamische Reibungszahl	(p·v=	N/mm^2 ·	m/min)
Zulässiger p · v Wert	N/mm^2 · (m/min)	v=	m/min
		v=	m/min

Thermische Eigenschaften

Formbeständigkeit in der Wärme	*Verfahren*	A		195 °C
	Verfahren			°C
Vicat Erweichungstemperatur (VST)	*Verfahren*	B/50		260 °C
	Verfahren			°C
Kristallit-Schmelzpunkt	*Verfahren*			
Längenausdehnungskoeffizient	*Bereich*	23–80	°C	0.25 · $10^{-4}K^{-1}$
	Temperatur			· $10^{-4}K^{-1}$
Wärmeleitfähigkeit	*Verfahren*			W/(K · m)
Spezifische Wärmekapazität	*Verfahren*			J/(K · g)
Glasumwandlungstemperatur	*Torsionsschwingungsversuch*		°C	
	Differentialkalorimetrie		°C	

Brandverhalten

UL-Test vertikal	Dicke	mm, Wert V-0
	Dicke	mm, Wert

	Norm	*Bewertung*	*Abmessungen*
Sauerstoff-Index	ASTM D 2863		
Glühstab-Verfahren			
Brandverhalten	DIN 4102		
MVSS			
FAR			

Elektrische Eigenschaften

		Hz	°C		*Probekörper, Form*
Dielektrizitätszahl		50	23	4.2	Durchmesser 80x1 mm
		10^3	23	4	Durchmesser 80x1 mm
		10^6			
Dielektrischer Verlustfaktor tan δ		50	23	0.007	Durchmesser 80x1 mm
		10^3	23	0.006	Durchmesser 80x1 mm
		10^6			
Spezifischer Durchgangs-widerstand	Ohm · cm		23	≧1*10**15	Durchmesser 80x1 mm
Durchschlagfestigkeit	kV/mm		23	15	1 mm dick
Oberflächenwiderstand	Ohm		23	≧1*10**15	Durchmesser 80x1 mm

Kriechstromfestigkeit	KC	KB	KA	
Elektrolytische Korrosionswirkung	A 1			30x10x4 mm
Lichtbogenfestigkeit nach DIN				
nach ASTM s				

Beständigkeit *(Chemische Beständigkeit siehe Anhang)*

Wasseraufnahme 23 C Bis zur Saettigung	0.05 %	
Feuchtigkeitsaufnahme Normalklima		%
Wetterbeständigkeit		
Spannungskorrosion		

Optische Eigenschaften

Brechungszahl n_D		
Transmissionsgrad τ_c	%	mm dick
Lichtdurchlässigkeit		

Datenbank-Nr.	**T01216**		Merkblatt-Nr. **4465**

Produkt	Acrylnitril-Butadien-Styrol-Polymerisat		**ABS**
Handelsname	**Lustran 240**		
Hersteller	MONSANTO		
DIN-Bez 1	16772-ABS,MN,095-15-06C		
DIN-Bez 2			
Zusätze		*Füllstoffe/ Verstärkung*	
Bevorzugte Verarbeitung	Spritzgiessen	*Lieferform*	Granulat
		Farben	Natur; Standard
Besondere Merkmale	Hohe Steifigkeit; Hohe Zugfestigkeit; Mittlere Schlagzaehigkeit; Universaltyp	*Bevorzugte Anwendungen*	Gehaeuse; Haushaltsgeraet; Spielzeug; Telefon; Rasenmaeherteil; Naehmaschinenteil

Dichte	g/cm^3	1.07	*Schmelzindex*	g/10 min	14:	220/10
Schüttdichte	g/cm^3		*Volumenfließindex*	cm^3/10 min	:	
Viskositätszahl	ml/g					

Verarbeitungsbedingungen für Spritzgießen

Massetemp.	°C	*Schwindung*	%	lgs 0.4–0.6, quer 0.4–0.6
Werkzeugtemp.	°C	*Bemerkungen*		
Spritzdruck	bar			

Zugversuch 23 °C ISO 527;

Probekörper:	*Form*	150x20/10x4 mm	*Herstellung*	Spritzgiessen
	Zustand		*Vorbehandlung*	Normalklima

Streckspannung	N/mm^2	46	*Dehnung bei Streckspannung*	%	≧2
Zugfestigkeit	N/mm^2		*Reißdehnung*	%	18
Reißfestigkeit	N/mm^2	37	*% Dehnspannung*	N/mm^2	
E-Modul	N/mm^2	2600	*Dehnung bei % Dehnspg.*	%	

Kriechmoduln und Zeitstandwerte 23 °C

Probekörper:	*Form*	*Herstellung*	
	Zustand	*Vorbehandlung*	

Kriechmodul	*1 min*	N/mm^2	*Zeitstandzugfestigkeit*	h	N/mm^2
Kriechmodul	*1000 h*	N/mm^2	*Zeitdehnspg. %*	h	N/mm^2
bei Spannung		N/mm^2			

Biegeversuch 23 °C ISO 178;

Probekörper:	*Form*	80x10x4 mm	*Herstellung*	Spritzgiessen
	Zustand		*Vorbehandlung*	Normalklima

Biegefestigkeit	N/mm^2		*E-Modul*	N/mm^2	2800
3,5% *Biegespannung*	N/mm^2	78			

Härte 23 °C

Probekörper:	*Zustand*	*Herstellung*	Spritzgiessen
		Vorbehandlung	Normalklima

Kugeldruckhärte	N/mm^2 110	bei 358 N, 30 s	*Shore-Härte*	A
Rockwellhärte			*Shore-Härte*	D

Schlagversuch

Probekörper:	*(1)* U-Kerbe		
	(2)	*Herstellung*	Spritzgiessen
	Zustand	*Vorbehandlung*	Normalklima

		°C		°C		°C		*Probekörper-Form*
Schlagzähigkeit	kJ/m^2	23	60	-40	50			50x6x4 mm
Kerbschlagzähigkeit (1)	kJ/m^2	23	8					50x6x4 mm
IZOD-Kerbschlagzähigkeit (2)	J/m							
Kerbschlagzugzähigkeit	kJ/m^2							

Abrieb und Reibung

Taber-Abrieb (Reibradverfahren)	mm^3/100 U	
Abriebfaktor LNP (Thrust washer) Vergleichswert		
Statische Reibungszahl		
Dynamische Reibungszahl	(p · v = N/mm^2 ·	m/min)
Zulässiger p · v Wert	N/mm^2 · (m/min) v =	m/min
	v =	m/min

Thermische Eigenschaften

Formbeständigkeit in der Wärme	*Verfahren* A		89 °C
	Verfahren		°C
Vicat Erweichungstemperatur (VST)	*Verfahren* A/50		108 °C
	Verfahren B/50		99 °C
Kristallit-Schmelzpunkt	*Verfahren*		
Längenausdehnungskoeffizient	*Bereich*	°C	· $10^{-4}K^{-1}$
	Temperatur 23K		0.75 · $10^{-4}K^{-1}$
Wärmeleitfähigkeit	*Verfahren*		W/(K · m)
Spezifische Wärmekapazität	*Verfahren*		J/(K · g)
Glasumwandlungstemperatur	*Torsionsschwingungsversuch*	°C	
	Differentialkalorimetrie	°C	

Brandverhalten

UL-Test vertikal	Dicke 3.2 mm, Wert HB	
	Dicke mm, Wert	

	Norm	*Bewertung*	*Abmessungen*
Sauerstoff-Index	ASTM D 2863	20%	
Glühstab-Verfahren			
Brandverhalten	DIN 4102		
MVSS			
FAR			

Elektrische Eigenschaften

		Hz	°C		*Probekörper, Form*
Dielektrizitätszahl		50	23	3.1	120x120x1 mm
		10^3	23	3.1	120x120x1 mm
		10^6	23	3.1	120x120x1 mm
Dielektrischer Verlustfaktor tan δ		50	23	0.010	120x120x1 mm
		10^3	23	0.010	120x120x1 mm
		10^6	23	0.010	120x120x1 mm
Spezifischer Durchgangs-widerstand	Ohm · cm				
Durchschlagfestigkeit	kV/mm				mm dick
Oberflächenwiderstand	Ohm		23	3.0*10**14	120x120x1 mm

Kriechstromfestigkeit	KC	KB	KA
Elektrolytische Korrosionswirkung			
Lichtbogenfestigkeit nach DIN			
nach ASTM s			

Beständigkeit *(Chemische Beständigkeit siehe Anhang)*

Wasseraufnahme A/23 C	1 d	0.3 %	
Feuchtigkeitsaufnahme Normalklima			%
Wetterbeständigkeit			
Spannungskorrosion			

Optische Eigenschaften

Brechungszahl n_D		
Transmissionsgrad τ_c	%	mm dick
Lichtdurchlässigkeit		

Datenbank-Nr.	**T01217**		Merkblatt-Nr. **4466**

Produkt	Acrylnitril-Butadien-Styrol-Polymerisat		**ABS**
Handelsname	**Lustran 440**		
Hersteller	MONSANTO		
DIN-Bez 1	16772-ABS,MN,095-15-15C		
DIN-Bez 2			
Zusätze		*Füllstoffe/ Verstärkung*	
Bevorzugte Verarbeitung	Spritzgiessen	*Lieferform*	Granulat
		Farben	Natur; Standard
Besondere Merkmale	Hohe Steifigkeit; Gute Kerbschlagzaehigkeit; Hohe Zaehigkeit; Universaltyp	*Bevorzugte Anwendungen*	Gehaeuse; Haushaltsgeraet; Spielzeug; Telefon; Rasenmaeherteil; Naehmaschinenteil

---

Dichte	g/cm³	1.06	*Schmelzindex*	g/10 min	11:	220/10
Schüttdichte	g/cm³		*Volumenfließindex*	cm³/10 min	:	
Viskositätszahl	ml/g					

Verarbeitungsbedingungen für Spritzgießen

Massetemp.	°C	*Schwindung*	%	lgs 0.4–0.6, quer 0.4–0.6
Werkzeugtemp.	°C	*Bemerkungen*		
Spritzdruck	bar			

Zugversuch 23 °C ISO 527;

Probekörper:	*Form*	150x20/10x4 mm	*Herstellung*	Spritzgiessen	
	Zustand		*Vorbehandlung*	Normalklima	

Streckspannung	N/mm²	44	*Dehnung bei Streckspannung*	%	≧2
Zugfestigkeit	N/mm²		*Reißdehnung*	%	20
Reißfestigkeit	N/mm²	35	*% Dehnspannung*	N/mm²	
E-Modul	N/mm²	2400	*Dehnung bei % Dehnspg.*	%	

Kriechmoduln und Zeitstandwerte 23 °C

Probekörper:	*Form*	*Herstellung*	
	Zustand	*Vorbehandlung*	

Kriechmodul	*1 min* N/mm²		*Zeitstandzugfestigkeit*	h	N/mm²
Kriechmodul	*1000 h* N/mm²		*Zeitdehnspg. %*	h	N/mm²
bei Spannung	N/mm²				

Biegeversuch 23 °C ISO 178;

Probekörper:	*Form*	80x10x4 mm	*Herstellung*	Spritzgiessen
	Zustand		*Vorbehandlung*	Normalklima

Biegefestigkeit	N/mm²		*E-Modul*	N/mm²	2600
3,5% *Biegespannung*	N/mm²	74			

Härte 23 °C

Probekörper:	*Zustand*	*Herstellung*	Spritzgiessen
		Vorbehandlung	Normalklima

Kugeldruckhärte	N/mm²	104	bei 358 N, 30 s	*Shore-Härte* A
Rockwellhärte				*Shore-Härte* D

Schlagversuch

Probekörper:	*(1)* U-Kerbe		
	(2)	*Herstellung*	Spritzgiessen
	Zustand	*Vorbehandlung*	Normalklima

		°C		°C		°C		*Probekörper-Form*
Schlagzähigkeit	kJ/m²	23	75	-40	60			50x6x4 mm
Kerbschlagzähigkeit (1)	kJ/m²	23	12					50x6x4 mm
IZOD-Kerbschlagzähigkeit (2)	J/m							
Kerbschlagzugzähigkeit	kJ/m²							

Abrieb und Reibung

Taber-Abrieb (Reibradverfahren)	mm^3/100 U		
Abriebfaktor LNP (Thrust washer) Vergleichswert			
Statische Reibungszahl			
Dynamische Reibungszahl	(p · v=	N/mm^2 ·	m/min)
Zulässiger p · v Wert	N/mm^2 · (m/min)	v=	m/min
		v=	m/min

Thermische Eigenschaften

Formbeständigkeit in der Wärme	*Verfahren* A		88 °C
	Verfahren		°C
Vicat Erweichungstemperatur (VST)	*Verfahren* A/50		107 °C
	Verfahren B/50		98 °C
Kristallit-Schmelzpunkt	*Verfahren*		
Längenausdehnungskoeffizient	*Bereich*	°C	$\cdot 10^{-4}K^{-1}$
	Temperatur 23K		$0.80 \cdot 10^{-4}K^{-1}$
Wärmeleitfähigkeit	*Verfahren*		W/(K · m)
Spezifische Wärmekapazität	*Verfahren*		J/(K · g)
Glasumwandlungstemperatur	*Torsionsschwingungsversuch*	°C	
	Differentialkalorimetrie	°C	

Brandverhalten

UL-Test vertikal	Dicke 3.2 mm, Wert HB	
	Dicke mm, Wert	

	Norm	*Bewertung*	*Abmessungen*
Sauerstoff-Index	ASTM D 2863		
Glühstab-Verfahren			
Brandverhalten	DIN 4102		
MVSS			
FAR			

Elektrische Eigenschaften

		Hz	°C		*Probekörper, Form*
Dielektrizitätszahl		50	23	2.6	120x120x1 mm
		10^3	23	2.6	120x120x1 mm
		10^6	23	2.6	120x120x1 mm
Dielektrischer Verlustfaktor tan δ		50	23	0.006	120x120x1 mm
		10^3	23	0.006	120x120x1 mm
		10^6	23	0.006	120x120x1 mm
Spezifischer Durchgangswiderstand	Ohm · cm				
Durchschlagfestigkeit	kV/mm				mm dick
Oberflächenwiderstand	Ohm		23	3.0*10**14	120x120x1 mm

Kriechstromfestigkeit	KC	KB	KA
Elektrolytische Korrosionswirkung			
Lichtbogenfestigkeit nach DIN			
nach ASTM s			

Beständigkeit *(Chemische Beständigkeit siehe Anhang)*

Wasseraufnahme A/23 C	1 d	0.3 %	
Feuchtigkeitsaufnahme Normalklima			%
Wetterbeständigkeit			
Spannungskorrosion			

Optische Eigenschaften

Brechungszahl n_D		
Transmissionsgrad τ_c	%	mm dick
Lichtdurchlässigkeit		

Datenbank-Nr. **T01218** *Merkblatt-Nr.* **4467**

Produkt	Acrylnitril-Butadien-Styrol-Polymerisat		**ABS**
Handelsname	**Lustran 640**		
Hersteller	MONSANTO		
DIN-Bez 1	16772-ABS,MN,095-15-15C		
DIN-Bez 2			
Zusätze		*Füllstoffe/ Verstärkung*	
Bevorzugte Verarbeitung	Spritzgiessen	*Lieferform*	Granulat
		Farben	Natur; Standard
Besondere Merkmale	Gute Schlagzaehigkeit; Hohe Zaehigkeit; Gute Oberflaeche; Universaltyp	*Bevorzugte Anwendungen*	Gehaeuse; Haushaltsgeraet; Spielzeug; Telefon; Rasenmaeherteil; Naehmaschinenteil

Dichte	g/cm³	1.05	*Schmelzindex*	g/10 min	14:	220/10
Schüttdichte	g/cm³		*Volumenfließindex*	cm³/10 min	:	
Viskositätszahl	ml/g					

Verarbeitungsbedingungen für Spritzgießen

Massetemp.	°C	*Schwindung*	%	lgs 0.4–0.6, quer 0.4–0.6
Werkzeugtemp.	°C	*Bemerkungen*		
Spritzdruck	bar			

Zugversuch 23 °C ISO 527;

Probekörper: *Form* 150x20/10x4 mm *Herstellung* Spritzgiessen
Zustand *Vorbehandlung* Normalklima

Streckspannung	N/mm²	42	*Dehnung bei Streckspannung*	%	≧2
Zugfestigkeit	N/mm²		*Reißdehnung*	%	25
Reißfestigkeit	N/mm²	31	*% Dehnspannung*	N/mm²	
E-Modul	N/mm²	2200	*Dehnung bei % Dehnspg.*	%	

Kriechmoduln und Zeitstandwerte 23 °C

Probekörper: *Form* *Herstellung*
Zustand *Vorbehandlung*

Kriechmodul	*1 min*	N/mm²	*Zeitstandzugfestigkeit*	h	N/mm²
Kriechmodul	*1000 h*	N/mm²	*Zeitdehnspg. %*	h	N/mm²
bei Spannung		N/mm²			

Biegeversuch 23 °C ISO 178;

Probekörper: *Form* 80x10x4 mm *Herstellung* Spritzgiessen
Zustand *Vorbehandlung* Normalklima

Biegefestigkeit	N/mm²		*E-Modul*	N/mm²	2400
3,5% *Biegespannung*	N/mm²	68			

Härte 23 °C *Probekörper:* *Zustand* *Herstellung* Spritzgiessen
Vorbehandlung Normalklima

Kugeldruckhärte	N/mm² 93	bei 358 N, 30 s	*Shore-Härte* A	
Rockwellhärte			*Shore-Härte* D	

Schlagversuch *Probekörper:* *(1)* U-Kerbe
(2) *Herstellung* Spritzgiessen
Zustand *Vorbehandlung* Normalklima

		°C		°C		°C		*Probekörper-Form*
Schlagzähigkeit	kJ/m²	23	o.B.	-40	65			50x6x4 mm
Kerbschlagzähigkeit (1)	kJ/m²	23	15					50x6x4 mm
IZOD-Kerbschlagzähigkeit (2)	J/m							
Kerbschlagzugzähigkeit	kJ/m²							

Abrieb und Reibung

Taber-Abrieb (Reibradverfahren)	mm^3/100 U		
Abriebfaktor LNP (Thrust washer) Vergleichswert			
Statische Reibungszahl			
Dynamische Reibungszahl	(p · v=	N/mm^2 ·	m/min)
Zulässiger p · v Wert	N/mm^2 · (m/min)	v=	m/min
		v=	m/min

Thermische Eigenschaften

Formbeständigkeit in der Wärme	*Verfahren* A		82 °C
	Verfahren		°C
Vicat Erweichungstemperatur (VST)	*Verfahren* A/50		104 °C
	Verfahren B/50		96 °C
Kristallit-Schmelzpunkt	*Verfahren*		
Längenausdehnungskoeffizient	*Bereich*	°C	$\cdot 10^{-4} K^{-1}$
	Temperatur 23K		$0.90 \cdot 10^{-4} K^{-1}$
Wärmeleitfähigkeit	*Verfahren*		W/(K · m)
Spezifische Wärmekapazität	*Verfahren*		J/(K · g)
Glasumwandlungstemperatur	*Torsionsschwingungsversuch*	°C	
	Differentialkalorimetrie	°C	

Brandverhalten

UL-Test vertikal Dicke 3.2 mm, Wert HB
Dicke mm, Wert

	Norm	*Bewertung*	*Abmessungen*
Sauerstoff-Index	ASTM D 2863		
Glühstab-Verfahren			
Brandverhalten	DIN 4102		
MVSS			
FAR			

Elektrische Eigenschaften

		Hz	°C			*Probekörper, Form*
Dielektrizitätszahl		50	23	3.0		120x120x1 mm
		10^3	23	3.0		120x120x1 mm
		10^6	23	3.0		120x120x1 mm
Dielektrischer Verlustfaktor tan δ		50	23	0.009		120x120x1 mm
		10^3	23	0.009		120x120x1 mm
		10^6	23	0.009		120x120x1 mm
Spezifischer Durchgangs-widerstand	Ohm · cm					
Durchschlagfestigkeit	kV/mm					mm dick
Oberflächenwiderstand	Ohm		23	3.0*10**14		120x120x1 mm
Kriechstromfestigkeit		KC		KB	KA	
Elektrolytische Korrosionswirkung						
Lichtbogenfestigkeit nach DIN						
nach ASTM	s					

Beständigkeit *(Chemische Beständigkeit siehe Anhang)*

Wasseraufnahme A/23 C	1 d	0.3 %	
Feuchtigkeitsaufnahme Normalklima			%
Wetterbeständigkeit			
Spannungskorrosion			

Optische Eigenschaften

Brechungszahl n_D		
Transmissionsgrad τ_c	%	mm dick
Lichtdurchlässigkeit		

Datenbank-Nr.	**T01219**		Merkblatt-Nr. **4468**

Produkt	Acrylnitril-Butadien-Styrol-Polymerisat		**ABS**
Handelsname	**Lustran 248**		
Hersteller	MONSANTO		
DIN-Bez 1	16772-ABS,MN,095-15-10C		
DIN-Bez 2			
Zusätze		Füllstoffe/ Verstärkung	
Bevorzugte Verarbeitung	Spritzgiessen	Lieferform	Granulat
		Farben	Natur; Standard
Besondere Merkmale	Mittlere Schlagzaehigkeit; Guter Glanz; Hohe Steifigkeit; Leichtfliessend	Bevorzugte Anwendungen	Gehaeuse; Haushaltsgeraet; Spielzeug; Telefon; Rasenmaeherteil; Naehmaschinenteil

Dichte	g/cm^3 1.06	Schmelzindex	g/10 min	15:	220/10
Schüttdichte	g/cm^3	Volumenfließindex	cm^3/10 min	:	
Viskositätszahl	ml/g				

Verarbeitungsbedingungen für Spritzgießen

Massetemp.	°C	Schwindung	%	lgs 0.4–0.6, quer 0.4–0.6
Werkzeugtemp.	°C	Bemerkungen		
Spritzdruck	bar			

Zugversuch 23 °C ISO 527;

Probekörper: Form		Herstellung	Spritzgiessen
Zustand		Vorbehandlung	Normalklima
Streckspannung	N/mm^2 51	Dehnung bei Streckspannung	% 2.6
Zugfestigkeit	N/mm^2	Reißdehnung	% 18
Reißfestigkeit	N/mm^2 35	% Dehnspannung	N/mm^2
E-Modul	N/mm^2 2600	Dehnung bei % Dehnspg.	%

Kriechmoduln und Zeitstandwerte 23 °C

Probekörper: Form		Herstellung	
Zustand		Vorbehandlung	
Kriechmodul	1 min N/mm^2	Zeitstandzugfestigkeit h	N/mm^2
Kriechmodul	1000 h N/mm^2	Zeitdehnspg. % h	N/mm^2
bei Spannung	N/mm^2		

Biegeversuch 23 °C ISO 178;

Probekörper: Form		Herstellung	Spritzgiessen
Zustand		Vorbehandlung	Normalklima
Biegefestigkeit	N/mm^2	E-Modul	N/mm^2 2700
3,5% Biegespannung	N/mm^2 82		

Härte 23 °C

Probekörper: Zustand		Herstellung	Spritzgiessen
		Vorbehandlung	Normalklima
Kugeldruckhärte	N/mm^2 110 bei 358 N, 30 s	Shore-Härte A	
Rockwellhärte		Shore-Härte D	

Schlagversuch

Probekörper:	(1) U-Kerbe		
	(2)	Herstellung	Spritzgiessen
	Zustand	Vorbehandlung	Normalklima

		°C		°C		°C		Probekörper-Form
Schlagzähigkeit	kJ/m^2	23	70	-40	25			
Kerbschlagzähigkeit (1)	kJ/m^2	23	9					
IZOD-Kerbschlagzähigkeit (2)	J/m							
Kerbschlagzugzähigkeit	kJ/m^2							

Abrieb und Reibung

Taber-Abrieb (Reibradverfahren)	mm^3/100 U		
Abriebfaktor LNP (Thrust washer) Vergleichswert			
Statische Reibungszahl			
Dynamische Reibungszahl	(p · v=	N/mm^2 ·	m/min)
Zulässiger p · v Wert	N/mm^2 · (m/min)	v=	m/min
		v=	m/min

Thermische Eigenschaften

Formbeständigkeit in der Wärme	*Verfahren*	A	86 °C
	Verfahren		°C
Vicat Erweichungstemperatur (VST)	*Verfahren*	A/50	107 °C
	Verfahren	B/50	99 °C
Kristallit-Schmelzpunkt	*Verfahren*		
Längenausdehnungskoeffizient	*Bereich*	°C	$\cdot 10^{-4} K^{-1}$
	Temperatur 23K		$0.81 \cdot 10^{-4} K^{-1}$
Wärmeleitfähigkeit	*Verfahren*		W/(K · m)
Spezifische Wärmekapazität	*Verfahren*		J/(K · g)
Glasumwandlungstemperatur	*Torsionsschwingungsversuch*	°C	
	Differentialkalorimetrie	°C	

Brandverhalten

UL-Test vertikal	Dicke	mm, Wert HB	
	Dicke	mm, Wert	

	Norm	*Bewertung*	*Abmessungen*
Sauerstoff-Index	ASTM D 2863		
Glühstab-Verfahren			
Brandverhalten	DIN 4102		
MVSS			
FAR			

Elektrische Eigenschaften

		Hz	°C		*Probekörper, Form*
Dielektrizitätszahl		50	23	3.0	
		10^3	23	3.0	
		10^6	23	3.0	
Dielektrischer Verlustfaktor tan δ		50	23	0.009	
		10^3	23	0.009	
		10^6	23	0.009	
Spezifischer Durchgangswiderstand	Ohm · cm				
Durchschlagfestigkeit	kV/mm				mm dick
Oberflächenwiderstand	Ohm		23	3.0*10**14	

Kriechstromfestigkeit	KC	KB	KA
Elektrolytische Korrosionswirkung			
Lichtbogenfestigkeit nach DIN			
nach ASTM s			

Beständigkeit *(Chemische Beständigkeit siehe Anhang)*

Wasseraufnahme A/23 C	1 d	0.3 %	
Feuchtigkeitsaufnahme Normalklima			%
Wetterbeständigkeit			
Spannungskorrosion			

Optische Eigenschaften

Brechungszahl n_D		
Transmissionsgrad τ_c	%	mm dick
Lichtdurchlässigkeit		

Datenbank-Nr. **T01220** Merkblatt-Nr. **4469**

Produkt	Acrylnitril-Butadien-Styrol-Polymerisat		**ABS**
Handelsname	**Lustran 448**		
Hersteller	MONSANTO		
DIN-Bez 1	16772-ABS,MN,095-15-15C		
DIN-Bez 2			
Zusätze		*Füllstoffe/ Verstärkung*	
Bevorzugte Verarbeitung	Spritzgiessen	*Lieferform*	Granulat
		Farben	Natur; Standard
Besondere Merkmale	Gute Schlagzaehigkeit; Gute Steifigkeit; Gute Zaehigkeit; Gute Ausgewogenheit; Leichtfliessend	*Bevorzugte Anwendungen*	Gehaeuse; Haushaltsgeraet; Spielzeug; Telefon; Rasenmaeherteil; Naehmaschinenteil

Dichte	g/cm³	1.05	*Schmelzindex*	g/10 min	12:	220/10
Schüttdichte	g/cm³		*Volumenfließindex*	cm³/10 min	:	
Viskositätszahl	ml/g					

Verarbeitungsbedingungen für Spritzgießen

Massetemp.	°C	*Schwindung*	%	lgs 0.4–0.6, quer 0.4–0.6
Werkzeugtemp.	°C	*Bemerkungen*		
Spritzdruck	bar			

Zugversuch 23 °C ISO 527;

Probekörper: *Form* — *Herstellung* Spritzgiessen
Zustand — *Vorbehandlung* Normalklima

Streckspannung	N/mm²	45	*Dehnung bei Streckspannung*	%	2.7
Zugfestigkeit	N/mm²		*Reißdehnung*	%	20
Reißfestigkeit	N/mm²	33	*% Dehnspannung*	N/mm²	
E-Modul	N/mm²	2450	*Dehnung bei % Dehnspg.*	%	

Kriechmoduln und Zeitstandwerte 23 °C

Probekörper: *Form* — *Herstellung*
Zustand — *Vorbehandlung*

Kriechmodul	*1 min*	N/mm²	*Zeitstandzugfestigkeit*	h	N/mm²
Kriechmodul	*1000 h*	N/mm²	*Zeitdehnspg. %*	h	N/mm²
bei Spannung		N/mm²			

Biegeversuch 23 °C ISO 178;

Probekörper: *Form* — *Herstellung* Spritzgiessen
Zustand — *Vorbehandlung* Normalklima

Biegefestigkeit	N/mm²		*E-Modul*	N/mm²	2400
3,5% *Biegespannung*	N/mm²	72			

Härte 23 °C *Probekörper:* *Zustand* — *Herstellung* Spritzgiessen
Vorbehandlung Normalklima

Kugeldruckhärte	N/mm² 100	bei 358 N, 30 s	*Shore-Härte* A	
Rockwellhärte			*Shore-Härte* D	

Schlagversuch *Probekörper:* *(1)* U-Kerbe
(2)
Zustand — *Herstellung* Spritzgiessen
Vorbehandlung Normalklima

		°C	°C	°C	*Probekörper-Form*
Schlagzähigkeit	kJ/m²	23 o.B.	-40 35		
Kerbschlagzähigkeit (1)	kJ/m²	23 16			
IZOD-Kerbschlagzähigkeit (2)	J/m				
Kerbschlagzugzähigkeit	kJ/m²				

Abrieb und Reibung

Taber-Abrieb (Reibradverfahren)	mm^3/100 U		
Abriebfaktor LNP (Thrust washer) Vergleichswert			
Statische Reibungszahl			
Dynamische Reibungszahl	(p · v=	N/mm^2 ·	m/min)
Zulässiger p · v Wert	N/mm^2 · (m/min)	v=	m/min
		v=	m/min

Thermische Eigenschaften

Formbeständigkeit in der Wärme	Verfahren A		82 °C
	Verfahren		°C
Vicat Erweichungstemperatur (VST)	Verfahren A/50		106 °C
	Verfahren B/50		98 °C
Kristallit-Schmelzpunkt	Verfahren		
Längenausdehnungskoeffizient	Bereich	°C	$\cdot 10^{-4} K^{-1}$
	Temperatur 23K		$0.90 \cdot 10^{-4} K^{-1}$
Wärmeleitfähigkeit	Verfahren		W/(K · m)
Spezifische Wärmekapazität	Verfahren		J/(K · g)
Glasumwandlungstemperatur	Torsionsschwingungsversuch	°C	
	Differentialkalorimetrie	°C	

Brandverhalten

UL-Test vertikal	Dicke	mm, Wert HB
	Dicke	mm, Wert

	Norm	Bewertung	Abmessungen
Sauerstoff-Index	ASTM D 2863		
Glühstab-Verfahren			
Brandverhalten	DIN 4102		
MVSS			
FAR			

Elektrische Eigenschaften

		Hz	°C			Probekörper, Form
Dielektrizitätszahl		50	23	2.8		
		10^3	23	2.8		
		10^6	23	2.8		
Dielektrischer Verlustfaktor tan δ		50	23	0.006		
		10^3	23	0.006		
		10^6	23	0.006		
Spezifischer Durchgangs-widerstand	Ohm · cm					
Durchschlagfestigkeit	kV/mm					mm dick
Oberflächenwiderstand	Ohm		23	3.0*10**14		
Kriechstromfestigkeit		KC		KB	KA	
Elektrolytische Korrosionswirkung						
Lichtbogenfestigkeit nach DIN						
nach ASTM	s					

Beständigkeit *(Chemische Beständigkeit siehe Anhang)*

Wasseraufnahme A/23 C	1 d	0.3 %	
Feuchtigkeitsaufnahme Normalklima			%
Wetterbeständigkeit			
Spannungskorrosion			

Optische Eigenschaften

Brechungszahl n_D		
Transmissionsgrad τ_c	%	mm dick
Lichtdurchlässigkeit		

Produkt	Acrylnitril-Butadien-Styrol-Polymerisat		**ABS**
Handelsname	**Lustran 648**		
Hersteller	MONSANTO		
DIN-Bez 1	16772-ABS,MN,095-15-15C		
DIN-Bez 2			
Zusätze		*Füllstoffe/ Verstärkung*	
Bevorzugte Verarbeitung	Spritzgiessen	*Lieferform*	Granulat
		Farben	Natur; Standard
Besondere Merkmale	Gute Schlagzaehigkeit; Leichtfliessend; Gut ausgewogene Eigenschaften	*Bevorzugte Anwendungen*	Gehaeuse; Haushaltsgeraet; Spielzeug; Telefon; Rasenmaeherteil; Naehmaschinenteil

Dichte	g/cm^3	1.04	*Schmelzindex*	g/10 min	19:	220/10
Schüttdichte	g/cm^3		*Volumenfließindex*	cm^3/10 min	:	
Viskositätszahl	ml/g					

Verarbeitungsbedingungen für Spritzgießen

Massetemp.	°C	*Schwindung*	%	lgs 0.4–0.6, quer 0.4–0.6
Werkzeugtemp.	°C	*Bemerkungen*		
Spritzdruck	bar			

Zugversuch 23 °C ISO 527;
Probekörper: *Form* — *Zustand* — *Herstellung* Spritzgiessen — *Vorbehandlung* Normalklima

Streckspannung	N/mm^2	42	*Dehnung bei Streckspannung*	%	2.8
Zugfestigkeit	N/mm^2		*Reißdehnung*	%	25
Reißfestigkeit	N/mm^2	31	*% Dehnspannung*	N/mm^2	
E-Modul	N/mm^2	2300	*Dehnung bei % Dehnspg.*	%	

Kriechmoduln und Zeitstandwerte 23 °C
Probekörper: *Form* — *Zustand* — *Herstellung* — *Vorbehandlung*

Kriechmodul	*1 min*	N/mm^2	*Zeitstandzugfestigkeit*	h	N/mm^2
Kriechmodul	*1000 h*	N/mm^2	*Zeitdehnspg. %*	h	N/mm^2
bei Spannung		N/mm^2			

Biegeversuch 23 °C ISO 178;
Probekörper: *Form* — *Zustand* — *Herstellung* Spritzgiessen — *Vorbehandlung* Normalklima

Biegefestigkeit	N/mm^2		*E-Modul*	N/mm^2	2300
3,5% *Biegespannung*	N/mm^2	69			

Härte 23 °C *Probekörper:* *Zustand* — *Herstellung* Spritzgiessen — *Vorbehandlung* Normalklima

Kugeldruckhärte	N/mm^2 92	bei 358 N, 30 s	*Shore-Härte* A	
Rockwellhärte			*Shore-Härte* D	

Schlagversuch *Probekörper:* *(1)* U-Kerbe — *(2)* — *Zustand* — *Herstellung* Spritzgiessen — *Vorbehandlung* Normalklima

		°C		°C		°C		*Probekörper-Form*
Schlagzähigkeit	kJ/m^2	23	o.B.	-40	38			
Kerbschlagzähigkeit (1)	kJ/m^2	23	17					
IZOD-Kerbschlagzähigkeit (2)	J/m							
Kerbschlagzugzähigkeit	kJ/m^2							

Abrieb und Reibung

Taber-Abrieb (Reibradverfahren)	mm^3/100 U		
Abriebfaktor LNP (Thrust washer) Vergleichswert			
Statische Reibungszahl			
Dynamische Reibungszahl	(p · v =	N/mm^2 ·	m/min)
Zulässiger p · v Wert	N/mm^2 · (m/min)	v =	m/min
		v =	m/min

Thermische Eigenschaften

Formbeständigkeit in der Wärme	*Verfahren* A		80 °C
	Verfahren		°C
Vicat Erweichungstemperatur (VST)	*Verfahren* A/50		101 °C
	Verfahren B/50		92 °C
Kristallit-Schmelzpunkt	*Verfahren*		
Längenausdehnungskoeffizient	*Bereich*	°C	$\cdot 10^{-4} K^{-1}$
	Temperatur 23K		$0.92 \cdot 10^{-4} K^{-1}$
Wärmeleitfähigkeit	*Verfahren*		W/(K · m)
Spezifische Wärmekapazität	*Verfahren*		J/(K · g)
Glasumwandlungstemperatur	*Torsionsschwingungsversuch*	°C	
	Differentialkalorimetrie	°C	

Brandverhalten

UL-Test vertikal	Dicke mm, Wert HB	
	Dicke mm, Wert	

	Norm	*Bewertung*	*Abmessungen*
Sauerstoff-Index	ASTM D 2863		
Glühstab-Verfahren			
Brandverhalten	DIN 4102		
MVSS			
FAR			

Elektrische Eigenschaften

		Hz	°C		*Probekörper, Form*
Dielektrizitätszahl		50	23	3.0	
		10^3	23	3.0	
		10^6	23	3.0	
Dielektrischer Verlustfaktor tan δ		50	23	0.008	
		10^3	23	0.008	
		10^6	23	0.008	
Spezifischer Durchgangswiderstand	Ohm · cm				
Durchschlagfestigkeit	kV/mm				mm dick
Oberflächenwiderstand	Ohm		23	5.0*10**14	

Kriechstromfestigkeit	KC	KB	KA
Elektrolytische Korrosionswirkung			
Lichtbogenfestigkeit nach DIN			
nach ASTM s			

Beständigkeit *(Chemische Beständigkeit siehe Anhang)*

Wasseraufnahme A/23 C	1 d	0.3 %
Feuchtigkeitsaufnahme Normalklima		%
Wetterbeständigkeit		
Spannungskorrosion		

Optische Eigenschaften

Brechungszahl n_D		
Transmissionsgrad τ_c	%	mm dick
Lichtdurchlässigkeit		

Datenbank-Nr.	**T01222**		Merkblatt-Nr. **4471**

Produkt	Acrylnitril-Butadien-Styrol-Polymerisat		**ABS**
Handelsname	**Lustran QE 1083**		
Hersteller	MONSANTO		
DIN-Bez 1	16772-ABS,MN,095-25-10C		
DIN-Bez 2			
Zusätze		*Füllstoffe/ Verstärkung*	
Bevorzugte Verarbeitung	Spritzgiessen	*Lieferform*	Granulat
		Farben	Natur; Standard
Besondere Merkmale	Sehr leichtfliessend; Hoher Glanz; Antistatisch; Gute Zaehigkeit	*Bevorzugte Anwendungen*	Gehaeuse; Haushaltsgeraet; Spielzeug; Telefon; Rasenmaeherteil; Naehmaschinenteil

Dichte	g/cm^3	1.06	*Schmelzindex*	g/10 min	27 :	220/10
Schüttdichte	g/cm^3		*Volumenfließindex*	cm^3/10 min	:	
Viskositätszahl	ml/g					

Verarbeitungsbedingungen für Spritzgießen

Massetemp.	°C	*Schwindung*	%	lgs 0.4–0.6, quer 0.4–0.6
Werkzeugtemp.	°C	*Bemerkungen*		
Spritzdruck	bar			

Zugversuch 23 °C ISO 527;

Probekörper: *Form* 150x20/10x4 mm *Herstellung* Spritzgiessen
Zustand *Vorbehandlung* Normalklima

Streckspannung	N/mm^2	45	*Dehnung bei Streckspannung*	%	≧2
Zugfestigkeit	N/mm^2		*Reißdehnung*	%	20
Reißfestigkeit	N/mm^2	35	*% Dehnspannung*	N/mm^2	
E-Modul	N/mm^2	2500	*Dehnung bei % Dehnspg.*	%	

Kriechmoduln und Zeitstandwerte 23 °C

Probekörper: *Form* *Herstellung*
Zustand *Vorbehandlung*

Kriechmodul	*1 min* N/mm^2	*Zeitstandzugfestigkeit*	h	N/mm^2
Kriechmodul	*1000 h* N/mm^2	*Zeitdehnspg.* %	h	N/mm^2
bei Spannung	N/mm^2			

Biegeversuch 23 °C ISO 178;

Probekörper: *Form* 80x10x4 mm *Herstellung* Spritzgiessen
Zustand *Vorbehandlung* Normalklima

Biegefestigkeit	N/mm^2		*E-Modul*	N/mm^2	2800
3,5% *Biegespannung*	N/mm^2	75			

Härte 23 °C *Probekörper:* *Zustand* *Herstellung* Spritzgiessen
Vorbehandlung Normalklima

Kugeldruckhärte	N/mm^2 106	bei 358 N, 30 s	*Shore-Härte*	A
Rockwellhärte			*Shore-Härte*	D

Schlagversuch *Probekörper:* *(1)* U-Kerbe
(2) *Herstellung* Spritzgiessen
Zustand *Vorbehandlung* Normalklima

		°C		°C		°C		*Probekörper-Form*
Schlagzähigkeit	kJ/m^2	23	60	-40	55			50x6x4 mm
Kerbschlagzähigkeit (1)	kJ/m^2	23	8					50x6x4 mm
IZOD-Kerbschlagzähigkeit (2)	J/m							
Kerbschlagzugzähigkeit	kJ/m^2							

Abrieb und Reibung

Taber-Abrieb (Reibradverfahren)	mm^3/100 U		
Abriebfaktor LNP (Thrust washer) Vergleichswert			
Statische Reibungszahl			
Dynamische Reibungszahl	(p · v= N/mm^2 ·		m/min)
Zulässiger p · v Wert	N/mm^2 · (m/min)	v=	m/min
		v=	m/min

Thermische Eigenschaften

Formbeständigkeit in der Wärme	*Verfahren*	A		87 °C
	Verfahren			°C
Vicat Erweichungstemperatur (VST)	*Verfahren*	A/50		104 °C
	Verfahren	B/50		97 °C
Kristallit-Schmelzpunkt	*Verfahren*			
Längenausdehnungskoeffizient	*Bereich*		°C	$\cdot 10^{-4}K^{-1}$
	Temperatur	23K		$0.75 \cdot 10^{-4}K^{-1}$
Wärmeleitfähigkeit	*Verfahren*			W/(K · m)
Spezifische Wärmekapazität	*Verfahren*			J/(K · g)
Glasumwandlungstemperatur	*Torsionsschwingungsversuch*		°C	
	Differentialkalorimetrie		°C	

Brandverhalten

UL-Test vertikal	Dicke 3.2 mm, Wert HB	
	Dicke mm, Wert	

	Norm	*Bewertung*	*Abmessungen*
Sauerstoff-Index	ASTM D 2863		
Glühstab-Verfahren			
Brandverhalten	DIN 4102		
MVSS			
FAR			

Elektrische Eigenschaften

		Hz	°C		*Probekörper, Form*
Dielektrizitätszahl		50	23	2.8	120x120x1 mm
		10^3	23	2.8	120x120x1 mm
		10^6	23	2.8	120x120x1 mm
Dielektrischer Verlustfaktor tan δ		50	23	0.007	120x120x1 mm
		10^3	23	0.007	120x120x1 mm
		10^6	23	0.007	120x120x1 mm
Spezifischer Durchgangs-widerstand	Ohm · cm				
Durchschlagfestigkeit	kV/mm				mm dick
Oberflächenwiderstand	Ohm		23	6.0*10**17	120x120x1 mm

Kriechstromfestigkeit	KC	KB	KA
Elektrolytische Korrosionswirkung			
Lichtbogenfestigkeit nach DIN			
nach ASTM s			

Beständigkeit *(Chemische Beständigkeit siehe Anhang)*

Wasseraufnahme A/23 C	1 d	0.3 %	
Feuchtigkeitsaufnahme Normalklima			%
Wetterbeständigkeit			
Spannungskorrosion			

Optische Eigenschaften

Brechungszahl n_D		
Transmissionsgrad τ_c	%	mm dick
Lichtdurchlässigkeit		

Datenbank-Nr. **T01223** Merkblatt-Nr. **4472**

Produkt	Acrylnitril-Butadien-Styrol-Polymerisat		**ABS**
Handelsname	**Lustran QE 1088**		
Hersteller	MONSANTO		
DIN-Bez 1	16772-ABS,MN,095-25-15C		
DIN-Bez 2			
Zusätze		*Füllstoffe/ Verstärkung*	
Bevorzugte Verarbeitung	Spritzgiessen	*Lieferform*	Granulat
		Farben	Natur; Standard
Besondere Merkmale	Sehr leichtfliessend; Gute Schlagzaehigkeit; Sehr hoher Glanz; Sehr gute Zaehigkeit	*Bevorzugte Anwendungen*	Gehaeuse; Haushaltsgeraet; Spielzeug; Telefon; Rasenmaeherteil; Naehmaschinenteil

Dichte	g/cm^3	1.06	*Schmelzindex*	g/10 min	23:	220/10
Schüttdichte	g/cm^3		*Volumenfließindex*	cm^3/10 min	:	
Viskositätszahl	ml/g					

Verarbeitungsbedingungen für Spritzgießen

Massetemp.	°C	*Schwindung*	%	lgs 0.4–0.6, quer 0.4–0.6
Werkzeugtemp.	°C	*Bemerkungen*		
Spritzdruck	bar			

Zugversuch 23 °C ISO 527;
Probekörper: *Form* 150x20/10x4 mm — *Herstellung* Spritzgiessen
Zustand — *Vorbehandlung* Normalklima

Streckspannung	N/mm^2	43	*Dehnung bei Streckspannung*	%	≧2
Zugfestigkeit	N/mm^2		*Reißdehnung*	%	25
Reißfestigkeit	N/mm^2	32	*% Dehnspannung*	N/mm^2	
E-Modul	N/mm^2	2200	*Dehnung bei % Dehnspg.*	%	

Kriechmoduln und Zeitstandwerte 23 °C
Probekörper: *Form* — *Herstellung*
Zustand — *Vorbehandlung*

Kriechmodul	*1 min* N/mm^2		*Zeitstandzugfestigkeit*	h	N/mm^2
Kriechmodul	*1000 h* N/mm^2		*Zeitdehnspg. %*	h	N/mm^2
bei Spannung	N/mm^2				

Biegeversuch 23 °C ISO 178;
Probekörper: *Form* 80x10x4 mm — *Herstellung* Spritzgiessen
Zustand — *Vorbehandlung* Normalklima

Biegefestigkeit	N/mm^2		*E-Modul*	N/mm^2	2400
3,5% *Biegespannung*	N/mm^2	70			

Härte 23 °C *Probekörper:* *Zustand* — *Herstellung* Spritzgiessen
Vorbehandlung Normalklima

Kugeldruckhärte	N/mm^2 98	bei 358 N, 30 s	*Shore-Härte*	A
Rockwellhärte			*Shore-Härte*	D

Schlagversuch *Probekörper:* *(1)* U-Kerbe
(2) — *Herstellung* Spritzgiessen
Zustand — *Vorbehandlung* Normalklima

		°C		°C		°C		*Probekörper-Form*
Schlagzähigkeit	kJ/m^2	23	o.B.	-40	65			50x6x4 mm
Kerbschlagzähigkeit (1)	kJ/m^2	23	14					50x6x4 mm
IZOD-Kerbschlagzähigkeit (2)	J/m							
Kerbschlagzugzähigkeit	kJ/m^2							

Abrieb und Reibung

Taber-Abrieb (Reibradverfahren)	mm^3/100 U		
Abriebfaktor LNP (Thrust washer) Vergleichswert			
Statische Reibungszahl			
Dynamische Reibungszahl	(p · v =	N/mm^2 ·	m/min)
Zulässiger p · v Wert	N/mm^2 · (m/min)	v =	m/min
		v =	m/min

Thermische Eigenschaften

Formbeständigkeit in der Wärme	*Verfahren* A		85 °C
	Verfahren		°C
Vicat Erweichungstemperatur (VST)	*Verfahren* A/50		102 °C
	Verfahren B/50		93 °C
Kristallit-Schmelzpunkt	*Verfahren*		
Längenausdehnungskoeffizient	*Bereich*	°C	· $10^{-4}K^{-1}$
	Temperatur 23K		0.80 · $10^{-4}K^{-1}$
Wärmeleitfähigkeit	*Verfahren*		W/(K · m)
Spezifische Wärmekapazität	*Verfahren*		J/(K · g)
Glasumwandlungstemperatur	*Torsionsschwingungsversuch*	°C	
	Differentialkalorimetrie	°C	

Brandverhalten

UL-Test vertikal	Dicke 3.2 mm, Wert HB	
	Dicke mm, Wert	

	Norm	*Bewertung*	*Abmessungen*
Sauerstoff-Index	ASTM D 2863		
Glühstab-Verfahren			
Brandverhalten	DIN 4102		
MVSS			
FAR			

Elektrische Eigenschaften

		Hz	°C		*Probekörper, Form*
Dielektrizitätszahl		50	23	2.7	120x120x1 mm
		10^3	23	2.7	120x120x1 mm
		10^6	23	2.7	120x120x1 mm
Dielektrischer Verlustfaktor tan δ		50	23	0.008	120x120x1 mm
		10^3	23	0.008	120x120x1 mm
		10^6	23	0.008	120x120x1 mm
Spezifischer Durchgangswiderstand	Ohm · cm				
Durchschlagfestigkeit	kV/mm				mm dick
Oberflächenwiderstand	Ohm		23	6.0*10**17	120x120x1 mm

Kriechstromfestigkeit	KC	KB	KA
Elektrolytische Korrosionswirkung			
Lichtbogenfestigkeit nach DIN			
nach ASTM s			

Beständigkeit *(Chemische Beständigkeit siehe Anhang)*

Wasseraufnahme A/23 C	1 d	0.3 %	
Feuchtigkeitsaufnahme Normalklima			%
Wetterbeständigkeit			
Spannungskorrosion			

Optische Eigenschaften

Brechungszahl n_D		
Transmissionsgrad τ_c	%	mm dick
Lichtdurchlässigkeit		

Produkt	Acrylnitril-Butadien-Styrol-Polymerisat		**ABS**
Handelsname	**Lustran QE 1045**		
Hersteller	MONSANTO		
DIN-Bez 1	16772-ABS,MN,105-08-15C		
DIN-Bez 2			
Zusätze		*Füllstoffe/ Verstärkung*	
Bevorzugte Verarbeitung	Spritzgiessen	*Lieferform*	Granulat
		Farben	Natur; Standard
Besondere Merkmale	Gute Schlagzaehigkeit; Gute Steifigkeit; Gute Waermeformbestaendigkeit	*Bevorzugte Anwendungen*	Gehaeuse; Haushaltsgeraet; Spielzeug; Telefon; Rasenmaeherteil; Naehmaschinenteil

Dichte	g/cm^3	1.06	*Schmelzindex*	g/10 min	9:	220/10
Schüttdichte	g/cm^3		*Volumenfließindex*	cm^3/10 min	:	
Viskositätszahl	ml/g					

Verarbeitungsbedingungen für Spritzgießen

Massetemp.	°C	*Schwindung*	%	lgs 0.4–0.6, quer 0.4–0.6
Werkzeugtemp.	°C	*Bemerkungen*		
Spritzdruck	bar			

Zugversuch 23 °C ISO 527;
Probekörper: *Form* 150x20/10x4 mm — *Herstellung* Spritzgiessen
Zustand — *Vorbehandlung* Normalklima

Streckspannung	N/mm^2	48	*Dehnung bei Streckspannung*	%	≧2
Zugfestigkeit	N/mm^2		*Reißdehnung*	%	20
Reißfestigkeit	N/mm^2	38	*% Dehnspannung*	N/mm^2	
E-Modul	N/mm^2	2500	*Dehnung bei % Dehnspg.*	%	

Kriechmoduln und Zeitstandwerte 23 °C
Probekörper: *Form* — *Herstellung*
Zustand — *Vorbehandlung*

Kriechmodul	*1 min* N/mm^2		*Zeitstandzugfestigkeit*	h	N/mm^2
Kriechmodul	*1000 h* N/mm^2		*Zeitdehnspg. %*	h	N/mm^2
bei Spannung	N/mm^2				

Biegeversuch 23 °C ISO 178;
Probekörper: *Form* 80x10x4 mm — *Herstellung* Spritzgiessen
Zustand — *Vorbehandlung* Normalklima

Biegefestigkeit	N/mm^2		*E-Modul*	N/mm^2	2500
3,5% *Biegespannung*	N/mm^2	78			

Härte 23 °C *Probekörper:* *Zustand* — *Herstellung* Spritzgiessen
Vorbehandlung Normalklima

Kugeldruckhärte	N/mm^2	105	bei 358 N, 30 s	*Shore-Härte* A
Rockwellhärte				*Shore-Härte* D

Schlagversuch *Probekörper:* *(1)* U-Kerbe
(2)
Zustand — *Herstellung* Spritzgiessen; *Vorbehandlung* Normalklima

		°C		°C		°C		*Probekörper-Form*
Schlagzähigkeit	kJ/m^2	23	o.B.	-40	50			50x6x4 mm
Kerbschlagzähigkeit (1)	kJ/m^2	23	14					50x6x4 mm
IZOD-Kerbschlagzähigkeit (2)	J/m							
Kerbschlagzugzähigkeit	kJ/m^2							

Abrieb und Reibung

Taber-Abrieb (Reibradverfahren)	mm³/100 U		
Abriebfaktor LNP (Thrust washer) Vergleichswert			
Statische Reibungszahl			
Dynamische Reibungszahl	(p · v= N/mm² ·		m/min)
Zulässiger p · v Wert	N/mm² · (m/min)	v=	m/min
		v=	m/min

Thermische Eigenschaften

Formbeständigkeit in der Wärme	*Verfahren* A		95 °C
	Verfahren		°C
Vicat Erweichungstemperatur (VST)	*Verfahren* A/50		108 °C
	Verfahren B/50		100 °C
Kristallit-Schmelzpunkt	*Verfahren*		
Längenausdehnungskoeffizient	*Bereich*	°C	$\cdot 10^{-4}K^{-1}$
	Temperatur 23K		$0.75 \cdot 10^{-4}K^{-1}$
Wärmeleitfähigkeit	*Verfahren*		W/(K · m)
Spezifische Wärmekapazität	*Verfahren*		J/(K · g)
Glasumwandlungstemperatur	*Torsionsschwingungsversuch*	°C	
	Differentialkalorimetrie	°C	

Brandverhalten

UL-Test vertikal — Dicke 3.2 mm, Wert HB; Dicke mm, Wert

	Norm	*Bewertung*	*Abmessungen*
Sauerstoff-Index	ASTM D 2863		
Glühstab-Verfahren			
Brandverhalten	DIN 4102		
MVSS			
FAR			

Elektrische Eigenschaften

		Hz	°C			*Probekörper, Form*
Dielektrizitätszahl		50	23	2.6		120x120x1 mm
		10^3	23	2.6		120x120x1 mm
		10^6	23	2.6		120x120x1 mm
Dielektrischer Verlustfaktor tan δ		50	23	0.006		120x120x1 mm
		10^3	23	0.006		120x120x1 mm
		10^6	23	0.006		120x120x1 mm
Spezifischer Durchgangs-widerstand	Ohm · cm					
Durchschlagfestigkeit	kV/mm					mm dick
Oberflächenwiderstand	Ohm		23	3.0*10**14		120x120x1 mm
Kriechstromfestigkeit		KC		KB	KA	
Elektrolytische Korrosionswirkung						
Lichtbogenfestigkeit nach DIN						
nach ASTM	s					

Beständigkeit *(Chemische Beständigkeit siehe Anhang)*

Wasseraufnahme A/23 C	1 d	0.3 %	
Feuchtigkeitsaufnahme Normalklima			%
Wetterbeständigkeit			
Spannungskorrosion			

Optische Eigenschaften

Brechungszahl n_D		
Transmissionsgrad τ_c	%	mm dick
Lichtdurchlässigkeit		

Datenbank-Nr. **T01225** Merkblatt-Nr. **4474**

Produkt	Acrylnitril-Butadien-Styrol-Polymerisat		**ABS**
Handelsname	**Lustran QE 1155**		
Hersteller	MONSANTO		
DIN-Bez 1	16772-ABS,MN,105-08-06C		
DIN-Bez 2			
Zusätze		*Füllstoffe/ Verstärkung*	
Bevorzugte Verarbeitung	Spritzgiessen	*Lieferform*	Granulat
		Farben	Natur; Standard
Besondere Merkmale	Gute Waermeformbestaendigkeit; Mittlere Schlagzaehigkeit; Gute Verarbeitbarkeit	*Bevorzugte Anwendungen*	Gehaeuse; Haushaltsgeraet; Spielzeug; Telefon; Rasenmaeherteil; Naehmaschinenteil

Dichte	g/cm^3	1.06	*Schmelzindex*	g/10 min	6:	220/10
Schüttdichte	g/cm^3		*Volumenfließindex*	cm^3/10 min	:	
Viskositätszahl	ml/g					

Verarbeitungsbedingungen für Spritzgießen

Massetemp.	°C	*Schwindung*	%	lgs 0.4–0.6, quer 0.4–0.6
Werkzeugtemp.	°C	*Bemerkungen*		
Spritzdruck	bar			

Zugversuch 23 °C ISO 527;
Probekörper: *Form* / *Zustand* — *Herstellung* Spritzgiessen; *Vorbehandlung* Normalklima

Streckspannung	N/mm^2	53	*Dehnung bei Streckspannung*	%	2.4
Zugfestigkeit	N/mm^2		*Reißdehnung*	%	18
Reißfestigkeit	N/mm^2	42	*% Dehnspannung*	N/mm^2	
E-Modul	N/mm^2	2900	*Dehnung bei % Dehnspg.*	%	

Kriechmoduln und Zeitstandwerte 23 °C
Probekörper: *Form* / *Zustand* — *Herstellung* / *Vorbehandlung*

Kriechmodul	*1 min* N/mm^2	*Zeitstandzugfestigkeit*	h	N/mm^2
Kriechmodul	*1000 h* N/mm^2	*Zeitdehnspg. %*	h	N/mm^2
bei Spannung	N/mm^2			

Biegeversuch 23 °C ISO 178;
Probekörper: *Form* / *Zustand* — *Herstellung* Spritzgiessen; *Vorbehandlung* Normalklima

Biegefestigkeit	N/mm^2		*E-Modul*	N/mm^2	3000
3,5% *Biegespannung*	N/mm^2	93			

Härte 23 °C *Probekörper:* *Zustand* — *Herstellung* Spritzgiessen; *Vorbehandlung* Normalklima

Kugeldruckhärte	N/mm^2 122	bei 358 N, 30 s	*Shore-Härte* A	
Rockwellhärte			*Shore-Härte* D	

Schlagversuch *Probekörper:* *(1)* U-Kerbe; *(2)*; *Zustand* — *Herstellung* Spritzgiessen; *Vorbehandlung* Normalklima

		°C		°C		°C		*Probekörper-Form*
Schlagzähigkeit	kJ/m^2	23	70	-40	25			
Kerbschlagzähigkeit (1)	kJ/m^2	23	7					
IZOD-Kerbschlagzähigkeit (2)	J/m							
Kerbschlagzugzähigkeit	kJ/m^2							

Abrieb und Reibung

Taber-Abrieb (Reibradverfahren)	mm^3/100 U		
Abriebfaktor LNP (Thrust washer) Vergleichswert			
Statische Reibungszahl			
Dynamische Reibungszahl	(p · v = N/mm^2 ·		m/min)
Zulässiger p · v Wert	N/mm^2 · (m/min)	v =	m/min
		v =	m/min

Thermische Eigenschaften

Formbeständigkeit in der Wärme	*Verfahren*	A		94 °C
	Verfahren			°C
Vicat Erweichungstemperatur (VST)	*Verfahren*	A/50		109 °C
	Verfahren	B/50		103 °C
Kristallit-Schmelzpunkt	*Verfahren*			
Längenausdehnungskoeffizient	*Bereich*	°C		$\cdot 10^{-4} K^{-1}$
	Temperatur 23K			$0.75 \cdot 10^{-4} K^{-1}$
Wärmeleitfähigkeit	*Verfahren*			W/(K · m)
Spezifische Wärmekapazität	*Verfahren*			J/(K · g)
Glasumwandlungstemperatur	*Torsionsschwingungsversuch*		°C	
	Differentialkalorimetrie		°C	

Brandverhalten

UL-Test vertikal	Dicke	mm, Wert HB
	Dicke	mm, Wert

	Norm	*Bewertung*	*Abmessungen*
Sauerstoff-Index	ASTM D 2863		
Glühstab-Verfahren			
Brandverhalten	DIN 4102		
MVSS			
FAR			

Elektrische Eigenschaften

		Hz	°C			*Probekörper, Form*
Dielektrizitätszahl		50	23	2.9		
		10^3	23	2.9		
		10^6	23	2.9		
Dielektrischer Verlustfaktor tan δ		50	23	0.008		
		10^3	23	0.008		
		10^6	23	0.008		
Spezifischer Durchgangs-widerstand	Ohm · cm					
Durchschlagfestigkeit	kV/mm					mm dick
Oberflächenwiderstand	Ohm		23	2.0*10**14		
Kriechstromfestigkeit		KC		KB	KA	
Elektrolytische Korrosionswirkung						
Lichtbogenfestigkeit nach DIN						
nach ASTM	s					

Beständigkeit *(Chemische Beständigkeit siehe Anhang)*

Wasseraufnahme A/23 C	1 d	0.3 %	
Feuchtigkeitsaufnahme Normalklima			%
Wetterbeständigkeit			
Spannungskorrosion			

Optische Eigenschaften

Brechungszahl n_D		
Transmissionsgrad τ_c	%	mm dick
Lichtdurchlässigkeit		

Produkt	Acrylnitril-Butadien-Styrol-Polymerisat		**ABS**
Handelsname	**Lustran QE 1355**		
Hersteller	MONSANTO		
DIN-Bez 1	16772-ABS,MN,105-04-15C		
DIN-Bez 2			
Zusätze		*Füllstoffe/ Verstärkung*	
Bevorzugte Verarbeitung	Spritzgiessen	*Lieferform*	Granulat
		Farben	Natur; Standard
Besondere Merkmale	Gute Waermeformbestaendigkeit; Angehobene Zaehigkeit; Gute Verarbeitbarkeit	*Bevorzugte Anwendungen*	Gehaeuse; Haushaltsgeraet; Spielzeug; Telefon; Rasenmaeherteil; Naehmaschinenteil

Dichte	g/cm^3	1.06	*Schmelzindex*	g/10 min	3.5:	220/10
Schüttdichte	g/cm^3		*Volumenfließindex*	$cm^3/10$ min	:	
Viskositätszahl	ml/g					

Verarbeitungsbedingungen für Spritzgießen

Massetemp.	°C	*Schwindung*	%	lgs 0.4–0.6,	quer 0.4–0.6
Werkzeugtemp.	°C	*Bemerkungen*			
Spritzdruck	bar				

Zugversuch 23 °C ISO 527;

Probekörper: *Form* 150x20/10x4 mm *Herstellung* Spritzgiessen
Zustand *Vorbehandlung* Normalklima

Streckspannung	N/mm^2	47	*Dehnung bei Streckspannung*	%	≧2
Zugfestigkeit	N/mm^2		*Reißdehnung*	%	22
Reißfestigkeit	N/mm^2	37	*% Dehnspannung*	N/mm^2	
E-Modul	N/mm^2	2500	*Dehnung bei % Dehnspg.*	%	

Kriechmoduln und Zeitstandwerte 23 °C

Probekörper: *Form* *Herstellung*
Zustand *Vorbehandlung*

Kriechmodul	*1 min* N/mm^2		*Zeitstandzugfestigkeit*	h	N/mm^2
Kriechmodul	*1000 h* N/mm^2		*Zeitdehnspg. %*	h	N/mm^2
bei Spannung	N/mm^2				

Biegeversuch 23 °C ISO 178;

Probekörper: *Form* 80x10x4 mm *Herstellung* Spritzgiessen
Zustand *Vorbehandlung* Normalklima

Biegefestigkeit	N/mm^2		*E-Modul*	N/mm^2	2500
3,5% *Biegespannung*	N/mm^2	75			

Härte 23 °C *Probekörper:* *Zustand* *Herstellung* Spritzgiessen
Vorbehandlung Normalklima

Kugeldruckhärte	N/mm^2 105	bei 358 N, 30 s	*Shore-Härte*	A
Rockwellhärte			*Shore-Härte*	D

Schlagversuch *Probekörper:* *(1)* U-Kerbe
(2) *Herstellung* Spritzgiessen
Zustand *Vorbehandlung* Normalklima

		°C		°C		°C		*Probekörper-Form*
Schlagzähigkeit	kJ/m^2	23	o.B.	-40	60			50x6x4 mm
Kerbschlagzähigkeit (1)	kJ/m^2	23	15					50x6x4 mm
IZOD-Kerbschlagzähigkeit (2)	J/m							
Kerbschlagzugzähigkeit	kJ/m^2							

Abrieb und Reibung

Taber-Abrieb (Reibradverfahren)	mm^3/100 U		
Abriebfaktor LNP (Thrust washer) Vergleichswert			
Statische Reibungszahl			
Dynamische Reibungszahl	(p·v= N/mm^2·		m/min)
Zulässiger p·v Wert	N/mm^2·(m/min)	v=	m/min
		v=	m/min

Thermische Eigenschaften

Formbeständigkeit in der Wärme	*Verfahren* A		96 °C
	Verfahren		°C
Vicat Erweichungstemperatur (VST)	*Verfahren* A/50		109 °C
	Verfahren B/50		102 °C
Kristallit-Schmelzpunkt	*Verfahren*		
Längenausdehnungskoeffizient	*Bereich*	°C	$\cdot 10^{-4} K^{-1}$
	Temperatur 23K		$0.75 \cdot 10^{-4} K^{-1}$
Wärmeleitfähigkeit	*Verfahren*		W/(K·m)
Spezifische Wärmekapazität	*Verfahren*		J/(K·g)
Glasumwandlungstemperatur	*Torsionsschwingungsversuch*	°C	
	Differentialkalorimetrie	°C	

Brandverhalten

UL-Test vertikal	Dicke 3.2 mm, Wert HB
	Dicke mm, Wert

	Norm	*Bewertung*	*Abmessungen*
Sauerstoff-Index	ASTM D 2863		
Glühstab-Verfahren			
Brandverhalten	DIN 4102		
MVSS			
FAR			

Elektrische Eigenschaften

		Hz	°C			*Probekörper, Form*
Dielektrizitätszahl		50	23	2.6		120x120x1 mm
		10^3	23	2.6		120x120x1 mm
		10^6	23	2.6		120x120x1 mm
Dielektrischer Verlustfaktor tan δ		50	23	0.006		120x120x1 mm
		10^3	23	0.006		120x120x1 mm
		10^6	23	0.006		120x120x1 mm
Spezifischer Durchgangs-widerstand	Ohm·cm					
Durchschlagfestigkeit	kV/mm					mm dick
Oberflächenwiderstand	Ohm		23	3.0*10**14		120x120x1 mm
Kriechstromfestigkeit		KC		KB	KA	
Elektrolytische Korrosionswirkung						
Lichtbogenfestigkeit nach DIN						
nach ASTM	s					

Beständigkeit *(Chemische Beständigkeit siehe Anhang)*

Wasseraufnahme A/23 C	1 d	0.3 %	
Feuchtigkeitsaufnahme Normalklima			%
Wetterbeständigkeit			
Spannungskorrosion			

Optische Eigenschaften

Brechungszahl n_D		
Transmissionsgrad τ_c	%	mm dick
Lichtdurchlässigkeit		

Datenbank-Nr. **T01227** Merkblatt-Nr. **4476**

Produkt	Acrylnitril-Butadien-Styrol-Polymerisat		**ABS**
Handelsname	**Lustran PG 299**		
Hersteller	MONSANTO		
DIN-Bez 1	16772-ABS,MN,095-25-15C		
DIN-Bez 2			
Zusätze		*Füllstoffe/ Verstärkung*	
Bevorzugte Verarbeitung	Spritzgiessen	*Lieferform*	Granulat
		Farben	Natur; Standard
Besondere Merkmale	Gute Schlagzaehigkeit; Leichtfliessend; Niedriger Waermeausdehnungskoeffizient; Gute Galvanisierbarkeit	*Bevorzugte Anwendungen*	Gehaeuse; Haushaltsgeraet; Spielzeug; Telefon; Rasenmaeherteil; Naehmaschinenteil

---

Dichte	g/cm^3	1.06	*Schmelzindex*	g/10 min	23:	220/10
Schüttdichte	g/cm^3		*Volumenfließindex*	cm^3/10 min	:	
Viskositätszahl	ml/g					

Verarbeitungsbedingungen für Spritzgießen

Massetemp.	°C	*Schwindung*	%	lgs 0.4–0.6, quer 0.4–0.6
Werkzeugtemp.	°C	*Bemerkungen*		
Spritzdruck	bar			

Zugversuch 23 °C ISO 527;
Probekörper: *Form* 150x20/10x4 mm *Herstellung* Spritzgiessen
Zustand *Vorbehandlung* Normalklima

Streckspannung	N/mm^2	47	*Dehnung bei Streckspannung*	%	≧2
Zugfestigkeit	N/mm^2		*Reißdehnung*	%	18
Reißfestigkeit	N/mm^2	32	*% Dehnspannung*	N/mm^2	
E-Modul	N/mm^2	2600	*Dehnung bei % Dehnspg.*	%	

Kriechmoduln und Zeitstandwerte 23 °C
Probekörper: *Form* *Herstellung*
Zustand *Vorbehandlung*

Kriechmodul	*1 min*	N/mm^2	*Zeitstandzugfestigkeit*	h	N/mm^2
Kriechmodul	*1000 h*	N/mm^2	*Zeitdehnspg. %*	h	N/mm^2
bei Spannung		N/mm^2			

Biegeversuch 23 °C ISO 178;
Probekörper: *Form* 80x10x4 mm *Herstellung* Spritzgiessen
Zustand *Vorbehandlung* Normalklima

Biegefestigkeit	N/mm^2		*E-Modul*	N/mm^2	2600
3,5% *Biegespannung*	N/mm^2	75			

Härte 23 °C *Probekörper:* *Zustand* *Herstellung* Spritzgiessen
Vorbehandlung Normalklima

Kugeldruckhärte	N/mm^2	105	bei 358 N, 30 s	*Shore-Härte* A
Rockwellhärte				*Shore-Härte* D

Schlagversuch *Probekörper:* *(1)* U-Kerbe
(2) *Herstellung* Spritzgiessen
Zustand *Vorbehandlung* Normalklima

		°C		°C		°C		*Probekörper-Form*
Schlagzähigkeit	kJ/m^2	23	70	-40	40			50x6x4 mm
Kerbschlagzähigkeit (1)	kJ/m^2	23	12					50x6x4 mm
IZOD-Kerbschlagzähigkeit (2)	J/m							
Kerbschlagzugzähigkeit	kJ/m^2							

Abrieb und Reibung

Taber-Abrieb (Reibradverfahren)	mm^3/100 U		
Abriebfaktor LNP (Thrust washer) Vergleichswert			
Statische Reibungszahl			
Dynamische Reibungszahl	(p·v=	N/mm^2 ·	m/min)
Zulässiger p · v Wert	N/mm^2 · (m/min)	v=	m/min
		v=	m/min

Thermische Eigenschaften

Formbeständigkeit in der Wärme	*Verfahren* A		89 °C
	Verfahren		°C
Vicat Erweichungstemperatur (VST)	*Verfahren* A/50		105 °C
	Verfahren B/50		95 °C
Kristallit-Schmelzpunkt	*Verfahren*		
Längenausdehnungskoeffizient	*Bereich*	°C	$\cdot 10^{-4} K^{-1}$
	Temperatur 23K		$0.75 \cdot 10^{-4} K^{-1}$
Wärmeleitfähigkeit	*Verfahren*		W/(K · m)
Spezifische Wärmekapazität	*Verfahren*		J/(K · g)
Glasumwandlungstemperatur	*Torsionsschwingungsversuch*	°C	
	Differentialkalorimetrie	°C	

Brandverhalten

UL-Test vertikal	Dicke mm, Wert	
	Dicke mm, Wert	

	Norm	*Bewertung*	*Abmessungen*
Sauerstoff-Index	ASTM D 2863		
Glühstab-Verfahren			
Brandverhalten	DIN 4102		
MVSS			
FAR			

Elektrische Eigenschaften

		Hz	°C		*Probekörper, Form*
Dielektrizitätszahl		50	23	3.0	
		10^3	23	3.0	
		10^6	23	3.0	
Dielektrischer Verlustfaktor tan δ		50	23	0.009	
		10^3	23	0.009	
		10^6	23	0.009	
Spezifischer Durchgangswiderstand	Ohm · cm				
Durchschlagfestigkeit	kV/mm				mm dick
Oberflächenwiderstand	Ohm		23	4.0*10**14	

Kriechstromfestigkeit	KC	KB	KA
Elektrolytische Korrosionswirkung			
Lichtbogenfestigkeit nach DIN			
nach ASTM s			

Beständigkeit *(Chemische Beständigkeit siehe Anhang)*

Wasseraufnahme A/23 C	1 d	0.3 %
Feuchtigkeitsaufnahme Normalklima		%
Wetterbeständigkeit		
Spannungskorrosion		

Optische Eigenschaften

Brechungszahl n_D		
Transmissionsgrad τ_c	%	mm dick
Lichtdurchlässigkeit		

Datenbank-Nr.	**T01228**		Merkblatt-Nr. **4477**
Produkt	Acrylnitril-Butadien-Styrol-Polymerisat		**ABS**
Handelsname	**Lustran QE 1148**		
Hersteller	MONSANTO		
DIN-Bez 1	16772-ABS,MN,095-15-20C		
DIN-Bez 2			
Zusätze		Füllstoffe/ Verstärkung	
Bevorzugte Verarbeitung	Spritzgiessen	Lieferform	Granulat
		Farben	Natur; Standard
Besondere Merkmale	Gute Schlagzaehigkeit; Sehr hoher Glanz; Angehobene Waermeformbestaendigkeit	Bevorzugte Anwendungen	Gehaeuse; Haushaltsgeraet; Spielzeug; Telefon; Rasenmaeherteil; Naehmaschinenteil

Dichte	g/cm^3	1.06	Schmelzindex	g/10 min	11:	220/10
Schüttdichte	g/cm^3		Volumenfließindex	cm^3/10 min	:	
Viskositätszahl	ml/g					

Verarbeitungsbedingungen für Spritzgießen

Massetemp.	°C	Schwindung	%	lgs 0.4–0.6,	quer 0.4–0.6
Werkzeugtemp.	°C	Bemerkungen			
Spritzdruck	bar				

Zugversuch 23 °C ISO 527;

	Probekörper: Form		Herstellung	Spritzgiessen	
	Zustand		Vorbehandlung	Normalklima	
Streckspannung	N/mm^2	45	Dehnung bei Streckspannung	%	3.0
Zugfestigkeit	N/mm^2		Reißdehnung	%	30
Reißfestigkeit	N/mm^2	35	% Dehnspannung	N/mm^2	
E-Modul	N/mm^2	2450	Dehnung bei % Dehnspg.	%	

Kriechmoduln und Zeitstandwerte 23 °C

	Probekörper: Form		Herstellung		
	Zustand		Vorbehandlung		
Kriechmodul	1 min	N/mm^2	Zeitstandzugfestigkeit	h	N/mm^2
Kriechmodul	1000 h	N/mm^2	Zeitdehnspg. %	h	N/mm^2
bei Spannung		N/mm^2			

Biegeversuch 23 °C ISO 178;

	Probekörper: Form		Herstellung	Spritzgiessen	
	Zustand		Vorbehandlung	Normalklima	
Biegefestigkeit	N/mm^2		E-Modul	N/mm^2	2550
3,5% Biegespannung	N/mm^2	77			

Härte 23 °C

	Probekörper: Zustand			Herstellung	Spritzgiessen
				Vorbehandlung	Normalklima
Kugeldruckhärte	N/mm^2	101	bei 358 N, 30 s	Shore-Härte A	
Rockwellhärte				Shore-Härte D	

Schlagversuch Probekörper: (1) U-Kerbe; (2); Zustand — Herstellung: Spritzgiessen; Vorbehandlung: Normalklima

		°C		°C		°C		Probekörper-Form
Schlagzähigkeit	kJ/m^2	23	o.B.	-40	55			
Kerbschlagzähigkeit (1)	kJ/m^2	23	19					
IZOD-Kerbschlagzähigkeit (2)	J/m							
Kerbschlagzugzähigkeit	kJ/m^2							

Abrieb und Reibung

Taber-Abrieb (Reibradverfahren)	mm^3/100 U		
Abriebfaktor LNP (Thrust washer) Vergleichswert			
Statische Reibungszahl			
Dynamische Reibungszahl	(p · v =	N/mm^2 ·	m/min)
Zulässiger p · v Wert	N/mm^2 · (m/min)	v =	m/min
		v =	m/min

Thermische Eigenschaften

Formbeständigkeit in der Wärme	*Verfahren* A		89 °C
	Verfahren		°C
Vicat Erweichungstemperatur (VST)	*Verfahren* A/50		106 °C
	Verfahren B/50		97 °C
Kristallit-Schmelzpunkt	*Verfahren*		
Längenausdehnungskoeffizient	*Bereich*	°C	$\cdot 10^{-4}K^{-1}$
	Temperatur 23K		$0.80 \cdot 10^{-4}K^{-1}$
Wärmeleitfähigkeit	*Verfahren*		W/(K · m)
Spezifische Wärmekapazität	*Verfahren*		J/(K · g)
Glasumwandlungstemperatur	*Torsionsschwingungsversuch*	°C	
	Differentialkalorimetrie	°C	

Brandverhalten

UL-Test vertikal		Dicke mm, Wert HB	
		Dicke mm, Wert	

	Norm	*Bewertung*	*Abmessungen*
Sauerstoff-Index	ASTM D 2863		
Glühstab-Verfahren			
Brandverhalten	DIN 4102		
MVSS			
FAR			

Elektrische Eigenschaften

		Hz	°C		*Probekörper, Form*
Dielektrizitätszahl		50	23	2.7	
		10^3	23	2.7	
		10^6	23	2.7	
Dielektrischer Verlustfaktor tan δ		50	23	0.006	
		10^3	23	0.006	
		10^6	23	0.006	
Spezifischer Durchgangswiderstand	Ohm · cm				
Durchschlagfestigkeit	kV/mm				mm dick
Oberflächenwiderstand	Ohm		23	4.0*10**15	

Kriechstromfestigkeit	KC	KB	KA
Elektrolytische Korrosionswirkung			
Lichtbogenfestigkeit nach DIN			
nach ASTM s			

Beständigkeit *(Chemische Beständigkeit siehe Anhang)*

Wasseraufnahme A/23 C	1 d	0.3 %
Feuchtigkeitsaufnahme Normalklima		%
Wetterbeständigkeit		
Spannungskorrosion		

Optische Eigenschaften

Brechungszahl n_D		
Transmissionsgrad τ_c	%	mm dick
Lichtdurchlässigkeit		

Datenbank-Nr.	**T01229**		Merkblatt-Nr. **4478**
Produkt	Acrylnitril-Butadien-Styrol-Polymerisat		**ABS**
Handelsname	**Lustran QE 1092**		
Hersteller	MONSANTO		
DIN-Bez 1 DIN-Bez 2	16772-ABS,MN,095-08-20C		
Zusätze		Füllstoffe/ Verstärkung	
Bevorzugte Verarbeitung	Spritzgiessen	Lieferform	Granulat
		Farben	Natur; Standard
Besondere Merkmale	Ausgezeichnete Schlagzaehigkeit; Hohe Zugfestigkeit; Relativ leichtfliessend	Bevorzugte Anwendungen	Gehaeuse; Haushaltsgeraet; Spielzeug; Telefon; Rasenmaeherteil; Naehmaschinenteil

Dichte	g/cm³	1.04	Schmelzindex	g/10 min	7: 220/10
Schüttdichte	g/cm³		Volumenfließindex	cm³/10 min	:
Viskositätszahl	ml/g				

Verarbeitungsbedingungen für Spritzgießen

Massetemp.	°C	Schwindung	%	lgs 0.4–0.6, quer 0.4–0.6
Werkzeugtemp.	°C	Bemerkungen		
Spritzdruck	bar			

Zugversuch 23 °C ISO 527;

Probekörper:	Form	150x20/10x4 mm	Herstellung	Spritzgiessen
	Zustand		Vorbehandlung	Normalklima

Streckspannung	N/mm²	32	Dehnung bei Streckspannung	%	≧2
Zugfestigkeit	N/mm²		Reißdehnung	%	40
Reißfestigkeit	N/mm²	22	% Dehnspannung	N/mm²	
E-Modul	N/mm²	1800	Dehnung bei % Dehnspg.	%	

Kriechmoduln und Zeitstandwerte 23 °C

Probekörper:	Form	Herstellung	
	Zustand	Vorbehandlung	

Kriechmodul	1 min	N/mm²	Zeitstandzugfestigkeit	h	N/mm²
Kriechmodul	1000 h	N/mm²	Zeitdehnspg. %	h	N/mm²
bei Spannung		N/mm²			

Biegeversuch 23 °C ISO 178;

Probekörper:	Form	80x10x4 mm	Herstellung	Spritzgiessen
	Zustand		Vorbehandlung	Normalklima

Biegefestigkeit	N/mm²		E-Modul	N/mm²	1800
3,5% Biegespannung	N/mm²	52			

Härte 23 °C

Probekörper:	Zustand	Herstellung	Spritzgiessen
		Vorbehandlung	Normalklima

Kugeldruckhärte	N/mm² 70	bei 358 N, 30 s	Shore-Härte	A
Rockwellhärte			Shore-Härte	D

Schlagversuch

Probekörper:	(1) U-Kerbe		
	(2)	Herstellung	Spritzgiessen
	Zustand	Vorbehandlung	Normalklima

		°C	°C	°C	Probekörper-Form
Schlagzähigkeit	kJ/m²	23 o.B.	-40 o.B.		50x6x4 mm
Kerbschlagzähigkeit (1)	kJ/m²	23 23			50x6x4 mm
IZOD-Kerbschlagzähigkeit (2)	J/m				
Kerbschlagzugzähigkeit	kJ/m²				

Abrieb und Reibung

Taber-Abrieb (Reibradverfahren)	mm³/100 U		
Abriebfaktor LNP (Thrust washer) Vergleichswert			
Statische Reibungszahl			
Dynamische Reibungszahl	(p · v =	N/mm² ·	m/min)
Zulässiger p · v Wert	N/mm² · (m/min)	v =	m/min
		v =	m/min

Thermische Eigenschaften

Formbeständigkeit in der Wärme	Verfahren A		87 °C
	Verfahren		°C
Vicat Erweichungstemperatur (VST)	Verfahren A/50		99 °C
	Verfahren B/50		90 °C
Kristallit-Schmelzpunkt	Verfahren		
Längenausdehnungskoeffizient	Bereich	°C	$\cdot 10^{-4}K^{-1}$
	Temperatur 23K		$0.95 \cdot 10^{-4}K^{-1}$
Wärmeleitfähigkeit	Verfahren		W/(K · m)
Spezifische Wärmekapazität	Verfahren		J/(K · g)
Glasumwandlungstemperatur	Torsionsschwingungsversuch	°C	
	Differentialkalorimetrie	°C	

Brandverhalten

UL-Test vertikal	Dicke 3.2 mm, Wert HB	
	Dicke mm, Wert	

	Norm	Bewertung	Abmessungen
Sauerstoff-Index	ASTM D 2863		
Glühstab-Verfahren			
Brandverhalten	DIN 4102		
MVSS			
FAR			

Elektrische Eigenschaften

	Hz	°C		Probekörper, Form
Dielektrizitätszahl	50	23	2.9	120x120x1 mm
	10^3	23	2.9	120x120x1 mm
	10^6	23	2.9	120x120x1 mm
Dielektrischer Verlustfaktor tan δ	50	23	0.007	120x120x1 mm
	10^3	23	0.007	120x120x1 mm
	10^6	23	0.007	120x120x1 mm
Spezifischer Durchgangswiderstand Ohm · cm				
Durchschlagfestigkeit kV/mm				mm dick
Oberflächenwiderstand Ohm		23	6.0*10**17	120x120x1 mm

Kriechstromfestigkeit	KC	KB	KA
Elektrolytische Korrosionswirkung			
Lichtbogenfestigkeit nach DIN			
nach ASTM s			

Beständigkeit *(Chemische Beständigkeit siehe Anhang)*

Wasseraufnahme A/23 C	1 d	0.3 %
Feuchtigkeitsaufnahme Normalklima		%
Wetterbeständigkeit		
Spannungskorrosion		

Optische Eigenschaften

Brechungszahl n_D		
Transmissionsgrad τ_c	%	mm dick
Lichtdurchlässigkeit		

Datenbank-Nr. **T01230** Merkblatt-Nr. **4479**

Produkt	Acrylnitril-Butadien-Styrol-Polymerisat		
Handelsname	**Lustran 244**		
Hersteller	MONSANTO		
DIN-Bez 1	16772-ABS,MN,095-08-15C		
DIN-Bez 2			
Zusätze		*Füllstoffe/ Verstärkung*	
Bevorzugte Verarbeitung	Spritzgiessen	*Lieferform*	Granulat
		Farben	Natur; Standard
Besondere Merkmale	Gute Schlagzaehigkeit; Gutes Fliessverhalten; Waermeformbestaendigkeit; Sehr ausgewogene Eigenschaften	*Bevorzugte Anwendungen*	Kfz-Innenteil; Kfz-Aussenteil; Tuerinnenverkleidung; Kuehlergrill; Stossfaengerteil; Kfz-Industrie

Dichte	g/cm^3	1.06	*Schmelzindex*	g/10 min	9:	220/10
Schüttdichte	g/cm^3		*Volumenfließindex*	$cm^3/10$ min	:	
Viskositätszahl	ml/g					

Verarbeitungsbedingungen für Spritzgießen

Massetemp.	°C	*Schwindung*	%	lgs 0.4–0.6, quer 0.4–0.6
Werkzeugtemp.	°C	*Bemerkungen*		
Spritzdruck	bar			

Zugversuch 23 °C ISO 527;
Probekörper: *Form* 150x20/10x4 mm *Herstellung* Spritzgiessen
Zustand *Vorbehandlung* Normalklima

Streckspannung	N/mm^2	48	*Dehnung bei Streckspannung*	%	≧2
Zugfestigkeit	N/mm^2		*Reißdehnung*	%	20
Reißfestigkeit	N/mm^2	38	*% Dehnspannung*	N/mm^2	
E-Modul	N/mm^2	2500	*Dehnung bei % Dehnspg.*	%	

Kriechmoduln und Zeitstandwerte 23 °C
Probekörper: *Form* *Herstellung*
Zustand *Vorbehandlung*

Kriechmodul	*1 min*	N/mm^2	*Zeitstandzugfestigkeit*	h	N/mm^2
Kriechmodul	*1000 h*	N/mm^2	*Zeitdehnspg.* %	h	N/mm^2
bei Spannung		N/mm^2			

Biegeversuch 23 °C ISO 178;
Probekörper: *Form* 80x10x4 mm *Herstellung* Spritzgiessen
Zustand *Vorbehandlung* Normalklima

Biegefestigkeit	N/mm^2		*E-Modul*	N/mm^2	2500
3,5% *Biegespannung*	N/mm^2	78			

Härte 23 °C *Probekörper:* *Zustand* *Herstellung* Spritzgiessen
Vorbehandlung Normalklima

Kugeldruckhärte	N/mm^2 105	bei 358 N, 30 s	*Shore-Härte* A	
Rockwellhärte			*Shore-Härte* D	

Schlagversuch *Probekörper:* *(1)* U-Kerbe
(2) *Herstellung* Spritzgiessen
Zustand *Vorbehandlung* Normalklima

		°C		°C		°C		*Probekörper-Form*
Schlagzähigkeit	kJ/m^2	23	o.B.	-40	50			50x6x4 mm
Kerbschlagzähigkeit (1)	kJ/m^2	23	14					50x6x4 mm
IZOD-Kerbschlagzähigkeit (2)	J/m							
Kerbschlagzugzähigkeit	kJ/m^2							

Abrieb und Reibung

Taber-Abrieb (Reibradverfahren)	$mm^3/100$ U		
Abriebfaktor LNP (Thrust washer) Vergleichswert			
Statische Reibungszahl			
Dynamische Reibungszahl	(p · v=	N/mm^2 ·	m/min)
Zulässiger p · v Wert	N/mm^2 · (m/min)	v=	m/min
		v=	m/min

Thermische Eigenschaften

Formbeständigkeit in der Wärme	*Verfahren* A		95 °C
	Verfahren		°C
Vicat Erweichungstemperatur (VST)	*Verfahren* A/50		108 °C
	Verfahren B/50		100 °C
Kristallit-Schmelzpunkt	*Verfahren*		
Längenausdehnungskoeffizient	*Bereich*	°C	$\cdot 10^{-4}K^{-1}$
	Temperatur 23K		$0.75 \cdot 10^{-4}K^{-1}$
Wärmeleitfähigkeit	*Verfahren*		W/(K · m)
Spezifische Wärmekapazität	*Verfahren*		J/(K · g)
Glasumwandlungstemperatur	*Torsionsschwingungsversuch*	°C	
	Differentialkalorimetrie	°C	

Brandverhalten

UL-Test vertikal	Dicke	mm, Wert HB
	Dicke	mm, Wert

	Norm	*Bewertung*	*Abmessungen*
Sauerstoff-Index	ASTM D 2863		
Glühstab-Verfahren			
Brandverhalten	DIN 4102		
MVSS			
FAR			

Elektrische Eigenschaften

		Hz	°C		*Probekörper, Form*
Dielektrizitätszahl		50			
		10^3			
		10^6			
Dielektrischer Verlustfaktor tan δ		50			
		10^3			
		10^6			
Spezifischer Durchgangs-widerstand	Ohm · cm				
Durchschlagfestigkeit	kV/mm				mm dick
Oberflächenwiderstand	Ohm				
Kriechstromfestigkeit		KC	KB	KA	
Elektrolytische Korrosionswirkung					
Lichtbogenfestigkeit nach DIN					
nach ASTM	s				

Beständigkeit *(Chemische Beständigkeit siehe Anhang)*

Wasseraufnahme A/23 C	1 d	0.3 %	
Feuchtigkeitsaufnahme Normalklima			%
Wetterbeständigkeit			
Spannungskorrosion			

Optische Eigenschaften

Brechungszahl n_D		
Transmissionsgrad τ_c	%	mm dick
Lichtdurchlässigkeit		

Produkt	Acrylnitril-Butadien-Styrol-Polymerisat		**ABS**
Handelsname	**Lustran QE 1122**		
Hersteller	MONSANTO		
DIN-Bez 1	16772-ABS,MN,095-08-20C		
DIN-Bez 2			
Zusätze		*Füllstoffe/ Verstärkung*	
Bevorzugte Verarbeitung	Spritzgiessen	*Lieferform*	Granulat
		Farben	Natur; Standard
Besondere Merkmale	Ausgezeichnete Schlagzaehigkeit; Gute Waermeformbestaendigkeit	*Bevorzugte Anwendungen*	Kfz-Innenteil; Kfz-Aussenteil; Tuerinnenverkleidung; Kuehlergrill; Stossfaengerteil; Kfz-Industrie; Teile gemaess Norm EG 21

Dichte	g/cm³	1.05	*Schmelzindex*	g/10 min	7:	220/10
Schüttdichte	g/cm³		*Volumenfließindex*	cm³/10 min	:	
Viskositätszahl	ml/g					

Verarbeitungsbedingungen für Spritzgießen

Massetemp.	°C	*Schwindung*	%	lgs 0.4–0.6, quer 0.4–0.6
Werkzeugtemp.	°C	*Bemerkungen*		
Spritzdruck	bar			

Zugversuch 23 °C ISO 527;
Probekörper: *Form* 150x20/10x4 mm — *Herstellung* Spritzgiessen
Zustand — *Vorbehandlung* Normalklima

Streckspannung	N/mm²	37	*Dehnung bei Streckspannung*	%	≧2
Zugfestigkeit	N/mm²		*Reißdehnung*	%	35
Reißfestigkeit	N/mm²	27	*% Dehnspannung*	N/mm²	
E-Modul	N/mm²	2100	*Dehnung bei % Dehnspg.*	%	

Kriechmoduln und Zeitstandwerte 23 °C
Probekörper: *Form* — *Herstellung*
Zustand — *Vorbehandlung*

Kriechmodul	*1 min*	N/mm²	*Zeitstandzugfestigkeit*	h	N/mm²
Kriechmodul	*1000 h*	N/mm²	*Zeitdehnspg. %*	h	N/mm²
bei Spannung		N/mm²			

Biegeversuch 23 °C ISO 178;
Probekörper: *Form* 80x10x4 mm — *Herstellung* Spritzgiessen
Zustand — *Vorbehandlung* Normalklima

Biegefestigkeit	N/mm²		*E-Modul*	N/mm²	2100
3,5% *Biegespannung*	N/mm²	61			

Härte 23 °C *Probekörper:* *Zustand* — *Herstellung* Spritzgiessen
Vorbehandlung Normalklima

Kugeldruckhärte	N/mm²	80	bei 358 N, 30 s	*Shore-Härte* A
Rockwellhärte				*Shore-Härte* D

Schlagversuch *Probekörper:* *(1)* U-Kerbe
(2)
Zustand — *Herstellung* Spritzgiessen — *Vorbehandlung* Normalklima

		°C		°C		°C		*Probekörper-Form*
Schlagzähigkeit	kJ/m²	23	o.B.	-40	70			50x6x4 mm
Kerbschlagzähigkeit (1)	kJ/m²	23	17					50x6x4 mm
IZOD-Kerbschlagzähigkeit (2)	J/m							
Kerbschlagzugzähigkeit	kJ/m²							

Abrieb und Reibung

Taber-Abrieb (Reibradverfahren)	mm^3/100 U		
Abriebfaktor LNP (Thrust washer) Vergleichswert			
Statische Reibungszahl			
Dynamische Reibungszahl	(p · v = N/mm^2 ·		m/min)
Zulässiger p · v Wert	N/mm^2 · (m/min)	v =	m/min
		v =	m/min

Thermische Eigenschaften

Formbeständigkeit in der Wärme	*Verfahren* A		93 °C
	Verfahren		°C
Vicat Erweichungstemperatur (VST)	*Verfahren* A/50		105 °C
	Verfahren B/50		96 °C
Kristallit-Schmelzpunkt	*Verfahren*		
Längenausdehnungskoeffizient	*Bereich*	°C	· $10^{-4}K^{-1}$
	Temperatur 23K		0.95 · $10^{-4}K^{-1}$
Wärmeleitfähigkeit	*Verfahren*		W/(K · m)
Spezifische Wärmekapazität	*Verfahren*		J/(K · g)
Glasumwandlungstemperatur	*Torsionsschwingungsversuch*	°C	
	Differentialkalorimetrie	°C	

Brandverhalten

UL-Test vertikal	Dicke	mm, Wert HB
	Dicke	mm, Wert

	Norm	*Bewertung*	*Abmessungen*
Sauerstoff-Index	ASTM D 2863		
Glühstab-Verfahren			
Brandverhalten	DIN 4102		
MVSS			
FAR			

Elektrische Eigenschaften

		Hz	°C		*Probekörper, Form*
Dielektrizitätszahl		50			
		10^3			
		10^6			
Dielektrischer Verlustfaktor tan δ		50			
		10^3			
		10^6			
Spezifischer Durchgangswiderstand	Ohm · cm				
Durchschlagfestigkeit	kV/mm				mm dick
Oberflächenwiderstand	Ohm				
Kriechstromfestigkeit		KC	KB	KA	
Elektrolytische Korrosionswirkung					
Lichtbogenfestigkeit nach DIN					
nach ASTM	s				

Beständigkeit *(Chemische Beständigkeit siehe Anhang)*

Wasseraufnahme A/23 C	1 d	0.3 %	
Feuchtigkeitsaufnahme Normalklima			%
Wetterbeständigkeit			
Spannungskorrosion			

Optische Eigenschaften

Brechungszahl n_D		
Transmissionsgrad τ_c	%	mm dick
Lichtdurchlässigkeit		

Datenbank-Nr. **T01232** Merkblatt-Nr. **4481**

Produkt	Acrylnitril-Butadien-Styrol-Polymerisat		**ABS**
Handelsname	**Lustran QE 1455**		
Hersteller	MONSANTO		
DIN-Bez 1	16772-ABS,MN,105-04-15C		
DIN-Bez 2			
Zusätze		*Füllstoffe/ Verstärkung*	
Bevorzugte Verarbeitung	Spritzgiessen	*Lieferform*	Granulat
		Farben	Natur; Standard
Besondere Merkmale	Antistatisch; Hohe Waermeformbestaendigkeit	*Bevorzugte Anwendungen*	Kfz-Innenteil; Kfz-Aussenteil; Tuerinnenverkleidung; Kuehlergrill; Stossfaengerteil; Kfz-Industrie

Dichte	g/cm^3	1.06	*Schmelzindex*	g/10 min	3.5:	220/10
Schüttdichte	g/cm^3		*Volumenfließindex*	cm^3/10 min	:	
Viskositätszahl	ml/g					

Verarbeitungsbedingungen für Spritzgießen

Massetemp.	°C	*Schwindung*	%	lgs 0.4–0.6, quer 0.4–0.6
Werkzeugtemp.	°C	*Bemerkungen*		
Spritzdruck	bar			

Zugversuch 23 °C ISO 527;
Probekörper: *Form* 150x20/10x4 mm *Herstellung* Spritzgiessen
Zustand *Vorbehandlung* Normalklima

Streckspannung	N/mm^2	47	*Dehnung bei Streckspannung*	%	≧2
Zugfestigkeit	N/mm^2		*Reißdehnung*	%	22
Reißfestigkeit	N/mm^2	37	*% Dehnspannung*	N/mm^2	
E-Modul	N/mm^2	2500	*Dehnung bei % Dehnspg.*	%	

Kriechmoduln und Zeitstandwerte 23 °C
Probekörper: *Form* *Herstellung*
Zustand *Vorbehandlung*

Kriechmodul	*1 min* N/mm^2	*Zeitstandzugfestigkeit*	h	N/mm^2	
Kriechmodul	*1000 h* N/mm^2	*Zeitdehnspg. %*	h	N/mm^2	
bei Spannung	N/mm^2				

Biegeversuch 23 °C ISO 178;
Probekörper: *Form* 80x10x4 mm *Herstellung* Spritzgiessen
Zustand *Vorbehandlung* Normalklima

Biegefestigkeit	N/mm^2		*E-Modul*	N/mm^2	2500
3,5% *Biegespannung*	N/mm^2	75			

Härte 23 °C *Probekörper:* *Zustand* *Herstellung* Spritzgiessen
Vorbehandlung Normalklima

Kugeldruckhärte	N/mm^2 105	bei 358 N, 30 s	*Shore-Härte* A	
Rockwellhärte			*Shore-Härte* D	

Schlagversuch *Probekörper:* *(1)* U-Kerbe
(2) *Herstellung* Spritzgiessen
Zustand *Vorbehandlung* Normalklima

		°C		°C		°C		*Probekörper-Form*
Schlagzähigkeit	kJ/m^2	23	o.B.	-40	60			50x6x4 mm
Kerbschlagzähigkeit (1)	kJ/m^2	23	15					50x6x4 mm
IZOD-Kerbschlagzähigkeit (2)	J/m							
Kerbschlagzugzähigkeit	kJ/m^2							

Abrieb und Reibung

Taber-Abrieb (Reibradverfahren)	mm^3/100 U		
Abriebfaktor LNP (Thrust washer) Vergleichswert			
Statische Reibungszahl			
Dynamische Reibungszahl	(p · v =	N/mm^2 ·	m/min)
Zulässiger p · v Wert	N/mm^2 · (m/min)	v =	m/min
		v =	m/min

Thermische Eigenschaften

Formbeständigkeit in der Wärme	*Verfahren* A		96 °C
	Verfahren		°C
Vicat Erweichungstemperatur (VST)	*Verfahren* A/50		109 °C
	Verfahren B/50		102 °C
Kristallit-Schmelzpunkt	*Verfahren*		
Längenausdehnungskoeffizient	*Bereich*	°C	· $10^{-4}K^{-1}$
	Temperatur 23K		0.75 · $10^{-4}K^{-1}$
Wärmeleitfähigkeit	*Verfahren*		W/(K · m)
Spezifische Wärmekapazität	*Verfahren*		J/(K · g)
Glasumwandlungstemperatur	*Torsionsschwingungsversuch*	°C	
	Differentialkalorimetrie	°C	

Brandverhalten

UL-Test vertikal	Dicke mm, Wert HB	
	Dicke mm, Wert	

	Norm	*Bewertung*	*Abmessungen*
Sauerstoff-Index	ASTM D 2863		
Glühstab-Verfahren			
Brandverhalten	DIN 4102		
MVSS			
FAR			

Elektrische Eigenschaften

		Hz	°C	*Probekörper, Form*
Dielektrizitätszahl		50		
		10^3		
		10^6		
Dielektrischer Verlustfaktor tan δ		50		
		10^3		
		10^6		
Spezifischer Durchgangswiderstand	Ohm · cm			
Durchschlagfestigkeit	kV/mm			mm dick
Oberflächenwiderstand	Ohm			

Kriechstromfestigkeit	KC	KB	KA
Elektrolytische Korrosionswirkung			
Lichtbogenfestigkeit nach DIN			
nach ASTM	s		

Beständigkeit *(Chemische Beständigkeit siehe Anhang)*

Wasseraufnahme A/23 C	1 d	0.3 %	
Feuchtigkeitsaufnahme Normalklima			%
Wetterbeständigkeit			
Spannungskorrosion			

Optische Eigenschaften

Brechungszahl n_D		
Transmissionsgrad τ_c	%	mm dick
Lichtdurchlässigkeit		

Produkt	Acrylnitril-Butadien-Styrol-Polymerisat		**ABS**
Handelsname	**Lustran QE 1555**		
Hersteller	MONSANTO		
DIN-Bez 1	16772-ABS,MN,105-04-10C		
DIN-Bez 2			
Zusätze		*Füllstoffe/ Verstärkung*	
Bevorzugte Verarbeitung	Spritzgiessen	*Lieferform*	Granulat
		Farben	Natur; Standard
Besondere Merkmale	Hohe Waermeformbestaendigkeit	*Bevorzugte Anwendungen*	Kfz-Innenteil; Kfz-Aussenteil; Tuerinnenverkleidung; Kuehlergrill; Stossfaengerteil; Kfz-Industrie

Dichte	g/cm^3	1.07	*Schmelzindex*	g/10 min	4:	220/10
Schüttdichte	g/cm^3		*Volumenfließindex*	cm^3/10 min	:	
Viskositätszahl	ml/g					

Verarbeitungsbedingungen für Spritzgießen

Massetemp.	°C	*Schwindung*	%	lgs 0.4–0.6, quer 0.4–0.6
Werkzeugtemp.	°C	*Bemerkungen*		
Spritzdruck	bar			

Zugversuch 23 °C ISO 527;
Probekörper: *Form* / *Zustand* — *Herstellung* Spritzgiessen; *Vorbehandlung* Normalklima

Streckspannung	N/mm^2	60	*Dehnung bei Streckspannung*	%	2.7
Zugfestigkeit	N/mm^2		*Reißdehnung*	%	15
Reißfestigkeit	N/mm^2	45	*% Dehnspannung*	N/mm^2	
E-Modul	N/mm^2	2700	*Dehnung bei % Dehnspg.*	%	

Kriechmoduln und Zeitstandwerte 23 °C
Probekörper: *Form* / *Zustand* — *Herstellung* / *Vorbehandlung*

Kriechmodul	*1 min*	N/mm^2	*Zeitstandzugfestigkeit*	h	N/mm^2
Kriechmodul	*1000 h*	N/mm^2	*Zeitdehnspg. %*	h	N/mm^2
bei Spannung		N/mm^2			

Biegeversuch 23 °C ISO 178;
Probekörper: *Form* / *Zustand* — *Herstellung* Spritzgiessen; *Vorbehandlung* Normalklima

Biegefestigkeit	N/mm^2		*E-Modul*	N/mm^2	3000
3,5% *Biegespannung*	N/mm^2	94			

Härte 23 °C *Probekörper:* *Zustand* — *Herstellung* Spritzgiessen; *Vorbehandlung* Normalklima

Kugeldruckhärte	N/mm^2	120	bei 358 N, 30 s	*Shore-Härte* A
Rockwellhärte				*Shore-Härte* D

Schlagversuch *Probekörper:* *(1)* U-Kerbe; *(2)*; *Zustand* — *Herstellung* Spritzgiessen; *Vorbehandlung* Normalklima

		°C		°C		°C		*Probekörper-Form*
Schlagzähigkeit	kJ/m^2	23	60	-40	40			
Kerbschlagzähigkeit (1)	kJ/m^2	23	10					
IZOD-Kerbschlagzähigkeit (2)	J/m							
Kerbschlagzugzähigkeit	kJ/m^2							

Abrieb und Reibung

Taber-Abrieb (Reibradverfahren)	mm^3/100 U		
Abriebfaktor LNP (Thrust washer) Vergleichswert			
Statische Reibungszahl			
Dynamische Reibungszahl	(p·v=	N/mm^2·	m/min)
Zulässiger p·v Wert	N/mm^2·(m/min)	v=	m/min
		v=	m/min

Thermische Eigenschaften

Formbeständigkeit in der Wärme	*Verfahren* A		95 °C
	Verfahren		°C
Vicat Erweichungstemperatur (VST)	*Verfahren* A/50		110 °C
	Verfahren B/50		105 °C
Kristallit-Schmelzpunkt	*Verfahren*		
Längenausdehnungskoeffizient	*Bereich*	°C	$\cdot 10^{-4}K^{-1}$
	Temperatur 23K		$0.75 \cdot 10^{-4}K^{-1}$
Wärmeleitfähigkeit	*Verfahren*		W/(K·m)
Spezifische Wärmekapazität	*Verfahren*		J/(K·g)
Glasumwandlungstemperatur	*Torsionsschwingungsversuch*	°C	
	Differentialkalorimetrie	°C	

Brandverhalten

UL-Test vertikal		Dicke mm, Wert HB	
		Dicke mm, Wert	
	Norm	*Bewertung*	*Abmessungen*
Sauerstoff-Index	ASTM D 2863		
Glühstab-Verfahren			
Brandverhalten	DIN 4102		
MVSS			
FAR			

Elektrische Eigenschaften

		Hz	°C		*Probekörper, Form*
Dielektrizitätszahl		50			
		10^3			
		10^6			
Dielektrischer Verlustfaktor tan δ		50			
		10^3			
		10^6			
Spezifischer Durchgangs-widerstand	Ohm·cm				
Durchschlagfestigkeit	kV/mm				mm dick
Oberflächenwiderstand	Ohm				
Kriechstromfestigkeit		KC	KB	KA	
Elektrolytische Korrosionswirkung					
Lichtbogenfestigkeit nach DIN					
nach ASTM	s				

Beständigkeit *(Chemische Beständigkeit siehe Anhang)*

Wasseraufnahme A/23 C	1 d	0.3 %	
Feuchtigkeitsaufnahme Normalklima			%
Wetterbeständigkeit			
Spannungskorrosion			

Optische Eigenschaften

Brechungszahl n_D		
Transmissionsgrad τ_c	%	mm dick
Lichtdurchlässigkeit		

Datenbank-Nr.	**T01234**		Merkblatt-Nr. **4483**
Produkt	Acrylnitril-Butadien-Styrol-Polymerisat		**ABS**
Handelsname	**Lustran QE 1137**		
Hersteller	MONSANTO		
DIN-Bez 1	16772-ABS,MN,095-08-20C		
DIN-Bez 2			
Zusätze		Füllstoffe/ Verstärkung	
Bevorzugte Verarbeitung	Spritzgiessen	Lieferform	Granulat
		Farben	Natur; Standard
Besondere Merkmale	Sehr gute Schlagzaehigkeit; Gute Waermeformbestaendigkeit	Bevorzugte Anwendungen	Kfz-Innenteil; Kfz-Aussenteil; Tuerinnenverkleidung; Kuehlergrill; Stossfaengerteil; Kfz-Industrie; Teil gemaess Norm EG 21

Dichte	g/cm^3	1.06	Schmelzindex	g/10 min	7:	220/10
Schüttdichte	g/cm^3		Volumenfließindex	cm^3/10 min	:	
Viskositätszahl	ml/g					

Verarbeitungsbedingungen für Spritzgießen

Massetemp.	°C	Schwindung	%	lgs 0.4–0.6, quer 0.4–0.6
Werkzeugtemp.	°C	Bemerkungen		
Spritzdruck	bar			

Zugversuch 23 °C ISO 527;

Probekörper:	Form		Herstellung	Spritzgiessen	
	Zustand		Vorbehandlung	Normalklima	
Streckspannung	N/mm^2	37	Dehnung bei Streckspannung	%	2.5
Zugfestigkeit	N/mm^2		Reißdehnung	%	35
Reißfestigkeit	N/mm^2	32	% Dehnspannung	N/mm^2	
E-Modul	N/mm^2	2200	Dehnung bei % Dehnspg.	%	

Kriechmoduln und Zeitstandwerte 23 °C

Probekörper:	Form		Herstellung		
	Zustand		Vorbehandlung		
Kriechmodul	1 min	N/mm^2	Zeitstandzugfestigkeit	h	N/mm^2
Kriechmodul	1000 h	N/mm^2	Zeitdehnspg. %	h	N/mm^2
bei Spannung		N/mm^2			

Biegeversuch 23 °C ISO 178;

Probekörper:	Form		Herstellung	Spritzgiessen	
	Zustand		Vorbehandlung	Normalklima	
Biegefestigkeit	N/mm^2		E-Modul	N/mm^2	2000
3,5% Biegespannung	N/mm^2	65			

Härte 23 °C

Probekörper:	Zustand		Herstellung	Spritzgiessen
			Vorbehandlung	Normalklima
Kugeldruckhärte	N/mm^2 90	bei 358 N, 30 s	Shore-Härte A	
Rockwellhärte			Shore-Härte D	

Schlagversuch

Probekörper:	(1) U-Kerbe		
	(2)	Herstellung	Spritzgiessen
	Zustand	Vorbehandlung	Normalklima

		°C		°C		°C		Probekörper-Form
Schlagzähigkeit	kJ/m^2	23	o.B.	-40	55			
Kerbschlagzähigkeit (1)	kJ/m^2	23	20					
IZOD-Kerbschlagzähigkeit (2)	J/m							
Kerbschlagzugzähigkeit	kJ/m^2							

Abrieb und Reibung

Taber-Abrieb (Reibradverfahren)	mm^3/100 U		
Abriebfaktor LNP (Thrust washer) Vergleichswert			
Statische Reibungszahl			
Dynamische Reibungszahl	(p · v = N/mm² ·		m/min)
Zulässiger p · v Wert	N/mm² · (m/min)	v =	m/min
		v =	m/min

Thermische Eigenschaften

Formbeständigkeit in der Wärme	*Verfahren* A		89 °C
	Verfahren		°C
Vicat Erweichungstemperatur (VST)	*Verfahren* A/50		109 °C
	Verfahren B/50		99 °C
Kristallit-Schmelzpunkt	*Verfahren*		
Längenausdehnungskoeffizient	*Bereich*	°C	$\cdot 10^{-4} K^{-1}$
	Temperatur 23K		$0.90 \cdot 10^{-4} K^{-1}$
Wärmeleitfähigkeit	*Verfahren*		W/(K · m)
Spezifische Wärmekapazität	*Verfahren*		J/(K · g)
Glasumwandlungstemperatur	*Torsionsschwingungsversuch*	°C	
	Differentialkalorimetrie	°C	

Brandverhalten

UL-Test vertikal	Dicke mm, Wert HB	
	Dicke mm, Wert	

	Norm	*Bewertung*	*Abmessungen*
Sauerstoff-Index	ASTM D 2863		
Glühstab-Verfahren			
Brandverhalten	DIN 4102		
MVSS			
FAR			

Elektrische Eigenschaften

	Hz	°C	*Probekörper, Form*
Dielektrizitätszahl	50		
	10^3		
	10^6		
Dielektrischer Verlustfaktor tan δ	50		
	10^3		
	10^6		

Spezifischer Durchgangswiderstand	Ohm · cm	
Durchschlagfestigkeit	kV/mm	mm dick
Oberflächenwiderstand	Ohm	

Kriechstromfestigkeit	KC	KB	KA
Elektrolytische Korrosionswirkung			
Lichtbogenfestigkeit nach DIN			
nach ASTM	s		

Beständigkeit *(Chemische Beständigkeit siehe Anhang)*

Wasseraufnahme A/23 C	1 d	0.3 %
Feuchtigkeitsaufnahme Normalklima		%
Wetterbeständigkeit		
Spannungskorrosion		

Optische Eigenschaften

Brechungszahl n_D		
Transmissionsgrad τ_c	%	mm dick
Lichtdurchlässigkeit		

Produkt	Acrylnitril-Butadien-Styrol-Polymerisat		**ABS**
Handelsname	**Lustran 1173**		
Hersteller	MONSANTO		
DIN-Bez 1	16772-ABS,MN,095-15-10C		
DIN-Bez 2			
Zusätze		*Füllstoffe/ Verstärkung*	
Bevorzugte Verarbeitung	Spritzgiessen	*Lieferform*	Granulat
		Farben	Natur; Standard
Besondere Merkmale	Mittlere Schlagzaehigkeit; Gute Verarbeitbarkeit; Gute Stosselastizitaet; Sehr gute Oberflaeche; Hoher Glanz	*Bevorzugte Anwendungen*	Gehaeuse; Haushaltsgeraet; Kommunikationsgeraeteteil; Bueromaschinenteil; Gartengeraet

Dichte	g/cm^3	1.07	*Schmelzindex*	g/10 min	25:	220/10
Schüttdichte	g/cm^3		*Volumenfließindex*	cm^3/10 min	:	
Viskositätszahl	ml/g					

Verarbeitungsbedingungen für Spritzgießen

Massetemp.	°C	*Schwindung*	%	lgs 0.4–0.6, quer 0.4–0.6
Werkzeugtemp.	°C	*Bemerkungen*		
Spritzdruck	bar			

Zugversuch 23 °C ISO 527;
Probekörper: *Form* 150x20/10x4 mm *Herstellung* Spritzgiessen
Zustand *Vorbehandlung* Normalklima

Streckspannung	N/mm^2	48	*Dehnung bei Streckspannung*	%	≧2
Zugfestigkeit	N/mm^2		*Reißdehnung*	%	22
Reißfestigkeit	N/mm^2	35	*% Dehnspannung*	N/mm^2	
E-Modul	N/mm^2	2400	*Dehnung bei % Dehnspg.*	%	

Kriechmoduln und Zeitstandwerte 23 °C
Probekörper: *Form* *Herstellung*
Zustand *Vorbehandlung*

Kriechmodul	*1 min*	N/mm^2	*Zeitstandzugfestigkeit*	h	N/mm^2
Kriechmodul	*1000 h*	N/mm^2	*Zeitdehnspg. %*	h	N/mm^2
bei Spannung		N/mm^2			

Biegeversuch 23 °C ISO 178;
Probekörper: *Form* 80x10x4 mm *Herstellung* Spritzgiessen
Zustand *Vorbehandlung* Normalklima

Biegefestigkeit	N/mm^2		*E-Modul*	N/mm^2	2700
3,5% *Biegespannung*	N/mm^2	76			

Härte 23 °C *Probekörper:* *Zustand* *Herstellung* Spritzgiessen
Vorbehandlung Normalklima

Kugeldruckhärte	N/mm^2	100	bei 358 N, 30 s	*Shore-Härte* A
Rockwellhärte				*Shore-Härte* D

Schlagversuch *Probekörper:* *(1)* U-Kerbe
(2) *Herstellung* Spritzgiessen
Zustand *Vorbehandlung* Normalklima

		°C		°C		°C		*Probekörper-Form*
Schlagzähigkeit	kJ/m^2	23	75	-40	50			50x6x4 mm
Kerbschlagzähigkeit (1)	kJ/m^2	23	9					50x6x4 mm
IZOD-Kerbschlagzähigkeit (2)	J/m							
Kerbschlagzugzähigkeit	kJ/m^2							

Abrieb und Reibung

Taber-Abrieb (Reibradverfahren)	mm^3/100 U		
Abriebfaktor LNP (Thrust washer) Vergleichswert			
Statische Reibungszahl			
Dynamische Reibungszahl	(p · v = N/mm^2 ·		m/min)
Zulässiger p · v Wert	N/mm^2 · (m/min)	v =	m/min
		v =	m/min

Thermische Eigenschaften

Formbeständigkeit in der Wärme	*Verfahren* A		88 °C
	Verfahren		°C
Vicat Erweichungstemperatur (VST)	*Verfahren* A/50		106 °C
	Verfahren B/50		99 °C
Kristallit-Schmelzpunkt	*Verfahren*		
Längenausdehnungskoeffizient	*Bereich*	°C	· $10^{-4}K^{-1}$
	Temperatur 23K		0.75 · $10^{-4}K^{-1}$
Wärmeleitfähigkeit	*Verfahren*		W/(K · m)
Spezifische Wärmekapazität	*Verfahren*		J/(K · g)
Glasumwandlungstemperatur	*Torsionsschwingungsversuch*	°C	
	Differentialkalorimetrie	°C	

Brandverhalten

UL-Test vertikal Dicke 3.2 mm, Wert HB
Dicke mm, Wert

	Norm	*Bewertung*	*Abmessungen*
Sauerstoff-Index	ASTM D 2863		
Glühstab-Verfahren			
Brandverhalten	DIN 4102		
MVSS			
FAR			

Elektrische Eigenschaften

		Hz	°C		*Probekörper, Form*
Dielektrizitätszahl		50	23	3.0	120x120x1 mm
		10^3	23	3.0	120x120x1 mm
		10^6	23	3.0	120x120x1 mm
Dielektrischer Verlustfaktor tan δ		50	23	0.009	120x120x1 mm
		10^3	23	0.009	120x120x1 mm
		10^6	23	0.009	120x120x1 mm
Spezifischer Durchgangs-widerstand	Ohm · cm				
Durchschlagfestigkeit	kV/mm				mm dick
Oberflächenwiderstand	Ohm		23	3.0*10**14	120x120x1 mm

Kriechstromfestigkeit KC KB KA
Elektrolytische Korrosionswirkung
Lichtbogenfestigkeit nach DIN
nach ASTM s

Beständigkeit *(Chemische Beständigkeit siehe Anhang)*

Wasseraufnahme A/23 C 1 d 0.3 %

Feuchtigkeitsaufnahme Normalklima %
Wetterbeständigkeit

Spannungskorrosion

Optische Eigenschaften

Brechungszahl n_D
Transmissionsgrad τ_c % mm dick
Lichtdurchlässigkeit

Produkt	Acrylnitril-Butadien-Styrol-Polymerisat		**ABS**
Handelsname	**Lustran 1170**		
Hersteller	MONSANTO		
DIN-Bez 1	16772-ABS,MN,095-15-15C		
DIN-Bez 2			
Zusätze		*Füllstoffe/ Verstärkung*	
Bevorzugte Verarbeitung	Spritzgiessen	*Lieferform*	Granulat
		Farben	Natur; Standard
Besondere Merkmale	Sehr gute Schlagzaehigkeit; Gute Steifigkeit; Ausgezeichneter Glanz; Ausgezeichnete Oberflaeche; Sehr gute Verarbeitbarkeit; Ausgewogene Eigenschaften	*Bevorzugte Anwendungen*	Gehaeuse; Haushaltsgeraet; Kommunikationsgeraeteteil; Bueromaschinenteil; Gartengeraet

Dichte	g/cm^3	1.07	*Schmelzindex*	g/10 min	18:	220/10
Schüttdichte	g/cm^3		*Volumenfließindex*	cm^3/10 min	:	
Viskositätszahl	ml/g					

Verarbeitungsbedingungen für Spritzgießen

Massetemp.	°C	*Schwindung*	%	lgs 0.4–0.6, quer 0.4–0.6
Werkzeugtemp.	°C	*Bemerkungen*		
Spritzdruck	bar			

Zugversuch 23 °C ISO 527;
Probekörper: *Form* 150x20/10x4 mm — *Herstellung* Spritzgiessen
Zustand — *Vorbehandlung* Normalklima

Streckspannung	N/mm^2	45	*Dehnung bei Streckspannung*	%	≧2
Zugfestigkeit	N/mm^2		*Reißdehnung*	%	25
Reißfestigkeit	N/mm^2	33	*% Dehnspannung*	N/mm^2	
E-Modul	N/mm^2	2200	*Dehnung bei % Dehnspg.*	%	

Kriechmoduln und Zeitstandwerte 23 °C
Probekörper: *Form* — *Herstellung*
Zustand — *Vorbehandlung*

Kriechmodul	*1 min*	N/mm^2	*Zeitstandzugfestigkeit*	h	N/mm^2
Kriechmodul	*1000 h*	N/mm^2	*Zeitdehnspg. %*	h	N/mm^2
bei Spannung		N/mm^2			

Biegeversuch 23 °C ISO 178;
Probekörper: *Form* 80x10x4 mm — *Herstellung* Spritzgiessen
Zustand — *Vorbehandlung* Normalklima

Biegefestigkeit	N/mm^2		*E-Modul*	N/mm^2	2400
3,5% *Biegespannung*	N/mm^2	71			

Härte 23 °C *Probekörper:* *Zustand* — *Herstellung* Spritzgiessen
Vorbehandlung Normalklima

Kugeldruckhärte	N/mm^2 92	bei 358 N, 30 s	*Shore-Härte* A
Rockwellhärte			*Shore-Härte* D

Schlagversuch *Probekörper:* *(1)* U-Kerbe
(2) — *Herstellung* Spritzgiessen
Zustand — *Vorbehandlung* Normalklima

		°C		°C		°C		*Probekörper-Form*
Schlagzähigkeit	kJ/m^2	23	o.B.	-40	65			50x6x4 mm
Kerbschlagzähigkeit (1)	kJ/m^2	23	13					50x6x4 mm
IZOD-Kerbschlagzähigkeit (2)	J/m							
Kerbschlagzugzähigkeit	kJ/m^2							

Abrieb und Reibung

Taber-Abrieb (Reibradverfahren)	mm^3/100 U		
Abriebfaktor LNP (Thrust washer) Vergleichswert			
Statische Reibungszahl			
Dynamische Reibungszahl	(p · v =	N/mm^2 ·	m/min)
Zulässiger p · v Wert	N/mm^2 · (m/min)	v =	m/min
		v =	m/min

Thermische Eigenschaften

Formbeständigkeit in der Wärme	*Verfahren* A		88 °C
	Verfahren		°C
Vicat Erweichungstemperatur (VST)	*Verfahren* A/50		106 °C
	Verfahren B/50		98 °C
Kristallit-Schmelzpunkt	*Verfahren*		
Längenausdehnungskoeffizient	*Bereich*	°C	· $10^{-4}K^{-1}$
	Temperatur 23K		0.80 · $10^{-4}K^{-1}$
Wärmeleitfähigkeit	*Verfahren*		W/(K · m)
Spezifische Wärmekapazität	*Verfahren*		J/(K · g)
Glasumwandlungstemperatur	*Torsionsschwingungsversuch*	°C	
	Differentialkalorimetrie	°C	

Brandverhalten

UL-Test vertikal		Dicke 3.2 mm, Wert HB	
		Dicke mm, Wert	
	Norm	*Bewertung*	*Abmessungen*
Sauerstoff-Index	ASTM D 2863		
Glühstab-Verfahren			
Brandverhalten	DIN 4102		
MVSS			
FAR			

Elektrische Eigenschaften

		Hz	°C			*Probekörper, Form*
Dielektrizitätszahl		50	23	3.1		120x120x1 mm
		10^3	23	3.1		120x120x1 mm
		10^6	23	3.1		120x120x1 mm
Dielektrischer Verlustfaktor tan δ		50	23	0.008		120x120x1 mm
		10^3	23	0.008		120x120x1 mm
		10^6	23	0.008		120x120x1 mm
Spezifischer Durchgangswiderstand	Ohm · cm					
Durchschlagfestigkeit	kV/mm					mm dick
Oberflächenwiderstand	Ohm		23	3.0*10**14		120x120x1 mm
Kriechstromfestigkeit		KC		KB	KA	
Elektrolytische Korrosionswirkung						
Lichtbogenfestigkeit nach DIN						
nach ASTM	s					

Beständigkeit *(Chemische Beständigkeit siehe Anhang)*

Wasseraufnahme A/23 C	1 d	0.3 %	
Feuchtigkeitsaufnahme Normalklima			%
Wetterbeständigkeit			
Spannungskorrosion			

Optische Eigenschaften

Brechungszahl n_D		
Transmissionsgrad τ_c	%	mm dick
Lichtdurchlässigkeit		

Produkt	Acrylnitril-Butadien-Styrol-Polymerisat		**ABS**
Handelsname	**Lustran 1138**		
Hersteller	MONSANTO		
DIN-Bez 1	16772-ABS,MN,095-04-20C		
DIN-Bez 2			
Zusätze		*Füllstoffe/ Verstärkung*	
Bevorzugte Verarbeitung	Spritzgiessen	*Lieferform*	Granulat
		Farben	Natur; Standard
Besondere Merkmale	Ausgezeichnete Schlagzaehigkeit; Ausgezeichnete Verarbeitbarkeit; Ausgezeichnete Oberflaeche; Ausgezeichneter Glanz; Ausgewogene Eigenschaften	*Bevorzugte Anwendungen*	

Dichte	g/cm^3	1.05	*Schmelzindex*	g/10 min	6:	220/10
Schüttdichte	g/cm^3		*Volumenfließindex*	cm^3/10 min	:	
Viskositätszahl	ml/g					

Verarbeitungsbedingungen für Spritzgießen

Massetemp.	°C	*Schwindung*	%	lgs 0.4–0.6, quer 0.4–0.6
Werkzeugtemp.	°C	*Bemerkungen*		
Spritzdruck	bar			

Zugversuch 23 °C ISO 527;
Probekörper: *Form* 150x20/10x4 mm *Herstellung* Spritzgiessen
Zustand *Vorbehandlung* Normalklima

Streckspannung	N/mm^2	39	*Dehnung bei Streckspannung*	%	≧2
Zugfestigkeit	N/mm^2		*Reißdehnung*	%	35
Reißfestigkeit	N/mm^2	27	*% Dehnspannung*	N/mm^2	
E-Modul	N/mm^2	1900	*Dehnung bei % Dehnspg.*	%	

Kriechmoduln und Zeitstandwerte 23 °C
Probekörper: *Form* *Herstellung*
Zustand *Vorbehandlung*

Kriechmodul	*1 min* N/mm^2		*Zeitstandzugfestigkeit*	h	N/mm^2
Kriechmodul	*1000 h* N/mm^2		*Zeitdehnspg.* %	h	N/mm^2
bei Spannung	N/mm^2				

Biegeversuch 23 °C ISO 178;
Probekörper: *Form* 80x10x4 mm *Herstellung* Spritzgiessen
Zustand *Vorbehandlung* Normalklima

Biegefestigkeit	N/mm^2		*E-Modul*	N/mm^2	2000
3,5% *Biegespannung*	N/mm^2	65			

Härte 23 °C *Probekörper:* *Zustand* *Herstellung* Spritzgiessen
Vorbehandlung Normalklima

Kugeldruckhärte	N/mm^2 75	bei 358 N, 30 s	*Shore-Härte*	A
Rockwellhärte			*Shore-Härte*	D

Schlagversuch *Probekörper:* *(1)* U-Kerbe
(2) *Herstellung* Spritzgiessen
Zustand *Vorbehandlung* Normalklima

		°C		°C		°C		*Probekörper-Form*
Schlagzähigkeit	kJ/m^2	23	o.B.	-40	o.B.			50x6x4 mm
Kerbschlagzähigkeit (1)	kJ/m^2	23	20					50x6x4 mm
IZOD-Kerbschlagzähigkeit (2)	J/m							
Kerbschlagzugzähigkeit	kJ/m^2							

Abrieb und Reibung

Taber-Abrieb (Reibradverfahren)	mm^3/100 U		
Abriebfaktor LNP (Thrust washer) Vergleichswert			
Statische Reibungszahl			
Dynamische Reibungszahl	(p · v=	N/mm^2 ·	m/min)
Zulässiger p · v Wert	N/mm^2 · (m/min)	v=	m/min
		v=	m/min

Thermische Eigenschaften

Formbeständigkeit in der Wärme	*Verfahren* A		82 °C
	Verfahren		°C
Vicat Erweichungstemperatur (VST)	*Verfahren* A/50		101 °C
	Verfahren B/50		92 °C
Kristallit-Schmelzpunkt	*Verfahren*		
Längenausdehnungskoeffizient	*Bereich*	°C	· $10^{-4}K^{-1}$
	Temperatur 23K		0.90 · $10^{-4}K^{-1}$
Wärmeleitfähigkeit	*Verfahren*		W/(K · m)
Spezifische Wärmekapazität	*Verfahren*		J/(K · g)
Glasumwandlungstemperatur	*Torsionsschwingungsversuch*	°C	
	Differentialkalorimetrie	°C	

Brandverhalten

UL-Test vertikal		Dicke 3.2 mm, Wert HB	
		Dicke mm, Wert	
	Norm	*Bewertung*	*Abmessungen*
Sauerstoff-Index	ASTM D 2863		
Glühstab-Verfahren			
Brandverhalten	DIN 4102		
MVSS			
FAR			

Elektrische Eigenschaften

		Hz	°C			*Probekörper, Form*
Dielektrizitätszahl		50	23	2.6		120x120x1 mm
		10^3	23	2.6		120x120x1 mm
		10^6	23	2.6		120x120x1 mm
Dielektrischer Verlustfaktor tan δ		50	23	0.007		120x120x1 mm
		10^3	23	0.007		120x120x1 mm
		10^6	23	0.007		120x120x1 mm
Spezifischer Durchgangs-widerstand	Ohm · cm					
Durchschlagfestigkeit	kV/mm					mm dick
Oberflächenwiderstand	Ohm		23	5.0*10**14		120x120x1 mm
Kriechstromfestigkeit		KC		KB	KA	
Elektrolytische Korrosionswirkung						
Lichtbogenfestigkeit nach DIN						
nach ASTM	s					

Beständigkeit *(Chemische Beständigkeit siehe Anhang)*

Wasseraufnahme A/23 C	1 d	0.3 %	
Feuchtigkeitsaufnahme Normalklima			%
Wetterbeständigkeit			
Spannungskorrosion			

Optische Eigenschaften

Brechungszahl n_D		
Transmissionsgrad τ_c	%	mm dick
Lichtdurchlässigkeit		

Datenbank-Nr.	**T01238**		Merkblatt-Nr. **4487**

Produkt	Acrylnitril-Butadien-Styrol-Polymerisat		**ABS**
Handelsname	**Lustropak 1010**		
Hersteller	MONSANTO		
DIN-Bez 1	16772-ABS,FN,105-08-10C		
DIN-Bez 2			
Zusätze		*Füllstoffe/ Verstärkung*	
Bevorzugte Verarbeitung	Extrudieren	*Lieferform*	Granulat
		Farben	Natur; Standard
Besondere Merkmale	Hohe Steifigkeit; Hoher Glanz; Gute Verarbeitbarkeit; Sehr geringer Restmonomergehalt	*Bevorzugte Anwendungen*	Tiefziehfolie; Verpackungsfolie; Lebensmittelverpackung; Verpackung von Molkereiprodukten; Verpackungssektor

Dichte	g/cm^3	1.07	*Schmelzindex*	g/10 min	8:	220/10
Schüttdichte	g/cm^3		*Volumenfließindex*	$cm^3/10$ min	:	
Viskositätszahl	ml/g					

Verarbeitungsbedingungen für Spritzgießen

Massetemp.	°C	*Schwindung*	% lgs , quer
Werkzeugtemp.	°C	*Bemerkungen*	
Spritzdruck	bar		

Zugversuch 23 °C ISO 527;

Probekörper: *Form* 150x20/10x4 mm *Herstellung* Spritzgiessen
Zustand *Vorbehandlung* Normalklima

Streckspannung	N/mm^2	44	*Dehnung bei Streckspannung*	%	2.0
Zugfestigkeit	N/mm^2		*Reißdehnung*	%	15
Reißfestigkeit	N/mm^2	38	*% Dehnspannung*	N/mm^2	
E-Modul	N/mm^2	2600	*Dehnung bei % Dehnspg.*	%	

Kriechmoduln und Zeitstandwerte 23 °C

Probekörper: *Form* *Herstellung*
Zustand *Vorbehandlung*

Kriechmodul	*1 min* N/mm^2		*Zeitstandzugfestigkeit*	h	N/mm^2
Kriechmodul	*1000 h* N/mm^2		*Zeitdehnspg. %*	h	N/mm^2
bei Spannung	N/mm^2				

Biegeversuch 23 °C ISO 178;

Probekörper: *Form* 80x10x4 mm *Herstellung* Spritzgiessen
Zustand *Vorbehandlung* Normalklima

Biegefestigkeit	N/mm^2		*E-Modul*	N/mm^2	2600
3,5% *Biegespannung*	N/mm^2	80			

Härte 23 °C *Probekörper:* *Zustand* *Herstellung* Spritzgiessen
Vorbehandlung Normalklima

Kugeldruckhärte	N/mm^2 116	bei 358 N, 30 s	*Shore-Härte* A	
Rockwellhärte			*Shore-Härte* D	

Schlagversuch *Probekörper:* *(1)* U-Kerbe
(2) *Herstellung* Spritzgiessen
Zustand *Vorbehandlung* Normalklima

		°C		°C		°C		*Probekörper-Form*
Schlagzähigkeit	kJ/m^2	23	60	-40	16			50x6x4 mm
Kerbschlagzähigkeit (1)	kJ/m^2	23	6					50x6x4 mm
IZOD-Kerbschlagzähigkeit (2)	J/m							
Kerbschlagzugzähigkeit	kJ/m^2							

Abrieb und Reibung

Taber-Abrieb (Reibradverfahren)	mm^3/100 U		
Abriebfaktor LNP (Thrust washer) Vergleichswert			
Statische Reibungszahl			
Dynamische Reibungszahl	(p·v=	N/mm^2·	m/min)
Zulässiger p · v Wert	N/mm^2 · (m/min)	v=	m/min
		v=	m/min

Thermische Eigenschaften

Formbeständigkeit in der Wärme	*Verfahren* A		90 °C
	Verfahren		°C
Vicat Erweichungstemperatur (VST)	*Verfahren* A/50		109 °C
	Verfahren B/50		103 °C
Kristallit-Schmelzpunkt	*Verfahren*		
Längenausdehnungskoeffizient	*Bereich*	°C	$\cdot 10^{-4}K^{-1}$
	Temperatur 23K		$0.75 \cdot 10^{-4}K^{-1}$
Wärmeleitfähigkeit	*Verfahren*		W/(K · m)
Spezifische Wärmekapazität	*Verfahren*		J/(K · g)
Glasumwandlungstemperatur	*Torsionsschwingungsversuch*	°C	
	Differentialkalorimetrie	°C	

Brandverhalten

UL-Test vertikal	Dicke	mm, Wert
	Dicke	mm, Wert

	Norm	*Bewertung*	*Abmessungen*
Sauerstoff-Index	ASTM D 2863		
Glühstab-Verfahren			
Brandverhalten	DIN 4102		
MVSS			
FAR			

Elektrische Eigenschaften

		Hz	°C		*Probekörper, Form*
Dielektrizitätszahl		50			
		10^3			
		10^6			
Dielektrischer Verlustfaktor tan δ		50			
		10^3			
		10^6			
Spezifischer Durchgangswiderstand	Ohm · cm				
Durchschlagfestigkeit	kV/mm				mm dick
Oberflächenwiderstand	Ohm				
Kriechstromfestigkeit		KC	KB	KA	
Elektrolytische Korrosionswirkung					
Lichtbogenfestigkeit nach DIN					
nach ASTM	s				

Beständigkeit *(Chemische Beständigkeit siehe Anhang)*

Wasseraufnahme A/23 C	1 d	0.3 %	
Feuchtigkeitsaufnahme Normalklima			%
Wetterbeständigkeit			
Spannungskorrosion			

Optische Eigenschaften

Brechungszahl n_D		
Transmissionsgrad τ_c	%	mm dick
Lichtdurchlässigkeit		

Produkt	Acrylnitril-Butadien-Styrol-Polymerisat		**ABS**
Handelsname	**Lustropak 1020**		
Hersteller	MONSANTO		
DIN-Bez 1	16772-ABS,FN,105-08-10C		
DIN-Bez 2			
Zusätze		*Füllstoffe/ Verstärkung*	
Bevorzugte Verarbeitung	Extrudieren	*Lieferform*	Granulat
		Farben	Natur; Standard
Besondere Merkmale	Hohe Steifigkeit; Guter Glanz; Gute Verarbeitbarkeit	*Bevorzugte Anwendungen*	Lebensmitteleinsatz; Lebensmittelverpackung; Tiefziehprodukt; Verpackungsfolie; Verpackungssektor

Dichte	g/cm³	1.05	*Schmelzindex*	g/10 min	6.5:	220/10
Schüttdichte	g/cm³		*Volumenfließindex*	cm³/10 min	:	
Viskositätszahl	ml/g					

Verarbeitungsbedingungen für Spritzgießen

Massetemp.	°C	*Schwindung*	% lgs , quer
Werkzeugtemp.	°C	*Bemerkungen*	
Spritzdruck	bar		

Zugversuch 23 °C ISO 527;
Probekörper: *Form* — *Herstellung* Spritzgiessen
Zustand — *Vorbehandlung* Normalklima

Streckspannung	N/mm²	41	*Dehnung bei Streckspannung*	%	1.9
Zugfestigkeit	N/mm²		*Reißdehnung*	%	35
Reißfestigkeit	N/mm²	36	*% Dehnspannung*	N/mm²	
E-Modul	N/mm²	2350	*Dehnung bei % Dehnspg.*	%	

Kriechmoduln und Zeitstandwerte 23 °C
Probekörper: *Form* — *Herstellung*
Zustand — *Vorbehandlung*

Kriechmodul	*1 min* N/mm²	*Zeitstandzugfestigkeit*	h	N/mm²
Kriechmodul	*1000 h* N/mm²	*Zeitdehnspg. %*	h	N/mm²
bei Spannung	N/mm²			

Biegeversuch 23 °C ISO 178;
Probekörper: *Form* — *Herstellung* Spritzgiessen
Zustand — *Vorbehandlung* Normalklima

Biegefestigkeit	N/mm²		*E-Modul*	N/mm² 2550
3,5% *Biegespannung*	N/mm²	72		

Härte 23 °C *Probekörper:* *Zustand* — *Herstellung* Spritzgiessen
Vorbehandlung Normalklima

Kugeldruckhärte	N/mm² 109	bei 358 N, 30 s	*Shore-Härte*	A
Rockwellhärte			*Shore-Härte*	D

Schlagversuch *Probekörper:* *(1)* U-Kerbe
(2) — *Herstellung* Spritzgiessen
Zustand — *Vorbehandlung* Normalklima

		°C		°C		°C		*Probekörper-Form*
Schlagzähigkeit	kJ/m²	23	o.B.	-40	30			
Kerbschlagzähigkeit (1)	kJ/m²	23	12					
IZOD-Kerbschlagzähigkeit (2)	J/m							
Kerbschlagzugzähigkeit	kJ/m²							

Abrieb und Reibung

Taber-Abrieb (Reibradverfahren)	mm^3/100 U		
Abriebfaktor LNP (Thrust washer) Vergleichswert			
Statische Reibungszahl			
Dynamische Reibungszahl	(p·v=	N/mm^2 ·	m/min)
Zulässiger p · v Wert	N/mm^2 · (m/min)	v=	m/min
		v=	m/min

Thermische Eigenschaften

Formbeständigkeit in der Wärme	*Verfahren* A		91 °C
	Verfahren		°C
Vicat Erweichungstemperatur (VST)	*Verfahren* A/50		111 °C
	Verfahren B/50		101 °C
Kristallit-Schmelzpunkt	*Verfahren*		
Längenausdehnungskoeffizient	*Bereich*	°C	· $10^{-4}K^{-1}$
	Temperatur 23K		0.80 · $10^{-4}K^{-1}$
Wärmeleitfähigkeit	*Verfahren*		W/(K · m)
Spezifische Wärmekapazität	*Verfahren*		J/(K · g)
Glasumwandlungstemperatur	*Torsionsschwingungsversuch*	°C	
	Differentialkalorimetrie	°C	

Brandverhalten

UL-Test vertikal	Dicke	mm, Wert	
	Dicke	mm, Wert	

	Norm	*Bewertung*	*Abmessungen*
Sauerstoff-Index	ASTM D 2863		
Glühstab-Verfahren			
Brandverhalten	DIN 4102		
MVSS			
FAR			

Elektrische Eigenschaften

		Hz	°C		*Probekörper, Form*
Dielektrizitätszahl		50			
		10^3			
		10^6			
Dielektrischer Verlustfaktor tan δ		50			
		10^3			
		10^6			
Spezifischer Durchgangs-widerstand	Ohm · cm				
Durchschlagfestigkeit	kV/mm				mm dick
Oberflächenwiderstand	Ohm				
Kriechstromfestigkeit		KC	KB	KA	
Elektrolytische Korrosionswirkung					
Lichtbogenfestigkeit nach DIN					
nach ASTM	s				

Beständigkeit *(Chemische Beständigkeit siehe Anhang)*

Wasseraufnahme A/23 C	1 d	0.3 %	
Feuchtigkeitsaufnahme Normalklima			%
Wetterbeständigkeit			
Spannungskorrosion			

Optische Eigenschaften

Brechungszahl n_D		
Transmissionsgrad τ_c	%	mm cick
Lichtdurchlässigkeit		

Datenbank-Nr. **T01240** Merkblatt-Nr. **4489**

Produkt	Acrylnitril-Butadien-Styrol-Polymerisat		**ABS**
Handelsname	**Lustropak 1030**		
Hersteller	MONSANTO		
DIN-Bez 1	16772-ABS,FN,095-08-15C		
DIN-Bez 2			
Zusätze		*Füllstoffe/ Verstärkung*	
Bevorzugte Verarbeitung	Extrudieren	*Lieferform*	Granulat
		Farben	Natur; Standard
Besondere Merkmale	Verbesserte Reissfestigkeit; Geringer Restmonomergehalt	*Bevorzugte Anwendungen*	Verpackungsdeckel; Verpackungssektor

Dichte	g/cm^3	1.06	*Schmelzindex*	g/10 min	6:	220/10
Schüttdichte	g/cm^3		*Volumenfließindex*	cm^3/10 min	:	
Viskositätszahl	ml/g					

Verarbeitungsbedingungen für Spritzgießen

Massetemp.	°C	*Schwindung*	%	lgs , quer
Werkzeugtemp.	°C	*Bemerkungen*		
Spritzdruck	bar			

Zugversuch 23 °C ISO 527;
Probekörper: *Form* 150x20/10x4 mm *Herstellung* Spritzgiessen
Zustand *Vorbehandlung* Normalklima

Streckspannung	N/mm^2	37	*Dehnung bei Streckspannung*	%	2.0
Zugfestigkeit	N/mm^2		*Reißdehnung*	%	40
Reißfestigkeit	N/mm^2	33	*% Dehnspannung*	N/mm^2	
E-Modul	N/mm^2	2300	*Dehnung bei % Dehnspg.*	%	

Kriechmoduln und Zeitstandwerte 23 °C
Probekörper: *Form* *Herstellung*
Zustand *Vorbehandlung*

Kriechmodul	*1 min* N/mm^2		*Zeitstandzugfestigkeit*	h	N/mm^2
Kriechmodul	*1000 h* N/mm^2		*Zeitdehnspg. %*	h	N/mm^2
bei Spannung	N/mm^2				

Biegeversuch 23 °C ISO 178;
Probekörper: *Form* 80x10x4 mm *Herstellung* Spritzgiessen
Zustand *Vorbehandlung* Normalklima

Biegefestigkeit	N/mm^2		*E-Modul*	N/mm^2	2500
3,5% *Biegespannung*	N/mm^2	66			

Härte 23 °C *Probekörper:* *Zustand* *Herstellung* Spritzgiessen
Vorbehandlung Normalklima

Kugeldruckhärte	N/mm^2	101	bei 358 N, 30 s	*Shore-Härte* A
Rockwellhärte				*Shore-Härte* D

Schlagversuch *Probekörper:* *(1)* U-Kerbe
(2) *Herstellung* Spritzgiessen
Zustand *Vorbehandlung* Normalklima

		°C		°C		°C		*Probekörper-Form*
Schlagzähigkeit	kJ/m^2	23	o.B.	-40	31			50x6x4 mm
Kerbschlagzähigkeit (1)	kJ/m^2	23	13					50x6x4 mm
IZOD-Kerbschlagzähigkeit (2)	J/m							
Kerbschlagzugzähigkeit	kJ/m^2							

Abrieb und Reibung

Taber-Abrieb (Reibradverfahren)	mm^3/100 U		
Abriebfaktor LNP (Thrust washer) Vergleichswert			
Statische Reibungszahl			
Dynamische Reibungszahl	(p·v=	N/mm^2 ·	m/min)
Zulässiger p · v Wert	N/mm^2 · (m/min)	v=	m/min
		v=	m/min

Thermische Eigenschaften

Formbeständigkeit in der Wärme	*Verfahren*	A		87 °C
	Verfahren			°C
Vicat Erweichungstemperatur (VST)	*Verfahren*	A/50		106 °C
	Verfahren	B/50		98 °C
Kristallit-Schmelzpunkt	*Verfahren*			
Längenausdehnungskoeffizient	*Bereich*		°C	$\cdot 10^{-4} K^{-1}$
	Temperatur	23K		$0.80 \cdot 10^{-4} K^{-1}$
Wärmeleitfähigkeit	*Verfahren*			W/(K · m)
Spezifische Wärmekapazität	*Verfahren*			J/(K · g)
Glasumwandlungstemperatur	*Torsionsschwingungsversuch*		°C	
	Differentialkalorimetrie		°C	

Brandverhalten

UL-Test vertikal	Dicke	mm, Wert
	Dicke	mm, Wert

	Norm	*Bewertung*	*Abmessungen*
Sauerstoff-Index	ASTM D 2863		
Glühstab-Verfahren			
Brandverhalten	DIN 4102		
MVSS			
FAR			

Elektrische Eigenschaften

		Hz	°C		*Probekörper, Form*
Dielektrizitätszahl		50			
		10^3			
		10^6			
Dielektrischer Verlustfaktor tan δ		50			
		10^3			
		10^6			
Spezifischer Durchgangs-widerstand	Ohm · cm				
Durchschlagfestigkeit	kV/mm				mm dick
Oberflächenwiderstand	Ohm				
Kriechstromfestigkeit		KC	KB	KA	
Elektrolytische Korrosionswirkung					
Lichtbogenfestigkeit nach DIN					
nach ASTM	s				

Beständigkeit *(Chemische Beständigkeit siehe Anhang)*

Wasseraufnahme A/23 C	1 d	0.3 %	
Feuchtigkeitsaufnahme Normalklima			%
Wetterbeständigkeit			
Spannungskorrosion			

Optische Eigenschaften

Brechungszahl n_D		
Transmissionsgrad τ_c	%	mm dick
Lichtdurchlässigkeit		

Produkt	Acrylnitril-Butadien-Styrol-Polymerisat		**ABS**
Handelsname	**Lustran QE 524**		
Hersteller	MONSANTO		
DIN-Bez 1	16772-ABS,FN,105-04-10C		
DIN-Bez 2			
Zusätze		*Füllstoffe/ Verstärkung*	
Bevorzugte Verarbeitung	Extrudieren	*Lieferform*	Granulat
		Farben	Natur; Standard
Besondere Merkmale	Hohe Viskositaet; Gute Steifigkeit; Geringer Glanz; Oberflaeche wie Lustran QE 1110	*Bevorzugte Anwendungen*	Verpackungssektor; Coextrusion mit Lustran QE 1110

Dichte	g/cm^3	1.06	*Schmelzindex*	g/10 min	4:	220/10
Schüttdichte	g/cm^3		*Volumenfließindex*	$cm^3/10$ min	:	
Viskositätszahl	ml/g					

Verarbeitungsbedingungen für Spritzgießen

Massetemp.	°C	*Schwindung*	% lgs , quer
Werkzeugtemp.	°C	*Bemerkungen*	
Spritzdruck	bar		

Zugversuch 23 °C ISO 527;
Probekörper: *Form* 150x20/10x4 mm *Herstellung* Spritzgiessen
Zustand *Vorbehandlung* Normalklima

Streckspannung	N/mm^2	47	*Dehnung bei Streckspannung*	%	2.1
Zugfestigkeit	N/mm^2		*Reißdehnung*	%	20
Reißfestigkeit	N/mm^2	39	*% Dehnspannung*	N/mm^2	
E-Modul	N/mm^2	2500	*Dehnung bei % Dehnspg.*	%	

Kriechmoduln und Zeitstandwerte 23 °C
Probekörper: *Form* *Herstellung*
Zustand *Vorbehandlung*

Kriechmodul	*1 min* N/mm^2	*Zeitstandzugfestigkeit*	h	N/mm^2
Kriechmodul	*1000 h* N/mm^2	*Zeitdehnspg. %*	h	N/mm^2
bei Spannung	N/mm^2			

Biegeversuch 23 °C ISO 178;
Probekörper: *Form* 80x10x4 mm *Herstellung* Spritzgiessen
Zustand *Vorbehandlung* Normalklima

Biegefestigkeit	N/mm^2		*E-Modul*	N/mm^2	2400
3,5% *Biegespannung*	N/mm^2	78			

Härte 23 °C *Probekörper:* *Zustand* *Herstellung* Spritzgiessen
Vorbehandlung Normalklima

Kugeldruckhärte	N/mm^2 109	bei 358 N, 30 s	*Shore-Härte* A	
Rockwellhärte			*Shore-Härte* D	

Schlagversuch *Probekörper:* *(1)* U-Kerbe
(2) *Herstellung* Spritzgiessen
Zustand *Vorbehandlung* Normalklima

		°C		°C		°C		*Probekörper-Form*
Schlagzähigkeit	kJ/m^2	23	o.B.	-40	30			50x6x4 mm
Kerbschlagzähigkeit (1)	kJ/m^2	23	12					50x6x4 mm
IZOD-Kerbschlagzähigkeit (2)	J/m							
Kerbschlagzugzähigkeit	kJ/m^2							

Abrieb und Reibung

Taber-Abrieb (Reibradverfahren)	mm^3/100 U		
Abriebfaktor LNP (Thrust washer) Vergleichswert			
Statische Reibungszahl			
Dynamische Reibungszahl	(p · v=	N/mm^2 ·	m/min)
Zulässiger p · v Wert	N/mm^2 · (m/min)	v=	m/min
		v=	m/min

Thermische Eigenschaften

Formbeständigkeit in der Wärme	*Verfahren* A		90 °C
	Verfahren		°C
Vicat Erweichungstemperatur (VST)	*Verfahren* A/50		109 °C
	Verfahren B/50		101 °C
Kristallit-Schmelzpunkt	*Verfahren*		
Längenausdehnungskoeffizient	*Bereich*	°C	$\cdot 10^{-4} K^{-1}$
	Temperatur 23K		$0.80 \cdot 10^{-4} K^{-1}$
Wärmeleitfähigkeit	*Verfahren*		W/(K · m)
Spezifische Wärmekapazität	*Verfahren*		J/(K · g)
Glasumwandlungstemperatur	*Torsionsschwingungsversuch*	°C	
	Differentialkalorimetrie	°C	

Brandverhalten

UL-Test vertikal	Dicke	mm, Wert
	Dicke	mm, Wert

	Norm	*Bewertung*	*Abmessungen*
Sauerstoff-Index	ASTM D 2863		
Glühstab-Verfahren			
Brandverhalten	DIN 4102		
MVSS			
FAR			

Elektrische Eigenschaften

		Hz	°C		*Probekörper, Form*
Dielektrizitätszahl		50			
		10^3			
		10^6			
Dielektrischer Verlustfaktor tan δ		50			
		10^3			
		10^6			
Spezifischer Durchgangswiderstand	Ohm · cm				
Durchschlagfestigkeit	kV/mm				mm dick
Oberflächenwiderstand	Ohm				
Kriechstromfestigkeit		KC	KB	KA	
Elektrolytische Korrosionswirkung					
Lichtbogenfestigkeit nach DIN					
nach ASTM	s				

Beständigkeit *(Chemische Beständigkeit siehe Anhang)*

Wasseraufnahme A/23 C	1 d	0.3 %	
Feuchtigkeitsaufnahme Normalklima			%
Wetterbeständigkeit			
Spannungskorrosion			

Optische Eigenschaften

Brechungszahl n_D		
Transmissionsgrad τ_c	%	mm dick
Lichtdurchlässigkeit		

Produkt	Acrylnitril-Butadien-Styrol-Polymerisat		**ABS**
Handelsname	**Lustran QE 1120**		
Hersteller	MONSANTO		
DIN-Bez 1	16772-ABS,FN,095-08-20C		
DIN-Bez 2			
Zusätze		*Füllstoffe/ Verstärkung*	
Bevorzugte Verarbeitung	Extrudieren	*Lieferform*	Granulat
		Farben	Natur; Standard
Besondere Merkmale	Hohe Schlagzaehigkeit; Hohe Steifigkeit; Hervorragender Glanz	*Bevorzugte Anwendungen*	Moebel; Freizeitartikel; Industrieller Behaelter

Dichte	g/cm³	1.06	*Schmelzindex*	g/10 min	4.5:	220/10
Schüttdichte	g/cm³		*Volumenfließindex*	cm³/10 min	:	
Viskositätszahl	ml/g					

Verarbeitungsbedingungen für Spritzgießen

Massetemp.	°C	*Schwindung*	% lgs , quer
Werkzeugtemp.	°C	*Bemerkungen*	
Spritzdruck	bar		

Zugversuch 23 °C ISO 527;
Probekörper: *Form* 150x20/10x4 mm *Herstellung* Spritzgiessen
Zustand *Vorbehandlung* Normalklima

Streckspannung	N/mm²	36	*Dehnung bei Streckspannung*	%	2.2
Zugfestigkeit	N/mm²		*Reißdehnung*	%	50
Reißfestigkeit	N/mm²	30	*% Dehnspannung*	N/mm²	
E-Modul	N/mm²	2100	*Dehnung bei % Dehnspg.*	%	

Kriechmoduln und Zeitstandwerte 23 °C
Probekörper: *Form* *Herstellung*
Zustand *Vorbehandlung*

Kriechmodul	*1 min*	N/mm²	*Zeitstandzugfestigkeit*	h	N/mm²
Kriechmodul	*1000 h*	N/mm²	*Zeitdehnspg. %*	h	N/mm²
bei Spannung		N/mm²			

Biegeversuch 23 °C ISO 178;
Probekörper: *Form* 80x10x4 mm *Herstellung* Spritzgiessen
Zustand *Vorbehandlung* Normalklima

Biegefestigkeit	N/mm²		*E-Modul*	N/mm²	2200
3,5% *Biegespannung*	N/mm²	68			

Härte 23 °C *Probekörper:* *Zustand* *Herstellung* Spritzgiessen
Vorbehandlung Normalklima

Kugeldruckhärte	N/mm²	87	bei 358 N, 30 s	*Shore-Härte* A
Rockwellhärte				*Shore-Härte* D

Schlagversuch *Probekörper:* *(1)* U-Kerbe
(2) *Herstellung* Spritzgiessen
Zustand *Vorbehandlung* Normalklima

		°C		°C		°C		*Probekörper-Form*
Schlagzähigkeit	kJ/m²	23	o.B.	-40	o.B.			50x6x4 mm
Kerbschlagzähigkeit (1)	kJ/m²	23	17					50x6x4 mm
IZOD-Kerbschlagzähigkeit (2)	J/m							
Kerbschlagzugzähigkeit	kJ/m²							

Abrieb und Reibung

Taber-Abrieb (Reibradverfahren)	mm^3/100 U		
Abriebfaktor LNP (Thrust washer) Vergleichswert			
Statische Reibungszahl			
Dynamische Reibungszahl	(p · v =	N/mm² ·	m/min)
Zulässiger p · v Wert	N/mm² · (m/min)	v =	m/min
		v =	m/min

Thermische Eigenschaften

Formbeständigkeit in der Wärme	*Verfahren*	A	89 °C
	Verfahren		°C
Vicat Erweichungstemperatur (VST)	*Verfahren*	A/50	107 °C
	Verfahren	B/50	98 °C
Kristallit-Schmelzpunkt	*Verfahren*		
Längenausdehnungskoeffizient	*Bereich*	°C	$\cdot 10^{-4} K^{-1}$
	Temperatur 23K		$0.85 \cdot 10^{-4} K^{-1}$
Wärmeleitfähigkeit	*Verfahren*		W/(K · m)
Spezifische Wärmekapazität	*Verfahren*		J/(K · g)
Glasumwandlungstemperatur	*Torsionsschwingungsversuch*	°C	
	Differentialkalorimetrie	°C	

Brandverhalten

UL-Test vertikal	Dicke	mm, Wert
	Dicke	mm, Wert

	Norm	*Bewertung*	*Abmessungen*
Sauerstoff-Index	ASTM D 2863		
Glühstab-Verfahren			
Brandverhalten	DIN 4102		
MVSS			
FAR			

Elektrische Eigenschaften

		Hz	°C	*Probekörper, Form*
Dielektrizitätszahl		50		
		10^3		
		10^6		
Dielektrischer Verlustfaktor tan δ		50		
		10^3		
		10^6		
Spezifischer Durchgangswiderstand	Ohm · cm			
Durchschlagfestigkeit	kV/mm			mm dick
Oberflächenwiderstand	Ohm			

Kriechstromfestigkeit	KC	KB	KA
Elektrolytische Korrosionswirkung			
Lichtbogenfestigkeit nach DIN			
nach ASTM s			

Beständigkeit *(Chemische Beständigkeit siehe Anhang)*

Wasseraufnahme A/23 C	1 d	0.3 %
Feuchtigkeitsaufnahme Normalklima		%
Wetterbeständigkeit		
Spannungskorrosion		

Optische Eigenschaften

Brechungszahl n_D		
Transmissionsgrad τ_c	%	mm dick
Lichtdurchlässigkeit		

Datenbank-Nr.	**T01243**		Merkblatt-Nr. **4492**
Produkt	Acrylnitril-Butadien-Styrol-Polymerisat		**ABS**
Handelsname	**Lustran QE 1006**		
Hersteller	MONSANTO		
DIN-Bez 1	16772-ABS,FN,095-08-20C		
DIN-Bez 2			
Zusätze		Füllstoffe/ Verstärkung	
Bevorzugte Verarbeitung	Extrudieren	Lieferform	Granulat
		Farben	Natur; Standard
Besondere Merkmale	Sehr hohe Schlagzaehigkeit; Gute Steifigkeit; Glanz; Zaehigkeit; Leichte Verarbeitbarkeit	Bevorzugte Anwendungen	Moebel; Koffer; Kfz-Industrie

Dichte	g/cm^3 1.05	Schmelzindex	g/10 min	6:	220/10
Schüttdichte	g/cm^3	Volumenfließindex	cm^3/10 min	:	
Viskositätszahl	ml/g				

Verarbeitungsbedingungen für Spritzgießen

Massetemp.	°C	Schwindung	% lgs , quer
Werkzeugtemp.	°C	Bemerkungen	
Spritzdruck	bar		

Zugversuch 23 °C ISO 527;

Probekörper:	Form	150x20/10x4 mm	Herstellung	Spritzgiessen
	Zustand		Vorbehandlung	Normalklima

Streckspannung	N/mm^2 31	Dehnung bei Streckspannung	%	2.1
Zugfestigkeit	N/mm^2	Reißdehnung	%	55
Reißfestigkeit	N/mm^2 26	% Dehnspannung	N/mm^2	
E-Modul	N/mm^2 1900	Dehnung bei % Dehnspg.	%	

Kriechmoduln und Zeitstandwerte 23 °C

Probekörper:	Form	Herstellung	
	Zustand	Vorbehandlung	

Kriechmodul	1 min N/mm^2	Zeitstandzugfestigkeit	h N/mm^2
Kriechmodul	1000 h N/mm^2	Zeitdehnspg. %	h N/mm^2
bei Spannung	N/mm^2		

Biegeversuch 23 °C ISO 178;

Probekörper:	Form	80x10x4 mm	Herstellung	Spritzgiessen
	Zustand		Vorbehandlung	Normalklima

Biegefestigkeit	N/mm^2	E-Modul	N/mm^2 2000
3,5% Biegespannung	N/mm^2 55		

Härte 23 °C

Probekörper:	Zustand	Herstellung	Spritzgiessen
		Vorbehandlung	Normalklima

Kugeldruckhärte	N/mm^2 77 bei 358 N, 30 s	Shore-Härte A	
Rockwellhärte		Shore-Härte D	

Schlagversuch

Probekörper:	(1) U-Kerbe		
	(2)	Herstellung	Spritzgiessen
	Zustand	Vorbehandlung	Normalklima

		°C	°C	°C	Probekörper-Form
Schlagzähigkeit	kJ/m^2	23 o.B.	-40 o.B.		50x6x4 mm
Kerbschlagzähigkeit (1)	kJ/m^2	23 19			50x6x4 mm
IZOD-Kerbschlagzähigkeit (2)	J/m				
Kerbschlagzugzähigkeit	kJ/m^2				

Abrieb und Reibung

Taber-Abrieb (Reibradverfahren)	mm^3/100 U		
Abriebfaktor LNP (Thrust washer) Vergleichswert			
Statische Reibungszahl			
Dynamische Reibungszahl	(p · v =	N/mm^2 ·	m/min)
Zulässiger p · v Wert	N/mm^2 · (m/min)	v =	m/min
		v =	m/min

Thermische Eigenschaften

Formbeständigkeit in der Wärme	*Verfahren* A		86 °C
	Verfahren		°C
Vicat Erweichungstemperatur (VST)	*Verfahren* A/50		104 °C
	Verfahren B/50		95 °C
Kristallit-Schmelzpunkt	*Verfahren*		
Längenausdehnungskoeffizient	*Bereich*	°C	· $10^{-4}K^{-1}$
	Temperatur 23K		0.95 · $10^{-4}K^{-1}$
Wärmeleitfähigkeit	*Verfahren*		W/(K · m)
Spezifische Wärmekapazität	*Verfahren*		J/(K · g)
Glasumwandlungstemperatur	*Torsionsschwingungsversuch*	°C	
	Differentialkalorimetrie	°C	

Brandverhalten

UL-Test vertikal Dicke mm, Wert
Dicke mm, Wert

	Norm	*Bewertung*	*Abmessungen*
Sauerstoff-Index	ASTM D 2863		
Glühstab-Verfahren			
Brandverhalten	DIN 4102		
MVSS			
FAR			

Elektrische Eigenschaften

		Hz	°C	*Probekörper, Form*
Dielektrizitätszahl		50		
		10^3		
		10^6		
Dielektrischer Verlustfaktor tan δ		50		
		10^3		
		10^6		
Spezifischer Durchgangswiderstand	Ohm · cm			
Durchschlagfestigkeit	kV/mm			mm dick
Oberflächenwiderstand	Ohm			

Kriechstromfestigkeit KC KB KA
Elektrolytische Korrosionswirkung
Lichtbogenfestigkeit nach DIN
nach ASTM s

Beständigkeit *(Chemische Beständigkeit siehe Anhang)*

Wasseraufnahme A/23 C 1 d 0.3 %

Feuchtigkeitsaufnahme Normalklima %
Wetterbeständigkeit

Spannungskorrosion

Optische Eigenschaften

Brechungszahl n_D
Transmissionsgrad τ_c % mm dick
Lichtdurchlässigkeit

Datenbank-Nr. **T01244** Merkblatt-Nr. **4493**

Produkt	Acrylnitril-Butadien-Styrol-Polymerisat		**ABS**
Handelsname	**Lustran QE 511**		
Hersteller	MONSANTO		
DIN-Bez 1	16772-ABS,FN,105-08-10C		
DIN-Bez 2			
Zusätze		*Füllstoffe/ Verstärkung*	
Bevorzugte Verarbeitung	Extrudieren	*Lieferform*	Granulat
		Farben	Natur; Standard
Besondere Merkmale	Hohe Chemikalienbestaendigkeit; Hoher Glanz; Hohe Steifigkeit	*Bevorzugte Anwendungen*	Kuehlschranktuer; Kuehlschrankinnenauskleidung

Dichte	g/cm³	1.05	*Schmelzindex*	g/10 min	7:	220/10
Schüttdichte	g/cm³		*Volumenfließindex*	cm³/10 min	:	
Viskositätszahl	ml/g					

Verarbeitungsbedingungen für Spritzgießen

Massetemp.	°C	*Schwindung*	% lgs , quer
Werkzeugtemp.	°C	*Bemerkungen*	
Spritzdruck	bar		

Zugversuch 23 °C ISO 527;

Probekörper: *Form* / *Zustand* — *Herstellung* Spritzgiessen; *Vorbehandlung* Normalklima

Streckspannung	N/mm²	38	*Dehnung bei Streckspannung*	%	1.8
Zugfestigkeit	N/mm²		*Reißdehnung*	%	25
Reißfestigkeit	N/mm²	30	*% Dehnspannung*	N/mm²	
E-Modul	N/mm²	2600	*Dehnung bei % Dehnspg.*	%	

Kriechmoduln und Zeitstandwerte 23 °C

Probekörper: *Form* / *Zustand* — *Herstellung* / *Vorbehandlung*

Kriechmodul	*1 min*	N/mm²	*Zeitstandzugfestigkeit*	h	N/mm²
Kriechmodul	*1000 h*	N/mm²	*Zeitdehnspg. %*	h	N/mm²
bei Spannung		N/mm²			

Biegeversuch 23 °C ISO 178;

Probekörper: *Form* / *Zustand* — *Herstellung* Spritzgiessen; *Vorbehandlung* Normalklima

Biegefestigkeit	N/mm²		*E-Modul*	N/mm²	2500
3,5% *Biegespannung*	N/mm²	65			

Härte 23 °C *Probekörper:* *Zustand* — *Herstellung* Spritzgiessen; *Vorbehandlung* Normalklima

Kugeldruckhärte	N/mm²	112	bei 358 N, 30 s	*Shore-Härte* A
Rockwellhärte				*Shore-Härte* D

Schlagversuch *Probekörper:* *(1)* U-Kerbe / *(2)* / *Zustand* — *Herstellung* Spritzgiessen; *Vorbehandlung* Normalklima

		°C		°C		°C		*Probekörper-Form*
Schlagzähigkeit	kJ/m²	23	o.B.	-40	30			
Kerbschlagzähigkeit (1)	kJ/m²	23	11					
IZOD-Kerbschlagzähigkeit (2)	J/m							
Kerbschlagzugzähigkeit	kJ/m²							

Abrieb und Reibung

Taber-Abrieb (Reibradverfahren)	mm^3/100 U		
Abriebfaktor LNP (Thrust washer) Vergleichswert			
Statische Reibungszahl			
Dynamische Reibungszahl	(p · v =	N/mm² ·	m/min)
Zulässiger p · v Wert	N/mm² · (m/min)	v =	m/min
		v =	m/min

Thermische Eigenschaften

Formbeständigkeit in der Wärme	*Verfahren* A		92 °C
	Verfahren		°C
Vicat Erweichungstemperatur (VST)	*Verfahren* A/50		112 °C
	Verfahren B/50		101 °C
Kristallit-Schmelzpunkt	*Verfahren*		
Längenausdehnungskoeffizient	*Bereich*	°C	$\cdot 10^{-4}K^{-1}$
	Temperatur 23K		$0.75 \cdot 10^{-4}K^{-1}$
Wärmeleitfähigkeit	*Verfahren*		W/(K · m)
Spezifische Wärmekapazität	*Verfahren*		J/(K · g)
Glasumwandlungstemperatur	*Torsionsschwingungsversuch*	°C	
	Differentialkalorimetrie	°C	

Brandverhalten

UL-Test vertikal	Dicke mm, Wert	
	Dicke mm, Wert	

	Norm	*Bewertung*	*Abmessungen*
Sauerstoff-Index	ASTM D 2863		
Glühstab-Verfahren			
Brandverhalten	DIN 4102		
MVSS			
FAR			

Elektrische Eigenschaften

		Hz	°C	*Probekörper, Form*
Dielektrizitätszahl		50		
		10^3		
		10^6		
Dielektrischer Verlustfaktor tan δ		50		
		10^3		
		10^6		
Spezifischer Durchgangswiderstand	Ohm · cm			
Durchschlagfestigkeit	kV/mm			mm dick
Oberflächenwiderstand	Ohm			

Kriechstromfestigkeit	KC	KB	KA
Elektrolytische Korrosionswirkung			
Lichtbogenfestigkeit nach DIN			
nach ASTM s			

Beständigkeit *(Chemische Beständigkeit siehe Anhang)*

Wasseraufnahme A/23 C	1 d	0.3 %	
Feuchtigkeitsaufnahme Normalklima			%
Wetterbeständigkeit			
Spannungskorrosion			

Optische Eigenschaften

Brechungszahl n_D		
Transmissionsgrad τ_c	%	mm dick
Lichtdurchlässigkeit		

Datenbank-Nr.	**T01245**		Merkblatt-Nr. **4494**
Produkt	Acrylnitril-Butadien-Styrol-Polymerisat		**ABS**
Handelsname	**Lustran QE 530**		
Hersteller	MONSANTO		
DIN-Bez 1	16772-ABS,FN,095-08-20C		
DIN-Bez 2			
Zusätze		Füllstoffe/ Verstärkung	
Bevorzugte Verarbeitung	Extrudieren	Lieferform	Granulat
		Farben	Natur; Standard
Besondere Merkmale	Gute Temperaturwechselbestaendigkeit; Ausgezeichnete Waermeformbestaendigkeit; Gut thermoformbar	Bevorzugte Anwendungen	Kuehlschrankinnenausstattung; Tiefkuehlgeraeteinnenausstattung

Dichte	g/cm^3	1.06	Schmelzindex	g/10 min	5:	220/10
Schüttdichte	g/cm^3		Volumenfließindex	cm^3/10 min	:	
Viskositätszahl	ml/g					

Verarbeitungsbedingungen für Spritzgießen

Massetemp.	°C	Schwindung	%	lgs , quer
Werkzeugtemp.	°C	Bemerkungen		
Spritzdruck	bar			

Zugversuch 23 °C ISO 527;
Probekörper: Form 150x20/10x4 mm; Zustand — Herstellung Spritzgiessen; Vorbehandlung Normalklima

Streckspannung	N/mm^2	36	Dehnung bei Streckspannung	%	2.0
Zugfestigkeit	N/mm^2		Reißdehnung	%	40
Reißfestigkeit	N/mm^2	32	% Dehnspannung	N/mm^2	
E-Modul	N/mm^2	2200	Dehnung bei % Dehnspg.	%	

Kriechmoduln und Zeitstandwerte 23 °C
Probekörper: Form; Zustand — Herstellung; Vorbehandlung

Kriechmodul	1 min	N/mm^2	Zeitstandzugfestigkeit	h	N/mm^2
Kriechmodul	1000 h	N/mm^2	Zeitdehnspg. %	h	N/mm^2
bei Spannung		N/mm^2			

Biegeversuch 23 °C ISO 178;
Probekörper: Form 80x10x4 mm; Zustand — Herstellung Spritzgiessen; Vorbehandlung Normalklima

Biegefestigkeit	N/mm^2		E-Modul	N/mm^2	2400
3,5% Biegespannung	N/mm^2	68			

Härte 23 °C Probekörper: Zustand — Herstellung Spritzgiessen; Vorbehandlung Normalklima

Kugeldruckhärte	N/mm^2 94	bei 358 N, 30 s	Shore-Härte A	
Rockwellhärte			Shore-Härte D	

Schlagversuch Probekörper: (1) U-Kerbe; (2); Zustand — Herstellung Spritzgiessen; Vorbehandlung Normalklima

		°C		°C		°C		Probekörper-Form
Schlagzähigkeit	kJ/m^2	23	o.B.	-40	55			50x6x4 mm
Kerbschlagzähigkeit (1)	kJ/m^2	23	15					50x6x4 mm
IZOD-Kerbschlagzähigkeit (2)	J/m							
Kerbschlagzugzähigkeit	kJ/m^2							

Abrieb und Reibung

Taber-Abrieb (Reibradverfahren)	mm^3/100 U		
Abriebfaktor LNP (Thrust washer) Vergleichswert			
Statische Reibungszahl			
Dynamische Reibungszahl	(p·v= N/mm^2 ·		m/min)
Zulässiger p · v Wert	N/mm^2 · (m/min)	v=	m/min
		v=	m/min

Thermische Eigenschaften

Formbeständigkeit in der Wärme	*Verfahren* A		89 °C
	Verfahren		°C
Vicat Erweichungstemperatur (VST)	*Verfahren* A/50		106 °C
	Verfahren B/50		99 °C
Kristallit-Schmelzpunkt	*Verfahren*		
Längenausdehnungskoeffizient	*Bereich*	°C	$\cdot 10^{-4}K^{-1}$
	Temperatur 23K		$0.80 \cdot 10^{-4}K^{-1}$
Wärmeleitfähigkeit	*Verfahren*		W/(K · m)
Spezifische Wärmekapazität	*Verfahren*		J/(K · g)
Glasumwandlungstemperatur	*Torsionsschwingungsversuch*	°C	
	Differentialkalorimetrie	°C	

Brandverhalten

UL-Test vertikal	Dicke	mm, Wert
	Dicke	mm, Wert

	Norm	*Bewertung*	*Abmessungen*
Sauerstoff-Index	ASTM D 2863		
Glühstab-Verfahren			
Brandverhalten	DIN 4102		
MVSS			
FAR			

Elektrische Eigenschaften

		Hz	°C			*Probekörper, Form*
Dielektrizitätszahl		50				
		10^3				
		10^6				
Dielektrischer Verlustfaktor tan δ		50				
		10^3				
		10^6				
Spezifischer Durchgangs-widerstand	Ohm · cm					
Durchschlagfestigkeit	kV/mm					mm dick
Oberflächenwiderstand	Ohm					
Kriechstromfestigkeit		KC		KB	KA	
Elektrolytische Korrosionswirkung						
Lichtbogenfestigkeit nach DIN						
nach ASTM	s					

Beständigkeit *(Chemische Beständigkeit siehe Anhang)*

Wasseraufnahme A/23 C	1 d	0.3 %	
Feuchtigkeitsaufnahme Normalklima			%
Wetterbeständigkeit			
Spannungskorrosion			

Optische Eigenschaften

Brechungszahl n_D		
Transmissionsgrad τ_c	%	mm dick
Lichtdurchlässigkeit		

Produkt	Acrylnitril-Butadien-Styrol-Polymerisat		**ABS**
Handelsname	**Lustran QE 1110**		
Hersteller	MONSANTO		
DIN-Bez 1	16772-ABS,FN,095-04-20C		
DIN-Bez 2			
Zusätze		*Füllstoffe/ Verstärkung*	
Bevorzugte Verarbeitung	Extrudieren	*Lieferform*	Granulat
		Farben	Natur; Standard
Besondere Merkmale	Hervorragender Mattglanz; Ausgezeichnete Erhaltung des Mattglanzes beim Thermoformen; Gute Schlagzaehigkeit; Leichte Verarbeitbarkeit in Coextrusionsmassen	*Bevorzugte Anwendungen*	Koffer; Gehaeuse; Profil; Moebelteil; Kfz-Teil; Teil mit hohen Oberflaechenanforderungen; Praegefolie; Kfz-Industrie

Dichte	g/cm^3	1.05	*Schmelzindex*	g/10 min	3.5:	220/10
Schüttdichte	g/cm^3		*Volumenfließindex*	$cm^3/10$ min	:	
Viskositätszahl	ml/g					

Verarbeitungsbedingungen für Spritzgießen

Massetemp.	°C	*Schwindung*	% lgs , quer
Werkzeugtemp.	°C	*Bemerkungen*	
Spritzdruck	bar		

Zugversuch 23 °C ISO 527;
Probekörper: *Form* 150x20/10x4 mm *Herstellung* Spritzgiessen
Zustand *Vorbehandlung* Normalklima

Streckspannung	N/mm^2	25	*Dehnung bei Streckspannung*	%	2.5
Zugfestigkeit	N/mm^2		*Reißdehnung*	%	50
Reißfestigkeit	N/mm^2	25	*% Dehnspannung*	N/mm^2	
E-Modul	N/mm^2	1700	*Dehnung bei % Dehnspg.*	%	

Kriechmoduln und Zeitstandwerte 23 °C
Probekörper: *Form* *Herstellung*
Zustand *Vorbehandlung*

Kriechmodul	*1 min*	N/mm^2	*Zeitstandzugfestigkeit*	h	N/mm^2
Kriechmodul	*1000 h*	N/mm^2	*Zeitdehnspg. %*	h	N/mm^2
bei Spannung		N/mm^2			

Biegeversuch 23 °C ISO 178;
Probekörper: *Form* 80x10x4 mm *Herstellung* Spritzgiessen
Zustand *Vorbehandlung* Normalklima

Biegefestigkeit	N/mm^2		*E-Modul*	N/mm^2	1800
3,5% *Biegespannung*	N/mm^2	54			

Härte 23 °C *Probekörper:* *Zustand* *Herstellung* Spritzgiessen
Vorbehandlung Normalklima

Kugeldruckhärte	N/mm^2	72	bei 358 N, 30 s	*Shore-Härte* A
Rockwellhärte				*Shore-Härte* D

Schlagversuch *Probekörper:* *(1)* U-Kerbe
(2) *Herstellung* Spritzgiessen
Zustand *Vorbehandlung* Normalklima

		°C	°C	°C	*Probekörper-Form*
Schlagzähigkeit	kJ/m^2	23 o.B.	-40 o.B.		50x6x4 mm
Kerbschlagzähigkeit (1)	kJ/m^2	23 18			50x6x4 mm
IZOD-Kerbschlagzähigkeit (2)	J/m				
Kerbschlagzugzähigkeit	kJ/m^2				

Abrieb und Reibung

Taber-Abrieb (Reibradverfahren)	mm^3/100 U		
Abriebfaktor LNP (Thrust washer) Vergleichswert			
Statische Reibungszahl			
Dynamische Reibungszahl	(p · v= N/mm^2 ·		m/min)
Zulässiger p · v Wert	N/mm^2 · (m/min)	v=	m/min
		v=	m/min

Thermische Eigenschaften

Formbeständigkeit in der Wärme	*Verfahren* A		86 °C
	Verfahren		°C
Vicat Erweichungstemperatur (VST)	*Verfahren* A/50		104 °C
	Verfahren B/50		96 °C
Kristallit-Schmelzpunkt	*Verfahren*		
Längenausdehnungskoeffizient	*Bereich*	°C	· $10^{-4}K^{-1}$
	Temperatur 23K		0.90 · $10^{-4}K^{-1}$
Wärmeleitfähigkeit	*Verfahren*		W/(K · m)
Spezifische Wärmekapazität	*Verfahren*		J/(K · g)
Glasumwandlungstemperatur	*Torsionsschwingungsversuch*	°C	
	Differentialkalorimetrie	°C	

Brandverhalten

UL-Test vertikal Dicke mm, Wert
Dicke mm, Wert

	Norm	*Bewertung*	*Abmessungen*
Sauerstoff-Index	ASTM D 2863		
Glühstab-Verfahren			
Brandverhalten	DIN 4102		
MVSS			
FAR			

Elektrische Eigenschaften

	Hz	°C	*Probekörper, Form*
Dielektrizitätszahl	50		
	10^3		
	10^6		
Dielektrischer Verlustfaktor tan δ	50		
	10^3		
	10^6		
Spezifischer Durchgangswiderstand Ohm · cm			
Durchschlagfestigkeit kV/mm			mm dick
Oberflächenwiderstand Ohm			

Kriechstromfestigkeit	KC	KB	KA
Elektrolytische Korrosionswirkung			
Lichtbogenfestigkeit nach DIN			
nach ASTM s			

Beständigkeit *(Chemische Beständigkeit siehe Anhang)*

Wasseraufnahme A/23 C	1 d	0.3 %
Feuchtigkeitsaufnahme Normalklima		%
Wetterbeständigkeit		
Spannungskorrosion		

Optische Eigenschaften

Brechungszahl n_D
Transmissionsgrad τ_c % mm dick
Lichtdurchlässigkeit

Produkt	Styrol-Acrylnitril-Copolymerisat		**SAN**
Handelsname	**Lustran SAN 31**		
Hersteller	MONSANTO		
DIN-Bez 1	16775-SAN,MNS,105-15		
DIN-Bez 2			
Zusätze		*Füllstoffe/ Verstärkung*	
Bevorzugte Verarbeitung	Spritzgiessen	*Lieferform*	Granulat
		Farben	Natur; Standard; Transparent
Besondere Merkmale	Leichtfliessend; Standardtyp; Hohe Festigkeit; Chemikalienbestaendigkeit	*Bevorzugte Anwendungen*	Gehaeuse; Spule; Haushaltsgeraet; Unterhaltungselektronik; Telekommunikationssektor; Gasfeuerzeugtank

Dichte	g/cm^3 1.07	*Schmelzindex*	g/10 min	18:	220/10
Schüttdichte	g/cm^3	*Volumenfließindex*	cm^3/10 min	:	
Viskositätszahl	ml/g				

Verarbeitungsbedingungen für Spritzgießen

Massetemp.	°C	*Schwindung*	% lgs 0.3–0.5, quer 0.3–0.5
Werkzeugtemp.	°C	*Bemerkungen*	
Spritzdruck	bar		

Zugversuch 23 °C ISO 527;

Probekörper: *Form* — *Herstellung* Spritzgiessen
Zustand — *Vorbehandlung* Normalklima

Streckspannung	N/mm^2	*Dehnung bei Streckspannung*	%
Zugfestigkeit	N/mm^2	*Reißdehnung*	% 2.5
Reißfestigkeit	N/mm^2 70	*% Dehnspannung*	N/mm^2
E-Modul	N/mm^2 3400	*Dehnung bei % Dehnspg.*	%

Kriechmoduln und Zeitstandwerte 23 °C

Probekörper: *Form* — *Herstellung*
Zustand — *Vorbehandlung*

Kriechmodul	*1 min* N/mm^2	*Zeitstandzugfestigkeit*	h N/mm^2
Kriechmodul	*1000 h* N/mm^2	*Zeitdehnspg. %*	h N/mm^2
bei Spannung	N/mm^2		

Biegeversuch 23 °C ISO 178;

Probekörper: *Form* — *Herstellung* Spritzgiessen
Zustand — *Vorbehandlung* Normalklima

Biegefestigkeit	N/mm^2	*E-Modul*	N/mm^2 3900
3,5% Biegespannung	N/mm^2 120		

Härte 23 °C *Probekörper:* *Zustand* — *Herstellung* Spritzgiessen; *Vorbehandlung* Normalklima

Kugeldruckhärte	N/mm^2 140 bei 358 N, 30 s	*Shore-Härte*	A
Rockwellhärte		*Shore-Härte*	D

Schlagversuch *Probekörper:* *(1)*
(2) — *Herstellung* Spritzgiessen
Zustand — *Vorbehandlung* Normalklima

		°C	°C	°C	*Probekörper-Form*
Schlagzähigkeit	kJ/m^2	23 15			
Kerbschlagzähigkeit (1)	kJ/m^2				
IZOD-Kerbschlagzähigkeit (2)	J/m				
Kerbschlagzugzähigkeit	kJ/m^2				

Abrieb und Reibung

Taber-Abrieb (Reibradverfahren)	mm^3/100 U		
Abriebfaktor LNP (Thrust washer) Vergleichswert			
Statische Reibungszahl			
Dynamische Reibungszahl	(p·v= N/mm^2·		m/min)
Zulässiger p · v Wert	N/mm^2 · (m/min)	v=	m/min
		v=	m/min

Thermische Eigenschaften

Formbeständigkeit in der Wärme	*Verfahren* A		96 °C
	Verfahren		°C
Vicat Erweichungstemperatur (VST)	*Verfahren* A/50		111 °C
	Verfahren B/50		104 °C
Kristallit-Schmelzpunkt	*Verfahren*		
Längenausdehnungskoeffizient	*Bereich*	°C	· $10^{-4}K^{-1}$
	Temperatur 23K		0.75 · $10^{-4}K^{-1}$
Wärmeleitfähigkeit	*Verfahren*		W/(K · m)
Spezifische Wärmekapazität	*Verfahren*		J/(K · g)
Glasumwandlungstemperatur	*Torsionsschwingungsversuch*	°C	
	Differentialkalorimetrie	°C	

Brandverhalten

UL-Test vertikal	Dicke	mm, Wert
	Dicke	mm, Wert

	Norm	*Bewertung*	*Abmessungen*
Sauerstoff-Index	ASTM D 2863		
Glühstab-Verfahren			
Brandverhalten	DIN 4102		
MVSS			
FAR			

Elektrische Eigenschaften

		Hz	°C		*Probekörper, Form*
Dielektrizitätszahl		50	23	2.9	
		10^3	23	2.9	
		10^6	23	2.9	
Dielektrischer Verlustfaktor tan δ		50	23	0.008	
		10^3	23	0.008	
		10^6	23	0.008	
Spezifischer Durchgangs-widerstand	Ohm · cm				
Durchschlagfestigkeit	kV/mm				mm dick
Oberflächenwiderstand	Ohm				
Kriechstromfestigkeit		KC	KB	KA	
Elektrolytische Korrosionswirkung					
Lichtbogenfestigkeit nach DIN					
nach ASTM	s				

Beständigkeit *(Chemische Beständigkeit siehe Anhang)*

Wasseraufnahme A/23 C	1 d	0.25 %	
Feuchtigkeitsaufnahme Normalklima			%
Wetterbeständigkeit			
Spannungskorrosion			

Optische Eigenschaften

Brechungszahl n_D		
Transmissionsgrad τ_c	%	mm dick
Lichtdurchlässigkeit		

Datenbank-Nr. **T01248** Merkblatt-Nr. **4497**

Produkt	Styrol-Acrylnitril-Copolymerisat		**SAN**
Handelsname	**Lustran QE 580**		
Hersteller	MONSANTO		
DIN-Bez 1	16775-SAN,MNS,105-15		
DIN-Bez 2			
Zusätze	Entformungsmittel	*Füllstoffe/ Verstärkung*	
Bevorzugte Verarbeitung	Spritzgiessen	*Lieferform*	Granulat
		Farben	Natur; Standard; Transparent
Besondere Merkmale	Leichtfliessend	*Bevorzugte Anwendungen*	Gehaeuse; Spule; Haushaltsgeraet; Unterhaltungselektronik; Telekommunikationssektor; Gasfeuerzeugtank

Dichte	g/cm^3	1.07	*Schmelzindex*	g/10 min	18:	220/10
Schüttdichte	g/cm^3		*Volumenfließindex*	cm^3/10 min	:	
Viskositätszahl	ml/g					

Verarbeitungsbedingungen für Spritzgießen

Massetemp.	°C	*Schwindung*	%	lgs 0.3–0.5, quer 0.3–0.5
Werkzeugtemp.	°C	*Bemerkungen*		
Spritzdruck	bar			

Zugversuch 23 °C ISO 527;

Probekörper: *Form* — *Herstellung* Spritzgiessen
Zustand — *Vorbehandlung* Normalklima

Streckspannung	N/mm^2		*Dehnung bei Streckspannung*	%	
Zugfestigkeit	N/mm^2		*Reißdehnung*	%	2.5
Reißfestigkeit	N/mm^2	70	*% Dehnspannung*	N/mm^2	
E-Modul	N/mm^2	3400	*Dehnung bei % Dehnspg.*	%	

Kriechmoduln und Zeitstandwerte 23 °C

Probekörper: *Form* — *Herstellung*
Zustand — *Vorbehandlung*

Kriechmodul	*1 min*	N/mm^2	*Zeitstandzugfestigkeit*	h	N/mm^2
Kriechmodul	*1000 h*	N/mm^2	*Zeitdehnspg. %*	h	N/mm^2
bei Spannung		N/mm^2			

Biegeversuch 23 °C ISO 178;

Probekörper: *Form* — *Herstellung* Spritzgiessen
Zustand — *Vorbehandlung* Normalklima

Biegefestigkeit	N/mm^2		*E-Modul*	N/mm^2	3900
3,5% *Biegespannung*	N/mm^2	120			

Härte 23 °C *Probekörper:* *Zustand* — *Herstellung* Spritzgiessen
Vorbehandlung Normalklima

Kugeldruckhärte	N/mm^2 140	bei 358 N, 30 s	*Shore-Härte* A	
Rockwellhärte			*Shore-Härte* D	

Schlagversuch *Probekörper:* *(1)*
(2) — *Herstellung* Spritzgiessen
Zustand — *Vorbehandlung* Normalklima

		°C		°C	°C	*Probekörper-Form*
Schlagzähigkeit	kJ/m^2	23	15			
Kerbschlagzähigkeit (1)	kJ/m^2					
IZOD-Kerbschlagzähigkeit (2)	J/m					
Kerbschlagzugzähigkeit	kJ/m^2					

Abrieb und Reibung

Taber-Abrieb (Reibradverfahren)	mm^3/100 U			
Abriebfaktor LNP (Thrust washer) Vergleichswert				
Statische Reibungszahl				
Dynamische Reibungszahl	(p·v=	N/mm^2·		m/min)
Zulässiger p·v Wert	N/mm^2·(m/min)		v=	m/min
			v=	m/min

Thermische Eigenschaften

Formbeständigkeit in der Wärme	*Verfahren*	A		95 °C
	Verfahren			°C
Vicat Erweichungstemperatur (VST)	*Verfahren*	A/50		110 °C
	Verfahren	B/50		103 °C
Kristallit-Schmelzpunkt	*Verfahren*			
Längenausdehnungskoeffizient	*Bereich*		°C	$\cdot 10^{-4}K^{-1}$
	Temperatur	23K		$0.75 \cdot 10^{-4}K^{-1}$
Wärmeleitfähigkeit	*Verfahren*			W/(K·m)
Spezifische Wärmekapazität	*Verfahren*			J/(K·g)
Glasumwandlungstemperatur	*Torsionsschwingungsversuch*		°C	
	Differentialkalorimetrie		°C	

Brandverhalten

UL-Test vertikal	Dicke	mm, Wert	
	Dicke	mm, Wert	

	Norm	*Bewertung*	*Abmessungen*
Sauerstoff-Index	ASTM D 2863		
Glühstab-Verfahren			
Brandverhalten	DIN 4102		
MVSS			
FAR			

Elektrische Eigenschaften

	Hz	°C		*Probekörper, Form*
Dielektrizitätszahl	50	23	2.9	
	10^3	23	2.9	
	10^6	23	2.9	
Dielektrischer Verlustfaktor tan δ	50	23	0.008	
	10^3	23	0.008	
	10^6	23	0.008	

Spezifischer Durchgangs-widerstand	Ohm·cm		
Durchschlagfestigkeit	kV/mm		mm dick
Oberflächenwiderstand	Ohm		

Kriechstromfestigkeit	KC	KB	KA
Elektrolytische Korrosionswirkung			
Lichtbogenfestigkeit nach DIN			
nach ASTM s			

Beständigkeit *(Chemische Beständigkeit siehe Anhang)*

Wasseraufnahme A/23 C	1 d	0.25 %	
Feuchtigkeitsaufnahme Normalklima			%
Wetterbeständigkeit			
Spannungskorrosion			

Optische Eigenschaften

Brechungszahl n_D		
Transmissionsgrad τ_c	%	mm dick
Lichtdurchlässigkeit		

Datenbank-Nr.	**T01249**		Merkblatt-Nr. **4498**
Produkt	Styrol-Acrylnitril-Copolymerisat		**SAN**
Handelsname	**Lustran SAN 33**		
Hersteller	MONSANTO		
DIN-Bez 1	16775-SAN,MNS,105-25		
DIN-Bez 2			
Zusätze		Füllstoffe/ Verstärkung	
Bevorzugte Verarbeitung	Spritzgiessen	Lieferform	Granulat
		Farben	Natur; Standard; Transparent
Besondere Merkmale	Sehr gute Fliesseigenschaften; Standardtyp; Hohe Festigkeit; Chemikalienbestaendigkeit	Bevorzugte Anwendungen	Gehaeuse; Spule; Haushaltsgeraet; Unterhaltungselektronik; Telekommunikationssektor; Gasfeuerzeugtank; Compoundieren mit ABS

Dichte	g/cm^3	1.07	Schmelzindex	g/10 min	35: 220/10
Schüttdichte	g/cm^3		Volumenfließindex	cm^3/10 min	:
Viskositätszahl	ml/g				

Verarbeitungsbedingungen für Spritzgießen

Massetemp.	°C		Schwindung	%	lgs 0.3–0.5, quer 0.3–0.5
Werkzeugtemp.	°C		Bemerkungen		
Spritzdruck	bar				

Zugversuch 23 °C ISO 527;

Probekörper:	Form		Herstellung	Spritzgiessen	
	Zustand		Vorbehandlung	Normalklima	
Streckspannung	N/mm^2		Dehnung bei Streckspannung	%	
Zugfestigkeit	N/mm^2		Reißdehnung	%	2.4
Reißfestigkeit	N/mm^2	75	% Dehnspannung	N/mm^2	
E-Modul	N/mm^2	3600	Dehnung bei % Dehnspg.	%	

Kriechmoduln und Zeitstandwerte 23 °C

Probekörper:	Form		Herstellung		
	Zustand		Vorbehandlung		
Kriechmodul	1 min	N/mm^2	Zeitstandzugfestigkeit	h	N/mm^2
Kriechmodul	1000 h	N/mm^2	Zeitdehnspg. %	h	N/mm^2
bei Spannung		N/mm^2			

Biegeversuch 23 °C ISO 178;

Probekörper:	Form		Herstellung	Spritzgiessen	
	Zustand		Vorbehandlung	Normalklima	
Biegefestigkeit	N/mm^2		E-Modul	N/mm^2	3900
3,5% Biegespannung	N/mm^2	135			

Härte 23 °C

Probekörper:	Zustand		Herstellung	Spritzgiessen
			Vorbehandlung	Normalklima
Kugeldruckhärte	N/mm^2 140	bei 358 N, 30 s	Shore-Härte A	
Rockwellhärte			Shore-Härte D	

Schlagversuch

Probekörper:	(1)			
	(2)		Herstellung	Spritzgiessen
	Zustand		Vorbehandlung	Normalklima
	°C	°C	°C	Probekörper-Form
Schlagzähigkeit	kJ/m^2	23 14		
Kerbschlagzähigkeit (1)	kJ/m^2			
IZOD-Kerbschlagzähigkeit (2)	J/m			
Kerbschlagzugzähigkeit	kJ/m^2			

Datenbank-Nr. **T01249** Merkblatt-Nr. **4498**

Abrieb und Reibung

Taber-Abrieb (Reibradverfahren)	mm^3/100 U		
Abriebfaktor LNP (Thrust washer) Vergleichswert			
Statische Reibungszahl			
Dynamische Reibungszahl	(p · v =	N/mm^2 ·	m/min)
Zulässiger p · v Wert	N/mm^2 · (m/min)	v =	m/min
		v =	m/min

Thermische Eigenschaften

Formbeständigkeit in der Wärme	*Verfahren* A		94 °C
	Verfahren		°C
Vicat Erweichungstemperatur (VST)	*Verfahren* A/50		113 °C
	Verfahren B/50		102 °C
Kristallit-Schmelzpunkt	*Verfahren*		
Längenausdehnungskoeffizient	*Bereich*	°C	$\cdot 10^{-4} K^{-1}$
	Temperatur 23K		$0.75 \cdot 10^{-4} K^{-1}$
Wärmeleitfähigkeit	*Verfahren*		W/(K · m)
Spezifische Wärmekapazität	*Verfahren*		J/(K · g)
Glasumwandlungstemperatur	*Torsionsschwingungsversuch*	°C	
	Differentialkalorimetrie	°C	

Brandverhalten

UL-Test vertikal	Dicke	mm, Wert
	Dicke	mm, Wert

	Norm	*Bewertung*	*Abmessungen*
Sauerstoff-Index	ASTM D 2863		
Glühstab-Verfahren			
Brandverhalten	DIN 4102		
MVSS			
FAR			

Elektrische Eigenschaften

		Hz	°C		*Probekörper, Form*
Dielektrizitätszahl		50	23	3.0	
		10^3	23	3.0	
		10^6	23	3.0	
Dielektrischer Verlustfaktor tan δ		50	23	0.008	
		10^3	23	0.008	
		10^6	23	0.008	
Spezifischer Durchgangswiderstand	Ohm · cm				
Durchschlagfestigkeit	kV/mm				mm dick
Oberflächenwiderstand	Ohm				
Kriechstromfestigkeit		KC	KB	KA	
Elektrolytische Korrosionswirkung					
Lichtbogenfestigkeit nach DIN					
nach ASTM	s				

Beständigkeit *(Chemische Beständigkeit siehe Anhang)*

Wasseraufnahme A/23 C	1 d	0.25 %	
Feuchtigkeitsaufnahme Normalklima			%
Wetterbeständigkeit			
Spannungskorrosion			

Optische Eigenschaften

Brechungszahl n_D		
Transmissionsgrad τ_c	%	mm dick
Lichtdurchlässigkeit		

Produkt	Styrol-Acrylnitril-Copolymerisat		**SAN**
Handelsname	**Lustran SAN 35**		
Hersteller	MONSANTO		
DIN-Bez 1	16775-SAN,MNS,105-15		
DIN-Bez 2			
Zusätze		*Füllstoffe/ Verstärkung*	
Bevorzugte Verarbeitung	Spritzgiessen	*Lieferform*	Granulat
		Farben	Natur; Standard; Transparent
Besondere Merkmale	Leichtfliessend; Erhoehte Festigkeit; Erhoehte Chemikalienbestaendigkeit	*Bevorzugte Anwendungen*	Gehaeuse; Spule; Haushaltsgeraet; Unterhaltungselektronik; Telekommunikationssektor; Gasfeuerzeugtank

Dichte	g/cm³	1.07	*Schmelzindex*	g/10 min	15:	220/10
Schüttdichte	g/cm³		*Volumenfließindex*	cm³/10 min	:	
Viskositätszahl	ml/g					

Verarbeitungsbedingungen für Spritzgießen

Massetemp.	°C	*Schwindung*	%	lgs 0.3–0.5, quer 0.3–0.5
Werkzeugtemp.	°C	*Bemerkungen*		
Spritzdruck	bar			

Zugversuch 23 °C ISO 527;

Probekörper: *Form* / *Zustand* — *Herstellung* Spritzgiessen, *Vorbehandlung* Normalklima

Streckspannung	N/mm²		*Dehnung bei Streckspannung*	%	
Zugfestigkeit	N/mm²		*Reißdehnung*	%	3.0
Reißfestigkeit	N/mm²	80	*% Dehnspannung*	N/mm²	
E-Modul	N/mm²	3700	*Dehnung bei % Dehnspg.*	%	

Kriechmoduln und Zeitstandwerte 23 °C

Probekörper: *Form* / *Zustand* — *Herstellung*, *Vorbehandlung*

Kriechmodul	*1 min* N/mm²		*Zeitstandzugfestigkeit*	h	N/mm²
Kriechmodul	*1000 h* N/mm²		*Zeitdehnspg. %*	h	N/mm²
bei Spannung	N/mm²				

Biegeversuch 23 °C ISO 178;

Probekörper: *Form* / *Zustand* — *Herstellung* Spritzgiessen, *Vorbehandlung* Normalklima

Biegefestigkeit	N/mm²		*E-Modul*	N/mm²	4000
3,5% *Biegespannung*	N/mm²	135			

Härte 23 °C *Probekörper:* *Zustand* — *Herstellung* Spritzgiessen, *Vorbehandlung* Normalklima

Kugeldruckhärte	N/mm²	140	bei 358 N, 30 s	*Shore-Härte* A
Rockwellhärte				*Shore-Härte* D

Schlagversuch *Probekörper:* *(1)* *(2)* *Zustand* — *Herstellung* Spritzgiessen, *Vorbehandlung* Normalklima

		°C	°C	°C	*Probekörper-Form*
Schlagzähigkeit	kJ/m²	23 20			
Kerbschlagzähigkeit (1)	kJ/m²				
IZOD-Kerbschlagzähigkeit (2)	J/m				
Kerbschlagzugzähigkeit	kJ/m²				

Abrieb und Reibung

Taber-Abrieb (Reibradverfahren)	$mm^3/100$ U		
Abriebfaktor LNP (Thrust washer) Vergleichswert			
Statische Reibungszahl			
Dynamische Reibungszahl	(p · v=	N/mm^2 ·	m/min)
Zulässiger p · v Wert	N/mm^2 · (m/min)	v=	m/min
		v=	m/min

Thermische Eigenschaften

Formbeständigkeit in der Wärme	*Verfahren*	A		96 °C
	Verfahren			°C
Vicat Erweichungstemperatur (VST)	*Verfahren*	A/50		111 °C
	Verfahren	B/50		104 °C
Kristallit-Schmelzpunkt	*Verfahren*			
Längenausdehnungskoeffizient	*Bereich*		°C	$\cdot 10^{-4}K^{-1}$
	Temperatur 23K			$0.75 \cdot 10^{-4}K^{-1}$
Wärmeleitfähigkeit	*Verfahren*			W/(K · m)
Spezifische Wärmekapazität	*Verfahren*			J/(K · g)
Glasumwandlungstemperatur	*Torsionsschwingungsversuch*		°C	
	Differentialkalorimetrie		°C	

Brandverhalten

UL-Test vertikal	Dicke mm, Wert	
	Dicke mm, Wert	

	Norm	*Bewertung*	*Abmessungen*
Sauerstoff-Index	ASTM D 2863		
Glühstab-Verfahren			
Brandverhalten	DIN 4102		
MVSS			
FAR			

Elektrische Eigenschaften

	Hz	°C		*Probekörper, Form*
Dielektrizitätszahl	50	23	3.0	
	10^3	23	3.0	
	10^6	23	3.0	
Dielektrischer Verlustfaktor tan δ	50	23	0.008	
	10^3	23	0.008	
	10^6	23	0.008	

Spezifischer Durchgangswiderstand	Ohm · cm	
Durchschlagfestigkeit	kV/mm	mm dick
Oberflächenwiderstand	Ohm	

Kriechstromfestigkeit	KC	KB	KA
Elektrolytische Korrosionswirkung			
Lichtbogenfestigkeit nach DIN			
nach ASTM	s		

Beständigkeit *(Chemische Beständigkeit siehe Anhang)*

Wasseraufnahme A/23 C	1 d	0.25 %
Feuchtigkeitsaufnahme Normalklima		%
Wetterbeständigkeit		
Spannungskorrosion		

Optische Eigenschaften

Brechungszahl n_D		
Transmissionsgrad τ_c	%	mm dick
Lichtdurchlässigkeit		

Datenbank-Nr. **T01282** Merkblatt-Nr. **4500**

Produkt	Polyamid 66		**PA**
Handelsname	**Thermocomp EMI-X** <RA-30>		
Hersteller	LNP		
DIN-Bez 1			
DIN-Bez 2			
Zusätze		*Füllstoffe/ Verstärkung*	30% Aluminiumflocken
Bevorzugte Verarbeitung	Spritzgiessen	*Lieferform*	Granulat
		Farben	
Besondere Merkmale	Elektromagnetische Schirmdaempfung; Leitfaehig	*Bevorzugte Anwendungen*	Technisches Formteil; Gehaeuse; EMI-Shielding fuer Computertechnik; Elektronik

---

Dichte	g/cm³	1.38	*Schmelzindex*	g/10 min	:
Schüttdichte	g/cm³		*Volumenfließindex*	cm³/10 min	:
Viskositätszahl	ml/g				

Verarbeitungsbedingungen für Spritzgießen

Massetemp.	°C	*Schwindung*	% lgs 0.5, quer
Werkzeugtemp.	°C	*Bemerkungen*	
Spritzdruck	bar		

Zugversuch 23 °C ASTM D 638;
Probekörper: *Form* — *Herstellung* Spritzgiessen
Zustand Spritzfrisch — *Vorbehandlung*

Streckspannung	N/mm²		*Dehnung bei Streckspannung*	%
Zugfestigkeit	N/mm²	69	*Reißdehnung*	%
Reißfestigkeit	N/mm²		*% Dehnspannung*	N/mm²
E-Modul	N/mm²		*Dehnung bei % Dehnspg.*	%

Kriechmoduln und Zeitstandwerte 23 °C
Probekörper: *Form* — *Herstellung*
Zustand — *Vorbehandlung*

Kriechmodul	*1 min* N/mm²	*Zeitstandzugfestigkeit*	h	N/mm²
Kriechmodul	*1000 h* N/mm²	*Zeitdehnspg.* %	h	N/mm²
bei Spannung	N/mm²			

Biegeversuch 23 °C ASTM D 790;
Probekörper: *Form* — *Herstellung* Spritzgiessen
Zustand Spritzfrisch — *Vorbehandlung*

Biegefestigkeit	N/mm²	120	*E-Modul*	N/mm²	6900
3,5% *Biegespannung*	N/mm²				

Härte 23 °C *Probekörper:* *Zustand* — *Herstellung*
Vorbehandlung

Kugeldruckhärte	N/mm² bei N, s	*Shore-Härte A*	
Rockwellhärte		*Shore-Härte D*	

Schlagversuch *Probekörper:* *(1)*
(2) V-Kerbe — *Herstellung* Spritzgiessen
Zustand Spritzfrisch — *Vorbehandlung*

		°C	°C	°C	*Probekörper-Form*
Schlagzähigkeit	kJ/m²				
Kerbschlagzähigkeit (1)	kJ/m²				
IZOD-Kerbschlagzähigkeit (2)	J/m	23 53			
Kerbschlagzugzähigkeit	kJ/m²				

Abrieb und Reibung

Taber-Abrieb (Reibradverfahren)	mm^3/100 U		
Abriebfaktor LNP (Thrust washer) Vergleichswert			
Statische Reibungszahl			
Dynamische Reibungszahl	(p·v= N/mm^2·		m/min)
Zulässiger p · v Wert	N/mm^2·(m/min)	v=	m/min
		v=	m/min

Thermische Eigenschaften

Formbeständigkeit in der Wärme	*Verfahren* A			238 °C
	Verfahren B			243 °C
Vicat Erweichungstemperatur (VST)	*Verfahren*			°C
	Verfahren			°C
Kristallit-Schmelzpunkt	*Verfahren*			
Längenausdehnungskoeffizient	*Bereich*	°C		$\cdot 10^{-4} K^{-1}$
	Temperatur			$\cdot 10^{-4} K^{-1}$
Wärmeleitfähigkeit	*Verfahren* ASTM C 177		23 °C	0.76 W/(K · m)
Spezifische Wärmekapazität	*Verfahren*			J/(K · g)
Glasumwandlungstemperatur	*Torsionsschwingungsversuch*		°C	
	Differentialkalorimetrie		°C	

Brandverhalten

UL-Test vertikal	Dicke	mm, Wert HB
	Dicke	mm, Wert

	Norm	*Bewertung*	*Abmessungen*
Sauerstoff-Index	ASTM D 2863		
Glühstab-Verfahren			
Brandverhalten	DIN 4102		
MVSS			
FAR			

Elektrische Eigenschaften

		Hz	°C			*Probekörper, Form*
Dielektrizitätszahl		50				
		10^3				
		10^6				
Dielektrischer Verlustfaktor tan δ		50				
		10^3				
		10^6				
Spezifischer Durchgangs-widerstand	Ohm · cm		23	1.0*10**03		
Durchschlagfestigkeit	kV/mm					mm dick
Oberflächenwiderstand	Ohm		23	1.0*10**03		
Kriechstromfestigkeit		KC		KB	KA	
Elektrolytische Korrosionswirkung						
Lichtbogenfestigkeit nach DIN						
nach ASTM	s					

Beständigkeit *(Chemische Beständigkeit siehe Anhang)*

Wasseraufnahme 23 C	1 d	1.0 %	
Feuchtigkeitsaufnahme Normalklima			%
Wetterbeständigkeit			
Spannungskorrosion			

Optische Eigenschaften

Brechungszahl n_D		
Transmissionsgrad τ_c	%	mm dick
Lichtdurchlässigkeit		

Datenbank-Nr. **T01283** Merkblatt-Nr. **4501**

Produkt	Polyamid 66		**PA**
Handelsname	**Thermocomp EMI-X** <RA-35>		
Hersteller	LNP		
DIN-Bez 1			
DIN-Bez 2			
Zusätze		*Füllstoffe/ Verstärkung*	35% Aluminiumflocken
Bevorzugte Verarbeitung	Spritzgiessen	*Lieferform*	Granulat
		Farben	
Besondere Merkmale	Elektromagnetische Schirmdaempfung; Gut leitfaehig	*Bevorzugte Anwendungen*	Technisches Formteil; Gehaeuse; EMI-Shielding fuer Computertechnik; Elektronik

Dichte	g/cm^3	1.43	*Schmelzindex*	g/10 min	:
Schüttdichte	g/cm^3		*Volumenfließindex*	cm^3/10 min	:
Viskositätszahl	ml/g				

Verarbeitungsbedingungen für Spritzgießen

Massetemp.	°C	*Schwindung*	% lgs 0.5, quer
Werkzeugtemp.	°C	*Bemerkungen*	
Spritzdruck	bar		

Zugversuch 23 °C ASTM D 638;
Probekörper: *Form* — *Herstellung* Spritzgiessen
Zustand Spritzfrisch — *Vorbehandlung*

Streckspannung	N/mm^2		*Dehnung bei Streckspannung*	%
Zugfestigkeit	N/mm^2	69	*Reißdehnung*	%
Reißfestigkeit	N/mm^2		*% Dehnspannung*	N/mm^2
E-Modul	N/mm^2		*Dehnung bei % Dehnspg.*	%

Kriechmoduln und Zeitstandwerte 23 °C
Probekörper: *Form* — *Herstellung*
Zustand — *Vorbehandlung*

Kriechmodul	*1 min* N/mm^2	*Zeitstandzugfestigkeit*	h	N/mm^2
Kriechmodul	*1000 h* N/mm^2	*Zeitdehnspg. %*	h	N/mm^2
bei Spannung	N/mm^2			

Biegeversuch 23 °C ASTM D 790;
Probekörper: *Form* — *Herstellung* Spritzgiessen
Zustand Spritzfrisch — *Vorbehandlung*

Biegefestigkeit	N/mm^2	120	*E-Modul*	N/mm^2	7600
3,5% *Biegespannung*	N/mm^2				

Härte 23 °C *Probekörper:* *Zustand* — *Herstellung*
Vorbehandlung

Kugeldruckhärte	N/mm^2 bei N, s	*Shore-Härte* A	
Rockwellhärte		*Shore-Härte* D	

Schlagversuch *Probekörper:* *(1)*
(2) V-Kerbe — *Herstellung* Spritzgiessen
Zustand Spritzfrisch — *Vorbehandlung*

		°C	°C	°C	*Probekörper-Form*
Schlagzähigkeit	kJ/m^2				
Kerbschlagzähigkeit (1)	kJ/m^2				
IZOD-Kerbschlagzähigkeit (2)	J/m	23 53			
Kerbschlagzugzähigkeit	kJ/m^2				

Abrieb und Reibung

Taber-Abrieb (Reibradverfahren)	mm^3/100 U		
Abriebfaktor LNP (Thrust washer) Vergleichswert			
Statische Reibungszahl			
Dynamische Reibungszahl	(p · v=	N/mm^2 ·	m/min)
Zulässiger p · v Wert	N/mm^2 · (m/min)	v=	m/min
		v=	m/min

Thermische Eigenschaften

Formbeständigkeit in der Wärme	*Verfahren* A			238 °C
	Verfahren B			243 °C
Vicat Erweichungstemperatur (VST)	*Verfahren*			°C
	Verfahren			°C
Kristallit-Schmelzpunkt	*Verfahren*			
Längenausdehnungskoeffizient	*Bereich*	°C		$\cdot 10^{-4}K^{-1}$
	Temperatur			$\cdot 10^{-4}K^{-1}$
Wärmeleitfähigkeit	*Verfahren* ASTM C 177		23 °C	0.81 W/(K · m)
Spezifische Wärmekapazität	*Verfahren*			J/(K · g)
Glasumwandlungstemperatur	*Torsionsschwingungsversuch*		°C	
	Differentialkalorimetrie		°C	

Brandverhalten

UL-Test vertikal		Dicke mm, Wert HB	
		Dicke mm, Wert	
	Norm	*Bewertung*	*Abmessungen*
Sauerstoff-Index	ASTM D 2863		
Glühstab-Verfahren			
Brandverhalten	DIN 4102		
MVSS			
FAR			

Elektrische Eigenschaften

		Hz	°C		*Probekörper, Form*
Dielektrizitätszahl		50			
		10^3			
		10^6			
Dielektrischer Verlustfaktor tan δ		50			
		10^3			
		10^6			
Spezifischer Durchgangswiderstand	Ohm · cm		23	1.0*10**02	
Durchschlagfestigkeit	kV/mm				mm dick
Oberflächenwiderstand	Ohm		23	1.0*10**02	
Kriechstromfestigkeit		KC	KB	KA	
Elektrolytische Korrosionswirkung					
Lichtbogenfestigkeit nach DIN					
nach ASTM	s				

Beständigkeit *(Chemische Beständigkeit siehe Anhang)*

Wasseraufnahme 23 C	1 d	0.9 %	
Feuchtigkeitsaufnahme Normalklima			%
Wetterbeständigkeit			
Spannungskorrosion			

Optische Eigenschaften

Brechungszahl n_D

Transmissionsgrad τ_c % mm dick

Lichtdurchlässigkeit

Produkt	Polyamid 66		**PA**
Handelsname	**Thermocomp EMI-X** <RA-40>		
Hersteller	LNP		
DIN-Bez 1			
DIN-Bez 2			
Zusätze		*Füllstoffe/ Verstärkung*	40% Aluminiumflocken
Bevorzugte Verarbeitung	Spritzgiessen	*Lieferform*	Granulat
		Farben	
Besondere Merkmale	Elektromagnetische Schirmdaempfung; Gut leitfaehig	*Bevorzugte Anwendungen*	Technisches Formteil; Gehaeuse; EMI-Shielding fuer Computertechnik; Elektronik

---

Dichte	g/cm^3	1.48	*Schmelzindex*	g/10 min	:
Schüttdichte	g/cm^3		*Volumenfließindex*	cm^3/10 min	:
Viskositätszahl	ml/g				

Verarbeitungsbedingungen für Spritzgießen

Massetemp.	°C	*Schwindung*	% lgs 0.4, quer
Werkzeugtemp.	°C	*Bemerkungen*	
Spritzdruck	bar		

Zugversuch 23 °C ASTM D 638;

Probekörper: *Form* — *Herstellung* Spritzgiessen
Zustand Spritzfrisch — *Vorbehandlung*

Streckspannung	N/mm^2		*Dehnung bei Streckspannung*	%
Zugfestigkeit	N/mm^2	65	*Reißdehnung*	%
Reißfestigkeit	N/mm^2		*% Dehnspannung*	N/mm^2
E-Modul	N/mm^2		*Dehnung bei % Dehnspg.*	%

Kriechmoduln und Zeitstandwerte 23 °C

Probekörper: *Form* — *Herstellung*
Zustand — *Vorbehandlung*

Kriechmodul	*1 min* N/mm^2	*Zeitstandzugfestigkeit*	h	N/mm^2
Kriechmodul	*1000 h* N/mm^2	*Zeitdehnspg.* %	h	N/mm^2
bei Spannung	N/mm^2			

Biegeversuch 23 °C ASTM D 790;

Probekörper: *Form* — *Herstellung* Spritzgiessen
Zustand Spritzfrisch — *Vorbehandlung*

Biegefestigkeit	N/mm^2	114	*E-Modul*	N/mm^2	8300
3,5% *Biegespannung*	N/mm^2				

Härte 23 °C *Probekörper:* *Zustand* — *Herstellung*
Vorbehandlung

Kugeldruckhärte	N/mm^2 bei N, s	*Shore-Härte* A	
Rockwellhärte		*Shore-Härte* D	

Schlagversuch *Probekörper:* *(1)*
(2) V-Kerbe — *Herstellung* Spritzgiessen
Zustand Spritzfrisch — *Vorbehandlung*

		°C	°C	°C	*Probekörper-Form*
Schlagzähigkeit	kJ/m^2				
Kerbschlagzähigkeit (1)	kJ/m^2				
IZOD-Kerbschlagzähigkeit (2)	J/m	23 53			
Kerbschlagzugzähigkeit	kJ/m^2				

Abrieb und Reibung

Taber-Abrieb (Reibradverfahren)	$mm^3/100$ U		
Abriebfaktor LNP (Thrust washer) Vergleichswert			
Statische Reibungszahl			
Dynamische Reibungszahl	(p·v= N/mm^2·		m/min)
Zulässiger p · v Wert	N/mm^2 · (m/min)	v=	m/min
		v=	m/min

Thermische Eigenschaften

Formbeständigkeit in der Wärme	*Verfahren* A			241 °C
	Verfahren B			246 °C
Vicat Erweichungstemperatur (VST)	*Verfahren*			°C
	Verfahren			°C
Kristallit-Schmelzpunkt	*Verfahren*			
Längenausdehnungskoeffizient	*Bereich*	°C		$\cdot 10^{-4}K^{-1}$
	Temperatur			$\cdot 10^{-4}K^{-1}$
Wärmeleitfähigkeit	*Verfahren* ASTM C 177		23 °C	0.84 W/(K · m)
Spezifische Wärmekapazität	*Verfahren*			J/(K · g)
Glasumwandlungstemperatur	*Torsionsschwingungsversuch*		°C	
	Differentialkalorimetrie		°C	

Brandverhalten

UL-Test vertikal	Dicke	mm, Wert HB
	Dicke	mm, Wert

	Norm	*Bewertung*	*Abmessungen*
Sauerstoff-Index	ASTM D 2863		
Glühstab-Verfahren			
Brandverhalten	DIN 4102		
MVSS			
FAR			

Elektrische Eigenschaften

		Hz	°C			*Probekörper, Form*
Dielektrizitätszahl		50				
		10^3				
		10^6				
Dielektrischer Verlustfaktor tan δ		50				
		10^3				
		10^6				
Spezifischer Durchgangswiderstand	Ohm · cm		23	1.0*10**02		
Durchschlagfestigkeit	kV/mm					mm dick
Oberflächenwiderstand	Ohm		23	1.0*10**02		

Kriechstromfestigkeit	KC	KB	KA
Elektrolytische Korrosionswirkung			
Lichtbogenfestigkeit nach DIN			
nach ASTM s			

Beständigkeit *(Chemische Beständigkeit siehe Anhang)*

Wasseraufnahme 23 C	1 d	0.7 %	
Feuchtigkeitsaufnahme Normalklima			%
Wetterbeständigkeit			
Spannungskorrosion			

Optische Eigenschaften

Brechungszahl n_D		
Transmissionsgrad τ_c	%	mm dick
Lichtdurchlässigkeit		

Produkt	Polycarbonat		**PC**
Handelsname	**Thermocomp EMI-X** <DA-30>		
Hersteller	LNP		
DIN-Bez 1			
DIN-Bez 2			
Zusätze		*Füllstoffe/ Verstärkung*	30% Aluminiumflocken
Bevorzugte Verarbeitung	Spritzgiessen	*Lieferform*	Granulat
		Farben	
Besondere Merkmale	Elektromagnetische Schirmdaempfung; Leitfaehig	*Bevorzugte Anwendungen*	Technisches Formteil; Gehaeuse; EMI-Shielding fuer Computertechnik; Elektronik

Dichte	g/cm³	1.44	*Schmelzindex*	g/10 min	:
Schüttdichte	g/cm³		*Volumenfließindex*	cm³/10 min	:
Viskositätszahl	ml/g				

Verarbeitungsbedingungen für Spritzgießen

Massetemp.	°C	*Schwindung*	%	lgs 0.3, quer
Werkzeugtemp.	°C	*Bemerkungen*		
Spritzdruck	bar			

Zugversuch 23 °C ASTM D 638;
Probekörper: *Form* *Herstellung* Spritzgiessen
Zustand *Vorbehandlung* Normalklima

Streckspannung	N/mm²		*Dehnung bei Streckspannung*	%
Zugfestigkeit	N/mm²	45	*Reißdehnung*	%
Reißfestigkeit	N/mm²		*% Dehnspannung*	N/mm²
E-Modul	N/mm²		*Dehnung bei % Dehnspg.*	%

Kriechmoduln und Zeitstandwerte 23 °C
Probekörper: *Form* *Herstellung*
Zustand *Vorbehandlung*

Kriechmodul	*1 min* N/mm²		*Zeitstandzugfestigkeit*	h N/mm²
Kriechmodul	*1000 h* N/mm²		*Zeitdehnspg. %*	h N/mm²
bei Spannung	N/mm²			

Biegeversuch 23 °C ASTM D 790;
Probekörper: *Form* *Herstellung* Spritzgiessen
Zustand *Vorbehandlung* Normalklima

Biegefestigkeit	N/mm²	89	*E-Modul*	N/mm²	4800
3,5% *Biegespannung*	N/mm²				

Härte 23 °C *Probekörper:* *Zustand* *Herstellung*
Vorbehandlung

Kugeldruckhärte	N/mm² bei N, s	*Shore-Härte* A	
Rockwellhärte		*Shore-Härte* D	

Schlagversuch *Probekörper:* *(1)*
(2) V-Kerbe *Herstellung* Spritzgiessen
Zustand *Vorbehandlung* Normalklima

		°C	°C	°C	*Probekörper-Form*
Schlagzähigkeit	kJ/m²				
Kerbschlagzähigkeit (1)	kJ/m²				
IZOD-Kerbschlagzähigkeit (2)	J/m	23 80			
Kerbschlagzugzähigkeit	kJ/m²				

Abrieb und Reibung

Taber-Abrieb (Reibradverfahren)	mm^3/100 U		
Abriebfaktor LNP (Thrust washer) Vergleichswert			
Statische Reibungszahl			
Dynamische Reibungszahl	(p · v = N/mm^2 ·		m/min)
Zulässiger p · v Wert	N/mm^2 · (m/min)	v =	m/min
		v =	m/min

Thermische Eigenschaften

Formbeständigkeit in der Wärme	*Verfahren* A			143 °C
	Verfahren B			146 °C
Vicat Erweichungstemperatur (VST)	*Verfahren*			°C
	Verfahren			°C
Kristallit-Schmelzpunkt	*Verfahren*			
Längenausdehnungskoeffizient	*Bereich*	°C		$\cdot 10^{-4} K^{-1}$
	Temperatur			$\cdot 10^{-4} K^{-1}$
Wärmeleitfähigkeit	*Verfahren* ASTM C 177		23 °C	0.94 W/(K · m)
Spezifische Wärmekapazität	*Verfahren*			J/(K · g)
Glasumwandlungstemperatur	*Torsionsschwingungsversuch*		°C	
	Differentialkalorimetrie		°C	

Brandverhalten

UL-Test vertikal	Dicke	mm, Wert V-0
	Dicke	mm, Wert

	Norm	*Bewertung*	*Abmessungen*
Sauerstoff-Index	ASTM D 2863		
Glühstab-Verfahren			
Brandverhalten	DIN 4102		
MVSS			
FAR			

Elektrische Eigenschaften

		Hz	°C			*Probekörper, Form*
Dielektrizitätszahl		50				
		10^3				
		10^6				
Dielektrischer Verlustfaktor tan δ		50				
		10^3				
		10^6				
Spezifischer Durchgangswiderstand	Ohm · cm		23	1.0*10**03		
Durchschlagfestigkeit	kV/mm					mm dick
Oberflächenwiderstand	Ohm		23	1.0*10**03		
Kriechstromfestigkeit		KC		KB	KA	
Elektrolytische Korrosionswirkung						
Lichtbogenfestigkeit nach DIN						
nach ASTM	s					

Beständigkeit *(Chemische Beständigkeit siehe Anhang)*

Wasseraufnahme 23 C	1 d	0.08 %	
Feuchtigkeitsaufnahme Normalklima			%
Wetterbeständigkeit			
Spannungskorrosion			

Optische Eigenschaften

Brechungszahl n_D		
Transmissionsgrad τ_c	%	mm dick
Lichtdurchlässigkeit		

Datenbank-Nr. **T01286** Merkblatt-Nr. **4504**

Produkt	Polycarbonat		**PC**
Handelsname	**Thermocomp EMI-X** <DA-35>		
Hersteller	LNP		
DIN-Bez 1			
DIN-Bez 2			
Zusätze		*Füllstoffe/ Verstärkung*	35% Aluminiumflocken
Bevorzugte Verarbeitung	Spritzgiessen	*Lieferform*	Granulat
		Farben	
Besondere Merkmale	Elektromagnetische Schirmdaempfung; Gut leitfaehig	*Bevorzugte Anwendungen*	Technisches Formteil; Gehaeuse; EMI-Shielding fuer Computertechnik; Elektronik

Dichte	g/cm³	1.49	*Schmelzindex*	g/10 min	:
Schüttdichte	g/cm³		*Volumenfließindex*	cm³/10 min	:
Viskositätszahl	ml/g				

Verarbeitungsbedingungen für Spritzgießen

Massetemp.	°C	*Schwindung*	%	lgs 0.3, quer
Werkzeugtemp.	°C	*Bemerkungen*		
Spritzdruck	bar			

Zugversuch 23 °C ASTM D 638;
Probekörper: *Form* — *Herstellung* Spritzgiessen
Zustand Normalklima — *Vorbehandlung*

Streckspannung	N/mm²		*Dehnung bei Streckspannung*	%
Zugfestigkeit	N/mm²	45	*Reißdehnung*	%
Reißfestigkeit	N/mm²		*% Dehnspannung*	N/mm²
E-Modul	N/mm²		*Dehnung bei % Dehnspg.*	%

Kriechmoduln und Zeitstandwerte 23 °C
Probekörper: *Form* — *Herstellung*
Zustand — *Vorbehandlung*

Kriechmodul	*1 min*	N/mm²	*Zeitstandzugfestigkeit*	h	N/mm²
Kriechmodul	*1000 h*	N/mm²	*Zeitdehnspg. %*	h	N/mm²
bei Spannung		N/mm²			

Biegeversuch 23 °C ASTM D 790;
Probekörper: *Form* — *Herstellung* Spritzgiessen
Zustand — *Vorbehandlung* Normalklima

Biegefestigkeit	N/mm²	89	*E-Modul*	N/mm²	5500
3,5% *Biegespannung*	N/mm²				

Härte 23 °C *Probekörper:* *Zustand* — *Herstellung*
Vorbehandlung

Kugeldruckhärte	N/mm² bei N, s	*Shore-Härte* A	
Rockwellhärte		*Shore-Härte* D	

Schlagversuch *Probekörper:* *(1)*
(2) V-Kerbe — *Herstellung* Spritzgiessen
Zustand — *Vorbehandlung* Normalklima

		°C	°C	°C	*Probekörper-Form*
Schlagzähigkeit	kJ/m²				
Kerbschlagzähigkeit (1)	kJ/m²				
IZOD-Kerbschlagzähigkeit (2)	J/m	23 75			
Kerbschlagzugzähigkeit	kJ/m²				

Abrieb und Reibung

Taber-Abrieb (Reibradverfahren)	$mm^3/100$ U		
Abriebfaktor LNP (Thrust washer) Vergleichswert			
Statische Reibungszahl			
Dynamische Reibungszahl	(p · v =	N/mm^2 ·	m/min)
Zulässiger p · v Wert	N/mm^2 · (m/min)	v =	m/min
		v =	m/min

Thermische Eigenschaften

Formbeständigkeit in der Wärme	*Verfahren* A			143 °C
	Verfahren B			146 °C
Vicat Erweichungstemperatur (VST)	*Verfahren*			°C
	Verfahren			°C
Kristallit-Schmelzpunkt	*Verfahren*			
Längenausdehnungskoeffizient	*Bereich*	°C		$\cdot 10^{-4}K^{-1}$
	Temperatur			$\cdot 10^{-4}K^{-1}$
Wärmeleitfähigkeit	*Verfahren* ASTM C 177		23 °C	0.95 W/(K · m)
Spezifische Wärmekapazität	*Verfahren*			J/(K · g)
Glasumwandlungstemperatur	*Torsionsschwingungsversuch*		°C	
	Differentialkalorimetrie		°C	

Brandverhalten

UL-Test vertikal	Dicke	mm, Wert V-0
	Dicke	mm, Wert

	Norm	*Bewertung*	*Abmessungen*
Sauerstoff-Index	ASTM D 2863		
Glühstab-Verfahren			
Brandverhalten	DIN 4102		
MVSS			
FAR			

Elektrische Eigenschaften

		Hz	°C		*Probekörper, Form*
Dielektrizitätszahl		50			
		10^3			
		10^6			
Dielektrischer Verlustfaktor tan δ		50			
		10^3			
		10^6			
Spezifischer Durchgangswiderstand	Ohm · cm		23	1.0*10**02	
Durchschlagfestigkeit	kV/mm				mm dick
Oberflächenwiderstand	Ohm		23	1.0*10**02	

Kriechstromfestigkeit	KC	KB	KA
Elektrolytische Korrosionswirkung			
Lichtbogenfestigkeit nach DIN			
nach ASTM s			

Beständigkeit *(Chemische Beständigkeit siehe Anhang)*

Wasseraufnahme 23 C	1 d	0.07 %	
Feuchtigkeitsaufnahme Normalklima			%
Wetterbeständigkeit			
Spannungskorrosion			

Optische Eigenschaften

Brechungszahl n_D		
Transmissionsgrad τ_c	%	mm dick
Lichtdurchlässigkeit		

Datenbank-Nr. **T01287** Merkblatt-Nr. **4505**

Produkt	Polycarbonat		**PC**
Handelsname	**Thermocomp EMI-X** <DA-40>		
Hersteller	LNP		
DIN-Bez 1			
DIN-Bez 2			
Zusätze		*Füllstoffe/ Verstärkung*	40% Aluminiumflocken
Bevorzugte Verarbeitung	Spritzgiessen	*Lieferform*	Granulat
		Farben	
Besondere Merkmale	Elektromagnetische Schirmdaempfung; Sehr gut leitfaehig	*Bevorzugte Anwendungen*	Technisches Formteil; Gehaeuse; EMI-Shielding fuer Computertechnik; Elektronik

Dichte	g/cm^3	1.54	*Schmelzindex*	g/10 min	:
Schüttdichte	g/cm^3		*Volumenfließindex*	cm^3/10 min	:
Viskositätszahl	ml/g				

Verarbeitungsbedingungen für Spritzgießen

Massetemp.	°C	*Schwindung*	%	lgs 0.2–0.3, quer
Werkzeugtemp.	°C	*Bemerkungen*		
Spritzdruck	bar			

Zugversuch 23 °C ASTM D 638;

Probekörper: *Form* / *Zustand* — *Herstellung* Spritzgiessen; *Vorbehandlung* Normalklima

Streckspannung	N/mm^2		*Dehnung bei Streckspannung*	%
Zugfestigkeit	N/mm^2	44	*Reißdehnung*	%
Reißfestigkeit	N/mm^2		*% Dehnspannung*	N/mm^2
E-Modul	N/mm^2		*Dehnung bei % Dehnspg.*	%

Kriechmoduln und Zeitstandwerte 23 °C

Probekörper: *Form* / *Zustand* — *Herstellung*; *Vorbehandlung*

Kriechmodul	*1 min* N/mm^2	*Zeitstandzugfestigkeit*	h	N/mm^2
Kriechmodul	*1000 h* N/mm^2	*Zeitdehnspg. %*	h	N/mm^2
bei Spannung	N/mm^2			

Biegeversuch 23 °C ASTM D 790;

Probekörper: *Form* / *Zustand* — *Herstellung* Spritzgiessen; *Vorbehandlung* Normalklima

Biegefestigkeit	N/mm^2	86	*E-Modul*	N/mm^2	6500
3,5% *Biegespannung*	N/mm^2				

Härte 23 °C *Probekörper:* *Zustand* — *Herstellung*; *Vorbehandlung*

Kugeldruckhärte	N/mm^2 bei N, s	*Shore-Härte* A	
Rockwellhärte		*Shore-Härte* D	

Schlagversuch *Probekörper:* *(1)* / *(2)* V-Kerbe / *Zustand* — *Herstellung* Spritzgiessen; *Vorbehandlung* Normalklima

		°C	°C	°C	*Probekörper-Form*
Schlagzähigkeit	kJ/m^2				
Kerbschlagzähigkeit (1)	kJ/m^2				
IZOD-Kerbschlagzähigkeit (2)	J/m	23 69			
Kerbschlagzugzähigkeit	kJ/m^2				

Abrieb und Reibung

Taber-Abrieb (Reibradverfahren)	mm^3/100 U		
Abriebfaktor LNP (Thrust washer) Vergleichswert			
Statische Reibungszahl			
Dynamische Reibungszahl	(p · v = N/mm^2 ·		m/min)
Zulässiger p · v Wert	N/mm^2 · (m/min)	v =	m/min
		v =	m/min

Thermische Eigenschaften

Formbeständigkeit in der Wärme	*Verfahren* A			143 °C
	Verfahren B			146 °C
Vicat Erweichungstemperatur (VST)	*Verfahren*			°C
	Verfahren			°C
Kristallit-Schmelzpunkt	*Verfahren*			
Längenausdehnungskoeffizient	*Bereich*	°C		$\cdot 10^{-4} K^{-1}$
	Temperatur			$\cdot 10^{-4} K^{-1}$
Wärmeleitfähigkeit	*Verfahren* ASTM C 177		23 °C	0.98 W/(K · m)
Spezifische Wärmekapazität	*Verfahren*			J/(K · g)
Glasumwandlungstemperatur	*Torsionsschwingungsversuch*		°C	
	Differentialkalorimetrie		°C	

Brandverhalten

UL-Test vertikal	Dicke	mm, Wert V-0
	Dicke	mm, Wert

	Norm	*Bewertung*	*Abmessungen*
Sauerstoff-Index	ASTM D 2863		
Glühstab-Verfahren			
Brandverhalten	DIN 4102		
MVSS			
FAR			

Elektrische Eigenschaften

		Hz	°C			*Probekörper, Form*
Dielektrizitätszahl		50				
		10^3				
		10^6				
Dielektrischer Verlustfaktor tan δ		50				
		10^3				
		10^6				
Spezifischer Durchgangs-widerstand	Ohm · cm		23	1.0*10**01		
Durchschlagfestigkeit	kV/mm					mm dick
Oberflächenwiderstand	Ohm		23	1.0*10**01		
Kriechstromfestigkeit		KC		KB	KA	
Elektrolytische Korrosionswirkung						
Lichtbogenfestigkeit nach DIN						
nach ASTM	s					

Beständigkeit *(Chemische Beständigkeit siehe Anhang)*

Wasseraufnahme 23 C	1 d	0.06 %	
Feuchtigkeitsaufnahme Normalklima			%
Wetterbeständigkeit			
Spannungskorrosion			

Optische Eigenschaften

Brechungszahl n_D		
Transmissionsgrad τ_c	%	mm dick
Lichtdurchlässigkeit		

Datenbank-Nr. **T01288** Merkblatt-Nr. **4506**

Produkt	Polypropylen		**PP**
Handelsname	**Thermocomp EMI-X** <MA-40>		
Hersteller	LNP		
DIN-Bez 1			
DIN-Bez 2			
Zusätze		*Füllstoffe/ Verstärkung*	40% Aluminiumflocken
Bevorzugte Verarbeitung	Spritzgiessen	*Lieferform*	Granulat
		Farben	
Besondere Merkmale	Elektromagnetische Schirmdaempfung; Gut leitfaehig	*Bevorzugte Anwendungen*	Technisches Formteil; Gehaeuse; EMI-Shielding fuer Computertechnik; Elektronik

Dichte	g/cm^3	1.23	*Schmelzindex*	g/10 min	:
Schüttdichte	g/cm^3		*Volumenfließindex*	cm^3/10 min	:
Viskositätszahl	ml/g				

Verarbeitungsbedingungen für Spritzgießen

Massetemp.	°C	*Schwindung*	% lgs 1.2, quer
Werkzeugtemp.	°C	*Bemerkungen*	
Spritzdruck	bar		

Zugversuch 23 °C ASTM D 638;

Probekörper: *Form* — *Herstellung* Spritzgiessen
Zustand — *Vorbehandlung* Normalklima

Streckspannung	N/mm^2		*Dehnung bei Streckspannung*	%
Zugfestigkeit	N/mm^2	24	*Reißdehnung*	%
Reißfestigkeit	N/mm^2		*% Dehnspannung*	N/mm^2
E-Modul	N/mm^2		*Dehnung bei % Dehnspg.*	%

Kriechmoduln und Zeitstandwerte 23 °C

Probekörper: *Form* — *Herstellung*
Zustand — *Vorbehandlung*

Kriechmodul	*1 min* N/mm^2		*Zeitstandzugfestigkeit* h	N/mm^2
Kriechmodul	*1000 h* N/mm^2		*Zeitdehnspg. %* h	N/mm^2
bei Spannung	N/mm^2			

Biegeversuch 23 °C ASTM D 790;

Probekörper: *Form* — *Herstellung* Spritzgiessen
Zustand — *Vorbehandlung* Normalklima

Biegefestigkeit	N/mm^2	34	*E-Modul*	N/mm^2	2800
3,5% *Biegespannung*	N/mm^2				

Härte 23 °C *Probekörper:* *Zustand* — *Herstellung*
Vorbehandlung

Kugeldruckhärte	N/mm^2 bei N, s	*Shore-Härte* A	
Rockwellhärte		*Shore-Härte* D	

Schlagversuch *Probekörper:* *(1)*
(2) V-Kerbe — *Herstellung* Spritzgiessen
Zustand — *Vorbehandlung* Normalklima

		°C	°C	°C	*Probekörper-Form*
Schlagzähigkeit	kJ/m^2				
Kerbschlagzähigkeit (1)	kJ/m^2				
IZOD-Kerbschlagzähigkeit (2)	J/m	23 123			
Kerbschlagzugzähigkeit	kJ/m^2				

Abrieb und Reibung

Taber-Abrieb (Reibradverfahren)	mm^3/100 U		
Abriebfaktor LNP (Thrust washer) Vergleichswert			
Statische Reibungszahl			
Dynamische Reibungszahl	(p · v = N/mm^2 ·		m/min)
Zulässiger p · v Wert	N/mm^2 · (m/min)	v =	m/min
		v =	m/min

Thermische Eigenschaften

Formbeständigkeit in der Wärme	*Verfahren* A			104 °C
	Verfahren B			107 °C
Vicat Erweichungstemperatur (VST)	*Verfahren*			°C
	Verfahren			°C
Kristallit-Schmelzpunkt	*Verfahren*			
Längenausdehnungskoeffizient	*Bereich*	°C		$\cdot 10^{-4}K^{-1}$
	Temperatur			$\cdot 10^{-4}K^{-1}$
Wärmeleitfähigkeit	*Verfahren* ASTM C 177		23 °C	0.72 W/(K · m)
Spezifische Wärmekapazität	*Verfahren*			J/(K · g)
Glasumwandlungstemperatur	*Torsionsschwingungsversuch*		°C	
	Differentialkalorimetrie		°C	

Brandverhalten

UL-Test vertikal		Dicke mm, Wert HB	
		Dicke mm, Wert	
	Norm	*Bewertung*	*Abmessungen*
Sauerstoff-Index	ASTM D 2863		
Glühstab-Verfahren			
Brandverhalten	DIN 4102		
MVSS			
FAR			

Elektrische Eigenschaften

		Hz	°C			Probekörper, Form
Dielektrizitätszahl		50				
		10^3				
		10^6				
Dielektrischer Verlustfaktor tan δ		50				
		10^3				
		10^6				
Spezifischer Durchgangs-widerstand	Ohm · cm		23	1.0*10**02		
Durchschlagfestigkeit	kV/mm					mm dick
Oberflächenwiderstand	Ohm		23	1.0*10**02		
Kriechstromfestigkeit		KC		KB	KA	
Elektrolytische Korrosionswirkung						
Lichtbogenfestigkeit nach DIN						
nach ASTM	s					

Beständigkeit *(Chemische Beständigkeit siehe Anhang)*

Wasseraufnahme 23 C	1 d	0.06 %	
Feuchtigkeitsaufnahme Normalklima			%
Wetterbeständigkeit			
Spannungskorrosion			

Optische Eigenschaften

Brechungszahl n_D		
Transmissionsgrad τ_c	%	mm dick
Lichtdurchlässigkeit		

Datenbank-Nr. **T01289** Merkblatt-Nr. **4507**

Produkt	Polybutylenterephthalat		**PBT**
Handelsname	**Thermocomp EMI-X** <WA-40>		
Hersteller	LNP		
DIN-Bez 1			
DIN-Bez 2			
Zusätze		*Füllstoffe/ Verstärkung*	40% Aluminiumflocken
Bevorzugte Verarbeitung	Spritzgiessen	*Lieferform*	Granulat
		Farben	
Besondere Merkmale	Elektromagnetische Schirmdaempfung; Gut leitfaehig	*Bevorzugte Anwendungen*	Technisches Formteil; Gehaeuse; EMI-Shielding fuer Computertechnik; Elektronik

Dichte	g/cm³	1.66	*Schmelzindex*	g/10 min	:
Schüttdichte	g/cm³		*Volumenfließindex*	cm³/10 min	:
Viskositätszahl	ml/g				

Verarbeitungsbedingungen für Spritzgießen

Massetemp.	°C	*Schwindung*	% lgs 0.8, quer
Werkzeugtemp.	°C	*Bemerkungen*	
Spritzdruck	bar		

Zugversuch 23 °C ASTM D 638;

Probekörper:	*Form*	*Herstellung*	Spritzgiessen
	Zustand	*Vorbehandlung*	Normalklima

Streckspannung	N/mm²		*Dehnung bei Streckspannung*	%
Zugfestigkeit	N/mm²	52	*Reißdehnung*	%
Reißfestigkeit	N/mm²		*% Dehnspannung*	N/mm²
E-Modul	N/mm²		*Dehnung bei % Dehnspg.*	%

Kriechmoduln und Zeitstandwerte 23 °C

Probekörper:	*Form*	*Herstellung*	
	Zustand	*Vorbehandlung*	

Kriechmodul	*1 min*	N/mm²	*Zeitstandzugfestigkeit*	h	N/mm²
Kriechmodul	*1000 h*	N/mm²	*Zeitdehnspg. %*	h	N/mm²
bei Spannung		N/mm²			

Biegeversuch 23 °C ASTM D 790;

Probekörper:	*Form*	*Herstellung*	Spritzgiessen
	Zustand	*Vorbehandlung*	Normalklima

Biegefestigkeit	N/mm²	86	*E-Modul*	N/mm²	6900
3,5% *Biegespannung*	N/mm²				

Härte 23 °C

Probekörper:	*Zustand*	*Herstellung*	
		Vorbehandlung	

Kugeldruckhärte	N/mm² bei N, s	*Shore-Härte*	A
Rockwellhärte		*Shore-Härte*	D

Schlagversuch

Probekörper:	*(1)*		
	(2) V-Kerbe	*Herstellung*	Spritzgiessen
	Zustand	*Vorbehandlung*	Normalklima

		°C	°C	°C	*Probekörper-Form*
Schlagzähigkeit	kJ/m²				
Kerbschlagzähigkeit (1)	kJ/m²				
IZOD-Kerbschlagzähigkeit (2)	J/m	23 53			
Kerbschlagzugzähigkeit	kJ/m²				

Abrieb und Reibung

Taber-Abrieb (Reibradverfahren)	mm^3/100 U		
Abriebfaktor LNP (Thrust washer) Vergleichswert			
Statische Reibungszahl			
Dynamische Reibungszahl	(p·v= N/mm^2·		m/min)
Zulässiger p · v Wert	N/mm^2 · (m/min)	v=	m/min
		v=	m/min

Thermische Eigenschaften

Formbeständigkeit in der Wärme	*Verfahren* A			193 °C
	Verfahren B			196 °C
Vicat Erweichungstemperatur (VST)	*Verfahren*			°C
	Verfahren			°C
Kristallit-Schmelzpunkt	*Verfahren*			
Längenausdehnungskoeffizient	*Bereich*	°C		$\cdot 10^{-4}K^{-1}$
	Temperatur			$\cdot 10^{-4}K^{-1}$
Wärmeleitfähigkeit	*Verfahren* ASTM C 177		23 °C	0.97 W/(K · m)
Spezifische Wärmekapazität	*Verfahren*			J/(K · g)
Glasumwandlungstemperatur	*Torsionsschwingungsversuch*		°C	
	Differentialkalorimetrie		°C	

Brandverhalten

UL-Test vertikal	Dicke	mm, Wert HB
	Dicke	mm, Wert

	Norm	*Bewertung*	*Abmessungen*
Sauerstoff-Index	ASTM D 2863		
Glühstab-Verfahren			
Brandverhalten	DIN 4102		
MVSS			
FAR			

Elektrische Eigenschaften

		Hz	°C		*Probekörper, Form*
Dielektrizitätszahl		50			
		10^3			
		10^6			
Dielektrischer Verlustfaktor tan δ		50			
		10^3			
		10^6			
Spezifischer Durchgangswiderstand	Ohm · cm		23	1.0*10**02	
Durchschlagfestigkeit	kV/mm				mm dick
Oberflächenwiderstand	Ohm		23	1.0*10**02	

Kriechstromfestigkeit	KC	KB	KA
Elektrolytische Korrosionswirkung			
Lichtbogenfestigkeit nach DIN			
nach ASTM s			

Beständigkeit *(Chemische Beständigkeit siehe Anhang)*

Wasseraufnahme 23 C	1 d	0.04 %	
Feuchtigkeitsaufnahme Normalklima			%
Wetterbeständigkeit			
Spannungskorrosion			

Optische Eigenschaften

Brechungszahl n_D		
Transmissionsgrad τ_c	%	mm dick
Lichtdurchlässigkeit		

Datenbank-Nr.	**T01290**	Merkblatt-Nr. **4508**

Produkt	Polycarbonat		**PC**
Handelsname	**Thermocomp EMI-X** <DC 1008>		
Hersteller	LNP		
DIN-Bez 1			
DIN-Bez 2			
Zusätze		*Füllstoffe/ Verstärkung*	40% Kohlefaser
Bevorzugte Verarbeitung	Spritzgiessen	*Lieferform*	Granulat
		Farben	
Besondere Merkmale	Elektromagnetische Schirmdaempfung; Gut leitfaehig	*Bevorzugte Anwendungen*	Technisches Formteil; Gehaeuse; EMI-Shielding fuer Computertechnik; Elektronik

Dichte	g/cm^3 1.38	*Schmelzindex*	g/10 min	:
Schüttdichte	g/cm^3	*Volumenfließindex*	$cm^3/10$ min	:
Viskositätszahl	ml/g			

Verarbeitungsbedingungen für Spritzgießen

Massetemp.	°C	*Schwindung*	%	lgs	0.1, quer
Werkzeugtemp.	°C	*Bemerkungen*			
Spritzdruck	bar				

Zugversuch 23 °C ASTM D 638;

Probekörper: *Form* / *Zustand* — *Herstellung* Spritzgiessen; *Vorbehandlung* Normalklima

Streckspannung	N/mm^2	*Dehnung bei Streckspannung*	%
Zugfestigkeit	N/mm^2 179	*Reißdehnung*	%
Reißfestigkeit	N/mm^2	*% Dehnspannung*	N/mm^2
E-Modul	N/mm^2	*Dehnung bei % Dehnspg.*	%

Kriechmoduln und Zeitstandwerte 23 °C

Probekörper: *Form* / *Zustand* — *Herstellung* / *Vorbehandlung*

Kriechmodul	*1 min* N/mm^2	*Zeitstandzugfestigkeit*	h	N/mm^2
Kriechmodul	*1000 h* N/mm^2	*Zeitdehnspg.* %	h	N/mm^2
bei Spannung	N/mm^2			

Biegeversuch 23 °C ASTM D 790;

Probekörper: *Form* / *Zustand* — *Herstellung* Spritzgiessen; *Vorbehandlung* Normalklima

Biegefestigkeit	N/mm^2 262	*E-Modul*	N/mm^2 15800
3,5% *Biegespannung*	N/mm^2		

Härte 23 °C *Probekörper:* *Zustand* — *Herstellung* / *Vorbehandlung*

Kugeldruckhärte	N/mm^2 bei N, s	*Shore-Härte* A	
Rockwellhärte		*Shore-Härte* D	

Schlagversuch *Probekörper:* *(1)* / *(2)* V-Kerbe / *Zustand* — *Herstellung* Spritzgiessen; *Vorbehandlung* Normalklima

		°C	°C	°C	*Probekörper-Form*
Schlagzähigkeit	kJ/m^2				
Kerbschlagzähigkeit (1)	kJ/m^2				
IZOD-Kerbschlagzähigkeit (2)	J/m	23 96			
Kerbschlagzugzähigkeit	kJ/m^2				

Abrieb und Reibung

Taber-Abrieb (Reibradverfahren) mm³/100 U
Abriebfaktor LNP (Thrust washer) Vergleichswert
Statische Reibungszahl
Dynamische Reibungszahl (p·v= N/mm²· m/min)
Zulässiger p · v Wert N/mm²·(m/min) v= m/min
v= m/min

Thermische Eigenschaften

Formbeständigkeit in der Wärme	*Verfahren* A		149 °C
	Verfahren B		152 °C
Vicat Erweichungstemperatur (VST)	*Verfahren*		°C
	Verfahren		°C
Kristallit-Schmelzpunkt	*Verfahren*		
Längenausdehnungskoeffizient	*Bereich* °C		$\cdot 10^{-4}K^{-1}$
	Temperatur 23 °C		$1.3 \cdot 10^{-4}K^{-1}$
Wärmeleitfähigkeit	*Verfahren* ASTM C 177	23 °C	0.76 W/(K · m)
Spezifische Wärmekapazität	*Verfahren*		J/(K · g)
Glasumwandlungstemperatur	*Torsionsschwingungsversuch*	°C	
	Differentialkalorimetrie	°C	

Brandverhalten

UL-Test vertikal Dicke mm, Wert V-1
Dicke mm, Wert

	Norm	*Bewertung*	*Abmessungen*
Sauerstoff-Index	ASTM D 2863		
Glühstab-Verfahren			
Brandverhalten	DIN 4102		
MVSS			
FAR			

Elektrische Eigenschaften

		Hz	°C		Probekörper, Form
Dielektrizitätszahl		50			
		10^3			
		10^6			
Dielektrischer Verlustfaktor tan δ		50			
		10^3			
		10^6			
Spezifischer Durchgangswiderstand	Ohm · cm		23	1.0*10**02	
Durchschlagfestigkeit	kV/mm				mm dick
Oberflächenwiderstand	Ohm		23	1.0*10**02	

Kriechstromfestigkeit KC KB KA
Elektrolytische Korrosionswirkung
Lichtbogenfestigkeit nach DIN
nach ASTM s

Beständigkeit *(Chemische Beständigkeit siehe Anhang)*

Wasseraufnahme 23 C 1 d 0.07 %

Feuchtigkeitsaufnahme Normalklima %
Wetterbeständigkeit

Spannungskorrosion

Optische Eigenschaften

Brechungszahl n_D
Transmissionsgrad τ_c % mm dick
Lichtdurchlässigkeit

Datenbank-Nr.	**T01291**		Merkblatt-Nr. **4509**
Produkt	Polyetherimid		**PEI**
Handelsname	**Thermocomp EMI-X** <EC-1008>		
Hersteller	LNP		
DIN-Bez 1			
DIN-Bez 2			
Zusätze		Füllstoffe/ Verstärkung	40% Kohlefaser
Bevorzugte Verarbeitung	Spritzgiessen	Lieferform	Granulat
		Farben	
Besondere Merkmale	Elektromagnetische Schirmdaempfung; Gut leitfaehig	Bevorzugte Anwendungen	Technisches Formteil; Gehaeuse; EMI-Shielding fuer Computertechnik; Elektronik

Dichte	g/cm³	1.44	Schmelzindex	g/10 min	:
Schüttdichte	g/cm³		Volumenfließindex	cm³/10 min	:
Viskositätszahl	ml/g				

Verarbeitungsbedingungen für Spritzgießen

Massetemp.	°C	Schwindung	%	lgs 0.1, quer
Werkzeugtemp.	°C	Bemerkungen		
Spritzdruck	bar			

Zugversuch 23 °C ASTM D 638;

Probekörper:	Form	Herstellung	Spritzgiessen
	Zustand	Vorbehandlung	Normalklima

Streckspannung	N/mm²		Dehnung bei Streckspannung	%
Zugfestigkeit	N/mm²	255	Reißdehnung	%
Reißfestigkeit	N/mm²		% Dehnspannung	N/mm²
E-Modul	N/mm²		Dehnung bei % Dehnspg.	%

Kriechmoduln und Zeitstandwerte 23 °C

Probekörper:	Form	Herstellung	
	Zustand	Vorbehandlung	

Kriechmodul	1 min	N/mm²	Zeitstandzugfestigkeit	h	N/mm²
Kriechmodul	1000 h	N/mm²	Zeitdehnspg. %	h	N/mm²
bei Spannung		N/mm²			

Biegeversuch 23 °C ASTM D 790;

Probekörper:	Form	Herstellung	Spritzgiessen
	Zustand	Vorbehandlung	Normalklima

Biegefestigkeit	N/mm²	330	E-Modul	N/mm²	19300
3,5% Biegespannung	N/mm²				

Härte 23 °C

Probekörper:	Zustand	Herstellung	
		Vorbehandlung	
Kugeldruckhärte	N/mm² bei N, s	Shore-Härte A	
Rockwellhärte		Shore-Härte D	

Schlagversuch

Probekörper:	(1)		
	(2) V-Kerbe	Herstellung	Spritzgiessen
	Zustand	Vorbehandlung	Normalklima

		°C	°C	°C	Probekörper-Form
Schlagzähigkeit	kJ/m²				
Kerbschlagzähigkeit (1)	kJ/m²				
IZOD-Kerbschlagzähigkeit (2)	J/m	23 69			
Kerbschlagzugzähigkeit	kJ/m²				

Abrieb und Reibung

Taber-Abrieb (Reibradverfahren)	mm^3/100 U		
Abriebfaktor LNP (Thrust washer) Vergleichswert			
Statische Reibungszahl			
Dynamische Reibungszahl	(p · v= N/mm^2 ·		m/min)
Zulässiger p · v Wert	N/mm^2 · (m/min)	v=	m/min
		v=	m/min

Thermische Eigenschaften

Formbeständigkeit in der Wärme	*Verfahren* A			216 °C
	Verfahren B			218 °C
Vicat Erweichungstemperatur (VST)	*Verfahren*			°C
	Verfahren			°C
Kristallit-Schmelzpunkt	*Verfahren*			
Längenausdehnungskoeffizient	*Bereich*	°C		· $10^{-4}K^{-1}$
	Temperatur 23 °C			0.9 · $10^{-4}K^{-1}$
Wärmeleitfähigkeit	*Verfahren*	ASTM C 177	23 °C	0.94 W/(K · m)
Spezifische Wärmekapazität	*Verfahren*			J/(K · g)
Glasumwandlungstemperatur	*Torsionsschwingungsversuch*		°C	
	Differentialkalorimetrie		°C	

Brandverhalten

UL-Test vertikal	Dicke	mm, Wert V-0
	Dicke	mm, Wert

	Norm	*Bewertung*	*Abmessungen*
Sauerstoff-Index	ASTM D 2863		
Glühstab-Verfahren			
Brandverhalten	DIN 4102		
MVSS			
FAR			

Elektrische Eigenschaften

		Hz	°C			*Probekörper, Form*
Dielektrizitätszahl		50				
		10^3				
		10^6				
Dielektrischer Verlustfaktor tan δ		50				
		10^3				
		10^6				
Spezifischer Durchgangs-widerstand	Ohm · cm		23	1.0*10**02		
Durchschlagfestigkeit	kV/mm					mm dick
Oberflächenwiderstand	Ohm		23	1.0*10**02		
Kriechstromfestigkeit		KC	KB		KA	
Elektrolytische Korrosionswirkung						
Lichtbogenfestigkeit nach DIN						
nach ASTM	s					

Beständigkeit *(Chemische Beständigkeit siehe Anhang)*

Wasseraufnahme 23 C	1 d	0.10 %	
Feuchtigkeitsaufnahme Normalklima			%
Wetterbeständigkeit			
Spannungskorrosion			

Optische Eigenschaften

Brechungszahl n_D		
Transmissionsgrad τ_c	%	mm dick
Lichtdurchlässigkeit		

Datenbank-Nr.	**T01292**	Merkblatt-Nr. **4510**

Produkt	Polyamid 612		**PA**
Handelsname	**Thermocomp EMI-X** <IC-1008>		
Hersteller	LNP		
DIN-Bez 1			
DIN-Bez 2			
Zusätze		*Füllstoffe/ Verstärkung*	40% Kohlefaser
Bevorzugte Verarbeitung	Spritzgiessen	*Lieferform*	Granulat
		Farben	
Besondere Merkmale	Elektromagnetische Schirmdaempfung; Gut leitfaehig	*Bevorzugte Anwendungen*	Technisches Formteil; Gehaeuse; EMI-Shielding fuer Computertechnik; Elektronik

Dichte	g/cm³	1.29	*Schmelzindex*	g/10 min	:
Schüttdichte	g/cm³		*Volumenfließindex*	cm³/10 min	:
Viskositätszahl	ml/g				

Verarbeitungsbedingungen für Spritzgießen

Massetemp.	°C	*Schwindung*	% lgs 0.2, quer
Werkzeugtemp.	°C	*Bemerkungen*	
Spritzdruck	bar		

Zugversuch 23 °C ASTM D 638;
Probekörper: *Form* — *Herstellung* Spritzgiessen
Zustand Spritzfrisch — *Vorbehandlung*

Streckspannung	N/mm²		*Dehnung bei Streckspannung*	%
Zugfestigkeit	N/mm²	241	*Reißdehnung*	%
Reißfestigkeit	N/mm²		*% Dehnspannung*	N/mm²
E-Modul	N/mm²		*Dehnung bei % Dehnspg.*	%

Kriechmoduln und Zeitstandwerte 23 °C
Probekörper: *Form* — *Herstellung*
Zustand — *Vorbehandlung*

Kriechmodul	*1 min* N/mm²		*Zeitstandzugfestigkeit*	h N/mm²
Kriechmodul	*1000 h* N/mm²		*Zeitdehnspg. %*	h N/mm²
bei Spannung	N/mm²			

Biegeversuch 23 °C ASTM D 790;
Probekörper: *Form* — *Herstellung* Spritzgiessen
Zustand Spritzfrisch — *Vorbehandlung*

Biegefestigkeit	N/mm²	358	*E-Modul*	N/mm² 20600
3,5% *Biegespannung*	N/mm²			

Härte 23 °C *Probekörper:* *Zustand* — *Herstellung*
Vorbehandlung

Kugeldruckhärte	N/mm²	bei N, s	*Shore-Härte* A
Rockwellhärte			*Shore-Härte* D

Schlagversuch *Probekörper:* *(1)*
(2) V-Kerbe — *Herstellung* Spritzgiessen
Zustand Spritzfrisch — *Vorbehandlung*

		°C	°C	°C	*Probekörper-Form*
Schlagzähigkeit	kJ/m²				
Kerbschlagzähigkeit (1)	kJ/m²				
IZOD-Kerbschlagzähigkeit (2)	J/m	23 128			
Kerbschlagzugzähigkeit	kJ/m²				

Abrieb und Reibung

Taber-Abrieb (Reibradverfahren)	mm^3/100 U		
Abriebfaktor LNP (Thrust washer) Vergleichswert			
Statische Reibungszahl			
Dynamische Reibungszahl	(p · v=	N/mm^2 ·	m/min)
Zulässiger p · v Wert	N/mm^2 · (m/min)	v=	m/min
		v=	m/min

Thermische Eigenschaften

Formbeständigkeit in der Wärme	*Verfahren* A			216 °C
	Verfahren B			218 °C
Vicat Erweichungstemperatur (VST)	*Verfahren*			°C
	Verfahren			°C
Kristallit-Schmelzpunkt	*Verfahren*			
Längenausdehnungskoeffizient	*Bereich*	°C		$\cdot 10^{-4}K^{-1}$
	Temperatur 23 °C			$1.3 \cdot 10^{-4}K^{-1}$
Wärmeleitfähigkeit	*Verfahren* ASTM C 177		23 °C	1.08 W/(K · m)
Spezifische Wärmekapazität	*Verfahren*			J/(K · g)
Glasumwandlungstemperatur	*Torsionsschwingungsversuch*		°C	
	Differentialkalorimetrie		°C	

Brandverhalten

UL-Test vertikal	Dicke	mm, Wert HB
	Dicke	mm, Wert

	Norm	*Bewertung*	*Abmessungen*
Sauerstoff-Index	ASTM D 2863		
Glühstab-Verfahren			
Brandverhalten	DIN 4102		
MVSS			
FAR			

Elektrische Eigenschaften

		Hz	°C			*Probekörper, Form*
Dielektrizitätszahl		50				
		10^3				
		10^6				
Dielektrischer Verlustfaktor tan δ		50				
		10^3				
		10^6				
Spezifischer Durchgangs-widerstand	Ohm · cm		23	1.0*10**02		
Durchschlagfestigkeit	kV/mm					mm dick
Oberflächenwiderstand	Ohm		23	1.0*10**02		

Kriechstromfestigkeit	KC	KB	KA
Elektrolytische Korrosionswirkung			
Lichtbogenfestigkeit nach DIN			
nach ASTM s			

Beständigkeit *(Chemische Beständigkeit siehe Anhang)*

Wasseraufnahme 23 C	1 d	0.10 %	
Feuchtigkeitsaufnahme Normalklima			%
Wetterbeständigkeit			
Spannungskorrosion			

Optische Eigenschaften

Brechungszahl n_D		
Transmissionsgrad τ_c	%	mm dick
Lichtdurchlässigkeit		

Datenbank-Nr. **T01293** Merkblatt-Nr. **4511**

Produkt	Polyphenylensulfid		**PPS**
Handelsname	**Thermocomp EMI-X** <OC-1008>		
Hersteller	LNP		
DIN-Bez 1			
DIN-Bez 2			
Zusätze		*Füllstoffe/ Verstärkung*	40% Kohlefaser
Bevorzugte Verarbeitung	Spritzgiessen	*Lieferform*	Granulat
		Farben	
Besondere Merkmale	Elektromagnetische Schirmdaempfung; Gut leitfaehig	*Bevorzugte Anwendungen*	Technisches Formteil; Gehaeuse; EMI-Shielding fuer Computertechnik; Elektronik

Dichte	g/cm³	1.49	*Schmelzindex*	g/10 min		:
Schüttdichte	g/cm³		*Volumenfließindex*	cm³/10 min		:
Viskositätszahl	ml/g					

Verarbeitungsbedingungen für Spritzgießen

Massetemp.	°C	*Schwindung*	%	lgs	0.15, quer
Werkzeugtemp.	°C	*Bemerkungen*			
Spritzdruck	bar				

Zugversuch 23 °C ASTM D 638;

Probekörper:	*Form*	*Herstellung*	Spritzgiessen
	Zustand	*Vorbehandlung*	Normalklima

Streckspannung	N/mm²		*Dehnung bei Streckspannung*	%
Zugfestigkeit	N/mm²	206	*Reißdehnung*	%
Reißfestigkeit	N/mm²		*% Dehnspannung*	N/mm²
E-Modul	N/mm²		*Dehnung bei % Dehnspg.*	%

Kriechmoduln und Zeitstandwerte 23 °C

Probekörper:	*Form*	*Herstellung*	
	Zustand	*Vorbehandlung*	

Kriechmodul	*1 min*	N/mm²	*Zeitstandzugfestigkeit*	h	N/mm²
Kriechmodul	*1000 h*	N/mm²	*Zeitdehnspg. %*	h	N/mm²
bei Spannung		N/mm²			

Biegeversuch 23 °C ASTM D 790;

Probekörper:	*Form*	*Herstellung*	Spritzgiessen
	Zustand	*Vorbehandlung*	Normalklima

Biegefestigkeit	N/mm²	275	*E-Modul*	N/mm²	27500
3,5% *Biegespannung*	N/mm²				

Härte 23 °C

Probekörper:	*Zustand*	*Herstellung*	
		Vorbehandlung	
Kugeldruckhärte	N/mm² bei N, s	*Shore-Härte* A	
Rockwellhärte		*Shore-Härte* D	

Schlagversuch

Probekörper:	*(1)*		
	(2) V-Kerbe	*Herstellung*	Spritzgiessen
	Zustand	*Vorbehandlung*	Normalklima

		°C	°C	°C	*Probekörper-Form*
Schlagzähigkeit	kJ/m²				
Kerbschlagzähigkeit (1)	kJ/m²				
IZOD-Kerbschlagzähigkeit (2)	J/m	23 59			
Kerbschlagzugzähigkeit	kJ/m²				

Abrieb und Reibung

Taber-Abrieb (Reibradverfahren)	mm^3/100 U		
Abriebfaktor LNP (Thrust washer) Vergleichswert			
Statische Reibungszahl			
Dynamische Reibungszahl	(p · v = N/mm^2 ·		m/min)
Zulässiger p · v Wert	N/mm^2 · (m/min)	v =	m/min
		v =	m/min

Thermische Eigenschaften

Formbeständigkeit in der Wärme	*Verfahren* A			263 °C
	Verfahren B			266 °C
Vicat Erweichungstemperatur (VST)	*Verfahren*			°C
	Verfahren			°C
Kristallit-Schmelzpunkt	*Verfahren*			
Längenausdehnungskoeffizient	*Bereich*	°C		$\cdot 10^{-4} K^{-1}$
	Temperatur 23 °C			$0.9 \cdot 10^{-4} K^{-1}$
Wärmeleitfähigkeit	*Verfahren* ASTM C 177		23 °C	0.87 W/(K · m)
Spezifische Wärmekapazität	*Verfahren*			J/(K · g)
Glasumwandlungstemperatur	*Torsionsschwingungsversuch*		°C	
	Differentialkalorimetrie		°C	

Brandverhalten

UL-Test vertikal	Dicke mm, Wert V-0	
	Dicke mm, Wert	

	Norm	*Bewertung*	*Abmessungen*
Sauerstoff-Index	ASTM D 2863		
Glühstab-Verfahren			
Brandverhalten	DIN 4102		
MVSS			
FAR			

Elektrische Eigenschaften

		Hz	°C		*Probekörper, Form*
Dielektrizitätszahl		50			
		10^3			
		10^6			
Dielektrischer Verlustfaktor tan δ		50			
		10^3			
		10^6			
Spezifischer Durchgangswiderstand	Ohm · cm		23	1.0*10**02	
Durchschlagfestigkeit	kV/mm				mm dick
Oberflächenwiderstand	Ohm		23	1.0*10**02	

Kriechstromfestigkeit	KC	KB	KA
Elektrolytische Korrosionswirkung			
Lichtbogenfestigkeit nach DIN			
nach ASTM s			

Beständigkeit *(Chemische Beständigkeit siehe Anhang)*

Wasseraufnahme 23 C	1 d	0.03 %	
Feuchtigkeitsaufnahme Normalklima			%
Wetterbeständigkeit			
Spannungskorrosion			

Optische Eigenschaften

Brechungszahl n_D		
Transmissionsgrad τ_c	%	mm dick
Lichtdurchlässigkeit		

Produkt	Polyphenylensulfid		**PPS**
Handelsname	**Thermocomp EMI-X** <OC-100-10>		
Hersteller	LNP		
DIN-Bez 1			
DIN-Bez 2			
Zusätze		*Füllstoffe/ Verstärkung*	50% Kohlefaser
Bevorzugte Verarbeitung	Spritzgiessen	*Lieferform*	Granulat
		Farben	
Besondere Merkmale	Elektromagnetische Schirmdaempfung; Sehr gut leitfaehig	*Bevorzugte Anwendungen*	Technisches Formteil; Gehaeuse; EMI-Shielding fuer Computertechnik; Elektronik

Dichte	g/cm³	1.53	*Schmelzindex*	g/10 min	:
Schüttdichte	g/cm³		*Volumenfließindex*	cm³/10 min	:
Viskositätszahl	ml/g				

Verarbeitungsbedingungen für Spritzgießen

Massetemp.	°C	*Schwindung*	%	lgs 0.15, quer
Werkzeugtemp.	°C	*Bemerkungen*		
Spritzdruck	bar			

Zugversuch 23 °C ASTM D 638;
Probekörper: *Form* / *Zustand* — *Herstellung* Spritzgiessen; *Vorbehandlung* Normalklima

Streckspannung	N/mm²		*Dehnung bei Streckspannung*	%	
Zugfestigkeit	N/mm²	193	*Reißdehnung*	%	
Reißfestigkeit	N/mm²		*% Dehnspannung*	N/mm²	
E-Modul	N/mm²		*Dehnung bei % Dehnspg.*	%	

Kriechmoduln und Zeitstandwerte 23 °C
Probekörper: *Form* / *Zustand* — *Herstellung*; *Vorbehandlung*

Kriechmodul	*1 min*	N/mm²	*Zeitstandzugfestigkeit*	h	N/mm²
Kriechmodul	*1000 h*	N/mm²	*Zeitdehnspg. %*	h	N/mm²
bei Spannung		N/mm²			

Biegeversuch 23 °C ASTM D 790;
Probekörper: *Form* / *Zustand* — *Herstellung* Spritzgiessen; *Vorbehandlung* Normalklima

Biegefestigkeit	N/mm²	275	*E-Modul*	N/mm²	31000
3,5% *Biegespannung*	N/mm²				

Härte 23 °C *Probekörper:* *Zustand* — *Herstellung*; *Vorbehandlung*

Kugeldruckhärte	N/mm² bei N, s	*Shore-Härte*	A
Rockwellhärte		*Shore-Härte*	D

Schlagversuch *Probekörper:* *(1)* / *(2)* V-Kerbe / *Zustand* — *Herstellung* Spritzgiessen; *Vorbehandlung* Normalklima

		°C	°C	°C	*Probekörper-Form*
Schlagzähigkeit	kJ/m²				
Kerbschlagzähigkeit (1)	kJ/m²				
IZOD-Kerbschlagzähigkeit (2)	J/m	23 64			
Kerbschlagzugzähigkeit	kJ/m²				

Abrieb und Reibung

Taber-Abrieb (Reibradverfahren)	$mm^3/100$ U		
Abriebfaktor LNP (Thrust washer) Vergleichswert			
Statische Reibungszahl			
Dynamische Reibungszahl	(p · v= N/mm^2 ·		m/min)
Zulässiger p · v Wert	N/mm^2 · (m/min)	v=	m/min
		v=	m/min

Thermische Eigenschaften

Formbeständigkeit in der Wärme	*Verfahren* A			263 °C
	Verfahren B			266 °C
Vicat Erweichungstemperatur (VST)	*Verfahren*			°C
	Verfahren			°C
Kristallit-Schmelzpunkt	*Verfahren*			
Längenausdehnungskoeffizient	*Bereich*	°C		$\cdot 10^{-4}K^{-1}$
	Temperatur 23 °C			$0.7 \cdot 10^{-4}K^{-1}$
Wärmeleitfähigkeit	*Verfahren* ASTM C 177		23 °C	0.94 W/(K · m)
Spezifische Wärmekapazität	*Verfahren*			J/(K · g)
Glasumwandlungstemperatur	*Torsionsschwingungsversuch*		°C	
	Differentialkalorimetrie		°C	

Brandverhalten

UL-Test vertikal — Dicke mm, Wert V-0
Dicke mm, Wert

	Norm	*Bewertung*	*Abmessungen*
Sauerstoff-Index	ASTM D 2863		
Glühstab-Verfahren			
Brandverhalten	DIN 4102		
MVSS			
FAR			

Elektrische Eigenschaften

		Hz	°C		*Probekörper, Form*
Dielektrizitätszahl		50			
		10^3			
		10^6			
Dielektrischer Verlustfaktor tan δ		50			
		10^3			
		10^6			
Spezifischer Durchgangs-widerstand	Ohm · cm		23	1.0*10**01	
Durchschlagfestigkeit	kV/mm				mm dick
Oberflächenwiderstand	Ohm		23	1.0*10**01	

Kriechstromfestigkeit KC KB KA
Elektrolytische Korrosionswirkung
Lichtbogenfestigkeit nach DIN
nach ASTM s

Beständigkeit *(Chemische Beständigkeit siehe Anhang)*

Wasseraufnahme 23 C	1 d	0.02 %
Feuchtigkeitsaufnahme Normalklima		%
Wetterbeständigkeit		
Spannungskorrosion		

Optische Eigenschaften

Brechungszahl n_D
Transmissionsgrad τ_c % mm dick
Lichtdurchlässigkeit

Datenbank-Nr. **T01295** Merkblatt-Nr. **4513**

Produkt	Polyamid 6		**PA6**
Handelsname	**Thermocomp EMI-X** <PC-1008>		
Hersteller	LNP		
DIN-Bez 1			
DIN-Bez 2			
Zusätze		*Füllstoffe/ Verstärkung*	40% Kohlefaser
Bevorzugte Verarbeitung	Spritzgiessen	*Lieferform*	Granulat
		Farben	
Besondere Merkmale	Elektromagnetische Schirmdaempfung; Gut leitfaehig	*Bevorzugte Anwendungen*	Technisches Formteil; Gehaeuse; EMI-Shielding fuer Computertechnik; Elektronik

Dichte	g/cm^3	1.34	*Schmelzindex*	g/10 min	:
Schüttdichte	g/cm^3		*Volumenfließindex*	cm^3/10 min	:
Viskositätszahl	ml/g				

Verarbeitungsbedingungen für Spritzgießen

Massetemp.	°C	*Schwindung*	% lgs 0.2, quer
Werkzeugtemp.	°C	*Bemerkungen*	
Spritzdruck	bar		

Zugversuch 23 °C ASTM D 638;

Probekörper: *Form* — *Herstellung* Spritzgiessen
Zustand Spritzfrisch — *Vorbehandlung*

Streckspannung	N/mm^2		*Dehnung bei Streckspannung*	%	
Zugfestigkeit	N/mm^2	241	*Reißdehnung*	%	
Reißfestigkeit	N/mm^2		*% Dehnspannung*	N/mm^2	
E-Modul	N/mm^2		*Dehnung bei % Dehnspg.*	%	

Kriechmoduln und Zeitstandwerte 23 °C

Probekörper: *Form* — *Herstellung*
Zustand — *Vorbehandlung*

Kriechmodul	*1 min* N/mm^2	*Zeitstandzugfestigkeit*	h	N/mm^2
Kriechmodul	*1000 h* N/mm^2	*Zeitdehnspg.* %	h	N/mm^2
bei Spannung	N/mm^2			

Biegeversuch 23 °C ASTM D 790;

Probekörper: *Form* — *Herstellung* Spritzgiessen
Zustand Spritzfrisch — *Vorbehandlung*

Biegefestigkeit	N/mm^2	323	*E-Modul*	N/mm^2	19300
3,5% *Biegespannung*	N/mm^2				

Härte 23 °C *Probekörper:* *Zustand* — *Herstellung*
Vorbehandlung

Kugeldruckhärte	N/mm^2 bei N, s	*Shore-Härte* A	
Rockwellhärte		*Shore-Härte* D	

Schlagversuch *Probekörper:* *(1)*
(2) V-Kerbe — *Herstellung* Spritzgiessen
Zustand Spritzfrisch — *Vorbehandlung*

		°C	°C	°C	*Probekörper-Form*
Schlagzähigkeit	kJ/m^2				
Kerbschlagzähigkeit (1)	kJ/m^2				
IZOD-Kerbschlagzähigkeit (2)	J/m	23 96			
Kerbschlagzugzähigkeit	kJ/m^2				

Abrieb und Reibung

Taber-Abrieb (Reibradverfahren)	mm^3/100 U		
Abriebfaktor LNP (Thrust washer) Vergleichswert			
Statische Reibungszahl			
Dynamische Reibungszahl	(p · v =	N/mm² ·	m/min)
Zulässiger p · v Wert	N/mm² · (m/min)	v =	m/min
		v =	m/min

Thermische Eigenschaften

Formbeständigkeit in der Wärme	*Verfahren* A		218 °C
	Verfahren B		221 °C
Vicat Erweichungstemperatur (VST)	*Verfahren*		°C
	Verfahren		°C
Kristallit-Schmelzpunkt	*Verfahren*		
Längenausdehnungskoeffizient	*Bereich* °C		$\cdot 10^{-4} K^{-1}$
	Temperatur 23 °C		$1.4 \cdot 10^{-4} K^{-1}$
Wärmeleitfähigkeit	*Verfahren* ASTM C 177	23 °C	1.08 W/(K · m)
Spezifische Wärmekapazität	*Verfahren*		J/(K · g)
Glasumwandlungstemperatur	*Torsionsschwingungsversuch*	°C	
	Differentialkalorimetrie	°C	

Brandverhalten

UL-Test vertikal	Dicke	mm, Wert HB
	Dicke	mm, Wert

	Norm	*Bewertung*	*Abmessungen*
Sauerstoff-Index	ASTM D 2863		
Glühstab-Verfahren			
Brandverhalten	DIN 4102		
MVSS			
FAR			

Elektrische Eigenschaften

		Hz	°C		*Probekörper, Form*
Dielektrizitätszahl		50			
		10^3			
		10^6			
Dielektrischer Verlustfaktor tan δ		50			
		10^3			
		10^6			
Spezifischer Durchgangs-widerstand	Ohm · cm		23	1.0*10**02	
Durchschlagfestigkeit	kV/mm				mm dick
Oberflächenwiderstand	Ohm		23	1.0*10**02	

Kriechstromfestigkeit	KC	KB	KA
Elektrolytische Korrosionswirkung			
Lichtbogenfestigkeit nach DIN			
nach ASTM s			

Beständigkeit *(Chemische Beständigkeit siehe Anhang)*

Wasseraufnahme 23 C	1 d	0.5 %
Feuchtigkeitsaufnahme Normalklima		%
Wetterbeständigkeit		
Spannungskorrosion		

Optische Eigenschaften

Brechungszahl n_D		
Transmissionsgrad τ_c	%	mm dick
Lichtdurchlässigkeit		

Produkt	Polyamid 6		**PA**
Handelsname	**Thermocomp EMI-X** <PC-100-10>		
Hersteller	LNP		
DIN-Bez 1			
DIN-Bez 2			
Zusätze		*Füllstoffe/ Verstärkung*	50% Kohlefaser
Bevorzugte Verarbeitung	Spritzgiessen	*Lieferform*	Granulat
		Farben	
Besondere Merkmale	Elektromagnetische Schirmdaempfung; Sehr gut leitfaehig	*Bevorzugte Anwendungen*	Technisches Formteil; Gehaeuse; EMI-Shielding fuer Computertechnik; Elektronik

Dichte	g/cm³	1.39	*Schmelzindex*	g/10 min	:
Schüttdichte	g/cm³		*Volumenfließindex*	cm³/10 min	:
Viskositätszahl	ml/g				

Verarbeitungsbedingungen für Spritzgießen

Massetemp.	°C	*Schwindung*	% lgs 0.15, quer
Werkzeugtemp.	°C	*Bemerkungen*	
Spritzdruck	bar		

Zugversuch 23 °C ASTM D 638;
Probekörper: *Form* — *Herstellung* Spritzgiessen
Zustand Spritzfrisch — *Vorbehandlung*

Streckspannung	N/mm²		*Dehnung bei Streckspannung*	%
Zugfestigkeit	N/mm²	241	*Reißdehnung*	%
Reißfestigkeit	N/mm²		% *Dehnspannung*	N/mm²
E-Modul	N/mm²		*Dehnung bei* % *Dehnspg.*	%

Kriechmoduln und Zeitstandwerte 23 °C
Probekörper: *Form* — *Herstellung*
Zustand — *Vorbehandlung*

Kriechmodul	*1 min*	N/mm²	*Zeitstandzugfestigkeit*	h	N/mm²
Kriechmodul	*1000 h*	N/mm²	*Zeitdehnspg.* %	h	N/mm²
bei Spannung		N/mm²			

Biegeversuch 23 °C ASTM D 790;
Probekörper: *Form* — *Herstellung* Spritzgiessen
Zustand Normalklima — *Vorbehandlung*

Biegefestigkeit	N/mm²	337	*E-Modul*	N/mm²	22700
3,5% *Biegespannung*	N/mm²				

Härte 23 °C *Probekörper:* *Zustand* — *Herstellung*
Vorbehandlung

Kugeldruckhärte	N/mm² bei N, s	*Shore-Härte* A	
Rockwellhärte		*Shore-Härte* D	

Schlagversuch *Probekörper:* *(1)*
(2) V-Kerbe — *Herstellung* Spritzgiessen
Zustand Spritzfrisch — *Vorbehandlung*

		°C		°C	°C	*Probekörper-Form*
Schlagzähigkeit	kJ/m²					
Kerbschlagzähigkeit (1)	kJ/m²					
IZOD-Kerbschlagzähigkeit (2)	J/m	23	96			
Kerbschlagzugzähigkeit	kJ/m²					

Abrieb und Reibung

Taber-Abrieb (Reibradverfahren)	mm^3/100 U		
Abriebfaktor LNP (Thrust washer) Vergleichswert			
Statische Reibungszahl			
Dynamische Reibungszahl	(p · v =	N/mm^2 ·	m/min)
Zulässiger p · v Wert	N/mm^2 · (m/min)	v =	m/min
		v =	m/min

Thermische Eigenschaften

Formbeständigkeit in der Wärme	Verfahren	A		218 °C
	Verfahren	B		221 °C
Vicat Erweichungstemperatur (VST)	Verfahren			°C
	Verfahren			°C
Kristallit-Schmelzpunkt	Verfahren			
Längenausdehnungskoeffizient	Bereich	°C		$\cdot 10^{-4} K^{-1}$
	Temperatur 23 °C			$1.1 \cdot 10^{-4} K^{-1}$
Wärmeleitfähigkeit	Verfahren	ASTM C 177	23 °C	1.15 W/(K · m)
Spezifische Wärmekapazität	Verfahren			J/(K · g)
Glasumwandlungstemperatur	Torsionsschwingungsversuch		°C	
	Differentialkalorimetrie		°C	

Brandverhalten

UL-Test vertikal		Dicke mm, Wert HB	
		Dicke mm, Wert	
	Norm	Bewertung	Abmessungen
Sauerstoff-Index	ASTM D 2863		
Glühstab-Verfahren			
Brandverhalten	DIN 4102		
MVSS			
FAR			

Elektrische Eigenschaften

		Hz	°C		Probekörper, Form
Dielektrizitätszahl		50			
		10^3			
		10^6			
Dielektrischer Verlustfaktor tan δ		50			
		10^3			
		10^6			
Spezifischer Durchgangswiderstand	Ohm · cm		23	1.0*10**01	
Durchschlagfestigkeit	kV/mm				mm dick
Oberflächenwiderstand	Ohm		23	1.0*10**01	

Kriechstromfestigkeit	KC	KB	KA
Elektrolytische Korrosionswirkung			
Lichtbogenfestigkeit nach DIN			
nach ASTM s			

Beständigkeit *(Chemische Beständigkeit siehe Anhang)*

Wasseraufnahme 23 C	1 d	0.4 %
Feuchtigkeitsaufnahme Normalklima		%
Wetterbeständigkeit		
Spannungskorrosion		

Optische Eigenschaften

Brechungszahl n_D		
Transmissionsgrad τ_c	%	mm dick
Lichtdurchlässigkeit		

Produkt	Polyamid 610		**PA**
Handelsname	**Thermocomp EMI-X** <QC-1008>		
Hersteller	LNP		
DIN-Bez 1			
DIN-Bez 2			
Zusätze		*Füllstoffe/ Verstärkung*	40% Kohlefaser
Bevorzugte Verarbeitung	Spritzgiessen	*Lieferform*	Granulat
		Farben	
Besondere Merkmale	Elektromagnetische Schirmdaempfung; Gut leitfaehig	*Bevorzugte Anwendungen*	Technisches Formteil; Gehaeuse; EMI-Shielding fuer Computertechnik; Elektronik

Dichte	g/cm³	1.29	*Schmelzindex*	g/10 min	:
Schüttdichte	g/cm³		*Volumenfließindex*	cm³/10 min	:
Viskositätszahl	ml/g				

Verarbeitungsbedingungen für Spritzgießen

Massetemp.	°C	*Schwindung*	% lgs 0.2, quer
Werkzeugtemp.	°C	*Bemerkungen*	
Spritzdruck	bar		

Zugversuch 23 °C ASTM D 638;

Probekörper: *Form* — *Herstellung* Spritzgiessen
Zustand Spritzfrisch — *Vorbehandlung*

Streckspannung	N/mm²		*Dehnung bei Streckspannung*	%
Zugfestigkeit	N/mm²	241	*Reißdehnung*	%
Reißfestigkeit	N/mm²		*% Dehnspannung*	N/mm²
E-Modul	N/mm²		*Dehnung bei % Dehnspg.*	%

Kriechmoduln und Zeitstandwerte 23 °C

Probekörper: *Form* — *Herstellung*
Zustand — *Vorbehandlung*

Kriechmodul	*1 min* N/mm²		*Zeitstandzugfestigkeit*	h N/mm²
Kriechmodul	*1000 h* N/mm²		*Zeitdehnspg. %*	h N/mm²
bei Spannung	N/mm²			

Biegeversuch 23 °C ASTM D 790;

Probekörper: *Form* — *Herstellung* Spritzgiessen
Zustand Spritzfrisch — *Vorbehandlung*

Biegefestigkeit	N/mm²	323	*E-Modul*	N/mm²	20300
3,5% *Biegespannung*	N/mm²				

Härte 23 °C *Probekörper:* *Zustand* — *Herstellung*
Vorbehandlung

Kugeldruckhärte	N/mm² bei N, s	*Shore-Härte* A	
Rockwellhärte		*Shore-Härte* D	

Schlagversuch *Probekörper:* *(1)*
(2) V-Kerbe — *Herstellung* Spritzgiessen
Zustand Spritzfrisch — *Vorbehandlung*

		°C	°C	°C	*Probekörper-Form*
Schlagzähigkeit	kJ/m²				
Kerbschlagzähigkeit (1)	kJ/m²				
IZOD-Kerbschlagzähigkeit (2)	J/m	23 107			
Kerbschlagzugzähigkeit	kJ/m²				

Abrieb und Reibung

Taber-Abrieb (Reibradverfahren)	mm^3/100 U		
Abriebfaktor LNP (Thrust washer) Vergleichswert			
Statische Reibungszahl			
Dynamische Reibungszahl	(p · v = N/mm^2 ·		m/min)
Zulässiger p · v Wert	N/mm^2 · (m/min)	v =	m/min
		v =	m/min

Thermische Eigenschaften

Formbeständigkeit in der Wärme	*Verfahren* A			218 °C
	Verfahren B			224 °C
Vicat Erweichungstemperatur (VST)	*Verfahren*			°C
	Verfahren			°C
Kristallit-Schmelzpunkt	*Verfahren*			
Längenausdehnungskoeffizient	*Bereich*	°C		$\cdot 10^{-4} K^{-1}$
	Temperatur 23 °C			$1.4 \cdot 10^{-4} K^{-1}$
Wärmeleitfähigkeit	*Verfahren* ASTM C 177		23 °C	1.08 W/(K · m)
Spezifische Wärmekapazität	*Verfahren*			J/(K · g)
Glasumwandlungstemperatur	*Torsionsschwingungsversuch*		°C	
	Differentialkalorimetrie		°C	

Brandverhalten

UL-Test vertikal	Dicke	mm, Wert HB
	Dicke	mm, Wert

	Norm	*Bewertung*	*Abmessungen*
Sauerstoff-Index	ASTM D 2863		
Glühstab-Verfahren			
Brandverhalten	DIN 4102		
MVSS			
FAR			

Elektrische Eigenschaften

		Hz	°C		*Probekörper, Form*
Dielektrizitätszahl		50			
		10^3			
		10^6			
Dielektrischer Verlustfaktor tan δ		50			
		10^3			
		10^6			
Spezifischer Durchgangswiderstand	Ohm · cm		23	1.0*10**02	
Durchschlagfestigkeit	kV/mm				mm dick
Oberflächenwiderstand	Ohm		23	1.0*10**02	

Kriechstromfestigkeit	KC	KB	KA
Elektrolytische Korrosionswirkung			
Lichtbogenfestigkeit nach DIN			
nach ASTM s			

Beständigkeit *(Chemische Beständigkeit siehe Anhang)*

Wasseraufnahme 23 C	1 d	0.11 %	
Feuchtigkeitsaufnahme Normalklima			%
Wetterbeständigkeit			
Spannungskorrosion			

Optische Eigenschaften

Brechungszahl n_D		
Transmissionsgrad τ_c	%	mm dick
Lichtdurchlässigkeit		

Produkt	Polyamid 610		**PA**
Handelsname	**Thermocomp EMI-X** <QC-100-10>		
Hersteller	LNP		
DIN-Bez 1			
DIN-Bez 2			
Zusätze		*Füllstoffe/ Verstärkung*	50% Kohlefaser
Bevorzugte Verarbeitung	Spritzgiessen	*Lieferform*	Granulat
		Farben	
Besondere Merkmale	Elektromagnetische Schirmdaempfung; Sehr gut leitfaehig	*Bevorzugte Anwendungen*	Technisches Formteil; Gehaeuse; EMI-Shielding fuer Computertechnik; Elektronik

Dichte	g/cm^3	1.34	*Schmelzindex*	g/10 min	:
Schüttdichte	g/cm^3		*Volumenfließindex*	cm^3/10 min	:
Viskositätszahl	ml/g				

Verarbeitungsbedingungen für Spritzgießen

Massetemp.	°C	*Schwindung*	%	lgs 0.15, quer
Werkzeugtemp.	°C	*Bemerkungen*		
Spritzdruck	bar			

Zugversuch 23 °C ASTM D 638;
Probekörper: *Form* — *Herstellung* Spritzgiessen
Zustand Spritzfrisch — *Vorbehandlung*

Streckspannung	N/mm^2		*Dehnung bei Streckspannung*	%
Zugfestigkeit	N/mm^2	241	*Reißdehnung*	%
Reißfestigkeit	N/mm^2		*% Dehnspannung*	N/mm^2
E-Modul	N/mm^2		*Dehnung bei % Dehnspg.*	%

Kriechmoduln und Zeitstandwerte 23 °C
Probekörper: *Form* — *Herstellung*
Zustand — *Vorbehandlung*

Kriechmodul	*1 min* N/mm^2	*Zeitstandzugfestigkeit*	h	N/mm^2
Kriechmodul	*1000 h* N/mm^2	*Zeitdehnspg. %*	h	N/mm^2
bei Spannung	N/mm^2			

Biegeversuch 23 °C ASTM D 790;
Probekörper: *Form* — *Herstellung* Spritzgiessen
Zustand Spritzfrisch — *Vorbehandlung*

Biegefestigkeit	N/mm^2	337	*E-Modul*	N/mm^2	22700
3,5% *Biegespannung*	N/mm^2				

Härte 23 °C *Probekörper:* *Zustand* — *Herstellung*
Vorbehandlung

Kugeldruckhärte	N/mm^2 bei N, s	*Shore-Härte* A	
Rockwellhärte		*Shore-Härte* D	

Schlagversuch *Probekörper:* *(1)*
(2) V-Kerbe — *Herstellung* Spritzgiessen
Zustand Spritzfrisch — *Vorbehandlung*

		°C	°C	°C	*Probekörper-Form*
Schlagzähigkeit	kJ/m^2				
Kerbschlagzähigkeit (1)	kJ/m^2				
IZOD-Kerbschlagzähigkeit (2)	J/m	23 107			
Kerbschlagzugzähigkeit	kJ/m^2				

Abrieb und Reibung

Taber-Abrieb (Reibradverfahren)	mm^3/100 U		
Abriebfaktor LNP (Thrust washer) Vergleichswert			
Statische Reibungszahl			
Dynamische Reibungszahl	(p·v= N/mm^2·		m/min)
Zulässiger p · v Wert	N/mm^2·(m/min)	v=	m/min
		v=	m/min

Thermische Eigenschaften

Formbeständigkeit in der Wärme	*Verfahren* A			218 °C
	Verfahren B			224 °C
Vicat Erweichungstemperatur (VST)	*Verfahren*			°C
	Verfahren			°C
Kristallit-Schmelzpunkt	*Verfahren*			
Längenausdehnungskoeffizient	*Bereich*	°C		$\cdot 10^{-4}K^{-1}$
	Temperatur 23 °C			$1.1 \cdot 10^{-4}K^{-1}$
Wärmeleitfähigkeit	*Verfahren* ASTM C 177		23 °C	1.15 W/(K · m)
Spezifische Wärmekapazität	*Verfahren*			J/(K · g)
Glasumwandlungstemperatur	*Torsionsschwingungsversuch*		°C	
	Differentialkalorimetrie		°C	

Brandverhalten

UL-Test vertikal	Dicke	mm, Wert HB
	Dicke	mm, Wert

	Norm	*Bewertung*	*Abmessungen*
Sauerstoff-Index	ASTM D 2863		
Glühstab-Verfahren			
Brandverhalten	DIN 4102		
MVSS			
FAR			

Elektrische Eigenschaften

		Hz	°C		*Probekörper, Form*
Dielektrizitätszahl		50			
		10^3			
		10^6			
Dielektrischer Verlustfaktor tan δ		50			
		10^3			
		10^6			
Spezifischer Durchgangswiderstand	Ohm · cm		23	1.0*10**01	
Durchschlagfestigkeit	kV/mm				mm dick
Oberflächenwiderstand	Ohm		23	1.0*10**01	

Kriechstromfestigkeit	KC	KB	KA
Elektrolytische Korrosionswirkung			
Lichtbogenfestigkeit nach DIN			
nach ASTM s			

Beständigkeit *(Chemische Beständigkeit siehe Anhang)*

Wasseraufnahme 23 C	1 d	0.10 %	
Feuchtigkeitsaufnahme Normalklima			%
Wetterbeständigkeit			
Spannungskorrosion			

Optische Eigenschaften

Brechungszahl n_D		
Transmissionsgrad τ_c	%	mm dick
Lichtdurchlässigkeit		

Datenbank-Nr. **T01299** Merkblatt-Nr. **4517**

Produkt	Polyamid 66		**PA**
Handelsname	**Thermocomp EMI-X** <RC-1008>		
Hersteller	LNP		
DIN-Bez 1			
DIN-Bez 2			
Zusätze		*Füllstoffe/ Verstärkung*	40% Kohlefaser
Bevorzugte Verarbeitung	Spritzgiessen	*Lieferform*	Granulat
		Farben	
Besondere Merkmale	Elektromagnetische Schirmdaempfung; Gut leitfaehig	*Bevorzugte Anwendungen*	Technisches Formteil; Gehaeuse; EMI-Shielding fuer Computertechnik; Elektronik

Dichte	g/cm³	1.34	*Schmelzindex*	g/10 min	:
Schüttdichte	g/cm³		*Volumenfließindex*	cm³/10 min	:
Viskositätszahl	ml/g				

Verarbeitungsbedingungen für Spritzgießen

Massetemp.	°C	*Schwindung*	% lgs 0.2, quer
Werkzeugtemp.	°C	*Bemerkungen*	
Spritzdruck	bar		

Zugversuch 23 °C ASTM D 638;
Probekörper: *Form* — *Herstellung* Spritzgiessen
Zustand Spritzfrisch — *Vorbehandlung*

Streckspannung	N/mm²		*Dehnung bei Streckspannung*	%	
Zugfestigkeit	N/mm²	275	*Reißdehnung*	%	
Reißfestigkeit	N/mm²		*% Dehnspannung*	N/mm²	
E-Modul	N/mm²		*Dehnung bei % Dehnspg.*	%	

Kriechmoduln und Zeitstandwerte 23 °C
Probekörper: *Form* — *Herstellung*
Zustand — *Vorbehandlung*

Kriechmodul	*1 min*	N/mm²	*Zeitstandzugfestigkeit*	h	N/mm²
Kriechmodul	*1000 h*	N/mm²	*Zeitdehnspg. %*	h	N/mm²
bei Spannung		N/mm²			

Biegeversuch 23 °C ASTM D 790;
Probekörper: *Form* — *Herstellung* Spritzgiessen
Zustand Spritzfrisch — *Vorbehandlung*

Biegefestigkeit	N/mm²	413	*E-Modul*	N/mm²	23400
3,5% *Biegespannung*	N/mm²				

Härte 23 °C *Probekörper:* *Zustand* — *Herstellung*
Vorbehandlung

Kugeldruckhärte	N/mm² bei N, s	*Shore-Härte* A	
Rockwellhärte		*Shore-Härte* D	

Schlagversuch *Probekörper:* *(1)*
(2) V-Kerbe — *Herstellung* Spritzgiessen
Zustand Spritzfrisch — *Vorbehandlung*

		°C	°C	°C	*Probekörper-Form*
Schlagzähigkeit	kJ/m²				
Kerbschlagzähigkeit (1)	kJ/m²				
IZOD-Kerbschlagzähigkeit (2)	J/m	23 85			
Kerbschlagzugzähigkeit	kJ/m²				

Abrieb und Reibung

Taber-Abrieb (Reibradverfahren)	mm^3/100 U		
Abriebfaktor LNP (Thrust washer) Vergleichswert			
Statische Reibungszahl			
Dynamische Reibungszahl	(p · v = N/mm^2 ·		m/min)
Zulässiger p · v Wert	N/mm^2 · (m/min)	v =	m/min
		v =	m/min

Thermische Eigenschaften

Formbeständigkeit in der Wärme	*Verfahren* A			260 °C
	Verfahren B			266 °C
Vicat Erweichungstemperatur (VST)	*Verfahren*			°C
	Verfahren			°C
Kristallit-Schmelzpunkt	*Verfahren*			
Längenausdehnungskoeffizient	*Bereich*	°C		$\cdot 10^{-4}K^{-1}$
	Temperatur 23 °C			$1.4 \cdot 10^{-4}K^{-1}$
Wärmeleitfähigkeit	*Verfahren* ASTM C 177		23 °C	1.23 W/(K · m)
Spezifische Wärmekapazität	*Verfahren*			J/(K · g)
Glasumwandlungstemperatur	*Torsionsschwingungsversuch*		°C	
	Differentialkalorimetrie		°C	

Brandverhalten

UL-Test vertikal		Dicke mm, Wert HB	
		Dicke mm, Wert	
	Norm	*Bewertung*	*Abmessungen*
Sauerstoff-Index	ASTM D 2863		
Glühstab-Verfahren			
Brandverhalten	DIN 4102		
MVSS			
FAR			

Elektrische Eigenschaften

		Hz	°C			Probekörper, Form
Dielektrizitätszahl		50				
		10^3				
		10^6				
Dielektrischer Verlustfaktor tan δ		50				
		10^3				
		10^6				
Spezifischer Durchgangs-widerstand	Ohm · cm		23	1.0*10**02		
Durchschlagfestigkeit	kV/mm					mm dick
Oberflächenwiderstand	Ohm		23	1.0*10**02		
Kriechstromfestigkeit		KC		KB	KA	
Elektrolytische Korrosionswirkung						
Lichtbogenfestigkeit nach DIN						
nach ASTM	s					

Beständigkeit *(Chemische Beständigkeit siehe Anhang)*

Wasseraufnahme 23 C	1 d	0.4 %	
Feuchtigkeitsaufnahme Normalklima			%
Wetterbeständigkeit			
Spannungskorrosion			

Optische Eigenschaften

Brechungszahl n_D		
Transmissionsgrad τ_c	%	mm dick
Lichtdurchlässigkeit		

Produkt	Polyamid 66		**PA**
Handelsname	**Thermocomp EMI-X** <RC-100-10>		
Hersteller	LNP		
DIN-Bez 1			
DIN-Bez 2			
Zusätze		*Füllstoffe/ Verstärkung*	50% Kohlefaser
Bevorzugte Verarbeitung	Spritzgiessen	*Lieferform*	Granulat
		Farben	
Besondere Merkmale	Elektromagnetische Schirmdaempfung; Sehr gut leitfaehig	*Bevorzugte Anwendungen*	Technisches Formteil; Gehaeuse; EMI-Shielding fuer Computertechnik; Elektronik

Dichte	g/cm^3	1.39	*Schmelzindex*	g/10 min	:
Schüttdichte	g/cm^3		*Volumenfließindex*	$cm^3/10$ min	:
Viskositätszahl	ml/g				

Verarbeitungsbedingungen für Spritzgießen

Massetemp.	°C	*Schwindung*	% lgs 0.15, quer
Werkzeugtemp.	°C	*Bemerkungen*	
Spritzdruck	bar		

Zugversuch 23 °C ASTM D 638;
Probekörper: *Form* — *Herstellung* Spritzgiessen
Zustand Spritzfrisch — *Vorbehandlung*

Streckspannung	N/mm^2		*Dehnung bei Streckspannung*	%
Zugfestigkeit	N/mm^2	275	*Reißdehnung*	%
Reißfestigkeit	N/mm^2		*% Dehnspannung*	N/mm^2
E-Modul	N/mm^2		*Dehnung bei % Dehnspg.*	%

Kriechmoduln und Zeitstandwerte 23 °C
Probekörper: *Form* — *Herstellung*
Zustand — *Vorbehandlung*

Kriechmodul	*1 min* N/mm^2	*Zeitstandzugfestigkeit*	h N/mm^2
Kriechmodul	*1000 h* N/mm^2	*Zeitdehnspg. %*	h N/mm^2
bei Spannung	N/mm^2		

Biegeversuch 23 °C ASTM D 790;
Probekörper: *Form* — *Herstellung* Spritzgiessen
Zustand Spritzfrisch — *Vorbehandlung*

Biegefestigkeit	N/mm^2	413	*E-Modul*	N/mm^2	26200
3,5% *Biegespannung*	N/mm^2				

Härte 23 °C *Probekörper:* *Zustand* — *Herstellung*
Vorbehandlung

Kugeldruckhärte	N/mm^2 bei N, s	*Shore-Härte* A	
Rockwellhärte		*Shore-Härte* D	

Schlagversuch *Probekörper:* *(1)*
(2) V-Kerbe — *Herstellung* Spritzgiessen
Zustand Spritzfrisch — *Vorbehandlung*

		°C	°C	°C	*Probekörper-Form*
Schlagzähigkeit	kJ/m^2				
Kerbschlagzähigkeit (1)	kJ/m^2				
IZOD-Kerbschlagzähigkeit (2)	J/m	23 85			
Kerbschlagzugzähigkeit	kJ/m^2				

Abrieb und Reibung

Taber-Abrieb (Reibradverfahren)	mm^3/100 U		
Abriebfaktor LNP (Thrust washer) Vergleichswert			
Statische Reibungszahl			
Dynamische Reibungszahl	(p · v = N/mm^2 ·		m/min)
Zulässiger p · v Wert	N/mm^2 · (m/min)	v =	m/min
		v =	m/min

Thermische Eigenschaften

Formbeständigkeit in der Wärme	*Verfahren* A			260 °C
	Verfahren B			266 °C
Vicat Erweichungstemperatur (VST)	*Verfahren*			°C
	Verfahren			°C
Kristallit-Schmelzpunkt	*Verfahren*			
Längenausdehnungskoeffizient	*Bereich*	°C		$\cdot 10^{-4} K^{-1}$
	Temperatur 23 °C			$1.1 \cdot 10^{-4} K^{-1}$
Wärmeleitfähigkeit	*Verfahren* ASTM C 177		23 °C	1.25 W/(K · m)
Spezifische Wärmekapazität	*Verfahren*			J/(K · g)
Glasumwandlungstemperatur	*Torsionsschwingungsversuch*		°C	
	Differentialkalorimetrie		°C	

Brandverhalten

UL-Test vertikal	Dicke	mm, Wert HB
	Dicke	mm, Wert

	Norm	*Bewertung*	*Abmessungen*
Sauerstoff-Index	ASTM D 2863		
Glühstab-Verfahren			
Brandverhalten	DIN 4102		
MVSS			
FAR			

Elektrische Eigenschaften

		Hz	°C		*Probekörper, Form*
Dielektrizitätszahl		50			
		10^3			
		10^6			
Dielektrischer Verlustfaktor tan δ		50			
		10^3			
		10^6			
Spezifischer Durchgangswiderstand	Ohm · cm		23	1.0*10**01	
Durchschlagfestigkeit	kV/mm				mm dick
Oberflächenwiderstand	Ohm		23	1.0*10**01	

Kriechstromfestigkeit	KC	KB	KA
Elektrolytische Korrosionswirkung			
Lichtbogenfestigkeit nach DIN			
nach ASTM s			

Beständigkeit *(Chemische Beständigkeit siehe Anhang)*

Wasseraufnahme 23 C	1 d	0.4 %	
Feuchtigkeitsaufnahme Normalklima			%
Wetterbeständigkeit			
Spannungskorrosion			

Optische Eigenschaften

Brechungszahl n_D		
Transmissionsgrad τ_c	%	mm dick
Lichtdurchlässigkeit		

Datenbank-Nr. **T01301** Merkblatt-Nr. **4519**

Produkt	Polyamid 66		**PA**
Handelsname	**Thermocomp EMI-X** <RC-100-12>		
Hersteller	LNP		
DIN-Bez 1			
DIN-Bez 2			
Zusätze		*Füllstoffe/ Verstärkung*	60% Kohlefaser
Bevorzugte Verarbeitung	Spritzgiessen	*Lieferform*	Granulat
		Farben	
Besondere Merkmale	Elektromagnetische Schirmdaempfung; Sehr gut leitfaehig	*Bevorzugte Anwendungen*	Technisches Formteil; Gehaeuse; EMI-Shielding fuer Computertechnik; Elektronik

Dichte	g/cm^3	1.46	*Schmelzindex*	g/10 min	:
Schüttdichte	g/cm^3		*Volumenfließindex*	cm^3/10 min	:
Viskositätszahl	ml/g				

Verarbeitungsbedingungen für Spritzgießen

Massetemp.	°C	*Schwindung*	% lgs 0.15, quer
Werkzeugtemp.	°C	*Bemerkungen*	
Spritzdruck	bar		

Zugversuch 23 °C ASTM D 638;
Probekörper: *Form* — *Herstellung* Spritzgiessen
Zustand Spritzfrisch — *Vorbehandlung*

Streckspannung	N/mm^2		*Dehnung bei Streckspannung*	%	
Zugfestigkeit	N/mm^2	241	*Reißdehnung*	%	
Reißfestigkeit	N/mm^2		*% Dehnspannung*	N/mm^2	
E-Modul	N/mm^2		*Dehnung bei % Dehnspg.*	%	

Kriechmoduln und Zeitstandwerte 23 °C
Probekörper: *Form* — *Herstellung*
Zustand — *Vorbehandlung*

Kriechmodul	*1 min*	N/mm^2	*Zeitstandzugfestigkeit*	h	N/mm^2
Kriechmodul	*1000 h*	N/mm^2	*Zeitdehnspg. %*	h	N/mm^2
bei Spannung		N/mm^2			

Biegeversuch 23 °C ASTM D 790;
Probekörper: *Form* — *Herstellung* Spritzgiessen
Zustand Spritzfrisch — *Vorbehandlung*

Biegefestigkeit	N/mm^2	379	*E-Modul*	N/mm^2	28900
3,5% *Biegespannung*	N/mm^2				

Härte 23 °C *Probekörper:* *Zustand* — *Herstellung*
Vorbehandlung

Kugeldruckhärte	N/mm^2 bei N, s	*Shore-Härte* A	
Rockwellhärte		*Shore-Härte* D	

Schlagversuch *Probekörper:* *(1)*
(2) V-Kerbe — *Herstellung* Spritzgiessen
Zustand Normalklima — *Vorbehandlung*

		°C	°C	°C	*Probekörper-Form*
Schlagzähigkeit	kJ/m^2				
Kerbschlagzähigkeit (1)	kJ/m^2				
IZOD-Kerbschlagzähigkeit (2)	J/m	23 85			
Kerbschlagzugzähigkeit	kJ/m^2				

Abrieb und Reibung

Taber-Abrieb (Reibradverfahren)	mm^3/100 U		
Abriebfaktor LNP (Thrust washer) Vergleichswert			
Statische Reibungszahl			
Dynamische Reibungszahl	(p · v = N/mm^2 ·		m/min)
Zulässiger p · v Wert	N/mm^2 · (m/min)	v =	m/min
		v =	m/min

Thermische Eigenschaften

Formbeständigkeit in der Wärme	*Verfahren* A		260 °C
	Verfahren B		266 °C
Vicat Erweichungstemperatur (VST)	*Verfahren*		°C
	Verfahren		°C
Kristallit-Schmelzpunkt	*Verfahren*		
Längenausdehnungskoeffizient	*Bereich* °C		$\cdot 10^{-4}K^{-1}$
	Temperatur 23 °C		$0.9 \cdot 10^{-4}K^{-1}$
Wärmeleitfähigkeit	*Verfahren* ASTM C 177	23 °C	1.28 W/(K · m)
Spezifische Wärmekapazität	*Verfahren*		J/(K · g)
Glasumwandlungstemperatur	*Torsionsschwingungsversuch*	°C	
	Differentialkalorimetrie	°C	

Brandverhalten

UL-Test vertikal	Dicke mm, Wert HB	
	Dicke mm, Wert	

	Norm	*Bewertung*	*Abmessungen*
Sauerstoff-Index	ASTM D 2863		
Glühstab-Verfahren			
Brandverhalten	DIN 4102		
MVSS			
FAR			

Elektrische Eigenschaften

		Hz	°C		*Probekörper, Form*
Dielektrizitätszahl		50			
		10^3			
		10^6			
Dielektrischer Verlustfaktor tan δ		50			
		10^3			
		10^6			
Spezifischer Durchgangswiderstand	Ohm · cm		23	1.0*10**01	
Durchschlagfestigkeit	kV/mm				mm dick
Oberflächenwiderstand	Ohm		23	1.0*10**01	

Kriechstromfestigkeit	KC	KB	KA
Elektrolytische Korrosionswirkung			
Lichtbogenfestigkeit nach DIN			
nach ASTM s			

Beständigkeit *(Chemische Beständigkeit siehe Anhang)*

Wasseraufnahme 23 C	1 d	0.3 %	
Feuchtigkeitsaufnahme Normalklima			%
Wetterbeständigkeit			
Spannungskorrosion			

Optische Eigenschaften

Brechungszahl n_D		
Transmissionsgrad τ_c	%	mm dick
Lichtdurchlässigkeit		

Produkt	Polybutylenterephthalat		**PBT**
Handelsname	**Thermocomp EMI-X** <WC-1008>		
Hersteller	LNP		
DIN-Bez 1			
DIN-Bez 2			
Zusätze		*Füllstoffe/ Verstärkung*	40% Kohlefaser
Bevorzugte Verarbeitung	Spritzgiessen	*Lieferform*	Granulat
		Farben	
Besondere Merkmale	Elektromagnetische Schirmdaempfung; Gut leitfaehig	*Bevorzugte Anwendungen*	Technisches Formteil; Gehaeuse; EMI-Shielding fuer Computertechnik; Elektronik

Dichte	g/cm^3	1.48	*Schmelzindex*	g/10 min	:
Schüttdichte	g/cm^3		*Volumenfließindex*	$cm^3/10$ min	:
Viskositätszahl	ml/g				

Verarbeitungsbedingungen für Spritzgießen

Massetemp.	°C	*Schwindung*	% lgs 0.2, quer
Werkzeugtemp.	°C	*Bemerkungen*	
Spritzdruck	bar		

Zugversuch 23 °C ASTM D 638;
Probekörper: *Form* / *Zustand* — *Herstellung* Spritzgiessen; *Vorbehandlung* Normalklima

Streckspannung	N/mm^2		*Dehnung bei Streckspannung*	%
Zugfestigkeit	N/mm^2	172	*Reißdehnung*	%
Reißfestigkeit	N/mm^2		*% Dehnspannung*	N/mm^2
E-Modul	N/mm^2		*Dehnung bei % Dehnspg.*	%

Kriechmoduln und Zeitstandwerte 23 °C
Probekörper: *Form* / *Zustand* — *Herstellung* / *Vorbehandlung*

Kriechmodul	*1 min* N/mm^2	*Zeitstandzugfestigkeit*	h N/mm^2
Kriechmodul	*1000 h* N/mm^2	*Zeitdehnspg. %*	h N/mm^2
bei Spannung	N/mm^2		

Biegeversuch 23 °C ASTM D 790;
Probekörper: *Form* / *Zustand* — *Herstellung* Spritzgiessen; *Vorbehandlung* Normalklima

Biegefestigkeit	N/mm^2	241	*E-Modul*	N/mm^2	17200
3,5% *Biegespannung*	N/mm^2				

Härte 23 °C *Probekörper:* *Zustand* — *Herstellung* / *Vorbehandlung*

Kugeldruckhärte	N/mm^2 bei N, s	*Shore-Härte* A	
Rockwellhärte		*Shore-Härte* D	

Schlagversuch *Probekörper:* *(1)* / *(2)* V-Kerbe / *Zustand* — *Herstellung* Spritzgiessen; *Vorbehandlung* Normalklima

		°C	°C	°C	*Probekörper-Form*
Schlagzähigkeit	kJ/m^2				
Kerbschlagzähigkeit (1)	kJ/m^2				
IZOD-Kerbschlagzähigkeit (2)	J/m	23 96			
Kerbschlagzugzähigkeit	kJ/m^2				

Abrieb und Reibung

Taber-Abrieb (Reibradverfahren)	mm^3/100 U		
Abriebfaktor LNP (Thrust washer) Vergleichswert			
Statische Reibungszahl			
Dynamische Reibungszahl	(p·v= N/mm^2·		m/min)
Zulässiger p·v Wert	N/mm^2·(m/min)	v=	m/min
		v=	m/min

Thermische Eigenschaften

Formbeständigkeit in der Wärme	*Verfahren* A			221 °C
	Verfahren B			224 °C
Vicat Erweichungstemperatur (VST)	*Verfahren*			°C
	Verfahren			°C
Kristallit-Schmelzpunkt	*Verfahren*			
Längenausdehnungskoeffizient	*Bereich*	°C		$\cdot 10^{-4}K^{-1}$
	Temperatur 23 °C			$0.7 \cdot 10^{-4}K^{-1}$
Wärmeleitfähigkeit	*Verfahren* ASTM C 177		23 °C	1.02 W/(K·m)
Spezifische Wärmekapazität	*Verfahren*			J/(K·g)
Glasumwandlungstemperatur	*Torsionsschwingungsversuch*		°C	
	Differentialkalorimetrie		°C	

Brandverhalten

UL-Test vertikal	Dicke	mm, Wert HB
	Dicke	mm, Wert

	Norm	*Bewertung*	*Abmessungen*
Sauerstoff-Index	ASTM D 2863		
Glühstab-Verfahren			
Brandverhalten	DIN 4102		
MVSS			
FAR			

Elektrische Eigenschaften

		Hz	°C		*Probekörper, Form*
Dielektrizitätszahl		50			
		10^3			
		10^6			
Dielektrischer Verlustfaktor tan δ		50			
		10^3			
		10^6			
Spezifischer Durchgangs-widerstand	Ohm·cm		23	1.0*10**02	
Durchschlagfestigkeit	kV/mm				mm dick
Oberflächenwiderstand	Ohm		23	1.0*10**02	

Kriechstromfestigkeit	KC	KB	KA
Elektrolytische Korrosionswirkung			
Lichtbogenfestigkeit nach DIN			
nach ASTM s			

Beständigkeit *(Chemische Beständigkeit siehe Anhang)*

Wasseraufnahme 23 C	1 d	0.03 %	
Feuchtigkeitsaufnahme Normalklima			%
Wetterbeständigkeit			
Spannungskorrosion			

Optische Eigenschaften

Brechungszahl n_D		
Transmissionsgrad τ_c	%	mm dick
Lichtdurchlässigkeit		

Datenbank-Nr.	**T01303**	Merkblatt-Nr. **4521**

Produkt	Polyphenylenoxid		**PPO**
Handelsname	**Thermocomp EMI-X** <ZC-1008>		
Hersteller	LNP		
DIN-Bez 1			
DIN-Bez 2			
Zusätze		*Füllstoffe/ Verstärkung*	40% Kohlefaser
Bevorzugte Verarbeitung	Spritzgiessen	*Lieferform*	Granulat
		Farben	
Besondere Merkmale	Elektromagnetische Schirmdaempfung; Gut leitfaehig	*Bevorzugte Anwendungen*	Technisches Formteil; Gehaeuse; EMI-Shielding fuer Computertechnik; Elektronik

Dichte	g/cm^3	1.27	*Schmelzindex*	g/10 min	:
Schüttdichte	g/cm^3		*Volumenfließindex*	cm^3/10 min	:
Viskositätszahl	ml/g				

Verarbeitungsbedingungen für Spritzgießen

Massetemp.	°C	*Schwindung*	%	lgs 0.1, quer
Werkzeugtemp.	°C	*Bemerkungen*		
Spritzdruck	bar			

Zugversuch 23 °C ASTM D 638;

Probekörper:	*Form*	*Herstellung*	Spritzgiessen
	Zustand	*Vorbehandlung*	Normalklima

Streckspannung	N/mm^2		*Dehnung bei Streckspannung*	%
Zugfestigkeit	N/mm^2	118	*Reißdehnung*	%
Reißfestigkeit	N/mm^2		*% Dehnspannung*	N/mm^2
E-Modul	N/mm^2		*Dehnung bei % Dehnspg.*	%

Kriechmoduln und Zeitstandwerte 23 °C

Probekörper:	*Form*	*Herstellung*	
	Zustand	*Vorbehandlung*	

Kriechmodul	*1 min* N/mm^2	*Zeitstandzugfestigkeit*	h	N/mm^2
Kriechmodul	*1000 h* N/mm^2	*Zeitdehnspg. %*	h	N/mm^2
bei Spannung	N/mm^2			

Biegeversuch 23 °C ASTM D 790;

Probekörper:	*Form*	*Herstellung*	Spritzgiessen
	Zustand	*Vorbehandlung*	Normalklima

Biegefestigkeit	N/mm^2	171	*E-Modul*	N/mm^2	15100
3,5% *Biegespannung*	N/mm^2				

Härte 23 °C

Probekörper:	*Zustand*	*Herstellung*	
		Vorbehandlung	
Kugeldruckhärte	N/mm^2 bei N, s	*Shore-Härte* A	
Rockwellhärte		*Shore-Härte* D	

Schlagversuch

Probekörper:	*(1)*		
	(2) V-Kerbe	*Herstellung*	Spritzgiessen
	Zustand	*Vorbehandlung*	Normalklima

		°C	°C	°C	*Probekörper-Form*
Schlagzähigkeit	kJ/m^2				
Kerbschlagzähigkeit (1)	kJ/m^2				
IZOD-Kerbschlagzähigkeit (2)	J/m	23 59			
Kerbschlagzugzähigkeit	kJ/m^2				

Abrieb und Reibung

Taber-Abrieb (Reibradverfahren)	$mm^3/100$ U		
Abriebfaktor LNP (Thrust washer) Vergleichswert			
Statische Reibungszahl			
Dynamische Reibungszahl	(p · v= N/mm² ·		m/min)
Zulässiger p · v Wert	N/mm² · (m/min)	v=	m/min
		v=	m/min

Thermische Eigenschaften

Formbeständigkeit in der Wärme	*Verfahren* A			149 °C
	Verfahren B			154 °C
Vicat Erweichungstemperatur (VST)	*Verfahren*			°C
	Verfahren			°C
Kristallit-Schmelzpunkt	*Verfahren*			
Längenausdehnungskoeffizient	*Bereich*	°C		$\cdot 10^{-4}K^{-1}$
	Temperatur 23 °C			$1.4 \cdot 10^{-4}K^{-1}$
Wärmeleitfähigkeit	*Verfahren* ASTM C 177		23 °C	0.69 W/(K · m)
Spezifische Wärmekapazität	*Verfahren*			J/(K · g)
Glasumwandlungstemperatur	*Torsionsschwingungsversuch*		°C	
	Differentialkalorimetrie		°C	

Brandverhalten

UL-Test vertikal	Dicke mm, Wert HB	
	Dicke mm, Wert	

	Norm	*Bewertung*	*Abmessungen*
Sauerstoff-Index	ASTM D 2863		
Glühstab-Verfahren			
Brandverhalten	DIN 4102		
MVSS			
FAR			

Elektrische Eigenschaften

		Hz	°C		*Probekörper, Form*
Dielektrizitätszahl		50			
		10^3			
		10^6			
Dielektrischer Verlustfaktor tan δ		50			
		10^3			
		10^6			
Spezifischer Durchgangs-widerstand	Ohm · cm		23	1.0*10**02	
Durchschlagfestigkeit	kV/mm				mm dick
Oberflächenwiderstand	Ohm		23	1.0*10**02	
Kriechstromfestigkeit		KC	KB	KA	
Elektrolytische Korrosionswirkung					
Lichtbogenfestigkeit nach DIN					
nach ASTM	s				

Beständigkeit *(Chemische Beständigkeit siehe Anhang)*

Wasseraufnahme 23 C	1 d	0.05 %	
Feuchtigkeitsaufnahme Normalklima			%
Wetterbeständigkeit			
Spannungskorrosion			

Optische Eigenschaften

Brechungszahl n_D		
Transmissionsgrad τ_c	%	mm dick
Lichtdurchlässigkeit		

Produkt	Styrol-Butadien-Copolymerisat		**S/B**
Handelsname	**Vestyron 652**		
Hersteller	HUELS		
DIN-Bez 1	16771-SB,M,078-12-07		
DIN-Bez 2			
Zusätze	Gleitmittel; Schmiermittel	*Füllstoffe/ Verstärkung*	
Bevorzugte Verarbeitung	Spritzgiessen	*Lieferform*	Granulat
		Farben	
Besondere Merkmale	Schlagfest; Sehr gute Fliesseigenschaften	*Bevorzugte Anwendungen*	Verpackungsdose; Speiseeisbehaelter

Dichte	g/cm^3	1.03	*Schmelzindex*	g/10 min		:
Schüttdichte	g/cm^3		*Volumenfließindex*	cm^3/10 min	12.5:	200/5
Viskositätszahl	ml/g					

Verarbeitungsbedingungen für Spritzgießen

Massetemp.	°C	*Schwindung*	%	lgs , quer
Werkzeugtemp.	°C	*Bemerkungen*		
Spritzdruck	bar			

Zugversuch 23 °C DIN 53455; ISO R/527; DIN 53457; ISO R/527

Probekörper: *Form* Nr. 3; 4 mm dick — *Herstellung* Spritzgiessen
Zustand — *Vorbehandlung* Normalklima

Streckspannung	N/mm^2	26	*Dehnung bei Streckspannung*	%	1.1
Zugfestigkeit	N/mm^2		*Reißdehnung*	%	40
Reißfestigkeit	N/mm^2		*% Dehnspannung*	N/mm^2	
E-Modul	N/mm^2	2050	*Dehnung bei % Dehnspg.*	%	

Kriechmoduln und Zeitstandwerte 23 °C

Probekörper: *Form* — *Herstellung*
Zustand — *Vorbehandlung*

Kriechmodul	*1 min* N/mm^2	*Zeitstandzugfestigkeit*	h	N/mm^2
Kriechmodul	*1000 h* N/mm^2	*Zeitdehnspg. %*	h	N/mm^2
bei Spannung	N/mm^2			

Biegeversuch 23 °C

Probekörper: *Form* — *Herstellung*
Zustand — *Vorbehandlung*

Biegefestigkeit	N/mm^2	*E-Modul*	N/mm^2
3,5% *Biegespannung*	N/mm^2		

Härte 23 °C *Probekörper:* *Zustand* — *Herstellung*
Vorbehandlung

Kugeldruckhärte	N/mm^2 bei N, s	*Shore-Härte* A	
Rockwellhärte		*Shore-Härte* D	

Schlagversuch *Probekörper:* *(1)*
(2) — *Herstellung*
Zustand — *Vorbehandlung*

	°C	°C	°C	*Probekörper-Form*
Schlagzähigkeit	kJ/m^2			
Kerbschlagzähigkeit (1)	kJ/m^2			
IZOD-Kerbschlagzähigkeit (2)	J/m			
Kerbschlagzugzähigkeit	kJ/m^2			

Abrieb und Reibung

Taber-Abrieb (Reibradverfahren)	mm^3/100 U		
Abriebfaktor LNP (Thrust washer) Vergleichswert			
Statische Reibungszahl			
Dynamische Reibungszahl	(p·v= N/mm^2·		m/min)
Zulässiger p · v Wert	N/mm^2 · (m/min)	v=	m/min
		v=	m/min

Thermische Eigenschaften

Formbeständigkeit in der Wärme	*Verfahren*	A		71 °C
	Verfahren			°C
Vicat Erweichungstemperatur (VST)	*Verfahren*	B/50		79 °C
	Verfahren			°C
Kristallit-Schmelzpunkt	*Verfahren*			
Längenausdehnungskoeffizient	*Bereich*	23–80	°C	0.8 · $10^{-4}K^{-1}$
	Temperatur			· $10^{-4}K^{-1}$
Wärmeleitfähigkeit	*Verfahren*			W/(K · m)
Spezifische Wärmekapazität	*Verfahren*			J/(K · g)
Glasumwandlungstemperatur	*Torsionsschwingungsversuch*		°C	
	Differentialkalorimetrie		°C	

Brandverhalten

UL-Test vertikal	Dicke 1.6 mm, Wert HB
	Dicke 1.4 mm, Wert HB

	Norm	*Bewertung*	*Abmessungen*
Sauerstoff-Index	ASTM D 2863		
Glühstab-Verfahren			
Brandverhalten	DIN 4102		
MVSS			
FAR			

Elektrische Eigenschaften

		Hz	°C		*Probekörper, Form*
Dielektrizitätszahl		50	23	2.6	Durchmesser 80x1 mm
		10^3	23	2.6	Durchmesser 80x1 mm
		10^6			
Dielektrischer Verlustfaktor tan δ		50	23	0.0003	Durchmesser 80x1 mm
		10^3	23	0.0003	Durchmesser 80x1 mm
		10^6			
Spezifischer Durchgangs-widerstand	Ohm · cm		23	1*10**16	Durchmesser 80x1 mm
Durchschlagfestigkeit	kV/mm		23	100	1 mm dick
Oberflächenwiderstand	Ohm		23	1*10**13	Durchmesser 80x1 mm

Kriechstromfestigkeit	KC	KB	KA
Elektrolytische Korrosionswirkung			
Lichtbogenfestigkeit nach DIN			
nach ASTM s			

Beständigkeit *(Chemische Beständigkeit siehe Anhang)*

Wasseraufnahme 23 C Bis zur Saettigung	0.1 %	
Feuchtigkeitsaufnahme Normalklima		%
Wetterbeständigkeit		
Spannungskorrosion		

Optische Eigenschaften

Brechungszahl n_D		
Transmissionsgrad τ_c	%	mm dick
Lichtdurchlässigkeit		

Datenbank-Nr. **T01495** Merkblatt-Nr. **4523**

Produkt	Styrol-Butadien-Copolymerisat		**S/B**
Handelsname	**Vestyron 645 S**		
Hersteller	HUELS		
DIN-Bez 1	16771-SB,MF,083-12-07		
DIN-Bez 2			
Zusätze	Gleitmittel; Schmiermittel; Brandschutzmittel	*Füllstoffe/ Verstärkung*	
Bevorzugte Verarbeitung	Spritzgiessen	*Lieferform*	Granulat
		Farben	
Besondere Merkmale	Flammwidrig; Schlagfest; Selbstverloeschend; Gute Fliesseigenschaften	*Bevorzugte Anwendungen*	Fernsehrueckwand; Gehaeuse fuer Elektronikindustrie; Gehaeuse fuer Elektroindustrie

Dichte	g/cm³	1.15	*Schmelzindex*	g/10 min		:
Schüttdichte	g/cm³		*Volumenfließindex*	cm³/10 min	12.5:	200/5
Viskositätszahl	ml/g					

Verarbeitungsbedingungen für Spritzgießen

Massetemp.	°C	*Schwindung*	% lgs , quer
Werkzeugtemp.	°C	*Bemerkungen*	
Spritzdruck	bar		

Zugversuch 23 °C DIN 53455; ISO R/527; DIN 53457; ISO R/527

Probekörper: *Form* Nr. 3; 4 mm dick — *Herstellung* Spritzgiessen
Zustand — *Vorbehandlung* Normalklima

Streckspannung	N/mm²	27	*Dehnung bei Streckspannung*	%	1.7
Zugfestigkeit	N/mm²		*Reißdehnung*	%	25
Reißfestigkeit	N/mm²		*% Dehnspannung*	N/mm²	
E-Modul	N/mm²	1900	*Dehnung bei % Dehnspg.*	%	

Kriechmoduln und Zeitstandwerte 23 °C

Probekörper: *Form* — *Herstellung*
Zustand — *Vorbehandlung*

Kriechmodul	*1 min* N/mm²	*Zeitstandzugfestigkeit*	h	N/mm²
Kriechmodul	*1000 h* N/mm²	*Zeitdehnspg.* %	h	N/mm²
bei Spannung	N/mm²			

Biegeversuch 23 °C

Probekörper: *Form* — *Herstellung*
Zustand — *Vorbehandlung*

Biegefestigkeit	N/mm²	*E-Modul*	N/mm²
3,5% *Biegespannung*	N/mm²		

Härte 23 °C *Probekörper:* *Zustand* — *Herstellung*
Vorbehandlung

Kugeldruckhärte	N/mm² bei N, s	*Shore-Härte* A	
Rockwellhärte		*Shore-Härte* D	

Schlagversuch *Probekörper:* *(1)*
(2) — *Herstellung*
Zustand — *Vorbehandlung*

		°C	°C	°C	*Probekörper-Form*
Schlagzähigkeit	kJ/m²				
Kerbschlagzähigkeit (1)	kJ/m²				
IZOD-Kerbschlagzähigkeit (2)	J/m				
Kerbschlagzugzähigkeit	kJ/m²				

Abrieb und Reibung

Taber-Abrieb (Reibradverfahren)	mm^3/100 U		
Abriebfaktor LNP (Thrust washer) Vergleichswert			
Statische Reibungszahl			
Dynamische Reibungszahl	(p · v=	N/mm^2 ·	m/min)
Zulässiger p · v Wert	N/mm^2 · (m/min)	v=	m/min
		v=	m/min

Thermische Eigenschaften

Formbeständigkeit in der Wärme	Verfahren	A		74 °C
	Verfahren			°C
Vicat Erweichungstemperatur (VST)	Verfahren	B/50		84 °C
	Verfahren			°C
Kristallit-Schmelzpunkt	Verfahren			
Längenausdehnungskoeffizient	Bereich	23–80	°C	0.8 · $10^{-4}K^{-1}$
	Temperatur			· $10^{-4}K^{-1}$
Wärmeleitfähigkeit	Verfahren			W/(K · m)
Spezifische Wärmekapazität	Verfahren			J/(K · g)
Glasumwandlungstemperatur	Torsionsschwingungsversuch		°C	
	Differentialkalorimetrie		°C	

Brandverhalten

UL-Test vertikal — Dicke 1.6 mm, Wert V-2; Dicke 2.5 mm, Wert V-0

	Norm	Bewertung	Abmessungen
Sauerstoff-Index	ASTM D 2863		
Glühstab-Verfahren			
Brandverhalten	DIN 4102		
MVSS			
FAR			

Elektrische Eigenschaften

		Hz	°C		Probekörper, Form
Dielektrizitätszahl		50	23	2.7	Durchmesser 80x1 mm
		10^3	23	2.7	Durchmesser 80x1 mm
		10^6			
Dielektrischer Verlustfaktor tan δ		50	23	0.005	Durchmesser 80x1 mm
		10^3	23	0.005	Durchmesser 80x1 mm
		10^6			
Spezifischer Durchgangswiderstand	Ohm · cm		23	1*10**16	Durchmesser 80x1 mm
Durchschlagfestigkeit	kV/mm		23	100	1 mm dick
Oberflächenwiderstand	Ohm		23	1*10**13	Durchmesser 80x1 mm

Kriechstromfestigkeit	KC	KB	KA
Elektrolytische Korrosionswirkung			
Lichtbogenfestigkeit nach DIN			
nach ASTM s			

Beständigkeit *(Chemische Beständigkeit siehe Anhang)*

Wasseraufnahme 23 C	Bis zur Saettigung	0.1 %
Feuchtigkeitsaufnahme Normalklima		%
Wetterbeständigkeit		
Spannungskorrosion		

Optische Eigenschaften

Brechungszahl n_D		
Transmissionsgrad τ_c	%	mm dick
Lichtdurchlässigkeit		

Datenbank-Nr.	**T01496**		Merkblatt-Nr. **4524**

Produkt	Styrol-Butadien-Copolymerisat		**S/B**
Handelsname	**Vestyron 643 S**		
Hersteller	HUELS		
DIN-Bez 1	16771-SB,MF,088-12-07		
DIN-Bez 2			
Zusätze	Gleitmittel; Schmiermittel; Brandschutzmittel	Füllstoffe/ Verstärkung	
Bevorzugte Verarbeitung	Spritzgiessen	Lieferform	Granulat
		Farben	
Besondere Merkmale	Flammwidrig; Schlagfest; Selbstverloeschend; Erhoehte Waermeformbestaendigkeit	Bevorzugte Anwendungen	Fernsehrueckwand; Gehaeuse fuer Elektronikindustrie; Gehaeuse fuer Elektroindustrie; Elektrobauteil

Dichte	g/cm^3	1.13	Schmelzindex	g/10 min		:
Schüttdichte	g/cm^3		Volumenfließindex	cm^3/10 min	9.5	: 200/5
Viskositätszahl	ml/g					

Verarbeitungsbedingungen für Spritzgießen

Massetemp.	°C	Schwindung	%	lgs , quer
Werkzeugtemp.	°C	Bemerkungen		
Spritzdruck	bar			

Zugversuch 23 °C DIN 53455; ISO R/527; DIN 53457; ISO R/527

Probekörper: Form	Nr. 3; 4 mm dick	Herstellung	Spritzgiessen
Zustand		Vorbehandlung	Normalklima

Streckspannung	N/mm^2	27	Dehnung bei Streckspannung	%	1.8
Zugfestigkeit	N/mm^2		Reißdehnung	%	33
Reißfestigkeit	N/mm^2		% Dehnspannung	N/mm^2	
E-Modul	N/mm^2	1900	Dehnung bei % Dehnspg.	%	

Kriechmoduln und Zeitstandwerte 23 °C

Probekörper: Form		Herstellung	
Zustand		Vorbehandlung	

Kriechmodul	1 min N/mm^2	Zeitstandzugfestigkeit	h	N/mm^2
Kriechmodul	1000 h N/mm^2	Zeitdehnspg. %	h	N/mm^2
bei Spannung	N/mm^2			

Biegeversuch 23 °C

Probekörper: Form		Herstellung	
Zustand		Vorbehandlung	

Biegefestigkeit	N/mm^2	E-Modul	N/mm^2
3,5% Biegespannung	N/mm^2		

Härte 23 °C

Probekörper: Zustand		Herstellung	
		Vorbehandlung	
Kugeldruckhärte	N/mm^2 bei N, s	Shore-Härte A	
Rockwellhärte		Shore-Härte D	

Schlagversuch

Probekörper: (1)			
(2)		Herstellung	
Zustand		Vorbehandlung	

	°C	°C	°C	Probekörper-Form
Schlagzähigkeit kJ/m^2				
Kerbschlagzähigkeit (1) kJ/m^2				
IZOD-Kerbschlagzähigkeit (2) J/m				
Kerbschlagzugzähigkeit kJ/m^2				

Abrieb und Reibung

Taber-Abrieb (Reibradverfahren)	$mm^3/100$ U		
Abriebfaktor LNP (Thrust washer) Vergleichswert			
Statische Reibungszahl			
Dynamische Reibungszahl	(p · v =	N/mm^2 ·	m/min)
Zulässiger p · v Wert	N/mm^2 · (m/min)	v =	m/min
		v =	m/min

Thermische Eigenschaften

Formbeständigkeit in der Wärme	Verfahren	A		76 °C
	Verfahren			°C
Vicat Erweichungstemperatur (VST)	Verfahren	B/50		87 °C
	Verfahren			°C
Kristallit-Schmelzpunkt	Verfahren			
Längenausdehnungskoeffizient	Bereich	23–80	°C	$0.8 \cdot 10^{-4} K^{-1}$
	Temperatur			$\cdot 10^{-4} K^{-1}$
Wärmeleitfähigkeit	Verfahren			W/(K · m)
Spezifische Wärmekapazität	Verfahren			J/(K · g)
Glasumwandlungstemperatur	Torsionsschwingungsversuch		°C	
	Differentialkalorimetrie		°C	

Brandverhalten

UL-Test vertikal — Dicke 1.6 mm, Wert V-2; Dicke 2.5 mm, Wert V-0

	Norm	Bewertung	Abmessungen
Sauerstoff-Index	ASTM D 2863		
Glühstab-Verfahren			
Brandverhalten	DIN 4102		
MVSS			
FAR			

Elektrische Eigenschaften

		Hz	°C		Probekörper, Form
Dielektrizitätszahl		50	23	2.7	Durchmesser 80x1 mm
		10^3	23	2.7	Durchmesser 80x1 mm
		10^6			
Dielektrischer Verlustfaktor tan δ		50	23	0.0003	Durchmesser 80x1 mm
		10^3	23	0.0003	Durchmesser 80x1 mm
		10^6			
Spezifischer Durchgangswiderstand	Ohm · cm		23	1*10**16	Durchmesser 80x1 mm
Durchschlagfestigkeit	kV/mm		23	100	1 mm dick
Oberflächenwiderstand	Ohm		23	1*10**13	Durchmesser 80x1 mm

Kriechstromfestigkeit — KC — KB — KA
Elektrolytische Korrosionswirkung
Lichtbogenfestigkeit nach DIN
nach ASTM s

Beständigkeit *(Chemische Beständigkeit siehe Anhang)*

Wasseraufnahme 23 C	Bis zur Saettigung	0.1 %
Feuchtigkeitsaufnahme Normalklima		%
Wetterbeständigkeit		
Spannungskorrosion		

Optische Eigenschaften

Brechungszahl n_D
Transmissionsgrad τ_c % mm dick
Lichtdurchlässigkeit

Datenbank-Nr.	**T01497**	Merkblatt-Nr. **4525**

Produkt	Styrol-Butadien-Copolymerisat		**S/B**
Handelsname	**Vestyron 554 S**		
Hersteller	HUELS		
DIN-Bez 1	16771-SB,MF,088-12-04		
DIN-Bez 2			
Zusätze	Gleitmittel; Schmiermittel; Brandschutzmittel	*Füllstoffe/ Verstärkung*	
Bevorzugte Verarbeitung	Spritzgiessen	*Lieferform*	Granulat
		Farben	
Besondere Merkmale	Flammwidrig; Mittelschlagfest; Selbstverloeschend; Erhoehte Waermeformbestaendigkeit	*Bevorzugte Anwendungen*	Fernsehrueckwand; Elektrobauteil

Dichte	g/cm^3	1.06	*Schmelzindex*	g/10 min	:	
Schüttdichte	g/cm^3		*Volumenfließindex*	cm^3/10 min	11.5:	200/5
Viskositätszahl	ml/g					

Verarbeitungsbedingungen für Spritzgießen

Massetemp.	°C	*Schwindung*	% lgs , quer
Werkzeugtemp.	°C	*Bemerkungen*	
Spritzdruck	bar		

Zugversuch 23 °C DIN 53455; ISO R/527; DIN 53457; ISO R/527

Probekörper: *Form* Nr. 3; 4 mm dick; *Zustand* — *Herstellung* Spritzgiessen; *Vorbehandlung* Normalklima

Streckspannung	N/mm^2	29	*Dehnung bei Streckspannung*	%	1.8
Zugfestigkeit	N/mm^2		*Reißdehnung*	%	30
Reißfestigkeit	N/mm^2		*% Dehnspannung*	N/mm^2	
E-Modul	N/mm^2	2600	*Dehnung bei % Dehnspg.*	%	

Kriechmoduln und Zeitstandwerte 23 °C

Probekörper: *Form*; *Zustand* — *Herstellung*; *Vorbehandlung*

Kriechmodul	*1 min* N/mm^2	*Zeitstandzugfestigkeit*	h	N/mm^2
Kriechmodul	*1000 h* N/mm^2	*Zeitdehnspg. %*	h	N/mm^2
bei Spannung	N/mm^2			

Biegeversuch 23 °C

Probekörper: *Form*; *Zustand* — *Herstellung*; *Vorbehandlung*

Biegefestigkeit	N/mm^2	*E-Modul*	N/mm^2
3,5% *Biegespannung*	N/mm^2		

Härte 23 °C *Probekörper:* *Zustand* — *Herstellung*; *Vorbehandlung*

Kugeldruckhärte	N/mm^2 bei N, s	*Shore-Härte* A	
Rockwellhärte		*Shore-Härte* D	

Schlagversuch *Probekörper:* *(1)*; *(2)*; *Zustand* — *Herstellung*; *Vorbehandlung*

		°C	°C	°C	*Probekörper-Form*
Schlagzähigkeit	kJ/m^2				
Kerbschlagzähigkeit (1)	kJ/m^2				
IZOD-Kerbschlagzähigkeit (2)	J/m				
Kerbschlagzugzähigkeit	kJ/m^2				

Abrieb und Reibung

Taber-Abrieb (Reibradverfahren)	mm^3/100 U		
Abriebfaktor LNP (Thrust washer) Vergleichswert			
Statische Reibungszahl			
Dynamische Reibungszahl	(p · v=	N/mm^2 ·	m/min)
Zulässiger p · v Wert	N/mm^2 · (m/min)	v=	m/min
		v=	m/min

Thermische Eigenschaften

Formbeständigkeit in der Wärme	Verfahren	A		80 °C
	Verfahren			°C
Vicat Erweichungstemperatur (VST)	Verfahren	B/50		90 °C
	Verfahren			°C
Kristallit-Schmelzpunkt	Verfahren			
Längenausdehnungskoeffizient	Bereich	23–80	°C	$0.8 \cdot 10^{-4}K^{-1}$
	Temperatur			$\cdot 10^{-4}K^{-1}$
Wärmeleitfähigkeit	Verfahren			W/(K · m)
Spezifische Wärmekapazität	Verfahren			J/(K · g)
Glasumwandlungstemperatur	Torsionsschwingungsversuch		°C	
	Differentialkalorimetrie		°C	

Brandverhalten

UL-Test vertikal	Dicke 1.6 mm, Wert V-2
	Dicke 1.4 mm, Wert V-2

	Norm	Bewertung	Abmessungen
Sauerstoff-Index	ASTM D 2863		
Glühstab-Verfahren			
Brandverhalten	DIN 4102	B1	
MVSS			
FAR			

Elektrische Eigenschaften

		Hz	°C		Probekörper, Form
Dielektrizitätszahl		50	23	2.6	Durchmesser 80x1 mm
		10^3	23	2.6	Durchmesser 80x1 mm
		10^6			
Dielektrischer Verlustfaktor tan δ		50	23	0.0006	Durchmesser 80x1 mm
		10^3	23	0.0006	Durchmesser 80x1 mm
		10^6			
Spezifischer Durchgangswiderstand	Ohm · cm		23	1*10**16	Durchmesser 80x1 mm
Durchschlagfestigkeit	kV/mm		23	100	1 mm dick
Oberflächenwiderstand	Ohm		23	1*10**13	Durchmesser 80x1 mm

Kriechstromfestigkeit	KC	KB	KA
Elektrolytische Korrosionswirkung			
Lichtbogenfestigkeit nach DIN			
nach ASTM	s		

Beständigkeit *(Chemische Beständigkeit siehe Anhang)*

Wasseraufnahme 23 C	Bis zur Saettigung	0.1 %
Feuchtigkeitsaufnahme Normalklima		%
Wetterbeständigkeit		
Spannungskorrosion		

Optische Eigenschaften

Brechungszahl n_D		
Transmissionsgrad τ_c	%	mm dick
Lichtdurchlässigkeit		

Datenbank-Nr.	**T01498**	*Merkblatt-Nr.* **4526**

Produkt	Polyphenylenoxid		**PPO**
Handelsname	**Vestoran 1900**		
Hersteller	HUELS		
DIN-Bez 1			
DIN-Bez 2			
Zusätze	Waermestabilisator	*Füllstoffe/ Verstärkung*	
Bevorzugte Verarbeitung	Spritzgiessen; Folienextrusion; Blasformen	*Lieferform*	Granulat
		Farben	Naturfarben
Besondere Merkmale	Galvanisierbar; Schlagzaeh modifiziert	*Bevorzugte Anwendungen*	Apparatebau; Kunststoff u. Kautschuk-Verbundtechnik

Dichte	g/cm³	1.04	*Schmelzindex*	g/10 min		:	
Schüttdichte	g/cm³		*Volumenfließindex*	cm³/10 min	68	:	300/21.6
Viskositätszahl	ml/g						

Verarbeitungsbedingungen für Spritzgießen

Massetemp.	°C	*Schwindung*	%	lgs , quer
Werkzeugtemp.	°C	*Bemerkungen*		
Spritzdruck	bar			

Zugversuch 23 °C DIN 53455; ISO R/527; DIN 53457; ISO R/527

Probekörper: *Form* Nr. 3; 4 mm dick *Zustand* — *Herstellung* Spritzgiessen; *Vorbehandlung* Normalklima

Streckspannung	N/mm²	59	*Dehnung bei Streckspannung*	%	5.9
Zugfestigkeit	N/mm²		*Reißdehnung*	%	49
Reißfestigkeit	N/mm²		*% Dehnspannung*	N/mm²	
E-Modul	N/mm²	2000	*Dehnung bei % Dehnspg.*	%	

Kriechmoduln und Zeitstandwerte 23 °C DIN 53444; ISO 899

Probekörper: *Form* Nr. 3; 4 mm dick *Zustand* — *Herstellung* Spritzgiessen; *Vorbehandlung* Normalklima

Kriechmodul	*1 min* N/mm²	2000	*Zeitstandzugfestigkeit*	h	N/mm²
Kriechmodul	*1000 h* N/mm²	2000	*Zeitdehnspg. %*	h	N/mm²
bei Spannung	N/mm²				

Biegeversuch 23 °C

Probekörper: *Form* *Zustand* — *Herstellung* *Vorbehandlung*

Biegefestigkeit	N/mm²	*E-Modul*	N/mm²
3,5% *Biegespannung*	N/mm²		

Härte 23 °C *Probekörper:* *Zustand* — *Herstellung* *Vorbehandlung*

Kugeldruckhärte	N/mm² bei N, s	*Shore-Härte* A	
Rockwellhärte		*Shore-Härte* D	

Schlagversuch *Probekörper:* *(1)* *(2)* *Zustand* — *Herstellung* Spritzgiessen; *Vorbehandlung* Normalklima

		°C	°C	°C	*Probekörper-Form*
Schlagzähigkeit	kJ/m²				
Kerbschlagzähigkeit (1)	kJ/m²				
IZOD-Kerbschlagzähigkeit (2)	J/m				
Kerbschlagzugzähigkeit	kJ/m²	23 110			80x10x4 mm

Abrieb und Reibung

Taber-Abrieb (Reibradverfahren)	mm^3/100 U		
Abriebfaktor LNP (Thrust washer) Vergleichswert			
Statische Reibungszahl			
Dynamische Reibungszahl	(p · v =	N/mm^2 ·	m/min)
Zulässiger p · v Wert	N/mm^2 · (m/min)	v =	m/min
		v =	m/min

Thermische Eigenschaften

Formbeständigkeit in der Wärme	*Verfahren*	A		164 °C
	Verfahren	B		194 °C
Vicat Erweichungstemperatur (VST)	*Verfahren*	A/50		191 °C
	Verfahren	B/50		205 °C
Kristallit-Schmelzpunkt	*Verfahren*			
Längenausdehnungskoeffizient	*Bereich*	23–80	°C	$0.75 \cdot 10^{-4} K^{-1}$
	Temperatur			$\cdot 10^{-4} K^{-1}$
Wärmeleitfähigkeit	*Verfahren*			W/(K · m)
Spezifische Wärmekapazität	*Verfahren*			J/(K · g)
Glasumwandlungstemperatur	*Torsionsschwingungsversuch*		°C	
	Differentialkalorimetrie		°C	

Brandverhalten

UL-Test vertikal	Dicke	mm, Wert
	Dicke	mm, Wert

	Norm	*Bewertung*	*Abmessungen*
Sauerstoff-Index	ASTM D 2863		
Glühstab-Verfahren			
Brandverhalten	DIN 4102		
MVSS			
FAR			

Elektrische Eigenschaften

		Hz	°C		*Probekörper, Form*
Dielektrizitätszahl		50	23	2.6	Durchmesser 80x1 mm
		10^3	23	2.9	Durchmesser 80x1 mm
		10^6			
Dielektrischer Verlustfaktor tan δ		50	23	0.0008	Durchmesser 80x1 mm
		10^3	23	0.016	Durchmesser 80x1 mm
		10^6			
Spezifischer Durchgangswiderstand	Ohm · cm		23	1*10**17	Durchmesser 80x1 mm
Durchschlagfestigkeit	kV/mm		23	40	1 mm dick
Oberflächenwiderstand	Ohm		23	6*10**16	Durchmesser 80x1 mm

Kriechstromfestigkeit	KC	KB	KA
Elektrolytische Korrosionswirkung			
Lichtbogenfestigkeit nach DIN			
nach ASTM s			

Beständigkeit *(Chemische Beständigkeit siehe Anhang)*

Wasseraufnahme

Feuchtigkeitsaufnahme Normalklima %

Wetterbeständigkeit

Spannungskorrosion

Optische Eigenschaften

Brechungszahl n_D

Transmissionsgrad τ_c % mm dick

Lichtdurchlässigkeit

Produkt	Polyphenylenoxid		**PPO**
Handelsname	**Vestoran 1500-FR**		
Hersteller	HUELS		
DIN-Bez 1			
DIN-Bez 2			
Zusätze	Brandschutzmittel; Waermestabilisator	*Füllstoffe/ Verstärkung*	
Bevorzugte Verarbeitung	Spritzgiessen; Extrudieren; Folienextrusion; Blasformen	*Lieferform*	Granulat
		Farben	Naturfarben
Besondere Merkmale	Selbstverloeschend; Halogenfrei	*Bevorzugte Anwendungen*	Elektronikindustrie; Stromschiene; Steckverbindung; Gehaeuseteil

Dichte	g/cm^3	1.08	*Schmelzindex*	g/10 min		:
Schüttdichte	g/cm^3		*Volumenfließindex*	cm^3/10 min	18.6:	265/21.6
Viskositätszahl	ml/g					

Verarbeitungsbedingungen für Spritzgießen

Massetemp.	°C	*Schwindung*	%	lgs , quer
Werkzeugtemp.	°C	*Bemerkungen*		
Spritzdruck	bar			

Zugversuch 23 °C DIN 53455; ISO R/527; DIN 53457; ISO R/527

Probekörper: *Form* Nr. 3; 4 mm dick — *Herstellung* Spritzgiessen
Zustand — *Vorbehandlung* Normalklima

Streckspannung	N/mm^2	59	*Dehnung bei Streckspannung*	%	7.7
Zugfestigkeit	N/mm^2		*Reißdehnung*	%	47
Reißfestigkeit	N/mm^2		*% Dehnspannung*	N/mm^2	
E-Modul	N/mm^2	2100	*Dehnung bei % Dehnspg.*	%	

Kriechmoduln und Zeitstandwerte 23 °C

Probekörper: *Form* — *Herstellung*
Zustand — *Vorbehandlung*

Kriechmodul	*1 min* N/mm^2	*Zeitstandzugfestigkeit*	h	N/mm^2
Kriechmodul	*1000 h* N/mm^2	*Zeitdehnspg.* %	h	N/mm^2
bei Spannung	N/mm^2			

Biegeversuch 23 °C

Probekörper: *Form* — *Herstellung*
Zustand — *Vorbehandlung*

Biegefestigkeit	N/mm^2	*E-Modul*	N/mm^2
3,5% *Biegespannung*	N/mm^2		

Härte 23 °C *Probekörper:* *Zustand* — *Herstellung*
Vorbehandlung

Kugeldruckhärte	N/mm^2 bei N, s	*Shore-Härte* A	
Rockwellhärte		*Shore-Härte* D	

Schlagversuch *Probekörper:* *(1)*
(2) — *Herstellung* Spritzgiessen
Zustand — *Vorbehandlung* Normalklima

		°C	°C	°C	*Probekörper-Form*
Schlagzähigkeit	kJ/m^2				
Kerbschlagzähigkeit (1)	kJ/m^2				
IZOD-Kerbschlagzähigkeit (2)	J/m				
Kerbschlagzugzähigkeit	kJ/m^2	23 140			80x10x4 mm

Abrieb und Reibung

Taber-Abrieb (Reibradverfahren)	mm^3/100 U		
Abriebfaktor LNP (Thrust washer) Vergleichswert			
Statische Reibungszahl			
Dynamische Reibungszahl	(p · v = N/mm^2 ·		m/min)
Zulässiger p · v Wert	N/mm^2 · (m/min)	v =	m/min
		v =	m/min

Thermische Eigenschaften

Formbeständigkeit in der Wärme	*Verfahren*	A		133 °C
	Verfahren	B		150 °C
Vicat Erweichungstemperatur (VST)	*Verfahren*	A/50		159 °C
	Verfahren	B/50		149 °C
Kristallit-Schmelzpunkt	*Verfahren*			
Längenausdehnungskoeffizient	*Bereich*	23–80	°C	$0.77 \cdot 10^{-4} K^{-1}$
	Temperatur			$\cdot 10^{-4} K^{-1}$
Wärmeleitfähigkeit	*Verfahren*			W/(K · m)
Spezifische Wärmekapazität	*Verfahren*			J/(K · g)
Glasumwandlungstemperatur	*Torsionsschwingungsversuch*		°C	
	Differentialkalorimetrie		°C	

Brandverhalten

UL-Test vertikal	Dicke	mm, Wert
	Dicke	mm, Wert

	Norm	*Bewertung*	*Abmessungen*
Sauerstoff-Index	ASTM D 2863		
Glühstab-Verfahren			
Brandverhalten	DIN 4102		
MVSS			
FAR			

Elektrische Eigenschaften

		Hz	°C			*Probekörper, Form*
Dielektrizitätszahl		50	23	2.8		Durchmesser 80x1 mm
		10^3	23	2.9		Durchmesser 80x1 mm
		10^6				
Dielektrischer Verlustfaktor tan δ		50	23	0.0036		Durchmesser 80x1 mm
		10^3	23	0.0064		Durchmesser 80x1 mm
		10^6				
Spezifischer Durchgangs-widerstand	Ohm · cm		23	1*10**16		Durchmesser 80x1 mm
Durchschlagfestigkeit	kV/mm		23	37		1 mm dick
Oberflächenwiderstand	Ohm		23	5*10**15		Durchmesser 80x1 mm
Kriechstromfestigkeit		KC		KB	KA	
Elektrolytische Korrosionswirkung		A 1				30x10x4 mm
Lichtbogenfestigkeit nach DIN						
nach ASTM	s					

Beständigkeit *(Chemische Beständigkeit siehe Anhang)*

Wasseraufnahme

Feuchtigkeitsaufnahme Normalklima %

Wetterbeständigkeit

Spannungskorrosion

Optische Eigenschaften

Brechungszahl n_D		
Transmissionsgrad τ_c	%	mm dick
Lichtdurchlässigkeit		

Datenbank-Nr. **T01809** Merkblatt-Nr. **4528**

Produkt	Polyamid 612		**PA**
Handelsname	**Vestamid D12**		
Hersteller	HUELS		
DIN-Bez 1	16773-PA612,LN12-020		
DIN-Bez 2			
Zusätze		*Füllstoffe/ Verstärkung*	
Bevorzugte Verarbeitung	Extrudieren	*Lieferform*	Granulat
		Farben	Naturfarben
Besondere Merkmale	Niedrigviskos	*Bevorzugte Anwendungen*	

Dichte	g/cm^3	1.03	*Schmelzindex*	g/10 min	:	
Schüttdichte	g/cm^3		*Volumenfließindex*	$cm^3/10$ min	282:	230/5
Viskositätszahl	ml/g					

Verarbeitungsbedingungen für Spritzgießen

Massetemp.	°C	*Schwindung*	%	lgs , quer
Werkzeugtemp.	°C	*Bemerkungen*		
Spritzdruck	bar			

Zugversuch 23 °C DIN 53455; ISO R/527; DIN 53457; ISO R/527

Probekörper: *Form* Nr. 3; 4 mm dick — *Herstellung* Spritzgiessen
Zustand Trocken — *Vorbehandlung* Normalklima

Streckspannung	N/mm^2	60	*Dehnung bei Streckspannung*	%	14
Zugfestigkeit	N/mm^2		*Reißdehnung*	%	≧50
Reißfestigkeit	N/mm^2		*% Dehnspannung*	N/mm^2	
E-Modul	N/mm^2	2150	*Dehnung bei % Dehnspg.*	%	

Kriechmoduln und Zeitstandwerte 23 °C DIN 53444; ISO 899

Probekörper: *Form* Nr. 3; 4 mm dick — *Herstellung* Spritzgiessen
Zustand Trocken — *Vorbehandlung* Normalklima

Kriechmodul	*1 min*	N/mm^2	1800	*Zeitstandzugfestigkeit*	h	N/mm^2
Kriechmodul	*1000 h*	N/mm^2	600	*Zeitdehnspg. %*	h	N/mm^2
bei Spannung		N/mm^2				

Biegeversuch 23 °C

Probekörper: *Form* — *Herstellung*
Zustand — *Vorbehandlung*

Biegefestigkeit	N/mm^2	*E-Modul*	N/mm^2
3,5% *Biegespannung*	N/mm^2		

Härte 23 °C *Probekörper:* *Zustand* — *Herstellung*
Vorbehandlung

Kugeldruckhärte	N/mm^2 bei N, s	*Shore-Härte* A	
Rockwellhärte		*Shore-Härte* D	

Schlagversuch *Probekörper:* *(1)*
(2) — *Herstellung* Spritzgiessen
Zustand Trocken — *Vorbehandlung* Normalklima

		°C	°C	°C	*Probekörper-Form*
Schlagzähigkeit	kJ/m^2				
Kerbschlagzähigkeit (1)	kJ/m^2				
IZOD-Kerbschlagzähigkeit (2)	J/m				
Kerbschlagzugzähigkeit	kJ/m^2	23 105			80x10x4 mm

Abrieb und Reibung

Taber-Abrieb (Reibradverfahren)	mm^3/100 U		
Abriebfaktor LNP (Thrust washer) Vergleichswert			
Statische Reibungszahl			
Dynamische Reibungszahl	(p · v =	N/mm^2 ·	m/min)
Zulässiger p · v Wert	N/mm^2 · (m/min)	v =	m/min
		v =	m/min

Thermische Eigenschaften

Formbeständigkeit in der Wärme	Verfahren	A	59 °C
	Verfahren	B	116 °C
Vicat Erweichungstemperatur (VST)	Verfahren	A/50	176 °C
	Verfahren	B/50	209 °C
Kristallit-Schmelzpunkt	Verfahren		
Längenausdehnungskoeffizient	Bereich	°C	$\cdot 10^{-4}K^{-1}$
	Temperatur		$\cdot 10^{-4}K^{-1}$
Wärmeleitfähigkeit	Verfahren		W/(K · m)
Spezifische Wärmekapazität	Verfahren		J/(K · g)
Glasumwandlungstemperatur	Torsionsschwingungsversuch	°C	
	Differentialkalorimetrie	°C	

Brandverhalten

UL-Test vertikal — Dicke 1.6 mm, Wert HB
Dicke 3.2 mm, Wert HB

	Norm	Bewertung	Abmessungen
Sauerstoff-Index	ASTM D 2863		
Glühstab-Verfahren			
Brandverhalten	DIN 4102		
MVSS			
FAR			

Elektrische Eigenschaften

		Hz	°C		Probekörper, Form
Dielektrizitätszahl		50			
		10^3			
		10^6			
Dielektrischer Verlustfaktor tan δ		50			
		10^3			
		10^6			
Spezifischer Durchgangswiderstand	Ohm · cm		23	1*10**12	Durchmesser 80x1 mm
Durchschlagfestigkeit	kV/mm				mm dick
Oberflächenwiderstand	Ohm		23	1*10**12	Durchmesser 80x1 mm

Kriechstromfestigkeit	KC	KB	KA	
Elektrolytische Korrosionswirkung	A 1			30x10x4 mm
Lichtbogenfestigkeit nach DIN				
nach ASTM s				

Beständigkeit *(Chemische Beständigkeit siehe Anhang)*

Wasseraufnahme

Feuchtigkeitsaufnahme Normalklima %

Wetterbeständigkeit

Spannungskorrosion

Optische Eigenschaften

Brechungszahl n_D

Transmissionsgrad τ_c % mm dick

Lichtdurchlässigkeit

Produkt	Polyamid 612		**PA**
Handelsname	**Vestamid D16**		
Hersteller	HUELS		
DIN-Bez 1	16773-PA612,LN16-020		
DIN-Bez 2			
Zusätze		*Füllstoffe/ Verstärkung*	
Bevorzugte Verarbeitung	Extrudieren	*Lieferform*	Granulat
		Farben	Naturfarben
Besondere Merkmale	Mittelviskos	*Bevorzugte Anwendungen*	Monofilament; Zahnbuerstenborsten

Dichte	g/cm³	1.07	*Schmelzindex*	g/10 min	:	
Schüttdichte	g/cm³		*Volumenfließindex*	cm³/10 min	207:	275/5
Viskositätszahl	ml/g					

Verarbeitungsbedingungen für Spritzgießen

Massetemp.	°C	*Schwindung*	%	lgs , quer
Werkzeugtemp.	°C	*Bemerkungen*		
Spritzdruck	bar			

Zugversuch 23 °C DIN 53455; ISO R/527; DIN 53457; ISO R/527

Probekörper:	*Form*	Nr. 3; 4 mm dick	*Herstellung*	Spritzgiessen
	Zustand	Trocken	*Vorbehandlung*	Normalklima

Streckspannung	N/mm²	57	*Dehnung bei Streckspannung*	%	6.6
Zugfestigkeit	N/mm²		*Reißdehnung*	%	≧50
Reißfestigkeit	N/mm²		*% Dehnspannung*	N/mm²	
E-Modul	N/mm²	2150	*Dehnung bei % Dehnspg.*	%	

Kriechmoduln und Zeitstandwerte 23 °C DIN 53444; ISO 899

Probekörper:	*Form*	Nr. 3; 4 mm dick	*Herstellung*	Spritzgiessen
	Zustand	Trocken	*Vorbehandlung*	Normalklima

Kriechmodul	*1 min*	N/mm²	1800	*Zeitstandzugfestigkeit*	h	N/mm²
Kriechmodul	*1000 h*	N/mm²	600	*Zeitdehnspg. %*	h	N/mm²
bei Spannung		N/mm²				

Biegeversuch 23 °C

Probekörper:	*Form*	*Herstellung*
	Zustand	*Vorbehandlung*

Biegefestigkeit	N/mm²	*E-Modul*	N/mm²
3,5% *Biegespannung*	N/mm²		

Härte 23 °C *Probekörper:* *Zustand* *Herstellung* *Vorbehandlung*

Kugeldruckhärte	N/mm²	bei N, s	*Shore-Härte* A
Rockwellhärte			*Shore-Härte* D

Schlagversuch

Probekörper:	*(1)*			
	(2)		*Herstellung*	Spritzgiessen
	Zustand	Trocken	*Vorbehandlung*	Normalklima

		°C	°C	°C	*Probekörper-Form*
Schlagzähigkeit	kJ/m²				
Kerbschlagzähigkeit (1)	kJ/m²				
IZOD-Kerbschlagzähigkeit (2)	J/m				
Kerbschlagzugzähigkeit	kJ/m²	23 110			80x10x4 mm

Abrieb und Reibung

Taber-Abrieb (Reibradverfahren)	$mm^3/100$ U		
Abriebfaktor LNP (Thrust washer) Vergleichswert			
Statische Reibungszahl			
Dynamische Reibungszahl	(p · v=	N/mm^2 ·	m/min)
Zulässiger p · v Wert	N/mm^2 · (m/min)	v=	m/min
		v=	m/min

Thermische Eigenschaften

Formbeständigkeit in der Wärme	*Verfahren*	A		64 °C
	Verfahren	B		151 °C
Vicat Erweichungstemperatur (VST)	*Verfahren*	A/50		179 °C
	Verfahren	B/50		210 °C
Kristallit-Schmelzpunkt	*Verfahren*			
Längenausdehnungskoeffizient	*Bereich*	°C		$\cdot 10^{-4}K^{-1}$
	Temperatur			$\cdot 10^{-4}K^{-1}$
Wärmeleitfähigkeit	*Verfahren*			W/(K · m)
Spezifische Wärmekapazität	*Verfahren*			J/(K · g)
Glasumwandlungstemperatur	*Torsionsschwingungsversuch*		°C	
	Differentialkalorimetrie		°C	

Brandverhalten

UL-Test vertikal Dicke 1.6 mm, Wert HB
Dicke 3.2 mm, Wert HB

	Norm	*Bewertung*	*Abmessungen*
Sauerstoff-Index	ASTM D 2863		
Glühstab-Verfahren			
Brandverhalten	DIN 4102		
MVSS			
FAR			

Elektrische Eigenschaften

		Hz	°C			*Probekörper, Form*
Dielektrizitätszahl		50				
		10^3				
		10^6				
Dielektrischer Verlustfaktor tan δ		50				
		10^3				
		10^6				
Spezifischer Durchgangswiderstand	Ohm · cm		23	1*10**12		Durchmesser 80x1 mm
Durchschlagfestigkeit	kV/mm		23	97		1 mm dick
Oberflächenwiderstand	Ohm		23	1*10**12		Durchmesser 80x1 mm
Kriechstromfestigkeit		KC		KB	KA	
Elektrolytische Korrosionswirkung		A 1				30x10x4 mm
Lichtbogenfestigkeit nach DIN						
nach ASTM	s					

Beständigkeit *(Chemische Beständigkeit siehe Anhang)*

Wasseraufnahme

Feuchtigkeitsaufnahme Normalklima %

Wetterbeständigkeit

Spannungskorrosion

Optische Eigenschaften

Brechungszahl n_D

Transmissionsgrad τ_c % mm dick

Lichtdurchlässigkeit

Produkt	Polyamid 612		**PA**
Handelsname	**Vestamid D18**		
Hersteller	HUELS		
DIN-Bez 1	16773-PA612,LN18-020		
DIN-Bez 2			
Zusätze		*Füllstoffe/ Verstärkung*	
Bevorzugte Verarbeitung	Extrudieren	*Lieferform*	Granulat
		Farben	Naturfarben
Besondere Merkmale	Mittelviskos	*Bevorzugte Anwendungen*	

Dichte	g/cm³	1.06	*Schmelzindex*	g/10 min	:	
Schüttdichte	g/cm³		*Volumenfließindex*	cm³/10 min	70:	275/5
Viskositätszahl	ml/g					

Verarbeitungsbedingungen für Spritzgießen

Massetemp.	°C	*Schwindung*	%	lgs , quer
Werkzeugtemp.	°C	*Bemerkungen*		
Spritzdruck	bar			

Zugversuch 23 °C DIN 53455; ISO R/527; DIN 53457; ISO R/527

Probekörper: *Form* Nr. 3; 4 mm dick — *Herstellung* Spritzgiessen
Zustand Trocken — *Vorbehandlung* Normalklima

Streckspannung	N/mm²	56	*Dehnung bei Streckspannung*	%	3.8
Zugfestigkeit	N/mm²		*Reißdehnung*	%	≧50
Reißfestigkeit	N/mm²		*% Dehnspannung*	N/mm²	
E-Modul	N/mm²	2100	*Dehnung bei % Dehnspg.*	%	

Kriechmoduln und Zeitstandwerte 23 °C DIN 53444; ISO 899

Probekörper: *Form* Nr. 3; 4 mm dick — *Herstellung* Spritzgiessen
Zustand Trocken — *Vorbehandlung* Normalklima

Kriechmodul	*1 min* N/mm²	1800	*Zeitstandzugfestigkeit*	h	N/mm²	
Kriechmodul	*1000 h* N/mm²	500	*Zeitdehnspg. %*	h	N/mm²	
bei Spannung	N/mm²					

Biegeversuch 23 °C

Probekörper: *Form* — *Herstellung*
Zustand — *Vorbehandlung*

Biegefestigkeit	N/mm²	*E-Modul*	N/mm²
3,5% *Biegespannung*	N/mm²		

Härte 23 °C *Probekörper:* *Zustand* — *Herstellung*
Vorbehandlung

Kugeldruckhärte	N/mm² bei N, s	*Shore-Härte* A	
Rockwellhärte		*Shore-Härte* D	

Schlagversuch *Probekörper:* *(1)*
(2) — *Herstellung* Spritzgiessen
Zustand Trocken — *Vorbehandlung* Normalklima

		°C	°C	°C	*Probekörper-Form*
Schlagzähigkeit	kJ/m²				
Kerbschlagzähigkeit (1)	kJ/m²				
IZOD-Kerbschlagzähigkeit (2)	J/m				
Kerbschlagzugzähigkeit	kJ/m²	23 120			80x10x4 mm

Abrieb und Reibung

Taber-Abrieb (Reibradverfahren)	mm^3/100 U		
Abriebfaktor LNP (Thrust washer) Vergleichswert			
Statische Reibungszahl			
Dynamische Reibungszahl	(p·v=	N/mm²·	m/min)
Zulässiger p·v Wert	N/mm²·(m/min)	v=	m/min
		v=	m/min

Thermische Eigenschaften

Formbeständigkeit in der Wärme	*Verfahren* A		59 °C
	Verfahren B		141 °C
Vicat Erweichungstemperatur (VST)	*Verfahren* A/50		178 °C
	Verfahren B/50		210 °C
Kristallit-Schmelzpunkt	*Verfahren*		
Längenausdehnungskoeffizient	*Bereich*	°C	$\cdot 10^{-4}K^{-1}$
	Temperatur		$\cdot 10^{-4}K^{-1}$
Wärmeleitfähigkeit	*Verfahren*		W/(K·m)
Spezifische Wärmekapazität	*Verfahren*		J/(K·g)
Glasumwandlungstemperatur	*Torsionsschwingungsversuch*	°C	
	Differentialkalorimetrie	°C	

Brandverhalten

UL-Test vertikal Dicke 1.6 mm, Wert HB
Dicke 3.2 mm, Wert HB

	Norm	*Bewertung*	*Abmessungen*
Sauerstoff-Index	ASTM D 2863		
Glühstab-Verfahren			
Brandverhalten	DIN 4102		
MVSS			
FAR			

Elektrische Eigenschaften

		Hz	°C		*Probekörper, Form*
Dielektrizitätszahl		50			
		10^3			
		10^6			
Dielektrischer Verlustfaktor tan δ		50			
		10^3			
		10^6			
Spezifischer Durchgangs-widerstand	Ohm·cm		23	1*10**12	Durchmesser 80x1 mm
Durchschlagfestigkeit	kV/mm		23	93	1 mm dick
Oberflächenwiderstand	Ohm		23	1*10**12	Durchmesser 80x1 mm

Kriechstromfestigkeit	KC	KB	KA	
Elektrolytische Korrosionswirkung	A 1			30x10x4 mm
Lichtbogenfestigkeit nach DIN				
nach ASTM s				

Beständigkeit *(Chemische Beständigkeit siehe Anhang)*

Wasseraufnahme

Feuchtigkeitsaufnahme Normalklima %

Wetterbeständigkeit

Spannungskorrosion

Optische Eigenschaften

Brechungszahl n_D

Transmissionsgrad τ_c % mm dick

Lichtdurchlässigkeit

Datenbank-Nr. **T01812** Merkblatt-Nr. **4531**

Produkt	Polyamid 12		**PA**
Handelsname	**Vestamid L 1723 SCHWARZ**		
Hersteller	HUELS		
DIN-Bez 1	16773-PA12-P,MCHR,14-005		
DIN-Bez 2			
Zusätze	Gleitmittel; Entformungsm.; Weichmacher; UV-Stabilisator	*Füllstoffe/ Verstärkung*	
Bevorzugte Verarbeitung	Spritzgiessen	*Lieferform*	Granulat
		Farben	Schwarz
Besondere Merkmale	Stabilisiert; Stabil-Bewitterung; Mittelviskos	*Bevorzugte Anwendungen*	Bandschelle; Kabelbinder

Dichte	g/cm^3	1.03	*Schmelzindex*	g/10 min	:	
Schüttdichte	g/cm^3		*Volumenfließindex*	cm^3/10 min	157:	230/5
Viskositätszahl	ml/g					

Verarbeitungsbedingungen für Spritzgießen

Massetemp.	°C	*Schwindung*	%	lgs , quer
Werkzeugtemp.	°C	*Bemerkungen*		
Spritzdruck	bar			

Zugversuch 23 °C DIN 53455; ISO R/527; DIN 53457; ISO R/527

Probekörper: *Form* Nr. 3; 4 mm dick — *Herstellung* Spritzgiessen
Zustand Trocken — *Vorbehandlung* Normalklima

Streckspannung	N/mm^2	29	*Dehnung bei Streckspannung*	%	26
Zugfestigkeit	N/mm^2		*Reißdehnung*	%	≧50
Reißfestigkeit	N/mm^2		*% Dehnspannung*	N/mm^2	
E-Modul	N/mm^2	500	*Dehnung bei % Dehnspg.*	%	

Kriechmoduln und Zeitstandwerte 23 °C

Probekörper: *Form* — *Herstellung*
Zustand — *Vorbehandlung*

Kriechmodul	*1 min* N/mm^2		*Zeitstandzugfestigkeit*	h	N/mm^2
Kriechmodul	*1000 h* N/mm^2		*Zeitdehnspg.* %	h	N/mm^2
bei Spannung	N/mm^2				

Biegeversuch 23 °C

Probekörper: *Form* — *Herstellung*
Zustand — *Vorbehandlung*

Biegefestigkeit	N/mm^2	*E-Modul*	N/mm^2
3,5% *Biegespannung*	N/mm^2		

Härte 23 °C *Probekörper:* *Zustand* — *Herstellung*
Vorbehandlung

Kugeldruckhärte	N/mm^2 bei N, s	*Shore-Härte* A	
Rockwellhärte		*Shore-Härte* D	

Schlagversuch *Probekörper:* *(1)*
(2) — *Herstellung* Spritzgiessen
Zustand Trocken — *Vorbehandlung* Normalklima

		°C	°C	°C	*Probekörper-Form*
Schlagzähigkeit	kJ/m^2				
Kerbschlagzähigkeit (1)	kJ/m^2				
IZOD-Kerbschlagzähigkeit (2)	J/m				
Kerbschlagzugzähigkeit	kJ/m^2	23 250			80x10x4 mm

Abrieb und Reibung

Taber-Abrieb (Reibradverfahren)	mm^3/100 U		
Abriebfaktor LNP (Thrust washer) Vergleichswert			
Statische Reibungszahl			
Dynamische Reibungszahl	(p · v= N/mm^2 ·		m/min)
Zulässiger p · v Wert	N/mm^2 · (m/min)	v=	m/min
		v=	m/min

Thermische Eigenschaften

Formbeständigkeit in der Wärme	*Verfahren*	A		64 °C
	Verfahren	B		138 °C
Vicat Erweichungstemperatur (VST)	*Verfahren*	A/50		165 °C
	Verfahren	B/50		146 °C
Kristallit-Schmelzpunkt	*Verfahren*			
Längenausdehnungskoeffizient	*Bereich*	°C		$\cdot 10^{-4}K^{-1}$
	Temperatur			$\cdot 10^{-4}K^{-1}$
Wärmeleitfähigkeit	*Verfahren*			W/(K · m)
Spezifische Wärmekapazität	*Verfahren*			J/(K · g)
Glasumwandlungstemperatur	*Torsionsschwingungsversuch*		°C	
	Differentialkalorimetrie		°C	

Brandverhalten

UL-Test vertikal	Dicke 1.6 mm, Wert HB
	Dicke 3.2 mm, Wert HB

	Norm	*Bewertung*	*Abmessungen*
Sauerstoff-Index	ASTM D 2863		
Glühstab-Verfahren			
Brandverhalten	DIN 4102		
MVSS			
FAR			

Elektrische Eigenschaften

		Hz	°C			*Probekörper, Form*
Dielektrizitätszahl		50	23	11		Durchmesser 80x1 mm
		10^3	23	3.7		Durchmesser 80x1 mm
		10^6				
Dielektrischer Verlustfaktor tan δ		50	23	0.146		Durchmesser 80x1 mm
		10^3	23	0.118		Durchmesser 80x1 mm
		10^6				
Spezifischer Durchgangs-widerstand	Ohm · cm		23	17*10**11		Durchmesser 80x1 mm
Durchschlagfestigkeit	kV/mm		23	33		1 mm dick
Oberflächenwiderstand	Ohm		23	18*10**11		Durchmesser 80x1 mm
Kriechstromfestigkeit		KC		KB	KA	
Elektrolytische Korrosionswirkung		A 1.2				30x10x4 mm
Lichtbogenfestigkeit nach DIN						
nach ASTM	s					

Beständigkeit *(Chemische Beständigkeit siehe Anhang)*

Wasseraufnahme	
Feuchtigkeitsaufnahme Normalklima	%
Wetterbeständigkeit	
Spannungskorrosion	

Optische Eigenschaften

Brechungszahl n_D		
Transmissionsgrad τ_c	%	mm dick
Lichtdurchlässigkeit		

Produkt	Polyamid 12		**PA**
Handelsname	**Vestamid L 1724 SCHWARZ**		
Hersteller	HUELS		
DIN-Bez 1	16773-PA12-P,MCHR,14-005		
DIN-Bez 2			
Zusätze	Gleitmittel; Entformungsm.; Weichmacher; UV-Stabilisator	*Füllstoffe/ Verstärkung*	
Bevorzugte Verarbeitung	Spritzgiessen	*Lieferform*	Granulat
		Farben	Schwarz
Besondere Merkmale	Stabilisiert; Stabil-Bewitterung; Mittelviskos	*Bevorzugte Anwendungen*	Kabelbinder; Bandschelle

Dichte	g/cm³	1.03	*Schmelzindex*	g/10 min		:
Schüttdichte	g/cm³		*Volumenfließindex*	cm³/10 min	219:	230/5
Viskositätszahl	ml/g					

Verarbeitungsbedingungen für Spritzgießen

Massetemp.	°C	*Schwindung*	% lgs , quer
Werkzeugtemp.	°C	*Bemerkungen*	
Spritzdruck	bar		

Zugversuch 23 °C DIN 53455; ISO R/527; DIN 53457; ISO R/527

Probekörper: *Form* Nr. 3; 4 mm dick — *Herstellung* Spritzgiessen
Zustand Trocken — *Vorbehandlung* Normalklima

Streckspannung	N/mm²	30	*Dehnung bei Streckspannung*	%	26
Zugfestigkeit	N/mm²		*Reißdehnung*	%	≧50
Reißfestigkeit	N/mm²		*% Dehnspannung*	N/mm²	
E-Modul	N/mm²	520	*Dehnung bei % Dehnspg.*	%	

Kriechmoduln und Zeitstandwerte 23 °C DIN 53444; ISO 899

Probekörper: *Form* Nr. 3; 4 mm dick — *Herstellung* Spritzgiessen
Zustand Trocken — *Vorbehandlung* Normalklima

Kriechmodul	*1 min* N/mm²	470	*Zeitstandzugfestigkeit*	h	N/mm²	
Kriechmodul	*1000 h* N/mm²	300	*Zeitdehnspg.* %	h	N/mm²	
bei Spannung	N/mm²					

Biegeversuch 23 °C

Probekörper: *Form* — *Herstellung*
Zustand — *Vorbehandlung*

Biegefestigkeit	N/mm²	*E-Modul*	N/mm²
3,5% *Biegespannung*	N/mm²		

Härte 23 °C *Probekörper:* *Zustand* — *Herstellung*
Vorbehandlung

Kugeldruckhärte	N/mm² bei N, s	*Shore-Härte* A	
Rockwellhärte		*Shore-Härte* D	

Schlagversuch *Probekörper:* *(1)*
(2) — *Herstellung* Spritzgiessen
Zustand Trocken — *Vorbehandlung* Normalklima

		°C	°C	°C	*Probekörper-Form*
Schlagzähigkeit	kJ/m²				
Kerbschlagzähigkeit (1)	kJ/m²				
IZOD-Kerbschlagzähigkeit (2)	J/m				
Kerbschlagzugzähigkeit	kJ/m²	23 260			80x10x4 mm

Abrieb und Reibung

Taber-Abrieb (Reibradverfahren)	mm^3/100 U		
Abriebfaktor LNP (Thrust washer) Vergleichswert			
Statische Reibungszahl			
Dynamische Reibungszahl	(p·v= N/mm^2·		m/min)
Zulässiger p · v Wert	N/mm^2 · (m/min)	v=	m/min
		v=	m/min

Thermische Eigenschaften

Formbeständigkeit in der Wärme	*Verfahren*	A	59 °C
	Verfahren	B	139 °C
Vicat Erweichungstemperatur (VST)	*Verfahren*	A/50	162 °C
	Verfahren	B/50	135 °C
Kristallit-Schmelzpunkt	*Verfahren*		
Längenausdehnungskoeffizient	*Bereich*	°C	$\cdot 10^{-4} K^{-1}$
	Temperatur		$\cdot 10^{-4} K^{-1}$
Wärmeleitfähigkeit	*Verfahren*		W/(K · m)
Spezifische Wärmekapazität	*Verfahren*		J/(K · g)
Glasumwandlungstemperatur	*Torsionsschwingungsversuch*	°C	
	Differentialkalorimetrie	°C	

Brandverhalten

UL-Test vertikal		Dicke 1.6 mm, Wert V-2	
		Dicke 3.2 mm, Wert V-2	
	Norm	*Bewertung*	*Abmessungen*
Sauerstoff-Index	ASTM D 2863		
Glühstab-Verfahren			
Brandverhalten	DIN 4102		
MVSS			
FAR			

Elektrische Eigenschaften

		Hz	°C		*Probekörper, Form*
Dielektrizitätszahl		50	23	12	Durchmesser 80x1 mm
		10^3	23	4	Durchmesser 80x1 mm
		10^6			
Dielektrischer Verlustfaktor tan δ		50	23	0.135	Durchmesser 80x1 mm
		10^3	23	0.154	Durchmesser 80x1 mm
		10^6			
Spezifischer Durchgangs-widerstand	Ohm · cm		23	15*10**11	Durchmesser 80x1 mm
Durchschlagfestigkeit	kV/mm		23	32	1 mm dick
Oberflächenwiderstand	Ohm		23	11*10**11	Durchmesser 80x1 mm

Kriechstromfestigkeit	KC	KB	KA	
Elektrolytische Korrosionswirkung	A 1.2			30x10x4 mm
Lichtbogenfestigkeit nach DIN				
nach ASTM s				

Beständigkeit *(Chemische Beständigkeit siehe Anhang)*

Wasseraufnahme

Feuchtigkeitsaufnahme Normalklima %

Wetterbeständigkeit

Spannungskorrosion

Optische Eigenschaften

Brechungszahl n_D

Transmissionsgrad τ_c % mm dick

Lichtdurchlässigkeit

Datenbank-Nr. **T01814** *Merkblatt-Nr.* **4533**

Produkt	Polyamid 12		**PA**
Handelsname	**Vestamid L 1832**		
Hersteller	HUELS		
DIN-Bez 1	16773-PA12,MHN,16-,GF15		
DIN-Bez 2			
Zusätze	Gleitmittel; Schmiermittel; Waermestabilisator	*Füllstoffe/ Verstärkung*	15% Glasfaser
Bevorzugte Verarbeitung	Spritzgiessen	*Lieferform*	Granulat
		Farben	Naturfarben
Besondere Merkmale	Steif; Zaeh	*Bevorzugte Anwendungen*	Getriebegehaeuse fuer elektrischen Fensterheber im Automobilbau

Dichte	g/cm³	1.12	*Schmelzindex*	g/10 min		:
Schüttdichte	g/cm³		*Volumenfließindex*	cm³/10 min	56:	275/5
Viskositätszahl	ml/g					

Verarbeitungsbedingungen für Spritzgießen

Massetemp.	°C	*Schwindung*	% lgs , quer
Werkzeugtemp.	°C	*Bemerkungen*	
Spritzdruck	bar		

Zugversuch 23 °C DIN 53455; ISO R/527; DIN 53457; ISO R/527

Probekörper: *Form* Nr. 3; 4 mm dick *Herstellung* Spritzgiessen
Zustand Trocken *Vorbehandlung* Normalklima

Streckspannung	N/mm²	96	*Dehnung bei Streckspannung*	%	4.3
Zugfestigkeit	N/mm²		*Reißdehnung*	%	5.6
Reißfestigkeit	N/mm²		*% Dehnspannung*	N/mm²	
E-Modul	N/mm²	4100	*Dehnung bei % Dehnspg.*	%	

Kriechmoduln und Zeitstandwerte 23 °C DIN 53444; ISO 899

Probekörper: *Form* Nr. 3; 4 mm dick *Herstellung* Spritzgiessen
Zustand Trocken *Vorbehandlung* Normalklima

Kriechmodul	*1 min* N/mm²	3900	*Zeitstandzugfestigkeit*	h	N/mm²
Kriechmodul	*1000 h* N/mm²	2700	*Zeitdehnspg. %*	h	N/mm²
bei Spannung	N/mm²				

Biegeversuch 23 °C

Probekörper: *Form* *Herstellung*
Zustand *Vorbehandlung*

Biegefestigkeit	N/mm²	*E-Modul*	N/mm²
3,5% *Biegespannung*	N/mm²		

Härte 23 °C *Probekörper:* *Zustand* *Herstellung*
Vorbehandlung

Kugeldruckhärte	N/mm² bei N, s	*Shore-Härte* A	
Rockwellhärte		*Shore-Härte* D	

Schlagversuch *Probekörper:* *(1)*
(2) *Herstellung* Spritzgiessen
Zustand Trocken *Vorbehandlung* Normalklima

		°C	°C	°C	*Probekörper-Form*
Schlagzähigkeit	kJ/m²				
Kerbschlagzähigkeit (1)	kJ/m²				
IZOD-Kerbschlagzähigkeit (2)	J/m				
Kerbschlagzugzähigkeit	kJ/m²	23 110			80x10x4 mm

Abrieb und Reibung

Taber-Abrieb (Reibradverfahren)	mm^3/100 U		
Abriebfaktor LNP (Thrust washer) Vergleichswert			
Statische Reibungszahl			
Dynamische Reibungszahl	(p · v=	N/mm^2 ·	m/min)
Zulässiger p · v Wert	N/mm^2 · (m/min)	v=	m/min
		v=	m/min

Thermische Eigenschaften

Formbeständigkeit in der Wärme	*Verfahren* A			159 °C
	Verfahren B			178 °C
Vicat Erweichungstemperatur (VST)	*Verfahren* A/50			177 °C
	Verfahren B/50			169 °C
Kristallit-Schmelzpunkt	*Verfahren*			
Längenausdehnungskoeffizient	*Bereich*	°C		$\cdot 10^{-4} K^{-1}$
	Temperatur			$\cdot 10^{-4} K^{-1}$
Wärmeleitfähigkeit	*Verfahren*			W/(K · m)
Spezifische Wärmekapazität	*Verfahren*			J/(K · g)
Glasumwandlungstemperatur	*Torsionsschwingungsversuch*		°C	
	Differentialkalorimetrie		°C	

Brandverhalten

UL-Test vertikal	Dicke 1.6 mm, Wert HB
	Dicke 3.2 mm, Wert V-2

	Norm	*Bewertung*	*Abmessungen*
Sauerstoff-Index	ASTM D 2863		
Glühstab-Verfahren			
Brandverhalten	DIN 4102		
MVSS			
FAR			

Elektrische Eigenschaften

		Hz	°C		*Probekörper, Form*
Dielektrizitätszahl		50	23	4.1	Durchmesser 80x1 mm
		10^3	23	3.4	Durchmesser 80x1 mm
		10^6			
Dielektrischer Verlustfaktor tan δ		50	23	0.038	Durchmesser 80x1 mm
		10^3	23	0.026	Durchmesser 80x1 mm
		10^6			
Spezifischer Durchgangs-widerstand	Ohm · cm		23	12*10**14	Durchmesser 80x1 mm
Durchschlagfestigkeit	kV/mm		23	44	1 mm dick
Oberflächenwiderstand	Ohm		23	18*10**12	Durchmesser 80x1 mm

Kriechstromfestigkeit	KC	KB	KA
Elektrolytische Korrosionswirkung			
Lichtbogenfestigkeit nach DIN			
nach ASTM s			

Beständigkeit *(Chemische Beständigkeit siehe Anhang)*

Wasseraufnahme

Feuchtigkeitsaufnahme Normalklima %

Wetterbeständigkeit

Spannungskorrosion

Optische Eigenschaften

Brechungszahl n_D

Transmissionsgrad τ_c % mm dick

Lichtdurchlässigkeit

Datenbank-Nr. **T01815** *Merkblatt-Nr.* **4534**

Produkt	Polyphenylenoxid		**PPO**
Handelsname	**Vestoran 1300-GF30-FR**		
Hersteller	HUELS		
DIN-Bez 1 *DIN-Bez 2*			
Zusätze	Weichmacher; Waermestabilisator	*Füllstoffe/ Verstärkung*	30% Glasfaser
Bevorzugte Verarbeitung	Spritzgiessen	*Lieferform*	Granulat
		Farben	Naturfarben
Besondere Merkmale	Flammwidrig; Schlagzaeh modifiziert; Selbstverloeschend; Halogenfrei	*Bevorzugte Anwendungen*	Elektroindustrie; Elektronikindustrie

Dichte	g/cm^3	1.31	*Schmelzindex*	g/10 min	:	
Schüttdichte	g/cm^3		*Volumenfließindex*	cm^3/10 min	5.3:	265/21.6
Viskositätszahl	ml/g					

Verarbeitungsbedingungen für Spritzgießen

Massetemp.	°C	*Schwindung*	% lgs , quer
Werkzeugtemp.	°C	*Bemerkungen*	
Spritzdruck	bar		

Zugversuch 23 °C DIN 53455; ISO R/527; DIN 53457; ISO R/527

Probekörper: *Form* Nr. 3; 4 mm dick — *Herstellung* Spritzgiessen
Zustand — *Vorbehandlung* Normalklima

Streckspannung	N/mm^2		*Dehnung bei Streckspannung*	%	
Zugfestigkeit	N/mm^2		*Reißdehnung*	%	1.2
Reißfestigkeit	N/mm^2		*% Dehnspannung*	N/mm^2	
E-Modul	N/mm^2	7400	*Dehnung bei % Dehnspg.*	%	

Kriechmoduln und Zeitstandwerte 23 °C

Probekörper: *Form* — *Herstellung*
Zustand — *Vorbehandlung*

Kriechmodul	*1 min*	N/mm^2	*Zeitstandzugfestigkeit*	h	N/mm^2
Kriechmodul	*1000 h*	N/mm^2	*Zeitdehnspg. %*	h	N/mm^2
bei Spannung		N/mm^2			

Biegeversuch 23 °C

Probekörper: *Form* — *Herstellung*
Zustand — *Vorbehandlung*

Biegefestigkeit	N/mm^2	*E-Modul*	N/mm^2
3,5% *Biegespannung*	N/mm^2		

Härte 23 °C *Probekörper:* *Zustand* — *Herstellung*
Vorbehandlung

Kugeldruckhärte	N/mm^2 bei N, s	*Shore-Härte* A	
Rockwellhärte		*Shore-Härte* D	

Schlagversuch *Probekörper:* *(1)*
(2) — *Herstellung* Spritzgiessen
Zustand — *Vorbehandlung* Normalklima

		°C	°C	°C	*Probekörper-Form*
Schlagzähigkeit	kJ/m^2				
Kerbschlagzähigkeit (1)	kJ/m^2				
IZOD-Kerbschlagzähigkeit (2)	J/m				
Kerbschlagzugzähigkeit	kJ/m^2	23 66			80x10x4 mm

Abrieb und Reibung

Taber-Abrieb (Reibradverfahren)	mm^3/100 U		
Abriebfaktor LNP (Thrust washer) Vergleichswert			
Statische Reibungszahl			
Dynamische Reibungszahl	(p·v=	N/mm^2·	m/min)
Zulässiger p·v Wert	N/mm^2·(m/min)	v=	m/min
		v=	m/min

Thermische Eigenschaften

Formbeständigkeit in der Wärme	*Verfahren*	A		142 °C
	Verfahren	B		149 °C
Vicat Erweichungstemperatur (VST)	*Verfahren*	A/50		150 °C
	Verfahren	B/50		143 °C
Kristallit-Schmelzpunkt	*Verfahren*			
Längenausdehnungskoeffizient	*Bereich*	23–80	°C	$0.24 \cdot 10^{-4} K^{-1}$
	Temperatur			$\cdot 10^{-4} K^{-1}$
Wärmeleitfähigkeit	*Verfahren*			W/(K·m)
Spezifische Wärmekapazität	*Verfahren*			J/(K·g)
Glasumwandlungstemperatur	*Torsionsschwingungsversuch*		°C	
	Differentialkalorimetrie		°C	

Brandverhalten

UL-Test vertikal	Dicke	mm, Wert
	Dicke	mm, Wert

	Norm	*Bewertung*	*Abmessungen*
Sauerstoff-Index	ASTM D 2863		
Glühstab-Verfahren			
Brandverhalten	DIN 4102		
MVSS			
FAR			

Elektrische Eigenschaften

		Hz	°C			*Probekörper, Form*
Dielektrizitätszahl		50	23	3.3		Durchmesser 80x1 mm
		10^3	23	3.3		Durchmesser 80x1 mm
		10^6				
Dielektrischer Verlustfaktor tan δ		50	23	0.0047		Durchmesser 80x1 mm
		10^3	23	0.0057		Durchmesser 80x1 mm
		10^6				
Spezifischer Durchgangs-widerstand	Ohm·cm		23	3*10**15		Durchmesser 80x1 mm
Durchschlagfestigkeit	kV/mm		23	45		1 mm dick
Oberflächenwiderstand	Ohm		23	7*10**14		Durchmesser 80x1 mm
Kriechstromfestigkeit		KC		KB	KA	
Elektrolytische Korrosionswirkung		A 1				30x10x4 mm
Lichtbogenfestigkeit nach DIN						
nach ASTM	s					

Beständigkeit *(Chemische Beständigkeit siehe Anhang)*

Wasseraufnahme

Feuchtigkeitsaufnahme Normalklima %

Wetterbeständigkeit

Spannungskorrosion

Optische Eigenschaften

Brechungszahl n_D

Transmissionsgrad τ_c % mm dick

Lichtdurchlässigkeit

Datenbank-Nr.	**T01816**		Merkblatt-Nr. **4535**

Produkt	Polyamid 12		**PA**
Handelsname	**Vestamid L 2121 SCHWARZ 9.7507**		
Hersteller	HUELS		
DIN-Bez 1	16773-PA12-P,FHLN,22-007		
DIN-Bez 2			
Zusätze	Gleitmittel; Weichmacher; UV-Stabilisator; Waermestabil.	*Füllstoffe/ Verstärkung*	
Bevorzugte Verarbeitung	Extrudieren	*Lieferform*	Granulat
		Farben	Schwarz 9.7507
Besondere Merkmale	Stabilisiert; Stabil-Bewitterung; Hochviskos	*Bevorzugte Anwendungen*	Halbhartes Rohr fuer Kraftstoff- und Hydrauliksystem

Dichte	g/cm^3	1.03	*Schmelzindex*	g/10 min		:	
Schüttdichte	g/cm^3		*Volumenfließindex*	$cm^3/10$ min	45	:	275/5
Viskositätszahl	ml/g						

Verarbeitungsbedingungen für Spritzgießen

Massetemp.	°C	*Schwindung*	% lgs , quer
Werkzeugtemp.	°C	*Bemerkungen*	
Spritzdruck	bar		

Zugversuch 23 °C DIN 53455; ISO R/527; DIN 53457; ISO R/527

Probekörper: *Form* Nr. 3; 4 mm dick — *Herstellung* Spritzgiessen
Zustand Trocken — *Vorbehandlung* Normalklima

Streckspannung	N/mm^2	35	*Dehnung bei Streckspannung*	%	20
Zugfestigkeit	N/mm^2		*Reißdehnung*	%	≧50
Reißfestigkeit	N/mm^2		*% Dehnspannung*	N/mm^2	
E-Modul	N/mm^2	740	*Dehnung bei % Dehnspg.*	%	

Kriechmoduln und Zeitstandwerte 23 °C

Probekörper: *Form* — *Herstellung*
Zustand — *Vorbehandlung*

Kriechmodul	*1 min*	N/mm^2	*Zeitstandzugfestigkeit*	h	N/mm^2
Kriechmodul	*1000 h*	N/mm^2	*Zeitdehnspg.* %	h	N/mm^2
bei Spannung		N/mm^2			

Biegeversuch 23 °C

Probekörper: *Form* — *Herstellung*
Zustand — *Vorbehandlung*

Biegefestigkeit	N/mm^2	*E-Modul*	N/mm^2
3,5% *Biegespannung*	N/mm^2		

Härte 23 °C *Probekörper:* *Zustand* — *Herstellung*
Vorbehandlung

Kugeldruckhärte	N/mm^2 bei N, s	*Shore-Härte* A	
Rockwellhärte		*Shore-Härte* D	

Schlagversuch *Probekörper:* *(1)*
(2) — *Herstellung* Spritzgiessen
Zustand Trocken — *Vorbehandlung* Normalklima

		°C	°C	°C	*Probekörper-Form*
Schlagzähigkeit	kJ/m^2				
Kerbschlagzähigkeit (1)	kJ/m^2				
IZOD-Kerbschlagzähigkeit (2)	J/m				
Kerbschlagzugzähigkeit	kJ/m^2	23 190			80x10x4 mm

Abrieb und Reibung

Taber-Abrieb (Reibradverfahren)	mm^3/100 U		
Abriebfaktor LNP (Thrust washer) Vergleichswert			
Statische Reibungszahl			
Dynamische Reibungszahl	(p·v= N/mm^2·		m/min)
Zulässiger p · v Wert	N/mm^2 · (m/min)	v=	m/min
		v=	m/min

Thermische Eigenschaften

Formbeständigkeit in der Wärme	*Verfahren*	A		46 °C
	Verfahren	B		110 °C
Vicat Erweichungstemperatur (VST)	*Verfahren*	A/50		173 °C
	Verfahren	B/50		142 °C
Kristallit-Schmelzpunkt	*Verfahren*			
Längenausdehnungskoeffizient	*Bereich*	°C		· $10^{-4}K^{-1}$
	Temperatur			· $10^{-4}K^{-1}$
Wärmeleitfähigkeit	*Verfahren*			W/(K · m)
Spezifische Wärmekapazität	*Verfahren*			J/(K · g)
Glasumwandlungstemperatur	*Torsionsschwingungsversuch*		°C	
	Differentialkalorimetrie		°C	

Brandverhalten

UL-Test vertikal Dicke 1.6 mm, Wert HB
Dicke 3.2 mm, Wert HB

	Norm	*Bewertung*	*Abmessungen*
Sauerstoff-Index	ASTM D 2863		
Glühstab-Verfahren			
Brandverhalten	DIN 4102		
MVSS			
FAR			

Elektrische Eigenschaften

		Hz	°C			*Probekörper, Form*
Dielektrizitätszahl		50	23	6.5		Durchmesser 80x1 mm
		10^3	23	3.4		Durchmesser 80x1 mm
		10^6				
Dielektrischer Verlustfaktor tan δ		50	23	0.179		Durchmesser 80x1 mm
		10^3	23	0.051		Durchmesser 80x1 mm
		10^6				
Spezifischer Durchgangs-widerstand	Ohm · cm		23	66*10**12		Durchmesser 80x1 mm
Durchschlagfestigkeit	kV/mm		23	36		1 mm dick
Oberflächenwiderstand	Ohm		23	49*10**12		Durchmesser 80x1 mm
Kriechstromfestigkeit		KC		KB	KA	
Elektrolytische Korrosionswirkung		A 1				30x10x4 mm
Lichtbogenfestigkeit nach DIN						
nach ASTM	s					

Beständigkeit *(Chemische Beständigkeit siehe Anhang)*

Wasseraufnahme

Feuchtigkeitsaufnahme Normalklima %
Wetterbeständigkeit

Spannungskorrosion

Optische Eigenschaften

Brechungszahl n_D
Transmissionsgrad τ_c % mm dick
Lichtdurchlässigkeit

Datenbank-Nr. **T01817** *Merkblatt-Nr.* **4536**

Produkt	Polyamid 12		**PA**
Handelsname	**Vestamid L 2122 SCHWARZ 9.7507**		
Hersteller	HUELS		
DIN-Bez 1	16773-PA12-P,EHLN,22-004		
DIN-Bez 2			
Zusätze	Gleitmittel; Weichmacher; UV-Stabilisator; Waermestabil.	*Füllstoffe/ Verstärkung*	
Bevorzugte Verarbeitung	Extrudieren	*Lieferform*	Granulat
		Farben	Schwarz 9.7507
Besondere Merkmale	Stabilisiert; Stabil-Bewitterung; Hochviskos; Halbhart	*Bevorzugte Anwendungen*	Rohr fuer Kraftstoff- und Hydrauliksystem

Dichte	g/cm^3	1.03	*Schmelzindex*	g/10 min		:
Schüttdichte	g/cm^3		*Volumenfließindex*	cm^3/10 min	46:	275/5
Viskositätszahl	ml/g					

Verarbeitungsbedingungen für Spritzgießen

Massetemp.	°C	*Schwindung*	%	lgs , quer
Werkzeugtemp.	°C	*Bemerkungen*		
Spritzdruck	bar			

Zugversuch 23 °C DIN 53455; ISO R/527; DIN 53457; ISO R/527

Probekörper: *Form* Nr. 3; 4 mm dick — *Herstellung* Spritzgiessen
Zustand Trocken — *Vorbehandlung* Normalklima

Streckspannung	N/mm^2	32	*Dehnung bei Streckspannung*	%	26
Zugfestigkeit	N/mm^2		*Reißdehnung*	%	≧50
Reißfestigkeit	N/mm^2		*% Dehnspannung*	N/mm^2	
E-Modul	N/mm^2	540	*Dehnung bei % Dehnspg.*	%	

Kriechmoduln und Zeitstandwerte 23 °C

Probekörper: *Form* — *Herstellung*
Zustand — *Vorbehandlung*

Kriechmodul	*1 min*	N/mm^2	*Zeitstandzugfestigkeit*	h	N/mm^2
Kriechmodul	*1000 h*	N/mm^2	*Zeitdehnspg. %*	h	N/mm^2
bei Spannung		N/mm^2			

Biegeversuch 23 °C

Probekörper: *Form* — *Herstellung*
Zustand — *Vorbehandlung*

Biegefestigkeit	N/mm^2	*E-Modul*	N/mm^2
3,5% *Biegespannung*	N/mm^2		

Härte 23 °C *Probekörper:* *Zustand* — *Herstellung*
Vorbehandlung

Kugeldruckhärte	N/mm^2 bei N, s	*Shore-Härte* A	
Rockwellhärte		*Shore-Härte* D	

Schlagversuch *Probekörper:* *(1)*
(2) — *Herstellung* Spritzgiessen
Zustand Trocken — *Vorbehandlung* Normalklima

		°C	°C	°C	*Probekörper-Form*
Schlagzähigkeit	kJ/m^2				
Kerbschlagzähigkeit (1)	kJ/m^2				
IZOD-Kerbschlagzähigkeit (2)	J/m				
Kerbschlagzugzähigkeit	kJ/m^2	23 230			80x10x4 mm

Abrieb und Reibung

Taber-Abrieb (Reibradverfahren)	mm^3/100 U		
Abriebfaktor LNP (Thrust washer) Vergleichswert			
Statische Reibungszahl			
Dynamische Reibungszahl	(p·v= N/mm^2·		m/min)
Zulässiger p · v Wert	N/mm^2 · (m/min)	v=	m/min
		v=	m/min

Thermische Eigenschaften

Formbeständigkeit in der Wärme	*Verfahren* A		51 °C
	Verfahren B		103 °C
Vicat Erweichungstemperatur (VST)	*Verfahren* A/50		169 °C
	Verfahren B/50		138 °C
Kristallit-Schmelzpunkt	*Verfahren*		
Längenausdehnungskoeffizient	*Bereich*	°C	$\cdot 10^{-4}K^{-1}$
	Temperatur		$\cdot 10^{-4}K^{-1}$
Wärmeleitfähigkeit	*Verfahren*		W/(K · m)
Spezifische Wärmekapazität	*Verfahren*		J/(K · g)
Glasumwandlungstemperatur	*Torsionsschwingungsversuch*	°C	
	Differentialkalorimetrie	°C	

Brandverhalten

UL-Test vertikal	Dicke 1.6 mm, Wert HB	
	Dicke 3.2 mm, Wert HB	

	Norm	*Bewertung*	*Abmessungen*
Sauerstoff-Index	ASTM D 2863		
Glühstab-Verfahren			
Brandverhalten	DIN 4102		
MVSS			
FAR			

Elektrische Eigenschaften

		Hz	°C		*Probekörper, Form*
Dielektrizitätszahl		50	23	10	Durchmesser 80x1 mm
		10^3	23	3.3	Durchmesser 80x1 mm
		10^6			
Dielektrischer Verlustfaktor tan δ		50	23	0.183	Durchmesser 80x1 mm
		10^3	23	0.1	Durchmesser 80x1 mm
		10^6			
Spezifischer Durchgangs-widerstand	Ohm · cm		23	48*10**11	Durchmesser 80x1 mm
Durchschlagfestigkeit	kV/mm		23	36	1 mm dick
Oberflächenwiderstand	Ohm		23	3*10**12	Durchmesser 80x1 mm

Kriechstromfestigkeit	KC	KB	KA	
Elektrolytische Korrosionswirkung	A 1			30x10x4 mm
Lichtbogenfestigkeit nach DIN				
nach ASTM s				

Beständigkeit *(Chemische Beständigkeit siehe Anhang)*

Wasseraufnahme

Feuchtigkeitsaufnahme Normalklima %

Wetterbeständigkeit

Spannungskorrosion

Optische Eigenschaften

Brechungszahl n_D

Transmissionsgrad τ_c % mm dick

Lichtdurchlässigkeit

Datenbank-Nr. **T01818** Merkblatt-Nr. **4537**

Produkt	Polyamid 12		**PA**
Handelsname	**Vestamid L 2123 SCHWARZ 9.7507**		
Hersteller	HUELS		
DIN-Bez 1	16773-PA12-P,EHLP,22-001		
DIN-Bez 2			
Zusätze	Gleitmittel; Weichmacher; UV-Stabilisator; Waermestabil.	*Füllstoffe/ Verstärkung*	
Bevorzugte Verarbeitung	Extrudieren	*Lieferform*	Granulat
		Farben	Schwarz 9.7507
Besondere Merkmale	Stabilisiert; Stabil-Bewitterung; Hochviskos; Schlagzaeh	*Bevorzugte Anwendungen*	Rohr nach SAE J 844 d

Dichte	g/cm^3	1.03	*Schmelzindex*	g/10 min	:
Schüttdichte	g/cm^3		*Volumenfließindex*	cm^3/10 min	:
Viskositätszahl	ml/g				

Verarbeitungsbedingungen für Spritzgießen

Massetemp.	°C	*Schwindung*	% lgs , quer
Werkzeugtemp.	°C	*Bemerkungen*	
Spritzdruck	bar		

Zugversuch 23 °C DIN 53455; ISO R/527; DIN 53457; ISO R/527

Probekörper: *Form* Nr. 3; 4 mm dick — *Herstellung* Spritzgiessen
Zustand Trocken — *Vorbehandlung* Normalklima

Streckspannung	N/mm^2	25	*Dehnung bei Streckspannung*	%	33
Zugfestigkeit	N/mm^2		*Reißdehnung*	%	≧50
Reißfestigkeit	N/mm^2		*% Dehnspannung*	N/mm^2	
E-Modul	N/mm^2	410	*Dehnung bei % Dehnspg.*	%	

Kriechmoduln und Zeitstandwerte 23 °C

Probekörper: *Form* — *Herstellung*
Zustand — *Vorbehandlung*

Kriechmodul	*1 min*	N/mm^2	*Zeitstandzugfestigkeit*	h	N/mm^2
Kriechmodul	*1000 h*	N/mm^2	*Zeitdehnspg. %*	h	N/mm^2
bei Spannung		N/mm^2			

Biegeversuch 23 °C

Probekörper: *Form* — *Herstellung*
Zustand — *Vorbehandlung*

Biegefestigkeit	N/mm^2	*E-Modul*	N/mm^2
3,5% *Biegespannung*	N/mm^2		

Härte 23 °C *Probekörper:* *Zustand* — *Herstellung*
Vorbehandlung

Kugeldruckhärte	N/mm^2 bei N, s	*Shore-Härte* A	
Rockwellhärte		*Shore-Härte* D	

Schlagversuch *Probekörper:* *(1)*
(2) — *Herstellung* Spritzgiessen
Zustand Trocken — *Vorbehandlung* Normalklima

		°C	°C	°C	*Probekörper-Form*
Schlagzähigkeit	kJ/m^2				
Kerbschlagzähigkeit (1)	kJ/m^2				
IZOD-Kerbschlagzähigkeit (2)	J/m				
Kerbschlagzugzähigkeit	kJ/m^2	23 240			80x10x4 mm

Abrieb und Reibung

Taber-Abrieb (Reibradverfahren)	mm^3/100 U		
Abriebfaktor LNP (Thrust washer) Vergleichswert			
Statische Reibungszahl			
Dynamische Reibungszahl	(p · v =	N/mm^2 ·	m/min)
Zulässiger p · v Wert	N/mm^2 · (m/min)	v =	m/min
		v =	m/min

Thermische Eigenschaften

Formbeständigkeit in der Wärme	Verfahren	A	47 °C
	Verfahren	B	97 °C
Vicat Erweichungstemperatur (VST)	Verfahren	A/50	167 °C
	Verfahren	B/50	122 °C
Kristallit-Schmelzpunkt	Verfahren		
Längenausdehnungskoeffizient	Bereich	°C	$\cdot 10^{-4}K^{-1}$
	Temperatur		$\cdot 10^{-4}K^{-1}$
Wärmeleitfähigkeit	Verfahren		W/(K · m)
Spezifische Wärmekapazität	Verfahren		J/(K · g)
Glasumwandlungstemperatur	Torsionsschwingungsversuch	°C	
	Differentialkalorimetrie	°C	

Brandverhalten

UL-Test vertikal — Dicke 1.6 mm, Wert HB; Dicke 3.2 mm, Wert HB

	Norm	Bewertung	Abmessungen
Sauerstoff-Index	ASTM D 2863		
Glühstab-Verfahren			
Brandverhalten	DIN 4102		
MVSS			
FAR			

Elektrische Eigenschaften

		Hz	°C		Probekörper, Form
Dielektrizitätszahl		50	23	3.9	Durchmesser 80x1 mm
		10^3	23	3	Durchmesser 80x1 mm
		10^6			
Dielektrischer Verlustfaktor tan δ		50	23	0.05	Durchmesser 80x1 mm
		10^3	23	0.03	Durchmesser 80x1 mm
		10^6			
Spezifischer Durchgangswiderstand	Ohm · cm		23	69*10**12	Durchmesser 80x1 mm
Durchschlagfestigkeit	kV/mm		23	32	1 mm dick
Oberflächenwiderstand	Ohm		23	22*10**13	Durchmesser 80x1 mm

Kriechstromfestigkeit	KC	KB	KA	
Elektrolytische Korrosionswirkung	A 1.2			30x10x4 mm
Lichtbogenfestigkeit nach DIN				
nach ASTM s				

Beständigkeit *(Chemische Beständigkeit siehe Anhang)*

Wasseraufnahme

Feuchtigkeitsaufnahme Normalklima %

Wetterbeständigkeit

Spannungskorrosion

Optische Eigenschaften

Brechungszahl n_D

Transmissionsgrad τ_c % mm dick

Lichtdurchlässigkeit

Datenbank-Nr. **T01819** Merkblatt-Nr. **4538**

Produkt	Polyamid 12		**PA**
Handelsname	**Vestamid L 2124 SCHWARZ 9.7507**		
Hersteller	HUELS		
DIN-Bez 1	16773-PA12-P,ECHL,22-004		
DIN-Bez 2			
Zusätze	Gleitmittel; Weichmacher; UV-Stabilisator; Waermestabil.	*Füllstoffe/ Verstärkung*	
Bevorzugte Verarbeitung	Extrudieren	*Lieferform*	Granulat
		Farben	Schwarz 9.7507
Besondere Merkmale	Stabilisiert; Stabil-Bewitterung; Hochviskos	*Bevorzugte Anwendungen*	Rohr fuer flexible Kraftstoffleitung im Automobilbau

Dichte	g/cm^3	1.02	*Schmelzindex*	g/10 min	:	
Schüttdichte	g/cm^3		*Volumenfließindex*	cm^3/10 min	173:	275/5
Viskositätszahl	ml/g					

Verarbeitungsbedingungen für Spritzgießen

Massetemp.	°C	*Schwindung*	%	lgs , quer
Werkzeugtemp.	°C	*Bemerkungen*		
Spritzdruck	bar			

Zugversuch 23 °C DIN 53455; ISO R/527; DIN 53457; ISO R/527

Probekörper: *Form* Nr. 3; 4 mm dick — *Herstellung* Spritzgiessen
Zustand Trocken — *Vorbehandlung* Normalklima

Streckspannung	N/mm^2	27	*Dehnung bei Streckspannung*	%	29
Zugfestigkeit	N/mm^2		*Reißdehnung*	%	≧50
Reißfestigkeit	N/mm^2		*% Dehnspannung*	N/mm^2	
E-Modul	N/mm^2	430	*Dehnung bei % Dehnspg.*	%	

Kriechmoduln und Zeitstandwerte 23 °C

Probekörper: *Form* — *Herstellung*
Zustand — *Vorbehandlung*

Kriechmodul	*1 min* N/mm^2	*Zeitstandzugfestigkeit*	h	N/mm^2
Kriechmodul	*1000 h* N/mm^2	*Zeitdehnspg.* %	h	N/mm^2
bei Spannung	N/mm^2			

Biegeversuch 23 °C

Probekörper: *Form* — *Herstellung*
Zustand — *Vorbehandlung*

Biegefestigkeit	N/mm^2	*E-Modul*	N/mm^2
3,5% *Biegespannung*	N/mm^2		

Härte 23 °C *Probekörper:* *Zustand* — *Herstellung*
Vorbehandlung

Kugeldruckhärte	N/mm^2 bei N, s	*Shore-Härte* A	
Rockwellhärte		*Shore-Härte* D	

Schlagversuch *Probekörper:* *(1)*
(2) — *Herstellung* Spritzgiessen
Zustand Trocken — *Vorbehandlung* Normalklima

		°C	°C	°C	*Probekörper-Form*
Schlagzähigkeit	kJ/m^2				
Kerbschlagzähigkeit (1)	kJ/m^2				
IZOD-Kerbschlagzähigkeit (2)	J/m				
Kerbschlagzugzähigkeit	kJ/m^2	23 310			80x10x4 mm

Abrieb und Reibung

Taber-Abrieb (Reibradverfahren)	mm^3/100 U		
Abriebfaktor LNP (Thrust washer) Vergleichswert			
Statische Reibungszahl			
Dynamische Reibungszahl	(p·v= N/mm^2·		m/min)
Zulässiger p · v Wert	N/mm^2 · (m/min)	v=	m/min
		v=	m/min

Thermische Eigenschaften

Formbeständigkeit in der Wärme	*Verfahren* A		49 °C
	Verfahren B		119 °C
Vicat Erweichungstemperatur (VST)	*Verfahren* A/50		165 °C
	Verfahren B/50		131 °C
Kristallit-Schmelzpunkt	*Verfahren*		
Längenausdehnungskoeffizient	*Bereich*	°C	$\cdot 10^{-4} K^{-1}$
	Temperatur		$\cdot 10^{-4} K^{-1}$
Wärmeleitfähigkeit	*Verfahren*		W/(K · m)
Spezifische Wärmekapazität	*Verfahren*		J/(K · g)
Glasumwandlungstemperatur	*Torsionsschwingungsversuch*	°C	
	Differentialkalorimetrie	°C	

Brandverhalten

UL-Test vertikal		Dicke 1.6 mm, Wert HB	
		Dicke 3.2 mm, Wert HB	
	Norm	*Bewertung*	*Abmessungen*
Sauerstoff-Index	ASTM D 2863		
Glühstab-Verfahren			
Brandverhalten	DIN 4102		
MVSS			
FAR			

Elektrische Eigenschaften

		Hz	°C			*Probekörper, Form*
Dielektrizitätszahl		50	23	13		Durchmesser 80x1 mm
		10^3	23	3.8		Durchmesser 80x1 mm
		10^6				
Dielektrischer Verlustfaktor tan δ		50	23	0.149		Durchmesser 80x1 mm
		10^3	23	0.134		Durchmesser 80x1 mm
		10^6				
Spezifischer Durchgangs-widerstand	Ohm · cm		23	19*10**11		Durchmesser 80x1 mm
Durchschlagfestigkeit	kV/mm		23	34		1 mm dick
Oberflächenwiderstand	Ohm		23	13*10**11		Durchmesser 80x1 mm
Kriechstromfestigkeit		KC		KB	KA	
Elektrolytische Korrosionswirkung		A 1.2				30x10x4 mm
Lichtbogenfestigkeit nach DIN						
nach ASTM	s					

Beständigkeit *(Chemische Beständigkeit siehe Anhang)*

Wasseraufnahme	
Feuchtigkeitsaufnahme Normalklima	%
Wetterbeständigkeit	
Spannungskorrosion	

Optische Eigenschaften

Brechungszahl n_D		
Transmissionsgrad τ_c	%	mm dick
Lichtdurchlässigkeit		

Produkt	Polyamid 12		**PA**
Handelsname	**Vestamid L 2140 SCHWARZ 9.7504**		
Hersteller	HUELS		
DIN-Bez 1	16773-PA12,EHN,22-010		
DIN-Bez 2			
Zusätze	Gleitmittel; Schmiermittel; UV-Stabilisator; Waermestabilisator	*Füllstoffe/ Verstärkung*	
Bevorzugte Verarbeitung	Extrudieren	*Lieferform*	Granulat
		Farben	Schwarz 9.7504
Besondere Merkmale	Stabilisiert; Stabil-Bewitterung; Hochviskos	*Bevorzugte Anwendungen*	Kraftstoffleitung; Unterdruckleitung; Bowdenzug; Rohr nach DIN 73378

Dichte	g/cm^3	1.01	*Schmelzindex*	g/10 min	:	
Schüttdichte	g/cm^3		*Volumenfließindex*	cm^3/10 min	31 :	275/5
Viskositätszahl	ml/g					

Verarbeitungsbedingungen für Spritzgießen

Massetemp.	°C	*Schwindung*	% lgs , quer
Werkzeugtemp.	°C	*Bemerkungen*	
Spritzdruck	bar		

Zugversuch 23 °C DIN 53455; ISO R/527; DIN 53457; ISO R/527

Probekörper: *Form* Nr. 3; 4 mm dick — *Herstellung* Spritzgiessen
Zustand Trocken — *Vorbehandlung* Normalklima

Streckspannung	N/mm^2	46	*Dehnung bei Streckspannung*	%	4.3
Zugfestigkeit	N/mm^2		*Reißdehnung*	%	≧50
Reißfestigkeit	N/mm^2		*% Dehnspannung*	N/mm^2	
E-Modul	N/mm^2	1550	*Dehnung bei % Dehnspg.*	%	

Kriechmoduln und Zeitstandwerte 23 °C

Probekörper: *Form* — *Herstellung*
Zustand — *Vorbehandlung*

Kriechmodul	*1 min*	N/mm^2	*Zeitstandzugfestigkeit*	h	N/mm^2
Kriechmodul	*1000 h*	N/mm^2	*Zeitdehnspg. %*	h	N/mm^2
bei Spannung		N/mm^2			

Biegeversuch 23 °C

Probekörper: *Form* — *Herstellung*
Zustand — *Vorbehandlung*

Biegefestigkeit	N/mm^2	*E-Modul*	N/mm^2
3,5% *Biegespannung*	N/mm^2		

Härte 23 °C *Probekörper:* *Zustand* — *Herstellung*
Vorbehandlung

Kugeldruckhärte	N/mm^2 bei N, s	*Shore-Härte* A	
Rockwellhärte		*Shore-Härte* D	

Schlagversuch *Probekörper:* *(1)*
(2) — *Herstellung* Spritzgiessen
Zustand Trocken — *Vorbehandlung* Normalklima

		°C	°C	°C	*Probekörper-Form*
Schlagzähigkeit	kJ/m^2				
Kerbschlagzähigkeit (1)	kJ/m^2				
IZOD-Kerbschlagzähigkeit (2)	J/m				
Kerbschlagzugzähigkeit	kJ/m^2	23 140			80x10x4 mm

Abrieb und Reibung

Taber-Abrieb (Reibradverfahren)	mm^3/100 U
Abriebfaktor LNP (Thrust washer) Vergleichswert	
Statische Reibungszahl	
Dynamische Reibungszahl	(p·v= N/mm^2· m/min)
Zulässiger p · v Wert	N/mm^2 · (m/min) v= m/min
	v= m/min

Thermische Eigenschaften

Formbeständigkeit in der Wärme	*Verfahren*	A	51 °C
	Verfahren	B	111 °C
Vicat Erweichungstemperatur (VST)	*Verfahren*	A/50	175 °C
	Verfahren	B/50	148 °C
Kristallit-Schmelzpunkt	*Verfahren*		
Längenausdehnungskoeffizient	*Bereich*	°C	$\cdot 10^{-4}K^{-1}$
	Temperatur		$\cdot 10^{-4}K^{-1}$
Wärmeleitfähigkeit	*Verfahren*		W/(K · m)
Spezifische Wärmekapazität	*Verfahren*		J/(K · g)
Glasumwandlungstemperatur	*Torsionsschwingungsversuch*	°C	
	Differentialkalorimetrie	°C	

Brandverhalten

UL-Test vertikal — Dicke 1.6 mm, Wert HB
Dicke mm, Wert

	Norm	*Bewertung*	*Abmessungen*
Sauerstoff-Index	ASTM D 2863		
Glühstab-Verfahren			
Brandverhalten	DIN 4102		
MVSS			
FAR			

Elektrische Eigenschaften

		Hz	°C		*Probekörper, Form*
Dielektrizitätszahl		50			
		10^3			
		10^6			
Dielektrischer Verlustfaktor tan δ		50			
		10^3			
		10^6			
Spezifischer Durchgangswiderstand	Ohm · cm		23	1*10**12	Durchmesser 80x1 mm
Durchschlagfestigkeit	kV/mm				mm dick
Oberflächenwiderstand	Ohm		23	1*10**12	Durchmesser 80x1 mm

Kriechstromfestigkeit KC KB KA
Elektrolytische Korrosionswirkung
Lichtbogenfestigkeit nach DIN
nach ASTM s

Beständigkeit *(Chemische Beständigkeit siehe Anhang)*

Wasseraufnahme

Feuchtigkeitsaufnahme Normalklima %
Wetterbeständigkeit

Spannungskorrosion

Optische Eigenschaften

Brechungszahl n_D
Transmissionsgrad τ_c % mm dick
Lichtdurchlässigkeit

Datenbank-Nr. **T01821** Merkblatt-Nr. **4540**

Produkt	Polyamid 12		**PA**
Handelsname	**Vestamid L 2141 SCHWARZ 9.7505**		
Hersteller	HUELS		
DIN-Bez 1	16773-PA12,ECHL,22-010		
DIN-Bez 2			
Zusätze	Gleitmittel; Schmiermittel; UV-Stabilisator; Waermestabilisator	*Füllstoffe/ Verstärkung*	
Bevorzugte Verarbeitung	Extrudieren	*Lieferform*	Granulat
		Farben	Schwarz 9.7504
Besondere Merkmale	Stabilisiert; Stabil-Bewitterung; Hochviskos	*Bevorzugte Anwendungen*	Formteil fuer erhoehte Einsatztemperatur

Dichte	g/cm^3	1.01	*Schmelzindex*	g/10 min	:	
Schüttdichte	g/cm^3		*Volumenfließindex*	$cm^3/10$ min	25:	275/5
Viskositätszahl	ml/g					

Verarbeitungsbedingungen für Spritzgießen

Massetemp.	°C	*Schwindung*	%	lgs , quer
Werkzeugtemp.	°C	*Bemerkungen*		
Spritzdruck	bar			

Zugversuch 23 °C DIN 53455; ISO R/527; DIN 53457; ISO R/527

Probekörper: *Form* Nr. 3; 4 mm dick — *Herstellung* Spritzgiessen
Zustand Trocken — *Vorbehandlung* Normalklima

Streckspannung	N/mm^2	44	*Dehnung bei Streckspannung*	%	7.6
Zugfestigkeit	N/mm^2		*Reißdehnung*	%	≧50
Reißfestigkeit	N/mm^2		*% Dehnspannung*	N/mm^2	
E-Modul	N/mm^2	1400	*Dehnung bei % Dehnspg.*	%	

Kriechmoduln und Zeitstandwerte 23 °C

Probekörper: *Form* — *Herstellung*
Zustand — *Vorbehandlung*

Kriechmodul	*1 min* N/mm^2	*Zeitstandzugfestigkeit*	h	N/mm^2
Kriechmodul	*1000 h* N/mm^2	*Zeitdehnspg.* %	h	N/mm^2
bei Spannung	N/mm^2			

Biegeversuch 23 °C

Probekörper: *Form* — *Herstellung*
Zustand — *Vorbehandlung*

Biegefestigkeit	N/mm^2	*E-Modul*	N/mm^2
3,5% *Biegespannung*	N/mm^2		

Härte 23 °C *Probekörper:* *Zustand* — *Herstellung*
Vorbehandlung

Kugeldruckhärte	N/mm^2 bei N, s	*Shore-Härte* A	
Rockwellhärte		*Shore-Härte* D	

Schlagversuch *Probekörper:* *(1)*
(2) — *Herstellung* Spritzgiessen
Zustand Trocken — *Vorbehandlung* Normalklima

		°C	°C	°C	*Probekörper-Form*
Schlagzähigkeit	kJ/m^2				
Kerbschlagzähigkeit (1)	kJ/m^2				
IZOD-Kerbschlagzähigkeit (2)	J/m				
Kerbschlagzugzähigkeit	kJ/m^2	23 140			80x10x4 mm

Abrieb und Reibung

Taber-Abrieb (Reibradverfahren)	mm^3/100 U		
Abriebfaktor LNP (Thrust washer) Vergleichswert			
Statische Reibungszahl			
Dynamische Reibungszahl	(p · v =	N/mm^2 ·	m/min)
Zulässiger p · v Wert	N/mm^2 · (m/min)	v =	m/min
		v =	m/min

Thermische Eigenschaften

Formbeständigkeit in der Wärme	Verfahren	A	47 °C
	Verfahren	B	110 °C
Vicat Erweichungstemperatur (VST)	Verfahren	A/50	173 °C
	Verfahren	B/50	137 °C
Kristallit-Schmelzpunkt	Verfahren		
Längenausdehnungskoeffizient	Bereich	°C	$\cdot 10^{-4} K^{-1}$
	Temperatur		$\cdot 10^{-4} K^{-1}$
Wärmeleitfähigkeit	Verfahren		W/(K · m)
Spezifische Wärmekapazität	Verfahren		J/(K · g)
Glasumwandlungstemperatur	Torsionsschwingungsversuch	°C	
	Differentialkalorimetrie	°C	

Brandverhalten

UL-Test vertikal — Dicke 1.6 mm, Wert HB; Dicke 3.2 mm, Wert HB

	Norm	Bewertung	Abmessungen
Sauerstoff-Index	ASTM D 2863		
Glühstab-Verfahren			
Brandverhalten	DIN 4102		
MVSS			
FAR			

Elektrische Eigenschaften

		Hz	°C		Probekörper, Form
Dielektrizitätszahl		50			
		10^3			
		10^6			
Dielektrischer Verlustfaktor tan δ		50			
		10^3			
		10^6			
Spezifischer Durchgangswiderstand	Ohm · cm		23	1*10**12	Durchmesser 80x1 mm
Durchschlagfestigkeit	kV/mm				mm dick
Oberflächenwiderstand	Ohm		23	1*10**12	Durchmesser 80x1 mm

Kriechstromfestigkeit KC KB KA
Elektrolytische Korrosionswirkung
Lichtbogenfestigkeit nach DIN
nach ASTM s

Beständigkeit *(Chemische Beständigkeit siehe Anhang)*

Wasseraufnahme

Feuchtigkeitsaufnahme Normalklima %
Wetterbeständigkeit

Spannungskorrosion

Optische Eigenschaften

Brechungszahl n_D
Transmissionsgrad τ_c % mm dick
Lichtdurchlässigkeit

Datenbank-Nr. **T01822** Merkblatt-Nr. **4541**

Produkt	Polyamid 12		**PA**
Handelsname	**Vestamid L 2340**		
Hersteller	HUELS		
DIN-Bez 1	16773-PA12,FHNP,26-010		
DIN-Bez 2			
Zusätze	Gleitmittel; Schmiermittel; Waermestabilisator	*Füllstoffe/ Verstärkung*	
Bevorzugte Verarbeitung	Folienextrusion	*Lieferform*	Granulat
		Farben	Naturfarben
Besondere Merkmale	Hochviskos	*Bevorzugte Anwendungen*	Folie fuer erhoehte Einsatztemperatur; Rohr fuer erhoehte Einsatztemperatur

Dichte g/cm³ 1.02 — *Schmelzindex* g/10 min :
Schüttdichte g/cm³ — *Volumenfließindex* cm³/10 min 20: 230/21.6
Viskositätszahl ml/g

Verarbeitungsbedingungen für Spritzgießen

Massetemp. °C — *Schwindung* % lgs , quer
Werkzeugtemp. °C — *Bemerkungen*
Spritzdruck bar

Zugversuch 23 °C DIN 53455; ISO R/527; DIN 53457; ISO R/527
Probekörper: *Form* Nr. 3; 4 mm dick — *Herstellung* Spritzgiessen
Zustand Trocken — *Vorbehandlung* Normalklima

Streckspannung N/mm² 44 — *Dehnung bei Streckspannung* % 5.6
Zugfestigkeit N/mm² — *Reißdehnung* % ≧50
Reißfestigkeit N/mm² — *% Dehnspannung* N/mm²
E-Modul N/mm² 1500 — *Dehnung bei % Dehnspg.* %

Kriechmoduln und Zeitstandwerte 23 °C
Probekörper: *Form* — *Herstellung*
Zustand — *Vorbehandlung*

Kriechmodul *1 min* N/mm² — *Zeitstandzugfestigkeit* h N/mm²
Kriechmodul *1000 h* N/mm² — *Zeitdehnspg. %* h N/mm²
bei Spannung N/mm²

Biegeversuch 23 °C
Probekörper: *Form* — *Herstellung*
Zustand — *Vorbehandlung*

Biegefestigkeit N/mm² — *E-Modul* N/mm²
3,5% *Biegespannung* N/mm²

Härte 23 °C *Probekörper:* *Zustand* — *Herstellung*
Vorbehandlung

Kugeldruckhärte N/mm² bei N, s — *Shore-Härte* A
Rockwellhärte — *Shore-Härte* D

Schlagversuch *Probekörper:* *(1)*
(2) — *Herstellung* Spritzgiessen
Zustand Trocken — *Vorbehandlung* Normalklima

		°C	°C	°C	*Probekörper-Form*
Schlagzähigkeit	kJ/m²				
Kerbschlagzähigkeit (1)	kJ/m²				
IZOD-Kerbschlagzähigkeit (2)	J/m				
Kerbschlagzugzähigkeit	kJ/m²	23 200			80x10x4 mm

Abrieb und Reibung

Taber-Abrieb (Reibradverfahren)	mm^3/100 U		
Abriebfaktor LNP (Thrust washer) Vergleichswert			
Statische Reibungszahl			
Dynamische Reibungszahl	(p·v=	N/mm^2·	m/min)
Zulässiger p · v Wert	N/mm^2·(m/min)	v=	m/min
		v=	m/min

Thermische Eigenschaften

Formbeständigkeit in der Wärme	*Verfahren* A		50 °C
	Verfahren B		110 °C
Vicat Erweichungstemperatur (VST)	*Verfahren* A/50		174 °C
	Verfahren B/50		134 °C
Kristallit-Schmelzpunkt	*Verfahren*		
Längenausdehnungskoeffizient	*Bereich*	°C	$\cdot 10^{-4}K^{-1}$
	Temperatur		$\cdot 10^{-4}K^{-1}$
Wärmeleitfähigkeit	*Verfahren*		W/(K · m)
Spezifische Wärmekapazität	*Verfahren*		J/(K · g)
Glasumwandlungstemperatur	*Torsionsschwingungsversuch*	°C	
	Differentialkalorimetrie	°C	

Brandverhalten

UL-Test vertikal	Dicke 1.6 mm, Wert HB	
	Dicke 3.2 mm, Wert HB	

	Norm	*Bewertung*	*Abmessungen*
Sauerstoff-Index	ASTM D 2863		
Glühstab-Verfahren			
Brandverhalten	DIN 4102		
MVSS			
FAR			

Elektrische Eigenschaften

		Hz	°C		*Probekörper, Form*
Dielektrizitätszahl		50			
		10^3			
		10^6			
Dielektrischer Verlustfaktor tan δ		50			
		10^3			
		10^6			
Spezifischer Durchgangs-widerstand	Ohm · cm		23	1*10**12	Durchmesser 80x1 mm
Durchschlagfestigkeit	kV/mm				mm dick
Oberflächenwiderstand	Ohm		23	1*10**12	Durchmesser 80x1 mm

Kriechstromfestigkeit	KC	KB	KA
Elektrolytische Korrosionswirkung			
Lichtbogenfestigkeit nach DIN			
nach ASTM s			

Beständigkeit *(Chemische Beständigkeit siehe Anhang)*

Wasseraufnahme	
Feuchtigkeitsaufnahme Normalklima	%
Wetterbeständigkeit	
Spannungskorrosion	

Optische Eigenschaften

Brechungszahl n_D		
Transmissionsgrad τ_c	%	mm dick
Lichtdurchlässigkeit		

Produkt	Polyamid 12		**PA**
Handelsname	**Vestamid X 2093**		
Hersteller	HUELS		
DIN-Bez 1	16773-PA12,MHNS,18-010		
DIN-Bez 2			
Zusätze	Gleitmittel; Schmiermittel; Waermestabilisator	*Füllstoffe/ Verstärkung*	
Bevorzugte Verarbeitung	Spritzgiessen	*Lieferform*	Granulat
		Farben	Naturfarben
Besondere Merkmale	Mittelviskos; Gute Entformbarkeit	*Bevorzugte Anwendungen*	Heisswasserarmaturenteil

Dichte	g/cm³ 1.01	*Schmelzindex*	g/10 min	:	
Schüttdichte	g/cm³	*Volumenfließindex*	cm³/10 min	158:	275/5
Viskositätszahl	ml/g				

Verarbeitungsbedingungen für Spritzgießen

Massetemp.	°C	*Schwindung*	% lgs , quer
Werkzeugtemp.	°C	*Bemerkungen*	
Spritzdruck	bar		

Zugversuch 23 °C DIN 53455; ISO R/527; DIN 53457; ISO R/527

Probekörper: *Form* Nr. 3; 4 mm dick — *Herstellung* Spritzgiessen
Zustand Trocken — *Vorbehandlung* Normalklima

Streckspannung	N/mm² 46	*Dehnung bei Streckspannung*	%	4.4
Zugfestigkeit	N/mm²	*Reißdehnung*	%	≧50
Reißfestigkeit	N/mm²	*% Dehnspannung*	N/mm²	
E-Modul	N/mm² 1450	*Dehnung bei % Dehnspg.*	%	

Kriechmoduln und Zeitstandwerte 23 °C

Probekörper: *Form* — *Herstellung*
Zustand — *Vorbehandlung*

Kriechmodul	*1 min* N/mm²	*Zeitstandzugfestigkeit*	h	N/mm²
Kriechmodul	*1000 h* N/mm²	*Zeitdehnspg.* %	h	N/mm²
bei Spannung	N/mm²			

Biegeversuch 23 °C

Probekörper: *Form* — *Herstellung*
Zustand — *Vorbehandlung*

Biegefestigkeit	N/mm²	*E-Modul*	N/mm²
3,5% *Biegespannung*	N/mm²		

Härte 23 °C *Probekörper:* *Zustand* — *Herstellung*
Vorbehandlung

Kugeldruckhärte	N/mm² bei N, s	*Shore-Härte* A
Rockwellhärte		*Shore-Härte* D

Schlagversuch *Probekörper:* *(1)*
(2) — *Herstellung* Spritzgiessen
Zustand Trocken — *Vorbehandlung* Normalklima

		°C	°C	°C	*Probekörper-Form*
Schlagzähigkeit	kJ/m²				
Kerbschlagzähigkeit (1)	kJ/m²				
IZOD-Kerbschlagzähigkeit (2)	J/m				
Kerbschlagzugzähigkeit	kJ/m²	23 92			80x10x4 mm

Abrieb und Reibung

Taber-Abrieb (Reibradverfahren)	mm^3/100 U		
Abriebfaktor LNP (Thrust washer) Vergleichswert			
Statische Reibungszahl			
Dynamische Reibungszahl	(p · v =	N/mm^2 ·	m/min)
Zulässiger p · v Wert	N/mm^2 · (m/min)	v =	m/min
		v =	m/min

Thermische Eigenschaften

Formbeständigkeit in der Wärme	*Verfahren*	A		51 °C
	Verfahren	B		127 °C
Vicat Erweichungstemperatur (VST)	*Verfahren*	A/50		174 °C
	Verfahren	B/50		141 °C
Kristallit-Schmelzpunkt	*Verfahren*			
Längenausdehnungskoeffizient	*Bereich*	°C		$\cdot 10^{-4}K^{-1}$
	Temperatur			$\cdot 10^{-4}K^{-1}$
Wärmeleitfähigkeit	*Verfahren*			W/(K · m)
Spezifische Wärmekapazität	*Verfahren*			J/(K · g)
Glasumwandlungstemperatur	*Torsionsschwingungsversuch*		°C	
	Differentialkalorimetrie		°C	

Brandverhalten

UL-Test vertikal — Dicke 1.6 mm, Wert HB; Dicke 3.2 mm, Wert HB

	Norm	*Bewertung*	*Abmessungen*
Sauerstoff-Index	ASTM D 2863		
Glühstab-Verfahren			
Brandverhalten	DIN 4102		
MVSS			
FAR			

Elektrische Eigenschaften

		Hz	°C	*Probekörper, Form*
Dielektrizitätszahl		50		
		10^3		
		10^6		
Dielektrischer Verlustfaktor tan δ		50		
		10^3		
		10^6		
Spezifischer Durchgangswiderstand	Ohm · cm			
Durchschlagfestigkeit	kV/mm			mm dick
Oberflächenwiderstand	Ohm			

Kriechstromfestigkeit KC KB KA
Elektrolytische Korrosionswirkung
Lichtbogenfestigkeit nach DIN
nach ASTM s

Beständigkeit *(Chemische Beständigkeit siehe Anhang)*

Wasseraufnahme

Feuchtigkeitsaufnahme Normalklima %

Wetterbeständigkeit

Spannungskorrosion

Optische Eigenschaften

Brechungszahl n_D
Transmissionsgrad τ_c % mm dick
Lichtdurchlässigkeit

Datenbank-Nr. **T01824** Merkblatt-Nr. **4543**

Produkt	Polyamid 12		**PA**
Handelsname	**Vestamid X 3692 SCHWARZ**		
Hersteller	HUELS		
DIN-Bez 1	16773-PA12,MCHZ,18-070,GF25		
DIN-Bez 2			
Zusätze	UV-Stabilisator; Waermestabilisator	*Füllstoffe/ Verstärkung*	25% Glasfaser
Bevorzugte Verarbeitung	Spritzgiessen	*Lieferform*	Granulat
		Farben	Schwarz
Besondere Merkmale	Stabilisiert; Stabil-Bewitterung; Dauer-antistatisch	*Bevorzugte Anwendungen*	Teil in elektrostatisch gefaehrdeten Anlagen

Dichte	g/cm^3	1.27	*Schmelzindex*	g/10 min	:	
Schüttdichte	g/cm^3		*Volumenfließindex*	$cm^3/10$ min	77:	275/21.6
Viskositätszahl	ml/g					

Verarbeitungsbedingungen für Spritzgießen

Massetemp.	°C	*Schwindung*	% lgs , quer
Werkzeugtemp.	°C	*Bemerkungen*	
Spritzdruck	bar		

Zugversuch 23 °C DIN 53455; ISO R/527; DIN 53457; ISO R/527

Probekörper: *Form* Nr. 3; 4 mm dick *Herstellung* Spritzgiessen
Zustand Trocken *Vorbehandlung* Normalklima

Streckspannung	N/mm^2		*Dehnung bei Streckspannung*	%	
Zugfestigkeit	N/mm^2	113	*Reißdehnung*	%	4.6
Reißfestigkeit	N/mm^2		*% Dehnspannung*	N/mm^2	
E-Modul	N/mm^2	6550	*Dehnung bei % Dehnspg.*	%	

Kriechmoduln und Zeitstandwerte 23 °C DIN 53444; ISO 899

Probekörper: *Form* Nr. 3; 4 mm dick *Herstellung* Spritzgiessen
Zustand Trocken *Vorbehandlung* Normalklima

Kriechmodul	*1 min*	N/mm^2	5850	*Zeitstandzugfestigkeit*	h	N/mm^2
Kriechmodul	*1000 h*	N/mm^2	4950	*Zeitdehnspg. %*	h	N/mm^2
bei Spannung		N/mm^2				

Biegeversuch 23 °C

Probekörper: *Form* *Herstellung*
Zustand *Vorbehandlung*

Biegefestigkeit	N/mm^2	*E-Modul*	N/mm^2
3,5% *Biegespannung*	N/mm^2		

Härte 23 °C *Probekörper:* *Zustand* *Herstellung*
Vorbehandlung

Kugeldruckhärte	N/mm^2 bei N, s	*Shore-Härte* A	
Rockwellhärte		*Shore-Härte* D	

Schlagversuch *Probekörper:* *(1)*
(2) *Herstellung* Spritzgiessen
Zustand Trocken *Vorbehandlung* Normalklima

		°C	°C	°C	*Probekörper-Form*
Schlagzähigkeit	kJ/m^2				
Kerbschlagzähigkeit (1)	kJ/m^2				
IZOD-Kerbschlagzähigkeit (2)	J/m				
Kerbschlagzugzähigkeit	kJ/m^2	23 65			80x10x4 mm

Abrieb und Reibung

Taber-Abrieb (Reibradverfahren)	mm^3/100 U		
Abriebfaktor LNP (Thrust washer) Vergleichswert			
Statische Reibungszahl			
Dynamische Reibungszahl	(p · v=	N/mm^2 ·	m/min)
Zulässiger p · v Wert	N/mm^2 · (m/min)	v=	m/min
		v=	m/min

Thermische Eigenschaften

Formbeständigkeit in der Wärme	*Verfahren*	A		168 °C
	Verfahren	B		179 °C
Vicat Erweichungstemperatur (VST)	*Verfahren*	A/50		176 °C
	Verfahren	B/50		172 °C
Kristallit-Schmelzpunkt	*Verfahren*			
Längenausdehnungskoeffizient	*Bereich*	°C		$\cdot 10^{-4}K^{-1}$
	Temperatur			$\cdot 10^{-4}K^{-1}$
Wärmeleitfähigkeit	*Verfahren*			W/(K · m)
Spezifische Wärmekapazität	*Verfahren*			J/(K · g)
Glasumwandlungstemperatur	*Torsionsschwingungsversuch*		°C	
	Differentialkalorimetrie		°C	

Brandverhalten

UL-Test vertikal		Dicke 1.6 mm, Wert HB	
		Dicke 3.2 mm, Wert HB	
	Norm	*Bewertung*	*Abmessungen*
Sauerstoff-Index	ASTM D 2863		
Glühstab-Verfahren			
Brandverhalten	DIN 4102		
MVSS			
FAR			

Elektrische Eigenschaften

		Hz	°C			*Probekörper, Form*
Dielektrizitätszahl		50				
		10^3				
		10^6				
Dielektrischer Verlustfaktor tan δ		50				
		10^3				
		10^6				
Spezifischer Durchgangs-widerstand	Ohm · cm					
Durchschlagfestigkeit	kV/mm					mm dick
Oberflächenwiderstand	Ohm		23	1.0*10**5		Durchmesser 80x1 mm
Kriechstromfestigkeit		KC		KB	KA	
Elektrolytische Korrosionswirkung						
Lichtbogenfestigkeit nach DIN						
nach ASTM	s					

Beständigkeit *(Chemische Beständigkeit siehe Anhang)*

Wasseraufnahme	
Feuchtigkeitsaufnahme Normalklima	%
Wetterbeständigkeit	
Spannungskorrosion	

Optische Eigenschaften

Brechungszahl n_D		
Transmissionsgrad τ_c	%	mm dick
Lichtdurchlässigkeit		

Produkt	Polyamid 12		**PA**
Handelsname	**Vestamid X 3693 SCHWARZ**		
Hersteller	HUELS		
DIN-Bez 1	16773-PA12,MCRZ,12-020		
DIN-Bez 2			
Zusätze	Entformungsmittel; UV-Stabilisator; Waermestabilisator	*Füllstoffe/ Verstärkung*	
Bevorzugte Verarbeitung	Spritzgiessen	*Lieferform*	Granulat
		Farben	Schwarz
Besondere Merkmale	Stabilisiert; Stabil-Bewitterung; Dauer-antistatisch; Hochviskos; Erhoehte Zaehigkeit	*Bevorzugte Anwendungen*	Teil in elektrostatisch gefaehrdeten Anlagen

Dichte	g/cm^3	1.06	*Schmelzindex*	g/10 min		:
Schüttdichte	g/cm^3		*Volumenfließindex*	$cm^3/10$ min	146:	275/21.6
Viskositätszahl	ml/g					

Verarbeitungsbedingungen für Spritzgießen

Massetemp.	°C	*Schwindung*	% lgs , quer
Werkzeugtemp.	°C	*Bemerkungen*	
Spritzdruck	bar		

Zugversuch 23 °C DIN 53455; ISO R/527; DIN 53457; ISO R/527

Probekörper: *Form* Nr. 3; 4 mm dick — *Herstellung* Spritzgiessen
Zustand Trocken — *Vorbehandlung* Normalklima

Streckspannung	N/mm^2	42	*Dehnung bei Streckspannung*	%	8.5
Zugfestigkeit	N/mm^2		*Reißdehnung*	%	44
Reißfestigkeit	N/mm^2		*% Dehnspannung*	N/mm^2	
E-Modul	N/mm^2	1500	*Dehnung bei % Dehnspg.*	%	

Kriechmoduln und Zeitstandwerte 23 °C DIN 53444; ISO 899

Probekörper: *Form* Nr. 3; 4 mm dick — *Herstellung* Spritzgiessen
Zustand Trocken — *Vorbehandlung* Normalklima

Kriechmodul	*1 min* N/mm^2	1250	*Zeitstandzugfestigkeit*	h	N/mm^2
Kriechmodul	*1000 h* N/mm^2	450	*Zeitdehnspg.* %	h	N/mm^2
bei Spannung	N/mm^2				

Biegeversuch 23 °C

Probekörper: *Form* — *Herstellung*
Zustand — *Vorbehandlung*

Biegefestigkeit	N/mm^2	*E-Modul*	N/mm^2
3,5% *Biegespannung*	N/mm^2		

Härte 23 °C *Probekörper:* *Zustand* — *Herstellung*
Vorbehandlung

Kugeldruckhärte	N/mm^2 bei N, s	*Shore-Härte* A	
Rockwellhärte		*Shore-Härte* D	

Schlagversuch *Probekörper:* *(1)*
(2) — *Herstellung* Spritzgiessen
Zustand Trocken — *Vorbehandlung* Normalklima

		°C	°C	°C	*Probekörper-Form*
Schlagzähigkeit	kJ/m^2				
Kerbschlagzähigkeit (1)	kJ/m^2				
IZOD-Kerbschlagzähigkeit (2)	J/m				
Kerbschlagzugzähigkeit	kJ/m^2	23 84			80x10x4 mm

Abrieb und Reibung

Taber-Abrieb (Reibradverfahren)	mm^3/100 U		
Abriebfaktor LNP (Thrust washer) Vergleichswert			
Statische Reibungszahl			
Dynamische Reibungszahl	(p·v=	N/mm^2·	m/min)
Zulässiger p · v Wert	N/mm^2 · (m/min)	v=	m/min
		v=	m/min

Thermische Eigenschaften

Formbeständigkeit in der Wärme	*Verfahren* A		60 °C
	Verfahren B		128 °C
Vicat Erweichungstemperatur (VST)	*Verfahren* A/50		175 °C
	Verfahren B/50		141 °C
Kristallit-Schmelzpunkt	*Verfahren*		
Längenausdehnungskoeffizient	*Bereich*	°C	$\cdot 10^{-4} K^{-1}$
	Temperatur		$\cdot 10^{-4} K^{-1}$
Wärmeleitfähigkeit	*Verfahren*		W/(K · m)
Spezifische Wärmekapazität	*Verfahren*		J/(K · g)
Glasumwandlungstemperatur	*Torsionsschwingungsversuch*	°C	
	Differentialkalorimetrie	°C	

Brandverhalten

UL-Test vertikal	Dicke 1.6 mm, Wert HB	
	Dicke 3.2 mm, Wert HB	

	Norm	*Bewertung*	*Abmessungen*
Sauerstoff-Index	ASTM D 2863		
Glühstab-Verfahren			
Brandverhalten	DIN 4102		
MVSS			
FAR			

Elektrische Eigenschaften

		Hz	°C		Probekörper, Form
Dielektrizitätszahl		50			
		10^3			
		10^6			
Dielektrischer Verlustfaktor tan δ		50			
		10^3			
		10^6			
Spezifischer Durchgangs-widerstand	Ohm · cm				
Durchschlagfestigkeit	kV/mm				mm dick
Oberflächenwiderstand	Ohm		23	1.0*10**5	Durchmesser 80x1 mm
Kriechstromfestigkeit		KC	KB	KA	
Elektrolytische Korrosionswirkung					
Lichtbogenfestigkeit nach DIN					
nach ASTM	s				

Beständigkeit *(Chemische Beständigkeit siehe Anhang)*

Wasseraufnahme

Feuchtigkeitsaufnahme Normalklima %

Wetterbeständigkeit

Spannungskorrosion

Optische Eigenschaften

Brechungszahl n_D

Transmissionsgrad τ_c % mm dick

Lichtdurchlässigkeit

Datenbank-Nr. **T01826** Merkblatt-Nr. **4545**

Produkt	Polyamid 12		**PA**
Handelsname	**Vestamid X 4583**		
Hersteller	HUELS		
DIN-Bez 1	16773-PA12,MHNS,18-,GF30		
DIN-Bez 2			
Zusätze	Gleitmittel; Schmiermittel; Waermestabilisator	*Füllstoffe/ Verstärkung*	30% Glasfaser
Bevorzugte Verarbeitung	Spritzgiessen	*Lieferform*	Granulat
		Farben	Naturfarben
Besondere Merkmale		*Bevorzugte Anwendungen*	Lagerschale fuer Scheibenwischerarm

Dichte g/cm³ — *Schmelzindex* g/10 min :
Schüttdichte g/cm³ — *Volumenfließindex* cm³/10 min :
Viskositätszahl ml/g

Verarbeitungsbedingungen für Spritzgießen

Massetemp. °C — *Schwindung* % lgs , quer
Werkzeugtemp. °C — *Bemerkungen*
Spritzdruck bar

Zugversuch 23 °C

Probekörper: *Form* *Zustand* — *Herstellung* *Vorbehandlung*

Streckspannung N/mm² — *Dehnung bei Streckspannung* %
Zugfestigkeit N/mm² — *Reißdehnung* %
Reißfestigkeit N/mm² — *% Dehnspannung* N/mm²
E-Modul N/mm² — *Dehnung bei % Dehnspg.* %

Kriechmoduln und Zeitstandwerte 23 °C

Probekörper: *Form* *Zustand* — *Herstellung* *Vorbehandlung*

Kriechmodul *1 min* N/mm² — *Zeitstandzugfestigkeit* h N/mm²
Kriechmodul *1000 h* N/mm² — *Zeitdehnspg. %* h N/mm²
bei Spannung N/mm²

Biegeversuch 23 °C

Probekörper: *Form* *Zustand* — *Herstellung* *Vorbehandlung*

Biegefestigkeit N/mm² — *E-Modul* N/mm²
3,5% *Biegespannung* N/mm²

Härte 23 °C *Probekörper:* *Zustand* — *Herstellung* *Vorbehandlung*

Kugeldruckhärte N/mm² bei N, s — *Shore-Härte* A
Rockwellhärte — *Shore-Härte* D

Schlagversuch *Probekörper:* *(1)* *(2)* *Zustand* — *Herstellung* *Vorbehandlung*

		°C	°C	°C	*Probekörper-Form*
Schlagzähigkeit	kJ/m²				
Kerbschlagzähigkeit (1)	kJ/m²				
IZOD-Kerbschlagzähigkeit (2)	J/m				
Kerbschlagzugzähigkeit	kJ/m²				

Abrieb und Reibung

Taber-Abrieb (Reibradverfahren)	mm^3/100 U		
Abriebfaktor LNP (Thrust washer) Vergleichswert			
Statische Reibungszahl			
Dynamische Reibungszahl	(p·v= N/mm²·		m/min)
Zulässiger p · v Wert	N/mm² · (m/min)	v=	m/min
		v=	m/min

Thermische Eigenschaften

Formbeständigkeit in der Wärme	*Verfahren*	A		165 °C
	Verfahren	B		178 °C
Vicat Erweichungstemperatur (VST)	*Verfahren*	A/50		178 °C
	Verfahren	B/50		175 °C
Kristallit-Schmelzpunkt	*Verfahren*			
Längenausdehnungskoeffizient	*Bereich*	°C		$\cdot 10^{-4} K^{-1}$
	Temperatur			$\cdot 10^{-4} K^{-1}$
Wärmeleitfähigkeit	*Verfahren*			W/(K · m)
Spezifische Wärmekapazität	*Verfahren*			J/(K · g)
Glasumwandlungstemperatur	*Torsionsschwingungsversuch*		°C	
	Differentialkalorimetrie		°C	

Brandverhalten

UL-Test vertikal	Dicke 1.6 mm, Wert HB
	Dicke 3.2 mm, Wert HB

	Norm	*Bewertung*	*Abmessungen*
Sauerstoff-Index	ASTM D 2863		
Glühstab-Verfahren			
Brandverhalten	DIN 4102		
MVSS			
FAR			

Elektrische Eigenschaften

		Hz	°C			*Probekörper, Form*
Dielektrizitätszahl		50				
		10^3				
		10^6				
Dielektrischer Verlustfaktor tan δ		50				
		10^3				
		10^6				
Spezifischer Durchgangs-widerstand	Ohm · cm		23	1*10**12		Durchmesser 80x1 mm
Durchschlagfestigkeit	kV/mm					mm dick
Oberflächenwiderstand	Ohm		23	1*10**12		Durchmesser 80x1 mm
Kriechstromfestigkeit		KC		KB	KA	
Elektrolytische Korrosionswirkung		A 1				30x10x4 mm
Lichtbogenfestigkeit nach DIN						
nach ASTM	s					

Beständigkeit *(Chemische Beständigkeit siehe Anhang)*

Wasseraufnahme

Feuchtigkeitsaufnahme Normalklima %

Wetterbeständigkeit

Spannungskorrosion

Optische Eigenschaften

Brechungszahl n_D		
Transmissionsgrad τ_c	%	mm dick
Lichtdurchlässigkeit		

Produkt	Polyamid 612		**PA**
Handelsname	**Vestamid X 4655**		
Hersteller	HUELS		
DIN-Bez 1			
DIN-Bez 2			
Zusätze		*Füllstoffe/ Verstärkung*	
Bevorzugte Verarbeitung		*Lieferform*	
		Farben	Naturfarben
Besondere Merkmale		*Bevorzugte Anwendungen*	

Dichte	g/cm^3	*Schmelzindex*	g/10 min	:
Schüttdichte	g/cm^3	*Volumenfließindex*	cm^3/10 min	:
Viskositätszahl	ml/g			

Verarbeitungsbedingungen für Spritzgießen

Massetemp.	°C	*Schwindung*	% lgs , quer
Werkzeugtemp.	°C	*Bemerkungen*	
Spritzdruck	bar		

Zugversuch 23 °C

Probekörper: *Form* *Herstellung*
Zustand *Vorbehandlung*

Streckspannung	N/mm^2	*Dehnung bei Streckspannung*	%
Zugfestigkeit	N/mm^2	*Reißdehnung*	%
Reißfestigkeit	N/mm^2	*% Dehnspannung*	N/mm^2
E-Modul	N/mm^2	*Dehnung bei % Dehnspg.*	%

Kriechmoduln und Zeitstandwerte 23 °C DIN 53444; ISO 899

Probekörper: *Form* Nr. 3; 4 mm dick *Herstellung*
Zustand Trocken *Vorbehandlung* Normalklima

Kriechmodul	*1 min* N/mm^2	16000	*Zeitstandzugfestigkeit*	h	N/mm^2
Kriechmodul	*1000 h* N/mm^2	11000	*Zeitdehnspg.* %	h	N/mm^2
bei Spannung	N/mm^2				

Biegeversuch 23 °C

Probekörper: *Form* *Herstellung*
Zustand *Vorbehandlung*

Biegefestigkeit	N/mm^2	*E-Modul*	N/mm^2
3,5% *Biegespannung*	N/mm^2		

Härte 23 °C *Probekörper:* *Zustand* *Herstellung*
Vorbehandlung

Kugeldruckhärte	N/mm^2 bei N, s	*Shore-Härte* A	
Rockwellhärte		*Shore-Härte* D	

Schlagversuch *Probekörper:* *(1)*
(2) *Herstellung*
Zustand *Vorbehandlung*

	°C	°C	°C	*Probekörper-Form*
Schlagzähigkeit kJ/m^2				
Kerbschlagzähigkeit (1) kJ/m^2				
IZOD-Kerbschlagzähigkeit (2) J/m				
Kerbschlagzugzähigkeit kJ/m^2				

Abrieb und Reibung

Taber-Abrieb (Reibradverfahren)	mm^3/100 U		
Abriebfaktor LNP (Thrust washer) Vergleichswert			
Statische Reibungszahl			
Dynamische Reibungszahl	(p · v =	N/mm^2 ·	m/min)
Zulässiger p · v Wert	N/mm^2 · (m/min)	v =	m/min
		v =	m/min

Thermische Eigenschaften

Formbeständigkeit in der Wärme	*Verfahren*	A		200 °C
	Verfahren	B		214 °C
Vicat Erweichungstemperatur (VST)	*Verfahren*	A/50		216 °C
	Verfahren	B/50		213 °C
Kristallit-Schmelzpunkt	*Verfahren*			
Längenausdehnungskoeffizient	*Bereich*	°C		$\cdot 10^{-4} K^{-1}$
	Temperatur			$\cdot 10^{-4} K^{-1}$
Wärmeleitfähigkeit	*Verfahren*			W/(K · m)
Spezifische Wärmekapazität	*Verfahren*			J/(K · g)
Glasumwandlungstemperatur	*Torsionsschwingungsversuch*		°C	
	Differentialkalorimetrie		°C	

Brandverhalten

UL-Test vertikal	Dicke 1.6 mm, Wert HB
	Dicke 3.2 mm, Wert HB

	Norm	*Bewertung*	*Abmessungen*
Sauerstoff-Index	ASTM D 2863		
Glühstab-Verfahren			
Brandverhalten	DIN 4102		
MVSS			
FAR			

Elektrische Eigenschaften

		Hz	°C		*Probekörper, Form*
Dielektrizitätszahl		50			
		10^3			
		10^6			
Dielektrischer Verlustfaktor tan δ		50			
		10^3			
		10^6			
Spezifischer Durchgangswiderstand	Ohm · cm				
Durchschlagfestigkeit	kV/mm				mm dick
Oberflächenwiderstand	Ohm				
Kriechstromfestigkeit		KC	KB	KA	
Elektrolytische Korrosionswirkung					
Lichtbogenfestigkeit nach DIN					
nach ASTM	s				

Beständigkeit *(Chemische Beständigkeit siehe Anhang)*

Wasseraufnahme

Feuchtigkeitsaufnahme Normalklima %

Wetterbeständigkeit

Spannungskorrosion

Optische Eigenschaften

Brechungszahl n_D		
Transmissionsgrad τ_c	%	mm dick
Lichtdurchlässigkeit		

Datenbank-Nr. **T01828** Merkblatt-Nr. **4547**

Produkt	Polyamid 12		**PA**
Handelsname	**Vestamid X 4661 SCHWARZ**		
Hersteller	HUELS		
DIN-Bez 1	16773-PA12,MCSZ,16-010		
DIN-Bez 2			
Zusätze	Gleitmittel; Schmiermittel; UV-Stabilisator; Waermestabilisator	*Füllstoffe/ Verstärkung*	
Bevorzugte Verarbeitung	Spritzgiessen	*Lieferform*	Granulat
		Farben	Schwarz
Besondere Merkmale	Stabilisiert; Stabil-Bewitterung; Dauerantistatisch; Mittelviskos; Erhoehte Zaehigkeit	*Bevorzugte Anwendungen*	Teil in explosionsgefaehrdeten Betrieben wie Bergbau, Lackieranlage

Dichte	g/cm³	1.08	*Schmelzindex*	g/10 min	:	
Schüttdichte	g/cm³		*Volumenfließindex*	cm³/10 min	16:	275/5
Viskositätszahl	ml/g					

Verarbeitungsbedingungen für Spritzgießen

Massetemp.	°C	*Schwindung*	% lgs , quer
Werkzeugtemp.	°C	*Bemerkungen*	
Spritzdruck	bar		

Zugversuch 23 °C DIN 53455; ISO R/527; DIN 53457; ISO R/527

Probekörper: *Form* Nr. 3; 4 mm dick — *Herstellung* Spritzgiessen
Zustand Trocken — *Vorbehandlung* Normalklima

Streckspannung	N/mm²	36	*Dehnung bei Streckspannung*	%	8
Zugfestigkeit	N/mm²		*Reißdehnung*	%	≧50
Reißfestigkeit	N/mm²		*% Dehnspannung*	N/mm²	
E-Modul	N/mm²	1400	*Dehnung bei % Dehnspg.*	%	

Kriechmoduln und Zeitstandwerte 23 °C

Probekörper: *Form* — *Herstellung*
Zustand — *Vorbehandlung*

Kriechmodul	*1 min*	N/mm²	*Zeitstandzugfestigkeit*	h	N/mm²
Kriechmodul	*1000 h*	N/mm²	*Zeitdehnspg. %*	h	N/mm²
bei Spannung		N/mm²			

Biegeversuch 23 °C

Probekörper: *Form* — *Herstellung*
Zustand — *Vorbehandlung*

Biegefestigkeit	N/mm²	*E-Modul*	N/mm²
3,5% *Biegespannung*	N/mm²		

Härte 23 °C *Probekörper:* *Zustand* — *Herstellung*
Vorbehandlung

Kugeldruckhärte	N/mm² bei N, s	*Shore-Härte* A	
Rockwellhärte		*Shore-Härte* D	

Schlagversuch *Probekörper:* *(1)*
(2) — *Herstellung* Spritzgiessen
Zustand Trocken — *Vorbehandlung* Normalklima

		°C	°C	°C	*Probekörper-Form*
Schlagzähigkeit	kJ/m²				
Kerbschlagzähigkeit (1)	kJ/m²				
IZOD-Kerbschlagzähigkeit (2)	J/m				
Kerbschlagzugzähigkeit	kJ/m²	23 120			80x10x4 mm

Abrieb und Reibung

Taber-Abrieb (Reibradverfahren)	mm^3/100 U		
Abriebfaktor LNP (Thrust washer) Vergleichswert			
Statische Reibungszahl			
Dynamische Reibungszahl	(p · v=	N/mm^2 ·	m/min)
Zulässiger p · v Wert	N/mm^2 · (m/min)	v=	m/min
		v=	m/min

Thermische Eigenschaften

Formbeständigkeit in der Wärme	*Verfahren* A		50 °C
	Verfahren B		129 °C
Vicat Erweichungstemperatur (VST)	*Verfahren* A/50		175 °C
	Verfahren B/50		138 °C
Kristallit-Schmelzpunkt	*Verfahren*		
Längenausdehnungskoeffizient	*Bereich*	°C	$\cdot 10^{-4} K^{-1}$
	Temperatur		$\cdot 10^{-4} K^{-1}$
Wärmeleitfähigkeit	*Verfahren*		W/(K · m)
Spezifische Wärmekapazität	*Verfahren*		J/(K · g)
Glasumwandlungstemperatur	*Torsionsschwingungsversuch*	°C	
	Differentialkalorimetrie	°C	

Brandverhalten

UL-Test vertikal	Dicke 1.6 mm, Wert HB	
	Dicke 3.2 mm, Wert HB	

	Norm	*Bewertung*	*Abmessungen*
Sauerstoff-Index	ASTM D 2863		
Glühstab-Verfahren			
Brandverhalten	DIN 4102		
MVSS			
FAR			

Elektrische Eigenschaften

		Hz	°C		Probekörper, Form
Dielektrizitätszahl		50			
		10^3			
		10^6			
Dielektrischer Verlustfaktor tan δ		50			
		10^3			
		10^6			
Spezifischer Durchgangswiderstand	Ohm · cm		23	1*10**7	Durchmesser 80x1 mm
Durchschlagfestigkeit	kV/mm				mm dick
Oberflächenwiderstand	Ohm				
Kriechstromfestigkeit		KC	KB	KA	
Elektrolytische Korrosionswirkung					
Lichtbogenfestigkeit nach DIN					
nach ASTM	s				

Beständigkeit *(Chemische Beständigkeit siehe Anhang)*

Wasseraufnahme

Feuchtigkeitsaufnahme Normalklima %

Wetterbeständigkeit

Spannungskorrosion

Optische Eigenschaften

Brechungszahl n_D

Transmissionsgrad τ_c % mm dick

Lichtdurchlässigkeit

Datenbank-Nr. **T01829** *Merkblatt-Nr.* **4548**

Produkt	Polyamid 12		**PA**
Handelsname	**Vestamid X 4699 SCHWARZ**		
Hersteller	HUELS		
DIN-Bez 1	16773-PA12,MHLS,16-080,CF15		
DIN-Bez 2			
Zusätze	Gleitmittel; Schmiermittel; UV-Stabilisator; Waermestabilisator	*Füllstoffe/ Verstärkung*	15% Kohlefaser
Bevorzugte Verarbeitung	Spritzgiessen	*Lieferform*	Granulat
		Farben	Schwarz
Besondere Merkmale	Stabilisiert; Stabil-Bewitterung; Steif	*Bevorzugte Anwendungen*	Sportgeraet; Leichtes Formteil

Dichte	g/cm³	1.08	*Schmelzindex*	g/10 min	:
Schüttdichte	g/cm³		*Volumenfließindex*	cm³/10 min	53: 275/5
Viskositätszahl	ml/g				

Verarbeitungsbedingungen für Spritzgießen

Massetemp.	°C	*Schwindung*	% lgs , quer
Werkzeugtemp.	°C	*Bemerkungen*	
Spritzdruck	bar		

Zugversuch 23 °C DIN 53455; ISO R/527; DIN 53457; ISO R/527

Probekörper: *Form* Nr. 3; 4 mm dick — *Herstellung* Spritzgiessen
Zustand Trocken — *Vorbehandlung* Normalklima

Streckspannung	N/mm²		*Dehnung bei Streckspannung*	%	
Zugfestigkeit	N/mm²	119	*Reißdehnung*	%	5.7
Reißfestigkeit	N/mm²		*% Dehnspannung*	N/mm²	
E-Modul	N/mm²	8000	*Dehnung bei % Dehnspg.*	%	

Kriechmoduln und Zeitstandwerte 23 °C DIN 53444; ISO 899

Probekörper: *Form* Nr. 3; 4 mm dick — *Herstellung* Spritzgiessen
Zustand Trocken — *Vorbehandlung* Normalklima

Kriechmodul	*1 min* N/mm²	5600	*Zeitstandzugfestigkeit*	h	N/mm²
Kriechmodul	*1000 h* N/mm²	3900	*Zeitdehnspg. %*	h	N/mm²
bei Spannung	N/mm²				

Biegeversuch 23 °C

Probekörper: *Form* — *Herstellung*
Zustand — *Vorbehandlung*

Biegefestigkeit	N/mm²	*E-Modul*	N/mm²
3,5% *Biegespannung*	N/mm²		

Härte 23 °C *Probekörper:* *Zustand* — *Herstellung*
Vorbehandlung

Kugeldruckhärte	N/mm² bei N, s	*Shore-Härte* A	
Rockwellhärte		*Shore-Härte* D	

Schlagversuch *Probekörper:* *(1)*
(2) — *Herstellung* Spritzgiessen
Zustand Trocken — *Vorbehandlung* Normalklima

		°C	°C	°C	*Probekörper-Form*
Schlagzähigkeit	kJ/m²				
Kerbschlagzähigkeit (1)	kJ/m²				
IZOD-Kerbschlagzähigkeit (2)	J/m				
Kerbschlagzugzähigkeit	kJ/m²	23 61			80x10x4 mm

Abrieb und Reibung

Taber-Abrieb (Reibradverfahren)	mm^3/100 U		
Abriebfaktor LNP (Thrust washer) Vergleichswert			
Statische Reibungszahl			
Dynamische Reibungszahl	(p·v=	N/mm^2·	m/min)
Zulässiger p · v Wert	N/mm^2 · (m/min)	v=	m/min
		v=	m/min

Thermische Eigenschaften

Formbeständigkeit in der Wärme	*Verfahren* A			165 °C
	Verfahren B			180 °C
Vicat Erweichungstemperatur (VST)	*Verfahren* A/50			178 °C
	Verfahren B/50			173 °C
Kristallit-Schmelzpunkt	*Verfahren*			
Längenausdehnungskoeffizient	*Bereich*	°C		$\cdot 10^{-4}K^{-1}$
	Temperatur			$\cdot 10^{-4}K^{-1}$
Wärmeleitfähigkeit	*Verfahren*			W/(K · m)
Spezifische Wärmekapazität	*Verfahren*			J/(K · g)
Glasumwandlungstemperatur	*Torsionsschwingungsversuch*		°C	
	Differentialkalorimetrie		°C	

Brandverhalten

UL-Test vertikal	Dicke 1.6 mm, Wert HB
	Dicke 3.2 mm, Wert HB

	Norm	*Bewertung*	*Abmessungen*
Sauerstoff-Index	ASTM D 2863		
Glühstab-Verfahren			
Brandverhalten	DIN 4102		
MVSS			
FAR			

Elektrische Eigenschaften

		Hz	°C		*Probekörper, Form*
Dielektrizitätszahl		50			
		10^3			
		10^6			
Dielektrischer Verlustfaktor tan δ		50			
		10^3			
		10^6			
Spezifischer Durchgangs-widerstand	Ohm · cm		23	1.4*10**2	Durchmesser 80x1 mm
Durchschlagfestigkeit	kV/mm				mm dick
Oberflächenwiderstand	Ohm				

Kriechstromfestigkeit	KC	KB	KA
Elektrolytische Korrosionswirkung			
Lichtbogenfestigkeit nach DIN			
nach ASTM s			

Beständigkeit *(Chemische Beständigkeit siehe Anhang)*

Wasseraufnahme	
Feuchtigkeitsaufnahme Normalklima	%
Wetterbeständigkeit	
Spannungskorrosion	

Optische Eigenschaften

Brechungszahl n_D		
Transmissionsgrad τ_c	%	mm dick
Lichtdurchlässigkeit		

Datenbank-Nr. **T01830** Merkblatt-Nr. **4549**

Produkt	Polyamid 12		**PA**
Handelsname	**Vestamid X 4811 SCHWARZ**		
Hersteller	HUELS		
DIN-Bez 1	16773-PA12,MHLZ,16-020,CF15		
DIN-Bez 2			
Zusätze	Gleitmittel; Schmiermittel; UV-Stabilisator; Waermestabilisator	*Füllstoffe/ Verstärkung*	
Bevorzugte Verarbeitung	Spritzgiessen	*Lieferform*	Granulat
		Farben	Schwarz
Besondere Merkmale	Stabilisiert; Stabil-Bewitterung; Dauerantistatisch; Mittelviskos; Erhoehte Zaehigkeit	*Bevorzugte Anwendungen*	Teil in explosionsgefaehrdeten Betrieben wie Bergbau, Lackieranlage

Dichte	g/cm³ 1.1	*Schmelzindex*	g/10 min	:	
Schüttdichte	g/cm³	*Volumenfließindex*	cm³/10 min	10:	275/5
Viskositätszahl	ml/g				

Verarbeitungsbedingungen für Spritzgießen

Massetemp.	°C	*Schwindung*	% lgs , quer
Werkzeugtemp.	°C	*Bemerkungen*	
Spritzdruck	bar		

Zugversuch 23 °C DIN 53455; ISO R/527; DIN 53457; ISO R/527

Probekörper: *Form* Nr. 3; 4 mm dick — *Herstellung* Spritzgiessen
Zustand Trocken — *Vorbehandlung* Normalklima

Streckspannung	N/mm² 39	*Dehnung bei Streckspannung*	%	5.8
Zugfestigkeit	N/mm²	*Reißdehnung*	%	≧50
Reißfestigkeit	N/mm²	*% Dehnspannung*	N/mm²	
E-Modul	N/mm² 1600	*Dehnung bei % Dehnspg.*	%	

Kriechmoduln und Zeitstandwerte 23 °C DIN 53444; ISO 899

Probekörper: *Form* Nr. 3; 4 mm dick — *Herstellung* Spritzgiessen
Zustand Trocken — *Vorbehandlung* Normalklima

Kriechmodul	*1 min*	N/mm² 1100	*Zeitstandzugfestigkeit*	h	N/mm²
Kriechmodul	*1000 h*	N/mm² 500	*Zeitdehnspg. %*	h	N/mm²
bei Spannung		N/mm²			

Biegeversuch 23 °C

Probekörper: *Form* — *Herstellung*
Zustand — *Vorbehandlung*

Biegefestigkeit	N/mm²	*E-Modul*	N/mm²
3,5% *Biegespannung*	N/mm²		

Härte 23 °C *Probekörper:* *Zustand* — *Herstellung*
Vorbehandlung

Kugeldruckhärte	N/mm² bei N, s	*Shore-Härte* A
Rockwellhärte		*Shore-Härte* D

Schlagversuch *Probekörper:* *(1)*
(2) — *Herstellung* Spritzgiessen
Zustand Trocken — *Vorbehandlung* Normalklima

		°C	°C	°C	*Probekörper-Form*
Schlagzähigkeit	kJ/m²				
Kerbschlagzähigkeit (1)	kJ/m²				
IZOD-Kerbschlagzähigkeit (2)	J/m				
Kerbschlagzugzähigkeit	kJ/m²	23 130			80x10x4 mm

Abrieb und Reibung

Taber-Abrieb (Reibradverfahren) mm³/100 U
Abriebfaktor LNP (Thrust washer) Vergleichswert
Statische Reibungszahl
Dynamische Reibungszahl (p · v = N/mm² · m/min)
Zulässiger p · v Wert N/mm² · (m/min) v = m/min
v = m/min

Thermische Eigenschaften

Formbeständigkeit in der Wärme	*Verfahren* A		50 °C
	Verfahren B		129 °C
Vicat Erweichungstemperatur (VST)	*Verfahren* A/50		175 °C
	Verfahren B/50		138 °C
Kristallit-Schmelzpunkt	*Verfahren*		
Längenausdehnungskoeffizient	*Bereich*	°C	$\cdot 10^{-4}K^{-1}$
	Temperatur		$\cdot 10^{-4}K^{-1}$
Wärmeleitfähigkeit	*Verfahren*		W/(K · m)
Spezifische Wärmekapazität	*Verfahren*		J/(K · g)
Glasumwandlungstemperatur	*Torsionsschwingungsversuch*	°C	
	Differentialkalorimetrie	°C	

Brandverhalten

UL-Test vertikal Dicke 1.6 mm, Wert HB
Dicke mm, Wert

	Norm	*Bewertung*	*Abmessungen*
Sauerstoff-Index	ASTM D 2863		
Glühstab-Verfahren			
Brandverhalten	DIN 4102		
MVSS			
FAR			

Elektrische Eigenschaften

		Hz	°C		*Probekörper, Form*
Dielektrizitätszahl		50			
		10^3			
		10^6			
Dielektrischer Verlustfaktor tan δ		50			
		10^3			
		10^6			
Spezifischer Durchgangs-widerstand	Ohm · cm		23	5*10**7	Durchmesser 80x1 mm
Durchschlagfestigkeit	kV/mm				mm dick
Oberflächenwiderstand	Ohm		23	52*10**6	Durchmesser 80x1 mm

Kriechstromfestigkeit KC KB KA
Elektrolytische Korrosionswirkung
Lichtbogenfestigkeit nach DIN
nach ASTM s

Beständigkeit *(Chemische Beständigkeit siehe Anhang)*

Wasseraufnahme

Feuchtigkeitsaufnahme Normalklima %
Wetterbeständigkeit

Spannungskorrosion

Optische Eigenschaften

Brechungszahl n_D
Transmissionsgrad τ_c % mm dick
Lichtdurchlässigkeit

Datenbank-Nr. **T01831** *Merkblatt-Nr.* **4550**

Produkt	Polyphenylenoxid-Polyamid-Blend		**PPO + PA**
Handelsname	**Vestoblend 1500**		
Hersteller	HUELS		
DIN-Bez 1			
DIN-Bez 2			
Zusätze		*Füllstoffe/ Verstärkung*	
Bevorzugte Verarbeitung	Spritzgiessen	*Lieferform*	Granulat
		Farben	Naturfarben
Besondere Merkmale		*Bevorzugte Anwendungen*	Automobilbau; Elektroindustrie; Elektronikindustrie

Dichte	g/cm³	1.03	*Schmelzindex*	g/10 min	:	
Schüttdichte	g/cm³		*Volumenfließindex*	cm³/10 min	23:	265/21.6
Viskositätszahl	ml/g					

Verarbeitungsbedingungen für Spritzgießen

Massetemp.	°C	*Schwindung*	% lgs , quer
Werkzeugtemp.	°C	*Bemerkungen*	
Spritzdruck	bar		

Zugversuch 23 °C DIN 53455; ISO R/527; DIN 53457; ISO R/527

Probekörper: *Form* Nr. 3; 4 mm dick — *Herstellung*

Zustand — *Vorbehandlung* Normalklima

Streckspannung	N/mm²	47	*Dehnung bei Streckspannung*	%	10.5
Zugfestigkeit	N/mm²		*Reißdehnung*	%	≧50
Reißfestigkeit	N/mm²		*% Dehnspannung*	N/mm²	
E-Modul	N/mm²	1550	*Dehnung bei % Dehnspg.*	%	

Kriechmoduln und Zeitstandwerte 23 °C

Probekörper: *Form* — *Herstellung*

Zustand — *Vorbehandlung*

Kriechmodul	*1 min*	N/mm²	*Zeitstandzugfestigkeit*	h	N/mm²
Kriechmodul	*1000 h*	N/mm²	*Zeitdehnspg.* %	h	N/mm²
bei Spannung		N/mm²			

Biegeversuch 23 °C

Probekörper: *Form* — *Herstellung*

Zustand — *Vorbehandlung*

Biegefestigkeit	N/mm²	*E-Modul*	N/mm²
3,5% *Biegespannung*	N/mm²		

Härte 23 °C *Probekörper:* *Zustand* — *Herstellung*

Vorbehandlung

Kugeldruckhärte	N/mm² bei N, s	*Shore-Härte* A	
Rockwellhärte		*Shore-Härte* D	

Schlagversuch *Probekörper:* *(1)*

(2) — *Herstellung*

Zustand — *Vorbehandlung* Normalklima

		°C	°C	°C	*Probekörper-Form*
Schlagzähigkeit	kJ/m²				
Kerbschlagzähigkeit (1)	kJ/m²				
IZOD-Kerbschlagzähigkeit (2)	J/m				
Kerbschlagzugzähigkeit	kJ/m²	23 160			80x10x4 mm

Abrieb und Reibung

Taber-Abrieb (Reibradverfahren)	mm^3/100 U		
Abriebfaktor LNP (Thrust washer) Vergleichswert			
Statische Reibungszahl			
Dynamische Reibungszahl	(p · v = N/mm^2 ·		m/min)
Zulässiger p · v Wert	N/mm^2 · (m/min)	v =	m/min
		v =	m/min

Thermische Eigenschaften

Formbeständigkeit in der Wärme	*Verfahren*			°C
	Verfahren			°C
Vicat Erweichungstemperatur (VST)	*Verfahren*	A/50		179 °C
	Verfahren	B/50		165 °C
Kristallit-Schmelzpunkt	*Verfahren*			
Längenausdehnungskoeffizient	*Bereich*	23–80	°C	0.99 · $10^{-4}K^{-1}$
	Temperatur			· $10^{-4}K^{-1}$
Wärmeleitfähigkeit	*Verfahren*			W/(K · m)
Spezifische Wärmekapazität	*Verfahren*			J/(K · g)
Glasumwandlungstemperatur	*Torsionsschwingungsversuch*		°C	
	Differentialkalorimetrie		°C	

Brandverhalten

UL-Test vertikal	Dicke	mm, Wert
	Dicke	mm, Wert

	Norm	*Bewertung*	*Abmessungen*
Sauerstoff-Index	ASTM D 2863		
Glühstab-Verfahren			
Brandverhalten	DIN 4102		
MVSS			
FAR			

Elektrische Eigenschaften

		Hz	°C		*Probekörper, Form*
Dielektrizitätszahl		50	23	3.7	Durchmesser 80x1 mm
		10^3	23	3.2	Durchmesser 80x1 mm
		10^6			
Dielektrischer Verlustfaktor tan δ		50	23	0.0432	Durchmesser 80x1 mm
		10^3	23	0.0255	Durchmesser 80x1 mm
		10^6			
Spezifischer Durchgangs-widerstand	Ohm · cm		23	7*10**14	Durchmesser 80x1 mm
Durchschlagfestigkeit	kV/mm		23	24	1 mm dick
Oberflächenwiderstand	Ohm		23	3*10**15	Durchmesser 80x1 mm

Kriechstromfestigkeit	KC	KB	KA
Elektrolytische Korrosionswirkung			
Lichtbogenfestigkeit nach DIN			
nach ASTM s			

Beständigkeit *(Chemische Beständigkeit siehe Anhang)*

Wasseraufnahme

Feuchtigkeitsaufnahme Normalklima %

Wetterbeständigkeit

Spannungskorrosion

Optische Eigenschaften

Brechungszahl n_D

Transmissionsgrad τ_c % mm dick

Lichtdurchlässigkeit

Datenbank-Nr. **T01832** Merkblatt-Nr. **4551**

Produkt	Polybutylenterephthalat		**PBT**
Handelsname	**Vestodur X 4288**		
Hersteller	HUELS		
DIN-Bez 1	16779-PBT,MHMR,A10-03		
DIN-Bez 2			
Zusätze	Gleitmittel; Entformungsmittel; Waermestabilisator	*Füllstoffe/ Verstärkung*	
Bevorzugte Verarbeitung	Spritzgiessen	*Lieferform*	Granulat
		Farben	Naturfarben
Besondere Merkmale	Leichtfliessend; Kurze Zykluszeiten	*Bevorzugte Anwendungen*	

Dichte	g/cm^3	1.31	*Schmelzindex*	g/10 min	:	
Schüttdichte	g/cm^3		*Volumenfließindex*	cm^3/10 min	48:	250/2.16
Viskositätszahl	ml/g	108				

Verarbeitungsbedingungen für Spritzgießen

Massetemp.	°C	*Schwindung*	%	lgs , quer
Werkzeugtemp.	°C	*Bemerkungen*		
Spritzdruck	bar			

Zugversuch 23 °C DIN 53455; ISO R/527; DIN 53457; ISO R/527

Probekörper: *Form* Nr. 3; 4 mm dick *Herstellung* Spritzgiessen
Zustand *Vorbehandlung* Normalklima

Streckspannung	N/mm^2	60	*Dehnung bei Streckspannung*	%	8
Zugfestigkeit	N/mm^2		*Reißdehnung*	%	15
Reißfestigkeit	N/mm^2		*% Dehnspannung*	N/mm^2	
E-Modul	N/mm^2	2700	*Dehnung bei % Dehnspg.*	%	

Kriechmoduln und Zeitstandwerte 23 °C DIN 53444; ISO 899

Probekörper: *Form* Nr. 3; 4 mm dick *Herstellung* Spritzgiessen
Zustand *Vorbehandlung* Normalklima

Kriechmodul	*1 min* N/mm^2	1800	*Zeitstandzugfestigkeit*	h	N/mm^2
Kriechmodul	*1000 h* N/mm^2	800	*Zeitdehnspg. %*	h	N/mm^2
bei Spannung	N/mm^2				

Biegeversuch 23 °C

Probekörper: *Form* *Herstellung*
Zustand *Vorbehandlung*

Biegefestigkeit	N/mm^2	*E-Modul*	N/mm^2
3,5% *Biegespannung*	N/mm^2		

Härte 23 °C *Probekörper:* *Zustand* *Herstellung*
Vorbehandlung

Kugeldruckhärte	N/mm^2 bei N, s	*Shore-Härte* A	
Rockwellhärte		*Shore-Härte* D	

Schlagversuch *Probekörper:* *(1)*
(2) *Herstellung* Spritzgiessen
Zustand *Vorbehandlung* Normalklima

		°C	°C	°C	*Probekörper-Form*
Schlagzähigkeit	kJ/m^2				
Kerbschlagzähigkeit (1)	kJ/m^2				
IZOD-Kerbschlagzähigkeit (2)	J/m				
Kerbschlagzugzähigkeit	kJ/m^2	23 55			80x10x4 mm

Abrieb und Reibung

Taber-Abrieb (Reibradverfahren)	mm^3/100 U		
Abriebfaktor LNP (Thrust washer) Vergleichswert			
Statische Reibungszahl			
Dynamische Reibungszahl	(p·v= N/mm^2·		m/min)
Zulässiger p · v Wert	N/mm^2 · (m/min)	v=	m/min
		v=	m/min

Thermische Eigenschaften

Formbeständigkeit in der Wärme	*Verfahren*	A		60 °C
	Verfahren	B		170 °C
Vicat Erweichungstemperatur (VST)	*Verfahren*	A/50		220 °C
	Verfahren	B/50		190 °C
Kristallit-Schmelzpunkt	*Verfahren*			
Längenausdehnungskoeffizient	*Bereich*	23–80	°C	$1.2 \cdot 10^{-4}K^{-1}$
	Temperatur			$\cdot 10^{-4}K^{-1}$
Wärmeleitfähigkeit	*Verfahren*			W/(K · m)
Spezifische Wärmekapazität	*Verfahren*			J/(K · g)
Glasumwandlungstemperatur	*Torsionsschwingungsversuch*		°C	
	Differentialkalorimetrie		°C	

Brandverhalten

UL-Test vertikal — Dicke 1.62 mm, Wert HB; Dicke 0.78 mm, Wert HB

	Norm	*Bewertung*	*Abmessungen*
Sauerstoff-Index	ASTM D 2863		
Glühstab-Verfahren			
Brandverhalten	DIN 4102		
MVSS			
FAR			

Elektrische Eigenschaften

		Hz	°C			*Probekörper, Form*
Dielektrizitätszahl		50	23	3.3		Durchmesser 80x1 mm
		10^3	23	3.5		Durchmesser 80x1 mm
		10^6				
Dielektrischer Verlustfaktor tan δ		50	23	0.0015		Durchmesser 80x1 mm
		10^3	23	0.021		Durchmesser 80x1 mm
		10^6				
Spezifischer Durchgangswiderstand	Ohm · cm		23	1*10**16		Durchmesser 80x1 mm
Durchschlagfestigkeit	kV/mm		23	27		1 mm dick
Oberflächenwiderstand	Ohm		23	1*10**13		Durchmesser 80x1 mm
Kriechstromfestigkeit		KC		KB	KA	
Elektrolytische Korrosionswirkung		A 1				30x10x4 mm
Lichtbogenfestigkeit nach DIN						
nach ASTM	s					

Beständigkeit *(Chemische Beständigkeit siehe Anhang)*

Wasseraufnahme

Feuchtigkeitsaufnahme Normalklima %

Wetterbeständigkeit

Spannungskorrosion

Optische Eigenschaften

Brechungszahl n_D

Transmissionsgrad τ_c % mm dick

Lichtdurchlässigkeit

Produkt	Polybutylenterephthalat		**PBT**
Handelsname	**Vestodur X 4398**		
Hersteller	HUELS		
DIN-Bez 1	16779-PBT,MHP,02		
DIN-Bez 2			
Zusätze	Entformungsmittel; Waermestabilisator	*Füllstoffe/ Verstärkung*	
Bevorzugte Verarbeitung	Spritzgiessen	*Lieferform*	Granulat
		Farben	Naturfarben
Besondere Merkmale	Kaelteschlagzaeh	*Bevorzugte Anwendungen*	

Dichte	g/cm^3	1.23	*Schmelzindex*	g/10 min		:
Schüttdichte	g/cm^3		*Volumenfließindex*	$cm^3/10$ min	18:	250/2.16
Viskositätszahl	ml/g					

Verarbeitungsbedingungen für Spritzgießen

Massetemp.	°C	*Schwindung*	%	lgs , quer
Werkzeugtemp.	°C	*Bemerkungen*		
Spritzdruck	bar			

Zugversuch 23 °C DIN 53455; ISO R/527; DIN 53457; ISO R/527

Probekörper: *Form* Nr. 3; 4 mm dick — *Herstellung* Spritzgiessen
Zustand — *Vorbehandlung* Normalklima

Streckspannung	N/mm^2	40	*Dehnung bei Streckspannung*	%	4
Zugfestigkeit	N/mm^2		*Reißdehnung*	%	≧50
Reißfestigkeit	N/mm^2		*% Dehnspannung*	N/mm^2	
E-Modul	N/mm^2	1850	*Dehnung bei % Dehnspg.*	%	

Kriechmoduln und Zeitstandwerte 23 °C DIN 53444; ISO 899

Probekörper: *Form* Nr. 3; 4 mm dick — *Herstellung* Spritzgiessen
Zustand — *Vorbehandlung* Normalklima

Kriechmodul	*1 min* N/mm^2	1400	*Zeitstandzugfestigkeit*	h	N/mm^2
Kriechmodul	*1000 h* N/mm^2	1100	*Zeitdehnspg. %*	h	N/mm^2
bei Spannung	N/mm^2				

Biegeversuch 23 °C

Probekörper: *Form* — *Herstellung*
Zustand — *Vorbehandlung*

Biegefestigkeit	N/mm^2	*E-Modul*	N/mm^2
3,5% Biegespannung	N/mm^2		

Härte 23 °C *Probekörper:* *Zustand* — *Herstellung*
Vorbehandlung

Kugeldruckhärte	N/mm^2 bei N, s	*Shore-Härte A*	
Rockwellhärte		*Shore-Härte D*	

Schlagversuch *Probekörper:* *(1)*
(2) — *Herstellung* Spritzgiessen
Zustand — *Vorbehandlung* Normalklima

		°C		°C	°C	*Probekörper-Form*
Schlagzähigkeit	kJ/m^2					
Kerbschlagzähigkeit (1)	kJ/m^2					
IZOD-Kerbschlagzähigkeit (2)	J/m					
Kerbschlagzugzähigkeit	kJ/m^2	23	110			80x10x4 mm

Abrieb und Reibung

Taber-Abrieb (Reibradverfahren)	mm^3/100 U		
Abriebfaktor LNP (Thrust washer) Vergleichswert			
Statische Reibungszahl			
Dynamische Reibungszahl	(p · v=	N/mm^2 ·	m/min)
Zulässiger p · v Wert	N/mm^2 · (m/min)	v=	m/min
		v=	m/min

Thermische Eigenschaften

Formbeständigkeit in der Wärme	Verfahren	A		50 °C
	Verfahren	B		140 °C
Vicat Erweichungstemperatur (VST)	Verfahren	A/50		215 °C
	Verfahren	B/50		140 °C
Kristallit-Schmelzpunkt	Verfahren			
Längenausdehnungskoeffizient	Bereich	23–80	°C	$1.4 \cdot 10^{-4} K^{-1}$
	Temperatur			$\cdot 10^{-4} K^{-1}$
Wärmeleitfähigkeit	Verfahren			W/(K · m)
Spezifische Wärmekapazität	Verfahren			J/(K · g)
Glasumwandlungstemperatur	Torsionsschwingungsversuch		°C	
	Differentialkalorimetrie		°C	

Brandverhalten

UL-Test vertikal	Dicke 1.6 mm, Wert HB
	Dicke mm, Wert

	Norm	Bewertung	Abmessungen
Sauerstoff-Index	ASTM D 2863		
Glühstab-Verfahren			
Brandverhalten	DIN 4102		
MVSS			
FAR			

Elektrische Eigenschaften

		Hz	°C			Probekörper, Form
Dielektrizitätszahl		50	23	3.1		Durchmesser 80x1 mm
		10^3	23	3.4		Durchmesser 80x1 mm
		10^6				
Dielektrischer Verlustfaktor tan δ		50	23	0.0015		Durchmesser 80x1 mm
		10^3	23	0.02		Durchmesser 80x1 mm
		10^6				
Spezifischer Durchgangs-widerstand	Ohm · cm		23	1*10**16		Durchmesser 80x1 mm
Durchschlagfestigkeit	kV/mm		23	27		1 mm dick
Oberflächenwiderstand	Ohm		23	1*10**13		Durchmesser 80x1 mm
Kriechstromfestigkeit		KC		KB	KA	
Elektrolytische Korrosionswirkung		A 1				30x10x4 mm
Lichtbogenfestigkeit nach DIN						
nach ASTM	s					

Beständigkeit *(Chemische Beständigkeit siehe Anhang)*

Wasseraufnahme	
Feuchtigkeitsaufnahme Normalklima	%
Wetterbeständigkeit	
Spannungskorrosion	

Optische Eigenschaften

Brechungszahl n_D		
Transmissionsgrad τ_c	%	mm dick
Lichtdurchlässigkeit		

Datenbank-Nr. **T01834** Merkblatt-Nr. **4553**

Produkt	Polybutylenterephthalat		**PBT**
Handelsname	**Vestodur X 4421**		
Hersteller	HUELS		
DIN-Bez 1	16779-PBT,M,A10-07,MS40		
DIN-Bez 2			
Zusätze		*Füllstoffe/ Verstärkung*	40% Mineral
Bevorzugte Verarbeitung	Spritzgiessen	*Lieferform*	Granulat
		Farben	Naturfarben
Besondere Merkmale		*Bevorzugte Anwendungen*	

Dichte	g/cm^3 1.67	*Schmelzindex*	g/10 min	:
Schüttdichte	g/cm^3	*Volumenfließindex*	cm^3/10 min	9: 250/2.16
Viskositätszahl	ml/g 95			

Verarbeitungsbedingungen für Spritzgießen

Massetemp.	°C	*Schwindung*	% lgs , quer
Werkzeugtemp.	°C	*Bemerkungen*	
Spritzdruck	bar		

Zugversuch 23 °C DIN 53455; ISO R/527; DIN 53457; ISO R/527

Probekörper: *Form* Nr. 3; 4 mm dick — *Herstellung* Spritzgiessen
Zustand — *Vorbehandlung* Normalklima

Streckspannung	N/mm^2		*Dehnung bei Streckspannung*	%
Zugfestigkeit	N/mm^2	65	*Reißdehnung*	% 1
Reißfestigkeit	N/mm^2		*% Dehnspannung*	N/mm^2
E-Modul	N/mm^2	9000	*Dehnung bei % Dehnspg.*	%

Kriechmoduln und Zeitstandwerte 23 °C DIN 53444; ISO 899

Probekörper: *Form* Nr. 3; 4 mm dick — *Herstellung* Spritzgiessen
Zustand — *Vorbehandlung* Normalklima

Kriechmodul	*1 min* N/mm^2	8800	*Zeitstandzugfestigkeit*	h N/mm^2
Kriechmodul	*1000 h* N/mm^2	5100	*Zeitdehnspg. %*	h N/mm^2
bei Spannung	N/mm^2			

Biegeversuch 23 °C

Probekörper: *Form* — *Herstellung*
Zustand — *Vorbehandlung*

Biegefestigkeit	N/mm^2	*E-Modul*	N/mm^2
3,5% *Biegespannung*	N/mm^2		

Härte 23 °C *Probekörper:* *Zustand* — *Herstellung*
Vorbehandlung

Kugeldruckhärte	N/mm^2 bei N, s	*Shore-Härte* A	
Rockwellhärte		*Shore-Härte* D	

Schlagversuch *Probekörper:* *(1)*
(2) — *Herstellung* Spritzgiessen
Zustand — *Vorbehandlung* Normalklima

		°C	°C	°C	*Probekörper-Form*
Schlagzähigkeit	kJ/m^2				
Kerbschlagzähigkeit (1)	kJ/m^2				
IZOD-Kerbschlagzähigkeit (2)	J/m				
Kerbschlagzugzähigkeit	kJ/m^2	23 50			80x10x4 mm

Abrieb und Reibung

Taber-Abrieb (Reibradverfahren)	mm^3/100 U		
Abriebfaktor LNP (Thrust washer) Vergleichswert			
Statische Reibungszahl			
Dynamische Reibungszahl	(p · v = N/mm^2 ·		m/min)
Zulässiger p · v Wert	N/mm^2 · (m/min)	v =	m/min
		v =	m/min

Thermische Eigenschaften

Formbeständigkeit in der Wärme	*Verfahren*	A	170 °C
	Verfahren	B	210 °C
Vicat Erweichungstemperatur (VST)	*Verfahren*	A/50	220 °C
	Verfahren	B/50	205 °C
Kristallit-Schmelzpunkt	*Verfahren*		
Längenausdehnungskoeffizient	*Bereich*	23–80 °C	$0.6 \cdot 10^{-4}K^{-1}$
	Temperatur		$\cdot 10^{-4}K^{-1}$
Wärmeleitfähigkeit	*Verfahren*		W/(K · m)
Spezifische Wärmekapazität	*Verfahren*		J/(K · g)
Glasumwandlungstemperatur	*Torsionsschwingungsversuch*	°C	
	Differentialkalorimetrie	°C	

Brandverhalten

UL-Test vertikal	Dicke 1.6 mm, Wert HB
	Dicke mm, Wert

	Norm	*Bewertung*	*Abmessungen*
Sauerstoff-Index	ASTM D 2863		
Glühstab-Verfahren			
Brandverhalten	DIN 4102		
MVSS			
FAR			

Elektrische Eigenschaften

		Hz	°C		*Probekörper, Form*
Dielektrizitätszahl		50	23	4.2	Durchmesser 80x1 mm
		10^3	23	4.4	Durchmesser 80x1 mm
		10^6			
Dielektrischer Verlustfaktor tan δ		50	23	0.012	Durchmesser 80x1 mm
		10^3	23	0.02	Durchmesser 80x1 mm
		10^6			
Spezifischer Durchgangswiderstand	Ohm · cm		23	1*10**16	Durchmesser 80x1 mm
Durchschlagfestigkeit	kV/mm		23	32	1 mm dick
Oberflächenwiderstand	Ohm		23	1*10**13	Durchmesser 80x1 mm

Kriechstromfestigkeit	KC	KB	KA	
Elektrolytische Korrosionswirkung	A 1			30x10x4 mm
Lichtbogenfestigkeit nach DIN				
nach ASTM s				

Beständigkeit *(Chemische Beständigkeit siehe Anhang)*

Wasseraufnahme

Feuchtigkeitsaufnahme Normalklima %

Wetterbeständigkeit

Spannungskorrosion

Optische Eigenschaften

Brechungszahl n_D

Transmissionsgrad τ_c % mm dick

Lichtdurchlässigkeit

Produkt	Polybutylenterephthalat		**PBT**
Handelsname	**Vestodur X 4448**		
Hersteller	HUELS		
DIN-Bez 1	16779-PBT,MHP,01		
DIN-Bez 2			
Zusätze	Entformungsmittel; Waermestabilisator	*Füllstoffe/ Verstärkung*	
Bevorzugte Verarbeitung	Spritzgiessen	*Lieferform*	Granulat
		Farben	Naturfarben
Besondere Merkmale	Kaelteschlagzaeh	*Bevorzugte Anwendungen*	

Dichte	g/cm³	1.17	*Schmelzindex*	g/10 min	:	
Schüttdichte	g/cm³		*Volumenfließindex*	cm³/10 min	9:	250/2.16
Viskositätszahl	ml/g					

Verarbeitungsbedingungen für Spritzgießen

Massetemp.	°C	*Schwindung*	%	lgs , quer
Werkzeugtemp.	°C	*Bemerkungen*		
Spritzdruck	bar			

Zugversuch 23 °C DIN 53455; ISO R/527; DIN 53457; ISO R/527

Probekörper: *Form* Nr. 3; 4 mm dick — *Herstellung* Spritzgiessen
Zustand — *Vorbehandlung* Normalklima

Streckspannung	N/mm²	30	*Dehnung bei Streckspannung*	%	4
Zugfestigkeit	N/mm²		*Reißdehnung*	%	≧50
Reißfestigkeit	N/mm²		*% Dehnspannung*	N/mm²	
E-Modul	N/mm²	1500	*Dehnung bei % Dehnspg.*	%	

Kriechmoduln und Zeitstandwerte 23 °C DIN 53444; ISO 899

Probekörper: *Form* Nr. 3; 4 mm dick — *Herstellung* Spritzgiessen
Zustand — *Vorbehandlung* Normalklima

Kriechmodul	*1 min* N/mm²	1480	*Zeitstandzugfestigkeit*	h	N/mm²	
Kriechmodul	*1000 h* N/mm²	950	*Zeitdehnspg. %*	h	N/mm²	
bei Spannung	N/mm²					

Biegeversuch 23 °C

Probekörper: *Form* — *Herstellung*
Zustand — *Vorbehandlung*

Biegefestigkeit	N/mm²	*E-Modul*	N/mm²
3,5% *Biegespannung*	N/mm²		

Härte 23 °C *Probekörper:* *Zustand* — *Herstellung*
Vorbehandlung

Kugeldruckhärte	N/mm² bei N, s	*Shore-Härte* A	
Rockwellhärte		*Shore-Härte* D	

Schlagversuch *Probekörper:* (1)
(2) — *Herstellung* Spritzgiessen
Zustand — *Vorbehandlung* Normalklima

		°C	°C	°C	*Probekörper-Form*
Schlagzähigkeit	kJ/m²				
Kerbschlagzähigkeit (1)	kJ/m²				
IZOD-Kerbschlagzähigkeit (2)	J/m				
Kerbschlagzugzähigkeit	kJ/m²	23 160			80x10x4 mm

Abrieb und Reibung

Taber-Abrieb (Reibradverfahren)	mm^3/100 U		
Abriebfaktor LNP (Thrust washer) Vergleichswert			
Statische Reibungszahl			
Dynamische Reibungszahl	(p·v=	N/mm^2·	m/min)
Zulässiger p · v Wert	N/mm^2 · (m/min)	v=	m/min
		v=	m/min

Thermische Eigenschaften

Formbeständigkeit in der Wärme	*Verfahren*	A		50 °C
	Verfahren	B		130 °C
Vicat Erweichungstemperatur (VST)	*Verfahren*	A/50		210 °C
	Verfahren	B/50		105 °C
Kristallit-Schmelzpunkt	*Verfahren*			
Längenausdehnungskoeffizient	*Bereich*	23–80	°C	$1.6 \cdot 10^{-4} K^{-1}$
	Temperatur			$\cdot 10^{-4} K^{-1}$
Wärmeleitfähigkeit	*Verfahren*			W/(K · m)
Spezifische Wärmekapazität	*Verfahren*			J/(K · g)
Glasumwandlungstemperatur	*Torsionsschwingungsversuch*		°C	
	Differentialkalorimetrie		°C	

Brandverhalten

UL-Test vertikal	Dicke 1.6 mm, Wert HB	
	Dicke mm, Wert	

	Norm	*Bewertung*	*Abmessungen*
Sauerstoff-Index	ASTM D 2863		
Glühstab-Verfahren			
Brandverhalten	DIN 4102		
MVSS			
FAR			

Elektrische Eigenschaften

		Hz	°C		*Probekörper, Form*
Dielektrizitätszahl		50	23	3	Durchmesser 80x1 mm
		10^3	23	3.3	Durchmesser 80x1 mm
		10^6			
Dielektrischer Verlustfaktor tan δ		50	23	0.0013	Durchmesser 80x1 mm
		10^3	23	0.018	Durchmesser 80x1 mm
		10^6			
Spezifischer Durchgangs-widerstand	Ohm · cm		23	1*10**16	Durchmesser 80x1 mm
Durchschlagfestigkeit	kV/mm		23	27	1 mm dick
Oberflächenwiderstand	Ohm		23	1*10**13	Durchmesser 80x1 mm

Kriechstromfestigkeit	KC	KB	KA	
Elektrolytische Korrosionswirkung	A 1			30x10x4 mm
Lichtbogenfestigkeit nach DIN				
nach ASTM s				

Beständigkeit *(Chemische Beständigkeit siehe Anhang)*

Wasseraufnahme

Feuchtigkeitsaufnahme Normalklima %

Wetterbeständigkeit

Spannungskorrosion

Optische Eigenschaften

Brechungszahl n_D

Transmissionsgrad τ_c % mm dick

Lichtdurchlässigkeit

Datenbank-Nr.	**T01836**		Merkblatt-Nr. **4555**

Produkt	Polybutylenterephthalat		**PBT**
Handelsname	**Vestodur X 4509**		
Hersteller	HUELS		
DIN-Bez 1	16779-PBT,MHR,A14-03		
DIN-Bez 2			
Zusätze	Gleitmittel; Entformungsmittel; UV-Stabilisator	*Füllstoffe/ Verstärkung*	
Bevorzugte Verarbeitung	Spritzgiessen	*Lieferform*	Granulat
		Farben	Naturfarben
Besondere Merkmale	Mittelviskos; Leichtentformbar	*Bevorzugte Anwendungen*	

Dichte	g/cm^3	1.31	*Schmelzindex*	g/10 min	:	
Schüttdichte	g/cm^3		*Volumenfließindex*	$cm^3/10$ min	14:	250/2.16
Viskositätszahl	ml/g	142				

Verarbeitungsbedingungen für Spritzgießen

Massetemp.	°C	*Schwindung*	%	lgs , quer
Werkzeugtemp.	°C	*Bemerkungen*		
Spritzdruck	bar			

Zugversuch 23 °C DIN 53455; ISO R/527; DIN 53457; ISO R/527

Probekörper: *Form* Nr. 3; 4 mm dick — *Herstellung* Spritzgiessen
Zustand — *Vorbehandlung* Normalklima

Streckspannung	N/mm^2	58	*Dehnung bei Streckspannung*	%	8
Zugfestigkeit	N/mm^2		*Reißdehnung*	%	≧50
Reißfestigkeit	N/mm^2		*% Dehnspannung*	N/mm^2	
E-Modul	N/mm^2	2600	*Dehnung bei % Dehnspg.*	%	

Kriechmoduln und Zeitstandwerte 23 °C

Probekörper: *Form* — *Herstellung*
Zustand — *Vorbehandlung*

Kriechmodul	*1 min*	N/mm^2	*Zeitstandzugfestigkeit*	h	N/mm^2
Kriechmodul	*1000 h*	N/mm^2	*Zeitdehnspg. %*	h	N/mm^2
bei Spannung		N/mm^2			

Biegeversuch 23 °C

Probekörper: *Form* — *Herstellung*
Zustand — *Vorbehandlung*

Biegefestigkeit	N/mm^2	*E-Modul*	N/mm^2
3,5% *Biegespannung*	N/mm^2		

Härte 23 °C *Probekörper:* *Zustand* — *Herstellung*
Vorbehandlung

Kugeldruckhärte	N/mm^2 bei N, s	*Shore-Härte* A	
Rockwellhärte		*Shore-Härte* D	

Schlagversuch *Probekörper:* *(1)*
(2) — *Herstellung* Spritzgiessen
Zustand — *Vorbehandlung* Normalklima

		°C	°C	°C	*Probekörper-Form*
Schlagzähigkeit	kJ/m^2				
Kerbschlagzähigkeit (1)	kJ/m^2				
IZOD-Kerbschlagzähigkeit (2)	J/m				
Kerbschlagzugzähigkeit	kJ/m^2	23 100			80x10x4 mm

Abrieb und Reibung

Taber-Abrieb (Reibradverfahren)	mm^3/100 U		
Abriebfaktor LNP (Thrust washer) Vergleichswert			
Statische Reibungszahl			
Dynamische Reibungszahl	(p · v =	N/mm^2 ·	m/min)
Zulässiger p · v Wert	N/mm^2 · (m/min)	v =	m/min
		v =	m/min

Thermische Eigenschaften

Formbeständigkeit in der Wärme	*Verfahren*	A		55 °C
	Verfahren	B		160 °C
Vicat Erweichungstemperatur (VST)	*Verfahren*	A/50		220 °C
	Verfahren	B/50		185 °C
Kristallit-Schmelzpunkt	*Verfahren*			
Längenausdehnungskoeffizient	*Bereich*	23–80	°C	$1.3 \cdot 10^{-4} K^{-1}$
	Temperatur			$\cdot 10^{-4} K^{-1}$
Wärmeleitfähigkeit	*Verfahren*			W/(K · m)
Spezifische Wärmekapazität	*Verfahren*			J/(K · g)
Glasumwandlungstemperatur	*Torsionsschwingungsversuch*		°C	
	Differentialkalorimetrie		°C	

Brandverhalten

UL-Test vertikal Dicke 1.62 mm, Wert HB
Dicke 0.78 mm, Wert HB

	Norm	*Bewertung*	*Abmessungen*
Sauerstoff-Index	ASTM D 2863		
Glühstab-Verfahren			
Brandverhalten	DIN 4102		
MVSS			
FAR			

Elektrische Eigenschaften

		Hz	°C			*Probekörper, Form*
Dielektrizitätszahl		50	23	3.3		Durchmesser 80x1 mm
		10^3	23	3.5		Durchmesser 80x1 mm
		10^6				
Dielektrischer Verlustfaktor tan δ		50	23	0.0015		Durchmesser 80x1 mm
		10^3	23	0.021		Durchmesser 80x1 mm
		10^6				
Spezifischer Durchgangs-widerstand	Ohm · cm		23	1*10**16		Durchmesser 80x1 mm
Durchschlagfestigkeit	kV/mm		23	27		1 mm dick
Oberflächenwiderstand	Ohm		23	1*10**13		Durchmesser 80x1 mm
Kriechstromfestigkeit		KC		KB	KA	
Elektrolytische Korrosionswirkung		A 1				30x10x4 mm
Lichtbogenfestigkeit nach DIN						
nach ASTM	s					

Beständigkeit *(Chemische Beständigkeit siehe Anhang)*

Wasseraufnahme

Feuchtigkeitsaufnahme Normalklima %

Wetterbeständigkeit

Spannungskorrosion

Optische Eigenschaften

Brechungszahl n_D

Transmissionsgrad τ_c % mm dick

Lichtdurchlässigkeit

Datenbank-Nr.	**T01837**	Merkblatt-Nr. **4556**

Produkt	Polybutylenterephthalat		**PBT**
Handelsname	**Vestodur X 4649**		
Hersteller	HUELS		
DIN-Bez 1	16779-PBT,MHMR,A14-03		
DIN-Bez 2			
Zusätze	Entformungsmittel; UV-Stabilisator; Waermestabilisator	*Füllstoffe/ Verstärkung*	
Bevorzugte Verarbeitung	Spritzgiessen	*Lieferform*	Granulat
		Farben	Naturfarben
Besondere Merkmale	Stabilisiert; Stabil-Bewitterung; Mittelviskos; Kurze Zykluszeiten	*Bevorzugte Anwendungen*	

Dichte	g/cm^3	1.31	*Schmelzindex*	g/10 min		:	
Schüttdichte	g/cm^3		*Volumenfließindex*	cm^3/10 min	14	:	250/2.16
Viskositätszahl	ml/g	142					

Verarbeitungsbedingungen für Spritzgießen

Massetemp.	°C	*Schwindung*	%	lgs , quer
Werkzeugtemp.	°C	*Bemerkungen*		
Spritzdruck	bar			

Zugversuch 23 °C DIN 53455; ISO R/527; DIN 53457; ISO R/527

Probekörper: *Form* Nr. 3; 4 mm dick; *Zustand* — *Herstellung* Spritzgiessen; *Vorbehandlung* Normalklima

Streckspannung	N/mm^2	58	*Dehnung bei Streckspannung*	%	8
Zugfestigkeit	N/mm^2		*Reißdehnung*	%	40
Reißfestigkeit	N/mm^2		*% Dehnspannung*	N/mm^2	
E-Modul	N/mm^2	2600	*Dehnung bei % Dehnspg.*	%	

Kriechmoduln und Zeitstandwerte 23 °C

Probekörper: *Form* *Zustand* — *Herstellung* *Vorbehandlung*

Kriechmodul	*1 min* N/mm^2	*Zeitstandzugfestigkeit*	h	N/mm^2
Kriechmodul	*1000 h* N/mm^2	*Zeitdehnspg.* %	h	N/mm^2
bei Spannung	N/mm^2			

Biegeversuch 23 °C

Probekörper: *Form* *Zustand* — *Herstellung* *Vorbehandlung*

Biegefestigkeit	N/mm^2	*E-Modul*	N/mm^2
3,5% *Biegespannung*	N/mm^2		

Härte 23 °C *Probekörper:* *Zustand* — *Herstellung* *Vorbehandlung*

Kugeldruckhärte	N/mm^2 bei N, s	*Shore-Härte* A	
Rockwellhärte		*Shore-Härte* D	

Schlagversuch *Probekörper:* *(1)* *(2)* *Zustand* — *Herstellung* Spritzgiessen; *Vorbehandlung* Normalklima

		°C	°C	°C	*Probekörper-Form*
Schlagzähigkeit	kJ/m^2				
Kerbschlagzähigkeit (1)	kJ/m^2				
IZOD-Kerbschlagzähigkeit (2)	J/m				
Kerbschlagzugzähigkeit	kJ/m^2	23 100			80x10x4 mm

Abrieb und Reibung

Taber-Abrieb (Reibradverfahren)	mm^3/100 U		
Abriebfaktor LNP (Thrust washer) Vergleichswert			
Statische Reibungszahl			
Dynamische Reibungszahl	(p · v = N/mm^2 ·		m/min)
Zulässiger p · v Wert	N/mm^2 · (m/min)	v =	m/min
		v =	m/min

Thermische Eigenschaften

Formbeständigkeit in der Wärme	*Verfahren*	A		55 °C
	Verfahren	B		160 °C
Vicat Erweichungstemperatur (VST)	*Verfahren*	A/50		220 °C
	Verfahren	B/50		190 °C
Kristallit-Schmelzpunkt	*Verfahren*			
Längenausdehnungskoeffizient	*Bereich*	23–80	°C	$1.3 \cdot 10^{-4}K^{-1}$
	Temperatur			$\cdot 10^{-4}K^{-1}$
Wärmeleitfähigkeit	*Verfahren*			W/(K · m)
Spezifische Wärmekapazität	*Verfahren*			J/(K · g)
Glasumwandlungstemperatur	*Torsionsschwingungsversuch*		°C	
	Differentialkalorimetrie		°C	

Brandverhalten

UL-Test vertikal — Dicke 1.62 mm, Wert HB; Dicke 0.78 mm, Wert HB

	Norm	*Bewertung*	*Abmessungen*
Sauerstoff-Index	ASTM D 2863		
Glühstab-Verfahren			
Brandverhalten	DIN 4102		
MVSS			
FAR			

Elektrische Eigenschaften

		Hz	°C		*Probekörper, Form*
Dielektrizitätszahl		50	23	3.3	Durchmesser 80x1 mm
		10^3	23	3.5	Durchmesser 80x1 mm
		10^6			
Dielektrischer Verlustfaktor tan δ		50	23	0.0015	Durchmesser 80x1 mm
		10^3	23	0.021	Durchmesser 80x1 mm
		10^6			
Spezifischer Durchgangswiderstand	Ohm · cm		23	1*10**16	Durchmesser 80x1 mm
Durchschlagfestigkeit	kV/mm		23	27	1 mm dick
Oberflächenwiderstand	Ohm		23	1*10**13	Durchmesser 80x1 mm

Kriechstromfestigkeit	KC	KB	KA	
Elektrolytische Korrosionswirkung	A 1			30x10x4 mm
Lichtbogenfestigkeit nach DIN				
nach ASTM s				

Beständigkeit *(Chemische Beständigkeit siehe Anhang)*

Wasseraufnahme

Feuchtigkeitsaufnahme Normalklima %

Wetterbeständigkeit

Spannungskorrosion

Optische Eigenschaften

Brechungszahl n_D

Transmissionsgrad τ_c % mm dick

Lichtdurchlässigkeit

Produkt	Polybutylenterephthalat		**PBT**
Handelsname	**Vestodur X 4705**		
Hersteller	HUELS		
DIN-Bez 1	16779-PBT,MFHR,A08-18,GF50		
DIN-Bez 2			
Zusätze	Entformungsmittel; Brandschutzmittel; UV-Stabilisator	*Füllstoffe/ Verstärkung*	50% Glasfaser
Bevorzugte Verarbeitung	Spritzgiessen	*Lieferform*	Granulat
		Farben	Naturfarben
Besondere Merkmale	Flammwidrig; Selbstverloeschend; Nicht migrierend; Keine kontaktschaedigende Wirkung; Farbecht bei Belichtung; Hohe Steifigkeit	*Bevorzugte Anwendungen*	Elektrische Bauteile

Dichte	g/cm^3	1.87	*Schmelzindex*	g/10 min		:	
Schüttdichte	g/cm^3		*Volumenfließindex*	cm^3/10 min		12:	250/2.16
Viskositätszahl	ml/g						

Verarbeitungsbedingungen für Spritzgießen

Massetemp.	°C	*Schwindung*	% lgs	, quer
Werkzeugtemp.	°C	*Bemerkungen*		
Spritzdruck	bar			

Zugversuch 23 °C DIN 53455; ISO R/527; DIN 53457; ISO R/527

Probekörper: *Form* Nr. 3; 4 mm dick — *Herstellung* Spritzgiessen
Zustand — *Vorbehandlung* Normalklima

Streckspannung	N/mm^2		*Dehnung bei Streckspannung*	%	
Zugfestigkeit	N/mm^2	100	*Reißdehnung*	%	0.8
Reißfestigkeit	N/mm^2		*% Dehnspannung*	N/mm^2	
E-Modul	N/mm^2	17000	*Dehnung bei % Dehnspg.*	%	

Kriechmoduln und Zeitstandwerte 23 °C DIN 53444; ISO 899

Probekörper: *Form* Nr. 3; 4 mm dick — *Herstellung* Spritzgiessen
Zustand — *Vorbehandlung* Normalklima

Kriechmodul	*1 min*	N/mm^2	13500	*Zeitstandzugfestigkeit*	h	N/mm^2
Kriechmodul	*1000 h*	N/mm^2	9000	*Zeitdehnspg. %*	h	N/mm^2
bei Spannung		N/mm^2				

Biegeversuch 23 °C

Probekörper: *Form* — *Herstellung*
Zustand — *Vorbehandlung*

Biegefestigkeit	N/mm^2	*E-Modul*	N/mm^2
3,5% *Biegespannung*	N/mm^2		

Härte 23 °C *Probekörper:* *Zustand* — *Herstellung*
Vorbehandlung

Kugeldruckhärte	N/mm^2 bei N, s	*Shore-Härte* A	
Rockwellhärte		*Shore-Härte* D	

Schlagversuch *Probekörper:* *(1)*
(2) — *Herstellung* Spritzgiessen
Zustand — *Vorbehandlung* Normalklima

		°C	°C	°C	*Probekörper-Form*
Schlagzähigkeit	kJ/m^2				
Kerbschlagzähigkeit (1)	kJ/m^2				
IZOD-Kerbschlagzähigkeit (2)	J/m				
Kerbschlagzugzähigkeit	kJ/m^2	23 55			80x10x4 mm

Abrieb und Reibung

Taber-Abrieb (Reibradverfahren)	$mm^3/100$ U		
Abriebfaktor LNP (Thrust washer) Vergleichswert			
Statische Reibungszahl			
Dynamische Reibungszahl	(p·v= N/mm²·		m/min)
Zulässiger p · v Wert	N/mm²·(m/min)	v=	m/min
		v=	m/min

Thermische Eigenschaften

Formbeständigkeit in der Wärme	*Verfahren*	A		218 °C
	Verfahren	B		224 °C
Vicat Erweichungstemperatur (VST)	*Verfahren*	A/50		221 °C
	Verfahren	B/50		215 °C
Kristallit-Schmelzpunkt	*Verfahren*			
Längenausdehnungskoeffizient	*Bereich*	23–80	°C	$0.4 \cdot 10^{-4} K^{-1}$
	Temperatur			$\cdot 10^{-4} K^{-1}$
Wärmeleitfähigkeit	*Verfahren*			W/(K · m)
Spezifische Wärmekapazität	*Verfahren*			J/(K · g)
Glasumwandlungstemperatur	*Torsionsschwingungsversuch*		°C	
	Differentialkalorimetrie		°C	

Brandverhalten

UL-Test vertikal	Dicke 1.58 mm, Wert V-0	
	Dicke 0.77 mm, Wert V-0	

	Norm	*Bewertung*	*Abmessungen*
Sauerstoff-Index	ASTM D 2863		
Glühstab-Verfahren			
Brandverhalten	DIN 4102		
MVSS			
FAR			

Elektrische Eigenschaften

		Hz	°C		*Probekörper, Form*
Dielektrizitätszahl		50	23	4.7	Durchmesser 80x1 mm
		10^3	23	4.9	Durchmesser 80x1 mm
		10^6			
Dielektrischer Verlustfaktor tan δ		50	23	0.0044	Durchmesser 80x1 mm
		10^3	23	0.013	Durchmesser 80x1 mm
		10^6			
Spezifischer Durchgangs-widerstand	Ohm · cm		23	1*10**16	Durchmesser 80x1 mm
Durchschlagfestigkeit	kV/mm		23	27	1 mm dick
Oberflächenwiderstand	Ohm		23	1*10**13	Durchmesser 80x1 mm

Kriechstromfestigkeit	KC	KB	KA	
Elektrolytische Korrosionswirkung	A 1			30x10x4 mm
Lichtbogenfestigkeit nach DIN				
nach ASTM s				

Beständigkeit *(Chemische Beständigkeit siehe Anhang)*

Wasseraufnahme

Feuchtigkeitsaufnahme Normalklima %

Wetterbeständigkeit

Spannungskorrosion

Optische Eigenschaften

Brechungszahl n_D

Produkt	Polybutylenterephthalat		**PBT**
Handelsname	**Vestodur X 4712**		
Hersteller	HUELS		
DIN-Bez 1	16779-PBT,MFHR,A10-07,GF20		
DIN-Bez 2			
Zusätze	Entformungsmittel; Brandschutzmittel; UV-Stabilisator	*Füllstoffe/ Verstärkung*	20% Glasfaser
Bevorzugte Verarbeitung	Spritzgiessen	*Lieferform*	Granulat
		Farben	Naturfarben
Besondere Merkmale	Flammwidrig; Selbstverloeschend; Nicht migrierend; Hohe Farbechtheit bei Belichtung; Hohe Steifigkeit	*Bevorzugte Anwendungen*	

Dichte	g/cm^3	1.6	*Schmelzindex*	g/10 min	:	
Schüttdichte	g/cm^3		*Volumenfließindex*	cm^3/10 min	9:	250/2.16
Viskositätszahl	ml/g					

Verarbeitungsbedingungen für Spritzgießen

Massetemp.	°C	*Schwindung*	% lgs , quer
Werkzeugtemp.	°C	*Bemerkungen*	
Spritzdruck	bar		

Zugversuch 23 °C DIN 53455; ISO R/527; DIN 53457; ISO R/527

Probekörper: *Form* Nr. 3; 4 mm dick — *Herstellung* Spritzgiessen
Zustand — *Vorbehandlung* Normalklima

Streckspannung	N/mm^2		*Dehnung bei Streckspannung*	%	
Zugfestigkeit	N/mm^2	120	*Reißdehnung*	%	2.7
Reißfestigkeit	N/mm^2		*% Dehnspannung*	N/mm^2	
E-Modul	N/mm^2	7400	*Dehnung bei % Dehnspg.*	%	

Kriechmoduln und Zeitstandwerte 23 °C

Probekörper: *Form* — *Herstellung*
Zustand — *Vorbehandlung*

Kriechmodul	*1 min*	N/mm^2	*Zeitstandzugfestigkeit*	h	N/mm^2
Kriechmodul	*1000 h*	N/mm^2	*Zeitdehnspg.* %	h	N/mm^2
bei Spannung		N/mm^2			

Biegeversuch 23 °C

Probekörper: *Form* — *Herstellung*
Zustand — *Vorbehandlung*

Biegefestigkeit	N/mm^2	*E-Modul*	N/mm^2
3,5% *Biegespannung*	N/mm^2		

Härte 23 °C *Probekörper:* *Zustand* — *Herstellung*
Vorbehandlung

Kugeldruckhärte	N/mm^2 bei N, s	*Shore-Härte* A	
Rockwellhärte		*Shore-Härte* D	

Schlagversuch *Probekörper:* *(1)*
(2) — *Herstellung* Spritzgiessen
Zustand — *Vorbehandlung* Normalklima

		°C	°C	°C	*Probekörper-Form*
Schlagzähigkeit	kJ/m^2				
Kerbschlagzähigkeit (1)	kJ/m^2				
IZOD-Kerbschlagzähigkeit (2)	J/m				
Kerbschlagzugzähigkeit	kJ/m^2	23 55			80x10x4 mm

Abrieb und Reibung

Taber-Abrieb (Reibradverfahren)	mm^3/100 U		
Abriebfaktor LNP (Thrust washer) Vergleichswert			
Statische Reibungszahl			
Dynamische Reibungszahl	(p·v= N/mm^2·		m/min)
Zulässiger p · v Wert	N/mm^2· (m/min)	v=	m/min
		v=	m/min

Thermische Eigenschaften

Formbeständigkeit in der Wärme	*Verfahren*	A		205 °C
	Verfahren	B		215 °C
Vicat Erweichungstemperatur (VST)	*Verfahren*	A/50		215 °C
	Verfahren	B/50		210 °C
Kristallit-Schmelzpunkt	*Verfahren*			
Längenausdehnungskoeffizient	*Bereich*	23–80	°C	$0.4 \cdot 10^{-4} K^{-1}$
	Temperatur			$\cdot 10^{-4} K^{-1}$
Wärmeleitfähigkeit	*Verfahren*			W/(K · m)
Spezifische Wärmekapazität	*Verfahren*			J/(K · g)
Glasumwandlungstemperatur	*Torsionsschwingungsversuch*		°C	
	Differentialkalorimetrie		°C	

Brandverhalten

UL-Test vertikal Dicke 1.53 mm, Wert V-0
Dicke 0.78 mm, Wert V-0

	Norm	*Bewertung*	*Abmessungen*
Sauerstoff-Index	ASTM D 2863		
Glühstab-Verfahren			
Brandverhalten	DIN 4102		
MVSS			
FAR			

Elektrische Eigenschaften

		Hz	°C		*Probekörper, Form*
Dielektrizitätszahl		50	23	3.8	Durchmesser 80x1 mm
		10^3	23	4.2	Durchmesser 80x1 mm
		10^6			
Dielektrischer Verlustfaktor tan δ		50	23	0.003	Durchmesser 80x1 mm
		10^3	23	0.015	Durchmesser 80x1 mm
		10^6			
Spezifischer Durchgangs-widerstand	Ohm · cm		23	1*10**16	Durchmesser 80x1 mm
Durchschlagfestigkeit	kV/mm		23	27	1 mm dick
Oberflächenwiderstand	Ohm		23	1*10**13	Durchmesser 80x1 mm

Kriechstromfestigkeit KC KB KA
Elektrolytische Korrosionswirkung
Lichtbogenfestigkeit nach DIN
nach ASTM s

Beständigkeit *(Chemische Beständigkeit siehe Anhang)*

Wasseraufnahme

Feuchtigkeitsaufnahme Normalklima %

Wetterbeständigkeit

Spannungskorrosion

Optische Eigenschaften

Brechungszahl n_D
Transmissionsgrad τ_c % mm dick
Lichtdurchlässigkeit

Datenbank-Nr. **T01840** Merkblatt-Nr. **4559**

Produkt	Polybutylenterephthalat		**PBT**
Handelsname	**Vestodur X 4745**		
Hersteller	HUELS		
DIN-Bez 1	16779-PBT,MFHR,A10-05,GF10		
DIN-Bez 2			
Zusätze	Entformungsmittel; Brandschutzmittel; UV-Stabilisator	*Füllstoffe/ Verstärkung*	12% Glasfaser
Bevorzugte Verarbeitung	Spritzgiessen	*Lieferform*	Granulat
		Farben	Naturfarben
Besondere Merkmale	Flammwidrig; Selbstverloeschend; Nicht migrierend; Hohe Farbechtheit bei Belichtung; Erhoehte Steifigkeit	*Bevorzugte Anwendungen*	Elektrische Bauteile

Dichte	g/cm³	1.55	*Schmelzindex*	g/10 min		:	
Schüttdichte	g/cm³		*Volumenfließindex*	cm³/10 min		15:	250/2.16
Viskositätszahl	ml/g						

Verarbeitungsbedingungen für Spritzgießen

Massetemp.	°C	*Schwindung*	%	lgs , quer
Werkzeugtemp.	°C	*Bemerkungen*		
Spritzdruck	bar			

Zugversuch 23 °C DIN 53455; ISO R/527; DIN 53457; ISO R/527

Probekörper: *Form* Nr. 3; 4 mm dick — *Herstellung* Spritzgiessen
Zustand — *Vorbehandlung* Normalklima

Streckspannung	N/mm²		*Dehnung bei Streckspannung*	%	
Zugfestigkeit	N/mm²	100	*Reißdehnung*	%	2.7
Reißfestigkeit	N/mm²		*% Dehnspannung*	N/mm²	
E-Modul	N/mm²	5600	*Dehnung bei % Dehnspg.*	%	

Kriechmoduln und Zeitstandwerte 23 °C DIN 53444; ISO 899

Probekörper: *Form* Nr. 3; 4 mm dick — *Herstellung* Spritzgiessen
Zustand — *Vorbehandlung* Normalklima

Kriechmodul	*1 min* N/mm²	3700	*Zeitstandzugfestigkeit*	h	N/mm²
Kriechmodul	*1000 h* N/mm²	1900	*Zeitdehnspg. %*	h	N/mm²
bei Spannung	N/mm²				

Biegeversuch 23 °C

Probekörper: *Form* — *Herstellung*
Zustand — *Vorbehandlung*

Biegefestigkeit	N/mm²	*E-Modul*	N/mm²
3,5% *Biegespannung*	N/mm²		

Härte 23 °C *Probekörper:* *Zustand* — *Herstellung*
Vorbehandlung

Kugeldruckhärte	N/mm² bei N, s	*Shore-Härte* A	
Rockwellhärte		*Shore-Härte* D	

Schlagversuch *Probekörper:* *(1)*
(2) — *Herstellung* Spritzgiessen
Zustand — *Vorbehandlung* Normalklima

		°C	°C	°C	*Probekörper-Form*
Schlagzähigkeit	kJ/m²				
Kerbschlagzähigkeit (1)	kJ/m²				
IZOD-Kerbschlagzähigkeit (2)	J/m				
Kerbschlagzugzähigkeit	kJ/m²	23 50			80x10x4 mm

Abrieb und Reibung

Taber-Abrieb (Reibradverfahren)	mm^3/100 U		
Abriebfaktor LNP (Thrust washer) Vergleichswert			
Statische Reibungszahl			
Dynamische Reibungszahl	(p · v =	N/mm^2 ·	m/min)
Zulässiger p · v Wert	N/mm^2 · (m/min)	v =	m/min
		v =	m/min

Thermische Eigenschaften

Formbeständigkeit in der Wärme	*Verfahren*	A		195 °C
	Verfahren	B		210 °C
Vicat Erweichungstemperatur (VST)	*Verfahren*	A/50		215 °C
	Verfahren	B/50		205 °C
Kristallit-Schmelzpunkt	*Verfahren*			
Längenausdehnungskoeffizient	*Bereich*	23–80	°C	$0.5 \cdot 10^{-4} K^{-1}$
	Temperatur			$\cdot 10^{-4} K^{-1}$
Wärmeleitfähigkeit	*Verfahren*			W/(K · m)
Spezifische Wärmekapazität	*Verfahren*			J/(K · g)
Glasumwandlungstemperatur	*Torsionsschwingungsversuch*		°C	
	Differentialkalorimetrie		°C	

Brandverhalten

UL-Test vertikal	Dicke 1.58 mm, Wert V-0
	Dicke 3.17 mm, Wert V-0

	Norm	*Bewertung*	*Abmessungen*
Sauerstoff-Index	ASTM D 2863		
Glühstab-Verfahren			
Brandverhalten	DIN 4102		
MVSS			
FAR			

Elektrische Eigenschaften

		Hz	°C		*Probekörper, Form*
Dielektrizitätszahl		50	23	3.6	Durchmesser 80x1 mm
		10^3	23	3.9	Durchmesser 80x1 mm
		10^6			
Dielektrischer Verlustfaktor tan δ		50	23	0.0025	Durchmesser 80x1 mm
		10^3	23	0.016	Durchmesser 80x1 mm
		10^6			
Spezifischer Durchgangs-widerstand	Ohm · cm		23	1*10**16	Durchmesser 80x1 mm
Durchschlagfestigkeit	kV/mm		23	27	1 mm dick
Oberflächenwiderstand	Ohm		23	1*10**13	Durchmesser 80x1 mm

Kriechstromfestigkeit	KC	KB	KA
Elektrolytische Korrosionswirkung			
Lichtbogenfestigkeit nach DIN			
nach ASTM s			

Beständigkeit *(Chemische Beständigkeit siehe Anhang)*

Wasseraufnahme

Feuchtigkeitsaufnahme Normalklima %

Wetterbeständigkeit

Spannungskorrosion

Optische Eigenschaften

Brechungszahl n_D

Transmissionsgrad τ_c % mm dick

Lichtdurchlässigkeit

Datenbank-Nr. **T01841** Merkblatt-Nr. **4560**

Produkt	Polybutylenterephthalat		**PBT**
Handelsname	**Vestodur X 4860**		
Hersteller	HUELS		
DIN-Bez 1	16779-PBT,EP,A14-01		
DIN-Bez 2			
Zusätze		*Füllstoffe/ Verstärkung*	
Bevorzugte Verarbeitung	Spritzgiessen; Extrudieren; Folienextrusion; Beschichten	*Lieferform*	Granulat
		Farben	Naturfarben
Besondere Merkmale	Erhoehte Flexibilitaet; Erhoehte Zaehigkeit; Entspricht BGA-Empfehlung	*Bevorzugte Anwendungen*	Lose Ummantelung von Lichtwellenleiterhuellen

Dichte	g/cm^3	1.28	*Schmelzindex*	g/10 min		:
Schüttdichte	g/cm^3		*Volumenfließindex*	cm^3/10 min	16:	250/2.16
Viskositätszahl	ml/g	155				

Verarbeitungsbedingungen für Spritzgießen

Massetemp.	°C	*Schwindung*	% lgs , quer
Werkzeugtemp.	°C	*Bemerkungen*	
Spritzdruck	bar		

Zugversuch 23 °C DIN 53455; ISO R/527; DIN 53457; ISO R/527

Probekörper: *Form* Nr. 3; 4 mm dick — *Herstellung* Spritzgiessen
Zustand — *Vorbehandlung* Normalklima

Streckspannung	N/mm^2	38	*Dehnung bei Streckspannung*	%	17
Zugfestigkeit	N/mm^2		*Reißdehnung*	%	≧50
Reißfestigkeit	N/mm^2		*% Dehnspannung*	N/mm^2	
E-Modul	N/mm^2	1100	*Dehnung bei % Dehnspg.*	%	

Kriechmoduln und Zeitstandwerte 23 °C DIN 53444; ISO 899

Probekörper: *Form* Nr. 3; 4 mm dick — *Herstellung* Spritzgiessen
Zustand — *Vorbehandlung* Normalklima

Kriechmodul	*1 min*	N/mm^2	600	*Zeitstandzugfestigkeit*	h	N/mm^2
Kriechmodul	*1000 h*	N/mm^2	300	*Zeitdehnspg. %*	h	N/mm^2
bei Spannung		N/mm^2				

Biegeversuch 23 °C

Probekörper: *Form* — *Herstellung*
Zustand — *Vorbehandlung*

Biegefestigkeit	N/mm^2	*E-Modul*	N/mm^2
3,5% *Biegespannung*	N/mm^2		

Härte 23 °C *Probekörper:* *Zustand* — *Herstellung*
Vorbehandlung

Kugeldruckhärte	N/mm^2 bei N, s	*Shore-Härte* A	
Rockwellhärte		*Shore-Härte* D	

Schlagversuch *Probekörper:* *(1)*
(2) — *Herstellung* Spritzgiessen
Zustand — *Vorbehandlung* Normalklima

		°C	°C	°C	*Probekörper-Form*
Schlagzähigkeit	kJ/m^2				
Kerbschlagzähigkeit (1)	kJ/m^2				
IZOD-Kerbschlagzähigkeit (2)	J/m				
Kerbschlagzugzähigkeit	kJ/m^2	23 180			80x10x4 mm

Abrieb und Reibung

Taber-Abrieb (Reibradverfahren)	mm^3/100 U		
Abriebfaktor LNP (Thrust washer) Vergleichswert			
Statische Reibungszahl			
Dynamische Reibungszahl	(p · v=	N/mm^2 ·	m/min)
Zulässiger p · v Wert	N/mm^2 · (m/min)	v=	m/min
		v=	m/min

Thermische Eigenschaften

Formbeständigkeit in der Wärme	*Verfahren*	A		50 °C
	Verfahren	B		120 °C
Vicat Erweichungstemperatur (VST)	*Verfahren*	A/50		207 °C
	Verfahren	B/50		150 °C
Kristallit-Schmelzpunkt	*Verfahren*			
Längenausdehnungskoeffizient	*Bereich*	23–80	°C	$1.6 \cdot 10^{-4} K^{-1}$
	Temperatur			$\cdot 10^{-4} K^{-1}$
Wärmeleitfähigkeit	*Verfahren*			W/(K · m)
Spezifische Wärmekapazität	*Verfahren*			J/(K · g)
Glasumwandlungstemperatur	*Torsionsschwingungsversuch*		°C	
	Differentialkalorimetrie		°C	

Brandverhalten

UL-Test vertikal	Dicke 1.6	mm, Wert HB
	Dicke	mm, Wert

	Norm	*Bewertung*	*Abmessungen*
Sauerstoff-Index	ASTM D 2863		
Glühstab-Verfahren			
Brandverhalten	DIN 4102		
MVSS			
FAR			

Elektrische Eigenschaften

		Hz	°C		*Probekörper, Form*
Dielektrizitätszahl		50	23	3.6	Durchmesser 80x1 mm
		10^3	23	3.6	Durchmesser 80x1 mm
		10^6			
Dielektrischer Verlustfaktor tan δ		50	23	0.013	Durchmesser 80x1 mm
		10^3	23	0.026	Durchmesser 80x1 mm
		10^6			
Spezifischer Durchgangs-widerstand	Ohm · cm		23	1*10**16	Durchmesser 80x1 mm
Durchschlagfestigkeit	kV/mm		23	27	1 mm dick
Oberflächenwiderstand	Ohm		23	1*10**13	Durchmesser 80x1 mm

Kriechstromfestigkeit	KC	KB	KA	
Elektrolytische Korrosionswirkung	A 1			30x10x4 mm
Lichtbogenfestigkeit nach DIN				
nach ASTM s				

Beständigkeit *(Chemische Beständigkeit siehe Anhang)*

Wasseraufnahme

Feuchtigkeitsaufnahme Normalklima %

Wetterbeständigkeit

Spannungskorrosion

Optische Eigenschaften

Brechungszahl n_D

Transmissionsgrad τ_c % mm dick

Lichtdurchlässigkeit

Datenbank-Nr.	**T01842**	Merkblatt-Nr. **4561**

Produkt	Polyethylen hoher Dichte		**PE**
Handelsname	**Vestolen A 3512 F**		
Hersteller	HUELS		
DIN-Bez 1	16776,PE,FAHT,35 D 006		
DIN-Bez 2			
Zusätze	Waermestabilisator	*Füllstoffe/ Verstärkung*	
Bevorzugte Verarbeitung	Folienextrusion; Beschichten	*Lieferform*	Granulat
		Farben	
Besondere Merkmale		*Bevorzugte Anwendungen*	Kaschierfolie; Beutel; Kochbeutel

Dichte	g/cm³	0.931	*Schmelzindex*	g/10 min		:	
Schüttdichte	g/cm³		*Volumenfließindex*	cm³/10 min		2:	190/5
Viskositätszahl	ml/g	250					

Verarbeitungsbedingungen für Spritzgießen

Massetemp.	°C	*Schwindung*	%	lgs	, quer
Werkzeugtemp.	°C	*Bemerkungen*			
Spritzdruck	bar				

Zugversuch 23 °C DIN 53455; ISO R/527; DIN 53457; ISO R/527

Probekörper:	*Form*	Nr. 3; 4 mm dick	*Herstellung*	Pressen
	Zustand		*Vorbehandlung*	Normalklima

Streckspannung	N/mm²	18	*Dehnung bei Streckspannung*	%	
Zugfestigkeit	N/mm²		*Reißdehnung*	%	≧50
Reißfestigkeit	N/mm²		*% Dehnspannung*	N/mm²	
E-Modul	N/mm²	550	*Dehnung bei % Dehnspg.*	%	

Kriechmoduln und Zeitstandwerte 23 °C

Probekörper:	*Form*	*Herstellung*	
	Zustand	*Vorbehandlung*	

Kriechmodul	*1 min*	N/mm²	*Zeitstandzugfestigkeit*	h	N/mm²
Kriechmodul	*1000 h*	N/mm²	*Zeitdehnspg. %*	h	N/mm²
bei Spannung		N/mm²			

Biegeversuch 23 °C

Probekörper:	*Form*	*Herstellung*
	Zustand	*Vorbehandlung*

Biegefestigkeit	N/mm²	*E-Modul*	N/mm²
3,5% *Biegespannung*	N/mm²		

Härte 23 °C

Probekörper:	*Zustand*	*Herstellung*
		Vorbehandlung

Kugeldruckhärte	N/mm²	bei N, s	*Shore-Härte* A
Rockwellhärte			*Shore-Härte* D

Schlagversuch

Probekörper:	*(1)*	
	(2)	*Herstellung*
	Zustand	*Vorbehandlung*

		°C	°C	°C	*Probekörper-Form*
Schlagzähigkeit	kJ/m²				
Kerbschlagzähigkeit (1)	kJ/m²				
IZOD-Kerbschlagzähigkeit (2)	J/m				
Kerbschlagzugzähigkeit	kJ/m²				

Abrieb und Reibung

Taber-Abrieb (Reibradverfahren)	mm^3/100 U		
Abriebfaktor LNP (Thrust washer) Vergleichswert			
Statische Reibungszahl			
Dynamische Reibungszahl	(p · v =	N/mm^2 ·	m/min)
Zulässiger p · v Wert	N/mm^2 · (m/min)	v =	m/min
		v =	m/min

Thermische Eigenschaften

Formbeständigkeit in der Wärme	*Verfahren*	A		38 °C
	Verfahren	B		58 °C
Vicat Erweichungstemperatur (VST)	*Verfahren*	B/50		68 °C
	Verfahren			°C
Kristallit-Schmelzpunkt	*Verfahren*			
Längenausdehnungskoeffizient	*Bereich*	23–80	°C	$2 \cdot 10^{-4}K^{-1}$
	Temperatur			$\cdot 10^{-4}K^{-1}$
Wärmeleitfähigkeit	*Verfahren*			W/(K · m)
Spezifische Wärmekapazität	*Verfahren*			J/(K · g)
Glasumwandlungstemperatur	*Torsionsschwingungsversuch*		°C	
	Differentialkalorimetrie		°C	

Brandverhalten

UL-Test vertikal Dicke mm, Wert
Dicke mm, Wert

	Norm	*Bewertung*	*Abmessungen*
Sauerstoff-Index	ASTM D 2863		
Glühstab-Verfahren			
Brandverhalten	DIN 4102		
MVSS			
FAR			

Elektrische Eigenschaften

		Hz	°C		*Probekörper, Form*
Dielektrizitätszahl		50	23	2.3	Durchmesser 80x1 mm
		10^3			
		10^6			
Dielektrischer Verlustfaktor tan δ		50	23	0.0005	Durchmesser 80x1 mm
		10^3			
		10^6			
Spezifischer Durchgangs-widerstand	Ohm · cm		23	1*10**16	Durchmesser 80x1 mm
Durchschlagfestigkeit	kV/mm		23	80	1 mm dick
Oberflächenwiderstand	Ohm		23	1*10**13	Durchmesser 80x1 mm

Kriechstromfestigkeit KC KB KA
Elektrolytische Korrosionswirkung
Lichtbogenfestigkeit nach DIN
nach ASTM s

Beständigkeit *(Chemische Beständigkeit siehe Anhang)*

Wasseraufnahme

Feuchtigkeitsaufnahme Normalklima %
Wetterbeständigkeit

Spannungskorrosion

Optische Eigenschaften

Brechungszahl n_D
Transmissionsgrad τ_c % mm dick
Lichtdurchlässigkeit

Produkt	Polyethylen hoher Dichte		**PE**
Handelsname	**Vestolen A 3515 L**		
Hersteller	HUELS		
DIN-Bez 1	16776-PE,MAHL,35 D 045		
DIN-Bez 2			
Zusätze	UV-Stabilisator; Waermestabilisator	*Füllstoffe/ Verstärkung*	
Bevorzugte Verarbeitung	Spritzgiessen	*Lieferform*	Granulat
		Farben	
Besondere Merkmale	Stabilisiert; Stabil-Bewitterung; Gute Spannungsrissbestaendigkeit	*Bevorzugte Anwendungen*	

Dichte	g/cm^3	0.933	*Schmelzindex*	g/10 min	:	
Schüttdichte	g/cm^3		*Volumenfließindex*	$cm^3/10$ min	20:	190/5
Viskositätszahl	ml/g	150				

Verarbeitungsbedingungen für Spritzgießen

Massetemp.	°C	*Schwindung*	%	lgs , quer
Werkzeugtemp.	°C	*Bemerkungen*		
Spritzdruck	bar			

Zugversuch 23 °C DIN 53455; ISO R/527; DIN 53457; ISO R/527

Probekörper: *Form* Nr. 3; 4 mm dick *Herstellung* Pressen
Zustand *Vorbehandlung* Normalklima

Streckspannung	N/mm^2	18	*Dehnung bei Streckspannung*	%	
Zugfestigkeit	N/mm^2		*Reißdehnung*	%	≧50
Reißfestigkeit	N/mm^2		*% Dehnspannung*	N/mm^2	
E-Modul	N/mm^2	600	*Dehnung bei % Dehnspg.*	%	

Kriechmoduln und Zeitstandwerte 23 °C

Probekörper: *Form* *Herstellung*
Zustand *Vorbehandlung*

Kriechmodul	*1 min* N/mm^2	*Zeitstandzugfestigkeit*	h	N/mm^2
Kriechmodul	*1000 h* N/mm^2	*Zeitdehnspg. %*	h	N/mm^2
bei Spannung	N/mm^2			

Biegeversuch 23 °C

Probekörper: *Form* *Herstellung*
Zustand *Vorbehandlung*

Biegefestigkeit	N/mm^2	*E-Modul*	N/mm^2
3,5% *Biegespannung*	N/mm^2		

Härte 23 °C *Probekörper:* *Zustand* *Herstellung*
Vorbehandlung

Kugeldruckhärte	N/mm^2 bei N, s	*Shore-Härte* A	
Rockwellhärte		*Shore-Härte* D	

Schlagversuch *Probekörper:* *(1)*
(2) *Herstellung*
Zustand *Vorbehandlung*

	°C	°C	°C	*Probekörper-Form*
Schlagzähigkeit kJ/m^2				
Kerbschlagzähigkeit (1) kJ/m^2				
IZOD-Kerbschlagzähigkeit (2) J/m				
Kerbschlagzugzähigkeit kJ/m^2				

Abrieb und Reibung

Taber-Abrieb (Reibradverfahren)	$mm^3/100$ U		
Abriebfaktor LNP (Thrust washer) Vergleichswert			
Statische Reibungszahl			
Dynamische Reibungszahl	(p·v=	N/mm²·	m/min)
Zulässiger p · v Wert	N/mm²·(m/min)	v=	m/min
		v=	m/min

Thermische Eigenschaften

Formbeständigkeit in der Wärme	*Verfahren*	A		38 °C
	Verfahren	B		58 °C
Vicat Erweichungstemperatur (VST)	*Verfahren*	B/50		65 °C
	Verfahren			°C
Kristallit-Schmelzpunkt	*Verfahren*			
Längenausdehnungskoeffizient	*Bereich*	23–80	°C	$2 \cdot 10^{-4} K^{-1}$
	Temperatur			$\cdot 10^{-4} K^{-1}$
Wärmeleitfähigkeit	*Verfahren*			W/(K · m)
Spezifische Wärmekapazität	*Verfahren*			J/(K · g)
Glasumwandlungstemperatur	*Torsionsschwingungsversuch*		°C	
	Differentialkalorimetrie		°C	

Brandverhalten

UL-Test vertikal	Dicke	mm, Wert
	Dicke	mm, Wert

	Norm	*Bewertung*	*Abmessungen*
Sauerstoff-Index	ASTM D 2863		
Glühstab-Verfahren			
Brandverhalten	DIN 4102		
MVSS			
FAR			

Elektrische Eigenschaften

		Hz	°C			*Probekörper, Form*
Dielektrizitätszahl		50	23	2.3		Durchmesser 80x1 mm
		10^3				
		10^6				
Dielektrischer Verlustfaktor tan δ		50	23	0.0005		Durchmesser 80x1 mm
		10^3				
		10^6				
Spezifischer Durchgangs-widerstand	Ohm · cm		23	1*10**16		Durchmesser 80x1 mm
Durchschlagfestigkeit	kV/mm		23	80		1 mm dick
Oberflächenwiderstand	Ohm		23	1*10**13		Durchmesser 80x1 mm
Kriechstromfestigkeit		KC		KB	KA	
Elektrolytische Korrosionswirkung						
Lichtbogenfestigkeit nach DIN						
nach ASTM	s					

Beständigkeit *(Chemische Beständigkeit siehe Anhang)*

Wasseraufnahme

Feuchtigkeitsaufnahme Normalklima %

Wetterbeständigkeit

Spannungskorrosion

Optische Eigenschaften

Brechungszahl n_D

Transmissionsgrad τ_c % mm dick

Lichtdurchlässigkeit

Datenbank-Nr. **T01844** Merkblatt-Nr. **4563**

Produkt	Polyethylen hoher Dichte		**PE**
Handelsname	**Vestolen A 4042 F**		
Hersteller	HUELS		
DIN-Bez 1	16776,PE,FAH,40 D 006		
DIN-Bez 2			
Zusätze	Waermestabilisator	*Füllstoffe/ Verstärkung*	
Bevorzugte Verarbeitung	Folienextrusion	*Lieferform*	Granulat
		Farben	
Besondere Merkmale		*Bevorzugte Anwendungen*	Tuete; Tragetasche; Einschlagfolie; Baendchen

Dichte	g/cm³	0.938	*Schmelzindex*	g/10 min		:
Schüttdichte	g/cm³		*Volumenfließindex*	cm³/10 min	1.1	: 190/5
Viskositätszahl	ml/g	310				

Verarbeitungsbedingungen für Spritzgießen

Massetemp.	°C	*Schwindung*	%	lgs , quer
Werkzeugtemp.	°C	*Bemerkungen*		
Spritzdruck	bar			

Zugversuch 23 °C DIN 53455; ISO R/527; DIN 53457; ISO R/527

Probekörper: *Form* Nr. 3; 4 mm dick — *Herstellung* Pressen
Zustand — *Vorbehandlung* Normalklima

Streckspannung	N/mm²	21	*Dehnung bei Streckspannung*	%	
Zugfestigkeit	N/mm²		*Reißdehnung*	%	≧50
Reißfestigkeit	N/mm²		*% Dehnspannung*	N/mm²	
E-Modul	N/mm²	750	*Dehnung bei % Dehnspg.*	%	

Kriechmoduln und Zeitstandwerte 23 °C

Probekörper: *Form* — *Herstellung*
Zustand — *Vorbehandlung*

Kriechmodul	*1 min*	N/mm²	*Zeitstandzugfestigkeit*	h	N/mm²
Kriechmodul	*1000 h*	N/mm²	*Zeitdehnspg. %*	h	N/mm²
bei Spannung		N/mm²			

Biegeversuch 23 °C

Probekörper: *Form* — *Herstellung*
Zustand — *Vorbehandlung*

Biegefestigkeit	N/mm²	*E-Modul*	N/mm²
3,5% *Biegespannung*	N/mm²		

Härte 23 °C *Probekörper:* *Zustand* — *Herstellung*
Vorbehandlung

Kugeldruckhärte	N/mm² bei N, s	*Shore-Härte* A	
Rockwellhärte		*Shore-Härte* D	

Schlagversuch *Probekörper:* *(1)*
(2) — *Herstellung*
Zustand — *Vorbehandlung*

		°C	°C	°C	*Probekörper-Form*
Schlagzähigkeit	kJ/m²				
Kerbschlagzähigkeit (1)	kJ/m²				
IZOD-Kerbschlagzähigkeit (2)	J/m				
Kerbschlagzugzähigkeit	kJ/m²				

Abrieb und Reibung

Taber-Abrieb (Reibradverfahren)	mm^3/100 U		
Abriebfaktor LNP (Thrust washer) Vergleichswert			
Statische Reibungszahl			
Dynamische Reibungszahl	(p · v= N/mm^2 ·		m/min)
Zulässiger p · v Wert	N/mm^2 · (m/min)	v=	m/min
		v=	m/min

Thermische Eigenschaften

Formbeständigkeit in der Wärme	*Verfahren*	A		38 °C
	Verfahren	B		63 °C
Vicat Erweichungstemperatur (VST)	*Verfahren*	B/50		71 °C
	Verfahren			°C
Kristallit-Schmelzpunkt	*Verfahren*			
Längenausdehnungskoeffizient	*Bereich*	23–80	°C	$2 \cdot 10^{-4} K^{-1}$
	Temperatur			$\cdot 10^{-4} K^{-1}$
Wärmeleitfähigkeit	*Verfahren*			W/(K · m)
Spezifische Wärmekapazität	*Verfahren*			J/(K · g)
Glasumwandlungstemperatur	*Torsionsschwingungsversuch*		°C	
	Differentialkalorimetrie		°C	

Brandverhalten

UL-Test vertikal	Dicke	mm, Wert
	Dicke	mm, Wert

	Norm	*Bewertung*	*Abmessungen*
Sauerstoff-Index	ASTM D 2863		
Glühstab-Verfahren			
Brandverhalten	DIN 4102		
MVSS			
FAR			

Elektrische Eigenschaften

		Hz	°C		*Probekörper, Form*
Dielektrizitätszahl		50	23	2.3	Durchmesser 80x1 mm
		10^3			
		10^6			
Dielektrischer Verlustfaktor tan δ		50	23	0.0005	Durchmesser 80x1 mm
		10^3			
		10^6			
Spezifischer Durchgangs-widerstand	Ohm · cm		23	1*10**16	Durchmesser 80x1 mm
Durchschlagfestigkeit	kV/mm		23	80	1 mm dick
Oberflächenwiderstand	Ohm		23	1*10**13	Durchmesser 80x1 mm

Kriechstromfestigkeit	KC	KB	KA
Elektrolytische Korrosionswirkung			
Lichtbogenfestigkeit nach DIN			
nach ASTM	s		

Beständigkeit *(Chemische Beständigkeit siehe Anhang)*

Wasseraufnahme

Feuchtigkeitsaufnahme Normalklima %

Wetterbeständigkeit

Spannungskorrosion

Optische Eigenschaften

Brechungszahl n_D

Transmissionsgrad τ_c % mm dick

Lichtdurchlässigkeit

Produkt	Polyethylen hoher Dichte		**PE**
Handelsname	**Vestolen A 4516 L**		
Hersteller	HUELS		
DIN-Bez 1	16776-PE,MAHL,45 D 090		
DIN-Bez 2			
Zusätze	Waermestabilisator	*Füllstoffe/ Verstärkung*	
Bevorzugte Verarbeitung	Spritzgiessen	*Lieferform*	Granulat
		Farben	
Besondere Merkmale		*Bevorzugte Anwendungen*	Milchkasten; Stapelkasten

Dichte	g/cm^3	0.942	*Schmelzindex*	g/10 min	:
Schüttdichte	g/cm^3		*Volumenfließindex*	cm^3/10 min	25: 190/5
Viskositätszahl	ml/g	145			

Verarbeitungsbedingungen für Spritzgießen

Massetemp.	°C	*Schwindung*	% lgs , quer
Werkzeugtemp.	°C	*Bemerkungen*	
Spritzdruck	bar		

Zugversuch 23 °C DIN 53455; ISO R/527; DIN 53457; ISO R/527

Probekörper: *Form* Nr. 3; 4 mm dick *Herstellung* Pressen
Zustand *Vorbehandlung* Normalklima

Streckspannung	N/mm^2	23	*Dehnung bei Streckspannung*	%	
Zugfestigkeit	N/mm^2		*Reißdehnung*	%	≧50
Reißfestigkeit	N/mm^2		*% Dehnspannung*	N/mm^2	
E-Modul	N/mm^2	850	*Dehnung bei % Dehnspg.*	%	

Kriechmoduln und Zeitstandwerte 23 °C

Probekörper: *Form* *Herstellung*
Zustand *Vorbehandlung*

Kriechmodul	*1 min* N/mm^2	*Zeitstandzugfestigkeit*	h	N/mm^2
Kriechmodul	*1000 h* N/mm^2	*Zeitdehnspg.* %	h	N/mm^2
bei Spannung	N/mm^2			

Biegeversuch 23 °C

Probekörper: *Form* *Herstellung*
Zustand *Vorbehandlung*

Biegefestigkeit	N/mm^2	*E-Modul*	N/mm^2
3,5% *Biegespannung*	N/mm^2		

Härte 23 °C *Probekörper:* *Zustand* *Herstellung*
Vorbehandlung

Kugeldruckhärte	N/mm^2 bei N, s	*Shore-Härte* A	
Rockwellhärte		*Shore-Härte* D	

Schlagversuch *Probekörper:* *(1)*
(2) *Herstellung*
Zustand *Vorbehandlung*

		°C	°C	°C	*Probekörper-Form*
Schlagzähigkeit	kJ/m^2				
Kerbschlagzähigkeit (1)	kJ/m^2				
IZOD-Kerbschlagzähigkeit (2)	J/m				
Kerbschlagzugzähigkeit	kJ/m^2				

Abrieb und Reibung

Taber-Abrieb (Reibradverfahren)	mm³/100 U		
Abriebfaktor LNP (Thrust washer) Vergleichswert			
Statische Reibungszahl			
Dynamische Reibungszahl	(p · v = N/mm² ·		m/min)
Zulässiger p · v Wert	N/mm² · (m/min)	v =	m/min
		v =	m/min

Thermische Eigenschaften

Formbeständigkeit in der Wärme	*Verfahren*	A		40 °C
	Verfahren	B		65 °C
Vicat Erweichungstemperatur (VST)	*Verfahren*	B/50		70 °C
	Verfahren			°C
Kristallit-Schmelzpunkt	*Verfahren*			
Längenausdehnungskoeffizient	*Bereich*	23–80	°C	$2 \cdot 10^{-4} K^{-1}$
	Temperatur			$\cdot 10^{-4} K^{-1}$
Wärmeleitfähigkeit	*Verfahren*			W/(K · m)
Spezifische Wärmekapazität	*Verfahren*			J/(K · g)
Glasumwandlungstemperatur	*Torsionsschwingungsversuch*		°C	
	Differentialkalorimetrie		°C	

Brandverhalten

UL-Test vertikal	Dicke	mm, Wert
	Dicke	mm, Wert

	Norm	*Bewertung*	*Abmessungen*
Sauerstoff-Index	ASTM D 2863		
Glühstab-Verfahren			
Brandverhalten	DIN 4102		
MVSS			
FAR			

Elektrische Eigenschaften

		Hz	°C		*Probekörper, Form*
Dielektrizitätszahl		50	23	2.3	Durchmesser 80x1 mm
		10^3			
		10^6			
Dielektrischer Verlustfaktor tan δ		50	23	0.0005	Durchmesser 80x1 mm
		10^3			
		10^6			
Spezifischer Durchgangs-widerstand	Ohm · cm		23	1*10**16	Durchmesser 80x1 mm
Durchschlagfestigkeit	kV/mm		23	80	1 mm dick
Oberflächenwiderstand	Ohm		23	1*10**13	Durchmesser 80x1 mm

Kriechstromfestigkeit	KC	KB	KA
Elektrolytische Korrosionswirkung			
Lichtbogenfestigkeit nach DIN			
nach ASTM s			

Beständigkeit *(Chemische Beständigkeit siehe Anhang)*

Wasseraufnahme

Feuchtigkeitsaufnahme Normalklima %

Wetterbeständigkeit

Spannungskorrosion

Optische Eigenschaften

Brechungszahl n_D

Transmissionsgrad τ_c % mm dick

Lichtdurchlässigkeit

Datenbank-Nr. **T01846** Merkblatt-Nr. **4565**

Produkt	Polyethylen hoher Dichte		**PE**
Handelsname	**Vestolen A 5017 L**		
Hersteller	HUELS		
DIN-Bez 1	16776-PE,MAHL,50 D 090		
DIN-Bez 2			
Zusätze	UV-Stabilisator; Waermestabilisator	*Füllstoffe/ Verstärkung*	
Bevorzugte Verarbeitung	Spritzgiessen	*Lieferform*	Granulat
		Farben	
Besondere Merkmale	Stabilisiert; Stabil-Bewitterung	*Bevorzugte Anwendungen*	Haushaltsartikel; Eimer; Schuessel; Korb; Behaelter

---

Dichte	g/cm^3	0.948	*Schmelzindex*	g/10 min	:	
Schüttdichte	g/cm^3		*Volumenfließindex*	cm^3/10 min	41:	190/5
Viskositätszahl	ml/g	130				

Verarbeitungsbedingungen für Spritzgießen

Massetemp.	°C	*Schwindung*	%	lgs , quer
Werkzeugtemp.	°C	*Bemerkungen*		
Spritzdruck	bar			

Zugversuch 23 °C DIN 53455; ISO R/527; DIN 53457; ISO R/527

Probekörper: *Form* Nr. 3; 4 mm dick — *Herstellung* Pressen
Zustand — *Vorbehandlung* Normalklima

Streckspannung	N/mm^2 25	*Dehnung bei Streckspannung*	%	
Zugfestigkeit	N/mm^2	*Reißdehnung*	%	≧50
Reißfestigkeit	N/mm^2	*% Dehnspannung*	N/mm^2	
E-Modul	N/mm^2 1000	*Dehnung bei % Dehnspg.*	%	

Kriechmoduln und Zeitstandwerte 23 °C

Probekörper: *Form* — *Herstellung*
Zustand — *Vorbehandlung*

Kriechmodul	*1 min* N/mm^2	*Zeitstandzugfestigkeit*	h	N/mm^2
Kriechmodul	*1000 h* N/mm^2	*Zeitdehnspg.* %	h	N/mm^2
bei Spannung	N/mm^2			

Biegeversuch 23 °C

Probekörper: *Form* — *Herstellung*
Zustand — *Vorbehandlung*

Biegefestigkeit	N/mm^2	*E-Modul*	N/mm^2
3,5% *Biegespannung*	N/mm^2		

Härte 23 °C *Probekörper:* *Zustand* — *Herstellung*
Vorbehandlung

Kugeldruckhärte	N/mm^2 bei N, s	*Shore-Härte* A	
Rockwellhärte		*Shore-Härte* D	

Schlagversuch *Probekörper:* *(1)*
(2) — *Herstellung*
Zustand — *Vorbehandlung*

	°C	°C	°C	*Probekörper-Form*
Schlagzähigkeit kJ/m^2				
Kerbschlagzähigkeit (1) kJ/m^2				
IZOD-Kerbschlagzähigkeit (2) J/m				
Kerbschlagzugzähigkeit kJ/m^2				

Abrieb und Reibung

Taber-Abrieb (Reibradverfahren)	mm^3/100 U		
Abriebfaktor LNP (Thrust washer) Vergleichswert			
Statische Reibungszahl			
Dynamische Reibungszahl	(p · v =	N/mm^2 ·	m/min)
Zulässiger p · v Wert	N/mm^2 · (m/min)	v =	m/min
		v =	m/min

Thermische Eigenschaften

Formbeständigkeit in der Wärme	Verfahren	A	44 °C
	Verfahren	B	68 °C
Vicat Erweichungstemperatur (VST)	Verfahren	B/50	70 °C
	Verfahren		°C
Kristallit-Schmelzpunkt	Verfahren		
Längenausdehnungskoeffizient	Bereich	23–80 °C	$1.7 \cdot 10^{-4} K^{-1}$
	Temperatur		$\cdot 10^{-4} K^{-1}$
Wärmeleitfähigkeit	Verfahren		W/(K · m)
Spezifische Wärmekapazität	Verfahren		J/(K · g)
Glasumwandlungstemperatur	Torsionsschwingungsversuch	°C	
	Differentialkalorimetrie	°C	

Brandverhalten

UL-Test vertikal — Dicke mm, Wert
Dicke mm, Wert

	Norm	Bewertung	Abmessungen
Sauerstoff-Index	ASTM D 2863		
Glühstab-Verfahren			
Brandverhalten	DIN 4102		
MVSS			
FAR			

Elektrische Eigenschaften

		Hz	°C		Probekörper, Form
Dielektrizitätszahl		50	23	2.3	Durchmesser 80x1 mm
		10^3			
		10^6			
Dielektrischer Verlustfaktor tan δ		50	23	0.0005	Durchmesser 80x1 mm
		10^3			
		10^6			
Spezifischer Durchgangswiderstand	Ohm · cm		23	1*10**16	Durchmesser 80x1 mm
Durchschlagfestigkeit	kV/mm		23	80	1 mm dick
Oberflächenwiderstand	Ohm		23	1*10**13	Durchmesser 80x1 mm

Kriechstromfestigkeit KC KB KA
Elektrolytische Korrosionswirkung
Lichtbogenfestigkeit nach DIN
nach ASTM s

Beständigkeit *(Chemische Beständigkeit siehe Anhang)*

Wasseraufnahme

Feuchtigkeitsaufnahme Normalklima %
Wetterbeständigkeit

Spannungskorrosion

Optische Eigenschaften

Brechungszahl n_D
Transmissionsgrad τ_c % mm dick
Lichtdurchlässigkeit

Produkt	Polyethylen hoher Dichte		**PE**
Handelsname	**Vestolen A 5018 L**		
Hersteller	HUELS		
DIN-Bez 1	16776-PE,MAHL,50 D 200		
DIN-Bez 2			
Zusätze	UV-Stabilisator; Waermestabilisator	*Füllstoffe/ Verstärkung*	
Bevorzugte Verarbeitung	Spritzgiessen	*Lieferform*	Granulat
		Farben	
Besondere Merkmale	Stabilisiert; Stabil-Bewitterung	*Bevorzugte Anwendungen*	Haushaltsartikel; Eimer; Schuessel; Korb; Einwegartikel; Campingartikel

---

Dichte	g/cm^3 0.948	*Schmelzindex*	g/10 min	:	
Schüttdichte	g/cm^3	*Volumenfließindex*	cm^3/10 min	61:	190/5
Viskositätszahl	ml/g 120				

Verarbeitungsbedingungen für Spritzgießen

Massetemp.	°C	*Schwindung*	% lgs , quer
Werkzeugtemp.	°C	*Bemerkungen*	
Spritzdruck	bar		

Zugversuch 23 °C DIN 53455; ISO R/527; DIN 53457; ISO R/527

Probekörper: *Form* Nr. 3; 4 mm dick — *Herstellung* Pressen
Zustand — *Vorbehandlung* Normalklima

Streckspannung	N/mm^2 25	*Dehnung bei Streckspannung*	%	
Zugfestigkeit	N/mm^2	*Reißdehnung*	%	≧50
Reißfestigkeit	N/mm^2	*% Dehnspannung*	N/mm^2	
E-Modul	N/mm^2 1000	*Dehnung bei % Dehnspg.*	%	

Kriechmoduln und Zeitstandwerte 23 °C

Probekörper: *Form* — *Herstellung*
Zustand — *Vorbehandlung*

Kriechmodul	*1 min* N/mm^2	*Zeitstandzugfestigkeit*	h N/mm^2
Kriechmodul	*1000 h* N/mm^2	*Zeitdehnspg.* %	h N/mm^2
bei Spannung	N/mm^2		

Biegeversuch 23 °C

Probekörper: *Form* — *Herstellung*
Zustand — *Vorbehandlung*

Biegefestigkeit	N/mm^2	*E-Modul*	N/mm^2
3,5% *Biegespannung*	N/mm^2		

Härte 23 °C *Probekörper:* *Zustand* — *Herstellung*
Vorbehandlung

Kugeldruckhärte	N/mm^2 bei N, s	*Shore-Härte* A
Rockwellhärte		*Shore-Härte* D

Schlagversuch *Probekörper:* *(1)*
(2) — *Herstellung*
Zustand — *Vorbehandlung*

	°C	°C	°C	*Probekörper-Form*
Schlagzähigkeit kJ/m^2				
Kerbschlagzähigkeit (1) kJ/m^2				
IZOD-Kerbschlagzähigkeit (2) J/m				
Kerbschlagzugzähigkeit kJ/m^2				

Abrieb und Reibung

Taber-Abrieb (Reibradverfahren)	mm^3/100 U		
Abriebfaktor LNP (Thrust washer) Vergleichswert			
Statische Reibungszahl			
Dynamische Reibungszahl	(p · v =	N/mm^2 ·	m/min)
Zulässiger p · v Wert	N/mm^2 · (m/min)	v =	m/min
		v =	m/min

Thermische Eigenschaften

Formbeständigkeit in der Wärme	*Verfahren*	A		44 °C
	Verfahren	B		68 °C
Vicat Erweichungstemperatur (VST)	*Verfahren*	B/50		70 °C
	Verfahren			°C
Kristallit-Schmelzpunkt	*Verfahren*			
Längenausdehnungskoeffizient	*Bereich*	23–80	°C	$1.7 \cdot 10^{-4} K^{-1}$
	Temperatur			$\cdot 10^{-4} K^{-1}$
Wärmeleitfähigkeit	*Verfahren*			W/(K · m)
Spezifische Wärmekapazität	*Verfahren*			J/(K · g)
Glasumwandlungstemperatur	*Torsionsschwingungsversuch*		°C	
	Differentialkalorimetrie		°C	

Brandverhalten

UL-Test vertikal	Dicke	mm, Wert
	Dicke	mm, Wert

	Norm	*Bewertung*	*Abmessungen*
Sauerstoff-Index	ASTM D 2863		
Glühstab-Verfahren			
Brandverhalten	DIN 4102		
MVSS			
FAR			

Elektrische Eigenschaften

		Hz	°C		*Probekörper, Form*
Dielektrizitätszahl		50	23	2.3	Durchmesser 80x1 mm
		10^3			
		10^6			
Dielektrischer Verlustfaktor tan δ		50	23	0.0005	Durchmesser 80x1 mm
		10^3			
		10^6			
Spezifischer Durchgangs-widerstand	Ohm · cm		23	1*10**16	Durchmesser 80x1 mm
Durchschlagfestigkeit	kV/mm		23	80	1 mm dick
Oberflächenwiderstand	Ohm		23	1*10**13	Durchmesser 80x1 mm

Kriechstromfestigkeit	KC	KB	KA
Elektrolytische Korrosionswirkung			
Lichtbogenfestigkeit nach DIN			
nach ASTM s			

Beständigkeit *(Chemische Beständigkeit siehe Anhang)*

Wasseraufnahme

Feuchtigkeitsaufnahme Normalklima %

Wetterbeständigkeit

Spannungskorrosion

Optische Eigenschaften

Brechungszahl n_D

Transmissionsgrad τ_c % mm dick

Lichtdurchlässigkeit

Produkt	Polyethylen hoher Dichte		**PE**
Handelsname	**Vestolen A 5042 F**		
Hersteller	HUELS		
DIN-Bez 1	16776,PE,FAH,55 D 003		
DIN-Bez 2			
Zusätze	Waermestabilisator	*Füllstoffe/ Verstärkung*	
Bevorzugte Verarbeitung	Folienextrusion	*Lieferform*	Granulat
		Farben	
Besondere Merkmale		*Bevorzugte Anwendungen*	Webbaendchen

Dichte	g/cm³	0.951	*Schmelzindex*	g/10 min	:	
Schüttdichte	g/cm³		*Volumenfließindex*	cm³/10 min	1.7:	190/5
Viskositätszahl	ml/g	280				

Verarbeitungsbedingungen für Spritzgießen

Massetemp.	°C	*Schwindung*	%	lgs	, quer
Werkzeugtemp.	°C	*Bemerkungen*			
Spritzdruck	bar				

Zugversuch 23 °C DIN 53455; ISO R/527; DIN 53457; ISO R/527

Probekörper: *Form* Nr. 3; 4 mm dick — *Herstellung* Pressen
Zustand — *Vorbehandlung* Normalklima

Streckspannung	N/mm²	28	*Dehnung bei Streckspannung*	%	
Zugfestigkeit	N/mm²		*Reißdehnung*	%	≧50
Reißfestigkeit	N/mm²		*% Dehnspannung*	N/mm²	
E-Modul	N/mm²	1100	*Dehnung bei % Dehnspg.*	%	

Kriechmoduln und Zeitstandwerte 23 °C

Probekörper: *Form* — *Herstellung*
Zustand — *Vorbehandlung*

Kriechmodul	*1 min*	N/mm²	*Zeitstandzugfestigkeit*	h	N/mm²
Kriechmodul	*1000 h*	N/mm²	*Zeitdehnspg.* %	h	N/mm²
bei Spannung		N/mm²			

Biegeversuch 23 °C

Probekörper: *Form* — *Herstellung*
Zustand — *Vorbehandlung*

Biegefestigkeit	N/mm²	*E-Modul*	N/mm²
3,5% *Biegespannung*	N/mm²		

Härte 23 °C *Probekörper:* *Zustand* — *Herstellung*
Vorbehandlung

Kugeldruckhärte	N/mm² bei N, s	*Shore-Härte* A	
Rockwellhärte		*Shore-Härte* D	

Schlagversuch *Probekörper:* *(1)*
(2) — *Herstellung*
Zustand — *Vorbehandlung*

		°C	°C	°C	*Probekörper-Form*
Schlagzähigkeit	kJ/m²				
Kerbschlagzähigkeit (1)	kJ/m²				
IZOD-Kerbschlagzähigkeit (2)	J/m				
Kerbschlagzugzähigkeit	kJ/m²				

Abrieb und Reibung

Taber-Abrieb (Reibradverfahren)	mm^3/100 U		
Abriebfaktor LNP (Thrust washer) Vergleichswert			
Statische Reibungszahl			
Dynamische Reibungszahl	(p · v = N/mm^2 ·		m/min)
Zulässiger p · v Wert	N/mm^2 · (m/min)	v =	m/min
		v =	m/min

Thermische Eigenschaften

Formbeständigkeit in der Wärme	*Verfahren*	A		43 °C
	Verfahren	B		75 °C
Vicat Erweichungstemperatur (VST)	*Verfahren*	B/50		75 °C
	Verfahren			°C
Kristallit-Schmelzpunkt	*Verfahren*			
Längenausdehnungskoeffizient	*Bereich*	23–80	°C	$1.5 \cdot 10^{-4} K^{-1}$
	Temperatur			$\cdot 10^{-4} K^{-1}$
Wärmeleitfähigkeit	*Verfahren*			W/(K · m)
Spezifische Wärmekapazität	*Verfahren*			J/(K · g)
Glasumwandlungstemperatur	*Torsionsschwingungsversuch*		°C	
	Differentialkalorimetrie		°C	

Brandverhalten

UL-Test vertikal	Dicke mm, Wert
	Dicke mm, Wert

	Norm	*Bewertung*	*Abmessungen*
Sauerstoff-Index	ASTM D 2863		
Glühstab-Verfahren			
Brandverhalten	DIN 4102		
MVSS			
FAR			

Elektrische Eigenschaften

		Hz	°C		*Probekörper, Form*
Dielektrizitätszahl		50	23	2.3	Durchmesser 80x1 mm
		10^3			
		10^6			
Dielektrischer Verlustfaktor tan δ		50	23	0.0005	Durchmesser 80x1 mm
		10^3			
		10^6			
Spezifischer Durchgangs-widerstand	Ohm · cm		23	1*10**16	Durchmesser 80x1 mm
Durchschlagfestigkeit	kV/mm		23	80	1 mm dick
Oberflächenwiderstand	Ohm		23	1*10**13	Durchmesser 80x1 mm

Kriechstromfestigkeit	KC	KB	KA
Elektrolytische Korrosionswirkung			
Lichtbogenfestigkeit nach DIN			
nach ASTM s			

Beständigkeit *(Chemische Beständigkeit siehe Anhang)*

Wasseraufnahme

Feuchtigkeitsaufnahme Normalklima %

Wetterbeständigkeit

Spannungskorrosion

Optische Eigenschaften

Brechungszahl n_D

Transmissionsgrad τ_c % mm dick

Lichtdurchlässigkeit

Datenbank-Nr. **T01849** Merkblatt-Nr. **4568**

Produkt	Polyethylen hoher Dichte		**PE**
Handelsname	**Vestolen A 5515**		
Hersteller	HUELS		
DIN-Bez 1	16776-PE,MAH,55 D 045		
DIN-Bez 2			
Zusätze	Waermestabilisator	*Füllstoffe/ Verstärkung*	
Bevorzugte Verarbeitung	Spritzgiessen	*Lieferform*	Granulat
		Farben	
Besondere Merkmale		*Bevorzugte Anwendungen*	Muellbehaelter bis 120 Liter

---

Dichte g/cm³ 0.955 — *Schmelzindex* g/10 min :
Schüttdichte g/cm³ — *Volumenfließindex* cm³/10 min 20: 190/5
Viskositätszahl ml/g 150

Verarbeitungsbedingungen für Spritzgießen

Massetemp. °C — *Schwindung* % lgs , quer
Werkzeugtemp. °C — *Bemerkungen*
Spritzdruck bar

Zugversuch 23 °C DIN 53455; ISO R/527; DIN 53457; ISO R/527
Probekörper: *Form* Nr. 3; 4 mm dick — *Herstellung* Pressen
Zustand — *Vorbehandlung* Normalklima

Streckspannung N/mm² 29 — *Dehnung bei Streckspannung* %
Zugfestigkeit N/mm² — *Reißdehnung* % ≧50
Reißfestigkeit N/mm² — *% Dehnspannung* N/mm²
E-Modul N/mm² 1200 — *Dehnung bei % Dehnspg.* %

Kriechmoduln und Zeitstandwerte 23 °C
Probekörper: *Form* — *Herstellung*
Zustand — *Vorbehandlung*

Kriechmodul *1 min* N/mm² — *Zeitstandzugfestigkeit* h N/mm²
Kriechmodul *1000 h* N/mm² — *Zeitdehnspg.* % h N/mm²
bei Spannung N/mm²

Biegeversuch 23 °C
Probekörper: *Form* — *Herstellung*
Zustand — *Vorbehandlung*

Biegefestigkeit N/mm² — *E-Modul* N/mm²
3,5% *Biegespannung* N/mm²

Härte 23 °C *Probekörper:* *Zustand* — *Herstellung*
Vorbehandlung

Kugeldruckhärte N/mm² bei N, s — *Shore-Härte* A
Rockwellhärte — *Shore-Härte* D

Schlagversuch *Probekörper:* *(1)*
(2) — *Herstellung*
Zustand — *Vorbehandlung*

°C °C °C *Probekörper-Form*

Schlagzähigkeit kJ/m²
Kerbschlagzähigkeit (1) kJ/m²
IZOD-Kerbschlagzähigkeit (2) J/m
Kerbschlagzugzähigkeit kJ/m²

Abrieb und Reibung

Taber-Abrieb (Reibradverfahren)	mm^3/100 U		
Abriebfaktor LNP (Thrust washer) Vergleichswert			
Statische Reibungszahl			
Dynamische Reibungszahl	(p · v=	N/mm^2 ·	m/min)
Zulässiger p · v Wert	N/mm^2 · (m/min)	v=	m/min
		v=	m/min

Thermische Eigenschaften

Formbeständigkeit in der Wärme	*Verfahren*	A		44 °C
	Verfahren	B		75 °C
Vicat Erweichungstemperatur (VST)	*Verfahren*	B/50		73 °C
	Verfahren			°C
Kristallit-Schmelzpunkt	*Verfahren*			
Längenausdehnungskoeffizient	*Bereich*	23–80	°C	$2 \cdot 10^{-4} K^{-1}$
	Temperatur			$\cdot 10^{-4} K^{-1}$
Wärmeleitfähigkeit	*Verfahren*			W/(K · m)
Spezifische Wärmekapazität	*Verfahren*			J/(K · g)
Glasumwandlungstemperatur	*Torsionsschwingungsversuch*		°C	
	Differentialkalorimetrie		°C	

Brandverhalten

UL-Test vertikal	Dicke	mm, Wert
	Dicke	mm, Wert

	Norm	*Bewertung*	*Abmessungen*
Sauerstoff-Index	ASTM D 2863		
Glühstab-Verfahren			
Brandverhalten	DIN 4102		
MVSS			
FAR			

Elektrische Eigenschaften

		Hz	°C		*Probekörper, Form*
Dielektrizitätszahl		50	23	2.3	Durchmesser 80x1 mm
		10^3			
		10^6			
Dielektrischer Verlustfaktor tan δ		50	23	0.0005	Durchmesser 80x1 mm
		10^3			
		10^6			
Spezifischer Durchgangs-widerstand	Ohm · cm		23	1*10**16	Durchmesser 80x1 mm
Durchschlagfestigkeit	kV/mm		23	80	1 mm dick
Oberflächenwiderstand	Ohm		23	1*10**13	Durchmesser 80x1 mm

Kriechstromfestigkeit	KC	KB	KA
Elektrolytische Korrosionswirkung			
Lichtbogenfestigkeit nach DIN			
nach ASTM s			

Beständigkeit *(Chemische Beständigkeit siehe Anhang)*

Wasseraufnahme

Feuchtigkeitsaufnahme Normalklima %

Wetterbeständigkeit

Spannungskorrosion

Optische Eigenschaften

Brechungszahl n_D

Transmissionsgrad τ_c % mm dick

Lichtdurchlässigkeit

Datenbank-Nr. **T01850** Merkblatt-Nr. **4569**

Produkt	Polyethylen hoher Dichte		**PE**
Handelsname	**Vestolen A 5515 L**		
Hersteller	HUELS		
DIN-Bez 1	16776-PE,MAHL,55 D 045		
DIN-Bez 2			
Zusätze	UV-Stabilisator; Waermestabilisator	*Füllstoffe/ Verstärkung*	
Bevorzugte Verarbeitung	Spritzgiessen	*Lieferform*	Granulat
		Farben	
Besondere Merkmale	Stabilisiert; Stabil-Bewitterung	*Bevorzugte Anwendungen*	Muellbehaelter bis 120 Liter

Dichte	g/cm^3	0.955	*Schmelzindex*	g/10 min		:	
Schüttdichte	g/cm^3		*Volumenfließindex*	cm^3/10 min		20:	190/5
Viskositätszahl	ml/g	150					

Verarbeitungsbedingungen für Spritzgießen

Massetemp.	°C	*Schwindung*	%	lgs	, quer
Werkzeugtemp.	°C	*Bemerkungen*			
Spritzdruck	bar				

Zugversuch 23 °C DIN 53455; ISO R/527; DIN 53457; ISO R/527

Probekörper: *Form* Nr. 3; 4 mm dick — *Herstellung* Pressen
Zustand — *Vorbehandlung* Normalklima

Streckspannung	N/mm^2	29	*Dehnung bei Streckspannung*	%	
Zugfestigkeit	N/mm^2		*Reißdehnung*	%	≧50
Reißfestigkeit	N/mm^2		*% Dehnspannung*	N/mm^2	
E-Modul	N/mm^2	1200	*Dehnung bei % Dehnspg.*	%	

Kriechmoduln und Zeitstandwerte 23 °C

Probekörper: *Form* — *Herstellung*
Zustand — *Vorbehandlung*

Kriechmodul	*1 min*	N/mm^2	*Zeitstandzugfestigkeit*	h	N/mm^2
Kriechmodul	*1000 h*	N/mm^2	*Zeitdehnspg. %*	h	N/mm^2
bei Spannung		N/mm^2			

Biegeversuch 23 °C

Probekörper: *Form* — *Herstellung*
Zustand — *Vorbehandlung*

Biegefestigkeit	N/mm^2	*E-Modul*	N/mm^2
3,5% *Biegespannung*	N/mm^2		

Härte 23 °C *Probekörper:* *Zustand* — *Herstellung*
Vorbehandlung

Kugeldruckhärte	N/mm^2 bei N, s	*Shore-Härte* A	
Rockwellhärte		*Shore-Härte* D	

Schlagversuch *Probekörper:* *(1)*
(2) — *Herstellung*
Zustand — *Vorbehandlung*

	°C	°C	°C	*Probekörper-Form*
Schlagzähigkeit kJ/m^2				
Kerbschlagzähigkeit (1) kJ/m^2				
IZOD-Kerbschlagzähigkeit (2) J/m				
Kerbschlagzugzähigkeit kJ/m^2				

Abrieb und Reibung

Taber-Abrieb (Reibradverfahren)	mm^3/100 U		
Abriebfaktor LNP (Thrust washer) Vergleichswert			
Statische Reibungszahl			
Dynamische Reibungszahl	(p·v= N/mm^2·		m/min)
Zulässiger p · v Wert	N/mm^2 · (m/min)	v=	m/min
		v=	m/min

Thermische Eigenschaften

Formbeständigkeit in der Wärme	*Verfahren*	A		44 °C
	Verfahren	B		75 °C
Vicat Erweichungstemperatur (VST)	*Verfahren*	B/50		73 °C
	Verfahren			°C
Kristallit-Schmelzpunkt	*Verfahren*			
Längenausdehnungskoeffizient	*Bereich*	23–80	°C	$2 \cdot 10^{-4} K^{-1}$
	Temperatur			$\cdot 10^{-4} K^{-1}$
Wärmeleitfähigkeit	*Verfahren*			W/(K · m)
Spezifische Wärmekapazität	*Verfahren*			J/(K · g)
Glasumwandlungstemperatur	*Torsionsschwingungsversuch*		°C	
	Differentialkalorimetrie		°C	

Brandverhalten

UL-Test vertikal	Dicke	mm, Wert
	Dicke	mm, Wert

	Norm	*Bewertung*	*Abmessungen*
Sauerstoff-Index	ASTM D 2863		
Glühstab-Verfahren			
Brandverhalten	DIN 4102		
MVSS			
FAR			

Elektrische Eigenschaften

		Hz	°C			*Probekörper, Form*
Dielektrizitätszahl		50	23	2.3		Durchmesser 80x1 mm
		10^3				
		10^6				
Dielektrischer Verlustfaktor tan δ		50	23	0.0005		Durchmesser 80x1 mm
		10^3				
		10^6				
Spezifischer Durchgangs-widerstand	Ohm · cm		23	1*10**16		Durchmesser 80x1 mm
Durchschlagfestigkeit	kV/mm		23	80		1 mm dick
Oberflächenwiderstand	Ohm		23	1*10**13		Durchmesser 80x1 mm
Kriechstromfestigkeit		KC		KB	KA	
Elektrolytische Korrosionswirkung						
Lichtbogenfestigkeit nach DIN						
nach ASTM	s					

Beständigkeit *(Chemische Beständigkeit siehe Anhang)*

Wasseraufnahme

Feuchtigkeitsaufnahme Normalklima %

Wetterbeständigkeit

Spannungskorrosion

Optische Eigenschaften

Brechungszahl n_D		
Transmissionsgrad τ_c	%	mm dick
Lichtdurchlässigkeit		

Datenbank-Nr.	**T01851**		Merkblatt-Nr. **4570**

Produkt	Polyethylen hoher Dichte		**PE**
Handelsname	**Vestolen A 5561 L**		
Hersteller	HUELS		
DIN-Bez 1 *DIN-Bez 2*	16776,PE,BAHL,55 D 001		
Zusätze	UV-Stabilisator; Waermestabilisator	*Füllstoffe/ Verstärkung*	
Bevorzugte Verarbeitung	Blasformen	*Lieferform*	Granulat
		Farben	
Besondere Merkmale	Stabilisiert; Stabil-Bewitterung	*Bevorzugte Anwendungen*	Grosshohlkoerper

Dichte	g/cm^3	0.952	*Schmelzindex*	g/10 min		:
Schüttdichte	g/cm^3		*Volumenfließindex*	cm^3/10 min	0.6:	190/5
Viskositätszahl	ml/g	360				

Verarbeitungsbedingungen für Spritzgießen

Massetemp.	°C	*Schwindung*	%	lgs , quer
Werkzeugtemp.	°C	*Bemerkungen*		
Spritzdruck	bar			

Zugversuch 23 °C DIN 53455; ISO R/527; DIN 53457; ISO R/527

Probekörper: *Form* Nr. 3; 4 mm dick — *Herstellung* Pressen
Zustand — *Vorbehandlung* Normalklima

Streckspannung	N/mm^2	28	*Dehnung bei Streckspannung*	%	
Zugfestigkeit	N/mm^2		*Reißdehnung*	%	≧50
Reißfestigkeit	N/mm^2		*% Dehnspannung*	N/mm^2	
E-Modul	N/mm^2	1100	*Dehnung bei % Dehnspg.*	%	

Kriechmoduln und Zeitstandwerte 23 °C

Probekörper: *Form* — *Herstellung*
Zustand — *Vorbehandlung*

Kriechmodul	*1 min* N/mm^2	*Zeitstandzugfestigkeit*	h	N/mm^2
Kriechmodul	*1000 h* N/mm^2	*Zeitdehnspg.* %	h	N/mm^2
bei Spannung	N/mm^2			

Biegeversuch 23 °C

Probekörper: *Form* — *Herstellung*
Zustand — *Vorbehandlung*

Biegefestigkeit	N/mm^2	*E-Modul*	N/mm^2
3,5% *Biegespannung*	N/mm^2		

Härte 23 °C *Probekörper:* *Zustand* — *Herstellung*
Vorbehandlung

Kugeldruckhärte	N/mm^2 bei N, s	*Shore-Härte* A	
Rockwellhärte		*Shore-Härte* D	

Schlagversuch *Probekörper:* *(1)*
(2) — *Herstellung*
Zustand — *Vorbehandlung*

	°C	°C	°C	*Probekörper-Form*
Schlagzähigkeit kJ/m^2				
Kerbschlagzähigkeit (1) kJ/m^2				
IZOD-Kerbschlagzähigkeit (2) J/m				
Kerbschlagzugzähigkeit kJ/m^2				

Abrieb und Reibung

Taber-Abrieb (Reibradverfahren)	mm^3/100 U		
Abriebfaktor LNP (Thrust washer) Vergleichswert			
Statische Reibungszahl			
Dynamische Reibungszahl	(p · v=	N/mm² ·	m/min)
Zulässiger p · v Wert	N/mm² · (m/min)	v=	m/min
		v=	m/min

Thermische Eigenschaften

Formbeständigkeit in der Wärme	*Verfahren*	A		45 °C
	Verfahren	B		75 °C
Vicat Erweichungstemperatur (VST)	*Verfahren*	B/50		78 °C
	Verfahren			°C
Kristallit-Schmelzpunkt	*Verfahren*			
Längenausdehnungskoeffizient	*Bereich*	23–80	°C	$1.5 \cdot 10^{-4} K^{-1}$
	Temperatur			$\cdot 10^{-4} K^{-1}$
Wärmeleitfähigkeit	*Verfahren*			W/(K · m)
Spezifische Wärmekapazität	*Verfahren*			J/(K · g)
Glasumwandlungstemperatur	*Torsionsschwingungsversuch*		°C	
	Differentialkalorimetrie		°C	

Brandverhalten

UL-Test vertikal	Dicke	mm, Wert
	Dicke	mm, Wert

	Norm	*Bewertung*	*Abmessungen*
Sauerstoff-Index	ASTM D 2863		
Glühstab-Verfahren			
Brandverhalten	DIN 4102		
MVSS			
FAR			

Elektrische Eigenschaften

		Hz	°C		*Probekörper, Form*
Dielektrizitätszahl		50	23	2.3	Durchmesser 80x1 mm
		10^3			
		10^6			
Dielektrischer Verlustfaktor tan δ		50	23	0.0005	Durchmesser 80x1 mm
		10^3			
		10^6			
Spezifischer Durchgangswiderstand	Ohm · cm		23	1*10**16	Durchmesser 80x1 mm
Durchschlagfestigkeit	kV/mm		23	80	1 mm dick
Oberflächenwiderstand	Ohm		23	1*10**13	Durchmesser 80x1 mm

Kriechstromfestigkeit		KC	KB	KA
Elektrolytische Korrosionswirkung				
Lichtbogenfestigkeit nach DIN				
nach ASTM	s			

Beständigkeit *(Chemische Beständigkeit siehe Anhang)*

Wasseraufnahme

Feuchtigkeitsaufnahme Normalklima %

Wetterbeständigkeit

Spannungskorrosion

Optische Eigenschaften

Brechungszahl n_D		
Transmissionsgrad τ_c	%	mm dick
Lichtdurchlässigkeit		

Datenbank-Nr. **T01852** Merkblatt-Nr. **4571**

Produkt	Polyethylen hoher Dichte		**PE**
Handelsname	**Vestolen A 6012 F**		
Hersteller	HUELS		
DIN-Bez 1	16776,PE,LAH,55 D 012		
DIN-Bez 2			
Zusätze	Waermestabilisator	*Füllstoffe/ Verstärkung*	
Bevorzugte Verarbeitung	Extrudieren	*Lieferform*	Granulat
		Farben	
Besondere Merkmale		*Bevorzugte Anwendungen*	Monofilament

Dichte	g/cm^3	0.955	*Schmelzindex*	g/10 min		:
Schüttdichte	g/cm^3		*Volumenfließindex*	cm^3/10 min	3.5:	190/5
Viskositätszahl	ml/g	230				

Verarbeitungsbedingungen für Spritzgießen

Massetemp.	°C	*Schwindung*	% lgs , quer
Werkzeugtemp.	°C	*Bemerkungen*	
Spritzdruck	bar		

Zugversuch 23 °C DIN 53455; ISO R/527; DIN 53457; ISO R/527

Probekörper: *Form* Nr. 3; 4 mm dick *Herstellung* Pressen
Zustand *Vorbehandlung* Normalklima

Streckspannung	N/mm^2	29	*Dehnung bei Streckspannung*	%	
Zugfestigkeit	N/mm^2		*Reißdehnung*	%	≧50
Reißfestigkeit	N/mm^2		*% Dehnspannung*	N/mm^2	
E-Modul	N/mm^2	1300	*Dehnung bei % Dehnspg.*	%	

Kriechmoduln und Zeitstandwerte 23 °C

Probekörper: *Form* *Herstellung*
Zustand *Vorbehandlung*

Kriechmodul	*1 min*	N/mm^2	*Zeitstandzugfestigkeit*	h	N/mm^2
Kriechmodul	*1000 h*	N/mm^2	*Zeitdehnspg. %*	h	N/mm^2
bei Spannung		N/mm^2			

Biegeversuch 23 °C

Probekörper: *Form* *Herstellung*
Zustand *Vorbehandlung*

Biegefestigkeit	N/mm^2	*E-Modul*	N/mm^2
3,5% *Biegespannung*	N/mm^2		

Härte 23 °C *Probekörper:* *Zustand* *Herstellung*
Vorbehandlung

Kugeldruckhärte	N/mm^2 bei N, s	*Shore-Härte* A	
Rockwellhärte		*Shore-Härte* D	

Schlagversuch *Probekörper:* *(1)*
(2) *Herstellung*
Zustand *Vorbehandlung*

		°C	°C	°C	*Probekörper-Form*
Schlagzähigkeit	kJ/m^2				
Kerbschlagzähigkeit (1)	kJ/m^2				
IZOD-Kerbschlagzähigkeit (2)	J/m				
Kerbschlagzugzähigkeit	kJ/m^2				

Abrieb und Reibung

Taber-Abrieb (Reibradverfahren)	mm^3/100 U		
Abriebfaktor LNP (Thrust washer) Vergleichswert			
Statische Reibungszahl			
Dynamische Reibungszahl	(p · v =	N/mm^2 ·	m/min)
Zulässiger p · v Wert	N/mm^2 · (m/min)	v =	m/min
		v =	m/min

Thermische Eigenschaften

Formbeständigkeit in der Wärme	Verfahren	A	45 °C
	Verfahren	B	77 °C
Vicat Erweichungstemperatur (VST)	Verfahren	B/50	75 °C
	Verfahren		°C
Kristallit-Schmelzpunkt	Verfahren		
Längenausdehnungskoeffizient	Bereich	23–80 °C	$1.5 \cdot 10^{-4} K^{-1}$
	Temperatur		$\cdot 10^{-4} K^{-1}$
Wärmeleitfähigkeit	Verfahren		W/(K · m)
Spezifische Wärmekapazität	Verfahren		J/(K · g)
Glasumwandlungstemperatur	Torsionsschwingungsversuch	°C	
	Differentialkalorimetrie	°C	

Brandverhalten

UL-Test vertikal		Dicke mm, Wert	
		Dicke mm, Wert	
	Norm	Bewertung	Abmessungen
Sauerstoff-Index	ASTM D 2863		
Glühstab-Verfahren			
Brandverhalten	DIN 4102		
MVSS			
FAR			

Elektrische Eigenschaften

		Hz	°C		Probekörper, Form
Dielektrizitätszahl		50	23	2.3	Durchmesser 80x1 mm
		10^3			
		10^6			
Dielektrischer Verlustfaktor tan δ		50	23	0.0005	Durchmesser 80x1 mm
		10^3			
		10^6			
Spezifischer Durchgangswiderstand	Ohm · cm		23	1*10**16	Durchmesser 80x1 mm
Durchschlagfestigkeit	kV/mm		23	80	1 mm dick
Oberflächenwiderstand	Ohm		23	1*10**13	Durchmesser 80x1 mm
Kriechstromfestigkeit		KC		KB	KA
Elektrolytische Korrosionswirkung					
Lichtbogenfestigkeit nach DIN					
nach ASTM	s				

Beständigkeit *(Chemische Beständigkeit siehe Anhang)*

Wasseraufnahme

Feuchtigkeitsaufnahme Normalklima %

Wetterbeständigkeit

Spannungskorrosion

Optische Eigenschaften

Brechungszahl n_D

Transmissionsgrad τ_c % mm dick

Lichtdurchlässigkeit

Produkt	Polyethylen hoher Dichte		**PE**
Handelsname	**Vestolen A 6012 L**		
Hersteller	HUELS		
DIN-Bez 1	16776,PE,MAHL,55 D 012		
DIN-Bez 2			
Zusätze	UV-Stabilisator; Waermestabilisator	*Füllstoffe/ Verstärkung*	
Bevorzugte Verarbeitung	Spritzgiessen	*Lieferform*	Granulat
		Farben	
Besondere Merkmale	Stabilisiert; Stabil-Bewitterung	*Bevorzugte Anwendungen*	Fischtonnen; Fischkasten

Dichte	g/cm^3	0.955	*Schmelzindex*	g/10 min	:	
Schüttdichte	g/cm^3		*Volumenfließindex*	$cm^3/10$ min	3.5:	190/5
Viskositätszahl	ml/g	230				

Verarbeitungsbedingungen für Spritzgießen

Massetemp.	°C	*Schwindung*	%	lgs , quer
Werkzeugtemp.	°C	*Bemerkungen*		
Spritzdruck	bar			

Zugversuch 23 °C DIN 53455; ISO R/527; DIN 53457; ISO R/527

Probekörper: *Form* Nr. 3; 4 mm dick — *Herstellung* Pressen
Zustand — *Vorbehandlung* Normalklima

Streckspannung	N/mm^2	29	*Dehnung bei Streckspannung*	%	
Zugfestigkeit	N/mm^2		*Reißdehnung*	%	≧50
Reißfestigkeit	N/mm^2		*% Dehnspannung*	N/mm^2	
E-Modul	N/mm^2	1300	*Dehnung bei % Dehnspg.*	%	

Kriechmoduln und Zeitstandwerte 23 °C

Probekörper: *Form* — *Herstellung*
Zustand — *Vorbehandlung*

Kriechmodul	*1 min* N/mm^2	*Zeitstandzugfestigkeit*	h	N/mm^2
Kriechmodul	*1000 h* N/mm^2	*Zeitdehnspg.* %	h	N/mm^2
bei Spannung	N/mm^2			

Biegeversuch 23 °C

Probekörper: *Form* — *Herstellung*
Zustand — *Vorbehandlung*

Biegefestigkeit	N/mm^2	*E-Modul*	N/mm^2
3,5% *Biegespannung*	N/mm^2		

Härte 23 °C *Probekörper:* *Zustand* — *Herstellung*
Vorbehandlung

Kugeldruckhärte	N/mm^2 bei N, s	*Shore-Härte* A	
Rockwellhärte		*Shore-Härte* D	

Schlagversuch *Probekörper:* *(1)*
(2) — *Herstellung*
Zustand — *Vorbehandlung*

	°C	°C	°C	*Probekörper-Form*
Schlagzähigkeit kJ/m^2				
Kerbschlagzähigkeit (1) kJ/m^2				
IZOD-Kerbschlagzähigkeit (2) J/m				
Kerbschlagzugzähigkeit kJ/m^2				

Abrieb und Reibung

Taber-Abrieb (Reibradverfahren)	mm^3/100 U		
Abriebfaktor LNP (Thrust washer) Vergleichswert			
Statische Reibungszahl			
Dynamische Reibungszahl	(p·v=	N/mm^2·	m/min)
Zulässiger p · v Wert	N/mm^2 · (m/min)	v=	m/min
		v=	m/min

Thermische Eigenschaften

Formbeständigkeit in der Wärme	*Verfahren*	A		45 °C
	Verfahren	B		77 °C
Vicat Erweichungstemperatur (VST)	*Verfahren*	B/50		75 °C
	Verfahren			°C
Kristallit-Schmelzpunkt	*Verfahren*			
Längenausdehnungskoeffizient	*Bereich*	23–80	°C	$1.5 \cdot 10^{-4} K^{-1}$
	Temperatur			$\cdot 10^{-4} K^{-1}$
Wärmeleitfähigkeit	*Verfahren*			W/(K · m)
Spezifische Wärmekapazität	*Verfahren*			J/(K · g)
Glasumwandlungstemperatur	*Torsionsschwingungsversuch*		°C	
	Differentialkalorimetrie		°C	

Brandverhalten

UL-Test vertikal	Dicke	mm, Wert
	Dicke	mm, Wert

	Norm	*Bewertung*	*Abmessungen*
Sauerstoff-Index	ASTM D 2863		
Glühstab-Verfahren			
Brandverhalten	DIN 4102		
MVSS			
FAR			

Elektrische Eigenschaften

		Hz	°C		*Probekörper, Form*
Dielektrizitätszahl		50	23	2.3	Durchmesser 80x1 mm
		10^3			
		10^6			
Dielektrischer Verlustfaktor tan δ		50	23	0.0005	Durchmesser 80x1 mm
		10^3			
		10^6			
Spezifischer Durchgangs-widerstand	Ohm · cm		23	1*10**16	Durchmesser 80x1 mm
Durchschlagfestigkeit	kV/mm		23	80	1 mm dick
Oberflächenwiderstand	Ohm		23	1*10**13	Durchmesser 80x1 mm

Kriechstromfestigkeit	KC	KB	KA
Elektrolytische Korrosionswirkung			
Lichtbogenfestigkeit nach DIN			
nach ASTM s			

Beständigkeit *(Chemische Beständigkeit siehe Anhang)*

Wasseraufnahme

Feuchtigkeitsaufnahme Normalklima %

Wetterbeständigkeit

Spannungskorrosion

Optische Eigenschaften

Brechungszahl n_D

Transmissionsgrad τ_c % mm dick

Lichtdurchlässigkeit

Produkt	Polyethylen hoher Dichte		**PE**
Handelsname	**Vestolen A 6013 L**		
Hersteller	HUELS		
DIN-Bez 1	16776-PE,MAHL,60 D 022		
DIN-Bez 2			
Zusätze	UV-Stabilisator; Waermestabilisator	*Füllstoffe/ Verstärkung*	
Bevorzugte Verarbeitung	Spritzgiessen	*Lieferform*	Granulat
		Farben	
Besondere Merkmale	Stabilisiert; Stabil-Bewitterung	*Bevorzugte Anwendungen*	Palette

Dichte	g/cm^3	0.957	*Schmelzindex*	g/10 min	:	
Schüttdichte	g/cm^3		*Volumenfließindex*	$cm^3/10$ min	8:	190/5
Viskositätszahl	ml/g	190				

Verarbeitungsbedingungen für Spritzgießen

Massetemp.	°C	*Schwindung*	% lgs , quer
Werkzeugtemp.	°C	*Bemerkungen*	
Spritzdruck	bar		

Zugversuch 23 °C DIN 53455; ISO R/527; DIN 53457; ISO R/527

Probekörper: *Form* Nr. 3; 4 mm dick — *Herstellung* Pressen
Zustand — *Vorbehandlung* Normalklima

Streckspannung	N/mm^2	30	*Dehnung bei Streckspannung*	%	
Zugfestigkeit	N/mm^2		*Reißdehnung*	%	≧50
Reißfestigkeit	N/mm^2		*% Dehnspannung*	N/mm^2	
E-Modul	N/mm^2	1300	*Dehnung bei % Dehnspg.*	%	

Kriechmoduln und Zeitstandwerte 23 °C

Probekörper: *Form* — *Herstellung*
Zustand — *Vorbehandlung*

Kriechmodul	*1 min* N/mm^2		*Zeitstandzugfestigkeit*	h	N/mm^2
Kriechmodul	*1000 h* N/mm^2		*Zeitdehnspg. %*	h	N/mm^2
bei Spannung	N/mm^2				

Biegeversuch 23 °C

Probekörper: *Form* — *Herstellung*
Zustand — *Vorbehandlung*

Biegefestigkeit	N/mm^2	*E-Modul*	N/mm^2
3,5% *Biegespannung*	N/mm^2		

Härte 23 °C *Probekörper:* *Zustand* — *Herstellung*
Vorbehandlung

Kugeldruckhärte	N/mm^2 bei N, s	*Shore-Härte A*	
Rockwellhärte		*Shore-Härte D*	

Schlagversuch *Probekörper:* *(1)*
(2) — *Herstellung*
Zustand — *Vorbehandlung*

	°C	°C	°C	*Probekörper-Form*
Schlagzähigkeit kJ/m^2				
Kerbschlagzähigkeit (1) kJ/m^2				
IZOD-Kerbschlagzähigkeit (2) J/m				
Kerbschlagzugzähigkeit kJ/m^2				

Abrieb und Reibung

Taber-Abrieb (Reibradverfahren)	mm^3/100 U			
Abriebfaktor LNP (Thrust washer) Vergleichswert				
Statische Reibungszahl				
Dynamische Reibungszahl	(p · v =	N/mm^2 ·		m/min)
Zulässiger p · v Wert	N/mm^2 · (m/min)		v =	m/min
			v =	m/min

Thermische Eigenschaften

Formbeständigkeit in der Wärme	*Verfahren*	A		46 °C
	Verfahren	B		78 °C
Vicat Erweichungstemperatur (VST)	*Verfahren*	B/50		74 °C
	Verfahren			°C
Kristallit-Schmelzpunkt	*Verfahren*			
Längenausdehnungskoeffizient	*Bereich*	23–80	°C	$1.5 \cdot 10^{-4} K^{-1}$
	Temperatur			$\cdot 10^{-4} K^{-1}$
Wärmeleitfähigkeit	*Verfahren*			W/(K · m)
Spezifische Wärmekapazität	*Verfahren*			J/(K · g)
Glasumwandlungstemperatur	*Torsionsschwingungsversuch*		°C	
	Differentialkalorimetrie		°C	

Brandverhalten

UL-Test vertikal	Dicke	mm, Wert	
	Dicke	mm, Wert	

	Norm	*Bewertung*	*Abmessungen*
Sauerstoff-Index	ASTM D 2863		
Glühstab-Verfahren			
Brandverhalten	DIN 4102		
MVSS			
FAR			

Elektrische Eigenschaften

		Hz	°C		*Probekörper, Form*
Dielektrizitätszahl		50	23	2.3	Durchmesser 80x1 mm
		10^3			
		10^6			
Dielektrischer Verlustfaktor tan δ		50	23	0.0005	Durchmesser 80x1 mm
		10^3			
		10^6			
Spezifischer Durchgangs-widerstand	Ohm · cm		23	1*10**16	Durchmesser 80x1 mm
Durchschlagfestigkeit	kV/mm		23	80	1 mm dick
Oberflächenwiderstand	Ohm		23	1*10**13	Durchmesser 80x1 mm

Kriechstromfestigkeit	KC	KB	KA
Elektrolytische Korrosionswirkung			
Lichtbogenfestigkeit nach DIN			
nach ASTM	s		

Beständigkeit *(Chemische Beständigkeit siehe Anhang)*

Wasseraufnahme

Feuchtigkeitsaufnahme Normalklima %

Wetterbeständigkeit

Spannungskorrosion

Optische Eigenschaften

Brechungszahl n_D		
Transmissionsgrad τ_c	%	mm dick
Lichtdurchlässigkeit		

Produkt	Polyethylen hoher Dichte		**PE**
Handelsname	**Vestolen A 6014 L**		
Hersteller	HUELS		
DIN-Bez 1 *DIN-Bez 2*	16776-PE,MAHL,55 D 045		
Zusätze	UV-Stabilisator; Waermestabilisator	*Füllstoffe/ Verstärkung*	
Bevorzugte Verarbeitung	Spritzgiessen	*Lieferform*	Granulat
		Farben	
Besondere Merkmale	Stabilisiert; Stabil-Bewitterung	*Bevorzugte Anwendungen*	Muellbehaelter bis 240 Liter

Dichte	g/cm^3	0.952	*Schmelzindex*	g/10 min	:
Schüttdichte	g/cm^3		*Volumenfließindex*	cm^3/10 min	13: 190/5
Viskositätszahl	ml/g	160			

Verarbeitungsbedingungen für Spritzgießen

Massetemp.	°C	*Schwindung*	% lgs , quer
Werkzeugtemp.	°C	*Bemerkungen*	
Spritzdruck	bar		

Zugversuch 23 °C DIN 53455; ISO R/527; DIN 53457; ISO R/527

Probekörper: *Form* Nr. 3; 4 mm dick — *Herstellung* Pressen
Zustand — *Vorbehandlung* Normalklima

Streckspannung	N/mm^2	29	*Dehnung bei Streckspannung*	%	
Zugfestigkeit	N/mm^2		*Reißdehnung*	%	≧50
Reißfestigkeit	N/mm^2		*% Dehnspannung*	N/mm^2	
E-Modul	N/mm^2	1200	*Dehnung bei % Dehnspg.*	%	

Kriechmoduln und Zeitstandwerte 23 °C

Probekörper: *Form* — *Herstellung*
Zustand — *Vorbehandlung*

Kriechmodul	*1 min* N/mm^2	*Zeitstandzugfestigkeit*	h	N/mm^2
Kriechmodul	*1000 h* N/mm^2	*Zeitdehnspg.* %	h	N/mm^2
bei Spannung	N/mm^2			

Biegeversuch 23 °C

Probekörper: *Form* — *Herstellung*
Zustand — *Vorbehandlung*

Biegefestigkeit	N/mm^2	*E-Modul*	N/mm^2
3,5% *Biegespannung*	N/mm^2		

Härte 23 °C *Probekörper:* *Zustand* — *Herstellung*
Vorbehandlung

Kugeldruckhärte	N/mm^2 bei N, s	*Shore-Härte* A	
Rockwellhärte		*Shore-Härte* D	

Schlagversuch *Probekörper:* *(1)*
(2) — *Herstellung*
Zustand — *Vorbehandlung*

	°C	°C	°C	*Probekörper-Form*
Schlagzähigkeit kJ/m^2				
Kerbschlagzähigkeit (1) kJ/m^2				
IZOD-Kerbschlagzähigkeit (2) J/m				
Kerbschlagzugzähigkeit kJ/m^2				

Abrieb und Reibung

Taber-Abrieb (Reibradverfahren)	mm^3/100 U	
Abriebfaktor LNP (Thrust washer) Vergleichswert		
Statische Reibungszahl		
Dynamische Reibungszahl	(p · v= N/mm^2 ·	m/min)
Zulässiger p · v Wert	N/mm^2 · (m/min) v=	m/min
	v=	m/min

Thermische Eigenschaften

Formbeständigkeit in der Wärme	*Verfahren*	A		44 °C
	Verfahren	B		75 °C
Vicat Erweichungstemperatur (VST)	*Verfahren*	B/50		73 °C
	Verfahren			°C
Kristallit-Schmelzpunkt	*Verfahren*			
Längenausdehnungskoeffizient	*Bereich*	23–80	°C	1.5 · $10^{-4}K^{-1}$
	Temperatur			· $10^{-4}K^{-1}$
Wärmeleitfähigkeit	*Verfahren*			W/(K · m)
Spezifische Wärmekapazität	*Verfahren*			J/(K · g)
Glasumwandlungstemperatur	*Torsionsschwingungsversuch*		°C	
	Differentialkalorimetrie		°C	

Brandverhalten

UL-Test vertikal	Dicke	mm, Wert
	Dicke	mm, Wert

	Norm	*Bewertung*	*Abmessungen*
Sauerstoff-Index	ASTM D 2863		
Glühstab-Verfahren			
Brandverhalten	DIN 4102		
MVSS			
FAR			

Elektrische Eigenschaften

		Hz	°C		*Probekörper, Form*
Dielektrizitätszahl		50	23	2.3	Durchmesser 80x1 mm
		10^3			
		10^6			
Dielektrischer Verlustfaktor tan δ		50	23	0.0005	Durchmesser 80x1 mm
		10^3			
		10^6			
Spezifischer Durchgangs-widerstand	Ohm · cm		23	1*10**16	Durchmesser 80x1 mm
Durchschlagfestigkeit	kV/mm		23	80	1 mm dick
Oberflächenwiderstand	Ohm		23	1*10**13	Durchmesser 80x1 mm

Kriechstromfestigkeit	KC	KB	KA
Elektrolytische Korrosionswirkung			
Lichtbogenfestigkeit nach DIN			
nach ASTM s			

Beständigkeit *(Chemische Beständigkeit siehe Anhang)*

Wasseraufnahme

Feuchtigkeitsaufnahme Normalklima %

Wetterbeständigkeit

Spannungskorrosion

Optische Eigenschaften

Brechungszahl n_D

Transmissionsgrad τ_c % mm dick

Lichtdurchlässigkeit

Datenbank-Nr. **T01856** Merkblatt-Nr. **4575**

Produkt	Polyethylen hoher Dichte		**PE**
Handelsname	**Vestolen A 6016 L**		
Hersteller	HUELS		
DIN-Bez 1	16776-PE,MAHL,60 D 090		
DIN-Bez 2			
Zusätze	UV-Stabilisator; Waermestabilisator	*Füllstoffe/ Verstärkung*	
Bevorzugte Verarbeitung	Spritzgiessen	*Lieferform*	Granulat
		Farben	
Besondere Merkmale	Stabilisiert; Stabil-Bewitterung	*Bevorzugte Anwendungen*	Lagerkasten; Transportkasten; Stapelkasten; Palette

Dichte	g/cm³	0.96	*Schmelzindex*	g/10 min	:	
Schüttdichte	g/cm³		*Volumenfließindex*	cm³/10 min	26:	190/5
Viskositätszahl	ml/g	145				

Verarbeitungsbedingungen für Spritzgießen

Massetemp.	°C	*Schwindung*	% lgs , quer
Werkzeugtemp.	°C	*Bemerkungen*	
Spritzdruck	bar		

Zugversuch 23 °C DIN 53455; ISO R/527; DIN 53457; ISO R/527

Probekörper: *Form* Nr. 3; 4 mm dick — *Herstellung* Pressen
Zustand — *Vorbehandlung* Normalklima

Streckspannung	N/mm²	31	*Dehnung bei Streckspannung*	%	
Zugfestigkeit	N/mm²		*Reißdehnung*	%	≧50
Reißfestigkeit	N/mm²		*% Dehnspannung*	N/mm²	
E-Modul	N/mm²	1400	*Dehnung bei % Dehnspg.*	%	

Kriechmoduln und Zeitstandwerte 23 °C

Probekörper: *Form* — *Herstellung*
Zustand — *Vorbehandlung*

Kriechmodul	*1 min*	N/mm²	*Zeitstandzugfestigkeit*	h	N/mm²
Kriechmodul	*1000 h*	N/mm²	*Zeitdehnspg.* %	h	N/mm²
bei Spannung		N/mm²			

Biegeversuch 23 °C

Probekörper: *Form* — *Herstellung*
Zustand — *Vorbehandlung*

Biegefestigkeit	N/mm²	*E-Modul*	N/mm²
3,5% *Biegespannung*	N/mm²		

Härte 23 °C *Probekörper:* *Zustand* — *Herstellung*
Vorbehandlung

Kugeldruckhärte	N/mm² bei N, s	*Shore-Härte* A	
Rockwellhärte		*Shore-Härte* D	

Schlagversuch *Probekörper:* *(1)*
(2) — *Herstellung*
Zustand — *Vorbehandlung*

		°C	°C	°C	*Probekörper-Form*
Schlagzähigkeit	kJ/m²				
Kerbschlagzähigkeit (1)	kJ/m²				
IZOD-Kerbschlagzähigkeit (2)	J/m				
Kerbschlagzugzähigkeit	kJ/m²				

Abrieb und Reibung

Taber-Abrieb (Reibradverfahren)	mm^3/100 U		
Abriebfaktor LNP (Thrust washer) Vergleichswert			
Statische Reibungszahl			
Dynamische Reibungszahl	(p · v =	N/mm^2 ·	m/min)
Zulässiger p · v Wert	N/mm^2 · (m/min)	v =	m/min
		v =	m/min

Thermische Eigenschaften

Formbeständigkeit in der Wärme	*Verfahren*	A		46 °C
	Verfahren	B		79 °C
Vicat Erweichungstemperatur (VST)	*Verfahren*	B/50		74 °C
	Verfahren			°C
Kristallit-Schmelzpunkt	*Verfahren*			
Längenausdehnungskoeffizient	*Bereich*	23–80	°C	$1.5 \cdot 10^{-4} K^{-1}$
	Temperatur			$\cdot 10^{-4} K^{-1}$
Wärmeleitfähigkeit	*Verfahren*			W/(K · m)
Spezifische Wärmekapazität	*Verfahren*			J/(K · g)
Glasumwandlungstemperatur	*Torsionsschwingungsversuch*		°C	
	Differentialkalorimetrie		°C	

Brandverhalten

UL-Test vertikal	Dicke	mm, Wert
	Dicke	mm, Wert

	Norm	*Bewertung*	*Abmessungen*
Sauerstoff-Index	ASTM D 2863		
Glühstab-Verfahren			
Brandverhalten	DIN 4102		
MVSS			
FAR			

Elektrische Eigenschaften

		Hz	°C		*Probekörper, Form*
Dielektrizitätszahl		50	23	2.3	Durchmesser 80x1 mm
		10^3			
		10^6			
Dielektrischer Verlustfaktor tan δ		50	23	0.0005	Durchmesser 80x1 mm
		10^3			
		10^6			
Spezifischer Durchgangs-widerstand	Ohm · cm		23	1*10**16	Durchmesser 80x1 mm
Durchschlagfestigkeit	kV/mm		23	80	1 mm dick
Oberflächenwiderstand	Ohm		23	1*10**13	Durchmesser 80x1 mm

Kriechstromfestigkeit	KC	KB	KA
Elektrolytische Korrosionswirkung			
Lichtbogenfestigkeit nach DIN			
nach ASTM s			

Beständigkeit *(Chemische Beständigkeit siehe Anhang)*

Wasseraufnahme

Feuchtigkeitsaufnahme Normalklima %

Wetterbeständigkeit

Spannungskorrosion

Optische Eigenschaften

Brechungszahl n_D

Transmissionsgrad τ_c % mm dick

Lichtdurchlässigkeit

Datenbank-Nr. **T01857** Merkblatt-Nr. **4576**

Produkt	Polyethylen hoher Dichte		**PE**
Handelsname	**Vestolen A 6042 F**		
Hersteller	HUELS		
DIN-Bez 1	16776,PE,FAH,60 D 006		
DIN-Bez 2			
Zusätze	Waermestabilisator	*Füllstoffe/ Verstärkung*	
Bevorzugte Verarbeitung	Folienextrusion	*Lieferform*	Granulat
		Farben	
Besondere Merkmale		*Bevorzugte Anwendungen*	Webbaendchen

Dichte	g/cm³	0.958	*Schmelzindex*	g/10 min		:
Schüttdichte	g/cm³		*Volumenfließindex*	cm³/10 min	2.1:	190/5
Viskositätszahl	ml/g	270				

Verarbeitungsbedingungen für Spritzgießen

Massetemp.	°C	*Schwindung*	%	lgs , quer
Werkzeugtemp.	°C	*Bemerkungen*		
Spritzdruck	bar			

Zugversuch 23 °C DIN 53455; ISO R/527; DIN 53457; ISO R/527

Probekörper: *Form* Nr. 3; 4 mm dick — *Herstellung* Pressen
Zustand — *Vorbehandlung* Normalklima

Streckspannung	N/mm²	31	*Dehnung bei Streckspannung*	%	
Zugfestigkeit	N/mm²		*Reißdehnung*	%	≧50
Reißfestigkeit	N/mm²		*% Dehnspannung*	N/mm²	
E-Modul	N/mm²	1300	*Dehnung bei % Dehnspg.*	%	

Kriechmoduln und Zeitstandwerte 23 °C

Probekörper: *Form* — *Herstellung*
Zustand — *Vorbehandlung*

Kriechmodul	*1 min*	N/mm²	*Zeitstandzugfestigkeit*	h	N/mm²
Kriechmodul	*1000 h*	N/mm²	*Zeitdehnspg.* %	h	N/mm²
bei Spannung		N/mm²			

Biegeversuch 23 °C

Probekörper: *Form* — *Herstellung*
Zustand — *Vorbehandlung*

Biegefestigkeit	N/mm²	*E-Modul*	N/mm²
3,5% *Biegespannung*	N/mm²		

Härte 23 °C *Probekörper:* *Zustand* — *Herstellung*
Vorbehandlung

Kugeldruckhärte	N/mm² bei N, s	*Shore-Härte* A	
Rockwellhärte		*Shore-Härte* D	

Schlagversuch *Probekörper:* *(1)*
(2) — *Herstellung*
Zustand — *Vorbehandlung*

	°C	°C	°C	*Probekörper-Form*
Schlagzähigkeit kJ/m²				
Kerbschlagzähigkeit (1) kJ/m²				
IZOD-Kerbschlagzähigkeit (2) J/m				
Kerbschlagzugzähigkeit kJ/m²				

Abrieb und Reibung

Taber-Abrieb (Reibradverfahren)	mm^3/100 U		
Abriebfaktor LNP (Thrust washer) Vergleichswert			
Statische Reibungszahl			
Dynamische Reibungszahl	(p·v= N/mm^2·		m/min)
Zulässiger p · v Wert	N/mm^2· (m/min)	v=	m/min
		v=	m/min

Thermische Eigenschaften

Formbeständigkeit in der Wärme	*Verfahren*	A		45 °C
	Verfahren	B		77 °C
Vicat Erweichungstemperatur (VST)	*Verfahren*	B/50		77 °C
	Verfahren			°C
Kristallit-Schmelzpunkt	*Verfahren*			
Längenausdehnungskoeffizient	*Bereich*	23–80	°C	$1.5 \cdot 10^{-4} K^{-1}$
	Temperatur			$\cdot 10^{-4} K^{-1}$
Wärmeleitfähigkeit	*Verfahren*			W/(K · m)
Spezifische Wärmekapazität	*Verfahren*			J/(K · g)
Glasumwandlungstemperatur	*Torsionsschwingungsversuch*		°C	
	Differentialkalorimetrie		°C	

Brandverhalten

UL-Test vertikal	Dicke	mm, Wert
	Dicke	mm, Wert

	Norm	*Bewertung*	*Abmessungen*
Sauerstoff-Index	ASTM D 2863		
Glühstab-Verfahren			
Brandverhalten	DIN 4102		
MVSS			
FAR			

Elektrische Eigenschaften

		Hz	°C		*Probekörper, Form*
Dielektrizitätszahl		50	23	2.3	Durchmesser 80x1 mm
		10^3			
		10^6			
Dielektrischer Verlustfaktor tan δ		50	23	0.0005	Durchmesser 80x1 mm
		10^3			
		10^6			
Spezifischer Durchgangs-widerstand	Ohm · cm		23	1*10**16	Durchmesser 80x1 mm
Durchschlagfestigkeit	kV/mm		23	80	1 mm dick
Oberflächenwiderstand	Ohm		23	1*10**13	Durchmesser 80x1 mm

Kriechstromfestigkeit	KC	KB	KA
Elektrolytische Korrosionswirkung			
Lichtbogenfestigkeit nach DIN			
nach ASTM s			

Beständigkeit *(Chemische Beständigkeit siehe Anhang)*

Wasseraufnahme

Feuchtigkeitsaufnahme Normalklima %

Wetterbeständigkeit

Spannungskorrosion

Optische Eigenschaften

Brechungszahl n_D

Transmissionsgrad τ_c % mm dick

Lichtdurchlässigkeit

Produkt	Polyethylen hoher Dichte		**PE**
Handelsname	**Vestolen A X4013**		
Hersteller	HUELS		
DIN-Bez 1	16776-PE,BAH,45 D 001		
DIN-Bez 2			
Zusätze	Waermestabilisator	*Füllstoffe/ Verstärkung*	
Bevorzugte Verarbeitung	Blasformen	*Lieferform*	Granulat
		Farben	
Besondere Merkmale		*Bevorzugte Anwendungen*	Kraftstofftank; Kfz-Bau

Dichte	g/cm³	0.941	*Schmelzindex*	g/10 min	:	
Schüttdichte	g/cm³		*Volumenfließindex*	cm³/10 min	0.4:	190/5
Viskositätszahl	ml/g	400				

Verarbeitungsbedingungen für Spritzgießen

Massetemp.	°C	*Schwindung*	% lgs , quer
Werkzeugtemp.	°C	*Bemerkungen*	
Spritzdruck	bar		

Zugversuch 23 °C DIN 53455; ISO R/527; DIN 53457; ISO R/527

Probekörper: *Form* Nr. 3; 4 mm dick — *Herstellung* Pressen
Zustand — *Vorbehandlung* Normalklima

Streckspannung	N/mm²	23	*Dehnung bei Streckspannung*	%	
Zugfestigkeit	N/mm²		*Reißdehnung*	%	≧50
Reißfestigkeit	N/mm²		*% Dehnspannung*	N/mm²	
E-Modul	N/mm²	900	*Dehnung bei % Dehnspg.*	%	

Kriechmoduln und Zeitstandwerte 23 °C

Probekörper: *Form* — *Herstellung*
Zustand — *Vorbehandlung*

Kriechmodul	*1 min*	N/mm²	*Zeitstandzugfestigkeit*	h	N/mm²
Kriechmodul	*1000 h*	N/mm²	*Zeitdehnspg.* %	h	N/mm²
bei Spannung		N/mm²			

Biegeversuch 23 °C

Probekörper: *Form* — *Herstellung*
Zustand — *Vorbehandlung*

Biegefestigkeit	N/mm²	*E-Modul*	N/mm²
3,5% *Biegespannung*	N/mm²		

Härte 23 °C *Probekörper:* *Zustand* — *Herstellung*
Vorbehandlung

Kugeldruckhärte	N/mm² bei N, s	*Shore-Härte* A	
Rockwellhärte		*Shore-Härte* D	

Schlagversuch *Probekörper:* *(1)*
(2) — *Herstellung*
Zustand — *Vorbehandlung*

	°C	°C	°C	*Probekörper-Form*
Schlagzähigkeit kJ/m²				
Kerbschlagzähigkeit (1) kJ/m²				
IZOD-Kerbschlagzähigkeit (2) J/m				
Kerbschlagzugzähigkeit kJ/m²				

Abrieb und Reibung

Taber-Abrieb (Reibradverfahren)	mm^3/100 U	
Abriebfaktor LNP (Thrust washer) Vergleichswert		
Statische Reibungszahl		
Dynamische Reibungszahl	(p · v = N/mm^2 ·	m/min)
Zulässiger p · v Wert	N/mm^2 · (m/min) v =	m/min
	v =	m/min

Thermische Eigenschaften

Formbeständigkeit in der Wärme	*Verfahren* A		42 °C
	Verfahren B		72 °C
Vicat Erweichungstemperatur (VST)	*Verfahren* B/50		73 °C
	Verfahren		°C
Kristallit-Schmelzpunkt	*Verfahren*		
Längenausdehnungskoeffizient	*Bereich* 23–80 °C		$2 \cdot 10^{-4} K^{-1}$
	Temperatur		$\cdot 10^{-4} K^{-1}$
Wärmeleitfähigkeit	*Verfahren*		W/(K · m)
Spezifische Wärmekapazität	*Verfahren*		J/(K · g)
Glasumwandlungstemperatur	*Torsionsschwingungsversuch*	°C	
	Differentialkalorimetrie	°C	

Brandverhalten

UL-Test vertikal	Dicke mm, Wert
	Dicke mm, Wert

	Norm	*Bewertung*	*Abmessungen*
Sauerstoff-Index	ASTM D 2863		
Glühstab-Verfahren			
Brandverhalten	DIN 4102		
MVSS			
FAR			

Elektrische Eigenschaften

		Hz	°C		*Probekörper, Form*
Dielektrizitätszahl		50	23	2.3	Durchmesser 80x1 mm
		10^3			
		10^6			
Dielektrischer Verlustfaktor tan δ		50	23	0.0005	Durchmesser 80x1 mm
		10^3			
		10^6			
Spezifischer Durchgangs-widerstand	Ohm · cm		23	1*10**16	Durchmesser 80x1 mm
Durchschlagfestigkeit	kV/mm		23	80	1 mm dick
Oberflächenwiderstand	Ohm		23	1*10**13	Durchmesser 80x1 mm

Kriechstromfestigkeit KC KB KA
Elektrolytische Korrosionswirkung
Lichtbogenfestigkeit nach DIN
nach ASTM s

Beständigkeit *(Chemische Beständigkeit siehe Anhang)*

Wasseraufnahme

Feuchtigkeitsaufnahme Normalklima %

Wetterbeständigkeit

Spannungskorrosion

Optische Eigenschaften

Brechungszahl n_D
Transmissionsgrad τ_c % mm dick
Lichtdurchlässigkeit

Datenbank-Nr. **T01859** Merkblatt-Nr. **4578**

Produkt	Polyethylen hoher Dichte		**PE**
Handelsname	**Vestolen A X4259**		
Hersteller	HUELS		
DIN-Bez 1	16776-PE,MAH,50 D 045		
DIN-Bez 2			
Zusätze	Waermestabilisator	*Füllstoffe/ Verstärkung*	
Bevorzugte Verarbeitung	Spritzgiessen	*Lieferform*	Granulat
		Farben	
Besondere Merkmale		*Bevorzugte Anwendungen*	Schraubverschluss

Dichte	g/cm^3	0.948	*Schmelzindex*	g/10 min	:	
Schüttdichte	g/cm^3		*Volumenfließindex*	$cm^3/10$ min	17:	190/5
Viskositätszahl	ml/g	180				

Verarbeitungsbedingungen für Spritzgießen

Massetemp.	°C	*Schwindung*	%	lgs , quer
Werkzeugtemp.	°C	*Bemerkungen*		
Spritzdruck	bar			

Zugversuch 23 °C DIN 53455; ISO R/527; DIN 53457; ISO R/527

Probekörper: *Form* Nr. 3; 4 mm dick *Herstellung* Pressen
Zustand *Vorbehandlung* Normalklima

Streckspannung	N/mm^2	25	*Dehnung bei Streckspannung*	%	
Zugfestigkeit	N/mm^2		*Reißdehnung*	%	≧50
Reißfestigkeit	N/mm^2		*% Dehnspannung*	N/mm^2	
E-Modul	N/mm^2	1000	*Dehnung bei % Dehnspg.*	%	

Kriechmoduln und Zeitstandwerte 23 °C

Probekörper: *Form* *Herstellung*
Zustand *Vorbehandlung*

Kriechmodul	*1 min* N/mm^2	*Zeitstandzugfestigkeit*	h	N/mm^2
Kriechmodul	*1000 h* N/mm^2	*Zeitdehnspg.* %	h	N/mm^2
bei Spannung	N/mm^2			

Biegeversuch 23 °C

Probekörper: *Form* *Herstellung*
Zustand *Vorbehandlung*

Biegefestigkeit	N/mm^2	*E-Modul*	N/mm^2
3,5% *Biegespannung*	N/mm^2		

Härte 23 °C *Probekörper:* *Zustand* *Herstellung*
Vorbehandlung

Kugeldruckhärte	N/mm^2 bei N, s	*Shore-Härte* A	
Rockwellhärte		*Shore-Härte* D	

Schlagversuch *Probekörper:* *(1)*
(2) *Herstellung*
Zustand *Vorbehandlung*

	°C	°C	°C	*Probekörper-Form*
Schlagzähigkeit kJ/m^2				
Kerbschlagzähigkeit (1) kJ/m^2				
IZOD-Kerbschlagzähigkeit (2) J/m				
Kerbschlagzugzähigkeit kJ/m^2				

Abrieb und Reibung

Taber-Abrieb (Reibradverfahren)	mm^3/100 U		
Abriebfaktor LNP (Thrust washer) Vergleichswert			
Statische Reibungszahl			
Dynamische Reibungszahl	(p·v=	N/mm^2·	m/min)
Zulässiger p · v Wert	N/mm^2 · (m/min)	v=	m/min
		v=	m/min

Thermische Eigenschaften

Formbeständigkeit in der Wärme	*Verfahren*	A		40 °C
	Verfahren	B		70 °C
Vicat Erweichungstemperatur (VST)	*Verfahren*	B/50		70 °C
	Verfahren			°C
Kristallit-Schmelzpunkt	*Verfahren*			
Längenausdehnungskoeffizient	*Bereich*	23–80	°C	$1.7 \cdot 10^{-4}K^{-1}$
	Temperatur			$\cdot 10^{-4}K^{-1}$
Wärmeleitfähigkeit	*Verfahren*			W/(K · m)
Spezifische Wärmekapazität	*Verfahren*			J/(K · g)
Glasumwandlungstemperatur	*Torsionsschwingungsversuch*		°C	
	Differentialkalorimetrie		°C	

Brandverhalten

UL-Test vertikal	Dicke	mm, Wert
	Dicke	mm, Wert

	Norm	*Bewertung*	*Abmessungen*
Sauerstoff-Index	ASTM D 2863		
Glühstab-Verfahren			
Brandverhalten	DIN 4102		
MVSS			
FAR			

Elektrische Eigenschaften

		Hz	°C		*Probekörper, Form*
Dielektrizitätszahl		50	23	2.3	Durchmesser 80x1 mm
		10^3			
		10^6			
Dielektrischer Verlustfaktor tan δ		50	23	0.0005	Durchmesser 80x1 mm
		10^3			
		10^6			
Spezifischer Durchgangswiderstand	Ohm · cm		23	1*10**16	Durchmesser 80x1 mm
Durchschlagfestigkeit	kV/mm		23	80	1 mm dick
Oberflächenwiderstand	Ohm		23	1*10**13	Durchmesser 80x1 mm

Kriechstromfestigkeit	KC	KB	KA
Elektrolytische Korrosionswirkung			
Lichtbogenfestigkeit nach DIN			
nach ASTM s			

Beständigkeit *(Chemische Beständigkeit siehe Anhang)*

Wasseraufnahme

Feuchtigkeitsaufnahme Normalklima %

Wetterbeständigkeit

Spannungskorrosion

Optische Eigenschaften

Brechungszahl n_D		
Transmissionsgrad τ_c	%	mm dick
Lichtdurchlässigkeit		

Datenbank-Nr. **T01860** Merkblatt-Nr. **4579**

Produkt	Polyethylen hoher Dichte		**PE**
Handelsname	**Vestolen A X4304**		
Hersteller	HUELS		
DIN-Bez 1	16776-PE,MAHL,50 D 022		
DIN-Bez 2			
Zusätze	UV-Stabilisator; Waermestabilisator	*Füllstoffe/ Verstärkung*	
Bevorzugte Verarbeitung	Spritzgiessen	*Lieferform*	Granulat
		Farben	
Besondere Merkmale	Stabilisiert; Stabil-Bewitterung	*Bevorzugte Anwendungen*	Muellcontainer; Muellgrossbehaelter bis 1100 Liter

Dichte	g/cm^3	0.95	*Schmelzindex*	g/10 min	:
Schüttdichte	g/cm^3		*Volumenfließindex*	cm^3/10 min	9: 190/5
Viskositätszahl	ml/g	180			

Verarbeitungsbedingungen für Spritzgießen

Massetemp.	°C	*Schwindung*	%	lgs , quer
Werkzeugtemp.	°C	*Bemerkungen*		
Spritzdruck	bar			

Zugversuch 23 °C DIN 53455; ISO R/527; DIN 53457; ISO R/527

Probekörper: *Form* Nr. 3; 4 mm dick — *Herstellung* Pressen
Zustand — *Vorbehandlung* Normalklima

Streckspannung	N/mm^2	27	*Dehnung bei Streckspannung*	%	
Zugfestigkeit	N/mm^2		*Reißdehnung*	%	≧50
Reißfestigkeit	N/mm^2		*% Dehnspannung*	N/mm^2	
E-Modul	N/mm^2	1000	*Dehnung bei % Dehnspg.*	%	

Kriechmoduln und Zeitstandwerte 23 °C

Probekörper: *Form* — *Herstellung*
Zustand — *Vorbehandlung*

Kriechmodul	*1 min*	N/mm^2	*Zeitstandzugfestigkeit*	h	N/mm^2
Kriechmodul	*1000 h*	N/mm^2	*Zeitdehnspg. %*	h	N/mm^2
bei Spannung		N/mm^2			

Biegeversuch 23 °C

Probekörper: *Form* — *Herstellung*
Zustand — *Vorbehandlung*

Biegefestigkeit	N/mm^2	*E-Modul*	N/mm^2
3,5% *Biegespannung*	N/mm^2		

Härte 23 °C *Probekörper:* *Zustand* — *Herstellung*
Vorbehandlung

Kugeldruckhärte	N/mm^2 bei N, s	*Shore-Härte* A	
Rockwellhärte		*Shore-Härte* D	

Schlagversuch *Probekörper:* *(1)*
(2) — *Herstellung*
Zustand — *Vorbehandlung*

	°C	°C	°C	*Probekörper-Form*
Schlagzähigkeit kJ/m^2				
Kerbschlagzähigkeit (1) kJ/m^2				
IZOD-Kerbschlagzähigkeit (2) J/m				
Kerbschlagzugzähigkeit kJ/m^2				

Abrieb und Reibung

Taber-Abrieb (Reibradverfahren)	mm^3/100 U		
Abriebfaktor LNP (Thrust washer) Vergleichswert			
Statische Reibungszahl			
Dynamische Reibungszahl	(p · v =	N/mm^2 ·	m/min)
Zulässiger p · v Wert	N/mm^2 · (m/min)	v =	m/min
		v =	m/min

Thermische Eigenschaften

Formbeständigkeit in der Wärme	*Verfahren*	A		41 °C
	Verfahren	B		73 °C
Vicat Erweichungstemperatur (VST)	*Verfahren*	B/50		72 °C
	Verfahren			°C
Kristallit-Schmelzpunkt	*Verfahren*			
Längenausdehnungskoeffizient	*Bereich*	23–80	°C	$1.5 \cdot 10^{-4} K^{-1}$
	Temperatur			$\cdot 10^{-4} K^{-1}$
Wärmeleitfähigkeit	*Verfahren*			W/(K · m)
Spezifische Wärmekapazität	*Verfahren*			J/(K · g)
Glasumwandlungstemperatur	*Torsionsschwingungsversuch*		°C	
	Differentialkalorimetrie		°C	

Brandverhalten

UL-Test vertikal	Dicke	mm, Wert
	Dicke	mm, Wert

	Norm	*Bewertung*	*Abmessungen*
Sauerstoff-Index	ASTM D 2863		
Glühstab-Verfahren			
Brandverhalten	DIN 4102		
MVSS			
FAR			

Elektrische Eigenschaften

		Hz	°C		*Probekörper, Form*
Dielektrizitätszahl		50	23	2.3	Durchmesser 80x1 mm
		10^3			
		10^6			
Dielektrischer Verlustfaktor tan δ		50	23	0.0005	Durchmesser 80x1 mm
		10^3			
		10^6			
Spezifischer Durchgangs-widerstand	Ohm · cm		23	1*10**16	Durchmesser 80x1 mm
Durchschlagfestigkeit	kV/mm		23	80	1 mm dick
Oberflächenwiderstand	Ohm		23	1*10**13	Durchmesser 80x1 mm

Kriechstromfestigkeit	KC	KB	KA
Elektrolytische Korrosionswirkung			
Lichtbogenfestigkeit nach DIN			
nach ASTM s			

Beständigkeit *(Chemische Beständigkeit siehe Anhang)*

Wasseraufnahme

Feuchtigkeitsaufnahme Normalklima %

Wetterbeständigkeit

Spannungskorrosion

Optische Eigenschaften

Brechungszahl n_D

Transmissionsgrad τ_c % mm dick

Lichtdurchlässigkeit

Datenbank-Nr. **T01861** *Merkblatt-Nr.* **4580**

Produkt	Polyethylen hoher Dichte		**PE**
Handelsname	**Vestolen A X4746**		
Hersteller	HUELS		
DIN-Bez 1	16776-PE,FAH,50 D 006		
DIN-Bez 2			
Zusätze	Waermestabilisator	*Füllstoffe/ Verstärkung*	
Bevorzugte Verarbeitung	Folienextrusion	*Lieferform*	Granulat
		Farben	
Besondere Merkmale		*Bevorzugte Anwendungen*	Baendchen fuer Raschelprozess

Dichte	g/cm^3	0.946	*Schmelzindex*	g/10 min	:	
Schüttdichte	g/cm^3		*Volumenfließindex*	$cm^3/10$ min	2.6:	190/5
Viskositätszahl	ml/g	240				

Verarbeitungsbedingungen für Spritzgießen

Massetemp.	°C	*Schwindung*	%	lgs , quer
Werkzeugtemp.	°C	*Bemerkungen*		
Spritzdruck	bar			

Zugversuch 23 °C DIN 53455; ISO R/527; DIN 53457; ISO R/527

Probekörper: *Form* Nr. 3; 4 mm dick — *Herstellung* Pressen
Zustand — *Vorbehandlung* Normalklima

Streckspannung	N/mm^2	25	*Dehnung bei Streckspannung*	%	
Zugfestigkeit	N/mm^2		*Reißdehnung*	%	≧50
Reißfestigkeit	N/mm^2		*% Dehnspannung*	N/mm^2	
E-Modul	N/mm^2	1000	*Dehnung bei % Dehnspg.*	%	

Kriechmoduln und Zeitstandwerte 23 °C

Probekörper: *Form* — *Herstellung*
Zustand — *Vorbehandlung*

Kriechmodul	*1 min* N/mm^2	*Zeitstandzugfestigkeit*	h	N/mm^2
Kriechmodul	*1000 h* N/mm^2	*Zeitdehnspg. %*	h	N/mm^2
bei Spannung	N/mm^2			

Biegeversuch 23 °C

Probekörper: *Form* — *Herstellung*
Zustand — *Vorbehandlung*

Biegefestigkeit	N/mm^2	*E-Modul*	N/mm^2
3,5% *Biegespannung*	N/mm^2		

Härte 23 °C *Probekörper:* *Zustand* — *Herstellung*
Vorbehandlung

Kugeldruckhärte	N/mm^2 bei N, s	*Shore-Härte* A	
Rockwellhärte		*Shore-Härte* D	

Schlagversuch *Probekörper:* *(1)*
(2) — *Herstellung*
Zustand — *Vorbehandlung*

		°C	°C	°C	*Probekörper-Form*
Schlagzähigkeit	kJ/m^2				
Kerbschlagzähigkeit (1)	kJ/m^2				
IZOD-Kerbschlagzähigkeit (2)	J/m				
Kerbschlagzugzähigkeit	kJ/m^2				

Abrieb und Reibung

Taber-Abrieb (Reibradverfahren)	$mm^3/100$ U		
Abriebfaktor LNP (Thrust washer) Vergleichswert			
Statische Reibungszahl			
Dynamische Reibungszahl	(p·v=	N/mm²·	m/min)
Zulässiger p · v Wert	N/mm²·(m/min)	v=	m/min
		v=	m/min

Thermische Eigenschaften

Formbeständigkeit in der Wärme	*Verfahren*	A		43 °C
	Verfahren	B		75 °C
Vicat Erweichungstemperatur (VST)	*Verfahren*	B/50		73 °C
	Verfahren			°C
Kristallit-Schmelzpunkt	*Verfahren*			
Längenausdehnungskoeffizient	*Bereich*	23–80	°C	$1.7 \cdot 10^{-4} K^{-1}$
	Temperatur			$\cdot 10^{-4} K^{-1}$
Wärmeleitfähigkeit	*Verfahren*			W/(K · m)
Spezifische Wärmekapazität	*Verfahren*			J/(K · g)
Glasumwandlungstemperatur	*Torsionsschwingungsversuch*		°C	
	Differentialkalorimetrie		°C	

Brandverhalten

UL-Test vertikal	Dicke	mm, Wert
	Dicke	mm, Wert

	Norm	*Bewertung*	*Abmessungen*
Sauerstoff-Index	ASTM D 2863		
Glühstab-Verfahren			
Brandverhalten	DIN 4102		
MVSS			
FAR			

Elektrische Eigenschaften

		Hz	°C		*Probekörper, Form*
Dielektrizitätszahl		50	23	2.3	Durchmesser 80x1 mm
		10^3			
		10^6			
Dielektrischer Verlustfaktor tan δ		50	23	0.0005	Durchmesser 80x1 mm
		10^3			
		10^6			
Spezifischer Durchgangs-widerstand	Ohm · cm		23	1*10**16	Durchmesser 80x1 mm
Durchschlagfestigkeit	kV/mm		23	80	1 mm dick
Oberflächenwiderstand	Ohm		23	1*10**13	Durchmesser 80x1 mm

Kriechstromfestigkeit	KC	KB	KA
Elektrolytische Korrosionswirkung			
Lichtbogenfestigkeit nach DIN			
nach ASTM s			

Beständigkeit *(Chemische Beständigkeit siehe Anhang)*

Wasseraufnahme

Feuchtigkeitsaufnahme Normalklima %

Wetterbeständigkeit

Spannungskorrosion

Optische Eigenschaften

Brechungszahl n_D		
Transmissionsgrad τ_c	%	mm dick
Lichtdurchlässigkeit		

Datenbank-Nr. **T01862** Merkblatt-Nr. **4581**

Produkt	Polypropylen/Ethylen-Propylen/Blend		**PP + EP**
Handelsname	**Vestolen EM 3302 L**		
Hersteller	HUELS		
DIN-Bez 1	16774,PP-Q,MHL,00 M 045		
DIN-Bez 2			
Zusätze	UV-Stabilisator; Waermestabilisator	*Füllstoffe/ Verstärkung*	
Bevorzugte Verarbeitung	Spritzgiessen	*Lieferform*	Granulat
		Farben	
Besondere Merkmale	Schlagzaeh modifiziert; Stabilisiert; Stabil-Bewitterung	*Bevorzugte Anwendungen*	Kfz-Bau

Dichte	g/cm^3	0.906	*Schmelzindex*	g/10 min	:	
Schüttdichte	g/cm^3		*Volumenfließindex*	$cm^3/10$ min	7:	230/2.16
Viskositätszahl	ml/g	210				

Verarbeitungsbedingungen für Spritzgießen

Massetemp.	°C	*Schwindung*	% lgs , quer
Werkzeugtemp.	°C	*Bemerkungen*	
Spritzdruck	bar		

Zugversuch 23 °C DIN 53455; ISO R/527; DIN 53457; ISO R/527

Probekörper: *Form* Nr. 3; 4 mm dick — *Herstellung* Spritzgiessen
Zustand — *Vorbehandlung* Normalklima

Streckspannung	N/mm^2	20	*Dehnung bei Streckspannung*	%	10
Zugfestigkeit	N/mm^2		*Reißdehnung*	%	≧50
Reißfestigkeit	N/mm^2		*% Dehnspannung*	N/mm^2	
E-Modul	N/mm^2	800	*Dehnung bei % Dehnspg.*	%	

Kriechmoduln und Zeitstandwerte 23 °C

Probekörper: *Form* — *Herstellung*
Zustand — *Vorbehandlung*

Kriechmodul	*1 min* N/mm^2	*Zeitstandzugfestigkeit*	h	N/mm^2
Kriechmodul	*1000 h* N/mm^2	*Zeitdehnspg. %*	h	N/mm^2
bei Spannung	N/mm^2			

Biegeversuch 23 °C

Probekörper: *Form* — *Herstellung*
Zustand — *Vorbehandlung*

Biegefestigkeit	N/mm^2	*E-Modul*	N/mm^2
3,5% *Biegespannung*	N/mm^2		

Härte 23 °C *Probekörper:* *Zustand* — *Herstellung*
Vorbehandlung

Kugeldruckhärte	N/mm^2 bei N, s	*Shore-Härte* A	
Rockwellhärte		*Shore-Härte* D	

Schlagversuch *Probekörper:* *(1)*
(2) — *Herstellung*
Zustand — *Vorbehandlung*

		°C	°C	°C	*Probekörper-Form*
Schlagzähigkeit	kJ/m^2				
Kerbschlagzähigkeit (1)	kJ/m^2				
IZOD-Kerbschlagzähigkeit (2)	J/m				
Kerbschlagzugzähigkeit	kJ/m^2				

Abrieb und Reibung

Taber-Abrieb (Reibradverfahren)	mm^3/100 U		
Abriebfaktor LNP (Thrust washer) Vergleichswert			
Statische Reibungszahl			
Dynamische Reibungszahl	(p · v=	N/mm^2 ·	m/min)
Zulässiger p · v Wert	N/mm^2 · (m/min)	v=	m/min
		v=	m/min

Thermische Eigenschaften

Formbeständigkeit in der Wärme	*Verfahren*	A		50 °C
	Verfahren	B		80 °C
Vicat Erweichungstemperatur (VST)	*Verfahren*	B/50		60 °C
	Verfahren			°C
Kristallit-Schmelzpunkt	*Verfahren*			
Längenausdehnungskoeffizient	*Bereich*	23–80	°C	$1.5 \cdot 10^{-4}K^{-1}$
	Temperatur			$\cdot 10^{-4}K^{-1}$
Wärmeleitfähigkeit	*Verfahren*			W/(K · m)
Spezifische Wärmekapazität	*Verfahren*			J/(K · g)
Glasumwandlungstemperatur	*Torsionsschwingungsversuch*		°C	
	Differentialkalorimetrie		°C	

Brandverhalten

UL-Test vertikal Dicke mm, Wert
Dicke mm, Wert

	Norm	*Bewertung*	*Abmessungen*
Sauerstoff-Index	ASTM D 2863		
Glühstab-Verfahren			
Brandverhalten	DIN 4102		
MVSS			
FAR			

Elektrische Eigenschaften

		Hz	°C		*Probekörper, Form*
Dielektrizitätszahl		50	23	2.3	Durchmesser 80x1 mm
		10^3			
		10^6			
Dielektrischer Verlustfaktor tan δ		50	23	0.0005	Durchmesser 80x1 mm
		10^3			
		10^6			
Spezifischer Durchgangs-widerstand	Ohm · cm		23	1*10**16	Durchmesser 80x1 mm
Durchschlagfestigkeit	kV/mm		23	75	1 mm dick
Oberflächenwiderstand	Ohm		23	1*10**13	Durchmesser 80x1 mm

Kriechstromfestigkeit KC KB KA
Elektrolytische Korrosionswirkung
Lichtbogenfestigkeit nach DIN
nach ASTM s

Beständigkeit *(Chemische Beständigkeit siehe Anhang)*

Wasseraufnahme 23 C Bis zur Saettigung 0.02 %

Feuchtigkeitsaufnahme Normalklima %
Wetterbeständigkeit

Spannungskorrosion

Optische Eigenschaften

Brechungszahl n_D
Transmissionsgrad τ_c % mm dick
Lichtdurchlässigkeit

Datenbank-Nr. **T01863** Merkblatt-Nr. **4582**

Produkt	Polypropylen/Ethylen-Propylen/Blend		**PP + EP**
Handelsname	**Vestolen EM 3422 GL**		
Hersteller	HUELS		
DIN-Bez 1	16774,PP-Q,MHL,00 M 045 GF15		
DIN-Bez 2			
Zusätze	UV-Stabilisator; Waermestabilisator	*Füllstoffe/ Verstärkung*	
Bevorzugte Verarbeitung	Spritzgiessen	*Lieferform*	Granulat
		Farben	
Besondere Merkmale	Schlagzaeh modifiziert; Stabilisiert; Stabil-Bewitterung	*Bevorzugte Anwendungen*	Kfz-Bau

Dichte	g/cm³	0.99	*Schmelzindex*	g/10 min	:	
Schüttdichte	g/cm³		*Volumenfließindex*	cm³/10 min	7:	230/2.16
Viskositätszahl	ml/g	210				

Verarbeitungsbedingungen für Spritzgießen

Massetemp.	°C	*Schwindung*	% lgs , quer
Werkzeugtemp.	°C	*Bemerkungen*	
Spritzdruck	bar		

Zugversuch 23 °C DIN 53455; ISO R/527; DIN 53457; ISO R/527

Probekörper: *Form* Nr. 3; 4 mm dick — *Herstellung* Spritzgiessen
Zustand — *Vorbehandlung* Normalklima

Streckspannung	N/mm²	19	*Dehnung bei Streckspannung*	%	8
Zugfestigkeit	N/mm²		*Reißdehnung*	%	≧50
Reißfestigkeit	N/mm²		*% Dehnspannung*	N/mm²	
E-Modul	N/mm²	1300	*Dehnung bei % Dehnspg.*	%	

Kriechmoduln und Zeitstandwerte 23 °C

Probekörper: *Form* — *Herstellung*
Zustand — *Vorbehandlung*

Kriechmodul	*1 min* N/mm²	*Zeitstandzugfestigkeit*	h	N/mm²
Kriechmodul	*1000 h* N/mm²	*Zeitdehnspg.* %	h	N/mm²
bei Spannung	N/mm²			

Biegeversuch 23 °C

Probekörper: *Form* — *Herstellung*
Zustand — *Vorbehandlung*

Biegefestigkeit	N/mm²	*E-Modul*	N/mm²
3,5% *Biegespannung*	N/mm²		

Härte 23 °C *Probekörper:* *Zustand* — *Herstellung*
Vorbehandlung

Kugeldruckhärte	N/mm² bei N, s	*Shore-Härte* A	
Rockwellhärte		*Shore-Härte* D	

Schlagversuch *Probekörper:* *(1)*
(2) — *Herstellung*
Zustand — *Vorbehandlung*

		°C	°C	°C	*Probekörper-Form*
Schlagzähigkeit	kJ/m²				
Kerbschlagzähigkeit (1)	kJ/m²				
IZOD-Kerbschlagzähigkeit (2)	J/m				
Kerbschlagzugzähigkeit	kJ/m²				

Abrieb und Reibung

Taber-Abrieb (Reibradverfahren)	mm^3/100 U		
Abriebfaktor LNP (Thrust washer) Vergleichswert			
Statische Reibungszahl			
Dynamische Reibungszahl	(p · v=	N/mm^2 ·	m/min)
Zulässiger p · v Wert	N/mm^2 · (m/min)	v=	m/min
		v=	m/min

Thermische Eigenschaften

Formbeständigkeit in der Wärme	*Verfahren*	A		55 °C
	Verfahren	B		95 °C
Vicat Erweichungstemperatur (VST)	*Verfahren*	B/50		55 °C
	Verfahren			°C
Kristallit-Schmelzpunkt	*Verfahren*			
Längenausdehnungskoeffizient	*Bereich*	23–80	°C	$0.8 \cdot 10^{-4} K^{-1}$
	Temperatur			$\cdot 10^{-4} K^{-1}$
Wärmeleitfähigkeit	*Verfahren*			W/(K · m)
Spezifische Wärmekapazität	*Verfahren*			J/(K · g)
Glasumwandlungstemperatur	*Torsionsschwingungsversuch*		°C	
	Differentialkalorimetrie		°C	

Brandverhalten

UL-Test vertikal		Dicke mm, Wert	
		Dicke mm, Wert	
	Norm	*Bewertung*	*Abmessungen*
Sauerstoff-Index	ASTM D 2863		
Glühstab-Verfahren			
Brandverhalten	DIN 4102		
MVSS			
FAR			

Elektrische Eigenschaften

		Hz	°C			*Probekörper, Form*
Dielektrizitätszahl		50	23	2.4		Durchmesser 80x1 mm
		10^3				
		10^6				
Dielektrischer Verlustfaktor tan δ		50				
		10^3				
		10^6				
Spezifischer Durchgangs-widerstand	Ohm · cm		23	1*10**16		Durchmesser 80x1 mm
Durchschlagfestigkeit	kV/mm					mm dick
Oberflächenwiderstand	Ohm		23	1*10**13		Durchmesser 80x1 mm
Kriechstromfestigkeit		KC		KB	KA	
Elektrolytische Korrosionswirkung						
Lichtbogenfestigkeit nach DIN						
nach ASTM	s					

Beständigkeit *(Chemische Beständigkeit siehe Anhang)*

Wasseraufnahme 23 C Bis zur Saettigung	0.02 %	
Feuchtigkeitsaufnahme Normalklima		%
Wetterbeständigkeit		
Spannungskorrosion		

Optische Eigenschaften

Brechungszahl n_D		
Transmissionsgrad τ_c	%	mm dick
Lichtdurchlässigkeit		

Datenbank-Nr. **T01864** Merkblatt-Nr. **4583**

Produkt	Polypropylen/Ethylen-Propylen/Blend		**PP + EP**
Handelsname	**Vestolen EM 3442 TL SCHWARZ**		
Hersteller	HUELS		
DIN-Bez 1	16774,PP-Q,MCHL,00 M 045 TD 10		
DIN-Bez 2			
Zusätze	UV-Stabilisator; Waermestabilisator	*Füllstoffe/ Verstärkung*	
Bevorzugte Verarbeitung	Spritzgiessen	*Lieferform*	Granulat
		Farben	Schwarz
Besondere Merkmale	Schlagzaeh modifiziert; Stabilisiert; Stabil-Bewitterung	*Bevorzugte Anwendungen*	Kfz-Bau

---

Dichte	g/cm^3	1.07	*Schmelzindex*	g/10 min	:	
Schüttdichte	g/cm^3		*Volumenfließindex*	$cm^3/10$ min	6:	230/2.16
Viskositätszahl	ml/g	210				

Verarbeitungsbedingungen für Spritzgießen

Massetemp.	°C	*Schwindung*	% lgs , quer
Werkzeugtemp.	°C	*Bemerkungen*	
Spritzdruck	bar		

Zugversuch 23 °C DIN 53455; ISO R/527; DIN 53457; ISO R/527

Probekörper: *Form* Nr. 3; 4 mm dick — *Herstellung* Spritzgiessen
Zustand — *Vorbehandlung* Normalklima

Streckspannung	N/mm^2	18	*Dehnung bei Streckspannung*	%	8
Zugfestigkeit	N/mm^2		*Reißdehnung*	%	≧50
Reißfestigkeit	N/mm^2		*% Dehnspannung*	N/mm^2	
E-Modul	N/mm^2	1200	*Dehnung bei % Dehnspg.*	%	

Kriechmoduln und Zeitstandwerte 23 °C

Probekörper: *Form* — *Herstellung*
Zustand — *Vorbehandlung*

Kriechmodul	*1 min* N/mm^2	*Zeitstandzugfestigkeit*	h N/mm^2
Kriechmodul	*1000 h* N/mm^2	*Zeitdehnspg. %*	h N/mm^2
bei Spannung	N/mm^2		

Biegeversuch 23 °C

Probekörper: *Form* — *Herstellung*
Zustand — *Vorbehandlung*

Biegefestigkeit	N/mm^2	*E-Modul*	N/mm^2
3,5% *Biegespannung*	N/mm^2		

Härte 23 °C *Probekörper:* *Zustand* — *Herstellung*
Vorbehandlung

Kugeldruckhärte	N/mm^2 bei N, s	*Shore-Härte* A
Rockwellhärte		*Shore-Härte* D

Schlagversuch *Probekörper:* *(1)*
(2) — *Herstellung*
Zustand — *Vorbehandlung*

	°C	°C	°C	*Probekörper-Form*
Schlagzähigkeit kJ/m^2				
Kerbschlagzähigkeit (1) kJ/m^2				
IZOD-Kerbschlagzähigkeit (2) J/m				
Kerbschlagzugzähigkeit kJ/m^2				

Abrieb und Reibung

Taber-Abrieb (Reibradverfahren)	mm^3/100 U		
Abriebfaktor LNP (Thrust washer) Vergleichswert			
Statische Reibungszahl			
Dynamische Reibungszahl	(p · v =	N/mm^2 ·	m/min)
Zulässiger p · v Wert	N/mm^2 · (m/min)	v =	m/min
		v =	m/min

Thermische Eigenschaften

Formbeständigkeit in der Wärme	*Verfahren* A		50 °C
	Verfahren B		90 °C
Vicat Erweichungstemperatur (VST)	*Verfahren* B/50		50 °C
	Verfahren		°C
Kristallit-Schmelzpunkt	*Verfahren*		
Längenausdehnungskoeffizient	*Bereich* 23–80 °C		$1 \cdot 10^{-4} K^{-1}$
	Temperatur		$\cdot 10^{-4} K^{-1}$
Wärmeleitfähigkeit	*Verfahren*		W/(K · m)
Spezifische Wärmekapazität	*Verfahren*		J/(K · g)
Glasumwandlungstemperatur	*Torsionsschwingungsversuch*	°C	
	Differentialkalorimetrie	°C	

Brandverhalten

UL-Test vertikal Dicke mm, Wert
Dicke mm, Wert

	Norm	*Bewertung*	*Abmessungen*
Sauerstoff-Index	ASTM D 2863		
Glühstab-Verfahren			
Brandverhalten	DIN 4102		
MVSS			
FAR			

Elektrische Eigenschaften

		Hz	°C		*Probekörper, Form*
Dielektrizitätszahl		50	23	2.4	Durchmesser 80x1 mm
		10^3			
		10^6			
Dielektrischer Verlustfaktor tan δ		50			
		10^3			
		10^6			
Spezifischer Durchgangs-widerstand	Ohm · cm		23	1*10**16	Durchmesser 80x1 mm
Durchschlagfestigkeit	kV/mm				mm dick
Oberflächenwiderstand	Ohm		23	1*10**13	Durchmesser 80x1 mm

Kriechstromfestigkeit KC KB KA
Elektrolytische Korrosionswirkung
Lichtbogenfestigkeit nach DIN
nach ASTM s

Beständigkeit *(Chemische Beständigkeit siehe Anhang)*

Wasseraufnahme 23 C Bis zur Saettigung 0.02 %

Feuchtigkeitsaufnahme Normalklima %
Wetterbeständigkeit

Spannungskorrosion

Optische Eigenschaften

Brechungszahl n_D
Transmissionsgrad τ_c % mm dick
Lichtdurchlässigkeit

Datenbank-Nr.	**T01865**		*Merkblatt-Nr.* **4584**

Produkt	Polypropylen/Ethylen-Propylen/Blend		**PP + EP**
Handelsname	**Vestolen EM 4312 K**		
Hersteller	HUELS		
DIN-Bez 1	16774,PP-Q,MHL,00 M 045 KD 10		
DIN-Bez 2			
Zusätze	UV-Stabilisator; Waermestabilisator	*Füllstoffe/ Verstärkung*	
Bevorzugte Verarbeitung	Spritzgiessen	*Lieferform*	Granulat
		Farben	
Besondere Merkmale	Schlagzaeh modifiziert; Stabilisiert; Stabil-Bewitterung	*Bevorzugte Anwendungen*	Kfz-Bau

Dichte	g/cm³	0.96	*Schmelzindex*	g/10 min	:	
Schüttdichte	g/cm³		*Volumenfließindex*	cm³/10 min	4:	230/2.16
Viskositätszahl	ml/g	250				

Verarbeitungsbedingungen für Spritzgießen

Massetemp.	°C	*Schwindung*	%	lgs , quer
Werkzeugtemp.	°C	*Bemerkungen*		
Spritzdruck	bar			

Zugversuch 23 °C DIN 53455; ISO R/527; DIN 53457; ISO R/527

Probekörper: *Form* Nr. 3; 4 mm dick — *Herstellung* Spritzgiessen
Zustand — *Vorbehandlung* Normalklima

Streckspannung	N/mm²	21	*Dehnung bei Streckspannung*	%	10
Zugfestigkeit	N/mm²		*Reißdehnung*	%	≧50
Reißfestigkeit	N/mm²		*% Dehnspannung*	N/mm²	
E-Modul	N/mm²	1000	*Dehnung bei % Dehnspg.*	%	

Kriechmoduln und Zeitstandwerte 23 °C

Probekörper: *Form* — *Herstellung*
Zustand — *Vorbehandlung*

Kriechmodul	*1 min* N/mm²	*Zeitstandzugfestigkeit*	h	N/mm²
Kriechmodul	*1000 h* N/mm²	*Zeitdehnspg.* %	h	N/mm²
bei Spannung	N/mm²			

Biegeversuch 23 °C

Probekörper: *Form* — *Herstellung*
Zustand — *Vorbehandlung*

Biegefestigkeit	N/mm²	*E-Modul*	N/mm²
3,5% *Biegespannung*	N/mm²		

Härte 23 °C *Probekörper:* *Zustand* — *Herstellung*
Vorbehandlung

Kugeldruckhärte	N/mm² bei N, s	*Shore-Härte* A	
Rockwellhärte		*Shore-Härte* D	

Schlagversuch *Probekörper:* *(1)*
(2) — *Herstellung*
Zustand — *Vorbehandlung*

	°C	°C	°C	*Probekörper-Form*
Schlagzähigkeit kJ/m²				
Kerbschlagzähigkeit (1) kJ/m²				
IZOD-Kerbschlagzähigkeit (2) J/m				
Kerbschlagzugzähigkeit kJ/m²				

Abrieb und Reibung

Taber-Abrieb (Reibradverfahren)	mm^3/100 U		
Abriebfaktor LNP (Thrust washer) Vergleichswert			
Statische Reibungszahl			
Dynamische Reibungszahl	(p·v=	N/mm^2·	m/min)
Zulässiger p · v Wert	N/mm^2·(m/min)	v=	m/min
		v=	m/min

Thermische Eigenschaften

Formbeständigkeit in der Wärme	Verfahren	A		50 °C
	Verfahren	B		85 °C
Vicat Erweichungstemperatur (VST)	Verfahren	B/50		60 °C
	Verfahren			°C
Kristallit-Schmelzpunkt	Verfahren			
Längenausdehnungskoeffizient	Bereich	23–80	°C	$1.3 \cdot 10^{-4} K^{-1}$
	Temperatur			$\cdot 10^{-4} K^{-1}$
Wärmeleitfähigkeit	Verfahren			W/(K · m)
Spezifische Wärmekapazität	Verfahren			J/(K · g)
Glasumwandlungstemperatur	Torsionsschwingungsversuch		°C	
	Differentialkalorimetrie		°C	

Brandverhalten

UL-Test vertikal	Dicke	mm, Wert
	Dicke	mm, Wert

	Norm	Bewertung	Abmessungen
Sauerstoff-Index	ASTM D 2863		
Glühstab-Verfahren			
Brandverhalten	DIN 4102		
MVSS			
FAR			

Elektrische Eigenschaften

		Hz	°C		Probekörper, Form
Dielektrizitätszahl		50	23	2.4	Durchmesser 80x1 mm
		10^3			
		10^6			
Dielektrischer Verlustfaktor tan δ		50			
		10^3			
		10^6			
Spezifischer Durchgangswiderstand	Ohm · cm		23	1*10**16	Durchmesser 80x1 mm
Durchschlagfestigkeit	kV/mm				mm dick
Oberflächenwiderstand	Ohm		23	1*10**13	Durchmesser 80x1 mm

Kriechstromfestigkeit	KC	KB	KA
Elektrolytische Korrosionswirkung			
Lichtbogenfestigkeit nach DIN			
nach ASTM s			

Beständigkeit (Chemische Beständigkeit siehe Anhang)

Wasseraufnahme 23 C	Bis zur Saettigung	0.02 %
Feuchtigkeitsaufnahme Normalklima		%
Wetterbeständigkeit		
Spannungskorrosion		

Optische Eigenschaften

Brechungszahl n_D		
Transmissionsgrad τ_c	%	mm dick
Lichtdurchlässigkeit		

Datenbank-Nr.	**T01866**		Merkblatt-Nr. **4585**

Produkt	Polypropylen/Ethylen-Propylen/Blend		**PP + EP**
Handelsname	**Vestolen EM 4402 L**		
Hersteller	HUELS		
DIN-Bez 1	16774,PP-Q,MHL,00 M 045		
DIN-Bez 2			
Zusätze	UV-Stabilisator; Waermestabilisator	*Füllstoffe/ Verstärkung*	
Bevorzugte Verarbeitung	Spritzgiessen	*Lieferform*	Granulat
		Farben	
Besondere Merkmale	Schlagzaeh modifiziert; Stabilisiert; Stabil-Bewitterung	*Bevorzugte Anwendungen*	Kfz-Bau

Dichte	g/cm^3	0.903	*Schmelzindex*	g/10 min	:	
Schüttdichte	g/cm^3		*Volumenfließindex*	cm^3/10 min	5:	230/2.16
Viskositätszahl	ml/g	220				

Verarbeitungsbedingungen für Spritzgießen

Massetemp.	°C	*Schwindung*	%	lgs , quer
Werkzeugtemp.	°C	*Bemerkungen*		
Spritzdruck	bar			

Zugversuch 23 °C DIN 53455; ISO R/527; DIN 53457; ISO R/527

Probekörper: *Form* Nr. 3; 4 mm dick — *Herstellung* Spritzgiessen
Zustand — *Vorbehandlung* Normalklima

Streckspannung	N/mm^2	18	*Dehnung bei Streckspannung*	%	10
Zugfestigkeit	N/mm^2		*Reißdehnung*	%	≧50
Reißfestigkeit	N/mm^2		*% Dehnspannung*	N/mm^2	
E-Modul	N/mm^2	700	*Dehnung bei % Dehnspg.*	%	

Kriechmoduln und Zeitstandwerte 23 °C

Probekörper: *Form* — *Herstellung*
Zustand — *Vorbehandlung*

Kriechmodul	*1 min* N/mm^2	*Zeitstandzugfestigkeit*	h	N/mm^2
Kriechmodul	*1000 h* N/mm^2	*Zeitdehnspg. %*	h	N/mm^2
bei Spannung	N/mm^2			

Biegeversuch 23 °C

Probekörper: *Form* — *Herstellung*
Zustand — *Vorbehandlung*

Biegefestigkeit	N/mm^2	*E-Modul*	N/mm^2
3,5% *Biegespannung*	N/mm^2		

Härte 23 °C *Probekörper:* *Zustand* — *Herstellung*
Vorbehandlung

Kugeldruckhärte	N/mm^2 bei N, s	*Shore-Härte* A	
Rockwellhärte		*Shore-Härte* D	

Schlagversuch *Probekörper:* *(1)*
(2) — *Herstellung*
Zustand — *Vorbehandlung*

		°C	°C	°C	*Probekörper-Form*
Schlagzähigkeit	kJ/m^2				
Kerbschlagzähigkeit (1)	kJ/m^2				
IZOD-Kerbschlagzähigkeit (2)	J/m				
Kerbschlagzugzähigkeit	kJ/m^2				

Abrieb und Reibung

Taber-Abrieb (Reibradverfahren)	mm^3/100 U		
Abriebfaktor LNP (Thrust washer) Vergleichswert			
Statische Reibungszahl			
Dynamische Reibungszahl	(p · v=	N/mm^2 ·	m/min)
Zulässiger p · v Wert	N/mm^2 · (m/min)	v=	m/min
		v=	m/min

Thermische Eigenschaften

Formbeständigkeit in der Wärme	*Verfahren*	A		47 °C
	Verfahren	B		75 °C
Vicat Erweichungstemperatur (VST)	*Verfahren*	B/50		55 °C
	Verfahren			°C
Kristallit-Schmelzpunkt	*Verfahren*			
Längenausdehnungskoeffizient	*Bereich*	23–80	°C	$1.5 \cdot 10^{-4} K^{-1}$
	Temperatur			$\cdot 10^{-4} K^{-1}$
Wärmeleitfähigkeit	*Verfahren*			W/(K · m)
Spezifische Wärmekapazität	*Verfahren*			J/(K · g)
Glasumwandlungstemperatur	*Torsionsschwingungsversuch*		°C	
	Differentialkalorimetrie		°C	

Brandverhalten

UL-Test vertikal	Dicke	mm, Wert
	Dicke	mm, Wert

	Norm	*Bewertung*	*Abmessungen*
Sauerstoff-Index	ASTM D 2863		
Glühstab-Verfahren			
Brandverhalten	DIN 4102		
MVSS			
FAR			

Elektrische Eigenschaften

		Hz	°C		Probekörper, Form
Dielektrizitätszahl		50	23	2.3	Durchmesser 80x1 mm
		10^3			
		10^6			
Dielektrischer Verlustfaktor tan δ		50	23	0.0005	Durchmesser 80x1 mm
		10^3			
		10^6			
Spezifischer Durchgangswiderstand	Ohm · cm		23	1*10**16	Durchmesser 80x1 mm
Durchschlagfestigkeit	kV/mm		23	75	1 mm dick
Oberflächenwiderstand	Ohm		23	1*10**13	Durchmesser 80x1 mm

Kriechstromfestigkeit	KC	KB	KA
Elektrolytische Korrosionswirkung			
Lichtbogenfestigkeit nach DIN			
nach ASTM s			

Beständigkeit *(Chemische Beständigkeit siehe Anhang)*

Wasseraufnahme 23 C	Bis zur Saettigung	0.02 %
Feuchtigkeitsaufnahme Normalklima		%
Wetterbeständigkeit		
Spannungskorrosion		

Optische Eigenschaften

Brechungszahl n_D		
Transmissionsgrad τ_c	%	mm dick
Lichtdurchlässigkeit		

Datenbank-Nr. **T01867** Merkblatt-Nr. **4586**

Produkt	Polypropylen/Ethylen-Propylen/Blend		**PP + EP**
Handelsname	**Vestolen EM 5302 L**		
Hersteller	HUELS		
DIN-Bez 1	16774,PP-Q,MHL,00 M 012		
DIN-Bez 2			
Zusätze	UV-Stabilisator; Waermestabilisator	*Füllstoffe/ Verstärkung*	
Bevorzugte Verarbeitung	Spritzgiessen	*Lieferform*	Granulat
		Farben	
Besondere Merkmale	Schlagzaeh modifiziert; Stabilisiert; Stabil-Bewitterung	*Bevorzugte Anwendungen*	Kfz-Bau

Dichte	g/cm³	0.906	*Schmelzindex*	g/10 min		:
Schüttdichte	g/cm³		*Volumenfließindex*	cm³/10 min	1.5:	230/2.16
Viskositätszahl	ml/g	280				

Verarbeitungsbedingungen für Spritzgießen

Massetemp.	°C	*Schwindung*	%	lgs , quer
Werkzeugtemp.	°C	*Bemerkungen*		
Spritzdruck	bar			

Zugversuch 23 °C DIN 53455; ISO R/527; DIN 53457; ISO R/527

Probekörper: *Form* Nr. 3; 4 mm dick — *Herstellung* Spritzgiessen
Zustand — *Vorbehandlung* Normalklima

Streckspannung	N/mm²	20	*Dehnung bei Streckspannung*	%	10
Zugfestigkeit	N/mm²		*Reißdehnung*	%	≧50
Reißfestigkeit	N/mm²		*% Dehnspannung*	N/mm²	
E-Modul	N/mm²	800	*Dehnung bei % Dehnspg.*	%	

Kriechmoduln und Zeitstandwerte 23 °C

Probekörper: *Form* — *Herstellung*
Zustand — *Vorbehandlung*

Kriechmodul	*1 min* N/mm²	*Zeitstandzugfestigkeit*	h	N/mm²
Kriechmodul	*1000 h* N/mm²	*Zeitdehnspg. %*	h	N/mm²
bei Spannung	N/mm²			

Biegeversuch 23 °C

Probekörper: *Form* — *Herstellung*
Zustand — *Vorbehandlung*

Biegefestigkeit	N/mm²	*E-Modul*	N/mm²
3,5% *Biegespannung*	N/mm²		

Härte 23 °C *Probekörper:* *Zustand* — *Herstellung*
Vorbehandlung

Kugeldruckhärte	N/mm² bei N, s	*Shore-Härte*	A
Rockwellhärte		*Shore-Härte*	D

Schlagversuch *Probekörper:* *(1)*
(2) — *Herstellung*
Zustand — *Vorbehandlung*

	°C	°C	°C	*Probekörper-Form*
Schlagzähigkeit kJ/m²				
Kerbschlagzähigkeit (1) kJ/m²				
IZOD-Kerbschlagzähigkeit (2) J/m				
Kerbschlagzugzähigkeit kJ/m²				

Abrieb und Reibung

Taber-Abrieb (Reibradverfahren)	mm^3/100 U		
Abriebfaktor LNP (Thrust washer) Vergleichswert			
Statische Reibungszahl			
Dynamische Reibungszahl	(p·v=	N/mm^2·	m/min)
Zulässiger p·v Wert	N/mm^2·(m/min)	v=	m/min
		v=	m/min

Thermische Eigenschaften

Formbeständigkeit in der Wärme	Verfahren	A		50 °C
	Verfahren	B		80 °C
Vicat Erweichungstemperatur (VST)	Verfahren	B/50		60 °C
	Verfahren			°C
Kristallit-Schmelzpunkt	Verfahren			
Längenausdehnungskoeffizient	Bereich	23–80	°C	$1.5 \cdot 10^{-4} K^{-1}$
	Temperatur			$\cdot 10^{-4} K^{-1}$
Wärmeleitfähigkeit	Verfahren			W/(K·m)
Spezifische Wärmekapazität	Verfahren			J/(K·g)
Glasumwandlungstemperatur	Torsionsschwingungsversuch		°C	
	Differentialkalorimetrie		°C	

Brandverhalten

UL-Test vertikal	Dicke	mm, Wert
	Dicke	mm, Wert

	Norm	Bewertung	Abmessungen
Sauerstoff-Index	ASTM D 2863		
Glühstab-Verfahren			
Brandverhalten	DIN 4102		
MVSS			
FAR			

Elektrische Eigenschaften

		Hz	°C		Probekörper, Form
Dielektrizitätszahl		50	23	2.3	Durchmesser 80x1 mm
		10^3			
		10^6			
Dielektrischer Verlustfaktor tan δ		50	23	0.0005	Durchmesser 80x1 mm
		10^3			
		10^6			
Spezifischer Durchgangswiderstand	Ohm·cm		23	1*10**16	Durchmesser 80x1 mm
Durchschlagfestigkeit	kV/mm		23	75	1 mm dick
Oberflächenwiderstand	Ohm		23	1*10**13	Durchmesser 80x1 mm

Kriechstromfestigkeit	KC	KB	KA
Elektrolytische Korrosionswirkung			
Lichtbogenfestigkeit nach DIN			
nach ASTM	s		

Beständigkeit *(Chemische Beständigkeit siehe Anhang)*

Wasseraufnahme 23 C	Bis zur Saettigung	0.02 %
Feuchtigkeitsaufnahme Normalklima		%
Wetterbeständigkeit		
Spannungskorrosion		

Optische Eigenschaften

Brechungszahl n_D		
Transmissionsgrad τ_c	%	mm dick
Lichtdurchlässigkeit		

Produkt	Polypropylen/Ethylen-Propylen/Blend		**PP + EP**
Handelsname	**Vestolen EM 5702 L**		
Hersteller	HUELS		
DIN-Bez 1	16774,PP-Q,MHL,00 M 012		
DIN-Bez 2			
Zusätze	UV-Stabilisator; Waermestabilisator	*Füllstoffe/ Verstärkung*	
Bevorzugte Verarbeitung	Spritzgiessen	*Lieferform*	Granulat
		Farben	
Besondere Merkmale	Schlagzaeh modifiziert; Stabilisiert; Stabil-Bewitterung	*Bevorzugte Anwendungen*	Kfz-Bau

Dichte	g/cm^3	0.895	*Schmelzindex*	g/10 min		:
Schüttdichte	g/cm^3		*Volumenfließindex*	cm^3/10 min	1.3:	230/2.16
Viskositätszahl	ml/g	250				

Verarbeitungsbedingungen für Spritzgießen

Massetemp.	°C	*Schwindung*	%	lgs , quer
Werkzeugtemp.	°C	*Bemerkungen*		
Spritzdruck	bar			

Zugversuch 23 °C DIN 53455; ISO R/527; DIN 53457; ISO R/527

Probekörper: *Form* Nr. 3; 4 mm dick — *Herstellung* Spritzgiessen
Zustand — *Vorbehandlung* Normalklima

Streckspannung	N/mm^2	16	*Dehnung bei Streckspannung*	%	14
Zugfestigkeit	N/mm^2		*Reißdehnung*	%	≧50
Reißfestigkeit	N/mm^2		*% Dehnspannung*	N/mm^2	
E-Modul	N/mm^2	600	*Dehnung bei % Dehnspg.*	%	

Kriechmoduln und Zeitstandwerte 23 °C

Probekörper: *Form* — *Herstellung*
Zustand — *Vorbehandlung*

Kriechmodul	*1 min* N/mm^2	*Zeitstandzugfestigkeit*	h	N/mm^2
Kriechmodul	*1000 h* N/mm^2	*Zeitdehnspg. %*	h	N/mm^2
bei Spannung	N/mm^2			

Biegeversuch 23 °C

Probekörper: *Form* — *Herstellung*
Zustand — *Vorbehandlung*

Biegefestigkeit	N/mm^2	*E-Modul*	N/mm^2
3,5% *Biegespannung*	N/mm^2		

Härte 23 °C *Probekörper:* *Zustand* — *Herstellung*
Vorbehandlung

Kugeldruckhärte	N/mm^2 bei N, s	*Shore-Härte* A	
Rockwellhärte		*Shore-Härte* D	

Schlagversuch *Probekörper:* *(1)*
(2) — *Herstellung*
Zustand — *Vorbehandlung*

	°C	°C	°C	*Probekörper-Form*
Schlagzähigkeit kJ/m^2				
Kerbschlagzähigkeit (1) kJ/m^2				
IZOD-Kerbschlagzähigkeit (2) J/m				
Kerbschlagzugzähigkeit kJ/m^2				

Abrieb und Reibung

Taber-Abrieb (Reibradverfahren)	mm^3/100 U		
Abriebfaktor LNP (Thrust washer) Vergleichswert			
Statische Reibungszahl			
Dynamische Reibungszahl	(p·v= N/mm^2·		m/min)
Zulässiger p · v Wert	N/mm^2 · (m/min)	v=	m/min
		v=	m/min

Thermische Eigenschaften

Formbeständigkeit in der Wärme	*Verfahren*	A		43 °C
	Verfahren	B		70 °C
Vicat Erweichungstemperatur (VST)	*Verfahren*	B/50		45 °C
	Verfahren			°C
Kristallit-Schmelzpunkt	*Verfahren*			
Längenausdehnungskoeffizient	*Bereich*	23–80	°C	$1.5 \cdot 10^{-4} K^{-1}$
	Temperatur			$\cdot 10^{-4} K^{-1}$
Wärmeleitfähigkeit	*Verfahren*			W/(K · m)
Spezifische Wärmekapazität	*Verfahren*			J/(K · g)
Glasumwandlungstemperatur	*Torsionsschwingungsversuch*		°C	
	Differentialkalorimetrie		°C	

Brandverhalten

UL-Test vertikal	Dicke	mm, Wert
	Dicke	mm, Wert

	Norm	*Bewertung*	*Abmessungen*
Sauerstoff-Index	ASTM D 2863		
Glühstab-Verfahren			
Brandverhalten	DIN 4102		
MVSS			
FAR			

Elektrische Eigenschaften

		Hz	°C		*Probekörper, Form*
Dielektrizitätszahl		50	23	2.3	Durchmesser 80x1 mm
		10^3			
		10^6			
Dielektrischer Verlustfaktor tan δ		50	23	0.0005	Durchmesser 80x1 mm
		10^3			
		10^6			
Spezifischer Durchgangs-widerstand	Ohm · cm		23	1*10**16	Durchmesser 80x1 mm
Durchschlagfestigkeit	kV/mm		23	75	1 mm dick
Oberflächenwiderstand	Ohm		23	1*10**13	Durchmesser 80x1 mm

Kriechstromfestigkeit	KC	KB	KA
Elektrolytische Korrosionswirkung			
Lichtbogenfestigkeit nach DIN			
nach ASTM s			

Beständigkeit *(Chemische Beständigkeit siehe Anhang)*

Wasseraufnahme 23 C Bis zur Saettigung	0.02 %
Feuchtigkeitsaufnahme Normalklima	%
Wetterbeständigkeit	
Spannungskorrosion	

Optische Eigenschaften

Brechungszahl n_D		
Transmissionsgrad τ_c	%	mm dick
Lichtdurchlässigkeit		

Datenbank-Nr.	**T01869**		*Merkblatt-Nr.* **4588**

Produkt	Polypropylen/Ethylen-Propylen/Blend		**PP + EP**
Handelsname	**Vestolen EM 5902 L**		
Hersteller	HUELS		
DIN-Bez 1	16774,PP-Q,MHL,00 M 012.		
DIN-Bez 2			
Zusätze	UV-Stabilisator; Waermestabilisator	*Füllstoffe/ Verstärkung*	
Bevorzugte Verarbeitung	Spritzgiessen	*Lieferform*	Granulat
		Farben	
Besondere Merkmale	Schlagzaeh modifiziert; Stabilisiert; Stabil-Bewitterung	*Bevorzugte Anwendungen*	Kfz-Bau

Dichte	g/cm³	0.89	*Schmelzindex*	g/10 min	:	
Schüttdichte	g/cm³		*Volumenfließindex*	cm³/10 min	1.3:	230/2.16
Viskositätszahl	ml/g	220				

Verarbeitungsbedingungen für Spritzgießen

Massetemp.	°C	*Schwindung*	%	lgs	, quer
Werkzeugtemp.	°C	*Bemerkungen*			
Spritzdruck	bar				

Zugversuch 23 °C DIN 53455; ISO R/527; DIN 53457; ISO R/527

Probekörper: *Form* Nr. 3; 4 mm dick — *Herstellung* Spritzgiessen
Zustand — *Vorbehandlung* Normalklima

Streckspannung	N/mm²	6	*Dehnung bei Streckspannung*	%	5
Zugfestigkeit	N/mm²		*Reißdehnung*	%	≧50
Reißfestigkeit	N/mm²		*% Dehnspannung*	N/mm²	
E-Modul	N/mm²	250	*Dehnung bei % Dehnspg.*	%	

Kriechmoduln und Zeitstandwerte 23 °C

Probekörper: *Form* — *Herstellung*
Zustand — *Vorbehandlung*

Kriechmodul	*1 min* N/mm²	*Zeitstandzugfestigkeit*	h	N/mm²
Kriechmodul	*1000 h* N/mm²	*Zeitdehnspg.* %	h	N/mm²
bei Spannung	N/mm²			

Biegeversuch 23 °C

Probekörper: *Form* — *Herstellung*
Zustand — *Vorbehandlung*

Biegefestigkeit	N/mm²	*E-Modul*	N/mm²
3,5% *Biegespannung*	N/mm²		

Härte 23 °C *Probekörper:* *Zustand* — *Herstellung*
Vorbehandlung

Kugeldruckhärte	N/mm² bei N, s	*Shore-Härte*	A
Rockwellhärte		*Shore-Härte*	D

Schlagversuch *Probekörper:* *(1)*
(2) — *Herstellung*
Zustand — *Vorbehandlung*

		°C	°C	°C	*Probekörper-Form*
Schlagzähigkeit	kJ/m²				
Kerbschlagzähigkeit (1)	kJ/m²				
IZOD-Kerbschlagzähigkeit (2)	J/m				
Kerbschlagzugzähigkeit	kJ/m²				

Abrieb und Reibung

Taber-Abrieb (Reibradverfahren)	mm^3/100 U		
Abriebfaktor LNP (Thrust washer) Vergleichswert			
Statische Reibungszahl			
Dynamische Reibungszahl	(p · v = N/mm^2 ·		m/min)
Zulässiger p · v Wert	N/mm^2 · (m/min)	v =	m/min
		v =	m/min

Thermische Eigenschaften

Formbeständigkeit in der Wärme	*Verfahren*	A		37 °C
	Verfahren	B		50 °C
Vicat Erweichungstemperatur (VST)	*Verfahren*	B/50		50 °C
	Verfahren			°C
Kristallit-Schmelzpunkt	*Verfahren*			
Längenausdehnungskoeffizient	*Bereich*	23–80	°C	$1.3 \cdot 10^{-4} K^{-1}$
	Temperatur			$\cdot 10^{-4} K^{-1}$
Wärmeleitfähigkeit	*Verfahren*			W/(K · m)
Spezifische Wärmekapazität	*Verfahren*			J/(K · g)
Glasumwandlungstemperatur	*Torsionsschwingungsversuch*		°C	
	Differentialkalorimetrie		°C	

Brandverhalten

UL-Test vertikal	Dicke mm, Wert
	Dicke mm, Wert

	Norm	*Bewertung*	*Abmessungen*
Sauerstoff-Index	ASTM D 2863		
Glühstab-Verfahren			
Brandverhalten	DIN 4102		
MVSS			
FAR			

Elektrische Eigenschaften

		Hz	°C		*Probekörper, Form*
Dielektrizitätszahl		50	23	2.3	Durchmesser 80x1 mm
		10^3			
		10^6			
Dielektrischer Verlustfaktor tan δ		50	23	0.0005	Durchmesser 80x1 mm
		10^3			
		10^6			
Spezifischer Durchgangs-widerstand	Ohm · cm		23	1*10**16	Durchmesser 80x1 mm
Durchschlagfestigkeit	kV/mm		23	75	1 mm dick
Oberflächenwiderstand	Ohm		23	1*10**13	Durchmesser 80x1 mm

Kriechstromfestigkeit	KC	KB	KA
Elektrolytische Korrosionswirkung			
Lichtbogenfestigkeit nach DIN			
nach ASTM s			

Beständigkeit *(Chemische Beständigkeit siehe Anhang)*

Wasseraufnahme 23 C Bis zur Saettigung 0.02 %

Feuchtigkeitsaufnahme Normalklima %

Wetterbeständigkeit

Spannungskorrosion

Optische Eigenschaften

Brechungszahl n_D

Transmissionsgrad τ_c % mm dick

Lichtdurchlässigkeit

Datenbank-Nr. **T01870** Merkblatt-Nr. **4589**

Produkt	Polypropylen		**PP**
Handelsname	**Vestolen P 2000**		
Hersteller	HUELS		
DIN-Bez 1	16774,PP-H,M,95 M 400		
DIN-Bez 2			
Zusätze		*Füllstoffe/ Verstärkung*	
Bevorzugte Verarbeitung	Spritzgiessen	*Lieferform*	Granulat
		Farben	
Besondere Merkmale		*Bevorzugte Anwendungen*	Verpackung

Dichte	g/cm^3	0.908	*Schmelzindex*	g/10 min	:	
Schüttdichte	g/cm^3		*Volumenfließindex*	$cm^3/10$ min	55:	230/2.16
Viskositätszahl	ml/g	150				

Verarbeitungsbedingungen für Spritzgießen

Massetemp.	°C	*Schwindung*	%	lgs , quer
Werkzeugtemp.	°C	*Bemerkungen*		
Spritzdruck	bar			

Zugversuch 23 °C DIN 53455; ISO R/527;
Probekörper: *Form* Nr. 3; 4 mm dick — *Herstellung* Spritzgiessen
Zustand — *Vorbehandlung* Normalklima

Streckspannung	N/mm^2	44	*Dehnung bei Streckspannung*	%	8
Zugfestigkeit	N/mm^2		*Reißdehnung*	%	≧50
Reißfestigkeit	N/mm^2		*% Dehnspannung*	N/mm^2	
E-Modul	N/mm^2		*Dehnung bei % Dehnspg.*	%	

Kriechmoduln und Zeitstandwerte 23 °C
Probekörper: *Form* — *Herstellung*
Zustand — *Vorbehandlung*

Kriechmodul	*1 min* N/mm^2	*Zeitstandzugfestigkeit*	h	N/mm^2
Kriechmodul	*1000 h* N/mm^2	*Zeitdehnspg. %*	h	N/mm^2
bei Spannung	N/mm^2			

Biegeversuch 23 °C
Probekörper: *Form* — *Herstellung*
Zustand — *Vorbehandlung*

Biegefestigkeit	N/mm^2	*E-Modul*	N/mm^2
3,5% *Biegespannung*	N/mm^2		

Härte 23 °C *Probekörper:* *Zustand* — *Herstellung*
Vorbehandlung

Kugeldruckhärte	N/mm^2 bei N, s	*Shore-Härte* A	
Rockwellhärte		*Shore-Härte* D	

Schlagversuch *Probekörper:* *(1)*
(2) — *Herstellung*
Zustand — *Vorbehandlung*

		°C	°C	°C	*Probekörper-Form*
Schlagzähigkeit	kJ/m^2				
Kerbschlagzähigkeit (1)	kJ/m^2				
IZOD-Kerbschlagzähigkeit (2)	J/m				
Kerbschlagzugzähigkeit	kJ/m^2				

Abrieb und Reibung

Taber-Abrieb (Reibradverfahren)	mm^3/100 U		
Abriebfaktor LNP (Thrust washer) Vergleichswert			
Statische Reibungszahl			
Dynamische Reibungszahl	(p · v=	N/mm² ·	m/min)
Zulässiger p · v Wert	N/mm² · (m/min)	v=	m/min
		v=	m/min

Thermische Eigenschaften

Formbeständigkeit in der Wärme	*Verfahren* A		60 °C
	Verfahren B		105 °C
Vicat Erweichungstemperatur (VST)	*Verfahren* B/50		105 °C
	Verfahren		°C
Kristallit-Schmelzpunkt	*Verfahren*		
Längenausdehnungskoeffizient	*Bereich* 23–80 °C		$1.5 \cdot 10^{-4} K^{-1}$
	Temperatur		$\cdot 10^{-4} K^{-1}$
Wärmeleitfähigkeit	*Verfahren*		W/(K · m)
Spezifische Wärmekapazität	*Verfahren*		J/(K · g)
Glasumwandlungstemperatur	*Torsionsschwingungsversuch*	°C	
	Differentialkalorimetrie	°C	

Brandverhalten

UL-Test vertikal Dicke 1.6 mm, Wert HB
Dicke 0.79 mm, Wert HB

	Norm	*Bewertung*	*Abmessungen*
Sauerstoff-Index	ASTM D 2863		
Glühstab-Verfahren			
Brandverhalten	DIN 4102		
MVSS			
FAR			

Elektrische Eigenschaften

		Hz	°C		*Probekörper, Form*
Dielektrizitätszahl		50	23	2.3	Durchmesser 80x1 mm
		10^3			
		10^6			
Dielektrischer Verlustfaktor tan δ		50	23	0.0005	Durchmesser 80x1 mm
		10^3			
		10^6			
Spezifischer Durchgangs-widerstand	Ohm · cm		23	1*10**16	Durchmesser 80x1 mm
Durchschlagfestigkeit	kV/mm		23	75	1 mm dick
Oberflächenwiderstand	Ohm		23	1*10**13	Durchmesser 80x1 mm

Kriechstromfestigkeit KC KB KA
Elektrolytische Korrosionswirkung
Lichtbogenfestigkeit nach DIN
nach ASTM s

Beständigkeit *(Chemische Beständigkeit siehe Anhang)*

Wasseraufnahme 23 C Bis zur Saettigung 0.01 %

Feuchtigkeitsaufnahme Normalklima %
Wetterbeständigkeit

Spannungskorrosion

Optische Eigenschaften

Brechungszahl n_D
Transmissionsgrad τ_c % mm dick
Lichtdurchlässigkeit

Datenbank-Nr. **T01871** Merkblatt-Nr. **4590**

Produkt	Polypropylen		**PP**
Handelsname	**Vestolen P 2000 CR**		
Hersteller	HUELS		
DIN-Bez 1	16774,PP-H,Y,95 M 400		
DIN-Bez 2			
Zusätze		*Füllstoffe/ Verstärkung*	
Bevorzugte Verarbeitung	Extrudieren	*Lieferform*	Granulat
		Farben	
Besondere Merkmale		*Bevorzugte Anwendungen*	Faser

Dichte	g/cm^3	0.908	*Schmelzindex*	g/10 min		:
Schüttdichte	g/cm^3		*Volumenfließindex*	$cm^3/10$ min	45:	230/2.16
Viskositätszahl	ml/g	140				

Verarbeitungsbedingungen für Spritzgießen

Massetemp.	°C	*Schwindung*	%	lgs , quer
Werkzeugtemp.	°C	*Bemerkungen*		
Spritzdruck	bar			

Zugversuch 23 °C DIN 53455; ISO R/527;

Probekörper: *Form* Nr. 3; 4 mm dick — *Herstellung* Spritzgiessen
Zustand — *Vorbehandlung* Normalklima

Streckspannung	N/mm^2	40	*Dehnung bei Streckspannung*	%	8
Zugfestigkeit	N/mm^2		*Reißdehnung*	%	$\geqq 50$
Reißfestigkeit	N/mm^2		*% Dehnspannung*	N/mm^2	
E-Modul	N/mm^2		*Dehnung bei % Dehnspg.*	%	

Kriechmoduln und Zeitstandwerte 23 °C

Probekörper: *Form* — *Herstellung*
Zustand — *Vorbehandlung*

Kriechmodul	*1 min* N/mm^2	*Zeitstandzugfestigkeit*	h	N/mm^2
Kriechmodul	*1000 h* N/mm^2	*Zeitdehnspg. %*	h	N/mm^2
bei Spannung	N/mm^2			

Biegeversuch 23 °C

Probekörper: *Form* — *Herstellung*
Zustand — *Vorbehandlung*

Biegefestigkeit	N/mm^2	*E-Modul*	N/mm^2
3,5% *Biegespannung*	N/mm^2		

Härte 23 °C *Probekörper:* *Zustand* — *Herstellung*
Vorbehandlung

Kugeldruckhärte	N/mm^2 bei N, s	*Shore-Härte* A	
Rockwellhärte		*Shore-Härte* D	

Schlagversuch *Probekörper:* *(1)*
(2) — *Herstellung*
Zustand — *Vorbehandlung*

		°C	°C	°C	*Probekörper-Form*
Schlagzähigkeit	kJ/m^2				
Kerbschlagzähigkeit (1)	kJ/m^2				
IZOD-Kerbschlagzähigkeit (2)	J/m				
Kerbschlagzugzähigkeit	kJ/m^2				

Abrieb und Reibung

Taber-Abrieb (Reibradverfahren)	mm^3/100 U		
Abriebfaktor LNP (Thrust washer) Vergleichswert			
Statische Reibungszahl			
Dynamische Reibungszahl	(p · v =	N/mm^2 ·	m/min)
Zulässiger p · v Wert	N/mm^2 · (m/min)	v =	m/min
		v =	m/min

Thermische Eigenschaften

Formbeständigkeit in der Wärme	*Verfahren*	A		55 °C
	Verfahren	B		100 °C
Vicat Erweichungstemperatur (VST)	*Verfahren*	B/50		100 °C
	Verfahren			°C
Kristallit-Schmelzpunkt	*Verfahren*			
Längenausdehnungskoeffizient	*Bereich*	23–80	°C	$1.5 \cdot 10^{-4} K^{-1}$
	Temperatur			$\cdot 10^{-4} K^{-1}$
Wärmeleitfähigkeit	*Verfahren*			W/(K · m)
Spezifische Wärmekapazität	*Verfahren*			J/(K · g)
Glasumwandlungstemperatur	*Torsionsschwingungsversuch*		°C	
	Differentialkalorimetrie		°C	

Brandverhalten

UL-Test vertikal	Dicke 1.6 mm, Wert HB
	Dicke 0.79 mm, Wert HB

	Norm	*Bewertung*	*Abmessungen*
Sauerstoff-Index	ASTM D 2863		
Glühstab-Verfahren			
Brandverhalten	DIN 4102		
MVSS			
FAR			

Elektrische Eigenschaften

		Hz	°C		*Probekörper, Form*
Dielektrizitätszahl		50	23	2.3	Durchmesser 80x1 mm
		10^3			
		10^6			
Dielektrischer Verlustfaktor tan δ		50	23	0.0005	Durchmesser 80x1 mm
		10^3			
		10^6			
Spezifischer Durchgangs-widerstand	Ohm · cm		23	1*10**16	Durchmesser 80x1 mm
Durchschlagfestigkeit	kV/mm		23	75	1 mm dick
Oberflächenwiderstand	Ohm		23	1*10**13	Durchmesser 80x1 mm

Kriechstromfestigkeit	KC	KB	KA
Elektrolytische Korrosionswirkung			
Lichtbogenfestigkeit nach DIN			
nach ASTM s			

Beständigkeit *(Chemische Beständigkeit siehe Anhang)*

Wasseraufnahme 23 C Bis zur Saettigung	0.01 %	
Feuchtigkeitsaufnahme Normalklima		%
Wetterbeständigkeit		
Spannungskorrosion		

Optische Eigenschaften

Brechungszahl n_D		
Transmissionsgrad τ_c	%	mm dick
Lichtdurchlässigkeit		

Produkt	Polypropylen		**PP**
Handelsname	**Vestolen P 2004**		
Hersteller	HUELS		
DIN-Bez 1	16774,PP-H,MZ,95 M 400		
DIN-Bez 2			
Zusätze		*Füllstoffe/ Verstärkung*	
Bevorzugte Verarbeitung	Spritzgiessen	*Lieferform*	Granulat
		Farben	
Besondere Merkmale	Antistatisch	*Bevorzugte Anwendungen*	Verpackung

Dichte	g/cm^3	0.908	*Schmelzindex*	g/10 min	:	
Schüttdichte	g/cm^3		*Volumenfließindex*	cm^3/10 min	55:	230/2.16
Viskositätszahl	ml/g	150				

Verarbeitungsbedingungen für Spritzgießen

Massetemp.	°C	*Schwindung*	% lgs , quer
Werkzeugtemp.	°C	*Bemerkungen*	
Spritzdruck	bar		

Zugversuch 23 °C DIN 53455; ISO R/527;

Probekörper: *Form* Nr. 3; 4 mm dick — *Herstellung* Spritzgiessen
Zustand — *Vorbehandlung* Normalklima

Streckspannung	N/mm^2	44	*Dehnung bei Streckspannung*	%	8
Zugfestigkeit	N/mm^2		*Reißdehnung*	%	$\geqq 50$
Reißfestigkeit	N/mm^2		*% Dehnspannung*	N/mm^2	
E-Modul	N/mm^2		*Dehnung bei % Dehnspg.*	%	

Kriechmoduln und Zeitstandwerte 23 °C

Probekörper: *Form* — *Herstellung*
Zustand — *Vorbehandlung*

Kriechmodul	*1 min* N/mm^2	*Zeitstandzugfestigkeit*	h	N/mm^2
Kriechmodul	*1000 h* N/mm^2	*Zeitdehnspg. %*	h	N/mm^2
bei Spannung	N/mm^2			

Biegeversuch 23 °C

Probekörper: *Form* — *Herstellung*
Zustand — *Vorbehandlung*

Biegefestigkeit	N/mm^2	*E-Modul*	N/mm^2
3,5% *Biegespannung*	N/mm^2		

Härte 23 °C *Probekörper:* *Zustand* — *Herstellung*
Vorbehandlung

Kugeldruckhärte	N/mm^2 bei N, s	*Shore-Härte* A	
Rockwellhärte		*Shore-Härte* D	

Schlagversuch *Probekörper:* *(1)*
(2) — *Herstellung*
Zustand — *Vorbehandlung*

		°C	°C	°C	*Probekörper-Form*
Schlagzähigkeit	kJ/m^2				
Kerbschlagzähigkeit (1)	kJ/m^2				
IZOD-Kerbschlagzähigkeit (2)	J/m				
Kerbschlagzugzähigkeit	kJ/m^2				

Abrieb und Reibung

Taber-Abrieb (Reibradverfahren)	mm^3/100 U		
Abriebfaktor LNP (Thrust washer) Vergleichswert			
Statische Reibungszahl			
Dynamische Reibungszahl	(p · v= N/mm^2 ·		m/min)
Zulässiger p · v Wert	N/mm^2 · (m/min)	v=	m/min
		v=	m/min

Thermische Eigenschaften

Formbeständigkeit in der Wärme	*Verfahren*	A		60 °C
	Verfahren	B		105 °C
Vicat Erweichungstemperatur (VST)	*Verfahren*	B/50		105 °C
	Verfahren			°C
Kristallit-Schmelzpunkt	*Verfahren*			
Längenausdehnungskoeffizient	*Bereich*	23–80	°C	1.5 · $10^{-4}K^{-1}$
	Temperatur			· $10^{-4}K^{-1}$
Wärmeleitfähigkeit	*Verfahren*			W/(K · m)
Spezifische Wärmekapazität	*Verfahren*			J/(K · g)
Glasumwandlungstemperatur	*Torsionsschwingungsversuch*		°C	
	Differentialkalorimetrie		°C	

Brandverhalten

UL-Test vertikal — Dicke 1.6 mm, Wert HB; Dicke 0.79 mm, Wert HB

	Norm	*Bewertung*	*Abmessungen*
Sauerstoff-Index	ASTM D 2863		
Glühstab-Verfahren			
Brandverhalten	DIN 4102		
MVSS			
FAR			

Elektrische Eigenschaften

		Hz	°C		*Probekörper, Form*
Dielektrizitätszahl		50	23	2.3	Durchmesser 80x1 mm
		10^3			
		10^6			
Dielektrischer Verlustfaktor tan δ		50	23	0.0005	Durchmesser 80x1 mm
		10^3			
		10^6			
Spezifischer Durchgangs-widerstand	Ohm · cm		23	1*10**16	Durchmesser 80x1 mm
Durchschlagfestigkeit	kV/mm		23	75	1 mm dick
Oberflächenwiderstand	Ohm		23	1*10**13	Durchmesser 80x1 mm

Kriechstromfestigkeit KC KB KA
Elektrolytische Korrosionswirkung
Lichtbogenfestigkeit nach DIN
nach ASTM s

Beständigkeit *(Chemische Beständigkeit siehe Anhang)*

Wasseraufnahme 23 C Bis zur Saettigung 0.01 %

Feuchtigkeitsaufnahme Normalklima %
Wetterbeständigkeit

Spannungskorrosion

Optische Eigenschaften

Brechungszahl n_D
Transmissionsgrad τ_c % mm dick
Lichtdurchlässigkeit

Datenbank-Nr.	**T01873**	*Merkblatt-Nr.* **4592**

Produkt	Polypropylen		**PP**
Handelsname	**Vestolen P 3000 D**		
Hersteller	HUELS		
DIN-Bez 1	16774,PP-H,Y,95 M 200		
DIN-Bez 2			
Zusätze		*Füllstoffe/ Verstärkung*	
Bevorzugte Verarbeitung	Extrudieren	*Lieferform*	Granulat
		Farben	
Besondere Merkmale	Gute Anfaerbbarkeit	*Bevorzugte Anwendungen*	Folie

Dichte	g/cm³	0.907	*Schmelzindex*	g/10 min	:	
Schüttdichte	g/cm³		*Volumenfließindex*	cm³/10 min	30:	230/2.16
Viskositätszahl	ml/g	180				

Verarbeitungsbedingungen für Spritzgießen

Massetemp.	°C	*Schwindung*	% lgs , quer
Werkzeugtemp.	°C	*Bemerkungen*	
Spritzdruck	bar		

Zugversuch 23 °C DIN 53455; ISO R/527; DIN 53457; ISO R/527

Probekörper: *Form* Nr. 3; 4 mm dick — *Herstellung* Spritzgiessen
Zustand — *Vorbehandlung* Normalklima

Streckspannung	N/mm²	42	*Dehnung bei Streckspannung*	%	8
Zugfestigkeit	N/mm²		*Reißdehnung*	%	≧50
Reißfestigkeit	N/mm²		*% Dehnspannung*	N/mm²	
E-Modul	N/mm²	1380	*Dehnung bei % Dehnspg.*	%	

Kriechmoduln und Zeitstandwerte 23 °C

Probekörper: *Form* — *Herstellung*
Zustand — *Vorbehandlung*

Kriechmodul	*1 min* N/mm²		*Zeitstandzugfestigkeit*	h	N/mm²
Kriechmodul	*1000 h* N/mm²		*Zeitdehnspg. %*	h	N/mm²
bei Spannung	N/mm²				

Biegeversuch 23 °C

Probekörper: *Form* — *Herstellung*
Zustand — *Vorbehandlung*

Biegefestigkeit	N/mm²	*E-Modul*	N/mm²
3,5% *Biegespannung*	N/mm²		

Härte 23 °C *Probekörper:* *Zustand* — *Herstellung*
Vorbehandlung

Kugeldruckhärte	N/mm² bei N, s	*Shore-Härte* A	
Rockwellhärte		*Shore-Härte* D	

Schlagversuch *Probekörper:* *(1)*
(2) — *Herstellung*
Zustand — *Vorbehandlung*

	°C	°C	°C	*Probekörper-Form*
Schlagzähigkeit kJ/m²				
Kerbschlagzähigkeit (1) kJ/m²				
IZOD-Kerbschlagzähigkeit (2) J/m				
Kerbschlagzugzähigkeit kJ/m²				

Abrieb und Reibung

Taber-Abrieb (Reibradverfahren)	mm^3/100 U		
Abriebfaktor LNP (Thrust washer) Vergleichswert			
Statische Reibungszahl			
Dynamische Reibungszahl	(p · v= N/mm^2 ·		m/min)
Zulässiger p · v Wert	N/mm^2 · (m/min)	v=	m/min
		v=	m/min

Thermische Eigenschaften

Formbeständigkeit in der Wärme	*Verfahren*	A		55 °C
	Verfahren	B		100 °C
Vicat Erweichungstemperatur (VST)	*Verfahren*	B/50		100 °C
	Verfahren			°C
Kristallit-Schmelzpunkt	*Verfahren*			
Längenausdehnungskoeffizient	*Bereich*	23–80	°C	$1.5 \cdot 10^{-4} K^{-1}$
	Temperatur			$\cdot 10^{-4} K^{-1}$
Wärmeleitfähigkeit	*Verfahren*			W/(K · m)
Spezifische Wärmekapazität	*Verfahren*			J/(K · g)
Glasumwandlungstemperatur	*Torsionsschwingungsversuch*		°C	
	Differentialkalorimetrie		°C	

Brandverhalten

UL-Test vertikal Dicke mm, Wert
Dicke mm, Wert

	Norm	*Bewertung*	*Abmessungen*
Sauerstoff-Index	ASTM D 2863		
Glühstab-Verfahren			
Brandverhalten	DIN 4102		
MVSS			
FAR			

Elektrische Eigenschaften

		Hz	°C		*Probekörper, Form*
Dielektrizitätszahl		50	23	2.3	Durchmesser 80x1 mm
		10^3			
		10^6			
Dielektrischer Verlustfaktor tan δ		50	23	0.0005	Durchmesser 80x1 mm
		10^3			
		10^6			
Spezifischer Durchgangs-widerstand	Ohm · cm		23	1*10**16	Durchmesser 80x1 mm
Durchschlagfestigkeit	kV/mm		23	75	1 mm dick
Oberflächenwiderstand	Ohm		23	1*10**13	Durchmesser 80x1 mm

Kriechstromfestigkeit KC KB KA
Elektrolytische Korrosionswirkung
Lichtbogenfestigkeit nach DIN
nach ASTM s

Beständigkeit *(Chemische Beständigkeit siehe Anhang)*

Wasseraufnahme 23 C Bis zur Saettigung 0.01 %

Feuchtigkeitsaufnahme Normalklima %
Wetterbeständigkeit

Spannungskorrosion

Optische Eigenschaften

Brechungszahl n_D
Transmissionsgrad τ_c % mm dick
Lichtdurchlässigkeit

Datenbank-Nr. **T01874** Merkblatt-Nr. **4593**

Produkt	Polypropylen		**PP**
Handelsname	**Vestolen P 4000**		
Hersteller	HUELS		
DIN-Bez 1	16774,PP-H,Y,95 M 200		
DIN-Bez 2			
Zusätze		*Füllstoffe/ Verstärkung*	
Bevorzugte Verarbeitung	Extrudieren	*Lieferform*	Granulat
		Farben	
Besondere Merkmale		*Bevorzugte Anwendungen*	Faser

Dichte	g/cm³	0.907	*Schmelzindex*	g/10 min	:	
Schüttdichte	g/cm³		*Volumenfließindex*	cm³/10 min	27:	230/2.16
Viskositätszahl	ml/g	190				

Verarbeitungsbedingungen für Spritzgießen

Massetemp.	°C	*Schwindung*	% lgs	, quer
Werkzeugtemp.	°C	*Bemerkungen*		
Spritzdruck	bar			

Zugversuch 23 °C DIN 53455; ISO R/527;

Probekörper: *Form* Nr. 3; 4 mm dick — *Herstellung* Spritzgiessen
Zustand — *Vorbehandlung* Normalklima

Streckspannung	N/mm²	42	*Dehnung bei Streckspannung*	%	8
Zugfestigkeit	N/mm²		*Reißdehnung*	%	≧50
Reißfestigkeit	N/mm²		*% Dehnspannung*	N/mm²	
E-Modul	N/mm²		*Dehnung bei % Dehnspg.*	%	

Kriechmoduln und Zeitstandwerte 23 °C

Probekörper: *Form* — *Herstellung*
Zustand — *Vorbehandlung*

Kriechmodul	*1 min*	N/mm²	*Zeitstandzugfestigkeit*	h	N/mm²
Kriechmodul	*1000 h*	N/mm²	*Zeitdehnspg. %*	h	N/mm²
bei Spannung		N/mm²			

Biegeversuch 23 °C

Probekörper: *Form* — *Herstellung*
Zustand — *Vorbehandlung*

Biegefestigkeit	N/mm²	*E-Modul*	N/mm²
3,5% *Biegespannung*	N/mm²		

Härte 23 °C *Probekörper:* *Zustand* — *Herstellung*
Vorbehandlung

Kugeldruckhärte	N/mm² bei N, s	*Shore-Härte* A	
Rockwellhärte		*Shore-Härte* D	

Schlagversuch *Probekörper:* *(1)*
(2) — *Herstellung*
Zustand — *Vorbehandlung*

	°C	°C	°C	*Probekörper-Form*
Schlagzähigkeit kJ/m²				
Kerbschlagzähigkeit (1) kJ/m²				
IZOD-Kerbschlagzähigkeit (2) J/m				
Kerbschlagzugzähigkeit kJ/m²				

Abrieb und Reibung

Taber-Abrieb (Reibradverfahren)	mm^3/100 U		
Abriebfaktor LNP (Thrust washer) Vergleichswert			
Statische Reibungszahl			
Dynamische Reibungszahl	(p · v=	N/mm^2 ·	m/min)
Zulässiger p · v Wert	N/mm^2 · (m/min)	v=	m/min
		v=	m/min

Thermische Eigenschaften

Formbeständigkeit in der Wärme	*Verfahren* A		55 °C
	Verfahren B		100 °C
Vicat Erweichungstemperatur (VST)	*Verfahren* B/50		100 °C
	Verfahren		°C
Kristallit-Schmelzpunkt	*Verfahren*		
Längenausdehnungskoeffizient	*Bereich* 23–80 °C		$1.5 \cdot 10^{-4}K^{-1}$
	Temperatur		$\cdot 10^{-4}K^{-1}$
Wärmeleitfähigkeit	*Verfahren*		W/(K · m)
Spezifische Wärmekapazität	*Verfahren*		J/(K · g)
Glasumwandlungstemperatur	*Torsionsschwingungsversuch*	°C	
	Differentialkalorimetrie	°C	

Brandverhalten

UL-Test vertikal Dicke 1.6 mm, Wert HB
Dicke 0.79 mm, Wert HB

	Norm	*Bewertung*	*Abmessungen*
Sauerstoff-Index	ASTM D 2863		
Glühstab-Verfahren			
Brandverhalten	DIN 4102		
MVSS			
FAR			

Elektrische Eigenschaften

		Hz	°C		*Probekörper, Form*
Dielektrizitätszahl		50	23	2.3	Durchmesser 80x1 mm
		10^3			
		10^6			
Dielektrischer Verlustfaktor tan δ		50	23	0.0005	Durchmesser 80x1 mm
		10^3			
		10^6			
Spezifischer Durchgangs-widerstand	Ohm · cm		23	1*10**16	Durchmesser 80x1 mm
Durchschlagfestigkeit	kV/mm		23	75	1 mm dick
Oberflächenwiderstand	Ohm		23	1*10**13	Durchmesser 80x1 mm

Kriechstromfestigkeit KC KB KA
Elektrolytische Korrosionswirkung
Lichtbogenfestigkeit nach DIN
nach ASTM s

Beständigkeit *(Chemische Beständigkeit siehe Anhang)*

Wasseraufnahme 23 C Bis zur Saettigung 0.01 %

Feuchtigkeitsaufnahme Normalklima %
Wetterbeständigkeit

Spannungskorrosion

Optische Eigenschaften

Brechungszahl n_D
Transmissionsgrad τ_c % mm dick
Lichtdurchlässigkeit

Produkt	Polypropylen		**PP**
Handelsname	**Vestolen P 4002 SCHWARZ**		
Hersteller	HUELS		
DIN-Bez 1	16774,PP-H,YCH,95 M 200		
DIN-Bez 2			
Zusätze	UV-Stabilisator; Waermestabilisator	*Füllstoffe/ Verstärkung*	
Bevorzugte Verarbeitung	Extrudieren	*Lieferform*	Granulat
		Farben	Schwarz
Besondere Merkmale	Stabilisiert; Stabil-Bewitterung	*Bevorzugte Anwendungen*	Faser

Dichte	g/cm^3	0.907	*Schmelzindex*	g/10 min	:	
Schüttdichte	g/cm^3		*Volumenfließindex*	$cm^3/10$ min	27:	230/2.16
Viskositätszahl	ml/g	190				

Verarbeitungsbedingungen für Spritzgießen

Massetemp.	°C	*Schwindung*	% lgs , quer
Werkzeugtemp.	°C	*Bemerkungen*	
Spritzdruck	bar		

Zugversuch 23 °C DIN 53455; ISO R/527;
Probekörper: *Form* Nr. 3; 4 mm dick — *Herstellung* Spritzgiessen
Zustand — *Vorbehandlung* Normalklima

Streckspannung	N/mm^2 42	*Dehnung bei Streckspannung*	%	8
Zugfestigkeit	N/mm^2	*Reißdehnung*	%	≧50
Reißfestigkeit	N/mm^2	*% Dehnspannung*	N/mm^2	
E-Modul	N/mm^2	*Dehnung bei % Dehnspg.*	%	

Kriechmoduln und Zeitstandwerte 23 °C
Probekörper: *Form* — *Herstellung*
Zustand — *Vorbehandlung*

Kriechmodul	*1 min* N/mm^2	*Zeitstandzugfestigkeit*	h	N/mm^2
Kriechmodul	*1000 h* N/mm^2	*Zeitdehnspg.* %	h	N/mm^2
bei Spannung	N/mm^2			

Biegeversuch 23 °C
Probekörper: *Form* — *Herstellung*
Zustand — *Vorbehandlung*

Biegefestigkeit	N/mm^2	*E-Modul*	N/mm^2
3,5% *Biegespannung*	N/mm^2		

Härte 23 °C *Probekörper:* *Zustand* — *Herstellung*
Vorbehandlung

Kugeldruckhärte	N/mm^2 bei N, s	*Shore-Härte A*	
Rockwellhärte		*Shore-Härte D*	

Schlagversuch *Probekörper:* *(1)*
(2) — *Herstellung*
Zustand — *Vorbehandlung*

	°C	°C	°C	*Probekörper-Form*
Schlagzähigkeit kJ/m^2				
Kerbschlagzähigkeit (1) kJ/m^2				
IZOD-Kerbschlagzähigkeit (2) J/m				
Kerbschlagzugzähigkeit kJ/m^2				

Abrieb und Reibung

Taber-Abrieb (Reibradverfahren)	mm^3/100 U		
Abriebfaktor LNP (Thrust washer) Vergleichswert			
Statische Reibungszahl			
Dynamische Reibungszahl	(p · v =	N/mm^2 ·	m/min)
Zulässiger p · v Wert	N/mm^2 · (m/min)	v =	m/min
		v =	m/min

Thermische Eigenschaften

Formbeständigkeit in der Wärme	*Verfahren*	A		55 °C
	Verfahren	B		100 °C
Vicat Erweichungstemperatur (VST)	*Verfahren*	B/50		100 °C
	Verfahren			°C
Kristallit-Schmelzpunkt	*Verfahren*			
Längenausdehnungskoeffizient	*Bereich*	23–80	°C	$1.5 \cdot 10^{-4} K^{-1}$
	Temperatur			$\cdot 10^{-4} K^{-1}$
Wärmeleitfähigkeit	*Verfahren*			W/(K · m)
Spezifische Wärmekapazität	*Verfahren*			J/(K · g)
Glasumwandlungstemperatur	*Torsionsschwingungsversuch*		°C	
	Differentialkalorimetrie		°C	

Brandverhalten

UL-Test vertikal Dicke 1.6 mm, Wert HB
Dicke 0.79 mm, Wert HB

	Norm	*Bewertung*	*Abmessungen*
Sauerstoff-Index	ASTM D 2863		
Glühstab-Verfahren			
Brandverhalten	DIN 4102		
MVSS			
FAR			

Elektrische Eigenschaften

		Hz	°C		*Probekörper, Form*
Dielektrizitätszahl		50	23	2.3	Durchmesser 80x1 mm
		10^3			
		10^6			
Dielektrischer Verlustfaktor tan δ		50	23	0.0005	Durchmesser 80x1 mm
		10^3			
		10^6			
Spezifischer Durchgangs-widerstand	Ohm · cm		23	1*10**16	Durchmesser 80x1 mm
Durchschlagfestigkeit	kV/mm		23	75	1 mm dick
Oberflächenwiderstand	Ohm		23	1*10**13	Durchmesser 80x1 mm

Kriechstromfestigkeit	KC	KB	KA
Elektrolytische Korrosionswirkung			
Lichtbogenfestigkeit nach DIN			
nach ASTM s			

Beständigkeit *(Chemische Beständigkeit siehe Anhang)*

Wasseraufnahme 23 C	Bis zur Saettigung	0.01 %
Feuchtigkeitsaufnahme Normalklima		%
Wetterbeständigkeit		
Spannungskorrosion		

Optische Eigenschaften

Brechungszahl n_D		
Transmissionsgrad τ_c	%	mm dick
Lichtdurchlässigkeit		

Datenbank-Nr. **T01876** Merkblatt-Nr. **4595**

Produkt	Polypropylen		**PP**
Handelsname	**Vestolen P 4012 L**		
Hersteller	HUELS		
DIN-Bez 1	16774,PP-H,YHL,95 M 200		
DIN-Bez 2			
Zusätze	UV-Stabilisator; Waermestabilisator	*Füllstoffe/ Verstärkung*	
Bevorzugte Verarbeitung	Extrudieren	*Lieferform*	Granulat
		Farben	
Besondere Merkmale	Stabilisiert; Stabil-Bewitterung	*Bevorzugte Anwendungen*	Faser; Innenanwendung

Dichte	g/cm³	0.907	*Schmelzindex*	g/10 min	:	
Schüttdichte	g/cm³		*Volumenfließindex*	cm³/10 min	27 :	230/2.16
Viskositätszahl	ml/g	190				

Verarbeitungsbedingungen für Spritzgießen

Massetemp.	°C	*Schwindung*	% lgs , quer
Werkzeugtemp.	°C	*Bemerkungen*	
Spritzdruck	bar		

Zugversuch 23 °C DIN 53455; ISO R/527;
Probekörper: *Form* Nr. 3; 4 mm dick — *Herstellung* Spritzgiessen
Zustand — *Vorbehandlung* Normalklima

Streckspannung	N/mm²	42	*Dehnung bei Streckspannung*	%	8
Zugfestigkeit	N/mm²		*Reißdehnung*	%	≧50
Reißfestigkeit	N/mm²		*% Dehnspannung*	N/mm²	
E-Modul	N/mm²		*Dehnung bei % Dehnspg.*	%	

Kriechmoduln und Zeitstandwerte 23 °C
Probekörper: *Form* — *Herstellung*
Zustand — *Vorbehandlung*

Kriechmodul	*1 min*	N/mm²	*Zeitstandzugfestigkeit*	h	N/mm²
Kriechmodul	*1000 h*	N/mm²	*Zeitdehnspg. %*	h	N/mm²
bei Spannung		N/mm²			

Biegeversuch 23 °C
Probekörper: *Form* — *Herstellung*
Zustand — *Vorbehandlung*

Biegefestigkeit	N/mm²	*E-Modul*	N/mm²
3,5% *Biegespannung*	N/mm²		

Härte 23 °C *Probekörper:* *Zustand* — *Herstellung*
Vorbehandlung

Kugeldruckhärte	N/mm² bei N, s	*Shore-Härte* A	
Rockwellhärte		*Shore-Härte* D	

Schlagversuch *Probekörper:* *(1)*
(2) — *Herstellung*
Zustand — *Vorbehandlung*

		°C	°C	°C	*Probekörper-Form*
Schlagzähigkeit	kJ/m²				
Kerbschlagzähigkeit (1)	kJ/m²				
IZOD-Kerbschlagzähigkeit (2)	J/m				
Kerbschlagzugzähigkeit	kJ/m²				

Abrieb und Reibung

Taber-Abrieb (Reibradverfahren)	mm^3/100 U		
Abriebfaktor LNP (Thrust washer) Vergleichswert			
Statische Reibungszahl			
Dynamische Reibungszahl	(p · v=	N/mm^2 ·	m/min)
Zulässiger p · v Wert	N/mm^2 · (m/min)	v=	m/min
		v=	m/min

Thermische Eigenschaften

Formbeständigkeit in der Wärme	*Verfahren*	A	55 °C
	Verfahren	B	100 °C
Vicat Erweichungstemperatur (VST)	*Verfahren*	B/50	100 °C
	Verfahren		°C
Kristallit-Schmelzpunkt	*Verfahren*		
Längenausdehnungskoeffizient	*Bereich*	23–80 °C	$1.5 \cdot 10^{-4} K^{-1}$
	Temperatur		$\cdot 10^{-4} K^{-1}$
Wärmeleitfähigkeit	*Verfahren*		W/(K · m)
Spezifische Wärmekapazität	*Verfahren*		J/(K · g)
Glasumwandlungstemperatur	*Torsionsschwingungsversuch*		°C
	Differentialkalorimetrie		°C

Brandverhalten

UL-Test vertikal	Dicke 1.6 mm, Wert HB
	Dicke 0.79 mm, Wert HB

	Norm	*Bewertung*	*Abmessungen*
Sauerstoff-Index	ASTM D 2863		
Glühstab-Verfahren			
Brandverhalten	DIN 4102		
MVSS			
FAR			

Elektrische Eigenschaften

		Hz	°C		*Probekörper, Form*
Dielektrizitätszahl		50	23	2.3	Durchmesser 80x1 mm
		10^3			
		10^6			
Dielektrischer Verlustfaktor tan δ		50	23	0.0005	Durchmesser 80x1 mm
		10^3			
		10^6			
Spezifischer Durchgangswiderstand	Ohm · cm		23	1*10**16	Durchmesser 80x1 mm
Durchschlagfestigkeit	kV/mm		23	75	1 mm dick
Oberflächenwiderstand	Ohm		23	1*10**13	Durchmesser 80x1 mm

Kriechstromfestigkeit	KC	KB	KA
Elektrolytische Korrosionswirkung			
Lichtbogenfestigkeit nach DIN			
nach ASTM s			

Beständigkeit *(Chemische Beständigkeit siehe Anhang)*

Wasseraufnahme 23 C	Bis zur Saettigung	0.01 %
Feuchtigkeitsaufnahme Normalklima		%
Wetterbeständigkeit		
Spannungskorrosion		

Optische Eigenschaften

Brechungszahl n_D		
Transmissionsgrad τ_c	%	mm dick
Lichtdurchlässigkeit		

Produkt	Polypropylen			**PP**
Handelsname	**Vestolen P 4042 L**			
Hersteller	HUELS			
DIN-Bez 1	16774,PP-H,YHL,95 M 200			
DIN-Bez 2				
Zusätze	UV-Stabilisator; Waermestabilisator	*Füllstoffe/ Verstärkung*		
Bevorzugte Verarbeitung	Extrudieren	*Lieferform*	Granulat	
		Farben		
Besondere Merkmale	Stabilisiert; Stabil-Bewitterung	*Bevorzugte Anwendungen*	Faser; Aussenanwendung	

Dichte	g/cm³	0.907	*Schmelzindex*	g/10 min	:	
Schüttdichte	g/cm³		*Volumenfließindex*	cm³/10 min	27:	230/2.16
Viskositätszahl	ml/g	190				

Verarbeitungsbedingungen für Spritzgießen

Massetemp.	°C	*Schwindung*	% lgs , quer
Werkzeugtemp.	°C	*Bemerkungen*	
Spritzdruck	bar		

Zugversuch 23 °C DIN 53455; ISO R/527;

Probekörper: *Form* Nr. 3; 4 mm dick *Herstellung* Spritzgiessen
Zustand *Vorbehandlung* Normalklima

Streckspannung	N/mm²	42	*Dehnung bei Streckspannung*	%	8
Zugfestigkeit	N/mm²		*Reißdehnung*	%	≧50
Reißfestigkeit	N/mm²		*% Dehnspannung*	N/mm²	
E-Modul	N/mm²		*Dehnung bei % Dehnspg.*	%	

Kriechmoduln und Zeitstandwerte 23 °C

Probekörper: *Form* *Herstellung*
Zustand *Vorbehandlung*

Kriechmodul	*1 min* N/mm²	*Zeitstandzugfestigkeit*	h	N/mm²
Kriechmodul	*1000 h* N/mm²	*Zeitdehnspg.* %	h	N/mm²
bei Spannung	N/mm²			

Biegeversuch 23 °C

Probekörper: *Form* *Herstellung*
Zustand *Vorbehandlung*

Biegefestigkeit	N/mm²	*E-Modul*	N/mm²
3,5% *Biegespannung*	N/mm²		

Härte 23 °C *Probekörper:* *Zustand* *Herstellung*
Vorbehandlung

Kugeldruckhärte	N/mm² bei N, s	*Shore-Härte* A	
Rockwellhärte		*Shore-Härte* D	

Schlagversuch *Probekörper:* *(1)*
(2) *Herstellung*
Zustand *Vorbehandlung*

	°C	°C	°C	*Probekörper-Form*
Schlagzähigkeit kJ/m²				
Kerbschlagzähigkeit (1) kJ/m²				
IZOD-Kerbschlagzähigkeit (2) J/m				
Kerbschlagzugzähigkeit kJ/m²				

Abrieb und Reibung

Taber-Abrieb (Reibradverfahren)	$mm^3/100$ U		
Abriebfaktor LNP (Thrust washer) Vergleichswert			
Statische Reibungszahl			
Dynamische Reibungszahl	(p · v =	N/mm^2 ·	m/min)
Zulässiger p · v Wert	N/mm^2 · (m/min)	v =	m/min
		v =	m/min

Thermische Eigenschaften

Formbeständigkeit in der Wärme	*Verfahren*	A		55 °C
	Verfahren	B		100 °C
Vicat Erweichungstemperatur (VST)	*Verfahren*	B/50		100 °C
	Verfahren			°C
Kristallit-Schmelzpunkt	*Verfahren*			
Längenausdehnungskoeffizient	*Bereich*	23–80	°C	$1.5 \cdot 10^{-4} K^{-1}$
	Temperatur			$\cdot 10^{-4} K^{-1}$
Wärmeleitfähigkeit	*Verfahren*			W/(K · m)
Spezifische Wärmekapazität	*Verfahren*			J/(K · g)
Glasumwandlungstemperatur	*Torsionsschwingungsversuch*		°C	
	Differentialkalorimetrie		°C	

Brandverhalten

UL-Test vertikal	Dicke 1.6 mm, Wert HB
	Dicke 0.79 mm, Wert HB

	Norm	*Bewertung*	*Abmessungen*
Sauerstoff-Index	ASTM D 2863		
Glühstab-Verfahren			
Brandverhalten	DIN 4102		
MVSS			
FAR			

Elektrische Eigenschaften

		Hz	°C		*Probekörper, Form*
Dielektrizitätszahl		50	23	2.3	Durchmesser 80x1 mm
		10^3			
		10^6			
Dielektrischer Verlustfaktor tan δ		50	23	0.0005	Durchmesser 80x1 mm
		10^3			
		10^6			
Spezifischer Durchgangs-widerstand	Ohm · cm		23	1*10**16	Durchmesser 80x1 mm
Durchschlagfestigkeit	kV/mm		23	75	1 mm dick
Oberflächenwiderstand	Ohm		23	1*10**13	Durchmesser 80x1 mm

Kriechstromfestigkeit	KC	KB	KA
Elektrolytische Korrosionswirkung			
Lichtbogenfestigkeit nach DIN			
nach ASTM s			

Beständigkeit *(Chemische Beständigkeit siehe Anhang)*

Wasseraufnahme 23 C Bis zur Saettigung	0.01 %
Feuchtigkeitsaufnahme Normalklima	%
Wetterbeständigkeit	
Spannungskorrosion	

Optische Eigenschaften

Brechungszahl n_D		
Transmissionsgrad τ_c	%	mm dick
Lichtdurchlässigkeit		

Datenbank-Nr. **T01878** Merkblatt-Nr. **4597**

Produkt	Polypropylen		**PP**
Handelsname	**Vestolen P 5000**		
Hersteller	HUELS		
DIN-Bez 1	16774,PP-H,M,95 M 200		
DIN-Bez 2	16774,PP-H,F,95 M 200		
Zusätze		*Füllstoffe/ Verstärkung*	
Bevorzugte Verarbeitung	Spritzgiessen; Extrudieren; Folienextrusion	*Lieferform*	Granulat
		Farben	
Besondere Merkmale		*Bevorzugte Anwendungen*	Faser; Folie; Verpackung; Medizintechnik

Dichte	g/cm^3	0.906	*Schmelzindex*	g/10 min	:	
Schüttdichte	g/cm^3		*Volumenfließindex*	$cm^3/10$ min	15:	230/2.16
Viskositätszahl	ml/g	220				

Verarbeitungsbedingungen für Spritzgießen

Massetemp.	°C	*Schwindung*	% lgs , quer
Werkzeugtemp.	°C	*Bemerkungen*	
Spritzdruck	bar		

Zugversuch 23 °C DIN 53455; ISO R/527; DIN 53457; ISO R/527

Probekörper: *Form* Nr. 3; 4 mm dick — *Herstellung* Spritzgiessen
Zustand — *Vorbehandlung* Normalklima

Streckspannung	N/mm^2	40	*Dehnung bei Streckspannung*	%	8
Zugfestigkeit	N/mm^2		*Reißdehnung*	%	≧50
Reißfestigkeit	N/mm^2		*% Dehnspannung*	N/mm^2	
E-Modul	N/mm^2	1550	*Dehnung bei % Dehnspg.*	%	

Kriechmoduln und Zeitstandwerte 23 °C

Probekörper: *Form* — *Herstellung*
Zustand — *Vorbehandlung*

Kriechmodul	*1 min* N/mm^2	*Zeitstandzugfestigkeit*	h	N/mm^2
Kriechmodul	*1000 h* N/mm^2	*Zeitdehnspg.* %	h	N/mm^2
bei Spannung	N/mm^2			

Biegeversuch 23 °C

Probekörper: *Form* — *Herstellung*
Zustand — *Vorbehandlung*

Biegefestigkeit	N/mm^2	*E-Modul*	N/mm^2
3,5% *Biegespannung*	N/mm^2		

Härte 23 °C *Probekörper:* *Zustand* — *Herstellung*
Vorbehandlung

Kugeldruckhärte	N/mm^2 bei N, s	*Shore-Härte* A
Rockwellhärte		*Shore-Härte* D

Schlagversuch *Probekörper:* *(1)*
(2) — *Herstellung*
Zustand — *Vorbehandlung*

	°C	°C	°C	*Probekörper-Form*
Schlagzähigkeit kJ/m^2				
Kerbschlagzähigkeit (1) kJ/m^2				
IZOD-Kerbschlagzähigkeit (2) J/m				
Kerbschlagzugzähigkeit kJ/m^2				

Abrieb und Reibung

Taber-Abrieb (Reibradverfahren)	mm^3/100 U		
Abriebfaktor LNP (Thrust washer) Vergleichswert			
Statische Reibungszahl			
Dynamische Reibungszahl	(p · v=	N/mm² ·	m/min)
Zulässiger p · v Wert	N/mm² · (m/min)	v=	m/min
		v=	m/min

Thermische Eigenschaften

Formbeständigkeit in der Wärme	*Verfahren*	A		55 °C
	Verfahren	B		100 °C
Vicat Erweichungstemperatur (VST)	*Verfahren*	B/50		100 °C
	Verfahren			°C
Kristallit-Schmelzpunkt	*Verfahren*			
Längenausdehnungskoeffizient	*Bereich*	23–80	°C	$1.5 \cdot 10^{-4} K^{-1}$
	Temperatur			$\cdot 10^{-4} K^{-1}$
Wärmeleitfähigkeit	*Verfahren*			W/(K · m)
Spezifische Wärmekapazität	*Verfahren*			J/(K · g)
Glasumwandlungstemperatur	*Torsionsschwingungsversuch*		°C	
	Differentialkalorimetrie		°C	

Brandverhalten

UL-Test vertikal — Dicke 1.6 mm, Wert HB
Dicke 0.79 mm, Wert HB

	Norm	*Bewertung*	*Abmessungen*
Sauerstoff-Index	ASTM D 2863		
Glühstab-Verfahren			
Brandverhalten	DIN 4102		
MVSS			
FAR			

Elektrische Eigenschaften

		Hz	°C		*Probekörper, Form*
Dielektrizitätszahl		50	23	2.3	Durchmesser 80x1 mm
		10^3			
		10^6			
Dielektrischer Verlustfaktor tan δ		50	23	0.0005	Durchmesser 80x1 mm
		10^3			
		10^6			
Spezifischer Durchgangswiderstand	Ohm · cm		23	1*10**16	Durchmesser 80x1 mm
Durchschlagfestigkeit	kV/mm		23	75	1 mm dick
Oberflächenwiderstand	Ohm		23	1*10**13	Durchmesser 80x1 mm

Kriechstromfestigkeit KC KB KA
Elektrolytische Korrosionswirkung
Lichtbogenfestigkeit nach DIN
nach ASTM s

Beständigkeit *(Chemische Beständigkeit siehe Anhang)*

Wasseraufnahme 23 C Bis zur Saettigung 0.01 %

Feuchtigkeitsaufnahme Normalklima %
Wetterbeständigkeit

Spannungskorrosion

Optische Eigenschaften

Brechungszahl n_D
Transmissionsgrad τ_c % mm dick
Lichtdurchlässigkeit

PP

Produkt	Polypropylen		
Handelsname	**Vestolen P 5002**		
Hersteller	HUELS		
DIN-Bez 1	16774,PP-H,MH,95 M 200		
DIN-Bez 2			
Zusätze	Waermestabilisator	*Füllstoffe/ Verstärkung*	
Bevorzugte Verarbeitung	Spritzgiessen	*Lieferform*	Granulat
		Farben	
Besondere Merkmale		*Bevorzugte Anwendungen*	

Dichte	g/cm^3	0.906	*Schmelzindex*	g/10 min	:	
Schüttdichte	g/cm^3		*Volumenfließindex*	cm^3/10 min	15:	230/2.16
Viskositätszahl	ml/g	220				

Verarbeitungsbedingungen für Spritzgießen

Massetemp.	°C	*Schwindung*	% lgs , quer
Werkzeugtemp.	°C	*Bemerkungen*	
Spritzdruck	bar		

Zugversuch 23 °C DIN 53455; ISO R/527; DIN 53457; ISO R/527

Probekörper: *Form* Nr. 3; 4 mm dick — *Herstellung* Spritzgiessen
Zustand — *Vorbehandlung* Normalklima

Streckspannung	N/mm^2	40	*Dehnung bei Streckspannung*	%	8
Zugfestigkeit	N/mm^2		*Reißdehnung*	%	≧50
Reißfestigkeit	N/mm^2		*% Dehnspannung*	N/mm^2	
E-Modul	N/mm^2	1550	*Dehnung bei % Dehnspg.*	%	

Kriechmoduln und Zeitstandwerte 23 °C

Probekörper: *Form* — *Herstellung*
Zustand — *Vorbehandlung*

Kriechmodul	*1 min*	N/mm^2	*Zeitstandzugfestigkeit*	h	N/mm^2
Kriechmodul	*1000 h*	N/mm^2	*Zeitdehnspg. %*	h	N/mm^2
bei Spannung		N/mm^2			

Biegeversuch 23 °C

Probekörper: *Form* — *Herstellung*
Zustand — *Vorbehandlung*

Biegefestigkeit	N/mm^2	*E-Modul*	N/mm^2
3,5% *Biegespannung*	N/mm^2		

Härte 23 °C *Probekörper:* *Zustand* — *Herstellung*
Vorbehandlung

Kugeldruckhärte	N/mm^2 bei N, s	*Shore-Härte* A	
Rockwellhärte		*Shore-Härte* D	

Schlagversuch *Probekörper:* *(1)*
(2) — *Herstellung*
Zustand — *Vorbehandlung*

		°C	°C	°C	*Probekörper-Form*
Schlagzähigkeit	kJ/m^2				
Kerbschlagzähigkeit (1)	kJ/m^2				
IZOD-Kerbschlagzähigkeit (2)	J/m				
Kerbschlagzugzähigkeit	kJ/m^2				

Abrieb und Reibung

Taber-Abrieb (Reibradverfahren)	$mm^3/100$ U		
Abriebfaktor LNP (Thrust washer) Vergleichswert			
Statische Reibungszahl			
Dynamische Reibungszahl	(p·v= N/mm^2·		m/min)
Zulässiger p · v Wert	N/mm^2·(m/min)	v=	m/min
		v=	m/min

Thermische Eigenschaften

Formbeständigkeit in der Wärme	*Verfahren*	A		55 °C
	Verfahren	B		100 °C
Vicat Erweichungstemperatur (VST)	*Verfahren*	B/50		100 °C
	Verfahren			°C
Kristallit-Schmelzpunkt	*Verfahren*			
Längenausdehnungskoeffizient	*Bereich*	23–80	°C	$1.5 \cdot 10^{-4} K^{-1}$
	Temperatur			$\cdot 10^{-4} K^{-1}$
Wärmeleitfähigkeit	*Verfahren*			W/(K · m)
Spezifische Wärmekapazität	*Verfahren*			J/(K · g)
Glasumwandlungstemperatur	*Torsionsschwingungsversuch*		°C	
	Differentialkalorimetrie		°C	

Brandverhalten

UL-Test vertikal — Dicke 1.6 mm, Wert HB
Dicke 0.79 mm, Wert HB

	Norm	*Bewertung*	*Abmessungen*
Sauerstoff-Index	ASTM D 2863		
Glühstab-Verfahren			
Brandverhalten	DIN 4102		
MVSS			
FAR			

Elektrische Eigenschaften

		Hz	°C		*Probekörper, Form*
Dielektrizitätszahl		50	23	2.3	Durchmesser 80x1 mm
		10^3			
		10^6			
Dielektrischer Verlustfaktor tan δ		50	23	0.0005	Durchmesser 80x1 mm
		10^3			
		10^6			
Spezifischer Durchgangs-widerstand	Ohm · cm		23	1*10**16	Durchmesser 80x1 mm
Durchschlagfestigkeit	kV/mm		23	75	1 mm dick
Oberflächenwiderstand	Ohm		23	1*10**13	Durchmesser 80x1 mm

Kriechstromfestigkeit KC KB KA
Elektrolytische Korrosionswirkung
Lichtbogenfestigkeit nach DIN
nach ASTM s

Beständigkeit *(Chemische Beständigkeit siehe Anhang)*

Wasseraufnahme 23 C Bis zur Saettigung 0.01 %

Feuchtigkeitsaufnahme Normalklima %
Wetterbeständigkeit

Spannungskorrosion

Optische Eigenschaften

Brechungszahl n_D
Transmissionsgrad τ_c % mm dick
Lichtdurchlässigkeit

Produkt	Polypropylen		**PP**
Handelsname	**Vestolen P 5002 L**		
Hersteller	HUELS		
DIN-Bez 1	16774,PP-H,MHL,95 M 200		
DIN-Bez 2			
Zusätze	UV-Stabilisator; Waermestabilisator	*Füllstoffe/ Verstärkung*	
Bevorzugte Verarbeitung	Spritzgiessen	*Lieferform*	Granulat
		Farben	
Besondere Merkmale	Stabilisiert; Stabil-Bewitterung	*Bevorzugte Anwendungen*	Verpackung

Dichte	g/cm^3	0.906	*Schmelzindex*	g/10 min	:	
Schüttdichte	g/cm^3		*Volumenfließindex*	$cm^3/10$ min	15:	230/2.16
Viskositätszahl	ml/g	220				

Verarbeitungsbedingungen für Spritzgießen

Massetemp.	°C	*Schwindung*	%	lgs , quer
Werkzeugtemp.	°C	*Bemerkungen*		
Spritzdruck	bar			

Zugversuch 23 °C DIN 53455; ISO R/527; DIN 53457; ISO R/527

Probekörper: *Form* Nr. 3; 4 mm dick — *Herstellung* Spritzgiessen
Zustand — *Vorbehandlung* Normalklima

Streckspannung	N/mm^2	40	*Dehnung bei Streckspannung*	%	8
Zugfestigkeit	N/mm^2		*Reißdehnung*	%	≧50
Reißfestigkeit	N/mm^2		*% Dehnspannung*	N/mm^2	
E-Modul	N/mm^2	1550	*Dehnung bei % Dehnspg.*	%	

Kriechmoduln und Zeitstandwerte 23 °C

Probekörper: *Form* — *Herstellung*
Zustand — *Vorbehandlung*

Kriechmodul	*1 min*	N/mm^2	*Zeitstandzugfestigkeit*	h	N/mm^2
Kriechmodul	*1000 h*	N/mm^2	*Zeitdehnspg. %*	h	N/mm^2
bei Spannung		N/mm^2			

Biegeversuch 23 °C

Probekörper: *Form* — *Herstellung*
Zustand — *Vorbehandlung*

Biegefestigkeit	N/mm^2	*E-Modul*	N/mm^2
3,5% *Biegespannung*	N/mm^2		

Härte 23 °C *Probekörper:* *Zustand* — *Herstellung*
Vorbehandlung

Kugeldruckhärte	N/mm^2 bei N, s	*Shore-Härte* A	
Rockwellhärte		*Shore-Härte* D	

Schlagversuch *Probekörper:* *(1)*
(2) — *Herstellung*
Zustand — *Vorbehandlung*

	°C	°C	°C	*Probekörper-Form*
Schlagzähigkeit kJ/m^2				
Kerbschlagzähigkeit (1) kJ/m^2				
IZOD-Kerbschlagzähigkeit (2) J/m				
Kerbschlagzugzähigkeit kJ/m^2				

Abrieb und Reibung

Taber-Abrieb (Reibradverfahren)	mm^3/100 U		
Abriebfaktor LNP (Thrust washer) Vergleichswert			
Statische Reibungszahl			
Dynamische Reibungszahl	(p · v = N/mm^2 ·		m/min)
Zulässiger p · v Wert	N/mm^2 · (m/min)	v =	m/min
		v =	m/min

Thermische Eigenschaften

Formbeständigkeit in der Wärme	*Verfahren*	A		55 °C
	Verfahren	B		100 °C
Vicat Erweichungstemperatur (VST)	*Verfahren*	B/50		100 °C
	Verfahren			°C
Kristallit-Schmelzpunkt	*Verfahren*			
Längenausdehnungskoeffizient	*Bereich*	23–80	°C	1.5 · $10^{-4}K^{-1}$
	Temperatur			· $10^{-4}K^{-1}$
Wärmeleitfähigkeit	*Verfahren*			W/(K · m)
Spezifische Wärmekapazität	*Verfahren*			J/(K · g)
Glasumwandlungstemperatur	*Torsionsschwingungsversuch*		°C	
	Differentialkalorimetrie		°C	

Brandverhalten

UL-Test vertikal	Dicke 1.6 mm, Wert HB
	Dicke 0.79 mm, Wert HB

	Norm	*Bewertung*	*Abmessungen*
Sauerstoff-Index	ASTM D 2863		
Glühstab-Verfahren			
Brandverhalten	DIN 4102		
MVSS			
FAR			

Elektrische Eigenschaften

		Hz	°C		*Probekörper, Form*
Dielektrizitätszahl		50	23	2.3	Durchmesser 80x1 mm
		10^3			
		10^6			
Dielektrischer Verlustfaktor tan δ		50	23	0.0005	Durchmesser 80x1 mm
		10^3			
		10^6			
Spezifischer Durchgangs-widerstand	Ohm · cm		23	1*10**16	Durchmesser 80x1 mm
Durchschlagfestigkeit	kV/mm		23	75	1 mm dick
Oberflächenwiderstand	Ohm		23	1*10**13	Durchmesser 80x1 mm

Kriechstromfestigkeit	KC	KB	KA
Elektrolytische Korrosionswirkung			
Lichtbogenfestigkeit nach DIN			
nach ASTM s			

Beständigkeit *(Chemische Beständigkeit siehe Anhang)*

Wasseraufnahme 23 C Bis zur Saettigung	0.01 %
Feuchtigkeitsaufnahme Normalklima	%
Wetterbeständigkeit	
Spannungskorrosion	

Optische Eigenschaften

Brechungszahl n_D		
Transmissionsgrad τ_c	%	mm dick
Lichtdurchlässigkeit		

Datenbank-Nr.	**T01881**	*Merkblatt-Nr.* **4600**

Produkt	Polypropylen		**PP**
Handelsname	**Vestolen P 5004**		
Hersteller	HUELS		
DIN-Bez 1	16774,PP-H,MHZ,95 M 200		
DIN-Bez 2			
Zusätze	Waermestabilisator	*Füllstoffe/ Verstärkung*	
Bevorzugte Verarbeitung	Spritzgiessen	*Lieferform*	Granulat
		Farben	
Besondere Merkmale	Antistatisch	*Bevorzugte Anwendungen*	Verpackung

Dichte	g/cm^3 0.906	*Schmelzindex*	g/10 min		:
Schüttdichte	g/cm^3	*Volumenfließindex*	cm^3/10 min	15:	230/2.16
Viskositätszahl	ml/g 220				

Verarbeitungsbedingungen für Spritzgießen

Massetemp.	°C	*Schwindung*	% lgs , quer
Werkzeugtemp.	°C	*Bemerkungen*	
Spritzdruck	bar		

Zugversuch 23 °C DIN 53455; ISO R/527; DIN 53457; ISO R/527

Probekörper: *Form*	Nr. 3; 4 mm dick	*Herstellung*	Spritzgiessen
Zustand		*Vorbehandlung*	Normalklima

Streckspannung	N/mm^2 40	*Dehnung bei Streckspannung*	% 8
Zugfestigkeit	N/mm^2	*Reißdehnung*	% ≧50
Reißfestigkeit	N/mm^2	*% Dehnspannung*	N/mm^2
E-Modul	N/mm^2 1550	*Dehnung bei % Dehnspg.*	%

Kriechmoduln und Zeitstandwerte 23 °C

Probekörper: *Form*		*Herstellung*	
Zustand		*Vorbehandlung*	

Kriechmodul	*1 min* N/mm^2	*Zeitstandzugfestigkeit*	h N/mm^2
Kriechmodul	*1000 h* N/mm^2	*Zeitdehnspg. %*	h N/mm^2
bei Spannung	N/mm^2		

Biegeversuch 23 °C

Probekörper: *Form*		*Herstellung*	
Zustand		*Vorbehandlung*	

Biegefestigkeit	N/mm^2	*E-Modul*	N/mm^2
3,5% Biegespannung	N/mm^2		

Härte 23 °C

Probekörper: *Zustand*		*Herstellung*	
		Vorbehandlung	
Kugeldruckhärte	N/mm^2 bei N, s	*Shore-Härte A*	
Rockwellhärte		*Shore-Härte D*	

Schlagversuch

Probekörper:	*(1)*		
	(2)	*Herstellung*	
	Zustand	*Vorbehandlung*	

	°C	°C	°C	*Probekörper-Form*
Schlagzähigkeit kJ/m^2				
Kerbschlagzähigkeit (1) kJ/m^2				
IZOD-Kerbschlagzähigkeit (2) J/m				
Kerbschlagzugzähigkeit kJ/m^2				

Abrieb und Reibung

Taber-Abrieb (Reibradverfahren)	$mm^3/100$ U		
Abriebfaktor LNP (Thrust washer) Vergleichswert			
Statische Reibungszahl			
Dynamische Reibungszahl	(p·v=	N/mm^2 ·	m/min)
Zulässiger p · v Wert	N/mm^2 · (m/min)	v=	m/min
		v=	m/min

Thermische Eigenschaften

Formbeständigkeit in der Wärme	*Verfahren*	A		55 °C
	Verfahren	B		100 °C
Vicat Erweichungstemperatur (VST)	*Verfahren*	B/50		100 °C
	Verfahren			°C
Kristallit-Schmelzpunkt	*Verfahren*			
Längenausdehnungskoeffizient	*Bereich*	23–80	°C	$1.5 \cdot 10^{-4}K^{-1}$
	Temperatur			$\cdot 10^{-4}K^{-1}$
Wärmeleitfähigkeit	*Verfahren*			W/(K · m)
Spezifische Wärmekapazität	*Verfahren*			J/(K · g)
Glasumwandlungstemperatur	*Torsionsschwingungsversuch*		°C	
	Differentialkalorimetrie		°C	

Brandverhalten

UL-Test vertikal — Dicke 1.6 mm, Wert HB; Dicke 0.79 mm, Wert HB

	Norm	*Bewertung*	*Abmessungen*
Sauerstoff-Index	ASTM D 2863		
Glühstab-Verfahren			
Brandverhalten	DIN 4102		
MVSS			
FAR			

Elektrische Eigenschaften

		Hz	°C		*Probekörper, Form*
Dielektrizitätszahl		50	23	2.3	Durchmesser 80x1 mm
		10^3			
		10^6			
Dielektrischer Verlustfaktor tan δ		50	23	0.0005	Durchmesser 80x1 mm
		10^3			
		10^6			
Spezifischer Durchgangs-widerstand	Ohm · cm		23	1*10**16	Durchmesser 80x1 mm
Durchschlagfestigkeit	kV/mm		23	75	1 mm dick
Oberflächenwiderstand	Ohm		23	1*10**13	Durchmesser 80x1 mm

Kriechstromfestigkeit KC KB KA

Elektrolytische Korrosionswirkung

Lichtbogenfestigkeit nach DIN

nach ASTM s

Beständigkeit *(Chemische Beständigkeit siehe Anhang)*

Wasseraufnahme 23 C Bis zur Saettigung — 0.01 %

Feuchtigkeitsaufnahme Normalklima — %

Wetterbeständigkeit

Spannungskorrosion

Optische Eigenschaften

Brechungszahl n_D

Transmissionsgrad τ_c % mm dick

Lichtdurchlässigkeit

Datenbank-Nr. **T01882** Merkblatt-Nr. **4601**

Produkt	Polypropylen		**PP**
Handelsname	**Vestolen P 5012 L**		
Hersteller	HUELS		
DIN-Bez 1	16774,PP-H,FHL,95 M 200		
DIN-Bez 2			
Zusätze	UV-Stabilisator; Waermestabilisator	*Füllstoffe/ Verstärkung*	
Bevorzugte Verarbeitung	Extrudieren	*Lieferform*	Granulat
		Farben	
Besondere Merkmale	Stabilisiert; Stabil-Bewitterung	*Bevorzugte Anwendungen*	Faser; Innenanwendung

Dichte	g/cm^3 0.906	*Schmelzindex*	g/10 min	:	
Schüttdichte	g/cm^3	*Volumenfließindex*	cm^3/10 min	15:	230/2.16
Viskositätszahl	ml/g 220				

Verarbeitungsbedingungen für Spritzgießen

Massetemp.	°C	*Schwindung*	% lgs , quer
Werkzeugtemp.	°C	*Bemerkungen*	
Spritzdruck	bar		

Zugversuch 23 °C DIN 53455; ISO R/527; DIN 53457; ISO R/527

Probekörper: *Form* Nr. 3; 4 mm dick — *Herstellung* Spritzgiessen
Zustand — *Vorbehandlung* Normalklima

Streckspannung	N/mm^2 40	*Dehnung bei Streckspannung*	%	8
Zugfestigkeit	N/mm^2	*Reißdehnung*	%	≧50
Reißfestigkeit	N/mm^2	*% Dehnspannung*	N/mm^2	
E-Modul	N/mm^2 1550	*Dehnung bei % Dehnspg.*	%	

Kriechmoduln und Zeitstandwerte 23 °C

Probekörper: *Form* — *Herstellung*
Zustand — *Vorbehandlung*

Kriechmodul	*1 min* N/mm^2	*Zeitstandzugfestigkeit*	h N/mm^2
Kriechmodul	*1000 h* N/mm^2	*Zeitdehnspg.* %	h N/mm^2
bei Spannung	N/mm^2		

Biegeversuch 23 °C

Probekörper: *Form* — *Herstellung*
Zustand — *Vorbehandlung*

Biegefestigkeit	N/mm^2	*E-Modul*	N/mm^2
3,5% *Biegespannung*	N/mm^2		

Härte 23 °C *Probekörper:* *Zustand* — *Herstellung*
Vorbehandlung

Kugeldruckhärte	N/mm^2 bei N, s	*Shore-Härte* A
Rockwellhärte		*Shore-Härte* D

Schlagversuch *Probekörper:* *(1)*
(2) — *Herstellung*
Zustand — *Vorbehandlung*

	°C	°C	°C	*Probekörper-Form*
Schlagzähigkeit kJ/m^2				
Kerbschlagzähigkeit (1) kJ/m^2				
IZOD-Kerbschlagzähigkeit (2) J/m				
Kerbschlagzugzähigkeit kJ/m^2				

Abrieb und Reibung

Taber-Abrieb (Reibradverfahren)	mm^3/100 U		
Abriebfaktor LNP (Thrust washer) Vergleichswert			
Statische Reibungszahl			
Dynamische Reibungszahl	(p·v= N/mm^2·		m/min)
Zulässiger p · v Wert	N/mm^2 · (m/min)	v=	m/min
		v=	m/min

Thermische Eigenschaften

Formbeständigkeit in der Wärme	*Verfahren*	A		55 °C
	Verfahren	B		100 °C
Vicat Erweichungstemperatur (VST)	*Verfahren*	B/50		100 °C
	Verfahren			°C
Kristallit-Schmelzpunkt	*Verfahren*			
Längenausdehnungskoeffizient	*Bereich*	23–80 °C		$1.5 \cdot 10^{-4}K^{-1}$
	Temperatur			$\cdot 10^{-4}K^{-1}$
Wärmeleitfähigkeit	*Verfahren*			W/(K · m)
Spezifische Wärmekapazität	*Verfahren*			J/(K · g)
Glasumwandlungstemperatur	*Torsionsschwingungsversuch*		°C	
	Differentialkalorimetrie		°C	

Brandverhalten

UL-Test vertikal Dicke 1.6 mm, Wert HB
Dicke 0.79 mm, Wert HB

	Norm	*Bewertung*	*Abmessungen*
Sauerstoff-Index	ASTM D 2863		
Glühstab-Verfahren			
Brandverhalten	DIN 4102		
MVSS			
FAR			

Elektrische Eigenschaften

		Hz	°C		*Probekörper, Form*
Dielektrizitätszahl		50	23	2.3	Durchmesser 80x1 mm
		10^3			
		10^6			
Dielektrischer Verlustfaktor tan δ		50	23	0.0005	Durchmesser 80x1 mm
		10^3			
		10^6			
Spezifischer Durchgangswiderstand	Ohm · cm		23	1*10**16	Durchmesser 80x1 mm
Durchschlagfestigkeit	kV/mm		23	75	1 mm dick
Oberflächenwiderstand	Ohm		23	1*10**13	Durchmesser 80x1 mm

Kriechstromfestigkeit KC KB KA
Elektrolytische Korrosionswirkung
Lichtbogenfestigkeit nach DIN
nach ASTM s

Beständigkeit *(Chemische Beständigkeit siehe Anhang)*

Wasseraufnahme 23 C Bis zur Saettigung 0.01 %

Feuchtigkeitsaufnahme Normalklima %
Wetterbeständigkeit

Spannungskorrosion

Optische Eigenschaften

Brechungszahl n_D
Transmissionsgrad τ_c % mm dick
Lichtdurchlässigkeit

Datenbank-Nr. **T01883** Merkblatt-Nr. **4602**

Produkt	Polypropylen		**PP**
Handelsname	**Vestolen P 5042 L**		
Hersteller	HUELS		
DIN-Bez 1	16774,PP-H,FHL,95 M 200		
DIN-Bez 2			
Zusätze	UV-Stabilisator; Waermestabilisator	*Füllstoffe/ Verstärkung*	
Bevorzugte Verarbeitung	Extrudieren	*Lieferform*	Granulat
		Farben	
Besondere Merkmale	Stabilisiert; Stabil-Bewitterung	*Bevorzugte Anwendungen*	Faser; Aussenanwendung

---

Dichte	g/cm^3	0.906	*Schmelzindex*	g/10 min	:	
Schüttdichte	g/cm^3		*Volumenfließindex*	$cm^3/10$ min	15:	230/2.16
Viskositätszahl	ml/g	220				

Verarbeitungsbedingungen für Spritzgießen

Massetemp.	°C	*Schwindung*	%	lgs , quer
Werkzeugtemp.	°C	*Bemerkungen*		
Spritzdruck	bar			

Zugversuch 23 °C DIN 53455; ISO R/527; DIN 53457; ISO R/527

Probekörper: *Form* Nr. 3; 4 mm dick — *Herstellung* Spritzgiessen
Zustand — *Vorbehandlung* Normalklima

Streckspannung	N/mm^2	40	*Dehnung bei Streckspannung*	%	8
Zugfestigkeit	N/mm^2		*Reißdehnung*	%	≧50
Reißfestigkeit	N/mm^2		*% Dehnspannung*	N/mm^2	
E-Modul	N/mm^2	1550	*Dehnung bei % Dehnspg.*	%	

Kriechmoduln und Zeitstandwerte 23 °C

Probekörper: *Form* — *Herstellung*
Zustand — *Vorbehandlung*

Kriechmodul	*1 min* N/mm^2	*Zeitstandzugfestigkeit*	h N/mm^2
Kriechmodul	*1000 h* N/mm^2	*Zeitdehnspg.* %	h N/mm^2
bei Spannung	N/mm^2		

Biegeversuch 23 °C

Probekörper: *Form* — *Herstellung*
Zustand — *Vorbehandlung*

Biegefestigkeit	N/mm^2	*E-Modul*	N/mm^2
3,5% *Biegespannung*	N/mm^2		

Härte 23 °C *Probekörper:* *Zustand* — *Herstellung*
Vorbehandlung

Kugeldruckhärte	N/mm^2 bei N, s	*Shore-Härte* A	
Rockwellhärte		*Shore-Härte* D	

Schlagversuch *Probekörper:* *(1)*
(2) — *Herstellung*
Zustand — *Vorbehandlung*

	°C	°C	°C	*Probekörper-Form*
Schlagzähigkeit kJ/m^2				
Kerbschlagzähigkeit (1) kJ/m^2				
IZOD-Kerbschlagzähigkeit (2) J/m				
Kerbschlagzugzähigkeit kJ/m^2				

Abrieb und Reibung

Taber-Abrieb (Reibradverfahren)	mm^3/100 U		
Abriebfaktor LNP (Thrust washer) Vergleichswert			
Statische Reibungszahl			
Dynamische Reibungszahl	(p · v=	N/mm^2 ·	m/min)
Zulässiger p · v Wert	N/mm^2 · (m/min)	v=	m/min
		v=	m/min

Thermische Eigenschaften

Formbeständigkeit in der Wärme	*Verfahren*	A		55 °C
	Verfahren	B		100 °C
Vicat Erweichungstemperatur (VST)	*Verfahren*	B/50		100 °C
	Verfahren			°C
Kristallit-Schmelzpunkt	*Verfahren*			
Längenausdehnungskoeffizient	*Bereich*	23–80	°C	$1.5 \cdot 10^{-4} K^{-1}$
	Temperatur			$\cdot 10^{-4} K^{-1}$
Wärmeleitfähigkeit	*Verfahren*			W/(K · m)
Spezifische Wärmekapazität	*Verfahren*			J/(K · g)
Glasumwandlungstemperatur	*Torsionsschwingungsversuch*		°C	
	Differentialkalorimetrie		°C	

Brandverhalten

UL-Test vertikal	Dicke 1.6 mm, Wert HB
	Dicke 0.79 mm, Wert HB

	Norm	*Bewertung*	*Abmessungen*
Sauerstoff-Index	ASTM D 2863		
Glühstab-Verfahren			
Brandverhalten	DIN 4102		
MVSS			
FAR			

Elektrische Eigenschaften

		Hz	°C		*Probekörper, Form*
Dielektrizitätszahl		50	23	2.3	Durchmesser 80x1 mm
		10^3			
		10^6			
Dielektrischer Verlustfaktor tan δ		50	23	0.0005	Durchmesser 80x1 mm
		10^3			
		10^6			
Spezifischer Durchgangs-widerstand	Ohm · cm		23	1*10**16	Durchmesser 80x1 mm
Durchschlagfestigkeit	kV/mm		23	75	1 mm dick
Oberflächenwiderstand	Ohm		23	1*10**13	Durchmesser 80x1 mm

Kriechstromfestigkeit	KC	KB	KA
Elektrolytische Korrosionswirkung			
Lichtbogenfestigkeit nach DIN			
nach ASTM s			

Beständigkeit *(Chemische Beständigkeit siehe Anhang)*

Wasseraufnahme 23 C Bis zur Saettigung	0.01 %	
Feuchtigkeitsaufnahme Normalklima		%
Wetterbeständigkeit		
Spannungskorrosion		

Optische Eigenschaften

Brechungszahl n_D		
Transmissionsgrad τ_c	%	mm dick
Lichtdurchlässigkeit		

Datenbank-Nr. **T01884** Merkblatt-Nr. **4603**

Produkt	Polypropylen		**PP**
Handelsname	**Vestolen P 5300**		
Hersteller	HUELS		
DIN-Bez 1	16774,PP-R,F,85 M 200		
DIN-Bez 2	16774,PP-R,M,85 M 200		
Zusätze		*Füllstoffe/ Verstärkung*	
Bevorzugte Verarbeitung	Spritzgiessen; Folienextrusion	*Lieferform*	Granulat
		Farben	
Besondere Merkmale		*Bevorzugte Anwendungen*	Folie; Medizintechnik

---

Dichte	g/cm^3	0.904	*Schmelzindex*	g/10 min	:	
Schüttdichte	g/cm^3		*Volumenfließindex*	cm^3/10 min	16:	230/2.16
Viskositätszahl	ml/g	200				

Verarbeitungsbedingungen für Spritzgießen

Massetemp.	°C	*Schwindung*	% lgs , quer
Werkzeugtemp.	°C	*Bemerkungen*	
Spritzdruck	bar		

Zugversuch 23 °C DIN 53455; ISO R/527; DIN 53457; ISO R/527

Probekörper: *Form* Nr. 3; 4 mm dick — *Herstellung* Spritzgiessen
Zustand — *Vorbehandlung* Normalklima

Streckspannung	N/mm^2	34	*Dehnung bei Streckspannung*	%	8
Zugfestigkeit	N/mm^2		*Reißdehnung*	%	≧50
Reißfestigkeit	N/mm^2		*% Dehnspannung*	N/mm^2	
E-Modul	N/mm^2	800	*Dehnung bei % Dehnspg.*	%	

Kriechmoduln und Zeitstandwerte 23 °C

Probekörper: *Form* — *Herstellung*
Zustand — *Vorbehandlung*

Kriechmodul	*1 min*	N/mm^2	*Zeitstandzugfestigkeit*	h	N/mm^2
Kriechmodul	*1000 h*	N/mm^2	*Zeitdehnspg. %*	h	N/mm^2
bei Spannung		N/mm^2			

Biegeversuch 23 °C

Probekörper: *Form* — *Herstellung*
Zustand — *Vorbehandlung*

Biegefestigkeit	N/mm^2	*E-Modul*	N/mm^2
3,5% *Biegespannung*	N/mm^2		

Härte 23 °C *Probekörper:* *Zustand* — *Herstellung*
Vorbehandlung

Kugeldruckhärte	N/mm^2 bei N, s	*Shore-Härte* A	
Rockwellhärte		*Shore-Härte* D	

Schlagversuch *Probekörper:* *(1)*
(2) — *Herstellung*
Zustand — *Vorbehandlung*

		°C	°C	°C	*Probekörper-Form*
Schlagzähigkeit	kJ/m^2				
Kerbschlagzähigkeit (1)	kJ/m^2				
IZOD-Kerbschlagzähigkeit (2)	J/m				
Kerbschlagzugzähigkeit	kJ/m^2				

Abrieb und Reibung

Taber-Abrieb (Reibradverfahren)	$mm^3/100$ U		
Abriebfaktor LNP (Thrust washer) Vergleichswert			
Statische Reibungszahl			
Dynamische Reibungszahl	(p·v= N/mm²·		m/min)
Zulässiger p · v Wert	N/mm²·(m/min)	v=	m/min
		v=	m/min

Thermische Eigenschaften

Formbeständigkeit in der Wärme	*Verfahren*	A		50 °C
	Verfahren	B		90 °C
Vicat Erweichungstemperatur (VST)	*Verfahren*	B/50		85 °C
	Verfahren			°C
Kristallit-Schmelzpunkt	*Verfahren*			
Längenausdehnungskoeffizient	*Bereich*	23–80	°C	$1.5 \cdot 10^{-4} K^{-1}$
	Temperatur			$\cdot 10^{-4} K^{-1}$
Wärmeleitfähigkeit	*Verfahren*			W/(K · m)
Spezifische Wärmekapazität	*Verfahren*			J/(K · g)
Glasumwandlungstemperatur	*Torsionsschwingungsversuch*		°C	
	Differentialkalorimetrie		°C	

Brandverhalten

UL-Test vertikal Dicke 1.6 mm, Wert HB
Dicke 0.79 mm, Wert HB

	Norm	*Bewertung*	*Abmessungen*
Sauerstoff-Index	ASTM D 2863		
Glühstab-Verfahren			
Brandverhalten	DIN 4102		
MVSS			
FAR			

Elektrische Eigenschaften

		Hz	°C		*Probekörper, Form*
Dielektrizitätszahl		50	23	2.3	Durchmesser 80x1 mm
		10^3			
		10^6			
Dielektrischer Verlustfaktor tan δ		50	23	0.0005	Durchmesser 80x1 mm
		10^3			
		10^6			
Spezifischer Durchgangs-widerstand	Ohm · cm		23	1*10**16	Durchmesser 80x1 mm
Durchschlagfestigkeit	kV/mm		23	75	1 mm dick
Oberflächenwiderstand	Ohm		23	1*10**13	Durchmesser 80x1 mm

Kriechstromfestigkeit KC KB KA
Elektrolytische Korrosionswirkung
Lichtbogenfestigkeit nach DIN
nach ASTM s

Beständigkeit *(Chemische Beständigkeit siehe Anhang)*

Wasseraufnahme 23 C Bis zur Saettigung 0.01 %

Feuchtigkeitsaufnahme Normalklima %
Wetterbeständigkeit

Spannungskorrosion

Optische Eigenschaften

Brechungszahl n_D
Transmissionsgrad τ_c % mm dick
Lichtdurchlässigkeit

Datenbank-Nr. **T01885** Merkblatt-Nr. **4604**

Produkt	Polypropylen		**PP**
Handelsname	**Vestolen P 5330**		
Hersteller	HUELS		
DIN-Bez 1	16774,PP-R,FBS,85 M 200		
DIN-Bez 2			
Zusätze	Gleitmittel; Schmiermittel; Antiblockmittel	*Füllstoffe/ Verstärkung*	
Bevorzugte Verarbeitung	Folienextrusion	*Lieferform*	Granulat
		Farben	
Besondere Merkmale	Gute Gleiteigenschaften	*Bevorzugte Anwendungen*	Folie

Dichte	g/cm^3	0.904	*Schmelzindex*	g/10 min		:
Schüttdichte	g/cm^3		*Volumenfließindex*	$cm^3/10$ min	16:	230/2.16
Viskositätszahl	ml/g	200				

Verarbeitungsbedingungen für Spritzgießen

Massetemp.	°C	*Schwindung*	% lgs , quer
Werkzeugtemp.	°C	*Bemerkungen*	
Spritzdruck	bar		

Zugversuch 23 °C DIN 53455; ISO R/527; DIN 53457; ISO R/527

Probekörper: *Form* Nr. 3; 4 mm dick — *Herstellung* Spritzgiessen
Zustand — *Vorbehandlung* Normalklima

Streckspannung	N/mm^2	34	*Dehnung bei Streckspannung*	%	8
Zugfestigkeit	N/mm^2		*Reißdehnung*	%	≧50
Reißfestigkeit	N/mm^2		*% Dehnspannung*	N/mm^2	
E-Modul	N/mm^2	800	*Dehnung bei % Dehnspg.*	%	

Kriechmoduln und Zeitstandwerte 23 °C

Probekörper: *Form* — *Herstellung*
Zustand — *Vorbehandlung*

Kriechmodul	*1 min*	N/mm^2	*Zeitstandzugfestigkeit*	h	N/mm^2
Kriechmodul	*1000 h*	N/mm^2	*Zeitdehnspg. %*	h	N/mm^2
bei Spannung		N/mm^2			

Biegeversuch 23 °C

Probekörper: *Form* — *Herstellung*
Zustand — *Vorbehandlung*

Biegefestigkeit	N/mm^2	*E-Modul*	N/mm^2
3,5% *Biegespannung*	N/mm^2		

Härte 23 °C *Probekörper:* *Zustand* — *Herstellung*
Vorbehandlung

Kugeldruckhärte	N/mm^2 bei N, s	*Shore-Härte*	A
Rockwellhärte		*Shore-Härte*	D

Schlagversuch *Probekörper:* *(1)*
(2) — *Herstellung*
Zustand — *Vorbehandlung*

	°C	°C	°C	*Probekörper-Form*
Schlagzähigkeit kJ/m^2				
Kerbschlagzähigkeit (1) kJ/m^2				
IZOD-Kerbschlagzähigkeit (2) J/m				
Kerbschlagzugzähigkeit kJ/m^2				

Abrieb und Reibung

Taber-Abrieb (Reibradverfahren)	mm^3/100 U		
Abriebfaktor LNP (Thrust washer) Vergleichswert			
Statische Reibungszahl			
Dynamische Reibungszahl	(p·v= N/mm^2·		m/min)
Zulässiger p · v Wert	N/mm^2 · (m/min)	v=	m/min
		v=	m/min

Thermische Eigenschaften

Formbeständigkeit in der Wärme	*Verfahren*	A		50 °C
	Verfahren	B		90 °C
Vicat Erweichungstemperatur (VST)	*Verfahren*	B/50		85 °C
	Verfahren			°C
Kristallit-Schmelzpunkt	*Verfahren*			
Längenausdehnungskoeffizient	*Bereich*	23–80	°C	$1.5 \cdot 10^{-4} K^{-1}$
	Temperatur			$\cdot 10^{-4} K^{-1}$
Wärmeleitfähigkeit	*Verfahren*			W/(K · m)
Spezifische Wärmekapazität	*Verfahren*			J/(K · g)
Glasumwandlungstemperatur	*Torsionsschwingungsversuch*		°C	
	Differentialkalorimetrie		°C	

Brandverhalten

UL-Test vertikal Dicke 1.6 mm, Wert HB
Dicke 0.79 mm, Wert HB

	Norm	*Bewertung*	*Abmessungen*
Sauerstoff-Index	ASTM D 2863		
Glühstab-Verfahren			
Brandverhalten	DIN 4102		
MVSS			
FAR			

Elektrische Eigenschaften

		Hz	°C		*Probekörper, Form*
Dielektrizitätszahl		50	23	2.3	Durchmesser 80x1 mm
		10^3			
		10^6			
Dielektrischer Verlustfaktor tan δ		50	23	0.0005	Durchmesser 80x1 mm
		10^3			
		10^6			
Spezifischer Durchgangs-widerstand	Ohm · cm		23	1*10**16	Durchmesser 80x1 mm
Durchschlagfestigkeit	kV/mm		23	75	1 mm dick
Oberflächenwiderstand	Ohm		23	1*10**13	Durchmesser 80x1 mm

Kriechstromfestigkeit	KC	KB	KA
Elektrolytische Korrosionswirkung			
Lichtbogenfestigkeit nach DIN			
nach ASTM s			

Beständigkeit *(Chemische Beständigkeit siehe Anhang)*

Wasseraufnahme 23 C Bis zur Saettigung	0.01 %	
Feuchtigkeitsaufnahme Normalklima		%
Wetterbeständigkeit		
Spannungskorrosion		

Optische Eigenschaften

Brechungszahl n_D
Transmissionsgrad τ_c % mm dick
Lichtdurchlässigkeit

Produkt	Polyethylen hoher Dichte		**PE**
Handelsname	**Vestolen P 6000**		
Hersteller	HUELS		
DIN-Bez 1	16774,PP-H,M,95 M 090		
DIN-Bez 2	16774,PP-H,F,95 M 090		
Zusätze		*Füllstoffe/ Verstärkung*	
Bevorzugte Verarbeitung	Spritzgiessen; Folienextrusion	*Lieferform*	Granulat
		Farben	
Besondere Merkmale		*Bevorzugte Anwendungen*	Folie; Haushaltsgeraet; Verpackung; Medizintechnik

---

Dichte	g/cm^3	0.906	*Schmelzindex*	g/10 min	:	
Schüttdichte	g/cm^3		*Volumenfließindex*	cm^3/10 min	8:	230/2.16
Viskositätszahl	ml/g	240				

Verarbeitungsbedingungen für Spritzgießen

Massetemp.	°C	*Schwindung*	% lgs , quer
Werkzeugtemp.	°C	*Bemerkungen*	
Spritzdruck	bar		

Zugversuch 23 °C DIN 53455; ISO R/527;

Probekörper: *Form* Nr. 3; 4 mm dick — *Herstellung* Spritzgiessen
Zustand — *Vorbehandlung* Normalklima

Streckspannung	N/mm^2	38	*Dehnung bei Streckspannung*	%	8
Zugfestigkeit	N/mm^2		*Reißdehnung*	%	≧50
Reißfestigkeit	N/mm^2		*% Dehnspannung*	N/mm^2	
E-Modul	N/mm^2		*Dehnung bei % Dehnspg.*	%	

Kriechmoduln und Zeitstandwerte 23 °C

Probekörper: *Form* — *Herstellung*
Zustand — *Vorbehandlung*

Kriechmodul	*1 min* N/mm^2	*Zeitstandzugfestigkeit*	h	N/mm^2
Kriechmodul	*1000 h* N/mm^2	*Zeitdehnspg.* %	h	N/mm^2
bei Spannung	N/mm^2			

Biegeversuch 23 °C

Probekörper: *Form* — *Herstellung*
Zustand — *Vorbehandlung*

Biegefestigkeit	N/mm^2	*E-Modul*	N/mm^2
3,5% *Biegespannung*	N/mm^2		

Härte 23 °C *Probekörper:* *Zustand* — *Herstellung*
Vorbehandlung

Kugeldruckhärte	N/mm^2 bei N, s	*Shore-Härte* A	
Rockwellhärte		*Shore-Härte* D	

Schlagversuch *Probekörper:* *(1)*
(2) — *Herstellung*
Zustand — *Vorbehandlung*

		°C	°C	°C	*Probekörper-Form*
Schlagzähigkeit	kJ/m^2				
Kerbschlagzähigkeit (1)	kJ/m^2				
IZOD-Kerbschlagzähigkeit (2)	J/m				
Kerbschlagzugzähigkeit	kJ/m^2				

Abrieb und Reibung

Taber-Abrieb (Reibradverfahren)	$mm^3/100$ U		
Abriebfaktor LNP (Thrust washer) Vergleichswert			
Statische Reibungszahl			
Dynamische Reibungszahl	(p · v=	N/mm² ·	m/min)
Zulässiger p · v Wert	N/mm² · (m/min)	v=	m/min
		v=	m/min

Thermische Eigenschaften

Formbeständigkeit in der Wärme	*Verfahren*	A		55 °C
	Verfahren	B		100 °C
Vicat Erweichungstemperatur (VST)	*Verfahren*	B/50		100 °C
	Verfahren			°C
Kristallit-Schmelzpunkt	*Verfahren*			
Längenausdehnungskoeffizient	*Bereich*	23–80	°C	$1.5 \cdot 10^{-4} K^{-1}$
	Temperatur			$\cdot 10^{-4} K^{-1}$
Wärmeleitfähigkeit	*Verfahren*			W/(K · m)
Spezifische Wärmekapazität	*Verfahren*			J/(K · g)
Glasumwandlungstemperatur	*Torsionsschwingungsversuch*		°C	
	Differentialkalorimetrie		°C	

Brandverhalten

UL-Test vertikal — Dicke 1.6 mm, Wert HB
Dicke 0.79 mm, Wert HB

	Norm	*Bewertung*	*Abmessungen*
Sauerstoff-Index	ASTM D 2863		
Glühstab-Verfahren			
Brandverhalten	DIN 4102		
MVSS			
FAR			

Elektrische Eigenschaften

		Hz	°C		*Probekörper, Form*
Dielektrizitätszahl		50	23	2.3	Durchmesser 80x1 mm
		10^3			
		10^6			
Dielektrischer Verlustfaktor tan δ		50	23	0.0005	Durchmesser 80x1 mm
		10^3			
		10^6			
Spezifischer Durchgangs-widerstand	Ohm · cm		23	1*10**16	Durchmesser 80x1 mm
Durchschlagfestigkeit	kV/mm		23	75	1 mm dick
Oberflächenwiderstand	Ohm		23	1*10**13	Durchmesser 80x1 mm

Kriechstromfestigkeit KC KB KA
Elektrolytische Korrosionswirkung
Lichtbogenfestigkeit nach DIN
nach ASTM s

Beständigkeit *(Chemische Beständigkeit siehe Anhang)*

Wasseraufnahme 23 C Bis zur Saettigung 0.01 %

Feuchtigkeitsaufnahme Normalklima %
Wetterbeständigkeit

Spannungskorrosion

Optische Eigenschaften

Brechungszahl n_D
Transmissionsgrad τ_c % mm dick
Lichtdurchlässigkeit

Produkt	Polypropylen		**PP**
Handelsname	**Vestolen P 6002**		
Hersteller	HUELS		
DIN-Bez 1	16774,PP-H,MH,95 M 090		
DIN-Bez 2			
Zusätze	Waermestabilisator	*Füllstoffe/ Verstärkung*	
Bevorzugte Verarbeitung	Spritzgiessen	*Lieferform*	Granulat
		Farben	
Besondere Merkmale		*Bevorzugte Anwendungen*	

Dichte	g/cm³	0.906	*Schmelzindex*	g/10 min	:	
Schüttdichte	g/cm³		*Volumenfließindex*	cm³/10 min	8:	230/2.16
Viskositätszahl	ml/g	240				

Verarbeitungsbedingungen für Spritzgießen

Massetemp.	°C	*Schwindung*	% lgs , quer
Werkzeugtemp.	°C	*Bemerkungen*	
Spritzdruck	bar		

Zugversuch 23 °C DIN 53455; ISO R/527;

Probekörper: *Form* Nr. 3; 4 mm dick; *Zustand* — *Herstellung* Spritzgiessen; *Vorbehandlung* Normalklima

Streckspannung	N/mm²	38	*Dehnung bei Streckspannung*	%	8
Zugfestigkeit	N/mm²		*Reißdehnung*	%	≧50
Reißfestigkeit	N/mm²		*% Dehnspannung*	N/mm²	
E-Modul	N/mm²		*Dehnung bei % Dehnspg.*	%	

Kriechmoduln und Zeitstandwerte 23 °C

Probekörper: *Form* *Zustand* — *Herstellung* *Vorbehandlung*

Kriechmodul	*1 min* N/mm²	*Zeitstandzugfestigkeit*	h	N/mm²
Kriechmodul	*1000 h* N/mm²	*Zeitdehnspg.* %	h	N/mm²
bei Spannung	N/mm²			

Biegeversuch 23 °C

Probekörper: *Form* *Zustand* — *Herstellung* *Vorbehandlung*

Biegefestigkeit	N/mm²	*E-Modul*	N/mm²
3,5% *Biegespannung*	N/mm²		

Härte 23 °C *Probekörper:* *Zustand* — *Herstellung* *Vorbehandlung*

Kugeldruckhärte	N/mm² bei N, s	*Shore-Härte* A	
Rockwellhärte		*Shore-Härte* D	

Schlagversuch *Probekörper:* *(1)* *(2)* *Zustand* — *Herstellung* *Vorbehandlung*

		°C	°C	°C	*Probekörper-Form*
Schlagzähigkeit	kJ/m²				
Kerbschlagzähigkeit (1)	kJ/m²				
IZOD-Kerbschlagzähigkeit (2)	J/m				
Kerbschlagzugzähigkeit	kJ/m²				

Abrieb und Reibung

Taber-Abrieb (Reibradverfahren)	mm^3/100 U		
Abriebfaktor LNP (Thrust washer) Vergleichswert			
Statische Reibungszahl			
Dynamische Reibungszahl	(p · v =	N/mm^2 ·	m/min)
Zulässiger p · v Wert	N/mm^2 · (m/min)	v =	m/min
		v =	m/min

Thermische Eigenschaften

Formbeständigkeit in der Wärme	Verfahren	A		55 °C
	Verfahren	B		100 °C
Vicat Erweichungstemperatur (VST)	Verfahren	B/50		100 °C
	Verfahren			°C
Kristallit-Schmelzpunkt	Verfahren			
Längenausdehnungskoeffizient	Bereich	23–80	°C	$1.5 \cdot 10^{-4} K^{-1}$
	Temperatur			$\cdot 10^{-4} K^{-1}$
Wärmeleitfähigkeit	Verfahren			W/(K · m)
Spezifische Wärmekapazität	Verfahren			J/(K · g)
Glasumwandlungstemperatur	Torsionsschwingungsversuch		°C	
	Differentialkalorimetrie		°C	

Brandverhalten

UL-Test vertikal	Dicke 1.6 mm, Wert HB
	Dicke 0.79 mm, Wert HB

	Norm	Bewertung	Abmessungen
Sauerstoff-Index	ASTM D 2863		
Glühstab-Verfahren			
Brandverhalten	DIN 4102		
MVSS			
FAR			

Elektrische Eigenschaften

		Hz	°C		Probekörper, Form
Dielektrizitätszahl		50	23	2.3	Durchmesser 80x1 mm
		10^3			
		10^6			
Dielektrischer Verlustfaktor tan δ		50	23	0.0005	Durchmesser 80x1 mm
		10^3			
		10^6			
Spezifischer Durchgangs-widerstand	Ohm · cm		23	1*10**16	Durchmesser 80x1 mm
Durchschlagfestigkeit	kV/mm		23	75	1 mm dick
Oberflächenwiderstand	Ohm		23	1*10**13	Durchmesser 80x1 mm

Kriechstromfestigkeit	KC	KB	KA
Elektrolytische Korrosionswirkung			
Lichtbogenfestigkeit nach DIN			
nach ASTM s			

Beständigkeit *(Chemische Beständigkeit siehe Anhang)*

Wasseraufnahme 23 C Bis zur Saettigung	0.01 %
Feuchtigkeitsaufnahme Normalklima	%
Wetterbeständigkeit	
Spannungskorrosion	

Optische Eigenschaften

Brechungszahl n_D		
Transmissionsgrad τ_c	%	mm dick
Lichtdurchlässigkeit		

Produkt	Polypropylen		**PP**
Handelsname	**Vestolen P 6002 L**		
Hersteller	HUELS		
DIN-Bez 1	16774,PP-H,MHL,95 M 090		
DIN-Bez 2			
Zusätze	UV-Stabilisator; Waermestabilisator	*Füllstoffe/ Verstärkung*	
Bevorzugte Verarbeitung	Spritzgiessen	*Lieferform*	Granulat
		Farben	
Besondere Merkmale	Stabilisiert; Stabil-Bewitterung	*Bevorzugte Anwendungen*	

Dichte	g/cm³	0.906	*Schmelzindex*	g/10 min	:	
Schüttdichte	g/cm³		*Volumenfließindex*	cm³/10 min	8:	230/2.16
Viskositätszahl	ml/g	240				

Verarbeitungsbedingungen für Spritzgießen

Massetemp.	°C	*Schwindung*	%	lgs	, quer
Werkzeugtemp.	°C	*Bemerkungen*			
Spritzdruck	bar				

Zugversuch 23 °C DIN 53455; ISO R/527;

Probekörper: *Form* Nr. 3; 4 mm dick — *Herstellung* Spritzgiessen
Zustand — *Vorbehandlung* Normalklima

Streckspannung	N/mm²	38	*Dehnung bei Streckspannung*	%	8
Zugfestigkeit	N/mm²		*Reißdehnung*	%	≧50
Reißfestigkeit	N/mm²		*% Dehnspannung*	N/mm²	
E-Modul	N/mm²		*Dehnung bei % Dehnspg.*	%	

Kriechmoduln und Zeitstandwerte 23 °C

Probekörper: *Form* — *Herstellung*
Zustand — *Vorbehandlung*

Kriechmodul	*1 min*	N/mm²	*Zeitstandzugfestigkeit*	h	N/mm²
Kriechmodul	*1000 h*	N/mm²	*Zeitdehnspg.* %	h	N/mm²
bei Spannung		N/mm²			

Biegeversuch 23 °C

Probekörper: *Form* — *Herstellung*
Zustand — *Vorbehandlung*

Biegefestigkeit	N/mm²	*E-Modul*	N/mm²
3,5% *Biegespannung*	N/mm²		

Härte 23 °C *Probekörper:* *Zustand* — *Herstellung*
Vorbehandlung

Kugeldruckhärte	N/mm² bei N, s	*Shore-Härte* A	
Rockwellhärte		*Shore-Härte* D	

Schlagversuch *Probekörper:* *(1)*
(2) — *Herstellung*
Zustand — *Vorbehandlung*

		°C	°C	°C	*Probekörper-Form*
Schlagzähigkeit	kJ/m²				
Kerbschlagzähigkeit (1)	kJ/m²				
IZOD-Kerbschlagzähigkeit (2)	J/m				
Kerbschlagzugzähigkeit	kJ/m²				

Abrieb und Reibung

Taber-Abrieb (Reibradverfahren)	mm^3/100 U		
Abriebfaktor LNP (Thrust washer) Vergleichswert			
Statische Reibungszahl			
Dynamische Reibungszahl	(p · v= N/mm^2 ·		m/min)
Zulässiger p · v Wert	N/mm^2 · (m/min)	v=	m/min
		v=	m/min

Thermische Eigenschaften

Formbeständigkeit in der Wärme	*Verfahren*	A		55 °C
	Verfahren	B		100 °C
Vicat Erweichungstemperatur (VST)	*Verfahren*	B/50		100 °C
	Verfahren			°C
Kristallit-Schmelzpunkt	*Verfahren*			
Längenausdehnungskoeffizient	*Bereich*	23–80	°C	1.5 · $10^{-4}K^{-1}$
	Temperatur			· $10^{-4}K^{-1}$
Wärmeleitfähigkeit	*Verfahren*			W/(K · m)
Spezifische Wärmekapazität	*Verfahren*			J/(K · g)
Glasumwandlungstemperatur	*Torsionsschwingungsversuch*		°C	
	Differentialkalorimetrie		°C	

Brandverhalten

UL-Test vertikal — Dicke 1.6 mm, Wert HB; Dicke 0.79 mm, Wert HB

	Norm	*Bewertung*	*Abmessungen*
Sauerstoff-Index	ASTM D 2863		
Glühstab-Verfahren			
Brandverhalten	DIN 4102		
MVSS			
FAR			

Elektrische Eigenschaften

		Hz	°C		*Probekörper, Form*
Dielektrizitätszahl		50	23	2.3	Durchmesser 80x1 mm
		10^3			
		10^6			
Dielektrischer Verlustfaktor tan δ		50	23	0.0005	Durchmesser 80x1 mm
		10^3			
		10^6			
Spezifischer Durchgangs-widerstand	Ohm · cm		23	1*10**16	Durchmesser 80x1 mm
Durchschlagfestigkeit	kV/mm		23	75	1 mm dick
Oberflächenwiderstand	Ohm		23	1*10**13	Durchmesser 80x1 mm

Kriechstromfestigkeit KC KB KA
Elektrolytische Korrosionswirkung
Lichtbogenfestigkeit nach DIN
nach ASTM s

Beständigkeit *(Chemische Beständigkeit siehe Anhang)*

Wasseraufnahme 23 C Bis zur Saettigung 0.01 %

Feuchtigkeitsaufnahme Normalklima %
Wetterbeständigkeit

Spannungskorrosion

Optische Eigenschaften

Brechungszahl n_D
Transmissionsgrad τ_c % mm dick
Lichtdurchlässigkeit

Produkt	Polypropylen		**PP**
Handelsname	**Vestolen P 6030**		
Hersteller	HUELS		
DIN-Bez 1	16774,PP-H,FBS,95 M 090		
DIN-Bez 2			
Zusätze	Gleitmittel; Schmiermittel; Antiblockmittel	*Füllstoffe/ Verstärkung*	
Bevorzugte Verarbeitung	Folienextrusion	*Lieferform*	Granulat
		Farben	
Besondere Merkmale	Gute Gleiteigenschaften	*Bevorzugte Anwendungen*	Folie

Dichte	g/cm^3	0.906	*Schmelzindex*	g/10 min	:	
Schüttdichte	g/cm^3		*Volumenfließindex*	$cm^3/10$ min	8:	230/2.16
Viskositätszahl	ml/g	240				

Verarbeitungsbedingungen für Spritzgießen

Massetemp.	°C	*Schwindung*	% lgs , quer
Werkzeugtemp.	°C	*Bemerkungen*	
Spritzdruck	bar		

Zugversuch 23 °C DIN 53455; ISO R/527;

Probekörper: *Form* Nr. 3; 4 mm dick — *Herstellung* Spritzgiessen
Zustand — *Vorbehandlung* Normalklima

Streckspannung	N/mm^2	38	*Dehnung bei Streckspannung*	%	8
Zugfestigkeit	N/mm^2		*Reißdehnung*	%	≧50
Reißfestigkeit	N/mm^2		*% Dehnspannung*	N/mm^2	
E-Modul	N/mm^2		*Dehnung bei % Dehnspg.*	%	

Kriechmoduln und Zeitstandwerte 23 °C

Probekörper: *Form* — *Herstellung*
Zustand — *Vorbehandlung*

Kriechmodul	*1 min*	N/mm^2	*Zeitstandzugfestigkeit*	h	N/mm^2
Kriechmodul	*1000 h*	N/mm^2	*Zeitdehnspg.* %	h	N/mm^2
bei Spannung		N/mm^2			

Biegeversuch 23 °C

Probekörper: *Form* — *Herstellung*
Zustand — *Vorbehandlung*

Biegefestigkeit	N/mm^2	*E-Modul*	N/mm^2
3,5% *Biegespannung*	N/mm^2		

Härte 23 °C *Probekörper:* *Zustand* — *Herstellung*
Vorbehandlung

Kugeldruckhärte	N/mm^2 bei N, s	*Shore-Härte* A	
Rockwellhärte		*Shore-Härte* D	

Schlagversuch *Probekörper:* *(1)*
(2) — *Herstellung*
Zustand — *Vorbehandlung*

	°C	°C	°C	*Probekörper-Form*
Schlagzähigkeit kJ/m^2				
Kerbschlagzähigkeit (1) kJ/m^2				
IZOD-Kerbschlagzähigkeit (2) J/m				
Kerbschlagzugzähigkeit kJ/m^2				

Abrieb und Reibung

Taber-Abrieb (Reibradverfahren)	mm^3/100 U		
Abriebfaktor LNP (Thrust washer) Vergleichswert			
Statische Reibungszahl			
Dynamische Reibungszahl	(p·v= N/mm^2·		m/min)
Zulässiger p · v Wert	N/mm^2·(m/min)	v=	m/min
		v=	m/min

Thermische Eigenschaften

Formbeständigkeit in der Wärme	*Verfahren*	A		55 °C
	Verfahren	B		100 °C
Vicat Erweichungstemperatur (VST)	*Verfahren*	B/50		100 °C
	Verfahren			°C
Kristallit-Schmelzpunkt	*Verfahren*			
Längenausdehnungskoeffizient	*Bereich*	23–80	°C	$1.5 \cdot 10^{-4} K^{-1}$
	Temperatur			$\cdot 10^{-4} K^{-1}$
Wärmeleitfähigkeit	*Verfahren*			W/(K · m)
Spezifische Wärmekapazität	*Verfahren*			J/(K · g)
Glasumwandlungstemperatur	*Torsionsschwingungsversuch*		°C	
	Differentialkalorimetrie		°C	

Brandverhalten

UL-Test vertikal	Dicke 1.6 mm, Wert HB	
	Dicke 0.79 mm, Wert HB	

	Norm	*Bewertung*	*Abmessungen*
Sauerstoff-Index	ASTM D 2863		
Glühstab-Verfahren			
Brandverhalten	DIN 4102		
MVSS			
FAR			

Elektrische Eigenschaften

		Hz	°C		*Probekörper, Form*
Dielektrizitätszahl		50	23	2.3	Durchmesser 80x1 mm
		10^3			
		10^6			
Dielektrischer Verlustfaktor tan δ		50	23	0.0005	Durchmesser 80x1 mm
		10^3			
		10^6			
Spezifischer Durchgangs-widerstand	Ohm · cm		23	1*10**16	Durchmesser 80x1 mm
Durchschlagfestigkeit	kV/mm		23	75	1 mm dick
Oberflächenwiderstand	Ohm		23	1*10**13	Durchmesser 80x1 mm

Kriechstromfestigkeit	KC	KB	KA
Elektrolytische Korrosionswirkung			
Lichtbogenfestigkeit nach DIN			
nach ASTM s			

Beständigkeit *(Chemische Beständigkeit siehe Anhang)*

Wasseraufnahme 23 C	Bis zur Saettigung	0.01 %
Feuchtigkeitsaufnahme Normalklima		%
Wetterbeständigkeit		
Spannungskorrosion		

Optische Eigenschaften

Brechungszahl n_D		
Transmissionsgrad τ_c	%	mm dick
Lichtdurchlässigkeit		

Produkt	Polypropylen		**PP**
Handelsname	**Vestolen P 6430 CR**		
Hersteller	HUELS		
DIN-Bez 1	16774,PP-R,FBS,75 M 090		
DIN-Bez 2			
Zusätze	Gleitmittel; Schmiermittel; Antiblockmittel	*Füllstoffe/ Verstärkung*	
Bevorzugte Verarbeitung	Extrudieren; Folienextrusion	*Lieferform*	Granulat
		Farben	
Besondere Merkmale		*Bevorzugte Anwendungen*	Folie

Dichte	g/cm³	0.9	*Schmelzindex*	g/10 min	:	
Schüttdichte	g/cm³		*Volumenfließindex*	cm³/10 min	11:	230/2.16
Viskositätszahl	ml/g	210				

Verarbeitungsbedingungen für Spritzgießen

Massetemp.	°C	*Schwindung*	% lgs , quer
Werkzeugtemp.	°C	*Bemerkungen*	
Spritzdruck	bar		

Zugversuch 23 °C DIN 53455; ISO R/527; DIN 53457; ISO R/527

Probekörper: *Form* Nr. 3; 4 mm dick — *Herstellung* Spritzgiessen
Zustand — *Vorbehandlung* Normalklima

Streckspannung	N/mm²	27	*Dehnung bei Streckspannung*	%	12
Zugfestigkeit	N/mm²		*Reißdehnung*	%	≧50
Reißfestigkeit	N/mm²		*% Dehnspannung*	N/mm²	
E-Modul	N/mm²	740	*Dehnung bei % Dehnspg.*	%	

Kriechmoduln und Zeitstandwerte 23 °C

Probekörper: *Form* — *Herstellung*
Zustand — *Vorbehandlung*

Kriechmodul	*1 min* N/mm²		*Zeitstandzugfestigkeit*	h	N/mm²
Kriechmodul	*1000 h* N/mm²		*Zeitdehnspg. %*	h	N/mm²
bei Spannung	N/mm²				

Biegeversuch 23 °C

Probekörper: *Form* — *Herstellung*
Zustand — *Vorbehandlung*

Biegefestigkeit	N/mm²	*E-Modul*	N/mm²
3,5% *Biegespannung*	N/mm²		

Härte 23 °C *Probekörper:* *Zustand* — *Herstellung*
Vorbehandlung

Kugeldruckhärte	N/mm² bei N, s	*Shore-Härte* A	
Rockwellhärte		*Shore-Härte* D	

Schlagversuch *Probekörper:* *(1)*
(2) — *Herstellung*
Zustand — *Vorbehandlung*

	°C	°C	°C	*Probekörper-Form*
Schlagzähigkeit kJ/m²				
Kerbschlagzähigkeit (1) kJ/m²				
IZOD-Kerbschlagzähigkeit (2) J/m				
Kerbschlagzugzähigkeit kJ/m²				

Abrieb und Reibung

Taber-Abrieb (Reibradverfahren)	mm^3/100 U		
Abriebfaktor LNP (Thrust washer) Vergleichswert			
Statische Reibungszahl			
Dynamische Reibungszahl	(p · v =	N/mm^2 ·	m/min)
Zulässiger p · v Wert	N/mm^2 · (m/min)	v =	m/min
		v =	m/min

Thermische Eigenschaften

Formbeständigkeit in der Wärme	Verfahren	A	45 °C
	Verfahren	B	75 °C
Vicat Erweichungstemperatur (VST)	Verfahren	B/50	60 °C
	Verfahren		°C
Kristallit-Schmelzpunkt	Verfahren		
Längenausdehnungskoeffizient	Bereich	23–80 °C	$1.5 \cdot 10^{-4} K^{-1}$
	Temperatur		$\cdot 10^{-4} K^{-1}$
Wärmeleitfähigkeit	Verfahren		W/(K · m)
Spezifische Wärmekapazität	Verfahren		J/(K · g)
Glasumwandlungstemperatur	Torsionsschwingungsversuch	°C	
	Differentialkalorimetrie	°C	

Brandverhalten

UL-Test vertikal — Dicke 1.6 mm, Wert HB
Dicke 0.79 mm, Wert HB

	Norm	Bewertung	Abmessungen
Sauerstoff-Index	ASTM D 2863		
Glühstab-Verfahren			
Brandverhalten	DIN 4102		
MVSS			
FAR			

Elektrische Eigenschaften

		Hz	°C		Probekörper, Form
Dielektrizitätszahl		50	23	2.3	Durchmesser 80x1 mm
		10^3			
		10^6			
Dielektrischer Verlustfaktor tan δ		50	23	0.0005	Durchmesser 80x1 mm
		10^3			
		10^6			
Spezifischer Durchgangswiderstand	Ohm · cm		23	1*10**16	Durchmesser 80x1 mm
Durchschlagfestigkeit	kV/mm		23	75	1 mm dick
Oberflächenwiderstand	Ohm		23	1*10**13	Durchmesser 80x1 mm

Kriechstromfestigkeit KC KB KA
Elektrolytische Korrosionswirkung
Lichtbogenfestigkeit nach DIN
nach ASTM s

Beständigkeit *(Chemische Beständigkeit siehe Anhang)*

Wasseraufnahme 23 C	Bis zur Saettigung	0.01 %
Feuchtigkeitsaufnahme Normalklima		%
Wetterbeständigkeit		
Spannungskorrosion		

Optische Eigenschaften

Brechungszahl n_D
Transmissionsgrad τ_c % mm dick
Lichtdurchlässigkeit

Datenbank-Nr.	**T01891**	Merkblatt-Nr. **4610**

Produkt	Polypropylen		**PP**
Handelsname	**Vestolen P 6700**		
Hersteller	HUELS		
DIN-Bez 1	16774,PP-B,M,95 M 045		
DIN-Bez 2			
Zusätze		*Füllstoffe/ Verstärkung*	
Bevorzugte Verarbeitung	Spritzgiessen	*Lieferform*	Granulat
		Farben	
Besondere Merkmale	Schlagzaeh modifiziert	*Bevorzugte Anwendungen*	Batteriekasten

Dichte	g/cm^3	0.91	*Schmelzindex*	g/10 min	:	
Schüttdichte	g/cm^3		*Volumenfließindex*	cm^3/10 min	5:	230/2.16
Viskositätszahl	ml/g	400				

Verarbeitungsbedingungen für Spritzgießen

Massetemp.	°C	*Schwindung*	%	lgs , quer
Werkzeugtemp.	°C	*Bemerkungen*		
Spritzdruck	bar			

Zugversuch 23 °C DIN 53455; ISO R/527;

Probekörper: *Form* Nr. 3; 4 mm dick — *Herstellung* Spritzgiessen

Zustand — *Vorbehandlung* Normalklima

Streckspannung	N/mm^2	34	*Dehnung bei Streckspannung*	%	8
Zugfestigkeit	N/mm^2		*Reißdehnung*	%	≧50
Reißfestigkeit	N/mm^2		*% Dehnspannung*	N/mm^2	
E-Modul	N/mm^2		*Dehnung bei % Dehnspg.*	%	

Kriechmoduln und Zeitstandwerte 23 °C

Probekörper: *Form* — *Herstellung*

Zustand — *Vorbehandlung*

Kriechmodul	*1 min*	N/mm^2	*Zeitstandzugfestigkeit*	h	N/mm^2
Kriechmodul	*1000 h*	N/mm^2	*Zeitdehnspg. %*	h	N/mm^2
bei Spannung		N/mm^2			

Biegeversuch 23 °C

Probekörper: *Form* — *Herstellung*

Zustand — *Vorbehandlung*

Biegefestigkeit	N/mm^2	*E-Modul*	N/mm^2
3,5% *Biegespannung*	N/mm^2		

Härte 23 °C *Probekörper:* *Zustand* — *Herstellung*

Vorbehandlung

Kugeldruckhärte	N/mm^2 bei N, s	*Shore-Härte* A	
Rockwellhärte		*Shore-Härte* D	

Schlagversuch *Probekörper:* *(1)*

(2) — *Herstellung*

Zustand — *Vorbehandlung*

		°C	°C	°C	*Probekörper-Form*
Schlagzähigkeit	kJ/m^2				
Kerbschlagzähigkeit (1)	kJ/m^2				
IZOD-Kerbschlagzähigkeit (2)	J/m				
Kerbschlagzugzähigkeit	kJ/m^2				

Abrieb und Reibung

Taber-Abrieb (Reibradverfahren)	mm^3/100 U		
Abriebfaktor LNP (Thrust washer) Vergleichswert			
Statische Reibungszahl			
Dynamische Reibungszahl	(p·v=	N/mm^2·	m/min)
Zulässiger p · v Wert	N/mm^2 · (m/min)	v=	m/min
		v=	m/min

Thermische Eigenschaften

Formbeständigkeit in der Wärme	*Verfahren*	A		55 °C
	Verfahren	B		85 °C
Vicat Erweichungstemperatur (VST)	*Verfahren*	B/50		90 °C
	Verfahren			°C
Kristallit-Schmelzpunkt	*Verfahren*			
Längenausdehnungskoeffizient	*Bereich*	23–80	°C	$1.5 \cdot 10^{-4} K^{-1}$
	Temperatur			$\cdot 10^{-4} K^{-1}$
Wärmeleitfähigkeit	*Verfahren*			W/(K · m)
Spezifische Wärmekapazität	*Verfahren*			J/(K · g)
Glasumwandlungstemperatur	*Torsionsschwingungsversuch*		°C	
	Differentialkalorimetrie		°C	

Brandverhalten

UL-Test vertikal	Dicke 1.6 mm, Wert HB
	Dicke 0.79 mm, Wert HB

	Norm	*Bewertung*	*Abmessungen*
Sauerstoff-Index	ASTM D 2863		
Glühstab-Verfahren			
Brandverhalten	DIN 4102		
MVSS			
FAR			

Elektrische Eigenschaften

		Hz	°C		*Probekörper, Form*
Dielektrizitätszahl		50	23	2.3	Durchmesser 80x1 mm
		10^3			
		10^6			
Dielektrischer Verlustfaktor tan δ		50	23	0.0005	Durchmesser 80x1 mm
		10^3			
		10^6			
Spezifischer Durchgangs-widerstand	Ohm · cm		23	1*10**16	Durchmesser 80x1 mm
Durchschlagfestigkeit	kV/mm		23	75	1 mm dick
Oberflächenwiderstand	Ohm		23	1*10**13	Durchmesser 80x1 mm

Kriechstromfestigkeit	KC	KB	KA
Elektrolytische Korrosionswirkung			
Lichtbogenfestigkeit nach DIN			
nach ASTM s			

Beständigkeit *(Chemische Beständigkeit siehe Anhang)*

Wasseraufnahme 23 C	Bis zur Saettigung	0.01 %
Feuchtigkeitsaufnahme Normalklima		%
Wetterbeständigkeit		
Spannungskorrosion		

Optische Eigenschaften

Brechungszahl n_D		
Transmissionsgrad τ_c	%	mm dick
Lichtdurchlässigkeit		

Produkt	Polypropylen		**PP**
Handelsname	**Vestolen P 6700 SCHWARZ**		
Hersteller	HUELS		
DIN-Bez 1	16774,PP-B,MCHL,95 M 045		
DIN-Bez 2			
Zusätze	UV-Stabilisator; Waermestabilisator	*Füllstoffe/ Verstärkung*	
Bevorzugte Verarbeitung	Spritzgiessen	*Lieferform*	Granulat
		Farben	Schwarz
Besondere Merkmale	Schlagzaeh modifiziert; Stabilisiert; Stabil-Bewitterung	*Bevorzugte Anwendungen*	Kfz-Bau

Dichte	g/cm^3	0.91	*Schmelzindex*	g/10 min	:	
Schüttdichte	g/cm^3		*Volumenfließindex*	cm^3/10 min	5:	230/2.16
Viskositätszahl	ml/g	400				

Verarbeitungsbedingungen für Spritzgießen

Massetemp.	°C	*Schwindung*	% lgs , quer
Werkzeugtemp.	°C	*Bemerkungen*	
Spritzdruck	bar		

Zugversuch 23 °C DIN 53455; ISO R/527;

Probekörper: *Form* Nr. 3; 4 mm dick — *Herstellung* Spritzgiessen
Zustand — *Vorbehandlung* Normalklima

Streckspannung	N/mm^2	34	*Dehnung bei Streckspannung*	%	8
Zugfestigkeit	N/mm^2		*Reißdehnung*	%	≧50
Reißfestigkeit	N/mm^2		*% Dehnspannung*	N/mm^2	
E-Modul	N/mm^2		*Dehnung bei % Dehnspg.*	%	

Kriechmoduln und Zeitstandwerte 23 °C

Probekörper: *Form* — *Herstellung*
Zustand — *Vorbehandlung*

Kriechmodul	*1 min*	N/mm^2	*Zeitstandzugfestigkeit*	h	N/mm^2
Kriechmodul	*1000 h*	N/mm^2	*Zeitdehnspg. %*	h	N/mm^2
bei Spannung		N/mm^2			

Biegeversuch 23 °C

Probekörper: *Form* — *Herstellung*
Zustand — *Vorbehandlung*

Biegefestigkeit	N/mm^2	*E-Modul*	N/mm^2
3,5% *Biegespannung*	N/mm^2		

Härte 23 °C *Probekörper:* *Zustand* — *Herstellung*
Vorbehandlung

Kugeldruckhärte	N/mm^2 bei N, s	*Shore-Härte* A	
Rockwellhärte		*Shore-Härte* D	

Schlagversuch *Probekörper:* *(1)*
(2) — *Herstellung*
Zustand — *Vorbehandlung*

		°C	°C	°C	*Probekörper-Form*
Schlagzähigkeit	kJ/m^2				
Kerbschlagzähigkeit (1)	kJ/m^2				
IZOD-Kerbschlagzähigkeit (2)	J/m				
Kerbschlagzugzähigkeit	kJ/m^2				

Abrieb und Reibung

Taber-Abrieb (Reibradverfahren)	mm^3/100 U			
Abriebfaktor LNP (Thrust washer) Vergleichswert				
Statische Reibungszahl				
Dynamische Reibungszahl	(p · v=	N/mm^2 ·	m/min)	
Zulässiger p · v Wert	N/mm^2 · (m/min)	v=	m/min	
		v=	m/min	

Thermische Eigenschaften

Formbeständigkeit in der Wärme	*Verfahren*	A		55 °C
	Verfahren	B		85 °C
Vicat Erweichungstemperatur (VST)	*Verfahren*	B/50		90 °C
	Verfahren			°C
Kristallit-Schmelzpunkt	*Verfahren*			
Längenausdehnungskoeffizient	*Bereich*	23–80	°C	$1.5 \cdot 10^{-4}K^{-1}$
	Temperatur			$\cdot 10^{-4}K^{-1}$
Wärmeleitfähigkeit	*Verfahren*			W/(K · m)
Spezifische Wärmekapazität	*Verfahren*			J/(K · g)
Glasumwandlungstemperatur	*Torsionsschwingungsversuch*		°C	
	Differentialkalorimetrie		°C	

Brandverhalten

UL-Test vertikal — Dicke 1.6 mm, Wert HB; Dicke 0.79 mm, Wert HB

	Norm	*Bewertung*	*Abmessungen*
Sauerstoff-Index	ASTM D 2863		
Glühstab-Verfahren			
Brandverhalten	DIN 4102		
MVSS			
FAR			

Elektrische Eigenschaften

		Hz	°C		*Probekörper, Form*
Dielektrizitätszahl		50	23	2.3	Durchmesser 80x1 mm
		10^3			
		10^6			
Dielektrischer Verlustfaktor tan δ		50	23	0.0005	Durchmesser 80x1 mm
		10^3			
		10^6			
Spezifischer Durchgangswiderstand	Ohm · cm		23	1*10**16	Durchmesser 80x1 mm
Durchschlagfestigkeit	kV/mm		23	75	1 mm dick
Oberflächenwiderstand	Ohm		23	1*10**13	Durchmesser 80x1 mm

Kriechstromfestigkeit KC KB KA
Elektrolytische Korrosionswirkung
Lichtbogenfestigkeit nach DIN
nach ASTM s

Beständigkeit *(Chemische Beständigkeit siehe Anhang)*

Wasseraufnahme 23 C Bis zur Saettigung 0.01 %

Feuchtigkeitsaufnahme Normalklima %
Wetterbeständigkeit

Spannungskorrosion

Optische Eigenschaften

Brechungszahl n_D
Transmissionsgrad τ_c % mm dick
Lichtdurchlässigkeit

Datenbank-Nr. **T01893** Merkblatt-Nr. **4612**

Produkt	Polypropylen		**PP**
Handelsname	**Vestolen P 6702**		
Hersteller	HUELS		
DIN-Bez 1	16774,PP-B,MH,95 M 045		
DIN-Bez 2			
Zusätze	Waermestabilisator	*Füllstoffe/ Verstärkung*	
Bevorzugte Verarbeitung	Spritzgiessen	*Lieferform*	Granulat
		Farben	
Besondere Merkmale	Schlagzaeh modifiziert	*Bevorzugte Anwendungen*	

Dichte	g/cm^3	0.91	*Schmelzindex*	g/10 min	:	
Schüttdichte	g/cm^3		*Volumenfließindex*	cm^3/10 min	5:	230/2.16
Viskositätszahl	ml/g	400				

Verarbeitungsbedingungen für Spritzgießen

Massetemp.	°C	*Schwindung*	% lgs , quer
Werkzeugtemp.	°C	*Bemerkungen*	
Spritzdruck	bar		

Zugversuch 23 °C DIN 53455; ISO R/527;

Probekörper: *Form* Nr. 3; 4 mm dick *Herstellung* Spritzgiessen
Zustand *Vorbehandlung* Normalklima

Streckspannung	N/mm^2	34	*Dehnung bei Streckspannung*	%	8
Zugfestigkeit	N/mm^2		*Reißdehnung*	%	≧50
Reißfestigkeit	N/mm^2		*% Dehnspannung*	N/mm^2	
E-Modul	N/mm^2		*Dehnung bei % Dehnspg.*	%	

Kriechmoduln und Zeitstandwerte 23 °C

Probekörper: *Form* *Herstellung*
Zustand *Vorbehandlung*

Kriechmodul	*1 min* N/mm^2	*Zeitstandzugfestigkeit*	h N/mm^2
Kriechmodul	*1000 h* N/mm^2	*Zeitdehnspg.* %	h N/mm^2
bei Spannung	N/mm^2		

Biegeversuch 23 °C

Probekörper: *Form* *Herstellung*
Zustand *Vorbehandlung*

Biegefestigkeit	N/mm^2	*E-Modul*	N/mm^2
3,5% *Biegespannung*	N/mm^2		

Härte 23 °C *Probekörper:* *Zustand* *Herstellung*
Vorbehandlung

Kugeldruckhärte	N/mm^2 bei N, s	*Shore-Härte* A	
Rockwellhärte		*Shore-Härte* D	

Schlagversuch *Probekörper:* *(1)*
(2) *Herstellung*
Zustand *Vorbehandlung*

	°C	°C	°C	*Probekörper-Form*
Schlagzähigkeit kJ/m^2				
Kerbschlagzähigkeit (1) kJ/m^2				
IZOD-Kerbschlagzähigkeit (2) J/m				
Kerbschlagzugzähigkeit kJ/m^2				

Abrieb und Reibung

Taber-Abrieb (Reibradverfahren)	mm^3/100 U		
Abriebfaktor LNP (Thrust washer) Vergleichswert			
Statische Reibungszahl			
Dynamische Reibungszahl	(p · v= N/mm^2 ·		m/min)
Zulässiger p · v Wert	N/mm^2 · (m/min)	v=	m/min
		v=	m/min

Thermische Eigenschaften

Formbeständigkeit in der Wärme	*Verfahren*	A		55 °C
	Verfahren	B		85 °C
Vicat Erweichungstemperatur (VST)	*Verfahren*	B/50		90 °C
	Verfahren			°C
Kristallit-Schmelzpunkt	*Verfahren*			
Längenausdehnungskoeffizient	*Bereich*	23–80	°C	$1.5 \cdot 10^{-4} K^{-1}$
	Temperatur			$\cdot 10^{-4} K^{-1}$
Wärmeleitfähigkeit	*Verfahren*			W/(K · m)
Spezifische Wärmekapazität	*Verfahren*			J/(K · g)
Glasumwandlungstemperatur	*Torsionsschwingungsversuch*		°C	
	Differentialkalorimetrie		°C	

Brandverhalten

UL-Test vertikal — Dicke 1.6 mm, Wert HB; Dicke 0.79 mm, Wert HB

	Norm	*Bewertung*	*Abmessungen*
Sauerstoff-Index	ASTM D 2863		
Glühstab-Verfahren			
Brandverhalten	DIN 4102		
MVSS			
FAR			

Elektrische Eigenschaften

		Hz	°C		*Probekörper, Form*
Dielektrizitätszahl		50	23	2.3	Durchmesser 80x1 mm
		10^3			
		10^6			
Dielektrischer Verlustfaktor tan δ		50	23	0.0005	Durchmesser 80x1 mm
		10^3			
		10^6			
Spezifischer Durchgangswiderstand	Ohm · cm		23	1*10**16	Durchmesser 80x1 mm
Durchschlagfestigkeit	kV/mm		23	75	1 mm dick
Oberflächenwiderstand	Ohm		23	1*10**13	Durchmesser 80x1 mm

Kriechstromfestigkeit KC KB KA
Elektrolytische Korrosionswirkung
Lichtbogenfestigkeit nach DIN
nach ASTM s

Beständigkeit *(Chemische Beständigkeit siehe Anhang)*

Wasseraufnahme 23 C	Bis zur Saettigung	0.01 %
Feuchtigkeitsaufnahme Normalklima		%
Wetterbeständigkeit		
Spannungskorrosion		

Optische Eigenschaften

Brechungszahl n_D
Transmissionsgrad τ_c % mm dick
Lichtdurchlässigkeit

Produkt	Polypropylen		**PP**
Handelsname	**Vestolen P 6702 L**		
Hersteller	HUELS		
DIN-Bez 1	16774,PP-B,MHL,95 M 045		
DIN-Bez 2			
Zusätze	UV-Stabilisator; Waermestabilisator	*Füllstoffe/ Verstärkung*	
Bevorzugte Verarbeitung	Spritzgiessen	*Lieferform*	Granulat
		Farben	
Besondere Merkmale	Schlagzaeh modifiziert; Stabilisiert; Stabil-Bewitterung	*Bevorzugte Anwendungen*	

Dichte	g/cm³	0.91	*Schmelzindex*	g/10 min	:	
Schüttdichte	g/cm³		*Volumenfließindex*	cm³/10 min	5:	230/2.16
Viskositätszahl	ml/g	400				

Verarbeitungsbedingungen für Spritzgießen

Massetemp.	°C	*Schwindung*	%	lgs , quer
Werkzeugtemp.	°C	*Bemerkungen*		
Spritzdruck	bar			

Zugversuch 23 °C DIN 53455; ISO R/527;

Probekörper: *Form* Nr. 3; 4 mm dick — *Herstellung* Spritzgiessen
Zustand — *Vorbehandlung* Normalklima

Streckspannung	N/mm²	34	*Dehnung bei Streckspannung*	%	8
Zugfestigkeit	N/mm²		*Reißdehnung*	%	≧50
Reißfestigkeit	N/mm²		*% Dehnspannung*	N/mm²	
E-Modul	N/mm²		*Dehnung bei % Dehnspg.*	%	

Kriechmoduln und Zeitstandwerte 23 °C

Probekörper: *Form* — *Herstellung*
Zustand — *Vorbehandlung*

Kriechmodul	*1 min*	N/mm²	*Zeitstandzugfestigkeit*	h	N/mm²
Kriechmodul	*1000 h*	N/mm²	*Zeitdehnspg. %*	h	N/mm²
bei Spannung		N/mm²			

Biegeversuch 23 °C

Probekörper: *Form* — *Herstellung*
Zustand — *Vorbehandlung*

Biegefestigkeit	N/mm²	*E-Modul*	N/mm²
3,5% *Biegespannung*	N/mm²		

Härte 23 °C *Probekörper:* *Zustand* — *Herstellung*
Vorbehandlung

Kugeldruckhärte	N/mm² bei N, s	*Shore-Härte* A	
Rockwellhärte		*Shore-Härte* D	

Schlagversuch *Probekörper:* *(1)*
(2) — *Herstellung*
Zustand — *Vorbehandlung*

		°C	°C	°C	*Probekörper-Form*
Schlagzähigkeit	kJ/m²				
Kerbschlagzähigkeit (1)	kJ/m²				
IZOD-Kerbschlagzähigkeit (2)	J/m				
Kerbschlagzugzähigkeit	kJ/m²				

Abrieb und Reibung

Taber-Abrieb (Reibradverfahren)	mm^3/100 U		
Abriebfaktor LNP (Thrust washer) Vergleichswert			
Statische Reibungszahl			
Dynamische Reibungszahl	(p · v=	N/mm² ·	m/min)
Zulässiger p · v Wert	N/mm² · (m/min)	v=	m/min
		v=	m/min

Thermische Eigenschaften

Formbeständigkeit in der Wärme	*Verfahren*	A		55 °C
	Verfahren	B		85 °C
Vicat Erweichungstemperatur (VST)	*Verfahren*	B/50		90 °C
	Verfahren			°C
Kristallit-Schmelzpunkt	*Verfahren*			
Längenausdehnungskoeffizient	*Bereich*	23–80	°C	$1.5 \cdot 10^{-4} K^{-1}$
	Temperatur			$\cdot 10^{-4} K^{-1}$
Wärmeleitfähigkeit	*Verfahren*			W/(K · m)
Spezifische Wärmekapazität	*Verfahren*			J/(K · g)
Glasumwandlungstemperatur	*Torsionsschwingungsversuch*		°C	
	Differentialkalorimetrie		°C	

Brandverhalten

UL-Test vertikal Dicke 1.6 mm, Wert HB
Dicke 0.79 mm, Wert HB

	Norm	*Bewertung*	*Abmessungen*
Sauerstoff-Index	ASTM D 2863		
Glühstab-Verfahren			
Brandverhalten	DIN 4102		
MVSS			
FAR			

Elektrische Eigenschaften

		Hz	°C		*Probekörper, Form*
Dielektrizitätszahl		50	23	2.3	Durchmesser 80x1 mm
		10^3			
		10^6			
Dielektrischer Verlustfaktor tan δ		50	23	0.0005	Durchmesser 80x1 mm
		10^3			
		10^6			
Spezifischer Durchgangs-widerstand	Ohm · cm		23	1*10**16	Durchmesser 80x1 mm
Durchschlagfestigkeit	kV/mm		23	75	1 mm dick
Oberflächenwiderstand	Ohm		23	1*10**13	Durchmesser 80x1 mm

Kriechstromfestigkeit KC KB KA
Elektrolytische Korrosionswirkung
Lichtbogenfestigkeit nach DIN
nach ASTM s

Beständigkeit *(Chemische Beständigkeit siehe Anhang)*

Wasseraufnahme 23 C Bis zur Saettigung 0.01 %

Feuchtigkeitsaufnahme Normalklima %
Wetterbeständigkeit

Spannungskorrosion

Optische Eigenschaften

Brechungszahl n_D
Transmissionsgrad τ_c % mm dick
Lichtdurchlässigkeit

Datenbank-Nr.	**T01895**		Merkblatt-Nr. **4614**

Produkt	Polypropylen		**PP**
Handelsname	**Vestolen P 6712 L**		
Hersteller	HUELS		
DIN-Bez 1	16774,PP-B,MHL,95 M 045		
DIN-Bez 2			
Zusätze	UV-Stabilisator; Waermestabilisator	Füllstoffe/ Verstärkung	
Bevorzugte Verarbeitung	Spritzgiessen	Lieferform	Granulat
		Farben	
Besondere Merkmale	Schlagzaeh modifiziert; Stabilisiert; Stabil-Bewitterung	Bevorzugte Anwendungen	Batteriekasten; Aussenanwendung; Hoch lichtstabil

Dichte	g/cm^3	0.91	Schmelzindex	g/10 min	:	
Schüttdichte	g/cm^3		Volumenfließindex	cm^3/10 min	5:	230/2.16
Viskositätszahl	ml/g	400				

Verarbeitungsbedingungen für Spritzgießen

Massetemp.	°C	Schwindung	% lgs , quer
Werkzeugtemp.	°C	Bemerkungen	
Spritzdruck	bar		

Zugversuch 23 °C DIN 53455; ISO R/527;

Probekörper: Form Nr. 3; 4 mm dick — Herstellung: Spritzgiessen
Zustand — Vorbehandlung: Normalklima

Streckspannung	N/mm^2	34	Dehnung bei Streckspannung	%	8
Zugfestigkeit	N/mm^2		Reißdehnung	%	≧50
Reißfestigkeit	N/mm^2		% Dehnspannung	N/mm^2	
E-Modul	N/mm^2		Dehnung bei % Dehnspg.	%	

Kriechmoduln und Zeitstandwerte 23 °C

Probekörper: Form — Herstellung
Zustand — Vorbehandlung

Kriechmodul	1 min N/mm^2	Zeitstandzugfestigkeit	h	N/mm^2
Kriechmodul	1000 h N/mm^2	Zeitdehnspg. %	h	N/mm^2
bei Spannung	N/mm^2			

Biegeversuch 23 °C

Probekörper: Form — Herstellung
Zustand — Vorbehandlung

Biegefestigkeit	N/mm^2	E-Modul	N/mm^2
3,5% Biegespannung	N/mm^2		

Härte 23 °C Probekörper: Zustand — Herstellung
Vorbehandlung

Kugeldruckhärte	N/mm^2 bei N, s	Shore-Härte A	
Rockwellhärte		Shore-Härte D	

Schlagversuch Probekörper: (1)
(2) — Herstellung
Zustand — Vorbehandlung

	°C	°C	°C	Probekörper-Form
Schlagzähigkeit kJ/m^2				
Kerbschlagzähigkeit (1) kJ/m^2				
IZOD-Kerbschlagzähigkeit (2) J/m				
Kerbschlagzugzähigkeit kJ/m^2				

Abrieb und Reibung

Taber-Abrieb (Reibradverfahren)	$mm^3/100$ U		
Abriebfaktor LNP (Thrust washer) Vergleichswert			
Statische Reibungszahl			
Dynamische Reibungszahl	(p·v= N/mm²·		m/min)
Zulässiger p·v Wert	N/mm²·(m/min)	v=	m/min
		v=	m/min

Thermische Eigenschaften

Formbeständigkeit in der Wärme	*Verfahren*	A		55 °C
	Verfahren	B		85 °C
Vicat Erweichungstemperatur (VST)	*Verfahren*	B/50		90 °C
	Verfahren			°C
Kristallit-Schmelzpunkt	*Verfahren*			
Längenausdehnungskoeffizient	*Bereich*	23–80	°C	$1.5 \cdot 10^{-4} K^{-1}$
	Temperatur			$\cdot 10^{-4} K^{-1}$
Wärmeleitfähigkeit	*Verfahren*			W/(K·m)
Spezifische Wärmekapazität	*Verfahren*			J/(K·g)
Glasumwandlungstemperatur	*Torsionsschwingungsversuch*		°C	
	Differentialkalorimetrie		°C	

Brandverhalten

UL-Test vertikal		Dicke 1.6 mm, Wert HB	
		Dicke 0.79 mm, Wert HB	
	Norm	*Bewertung*	*Abmessungen*
Sauerstoff-Index	ASTM D 2863		
Glühstab-Verfahren			
Brandverhalten	DIN 4102		
MVSS			
FAR			

Elektrische Eigenschaften

		Hz	°C			*Probekörper, Form*
Dielektrizitätszahl		50	23	2.3		Durchmesser 80x1 mm
		10^3				
		10^6				
Dielektrischer Verlustfaktor tan δ		50	23	0.0005		Durchmesser 80x1 mm
		10^3				
		10^6				
Spezifischer Durchgangs-widerstand	Ohm·cm		23	1*10**16		Durchmesser 80x1 mm
Durchschlagfestigkeit	kV/mm		23	75		1 mm dick
Oberflächenwiderstand	Ohm		23	1*10**13		Durchmesser 80x1 mm
Kriechstromfestigkeit		KC		KB	KA	
Elektrolytische Korrosionswirkung						
Lichtbogenfestigkeit nach DIN						
nach ASTM	s					

Beständigkeit *(Chemische Beständigkeit siehe Anhang)*

Wasseraufnahme 23 C Bis zur Saettigung	0.01 %	
Feuchtigkeitsaufnahme Normalklima		%
Wetterbeständigkeit		
Spannungskorrosion		

Optische Eigenschaften

Brechungszahl n_D		
Transmissionsgrad τ_c	%	mm dick
Lichtdurchlässigkeit		

Produkt	Polypropylen		**PP**
Handelsname	**Vestolen P 7000**		
Hersteller	HUELS		
DIN-Bez 1	16774,PP-H,M,95 M 022		
DIN-Bez 2	16774,PP-H,F,95 M 022		
Zusätze		*Füllstoffe/ Verstärkung*	
Bevorzugte Verarbeitung	Spritzgiessen; Folienextrusion	*Lieferform*	Granulat
		Farben	
Besondere Merkmale		*Bevorzugte Anwendungen*	Folie; Spleissfaser; Webbaendchen; Monofilament; Kfz-Bau; Elektroindustrie; Moebelindustrie; Haushaltsgeraet

Dichte	g/cm³	0.905	*Schmelzindex*	g/10 min	:	
Schüttdichte	g/cm³		*Volumenfließindex*	cm³/10 min	3.2:	230/2.16
Viskositätszahl	ml/g	310				

Verarbeitungsbedingungen für Spritzgießen

Massetemp.	°C	*Schwindung*	% lgs , quer
Werkzeugtemp.	°C	*Bemerkungen*	
Spritzdruck	bar		

Zugversuch 23 °C DIN 53455; ISO R/527; DIN 53457; ISO R/527

Probekörper: *Form* Nr. 3; 4 mm dick — *Herstellung* Spritzgiessen
Zustand — *Vorbehandlung* Normalklima

Streckspannung	N/mm²	36	*Dehnung bei Streckspannung*	%	8
Zugfestigkeit	N/mm²		*Reißdehnung*	%	≧50
Reißfestigkeit	N/mm²		*% Dehnspannung*	N/mm²	
E-Modul	N/mm²	1500	*Dehnung bei % Dehnspg.*	%	

Kriechmoduln und Zeitstandwerte 23 °C

Probekörper: *Form* — *Herstellung*
Zustand — *Vorbehandlung*

Kriechmodul	*1 min* N/mm²	*Zeitstandzugfestigkeit*	h	N/mm²
Kriechmodul	*1000 h* N/mm²	*Zeitdehnspg. %*	h	N/mm²
bei Spannung	N/mm²			

Biegeversuch 23 °C

Probekörper: *Form* — *Herstellung*
Zustand — *Vorbehandlung*

Biegefestigkeit	N/mm²	*E-Modul*	N/mm²
3,5% *Biegespannung*	N/mm²		

Härte 23 °C *Probekörper:* *Zustand* — *Herstellung*
Vorbehandlung

Kugeldruckhärte	N/mm² bei N, s	*Shore-Härte* A	
Rockwellhärte		*Shore-Härte* D	

Schlagversuch *Probekörper:* *(1)*
(2) — *Herstellung*
Zustand — *Vorbehandlung*

		°C	°C	°C	*Probekörper-Form*
Schlagzähigkeit	kJ/m²				
Kerbschlagzähigkeit (1)	kJ/m²				
IZOD-Kerbschlagzähigkeit (2)	J/m				
Kerbschlagzugzähigkeit	kJ/m²				

Abrieb und Reibung

Taber-Abrieb (Reibradverfahren)	$mm^3/100$ U		
Abriebfaktor LNP (Thrust washer) Vergleichswert			
Statische Reibungszahl			
Dynamische Reibungszahl	(p · v =	N/mm^2 ·	m/min)
Zulässiger p · v Wert	N/mm^2 · (m/min)	v =	m/min
		v =	m/min

Thermische Eigenschaften

Formbeständigkeit in der Wärme	*Verfahren*	A		55 °C
	Verfahren	B		100 °C
Vicat Erweichungstemperatur (VST)	*Verfahren*	B/50		100 °C
	Verfahren			°C
Kristallit-Schmelzpunkt	*Verfahren*			
Längenausdehnungskoeffizient	*Bereich*	23–80	°C	$1.5 \cdot 10^{-4}K^{-1}$
	Temperatur			$\cdot 10^{-4}K^{-1}$
Wärmeleitfähigkeit	*Verfahren*			W/(K · m)
Spezifische Wärmekapazität	*Verfahren*			J/(K · g)
Glasumwandlungstemperatur	*Torsionsschwingungsversuch*		°C	
	Differentialkalorimetrie		°C	

Brandverhalten

UL-Test vertikal Dicke 1.6 mm, Wert HB
Dicke 0.79 mm, Wert HB

	Norm	*Bewertung*	*Abmessungen*
Sauerstoff-Index	ASTM D 2863		
Glühstab-Verfahren			
Brandverhalten	DIN 4102		
MVSS			
FAR			

Elektrische Eigenschaften

		Hz	°C		*Probekörper, Form*
Dielektrizitätszahl		50	23	2.3	Durchmesser 80x1 mm
		10^3			
		10^6			
Dielektrischer Verlustfaktor tan δ		50	23	0.0005	Durchmesser 80x1 mm
		10^3			
		10^6			
Spezifischer Durchgangs-widerstand	Ohm · cm		23	1*10**16	Durchmesser 80x1 mm
Durchschlagfestigkeit	kV/mm		23	75	1 mm dick
Oberflächenwiderstand	Ohm		23	1*10**13	Durchmesser 80x1 mm

Kriechstromfestigkeit KC KB KA
Elektrolytische Korrosionswirkung
Lichtbogenfestigkeit nach DIN
nach ASTM s

Beständigkeit *(Chemische Beständigkeit siehe Anhang)*

Wasseraufnahme 23 C Bis zur Saettigung 0.01 %

Feuchtigkeitsaufnahme Normalklima %
Wetterbeständigkeit

Spannungskorrosion

Optische Eigenschaften

Brechungszahl n_D
Transmissionsgrad τ_c % mm dick
Lichtdurchlässigkeit

Datenbank-Nr.	T01897	Merkblatt-Nr. 4616

Produkt	Polypropylen		**PP**
Handelsname	**Vestolen P 7000 SCHWARZ**		
Hersteller	HUELS		
DIN-Bez 1	16774,PP-H,MCHL,95 M 022		
DIN-Bez 2			
Zusätze	UV-Stabilisator; Waermestabilisator	*Füllstoffe/ Verstärkung*	
Bevorzugte Verarbeitung	Spritzgiessen	*Lieferform*	Granulat
		Farben	Schwarz
Besondere Merkmale	Stabilisiert; Stabil-Bewitterung	*Bevorzugte Anwendungen*	Kfz-Bau

Dichte	g/cm^3	0.905	*Schmelzindex*	g/10 min	:	
Schüttdichte	g/cm^3		*Volumenfließindex*	$cm^3/10$ min	3.2:	230/2.16
Viskositätszahl	ml/g	310				

Verarbeitungsbedingungen für Spritzgießen

Massetemp.	°C	*Schwindung*	% lgs , quer
Werkzeugtemp.	°C	*Bemerkungen*	
Spritzdruck	bar		

Zugversuch 23 °C DIN 53455; ISO R/527; DIN 53457; ISO R/527

Probekörper: *Form* Nr. 3; 4 mm dick *Zustand* — *Herstellung* Spritzgiessen, *Vorbehandlung* Normalklima

Streckspannung	N/mm^2	36	*Dehnung bei Streckspannung*	%	8
Zugfestigkeit	N/mm^2		*Reißdehnung*	%	≧50
Reißfestigkeit	N/mm^2		*% Dehnspannung*	N/mm^2	
E-Modul	N/mm^2	1500	*Dehnung bei % Dehnspg.*	%	

Kriechmoduln und Zeitstandwerte 23 °C

Probekörper: *Form* *Zustand* — *Herstellung* *Vorbehandlung*

Kriechmodul	*1 min* N/mm^2	*Zeitstandzugfestigkeit*	h	N/mm^2
Kriechmodul	*1000 h* N/mm^2	*Zeitdehnspg. %*	h	N/mm^2
bei Spannung	N/mm^2			

Biegeversuch 23 °C

Probekörper: *Form* *Zustand* — *Herstellung* *Vorbehandlung*

Biegefestigkeit	N/mm^2	*E-Modul*	N/mm^2
3,5% *Biegespannung*	N/mm^2		

Härte 23 °C *Probekörper:* *Zustand* — *Herstellung* *Vorbehandlung*

Kugeldruckhärte	N/mm^2 bei N, s	*Shore-Härte* A	
Rockwellhärte		*Shore-Härte* D	

Schlagversuch *Probekörper:* *(1)* *(2)* *Zustand* — *Herstellung* *Vorbehandlung*

	°C	°C	°C	*Probekörper-Form*
Schlagzähigkeit kJ/m^2				
Kerbschlagzähigkeit (1) kJ/m^2				
IZOD-Kerbschlagzähigkeit (2) J/m				
Kerbschlagzugzähigkeit kJ/m^2				

Abrieb und Reibung

Taber-Abrieb (Reibradverfahren)	mm^3/100 U		
Abriebfaktor LNP (Thrust washer) Vergleichswert			
Statische Reibungszahl			
Dynamische Reibungszahl	(p·v= N/mm^2·		m/min)
Zulässiger p · v Wert	N/mm^2 · (m/min)	v=	m/min
		v=	m/min

Thermische Eigenschaften

Formbeständigkeit in der Wärme	*Verfahren*	A		55 °C
	Verfahren	B		100 °C
Vicat Erweichungstemperatur (VST)	*Verfahren*	B/50		100 °C
	Verfahren			°C
Kristallit-Schmelzpunkt	*Verfahren*			
Längenausdehnungskoeffizient	*Bereich*	23–80	°C	1.5 · $10^{-4}K^{-1}$
	Temperatur			· $10^{-4}K^{-1}$
Wärmeleitfähigkeit	*Verfahren*			W/(K · m)
Spezifische Wärmekapazität	*Verfahren*			J/(K · g)
Glasumwandlungstemperatur	*Torsionsschwingungsversuch*		°C	
	Differentialkalorimetrie		°C	

Brandverhalten

UL-Test vertikal — Dicke 1.6 mm, Wert HB; Dicke 0.79 mm, Wert HB

	Norm	*Bewertung*	*Abmessungen*
Sauerstoff-Index	ASTM D 2863		
Glühstab-Verfahren			
Brandverhalten	DIN 4102		
MVSS			
FAR			

Elektrische Eigenschaften

		Hz	°C		*Probekörper, Form*
Dielektrizitätszahl		50	23	2.3	Durchmesser 80x1 mm
		10^3			
		10^6			
Dielektrischer Verlustfaktor tan δ		50	23	0.0005	Durchmesser 80x1 mm
		10^3			
		10^6			
Spezifischer Durchgangs-widerstand	Ohm · cm		23	1*10**16	Durchmesser 80x1 mm
Durchschlagfestigkeit	kV/mm		23	75	1 mm dick
Oberflächenwiderstand	Ohm		23	1*10**13	Durchmesser 80x1 mm

Kriechstromfestigkeit KC KB KA
Elektrolytische Korrosionswirkung
Lichtbogenfestigkeit nach DIN
nach ASTM s

Beständigkeit *(Chemische Beständigkeit siehe Anhang)*

Wasseraufnahme 23 C Bis zur Saettigung 0.01 %

Feuchtigkeitsaufnahme Normalklima %
Wetterbeständigkeit

Spannungskorrosion

Optische Eigenschaften

Brechungszahl n_D
Transmissionsgrad τ_c % mm dick
Lichtdurchlässigkeit

Datenbank-Nr. **T01898** Merkblatt-Nr. **4617**

Produkt	Polypropylen		**PP**
Handelsname	**Vestolen P 7002**		
Hersteller	HUELS		
DIN-Bez 1	16774,PP-H,MH,95 M 022		
DIN-Bez 2			
Zusätze	Waermestabilisator	*Füllstoffe/ Verstärkung*	
Bevorzugte Verarbeitung	Spritzgiessen	*Lieferform*	Granulat
		Farben	
Besondere Merkmale		*Bevorzugte Anwendungen*	Kfz-Bau; Elektroindustrie; Haushaltsgeraet

Dichte	g/cm³	0.905	*Schmelzindex*	g/10 min		:
Schüttdichte	g/cm³		*Volumenfließindex*	cm³/10 min	3.2	: 230/2.16
Viskositätszahl	ml/g	310				

Verarbeitungsbedingungen für Spritzgießen

Massetemp.	°C	*Schwindung*	%	lgs , quer
Werkzeugtemp.	°C	*Bemerkungen*		
Spritzdruck	bar			

Zugversuch 23 °C DIN 53455; ISO R/527; DIN 53457; ISO R/527

Probekörper: *Form* Nr. 3; 4 mm dick — *Herstellung* Spritzgiessen
Zustand — *Vorbehandlung* Normalklima

Streckspannung	N/mm²	36	*Dehnung bei Streckspannung*	%	8
Zugfestigkeit	N/mm²		*Reißdehnung*	%	≧50
Reißfestigkeit	N/mm²		*% Dehnspannung*	N/mm²	
E-Modul	N/mm²	1500	*Dehnung bei % Dehnspg.*	%	

Kriechmoduln und Zeitstandwerte 23 °C

Probekörper: *Form* — *Herstellung*
Zustand — *Vorbehandlung*

Kriechmodul	*1 min*	N/mm²	*Zeitstandzugfestigkeit*	h	N/mm²
Kriechmodul	*1000 h*	N/mm²	*Zeitdehnspg. %*	h	N/mm²
bei Spannung		N/mm²			

Biegeversuch 23 °C

Probekörper: *Form* — *Herstellung*
Zustand — *Vorbehandlung*

Biegefestigkeit	N/mm²	*E-Modul*	N/mm²
3,5% *Biegespannung*	N/mm²		

Härte 23 °C *Probekörper:* *Zustand* — *Herstellung*
Vorbehandlung

Kugeldruckhärte	N/mm² bei N, s	*Shore-Härte*	A
Rockwellhärte		*Shore-Härte*	D

Schlagversuch *Probekörper:* *(1)*
(2) — *Herstellung*
Zustand — *Vorbehandlung*

	°C	°C	°C	*Probekörper-Form*
Schlagzähigkeit kJ/m²				
Kerbschlagzähigkeit (1) kJ/m²				
IZOD-Kerbschlagzähigkeit (2) J/m				
Kerbschlagzugzähigkeit kJ/m²				

Abrieb und Reibung

Taber-Abrieb (Reibradverfahren)	mm^3/100 U		
Abriebfaktor LNP (Thrust washer) Vergleichswert			
Statische Reibungszahl			
Dynamische Reibungszahl	(p · v=	N/mm^2 ·	m/min)
Zulässiger p · v Wert	N/mm^2 · (m/min)	v=	m/min
		v=	m/min

Thermische Eigenschaften

Formbeständigkeit in der Wärme	*Verfahren*	A		55 °C
	Verfahren	B		100 °C
Vicat Erweichungstemperatur (VST)	*Verfahren*	B/50		100 °C
	Verfahren			°C
Kristallit-Schmelzpunkt	*Verfahren*			
Längenausdehnungskoeffizient	*Bereich*	23–80	°C	1.5 · $10^{-4}K^{-1}$
	Temperatur			· $10^{-4}K^{-1}$
Wärmeleitfähigkeit	*Verfahren*			W/(K · m)
Spezifische Wärmekapazität	*Verfahren*			J/(K · g)
Glasumwandlungstemperatur	*Torsionsschwingungsversuch*		°C	
	Differentialkalorimetrie		°C	

Brandverhalten

UL-Test vertikal Dicke 1.6 mm, Wert HB
Dicke 0.79 mm, Wert HB

	Norm	Bewertung	Abmessungen
Sauerstoff-Index	ASTM D 2863		
Glühstab-Verfahren			
Brandverhalten	DIN 4102		
MVSS			
FAR			

Elektrische Eigenschaften

		Hz	°C		Probekörper, Form
Dielektrizitätszahl		50	23	2.3	Durchmesser 80x1 mm
		10^3			
		10^6			
Dielektrischer Verlustfaktor tan δ		50	23	0.0005	Durchmesser 80x1 mm
		10^3			
		10^6			
Spezifischer Durchgangswiderstand	Ohm · cm		23	1*10**16	Durchmesser 80x1 mm
Durchschlagfestigkeit	kV/mm		23	75	1 mm dick
Oberflächenwiderstand	Ohm		23	1*10**13	Durchmesser 80x1 mm

Kriechstromfestigkeit KC KB KA
Elektrolytische Korrosionswirkung
Lichtbogenfestigkeit nach DIN
nach ASTM s

Beständigkeit *(Chemische Beständigkeit siehe Anhang)*

Wasseraufnahme 23 C Bis zur Saettigung 0.01 %

Feuchtigkeitsaufnahme Normalklima %
Wetterbeständigkeit

Spannungskorrosion

Optische Eigenschaften

Brechungszahl n_D
Transmissionsgrad τ_c % mm dick
Lichtdurchlässigkeit

PP

Produkt	Polypropylen		
Handelsname	**Vestolen P 7002 L**		
Hersteller	HUELS		
DIN-Bez 1	16774,PP-H,FHL,95 M 022		
DIN-Bez 2	16774,PP-H,THL,95 M 022		
Zusätze	UV-Stabilisator; Waermestabilisator	*Füllstoffe/ Verstärkung*	
Bevorzugte Verarbeitung	Spritzgiessen; Folienextrusion	*Lieferform*	Granulat
		Farben	
Besondere Merkmale	Stabilisiert; Stabil-Bewitterung	*Bevorzugte Anwendungen*	Folie; Webbaendchen; Bindegarn

Dichte	g/cm^3	0.905	*Schmelzindex*	g/10 min		:
Schüttdichte	g/cm^3		*Volumenfließindex*	cm^3/10 min	3.2:	230/2.16
Viskositätszahl	ml/g	310				

Verarbeitungsbedingungen für Spritzgießen

Massetemp.	°C	*Schwindung*	% lgs , quer
Werkzeugtemp.	°C	*Bemerkungen*	
Spritzdruck	bar		

Zugversuch 23 °C DIN 53455; ISO R/527; DIN 53457; ISO R/527

Probekörper: *Form* Nr. 3; 4 mm dick *Zustand*

Herstellung Spritzgiessen
Vorbehandlung Normalklima

Streckspannung	N/mm^2	36	*Dehnung bei Streckspannung*	%	8
Zugfestigkeit	N/mm^2		*Reißdehnung*	%	≧50
Reißfestigkeit	N/mm^2		*% Dehnspannung*	N/mm^2	
E-Modul	N/mm^2	1500	*Dehnung bei % Dehnspg.*	%	

Kriechmoduln und Zeitstandwerte 23 °C

Probekörper: *Form* *Zustand*

Herstellung
Vorbehandlung

Kriechmodul	*1 min* N/mm^2	*Zeitstandzugfestigkeit*	h	N/mm^2
Kriechmodul	*1000 h* N/mm^2	*Zeitdehnspg. %*	h	N/mm^2
bei Spannung	N/mm^2			

Biegeversuch 23 °C

Probekörper: *Form* *Zustand*

Herstellung
Vorbehandlung

Biegefestigkeit	N/mm^2	*E-Modul*	N/mm^2
3,5% *Biegespannung*	N/mm^2		

Härte 23 °C *Probekörper:* *Zustand*

Herstellung
Vorbehandlung

Kugeldruckhärte	N/mm^2 bei N, s	*Shore-Härte* A	
Rockwellhärte		*Shore-Härte* D	

Schlagversuch *Probekörper:* *(1)* *(2)* *Zustand*

Herstellung
Vorbehandlung

	°C	°C	°C	*Probekörper-Form*
Schlagzähigkeit kJ/m^2				
Kerbschlagzähigkeit (1) kJ/m^2				
IZOD-Kerbschlagzähigkeit (2) J/m				
Kerbschlagzugzähigkeit kJ/m^2				

Abrieb und Reibung

Taber-Abrieb (Reibradverfahren)	mm^3/100 U		
Abriebfaktor LNP (Thrust washer) Vergleichswert			
Statische Reibungszahl			
Dynamische Reibungszahl	(p · v = N/mm^2 ·		m/min)
Zulässiger p · v Wert	N/mm^2 · (m/min)	v =	m/min
		v =	m/min

Thermische Eigenschaften

Formbeständigkeit in der Wärme	*Verfahren*	A		55 °C
	Verfahren	B		100 °C
Vicat Erweichungstemperatur (VST)	*Verfahren*	B/50		100 °C
	Verfahren			°C
Kristallit-Schmelzpunkt	*Verfahren*			
Längenausdehnungskoeffizient	*Bereich*	23–80	°C	1.5 · $10^{-4}K^{-1}$
	Temperatur			· $10^{-4}K^{-1}$
Wärmeleitfähigkeit	*Verfahren*			W/(K · m)
Spezifische Wärmekapazität	*Verfahren*			J/(K · g)
Glasumwandlungstemperatur	*Torsionsschwingungsversuch*		°C	
	Differentialkalorimetrie		°C	

Brandverhalten

UL-Test vertikal	Dicke 1.6 mm, Wert HB
	Dicke 0.79 mm, Wert HB

	Norm	*Bewertung*	*Abmessungen*
Sauerstoff-Index	ASTM D 2863		
Glühstab-Verfahren			
Brandverhalten	DIN 4102		
MVSS			
FAR			

Elektrische Eigenschaften

		Hz	°C		*Probekörper, Form*
Dielektrizitätszahl		50	23	2.3	Durchmesser 80x1 mm
		10^3			
		10^6			
Dielektrischer Verlustfaktor tan δ		50	23	0.0005	Durchmesser 80x1 mm
		10^3			
		10^6			
Spezifischer Durchgangs-widerstand	Ohm · cm		23	1*10**16	Durchmesser 80x1 mm
Durchschlagfestigkeit	kV/mm		23	75	1 mm dick
Oberflächenwiderstand	Ohm		23	1*10**13	Durchmesser 80x1 mm

Kriechstromfestigkeit	KC	KB	KA
Elektrolytische Korrosionswirkung			
Lichtbogenfestigkeit nach DIN			
nach ASTM s			

Beständigkeit *(Chemische Beständigkeit siehe Anhang)*

Wasseraufnahme 23 C Bis zur Saettigung	0.01 %	
Feuchtigkeitsaufnahme Normalklima		%
Wetterbeständigkeit		
Spannungskorrosion		

Optische Eigenschaften

Brechungszahl n_D		
Transmissionsgrad τ_c	%	mm dick
Lichtdurchlässigkeit		

Produkt	Polypropylen		**PP**
Handelsname	**Vestolen P 7002 SCHWARZ**		
Hersteller	HUELS		
DIN-Bez 1	16774,PP-H,MCHL,95 M 022		
DIN-Bez 2			
Zusätze	UV-Stabilisator; Waermestabilisator	*Füllstoffe/ Verstärkung*	
Bevorzugte Verarbeitung	Spritzgiessen	*Lieferform*	Granulat
		Farben	Schwarz
Besondere Merkmale	Stabilisiert; Stabil-Bewitterung	*Bevorzugte Anwendungen*	

Dichte	g/cm³	0.905	*Schmelzindex*	g/10 min	:	
Schüttdichte	g/cm³		*Volumenfließindex*	cm³/10 min	3.2:	230/2.16
Viskositätszahl	ml/g	310				

Verarbeitungsbedingungen für Spritzgießen

Massetemp.	°C	*Schwindung*	% lgs , quer
Werkzeugtemp.	°C	*Bemerkungen*	
Spritzdruck	bar		

Zugversuch 23 °C DIN 53455; ISO R/527; DIN 53457; ISO R/527

Probekörper: *Form* Nr. 3; 4 mm dick — *Herstellung* Spritzgiessen
Zustand — *Vorbehandlung* Normalklima

Streckspannung	N/mm²	36	*Dehnung bei Streckspannung*	%	8
Zugfestigkeit	N/mm²		*Reißdehnung*	%	≧50
Reißfestigkeit	N/mm²		*% Dehnspannung*	N/mm²	
E-Modul	N/mm²	1500	*Dehnung bei % Dehnspg.*	%	

Kriechmoduln und Zeitstandwerte 23 °C

Probekörper: *Form* — *Herstellung*
Zustand — *Vorbehandlung*

Kriechmodul	*1 min* N/mm²	*Zeitstandzugfestigkeit*	h N/mm²
Kriechmodul	*1000 h* N/mm²	*Zeitdehnspg.* %	h N/mm²
bei Spannung	N/mm²		

Biegeversuch 23 °C

Probekörper: *Form* — *Herstellung*
Zustand — *Vorbehandlung*

Biegefestigkeit	N/mm²	*E-Modul*	N/mm²
3,5% *Biegespannung*	N/mm²		

Härte 23 °C *Probekörper:* *Zustand* — *Herstellung*
Vorbehandlung

Kugeldruckhärte	N/mm² bei N, s	*Shore-Härte* A	
Rockwellhärte		*Shore-Härte* D	

Schlagversuch *Probekörper:* *(1)*
(2) — *Herstellung*
Zustand — *Vorbehandlung*

	°C	°C	°C	*Probekörper-Form*
Schlagzähigkeit kJ/m²				
Kerbschlagzähigkeit (1) kJ/m²				
IZOD-Kerbschlagzähigkeit (2) J/m				
Kerbschlagzugzähigkeit kJ/m²				

Abrieb und Reibung

Taber-Abrieb (Reibradverfahren)	mm^3/100 U		
Abriebfaktor LNP (Thrust washer) Vergleichswert			
Statische Reibungszahl			
Dynamische Reibungszahl	(p · v =	N/mm^2 ·	m/min)
Zulässiger p · v Wert	N/mm^2 · (m/min)	v =	m/min
		v =	m/min

Thermische Eigenschaften

Formbeständigkeit in der Wärme	*Verfahren*	A		55 °C
	Verfahren	B		100 °C
Vicat Erweichungstemperatur (VST)	*Verfahren*	B/50		100 °C
	Verfahren			°C
Kristallit-Schmelzpunkt	*Verfahren*			
Längenausdehnungskoeffizient	*Bereich*	23–80	°C	$1.5 \cdot 10^{-4} K^{-1}$
	Temperatur			$\cdot 10^{-4} K^{-1}$
Wärmeleitfähigkeit	*Verfahren*			W/(K · m)
Spezifische Wärmekapazität	*Verfahren*			J/(K · g)
Glasumwandlungstemperatur	*Torsionsschwingungsversuch*		°C	
	Differentialkalorimetrie		°C	

Brandverhalten

UL-Test vertikal Dicke 1.6 mm, Wert HB
Dicke 0.79 mm, Wert HB

	Norm	*Bewertung*	*Abmessungen*
Sauerstoff-Index	ASTM D 2863		
Glühstab-Verfahren			
Brandverhalten	DIN 4102		
MVSS			
FAR			

Elektrische Eigenschaften

		Hz	°C		*Probekörper, Form*
Dielektrizitätszahl		50	23	2.3	Durchmesser 80x1 mm
		10^3			
		10^6			
Dielektrischer Verlustfaktor tan δ		50	23	0.0005	Durchmesser 80x1 mm
		10^3			
		10^6			
Spezifischer Durchgangswiderstand	Ohm · cm		23	1*10**16	Durchmesser 80x1 mm
Durchschlagfestigkeit	kV/mm		23	75	1 mm dick
Oberflächenwiderstand	Ohm		23	1*10**13	Durchmesser 80x1 mm

Kriechstromfestigkeit KC KB KA
Elektrolytische Korrosionswirkung
Lichtbogenfestigkeit nach DIN
nach ASTM s

Beständigkeit *(Chemische Beständigkeit siehe Anhang)*

Wasseraufnahme 23 C Bis zur Saettigung 0.01 %

Feuchtigkeitsaufnahme Normalklima %
Wetterbeständigkeit

Spannungskorrosion

Optische Eigenschaften

Brechungszahl n_D
Transmissionsgrad τ_c % mm dick
Lichtdurchlässigkeit

Produkt	Polypropylen		**PP**
Handelsname	**Vestolen P 7004**		
Hersteller	HUELS		
DIN-Bez 1	16774,PP-H,MZ,95 M 022		
DIN-Bez 2			
Zusätze	Waermestabilisator	*Füllstoffe/ Verstärkung*	
Bevorzugte Verarbeitung	Spritzgiessen	*Lieferform*	Granulat
		Farben	
Besondere Merkmale	Antistatisch	*Bevorzugte Anwendungen*	Haushaltsgeraet

Dichte	g/cm³	0.905	*Schmelzindex*	g/10 min		:
Schüttdichte	g/cm³		*Volumenfließindex*	cm³/10 min	3.2:	230/2.16
Viskositätszahl	ml/g	310				

Verarbeitungsbedingungen für Spritzgießen

Massetemp.	°C	*Schwindung*	% lgs , quer
Werkzeugtemp.	°C	*Bemerkungen*	
Spritzdruck	bar		

Zugversuch 23 °C DIN 53455; ISO R/527; DIN 53457; ISO R/527

Probekörper: *Form* Nr. 3; 4 mm dick *Herstellung* Spritzgiessen
Zustand *Vorbehandlung* Normalklima

Streckspannung	N/mm²	36	*Dehnung bei Streckspannung*	%	8
Zugfestigkeit	N/mm²		*Reißdehnung*	%	≧50
Reißfestigkeit	N/mm²		*% Dehnspannung*	N/mm²	
E-Modul	N/mm²	1500	*Dehnung bei % Dehnspg.*	%	

Kriechmoduln und Zeitstandwerte 23 °C

Probekörper: *Form* *Herstellung*
Zustand *Vorbehandlung*

Kriechmodul	*1 min*	N/mm²	*Zeitstandzugfestigkeit*	h	N/mm²
Kriechmodul	*1000 h*	N/mm²	*Zeitdehnspg. %*	h	N/mm²
bei Spannung		N/mm²			

Biegeversuch 23 °C

Probekörper: *Form* *Herstellung*
Zustand *Vorbehandlung*

Biegefestigkeit	N/mm²	*E-Modul*	N/mm²
3,5% *Biegespannung*	N/mm²		

Härte 23 °C *Probekörper:* *Zustand* *Herstellung*
Vorbehandlung

Kugeldruckhärte	N/mm² bei N, s	*Shore-Härte*	A
Rockwellhärte		*Shore-Härte*	D

Schlagversuch *Probekörper:* *(1)*
(2) *Herstellung*
Zustand *Vorbehandlung*

	°C	°C	°C	*Probekörper-Form*
Schlagzähigkeit kJ/m²				
Kerbschlagzähigkeit (1) kJ/m²				
IZOD-Kerbschlagzähigkeit (2) J/m				
Kerbschlagzugzähigkeit kJ/m²				

Abrieb und Reibung

Taber-Abrieb (Reibradverfahren)	mm^3/100 U		
Abriebfaktor LNP (Thrust washer) Vergleichswert			
Statische Reibungszahl			
Dynamische Reibungszahl	(p · v = N/mm^2 ·		m/min)
Zulässiger p · v Wert	N/mm^2 · (m/min)	v =	m/min
		v =	m/min

Thermische Eigenschaften

Formbeständigkeit in der Wärme	*Verfahren*	A		55 °C
	Verfahren	B		100 °C
Vicat Erweichungstemperatur (VST)	*Verfahren*	B/50		100 °C
	Verfahren			°C
Kristallit-Schmelzpunkt	*Verfahren*			
Längenausdehnungskoeffizient	*Bereich*	23–80	°C	$1.5 \cdot 10^{-4} K^{-1}$
	Temperatur			$\cdot 10^{-4} K^{-1}$
Wärmeleitfähigkeit	*Verfahren*			W/(K · m)
Spezifische Wärmekapazität	*Verfahren*			J/(K · g)
Glasumwandlungstemperatur	*Torsionsschwingungsversuch*		°C	
	Differentialkalorimetrie		°C	

Brandverhalten

UL-Test vertikal	Dicke 1.6 mm, Wert HB
	Dicke 0.79 mm, Wert HB

	Norm	*Bewertung*	*Abmessungen*
Sauerstoff-Index	ASTM D 2863		
Glühstab-Verfahren			
Brandverhalten	DIN 4102		
MVSS			
FAR			

Elektrische Eigenschaften

		Hz	°C		*Probekörper, Form*
Dielektrizitätszahl		50	23	2.3	Durchmesser 80x1 mm
		10^3			
		10^6			
Dielektrischer Verlustfaktor tan δ		50	23	0.0005	Durchmesser 80x1 mm
		10^3			
		10^6			
Spezifischer Durchgangs-widerstand	Ohm · cm		23	1*10**16	Durchmesser 80x1 mm
Durchschlagfestigkeit	kV/mm		23	75	1 mm dick
Oberflächenwiderstand	Ohm		23	1*10**13	Durchmesser 80x1 mm

Kriechstromfestigkeit	KC	KB	KA
Elektrolytische Korrosionswirkung			
Lichtbogenfestigkeit nach DIN			
nach ASTM s			

Beständigkeit *(Chemische Beständigkeit siehe Anhang)*

Wasseraufnahme 23 C Bis zur Saettigung	0.01 %
Feuchtigkeitsaufnahme Normalklima	%
Wetterbeständigkeit	
Spannungskorrosion	

Optische Eigenschaften

Brechungszahl n_D		
Transmissionsgrad τ_c	%	mm dick
Lichtdurchlässigkeit		

Datenbank-Nr. **T01902** Merkblatt-Nr. **4621**

Produkt	Polypropylen		**PP**
Handelsname	**Vestolen P 7006 S GRAU**		
Hersteller	HUELS		
DIN-Bez 1	16774,PP-H,MCFH,95 M 022		
DIN-Bez 2			
Zusätze	Brandschutzmittel; UV-Stabilisator; Waermestabilisator	*Füllstoffe/ Verstärkung*	
Bevorzugte Verarbeitung	Spritzgiessen	*Lieferform*	Granulat
		Farben	Grau
Besondere Merkmale	Flammwidrig; Stabilisiert; Stabil-Bewitterung; Schwer entflammbar	*Bevorzugte Anwendungen*	Elektroindustrie

Dichte	g/cm^3	0.945	*Schmelzindex*	g/10 min	:	
Schüttdichte	g/cm^3		*Volumenfließindex*	$cm^3/10$ min	2.4:	230/2.16
Viskositätszahl	ml/g	310				

Verarbeitungsbedingungen für Spritzgießen

Massetemp.	°C	*Schwindung*	%	lgs , quer
Werkzeugtemp.	°C	*Bemerkungen*		
Spritzdruck	bar			

Zugversuch 23 °C DIN 53455; ISO R/527; DIN 53457; ISO R/527

Probekörper: *Form* Nr. 3; 4 mm dick — *Herstellung* Spritzgiessen
Zustand — *Vorbehandlung* Normalklima

Streckspannung	N/mm^2	36	*Dehnung bei Streckspannung*	%	8
Zugfestigkeit	N/mm^2		*Reißdehnung*	%	≧50
Reißfestigkeit	N/mm^2		*% Dehnspannung*	N/mm^2	
E-Modul	N/mm^2	1500	*Dehnung bei % Dehnspg.*	%	

Kriechmoduln und Zeitstandwerte 23 °C

Probekörper: *Form* — *Herstellung*
Zustand — *Vorbehandlung*

Kriechmodul	*1 min* N/mm^2	*Zeitstandzugfestigkeit*	h	N/mm^2
Kriechmodul	*1000 h* N/mm^2	*Zeitdehnspg. %*	h	N/mm^2
bei Spannung	N/mm^2			

Biegeversuch 23 °C

Probekörper: *Form* — *Herstellung*
Zustand — *Vorbehandlung*

Biegefestigkeit	N/mm^2	*E-Modul*	N/mm^2
3,5% *Biegespannung*	N/mm^2		

Härte 23 °C *Probekörper:* *Zustand* — *Herstellung*
Vorbehandlung

Kugeldruckhärte	N/mm^2 bei N, s	*Shore-Härte* A	
Rockwellhärte		*Shore-Härte* D	

Schlagversuch *Probekörper:* *(1)*
(2) — *Herstellung*
Zustand — *Vorbehandlung*

	°C	°C	°C	*Probekörper-Form*
Schlagzähigkeit kJ/m^2				
Kerbschlagzähigkeit (1) kJ/m^2				
IZOD-Kerbschlagzähigkeit (2) J/m				
Kerbschlagzugzähigkeit kJ/m^2				

Abrieb und Reibung

Taber-Abrieb (Reibradverfahren)	mm^3/100 U		
Abriebfaktor LNP (Thrust washer) Vergleichswert			
Statische Reibungszahl			
Dynamische Reibungszahl	(p · v= N/mm^2 ·		m/min)
Zulässiger p · v Wert	N/mm^2 · (m/min)	v=	m/min
		v=	m/min

Thermische Eigenschaften

Formbeständigkeit in der Wärme	*Verfahren*	A		55 °C
	Verfahren	B		100 °C
Vicat Erweichungstemperatur (VST)	*Verfahren*	B/50		85 °C
	Verfahren			°C
Kristallit-Schmelzpunkt	*Verfahren*			
Längenausdehnungskoeffizient	*Bereich*	23–80	°C	$1 \cdot 10^{-4} K^{-1}$
	Temperatur			$\cdot 10^{-4} K^{-1}$
Wärmeleitfähigkeit	*Verfahren*			W/(K · m)
Spezifische Wärmekapazität	*Verfahren*			J/(K · g)
Glasumwandlungstemperatur	*Torsionsschwingungsversuch*		°C	
	Differentialkalorimetrie		°C	

Brandverhalten

UL-Test vertikal — Dicke 1.6 mm, Wert HB; Dicke 0.79 mm, Wert HB

	Norm	*Bewertung*	*Abmessungen*
Sauerstoff-Index	ASTM D 2863		
Glühstab-Verfahren			
Brandverhalten	DIN 4102		
MVSS			
FAR			

Elektrische Eigenschaften

		Hz	°C		*Probekörper, Form*
Dielektrizitätszahl		50	23	2.3	Durchmesser 80x1 mm
		10^3			
		10^6			
Dielektrischer Verlustfaktor tan δ		50	23	0.0005	Durchmesser 80x1 mm
		10^3			
		10^6			
Spezifischer Durchgangs-widerstand	Ohm · cm		23	1*10**16	Durchmesser 80x1 mm
Durchschlagfestigkeit	kV/mm		23	75	1 mm dick
Oberflächenwiderstand	Ohm		23	1*10**13	Durchmesser 80x1 mm

Kriechstromfestigkeit KC KB KA
Elektrolytische Korrosionswirkung
Lichtbogenfestigkeit nach DIN
nach ASTM s

Beständigkeit *(Chemische Beständigkeit siehe Anhang)*

Wasseraufnahme 23 C Bis zur Saettigung 0.01 %

Feuchtigkeitsaufnahme Normalklima %
Wetterbeständigkeit

Spannungskorrosion

Optische Eigenschaften

Brechungszahl n_D
Transmissionsgrad τ_c % mm dick
Lichtdurchlässigkeit

Datenbank-Nr.	**T01903**		Merkblatt-Nr. **4622**

Produkt	Polypropylen		**PP**
Handelsname	**Vestolen P 7012 L**		
Hersteller	HUELS		
DIN-Bez 1	16774,PP-H,FHL,95 M 022		
DIN-Bez 2	16774,PP-H,LHL,95 M 022		
Zusätze	UV-Stabilisator; Waermestabilisator	*Füllstoffe/ Verstärkung*	
Bevorzugte Verarbeitung	Folienextrusion	*Lieferform*	Granulat
		Farben	
Besondere Merkmale	Stabilisiert; Stabil-Bewitterung	*Bevorzugte Anwendungen*	Folie; Webbaendchen; Monofilament

Dichte	g/cm³	0.905	*Schmelzindex*	g/10 min	:	
Schüttdichte	g/cm³		*Volumenfließindex*	cm³/10 min	3.2:	230/2.16
Viskositätszahl	ml/g	310				

Verarbeitungsbedingungen für Spritzgießen

Massetemp.	°C	*Schwindung*	%	lgs , quer
Werkzeugtemp.	°C	*Bemerkungen*		
Spritzdruck	bar			

Zugversuch 23 °C DIN 53455; ISO R/527; DIN 53457; ISO R/527

Probekörper: *Form* Nr. 3; 4 mm dick — *Herstellung* Spritzgiessen
Zustand — *Vorbehandlung* Normalklima

Streckspannung	N/mm²	36	*Dehnung bei Streckspannung*	%	8
Zugfestigkeit	N/mm²		*Reißdehnung*	%	≧50
Reißfestigkeit	N/mm²		*% Dehnspannung*	N/mm²	
E-Modul	N/mm²	1500	*Dehnung bei % Dehnspg.*	%	

Kriechmoduln und Zeitstandwerte 23 °C

Probekörper: *Form* — *Herstellung*
Zustand — *Vorbehandlung*

Kriechmodul	*1 min*	N/mm²	*Zeitstandzugfestigkeit*	h	N/mm²
Kriechmodul	*1000 h*	N/mm²	*Zeitdehnspg. %*	h	N/mm²
bei Spannung		N/mm²			

Biegeversuch 23 °C

Probekörper: *Form* — *Herstellung*
Zustand — *Vorbehandlung*

Biegefestigkeit	N/mm²	*E-Modul*	N/mm²
3,5% *Biegespannung*	N/mm²		

Härte 23 °C *Probekörper:* *Zustand* — *Herstellung*
Vorbehandlung

Kugeldruckhärte	N/mm² bei N, s	*Shore-Härte* A	
Rockwellhärte		*Shore-Härte* D	

Schlagversuch *Probekörper:* *(1)*
(2) — *Herstellung*
Zustand — *Vorbehandlung*

	°C	°C	°C	*Probekörper-Form*
Schlagzähigkeit kJ/m²				
Kerbschlagzähigkeit (1) kJ/m²				
IZOD-Kerbschlagzähigkeit (2) J/m				
Kerbschlagzugzähigkeit kJ/m²				

Abrieb und Reibung

Taber-Abrieb (Reibradverfahren)	mm^3/100 U		
Abriebfaktor LNP (Thrust washer) Vergleichswert			
Statische Reibungszahl			
Dynamische Reibungszahl	(p · v =	N/mm^2 ·	m/min)
Zulässiger p · v Wert	N/mm^2 · (m/min)	v =	m/min
		v =	m/min

Thermische Eigenschaften

Formbeständigkeit in der Wärme	Verfahren	A		55 °C
	Verfahren	B		100 °C
Vicat Erweichungstemperatur (VST)	Verfahren	B/50		100 °C
	Verfahren			°C
Kristallit-Schmelzpunkt	Verfahren			
Längenausdehnungskoeffizient	Bereich	23–80	°C	$1.5 \cdot 10^{-4} K^{-1}$
	Temperatur			$\cdot 10^{-4} K^{-1}$
Wärmeleitfähigkeit	Verfahren			W/(K · m)
Spezifische Wärmekapazität	Verfahren			J/(K · g)
Glasumwandlungstemperatur	Torsionsschwingungsversuch		°C	
	Differentialkalorimetrie		°C	

Brandverhalten

UL-Test vertikal — Dicke 1.6 mm, Wert HB; Dicke 0.79 mm, Wert HB

	Norm	Bewertung	Abmessungen
Sauerstoff-Index	ASTM D 2863		
Glühstab-Verfahren			
Brandverhalten	DIN 4102		
MVSS			
FAR			

Elektrische Eigenschaften

		Hz	°C		Probekörper, Form
Dielektrizitätszahl		50	23	2.3	Durchmesser 80x1 mm
		10^3			
		10^6			
Dielektrischer Verlustfaktor tan δ		50	23	0.0005	Durchmesser 80x1 mm
		10^3			
		10^6			
Spezifischer Durchgangswiderstand	Ohm · cm		23	1*10**16	Durchmesser 80x1 mm
Durchschlagfestigkeit	kV/mm		23	75	1 mm dick
Oberflächenwiderstand	Ohm		23	1*10**13	Durchmesser 80x1 mm

Kriechstromfestigkeit	KC	KB	KA
Elektrolytische Korrosionswirkung			
Lichtbogenfestigkeit nach DIN			
nach ASTM	s		

Beständigkeit (Chemische Beständigkeit siehe Anhang)

Wasseraufnahme 23 C	Bis zur Saettigung	0.01 %
Feuchtigkeitsaufnahme Normalklima		%
Wetterbeständigkeit		
Spannungskorrosion		

Optische Eigenschaften

Brechungszahl n_D		
Transmissionsgrad τ_c	%	mm dick
Lichtdurchlässigkeit		

Produkt	Polypropylen		**PP**
Handelsname	**Vestolen P 7032 G**		
Hersteller	HUELS		
DIN-Bez 1	16774,PP-H,MH,95 M 022 GF20		
DIN-Bez 2	16774,PP-H,EH,95 M 022 GF20		
Zusätze	Waermestabilisator	*Füllstoffe/ Verstärkung*	Glasfaser
Bevorzugte Verarbeitung	Spritzgiessen; Extrudieren; Pressen; Sintern	*Lieferform*	Granulat
		Farben	
Besondere Merkmale		*Bevorzugte Anwendungen*	Platte; Kfz-Bau; Elektroindustrie; Haushaltsartikel

Dichte	g/cm^3	1.04	*Schmelzindex*	g/10 min	:	
Schüttdichte	g/cm^3		*Volumenfließindex*	cm^3/10 min	2.8:	230/2.16
Viskositätszahl	ml/g	310				

Verarbeitungsbedingungen für Spritzgießen

Massetemp.	°C	*Schwindung*	% lgs , quer
Werkzeugtemp.	°C	*Bemerkungen*	
Spritzdruck	bar		

Zugversuch 23 °C DIN 53455; ISO R/527; DIN 53457; ISO R/527

Probekörper: *Form* Nr. 3; 4 mm dick — *Herstellung* Spritzgiessen
Zustand — *Vorbehandlung* Normalklima

Streckspannung	N/mm^2		*Dehnung bei Streckspannung*	%	
Zugfestigkeit	N/mm^2		*Reißdehnung*	%	15
Reißfestigkeit	N/mm^2		*% Dehnspannung*	N/mm^2	
E-Modul	N/mm^2	3800	*Dehnung bei % Dehnspg.*	%	

Kriechmoduln und Zeitstandwerte 23 °C

Probekörper: *Form* — *Herstellung*
Zustand — *Vorbehandlung*

Kriechmodul	*1 min*	N/mm^2	*Zeitstandzugfestigkeit*	h	N/mm^2
Kriechmodul	*1000 h*	N/mm^2	*Zeitdehnspg. %*	h	N/mm^2
bei Spannung		N/mm^2			

Biegeversuch 23 °C

Probekörper: *Form* — *Herstellung*
Zustand — *Vorbehandlung*

Biegefestigkeit	N/mm^2	*E-Modul*	N/mm^2
3,5% *Biegespannung*	N/mm^2		

Härte 23 °C *Probekörper:* *Zustand* — *Herstellung*
Vorbehandlung

Kugeldruckhärte	N/mm^2 bei N, s	*Shore-Härte* A	
Rockwellhärte		*Shore-Härte* D	

Schlagversuch *Probekörper:* *(1)*
(2) — *Herstellung*
Zustand — *Vorbehandlung*

		°C	°C	°C	*Probekörper-Form*
Schlagzähigkeit	kJ/m^2				
Kerbschlagzähigkeit (1)	kJ/m^2				
IZOD-Kerbschlagzähigkeit (2)	J/m				
Kerbschlagzugzähigkeit	kJ/m^2				

Abrieb und Reibung

Taber-Abrieb (Reibradverfahren)	mm^3/100 U		
Abriebfaktor LNP (Thrust washer) Vergleichswert			
Statische Reibungszahl			
Dynamische Reibungszahl	(p · v=	N/mm^2 ·	m/min)
Zulässiger p · v Wert	N/mm^2 · (m/min)	v=	m/min
		v=	m/min

Thermische Eigenschaften

Formbeständigkeit in der Wärme	*Verfahren*	A		100 °C
	Verfahren	B		140 °C
Vicat Erweichungstemperatur (VST)	*Verfahren*	B/50		105 °C
	Verfahren			°C
Kristallit-Schmelzpunkt	*Verfahren*			
Längenausdehnungskoeffizient	*Bereich*	23–80	°C	$1 \cdot 10^{-4} K^{-1}$
	Temperatur			$\cdot 10^{-4} K^{-1}$
Wärmeleitfähigkeit	*Verfahren*			W/(K · m)
Spezifische Wärmekapazität	*Verfahren*			J/(K · g)
Glasumwandlungstemperatur	*Torsionsschwingungsversuch*		°C	
	Differentialkalorimetrie		°C	

Brandverhalten

UL-Test vertikal — Dicke 1.6 mm, Wert HB; Dicke 0.79 mm, Wert HB

	Norm	*Bewertung*	*Abmessungen*
Sauerstoff-Index	ASTM D 2863		
Glühstab-Verfahren			
Brandverhalten	DIN 4102		
MVSS			
FAR			

Elektrische Eigenschaften

		Hz	°C		*Probekörper, Form*
Dielektrizitätszahl		50	23	2.4	Durchmesser 80x1 mm
		10^3			
		10^6			
Dielektrischer Verlustfaktor tan δ		50	23	0.0007	Durchmesser 80x1 mm
		10^3			
		10^6			
Spezifischer Durchgangswiderstand	Ohm · cm		23	1*10**16	Durchmesser 80x1 mm
Durchschlagfestigkeit	kV/mm		23	45	1 mm dick
Oberflächenwiderstand	Ohm		23	1*10**13	Durchmesser 80x1 mm

Kriechstromfestigkeit KC KB KA
Elektrolytische Korrosionswirkung
Lichtbogenfestigkeit nach DIN
nach ASTM s

Beständigkeit *(Chemische Beständigkeit siehe Anhang)*

Wasseraufnahme 23 C Bis zur Saettigung 0.02 %

Feuchtigkeitsaufnahme Normalklima %
Wetterbeständigkeit

Spannungskorrosion

Optische Eigenschaften

Brechungszahl n_D
Transmissionsgrad τ_c % mm dick
Lichtdurchlässigkeit

Datenbank-Nr.	**T01905**		Merkblatt-Nr. **4624**
Produkt	Polypropylen		**PP**
Handelsname	**Vestolen P 7032 G SCHWARZ**		
Hersteller	HUELS		
DIN-Bez 1	16774,PP-H,MCHL,95 M 022 GF20		
DIN-Bez 2			
Zusätze	UV-Stabilisator; Waermestabilisator	Füllstoffe/ Verstärkung	Glasfaser
Bevorzugte Verarbeitung	Spritzgiessen	Lieferform	Granulat
		Farben	Schwarz
Besondere Merkmale	Stabilisiert; Stabil-Bewitterung	Bevorzugte Anwendungen	Kfz-Bau

Dichte	g/cm^3	1.04	Schmelzindex	g/10 min	:	
Schüttdichte	g/cm^3		Volumenfließindex	$cm^3/10$ min	2.7:	230/2.16
Viskositätszahl	ml/g	310				

Verarbeitungsbedingungen für Spritzgießen

Massetemp.	°C	Schwindung	% lgs	, quer
Werkzeugtemp.	°C	Bemerkungen		
Spritzdruck	bar			

Zugversuch 23 °C DIN 53455; ISO R/527; DIN 53457; ISO R/527

Probekörper: Form Nr. 3; 4 mm dick — Herstellung Spritzgiessen
Zustand — Vorbehandlung Normalklima

Streckspannung	N/mm^2		Dehnung bei Streckspannung	%	
Zugfestigkeit	N/mm^2		Reißdehnung	%	15
Reißfestigkeit	N/mm^2		% Dehnspannung	N/mm^2	
E-Modul	N/mm^2	3800	Dehnung bei % Dehnspg.	%	

Kriechmoduln und Zeitstandwerte 23 °C

Probekörper: Form — Herstellung
Zustand — Vorbehandlung

Kriechmodul	1 min	N/mm^2	Zeitstandzugfestigkeit	h	N/mm^2
Kriechmodul	1000 h	N/mm^2	Zeitdehnspg. %	h	N/mm^2
bei Spannung		N/mm^2			

Biegeversuch 23 °C

Probekörper: Form — Herstellung
Zustand — Vorbehandlung

Biegefestigkeit	N/mm^2	E-Modul	N/mm^2
3,5% Biegespannung	N/mm^2		

Härte 23 °C Probekörper: Zustand — Herstellung
Vorbehandlung

Kugeldruckhärte	N/mm^2 bei N, s	Shore-Härte A	
Rockwellhärte		Shore-Härte D	

Schlagversuch Probekörper: (1)
(2) — Herstellung
Zustand — Vorbehandlung

		°C	°C	°C	Probekörper-Form
Schlagzähigkeit	kJ/m^2				
Kerbschlagzähigkeit (1)	kJ/m^2				
IZOD-Kerbschlagzähigkeit (2)	J/m				
Kerbschlagzugzähigkeit	kJ/m^2				

Abrieb und Reibung

Taber-Abrieb (Reibradverfahren)	mm^3/100 U		
Abriebfaktor LNP (Thrust washer) Vergleichswert			
Statische Reibungszahl			
Dynamische Reibungszahl	(p·v=	N/mm^2·	m/min)
Zulässiger p·v Wert	N/mm^2·(m/min)	v=	m/min
		v=	m/min

Thermische Eigenschaften

Formbeständigkeit in der Wärme	*Verfahren*	A		100 °C
	Verfahren	B		140 °C
Vicat Erweichungstemperatur (VST)	*Verfahren*	B/50		105 °C
	Verfahren			°C
Kristallit-Schmelzpunkt	*Verfahren*			
Längenausdehnungskoeffizient	*Bereich*	23–80	°C	$1 \cdot 10^{-4} K^{-1}$
	Temperatur			$\cdot 10^{-4} K^{-1}$
Wärmeleitfähigkeit	*Verfahren*			W/(K·m)
Spezifische Wärmekapazität	*Verfahren*			J/(K·g)
Glasumwandlungstemperatur	*Torsionsschwingungsversuch*		°C	
	Differentialkalorimetrie		°C	

Brandverhalten

UL-Test vertikal Dicke 1.6 mm, Wert HB
Dicke 0.79 mm, Wert HB

	Norm	*Bewertung*	*Abmessungen*
Sauerstoff-Index	ASTM D 2863		
Glühstab-Verfahren			
Brandverhalten	DIN 4102		
MVSS			
FAR			

Elektrische Eigenschaften

		Hz	°C		*Probekörper, Form*
Dielektrizitätszahl		50	23	2.4	Durchmesser 80x1 mm
		10^3			
		10^6			
Dielektrischer Verlustfaktor tan δ		50	23	0.0007	Durchmesser 80x1 mm
		10^3			
		10^6			
Spezifischer Durchgangswiderstand	Ohm·cm		23	1*10**16	Durchmesser 80x1 mm
Durchschlagfestigkeit	kV/mm		23	45	1 mm dick
Oberflächenwiderstand	Ohm		23	1*10**13	Durchmesser 80x1 mm
Kriechstromfestigkeit		KC	KB	KA	
Elektrolytische Korrosionswirkung					
Lichtbogenfestigkeit nach DIN					
nach ASTM	s				

Beständigkeit *(Chemische Beständigkeit siehe Anhang)*

Wasseraufnahme 23 C Bis zur Saettigung	0.02 %	
Feuchtigkeitsaufnahme Normalklima		%
Wetterbeständigkeit		
Spannungskorrosion		

Optische Eigenschaften

Brechungszahl n_D		
Transmissionsgrad τ_c	%	mm dick
Lichtdurchlässigkeit		

Datenbank-Nr. **T01906** Merkblatt-Nr. **4625**

Produkt	Polypropylen		**PP**
Handelsname	**Vestolen P 7032 GL**		
Hersteller	HUELS		
DIN-Bez 1	16774,PP-H,MHL,95 M 022 GF20		
DIN-Bez 2			
Zusätze	UV-Stabilisator; Waermestabilisator	*Füllstoffe/ Verstärkung*	Glasfaser
Bevorzugte Verarbeitung	Spritzgiessen	*Lieferform*	Granulat
		Farben	
Besondere Merkmale	Stabilisiert; Stabil-Bewitterung	*Bevorzugte Anwendungen*	Kfz-Bau

Dichte	g/cm^3	1.04	*Schmelzindex*	g/10 min		:
Schüttdichte	g/cm^3		*Volumenfließindex*	cm^3/10 min	2.7:	230/2.16
Viskositätszahl	ml/g	310				

Verarbeitungsbedingungen für Spritzgießen

Massetemp.	°C	*Schwindung*	% lgs , quer
Werkzeugtemp.	°C	*Bemerkungen*	
Spritzdruck	bar		

Zugversuch 23 °C DIN 53455; ISO R/527; DIN 53457; ISO R/527

Probekörper: *Form* Nr. 3; 4 mm dick — *Herstellung* Spritzgiessen
Zustand — *Vorbehandlung* Normalklima

Streckspannung	N/mm^2		*Dehnung bei Streckspannung*	%	
Zugfestigkeit	N/mm^2		*Reißdehnung*	%	15
Reißfestigkeit	N/mm^2		*% Dehnspannung*	N/mm^2	
E-Modul	N/mm^2	3800	*Dehnung bei % Dehnspg.*	%	

Kriechmoduln und Zeitstandwerte 23 °C

Probekörper: *Form* — *Herstellung*
Zustand — *Vorbehandlung*

Kriechmodul	*1 min*	N/mm^2	*Zeitstandzugfestigkeit*	h	N/mm^2
Kriechmodul	*1000 h*	N/mm^2	*Zeitdehnspg. %*	h	N/mm^2
bei Spannung		N/mm^2			

Biegeversuch 23 °C

Probekörper: *Form* — *Herstellung*
Zustand — *Vorbehandlung*

Biegefestigkeit	N/mm^2	*E-Modul*	N/mm^2
3,5% *Biegespannung*	N/mm^2		

Härte 23 °C *Probekörper:* *Zustand* — *Herstellung*
Vorbehandlung

Kugeldruckhärte	N/mm^2 bei N, s	*Shore-Härte* A	
Rockwellhärte		*Shore-Härte* D	

Schlagversuch *Probekörper:* *(1)*
(2) — *Herstellung*
Zustand — *Vorbehandlung*

		°C	°C	°C	*Probekörper-Form*
Schlagzähigkeit	kJ/m^2				
Kerbschlagzähigkeit (1)	kJ/m^2				
IZOD-Kerbschlagzähigkeit (2)	J/m				
Kerbschlagzugzähigkeit	kJ/m^2				

Abrieb und Reibung

Taber-Abrieb (Reibradverfahren)	mm^3/100 U		
Abriebfaktor LNP (Thrust washer) Vergleichswert			
Statische Reibungszahl			
Dynamische Reibungszahl	(p · v =	N/mm^2 ·	m/min)
Zulässiger p · v Wert	N/mm^2 · (m/min)	v =	m/min
		v =	m/min

Thermische Eigenschaften

Formbeständigkeit in der Wärme	*Verfahren*	A		100 °C
	Verfahren	B		140 °C
Vicat Erweichungstemperatur (VST)	*Verfahren*	B/50		105 °C
	Verfahren			°C
Kristallit-Schmelzpunkt	*Verfahren*			
Längenausdehnungskoeffizient	*Bereich*	23–80	°C	$1 \cdot 10^{-4}K^{-1}$
	Temperatur			$\cdot 10^{-4}K^{-1}$
Wärmeleitfähigkeit	*Verfahren*			W/(K · m)
Spezifische Wärmekapazität	*Verfahren*			J/(K · g)
Glasumwandlungstemperatur	*Torsionsschwingungsversuch*		°C	
	Differentialkalorimetrie		°C	

Brandverhalten

UL-Test vertikal	Dicke 1.6 mm, Wert HB
	Dicke 0.79 mm, Wert HB

	Norm	*Bewertung*	*Abmessungen*
Sauerstoff-Index	ASTM D 2863		
Glühstab-Verfahren			
Brandverhalten	DIN 4102		
MVSS			
FAR			

Elektrische Eigenschaften

		Hz	°C		*Probekörper, Form*
Dielektrizitätszahl		50	23	2.4	Durchmesser 80x1 mm
		10^3			
		10^6			
Dielektrischer Verlustfaktor tan δ		50	23	0.0007	Durchmesser 80x1 mm
		10^3			
		10^6			
Spezifischer Durchgangs-widerstand	Ohm · cm		23	1*10**16	Durchmesser 80x1 mm
Durchschlagfestigkeit	kV/mm		23	45	1 mm dick
Oberflächenwiderstand	Ohm		23	1*10**13	Durchmesser 80x1 mm

Kriechstromfestigkeit	KC	KB	KA
Elektrolytische Korrosionswirkung			
Lichtbogenfestigkeit nach DIN			
nach ASTM	s		

Beständigkeit *(Chemische Beständigkeit siehe Anhang)*

Wasseraufnahme 23 C	Bis zur Saettigung	0.02 %
Feuchtigkeitsaufnahme Normalklima		%
Wetterbeständigkeit		
Spannungskorrosion		

Optische Eigenschaften

Brechungszahl n_D		
Transmissionsgrad τ_c	%	mm dick
Lichtdurchlässigkeit		

Datenbank-Nr. **T01907** Merkblatt-Nr. **4626**

Produkt	Polypropylen		**PP**
Handelsname	**Vestolen P 7032 T**		
Hersteller	HUELS		
DIN-Bez 1	16774,PP-H,MH,95 M 022 TD 20		
DIN-Bez 2	16774,PP-H,EH,95 M 022 TD 20		
Zusätze	Waermestabilisator	Füllstoffe/ Verstärkung	Talkum
Bevorzugte Verarbeitung	Spritzgiessen; Extrudieren; Pressen; Sintern	Lieferform	Granulat
		Farben	
Besondere Merkmale		Bevorzugte Anwendungen	Kfz-Bau; Elektroindustrie; Haushaltsgeraet; Platte

Dichte	g/cm^3	1.04	Schmelzindex	g/10 min		:
Schüttdichte	g/cm^3		Volumenfließindex	$cm^3/10$ min	3.1:	230/2.16
Viskositätszahl	ml/g	310				

Verarbeitungsbedingungen für Spritzgießen

Massetemp.	°C	Schwindung	% lgs , quer
Werkzeugtemp.	°C	Bemerkungen	
Spritzdruck	bar		

Zugversuch 23 °C DIN 53455; ISO R/527; DIN 53457; ISO R/527

Probekörper: Form Nr. 3; 4 mm dick — Herstellung Spritzgiessen
Zustand — Vorbehandlung Normalklima

Streckspannung	N/mm^2		Dehnung bei Streckspannung	%
Zugfestigkeit	N/mm^2		Reißdehnung	% 15
Reißfestigkeit	N/mm^2		% Dehnspannung	N/mm^2
E-Modul	N/mm^2	2900	Dehnung bei % Dehnspg.	%

Kriechmoduln und Zeitstandwerte 23 °C

Probekörper: Form — Herstellung
Zustand — Vorbehandlung

Kriechmodul	1 min N/mm^2	Zeitstandzugfestigkeit	h	N/mm^2
Kriechmodul	1000 h N/mm^2	Zeitdehnspg. %	h	N/mm^2
bei Spannung	N/mm^2			

Biegeversuch 23 °C

Probekörper: Form — Herstellung
Zustand — Vorbehandlung

Biegefestigkeit	N/mm^2	E-Modul	N/mm^2
3,5% Biegespannung	N/mm^2		

Härte 23 °C Probekörper: Zustand — Herstellung
Vorbehandlung

Kugeldruckhärte	N/mm^2 bei N, s	Shore-Härte A	
Rockwellhärte		Shore-Härte D	

Schlagversuch Probekörper: (1)
(2) — Herstellung
Zustand — Vorbehandlung

	°C	°C	°C	Probekörper-Form
Schlagzähigkeit kJ/m^2				
Kerbschlagzähigkeit (1) kJ/m^2				
IZOD-Kerbschlagzähigkeit (2) J/m				
Kerbschlagzugzähigkeit kJ/m^2				

Abrieb und Reibung

Taber-Abrieb (Reibradverfahren)	mm^3/100 U		
Abriebfaktor LNP (Thrust washer) Vergleichswert			
Statische Reibungszahl			
Dynamische Reibungszahl	(p · v= N/mm^2 ·		m/min)
Zulässiger p · v Wert	N/mm^2 · (m/min)	v=	m/min
		v=	m/min

Thermische Eigenschaften

Formbeständigkeit in der Wärme	*Verfahren*	A		70 °C
	Verfahren	B		130 °C
Vicat Erweichungstemperatur (VST)	*Verfahren*	B/50		105 °C
	Verfahren			°C
Kristallit-Schmelzpunkt	*Verfahren*			
Längenausdehnungskoeffizient	*Bereich*	23–80	°C	$1.2 \cdot 10^{-4} K^{-1}$
	Temperatur			$\cdot 10^{-4} K^{-1}$
Wärmeleitfähigkeit	*Verfahren*			W/(K · m)
Spezifische Wärmekapazität	*Verfahren*			J/(K · g)
Glasumwandlungstemperatur	*Torsionsschwingungsversuch*		°C	
	Differentialkalorimetrie		°C	

Brandverhalten

UL-Test vertikal	Dicke 1.6 mm, Wert HB
	Dicke 0.79 mm, Wert HB

	Norm	*Bewertung*	*Abmessungen*
Sauerstoff-Index	ASTM D 2863		
Glühstab-Verfahren			
Brandverhalten	DIN 4102		
MVSS			
FAR			

Elektrische Eigenschaften

		Hz	°C		*Probekörper, Form*
Dielektrizitätszahl		50	23	2.4	Durchmesser 80x1 mm
		10^3			
		10^6			
Dielektrischer Verlustfaktor tan δ		50	23	0.0007	Durchmesser 80x1 mm
		10^3			
		10^6			
Spezifischer Durchgangs-widerstand	Ohm · cm		23	1*10**16	Durchmesser 80x1 mm
Durchschlagfestigkeit	kV/mm		23	45	1 mm dick
Oberflächenwiderstand	Ohm		23	1*10**13	Durchmesser 80x1 mm

Kriechstromfestigkeit	KC	KB	KA
Elektrolytische Korrosionswirkung			
Lichtbogenfestigkeit nach DIN			
nach ASTM s			

Beständigkeit *(Chemische Beständigkeit siehe Anhang)*

Wasseraufnahme 23 C Bis zur Saettigung	0.02 %	
Feuchtigkeitsaufnahme Normalklima		%
Wetterbeständigkeit		
Spannungskorrosion		

Optische Eigenschaften

Brechungszahl n_D		
Transmissionsgrad τ_c	%	mm dick
Lichtdurchlässigkeit		

Datenbank-Nr. **T01908** | Merkblatt-Nr. **4627**

Produkt	Polypropylen		**PP**
Handelsname	**Vestolen P 7052 G**		
Hersteller	HUELS		
DIN-Bez 1	16774,PP-H,MH,95 M 022 GF30		
DIN-Bez 2			
Zusätze	Waermestabilisator	*Füllstoffe/ Verstärkung*	Glasfaser
Bevorzugte Verarbeitung	Spritzgiessen	*Lieferform*	Granulat
		Farben	
Besondere Merkmale		*Bevorzugte Anwendungen*	Kfz-Bau; Elektroindustrie; Haushaltsgeraet

Dichte	g/cm³ 1.12	*Schmelzindex*	g/10 min		:
Schüttdichte	g/cm³	*Volumenfließindex*	cm³/10 min	2.4:	230/2.16
Viskositätszahl	ml/g 310				

Verarbeitungsbedingungen für Spritzgießen

Massetemp.	°C	*Schwindung*	% lgs , quer
Werkzeugtemp.	°C	*Bemerkungen*	
Spritzdruck	bar		

Zugversuch 23 °C DIN 53455; ISO R/527; DIN 53457; ISO R/527

Probekörper: *Form* Nr. 3; 4 mm dick — *Herstellung* Spritzgiessen
Zustand — *Vorbehandlung* Normalklima

Streckspannung	N/mm²	*Dehnung bei Streckspannung*	%	
Zugfestigkeit	N/mm²	*Reißdehnung*	%	10
Reißfestigkeit	N/mm²	*% Dehnspannung*	N/mm²	
E-Modul	N/mm² 5000	*Dehnung bei % Dehnspg.*	%	

Kriechmoduln und Zeitstandwerte 23 °C

Probekörper: *Form* — *Herstellung*
Zustand — *Vorbehandlung*

Kriechmodul	*1 min* N/mm²	*Zeitstandzugfestigkeit*	h N/mm²
Kriechmodul	*1000 h* N/mm²	*Zeitdehnspg. %*	h N/mm²
bei Spannung	N/mm²		

Biegeversuch 23 °C

Probekörper: *Form* — *Herstellung*
Zustand — *Vorbehandlung*

Biegefestigkeit	N/mm²	*E-Modul*	N/mm²
3,5% *Biegespannung*	N/mm²		

Härte 23 °C *Probekörper:* *Zustand* — *Herstellung*
Vorbehandlung

Kugeldruckhärte	N/mm² bei N, s	*Shore-Härte*	A
Rockwellhärte		*Shore-Härte*	D

Schlagversuch *Probekörper:* *(1)*
(2) — *Herstellung*
Zustand — *Vorbehandlung*

	°C	°C	°C	*Probekörper-Form*
Schlagzähigkeit kJ/m²				
Kerbschlagzähigkeit (1) kJ/m²				
IZOD-Kerbschlagzähigkeit (2) J/m				
Kerbschlagzugzähigkeit kJ/m²				

Abrieb und Reibung

Taber-Abrieb (Reibradverfahren)	mm^3/100 U		
Abriebfaktor LNP (Thrust washer) Vergleichswert			
Statische Reibungszahl			
Dynamische Reibungszahl	(p · v=	N/mm^2 ·	m/min)
Zulässiger p · v Wert	N/mm^2 · (m/min)	v=	m/min
		v=	m/min

Thermische Eigenschaften

Formbeständigkeit in der Wärme	*Verfahren*	A		110 °C
	Verfahren	B		145 °C
Vicat Erweichungstemperatur (VST)	*Verfahren*	B/50		105 °C
	Verfahren			°C
Kristallit-Schmelzpunkt	*Verfahren*			
Längenausdehnungskoeffizient	*Bereich*	23–80	°C	$0.8 \cdot 10^{-4} K^{-1}$
	Temperatur			$\cdot 10^{-4} K^{-1}$
Wärmeleitfähigkeit	*Verfahren*			W/(K · m)
Spezifische Wärmekapazität	*Verfahren*			J/(K · g)
Glasumwandlungstemperatur	*Torsionsschwingungsversuch*		°C	
	Differentialkalorimetrie		°C	

Brandverhalten

UL-Test vertikal	Dicke 1.6 mm, Wert HB
	Dicke 0.79 mm, Wert HB

	Norm	*Bewertung*	*Abmessungen*
Sauerstoff-Index	ASTM D 2863		
Glühstab-Verfahren			
Brandverhalten	DIN 4102		
MVSS			
FAR			

Elektrische Eigenschaften

		Hz	°C		*Probekörper, Form*
Dielektrizitätszahl		50	23	2.4	Durchmesser 80x1 mm
		10^3			
		10^6			
Dielektrischer Verlustfaktor tan δ		50	23	0.0015	Durchmesser 80x1 mm
		10^3			
		10^6			
Spezifischer Durchgangs-widerstand	Ohm · cm		23	1*10**16	Durchmesser 80x1 mm
Durchschlagfestigkeit	kV/mm		23	45	1 mm dick
Oberflächenwiderstand	Ohm		23	1*10**13	Durchmesser 80x1 mm

Kriechstromfestigkeit	KC	KB	KA
Elektrolytische Korrosionswirkung			
Lichtbogenfestigkeit nach DIN			
nach ASTM s			

Beständigkeit *(Chemische Beständigkeit siehe Anhang)*

Wasseraufnahme 23 C Bis zur Saettigung	0.02 %
Feuchtigkeitsaufnahme Normalklima	%
Wetterbeständigkeit	
Spannungskorrosion	

Optische Eigenschaften

Brechungszahl n_D

Transmissionsgrad τ_c % mm dick

Lichtdurchlässigkeit

Produkt	Polypropylen		**PP**
Handelsname	**Vestolen P 7072 T**		
Hersteller	HUELS		
DIN-Bez 1	16774,PP-H,MH,95 M 022 TD 40		
DIN-Bez 2	16774,PP-H,EH,95 M 022 TD 40		
Zusätze	Waermestabilisator	*Füllstoffe/ Verstärkung*	Talkum
Bevorzugte Verarbeitung	Spritzgiessen; Extrudieren	*Lieferform*	Granulat
		Farben	
Besondere Merkmale		*Bevorzugte Anwendungen*	Platte; Profil; Haushaltsartikel; Kfz-Bau

Dichte	g/cm^3	1.23	*Schmelzindex*	g/10 min	:	
Schüttdichte	g/cm^3		*Volumenfließindex*	cm^3/10 min	2.2:	230/2.16
Viskositätszahl	ml/g	310				

Verarbeitungsbedingungen für Spritzgießen

Massetemp.	°C	*Schwindung*	% lgs , quer
Werkzeugtemp.	°C	*Bemerkungen*	
Spritzdruck	bar		

Zugversuch 23 °C DIN 53455; ISO R/527; DIN 53457; ISO R/527

Probekörper: *Form* Nr. 3; 4 mm dick *Herstellung* Spritzgiessen
Zustand *Vorbehandlung* Normalklima

Streckspannung	N/mm^2		*Dehnung bei Streckspannung*	%	
Zugfestigkeit	N/mm^2		*Reißdehnung*	%	10
Reißfestigkeit	N/mm^2		*% Dehnspannung*	N/mm^2	
E-Modul	N/mm^2	4500	*Dehnung bei % Dehnspg.*	%	

Kriechmoduln und Zeitstandwerte 23 °C

Probekörper: *Form* *Herstellung*
Zustand *Vorbehandlung*

Kriechmodul	*1 min*	N/mm^2	*Zeitstandzugfestigkeit*	h	N/mm^2
Kriechmodul	*1000 h*	N/mm^2	*Zeitdehnspg. %*	h	N/mm^2
bei Spannung		N/mm^2			

Biegeversuch 23 °C

Probekörper: *Form* *Herstellung*
Zustand *Vorbehandlung*

Biegefestigkeit	N/mm^2	*E-Modul*	N/mm^2
3,5% *Biegespannung*	N/mm^2		

Härte 23 °C *Probekörper:* *Zustand* *Herstellung*
Vorbehandlung

Kugeldruckhärte	N/mm^2 bei N, s	*Shore-Härte* A	
Rockwellhärte		*Shore-Härte* D	

Schlagversuch *Probekörper:* *(1)*
(2) *Herstellung*
Zustand *Vorbehandlung*

	°C	°C	°C	*Probekörper-Form*
Schlagzähigkeit kJ/m^2				
Kerbschlagzähigkeit (1) kJ/m^2				
IZOD-Kerbschlagzähigkeit (2) J/m				
Kerbschlagzugzähigkeit kJ/m^2				

Abrieb und Reibung

Taber-Abrieb (Reibradverfahren)	mm^3/100 U		
Abriebfaktor LNP (Thrust washer) Vergleichswert			
Statische Reibungszahl			
Dynamische Reibungszahl	(p · v = N/mm^2 ·		m/min)
Zulässiger p · v Wert	N/mm^2 · (m/min)	v =	m/min
		v =	m/min

Thermische Eigenschaften

Formbeständigkeit in der Wärme	*Verfahren*	A		85 °C
	Verfahren	B		135 °C
Vicat Erweichungstemperatur (VST)	*Verfahren*	B/50		105 °C
	Verfahren			°C
Kristallit-Schmelzpunkt	*Verfahren*			
Längenausdehnungskoeffizient	*Bereich*	23–80	°C	$0.8 \cdot 10^{-4} K^{-1}$
	Temperatur			$\cdot 10^{-4} K^{-1}$
Wärmeleitfähigkeit	*Verfahren*			W/(K · m)
Spezifische Wärmekapazität	*Verfahren*			J/(K · g)
Glasumwandlungstemperatur	*Torsionsschwingungsversuch*		°C	
	Differentialkalorimetrie		°C	

Brandverhalten

UL-Test vertikal — Dicke 1.6 mm, Wert HB; Dicke 0.79 mm, Wert HB

	Norm	*Bewertung*	*Abmessungen*
Sauerstoff-Index	ASTM D 2863		
Glühstab-Verfahren			
Brandverhalten	DIN 4102		
MVSS			
FAR			

Elektrische Eigenschaften

		Hz	°C		*Probekörper, Form*
Dielektrizitätszahl		50	23	2.4	Durchmesser 80x1 mm
		10^3			
		10^6			
Dielektrischer Verlustfaktor tan δ		50	23	0.0013	Durchmesser 80x1 mm
		10^3			
		10^6			
Spezifischer Durchgangs-widerstand	Ohm · cm		23	1*10**16	Durchmesser 80x1 mm
Durchschlagfestigkeit	kV/mm		23	45	1 mm dick
Oberflächenwiderstand	Ohm		23	1*10**13	Durchmesser 80x1 mm

Kriechstromfestigkeit	KC	KB	KA
Elektrolytische Korrosionswirkung			
Lichtbogenfestigkeit nach DIN			
nach ASTM s			

Beständigkeit *(Chemische Beständigkeit siehe Anhang)*

Wasseraufnahme 23 C Bis zur Saettigung	0.02 %
Feuchtigkeitsaufnahme Normalklima	%
Wetterbeständigkeit	
Spannungskorrosion	

Optische Eigenschaften

Brechungszahl n_D
Transmissionsgrad τ_c % mm dick
Lichtdurchlässigkeit

Datenbank-Nr.	**T01910**		Merkblatt-Nr. **4629**

Produkt	Polypropylen		**PP**
Handelsname	**Vestolen P 7700**		
Hersteller	HUELS		
DIN-Bez 1	16774,PP-B,M,95 M 022		
DIN-Bez 2			
Zusätze		*Füllstoffe/ Verstärkung*	
Bevorzugte Verarbeitung	Spritzgiessen	*Lieferform*	Granulat
		Farben	
Besondere Merkmale	Schlagzaeh modifiziert	*Bevorzugte Anwendungen*	Kfz-Bau; Elektroindustrie; Batteriekasten; Moebelindustrie; Haushaltsgeraet

Dichte	g/cm³	0.91	*Schmelzindex*	g/10 min		:
Schüttdichte	g/cm³		*Volumenfließindex*	cm³/10 min	2.7:	230/2.16
Viskositätszahl	ml/g	420				

Verarbeitungsbedingungen für Spritzgießen

Massetemp.	°C	*Schwindung*	% lgs , quer
Werkzeugtemp.	°C	*Bemerkungen*	
Spritzdruck	bar		

Zugversuch 23 °C DIN 53455; ISO R/527; DIN 53457; ISO R/527

Probekörper: *Form* Nr. 3; 4 mm dick — *Herstellung* Spritzgiessen
Zustand — *Vorbehandlung* Normalklima

Streckspannung	N/mm²	32	*Dehnung bei Streckspannung*	%	8
Zugfestigkeit	N/mm²		*Reißdehnung*	%	≧50
Reißfestigkeit	N/mm²		*% Dehnspannung*	N/mm²	
E-Modul	N/mm²	1300	*Dehnung bei % Dehnspg.*	%	

Kriechmoduln und Zeitstandwerte 23 °C

Probekörper: *Form* — *Herstellung*
Zustand — *Vorbehandlung*

Kriechmodul	*1 min* N/mm²	*Zeitstandzugfestigkeit*	h	N/mm²
Kriechmodul	*1000 h* N/mm²	*Zeitdehnspg. %*	h	N/mm²
bei Spannung	N/mm²			

Biegeversuch 23 °C

Probekörper: *Form* — *Herstellung*
Zustand — *Vorbehandlung*

Biegefestigkeit	N/mm²	*E-Modul*	N/mm²
3,5% *Biegespannung*	N/mm²		

Härte 23 °C *Probekörper:* *Zustand* — *Herstellung*
Vorbehandlung

Kugeldruckhärte	N/mm² bei N, s	*Shore-Härte* A	
Rockwellhärte		*Shore-Härte* D	

Schlagversuch *Probekörper:* *(1)*
(2) — *Herstellung*
Zustand — *Vorbehandlung*

		°C	°C	°C	*Probekörper-Form*
Schlagzähigkeit	kJ/m²				
Kerbschlagzähigkeit (1)	kJ/m²				
IZOD-Kerbschlagzähigkeit (2)	J/m				
Kerbschlagzugzähigkeit	kJ/m²				

Abrieb und Reibung

Taber-Abrieb (Reibradverfahren)	$mm^3/100$ U		
Abriebfaktor LNP (Thrust washer) Vergleichswert			
Statische Reibungszahl			
Dynamische Reibungszahl	(p · v=	N/mm² ·	m/min)
Zulässiger p · v Wert	N/mm² · (m/min)	v=	m/min
		v=	m/min

Thermische Eigenschaften

Formbeständigkeit in der Wärme	*Verfahren*	A		55 °C
	Verfahren	B		85 °C
Vicat Erweichungstemperatur (VST)	*Verfahren*	B/50		90 °C
	Verfahren			°C
Kristallit-Schmelzpunkt	*Verfahren*			
Längenausdehnungskoeffizient	*Bereich*	23–80	°C	$1.5 \cdot 10^{-4} K^{-1}$
	Temperatur			$\cdot 10^{-4} K^{-1}$
Wärmeleitfähigkeit	*Verfahren*			W/(K · m)
Spezifische Wärmekapazität	*Verfahren*			J/(K · g)
Glasumwandlungstemperatur	*Torsionsschwingungsversuch*		°C	
	Differentialkalorimetrie		°C	

Brandverhalten

UL-Test vertikal — Dicke 1.6 mm, Wert HB; Dicke 0.79 mm, Wert HB

	Norm	*Bewertung*	*Abmessungen*
Sauerstoff-Index	ASTM D 2863		
Glühstab-Verfahren			
Brandverhalten	DIN 4102		
MVSS			
FAR			

Elektrische Eigenschaften

		Hz	°C		*Probekörper, Form*
Dielektrizitätszahl		50	23	2.3	Durchmesser 80x1 mm
		10^3			
		10^6			
Dielektrischer Verlustfaktor tan δ		50	23	0.0005	Durchmesser 80x1 mm
		10^3			
		10^6			
Spezifischer Durchgangs-widerstand	Ohm · cm		23	1*10**16	Durchmesser 80x1 mm
Durchschlagfestigkeit	kV/mm		23	75	1 mm dick
Oberflächenwiderstand	Ohm		23	1*10**13	Durchmesser 80x1 mm

Kriechstromfestigkeit KC KB KA
Elektrolytische Korrosionswirkung
Lichtbogenfestigkeit nach DIN
nach ASTM s

Beständigkeit *(Chemische Beständigkeit siehe Anhang)*

Wasseraufnahme 23 C Bis zur Saettigung 0.01 %

Feuchtigkeitsaufnahme Normalklima %
Wetterbeständigkeit

Spannungskorrosion

Optische Eigenschaften

Brechungszahl n_D
Transmissionsgrad τ_c % mm dick
Lichtdurchlässigkeit

Datenbank-Nr. **T01911** Merkblatt-Nr. **4630**

Produkt	Polypropylen		**PP**
Handelsname	**Vestolen P 7700 SCHWARZ**		
Hersteller	HUELS		
DIN-Bez 1	16774, PP-B,MCHL,95 M 022		
DIN-Bez 2			
Zusätze	UV-Stabilisator; Waermestabilisator	*Füllstoffe/ Verstärkung*	
Bevorzugte Verarbeitung	Spritzgiessen	*Lieferform*	Granulat
		Farben	Schwarz
Besondere Merkmale	Schlagzaeh modifiziert; Stabilisiert; Stabil-Bewitterung	*Bevorzugte Anwendungen*	Kfz-Bau

---

Dichte	g/cm^3	0.91	*Schmelzindex*	g/10 min	:	
Schüttdichte	g/cm^3		*Volumenfließindex*	$cm^3/10$ min	2.7:	230/2.16
Viskositätszahl	ml/g	420				

Verarbeitungsbedingungen für Spritzgießen

Massetemp.	°C	*Schwindung*	%	lgs , quer
Werkzeugtemp.	°C	*Bemerkungen*		
Spritzdruck	bar			

Zugversuch 23 °C DIN 53455; ISO R/527; DIN 53457; ISO R/527

Probekörper: *Form* Nr. 3; 4 mm dick — *Herstellung* Spritzgiessen
Zustand — *Vorbehandlung* Normalklima

Streckspannung	N/mm^2	32	*Dehnung bei Streckspannung*	%	8
Zugfestigkeit	N/mm^2		*Reißdehnung*	%	≧50
Reißfestigkeit	N/mm^2		*% Dehnspannung*	N/mm^2	
E-Modul	N/mm^2	1300	*Dehnung bei % Dehnspg.*	%	

Kriechmoduln und Zeitstandwerte 23 °C

Probekörper: *Form* — *Herstellung*
Zustand — *Vorbehandlung*

Kriechmodul	*1 min* N/mm^2	*Zeitstandzugfestigkeit*	h	N/mm^2
Kriechmodul	*1000 h* N/mm^2	*Zeitdehnspg. %*	h	N/mm^2
bei Spannung	N/mm^2			

Biegeversuch 23 °C

Probekörper: *Form* — *Herstellung*
Zustand — *Vorbehandlung*

Biegefestigkeit	N/mm^2	*E-Modul*	N/mm^2
3,5% *Biegespannung*	N/mm^2		

Härte 23 °C *Probekörper:* *Zustand* — *Herstellung*
Vorbehandlung

Kugeldruckhärte	N/mm^2 bei N, s	*Shore-Härte* A	
Rockwellhärte		*Shore-Härte* D	

Schlagversuch *Probekörper:* *(1)*
(2) — *Herstellung*
Zustand — *Vorbehandlung*

	°C	°C	°C	*Probekörper-Form*
Schlagzähigkeit kJ/m^2				
Kerbschlagzähigkeit (1) kJ/m^2				
IZOD-Kerbschlagzähigkeit (2) J/m				
Kerbschlagzugzähigkeit kJ/m^2				

Abrieb und Reibung

Taber-Abrieb (Reibradverfahren)	mm^3/100 U		
Abriebfaktor LNP (Thrust washer) Vergleichswert			
Statische Reibungszahl			
Dynamische Reibungszahl	(p·v= N/mm^2·		m/min)
Zulässiger p · v Wert	N/mm^2·(m/min)	v=	m/min
		v=	m/min

Thermische Eigenschaften

Formbeständigkeit in der Wärme	*Verfahren* A		55 °C
	Verfahren B		85 °C
Vicat Erweichungstemperatur (VST)	*Verfahren* B/50		90 °C
	Verfahren		°C
Kristallit-Schmelzpunkt	*Verfahren*		
Längenausdehnungskoeffizient	*Bereich* 23–80 °C		$1.5 \cdot 10^{-4} K^{-1}$
	Temperatur		$\cdot 10^{-4} K^{-1}$
Wärmeleitfähigkeit	*Verfahren*		W/(K · m)
Spezifische Wärmekapazität	*Verfahren*		J/(K · g)
Glasumwandlungstemperatur	*Torsionsschwingungsversuch*	°C	
	Differentialkalorimetrie	°C	

Brandverhalten

UL-Test vertikal	Dicke 1.6 mm, Wert HB	
	Dicke 0.79 mm, Wert HB	

	Norm	*Bewertung*	*Abmessungen*
Sauerstoff-Index	ASTM D 2863		
Glühstab-Verfahren			
Brandverhalten	DIN 4102		
MVSS			
FAR			

Elektrische Eigenschaften

		Hz	°C		*Probekörper, Form*
Dielektrizitätszahl		50	23	2.3	Durchmesser 80x1 mm
		10^3			
		10^6			
Dielektrischer Verlustfaktor tan δ		50	23	0.0005	Durchmesser 80x1 mm
		10^3			
		10^6			
Spezifischer Durchgangs-widerstand	Ohm · cm		23	1*10**16	Durchmesser 80x1 mm
Durchschlagfestigkeit	kV/mm		23	75	1 mm dick
Oberflächenwiderstand	Ohm		23	1*10**13	Durchmesser 80x1 mm

Kriechstromfestigkeit	KC	KB	KA
Elektrolytische Korrosionswirkung			
Lichtbogenfestigkeit nach DIN			
nach ASTM s			

Beständigkeit *(Chemische Beständigkeit siehe Anhang)*

Wasseraufnahme 23 C Bis zur Saettigung	0.01 %	
Feuchtigkeitsaufnahme Normalklima		%
Wetterbeständigkeit		
Spannungskorrosion		

Optische Eigenschaften

Brechungszahl n_D		
Transmissionsgrad τ_c	%	mm dick
Lichtdurchlässigkeit		

Datenbank-Nr. **T01912** Merkblatt-Nr. **4631**

Produkt	Polypropylen		**PP**
Handelsname	**Vestolen P 7702**		
Hersteller	HUELS		
DIN-Bez 1	16774,PP-B,MH,95 M 022		
DIN-Bez 2			
Zusätze	Waermestabilisator	*Füllstoffe/ Verstärkung*	
Bevorzugte Verarbeitung	Spritzgiessen	*Lieferform*	Granulat
		Farben	
Besondere Merkmale	Schlagzaeh modifiziert	*Bevorzugte Anwendungen*	Kfz-Bau; Elektroindustrie

Dichte	g/cm^3	0.91	*Schmelzindex*	g/10 min		:
Schüttdichte	g/cm^3		*Volumenfließindex*	$cm^3/10$ min	2.7:	230/2.16
Viskositätszahl	ml/g	420				

Verarbeitungsbedingungen für Spritzgießen

Massetemp.	°C	*Schwindung*	% lgs , quer
Werkzeugtemp.	°C	*Bemerkungen*	
Spritzdruck	bar		

Zugversuch 23 °C DIN 53455; ISO R/527; DIN 53457; ISO R/527

Probekörper: *Form* Nr. 3; 4 mm dick — *Herstellung* Spritzgiessen
Zustand — *Vorbehandlung* Normalklima

Streckspannung	N/mm^2	32	*Dehnung bei Streckspannung*	%	8
Zugfestigkeit	N/mm^2		*Reißdehnung*	%	≧50
Reißfestigkeit	N/mm^2		*% Dehnspannung*	N/mm^2	
E-Modul	N/mm^2	1300	*Dehnung bei % Dehnspg.*	%	

Kriechmoduln und Zeitstandwerte 23 °C

Probekörper: *Form* — *Herstellung*
Zustand — *Vorbehandlung*

Kriechmodul	*1 min* N/mm^2	*Zeitstandzugfestigkeit*	h	N/mm^2
Kriechmodul	*1000 h* N/mm^2	*Zeitdehnspg. %*	h	N/mm^2
bei Spannung	N/mm^2			

Biegeversuch 23 °C

Probekörper: *Form* — *Herstellung*
Zustand — *Vorbehandlung*

Biegefestigkeit	N/mm^2	*E-Modul*	N/mm^2
3,5% *Biegespannung*	N/mm^2		

Härte 23 °C *Probekörper:* *Zustand* — *Herstellung*
Vorbehandlung

Kugeldruckhärte	N/mm^2 bei N, s	*Shore-Härte* A	
Rockwellhärte		*Shore-Härte* D	

Schlagversuch *Probekörper:* *(1)*
(2) — *Herstellung*
Zustand — *Vorbehandlung*

	°C	°C	°C	*Probekörper-Form*
Schlagzähigkeit kJ/m^2				
Kerbschlagzähigkeit (1) kJ/m^2				
IZOD-Kerbschlagzähigkeit (2) J/m				
Kerbschlagzugzähigkeit kJ/m^2				

Abrieb und Reibung

Taber-Abrieb (Reibradverfahren)	mm^3/100 U		
Abriebfaktor LNP (Thrust washer) Vergleichswert			
Statische Reibungszahl			
Dynamische Reibungszahl	(p · v =	N/mm^2 ·	m/min)
Zulässiger p · v Wert	N/mm^2 · (m/min)	v =	m/min
		v =	m/min

Thermische Eigenschaften

Formbeständigkeit in der Wärme	*Verfahren*	A		55 °C
	Verfahren	B		85 °C
Vicat Erweichungstemperatur (VST)	*Verfahren*	B/50		90 °C
	Verfahren			°C
Kristallit-Schmelzpunkt	*Verfahren*			
Längenausdehnungskoeffizient	*Bereich*	23–80	°C	1.5 · $10^{-4}K^{-1}$
	Temperatur			· $10^{-4}K^{-1}$
Wärmeleitfähigkeit	*Verfahren*			W/(K · m)
Spezifische Wärmekapazität	*Verfahren*			J/(K · g)
Glasumwandlungstemperatur	*Torsionsschwingungsversuch*		°C	
	Differentialkalorimetrie		°C	

Brandverhalten

UL-Test vertikal Dicke 1.6 mm, Wert HB
Dicke 0.79 mm, Wert HB

	Norm	*Bewertung*	*Abmessungen*
Sauerstoff-Index	ASTM D 2863		
Glühstab-Verfahren			
Brandverhalten	DIN 4102		
MVSS			
FAR			

Elektrische Eigenschaften

		Hz	°C		*Probekörper, Form*
Dielektrizitätszahl		50	23	2.3	Durchmesser 80x1 mm
		10^3			
		10^6			
Dielektrischer Verlustfaktor tan δ		50	23	0.0005	Durchmesser 80x1 mm
		10^3			
		10^6			
Spezifischer Durchgangs-widerstand	Ohm · cm		23	1*10**16	Durchmesser 80x1 mm
Durchschlagfestigkeit	kV/mm		23	75	1 mm dick
Oberflächenwiderstand	Ohm		23	1*10**13	Durchmesser 80x1 mm

Kriechstromfestigkeit KC KB KA
Elektrolytische Korrosionswirkung
Lichtbogenfestigkeit nach DIN
nach ASTM s

Beständigkeit *(Chemische Beständigkeit siehe Anhang)*

Wasseraufnahme 23 C Bis zur Saettigung 0.01 %

Feuchtigkeitsaufnahme Normalklima %
Wetterbeständigkeit

Spannungskorrosion

Optische Eigenschaften

Brechungszahl n_D
Transmissionsgrad τ_c % mm dick
Lichtdurchlässigkeit

Datenbank-Nr.	**T01913**		Merkblatt-Nr. **4632**

Produkt	Polypropylen		**PP**
Handelsname	**Vestolen P 7702 L**		
Hersteller	HUELS		
DIN-Bez 1	16774,PP-B,MHL,95 M 022		
DIN-Bez 2			
Zusätze	UV-Stabilisator; Waermestabilisator	Füllstoffe/ Verstärkung	
Bevorzugte Verarbeitung	Spritzgiessen	Lieferform	Granulat
		Farben	
Besondere Merkmale	Schlagzaeh modifiziert; Stabilisiert; Stabil-Bewitterung	Bevorzugte Anwendungen	Batteriekasten; Technisches Teil fuer den Ausseneinsatz

Dichte	g/cm^3	0.91	Schmelzindex	g/10 min	:	
Schüttdichte	g/cm^3		Volumenfließindex	cm^3/10 min	2.7:	230/2.16
Viskositätszahl	ml/g	420				

Verarbeitungsbedingungen für Spritzgießen

Massetemp.	°C	Schwindung	%	lgs , quer
Werkzeugtemp.	°C	Bemerkungen		
Spritzdruck	bar			

Zugversuch 23 °C DIN 53455; ISO R/527; DIN 53457; ISO R/527

Probekörper: Form Nr. 3; 4 mm dick — Herstellung: Spritzgiessen
Zustand — Vorbehandlung: Normalklima

Streckspannung	N/mm^2	32	Dehnung bei Streckspannung	%	8
Zugfestigkeit	N/mm^2		Reißdehnung	%	≧50
Reißfestigkeit	N/mm^2		% Dehnspannung	N/mm^2	
E-Modul	N/mm^2	1300	Dehnung bei % Dehnspg.	%	

Kriechmoduln und Zeitstandwerte 23 °C

Probekörper: Form — Herstellung
Zustand — Vorbehandlung

Kriechmodul	1 min N/mm^2	Zeitstandzugfestigkeit	h	N/mm^2
Kriechmodul	1000 h N/mm^2	Zeitdehnspg. %	h	N/mm^2
bei Spannung	N/mm^2			

Biegeversuch 23 °C

Probekörper: Form — Herstellung
Zustand — Vorbehandlung

Biegefestigkeit	N/mm^2	E-Modul	N/mm^2
3,5% Biegespannung	N/mm^2		

Härte 23 °C Probekörper: Zustand — Herstellung
Vorbehandlung

Kugeldruckhärte	N/mm^2 bei N, s	Shore-Härte A	
Rockwellhärte		Shore-Härte D	

Schlagversuch Probekörper: (1)
(2) — Herstellung
Zustand — Vorbehandlung

	°C	°C	°C	Probekörper-Form
Schlagzähigkeit kJ/m^2				
Kerbschlagzähigkeit (1) kJ/m^2				
IZOD-Kerbschlagzähigkeit (2) J/m				
Kerbschlagzugzähigkeit kJ/m^2				

Abrieb und Reibung

Taber-Abrieb (Reibradverfahren)	mm^3/100 U		
Abriebfaktor LNP (Thrust washer) Vergleichswert			
Statische Reibungszahl			
Dynamische Reibungszahl	(p · v=	N/mm^2 ·	m/min)
Zulässiger p · v Wert	N/mm^2 · (m/min)	v=	m/min
		v=	m/min

Thermische Eigenschaften

Formbeständigkeit in der Wärme	*Verfahren*	A		55 °C
	Verfahren	B		85 °C
Vicat Erweichungstemperatur (VST)	*Verfahren*	B/50		90 °C
	Verfahren			°C
Kristallit-Schmelzpunkt	*Verfahren*			
Längenausdehnungskoeffizient	*Bereich*	23–80	°C	$1.5 \cdot 10^{-4}K^{-1}$
	Temperatur			$\cdot 10^{-4}K^{-1}$
Wärmeleitfähigkeit	*Verfahren*			W/(K · m)
Spezifische Wärmekapazität	*Verfahren*			J/(K · g)
Glasumwandlungstemperatur	*Torsionsschwingungsversuch*		°C	
	Differentialkalorimetrie		°C	

Brandverhalten

UL-Test vertikal Dicke 1.6 mm, Wert HB
Dicke 0.79 mm, Wert HB

	Norm	*Bewertung*	*Abmessungen*
Sauerstoff-Index	ASTM D 2863		
Glühstab-Verfahren			
Brandverhalten	DIN 4102		
MVSS			
FAR			

Elektrische Eigenschaften

		Hz	°C		*Probekörper, Form*
Dielektrizitätszahl		50	23	2.3	Durchmesser 80x1 mm
		10^3			
		10^6			
Dielektrischer Verlustfaktor tan δ		50	23	0.0005	Durchmesser 80x1 mm
		10^3			
		10^6			
Spezifischer Durchgangs-widerstand	Ohm · cm		23	1*10**16	Durchmesser 80x1 mm
Durchschlagfestigkeit	kV/mm		23	75	1 mm dick
Oberflächenwiderstand	Ohm		23	1*10**13	Durchmesser 80x1 mm

Kriechstromfestigkeit KC KB KA
Elektrolytische Korrosionswirkung
Lichtbogenfestigkeit nach DIN
nach ASTM s

Beständigkeit *(Chemische Beständigkeit siehe Anhang)*

Wasseraufnahme 23 C Bis zur Saettigung 0.01 %

Feuchtigkeitsaufnahme Normalklima %
Wetterbeständigkeit

Spannungskorrosion

Optische Eigenschaften

Brechungszahl n_D
Transmissionsgrad τ_c % mm dick
Lichtdurchlässigkeit

Produkt	Polypropylen		**PP**
Handelsname	**Vestolen P 7712 L**		
Hersteller	HUELS		
DIN-Bez 1	16774,PP-B,MHL,95 M 022		
DIN-Bez 2			
Zusätze	UV-Stabilisator; Waermestabilisator	*Füllstoffe/ Verstärkung*	
Bevorzugte Verarbeitung	Spritzgiessen	*Lieferform*	Granulat
		Farben	
Besondere Merkmale	Schlagzaeh modifiziert; Stabilisiert; Stabil-Bewitterung	*Bevorzugte Anwendungen*	Batteriekasten; Technisches Teil fuer den Ausseneinsatz; Hoch lichtstabil

---

Dichte	g/cm^3	0.91	*Schmelzindex*	g/10 min		:
Schüttdichte	g/cm^3		*Volumenfließindex*	cm^3/10 min	2.7:	230/2.16
Viskositätszahl	ml/g	420				

Verarbeitungsbedingungen für Spritzgießen

Massetemp.	°C	*Schwindung*	% lgs , quer
Werkzeugtemp.	°C	*Bemerkungen*	
Spritzdruck	bar		

Zugversuch 23 °C DIN 53455; ISO R/527; DIN 53457; ISO R/527

Probekörper: *Form* Nr. 3; 4 mm dick — *Herstellung* Spritzgiessen
Zustand — *Vorbehandlung* Normalklima

Streckspannung	N/mm^2	32	*Dehnung bei Streckspannung*	%	8
Zugfestigkeit	N/mm^2		*Reißdehnung*	%	≧50
Reißfestigkeit	N/mm^2		*% Dehnspannung*	N/mm^2	
E-Modul	N/mm^2	1300	*Dehnung bei % Dehnspg.*	%	

Kriechmoduln und Zeitstandwerte 23 °C

Probekörper: *Form* — *Herstellung*
Zustand — *Vorbehandlung*

Kriechmodul	*1 min*	N/mm^2	*Zeitstandzugfestigkeit*	h	N/mm^2
Kriechmodul	*1000 h*	N/mm^2	*Zeitdehnspg. %*	h	N/mm^2
bei Spannung		N/mm^2			

Biegeversuch 23 °C

Probekörper: *Form* — *Herstellung*
Zustand — *Vorbehandlung*

Biegefestigkeit	N/mm^2	*E-Modul*	N/mm^2
3,5% *Biegespannung*	N/mm^2		

Härte 23 °C *Probekörper:* *Zustand* — *Herstellung*
Vorbehandlung

Kugeldruckhärte	N/mm^2 bei N, s	*Shore-Härte* A	
Rockwellhärte		*Shore-Härte* D	

Schlagversuch *Probekörper:* *(1)*
(2) — *Herstellung*
Zustand — *Vorbehandlung*

	°C	°C	°C	*Probekörper-Form*
Schlagzähigkeit kJ/m^2				
Kerbschlagzähigkeit (1) kJ/m^2				
IZOD-Kerbschlagzähigkeit (2) J/m				
Kerbschlagzugzähigkeit kJ/m^2				

Abrieb und Reibung

Taber-Abrieb (Reibradverfahren)	mm^3/100 U		
Abriebfaktor LNP (Thrust washer) Vergleichswert			
Statische Reibungszahl			
Dynamische Reibungszahl	(p · v=	N/mm^2 ·	m/min)
Zulässiger p · v Wert	N/mm^2 · (m/min)	v=	m/min
		v=	m/min

Thermische Eigenschaften

Formbeständigkeit in der Wärme	*Verfahren*	A		55 °C
	Verfahren	B		85 °C
Vicat Erweichungstemperatur (VST)	*Verfahren*	B/50		90 °C
	Verfahren			°C
Kristallit-Schmelzpunkt	*Verfahren*			
Längenausdehnungskoeffizient	*Bereich*	23–80	°C	$1.5 \cdot 10^{-4} K^{-1}$
	Temperatur			$\cdot 10^{-4} K^{-1}$
Wärmeleitfähigkeit	*Verfahren*			W/(K · m)
Spezifische Wärmekapazität	*Verfahren*			J/(K · g)
Glasumwandlungstemperatur	*Torsionsschwingungsversuch*		°C	
	Differentialkalorimetrie		°C	

Brandverhalten

UL-Test vertikal — Dicke 1.6 mm, Wert HB
Dicke 0.79 mm, Wert HB

	Norm	*Bewertung*	*Abmessungen*
Sauerstoff-Index	ASTM D 2863		
Glühstab-Verfahren			
Brandverhalten	DIN 4102		
MVSS			
FAR			

Elektrische Eigenschaften

		Hz	°C		*Probekörper, Form*
Dielektrizitätszahl		50	23	2.3	Durchmesser 80x1 mm
		10^3			
		10^6			
Dielektrischer Verlustfaktor tan δ		50	23	0.0005	Durchmesser 80x1 mm
		10^3			
		10^6			
Spezifischer Durchgangswiderstand	Ohm · cm		23	1*10**16	Durchmesser 80x1 mm
Durchschlagfestigkeit	kV/mm		23	75	1 mm dick
Oberflächenwiderstand	Ohm		23	1*10**13	Durchmesser 80x1 mm

Kriechstromfestigkeit	KC	KB	KA
Elektrolytische Korrosionswirkung			
Lichtbogenfestigkeit nach DIN			
nach ASTM s			

Beständigkeit *(Chemische Beständigkeit siehe Anhang)*

Wasseraufnahme 23 C Bis zur Saettigung	0.01 %	
Feuchtigkeitsaufnahme Normalklima		%
Wetterbeständigkeit		
Spannungskorrosion		

Optische Eigenschaften

Brechungszahl n_D		
Transmissionsgrad τ_c	%	mm dick
Lichtdurchlässigkeit		

Produkt	Polypropylen		**PP**
Handelsname	**Vestolen P 7800**		
Hersteller	HUELS		
DIN-Bez 1	16774,PP-B,M,85 M 022		
DIN-Bez 2			
Zusätze		*Füllstoffe/ Verstärkung*	
Bevorzugte Verarbeitung	Spritzgiessen	*Lieferform*	Granulat
		Farben	
Besondere Merkmale	Schlagzaeh modifiziert	*Bevorzugte Anwendungen*	Transportkasten; Stapelkasten; Batteriekasten

Dichte	g/cm^3	0.908	*Schmelzindex*	g/10 min	:	
Schüttdichte	g/cm^3		*Volumenfließindex*	$cm^3/10$ min	2.5:	230/2.16
Viskositätszahl	ml/g	400				

Verarbeitungsbedingungen für Spritzgießen

Massetemp.	°C	*Schwindung*	% lgs , quer
Werkzeugtemp.	°C	*Bemerkungen*	
Spritzdruck	bar		

Zugversuch 23 °C DIN 53455; ISO R/527;

Probekörper: *Form* Nr. 3; 4 mm dick — *Herstellung* Spritzgiessen
Zustand — *Vorbehandlung* Normalklima

Streckspannung	N/mm^2	25	*Dehnung bei Streckspannung*	%	5
Zugfestigkeit	N/mm^2		*Reißdehnung*	%	≧50
Reißfestigkeit	N/mm^2		*% Dehnspannung*	N/mm^2	
E-Modul	N/mm^2		*Dehnung bei % Dehnspg.*	%	

Kriechmoduln und Zeitstandwerte 23 °C

Probekörper: *Form* — *Herstellung*
Zustand — *Vorbehandlung*

Kriechmodul	*1 min* N/mm^2	*Zeitstandzugfestigkeit*	h	N/mm^2
Kriechmodul	*1000 h* N/mm^2	*Zeitdehnspg. %*	h	N/mm^2
bei Spannung	N/mm^2			

Biegeversuch 23 °C

Probekörper: *Form* — *Herstellung*
Zustand — *Vorbehandlung*

Biegefestigkeit	N/mm^2	*E-Modul*	N/mm^2
3,5% *Biegespannung*	N/mm^2		

Härte 23 °C *Probekörper:* *Zustand* — *Herstellung*
Vorbehandlung

Kugeldruckhärte	N/mm^2 bei N, s	*Shore-Härte*	A
Rockwellhärte		*Shore-Härte*	D

Schlagversuch *Probekörper:* *(1)*
(2) — *Herstellung*
Zustand — *Vorbehandlung*

	°C	°C	°C	*Probekörper-Form*
Schlagzähigkeit kJ/m^2				
Kerbschlagzähigkeit (1) kJ/m^2				
IZOD-Kerbschlagzähigkeit (2) J/m				
Kerbschlagzugzähigkeit kJ/m^2				

Abrieb und Reibung

Taber-Abrieb (Reibradverfahren)	mm^3/100 U		
Abriebfaktor LNP (Thrust washer) Vergleichswert			
Statische Reibungszahl			
Dynamische Reibungszahl	(p · v =	N/mm^2 ·	m/min)
Zulässiger p · v Wert	N/mm^2 · (m/min)	v =	m/min
		v =	m/min

Thermische Eigenschaften

Formbeständigkeit in der Wärme	*Verfahren*	A		50 °C
	Verfahren	B		85 °C
Vicat Erweichungstemperatur (VST)	*Verfahren*	B/50		75 °C
	Verfahren			°C
Kristallit-Schmelzpunkt	*Verfahren*			
Längenausdehnungskoeffizient	*Bereich*	23–80	°C	$1.5 \cdot 10^{-4} K^{-1}$
	Temperatur			$\cdot 10^{-4} K^{-1}$
Wärmeleitfähigkeit	*Verfahren*			W/(K · m)
Spezifische Wärmekapazität	*Verfahren*			J/(K · g)
Glasumwandlungstemperatur	*Torsionsschwingungsversuch*		°C	
	Differentialkalorimetrie		°C	

Brandverhalten

UL-Test vertikal	Dicke 1.6 mm, Wert HB	
	Dicke 0.79 mm, Wert HB	

	Norm	*Bewertung*	*Abmessungen*
Sauerstoff-Index	ASTM D 2863		
Glühstab-Verfahren			
Brandverhalten	DIN 4102		
MVSS			
FAR			

Elektrische Eigenschaften

		Hz	°C		*Probekörper, Form*
Dielektrizitätszahl		50	23	2.3	Durchmesser 80x1 mm
		10^3			
		10^6			
Dielektrischer Verlustfaktor tan δ		50	23	0.0005	Durchmesser 80x1 mm
		10^3			
		10^6			
Spezifischer Durchgangs-widerstand	Ohm · cm		23	1*10**16	Durchmesser 80x1 mm
Durchschlagfestigkeit	kV/mm	.	23	75	1 mm dick
Oberflächenwiderstand	Ohm		23	1*10**13	Durchmesser 80x1 mm

Kriechstromfestigkeit	KC	KB	KA
Elektrolytische Korrosionswirkung			
Lichtbogenfestigkeit nach DIN			
nach ASTM s			

Beständigkeit *(Chemische Beständigkeit siehe Anhang)*

Wasseraufnahme 23 C Bis zur Saettigung	0.01 %	
Feuchtigkeitsaufnahme Normalklima		%
Wetterbeständigkeit		
Spannungskorrosion		

Optische Eigenschaften

Brechungszahl n_D		
Transmissionsgrad τ_c	%	mm dick
Lichtdurchlässigkeit		

Datenbank-Nr.	**T01916**	Merkblatt-Nr. **4635**

Produkt	Polypropylen		**PP**
Handelsname	**Vestolen P 7800 SCHWARZ**		
Hersteller	HUELS		
DIN-Bez 1	16774,PP-B,MCHL,85 M 022		
DIN-Bez 2			
Zusätze	UV-Stabilisator; Waermestabilisator	*Füllstoffe/ Verstärkung*	
Bevorzugte Verarbeitung	Spritzgiessen	*Lieferform*	Granulat
		Farben	Schwarz
Besondere Merkmale	Schlagzaeh modifiziert; Stabilisiert; Stabil-Bewitterung	*Bevorzugte Anwendungen*	Kfz-Bau

Dichte	g/cm³	0.908	*Schmelzindex*	g/10 min	:	
Schüttdichte	g/cm³		*Volumenfließindex*	cm³/10 min	2.5:	230/2.16
Viskositätszahl	ml/g	400				

Verarbeitungsbedingungen für Spritzgießen

Massetemp.	°C	*Schwindung*	% lgs , quer
Werkzeugtemp.	°C	*Bemerkungen*	
Spritzdruck	bar		

Zugversuch 23 °C DIN 53455; ISO R/527;

Probekörper: *Form* Nr. 3; 4 mm dick *Herstellung* Spritzgiessen
Zustand *Vorbehandlung* Normalklima

Streckspannung	N/mm²	25	*Dehnung bei Streckspannung*	%	5
Zugfestigkeit	N/mm²		*Reißdehnung*	%	≧50
Reißfestigkeit	N/mm²		*% Dehnspannung*	N/mm²	
E-Modul	N/mm²		*Dehnung bei % Dehnspg.*	%	

Kriechmoduln und Zeitstandwerte 23 °C

Probekörper: *Form* *Herstellung*
Zustand *Vorbehandlung*

Kriechmodul	*1 min* N/mm²	*Zeitstandzugfestigkeit*	h	N/mm²
Kriechmodul	*1000 h* N/mm²	*Zeitdehnspg. %*	h	N/mm²
bei Spannung	N/mm²			

Biegeversuch 23 °C

Probekörper: *Form* *Herstellung*
Zustand *Vorbehandlung*

Biegefestigkeit	N/mm²	*E-Modul*	N/mm²
3,5% *Biegespannung*	N/mm²		

Härte 23 °C *Probekörper:* *Zustand* *Herstellung*
Vorbehandlung

Kugeldruckhärte	N/mm² bei N, s	*Shore-Härte* A	
Rockwellhärte		*Shore-Härte* D	

Schlagversuch *Probekörper:* *(1)*
(2) *Herstellung*
Zustand *Vorbehandlung*

	°C	°C	°C	*Probekörper-Form*
Schlagzähigkeit kJ/m²				
Kerbschlagzähigkeit (1) kJ/m²				
IZOD-Kerbschlagzähigkeit (2) J/m				
Kerbschlagzugzähigkeit kJ/m²				

Abrieb und Reibung

Taber-Abrieb (Reibradverfahren)	mm^3/100 U		
Abriebfaktor LNP (Thrust washer) Vergleichswert			
Statische Reibungszahl			
Dynamische Reibungszahl	(p · v=	N/mm^2 ·	m/min)
Zulässiger p · v Wert	N/mm^2 · (m/min)	v=	m/min
		v=	m/min

Thermische Eigenschaften

Formbeständigkeit in der Wärme	*Verfahren*	A		50 °C
	Verfahren	B		85 °C
Vicat Erweichungstemperatur (VST)	*Verfahren*	B/50		75 °C
	Verfahren			°C
Kristallit-Schmelzpunkt	*Verfahren*			
Längenausdehnungskoeffizient	*Bereich*	23–80	°C	$1.5 \cdot 10^{-4} K^{-1}$
	Temperatur			$\cdot 10^{-4} K^{-1}$
Wärmeleitfähigkeit	*Verfahren*			W/(K · m)
Spezifische Wärmekapazität	*Verfahren*			J/(K · g)
Glasumwandlungstemperatur	*Torsionsschwingungsversuch*		°C	
	Differentialkalorimetrie		°C	

Brandverhalten

UL-Test vertikal Dicke 1.6 mm, Wert HB
Dicke 0.79 mm, Wert HB

	Norm	*Bewertung*	*Abmessungen*
Sauerstoff-Index	ASTM D 2863		
Glühstab-Verfahren			
Brandverhalten	DIN 4102		
MVSS			
FAR			

Elektrische Eigenschaften

		Hz	°C		*Probekörper, Form*
Dielektrizitätszahl		50	23	2.3	Durchmesser 80x1 mm
		10^3			
		10^6			
Dielektrischer Verlustfaktor tan δ		50	23	0.0005	Durchmesser 80x1 mm
		10^3			
		10^6			
Spezifischer Durchgangs-widerstand	Ohm · cm		23	1*10**16	Durchmesser 80x1 mm
Durchschlagfestigkeit	kV/mm		23	75	1 mm dick
Oberflächenwiderstand	Ohm		23	1*10**13	Durchmesser 80x1 mm

Kriechstromfestigkeit KC KB KA
Elektrolytische Korrosionswirkung
Lichtbogenfestigkeit nach DIN
nach ASTM s

Beständigkeit *(Chemische Beständigkeit siehe Anhang)*

Wasseraufnahme 23 C Bis zur Saettigung 0.01 %

Feuchtigkeitsaufnahme Normalklima %
Wetterbeständigkeit

Spannungskorrosion

Optische Eigenschaften

Brechungszahl n_D
Transmissionsgrad τ_c % mm dick
Lichtdurchlässigkeit

Produkt	Polypropylen		**PP**
Handelsname	**Vestolen P 7812 L**		
Hersteller	HUELS		
DIN-Bez 1	16774,PP-B,MHL,85 M 022		
DIN-Bez 2			
Zusätze	UV-Stabilisator; Waermestabilisator	*Füllstoffe/ Verstärkung*	
Bevorzugte Verarbeitung	Spritzgiessen	*Lieferform*	Granulat
		Farben	
Besondere Merkmale	Schlagzaeh modifiziert; Stabilisiert; Stabil-Bewitterung	*Bevorzugte Anwendungen*	Transportkasten; Stapelkasten; Batteriekasten; Aussenanwendung

Dichte	g/cm^3	0.908	*Schmelzindex*	g/10 min	:	
Schüttdichte	g/cm^3		*Volumenfließindex*	$cm^3/10$ min	2.5:	230/2.16
Viskositätszahl	ml/g	400				

Verarbeitungsbedingungen für Spritzgießen

Massetemp.	°C	*Schwindung*	%	lgs , quer
Werkzeugtemp.	°C	*Bemerkungen*		
Spritzdruck	bar			

Zugversuch 23 °C DIN 53455; ISO R/527;

Probekörper: *Form* Nr. 3; 4 mm dick — *Herstellung* Spritzgiessen
Zustand — *Vorbehandlung* Normalklima

Streckspannung	N/mm^2	25	*Dehnung bei Streckspannung*	%	5
Zugfestigkeit	N/mm^2		*Reißdehnung*	%	≧50
Reißfestigkeit	N/mm^2		*% Dehnspannung*	N/mm^2	
E-Modul	N/mm^2		*Dehnung bei % Dehnspg.*	%	

Kriechmoduln und Zeitstandwerte 23 °C

Probekörper: *Form* — *Herstellung*
Zustand — *Vorbehandlung*

Kriechmodul	*1 min* N/mm^2	*Zeitstandzugfestigkeit*	h	N/mm^2
Kriechmodul	*1000 h* N/mm^2	*Zeitdehnspg.* %	h	N/mm^2
bei Spannung	N/mm^2			

Biegeversuch 23 °C

Probekörper: *Form* — *Herstellung*
Zustand — *Vorbehandlung*

Biegefestigkeit	N/mm^2	*E-Modul*	N/mm^2
3,5% *Biegespannung*	N/mm^2		

Härte 23 °C *Probekörper:* *Zustand* — *Herstellung*
Vorbehandlung

Kugeldruckhärte	N/mm^2 bei N, s	*Shore-Härte* A	
Rockwellhärte		*Shore-Härte* D	

Schlagversuch *Probekörper:* *(1)*
(2) — *Herstellung*
Zustand — *Vorbehandlung*

	°C	°C	°C	*Probekörper-Form*
Schlagzähigkeit kJ/m^2				
Kerbschlagzähigkeit (1) kJ/m^2				
IZOD-Kerbschlagzähigkeit (2) J/m				
Kerbschlagzugzähigkeit kJ/m^2				

Abrieb und Reibung

Taber-Abrieb (Reibradverfahren)	mm^3/100 U		
Abriebfaktor LNP (Thrust washer) Vergleichswert			
Statische Reibungszahl			
Dynamische Reibungszahl	(p · v = N/mm^2 ·		m/min)
Zulässiger p · v Wert	N/mm^2 · (m/min)	v =	m/min
		v =	m/min

Thermische Eigenschaften

Formbeständigkeit in der Wärme	*Verfahren*	A		50 °C
	Verfahren	B		85 °C
Vicat Erweichungstemperatur (VST)	*Verfahren*	B/50		75 °C
	Verfahren			°C
Kristallit-Schmelzpunkt	*Verfahren*			
Längenausdehnungskoeffizient	*Bereich*	23–80	°C	$1.5 \cdot 10^{-4}K^{-1}$
	Temperatur			$\cdot 10^{-4}K^{-1}$
Wärmeleitfähigkeit	*Verfahren*			W/(K · m)
Spezifische Wärmekapazität	*Verfahren*			J/(K · g)
Glasumwandlungstemperatur	*Torsionsschwingungsversuch*		°C	
	Differentialkalorimetrie		°C	

Brandverhalten

UL-Test vertikal — Dicke 1.6 mm, Wert HB
Dicke 0.79 mm, Wert HB

	Norm	*Bewertung*	*Abmessungen*
Sauerstoff-Index	ASTM D 2863		
Glühstab-Verfahren			
Brandverhalten	DIN 4102		
MVSS			
FAR			

Elektrische Eigenschaften

		Hz	°C		*Probekörper, Form*
Dielektrizitätszahl		50	23	2.3	Durchmesser 80x1 mm
		10^3			
		10^6			
Dielektrischer Verlustfaktor tan δ		50	23	0.0005	Durchmesser 80x1 mm
		10^3			
		10^6			
Spezifischer Durchgangs-widerstand	Ohm · cm		23	1*10**16	Durchmesser 80x1 mm
Durchschlagfestigkeit	kV/mm		23	75	1 mm dick
Oberflächenwiderstand	Ohm		23	1*10**13	Durchmesser 80x1 mm

Kriechstromfestigkeit KC KB KA
Elektrolytische Korrosionswirkung
Lichtbogenfestigkeit nach DIN
nach ASTM s

Beständigkeit *(Chemische Beständigkeit siehe Anhang)*

Wasseraufnahme 23 C Bis zur Saettigung 0.01 %

Feuchtigkeitsaufnahme Normalklima %
Wetterbeständigkeit

Spannungskorrosion

Optische Eigenschaften

Brechungszahl n_D
Transmissionsgrad τ_c % mm dick
Lichtdurchlässigkeit

Datenbank-Nr.	**T01918**	Merkblatt-Nr. **4637**

Produkt	Polypropylen		**PP**
Handelsname	**Vestolen P 8400**		
Hersteller	HUELS		
DIN-Bez 1	16774,PP-R,F,85 M 022		
DIN-Bez 2	16774,PP-R,B,85 M 022		
Zusätze		*Füllstoffe/ Verstärkung*	
Bevorzugte Verarbeitung	Folienextrusion; Blasformen	*Lieferform*	Granulat
		Farben	
Besondere Merkmale		*Bevorzugte Anwendungen*	Folie; Hohlkoerper

Dichte	g/cm³	0.895	*Schmelzindex*	g/10 min	:	
Schüttdichte	g/cm³		*Volumenfließindex*	cm³/10 min	2:	230/2.16
Viskositätszahl	ml/g	370				

Verarbeitungsbedingungen für Spritzgießen

Massetemp.	°C	*Schwindung*	% lgs , quer
Werkzeugtemp.	°C	*Bemerkungen*	
Spritzdruck	bar		

Zugversuch 23 °C DIN 53455; ISO R/527; DIN 53457; ISO R/527

Probekörper: *Form* Nr. 3; 4 mm dick — *Herstellung* Spritzgiessen

Zustand — *Vorbehandlung* Normalklima

Streckspannung	N/mm²	25	*Dehnung bei Streckspannung*	%	10
Zugfestigkeit	N/mm²		*Reißdehnung*	%	≧50
Reißfestigkeit	N/mm²		*% Dehnspannung*	N/mm²	
E-Modul	N/mm²	700	*Dehnung bei % Dehnspg.*	%	

Kriechmoduln und Zeitstandwerte 23 °C

Probekörper: *Form* — *Herstellung*

Zustand — *Vorbehandlung*

Kriechmodul	*1 min* N/mm²	*Zeitstandzugfestigkeit*	h	N/mm²
Kriechmodul	*1000 h* N/mm²	*Zeitdehnspg. %*	h	N/mm²
bei Spannung	N/mm²			

Biegeversuch 23 °C

Probekörper: *Form* — *Herstellung*

Zustand — *Vorbehandlung*

Biegefestigkeit	N/mm²	*E-Modul*	N/mm²
3,5% *Biegespannung*	N/mm²		

Härte 23 °C *Probekörper:* *Zustand* — *Herstellung*

Vorbehandlung

Kugeldruckhärte	N/mm² bei N, s	*Shore-Härte* A	
Rockwellhärte		*Shore-Härte* D	

Schlagversuch *Probekörper:* *(1)*

(2) — *Herstellung*

Zustand — *Vorbehandlung*

	°C	°C	°C	*Probekörper-Form*
Schlagzähigkeit kJ/m²				
Kerbschlagzähigkeit (1) kJ/m²				
IZOD-Kerbschlagzähigkeit (2) J/m				
Kerbschlagzugzähigkeit kJ/m²				

Abrieb und Reibung

Taber-Abrieb (Reibradverfahren)	mm^3/100 U		
Abriebfaktor LNP (Thrust washer) Vergleichswert			
Statische Reibungszahl			
Dynamische Reibungszahl	(p · v =	N/mm^2 ·	m/min)
Zulässiger p · v Wert	N/mm^2 · (m/min)	v =	m/min
		v =	m/min

Thermische Eigenschaften

Formbeständigkeit in der Wärme	*Verfahren*	A		45 °C
	Verfahren	B		75 °C
Vicat Erweichungstemperatur (VST)	*Verfahren*	B/50		60 °C
	Verfahren			°C
Kristallit-Schmelzpunkt	*Verfahren*			
Längenausdehnungskoeffizient	*Bereich*	23–80	°C	$1.5 \cdot 10^{-4} K^{-1}$
	Temperatur			$\cdot 10^{-4} K^{-1}$
Wärmeleitfähigkeit	*Verfahren*			W/(K · m)
Spezifische Wärmekapazität	*Verfahren*			J/(K · g)
Glasumwandlungstemperatur	*Torsionsschwingungsversuch*		°C	
	Differentialkalorimetrie		°C	

Brandverhalten

UL-Test vertikal — Dicke 1.6 mm, Wert HB; Dicke 0.79 mm, Wert HB

	Norm	*Bewertung*	*Abmessungen*
Sauerstoff-Index	ASTM D 2863		
Glühstab-Verfahren			
Brandverhalten	DIN 4102		
MVSS			
FAR			

Elektrische Eigenschaften

		Hz	°C		*Probekörper, Form*
Dielektrizitätszahl		50	23	2.3	Durchmesser 80x1 mm
		10^3			
		10^6			
Dielektrischer Verlustfaktor tan δ		50	23	0.0005	Durchmesser 80x1 mm
		10^3			
		10^6			
Spezifischer Durchgangs-widerstand	Ohm · cm		23	1*10**16	Durchmesser 80x1 mm
Durchschlagfestigkeit	kV/mm		23	75	1 mm dick
Oberflächenwiderstand	Ohm		23	1*10**13	Durchmesser 80x1 mm

Kriechstromfestigkeit KC KB KA
Elektrolytische Korrosionswirkung
Lichtbogenfestigkeit nach DIN
nach ASTM s

Beständigkeit *(Chemische Beständigkeit siehe Anhang)*

Wasseraufnahme 23 C Bis zur Saettigung	0.01 %
Feuchtigkeitsaufnahme Normalklima	%
Wetterbeständigkeit	
Spannungskorrosion	

Optische Eigenschaften

Brechungszahl n_D
Transmissionsgrad τ_c % mm dick
Lichtdurchlässigkeit

Datenbank-Nr.	**T01919**		Merkblatt-Nr. **4638**

Produkt	Polypropylen		**PP**
Handelsname	**Vestolen P 8404**		
Hersteller	HUELS		
DIN-Bez 1	16774,PP-R,MHZ,85 M 022		
DIN-Bez 2			
Zusätze	Waermestabilisator	*Füllstoffe/ Verstärkung*	
Bevorzugte Verarbeitung	Spritzgiessen	*Lieferform*	Granulat
		Farben	
Besondere Merkmale	Antistatisch	*Bevorzugte Anwendungen*	Haushaltsgeraet

Dichte	g/cm^3	0.895	*Schmelzindex*	g/10 min	:	
Schüttdichte	g/cm^3		*Volumenfließindex*	$cm^3/10$ min	2:	230/2.16
Viskositätszahl	ml/g	370				

Verarbeitungsbedingungen für Spritzgießen

Massetemp.	°C	*Schwindung*	% lgs	, quer
Werkzeugtemp.	°C	*Bemerkungen*		
Spritzdruck	bar			

Zugversuch 23 °C DIN 53455; ISO R/527; DIN 53457; ISO R/527

Probekörper:	*Form* Nr. 3; 4 mm dick	*Herstellung*	Spritzgiessen
	Zustand	*Vorbehandlung*	Normalklima

Streckspannung	N/mm^2	25	*Dehnung bei Streckspannung*	%	10
Zugfestigkeit	N/mm^2		*Reißdehnung*	%	≧50
Reißfestigkeit	N/mm^2		*% Dehnspannung*	N/mm^2	
E-Modul	N/mm^2	700	*Dehnung bei % Dehnspg.*	%	

Kriechmoduln und Zeitstandwerte 23 °C

Probekörper:	*Form*	*Herstellung*	
	Zustand	*Vorbehandlung*	

Kriechmodul	*1 min* N/mm^2	*Zeitstandzugfestigkeit*	h	N/mm^2
Kriechmodul	*1000 h* N/mm^2	*Zeitdehnspg.* %	h	N/mm^2
bei Spannung	N/mm^2			

Biegeversuch 23 °C

Probekörper:	*Form*	*Herstellung*	
	Zustand	*Vorbehandlung*	

Biegefestigkeit	N/mm^2	*E-Modul*	N/mm^2
3,5% *Biegespannung*	N/mm^2		

Härte 23 °C

Probekörper:	*Zustand*	*Herstellung*	
		Vorbehandlung	

Kugeldruckhärte	N/mm^2 bei N, s	*Shore-Härte* A	
Rockwellhärte		*Shore-Härte* D	

Schlagversuch

Probekörper:	*(1)*		
	(2)	*Herstellung*	
	Zustand	*Vorbehandlung*	

		°C	°C	°C	*Probekörper-Form*
Schlagzähigkeit	kJ/m^2				
Kerbschlagzähigkeit (1)	kJ/m^2				
IZOD-Kerbschlagzähigkeit (2)	J/m				
Kerbschlagzugzähigkeit	kJ/m^2				

Abrieb und Reibung

Taber-Abrieb (Reibradverfahren)	mm^3/100 U		
Abriebfaktor LNP (Thrust washer) Vergleichswert			
Statische Reibungszahl			
Dynamische Reibungszahl	(p · v=	N/mm^2 ·	m/min)
Zulässiger p · v Wert	N/mm^2 · (m/min)	v=	m/min
		v=	m/min

Thermische Eigenschaften

Formbeständigkeit in der Wärme	*Verfahren*	A		45 °C
	Verfahren	B		75 °C
Vicat Erweichungstemperatur (VST)	*Verfahren*	B/50		60 °C
	Verfahren			°C
Kristallit-Schmelzpunkt	*Verfahren*			
Längenausdehnungskoeffizient	*Bereich*	23–80	°C	1.5 · $10^{-4}K^{-1}$
	Temperatur			· $10^{-4}K^{-1}$
Wärmeleitfähigkeit	*Verfahren*			W/(K · m)
Spezifische Wärmekapazität	*Verfahren*			J/(K · g)
Glasumwandlungstemperatur	*Torsionsschwingungsversuch*		°C	
	Differentialkalorimetrie		°C	

Brandverhalten

UL-Test vertikal — Dicke 1.6 mm, Wert HB; Dicke 0.79 mm, Wert HB

	Norm	*Bewertung*	*Abmessungen*
Sauerstoff-Index	ASTM D 2863		
Glühstab-Verfahren			
Brandverhalten	DIN 4102		
MVSS			
FAR			

Elektrische Eigenschaften

		Hz	°C		*Probekörper, Form*
Dielektrizitätszahl		50	23	2.3	Durchmesser 80x1 mm
		10^3			
		10^6			
Dielektrischer Verlustfaktor tan δ		50	23	0.0005	Durchmesser 80x1 mm
		10^3			
		10^6			
Spezifischer Durchgangswiderstand	Ohm · cm		23	1*10**16	Durchmesser 80x1 mm
Durchschlagfestigkeit	kV/mm		23	75	1 mm dick
Oberflächenwiderstand	Ohm		23	1*10**13	Durchmesser 80x1 mm

Kriechstromfestigkeit KC KB KA
Elektrolytische Korrosionswirkung
Lichtbogenfestigkeit nach DIN
nach ASTM s

Beständigkeit *(Chemische Beständigkeit siehe Anhang)*

Wasseraufnahme 23 C Bis zur Saettigung 0.01 %

Feuchtigkeitsaufnahme Normalklima %
Wetterbeständigkeit

Spannungskorrosion

Optische Eigenschaften

Brechungszahl n_D
Transmissionsgrad τ_c % mm dick
Lichtdurchlässigkeit

Datenbank-Nr.	**T01920**		Merkblatt-Nr. **4639**
Produkt	Polypropylen		**PP**
Handelsname	**Vestolen P 8502**		
Hersteller	HUELS		
DIN-Bez 1	16774,PP-B,MH,95 M 012		
DIN-Bez 2			
Zusätze	Waermestabilisator	Füllstoffe/ Verstärkung	
Bevorzugte Verarbeitung	Spritzgiessen	Lieferform	Granulat
		Farben	
Besondere Merkmale	Schlagzaeh modifiziert	Bevorzugte Anwendungen	Kfz-Bau

Dichte	g/cm^3	0.905	Schmelzindex	g/10 min	:
Schüttdichte	g/cm^3		Volumenfließindex	cm^3/10 min	1.6: 230/2.16
Viskositätszahl	ml/g	360			

Verarbeitungsbedingungen für Spritzgießen

Massetemp.	°C	Schwindung	% lgs , quer
Werkzeugtemp.	°C	Bemerkungen	
Spritzdruck	bar		

Zugversuch 23 °C DIN 53455; ISO R/527;

Probekörper: Form	Nr. 3; 4 mm dick	Herstellung	Spritzgiessen
Zustand		Vorbehandlung	Normalklima

Streckspannung	N/mm^2	32	Dehnung bei Streckspannung	%	8
Zugfestigkeit	N/mm^2		Reißdehnung	%	≧50
Reißfestigkeit	N/mm^2		% Dehnspannung	N/mm^2	
E-Modul	N/mm^2		Dehnung bei % Dehnspg.	%	

Kriechmoduln und Zeitstandwerte 23 °C

Probekörper: Form		Herstellung	
Zustand		Vorbehandlung	

Kriechmodul	1 min N/mm^2	Zeitstandzugfestigkeit	h N/mm^2
Kriechmodul	1000 h N/mm^2	Zeitdehnspg. %	h N/mm^2
bei Spannung	N/mm^2		

Biegeversuch 23 °C

Probekörper: Form		Herstellung	
Zustand		Vorbehandlung	
Biegefestigkeit	N/mm^2	E-Modul	N/mm^2
3,5% Biegespannung	N/mm^2		

Härte 23 °C

Probekörper: Zustand		Herstellung	
		Vorbehandlung	
Kugeldruckhärte	N/mm^2 bei N, s	Shore-Härte A	
Rockwellhärte		Shore-Härte D	

Schlagversuch

Probekörper: (1)		
(2)	Herstellung	
Zustand	Vorbehandlung	

		°C	°C	°C	Probekörper-Form
Schlagzähigkeit	kJ/m^2				
Kerbschlagzähigkeit (1)	kJ/m^2				
IZOD-Kerbschlagzähigkeit (2)	J/m				
Kerbschlagzugzähigkeit	kJ/m^2				

Abrieb und Reibung

Taber-Abrieb (Reibradverfahren)	mm^3/100 U		
Abriebfaktor LNP (Thrust washer) Vergleichswert			
Statische Reibungszahl			
Dynamische Reibungszahl	(p · v = N/mm^2 ·		m/min)
Zulässiger p · v Wert	N/mm^2 · (m/min)	v =	m/min
		v =	m/min

Thermische Eigenschaften

Formbeständigkeit in der Wärme	*Verfahren*	A		55 °C
	Verfahren	B		90 °C
Vicat Erweichungstemperatur (VST)	*Verfahren*	B/50		90 °C
	Verfahren			°C
Kristallit-Schmelzpunkt	*Verfahren*			
Längenausdehnungskoeffizient	*Bereich*	23–80 °C		$1.5 \cdot 10^{-4} K^{-1}$
	Temperatur			$\cdot 10^{-4} K^{-1}$
Wärmeleitfähigkeit	*Verfahren*			W/(K · m)
Spezifische Wärmekapazität	*Verfahren*			J/(K · g)
Glasumwandlungstemperatur	*Torsionsschwingungsversuch*		°C	
	Differentialkalorimetrie		°C	

Brandverhalten

UL-Test vertikal		Dicke 1.6 mm, Wert HB	
		Dicke 0.79 mm, Wert HB	
	Norm	*Bewertung*	*Abmessungen*
Sauerstoff-Index	ASTM D 2863		
Glühstab-Verfahren			
Brandverhalten	DIN 4102		
MVSS			
FAR			

Elektrische Eigenschaften

		Hz	°C			*Probekörper, Form*
Dielektrizitätszahl		50	23	2.3		Durchmesser 80x1 mm
		10^3				
		10^6				
Dielektrischer Verlustfaktor tan δ		50	23	0.0005		Durchmesser 80x1 mm
		10^3				
		10^6				
Spezifischer Durchgangs-widerstand	Ohm · cm		23	1*10**16		Durchmesser 80x1 mm
Durchschlagfestigkeit	kV/mm		23	75		1 mm dick
Oberflächenwiderstand	Ohm		23	1*10**13		Durchmesser 80x1 mm
Kriechstromfestigkeit		KC		KB	KA	
Elektrolytische Korrosionswirkung						
Lichtbogenfestigkeit nach DIN						
nach ASTM	s					

Beständigkeit *(Chemische Beständigkeit siehe Anhang)*

Wasseraufnahme 23 C Bis zur Saettigung	0.01 %	
Feuchtigkeitsaufnahme Normalklima		%
Wetterbeständigkeit		
Spannungskorrosion		

Optische Eigenschaften

Brechungszahl n_D		
Transmissionsgrad τ_c	%	mm dick
Lichtdurchlässigkeit		

Datenbank-Nr.	**T01921**	Merkblatt-Nr. **4640**

Produkt	Polypropylen	**PP**
Handelsname	**Vestolen P 8700**	
Hersteller	HUELS	
DIN-Bez 1	16774,PP-B,M,95 M 012	
DIN-Bez 2		

Zusätze		Füllstoffe/ Verstärkung	
Bevorzugte Verarbeitung	Spritzgiessen	Lieferform	Granulat
		Farben	
Besondere Merkmale	Schlagzaeh modifiziert	Bevorzugte Anwendungen	Transportkasten; Stapelkasten

Dichte	g/cm³	0.91	Schmelzindex	g/10 min	:	
Schüttdichte	g/cm³		Volumenfließindex	cm³/10 min	1.1:	230/2.16
Viskositätszahl	ml/g	440				

Verarbeitungsbedingungen für Spritzgießen

Massetemp.	°C	Schwindung	% lgs	, quer
Werkzeugtemp.	°C	Bemerkungen		
Spritzdruck	bar			

Zugversuch 23 °C DIN 53455; ISO R/527;

Probekörper: Form Nr. 3; 4 mm dick — Herstellung Spritzgiessen
Zustand — Vorbehandlung Normalklima

Streckspannung	N/mm²	30	Dehnung bei Streckspannung	%	8
Zugfestigkeit	N/mm²		Reißdehnung	%	≧50
Reißfestigkeit	N/mm²		% Dehnspannung	N/mm²	
E-Modul	N/mm²		Dehnung bei % Dehnspg.	%	

Kriechmoduln und Zeitstandwerte 23 °C

Probekörper: Form — Herstellung
Zustand — Vorbehandlung

Kriechmodul	1 min N/mm²	Zeitstandzugfestigkeit	h N/mm²
Kriechmodul	1000 h N/mm²	Zeitdehnspg. %	h N/mm²
bei Spannung	N/mm²		

Biegeversuch 23 °C

Probekörper: Form — Herstellung
Zustand — Vorbehandlung

Biegefestigkeit	N/mm²	E-Modul	N/mm²
3,5% Biegespannung	N/mm²		

Härte 23 °C Probekörper: Zustand — Herstellung
Vorbehandlung

Kugeldruckhärte	N/mm² bei N, s	Shore-Härte A	
Rockwellhärte		Shore-Härte D	

Schlagversuch Probekörper: (1)
(2) — Herstellung
Zustand — Vorbehandlung

	°C	°C	°C	Probekörper-Form
Schlagzähigkeit kJ/m²				
Kerbschlagzähigkeit (1) kJ/m²				
IZOD-Kerbschlagzähigkeit (2) J/m				
Kerbschlagzugzähigkeit kJ/m²				

Abrieb und Reibung

Taber-Abrieb (Reibradverfahren)	mm^3/100 U		
Abriebfaktor LNP (Thrust washer) Vergleichswert			
Statische Reibungszahl			
Dynamische Reibungszahl	(p · v= N/mm^2 ·		m/min)
Zulässiger p · v Wert	N/mm^2 · (m/min)	v=	m/min
		v=	m/min

Thermische Eigenschaften

Formbeständigkeit in der Wärme	*Verfahren*	A		55 °C
	Verfahren	B		85 °C
Vicat Erweichungstemperatur (VST)	*Verfahren*	B/50		90 °C
	Verfahren			°C
Kristallit-Schmelzpunkt	*Verfahren*			
Längenausdehnungskoeffizient	*Bereich*	23–80	°C	$1.5 \cdot 10^{-4}K^{-1}$
	Temperatur			$\cdot 10^{-4}K^{-1}$
Wärmeleitfähigkeit	*Verfahren*			W/(K · m)
Spezifische Wärmekapazität	*Verfahren*			J/(K · g)
Glasumwandlungstemperatur	*Torsionsschwingungsversuch*		°C	
	Differentialkalorimetrie		°C	

Brandverhalten

UL-Test vertikal	Dicke 1.6 mm, Wert HB
	Dicke 0.79 mm, Wert HB

	Norm	*Bewertung*	*Abmessungen*
Sauerstoff-Index	ASTM D 2863		
Glühstab-Verfahren			
Brandverhalten	DIN 4102		
MVSS			
FAR			

Elektrische Eigenschaften

		Hz	°C		*Probekörper, Form*
Dielektrizitätszahl		50	23	2.3	Durchmesser 80x1 mm
		10^3			
		10^6			
Dielektrischer Verlustfaktor tan δ		50	23	0.0005	Durchmesser 80x1 mm
		10^3			
		10^6			
Spezifischer Durchgangs-widerstand	Ohm · cm		23	1*10**16	Durchmesser 80x1 mm
Durchschlagfestigkeit	kV/mm		23	75	1 mm dick
Oberflächenwiderstand	Ohm		23	1*10**13	Durchmesser 80x1 mm

Kriechstromfestigkeit	KC	KB	KA
Elektrolytische Korrosionswirkung			
Lichtbogenfestigkeit nach DIN			
nach ASTM s			

Beständigkeit *(Chemische Beständigkeit siehe Anhang)*

Wasseraufnahme 23 C Bis zur Saettigung	0.01 %
Feuchtigkeitsaufnahme Normalklima	%
Wetterbeständigkeit	
Spannungskorrosion	

Optische Eigenschaften

Brechungszahl n_D		
Transmissionsgrad τ_c	%	mm dick
Lichtdurchlässigkeit		

Produkt	Polypropylen		**PP**
Handelsname	**Vestolen P 8702 L**		
Hersteller	HUELS		
DIN-Bez 1	16774,PP-B,MHL,95 M 012		
DIN-Bez 2			
Zusätze	UV-Stabilisator; Waermestabilisator	*Füllstoffe/ Verstärkung*	
Bevorzugte Verarbeitung	Spritzgiessen	*Lieferform*	Granulat
		Farben	
Besondere Merkmale	Schlagzaeh modifiziert; Stabilisiert; Stabil-Bewitterung	*Bevorzugte Anwendungen*	Transportkasten; Stapelkasten

Dichte	g/cm³	0.91	*Schmelzindex*	g/10 min		:
Schüttdichte	g/cm³		*Volumenfließindex*	cm³/10 min	1.1:	230/2.16
Viskositätszahl	ml/g	440				

Verarbeitungsbedingungen für Spritzgießen

Massetemp.	°C	*Schwindung*	%	lgs	, quer
Werkzeugtemp.	°C	*Bemerkungen*			
Spritzdruck	bar				

Zugversuch 23 °C DIN 53455; ISO R/527;

Probekörper: *Form* Nr. 3; 4 mm dick — *Herstellung* Spritzgiessen
Zustand — *Vorbehandlung* Normalklima

Streckspannung	N/mm²	30	*Dehnung bei Streckspannung*	%	8
Zugfestigkeit	N/mm²		*Reißdehnung*	%	≧50
Reißfestigkeit	N/mm²		*% Dehnspannung*	N/mm²	
E-Modul	N/mm²		*Dehnung bei % Dehnspg.*	%	

Kriechmoduln und Zeitstandwerte 23 °C

Probekörper: *Form* — *Herstellung*
Zustand — *Vorbehandlung*

Kriechmodul	*1 min*	N/mm²	*Zeitstandzugfestigkeit*	h	N/mm²
Kriechmodul	*1000 h*	N/mm²	*Zeitdehnspg. %*	h	N/mm²
bei Spannung		N/mm²			

Biegeversuch 23 °C

Probekörper: *Form* — *Herstellung*
Zustand — *Vorbehandlung*

Biegefestigkeit	N/mm²	*E-Modul*	N/mm²
3,5% *Biegespannung*	N/mm²		

Härte 23 °C *Probekörper:* *Zustand* — *Herstellung*
Vorbehandlung

Kugeldruckhärte	N/mm² bei N, s	*Shore-Härte* A	
Rockwellhärte		*Shore-Härte* D	

Schlagversuch *Probekörper:* *(1)*
(2) — *Herstellung*
Zustand — *Vorbehandlung*

		°C	°C	°C	*Probekörper-Form*
Schlagzähigkeit	kJ/m²				
Kerbschlagzähigkeit (1)	kJ/m²				
IZOD-Kerbschlagzähigkeit (2)	J/m				
Kerbschlagzugzähigkeit	kJ/m²				

Abrieb und Reibung

Taber-Abrieb (Reibradverfahren)	mm^3/100 U		
Abriebfaktor LNP (Thrust washer) Vergleichswert			
Statische Reibungszahl			
Dynamische Reibungszahl	(p · v= N/mm^2 ·		m/min)
Zulässiger p · v Wert	N/mm^2 · (m/min)	v=	m/min
		v=	m/min

Thermische Eigenschaften

Formbeständigkeit in der Wärme	*Verfahren*	A		55 °C
	Verfahren	B		85 °C
Vicat Erweichungstemperatur (VST)	*Verfahren*	B/50		90 °C
	Verfahren			°C
Kristallit-Schmelzpunkt	*Verfahren*			
Längenausdehnungskoeffizient	*Bereich*	23–80	°C	$1.5 \cdot 10^{-4} K^{-1}$
	Temperatur			$\cdot 10^{-4} K^{-1}$
Wärmeleitfähigkeit	*Verfahren*			W/(K · m)
Spezifische Wärmekapazität	*Verfahren*			J/(K · g)
Glasumwandlungstemperatur	*Torsionsschwingungsversuch*		°C	
	Differentialkalorimetrie		°C	

Brandverhalten

UL-Test vertikal Dicke 1.6 mm, Wert HB
Dicke 0.79 mm, Wert HB

	Norm	*Bewertung*	*Abmessungen*
Sauerstoff-Index	ASTM D 2863		
Glühstab-Verfahren			
Brandverhalten	DIN 4102		
MVSS			
FAR			

Elektrische Eigenschaften

		Hz	°C		*Probekörper, Form*
Dielektrizitätszahl		50	23	2.3	Durchmesser 80x1 mm
		10^3			
		10^6			
Dielektrischer Verlustfaktor tan δ		50	23	0.0005	Durchmesser 80x1 mm
		10^3			
		10^6			
Spezifischer Durchgangs-widerstand	Ohm · cm		23	1*10**16	Durchmesser 80x1 mm
Durchschlagfestigkeit	kV/mm		23	75	1 mm dick
Oberflächenwiderstand	Ohm		23	1*10**13	Durchmesser 80x1 mm

Kriechstromfestigkeit KC KB KA
Elektrolytische Korrosionswirkung
Lichtbogenfestigkeit nach DIN
nach ASTM s

Beständigkeit *(Chemische Beständigkeit siehe Anhang)*

Wasseraufnahme 23 C Bis zur Saettigung 0.01 %

Feuchtigkeitsaufnahme Normalklima %
Wetterbeständigkeit

Spannungskorrosion

Optische Eigenschaften

Brechungszahl n_D
Transmissionsgrad τ_c % mm dick
Lichtdurchlässigkeit

Datenbank-Nr.	**T01923**	*Merkblatt-Nr.* **4642**

Produkt	Polypropylen		**PP**
Handelsname	**Vestolen P 8712 L**		
Hersteller	HUELS		
DIN-Bez 1	16774,PP-B,MHL,95 M 012		
DIN-Bez 2			
Zusätze	UV-Stabilisator; Waermestabilisator	*Füllstoffe/ Verstärkung*	
Bevorzugte Verarbeitung	Spritzgiessen	*Lieferform*	Granulat
		Farben	
Besondere Merkmale	Schlagzaeh modifiziert; Stabilisiert; Stabil-Bewitterung; Hoch lichtstabil	*Bevorzugte Anwendungen*	Transportkasten; Stapelkasten

Dichte	g/cm³	0.91	*Schmelzindex*	g/10 min	:	
Schüttdichte	g/cm³		*Volumenfließindex*	cm³/10 min	1.1:	230/2.16
Viskositätszahl	ml/g	440				

Verarbeitungsbedingungen für Spritzgießen

Massetemp.	°C	*Schwindung*	% lgs , quer
Werkzeugtemp.	°C	*Bemerkungen*	
Spritzdruck	bar		

Zugversuch 23 °C DIN 53455; ISO R/527;

Probekörper: *Form* Nr. 3; 4 mm dick — *Herstellung* Spritzgiessen
Zustand — *Vorbehandlung* Normalklima

Streckspannung	N/mm²	30	*Dehnung bei Streckspannung*	%	8
Zugfestigkeit	N/mm²		*Reißdehnung*	%	≧50
Reißfestigkeit	N/mm²		*% Dehnspannung*	N/mm²	
E-Modul	N/mm²		*Dehnung bei % Dehnspg.*	%	

Kriechmoduln und Zeitstandwerte 23 °C

Probekörper: *Form* — *Herstellung*
Zustand — *Vorbehandlung*

Kriechmodul	*1 min* N/mm²	*Zeitstandzugfestigkeit*	h N/mm²
Kriechmodul	*1000 h* N/mm²	*Zeitdehnspg.* %	h N/mm²
bei Spannung	N/mm²		

Biegeversuch 23 °C

Probekörper: *Form* — *Herstellung*
Zustand — *Vorbehandlung*

Biegefestigkeit	N/mm²	*E-Modul*	N/mm²
3,5% *Biegespannung*	N/mm²		

Härte 23 °C *Probekörper:* *Zustand* — *Herstellung*
Vorbehandlung

Kugeldruckhärte	N/mm² bei N, s	*Shore-Härte* A	
Rockwellhärte		*Shore-Härte* D	

Schlagversuch *Probekörper:* *(1)*
(2) — *Herstellung*
Zustand — *Vorbehandlung*

	°C	°C	°C	*Probekörper-Form*
Schlagzähigkeit kJ/m²				
Kerbschlagzähigkeit (1) kJ/m²				
IZOD-Kerbschlagzähigkeit (2) J/m				
Kerbschlagzugzähigkeit kJ/m²				

Abrieb und Reibung

Taber-Abrieb (Reibradverfahren)	mm^3/100 U		
Abriebfaktor LNP (Thrust washer) Vergleichswert			
Statische Reibungszahl			
Dynamische Reibungszahl	(p · v= N/mm^2 ·		m/min)
Zulässiger p · v Wert	N/mm^2 · (m/min)	v=	m/min
		v=	m/min

Thermische Eigenschaften

Formbeständigkeit in der Wärme	*Verfahren*	A		55 °C
	Verfahren	B		85 °C
Vicat Erweichungstemperatur (VST)	*Verfahren*	B/50		90 °C
	Verfahren			°C
Kristallit-Schmelzpunkt	*Verfahren*			
Längenausdehnungskoeffizient	*Bereich*	23–80	°C	$1.5 \cdot 10^{-4} K^{-1}$
	Temperatur			$\cdot 10^{-4} K^{-1}$
Wärmeleitfähigkeit	*Verfahren*			W/(K · m)
Spezifische Wärmekapazität	*Verfahren*			J/(K · g)
Glasumwandlungstemperatur	*Torsionsschwingungsversuch*		°C	
	Differentialkalorimetrie		°C	

Brandverhalten

UL-Test vertikal	Dicke 1.6 mm, Wert HB
	Dicke 0.79 mm, Wert HB

	Norm	*Bewertung*	*Abmessungen*
Sauerstoff-Index	ASTM D 2863		
Glühstab-Verfahren			
Brandverhalten	DIN 4102		
MVSS			
FAR			

Elektrische Eigenschaften

		Hz	°C		*Probekörper, Form*
Dielektrizitätszahl		50	23	2.3	Durchmesser 80x1 mm
		10^3			
		10^6			
Dielektrischer Verlustfaktor tan δ		50	23	0.0005	Durchmesser 80x1 mm
		10^3			
		10^6			
Spezifischer Durchgangs-widerstand	Ohm · cm		23	1*10**16	Durchmesser 80x1 mm
Durchschlagfestigkeit	kV/mm		23	75	1 mm dick
Oberflächenwiderstand	Ohm		23	1*10**13	Durchmesser 80x1 mm

Kriechstromfestigkeit	KC	KB	KA
Elektrolytische Korrosionswirkung			
Lichtbogenfestigkeit nach DIN			
nach ASTM s			

Beständigkeit *(Chemische Beständigkeit siehe Anhang)*

Wasseraufnahme 23 C	Bis zur Saettigung	0.01 %
Feuchtigkeitsaufnahme Normalklima		%
Wetterbeständigkeit		
Spannungskorrosion		

Optische Eigenschaften

Brechungszahl n_D		
Transmissionsgrad τ_c	%	mm dick
Lichtdurchlässigkeit		

Datenbank-Nr. **T01924** Merkblatt-Nr. **4643**

Produkt	Polypropylen		**PP**
Handelsname	**Vestolen P 8800**		
Hersteller	HUELS		
DIN-Bez 1	16774,PP-B,M,85 M 003		
DIN-Bez 2			
Zusätze		*Füllstoffe/ Verstärkung*	
Bevorzugte Verarbeitung	Spritzgiessen	*Lieferform*	Granulat
		Farben	
Besondere Merkmale	Schlagzaeh modifiziert	*Bevorzugte Anwendungen*	Transportkasten; Stapelkasten

Dichte	g/cm³	0.908	*Schmelzindex*	g/10 min	:	
Schüttdichte	g/cm³		*Volumenfließindex*	cm³/10 min	1.1:	230/2.16
Viskositätszahl	ml/g	430				

Verarbeitungsbedingungen für Spritzgießen

Massetemp.	°C	*Schwindung*	%	lgs , quer
Werkzeugtemp.	°C	*Bemerkungen*		
Spritzdruck	bar			

Zugversuch 23 °C DIN 53455; ISO R/527;

Probekörper: *Form* Nr. 3; 4 mm dick — *Herstellung* Spritzgiessen
Zustand — *Vorbehandlung* Normalklima

Streckspannung	N/mm²	25	*Dehnung bei Streckspannung*	%	5
Zugfestigkeit	N/mm²		*Reißdehnung*	%	≧50
Reißfestigkeit	N/mm²		*% Dehnspannung*	N/mm²	
E-Modul	N/mm²		*Dehnung bei % Dehnspg.*	%	

Kriechmoduln und Zeitstandwerte 23 °C

Probekörper: *Form* — *Herstellung*
Zustand — *Vorbehandlung*

Kriechmodul	*1 min* N/mm²	*Zeitstandzugfestigkeit*	h	N/mm²
Kriechmodul	*1000 h* N/mm²	*Zeitdehnspg.* %	h	N/mm²
bei Spannung	N/mm²			

Biegeversuch 23 °C

Probekörper: *Form* — *Herstellung*
Zustand — *Vorbehandlung*

Biegefestigkeit	N/mm²	*E-Modul*	N/mm²
3,5% *Biegespannung*	N/mm²		

Härte 23 °C *Probekörper:* *Zustand* — *Herstellung*
Vorbehandlung

Kugeldruckhärte	N/mm² bei N, s	*Shore-Härte*	A
Rockwellhärte		*Shore-Härte*	D

Schlagversuch *Probekörper:* *(1)*
(2) — *Herstellung*
Zustand — *Vorbehandlung*

		°C	°C	°C	*Probekörper-Form*
Schlagzähigkeit	kJ/m²				
Kerbschlagzähigkeit (1)	kJ/m²				
IZOD-Kerbschlagzähigkeit (2)	J/m				
Kerbschlagzugzähigkeit	kJ/m²				

Abrieb und Reibung

Taber-Abrieb (Reibradverfahren)	mm^3/100 U	
Abriebfaktor LNP (Thrust washer) Vergleichswert		
Statische Reibungszahl		
Dynamische Reibungszahl	(p · v= N/mm^2 · m/min)	
Zulässiger p · v Wert	N/mm^2 · (m/min) v= m/min	
	v= m/min	

Thermische Eigenschaften

Formbeständigkeit in der Wärme	*Verfahren* A		50 °C
	Verfahren B		85 °C
Vicat Erweichungstemperatur (VST)	*Verfahren* B/50		75 °C
	Verfahren		°C
Kristallit-Schmelzpunkt	*Verfahren*		
Längenausdehnungskoeffizient	*Bereich* 23–80 °C		$1.5 \cdot 10^{-4} K^{-1}$
	Temperatur		$\cdot 10^{-4} K^{-1}$
Wärmeleitfähigkeit	*Verfahren*		W/(K · m)
Spezifische Wärmekapazität	*Verfahren*		J/(K · g)
Glasumwandlungstemperatur	*Torsionsschwingungsversuch*	°C	
	Differentialkalorimetrie	°C	

Brandverhalten

UL-Test vertikal	Dicke 1.6 mm, Wert HB
	Dicke 0.79 mm, Wert HB

	Norm	*Bewertung*	*Abmessungen*
Sauerstoff-Index	ASTM D 2863		
Glühstab-Verfahren			
Brandverhalten	DIN 4102		
MVSS			
FAR			

Elektrische Eigenschaften

		Hz	°C		*Probekörper, Form*
Dielektrizitätszahl		50	23	2.3	Durchmesser 80x1 mm
		10^3			
		10^6			
Dielektrischer Verlustfaktor tan δ		50	23	0.0005	Durchmesser 80x1 mm
		10^3			
		10^6			
Spezifischer Durchgangs-widerstand	Ohm · cm		23	1*10**16	Durchmesser 80x1 mm
Durchschlagfestigkeit	kV/mm		23	75	1 mm dick
Oberflächenwiderstand	Ohm		23	1*10**13	Durchmesser 80x1 mm

Kriechstromfestigkeit KC KB KA
Elektrolytische Korrosionswirkung
Lichtbogenfestigkeit nach DIN
nach ASTM s

Beständigkeit *(Chemische Beständigkeit siehe Anhang)*

Wasseraufnahme 23 C Bis zur Saettigung 0.01 %

Feuchtigkeitsaufnahme Normalklima %
Wetterbeständigkeit

Spannungskorrosion

Optische Eigenschaften

Brechungszahl n_D
Transmissionsgrad τ_c % mm dick
Lichtdurchlässigkeit

Produkt	Polypropylen			**PP**
Handelsname	**Vestolen P 8812 L**			
Hersteller	HUELS			
DIN-Bez 1	16774,PP-B,MHL,85 M 003			
DIN-Bez 2				
Zusätze	UV-Stabilisator; Waermestabilisator	*Füllstoffe/ Verstärkung*		
Bevorzugte Verarbeitung	Spritzgiessen	*Lieferform*	Granulat	
		Farben		
Besondere Merkmale	Schlagzaeh modifiziert; Stabilisiert; Stabil-Bewitterung; Hoch lichtstabil	*Bevorzugte Anwendungen*	Transportkasten; Stapelkasten	

Dichte	g/cm^3	0.908	*Schmelzindex*	g/10 min	:	
Schüttdichte	g/cm^3		*Volumenfließindex*	cm^3/10 min	1.1:	230/2.16
Viskositätszahl	ml/g	430				

Verarbeitungsbedingungen für Spritzgießen

Massetemp.	°C	*Schwindung*	%	lgs	, quer
Werkzeugtemp.	°C	*Bemerkungen*			
Spritzdruck	bar				

Zugversuch 23 °C DIN 53455; ISO R/527;

Probekörper: *Form* Nr. 3; 4 mm dick — *Herstellung* Spritzgiessen
Zustand — *Vorbehandlung* Normalklima

Streckspannung	N/mm^2	25	*Dehnung bei Streckspannung*	%	5
Zugfestigkeit	N/mm^2		*Reißdehnung*	%	≧50
Reißfestigkeit	N/mm^2		*% Dehnspannung*	N/mm^2	
E-Modul	N/mm^2		*Dehnung bei % Dehnspg.*	%	

Kriechmoduln und Zeitstandwerte 23 °C

Probekörper: *Form* — *Herstellung*
Zustand — *Vorbehandlung*

Kriechmodul	*1 min*	N/mm^2	*Zeitstandzugfestigkeit*	h	N/mm^2
Kriechmodul	*1000 h*	N/mm^2	*Zeitdehnspg.* %	h	N/mm^2
bei Spannung		N/mm^2			

Biegeversuch 23 °C

Probekörper: *Form* — *Herstellung*
Zustand — *Vorbehandlung*

Biegefestigkeit	N/mm^2	*E-Modul*	N/mm^2
3,5% *Biegespannung*	N/mm^2		

Härte 23 °C *Probekörper:* *Zustand* — *Herstellung*
Vorbehandlung

Kugeldruckhärte	N/mm^2 bei N, s	*Shore-Härte* A	
Rockwellhärte		*Shore-Härte* D	

Schlagversuch *Probekörper:* *(1)*
(2) — *Herstellung*
Zustand — *Vorbehandlung*

		°C	°C	°C	*Probekörper-Form*
Schlagzähigkeit	kJ/m^2				
Kerbschlagzähigkeit (1)	kJ/m^2				
IZOD-Kerbschlagzähigkeit (2)	J/m				
Kerbschlagzugzähigkeit	kJ/m^2				

Abrieb und Reibung

Taber-Abrieb (Reibradverfahren)	$mm^3/100$ U		
Abriebfaktor LNP (Thrust washer) Vergleichswert			
Statische Reibungszahl			
Dynamische Reibungszahl	(p · v =	N/mm^2 ·	m/min)
Zulässiger p · v Wert	N/mm^2 · (m/min)	v =	m/min
		v =	m/min

Thermische Eigenschaften

Formbeständigkeit in der Wärme	Verfahren	A		50 °C
	Verfahren	B		85 °C
Vicat Erweichungstemperatur (VST)	Verfahren	B/50		75 °C
	Verfahren			°C
Kristallit-Schmelzpunkt	Verfahren			
Längenausdehnungskoeffizient	Bereich	23–80	°C	$1.5 \cdot 10^{-4}K^{-1}$
	Temperatur			$\cdot 10^{-4}K^{-1}$
Wärmeleitfähigkeit	Verfahren			W/(K · m)
Spezifische Wärmekapazität	Verfahren			J/(K · g)
Glasumwandlungstemperatur	Torsionsschwingungsversuch		°C	
	Differentialkalorimetrie		°C	

Brandverhalten

UL-Test vertikal — Dicke 1.6 mm, Wert HB
Dicke 0.79 mm, Wert HB

	Norm	Bewertung	Abmessungen
Sauerstoff-Index	ASTM D 2863		
Glühstab-Verfahren			
Brandverhalten	DIN 4102		
MVSS			
FAR			

Elektrische Eigenschaften

		Hz	°C		Probekörper, Form
Dielektrizitätszahl		50	23	2.3	Durchmesser 80x1 mm
		10^3			
		10^6			
Dielektrischer Verlustfaktor tan δ		50	23	0.0005	Durchmesser 80x1 mm
		10^3			
		10^6			
Spezifischer Durchgangswiderstand	Ohm · cm		23	1*10**16	Durchmesser 80x1 mm
Durchschlagfestigkeit	kV/mm		23	75	1 mm dick
Oberflächenwiderstand	Ohm		23	1*10**13	Durchmesser 80x1 mm

Kriechstromfestigkeit — KC — KB — KA
Elektrolytische Korrosionswirkung
Lichtbogenfestigkeit nach DIN
nach ASTM s

Beständigkeit *(Chemische Beständigkeit siehe Anhang)*

Wasseraufnahme 23 C Bis zur Saettigung — 0.01 %

Feuchtigkeitsaufnahme Normalklima — %
Wetterbeständigkeit

Spannungskorrosion

Optische Eigenschaften

Brechungszahl n_D
Transmissionsgrad τ_c % mm dick
Lichtdurchlässigkeit

Datenbank-Nr. **T01926** Merkblatt-Nr. **4645**

Produkt	Polypropylen		**PP**
Handelsname	**Vestolen P 9000**		
Hersteller	HUELS		
DIN-Bez 1	16774,PP-H,B,95 M 003		
DIN-Bez 2	16774,PP-H,E,95 M 003		
Zusätze		*Füllstoffe/ Verstärkung*	
Bevorzugte Verarbeitung	Spritzgiessen; Extrudieren; Blasformen; Pressen; Sintern	*Lieferform*	Granulat
		Farben	
Besondere Merkmale		*Bevorzugte Anwendungen*	Platte; Rohr; Profil; Kfz-Bau; Elektrotechnik

Dichte	g/cm³	0.904	*Schmelzindex*	g/10 min		:
Schüttdichte	g/cm³		*Volumenfließindex*	cm³/10 min	0.5:	230/2.16
Viskositätszahl	ml/g	450				

Verarbeitungsbedingungen für Spritzgießen

Massetemp.	°C	*Schwindung*	% lgs , quer
Werkzeugtemp.	°C	*Bemerkungen*	
Spritzdruck	bar		

Zugversuch 23 °C DIN 53455; ISO R/527; DIN 53457; ISO R/527

Probekörper: *Form* Nr. 3; 4 mm dick *Zustand*

Herstellung Spritzgiessen *Vorbehandlung* Normalklima

Streckspannung	N/mm²	34	*Dehnung bei Streckspannung*	%	10
Zugfestigkeit	N/mm²		*Reißdehnung*	%	≧50
Reißfestigkeit	N/mm²		*% Dehnspannung*	N/mm²	
E-Modul	N/mm²	1300	*Dehnung bei % Dehnspg.*	%	

Kriechmoduln und Zeitstandwerte 23 °C

Probekörper: *Form* *Zustand*

Herstellung *Vorbehandlung*

Kriechmodul	*1 min*	N/mm²	*Zeitstandzugfestigkeit*	h	N/mm²
Kriechmodul	*1000 h*	N/mm²	*Zeitdehnspg.* %	h	N/mm²
bei Spannung		N/mm²			

Biegeversuch 23 °C

Probekörper: *Form* *Zustand*

Herstellung *Vorbehandlung*

Biegefestigkeit	N/mm²	*E-Modul*	N/mm²
3,5% *Biegespannung*	N/mm²		

Härte 23 °C *Probekörper:* *Zustand*

Herstellung *Vorbehandlung*

Kugeldruckhärte	N/mm² bei N, s	*Shore-Härte* A	
Rockwellhärte		*Shore-Härte* D	

Schlagversuch *Probekörper:* *(1)* *(2)* *Zustand*

Herstellung *Vorbehandlung*

	°C	°C	°C	*Probekörper-Form*
Schlagzähigkeit kJ/m²				
Kerbschlagzähigkeit (1) kJ/m²				
IZOD-Kerbschlagzähigkeit (2) J/m				
Kerbschlagzugzähigkeit kJ/m²				

Abrieb und Reibung

Taber-Abrieb (Reibradverfahren)	mm^3/100 U		
Abriebfaktor LNP (Thrust washer) Vergleichswert			
Statische Reibungszahl			
Dynamische Reibungszahl	(p·v=	N/mm^2 ·	m/min)
Zulässiger p · v Wert	N/mm^2 · (m/min)	v=	m/min
		v=	m/min

Thermische Eigenschaften

Formbeständigkeit in der Wärme	*Verfahren*	A		55 °C
	Verfahren	B		90 °C
Vicat Erweichungstemperatur (VST)	*Verfahren*	B/50		90 °C
	Verfahren			°C
Kristallit-Schmelzpunkt	*Verfahren*			
Längenausdehnungskoeffizient	*Bereich*	23–80	°C	$1.5 \cdot 10^{-4}K^{-1}$
	Temperatur			$\cdot 10^{-4}K^{-1}$
Wärmeleitfähigkeit	*Verfahren*			W/(K · m)
Spezifische Wärmekapazität	*Verfahren*			J/(K · g)
Glasumwandlungstemperatur	*Torsionsschwingungsversuch*		°C	
	Differentialkalorimetrie		°C	

Brandverhalten

UL-Test vertikal — Dicke 1.6 mm, Wert HB; Dicke 0.79 mm, Wert HB

	Norm	*Bewertung*	*Abmessungen*
Sauerstoff-Index	ASTM D 2863		
Glühstab-Verfahren			
Brandverhalten	DIN 4102		
MVSS			
FAR			

Elektrische Eigenschaften

		Hz	°C		*Probekörper, Form*
Dielektrizitätszahl		50	23	2.3	Durchmesser 80x1 mm
		10^3			
		10^6			
Dielektrischer Verlustfaktor tan δ		50	23	0.0005	Durchmesser 80x1 mm
		10^3			
		10^6			
Spezifischer Durchgangs-widerstand	Ohm · cm		23	1*10**16	Durchmesser 80x1 mm
Durchschlagfestigkeit	kV/mm		23	75	1 mm dick
Oberflächenwiderstand	Ohm		23	1*10**13	Durchmesser 80x1 mm

Kriechstromfestigkeit KC KB KA
Elektrolytische Korrosionswirkung
Lichtbogenfestigkeit nach DIN
nach ASTM s

Beständigkeit *(Chemische Beständigkeit siehe Anhang)*

Wasseraufnahme 23 C Bis zur Saettigung 0.01 %

Feuchtigkeitsaufnahme Normalklima %
Wetterbeständigkeit

Spannungskorrosion

Optische Eigenschaften

Brechungszahl n_D
Transmissionsgrad τ_c % mm dick
Lichtdurchlässigkeit

Datenbank-Nr. **T01927** Merkblatt-Nr. **4646**

Produkt	Polypropylen		**PP**
Handelsname	**Vestolen P 9000 SCHWARZ**		
Hersteller	HUELS		
DIN-Bez 1	16774,PP-H,MCHL,95 M 003		
DIN-Bez 2			
Zusätze	UV-Stabilisator; Waermestabilisator	*Füllstoffe/ Verstärkung*	
Bevorzugte Verarbeitung	Spritzgiessen	*Lieferform*	Granulat
		Farben	Schwarz
Besondere Merkmale	Stabilisiert; Stabil-Bewitterung	*Bevorzugte Anwendungen*	Kfz-Bau

Dichte	g/cm^3	0.904	*Schmelzindex*	g/10 min	:	
Schüttdichte	g/cm^3		*Volumenfließindex*	cm^3/10 min	0.5:	230/2.16
Viskositätszahl	ml/g	450				

Verarbeitungsbedingungen für Spritzgießen

Massetemp.	°C	*Schwindung*	% lgs , quer
Werkzeugtemp.	°C	*Bemerkungen*	
Spritzdruck	bar		

Zugversuch 23 °C DIN 53455; ISO R/527; DIN 53457; ISO R/527

Probekörper: *Form* Nr. 3; 4 mm dick *Zustand* — *Herstellung* Spritzgiessen *Vorbehandlung* Normalklima

Streckspannung	N/mm^2	34	*Dehnung bei Streckspannung*	%	10
Zugfestigkeit	N/mm^2		*Reißdehnung*	%	≧50
Reißfestigkeit	N/mm^2		*% Dehnspannung*	N/mm^2	
E-Modul	N/mm^2	1300	*Dehnung bei % Dehnspg.*	%	

Kriechmoduln und Zeitstandwerte 23 °C

Probekörper: *Form* *Zustand* — *Herstellung* *Vorbehandlung*

Kriechmodul	*1 min* N/mm^2	*Zeitstandzugfestigkeit*	h N/mm^2
Kriechmodul	*1000 h* N/mm^2	*Zeitdehnspg.* %	h N/mm^2
bei Spannung	N/mm^2		

Biegeversuch 23 °C

Probekörper: *Form* *Zustand* — *Herstellung* *Vorbehandlung*

Biegefestigkeit	N/mm^2	*E-Modul*	N/mm^2
3,5% *Biegespannung*	N/mm^2		

Härte 23 °C *Probekörper:* *Zustand* — *Herstellung* *Vorbehandlung*

Kugeldruckhärte	N/mm^2 bei N, s	*Shore-Härte* A	
Rockwellhärte		*Shore-Härte* D	

Schlagversuch *Probekörper:* *(1)* *(2)* *Zustand* — *Herstellung* *Vorbehandlung*

	°C	°C	°C	*Probekörper-Form*
Schlagzähigkeit kJ/m^2				
Kerbschlagzähigkeit (1) kJ/m^2				
IZOD-Kerbschlagzähigkeit (2) J/m				
Kerbschlagzugzähigkeit kJ/m^2				

Abrieb und Reibung

Taber-Abrieb (Reibradverfahren)	mm^3/100 U		
Abriebfaktor LNP (Thrust washer) Vergleichswert			
Statische Reibungszahl			
Dynamische Reibungszahl	(p · v= N/mm^2 ·		m/min)
Zulässiger p · v Wert	N/mm^2 · (m/min)	v=	m/min
		v=	m/min

Thermische Eigenschaften

Formbeständigkeit in der Wärme	*Verfahren*	A		55 °C
	Verfahren	B		90 °C
Vicat Erweichungstemperatur (VST)	*Verfahren*	B/50		90 °C
	Verfahren			°C
Kristallit-Schmelzpunkt	*Verfahren*			
Längenausdehnungskoeffizient	*Bereich*	23–80	°C	1.5 · $10^{-4}K^{-1}$
	Temperatur			· $10^{-4}K^{-1}$
Wärmeleitfähigkeit	*Verfahren*			W/(K · m)
Spezifische Wärmekapazität	*Verfahren*			J/(K · g)
Glasumwandlungstemperatur	*Torsionsschwingungsversuch*		°C	
	Differentialkalorimetrie		°C	

Brandverhalten

UL-Test vertikal Dicke 1.6 mm, Wert HB
Dicke 0.79 mm, Wert HB

	Norm	*Bewertung*	*Abmessungen*
Sauerstoff-Index	ASTM D 2863		
Glühstab-Verfahren			
Brandverhalten	DIN 4102		
MVSS			
FAR			

Elektrische Eigenschaften

		Hz	°C		*Probekörper, Form*
Dielektrizitätszahl		50	23	2.3	Durchmesser 80x1 mm
		10^3			
		10^6			
Dielektrischer Verlustfaktor tan δ		50	23	0.0005	Durchmesser 80x1 mm
		10^3			
		10^6			
Spezifischer Durchgangs-widerstand	Ohm · cm		23	1*10**16	Durchmesser 80x1 mm
Durchschlagfestigkeit	kV/mm		23	75	1 mm dick
Oberflächenwiderstand	Ohm		23	1*10**13	Durchmesser 80x1 mm

Kriechstromfestigkeit KC KB KA
Elektrolytische Korrosionswirkung
Lichtbogenfestigkeit nach DIN
nach ASTM s

Beständigkeit *(Chemische Beständigkeit siehe Anhang)*

Wasseraufnahme 23 C Bis zur Saettigung 0.01 %

Feuchtigkeitsaufnahme Normalklima %
Wetterbeständigkeit

Spannungskorrosion

Optische Eigenschaften

Brechungszahl n_D
Transmissionsgrad τ_c % mm dick
Lichtdurchlässigkeit

Datenbank-Nr. **T01928** Merkblatt-Nr. **4647**

Produkt	Polypropylen		**PP**
Handelsname	**Vestolen P 9002**		
Hersteller	HUELS		
DIN-Bez 1	16774,PP-H,EH,95 M 003		
DIN-Bez 2	16774,PP-H,MH,95 M 003		
Zusätze	Waermestabilisator	*Füllstoffe/ Verstärkung*	
Bevorzugte Verarbeitung	Spritzgiessen; Extrudieren; Pressen; Sintern	*Lieferform*	Granulat
		Farben	
Besondere Merkmale		*Bevorzugte Anwendungen*	Platte; Rohr; Profil; Kfz-Bau; Elektrotechnik

Dichte	g/cm³	0.904	*Schmelzindex*	g/10 min	:	
Schüttdichte	g/cm³		*Volumenfließindex*	cm³/10 min	0.5:	230/2.16
Viskositätszahl	ml/g	450				

Verarbeitungsbedingungen für Spritzgießen

Massetemp.	°C	*Schwindung*	%	lgs , quer
Werkzeugtemp.	°C	*Bemerkungen*		
Spritzdruck	bar			

Zugversuch 23 °C DIN 53455; ISO R/527; DIN 53457; ISO R/527

Probekörper: *Form* Nr. 3; 4 mm dick — *Herstellung* Spritzgiessen
Zustand — *Vorbehandlung* Normalklima

Streckspannung	N/mm²	34	*Dehnung bei Streckspannung*	%	10
Zugfestigkeit	N/mm²		*Reißdehnung*	%	≧50
Reißfestigkeit	N/mm²		*% Dehnspannung*	N/mm²	
E-Modul	N/mm²	1300	*Dehnung bei % Dehnspg.*	%	

Kriechmoduln und Zeitstandwerte 23 °C

Probekörper: *Form* — *Herstellung*
Zustand — *Vorbehandlung*

Kriechmodul	*1 min*	N/mm²	*Zeitstandzugfestigkeit*	h	N/mm²
Kriechmodul	*1000 h*	N/mm²	*Zeitdehnspg. %*	h	N/mm²
bei Spannung		N/mm²			

Biegeversuch 23 °C

Probekörper: *Form* — *Herstellung*
Zustand — *Vorbehandlung*

Biegefestigkeit	N/mm²	*E-Modul*	N/mm²
3,5% *Biegespannung*	N/mm²		

Härte 23 °C *Probekörper:* *Zustand* — *Herstellung*
Vorbehandlung

Kugeldruckhärte	N/mm² bei N, s	*Shore-Härte* A	
Rockwellhärte		*Shore-Härte* D	

Schlagversuch *Probekörper:* *(1)*
(2) — *Herstellung*
Zustand — *Vorbehandlung*

	°C	°C	°C	*Probekörper-Form*
Schlagzähigkeit kJ/m²				
Kerbschlagzähigkeit (1) kJ/m²				
IZOD-Kerbschlagzähigkeit (2) J/m				
Kerbschlagzugzähigkeit kJ/m²				

Abrieb und Reibung

Taber-Abrieb (Reibradverfahren)	mm^3/100 U		
Abriebfaktor LNP (Thrust washer) Vergleichswert			
Statische Reibungszahl			
Dynamische Reibungszahl	(p · v= N/mm^2 ·		m/min)
Zulässiger p · v Wert	N/mm^2 · (m/min)	v=	m/min
		v=	m/min

Thermische Eigenschaften

Formbeständigkeit in der Wärme	*Verfahren*	A		55 °C
	Verfahren	B		90 °C
Vicat Erweichungstemperatur (VST)	*Verfahren*	B/50		90 °C
	Verfahren			°C
Kristallit-Schmelzpunkt	*Verfahren*			
Längenausdehnungskoeffizient	*Bereich*	23–80	°C	$1.5 \cdot 10^{-4} K^{-1}$
	Temperatur			$\cdot 10^{-4} K^{-1}$
Wärmeleitfähigkeit	*Verfahren*			W/(K · m)
Spezifische Wärmekapazität	*Verfahren*			J/(K · g)
Glasumwandlungstemperatur	*Torsionsschwingungsversuch*		°C	
	Differentialkalorimetrie		°C	

Brandverhalten

UL-Test vertikal Dicke 1.6 mm, Wert HB
Dicke 0.79 mm, Wert HB

	Norm	*Bewertung*	*Abmessungen*
Sauerstoff-Index	ASTM D 2863		
Glühstab-Verfahren			
Brandverhalten	DIN 4102		
MVSS			
FAR			

Elektrische Eigenschaften

		Hz	°C		*Probekörper, Form*
Dielektrizitätszahl		50	23	2.3	Durchmesser 80x1 mm
		10^3			
		10^6			
Dielektrischer Verlustfaktor tan δ		50	23	0.0005	Durchmesser 80x1 mm
		10^3			
		10^6			
Spezifischer Durchgangswiderstand	Ohm · cm		23	1*10**16	Durchmesser 80x1 mm
Durchschlagfestigkeit	kV/mm		23	75	1 mm dick
Oberflächenwiderstand	Ohm		23	1*10**13	Durchmesser 80x1 mm

Kriechstromfestigkeit KC KB KA
Elektrolytische Korrosionswirkung
Lichtbogenfestigkeit nach DIN
nach ASTM s

Beständigkeit *(Chemische Beständigkeit siehe Anhang)*

Wasseraufnahme 23 C Bis zur Saettigung 0.01 %

Feuchtigkeitsaufnahme Normalklima %
Wetterbeständigkeit

Spannungskorrosion

Optische Eigenschaften

Brechungszahl n_D
Transmissionsgrad τ_c % mm dick
Lichtdurchlässigkeit

Produkt	Polypropylen		**PP**
Handelsname	**Vestolen P 9006 S GRAU**		
Hersteller	HUELS		
DIN-Bez 1	16774,PP-H,ECFH,95 M 003		
DIN-Bez 2	16774,PP-H,MCFH,95 M 003		
Zusätze	Waermestabilisator	*Füllstoffe/ Verstärkung*	
Bevorzugte Verarbeitung	Spritzgiessen; Extrudieren; Pressen; Sintern	*Lieferform*	Granulat
		Farben	Grau
Besondere Merkmale	Flammwidrig; Schwer entflammbar	*Bevorzugte Anwendungen*	Rohr; Profil; Platte

Dichte	g/cm^3	0.945	*Schmelzindex*	g/10 min	:	
Schüttdichte	g/cm^3		*Volumenfließindex*	cm^3/10 min	0.5:	230/2.16
Viskositätszahl	ml/g	450				

Verarbeitungsbedingungen für Spritzgießen

Massetemp.	°C	*Schwindung*	% lgs , quer
Werkzeugtemp.	°C	*Bemerkungen*	
Spritzdruck	bar		

Zugversuch 23 °C DIN 53455; ISO R/527; DIN 53457; ISO R/527

Probekörper: *Form* Nr. 3; 4 mm dick — *Herstellung* Spritzgiessen
Zustand — *Vorbehandlung* Normalklima

Streckspannung	N/mm^2	34	*Dehnung bei Streckspannung*	%	10
Zugfestigkeit	N/mm^2		*Reißdehnung*	%	≧50
Reißfestigkeit	N/mm^2		*% Dehnspannung*	N/mm^2	
E-Modul	N/mm^2	1300	*Dehnung bei % Dehnspg.*	%	

Kriechmoduln und Zeitstandwerte 23 °C

Probekörper: *Form* — *Herstellung*
Zustand — *Vorbehandlung*

Kriechmodul	*1 min*	N/mm^2	*Zeitstandzugfestigkeit*	h	N/mm^2
Kriechmodul	*1000 h*	N/mm^2	*Zeitdehnspg. %*	h	N/mm^2
bei Spannung		N/mm^2			

Biegeversuch 23 °C

Probekörper: *Form* — *Herstellung*
Zustand — *Vorbehandlung*

Biegefestigkeit	N/mm^2	*E-Modul*	N/mm^2
3,5% *Biegespannung*	N/mm^2		

Härte 23 °C *Probekörper:* *Zustand* — *Herstellung*
Vorbehandlung

Kugeldruckhärte	N/mm^2 bei N, s	*Shore-Härte* A	
Rockwellhärte		*Shore-Härte* D	

Schlagversuch *Probekörper:* *(1)*
(2) — *Herstellung*
Zustand — *Vorbehandlung*

		°C	°C	°C	*Probekörper-Form*
Schlagzähigkeit	kJ/m^2				
Kerbschlagzähigkeit (1)	kJ/m^2				
IZOD-Kerbschlagzähigkeit (2)	J/m				
Kerbschlagzugzähigkeit	kJ/m^2				

Abrieb und Reibung

Taber-Abrieb (Reibradverfahren)	mm^3/100 U	
Abriebfaktor LNP (Thrust washer) Vergleichswert		
Statische Reibungszahl		
Dynamische Reibungszahl	(p·v= N/mm^2·	m/min)
Zulässiger p·v Wert	N/mm^2·(m/min) v=	m/min
	v=	m/min

Thermische Eigenschaften

Formbeständigkeit in der Wärme	*Verfahren* A		55 °C
	Verfahren B		90 °C
Vicat Erweichungstemperatur (VST)	*Verfahren* B/50		90 °C
	Verfahren		°C
Kristallit-Schmelzpunkt	*Verfahren*		
Längenausdehnungskoeffizient	*Bereich* 23–80 °C		$1 \cdot 10^{-4}K^{-1}$
	Temperatur		$\cdot 10^{-4}K^{-1}$
Wärmeleitfähigkeit	*Verfahren*		W/(K·m)
Spezifische Wärmekapazität	*Verfahren*		J/(K·g)
Glasumwandlungstemperatur	*Torsionsschwingungsversuch*	°C	
	Differentialkalorimetrie	°C	

Brandverhalten

UL-Test vertikal	Dicke 1.6 mm, Wert HB	
	Dicke 0.79 mm, Wert HB	

	Norm	*Bewertung*	*Abmessungen*
Sauerstoff-Index	ASTM D 2863		
Glühstab-Verfahren			
Brandverhalten	DIN 4102		
MVSS			
FAR			

Elektrische Eigenschaften

		Hz	°C		*Probekörper, Form*
Dielektrizitätszahl		50	23	2.4	Durchmesser 80x1 mm
		10^3			
		10^6			
Dielektrischer Verlustfaktor tan δ		50	23	0.003	Durchmesser 80x1 mm
		10^3			
		10^6			
Spezifischer Durchgangs-widerstand	Ohm·cm		23	1*10**16	Durchmesser 80x1 mm
Durchschlagfestigkeit	kV/mm		23	45	1 mm dick
Oberflächenwiderstand	Ohm		23	1*10**13	Durchmesser 80x1 mm

Kriechstromfestigkeit	KC	KB	KA
Elektrolytische Korrosionswirkung			
Lichtbogenfestigkeit nach DIN			
nach ASTM s			

Beständigkeit *(Chemische Beständigkeit siehe Anhang)*

Wasseraufnahme 23 C Bis zur Saettigung	0.01 %	
Feuchtigkeitsaufnahme Normalklima		%
Wetterbeständigkeit		
Spannungskorrosion		

Optische Eigenschaften

Brechungszahl n_D		
Transmissionsgrad τ_c	%	mm dick
Lichtdurchlässigkeit		

Datenbank-Nr. **T01930** Merkblatt-Nr. **4649**

Produkt	Polypropylen		**PP**
Handelsname	**Vestolen P 9022 GRAU**		
Hersteller	HUELS		
DIN-Bez 1	16774,PP-H,ECH,95 M 003		
DIN-Bez 2	16774,PP-H.QCH,95 M 003		
Zusätze	Waermestabilisator	*Füllstoffe/ Verstärkung*	
Bevorzugte Verarbeitung	Pressen; Sintern	*Lieferform*	Granulat
		Farben	Grau
Besondere Merkmale		*Bevorzugte Anwendungen*	Platte

Dichte	g/cm³	0.92	*Schmelzindex*	g/10 min	:	
Schüttdichte	g/cm³		*Volumenfließindex*	cm³/10 min	0.5:	230/2.16
Viskositätszahl	ml/g	450				

Verarbeitungsbedingungen für Spritzgießen

Massetemp.	°C	*Schwindung*	%	lgs	, quer
Werkzeugtemp.	°C	*Bemerkungen*			
Spritzdruck	bar				

Zugversuch 23 °C DIN 53455; ISO R/527; DIN 53457; ISO R/527

Probekörper: *Form* Nr. 3; 4 mm dick — *Herstellung* Spritzgiessen
Zustand — *Vorbehandlung* Normalklima

Streckspannung	N/mm²	36	*Dehnung bei Streckspannung*	%	10
Zugfestigkeit	N/mm²		*Reißdehnung*	%	≧50
Reißfestigkeit	N/mm²		*% Dehnspannung*	N/mm²	
E-Modul	N/mm²	1300	*Dehnung bei % Dehnspg.*	%	

Kriechmoduln und Zeitstandwerte 23 °C

Probekörper: *Form* — *Herstellung*
Zustand — *Vorbehandlung*

Kriechmodul	*1 min* N/mm²	*Zeitstandzugfestigkeit*	h	N/mm²
Kriechmodul	*1000 h* N/mm²	*Zeitdehnspg. %*	h	N/mm²
bei Spannung	N/mm²			

Biegeversuch 23 °C

Probekörper: *Form* — *Herstellung*
Zustand — *Vorbehandlung*

Biegefestigkeit	N/mm²	*E-Modul*	N/mm²
3,5% *Biegespannung*	N/mm²		

Härte 23 °C *Probekörper:* *Zustand* — *Herstellung*
Vorbehandlung

Kugeldruckhärte	N/mm² bei N, s	*Shore-Härte*	A
Rockwellhärte		*Shore-Härte*	D

Schlagversuch *Probekörper:* *(1)*
(2) — *Herstellung*
Zustand — *Vorbehandlung*

		°C	°C	°C	*Probekörper-Form*
Schlagzähigkeit	kJ/m²				
Kerbschlagzähigkeit (1)	kJ/m²				
IZOD-Kerbschlagzähigkeit (2)	J/m				
Kerbschlagzugzähigkeit	kJ/m²				

Abrieb und Reibung

Taber-Abrieb (Reibradverfahren)	mm^3/100 U		
Abriebfaktor LNP (Thrust washer) Vergleichswert			
Statische Reibungszahl			
Dynamische Reibungszahl	(p · v=	N/mm^2 ·	m/min)
Zulässiger p · v Wert	N/mm^2 · (m/min)	v=	m/min
		v=	m/min

Thermische Eigenschaften

Formbeständigkeit in der Wärme	*Verfahren*	A		55 °C
	Verfahren	B		90 °C
Vicat Erweichungstemperatur (VST)	*Verfahren*	B/50		90 °C
	Verfahren			°C
Kristallit-Schmelzpunkt	*Verfahren*			
Längenausdehnungskoeffizient	*Bereich*	23–80	°C	$1.5 \cdot 10^{-4} K^{-1}$
	Temperatur			$\cdot 10^{-4} K^{-1}$
Wärmeleitfähigkeit	*Verfahren*			W/(K · m)
Spezifische Wärmekapazität	*Verfahren*			J/(K · g)
Glasumwandlungstemperatur	*Torsionsschwingungsversuch*		°C	
	Differentialkalorimetrie		°C	

Brandverhalten

UL-Test vertikal Dicke 1.6 mm, Wert HB
Dicke 0.79 mm, Wert HB

	Norm	*Bewertung*	*Abmessungen*
Sauerstoff-Index	ASTM D 2863		
Glühstab-Verfahren			
Brandverhalten	DIN 4102		
MVSS			
FAR			

Elektrische Eigenschaften

		Hz	°C		*Probekörper, Form*
Dielektrizitätszahl		50	23	2.3	Durchmesser 80x1 mm
		10^3			
		10^6			
Dielektrischer Verlustfaktor tan δ		50	23	0.0005	Durchmesser 80x1 mm
		10^3			
		10^6			
Spezifischer Durchgangswiderstand	Ohm · cm		23	1*10**16	Durchmesser 80x1 mm
Durchschlagfestigkeit	kV/mm		23	75	1 mm dick
Oberflächenwiderstand	Ohm		23	1*10**13	Durchmesser 80x1 mm

Kriechstromfestigkeit KC KB KA
Elektrolytische Korrosionswirkung
Lichtbogenfestigkeit nach DIN
nach ASTM s

Beständigkeit *(Chemische Beständigkeit siehe Anhang)*

Wasseraufnahme 23 C Bis zur Saettigung 0.01 %

Feuchtigkeitsaufnahme Normalklima %
Wetterbeständigkeit

Spannungskorrosion

Optische Eigenschaften

Brechungszahl n_D
Transmissionsgrad τ_c % mm dick
Lichtdurchlässigkeit

Datenbank-Nr.	**T01931**		Merkblatt-Nr. **4650**

Produkt	Polypropylen		**PP**
Handelsname	**Vestolen P 9026 S GRAU**		
Hersteller	HUELS		
DIN-Bez 1	16774,PP-H,ECFH,95 M 003		
DIN-Bez 2	16774,PP-H,MCFH,95 M 003		
Zusätze	Brandschutzmittel; Waermestabilisator	*Füllstoffe/ Verstärkung*	
Bevorzugte Verarbeitung	Spritzgiessen; Extrudieren	*Lieferform*	Granulat
		Farben	Grau
Besondere Merkmale	Flammwidrig; Schwer entflammbar	*Bevorzugte Anwendungen*	Rohr; Profil

Dichte	g/cm^3	0.935	*Schmelzindex*	g/10 min	:	
Schüttdichte	g/cm^3		*Volumenfließindex*	$cm^3/10$ min	0.5:	230/2.16
Viskositätszahl	ml/g	450				

Verarbeitungsbedingungen für Spritzgießen

Massetemp.	°C	*Schwindung*	% lgs , quer
Werkzeugtemp.	°C	*Bemerkungen*	
Spritzdruck	bar		

Zugversuch 23 °C DIN 53455; ISO R/527; DIN 53457; ISO R/527

Probekörper: *Form* Nr. 3; 4 mm dick — *Herstellung* Spritzgiessen
Zustand — *Vorbehandlung* Normalklima

Streckspannung	N/mm^2	34	*Dehnung bei Streckspannung*	%	10
Zugfestigkeit	N/mm^2		*Reißdehnung*	%	≧50
Reißfestigkeit	N/mm^2		*% Dehnspannung*	N/mm^2	
E-Modul	N/mm^2	1300	*Dehnung bei % Dehnspg.*	%	

Kriechmoduln und Zeitstandwerte 23 °C

Probekörper: *Form* — *Herstellung*
Zustand — *Vorbehandlung*

Kriechmodul	*1 min* N/mm^2	*Zeitstandzugfestigkeit*	h	N/mm^2
Kriechmodul	*1000 h* N/mm^2	*Zeitdehnspg. %*	h	N/mm^2
bei Spannung	N/mm^2			

Biegeversuch 23 °C

Probekörper: *Form* — *Herstellung*
Zustand — *Vorbehandlung*

Biegefestigkeit	N/mm^2	*E-Modul*	N/mm^2
3,5% *Biegespannung*	N/mm^2		

Härte 23 °C *Probekörper:* *Zustand* — *Herstellung*
Vorbehandlung

Kugeldruckhärte	N/mm^2 bei N, s	*Shore-Härte* A
Rockwellhärte		*Shore-Härte* D

Schlagversuch *Probekörper:* *(1)*
(2) — *Herstellung*
Zustand — *Vorbehandlung*

	°C	°C	°C	*Probekörper-Form*
Schlagzähigkeit kJ/m^2				
Kerbschlagzähigkeit (1) kJ/m^2				
IZOD-Kerbschlagzähigkeit (2) J/m				
Kerbschlagzugzähigkeit kJ/m^2				

Abrieb und Reibung

Taber-Abrieb (Reibradverfahren)	mm^3/100 U		
Abriebfaktor LNP (Thrust washer) Vergleichswert			
Statische Reibungszahl			
Dynamische Reibungszahl	(p·v= N/mm^2·		m/min)
Zulässiger p · v Wert	N/mm^2 · (m/min)	v=	m/min
		v=	m/min

Thermische Eigenschaften

Formbeständigkeit in der Wärme	*Verfahren*	A		55 °C
	Verfahren	B		90 °C
Vicat Erweichungstemperatur (VST)	*Verfahren*	B/50		90 °C
	Verfahren			°C
Kristallit-Schmelzpunkt	*Verfahren*			
Längenausdehnungskoeffizient	*Bereich*	23–80 °C		$1 \cdot 10^{-4} K^{-1}$
	Temperatur			$\cdot 10^{-4} K^{-1}$
Wärmeleitfähigkeit	*Verfahren*			W/(K · m)
Spezifische Wärmekapazität	*Verfahren*			J/(K · g)
Glasumwandlungstemperatur	*Torsionsschwingungsversuch*		°C	
	Differentialkalorimetrie		°C	

Brandverhalten

UL-Test vertikal Dicke 1.6 mm, Wert HB
Dicke 0.79 mm, Wert HB

	Norm	*Bewertung*	*Abmessungen*
Sauerstoff-Index	ASTM D 2863		
Glühstab-Verfahren			
Brandverhalten	DIN 4102		
MVSS			
FAR			

Elektrische Eigenschaften

		Hz	°C		*Probekörper, Form*
Dielektrizitätszahl		50	23	2.4	Durchmesser 80x1 mm
		10^3			
		10^6			
Dielektrischer Verlustfaktor tan δ		50	23	0.003	Durchmesser 80x1 mm
		10^3			
		10^6			
Spezifischer Durchgangswiderstand	Ohm · cm		23	1*10**16	Durchmesser 80x1 mm
Durchschlagfestigkeit	kV/mm		23	45	1 mm dick
Oberflächenwiderstand	Ohm		23	1*10**13	Durchmesser 80x1 mm

Kriechstromfestigkeit KC KB KA
Elektrolytische Korrosionswirkung
Lichtbogenfestigkeit nach DIN
nach ASTM s

Beständigkeit *(Chemische Beständigkeit siehe Anhang)*

Wasseraufnahme 23 C Bis zur Saettigung 0.01 %

Feuchtigkeitsaufnahme Normalklima %
Wetterbeständigkeit

Spannungskorrosion

Optische Eigenschaften

Brechungszahl n_D
Transmissionsgrad τ_c % mm dick
Lichtdurchlässigkeit

Produkt	Polypropylen		**PP**
Handelsname	**Vestolen P 9421**		
Hersteller	HUELS		
DIN-Bez 1	16774,PP-R,MH,85 M 003		
DIN-Bez 2	16774,PP-R,EH,85 M 003		
Zusätze	Waermestabilisator	*Füllstoffe/ Verstärkung*	
Bevorzugte Verarbeitung	Spritzgiessen; Extrudieren	*Lieferform*	Granulat
		Farben	
Besondere Merkmale		*Bevorzugte Anwendungen*	Profil; Rohre

Dichte	g/cm³	0.895	*Schmelzindex*	g/10 min		:
Schüttdichte	g/cm³		*Volumenfließindex*	cm³/10 min	0.4	: 230/2.16
Viskositätszahl	ml/g	450				

Verarbeitungsbedingungen für Spritzgießen

Massetemp.	°C	*Schwindung*	%	lgs , quer
Werkzeugtemp.	°C	*Bemerkungen*		
Spritzdruck	bar			

Zugversuch 23 °C DIN 53455; ISO R/527; DIN 53457; ISO R/527

Probekörper: *Form* Nr. 3; 4 mm dick — *Herstellung* Spritzgiessen
Zustand — *Vorbehandlung* Normalklima

Streckspannung	N/mm²	25	*Dehnung bei Streckspannung*	%	12
Zugfestigkeit	N/mm²		*Reißdehnung*	%	≧50
Reißfestigkeit	N/mm²		*% Dehnspannung*	N/mm²	
E-Modul	N/mm²	700	*Dehnung bei % Dehnspg.*	%	

Kriechmoduln und Zeitstandwerte 23 °C

Probekörper: *Form* — *Herstellung*
Zustand — *Vorbehandlung*

Kriechmodul	*1 min*	N/mm²	*Zeitstandzugfestigkeit*	h	N/mm²
Kriechmodul	*1000 h*	N/mm²	*Zeitdehnspg. %*	h	N/mm²
bei Spannung		N/mm²			

Biegeversuch 23 °C

Probekörper: *Form* — *Herstellung*
Zustand — *Vorbehandlung*

Biegefestigkeit	N/mm²	*E-Modul*	N/mm²
3,5% *Biegespannung*	N/mm²		

Härte 23 °C *Probekörper:* *Zustand* — *Herstellung*
Vorbehandlung

Kugeldruckhärte	N/mm² bei N, s	*Shore-Härte*	A
Rockwellhärte		*Shore-Härte*	D

Schlagversuch *Probekörper:* *(1)*
(2) — *Herstellung*
Zustand — *Vorbehandlung*

		°C	°C	°C	*Probekörper-Form*
Schlagzähigkeit	kJ/m²				
Kerbschlagzähigkeit (1)	kJ/m²				
IZOD-Kerbschlagzähigkeit (2)	J/m				
Kerbschlagzugzähigkeit	kJ/m²				

Abrieb und Reibung

Taber-Abrieb (Reibradverfahren)	mm^3/100 U		
Abriebfaktor LNP (Thrust washer) Vergleichswert			
Statische Reibungszahl			
Dynamische Reibungszahl	(p · v=	N/mm^2 ·	m/min)
Zulässiger p · v Wert	N/mm^2 · (m/min)	v=	m/min
		v=	m/min

Thermische Eigenschaften

Formbeständigkeit in der Wärme	*Verfahren*	A		45 °C
	Verfahren	B		75 °C
Vicat Erweichungstemperatur (VST)	*Verfahren*	B/50		60 °C
	Verfahren			°C
Kristallit-Schmelzpunkt	*Verfahren*			
Längenausdehnungskoeffizient	*Bereich*	23–80	°C	$1.5 \cdot 10^{-4} K^{-1}$
	Temperatur			$\cdot 10^{-4} K^{-1}$
Wärmeleitfähigkeit	*Verfahren*			W/(K · m)
Spezifische Wärmekapazität	*Verfahren*			J/(K · g)
Glasumwandlungstemperatur	*Torsionsschwingungsversuch*		°C	
	Differentialkalorimetrie		°C	

Brandverhalten

UL-Test vertikal Dicke 1.6 mm, Wert HB
Dicke 0.79 mm, Wert HB

	Norm	*Bewertung*	*Abmessungen*
Sauerstoff-Index	ASTM D 2863		
Glühstab-Verfahren			
Brandverhalten	DIN 4102		
MVSS			
FAR			

Elektrische Eigenschaften

		Hz	°C		*Probekörper, Form*
Dielektrizitätszahl		50	23	2.3	Durchmesser 80x1 mm
		10^3			
		10^6			
Dielektrischer Verlustfaktor tan δ		50	23	0.0005	Durchmesser 80x1 mm
		10^3			
		10^6			
Spezifischer Durchgangs-widerstand	Ohm · cm		23	1*10**16	Durchmesser 80x1 mm
Durchschlagfestigkeit	kV/mm		23	75	1 mm dick
Oberflächenwiderstand	Ohm		23	1*10**13	Durchmesser 80x1 mm

Kriechstromfestigkeit KC KB KA
Elektrolytische Korrosionswirkung
Lichtbogenfestigkeit nach DIN
nach ASTM s

Beständigkeit *(Chemische Beständigkeit siehe Anhang)*

Wasseraufnahme 23 C Bis zur Saettigung 0.01 %

Feuchtigkeitsaufnahme Normalklima %
Wetterbeständigkeit

Spannungskorrosion

Optische Eigenschaften

Brechungszahl n_D
Transmissionsgrad τ_c % mm dick
Lichtdurchlässigkeit

Datenbank-Nr.	**T01933**		Merkblatt-Nr. **4652**

Produkt	Polypropylen		**PP**
Handelsname	**Vestolen P 9422 GRAU**		
Hersteller	HUELS		
DIN-Bez 1	16774,PP-R,ECH,85 M 003		
DIN-Bez 2	16774,PP-R,MCH,85 M 003		
Zusätze	Waermestabilisator	Füllstoffe/ Verstärkung	
Bevorzugte Verarbeitung	Spritzgiessen; Extrudieren; Pressen; Sintern	Lieferform	Granulat
		Farben	Grau
Besondere Merkmale		Bevorzugte Anwendungen	Rohr; Profil; Platte

Dichte	g/cm³	0.91	Schmelzindex	g/10 min	:	
Schüttdichte	g/cm³		Volumenfließindex	cm³/10 min	0.4:	230/2.16
Viskositätszahl	ml/g	450				

Verarbeitungsbedingungen für Spritzgießen

Massetemp.	°C	Schwindung	% lgs , quer
Werkzeugtemp.	°C	Bemerkungen	
Spritzdruck	bar		

Zugversuch 23 °C DIN 53455; ISO R/527; DIN 53457; ISO R/527

Probekörper: Form Nr. 3; 4 mm dick — Herstellung Spritzgiessen
Zustand — Vorbehandlung Normalklima

Streckspannung	N/mm²	25	Dehnung bei Streckspannung	%	12
Zugfestigkeit	N/mm²		Reißdehnung	%	≧50
Reißfestigkeit	N/mm²		% Dehnspannung	N/mm²	
E-Modul	N/mm²	700	Dehnung bei % Dehnspg.	%	

Kriechmoduln und Zeitstandwerte 23 °C

Probekörper: Form — Herstellung
Zustand — Vorbehandlung

Kriechmodul	1 min N/mm²	Zeitstandzugfestigkeit	h	N/mm²
Kriechmodul	1000 h N/mm²	Zeitdehnspg. %	h	N/mm²
bei Spannung	N/mm²			

Biegeversuch 23 °C

Probekörper: Form — Herstellung
Zustand — Vorbehandlung

Biegefestigkeit	N/mm²	E-Modul	N/mm²
3,5% Biegespannung	N/mm²		

Härte 23 °C Probekörper: Zustand — Herstellung
Vorbehandlung

Kugeldruckhärte	N/mm² bei N, s	Shore-Härte A	
Rockwellhärte		Shore-Härte D	

Schlagversuch Probekörper: (1)
(2) — Herstellung
Zustand — Vorbehandlung

	°C	°C	°C	Probekörper-Form
Schlagzähigkeit kJ/m²				
Kerbschlagzähigkeit (1) kJ/m²				
IZOD-Kerbschlagzähigkeit (2) J/m				
Kerbschlagzugzähigkeit kJ/m²				

Abrieb und Reibung

Taber-Abrieb (Reibradverfahren)	mm^3/100 U		
Abriebfaktor LNP (Thrust washer) Vergleichswert			
Statische Reibungszahl			
Dynamische Reibungszahl	(p · v =	N/mm^2 ·	m/min)
Zulässiger p · v Wert	N/mm^2 · (m/min)	v =	m/min
		v =	m/min

Thermische Eigenschaften

Formbeständigkeit in der Wärme	Verfahren	A		45 °C
	Verfahren	B		75 °C
Vicat Erweichungstemperatur (VST)	Verfahren	B/50		60 °C
	Verfahren			°C
Kristallit-Schmelzpunkt	Verfahren			
Längenausdehnungskoeffizient	Bereich	23–80	°C	$1.5 \cdot 10^{-4}K^{-1}$
	Temperatur			$\cdot 10^{-4}K^{-1}$
Wärmeleitfähigkeit	Verfahren			W/(K · m)
Spezifische Wärmekapazität	Verfahren			J/(K · g)
Glasumwandlungstemperatur	Torsionsschwingungsversuch		°C	
	Differentialkalorimetrie		°C	

Brandverhalten

UL-Test vertikal — Dicke 1.6 mm, Wert HB
Dicke 0.79 mm, Wert HB

	Norm	Bewertung	Abmessungen
Sauerstoff-Index	ASTM D 2863		
Glühstab-Verfahren			
Brandverhalten	DIN 4102		
MVSS			
FAR			

Elektrische Eigenschaften

		Hz	°C		Probekörper, Form
Dielektrizitätszahl		50	23	2.3	Durchmesser 80x1 mm
		10^3			
		10^6			
Dielektrischer Verlustfaktor tan δ		50	23	0.0005	Durchmesser 80x1 mm
		10^3			
		10^6			
Spezifischer Durchgangs-widerstand	Ohm · cm		23	1*10**16	Durchmesser 80x1 mm
Durchschlagfestigkeit	kV/mm		23	75	1 mm dick
Oberflächenwiderstand	Ohm		23	1*10**13	Durchmesser 80x1 mm

Kriechstromfestigkeit — KC — KB — KA
Elektrolytische Korrosionswirkung
Lichtbogenfestigkeit nach DIN
nach ASTM s

Beständigkeit *(Chemische Beständigkeit siehe Anhang)*

Wasseraufnahme 23 C Bis zur Saettigung — 0.01 %

Feuchtigkeitsaufnahme Normalklima — %
Wetterbeständigkeit

Spannungskorrosion

Optische Eigenschaften

Brechungszahl n_D
Transmissionsgrad τ_c % mm dick
Lichtdurchlässigkeit

Produkt	Polypropylen			**PP**
Handelsname	**Vestolen P 9500**			
Hersteller	HUELS			
DIN-Bez 1	16774,PP-B,B,95 M 003			
DIN-Bez 2	16774,PP-B,Q,95 M 003			
Zusätze		*Füllstoffe/ Verstärkung*		
Bevorzugte Verarbeitung	Blasformen; Pressen; Sintern	*Lieferform*	Granulat	
		Farben		
Besondere Merkmale	Schlagzaeh modifiziert	*Bevorzugte Anwendungen*	Platte; Hohlkoerper	

Dichte	g/cm³	0.904	*Schmelzindex*	g/10 min	:	
Schüttdichte	g/cm³		*Volumenfließindex*	cm³/10 min	0.5:	230/2.16
Viskositätszahl	ml/g	450				

Verarbeitungsbedingungen für Spritzgießen

Massetemp.	°C	*Schwindung*	%	lgs , quer
Werkzeugtemp.	°C	*Bemerkungen*		
Spritzdruck	bar			

Zugversuch 23 °C DIN 53455; ISO R/527; DIN 53457; ISO R/527

Probekörper:	*Form*	Nr. 3; 4 mm dick	*Herstellung*	Spritzgiessen
	Zustand		*Vorbehandlung*	Normalklima

Streckspannung	N/mm²	32	*Dehnung bei Streckspannung*	%	10
Zugfestigkeit	N/mm²		*Reißdehnung*	%	≧50
Reißfestigkeit	N/mm²		*% Dehnspannung*	N/mm²	
E-Modul	N/mm²	1250	*Dehnung bei % Dehnspg.*	%	

Kriechmoduln und Zeitstandwerte 23 °C

Probekörper:	*Form*	*Herstellung*	
	Zustand	*Vorbehandlung*	

Kriechmodul	*1 min*	N/mm²	*Zeitstandzugfestigkeit*	h	N/mm²
Kriechmodul	*1000 h*	N/mm²	*Zeitdehnspg. %*	h	N/mm²
bei Spannung		N/mm²			

Biegeversuch 23 °C

Probekörper:	*Form*	*Herstellung*	
	Zustand	*Vorbehandlung*	

Biegefestigkeit	N/mm²	*E-Modul*	N/mm²
3,5% *Biegespannung*	N/mm²		

Härte 23 °C

Probekörper:	*Zustand*	*Herstellung*	
		Vorbehandlung	
Kugeldruckhärte	N/mm² bei N, s	*Shore-Härte* A	
Rockwellhärte		*Shore-Härte* D	

Schlagversuch

Probekörper:	*(1)*		
	(2)	*Herstellung*	
	Zustand	*Vorbehandlung*	

	°C	°C	°C	*Probekörper-Form*
Schlagzähigkeit kJ/m²				
Kerbschlagzähigkeit (1) kJ/m²				
IZOD-Kerbschlagzähigkeit (2) J/m				
Kerbschlagzugzähigkeit kJ/m²				

Abrieb und Reibung

Taber-Abrieb (Reibradverfahren)	mm^3/100 U		
Abriebfaktor LNP (Thrust washer) Vergleichswert			
Statische Reibungszahl			
Dynamische Reibungszahl	(p · v=	N/mm² ·	m/min)
Zulässiger p · v Wert	N/mm² · (m/min)	v=	m/min
		v=	m/min

Thermische Eigenschaften

Formbeständigkeit in der Wärme	*Verfahren*	A	55 °C
	Verfahren	B	90 °C
Vicat Erweichungstemperatur (VST)	*Verfahren*	B/50	90 °C
	Verfahren		°C
Kristallit-Schmelzpunkt	*Verfahren*		
Längenausdehnungskoeffizient	*Bereich*	23–80 °C	$1.5 \cdot 10^{-4}K^{-1}$
	Temperatur		$\cdot 10^{-4}K^{-1}$
Wärmeleitfähigkeit	*Verfahren*		W/(K · m)
Spezifische Wärmekapazität	*Verfahren*		J/(K · g)
Glasumwandlungstemperatur	*Torsionsschwingungsversuch*	°C	
	Differentialkalorimetrie	°C	

Brandverhalten

UL-Test vertikal Dicke 1.6 mm, Wert HB
Dicke 0.79 mm, Wert HB

	Norm	*Bewertung*	*Abmessungen*
Sauerstoff-Index	ASTM D 2863		
Glühstab-Verfahren			
Brandverhalten	DIN 4102		
MVSS			
FAR			

Elektrische Eigenschaften

		Hz	°C		*Probekörper, Form*
Dielektrizitätszahl		50	23	2.3	Durchmesser 80x1 mm
		10^3			
		10^6			
Dielektrischer Verlustfaktor tan δ		50	23	0.0005	Durchmesser 80x1 mm
		10^3			
		10^6			
Spezifischer Durchgangs-widerstand	Ohm · cm		23	1*10**16	Durchmesser 80x1 mm
Durchschlagfestigkeit	kV/mm		23	75	1 mm dick
Oberflächenwiderstand	Ohm		23	1*10**13	Durchmesser 80x1 mm

Kriechstromfestigkeit KC KB KA
Elektrolytische Korrosionswirkung
Lichtbogenfestigkeit nach DIN
nach ASTM s

Beständigkeit *(Chemische Beständigkeit siehe Anhang)*

Wasseraufnahme 23 C Bis zur Saettigung 0.01 %

Feuchtigkeitsaufnahme Normalklima %
Wetterbeständigkeit

Spannungskorrosion

Optische Eigenschaften

Brechungszahl n_D
Transmissionsgrad τ_c % mm dick
Lichtdurchlässigkeit

Produkt	Polypropylen		**PP**
Handelsname	**Vestolen P 9502**		
Hersteller	HUELS		
DIN-Bez 1	16774,PP-B,BH,95 M 003		
DIN-Bez 2	16774,PP-B,QH,95 M 003		
Zusätze	Waermestabilisator	*Füllstoffe/ Verstärkung*	
Bevorzugte Verarbeitung	Spritzgiessen; Extrudieren; Blasformen; Pressen; Sintern	*Lieferform*	Granulat
		Farben	
Besondere Merkmale	Schlagzaeh modifiziert	*Bevorzugte Anwendungen*	Platte; Rohr; Hohlkoerper; Profil; Kfz-Technik

Dichte	g/cm³	0.904	*Schmelzindex*	g/10 min	:
Schüttdichte	g/cm³		*Volumenfließindex*	cm³/10 min	0.5 : 230/2.16
Viskositätszahl	ml/g	450			

Verarbeitungsbedingungen für Spritzgießen

Massetemp.	°C	*Schwindung*	% lgs , quer
Werkzeugtemp.	°C	*Bemerkungen*	
Spritzdruck	bar		

Zugversuch 23 °C DIN 53455; ISO R/527; DIN 53457; ISO R/527

Probekörper: *Form* Nr. 3; 4 mm dick *Herstellung* Spritzgiessen
Zustand *Vorbehandlung* Normalklima

Streckspannung	N/mm²	32	*Dehnung bei Streckspannung*	%	10
Zugfestigkeit	N/mm²		*Reißdehnung*	%	≧50
Reißfestigkeit	N/mm²		*% Dehnspannung*	N/mm²	
E-Modul	N/mm²	1250	*Dehnung bei % Dehnspg.*	%	

Kriechmoduln und Zeitstandwerte 23 °C

Probekörper: *Form* *Herstellung*
Zustand *Vorbehandlung*

Kriechmodul	*1 min* N/mm²	*Zeitstandzugfestigkeit*	h N/mm²
Kriechmodul	*1000 h* N/mm²	*Zeitdehnspg.* %	h N/mm²
bei Spannung	N/mm²		

Biegeversuch 23 °C

Probekörper: *Form* *Herstellung*
Zustand *Vorbehandlung*

Biegefestigkeit	N/mm²	*E-Modul*	N/mm²
3,5% *Biegespannung*	N/mm²		

Härte 23 °C *Probekörper:* *Zustand* *Herstellung*
Vorbehandlung

Kugeldruckhärte	N/mm² bei N, s	*Shore-Härte* A	
Rockwellhärte		*Shore-Härte* D	

Schlagversuch *Probekörper:* *(1)*
(2) *Herstellung*
Zustand *Vorbehandlung*

	°C	°C	°C	*Probekörper-Form*
Schlagzähigkeit kJ/m²				
Kerbschlagzähigkeit (1) kJ/m²				
IZOD-Kerbschlagzähigkeit (2) J/m				
Kerbschlagzugzähigkeit kJ/m²				

Abrieb und Reibung

Taber-Abrieb (Reibradverfahren)	mm^3/100 U		
Abriebfaktor LNP (Thrust washer) Vergleichswert			
Statische Reibungszahl			
Dynamische Reibungszahl	(p · v=	N/mm^2 ·	m/min)
Zulässiger p · v Wert	N/mm^2 · (m/min)	v=	m/min
		v=	m/min

Thermische Eigenschaften

Formbeständigkeit in der Wärme	*Verfahren*	A		55 °C
	Verfahren	B		90 °C
Vicat Erweichungstemperatur (VST)	*Verfahren*	B/50		90 °C
	Verfahren			°C
Kristallit-Schmelzpunkt	*Verfahren*			
Längenausdehnungskoeffizient	*Bereich*	23–80	°C	$1.5 \cdot 10^{-4} K^{-1}$
	Temperatur			$\cdot 10^{-4} K^{-1}$
Wärmeleitfähigkeit	*Verfahren*			W/(K · m)
Spezifische Wärmekapazität	*Verfahren*			J/(K · g)
Glasumwandlungstemperatur	*Torsionsschwingungsversuch*		°C	
	Differentialkalorimetrie		°C	

Brandverhalten

UL-Test vertikal	Dicke 1.6 mm, Wert HB
	Dicke 0.79 mm, Wert HB

	Norm	*Bewertung*	*Abmessungen*
Sauerstoff-Index	ASTM D 2863		
Glühstab-Verfahren			
Brandverhalten	DIN 4102		
MVSS			
FAR			

Elektrische Eigenschaften

		Hz	°C		*Probekörper, Form*
Dielektrizitätszahl		50	23	2.3	Durchmesser 80x1 mm
		10^3			
		10^6			
Dielektrischer Verlustfaktor tan δ		50	23	0.0005	Durchmesser 80x1 mm
		10^3			
		10^6			
Spezifischer Durchgangs- widerstand	Ohm · cm		23	1*10**16	Durchmesser 80x1 mm
Durchschlagfestigkeit	kV/mm		23	75	1 mm dick
Oberflächenwiderstand	Ohm		23	1*10**13	Durchmesser 80x1 mm

Kriechstromfestigkeit	KC	KB	KA
Elektrolytische Korrosionswirkung			
Lichtbogenfestigkeit nach DIN			
nach ASTM s			

Beständigkeit *(Chemische Beständigkeit siehe Anhang)*

Wasseraufnahme 23 C Bis zur Saettigung	0.01 %	
Feuchtigkeitsaufnahme Normalklima		%
Wetterbeständigkeit		
Spannungskorrosion		

Optische Eigenschaften

Brechungszahl n_D		
Transmissionsgrad τ_c	%	mm dick
Lichtdurchlässigkeit		

Produkt	Polypropylen		**PP**
Handelsname	**Vestolen P 9503 SCHWARZ**		
Hersteller	HUELS		
DIN-Bez 1	16774,PP-B,BCHL,95 M 003		
DIN-Bez 2	16774,PP-B,MCHL,95 M 003		
Zusätze	UV-Stabilisator; Waermestabilisator	*Füllstoffe/ Verstärkung*	
Bevorzugte Verarbeitung	Spritzgiessen; Blasformen	*Lieferform*	Granulat
		Farben	Schwarz
Besondere Merkmale	Schlagzaeh modifiziert; Stabilisiert; Stabil-Bewitterung	*Bevorzugte Anwendungen*	Kfz-Bau

Dichte	g/cm³	0.904	*Schmelzindex*	g/10 min		:
Schüttdichte	g/cm³		*Volumenfließindex*	cm³/10 min	0.5:	230/2.16
Viskositätszahl	ml/g	450				

Verarbeitungsbedingungen für Spritzgießen

Massetemp.	°C	*Schwindung*	% lgs , quer
Werkzeugtemp.	°C	*Bemerkungen*	
Spritzdruck	bar		

Zugversuch 23 °C DIN 53455; ISO R/527; DIN 53457; ISO R/527

Probekörper: *Form* Nr. 3; 4 mm dick — *Herstellung* Spritzgiessen
Zustand — *Vorbehandlung* Normalklima

Streckspannung	N/mm²	32	*Dehnung bei Streckspannung*	%	10
Zugfestigkeit	N/mm²		*Reißdehnung*	%	≧50
Reißfestigkeit	N/mm²		*% Dehnspannung*	N/mm²	
E-Modul	N/mm²	1250	*Dehnung bei % Dehnspg.*	%	

Kriechmoduln und Zeitstandwerte 23 °C

Probekörper: *Form* — *Herstellung*
Zustand — *Vorbehandlung*

Kriechmodul	*1 min*	N/mm²	*Zeitstandzugfestigkeit*	h	N/mm²
Kriechmodul	*1000 h*	N/mm²	*Zeitdehnspg. %*	h	N/mm²
bei Spannung		N/mm²			

Biegeversuch 23 °C

Probekörper: *Form* — *Herstellung*
Zustand — *Vorbehandlung*

Biegefestigkeit	N/mm²	*E-Modul*	N/mm²
3,5% *Biegespannung*	N/mm²		

Härte 23 °C *Probekörper:* *Zustand* — *Herstellung*
Vorbehandlung

Kugeldruckhärte	N/mm² bei N, s	*Shore-Härte* A	
Rockwellhärte		*Shore-Härte* D	

Schlagversuch *Probekörper:* *(1)*
(2) — *Herstellung*
Zustand — *Vorbehandlung*

	°C	°C	°C	*Probekörper-Form*
Schlagzähigkeit kJ/m²				
Kerbschlagzähigkeit (1) kJ/m²				
IZOD-Kerbschlagzähigkeit (2) J/m				
Kerbschlagzugzähigkeit kJ/m²				

Abrieb und Reibung

Taber-Abrieb (Reibradverfahren)	mm^3/100 U		
Abriebfaktor LNP (Thrust washer) Vergleichswert			
Statische Reibungszahl			
Dynamische Reibungszahl	(p · v =	N/mm^2 ·	m/min)
Zulässiger p · v Wert	N/mm^2 · (m/min)	v =	m/min
		v =	m/min

Thermische Eigenschaften

Formbeständigkeit in der Wärme	*Verfahren*	A		55 °C
	Verfahren	B		90 °C
Vicat Erweichungstemperatur (VST)	*Verfahren*	B/50		90 °C
	Verfahren			°C
Kristallit-Schmelzpunkt	*Verfahren*			
Längenausdehnungskoeffizient	*Bereich*	23–80	°C	1.5 · $10^{-4}K^{-1}$
	Temperatur			· $10^{-4}K^{-1}$
Wärmeleitfähigkeit	*Verfahren*			W/(K · m)
Spezifische Wärmekapazität	*Verfahren*			J/(K · g)
Glasumwandlungstemperatur	*Torsionsschwingungsversuch*		°C	
	Differentialkalorimetrie		°C	

Brandverhalten

UL-Test vertikal — Dicke 1.6 mm, Wert HB
Dicke 0.79 mm, Wert HB

	Norm	*Bewertung*	*Abmessungen*
Sauerstoff-Index	ASTM D 2863		
Glühstab-Verfahren			
Brandverhalten	DIN 4102		
MVSS			
FAR			

Elektrische Eigenschaften

		Hz	°C		*Probekörper, Form*
Dielektrizitätszahl		50	23	2.3	Durchmesser 80x1 mm
		10^3			
		10^6			
Dielektrischer Verlustfaktor tan δ		50	23	0.0005	Durchmesser 80x1 mm
		10^3			
		10^6			
Spezifischer Durchgangs-widerstand	Ohm · cm		23	1*10**16	Durchmesser 80x1 mm
Durchschlagfestigkeit	kV/mm		23	75	1 mm dick
Oberflächenwiderstand	Ohm		23	1*10**13	Durchmesser 80x1 mm

Kriechstromfestigkeit KC KB KA
Elektrolytische Korrosionswirkung
Lichtbogenfestigkeit nach DIN
nach ASTM s

Beständigkeit *(Chemische Beständigkeit siehe Anhang)*

Wasseraufnahme 23 C Bis zur Saettigung 0.01 %

Feuchtigkeitsaufnahme Normalklima %
Wetterbeständigkeit

Spannungskorrosion

Optische Eigenschaften

Brechungszahl n_D
Transmissionsgrad τ_c % mm dick
Lichtdurchlässigkeit

Datenbank-Nr.	**T01937**		Merkblatt-Nr. **4656**

Produkt	Polypropylen		**PP**
Handelsname	**Vestolen P 9505**		
Hersteller	HUELS		
DIN-Bez 1	16774,PP-B,EHK,95 M 003		
DIN-Bez 2			
Zusätze	Metalldesaktivator; Waermestabilisator	*Füllstoffe/ Verstärkung*	
Bevorzugte Verarbeitung	Extrudieren	*Lieferform*	Granulat
		Farben	
Besondere Merkmale	Schlagzaeh modifiziert	*Bevorzugte Anwendungen*	Kfz-Bau

Dichte	g/cm^3	0.904	*Schmelzindex*	g/10 min	:	
Schüttdichte	g/cm^3		*Volumenfließindex*	$cm^3/10$ min	0.5:	230/2.16
Viskositätszahl	ml/g	450				

Verarbeitungsbedingungen für Spritzgießen

Massetemp.	°C	*Schwindung*	% lgs , quer
Werkzeugtemp.	°C	*Bemerkungen*	
Spritzdruck	bar		

Zugversuch 23 °C DIN 53455; ISO R/527; DIN 53457; ISO R/527

Probekörper: *Form* Nr. 3; 4 mm dick *Zustand* — *Herstellung* Spritzgiessen *Vorbehandlung* Normalklima

Streckspannung	N/mm^2	32	*Dehnung bei Streckspannung*	%	10
Zugfestigkeit	N/mm^2		*Reißdehnung*	%	≧50
Reißfestigkeit	N/mm^2		*% Dehnspannung*	N/mm^2	
E-Modul	N/mm^2	1250	*Dehnung bei % Dehnspg.*	%	

Kriechmoduln und Zeitstandwerte 23 °C

Probekörper: *Form* *Zustand* — *Herstellung* *Vorbehandlung*

Kriechmodul	*1 min*	N/mm^2	*Zeitstandzugfestigkeit*	h	N/mm^2
Kriechmodul	*1000 h*	N/mm^2	*Zeitdehnspg.* %	h	N/mm^2
bei Spannung		N/mm^2			

Biegeversuch 23 °C

Probekörper: *Form* *Zustand* — *Herstellung* *Vorbehandlung*

Biegefestigkeit	N/mm^2	*E-Modul*	N/mm^2
3,5% *Biegespannung*	N/mm^2		

Härte 23 °C *Probekörper:* *Zustand* — *Herstellung* *Vorbehandlung*

Kugeldruckhärte	N/mm^2 bei N, s	*Shore-Härte* A	
Rockwellhärte		*Shore-Härte* D	

Schlagversuch *Probekörper:* *(1)* *(2)* *Zustand* — *Herstellung* *Vorbehandlung*

		°C	°C	°C	*Probekörper-Form*
Schlagzähigkeit	kJ/m^2				
Kerbschlagzähigkeit (1)	kJ/m^2				
IZOD-Kerbschlagzähigkeit (2)	J/m				
Kerbschlagzugzähigkeit	kJ/m^2				

Abrieb und Reibung

Taber-Abrieb (Reibradverfahren)	mm³/100 U		
Abriebfaktor LNP (Thrust washer) Vergleichswert			
Statische Reibungszahl			
Dynamische Reibungszahl	(p · v =	N/mm² ·	m/min)
Zulässiger p · v Wert	N/mm² · (m/min)	v =	m/min
		v =	m/min

Thermische Eigenschaften

Formbeständigkeit in der Wärme	*Verfahren*	A		55 °C
	Verfahren	B		90 °C
Vicat Erweichungstemperatur (VST)	*Verfahren*	B/50		90 °C
	Verfahren			°C
Kristallit-Schmelzpunkt	*Verfahren*			
Längenausdehnungskoeffizient	*Bereich*	23–80	°C	$1.5 \cdot 10^{-4} K^{-1}$
	Temperatur			$\cdot 10^{-4} K^{-1}$
Wärmeleitfähigkeit	*Verfahren*			W/(K · m)
Spezifische Wärmekapazität	*Verfahren*			J/(K · g)
Glasumwandlungstemperatur	*Torsionsschwingungsversuch*		°C	
	Differentialkalorimetrie		°C	

Brandverhalten

UL-Test vertikal	Dicke 1.6 mm, Wert HB
	Dicke 0.79 mm, Wert HB

	Norm	*Bewertung*	*Abmessungen*
Sauerstoff-Index	ASTM D 2863		
Glühstab-Verfahren			
Brandverhalten	DIN 4102		
MVSS			
FAR			

Elektrische Eigenschaften

		Hz	°C		*Probekörper, Form*
Dielektrizitätszahl		50	23	2.3	Durchmesser 80x1 mm
		10^3			
		10^6			
Dielektrischer Verlustfaktor tan δ		50	23	0.0005	Durchmesser 80x1 mm
		10^3			
		10^6			
Spezifischer Durchgangs-widerstand	Ohm · cm		23	1*10**16	Durchmesser 80x1 mm
Durchschlagfestigkeit	kV/mm		23	75	1 mm dick
Oberflächenwiderstand	Ohm		23	1*10**13	Durchmesser 80x1 mm

Kriechstromfestigkeit	KC	KB	KA
Elektrolytische Korrosionswirkung			
Lichtbogenfestigkeit nach DIN			
nach ASTM s			

Beständigkeit *(Chemische Beständigkeit siehe Anhang)*

Wasseraufnahme 23 C Bis zur Saettigung	0.01 %
Feuchtigkeitsaufnahme Normalklima	%
Wetterbeständigkeit	
Spannungskorrosion	

Optische Eigenschaften

Brechungszahl n_D		
Transmissionsgrad τ_c	%	mm dick
Lichtdurchlässigkeit		

Datenbank-Nr.	**T01938**	Merkblatt-Nr. **4657**

Produkt	Polypropylen		**PP**
Handelsname	**Vestolen P 9522 GRAU**		
Hersteller	HUELS		
DIN-Bez 1	16774,PP-B,ECH,95 M 003		
DIN-Bez 2	16774,PP-B,QCH,95 M 003		
Zusätze	Waermestabilisator	*Füllstoffe/ Verstärkung*	
Bevorzugte Verarbeitung	Extrudieren; Pressen; Sintern	*Lieferform*	Granulat
		Farben	Grau
Besondere Merkmale	Schlagzaeh modifiziert	*Bevorzugte Anwendungen*	Rohr; Profil; Platte

Dichte	g/cm³	0.92	*Schmelzindex*	g/10 min		:
Schüttdichte	g/cm³		*Volumenfließindex*	cm³/10 min	0.5:	230/2.16
Viskositätszahl	ml/g	450				

Verarbeitungsbedingungen für Spritzgießen

Massetemp.	°C	*Schwindung*	%	lgs , quer
Werkzeugtemp.	°C	*Bemerkungen*		
Spritzdruck	bar			

Zugversuch 23 °C DIN 53455; ISO R/527; DIN 53457; ISO R/527

Probekörper: *Form* Nr. 3; 4 mm dick — *Herstellung* Spritzgiessen

Zustand — *Vorbehandlung* Normalklima

Streckspannung	N/mm²	32	*Dehnung bei Streckspannung*	%	10
Zugfestigkeit	N/mm²		*Reißdehnung*	%	≧50
Reißfestigkeit	N/mm²		*% Dehnspannung*	N/mm²	
E-Modul	N/mm²	1250	*Dehnung bei % Dehnspg.*	%	

Kriechmoduln und Zeitstandwerte 23 °C

Probekörper: *Form* — *Herstellung*

Zustand — *Vorbehandlung*

Kriechmodul	*1 min*	N/mm²	*Zeitstandzugfestigkeit*	h	N/mm²
Kriechmodul	*1000 h*	N/mm²	*Zeitdehnspg. %*	h	N/mm²
bei Spannung		N/mm²			

Biegeversuch 23 °C

Probekörper: *Form* — *Herstellung*

Zustand — *Vorbehandlung*

Biegefestigkeit	N/mm²	*E-Modul*	N/mm²
3,5% *Biegespannung*	N/mm²		

Härte 23 °C *Probekörper:* *Zustand* — *Herstellung*

Vorbehandlung

Kugeldruckhärte	N/mm² bei N, s	*Shore-Härte* A	
Rockwellhärte		*Shore-Härte* D	

Schlagversuch *Probekörper:* *(1)*

(2) — *Herstellung*

Zustand — *Vorbehandlung*

		°C	°C	°C	*Probekörper-Form*
Schlagzähigkeit	kJ/m²				
Kerbschlagzähigkeit (1)	kJ/m²				
IZOD-Kerbschlagzähigkeit (2)	J/m				
Kerbschlagzugzähigkeit	kJ/m²				

Abrieb und Reibung

Taber-Abrieb (Reibradverfahren)	mm^3/100 U	
Abriebfaktor LNP (Thrust washer) Vergleichswert		
Statische Reibungszahl		
Dynamische Reibungszahl	(p · v = N/mm^2 ·	m/min)
Zulässiger p · v Wert	N/mm^2 · (m/min) v =	m/min
	v =	m/min

Thermische Eigenschaften

Formbeständigkeit in der Wärme	*Verfahren*	A		55 °C
	Verfahren	B		90 °C
Vicat Erweichungstemperatur (VST)	*Verfahren*	B/50		90 °C
	Verfahren			°C
Kristallit-Schmelzpunkt	*Verfahren*			
Längenausdehnungskoeffizient	*Bereich*	23–80	°C	$1.5 \cdot 10^{-4}K^{-1}$
	Temperatur			$\cdot 10^{-4}K^{-1}$
Wärmeleitfähigkeit	*Verfahren*			W/(K · m)
Spezifische Wärmekapazität	*Verfahren*			J/(K · g)
Glasumwandlungstemperatur	*Torsionsschwingungsversuch*		°C	
	Differentialkalorimetrie		°C	

Brandverhalten

UL-Test vertikal — Dicke 1.6 mm, Wert HB
Dicke 0.79 mm, Wert HB

	Norm	*Bewertung*	*Abmessungen*
Sauerstoff-Index	ASTM D 2863		
Glühstab-Verfahren			
Brandverhalten	DIN 4102		
MVSS			
FAR			

Elektrische Eigenschaften

		Hz	°C		*Probekörper, Form*
Dielektrizitätszahl		50	23	2.3	Durchmesser 80x1 mm
		10^3			
		10^6			
Dielektrischer Verlustfaktor tan δ		50	23	0.0005	Durchmesser 80x1 mm
		10^3			
		10^6			
Spezifischer Durchgangs-widerstand	Ohm · cm		23	1*10**16	Durchmesser 80x1 mm
Durchschlagfestigkeit	kV/mm		23	75	1 mm dick
Oberflächenwiderstand	Ohm		23	1*10**13	Durchmesser 80x1 mm

Kriechstromfestigkeit KC KB KA
Elektrolytische Korrosionswirkung
Lichtbogenfestigkeit nach DIN
nach ASTM s

Beständigkeit *(Chemische Beständigkeit siehe Anhang)*

Wasseraufnahme 23 C Bis zur Saettigung 0.01 %

Feuchtigkeitsaufnahme Normalklima %
Wetterbeständigkeit

Spannungskorrosion

Optische Eigenschaften

Brechungszahl n_D
Transmissionsgrad τ_c % mm dick
Lichtdurchlässigkeit

Produkt	Polypropylen		**PP**
Handelsname	**Vestolen PX 4664**		
Hersteller	HUELS		
DIN-Bez 1	16774,PP-R,FBS,85 M 090		
DIN-Bez 2			
Zusätze	Gleitmittel; Schmiermittel; Antiblockmittel	*Füllstoffe/ Verstärkung*	
Bevorzugte Verarbeitung	Folienextrusion	*Lieferform*	Granulat
		Farben	
Besondere Merkmale	Gute Gleitfaehigkeit	*Bevorzugte Anwendungen*	Folie

Dichte	g/cm^3	0.903	*Schmelzindex*	g/10 min	:	
Schüttdichte	g/cm^3		*Volumenfließindex*	$cm^3/10$ min	10:	230/2.16
Viskositätszahl	ml/g	200				

Verarbeitungsbedingungen für Spritzgießen

Massetemp.	°C	*Schwindung*	% lgs , quer
Werkzeugtemp.	°C	*Bemerkungen*	
Spritzdruck	bar		

Zugversuch 23 °C DIN 53455; ISO R/527; DIN 53457; ISO R/527

Probekörper: *Form* Nr. 3; 4 mm dick — *Herstellung* Spritzgiessen
Zustand — *Vorbehandlung* Normalklima

Streckspannung	N/mm^2	32	*Dehnung bei Streckspannung*	%	10
Zugfestigkeit	N/mm^2		*Reißdehnung*	%	≧50
Reißfestigkeit	N/mm^2		*% Dehnspannung*	N/mm^2	
E-Modul	N/mm^2	900	*Dehnung bei % Dehnspg.*	%	

Kriechmoduln und Zeitstandwerte 23 °C

Probekörper: *Form* — *Herstellung*
Zustand — *Vorbehandlung*

Kriechmodul	*1 min* N/mm^2	*Zeitstandzugfestigkeit*	h	N/mm^2
Kriechmodul	*1000 h* N/mm^2	*Zeitdehnspg. %*	h	N/mm^2
bei Spannung	N/mm^2			

Biegeversuch 23 °C

Probekörper: *Form* — *Herstellung*
Zustand — *Vorbehandlung*

Biegefestigkeit	N/mm^2	*E-Modul*	N/mm^2
3,5% *Biegespannung*	N/mm^2		

Härte 23 °C *Probekörper:* *Zustand* — *Herstellung*
Vorbehandlung

Kugeldruckhärte	N/mm^2 bei N, s	*Shore-Härte* A	
Rockwellhärte		*Shore-Härte* D	

Schlagversuch *Probekörper:* *(1)*
(2) — *Herstellung*
Zustand — *Vorbehandlung*

	°C	°C	°C	*Probekörper-Form*
Schlagzähigkeit kJ/m^2				
Kerbschlagzähigkeit (1) kJ/m^2				
IZOD-Kerbschlagzähigkeit (2) J/m				
Kerbschlagzugzähigkeit kJ/m^2				

Abrieb und Reibung

Taber-Abrieb (Reibradverfahren)	mm^3/100 U		
Abriebfaktor LNP (Thrust washer) Vergleichswert			
Statische Reibungszahl			
Dynamische Reibungszahl	(p · v =	N/mm^2 ·	m/min)
Zulässiger p · v Wert	N/mm^2 · (m/min)	v =	m/min
		v =	m/min

Thermische Eigenschaften

Formbeständigkeit in der Wärme	*Verfahren*	A		50 °C
	Verfahren	B		85 °C
Vicat Erweichungstemperatur (VST)	*Verfahren*	B/50		75 °C
	Verfahren			°C
Kristallit-Schmelzpunkt	*Verfahren*			
Längenausdehnungskoeffizient	*Bereich*	23–80	°C	$1.5 \cdot 10^{-4} K^{-1}$
	Temperatur			$\cdot 10^{-4} K^{-1}$
Wärmeleitfähigkeit	*Verfahren*			W/(K · m)
Spezifische Wärmekapazität	*Verfahren*			J/(K · g)
Glasumwandlungstemperatur	*Torsionsschwingungsversuch*		°C	
	Differentialkalorimetrie		°C	

Brandverhalten

UL-Test vertikal Dicke 1.6 mm, Wert HB
Dicke 0.79 mm, Wert HB

	Norm	*Bewertung*	*Abmessungen*
Sauerstoff-Index	ASTM D 2863		
Glühstab-Verfahren			
Brandverhalten	DIN 4102		
MVSS			
FAR			

Elektrische Eigenschaften

		Hz	°C		*Probekörper, Form*
Dielektrizitätszahl		50	23	2.3	Durchmesser 80x1 mm
		10^3			
		10^6			
Dielektrischer Verlustfaktor tan δ		50	23	0.0005	Durchmesser 80x1 mm
		10^3			
		10^6			
Spezifischer Durchgangs-widerstand	Ohm · cm		23	1*10**16	Durchmesser 80x1 mm
Durchschlagfestigkeit	kV/mm		23	75	1 mm dick
Oberflächenwiderstand	Ohm		23	1*10**13	Durchmesser 80x1 mm

Kriechstromfestigkeit	KC	KB	KA
Elektrolytische Korrosionswirkung			
Lichtbogenfestigkeit nach DIN			
nach ASTM s			

Beständigkeit *(Chemische Beständigkeit siehe Anhang)*

Wasseraufnahme 23 C Bis zur Saettigung	0.01 %	
Feuchtigkeitsaufnahme Normalklima		%
Wetterbeständigkeit		
Spannungskorrosion		

Optische Eigenschaften

Brechungszahl n_D		
Transmissionsgrad τ_c	%	mm dick
Lichtdurchlässigkeit		

Datenbank-Nr. **T01940** Merkblatt-Nr. **4659**

Produkt	Polypropylen		**PP**
Handelsname	**Vestolen PX 4669**		
Hersteller	HUELS		
DIN-Bez 1	16774,PP-H,Y,95 M 400		
DIN-Bez 2			
Zusätze		*Füllstoffe/ Verstärkung*	
Bevorzugte Verarbeitung	Extrudieren	*Lieferform*	Granulat
		Farben	
Besondere Merkmale	Gasfadingfrei	*Bevorzugte Anwendungen*	Faser

Dichte	g/cm³	0.908	*Schmelzindex*	g/10 min		:	
Schüttdichte	g/cm³		*Volumenfließindex*	cm³/10 min		60:	230/2.16
Viskositätszahl	ml/g	150 .					

Verarbeitungsbedingungen für Spritzgießen

Massetemp.	°C	*Schwindung*	%	lgs , quer
Werkzeugtemp.	°C	*Bemerkungen*		
Spritzdruck	bar			

Zugversuch 23 °C DIN 53455; ISO R/527; DIN 53457; ISO R/527

Probekörper: *Form* Nr. 3; 4 mm dick — *Herstellung* Spritzgiessen
Zustand — *Vorbehandlung* Normalklima

Streckspannung	N/mm²	42	*Dehnung bei Streckspannung*	%	8
Zugfestigkeit	N/mm²		*Reißdehnung*	%	≧50
Reißfestigkeit	N/mm²		*% Dehnspannung*	N/mm²	
E-Modul	N/mm²	1250	*Dehnung bei % Dehnspg.*	%	

Kriechmoduln und Zeitstandwerte 23 °C

Probekörper: *Form* — *Herstellung*
Zustand — *Vorbehandlung*

Kriechmodul	*1 min*	N/mm²	*Zeitstandzugfestigkeit*	h	N/mm²
Kriechmodul	*1000 h*	N/mm²	*Zeitdehnspg. %*	h	N/mm²
bei Spannung		N/mm²			

Biegeversuch 23 °C

Probekörper: *Form* — *Herstellung*
Zustand — *Vorbehandlung*

Biegefestigkeit	N/mm²	*E-Modul*	N/mm²
3,5% *Biegespannung*	N/mm²		

Härte 23 °C *Probekörper:* *Zustand* — *Herstellung*
Vorbehandlung

Kugeldruckhärte	N/mm² bei N, s	*Shore-Härte*	A
Rockwellhärte		*Shore-Härte*	D

Schlagversuch *Probekörper:* *(1)*
(2) — *Herstellung*
Zustand — *Vorbehandlung*

	°C	°C	°C	*Probekörper-Form*
Schlagzähigkeit kJ/m²				
Kerbschlagzähigkeit (1) kJ/m²				
IZOD-Kerbschlagzähigkeit (2) J/m				
Kerbschlagzugzähigkeit kJ/m²				

Abrieb und Reibung

Taber-Abrieb (Reibradverfahren)	mm^3/100 U		
Abriebfaktor LNP (Thrust washer) Vergleichswert			
Statische Reibungszahl			
Dynamische Reibungszahl	(p · v =	N/mm^2 ·	m/min)
Zulässiger p · v Wert	N/mm^2 · (m/min)	v =	m/min
		v =	m/min

Thermische Eigenschaften

Formbeständigkeit in der Wärme	*Verfahren*	A		55 °C
	Verfahren	B		100 °C
Vicat Erweichungstemperatur (VST)	*Verfahren*	B/50		100 °C
	Verfahren			°C
Kristallit-Schmelzpunkt	*Verfahren*			
Längenausdehnungskoeffizient	*Bereich*	23–80	°C	1.5 · $10^{-4}K^{-1}$
	Temperatur			· $10^{-4}K^{-1}$
Wärmeleitfähigkeit	*Verfahren*			W/(K · m)
Spezifische Wärmekapazität	*Verfahren*			J/(K · g)
Glasumwandlungstemperatur	*Torsionsschwingungsversuch*		°C	
	Differentialkalorimetrie		°C	

Brandverhalten

UL-Test vertikal Dicke 1.6 mm, Wert HB
Dicke 0.79 mm, Wert HB

	Norm	*Bewertung*	*Abmessungen*
Sauerstoff-Index	ASTM D 2863		
Glühstab-Verfahren			
Brandverhalten	DIN 4102		
MVSS			
FAR			

Elektrische Eigenschaften

		Hz	°C			*Probekörper, Form*
Dielektrizitätszahl		50	23	2.3		Durchmesser 80x1 mm
		10^3				
		10^6				
Dielektrischer Verlustfaktor tan δ		50	23	0.0005		Durchmesser 80x1 mm
		10^3				
		10^6				
Spezifischer Durchgangs-widerstand	Ohm · cm		23	1*10**16		Durchmesser 80x1 mm
Durchschlagfestigkeit	kV/mm		23	75		1 mm dick
Oberflächenwiderstand	Ohm		23	1*10**13		Durchmesser 80x1 mm
Kriechstromfestigkeit		KC		KB	KA	
Elektrolytische Korrosionswirkung						
Lichtbogenfestigkeit nach DIN						
nach ASTM	s					

Beständigkeit *(Chemische Beständigkeit siehe Anhang)*

Wasseraufnahme 23 C Bis zur Saettigung	0.01 %
Feuchtigkeitsaufnahme Normalklima	%
Wetterbeständigkeit	
Spannungskorrosion	

Optische Eigenschaften

Brechungszahl n_D		
Transmissionsgrad τ_c	%	mm dick
Lichtdurchlässigkeit		

Datenbank-Nr.	**T01941**		Merkblatt-Nr. **4660**

Produkt	Polypropylen		**PP**
Handelsname	**Vestolen PX 4801**		
Hersteller	HUELS		
DIN-Bez 1 *DIN-Bez 2*	16774, PP-H,FBS,95 M 090		
Zusätze	Gleitmittel; Schmiermittel; Antiblockmittel	*Füllstoffe/ Verstärkung*	
Bevorzugte Verarbeitung	Folienextrusion	*Lieferform*	Granulat
		Farben	
Besondere Merkmale		*Bevorzugte Anwendungen*	Gleitfaehige Folie

Dichte	g/cm³	0.91	*Schmelzindex*	g/10 min	:	
Schüttdichte	g/cm³		*Volumenfließindex*	cm³/10 min	12:	230/2.16
Viskositätszahl	ml/g	200				

Verarbeitungsbedingungen für Spritzgießen

Massetemp.	°C	*Schwindung*	%	lgs	, quer
Werkzeugtemp.	°C	*Bemerkungen*			
Spritzdruck	bar				

Zugversuch 23 °C DIN 53455; ISO R/527; DIN 53457; ISO R/527

Probekörper: *Form* Nr. 3; 4 mm dick — *Herstellung* Spritzgiessen
Zustand — *Vorbehandlung* Normalklima

Streckspannung	N/mm²	40	*Dehnung bei Streckspannung*	%	8
Zugfestigkeit	N/mm²		*Reißdehnung*	%	≧50
Reißfestigkeit	N/mm²		*% Dehnspannung*	N/mm²	
E-Modul	N/mm²	1450	*Dehnung bei % Dehnspg.*	%	

Kriechmoduln und Zeitstandwerte 23 °C

Probekörper: *Form* — *Herstellung*
Zustand — *Vorbehandlung*

Kriechmodul	*1 min*	N/mm²	*Zeitstandzugfestigkeit*	h	N/mm²
Kriechmodul	*1000 h*	N/mm²	*Zeitdehnspg. %*	h	N/mm²
bei Spannung		N/mm²			

Biegeversuch 23 °C

Probekörper: *Form* — *Herstellung*
Zustand — *Vorbehandlung*

Biegefestigkeit	N/mm²	*E-Modul*	N/mm²
3,5% *Biegespannung*	N/mm²		

Härte 23 °C *Probekörper:* *Zustand* — *Herstellung*
Vorbehandlung

Kugeldruckhärte	N/mm² bei N, s	*Shore-Härte*	A
Rockwellhärte		*Shore-Härte*	D

Schlagversuch *Probekörper:* *(1)*
(2) — *Herstellung*
Zustand — *Vorbehandlung*

		°C	°C	°C	*Probekörper-Form*
Schlagzähigkeit	kJ/m²				
Kerbschlagzähigkeit (1)	kJ/m²				
IZOD-Kerbschlagzähigkeit (2)	J/m				
Kerbschlagzugzähigkeit	kJ/m²				

Abrieb und Reibung

Taber-Abrieb (Reibradverfahren)	mm^3/100 U		
Abriebfaktor LNP (Thrust washer) Vergleichswert			
Statische Reibungszahl			
Dynamische Reibungszahl	(p · v =	N/mm^2 ·	m/min)
Zulässiger p · v Wert	N/mm^2 · (m/min)	v =	m/min
		v =	m/min

Thermische Eigenschaften

Formbeständigkeit in der Wärme	*Verfahren*	A		55 °C
	Verfahren	B		100 °C
Vicat Erweichungstemperatur (VST)	*Verfahren*	B/50		100 °C
	Verfahren			°C
Kristallit-Schmelzpunkt	*Verfahren*			
Längenausdehnungskoeffizient	*Bereich*	23–80	°C	$1.5 \cdot 10^{-4} K^{-1}$
	Temperatur			$\cdot 10^{-4} K^{-1}$
Wärmeleitfähigkeit	*Verfahren*			W/(K · m)
Spezifische Wärmekapazität	*Verfahren*			J/(K · g)
Glasumwandlungstemperatur	*Torsionsschwingungsversuch*		°C	
	Differentialkalorimetrie		°C	

Brandverhalten

UL-Test vertikal	Dicke 1.6 mm, Wert HB
	Dicke 0.79 mm, Wert HB

	Norm	*Bewertung*	*Abmessungen*
Sauerstoff-Index	ASTM D 2863		
Glühstab-Verfahren			
Brandverhalten	DIN 4102		
MVSS			
FAR			

Elektrische Eigenschaften

		Hz	°C		*Probekörper, Form*
Dielektrizitätszahl		50	23	2.3	Durchmesser 80x1 mm
		10^3			
		10^6			
Dielektrischer Verlustfaktor tan δ		50	23	0.0005	Durchmesser 80x1 mm
		10^3			
		10^6			
Spezifischer Durchgangswiderstand	Ohm · cm		23	1*10**16	Durchmesser 80x1 mm
Durchschlagfestigkeit	kV/mm		23	75	1 mm dick
Oberflächenwiderstand	Ohm		23	1*10**13	Durchmesser 80x1 mm

Kriechstromfestigkeit	KC	KB	KA
Elektrolytische Korrosionswirkung			
Lichtbogenfestigkeit nach DIN			
nach ASTM s			

Beständigkeit *(Chemische Beständigkeit siehe Anhang)*

Wasseraufnahme 23 C Bis zur Saettigung	0.01 %	
Feuchtigkeitsaufnahme Normalklima		%
Wetterbeständigkeit		
Spannungskorrosion		

Optische Eigenschaften

Brechungszahl n_D		
Transmissionsgrad τ_c	%	mm dick
Lichtdurchlässigkeit		

Datenbank-Nr. **T01984** Merkblatt-Nr. **4661**

Produkt	Polyphenylenoxid		**PPO**
Handelsname	**Vestoran 1000-FR**		
Hersteller	HUELS		
DIN-Bez 1			
DIN-Bez 2			
Zusätze	Brandschutzmittel; Weichmacher; Waermestabilisator	*Füllstoffe/ Verstärkung*	
Bevorzugte Verarbeitung	Spritzgiessen; Extrudieren; Folienextrusion; Blasformen; Kalandrieren	*Lieferform*	Granulat
		Farben	Naturfarben
Besondere Merkmale	Flammwidrig; Selbstverloeschend; Halogenfrei	*Bevorzugte Anwendungen*	Elektroindustrie; Elektronikindustrie; Computergehaeuse; Kopierergehaeuse; Datenendgeraetgehaeuse; Gehaeuse fuer Textverarbeitungsgeraet

Dichte	g/cm^3	1.08	*Schmelzindex*	g/10 min	:	
Schüttdichte	g/cm^3		*Volumenfließindex*	$cm^3/10$ min	47.7:	265/10
Viskositätszahl	ml/g					

Verarbeitungsbedingungen für Spritzgießen

Massetemp.	°C	*Schwindung*	%	lgs , quer
Werkzeugtemp.	°C	*Bemerkungen*		
Spritzdruck	bar			

Zugversuch 23 °C DIN 53455; ISO R/527; DIN 53457; ISO R/527

Probekörper: *Form* Nr. 3; 4 mm dick — *Herstellung* Spritzgiessen
Zustand — *Vorbehandlung* Normalklima

Streckspannung	N/mm^2	38	*Dehnung bei Streckspannung*	%	2.9
Zugfestigkeit	N/mm^2		*Reißdehnung*	%	29
Reißfestigkeit	N/mm^2		*% Dehnspannung*	N/mm^2	
E-Modul	N/mm^2	2150	*Dehnung bei % Dehnspg.*	%	

Kriechmoduln und Zeitstandwerte 23 °C

Probekörper: *Form* — *Herstellung*
Zustand — *Vorbehandlung*

Kriechmodul	*1 min* N/mm^2	*Zeitstandzugfestigkeit*	h	N/mm^2
Kriechmodul	*1000 h* N/mm^2	*Zeitdehnspg. %*	h	N/mm^2
bei Spannung	N/mm^2			

Biegeversuch 23 °C

Probekörper: *Form* — *Herstellung*
Zustand — *Vorbehandlung*

Biegefestigkeit	N/mm^2	*E-Modul*	N/mm^2
3,5% *Biegespannung*	N/mm^2		

Härte 23 °C *Probekörper:* *Zustand* — *Herstellung*
Vorbehandlung

Kugeldruckhärte	N/mm^2 · bei N, s	*Shore-Härte* A	
Rockwellhärte		*Shore-Härte* D	

Schlagversuch *Probekörper:* *(1)*
(2) — *Herstellung* Spritzgiessen
Zustand — *Vorbehandlung* Normalklima

		°C	°C	°C		*Probekörper-Form*
Schlagzähigkeit	kJ/m^2					
Kerbschlagzähigkeit (1)	kJ/m^2					
IZOD-Kerbschlagzähigkeit (2)	J/m					
Kerbschlagzugzähigkeit	kJ/m^2	23 95				80x10x4 mm

Abrieb und Reibung

Taber-Abrieb (Reibradverfahren)	mm^3/100 U		
Abriebfaktor LNP (Thrust washer) Vergleichswert			
Statische Reibungszahl			
Dynamische Reibungszahl	(p · v =	N/mm^2 ·	m/min)
Zulässiger p · v Wert	N/mm^2 · (m/min)	v =	m/min
		v =	m/min

Thermische Eigenschaften

Formbeständigkeit in der Wärme	*Verfahren*	A		84 °C
	Verfahren	B		96 °C
Vicat Erweichungstemperatur (VST)	*Verfahren*	A/50		111 °C
	Verfahren	B/50		98 °C
Kristallit-Schmelzpunkt	*Verfahren*			
Längenausdehnungskoeffizient	*Bereich*	23–80	°C	$0.93 \cdot 10^{-4}K^{-1}$
	Temperatur			$\cdot 10^{-4}K^{-1}$
Wärmeleitfähigkeit	*Verfahren*			W/(K · m)
Spezifische Wärmekapazität	*Verfahren*			J/(K · g)
Glasumwandlungstemperatur	*Torsionsschwingungsversuch*		°C	
	Differentialkalorimetrie		°C	

Brandverhalten

UL-Test vertikal		Dicke mm, Wert	
		Dicke mm, Wert	
	Norm	*Bewertung*	*Abmessungen*
Sauerstoff-Index	ASTM D 2863		
Glühstab-Verfahren			
Brandverhalten	DIN 4102		
MVSS			
FAR			

Elektrische Eigenschaften

		Hz	°C			Probekörper, Form
Dielektrizitätszahl		50	23	2.8		Durchmesser 80x1 mm
		10^3	23	2.9		Durchmesser 80x1 mm
		10^6				
Dielektrischer Verlustfaktor tan δ		50	23	0.0047		Durchmesser 80x1 mm
		10^3	23	0.0067		Durchmesser 80x1 mm
		10^6				
Spezifischer Durchgangs-widerstand	Ohm · cm		23	8*10**15		Durchmesser 80x1 mm
Durchschlagfestigkeit	kV/mm		23	37		1 mm dick
Oberflächenwiderstand	Ohm		23	3*10**15		Durchmesser 80x1 mm
Kriechstromfestigkeit		KC		KB	KA	
Elektrolytische Korrosionswirkung		A 1				30x10x4 mm
Lichtbogenfestigkeit nach DIN						
nach ASTM	s					

Beständigkeit *(Chemische Beständigkeit siehe Anhang)*

Wasseraufnahme

Feuchtigkeitsaufnahme Normalklima %

Wetterbeständigkeit

Spannungskorrosion

Optische Eigenschaften

Brechungszahl n_D

Transmissionsgrad τ_c % mm dick

Lichtdurchlässigkeit

Datenbank-Nr. **T01985** Merkblatt-Nr. **4662**

Produkt	Polyphenylenoxid		**PPO**
Handelsname	**Vestoran 1100**		
Hersteller	HUELS		
DIN-Bez 1			
DIN-Bez 2			
Zusätze	Waermestabilisator	*Füllstoffe/ Verstärkung*	
Bevorzugte Verarbeitung	Spritzgiessen; Extrudieren; Folienextrusion; Blasformen; Kalandrieren	*Lieferform*	Granulat
		Farben	Naturfarben
Besondere Merkmale	Galvanisierbar; Schlagzaeh modifiziert	*Bevorzugte Anwendungen*	Kfz-Bau; Haushaltsgeraet; Laborgeraet; Waschmaschinenteil; Geschirrspuelerteil

---

Dichte	g/cm³ 1.04	*Schmelzindex*	g/10 min	:	
Schüttdichte	g/cm³	*Volumenfließindex*	cm³/10 min	46:	265/10
Viskositätszahl	ml/g				

Verarbeitungsbedingungen für Spritzgießen

Massetemp.	°C	*Schwindung*	% lgs , quer
Werkzeugtemp.	°C	*Bemerkungen*	
Spritzdruck	bar		

Zugversuch 23 °C DIN 53455; ISO R/527; DIN 53457; ISO R/527

Probekörper: *Form* Nr. 3; 4 mm dick — *Herstellung* Spritzgiessen
Zustand — *Vorbehandlung* Normalklima

Streckspannung	N/mm² 40	*Dehnung bei Streckspannung*	%	3.7
Zugfestigkeit	N/mm²	*Reißdehnung*	%	21
Reißfestigkeit	N/mm²	*% Dehnspannung*	N/mm²	
E-Modul	N/mm² 2150	*Dehnung bei % Dehnspg.*	%	

Kriechmoduln und Zeitstandwerte 23 °C

Probekörper: *Form* — *Herstellung*
Zustand — *Vorbehandlung*

Kriechmodul	*1 min* N/mm²	*Zeitstandzugfestigkeit*	h N/mm²
Kriechmodul	*1000 h* N/mm²	*Zeitdehnspg.* %	h N/mm²
bei Spannung	N/mm²		

Biegeversuch 23 °C

Probekörper: *Form* — *Herstellung*
Zustand — *Vorbehandlung*

Biegefestigkeit	N/mm²	*E-Modul*	N/mm²
3,5% *Biegespannung*	N/mm²		

Härte 23 °C *Probekörper:* *Zustand* — *Herstellung*
Vorbehandlung

Kugeldruckhärte	N/mm² bei N, s	*Shore-Härte* A	
Rockwellhärte		*Shore-Härte* D	

Schlagversuch *Probekörper:* *(1)*
(2) — *Herstellung* Spritzgiessen
Zustand — *Vorbehandlung* Normalklima

		°C	°C	°C	*Probekörper-Form*
Schlagzähigkeit	kJ/m²				
Kerbschlagzähigkeit (1)	kJ/m²				
IZOD-Kerbschlagzähigkeit (2)	J/m				
Kerbschlagzugzähigkeit	kJ/m²	23 42			80x10x4 mm

Abrieb und Reibung

Taber-Abrieb (Reibradverfahren)	mm^3/100 U		
Abriebfaktor LNP (Thrust washer) Vergleichswert			
Statische Reibungszahl			
Dynamische Reibungszahl	(p · v =	N/mm^2 ·	m/min)
Zulässiger p · v Wert	N/mm^2 · (m/min)	v =	m/min
		v =	m/min

Thermische Eigenschaften

Formbeständigkeit in der Wärme	*Verfahren*	A		94 °C
	Verfahren	B		110 °C
Vicat Erweichungstemperatur (VST)	*Verfahren*	A/50		123 °C
	Verfahren	B/50		116 °C
Kristallit-Schmelzpunkt	*Verfahren*			
Längenausdehnungskoeffizient	*Bereich*	23–80	°C	0.86 · $10^{-4}K^{-1}$
	Temperatur			· $10^{-4}K^{-1}$
Wärmeleitfähigkeit	*Verfahren*			W/(K · m)
Spezifische Wärmekapazität	*Verfahren*			J/(K · g)
Glasumwandlungstemperatur	*Torsionsschwingungsversuch*		°C	
	Differentialkalorimetrie		°C	

Brandverhalten

UL-Test vertikal	Dicke	mm, Wert
	Dicke	mm, Wert

	Norm	*Bewertung*	*Abmessungen*
Sauerstoff-Index	ASTM D 2863		
Glühstab-Verfahren			
Brandverhalten	DIN 4102		
MVSS			
FAR			

Elektrische Eigenschaften

		Hz	°C		*Probekörper, Form*
Dielektrizitätszahl		50	23	2.6	Durchmesser 80x1 mm
		10^3	23	2.5	Durchmesser 80x1 mm
		10^6			
Dielektrischer Verlustfaktor tan δ		50	23	0.00087	Durchmesser 80x1 mm
		10^3	23	0.00077	Durchmesser 80x1 mm
		10^6			
Spezifischer Durchgangs-widerstand	Ohm · cm		23	4*10**16	Durchmesser 80x1 mm
Durchschlagfestigkeit	kV/mm		23	41	1 mm dick
Oberflächenwiderstand	Ohm		23	2*10**16	Durchmesser 80x1 mm

Kriechstromfestigkeit	KC	KB	KA
Elektrolytische Korrosionswirkung			
Lichtbogenfestigkeit nach DIN			
nach ASTM s			

Beständigkeit *(Chemische Beständigkeit siehe Anhang)*

Wasseraufnahme

Feuchtigkeitsaufnahme Normalklima %

Wetterbeständigkeit

Spannungskorrosion

Optische Eigenschaften

Brechungszahl n_D

Transmissionsgrad τ_c % mm dick

Lichtdurchlässigkeit

Datenbank-Nr. **T01986** Merkblatt-Nr. **4663**

Produkt	Polyphenylenoxid		**PPO**
Handelsname	**Vestoran 1100-FR**		
Hersteller	HUELS		
DIN-Bez 1			
DIN-Bez 2			
Zusätze	Brandschutzmittel; Weichmacher; Waermestabilisator	*Füllstoffe/ Verstärkung*	
Bevorzugte Verarbeitung	Spritzgiessen; Extrudieren; Folienextrusion; Blasformen; Kalandrieren	*Lieferform*	Granulat
		Farben	Naturfarben
Besondere Merkmale	Flammwidrig; Galvanisierbar; Schlagzaeh modifiziert; Selbstverloeschend; Halogenfrei	*Bevorzugte Anwendungen*	Elektroindustrie; Elektronikindustrie; Gehaeuseteil

Dichte	g/cm³	1.1	*Schmelzindex*	g/10 min		:
Schüttdichte	g/cm³		*Volumenfließindex*	cm³/10 min	31	: 265/10
Viskositätszahl	ml/g					

Verarbeitungsbedingungen für Spritzgießen

Massetemp.	°C	*Schwindung*	%	lgs , quer
Werkzeugtemp.	°C	*Bemerkungen*		
Spritzdruck	bar			

Zugversuch 23 °C DIN 53455; ISO R/527; DIN 53457; ISO R/527

Probekörper: *Form* Nr. 3; 4 mm dick — *Herstellung* Spritzgiessen
Zustand — *Vorbehandlung* Normalklima

Streckspannung	N/mm²	50	*Dehnung bei Streckspannung*	%	3.4
Zugfestigkeit	N/mm²		*Reißdehnung*	%	30
Reißfestigkeit	N/mm²		*% Dehnspannung*	N/mm²	
E-Modul	N/mm²	2150	*Dehnung bei % Dehnspg.*	%	

Kriechmoduln und Zeitstandwerte 23 °C

Probekörper: *Form* — *Herstellung*
Zustand — *Vorbehandlung*

Kriechmodul	*1 min*	N/mm²	*Zeitstandzugfestigkeit*	h	N/mm²
Kriechmodul	*1000 h*	N/mm²	*Zeitdehnspg. %*	h	N/mm²
bei Spannung		N/mm²			

Biegeversuch 23 °C

Probekörper: *Form* — *Herstellung*
Zustand — *Vorbehandlung*

Biegefestigkeit	N/mm²	*E-Modul*	N/mm²
3,5% *Biegespannung*	N/mm²		

Härte 23 °C *Probekörper:* *Zustand* — *Herstellung*
Vorbehandlung

Kugeldruckhärte	N/mm² bei N, s	*Shore-Härte* A	
Rockwellhärte		*Shore-Härte* D	

Schlagversuch *Probekörper:* *(1)*
(2) — *Herstellung* Spritzgiessen
Zustand — *Vorbehandlung* Normalklima

		°C	°C	°C	*Probekörper-Form*
Schlagzähigkeit	kJ/m²				
Kerbschlagzähigkeit (1)	kJ/m²				
IZOD-Kerbschlagzähigkeit (2)	J/m				
Kerbschlagzugzähigkeit	kJ/m²	23 100			80x10x4 mm

Abrieb und Reibung

Taber-Abrieb (Reibradverfahren)	mm^3/100 U		
Abriebfaktor LNP (Thrust washer) Vergleichswert			
Statische Reibungszahl			
Dynamische Reibungszahl	(p·v= N/mm^2·		m/min)
Zulässiger p · v Wert	N/mm^2 · (m/min)	v=	m/min
		v=	m/min

Thermische Eigenschaften

Formbeständigkeit in der Wärme	*Verfahren*	A		92 °C
	Verfahren	B		107 °C
Vicat Erweichungstemperatur (VST)	*Verfahren*	A/50		112 °C
	Verfahren	B/50		109 °C
Kristallit-Schmelzpunkt	*Verfahren*			
Längenausdehnungskoeffizient	*Bereich*	23–80	°C	$0.95 \cdot 10^{-4} K^{-1}$
	Temperatur			$\cdot 10^{-4} K^{-1}$
Wärmeleitfähigkeit	*Verfahren*			W/(K · m)
Spezifische Wärmekapazität	*Verfahren*			J/(K · g)
Glasumwandlungstemperatur	*Torsionsschwingungsversuch*		°C	
	Differentialkalorimetrie		°C	

Brandverhalten

UL-Test vertikal	Dicke	mm, Wert
	Dicke	mm, Wert

	Norm	*Bewertung*	*Abmessungen*
Sauerstoff-Index	ASTM D 2863		
Glühstab-Verfahren			
Brandverhalten	DIN 4102		
MVSS			
FAR			

Elektrische Eigenschaften

		Hz	°C		*Probekörper, Form*
Dielektrizitätszahl		50	23	3.2	Durchmesser 80x1 mm
		10^3	23	3.3	Durchmesser 80x1 mm
		10^6			
Dielektrischer Verlustfaktor tan δ		50	23	0.0053	Durchmesser 80x1 mm
		10^3	23	0.0079	Durchmesser 80x1 mm
		10^6			
Spezifischer Durchgangs-widerstand	Ohm · cm		23	7*10**15	Durchmesser 80x1 mm
Durchschlagfestigkeit	kV/mm		23	54	1 mm dick
Oberflächenwiderstand	Ohm		23	2*10**15	Durchmesser 80x1 mm

Kriechstromfestigkeit	KC	KB	KA	
Elektrolytische Korrosionswirkung	A 1			30x10x4 mm
Lichtbogenfestigkeit nach DIN				
nach ASTM s				

Beständigkeit *(Chemische Beständigkeit siehe Anhang)*

Wasseraufnahme

Feuchtigkeitsaufnahme Normalklima %

Wetterbeständigkeit

Spannungskorrosion

Optische Eigenschaften

Brechungszahl n_D

Transmissionsgrad τ_c % mm dick

Lichtdurchlässigkeit

Datenbank-Nr.	**T01987**		Merkblatt-Nr. **4664**

Produkt	Polyphenylenoxid		**PPO**
Handelsname	**Vestoran 1300**		
Hersteller	HUELS		
DIN-Bez 1			
DIN-Bez 2			
Zusätze	Weichmacher; Waermestabilisator	*Füllstoffe/ Verstärkung*	
Bevorzugte Verarbeitung	Spritzgiessen; Extrudieren; Folienextrusion; Blasformen; Kalandrieren	*Lieferform*	Granulat
		Farben	Naturfarben
Besondere Merkmale	Galvanisierbar; Schlagzaeh modifiziert	*Bevorzugte Anwendungen*	Kfz-Bau; Elektroindustrie; Elektronikindustrie

Dichte	g/cm^3	1.04	*Schmelzindex*	g/10 min	:	
Schüttdichte	g/cm^3		*Volumenfließindex*	cm^3/10 min	21:	265/21.6
Viskositätszahl	ml/g					

Verarbeitungsbedingungen für Spritzgießen

Massetemp.	°C	*Schwindung*	% lgs , quer
Werkzeugtemp.	°C	*Bemerkungen*	
Spritzdruck	bar		

Zugversuch 23 °C DIN 53455; ISO R/527; DIN 53457; ISO R/527

Probekörper: *Form* Nr. 3; 4 mm dick — *Herstellung* Spritzgiessen
Zustand — *Vorbehandlung* Normalklima

Streckspannung	N/mm^2	49	*Dehnung bei Streckspannung*	%	6.9
Zugfestigkeit	N/mm^2		*Reißdehnung*	%	44
Reißfestigkeit	N/mm^2		*% Dehnspannung*	N/mm^2	
E-Modul	N/mm^2	2100	*Dehnung bei % Dehnspg.*	%	

Kriechmoduln und Zeitstandwerte 23 °C

Probekörper: *Form* — *Herstellung*
Zustand — *Vorbehandlung*

Kriechmodul	*1 min* N/mm^2	*Zeitstandzugfestigkeit*	h	N/mm^2
Kriechmodul .	*1000 h* N/mm^2	*Zeitdehnspg. %*	h	N/mm^2
bei Spannung	N/mm^2			

Biegeversuch 23 °C

Probekörper: *Form* — *Herstellung*
Zustand — *Vorbehandlung*

Biegefestigkeit	N/mm^2	*E-Modul*	N/mm^2
3,5% *Biegespannung*	N/mm^2		

Härte 23 °C *Probekörper:* *Zustand* — *Herstellung*
Vorbehandlung

Kugeldruckhärte	N/mm^2 bei N, s	*Shore-Härte* A	
Rockwellhärte		*Shore-Härte* D	

Schlagversuch *Probekörper:* *(1)*
(2) — *Herstellung* Spritzgiessen
Zustand — *Vorbehandlung* Normalklima

		°C	°C	°C	*Probekörper-Form*
Schlagzähigkeit	kJ/m^2				
Kerbschlagzähigkeit (1)	kJ/m^2				
IZOD-Kerbschlagzähigkeit (2)	J/m				
Kerbschlagzugzähigkeit	kJ/m^2	23 110			80x10x4 mm

Abrieb und Reibung

Taber-Abrieb (Reibradverfahren)	mm^3/100 U		
Abriebfaktor LNP (Thrust washer) Vergleichswert			
Statische Reibungszahl			
Dynamische Reibungszahl	(p · v= N/mm^2 ·		m/min)
Zulässiger p · v Wert	N/mm^2 · (m/min)	v=	m/min
		v=	m/min

Thermische Eigenschaften

Formbeständigkeit in der Wärme	*Verfahren*	A		113 °C
	Verfahren	B		131 °C
Vicat Erweichungstemperatur (VST)	*Verfahren*	A/50		144 °C
	Verfahren	B/50		132 °C
Kristallit-Schmelzpunkt	*Verfahren*			
Längenausdehnungskoeffizient	*Bereich*	23–80	°C	0.87 · $10^{-4}K^{-1}$
	Temperatur			· $10^{-4}K^{-1}$
Wärmeleitfähigkeit	*Verfahren*			W/(K · m)
Spezifische Wärmekapazität	*Verfahren*			J/(K · g)
Glasumwandlungstemperatur	*Torsionsschwingungsversuch*		°C	
	Differentialkalorimetrie		°C	

Brandverhalten

UL-Test vertikal — Dicke mm, Wert; Dicke mm, Wert

	Norm	*Bewertung*	*Abmessungen*
Sauerstoff-Index	ASTM D 2863		
Glühstab-Verfahren			
Brandverhalten	DIN 4102		
MVSS			
FAR			

Elektrische Eigenschaften

		Hz	°C		*Probekörper, Form*
Dielektrizitätszahl		50	23	2.6	Durchmesser 80x1 mm
		10^3	23	3	Durchmesser 80x1 mm
		10^6			
Dielektrischer Verlustfaktor tan δ		50	23	0.0001	Durchmesser 80x1 mm
		10^3	23	0.0011	Durchmesser 80x1 mm
		10^6			
Spezifischer Durchgangswiderstand	Ohm · cm		23	1*10**17	Durchmesser 80x1 mm
Durchschlagfestigkeit	kV/mm		23	38	1 mm dick
Oberflächenwiderstand	Ohm		23	8*10**16	Durchmesser 80x1 mm

Kriechstromfestigkeit KC KB KA
Elektrolytische Korrosionswirkung
Lichtbogenfestigkeit nach DIN
nach ASTM s

Beständigkeit *(Chemische Beständigkeit siehe Anhang)*

Wasseraufnahme

Feuchtigkeitsaufnahme Normalklima %
Wetterbeständigkeit

Spannungskorrosion

Optische Eigenschaften

Brechungszahl n_D
Transmissionsgrad τ_c % mm dick
Lichtdurchlässigkeit

Produkt	Polyphenylenoxid		**PPO**
Handelsname	**Vestoran 1300-FR**		
Hersteller	HUELS		
DIN-Bez 1			
DIN-Bez 2			
Zusätze	Brandschutzmittel; Weichmacher; Waermestabilisator	*Füllstoffe/ Verstärkung*	
Bevorzugte Verarbeitung	Spritzgiessen; Extrudieren; Folienextrusion; Blasformen	*Lieferform*	Granulat
		Farben	Natur
Besondere Merkmale	Flammwidrig; Galvanisierbar; Schlagzaeh modifiziert; Selbstverloeschend; Halogenfrei	*Bevorzugte Anwendungen*	Elektroindustrie; Elektronikindustrie

Dichte	g/cm^3	1.08	*Schmelzindex*	g/10 min		:
Schüttdichte	g/cm^3		*Volumenfließindex*	cm^3/10 min	31 :	265/21.6
Viskositätszahl	ml/g					

Verarbeitungsbedingungen für Spritzgießen

Massetemp.	°C	*Schwindung*	% lgs , quer
Werkzeugtemp.	°C	*Bemerkungen*	
Spritzdruck	bar		

Zugversuch 23 °C DIN 53455; ISO R/527; DIN 53457; ISO R/527

Probekörper: *Form* Nr. 3; 4 mm dick *Zustand* — *Herstellung* Spritzgiessen *Vorbehandlung* Normalklima

Streckspannung	N/mm^2	56	*Dehnung bei Streckspannung*	%	7.4
Zugfestigkeit	N/mm^2		*Reißdehnung*	%	34
Reißfestigkeit	N/mm^2		*% Dehnspannung*	N/mm^2	
E-Modul	N/mm^2	2150	*Dehnung bei % Dehnspg.*	%	

Kriechmoduln und Zeitstandwerte 23 °C DIN 53444; ISO 899

Probekörper: *Form* Nr. 3; 4 mm dick *Zustand* — *Herstellung* Spritzgiessen *Vorbehandlung* Normalklima

Kriechmodul	*1 min* N/mm^2	1900	*Zeitstandzugfestigkeit*	h	N/mm^2
Kriechmodul	*1000 h* N/mm^2	1850	*Zeitdehnspg. %*	h	N/mm^2
bei Spannung	N/mm^2				

Biegeversuch 23 °C

Probekörper: *Form* *Zustand* — *Herstellung* *Vorbehandlung*

Biegefestigkeit	N/mm^2	*E-Modul*	N/mm^2
3,5% *Biegespannung*	N/mm^2		

Härte 23 °C *Probekörper:* *Zustand* — *Herstellung* *Vorbehandlung*

Kugeldruckhärte	N/mm^2 bei N, s	*Shore-Härte* A	
Rockwellhärte		*Shore-Härte* D	

Schlagversuch *Probekörper:* *(1)* *(2)* *Zustand* — *Herstellung* Spritzgiessen *Vorbehandlung* Normalklima

		°C	°C	°C	*Probekörper-Form*
Schlagzähigkeit	kJ/m^2				
Kerbschlagzähigkeit (1)	kJ/m^2				
IZOD-Kerbschlagzähigkeit (2)	J/m				
Kerbschlagzugzähigkeit	kJ/m^2	23 130			80x10x4 mm

Abrieb und Reibung

Taber-Abrieb (Reibradverfahren)	mm^3/100 U
Abriebfaktor LNP (Thrust washer) Vergleichswert	
Statische Reibungszahl	
Dynamische Reibungszahl	(p · v = N/mm^2 · m/min)
Zulässiger p · v Wert	N/mm^2 · (m/min) v = m/min
	v = m/min

Thermische Eigenschaften

Formbeständigkeit in der Wärme	*Verfahren*	A		115 °C
	Verfahren	B		130 °C
Vicat Erweichungstemperatur (VST)	*Verfahren*	A/50		145 °C
	Verfahren	B/50		131 °C
Kristallit-Schmelzpunkt	*Verfahren*			
Längenausdehnungskoeffizient	*Bereich*	23–80 °C		0.98 · $10^{-4}K^{-1}$
	Temperatur			· $10^{-4}K^{-1}$
Wärmeleitfähigkeit	*Verfahren*			W/(K · m)
Spezifische Wärmekapazität	*Verfahren*			J/(K · g)
Glasumwandlungstemperatur	*Torsionsschwingungsversuch*		°C	
	Differentialkalorimetrie		°C	

Brandverhalten

UL-Test vertikal	Dicke mm, Wert
	Dicke mm, Wert

	Norm	*Bewertung*	*Abmessungen*
Sauerstoff-Index	ASTM D 2863		
Glühstab-Verfahren			
Brandverhalten	DIN 4102		
MVSS			
FAR			

Elektrische Eigenschaften

		Hz	°C			*Probekörper, Form*
Dielektrizitätszahl		50	23	2.8		Durchmesser 80x1 mm
		10^3	23	2.7		Durchmesser 80x1 mm
		10^6				
Dielektrischer Verlustfaktor tan δ		50	23	0.0043		Durchmesser 80x1 mm
		10^3	23	0.006		Durchmesser 80x1 mm
		10^6				
Spezifischer Durchgangs-widerstand	Ohm · cm		23	1*10**16		Durchmesser 80x1 mm
Durchschlagfestigkeit	kV/mm		23	36		1 mm dick
Oberflächenwiderstand	Ohm		23	3*10**15		Durchmesser 80x1 mm
Kriechstromfestigkeit		KC		KB	KA	
Elektrolytische Korrosionswirkung		A 1				30x10x4 mm
Lichtbogenfestigkeit nach DIN						
nach ASTM	s					

Beständigkeit *(Chemische Beständigkeit siehe Anhang)*

Wasseraufnahme

Feuchtigkeitsaufnahme Normalklima %

Wetterbeständigkeit

Spannungskorrosion

Optische Eigenschaften

Brechungszahl n_D

Transmissionsgrad τ_c % mm dick

Lichtdurchlässigkeit

Produkt	Polyphenylenoxid		**PPO**
Handelsname	**Vestoran 1300-GF10**		
Hersteller	HUELS		
DIN-Bez 1			
DIN-Bez 2			
Zusätze	Weichmacher; Waermestabilisator	*Füllstoffe/ Verstärkung*	10% Glasfaser
Bevorzugte Verarbeitung	Spritzgiessen	*Lieferform*	Granulat
		Farben	Natur
Besondere Merkmale		*Bevorzugte Anwendungen*	Pumpengehaeuse; Pumpenrad; Komponenten fuer Fluessigkeitstransport- und Verteilung

Dichte	g/cm³	1.11	*Schmelzindex*	g/10 min	:
Schüttdichte	g/cm³		*Volumenfließindex*	cm³/10 min	16.3: 265/21.6
Viskositätszahl	ml/g				

Verarbeitungsbedingungen für Spritzgießen

Massetemp.	°C	*Schwindung*	% lgs , quer
Werkzeugtemp.	°C	*Bemerkungen*	
Spritzdruck	bar		

Zugversuch 23 °C DIN 53455; ISO R/527; DIN 53457; ISO R/527

Probekörper: *Form* Nr. 3; 4 mm dick — *Herstellung* Spritzgiessen
Zustand — *Vorbehandlung* Normalklima

Streckspannung	N/mm²	57	*Dehnung bei Streckspannung*	%	2.4
Zugfestigkeit	N/mm²		*Reißdehnung*	%	9.4
Reißfestigkeit	N/mm²		*% Dehnspannung*	N/mm²	
E-Modul	N/mm²	3650	*Dehnung bei % Dehnspg.*	%	

Kriechmoduln und Zeitstandwerte 23 °C

Probekörper: *Form* — *Herstellung*
Zustand — *Vorbehandlung*

Kriechmodul	*1 min*	N/mm²	*Zeitstandzugfestigkeit*	h	N/mm²
Kriechmodul	*1000 h*	N/mm²	*Zeitdehnspg. %*	h	N/mm²
bei Spannung		N/mm²			

Biegeversuch 23 °C

Probekörper: *Form* — *Herstellung*
Zustand — *Vorbehandlung*

Biegefestigkeit	N/mm²	*E-Modul*	N/mm²
3,5% *Biegespannung*	N/mm²		

Härte 23 °C *Probekörper:* *Zustand* — *Herstellung*
Vorbehandlung

Kugeldruckhärte	N/mm² bei N, s	*Shore-Härte* A	
Rockwellhärte		*Shore-Härte* D	

Schlagversuch *Probekörper:* *(1)*
(2) — *Herstellung* Spritzgiessen
Zustand — *Vorbehandlung* Normalklima

		°C	°C	°C	*Probekörper-Form*
Schlagzähigkeit	kJ/m²				
Kerbschlagzähigkeit (1)	kJ/m²				
IZOD-Kerbschlagzähigkeit (2)	J/m				
Kerbschlagzugzähigkeit	kJ/m²	23 48			80x10x4 mm

Abrieb und Reibung

Taber-Abrieb (Reibradverfahren)	mm^3/100 U		
Abriebfaktor LNP (Thrust washer) Vergleichswert			
Statische Reibungszahl			
Dynamische Reibungszahl	(p · v= N/mm^2 ·		m/min)
Zulässiger p · v Wert	N/mm^2 · (m/min)	v=	m/min
		v=	m/min

Thermische Eigenschaften

Formbeständigkeit in der Wärme	*Verfahren*	A		129 °C
	Verfahren	B		140 °C
Vicat Erweichungstemperatur (VST)	*Verfahren*	A/50		146 °C
	Verfahren	B/50		135 °C
Kristallit-Schmelzpunkt	*Verfahren*			
Längenausdehnungskoeffizient	*Bereich*	23–80	°C	$0.59 \cdot 10^{-4}K^{-1}$
	Temperatur			$\cdot 10^{-4}K^{-1}$
Wärmeleitfähigkeit	*Verfahren*			W/(K · m)
Spezifische Wärmekapazität	*Verfahren*			J/(K · g)
Glasumwandlungstemperatur	*Torsionsschwingungsversuch*		°C	
	Differentialkalorimetrie		°C	

Brandverhalten

UL-Test vertikal	Dicke	mm, Wert
	Dicke	mm, Wert

	Norm	*Bewertung*	*Abmessungen*
Sauerstoff-Index	ASTM D 2863		
Glühstab-Verfahren			
Brandverhalten	DIN 4102		
MVSS			
FAR			

Elektrische Eigenschaften

		Hz	°C		*Probekörper, Form*
Dielektrizitätszahl		50	23	2.7	Durchmesser 80x1 mm
		10^3	23	3	Durchmesser 80x1 mm
		10^6			
Dielektrischer Verlustfaktor tan δ		50	23	0.00053	Durchmesser 80x1 mm
		10^3	23	0.0014	Durchmesser 80x1 mm
		10^6			
Spezifischer Durchgangs-widerstand	Ohm · cm		23	4*10**16	Durchmesser 80x1 mm
Durchschlagfestigkeit	kV/mm		23	49	1 mm dick
Oberflächenwiderstand	Ohm		23	1*10**16	Durchmesser 80x1 mm

Kriechstromfestigkeit	KC	KB	KA
Elektrolytische Korrosionswirkung			
Lichtbogenfestigkeit nach DIN			
nach ASTM s			

Beständigkeit *(Chemische Beständigkeit siehe Anhang)*

Wasseraufnahme

Feuchtigkeitsaufnahme Normalklima %

Wetterbeständigkeit

Spannungskorrosion

Optische Eigenschaften

Brechungszahl n_D

Transmissionsgrad τ_c % mm dick

Lichtdurchlässigkeit

Datenbank-Nr. **T01990** Merkblatt-Nr. **4667**

Produkt	Polyphenylenoxid		**PPO**
Handelsname	**Vestoran 1300-GF10-FR**		
Hersteller	HUELS		
DIN-Bez 1			
DIN-Bez 2			
Zusätze	Brandschutzmittel; Weichmacher; Waermestabilisator	*Füllstoffe/ Verstärkung*	10% Glasfaser
Bevorzugte Verarbeitung	Spritzgiessen	*Lieferform*	Granulat
		Farben	Natur
Besondere Merkmale	Flammwidrig; Schlagzaeh modifiziert; Selbstverloeschend; Halogenfrei	*Bevorzugte Anwendungen*	Elektroindustrie; Elektronikindustrie; Armaturen

Dichte	g/cm^3	1.15	*Schmelzindex*	g/10 min	:
Schüttdichte	g/cm^3		*Volumenfließindex*	cm^3/10 min	16: 265/21.6
Viskositätszahl	ml/g				

Verarbeitungsbedingungen für Spritzgießen

Massetemp.	°C	*Schwindung*	% lgs , quer
Werkzeugtemp.	°C	*Bemerkungen*	
Spritzdruck	bar		

Zugversuch 23 °C DIN 53455; ISO R/527; DIN 53457; ISO R/527

Probekörper: *Form* Nr. 3; 4 mm dick — *Herstellung* Spritzgiessen
Zustand — *Vorbehandlung* Normalklima

Streckspannung	N/mm^2		*Dehnung bei Streckspannung*	%	
Zugfestigkeit	N/mm^2		*Reißdehnung*	%	2.8
Reißfestigkeit	N/mm^2		*% Dehnspannung*	N/mm^2	
E-Modul	N/mm^2	3700	*Dehnung bei % Dehnspg.*	%	

Kriechmoduln und Zeitstandwerte 23 °C

Probekörper: *Form* — *Herstellung*
Zustand — *Vorbehandlung*

Kriechmodul	*1 min* N/mm^2	*Zeitstandzugfestigkeit*	h	N/mm^2
Kriechmodul	*1000 h* N/mm^2	*Zeitdehnspg. %*	h	N/mm^2
bei Spannung	N/mm^2			

Biegeversuch 23 °C

Probekörper: *Form* — *Herstellung*
Zustand — *Vorbehandlung*

Biegefestigkeit	N/mm^2	*E-Modul*	N/mm^2
3,5% *Biegespannung*	N/mm^2		

Härte 23 °C *Probekörper:* *Zustand* — *Herstellung*
Vorbehandlung

Kugeldruckhärte	N/mm^2 bei N, s	*Shore-Härte* A	
Rockwellhärte		*Shore-Härte* D	

Schlagversuch *Probekörper:* *(1)*
(2) — *Herstellung* Spritzgiessen
Zustand — *Vorbehandlung* Normalklima

		°C	°C	°C	*Probekörper-Form*
Schlagzähigkeit	kJ/m^2				
Kerbschlagzähigkeit (1)	kJ/m^2				
IZOD-Kerbschlagzähigkeit (2)	J/m				
Kerbschlagzugzähigkeit	kJ/m^2	23 51			80x10x4 mm

Abrieb und Reibung

Taber-Abrieb (Reibradverfahren)	mm^3/100 U		
Abriebfaktor LNP (Thrust washer) Vergleichswert			
Statische Reibungszahl			
Dynamische Reibungszahl	(p·v= N/mm^2·		m/min)
Zulässiger p · v Wert	N/mm^2 · (m/min)	v=	m/min
		v=	m/min

Thermische Eigenschaften

Formbeständigkeit in der Wärme	*Verfahren* A		126 °C
	Verfahren B		137 °C
Vicat Erweichungstemperatur (VST)	*Verfahren* A/50		150 °C
	Verfahren B/50		137 °C
Kristallit-Schmelzpunkt	*Verfahren*		
Längenausdehnungskoeffizient	*Bereich* 23–80 °C		0.49 · $10^{-4}K^{-1}$
	Temperatur		· $10^{-4}K^{-1}$
Wärmeleitfähigkeit	*Verfahren*		W/(K · m)
Spezifische Wärmekapazität	*Verfahren*		J/(K · g)
Glasumwandlungstemperatur	*Torsionsschwingungsversuch*	°C	
	Differentialkalorimetrie	°C	

Brandverhalten

UL-Test vertikal Dicke mm, Wert
Dicke mm, Wert

	Norm	*Bewertung*	*Abmessungen*
Sauerstoff-Index	ASTM D 2863		
Glühstab-Verfahren			
Brandverhalten	DIN 4102		
MVSS			
FAR			

Elektrische Eigenschaften

		Hz	°C		*Probekörper, Form*
Dielektrizitätszahl		50	23	3	Durchmesser 80x1 mm
		10^3	23	2.9	Durchmesser 80x1 mm
		10^6			
Dielektrischer Verlustfaktor tan δ		50	23	0.0035	Durchmesser 80x1 mm
		10^3	23	0.0073	Durchmesser 80x1 mm
		10^6			
Spezifischer Durchgangs-widerstand	Ohm · cm		23	7*10**15	Durchmesser 80x1 mm
Durchschlagfestigkeit	kV/mm		23	48	1 mm dick
Oberflächenwiderstand	Ohm		23	4*10**15	Durchmesser 80x1 mm

Kriechstromfestigkeit	KC	KB	KA	
Elektrolytische Korrosionswirkung	A 1			30x10x4 mm
Lichtbogenfestigkeit nach DIN				
nach ASTM s				

Beständigkeit *(Chemische Beständigkeit siehe Anhang)*

Wasseraufnahme

Feuchtigkeitsaufnahme Normalklima %

Wetterbeständigkeit

Spannungskorrosion

Optische Eigenschaften

Brechungszahl n_D

Transmissionsgrad τ_c % mm dick

Lichtdurchlässigkeit

Datenbank-Nr. **T01991** Merkblatt-Nr. **4668**

Produkt	Polyphenylenoxid		**PPO**
Handelsname	**Vestoran 1300-GF20**		
Hersteller	HUELS		
DIN-Bez 1			
DIN-Bez 2			
Zusätze	Weichmacher; Waermestabilisator	*Füllstoffe/ Verstärkung*	20% Glasfaser
Bevorzugte Verarbeitung	Spritzgiessen	*Lieferform*	Granulat
		Farben	Natur
Besondere Merkmale		*Bevorzugte Anwendungen*	Pumpengehaeuse; Pumpenrad; Komponenten fuer Fluessigkeitstransport- und Verteilung

Dichte	g/cm³	1.2	*Schmelzindex*	g/10 min	:	
Schüttdichte	g/cm³		*Volumenfließindex*	cm³/10 min	14:	265/21.6
Viskositätszahl	ml/g					

Verarbeitungsbedingungen für Spritzgießen

Massetemp.	°C	*Schwindung*	% lgs , quer
Werkzeugtemp.	°C	*Bemerkungen*	
Spritzdruck	bar		

Zugversuch 23 °C DIN 53455; ISO R/527; DIN 53457; ISO R/527

Probekörper: *Form* Nr. 3; 4 mm dick — *Herstellung* Spritzgiessen
Zustand — *Vorbehandlung* Normalklima

Streckspannung	N/mm²	52	*Dehnung bei Streckspannung*	%	1.3
Zugfestigkeit	N/mm²		*Reißdehnung*	%	4.4
Reißfestigkeit	N/mm²		*% Dehnspannung*	N/mm²	
E-Modul	N/mm²	5500	*Dehnung bei % Dehnspg.*	%	

Kriechmoduln und Zeitstandwerte 23 °C

Probekörper: *Form* — *Herstellung*
Zustand — *Vorbehandlung*

Kriechmodul	*1 min*	N/mm²	*Zeitstandzugfestigkeit*	h	N/mm²
Kriechmodul	*1000 h*	N/mm²	*Zeitdehnspg. %*	h	N/mm²
bei Spannung		N/mm²			

Biegeversuch 23 °C

Probekörper: *Form* — *Herstellung*
Zustand — *Vorbehandlung*

Biegefestigkeit	N/mm²	*E-Modul*	N/mm²
3,5% *Biegespannung*	N/mm²		

Härte 23 °C *Probekörper:* *Zustand* — *Herstellung*
Vorbehandlung

Kugeldruckhärte	N/mm² bei N, s	*Shore-Härte* A	
Rockwellhärte		*Shore-Härte* D	

Schlagversuch *Probekörper:* *(1)*
(2) — *Herstellung* Spritzgiessen
Zustand — *Vorbehandlung* Normalklima

		°C	°C	°C	*Probekörper-Form*
Schlagzähigkeit	kJ/m²				
Kerbschlagzähigkeit (1)	kJ/m²				
IZOD-Kerbschlagzähigkeit (2)	J/m				
Kerbschlagzugzähigkeit	kJ/m²	23 52			80x10x4 mm

Abrieb und Reibung

Taber-Abrieb (Reibradverfahren)	$mm^3/100$ U		
Abriebfaktor LNP (Thrust washer) Vergleichswert			
Statische Reibungszahl			
Dynamische Reibungszahl	(p·v= N/mm²·		m/min)
Zulässiger p · v Wert	N/mm² · (m/min)	v=	m/min
		v=	m/min

Thermische Eigenschaften

Formbeständigkeit in der Wärme	*Verfahren*	A		134 °C
	Verfahren	B		141 °C
Vicat Erweichungstemperatur (VST)	*Verfahren*	A/50		148 °C
	Verfahren	B/50		137 °C
Kristallit-Schmelzpunkt	*Verfahren*			
Längenausdehnungskoeffizient	*Bereich*	23–80	°C	$0.42 \cdot 10^{-4}K^{-1}$
	Temperatur			$\cdot 10^{-4}K^{-1}$
Wärmeleitfähigkeit	*Verfahren*			W/(K · m)
Spezifische Wärmekapazität	*Verfahren*			J/(K · g)
Glasumwandlungstemperatur	*Torsionsschwingungsversuch*		°C	
	Differentialkalorimetrie		°C	

Brandverhalten

UL-Test vertikal	Dicke	mm, Wert
	Dicke	mm, Wert

	Norm	*Bewertung*	*Abmessungen*
Sauerstoff-Index	ASTM D 2863		
Glühstab-Verfahren			
Brandverhalten	DIN 4102		
MVSS			
FAR			

Elektrische Eigenschaften

		Hz	°C		*Probekörper, Form*
Dielektrizitätszahl		50	23	3.1	Durchmesser 80x1 mm
		10^3	23	3.3	Durchmesser 80x1 mm
		10^6			
Dielektrischer Verlustfaktor tan δ		50	23	0.0013	Durchmesser 80x1 mm
		10^3	23	0.0015	Durchmesser 80x1 mm
		10^6			
Spezifischer Durchgangs-widerstand	Ohm · cm		23	1*10**16	Durchmesser 80x1 mm
Durchschlagfestigkeit	kV/mm		23	25	1 mm dick
Oberflächenwiderstand	Ohm		23	2*10**16	Durchmesser 80x1 mm

Kriechstromfestigkeit	KC	KB	KA
Elektrolytische Korrosionswirkung			
Lichtbogenfestigkeit nach DIN			
nach ASTM s			

Beständigkeit *(Chemische Beständigkeit siehe Anhang)*

Wasseraufnahme

Feuchtigkeitsaufnahme Normalklima %

Wetterbeständigkeit

Spannungskorrosion

Optische Eigenschaften

Brechungszahl n_D		
Transmissionsgrad τ_c	%	mm dick
Lichtdurchlässigkeit		

Datenbank-Nr.	**T01992**		Merkblatt-Nr. **4669**
Produkt	Polyphenylenoxid		**PPO**
Handelsname	**Vestoran 1300-GF20-FR**		
Hersteller	HUELS		
DIN-Bez 1			
DIN-Bez 2			
Zusätze	Brandschutzmittel; Weichmacher; Waermestabilisator	Füllstoffe/ Verstärkung	20% Glasfaser
Bevorzugte Verarbeitung	Spritzgiessen	Lieferform	Granulat
		Farben	Natur
Besondere Merkmale	Flammwidrig; Schlagzaeh modifiziert; Selbstverloeschend; Halogenfrei	Bevorzugte Anwendungen	Elektroindustrie; Elektronikindustrie

Dichte	g/cm^3	1.23	Schmelzindex	g/10 min	:	
Schüttdichte	g/cm^3		Volumenfließindex	cm^3/10 min	16:	265/21.6
Viskositätszahl	ml/g					

Verarbeitungsbedingungen für Spritzgießen

Massetemp.	°C	Schwindung	% lgs , quer
Werkzeugtemp.	°C	Bemerkungen	
Spritzdruck	bar		

Zugversuch 23 °C DIN 53455; ISO R/527; DIN 53457; ISO R/527

Probekörper:	Form	Nr. 3; 4 mm dick	Herstellung	Spritzgiessen
	Zustand		Vorbehandlung	Normalklima

Streckspannung	N/mm^2		Dehnung bei Streckspannung	%	
Zugfestigkeit	N/mm^2		Reißdehnung	%	1.6
Reißfestigkeit	N/mm^2		% Dehnspannung	N/mm^2	
E-Modul	N/mm^2	5650	Dehnung bei % Dehnspg.	%	

Kriechmoduln und Zeitstandwerte 23 °C

Probekörper:	Form	Herstellung	
	Zustand	Vorbehandlung	

Kriechmodul	1 min N/mm^2	Zeitstandzugfestigkeit	h	N/mm^2
Kriechmodul	1000 h N/mm^2	Zeitdehnspg. %	h	N/mm^2
bei Spannung	N/mm^2			

Biegeversuch 23 °C

Probekörper:	Form	Herstellung	
	Zustand	Vorbehandlung	

Biegefestigkeit	N/mm^2	E-Modul	N/mm^2
3,5% Biegespannung	N/mm^2		

Härte 23 °C

Probekörper:	Zustand	Herstellung	
		Vorbehandlung	
Kugeldruckhärte	N/mm^2 bei N, s	Shore-Härte A	
Rockwellhärte		Shore-Härte D	

Schlagversuch

Probekörper:	(1)		
	(2)	Herstellung	Spritzgiessen
	Zustand	Vorbehandlung	Normalklima

		°C	°C	°C	Probekörper-Form
Schlagzähigkeit	kJ/m^2				
Kerbschlagzähigkeit (1)	kJ/m^2				
IZOD-Kerbschlagzähigkeit (2)	J/m				
Kerbschlagzugzähigkeit	kJ/m^2	23 59			80x10x4 mm

Abrieb und Reibung

Taber-Abrieb (Reibradverfahren)	mm^3/100 U		
Abriebfaktor LNP (Thrust washer) Vergleichswert			
Statische Reibungszahl			
Dynamische Reibungszahl	(p · v= N/mm^2 ·		m/min)
Zulässiger p · v Wert	N/mm^2 · (m/min)	v=	m/min
		v=	m/min

Thermische Eigenschaften

Formbeständigkeit in der Wärme	*Verfahren*	A		142 °C
	Verfahren	B		148 °C
Vicat Erweichungstemperatur (VST)	*Verfahren*	A/50		154 °C
	Verfahren	B/50		140 °C
Kristallit-Schmelzpunkt	*Verfahren*			
Längenausdehnungskoeffizient	*Bereich*	23–80	°C	0.33 · $10^{-4}K^{-1}$
	Temperatur			· $10^{-4}K^{-1}$
Wärmeleitfähigkeit	*Verfahren*			W/(K · m)
Spezifische Wärmekapazität	*Verfahren*			J/(K · g)
Glasumwandlungstemperatur	*Torsionsschwingungsversuch*		°C	
	Differentialkalorimetrie		°C	

Brandverhalten

UL-Test vertikal Dicke mm, Wert
Dicke mm, Wert

	Norm	*Bewertung*	*Abmessungen*
Sauerstoff-Index	ASTM D 2863		
Glühstab-Verfahren			
Brandverhalten	DIN 4102		
MVSS			
FAR			

Elektrische Eigenschaften

		Hz	°C			*Probekörper, Form*
Dielektrizitätszahl		50	23	3.1		Durchmesser 80x1 mm
		10^3	23	3.1		Durchmesser 80x1 mm
		10^6				
Dielektrischer Verlustfaktor tan δ		50	23	0.0048		Durchmesser 80x1 mm
		10^3	23	0.0064		Durchmesser 80x1 mm
		10^6				
Spezifischer Durchgangs-widerstand	Ohm · cm		23	4*10**15		Durchmesser 80x1 mm
Durchschlagfestigkeit	kV/mm		23	47		1 mm dick
Oberflächenwiderstand	Ohm		23	1*10**16		Durchmesser 80x1 mm
Kriechstromfestigkeit		KC		KB	KA	
Elektrolytische Korrosionswirkung		A 1				30x10x4 mm
Lichtbogenfestigkeit nach DIN						
nach ASTM	s					

Beständigkeit *(Chemische Beständigkeit siehe Anhang)*

Wasseraufnahme

Feuchtigkeitsaufnahme Normalklima %

Wetterbeständigkeit

Spannungskorrosion

Optische Eigenschaften

Brechungszahl n_D

Transmissionsgrad τ_c % mm dick

Lichtdurchlässigkeit

Datenbank-Nr.	**T01993**		Merkblatt-Nr. **4670**

Produkt	Polyphenylenoxid		**PPO**
Handelsname	**Vestoran 1300-GF30**		
Hersteller	HUELS		
DIN-Bez 1 *DIN-Bez 2*			
Zusätze	Weichmacher; Waermestabilisator	*Füllstoffe/ Verstärkung*	30% Glasfaser
Bevorzugte Verarbeitung	Spritzgiessen	*Lieferform*	Granulat
		Farben	Natur
Besondere Merkmale		*Bevorzugte Anwendungen*	Gehaeuse; Funktionsteil; Komponenten fuer Fluessigkeitstransport- und Verteilung

Dichte	g/cm^3	1.27	*Schmelzindex*	g/10 min		:
Schüttdichte	g/cm^3		*Volumenfließindex*	cm^3/10 min	13.4	: 265/21.6
Viskositätszahl	ml/g					

Verarbeitungsbedingungen für Spritzgießen

Massetemp.	°C	*Schwindung*	% lgs , quer
Werkzeugtemp.	°C	*Bemerkungen*	
Spritzdruck	bar		

Zugversuch 23 °C DIN 53455; ISO R/527; DIN 53457; ISO R/527

Probekörper: *Form* Nr. 3; 4 mm dick — *Herstellung* Spritzgiessen
Zustand — *Vorbehandlung* Normalklima

Streckspannung	N/mm^2		*Dehnung bei Streckspannung*	%	
Zugfestigkeit	N/mm^2		*Reißdehnung*	%	1.4
Reißfestigkeit	N/mm^2		*% Dehnspannung*	N/mm^2	
E-Modul	N/mm^2	7750	*Dehnung bei % Dehnspg.*	%	

Kriechmoduln und Zeitstandwerte 23 °C

Probekörper: *Form* — *Herstellung*
Zustand — *Vorbehandlung*

Kriechmodul	*1 min*	N/mm^2	*Zeitstandzugfestigkeit*	h	N/mm^2
Kriechmodul	*1000 h*	N/mm^2	*Zeitdehnspg. %*	h	N/mm^2
bei Spannung		N/mm^2			

Biegeversuch 23 °C

Probekörper: *Form* — *Herstellung*
Zustand — *Vorbehandlung*

Biegefestigkeit	N/mm^2	*E-Modul*	N/mm^2
3,5% *Biegespannung*	N/mm^2		

Härte 23 °C *Probekörper:* *Zustand* — *Herstellung*
Vorbehandlung

Kugeldruckhärte	N/mm^2 bei N, s	*Shore-Härte* A	
Rockwellhärte		*Shore-Härte* D	

Schlagversuch *Probekörper:* *(1)*
(2) — *Herstellung* Spritzgiessen
Zustand — *Vorbehandlung* Normalklima

		°C	°C	°C	*Probekörper-Form*
Schlagzähigkeit	kJ/m^2				
Kerbschlagzähigkeit (1)	kJ/m^2				
IZOD-Kerbschlagzähigkeit (2)	J/m				
Kerbschlagzugzähigkeit	kJ/m^2	23 54			80x10x4 mm

Abrieb und Reibung

Taber-Abrieb (Reibradverfahren)	mm^3/100 U		
Abriebfaktor LNP (Thrust washer) Vergleichswert			
Statische Reibungszahl			
Dynamische Reibungszahl	(p · v=	N/mm^2 ·	m/min)
Zulässiger p · v Wert	N/mm^2 · (m/min)	v=	m/min
		v=	m/min

Thermische Eigenschaften

Formbeständigkeit in der Wärme	*Verfahren*	A		132 °C
	Verfahren	B		139 °C
Vicat Erweichungstemperatur (VST)	*Verfahren*	A/50		151 °C
	Verfahren	B/50		138 °C
Kristallit-Schmelzpunkt	*Verfahren*			
Längenausdehnungskoeffizient	*Bereich*	23–80	°C	$0.32 \cdot 10^{-4} K^{-1}$
	Temperatur			$\cdot 10^{-4} K^{-1}$
Wärmeleitfähigkeit	*Verfahren*			W/(K · m)
Spezifische Wärmekapazität	*Verfahren*			J/(K · g)
Glasumwandlungstemperatur	*Torsionsschwingungsversuch*		°C	
	Differentialkalorimetrie		°C	

Brandverhalten

UL-Test vertikal Dicke mm, Wert
Dicke mm, Wert

	Norm	*Bewertung*	*Abmessungen*
Sauerstoff-Index	ASTM D 2863		
Glühstab-Verfahren			
Brandverhalten	DIN 4102		
MVSS			
FAR			

Elektrische Eigenschaften

		Hz	°C		*Probekörper, Form*
Dielektrizitätszahl		50	23	3	Durchmesser 80x1 mm
		10^3	23	3.6	Durchmesser 80x1 mm
		10^6			
Dielektrischer Verlustfaktor tan δ		50	23	0.0015	Durchmesser 80x1 mm
		10^3	23	0.0027	Durchmesser 80x1 mm
		10^6			
Spezifischer Durchgangs-widerstand	Ohm · cm		23	5*10**16	Durchmesser 80x1 mm
Durchschlagfestigkeit	kV/mm		23	46	1 mm dick
Oberflächenwiderstand	Ohm		23	4*10**16	Durchmesser 80x1 mm

Kriechstromfestigkeit KC KB KA
Elektrolytische Korrosionswirkung
Lichtbogenfestigkeit nach DIN
nach ASTM s

Beständigkeit *(Chemische Beständigkeit siehe Anhang)*

Wasseraufnahme

Feuchtigkeitsaufnahme Normalklima %
Wetterbeständigkeit

Spannungskorrosion

Optische Eigenschaften

Brechungszahl n_D
Transmissionsgrad τ_c % mm dick
Lichtdurchlässigkeit

Datenbank-Nr. **T01997** Merkblatt-Nr. **4671**

Produkt	Polyphenylenoxid		**PPO**
Handelsname	**Vestoran 2000**		
Hersteller	HUELS		
DIN-Bez 1			
DIN-Bez 2			
Zusätze	Waermestabilisator	*Füllstoffe/ Verstärkung*	
Bevorzugte Verarbeitung	Extrudieren; Folienextrusion	*Lieferform*	Granulat
		Farben	Natur
Besondere Merkmale	Galvanisierbar; Schlagzaeh modifiziert	*Bevorzugte Anwendungen*	Kunststoff u. Kautschuk-Verbundtechnik

Dichte	g/cm^3	1.04	*Schmelzindex*	g/10 min		:
Schüttdichte	g/cm^3		*Volumenfließindex*	cm^3/10 min	5.4:	300/21.6
Viskositätszahl	ml/g					

Verarbeitungsbedingungen für Spritzgießen

Massetemp.	°C	*Schwindung*	% lgs , quer
Werkzeugtemp.	°C	*Bemerkungen*	
Spritzdruck	bar		

Zugversuch 23 °C DIN 53455; ISO R/527; DIN 53457; ISO R/527

Probekörper: *Form* Nr. 3; 4 mm dick — *Herstellung* Spritzgiessen
Zustand — *Vorbehandlung* Normalklima

Streckspannung	N/mm^2	58	*Dehnung bei Streckspannung*	%	6.2
Zugfestigkeit	N/mm^2		*Reißdehnung*	%	49
Reißfestigkeit	N/mm^2		*% Dehnspannung*	N/mm^2	
E-Modul	N/mm^2	1950	*Dehnung bei % Dehnspg.*	%	

Kriechmoduln und Zeitstandwerte 23 °C

Probekörper: *Form* — *Herstellung*
Zustand — *Vorbehandlung*

Kriechmodul	*1 min*	N/mm^2	*Zeitstandzugfestigkeit*	h	N/mm^2
Kriechmodul	*1000 h*	N/mm^2	*Zeitdehnspg. %*	h	N/mm^2
bei Spannung		N/mm^2			

Biegeversuch 23 °C

Probekörper: *Form* — *Herstellung*
Zustand — *Vorbehandlung*

Biegefestigkeit	N/mm^2	*E-Modul*	N/mm^2
3,5% *Biegespannung*	N/mm^2		

Härte 23 °C *Probekörper:* *Zustand* — *Herstellung*
Vorbehandlung

Kugeldruckhärte	N/mm^2 bei N, s	*Shore-Härte* A	
Rockwellhärte		*Shore-Härte* D	

Schlagversuch *Probekörper:* *(1)*
(2) — *Herstellung* Spritzgiessen
Zustand — *Vorbehandlung* Normalklima

		°C	°C	°C	*Probekörper-Form*
Schlagzähigkeit	kJ/m^2				
Kerbschlagzähigkeit (1)	kJ/m^2				
IZOD-Kerbschlagzähigkeit (2)	J/m				
Kerbschlagzugzähigkeit	kJ/m^2	23 154			80x10x4 mm

Abrieb und Reibung

Taber-Abrieb (Reibradverfahren)	mm^3/100 U		
Abriebfaktor LNP (Thrust washer) Vergleichswert			
Statische Reibungszahl			
Dynamische Reibungszahl	(p · v =	N/mm^2 ·	m/min)
Zulässiger p · v Wert	N/mm^2 · (m/min)	v =	m/min
		v =	m/min

Thermische Eigenschaften

Formbeständigkeit in der Wärme	*Verfahren*	A		177 °C
	Verfahren	B		196 °C
Vicat Erweichungstemperatur (VST)	*Verfahren*	A/50		203 °C
	Verfahren	B/50		209 °C
Kristallit-Schmelzpunkt	*Verfahren*			
Längenausdehnungskoeffizient	*Bereich*	23–80	°C	$0.77 \cdot 10^{-4} K^{-1}$
	Temperatur			$\cdot 10^{-4} K^{-1}$
Wärmeleitfähigkeit	*Verfahren*			W/(K · m)
Spezifische Wärmekapazität	*Verfahren*			J/(K · g)
Glasumwandlungstemperatur	*Torsionsschwingungsversuch*		°C	
	Differentialkalorimetrie		°C	

Brandverhalten

UL-Test vertikal	Dicke	mm, Wert
	Dicke	mm, Wert

	Norm	*Bewertung*	*Abmessungen*
Sauerstoff-Index	ASTM D 2863		
Glühstab-Verfahren			
Brandverhalten	DIN 4102		
MVSS			
FAR			

Elektrische Eigenschaften

		Hz	°C		*Probekörper, Form*
Dielektrizitätszahl		50	23	2.6	Durchmesser 80x1 mm
		10^3	23	2.9	Durchmesser 80x1 mm
		10^6			
Dielektrischer Verlustfaktor tan δ		50	23	0.0007	Durchmesser 80x1 mm
		10^3	23	0.0018	Durchmesser 80x1 mm
		10^6			
Spezifischer Durchgangs-widerstand	Ohm · cm		23	1*10**17	Durchmesser 80x1 mm
Durchschlagfestigkeit	kV/mm		23	35	1 mm dick
Oberflächenwiderstand	Ohm		23	45*10**15	Durchmesser 80x1 mm

Kriechstromfestigkeit	KC	KB	KA
Elektrolytische Korrosionswirkung			
Lichtbogenfestigkeit nach DIN			
nach ASTM s			

Beständigkeit *(Chemische Beständigkeit siehe Anhang)*

Wasseraufnahme

Feuchtigkeitsaufnahme Normalklima %

Wetterbeständigkeit

Spannungskorrosion

Optische Eigenschaften

Brechungszahl n_D

Transmissionsgrad τ_c % mm dick

Lichtdurchlässigkeit

Datenbank-Nr.	**T01998**		Merkblatt-Nr. **4672**

Produkt	Polyphenylenoxid		**PPO**
Handelsname	**Vestoran X 4880**		
Hersteller	HUELS		
DIN-Bez 1			
DIN-Bez 2			
Zusätze	Waermestabilisator	*Füllstoffe/ Verstärkung*	30% Glasfaser
Bevorzugte Verarbeitung	Spritzgiessen	*Lieferform*	Granulat
		Farben	Natur
Besondere Merkmale	Schlagzaeh modifiziert	*Bevorzugte Anwendungen*	Apparatebau; Umwelttechnik; Kunststoff u. Kautschuk-Verbundtechnik; Komponenten fuer Fluessigkeitstransport- und Verteilung

Dichte	g/cm^3	1.28	*Schmelzindex*	g/10 min	:	
Schüttdichte	g/cm^3		*Volumenfließindex*	cm^3/10 min	5.4:	300/21.6
Viskositätszahl	ml/g					

Verarbeitungsbedingungen für Spritzgießen

Massetemp.	°C	*Schwindung*	% lgs , quer
Werkzeugtemp.	°C	*Bemerkungen*	
Spritzdruck	bar		

Zugversuch 23 °C

Probekörper: *Form* / *Zustand* — *Herstellung* / *Vorbehandlung*

Streckspannung	N/mm^2	*Dehnung bei Streckspannung*	%
Zugfestigkeit	N/mm^2	*Reißdehnung*	%
Reißfestigkeit	N/mm^2	*% Dehnspannung*	N/mm^2
E-Modul	N/mm^2	*Dehnung bei % Dehnspg.*	%

Kriechmoduln und Zeitstandwerte 23 °C DIN 53444; ISO 899

Probekörper: *Form* Nr. 3; 4 mm dick — *Herstellung* Spritzgiessen
Zustand — *Vorbehandlung* Normalklima

Kriechmodul	*1 min*	N/mm^2	8000	*Zeitstandzugfestigkeit*	h	N/mm^2
Kriechmodul	*1000 h*	N/mm^2	7350	*Zeitdehnspg. %*	h	N/mm^2
bei Spannung		N/mm^2				

Biegeversuch 23 °C

Probekörper: *Form* / *Zustand* — *Herstellung* / *Vorbehandlung*

Biegefestigkeit	N/mm^2	*E-Modul*	N/mm^2
3,5% *Biegespannung*	N/mm^2		

Härte 23 °C *Probekörper:* *Zustand* — *Herstellung* / *Vorbehandlung*

Kugeldruckhärte	N/mm^2 bei N, s	*Shore-Härte* A	
Rockwellhärte		*Shore-Härte* D	

Schlagversuch *Probekörper:* *(1)* / *(2)* / *Zustand* — *Herstellung* Spritzgiessen / *Vorbehandlung* Normalklima

		°C	°C	°C	*Probekörper-Form*
Schlagzähigkeit	kJ/m^2				
Kerbschlagzähigkeit (1)	kJ/m^2				
IZOD-Kerbschlagzähigkeit (2)	J/m				
Kerbschlagzugzähigkeit	kJ/m^2	23 53			80x10x4 mm

Abrieb und Reibung

Taber-Abrieb (Reibradverfahren)	$mm^3/100$ U		
Abriebfaktor LNP (Thrust washer) Vergleichswert			
Statische Reibungszahl			
Dynamische Reibungszahl	(p·v=	N/mm²·	m/min)
Zulässiger p · v Wert	N/mm² · (m/min)	v=	m/min
		v=	m/min

Thermische Eigenschaften

Formbeständigkeit in der Wärme	*Verfahren*	A		199 °C
	Verfahren	B		205 °C
Vicat Erweichungstemperatur (VST)	*Verfahren*	B/50		204 °C
	Verfahren			°C
Kristallit-Schmelzpunkt	*Verfahren*			
Längenausdehnungskoeffizient	*Bereich*	23–80	°C	$0.2 \cdot 10^{-4}K^{-1}$
	Temperatur			$\cdot 10^{-4}K^{-1}$
Wärmeleitfähigkeit	*Verfahren*			W/(K · m)
Spezifische Wärmekapazität	*Verfahren*			J/(K · g)
Glasumwandlungstemperatur	*Torsionsschwingungsversuch*		°C	
	Differentialkalorimetrie		°C	

Brandverhalten

UL-Test vertikal	Dicke	mm, Wert
	Dicke	mm, Wert

	Norm	*Bewertung*	*Abmessungen*
Sauerstoff-Index	ASTM D 2863		
Glühstab-Verfahren			
Brandverhalten	DIN 4102		
MVSS			
FAR			

Elektrische Eigenschaften

		Hz	°C		*Probekörper, Form*
Dielektrizitätszahl		50	23	3.2	Durchmesser 80x1 mm
		10^3	23	3.4	Durchmesser 80x1 mm
		10^6			
Dielektrischer Verlustfaktor tan δ		50	23	0.0014	Durchmesser 80x1 mm
		10^3	23	0.0029	Durchmesser 80x1 mm
		10^6			
Spezifischer Durchgangswiderstand	Ohm · cm		23	3*10**16	Durchmesser 80x1 mm
Durchschlagfestigkeit	kV/mm		23	39	1 mm dick
Oberflächenwiderstand	Ohm		23	4*10**16	Durchmesser 80x1 mm

Kriechstromfestigkeit	KC	KB	KA
Elektrolytische Korrosionswirkung			
Lichtbogenfestigkeit nach DIN			
nach ASTM s			

Beständigkeit *(Chemische Beständigkeit siehe Anhang)*

Wasseraufnahme

Feuchtigkeitsaufnahme Normalklima %

Wetterbeständigkeit

Spannungskorrosion

Optische Eigenschaften

Brechungszahl n_D

Transmissionsgrad τ_c % mm dick

Lichtdurchlässigkeit

Datenbank-Nr. **T01999** Merkblatt-Nr. **4673**

Produkt	Polystyrol		**PS**
Handelsname	**Vestyron 116**		
Hersteller	HUELS		
DIN-Bez 1	7741-PS,FN,105-02		
DIN-Bez 2			
Zusätze		*Füllstoffe/ Verstärkung*	
Bevorzugte Verarbeitung	Extrudieren; Folienextrusion	*Lieferform*	Granulat
		Farben	Glasklar
Besondere Merkmale	Standard-Polystyrol	*Bevorzugte Anwendungen*	Biaxial gereckte Folie; Schaumfolie

Dichte	g/cm³	1.05	*Schmelzindex*	g/10 min		:
Schüttdichte	g/cm³		*Volumenfließindex*	cm³/10 min	2.1 :	200/5
Viskositätszahl	ml/g	102				

Verarbeitungsbedingungen für Spritzgießen

Massetemp.	°C	*Schwindung*	% lgs , quer
Werkzeugtemp.	°C	*Bemerkungen*	
Spritzdruck	bar		

Zugversuch 23 °C DIN 53455; ISO R/527; DIN 53457; ISO R/527

Probekörper: *Form* Nr. 3; 4 mm dick — *Herstellung* Spritzgiessen
Zustand — *Vorbehandlung* Normalklima

Streckspannung	N/mm²	57	*Dehnung bei Streckspannung*	%	3
Zugfestigkeit	N/mm²		*Reißdehnung*	%	3
Reißfestigkeit	N/mm²		*% Dehnspannung*	N/mm²	
E-Modul	N/mm²	3300	*Dehnung bei % Dehnspg.*	%	

Kriechmoduln und Zeitstandwerte 23 °C

Probekörper: *Form* — *Herstellung*
Zustand — *Vorbehandlung*

Kriechmodul	*1 min* N/mm²	*Zeitstandzugfestigkeit*	h	N/mm²
Kriechmodul	*1000 h* N/mm²	*Zeitdehnspg. %*	h	N/mm²
bei Spannung	N/mm²			

Biegeversuch 23 °C

Probekörper: *Form* — *Herstellung*
Zustand — *Vorbehandlung*

Biegefestigkeit	N/mm²	*E-Modul*	N/mm²
3,5% *Biegespannung*	N/mm²		

Härte 23 °C *Probekörper:* *Zustand* — *Herstellung*
Vorbehandlung

Kugeldruckhärte	N/mm² bei N, s	*Shore-Härte* A	
Rockwellhärte		*Shore-Härte* D	

Schlagversuch *Probekörper:* *(1)*
(2) — *Herstellung*
Zustand — *Vorbehandlung*

		°C	°C	°C	*Probekörper-Form*
Schlagzähigkeit	kJ/m²				
Kerbschlagzähigkeit (1)	kJ/m²				
IZOD-Kerbschlagzähigkeit (2)	J/m				
Kerbschlagzugzähigkeit	kJ/m²				

Abrieb und Reibung

Taber-Abrieb (Reibradverfahren)	mm^3/100 U		
Abriebfaktor LNP (Thrust washer) Vergleichswert			
Statische Reibungszahl			
Dynamische Reibungszahl	(p · v =	N/mm² ·	m/min)
Zulässiger p · v Wert	N/mm² · (m/min)	v =	m/min
		v =	m/min

Thermische Eigenschaften

Formbeständigkeit in der Wärme	*Verfahren*	A		89 °C
	Verfahren			°C
Vicat Erweichungstemperatur (VST)	*Verfahren*	B/50		102 °C
	Verfahren			°C
Kristallit-Schmelzpunkt	*Verfahren*			
Längenausdehnungskoeffizient	*Bereich*	23–80	°C	$0.8 \cdot 10^{-4} K^{-1}$
	Temperatur			$\cdot 10^{-4} K^{-1}$
Wärmeleitfähigkeit	*Verfahren*			W/(K · m)
Spezifische Wärmekapazität	*Verfahren*			J/(K · g)
Glasumwandlungstemperatur	*Torsionsschwingungsversuch*		°C	
	Differentialkalorimetrie		°C	

Brandverhalten

UL-Test vertikal	Dicke 1.6 mm, Wert HB	
	Dicke 1.4 mm, Wert HB	

	Norm	*Bewertung*	*Abmessungen*
Sauerstoff-Index	ASTM D 2863		
Glühstab-Verfahren			
Brandverhalten	DIN 4102		
MVSS			
FAR			

Elektrische Eigenschaften

		Hz	°C		*Probekörper, Form*
Dielektrizitätszahl		50	23	2.5	Durchmesser 80x1 mm
		10^3	23	2.5	Durchmesser 80x1 mm
		10^6			
Dielektrischer Verlustfaktor tan δ		50	23	0.0002	Durchmesser 80x1 mm
		10^3	23	0.0002	Durchmesser 80x1 mm
		10^6			
Spezifischer Durchgangs-widerstand	Ohm · cm		23	1*10**16	Durchmesser 80x1 mm
Durchschlagfestigkeit	kV/mm		23	100	1 mm dick
Oberflächenwiderstand	Ohm		23	1*10**13	Durchmesser 80x1 mm

Kriechstromfestigkeit	KC	KB	KA
Elektrolytische Korrosionswirkung			
Lichtbogenfestigkeit nach DIN			
nach ASTM s			

Beständigkeit *(Chemische Beständigkeit siehe Anhang)*

Wasseraufnahme 23 C Bis zur Saettigung	0.1 %	
Feuchtigkeitsaufnahme Normalklima		%
Wetterbeständigkeit		
Spannungskorrosion		

Optische Eigenschaften

Brechungszahl n_D	1.59	
Transmissionsgrad τ_c	%	mm dick
Lichtdurchlässigkeit		

Datenbank-Nr. **T01573** Merkblatt-Nr. **4674**

Produkt	Polyvinylchlorid schlagzaeh		**PVC**
Handelsname	**Hostalit HM 2061 C**		
Hersteller	HOECHST		
DIN-Bez 1 *DIN-Bez 2*		*Viskositätszahl* ml/g *K-Wert*	
Zusätze	Gleitmittel; UV-Stabilisator; Waerme-stabilisator	*Füllstoffe/ Verstärkung*	
Bevorzugte Verarbeitung	Extrudieren	*Lieferform*	Pulver
		Farben	Translucent; Transparent
Besondere Merkmale	Flammwidrig; Translucent; Stabilisiert; Stabil-Bewitterung; Mittelschlagzaeh	*Bevorzugte Anwendungen*	Lichtwandprofil

Kornverteilung

Kornklasse μm — *Rückstand* %

Dichte	g/cm^3	1.36
Schüttdichte	g/cm^3	
Stampfdichte	g/cm^3	
Rieselfähigkeit		
Rieselzeit	s/100 g	
Kornbeschaffenheit		
Flüchtige Bestandteile	%	
Sulfatasche	%	

Allgemeine Hinweise

Zugversuch 23 °C DIN 53455; ISO /R 527; DIN 53457; ISO /R 527

Probekörper: *Form* Nr. 3; 4 mm dick — *Herstellung* Pressen
Zustand — *Vorbehandlung* Normalklima

Streckspannung	N/mm^2	40	*Dehnung bei Streckspannung*	%	3
Zugfestigkeit	N/mm^2		*Reißdehnung*	%	30
Reißfestigkeit	N/mm^2		*% Dehnspannung*	N/mm^2	
E-Modul	N/mm^2	2700	*Dehnung bei % Dehnspg.*	%	

Kriechmoduln und Zeitstandwerte 23 °C

Probekörper: *Form* — *Herstellung*
Zustand — *Vorbehandlung*

Kriechmodul	*1 min* N/mm^2	*Zeitstandzugfestigkeit*	h	N/mm^2
Kriechmodul	*1000 h* N/mm^2	*Zeitdehnspg.* %	h	N/mm^2
bei Spannung	N/mm^2			

Biegeversuch 23 °C

Probekörper: *Form* — *Herstellung*
Zustand — *Vorbehandlung*

Biegefestigkeit	N/mm^2	*E-Modul*	N/mm^2
3,5% *Biegespannung*	N/mm^2		

Härte 23 °C *Probekörper:* *Zustand* — *Herstellung*
Vorbehandlung

Kugeldruckhärte N/mm^2 bei N, s — *Shore-Härte* A
Rockwellhärte — *Shore-Härte* D

Schlagversuch *Probekörper:* *(1)*
(2) — *Herstellung* Pressen
Zustand — *Vorbehandlung* Normalklima

		°C	°C	°C	*Probekörper-Form*
Schlagzähigkeit	kJ/m^2				
Kerbschlagzähigkeit (1)	kJ/m^2				
IZOD-Kerbschlagzähigkeit (2)	J/m				
Kerbschlagzugzähigkeit	kJ/m^2	23 120			80x10x4 mm

Abrieb und Reibung

Taber-Abrieb (Reibradverfahren)	mm^3/100 U		
Abriebfaktor LNP (Thrust washer) Vergleichswert			
Statische Reibungszahl			
Dynamische Reibungszahl	(p·v=	N/mm^2·	m/min)
Zulässiger p · v Wert	N/mm^2 · (m/min)	v=	m/min
		v=	m/min

Thermische Eigenschaften

Formbeständigkeit in der Wärme	*Verfahren*			°C
	Verfahren			°C
Vicat Erweichungstemperatur (VST)	*Verfahren*	B/50		72 °C
	Verfahren			°C
Kristallit-Schmelzpunkt	*Verfahren*			
Längenausdehnungskoeffizient	*Bereich*	23–80	°C	$0.8 \cdot 10^{-4}K^{-1}$
	Temperatur			$\cdot 10^{-4}K^{-1}$
Wärmeleitfähigkeit	*Verfahren*			W/(K · m)
Spezifische Wärmekapazität	*Verfahren*			J/(K · g)
Glasumwandlungstemperatur	*Torsionsschwingungsversuch*		°C	
	Differentialkalorimetrie		°C	

Brandverhalten

UL-Test vertikal Dicke mm, Wert
Dicke mm, Wert

	Norm	*Bewertung*	*Abmessungen*
Sauerstoff-Index	ASTM D 2863		
Glühstab-Verfahren			
Brandverhalten	DIN 4102		
MVSS			
FAR			

Elektrische Eigenschaften

		Hz	°C			*Probekörper, Form*
Dielektrizitätszahl		50				
		10^3	23	3.1		Durchmesser 80x1 mm
		10^6				
Dielektrischer Verlustfaktor tan δ		50	23	0.014		Durchmesser 80x1 mm
		10^3				
		10^6				
Spezifischer Durchgangs-widerstand	Ohm · cm		23	5*10**15		Durchmesser 80x1 mm
Durchschlagfestigkeit	kV/mm					mm dick
Oberflächenwiderstand	Ohm		23	2*10**14		Durchmesser 80x1 mm
Kriechstromfestigkeit		KC		KB	KA	
Kriechwegbildung						
Elektrolytische Korrosionswirkung						
Lichtbogenfestigkeit nach DIN						
nach ASTM	s					

Beständigkeit *(Chemische Beständigkeit siehe Anhang)*

Wasseraufnahme Verfahren 1L; 23 C Bis zur Saettigung	0.1	%
Feuchtigkeitsaufnahme Normalklima		0.03 %
Wetterbeständigkeit		
Spannungskorrosion		

Optische Eigenschaften

Brechungszahl n_D		
Transmissionsgrad τ_c	%	mm dick
Lichtdurchlässigkeit		

Produkt	Hart-PVC-Formmasse		**PVC**
Handelsname	**Vinidur COMPOUND DB8208 WEISS**		
Hersteller	BASF		
DIN-Bez 1	PVC-U-ED,082-25-28	*Viskositätszahl* ml/g	
DIN-Bez 2		*K-Wert*	66
Zusätze	Gleitmittel; Elastomer; Pb/Ba/Cd-Stabilisator	*Füllstoffe/ Verstärkung*	
Bevorzugte Verarbeitung	Extrudieren	*Lieferform*	Pulver
		Farben	Weiss
Besondere Merkmale	Hochschlagzaeh; Hochwitterungsbestaendig; Dryblend	*Bevorzugte Anwendungen*	Fensterprofil

Kornverteilung

Kornklasse µm — *Rückstand* %

Dichte	g/cm^3	1.43
Schüttdichte	g/cm^3	
Stampfdichte	g/cm^3	
Rieselfähigkeit		
Rieselzeit	s/100 g	
Kornbeschaffenheit		
Flüchtige Bestandteile	%	
Sulfatasche	%	

Allgemeine Hinweise

Zugversuch 23 °C DIN 53455; ISO /R 527;

Probekörper: *Form* Nr. 3; 4 mm dick — *Herstellung*
Zustand — *Vorbehandlung* Normalklima

Streckspannung	N/mm^2	54	*Dehnung bei Streckspannung*	%	
Zugfestigkeit	N/mm^2		*Reißdehnung*	%	≧50
Reißfestigkeit	N/mm^2		*% Dehnspannung*	N/mm^2	
E-Modul	N/mm^2		*Dehnung bei % Dehnspg.*	%	

Kriechmoduln und Zeitstandwerte 23 °C

Probekörper: *Form* — *Herstellung*
Zustand — *Vorbehandlung*

Kriechmodul	*1 min* N/mm^2	*Zeitstandzugfestigkeit*	h	N/mm^2
Kriechmodul	*1000 h* N/mm^2	*Zeitdehnspg.* %	h	N/mm^2
bei Spannung	N/mm^2			

Biegeversuch 23 °C

Probekörper: *Form* — *Herstellung*
Zustand — *Vorbehandlung*

Biegefestigkeit	N/mm^2	*E-Modul*	N/mm^2
3,5% *Biegespannung*	N/mm^2		

Härte 23 °C *Probekörper:* *Zustand* — *Herstellung*
Vorbehandlung

Kugeldruckhärte	N/mm^2 bei N, s	*Shore-Härte* A
Rockwellhärte		*Shore-Härte* D

Schlagversuch *Probekörper:* *(1)*
(2) — *Herstellung*
Zustand — *Vorbehandlung*

	°C	°C	°C	*Probekörper-Form*
Schlagzähigkeit kJ/m^2				
Kerbschlagzähigkeit (1) kJ/m^2				
IZOD-Kerbschlagzähigkeit (2) J/m				
Kerbschlagzugzähigkeit kJ/m^2				

Abrieb und Reibung

Taber-Abrieb (Reibradverfahren) $mm^3/100$ U
Abriebfaktor LNP (Thrust washer) Vergleichswert
Statische Reibungszahl
Dynamische Reibungszahl (p · v = N/mm^2 · m/min)
Zulässiger p · v Wert N/mm^2 · (m/min) v = m/min
v = m/min

Thermische Eigenschaften

Formbeständigkeit in der Wärme	*Verfahren*		°C
	Verfahren		°C
Vicat Erweichungstemperatur (VST)	*Verfahren*	B/50	83 °C
	Verfahren		°C
Kristallit-Schmelzpunkt	*Verfahren*		
Längenausdehnungskoeffizient	*Bereich*	23–80 °C	$0.7 \cdot 10^{-4} K^{-1}$
	Temperatur		$\cdot 10^{-4} K^{-1}$
Wärmeleitfähigkeit	*Verfahren*		W/(K · m)
Spezifische Wärmekapazität	*Verfahren*		J/(K · g)
Glasumwandlungstemperatur	*Torsionsschwingungsversuch*	°C	
	Differentialkalorimetrie	°C	

Brandverhalten

UL-Test vertikal Dicke mm, Wert
Dicke mm, Wert

	Norm	*Bewertung*	*Abmessungen*
Sauerstoff-Index	ASTM D 2863		
Glühstab-Verfahren			
Brandverhalten	DIN 4102		
MVSS			
FAR			

Elektrische Eigenschaften

	Hz	°C		*Probekörper, Form*
Dielektrizitätszahl	50	23	3.5	Durchmesser 80x1 mm
	10^3			
	10^6			
Dielektrischer Verlustfaktor tan δ	50	23	0.012	Durchmesser 80x1 mm
	10^3			
	10^6			

Spezifischer Durchgangs-widerstand Ohm · cm
Durchschlagfestigkeit kV/mm mm dick
Oberflächenwiderstand Ohm

Kriechstromfestigkeit KC KB KA
Kriechwegbildung

Elektrolytische Korrosionswirkung
Lichtbogenfestigkeit nach DIN
nach ASTM s

Beständigkeit *(Chemische Beständigkeit siehe Anhang)*

Wasseraufnahme Verfahren 1L; 23 C Bis zur Saettigung 0.1 %

Feuchtigkeitsaufnahme Normalklima %
Wetterbeständigkeit

Spannungskorrosion

Optische Eigenschaften

Brechungszahl n_D
Transmissionsgrad τ_c % mm dick
Lichtdurchlässigkeit

Datenbank-Nr. **T01679** Merkblatt-Nr. **4676**

Produkt	Hart-PVC-Formmasse		**PVC**
Handelsname	**Vinidur COMPOUND DB8506 BRAUN**		
Hersteller	BASF		
DIN-Bez 1	PVC-U-ED,082-25-28	*Viskositätszahl* ml/g	
DIN-Bez 2		*K-Wert*	66
Zusätze	Gleitmittel; Elastomer; Bleistabilisator	*Füllstoffe/ Verstärkung*	
Bevorzugte Verarbeitung	Extrudieren	*Lieferform*	Pulver
		Farben	Braun
Besondere Merkmale	Hochschlagzaeh; Hochwitterungsbestaendig; Dryblend	*Bevorzugte Anwendungen*	Fensterprofil

Kornverteilung

Kornklasse µm — *Rückstand* %

Allgemeine Hinweise

Dichte	g/cm³	1.43
Schüttdichte	g/cm³	
Stampfdichte	g/cm³	
Rieselfähigkeit		
Rieselzeit	s/100 g	
Kornbeschaffenheit		
Flüchtige Bestandteile	%	
Sulfatasche	%	

Zugversuch 23 °C DIN 53455; ISO /R 527;

Probekörper: *Form* Nr. 3; 4 mm dick; *Zustand*; *Herstellung*; *Vorbehandlung* Normalklima

Streckspannung	N/mm²	46	*Dehnung bei Streckspannung*	%	
Zugfestigkeit	N/mm²		*Reißdehnung*	%	≧50
Reißfestigkeit	N/mm²		*% Dehnspannung*	N/mm²	
E-Modul	N/mm²		*Dehnung bei % Dehnspg.*	%	

Kriechmoduln und Zeitstandwerte 23 °C

Probekörper: *Form*; *Zustand*; *Herstellung*; *Vorbehandlung*

Kriechmodul	*1 min* N/mm²	*Zeitstandzugfestigkeit*	h	N/mm²
Kriechmodul	*1000 h* N/mm²	*Zeitdehnspg.* %	h	N/mm²
bei Spannung	N/mm²			

Biegeversuch 23 °C

Probekörper: *Form*; *Zustand*; *Herstellung*; *Vorbehandlung*

Biegefestigkeit	N/mm²	*E-Modul*	N/mm²
3,5% *Biegespannung*	N/mm²		

Härte 23 °C *Probekörper:* *Zustand*; *Herstellung*; *Vorbehandlung*

Kugeldruckhärte	N/mm² bei N, s	*Shore-Härte* A	
Rockwellhärte		*Shore-Härte* D	

Schlagversuch *Probekörper:* *(1)*; *(2)*; *Zustand*; *Herstellung*; *Vorbehandlung*

		°C	°C	°C	*Probekörper-Form*
Schlagzähigkeit	kJ/m²				
Kerbschlagzähigkeit (1)	kJ/m²				
IZOD-Kerbschlagzähigkeit (2)	J/m				
Kerbschlagzugzähigkeit	kJ/m²				

Abrieb und Reibung

Taber-Abrieb (Reibradverfahren)	mm^3/100 U		
Abriebfaktor LNP (Thrust washer) Vergleichswert			
Statische Reibungszahl			
Dynamische Reibungszahl	(p · v= N/mm^2 ·		m/min)
Zulässiger p · v Wert	N/mm^2 · (m/min)	v=	m/min
		v=	m/min

Thermische Eigenschaften

Formbeständigkeit in der Wärme	*Verfahren*			°C
	Verfahren			°C
Vicat Erweichungstemperatur (VST)	*Verfahren*	B/50		83 °C
	Verfahren			°C
Kristallit-Schmelzpunkt	*Verfahren*			
Längenausdehnungskoeffizient	*Bereich*	23–80	°C	0.7 · $10^{-4}K^{-1}$
	Temperatur			· $10^{-4}K^{-1}$
Wärmeleitfähigkeit	*Verfahren*			W/(K · m)
Spezifische Wärmekapazität	*Verfahren*			J/(K · g)
Glasumwandlungstemperatur	*Torsionsschwingungsversuch*			°C
	Differentialkalorimetrie			°C

Brandverhalten

UL-Test vertikal	Dicke mm, Wert
	Dicke mm, Wert

	Norm	*Bewertung*	*Abmessungen*
Sauerstoff-Index	ASTM D 2863		
Glühstab-Verfahren			
Brandverhalten	DIN 4102		
MVSS			
FAR			

Elektrische Eigenschaften

		Hz	°C		*Probekörper, Form*
Dielektrizitätszahl		50	23	3.5	Durchmesser 80x1 mm
		10^3			
		10^6			
Dielektrischer Verlustfaktor tan δ		50	23	0.012	Durchmesser 80x1 mm
		10^3			
		10^6			
Spezifischer Durchgangs-widerstand	Ohm · cm				
Durchschlagfestigkeit	kV/mm				mm dick
Oberflächenwiderstand	Ohm				
Kriechstromfestigkeit		KC	KB	KA	
Kriechwegbildung					
Elektrolytische Korrosionswirkung					
Lichtbogenfestigkeit nach DIN					
nach ASTM	s				

Beständigkeit *(Chemische Beständigkeit siehe Anhang)*

Wasseraufnahme Verfahren 1L; 23 C Bis zur Saettigung	0.1	%
Feuchtigkeitsaufnahme Normalklima		%
Wetterbeständigkeit		
Spannungskorrosion		

Optische Eigenschaften

Brechungszahl n_D		
Transmissionsgrad τ_c	%	mm dick
Lichtdurchlässigkeit		

PVC

Produkt	Hart-PVC-Formmasse		
Handelsname	**Vinidur COMPOUND G 8280 WEISS**		
Hersteller	BASF		
DIN-Bez 1	PVC-U-EG,082-25-28 (VC/A)	*Viskositätszahl* ml/g	
DIN-Bez 2		*K-Wert*	64
Zusätze	Gleitmittel; Elastomer; Pb/Ba/Cd-Stabilisator	*Füllstoffe/ Verstärkung*	
Bevorzugte Verarbeitung	Extrudieren	*Lieferform*	Granulat
		Farben	Weiss
Besondere Merkmale	Hochschlagzaeh; Hochwitterungsbestaendig	*Bevorzugte Anwendungen*	Fensterprofil

Kornverteilung

Kornklasse µm *Rückstand* %

Dichte	g/cm³	1.43
Schüttdichte	g/cm³	
Stampfdichte	g/cm³	
Rieselfähigkeit		
Rieselzeit	s/100 g	
Kornbeschaffenheit		
Flüchtige Bestandteile	%	
Sulfatasche	%	

Allgemeine Hinweise

Zugversuch 23 °C DIN 53455; ISO /R 527;

Probekörper: *Form* Nr. 3; 4 mm dick — *Herstellung*
Zustand — *Vorbehandlung* Normalklima

Streckspannung	N/mm²	43	*Dehnung bei Streckspannung*	%	
Zugfestigkeit	N/mm²		*Reißdehnung*	%	≧50
Reißfestigkeit	N/mm²		*% Dehnspannung*	N/mm²	
E-Modul	N/mm²		*Dehnung bei % Dehnspg.*	%	

Kriechmoduln und Zeitstandwerte 23 °C

Probekörper: *Form* — *Herstellung*
Zustand — *Vorbehandlung*

Kriechmodul	*1 min* N/mm²	*Zeitstandzugfestigkeit*	h	N/mm²
Kriechmodul	*1000 h* N/mm²	*Zeitdehnspg.* %	h	N/mm²
bei Spannung	N/mm²			

Biegeversuch 23 °C

Probekörper: *Form* — *Herstellung*
Zustand — *Vorbehandlung*

Biegefestigkeit	N/mm²	*E-Modul*	N/mm²
3,5% *Biegespannung*	N/mm²		

Härte 23 °C *Probekörper:* *Zustand* — *Herstellung*
Vorbehandlung

Kugeldruckhärte	N/mm² bei N, s	*Shore-Härte*	A
Rockwellhärte		*Shore-Härte*	D

Schlagversuch *Probekörper:* *(1)*
(2) — *Herstellung*
Zustand — *Vorbehandlung*

		°C	°C	°C	*Probekörper-Form*
Schlagzähigkeit	kJ/m²				
Kerbschlagzähigkeit (1)	kJ/m²				
IZOD-Kerbschlagzähigkeit (2)	J/m				
Kerbschlagzugzähigkeit	kJ/m²				

Abrieb und Reibung

Taber-Abrieb (Reibradverfahren)	mm^3/100 U		
Abriebfaktor LNP (Thrust washer) Vergleichswert			
Statische Reibungszahl			
Dynamische Reibungszahl	(p·v= N/mm^2·		m/min)
Zulässiger p · v Wert	N/mm^2 · (m/min)	v=	m/min
		v=	m/min

Thermische Eigenschaften

Formbeständigkeit in der Wärme	*Verfahren*			°C
	Verfahren			°C
Vicat Erweichungstemperatur (VST)	*Verfahren*	B/50		82 °C
	Verfahren			°C
Kristallit-Schmelzpunkt	*Verfahren*			
Längenausdehnungskoeffizient	*Bereich*	23–80	°C	$0.7 \cdot 10^{-4} K^{-1}$
	Temperatur			$\cdot 10^{-4} K^{-1}$
Wärmeleitfähigkeit	*Verfahren*			W/(K · m)
Spezifische Wärmekapazität	*Verfahren*			J/(K · g)
Glasumwandlungstemperatur	*Torsionsschwingungsversuch*		°C	
	Differentialkalorimetrie		°C	

Brandverhalten

UL-Test vertikal	Dicke	mm, Wert
	Dicke	mm, Wert

	Norm	*Bewertung*	*Abmessungen*
Sauerstoff-Index	ASTM D 2863		
Glühstab-Verfahren			
Brandverhalten	DIN 4102		
MVSS			
FAR			

Elektrische Eigenschaften

	Hz	°C		*Probekörper, Form*
Dielektrizitätszahl	50	23	3.5	Durchmesser 80x1 mm
	10^3			
	10^6			
Dielektrischer Verlustfaktor tan δ	50	23	0.012	Durchmesser 80x1 mm
	10^3			
	10^6			

Spezifischer Durchgangswiderstand	Ohm · cm	
Durchschlagfestigkeit	kV/mm	mm dick
Oberflächenwiderstand	Ohm	

Kriechstromfestigkeit	KC	KB	KA
Kriechwegbildung			

Elektrolytische Korrosionswirkung
Lichtbogenfestigkeit nach DIN
nach ASTM s

Beständigkeit *(Chemische Beständigkeit siehe Anhang)*

Wasseraufnahme Verfahren 1L; 23 C Bis zur Saettigung	0.1	%
Feuchtigkeitsaufnahme Normalklima		%
Wetterbeständigkeit		
Spannungskorrosion		

Optische Eigenschaften

Brechungszahl n_D		
Transmissionsgrad τ_c	%	mm dick
Lichtdurchlässigkeit		

Produkt	PVC-CP-Acrylester-Styrol-Acrylnitril-Blend		**PVC**
Handelsname	**Vinoflex COMPOUND G80616**		
Hersteller	BASF		
DIN-Bez 1		*Viskositätszahl* ml/g	
DIN-Bez 2		*K-Wert*	
Zusätze	Waermestabilisator; Zinnstabilisator	*Füllstoffe/ Verstärkung*	
Bevorzugte Verarbeitung	Spritzgiessen	*Lieferform*	Granulat
		Farben	
Besondere Merkmale	Flammwidrig; Glasklar; Schlagzaeh modifiziert; Sehr gutes Fliessverhalten; Hohe Erweichungstemperatur	*Bevorzugte Anwendungen*	Gehaeuseteil fuer Computer; Kompliziertes Teil mit langen Fliesswegen

Kornverteilung

Kornklasse µm — *Rückstand* %

Dichte	g/cm^3	1.22
Schüttdichte	g/cm^3	
Stampfdichte	g/cm^3	
Rieselfähigkeit		
Rieselzeit	s/100 g	
Kornbeschaffenheit		
Flüchtige Bestandteile	%	
Sulfatasche	%	

Allgemeine Hinweise

Zugversuch 23 °C DIN 53455; ISO /R 527;

Probekörper: *Form* Nr. 3; 4 mm dick *Herstellung*
Zustand *Vorbehandlung* Normalklima

Streckspannung	N/mm^2	48	*Dehnung bei Streckspannung*	%	2
Zugfestigkeit	N/mm^2		*Reißdehnung*	%	8
Reißfestigkeit	N/mm^2		*% Dehnspannung*	N/mm^2	
E-Modul	N/mm^2		*Dehnung bei % Dehnspg.*	%	

Kriechmoduln und Zeitstandwerte 23 °C

Probekörper: *Form* *Herstellung*
Zustand *Vorbehandlung*

Kriechmodul	*1 min* N/mm^2	*Zeitstandzugfestigkeit*	h N/mm^2
Kriechmodul	*1000 h* N/mm^2	*Zeitdehnspg.* %	h N/mm^2
bei Spannung	N/mm^2		

Biegeversuch 23 °C

Probekörper: *Form* *Herstellung*
Zustand *Vorbehandlung*

Biegefestigkeit	N/mm^2	*E-Modul*	N/mm^2
3,5% *Biegespannung*	N/mm^2		

Härte 23 °C *Probekörper:* *Zustand* *Herstellung*
Vorbehandlung

Kugeldruckhärte	N/mm^2 bei N, s	*Shore-Härte*	A
Rockwellhärte		*Shore-Härte*	D

Schlagversuch *Probekörper:* *(1)*
(2) *Herstellung*
Zustand *Vorbehandlung*

	°C	°C	°C	*Probekörper-Form*
Schlagzähigkeit kJ/m^2				
Kerbschlagzähigkeit (1) kJ/m^2				
IZOD-Kerbschlagzähigkeit (2) J/m				
Kerbschlagzugzähigkeit kJ/m^2				

Abrieb und Reibung

Taber-Abrieb (Reibradverfahren) $mm^3/100$ U
Abriebfaktor LNP (Thrust washer) Vergleichswert
Statische Reibungszahl
Dynamische Reibungszahl (p · v = N/mm² · m/min)
Zulässiger p · v Wert N/mm² · (m/min) v = m/min
v = m/min

Thermische Eigenschaften

Formbeständigkeit in der Wärme	Verfahren A		66 °C
	Verfahren B		76 °C
Vicat Erweichungstemperatur (VST)	Verfahren A/50		88 °C
	Verfahren B/50		81 °C
Kristallit-Schmelzpunkt	Verfahren		
Längenausdehnungskoeffizient	Bereich	°C	$\cdot 10^{-4}K^{-1}$
	Temperatur		$\cdot 10^{-4}K^{-1}$
Wärmeleitfähigkeit	Verfahren		W/(K · m)
Spezifische Wärmekapazität	Verfahren		J/(K · g)
Glasumwandlungstemperatur	Torsionsschwingungsversuch	°C	
	Differentialkalorimetrie	°C	

Brandverhalten

UL-Test vertikal — Dicke 1.6 mm, Wert V-0
Dicke 0.8 mm, Wert V-0

	Norm	Bewertung	Abmessungen
Sauerstoff-Index	ASTM D 2863		
Glühstab-Verfahren			
Brandverhalten	DIN 4102		
MVSS			
FAR			

Elektrische Eigenschaften

		Hz	°C		Probekörper, Form
Dielektrizitätszahl		50			
		10^3			
		10^6			
Dielektrischer Verlustfaktor tan δ		50			
		10^3			
		10^6			
Spezifischer Durchgangs-widerstand	Ohm · cm		23	2*10**14	Durchmesser 80x1 mm
Durchschlagfestigkeit	kV/mm				mm dick
Oberflächenwiderstand	Ohm		23	4*10**12	Durchmesser 80x1 mm

Kriechstromfestigkeit KC KB KA
Kriechwegbildung

Elektrolytische Korrosionswirkung
Lichtbogenfestigkeit nach DIN
nach ASTM s

Beständigkeit *(Chemische Beständigkeit siehe Anhang)*

Wasseraufnahme

Feuchtigkeitsaufnahme Normalklima %
Wetterbeständigkeit

Spannungskorrosion

Optische Eigenschaften

Brechungszahl n_D
Transmissionsgrad τ_c % mm dick
Lichtdurchlässigkeit

Produkt	Polyvinylchlorid schlagzaeh		**PVC**
Handelsname	**Vestolit HI-EF 5174 WEISS**		
Hersteller	HUELS		
DIN-Bez 1	1163-PVC-U,EDLP,082-20-T28	*Viskositätszahl* ml/g	
DIN-Bez 2		*K-Wert*	
Zusätze	Gleitmittel; Schmiermittel; UV-Stabilisator	*Füllstoffe/ Verstärkung*	
Bevorzugte Verarbeitung	Extrudieren	*Lieferform*	Pulver
		Farben	Weiss
Besondere Merkmale	Schlagzaeh modifiziert; Stabilisiert; Stabil-Bewitterung	*Bevorzugte Anwendungen*	Fensterprofil fuer den Einsatz im gemaessigten mitteleuropaeischen Klima

Kornverteilung

Kornklasse µm	*Rückstand* %	*Dichte*	g/cm³	1.42
		Schüttdichte	g/cm³	
		Stampfdichte	g/cm³	
		Rieselfähigkeit		
		Rieselzeit	s/100 g	
		Kornbeschaffenheit		
Allgemeine Hinweise		*Flüchtige Bestandteile*	%	
		Sulfatasche	%	

Zugversuch 23 °C DIN 53455; ISO /R 527; DIN 53457; ISO /R 527

Probekörper: *Form* Nr. 3; 4 mm dick — *Herstellung*
Zustand — *Vorbehandlung* Normalklima

Streckspannung	N/mm²	45	*Dehnung bei Streckspannung*	%	5
Zugfestigkeit	N/mm²		*Reißdehnung*	%	≧50
Reißfestigkeit	N/mm²		*% Dehnspannung*	N/mm²	
E-Modul	N/mm²	2500	*Dehnung bei % Dehnspg.*	%	

Kriechmoduln und Zeitstandwerte 23 °C DIN 53444; ISO 899

Probekörper: *Form* Nr. 3; 4 mm dick — *Herstellung*
Zustand — *Vorbehandlung* Normalklima

Kriechmodul	*1 min*	N/mm²	2400	*Zeitstandzugfestigkeit*	h	N/mm²
Kriechmodul	*1000 h*	N/mm²	1000	*Zeitdehnspg.* %	h	N/mm²
bei Spannung		N/mm²				

Biegeversuch 23 °C

Probekörper: *Form* — *Herstellung*
Zustand — *Vorbehandlung*

Biegefestigkeit	N/mm²	*E-Modul*	N/mm²
3,5% *Biegespannung*	N/mm²		

Härte 23 °C *Probekörper:* *Zustand* — *Herstellung*
Vorbehandlung

Kugeldruckhärte	N/mm² bei N, s	*Shore-Härte* A	
Rockwellhärte		*Shore-Härte* D	

Schlagversuch *Probekörper:* *(1)*
(2) — *Herstellung*
Zustand — *Vorbehandlung*

		°C	°C	°C	*Probekörper-Form*
Schlagzähigkeit	kJ/m²				
Kerbschlagzähigkeit (1)	kJ/m²				
IZOD-Kerbschlagzähigkeit (2)	J/m				
Kerbschlagzugzähigkeit	kJ/m²	23 170			80x10x4 mm

Abrieb und Reibung

Taber-Abrieb (Reibradverfahren)	mm^3/100 U		
Abriebfaktor LNP (Thrust washer) Vergleichswert			
Statische Reibungszahl			
Dynamische Reibungszahl	(p · v=	N/mm² ·	m/min)
Zulässiger p · v Wert	N/mm² · (m/min)	v=	m/min
		v=	m/min

Thermische Eigenschaften

Formbeständigkeit in der Wärme	*Verfahren*			°C
	Verfahren			°C
Vicat Erweichungstemperatur (VST)	*Verfahren*	B/50		81 °C
	Verfahren			°C
Kristallit-Schmelzpunkt	*Verfahren*			
Längenausdehnungskoeffizient	*Bereich*	23–80	°C	$0.7 \cdot 10^{-4}K^{-1}$
	Temperatur			$\cdot 10^{-4}K^{-1}$
Wärmeleitfähigkeit	*Verfahren*			W/(K · m)
Spezifische Wärmekapazität	*Verfahren*			J/(K · g)
Glasumwandlungstemperatur	*Torsionsschwingungsversuch*		°C	
	Differentialkalorimetrie		°C	

Brandverhalten

UL-Test vertikal	Dicke 3	mm, Wert V-0
	Dicke	mm, Wert

	Norm	*Bewertung*	*Abmessungen*
Sauerstoff-Index	ASTM D 2863		
Glühstab-Verfahren			
Brandverhalten	DIN 4102		
MVSS			
FAR			

Elektrische Eigenschaften

		Hz	°C			*Probekörper, Form*
Dielektrizitätszahl		50				
		10^3				
		10^6				
Dielektrischer Verlustfaktor tan δ		50				
		10^3				
		10^6				
Spezifischer Durchgangs-widerstand	Ohm · cm					
Durchschlagfestigkeit	kV/mm					mm dick
Oberflächenwiderstand	Ohm					
Kriechstromfestigkeit		KC		KB	KA	
Kriechwegbildung						
Elektrolytische Korrosionswirkung						
Lichtbogenfestigkeit nach DIN						
nach ASTM	s					

Beständigkeit *(Chemische Beständigkeit siehe Anhang)*

Wasseraufnahme Verfahren 1L; 23 C Bis zur Saettigung 0.1 %

Feuchtigkeitsaufnahme Normalklima %

Wetterbeständigkeit

Spannungskorrosion

Optische Eigenschaften

Brechungszahl n_D

Transmissionsgrad τ_c % mm dick

Lichtdurchlässigkeit

Datenbank-Nr. **T01948** Merkblatt-Nr. **4680**

Produkt	Polyvinylchlorid schlagzaeh		**PVC**
Handelsname	**Vestolit HI-EF 5268 WEISS**		
Hersteller	HUELS		
DIN-Bez 1	1163-PVC-U,EDLP,082-20-T28	*Viskositätszahl* ml/g	
DIN-Bez 2		*K-Wert*	
Zusätze	Gleitmittel; Schmiermittel; UV-Stabilisator	*Füllstoffe/ Verstärkung*	
Bevorzugte Verarbeitung	Extrudieren	*Lieferform*	Pulver
		Farben	Weiss
Besondere Merkmale	Schlagzaeh modifiziert; Stabilisiert; Stabil-Bewitterung	*Bevorzugte Anwendungen*	Fensterprofil

Kornverteilung

Kornklasse µm *Rückstand* %

Allgemeine Hinweise

Dichte	g/cm³	1.43
Schüttdichte	g/cm³	
Stampfdichte	g/cm³	
Rieselfähigkeit		
Rieselzeit	s/100 g	
Kornbeschaffenheit		
Flüchtige Bestandteile	%	
Sulfatasche	%	

Zugversuch 23 °C DIN 53455; ISO /R 527; DIN 53457; ISO /R 527

Probekörper: *Form* Nr. 3; 4 mm dick *Herstellung*
Zustand *Vorbehandlung* Normalklima

Streckspannung	N/mm²	45	*Dehnung bei Streckspannung*	%	5
Zugfestigkeit	N/mm²		*Reißdehnung*	%	≧50
Reißfestigkeit	N/mm²		% *Dehnspannung*	N/mm²	
E-Modul	N/mm²	2500	*Dehnung bei* % *Dehnspg.*	%	

Kriechmoduln und Zeitstandwerte 23 °C DIN 53444; ISO 899

Probekörper: *Form* Nr. 3; 4 mm dick *Herstellung*
Zustand *Vorbehandlung* Normalklima

Kriechmodul	*1 min*	N/mm²	2400	*Zeitstandzugfestigkeit*	h	N/mm²
Kriechmodul	*1000 h*	N/mm²	1000	*Zeitdehnspg.* %	h	N/mm²
bei Spannung		N/mm²				

Biegeversuch 23 °C

Probekörper: *Form* *Herstellung*
Zustand *Vorbehandlung*

Biegefestigkeit	N/mm²	*E-Modul*	N/mm²
3,5% *Biegespannung*	N/mm²		

Härte 23 °C *Probekörper:* *Zustand* *Herstellung*
Vorbehandlung

Kugeldruckhärte	N/mm² bei N, s	*Shore-Härte* A	
Rockwellhärte		*Shore-Härte* D	

Schlagversuch *Probekörper:* (1)
(2) *Herstellung*
Zustand *Vorbehandlung* Normalklima

		°C	°C	°C	*Probekörper-Form*
Schlagzähigkeit	kJ/m²				
Kerbschlagzähigkeit (1)	kJ/m²				
IZOD-Kerbschlagzähigkeit (2)	J/m				
Kerbschlagzugzähigkeit	kJ/m²	23 170			80x10x4 mm

Abrieb und Reibung

Taber-Abrieb (Reibradverfahren)	mm^3/100 U		
Abriebfaktor LNP (Thrust washer) Vergleichswert			
Statische Reibungszahl			
Dynamische Reibungszahl	(p · v=	N/mm^2 ·	m/min)
Zulässiger p · v Wert	N/mm^2 · (m/min)	v=	m/min
		v=	m/min

Thermische Eigenschaften

Formbeständigkeit in der Wärme	*Verfahren*			°C
	Verfahren			°C
Vicat Erweichungstemperatur (VST)	*Verfahren*	B/50		81 °C
	Verfahren			°C
Kristallit-Schmelzpunkt	*Verfahren*			
Längenausdehnungskoeffizient	*Bereich*	23–80	°C	$0.7 \cdot 10^{-4} K^{-1}$
	Temperatur			$\cdot 10^{-4} K^{-1}$
Wärmeleitfähigkeit	*Verfahren*			W/(K · m)
Spezifische Wärmekapazität	*Verfahren*			J/(K · g)
Glasumwandlungstemperatur	*Torsionsschwingungsversuch*		°C	
	Differentialkalorimetrie		°C	

Brandverhalten

UL-Test vertikal Dicke 3 mm, Wert V-0
Dicke mm, Wert

	Norm	*Bewertung*	*Abmessungen*
Sauerstoff-Index	ASTM D 2863		
Glühstab-Verfahren			
Brandverhalten	DIN 4102		
MVSS			
FAR			

Elektrische Eigenschaften

		Hz	°C		*Probekörper, Form*
Dielektrizitätszahl		50			
		10^3			
		10^6			
Dielektrischer Verlustfaktor tan δ		50			
		10^3			
		10^6			
Spezifischer Durchgangswiderstand	Ohm · cm				
Durchschlagfestigkeit	kV/mm				mm dick
Oberflächenwiderstand	Ohm				
Kriechstromfestigkeit		KC	KB	KA	
Kriechwegbildung					
Elektrolytische Korrosionswirkung					
Lichtbogenfestigkeit nach DIN					
nach ASTM	s				

Beständigkeit *(Chemische Beständigkeit siehe Anhang)*

Wasseraufnahme Verfahren 1L; 23 C Bis zur Saettigung 0.1 %

Feuchtigkeitsaufnahme Normalklima %

Wetterbeständigkeit

Spannungskorrosion

Optische Eigenschaften

Brechungszahl n_D

Transmissionsgrad τ_c % mm dick

Lichtdurchlässigkeit

Datenbank-Nr. **T01949** Merkblatt-Nr. **4681**

Produkt	Polyvinylchlorid schlagzaeh		**PVC**
Handelsname	**Vestolit HI-EF 5548 BRAUN**		
Hersteller	HUELS		
DIN-Bez 1	1163-PVC-U,EDP,082-20-T28	*Viskositätszahl* ml/g	
DIN-Bez 2		*K-Wert*	
Zusätze	Gleitmittel; Schmiermittel	*Füllstoffe/ Verstärkung*	
Bevorzugte Verarbeitung	Extrudieren	*Lieferform*	Pulver
		Farben	Braun
Besondere Merkmale	Schlagzaeh modifiziert	*Bevorzugte Anwendungen*	Fensterprofil

Kornverteilung

Kornklasse μm — *Rückstand* %

Allgemeine Hinweise

Dichte	g/cm³	1.39
Schüttdichte	g/cm³	
Stampfdichte	g/cm³	
Rieselfähigkeit		
Rieselzeit	s/100 g	
Kornbeschaffenheit		
Flüchtige Bestandteile	%	
Sulfatasche	%	

Zugversuch 23 °C DIN 53455; ISO /R 527; DIN 53457; ISO /R 527

Probekörper: *Form* Nr. 3; 4 mm dick — *Herstellung*
Zustand — *Vorbehandlung* Normalklima

Streckspannung	N/mm²	45	*Dehnung bei Streckspannung*	%	5
Zugfestigkeit	N/mm²		*Reißdehnung*	%	≧50
Reißfestigkeit	N/mm²		*% Dehnspannung*	N/mm²	
E-Modul	N/mm²	2500	*Dehnung bei % Dehnspg.*	%	

Kriechmoduln und Zeitstandwerte 23 °C DIN 53444; ISO 899

Probekörper: *Form* Nr. 3; 4 mm dick — *Herstellung*
Zustand — *Vorbehandlung* Normalklima

Kriechmodul	*1 min* N/mm²	2400	*Zeitstandzugfestigkeit*	h	N/mm²
Kriechmodul	*1000 h* N/mm²	1000	*Zeitdehnspg. %*	h	N/mm²
bei Spannung	N/mm²				

Biegeversuch 23 °C

Probekörper: *Form* — *Herstellung*
Zustand — *Vorbehandlung*

Biegefestigkeit	N/mm²	*E-Modul*	N/mm²
3,5% *Biegespannung*	N/mm²		

Härte 23 °C *Probekörper:* *Zustand* — *Herstellung*
Vorbehandlung

Kugeldruckhärte N/mm² bei N, s — *Shore-Härte* A
Rockwellhärte — *Shore-Härte* D

Schlagversuch *Probekörper:* *(1)*
(2) — *Herstellung*
Zustand — *Vorbehandlung* Normalklima

		°C	°C	°C	*Probekörper-Form*
Schlagzähigkeit	kJ/m²				
Kerbschlagzähigkeit (1)	kJ/m²				
IZOD-Kerbschlagzähigkeit (2)	J/m				
Kerbschlagzugzähigkeit	kJ/m²	23 170			80x10x4 mm

Abrieb und Reibung

Taber-Abrieb (Reibradverfahren)	mm^3/100 U		
Abriebfaktor LNP (Thrust washer) Vergleichswert			
Statische Reibungszahl			
Dynamische Reibungszahl	(p · v =	N/mm^2 ·	m/min)
Zulässiger p · v Wert	N/mm^2 · (m/min)	v =	m/min
		v =	m/min

Thermische Eigenschaften

Formbeständigkeit in der Wärme	*Verfahren*			°C
	Verfahren			°C
Vicat Erweichungstemperatur (VST)	*Verfahren*	B/50		81 °C
	Verfahren			°C
Kristallit-Schmelzpunkt	*Verfahren*			
Längenausdehnungskoeffizient	*Bereich*	23–80	°C	$0.7 \cdot 10^{-4} K^{-1}$
	Temperatur			$\cdot 10^{-4} K^{-1}$
Wärmeleitfähigkeit	*Verfahren*			W/(K · m)
Spezifische Wärmekapazität	*Verfahren*			J/(K · g)
Glasumwandlungstemperatur	*Torsionsschwingungsversuch*		°C	
	Differentialkalorimetrie		°C	

Brandverhalten

UL-Test vertikal	Dicke 3	mm, Wert	V-0
	Dicke	mm, Wert	

	Norm	*Bewertung*	*Abmessungen*
Sauerstoff-Index	ASTM D 2863		
Glühstab-Verfahren			
Brandverhalten	DIN 4102		
MVSS			
FAR			

Elektrische Eigenschaften

		Hz	°C		Probekörper, Form
Dielektrizitätszahl		50			
		10^3			
		10^6			
Dielektrischer Verlustfaktor tan δ		50			
		10^3			
		10^6			
Spezifischer Durchgangs-widerstand	Ohm · cm				
Durchschlagfestigkeit	kV/mm				mm dick
Oberflächenwiderstand	Ohm				
Kriechstromfestigkeit		KC	KB	KA	
Kriechwegbildung					
Elektrolytische Korrosionswirkung					
Lichtbogenfestigkeit nach DIN					
nach ASTM	s				

Beständigkeit *(Chemische Beständigkeit siehe Anhang)*

Wasseraufnahme Verfahren 1L; 23 C Bis zur Saettigung	0.1	%
Feuchtigkeitsaufnahme Normalklima		%
Wetterbeständigkeit		
Spannungskorrosion		

Optische Eigenschaften

Brechungszahl n_D		
Transmissionsgrad τ_c	%	mm dick
Lichtdurchlässigkeit		

Produkt	Polyvinylchlorid schlagzaeh		**PVC**
Handelsname	**Vestolit HI-EF 5598 WEISS**		
Hersteller	HUELS		
DIN-Bez 1 *DIN-Bez 2*	1163-PVC-U,EDLP,082-20-T28	*Viskositätszahl* ml/g *K-Wert*	
Zusätze	Gleitmittel; Schmiermittel; UV-Stabilisator	*Füllstoffe/ Verstärkung*	
Bevorzugte Verarbeitung	Extrudieren	*Lieferform*	Pulver
		Farben	Weiss
Besondere Merkmale	Schlagzaeh modifiziert; Stabilisiert; Stabil-Bewitterung	*Bevorzugte Anwendungen*	Fensterprofil

Kornverteilung

Kornklasse µm	*Rückstand* %			
		Dichte	g/cm^3	1.44
		Schüttdichte	g/cm^3	
		Stampfdichte	g/cm^3	
		Rieselfähigkeit		
		Rieselzeit	s/100 g	
		Kornbeschaffenheit		
Allgemeine Hinweise		*Flüchtige Bestandteile*	%	
		Sulfatasche	%	

Zugversuch 23 °C DIN 53455; ISO /R 527; DIN 53457; ISO /R 527

Probekörper: *Form* Nr. 3; 4 mm dick — *Herstellung*
Zustand — *Vorbehandlung* Normalklima

Streckspannung	N/mm^2	45	*Dehnung bei Streckspannung*	%	5
Zugfestigkeit	N/mm^2		*Reißdehnung*	%	≧50
Reißfestigkeit	N/mm^2		*% Dehnspannung*	N/mm^2	
E-Modul	N/mm^2	2500	*Dehnung bei % Dehnspg.*	%	

Kriechmoduln und Zeitstandwerte 23 °C DIN 53444; ISO 899

Probekörper: *Form* Nr. 3; 4 mm dick — *Herstellung*
Zustand — *Vorbehandlung* Normalklima

Kriechmodul	*1 min*	N/mm^2	2400	*Zeitstandzugfestigkeit*	h	N/mm^2
Kriechmodul	*1000 h*	N/mm^2	1000	*Zeitdehnspg.* %	h	N/mm^2
bei Spannung		N/mm^2				

Biegeversuch 23 °C

Probekörper: *Form* — *Herstellung*
Zustand — *Vorbehandlung*

Biegefestigkeit	N/mm^2	*E-Modul*	N/mm^2
3,5% *Biegespannung*	N/mm^2		

Härte 23 °C *Probekörper:* *Zustand* — *Herstellung*
Vorbehandlung

Kugeldruckhärte	N/mm^2	bei	N, s	*Shore-Härte* A
Rockwellhärte				*Shore-Härte* D

Schlagversuch *Probekörper:* *(1)*
(2) — *Herstellung*
Zustand — *Vorbehandlung* Normalklima

		°C	°C	°C	*Probekörper-Form*
Schlagzähigkeit	kJ/m^2				
Kerbschlagzähigkeit (1)	kJ/m^2				
IZOD-Kerbschlagzähigkeit (2)	J/m				
Kerbschlagzugzähigkeit	kJ/m^2	23 170			80x10x4 mm

Abrieb und Reibung

Taber-Abrieb (Reibradverfahren)	mm^3/100 U		
Abriebfaktor LNP (Thrust washer) Vergleichswert			
Statische Reibungszahl			
Dynamische Reibungszahl	(p · v=	N/mm^2 ·	m/min)
Zulässiger p · v Wert	N/mm^2 · (m/min)	v=	m/min
		v=	m/min

Thermische Eigenschaften

Formbeständigkeit in der Wärme	*Verfahren*			°C
	Verfahren			°C
Vicat Erweichungstemperatur (VST)	*Verfahren*	B/50		80 °C
	Verfahren			°C
Kristallit-Schmelzpunkt	*Verfahren*			
Längenausdehnungskoeffizient	*Bereich*	23–80	°C	0.7 · $10^{-4}K^{-1}$
	Temperatur			· $10^{-4}K^{-1}$
Wärmeleitfähigkeit	*Verfahren*			W/(K · m)
Spezifische Wärmekapazität	*Verfahren*			J/(K · g)
Glasumwandlungstemperatur	*Torsionsschwingungsversuch*		°C	
	Differentialkalorimetrie		°C	

Brandverhalten

UL-Test vertikal	Dicke 3	mm, Wert V-0
	Dicke	mm, Wert

	Norm	*Bewertung*	*Abmessungen*
Sauerstoff-Index	ASTM D 2863		
Glühstab-Verfahren			
Brandverhalten	DIN 4102		
MVSS			
FAR			

Elektrische Eigenschaften

		Hz	°C	*Probekörper, Form*
Dielektrizitätszahl		50		
		10^3		
		10^6		
Dielektrischer Verlustfaktor tan δ		50		
		10^3		
		10^6		
Spezifischer Durchgangs-widerstand	Ohm · cm			
Durchschlagfestigkeit	kV/mm			mm dick
Oberflächenwiderstand	Ohm			

Kriechstromfestigkeit	KC	KB	KA
Kriechwegbildung			

Elektrolytische Korrosionswirkung
Lichtbogenfestigkeit nach DIN
nach ASTM s

Beständigkeit *(Chemische Beständigkeit siehe Anhang)*

Wasseraufnahme Verfahren 1L; 23 C Bis zur Saettigung	0.1	%
Feuchtigkeitsaufnahme Normalklima		%
Wetterbeständigkeit		
Spannungskorrosion		

Optische Eigenschaften

Brechungszahl n_D		
Transmissionsgrad τ_c	%	mm dick
Lichtdurchlässigkeit		

Datenbank-Nr. **T01951** Merkblatt-Nr. **4683**

Produkt	Polyvinylchlorid schlagzaeh		**PVC**
Handelsname	**Vestolit LF HI-SP 5735**		
Hersteller	HUELS		
DIN-Bez 1 / *DIN-Bez 2*	1163-PVC-U,MG(D)LP,073-10-F23	*Viskositätszahl* ml/g / *K-Wert*	
Zusätze	Gleitmittel; Schmiermittel	*Füllstoffe/ Verstärkung*	
Bevorzugte Verarbeitung	Spritzgiessen	*Lieferform*	Granulat; Pulver
		Farben	
Besondere Merkmale	Flammwidrig; Schlagzaeh modifiziert; Stabilisiert; Stabil-Bewitterung; Leichtfliessend	*Bevorzugte Anwendungen*	Formteil; Bausektor; Freizeitartikel; Campingartikel; Technisches Verpakkungsteil

Kornverteilung

Kornklasse μm — *Rückstand* %

Dichte	g/cm³	1.39
Schüttdichte	g/cm³	
Stampfdichte	g/cm³	
Rieselfähigkeit		
Rieselzeit	s/100 g	
Kornbeschaffenheit		
Flüchtige Bestandteile	%	
Sulfatasche	%	

Allgemeine Hinweise

Zugversuch 23 °C DIN 53455; ISO /R 527; DIN 53457; ISO /R 527

Probekörper: *Form* Nr. 3; 4 mm dick — *Zustand* — *Herstellung* — *Vorbehandlung* Normalklima

Streckspannung	N/mm²	46	*Dehnung bei Streckspannung*	%	15
Zugfestigkeit	N/mm²		*Reißdehnung*	%	20
Reißfestigkeit	N/mm²		% *Dehnspannung*	N/mm²	
E-Modul	N/mm²	2400	*Dehnung bei* % *Dehnspg.*	%	

Kriechmoduln und Zeitstandwerte 23 °C

Probekörper: *Form* — *Zustand* — *Herstellung* — *Vorbehandlung*

Kriechmodul	*1 min* N/mm²	*Zeitstandzugfestigkeit*	h	N/mm²
Kriechmodul	*1000 h* N/mm²	*Zeitdehnspg.* %	h	N/mm²
bei Spannung	N/mm²			

Biegeversuch 23 °C

Probekörper: *Form* — *Zustand* — *Herstellung* — *Vorbehandlung*

Biegefestigkeit	N/mm²	*E-Modul*	N/mm²
3,5% *Biegespannung*	N/mm²		

Härte 23 °C *Probekörper:* *Zustand* — *Herstellung* — *Vorbehandlung*

Kugeldruckhärte	N/mm² bei N, s	*Shore-Härte* A	
Rockwellhärte		*Shore-Härte* D	

Schlagversuch *Probekörper:* *(1)* *(2)* *Zustand* — *Herstellung* — *Vorbehandlung*

		°C	°C	°C	*Probekörper-Form*
Schlagzähigkeit	kJ/m²				
Kerbschlagzähigkeit (1)	kJ/m²				
IZOD-Kerbschlagzähigkeit (2)	J/m				
Kerbschlagzugzähigkeit	kJ/m²				

Abrieb und Reibung

Taber-Abrieb (Reibradverfahren)	mm^3/100 U		
Abriebfaktor LNP (Thrust washer) Vergleichswert			
Statische Reibungszahl			
Dynamische Reibungszahl	(p·v=	N/mm^2·	m/min)
Zulässiger p · v Wert	N/mm^2 · (m/min)	v=	m/min
		v=	m/min

Thermische Eigenschaften

Formbeständigkeit in der Wärme	*Verfahren*		°C
	Verfahren		°C
Vicat Erweichungstemperatur (VST)	*Verfahren*	B/50	72 °C
	Verfahren		°C
Kristallit-Schmelzpunkt	*Verfahren*		
Längenausdehnungskoeffizient	*Bereich*	23–80 °C	$0.7 \cdot 10^{-4} K^{-1}$
	Temperatur		$\cdot 10^{-4} K^{-1}$
Wärmeleitfähigkeit	*Verfahren*		W/(K · m)
Spezifische Wärmekapazität	*Verfahren*		J/(K · g)
Glasumwandlungstemperatur	*Torsionsschwingungsversuch*	°C	
	Differentialkalorimetrie	°C	

Brandverhalten

UL-Test vertikal	Dicke 1.6 mm,	Wert V-0	
	Dicke mm,	Wert	

	Norm	*Bewertung*	*Abmessungen*
Sauerstoff-Index	ASTM D 2863		
Glühstab-Verfahren			
Brandverhalten	DIN 4102		
MVSS			
FAR			

Elektrische Eigenschaften

		Hz	°C		*Probekörper, Form*
Dielektrizitätszahl		50	23	3.5	Durchmesser 80x1 mm
		10^3			
		10^6			
Dielektrischer Verlustfaktor tan δ		50	23	0.0003	Durchmesser 80x1 mm
		10^3			
		10^6			
Spezifischer Durchgangs-widerstand	Ohm · cm		23	4*10**13	Durchmesser 80x1 mm
Durchschlagfestigkeit	kV/mm		23	140	1 mm dick
Oberflächenwiderstand	Ohm		23	3*10**13	Durchmesser 80x1 mm

Kriechstromfestigkeit	KC	KB	KA
Kriechwegbildung			

Elektrolytische Korrosionswirkung
Lichtbogenfestigkeit nach DIN
nach ASTM s

Beständigkeit *(Chemische Beständigkeit siehe Anhang)*

Wasseraufnahme Verfahren 1L; 23 C Bis zur Saettigung	0.1	%
Feuchtigkeitsaufnahme Normalklima		%
Wetterbeständigkeit		
Spannungskorrosion		

Optische Eigenschaften

Brechungszahl n_D
Transmissionsgrad τ_c % mm dick
Lichtdurchlässigkeit

Datenbank-Nr. **T01952** Merkblatt-Nr. **4684**

Produkt	Polyvinylchlorid schlagzaeh		**PVC**
Handelsname	**Vestolit LF HI-SP 5757**		
Hersteller	HUELS		
DIN-Bez 1	1163-PVC-U,MG(D)P0,080-10-F23	*Viskositätszahl* ml/g	
DIN-Bez 2		*K-Wert*	
Zusätze	Gleitmittel; Schmiermittel	*Füllstoffe/ Verstärkung*	
Bevorzugte Verarbeitung	Spritzgiessen	*Lieferform*	Granulat; Pulver
		Farben	
Besondere Merkmale	Flammwidrig; Schlagzaeh modifiziert; Leichtfliessend	*Bevorzugte Anwendungen*	Formteil; Elektrotechnik

Kornverteilung

Kornklasse µm *Rückstand* %

Allgemeine Hinweise

Dichte	g/cm^3	1.39
Schüttdichte	g/cm^3	
Stampfdichte	g/cm^3	
Rieselfähigkeit		
Rieselzeit	s/100 g	
Kornbeschaffenheit		
Flüchtige Bestandteile	%	
Sulfatasche	%	

Zugversuch 23 °C DIN 53455; ISO /R 527; DIN 53457; ISO /R 527

Probekörper: *Form* Nr. 3; 4 mm dick *Herstellung*
Zustand *Vorbehandlung* Normalklima

Streckspannung	N/mm^2	46	*Dehnung bei Streckspannung*	%	15
Zugfestigkeit	N/mm^2		*Reißdehnung*	%	20
Reißfestigkeit	N/mm^2		*% Dehnspannung*	N/mm^2	
E-Modul	N/mm^2	2400	*Dehnung bei % Dehnspg.*	%	

Kriechmoduln und Zeitstandwerte 23 °C

Probekörper: *Form* *Herstellung*
Zustand *Vorbehandlung*

Kriechmodul	*1 min* N/mm^2	*Zeitstandzugfestigkeit*	h	N/mm^2
Kriechmodul	*1000 h* N/mm^2	*Zeitdehnspg.* %	h	N/mm^2
bei Spannung	N/mm^2			

Biegeversuch 23 °C

Probekörper: *Form* *Herstellung*
Zustand *Vorbehandlung*

Biegefestigkeit N/mm^2 *E-Modul* N/mm^2
3,5% *Biegespannung* N/mm^2

Härte 23 °C *Probekörper:* *Zustand* *Herstellung*
Vorbehandlung

Kugeldruckhärte N/mm^2 bei N, s *Shore-Härte* A
Rockwellhärte *Shore-Härte* D

Schlagversuch *Probekörper:* *(1)*
(2) *Herstellung*
Zustand *Vorbehandlung*

	°C	°C	°C	*Probekörper-Form*
Schlagzähigkeit kJ/m^2				
Kerbschlagzähigkeit (1) kJ/m^2				
IZOD-Kerbschlagzähigkeit (2) J/m				
Kerbschlagzugzähigkeit kJ/m^2				

Abrieb und Reibung

Taber-Abrieb (Reibradverfahren)	mm^3/100 U		
Abriebfaktor LNP (Thrust washer) Vergleichswert			
Statische Reibungszahl			
Dynamische Reibungszahl	(p·v= N/mm^2·		m/min)
Zulässiger p · v Wert	N/mm^2·(m/min)	v=	m/min
		v=	m/min

Thermische Eigenschaften

Formbeständigkeit in der Wärme	*Verfahren*			°C
	Verfahren			°C
Vicat Erweichungstemperatur (VST)	*Verfahren*	B/50		81 °C
	Verfahren			°C
Kristallit-Schmelzpunkt	*Verfahren*			
Längenausdehnungskoeffizient	*Bereich*	23–80	°C	$0.7 \cdot 10^{-4}K^{-1}$
	Temperatur			$\cdot 10^{-4}K^{-1}$
Wärmeleitfähigkeit	*Verfahren*			W/(K · m)
Spezifische Wärmekapazität	*Verfahren*			J/(K · g)
Glasumwandlungstemperatur	*Torsionsschwingungsversuch*		°C	
	Differentialkalorimetrie		°C	

Brandverhalten

UL-Test vertikal	Dicke 1.6 mm,	Wert V-0
	Dicke mm,	Wert

	Norm	*Bewertung*	*Abmessungen*
Sauerstoff-Index	ASTM D 2863		
Glühstab-Verfahren			
Brandverhalten	DIN 4102		
MVSS			
FAR			

Elektrische Eigenschaften

		Hz	°C		*Probekörper, Form*
Dielektrizitätszahl		50	23	3.5	Durchmesser 80x1 mm
		10^3			
		10^6			
Dielektrischer Verlustfaktor tan δ		50	23	0.0003	Durchmesser 80x1 mm
		10^3			
		10^6			
Spezifischer Durchgangs-widerstand	Ohm · cm		23	3*10**13	Durchmesser 80x1 mm
Durchschlagfestigkeit	kV/mm		23	130	1 mm dick
Oberflächenwiderstand	Ohm		23	3*10**13	Durchmesser 80x1 mm

Kriechstromfestigkeit	KC	KB	KA
Kriechwegbildung			

Elektrolytische Korrosionswirkung
Lichtbogenfestigkeit nach DIN
nach ASTM s

Beständigkeit *(Chemische Beständigkeit siehe Anhang)*

Wasseraufnahme Verfahren 1L; 23 C Bis zur Saettigung	0.1	%
Feuchtigkeitsaufnahme Normalklima		%
Wetterbeständigkeit		
Spannungskorrosion		

Optische Eigenschaften

Brechungszahl n_D
Transmissionsgrad τ_c % mm dick
Lichtdurchlässigkeit

Datenbank-Nr. **T01953** Merkblatt-Nr. **4685**

Produkt	Polyvinylchlorid schlagzaeh		**PVC**
Handelsname	**Vestolit LF HI-SP 5770**		
Hersteller	HUELS		
DIN-Bez 1	1163-PVC-U,MG(D)LP,072-10-F23	Viskositätszahl ml/g	
DIN-Bez 2		K-Wert	
Zusätze	Gleitmittel; Schmiermittel	Füllstoffe/ Verstärkung	
Bevorzugte Verarbeitung	Spritzgiessen	Lieferform	Granulat; Pulver
		Farben	
Besondere Merkmale	Flammwidrig; Schlagzaeh modifiziert; Stabilisiert; Stabil-Bewitterung; Leichtfliessend	Bevorzugte Anwendungen	Formteil; Bausektor; Freizeitartikel; Campingartikel

Kornverteilung

Kornklasse µm	Rückstand %	Dichte	g/cm³	1.38
		Schüttdichte	g/cm³	
		Stampfdichte	g/cm³	
		Rieselfähigkeit		
		Rieselzeit	s/100 g	
		Kornbeschaffenheit		
Allgemeine Hinweise		Flüchtige Bestandteile	%	
		Sulfatasche	%	

Zugversuch 23 °C DIN 53455; ISO /R 527; DIN 53457; ISO /R 527

Probekörper: Form Nr. 3; 4 mm dick — Herstellung
Zustand — Vorbehandlung Normalklima

Streckspannung	N/mm²	46	Dehnung bei Streckspannung	%	3.5
Zugfestigkeit	N/mm²		Reißdehnung	%	20
Reißfestigkeit	N/mm²		% Dehnspannung	N/mm²	
E-Modul	N/mm²	2400	Dehnung bei % Dehnspg.	%	

Kriechmoduln und Zeitstandwerte 23 °C

Probekörper: Form — Herstellung
Zustand — Vorbehandlung

Kriechmodul	1 min N/mm²	Zeitstandzugfestigkeit	h	N/mm²
Kriechmodul	1000 h N/mm²	Zeitdehnspg. %	h	N/mm²
bei Spannung	N/mm²			

Biegeversuch 23 °C

Probekörper: Form — Herstellung
Zustand — Vorbehandlung

Biegefestigkeit	N/mm²	E-Modul	N/mm²
3,5% Biegespannung	N/mm²		

Härte 23 °C Probekörper: Zustand — Herstellung
Vorbehandlung

Kugeldruckhärte	N/mm² bei N, s	Shore-Härte A	
Rockwellhärte		Shore-Härte D	

Schlagversuch Probekörper: (1)
(2) — Herstellung
Zustand — Vorbehandlung

		°C	°C	°C	Probekörper-Form
Schlagzähigkeit	kJ/m²				
Kerbschlagzähigkeit (1)	kJ/m²				
IZOD-Kerbschlagzähigkeit (2)	J/m				
Kerbschlagzugzähigkeit	kJ/m²				

Abrieb und Reibung

Taber-Abrieb (Reibradverfahren)	mm^3/100 U		
Abriebfaktor LNP (Thrust washer) Vergleichswert			
Statische Reibungszahl			
Dynamische Reibungszahl	(p·v=	N/mm^2·	m/min)
Zulässiger p · v Wert	N/mm^2·(m/min)	v=	m/min
		v=	m/min

Thermische Eigenschaften

Formbeständigkeit in der Wärme	*Verfahren*			°C
	Verfahren			°C
Vicat Erweichungstemperatur (VST)	*Verfahren*	B/50		71 °C
	Verfahren			°C
Kristallit-Schmelzpunkt	*Verfahren*			
Längenausdehnungskoeffizient	*Bereich*	23–80	°C	0.7 · $10^{-4}K^{-1}$
	Temperatur			· $10^{-4}K^{-1}$
Wärmeleitfähigkeit	*Verfahren*			W/(K · m)
Spezifische Wärmekapazität	*Verfahren*			J/(K · g)
Glasumwandlungstemperatur	*Torsionsschwingungsversuch*		°C	
	Differentialkalorimetrie		°C	

Brandverhalten

UL-Test vertikal Dicke 1.6 mm, Wert V-0
Dicke mm, Wert

	Norm	*Bewertung*	*Abmessungen*
Sauerstoff-Index	ASTM D 2863		
Glühstab-Verfahren			
Brandverhalten	DIN 4102		
MVSS			
FAR			

Elektrische Eigenschaften

		Hz	°C		*Probekörper, Form*
Dielektrizitätszahl		50	23	3.5	Durchmesser 80x1 mm
		10^3			
		10^6			
Dielektrischer Verlustfaktor tan δ		50	23	0.0035	Durchmesser 80x1 mm
		10^3			
		10^6			
Spezifischer Durchgangs-widerstand	Ohm · cm		23	4*10**13	Durchmesser 80x1 mm
Durchschlagfestigkeit	kV/mm		23	130	1 mm dick
Oberflächenwiderstand	Ohm		23	4*10**13	Durchmesser 80x1 mm

Kriechstromfestigkeit KC KB KA
Kriechwegbildung

Elektrolytische Korrosionswirkung
Lichtbogenfestigkeit nach DIN
nach ASTM s

Beständigkeit *(Chemische Beständigkeit siehe Anhang)*

Wasseraufnahme Verfahren 1L; 23 C Bis zur Saettigung 0.1 %

Feuchtigkeitsaufnahme Normalklima %
Wetterbeständigkeit

Spannungskorrosion

Optische Eigenschaften

Brechungszahl n_D
Transmissionsgrad τ_c % mm dick
Lichtdurchlässigkeit

Produkt	Polyvinylchlorid schlagzaeh		**PVC**
Handelsname	**Vestolit LF HI-X 5512**		
Hersteller	HUELS		
DIN-Bez 1 *DIN-Bez 2*	1163-PVC-U,MG(D)P0,083-10-F23	*Viskositätszahl* ml/g *K-Wert*	
Zusätze	Gleitmittel; Schmiermittel	*Füllstoffe/ Verstärkung*	
Bevorzugte Verarbeitung	Spritzgiessen	*Lieferform* *Farben*	Granulat; Pulver
Besondere Merkmale	Flammwidrig; Schlagzaeh modifiziert; Stabilisiert; Stabil-Bewitterung; Leichtfliessend	*Bevorzugte Anwendungen*	Formteil; Bausektor; Computertechnik; Buerotechnik; Elektrotechnik

Kornverteilung

Kornklasse µm	*Rückstand* %			
		Dichte	g/cm^3	1.3
		Schüttdichte	g/cm^3	
		Stampfdichte	g/cm^3	
		Rieselfähigkeit		
		Rieselzeit	s/100 g	
		Kornbeschaffenheit		
Allgemeine Hinweise		*Flüchtige Bestandteile*	%	
		Sulfatasche	%	

Zugversuch 23 °C DIN 53455; ISO /R 527; DIN 53457; ISO /R 527

Probekörper: *Form* Nr. 3; 4 mm dick; *Zustand*; *Herstellung*; *Vorbehandlung* Normalklima

Streckspannung	N/mm^2	50	*Dehnung bei Streckspannung*	%	3
Zugfestigkeit	N/mm^2		*Reißdehnung*	%	20
Reißfestigkeit	N/mm^2		*% Dehnspannung*	N/mm^2	
E-Modul	N/mm^2	2450	*Dehnung bei % Dehnspg.*	%	

Kriechmoduln und Zeitstandwerte 23 °C

Probekörper: *Form*; *Zustand*; *Herstellung*; *Vorbehandlung*

Kriechmodul	*1 min*	N/mm^2	*Zeitstandzugfestigkeit*	h	N/mm^2
Kriechmodul	*1000 h*	N/mm^2	*Zeitdehnspg.* %	h	N/mm^2
bei Spannung		N/mm^2			

Biegeversuch 23 °C

Probekörper: *Form*; *Zustand*; *Herstellung*; *Vorbehandlung*

Biegefestigkeit	N/mm^2	*E-Modul*	N/mm^2
3,5% *Biegespannung*	N/mm^2		

Härte 23 °C *Probekörper:* *Zustand*; *Herstellung*; *Vorbehandlung*

Kugeldruckhärte	N/mm^2 bei N, s	*Shore-Härte* A	
Rockwellhärte		*Shore-Härte* D	

Schlagversuch *Probekörper:* *(1)* *(2)* *Zustand*; *Herstellung*; *Vorbehandlung*

		°C	°C	°C	*Probekörper-Form*
Schlagzähigkeit	kJ/m^2				
Kerbschlagzähigkeit (1)	kJ/m^2				
IZOD-Kerbschlagzähigkeit (2)	J/m				
Kerbschlagzugzähigkeit	kJ/m^2				

Abrieb und Reibung

Taber-Abrieb (Reibradverfahren)	mm^3/100 U		
Abriebfaktor LNP (Thrust washer) Vergleichswert			
Statische Reibungszahl			
Dynamische Reibungszahl	(p·v= N/mm^2·		m/min)
Zulässiger p · v Wert	N/mm^2·(m/min)	v=	m/min
		v=	m/min

Thermische Eigenschaften

Formbeständigkeit in der Wärme	*Verfahren*			°C
	Verfahren			°C
Vicat Erweichungstemperatur (VST)	*Verfahren*	B/50		82 °C
	Verfahren			°C
Kristallit-Schmelzpunkt	*Verfahren*			
Längenausdehnungskoeffizient	*Bereich*	23–80	°C	$0.7 \cdot 10^{-4} K^{-1}$
	Temperatur			$\cdot 10^{-4} K^{-1}$
Wärmeleitfähigkeit	*Verfahren*			W/(K · m)
Spezifische Wärmekapazität	*Verfahren*			J/(K · g)
Glasumwandlungstemperatur	*Torsionsschwingungsversuch*		°C	
	Differentialkalorimetrie		°C	

Brandverhalten

UL-Test vertikal	Dicke 1.6 mm,	Wert V-0
	Dicke mm,	Wert

	Norm	*Bewertung*	*Abmessungen*
Sauerstoff-Index	ASTM D 2863		
Glühstab-Verfahren			
Brandverhalten	DIN 4102		
MVSS			
FAR			

Elektrische Eigenschaften

		Hz	°C			*Probekörper, Form*
Dielektrizitätszahl		50	23	3.5		Durchmesser 80x1 mm
		10^3				
		10^6				
Dielektrischer Verlustfaktor tan δ		50	23	0.0002		Durchmesser 80x1 mm
		10^3				
		10^6				
Spezifischer Durchgangs-widerstand	Ohm · cm		23	5*10**13		Durchmesser 80x1 mm
Durchschlagfestigkeit	kV/mm		23	140		1 mm dick
Oberflächenwiderstand	Ohm		23	5*10**13		Durchmesser 80x1 mm
Kriechstromfestigkeit		KC		KB	KA	
Kriechwegbildung						
Elektrolytische Korrosionswirkung						
Lichtbogenfestigkeit nach DIN						
nach ASTM	s					

Beständigkeit *(Chemische Beständigkeit siehe Anhang)*

Wasseraufnahme Verfahren 1L; 23 C Bis zur Saettigung	0.1	%
Feuchtigkeitsaufnahme Normalklima		%
Wetterbeständigkeit		
Spannungskorrosion		

Optische Eigenschaften

Brechungszahl n_D		
Transmissionsgrad τ_c	%	mm dick
Lichtdurchlässigkeit		

Produkt	Polyvinylchlorid schlagzaeh		**PVC**
Handelsname	**Vestolit LF HI-X 5957 SE**		
Hersteller	HUELS		
DIN-Bez 1	1163-PVC-U,MGFP,077-10-F23	*Viskositätszahl* ml/g	
DIN-Bez 2		*K-Wert*	
Zusätze	Gleitmittel; Schmiermittel; Brandschutzmittel	*Füllstoffe/ Verstärkung*	
Bevorzugte Verarbeitung	Spritzgiessen	*Lieferform*	Granulat
		Farben	
Besondere Merkmale	Flammwidrig; Schlagzaeh modifiziert; Leichtfliessend	*Bevorzugte Anwendungen*	Formteil; Bausektor; Schwerentflammbar nach Epiradiateur nf-P S2 501-7, Einstufung M1

Kornverteilung

Kornklasse µm — *Rückstand* %

Allgemeine Hinweise

Dichte	g/cm³	1.39
Schüttdichte	g/cm³	
Stampfdichte	g/cm³	
Rieselfähigkeit		
Rieselzeit	s/100 g	
Kornbeschaffenheit		
Flüchtige Bestandteile	%	
Sulfatasche	%	

Zugversuch 23 °C DIN 53455; ISO /R 527; DIN 53457; ISO /R 527

Probekörper: *Form* Nr. 3; 4 mm dick — *Zustand* — *Herstellung* — *Vorbehandlung* Normalklima

Streckspannung	N/mm²	47	*Dehnung bei Streckspannung*	%	3.5
Zugfestigkeit	N/mm²		*Reißdehnung*	%	20
Reißfestigkeit	N/mm²		% *Dehnspannung*	N/mm²	
E-Modul	N/mm²	2400	*Dehnung bei* % *Dehnspg.*	%	

Kriechmoduln und Zeitstandwerte 23 °C

Probekörper: *Form* — *Zustand* — *Herstellung* — *Vorbehandlung*

Kriechmodul	*1 min* N/mm²	*Zeitstandzugfestigkeit*	h	N/mm²
Kriechmodul	*1000 h* N/mm²	*Zeitdehnspg.* %	h	N/mm²
bei Spannung	N/mm²			

Biegeversuch 23 °C

Probekörper: *Form* — *Zustand* — *Herstellung* — *Vorbehandlung*

Biegefestigkeit	N/mm²	*E-Modul*	N/mm²
3,5% *Biegespannung*	N/mm²		

Härte 23 °C *Probekörper:* *Zustand* — *Herstellung* — *Vorbehandlung*

Kugeldruckhärte	N/mm² bei N, s	*Shore-Härte* A	
Rockwellhärte		*Shore-Härte* D	

Schlagversuch *Probekörper:* *(1)* *(2)* *Zustand* — *Herstellung* — *Vorbehandlung*

		°C	°C	°C	*Probekörper-Form*
Schlagzähigkeit	kJ/m²				
Kerbschlagzähigkeit (1)	kJ/m²				
IZOD-Kerbschlagzähigkeit (2)	J/m				
Kerbschlagzugzähigkeit	kJ/m²				

Abrieb und Reibung

Taber-Abrieb (Reibradverfahren)	mm^3/100 U		
Abriebfaktor LNP (Thrust washer) Vergleichswert			
Statische Reibungszahl			
Dynamische Reibungszahl	(p · v =	N/mm^2 ·	m/min)
Zulässiger p · v Wert	N/mm^2 · (m/min)	v =	m/min
		v =	m/min

Thermische Eigenschaften

Formbeständigkeit in der Wärme	*Verfahren*			°C	
	Verfahren			°C	
Vicat Erweichungstemperatur (VST)	*Verfahren*	B/50		77 °C	
	Verfahren			°C	
Kristallit-Schmelzpunkt	*Verfahren*				
Längenausdehnungskoeffizient	*Bereich*	23–80	°C		0.7 · $10^{-4}K^{-1}$
	Temperatur				· $10^{-4}K^{-1}$
Wärmeleitfähigkeit	*Verfahren*				W/(K · m)
Spezifische Wärmekapazität	*Verfahren*				J/(K · g)
Glasumwandlungstemperatur	*Torsionsschwingungsversuch*		°C		
	Differentialkalorimetrie		°C		

Brandverhalten

UL-Test vertikal Dicke 1.6 mm, Wert V-0
Dicke mm, Wert

	Norm	*Bewertung*	*Abmessungen*
Sauerstoff-Index	ASTM D 2863		
Glühstab-Verfahren			
Brandverhalten	DIN 4102		
MVSS			
FAR			

Elektrische Eigenschaften

		Hz	°C		*Probekörper, Form*
Dielektrizitätszahl		50	23	3.5	Durchmesser 80x1 mm
		10^3			
		10^6			
Dielektrischer Verlustfaktor tan δ		50	23	0.0003	Durchmesser 80x1 mm
		10^3			
		10^6			
Spezifischer Durchgangswiderstand	Ohm · cm		23	3*10**13	Durchmesser 80x1 mm
Durchschlagfestigkeit	kV/mm		23	130	1 mm dick
Oberflächenwiderstand	Ohm		23	3*10**13	Durchmesser 80x1 mm

Kriechstromfestigkeit KC KB KA
Kriechwegbildung

Elektrolytische Korrosionswirkung
Lichtbogenfestigkeit nach DIN
nach ASTM s

Beständigkeit *(Chemische Beständigkeit siehe Anhang)*

Wasseraufnahme Verfahren 1L; 23 C Bis zur Saettigung 0.1 %

Feuchtigkeitsaufnahme Normalklima %
Wetterbeständigkeit

Spannungskorrosion

Optische Eigenschaften

Brechungszahl n_D
Transmissionsgrad τ_c % mm dick
Lichtdurchlässigkeit

Datenbank-Nr. **T01956** Merkblatt-Nr. **4688**

Produkt	Polyvinylchlorid schlagzaeh		**PVC**
Handelsname	**Vestolit LF HI-X 5979**		
Hersteller	HUELS		
DIN-Bez 1 *DIN-Bez 2*	1163-PVC-U,MG(D)P0,079-10-F23	*Viskositätszahl* ml/g *K-Wert*	
Zusätze	Gleitmittel; Schmiermittel	*Füllstoffe/ Verstärkung*	
Bevorzugte Verarbeitung	Spritzgiessen	*Lieferform*	Granulat; Pulver
		Farben	
Besondere Merkmale	Flammwidrig; Schlagzaeh modifiziert; Stabilisiert; Stabil-Bewitterung; Leichtfliessend	*Bevorzugte Anwendungen*	Formteil; Computertechnik; Buerotechnik; Elektrotechnik

Kornverteilung

Kornklasse μm *Rückstand* %

Allgemeine Hinweise

Dichte	g/cm^3	1.33
Schüttdichte	g/cm^3	
Stampfdichte	g/cm^3	
Rieselfähigkeit		
Rieselzeit	s/100 g	
Kornbeschaffenheit		
Flüchtige Bestandteile	%	
Sulfatasche	%	

Zugversuch 23 °C DIN 53455; ISO /R 527; DIN 53457; ISO /R 527

Probekörper: *Form* Nr. 3; 4 mm dick *Zustand* — *Herstellung* — *Vorbehandlung* Normalklima

Streckspannung	N/mm^2	52	*Dehnung bei Streckspannung*	%	3
Zugfestigkeit	N/mm^2		*Reißdehnung*	%	25
Reißfestigkeit	N/mm^2		% *Dehnspannung*	N/mm^2	
E-Modul	N/mm^2	2450	*Dehnung bei* % *Dehnspg.*	%	

Kriechmoduln und Zeitstandwerte 23 °C

Probekörper: *Form* *Zustand* — *Herstellung* *Vorbehandlung*

Kriechmodul	*1 min* N/mm^2	*Zeitstandzugfestigkeit*	h	N/mm^2
Kriechmodul	*1000 h* N/mm^2	*Zeitdehnspg.* %	h	N/mm^2
bei Spannung	N/mm^2			

Biegeversuch 23 °C

Probekörper: *Form* *Zustand* — *Herstellung* *Vorbehandlung*

Biegefestigkeit	N/mm^2	*E-Modul*	N/mm^2
3,5% *Biegespannung*	N/mm^2		

Härte 23 °C *Probekörper:* *Zustand* — *Herstellung* *Vorbehandlung*

Kugeldruckhärte	N/mm^2 bei N, s	*Shore-Härte* A	
Rockwellhärte		*Shore-Härte* D	

Schlagversuch *Probekörper:* *(1)* *(2)* *Zustand* — *Herstellung* *Vorbehandlung*

		°C	°C	°C	*Probekörper-Form*
Schlagzähigkeit	kJ/m^2				
Kerbschlagzähigkeit (1)	kJ/m^2				
IZOD-Kerbschlagzähigkeit (2)	J/m				
Kerbschlagzugzähigkeit	kJ/m^2				

Abrieb und Reibung

Taber-Abrieb (Reibradverfahren) mm^3/100 U
Abriebfaktor LNP (Thrust washer) Vergleichswert
Statische Reibungszahl
Dynamische Reibungszahl (p·v= N/mm^2· m/min)
Zulässiger p · v Wert N/mm^2·(m/min) v= m/min
v= m/min

Thermische Eigenschaften

Formbeständigkeit in der Wärme	*Verfahren*			°C
	Verfahren			°C
Vicat Erweichungstemperatur (VST)	*Verfahren*	B/50		78 °C
	Verfahren			°C
Kristallit-Schmelzpunkt	*Verfahren*			
Längenausdehnungskoeffizient	*Bereich*	23–80	°C	$0.7 \cdot 10^{-4}K^{-1}$
	Temperatur			$\cdot 10^{-4}K^{-1}$
Wärmeleitfähigkeit	*Verfahren*			W/(K · m)
Spezifische Wärmekapazität	*Verfahren*			J/(K · g)
Glasumwandlungstemperatur	*Torsionsschwingungsversuch*		°C	
	Differentialkalorimetrie		°C	

Brandverhalten

UL-Test vertikal Dicke 1.6 mm, Wert V-0
Dicke mm, Wert

	Norm	*Bewertung*	*Abmessungen*
Sauerstoff-Index	ASTM D 2863		
Glühstab-Verfahren			
Brandverhalten	DIN 4102		
MVSS			
FAR			

Elektrische Eigenschaften

		Hz	°C		*Probekörper, Form*
Dielektrizitätszahl		50	23	3.5	Durchmesser 80x1 mm
		10^3			
		10^6			
Dielektrischer Verlustfaktor tan δ		50	23	0.0002	Durchmesser 80x1 mm
		10^3			
		10^6			
Spezifischer Durchgangs-widerstand	Ohm · cm		23	1*10**14	Durchmesser 80x1 mm
Durchschlagfestigkeit	kV/mm		23	140	1 mm dick
Oberflächenwiderstand	Ohm		23	2*10**13	Durchmesser 80x1 mm

Kriechstromfestigkeit KC KB KA
Kriechwegbildung

Elektrolytische Korrosionswirkung
Lichtbogenfestigkeit nach DIN
nach ASTM s

Beständigkeit *(Chemische Beständigkeit siehe Anhang)*

Wasseraufnahme Verfahren 1L; 23 C Bis zur Saettigung 0.1 %

Feuchtigkeitsaufnahme Normalklima %
Wetterbeständigkeit

Spannungskorrosion

Optische Eigenschaften

Brechungszahl n_D
Transmissionsgrad τ_c % mm dick
Lichtdurchlässigkeit

Produkt	Hart-PVC-Formmasse		**PVC**
Handelsname	**Vestolit MF 1818**		
Hersteller	HUELS		
DIN-Bez 1 *DIN-Bez 2*	1163-PVC-U,BGT0,080-03-F33	*Viskositätszahl* ml/g *K-Wert*	
Zusätze	Gleitmittel; Schmiermittel	*Füllstoffe/ Verstärkung*	
Bevorzugte Verarbeitung	Blasformen	*Lieferform*	Granulat
		Farben	Glasklar
Besondere Merkmale	Glasklar	*Bevorzugte Anwendungen*	Lebensmittelverpackung; Kosmetikverpackung; Pharmaverpackung

Kornverteilung

Kornklasse µm — *Rückstand* %

Dichte	g/cm³	1.39
Schüttdichte	g/cm³	
Stampfdichte	g/cm³	
Rieselfähigkeit		
Rieselzeit	s/100 g	
Kornbeschaffenheit		
Flüchtige Bestandteile	%	
Sulfatasche	%	

Allgemeine Hinweise

Zugversuch 23 °C DIN 53455; ISO /R 527; DIN 53457; ISO /R 527

Probekörper: *Form* Nr. 3; 4 mm dick — *Herstellung*
Zustand — *Vorbehandlung* Normalklima

Streckspannung	N/mm²	65	*Dehnung bei Streckspannung*	%	5
Zugfestigkeit	N/mm²		*Reißdehnung*	%	10
Reißfestigkeit	N/mm²		*% Dehnspannung*	N/mm²	
E-Modul	N/mm²	2950	*Dehnung bei % Dehnspg.*	%	

Kriechmoduln und Zeitstandwerte 23 °C

Probekörper: *Form* — *Herstellung*
Zustand — *Vorbehandlung*

Kriechmodul	*1 min* N/mm²	*Zeitstandzugfestigkeit*	h	N/mm²
Kriechmodul	*1000 h* N/mm²	*Zeitdehnspg.* %	h	N/mm²
bei Spannung	N/mm²			

Biegeversuch 23 °C

Probekörper: *Form* — *Herstellung*
Zustand — *Vorbehandlung*

Biegefestigkeit	N/mm²	*E-Modul*	N/mm²
3,5% *Biegespannung*	N/mm²		

Härte 23 °C *Probekörper:* *Zustand* — *Herstellung*
Vorbehandlung

Kugeldruckhärte	N/mm² bei N, s	*Shore-Härte* A	
Rockwellhärte		*Shore-Härte* D	

Schlagversuch *Probekörper:* *(1)*
(2) — *Herstellung*
Zustand — *Vorbehandlung*

		°C	°C	°C	*Probekörper-Form*
Schlagzähigkeit	kJ/m²				
Kerbschlagzähigkeit (1)	kJ/m²				
IZOD-Kerbschlagzähigkeit (2)	J/m				
Kerbschlagzugzähigkeit	kJ/m²				

Abrieb und Reibung

Taber-Abrieb (Reibradverfahren)	$mm^3/100$ U		
Abriebfaktor LNP (Thrust washer) Vergleichswert			
Statische Reibungszahl			
Dynamische Reibungszahl	(p · v =	N/mm^2 ·	m/min)
Zulässiger p · v Wert	N/mm^2 · (m/min)	v =	m/min
		v =	m/min

Thermische Eigenschaften

Formbeständigkeit in der Wärme	*Verfahren*			°C
	Verfahren			°C
Vicat Erweichungstemperatur (VST)	*Verfahren*	B/50		80 °C
	Verfahren			°C
Kristallit-Schmelzpunkt	*Verfahren*			
Längenausdehnungskoeffizient	*Bereich*	23–80	°C	$0.8 \cdot 10^{-4}K^{-1}$
	Temperatur			$\cdot 10^{-4}K^{-1}$
Wärmeleitfähigkeit	*Verfahren*			W/(K · m)
Spezifische Wärmekapazität	*Verfahren*			J/(K · g)
Glasumwandlungstemperatur	*Torsionsschwingungsversuch*		°C	
	Differentialkalorimetrie		°C	

Brandverhalten

UL-Test vertikal	Dicke	mm, Wert
	Dicke	mm, Wert

	Norm	*Bewertung*	*Abmessungen*
Sauerstoff-Index	ASTM D 2863		
Glühstab-Verfahren			
Brandverhalten	DIN 4102		
MVSS			
FAR			

Elektrische Eigenschaften

		Hz	°C		*Probekörper, Form*
Dielektrizitätszahl		50			
		10^3			
		10^6			
Dielektrischer Verlustfaktor tan δ		50			
		10^3			
		10^6			
Spezifischer Durchgangs-widerstand	Ohm · cm				
Durchschlagfestigkeit	kV/mm				mm dick
Oberflächenwiderstand	Ohm				
Kriechstromfestigkeit		KC	KB	KA	
Kriechwegbildung					
Elektrolytische Korrosionswirkung					
Lichtbogenfestigkeit nach DIN					
nach ASTM	s				

Beständigkeit *(Chemische Beständigkeit siehe Anhang)*

Wasseraufnahme	
Feuchtigkeitsaufnahme Normalklima	%
Wetterbeständigkeit	
Spannungskorrosion	

Optische Eigenschaften

Brechungszahl n_D		
Transmissionsgrad τ_c	%	mm dick
Lichtdurchlässigkeit		

Datenbank-Nr.	**T01958**		Merkblatt-Nr. **4690**
Produkt	Hart-PVC-Formmasse		**PVC**
Handelsname	**Vestolit MF 1819**		
Hersteller	HUELS		
DIN-Bez 1 DIN-Bez 2	1163-PVC-U,BGT0,080-03-F33	Viskositätszahl ml/g K-Wert	
Zusätze	Gleitmittel; Schmiermittel	Füllstoffe/ Verstärkung	
Bevorzugte Verarbeitung	Blasformen	Lieferform	Pulver
		Farben	Glasklar
Besondere Merkmale	Glasklar	Bevorzugte Anwendungen	Lebensmittelverpackung; Kosmetikverpackung; Pharmaverpackung

Kornverteilung

Kornklasse µm | *Rückstand* %

Dichte	g/cm³	1.39
Schüttdichte	g/cm³	
Stampfdichte	g/cm³	
Rieselfähigkeit		
Rieselzeit	s/100 g	
Kornbeschaffenheit		
Flüchtige Bestandteile	%	
Sulfatasche	%	

Allgemeine Hinweise

Zugversuch 23 °C DIN 53455; ISO /R 527; DIN 53457; ISO /R 527

Probekörper: Form Nr. 3; 4 mm dick, Zustand — Herstellung, Vorbehandlung Normalklima

Streckspannung	N/mm²	65	Dehnung bei Streckspannung	%	5
Zugfestigkeit	N/mm²		Reißdehnung	%	10
Reißfestigkeit	N/mm²		% Dehnspannung	N/mm²	
E-Modul	N/mm²	2950	Dehnung bei % Dehnspg.	%	

Kriechmoduln und Zeitstandwerte 23 °C

Probekörper: Form, Zustand — Herstellung, Vorbehandlung

Kriechmodul	1 min	N/mm²	Zeitstandzugfestigkeit	h	N/mm²
Kriechmodul	1000 h	N/mm²	Zeitdehnspg. %	h	N/mm²
bei Spannung		N/mm²			

Biegeversuch 23 °C

Probekörper: Form, Zustand — Herstellung, Vorbehandlung

Biegefestigkeit	N/mm²	E-Modul	N/mm²
3,5% Biegespannung	N/mm²		

Härte 23 °C Probekörper: Zustand — Herstellung, Vorbehandlung

Kugeldruckhärte	N/mm² bei N, s	Shore-Härte A	
Rockwellhärte		Shore-Härte D	

Schlagversuch Probekörper: (1), (2), Zustand — Herstellung, Vorbehandlung

		°C	°C	°C	Probekörper-Form
Schlagzähigkeit	kJ/m²				
Kerbschlagzähigkeit (1)	kJ/m²				
IZOD-Kerbschlagzähigkeit (2)	J/m				
Kerbschlagzugzähigkeit	kJ/m²				

Abrieb und Reibung

Taber-Abrieb (Reibradverfahren)	mm^3/100 U		
Abriebfaktor LNP (Thrust washer) Vergleichswert			
Statische Reibungszahl			
Dynamische Reibungszahl	(p · v = N/mm^2 ·		m/min)
Zulässiger p · v Wert	N/mm^2 · (m/min)	v =	m/min
		v =	m/min

Thermische Eigenschaften

Formbeständigkeit in der Wärme	*Verfahren*			°C
	Verfahren			°C
Vicat Erweichungstemperatur (VST)	*Verfahren*	B/50		80 °C
	Verfahren			°C
Kristallit-Schmelzpunkt	*Verfahren*			
Längenausdehnungskoeffizient	*Bereich*	23–80	°C	0.8 · $10^{-4}K^{-1}$
	Temperatur			· $10^{-4}K^{-1}$
Wärmeleitfähigkeit	*Verfahren*			W/(K · m)
Spezifische Wärmekapazität	*Verfahren*			J/(K · g)
Glasumwandlungstemperatur	*Torsionsschwingungsversuch*		°C	
	Differentialkalorimetrie		°C	

Brandverhalten

UL-Test vertikal	Dicke	mm, Wert
	Dicke	mm, Wert

	Norm	*Bewertung*	*Abmessungen*
Sauerstoff-Index	ASTM D 2863		
Glühstab-Verfahren			
Brandverhalten	DIN 4102		
MVSS			
FAR			

Elektrische Eigenschaften

		Hz	°C		*Probekörper, Form*
Dielektrizitätszahl		50			
		10^3			
		10^6			
Dielektrischer Verlustfaktor tan δ		50			
		10^3			
		10^6			
Spezifischer Durchgangswiderstand	Ohm · cm				
Durchschlagfestigkeit	kV/mm				mm dick
Oberflächenwiderstand	Ohm				
Kriechstromfestigkeit		KC	KB	KA	
Kriechwegbildung					
Elektrolytische Korrosionswirkung					
Lichtbogenfestigkeit nach DIN					
nach ASTM	s				

Beständigkeit *(Chemische Beständigkeit siehe Anhang)*

Wasseraufnahme	
Feuchtigkeitsaufnahme Normalklima	%
Wetterbeständigkeit	
Spannungskorrosion	

Optische Eigenschaften

Brechungszahl n_D		
Transmissionsgrad τ_c	%	mm dick
Lichtdurchlässigkeit		

Datenbank-Nr. **T01959** Merkblatt-Nr. **4691**

Produkt	Polyvinylchlorid schlagzaeh		**PVC**
Handelsname	**Vestolit MF 1828**		
Hersteller	HUELS		
DIN-Bez 1 *DIN-Bez 2*	1163-PVC-U,BGPT,079-10-F28	*Viskositätszahl* ml/g *K-Wert*	
Zusätze	Gleitmittel; Schmiermittel	*Füllstoffe/ Verstärkung*	
Bevorzugte Verarbeitung	Blasformen	*Lieferform*	Granulat
		Farben	Glasklar
Besondere Merkmale	Schlagzaeh modifiziert; Glasklar	*Bevorzugte Anwendungen*	Lebensmittelverpackung; Kosmetikverpackung; Pharmaverpackung

Kornverteilung

Kornklasse µm *Rückstand* %

Dichte	g/cm^3	1.37
Schüttdichte	g/cm^3	
Stampfdichte	g/cm^3	
Rieselfähigkeit		
Rieselzeit	s/100 g	
Kornbeschaffenheit		
Flüchtige Bestandteile	%	
Sulfatasche	%	

Allgemeine Hinweise

Zugversuch 23 °C DIN 53455; ISO /R 527; DIN 53457; ISO /R 527

Probekörper: *Form* Nr. 3; 4 mm dick *Zustand* — *Herstellung* — *Vorbehandlung* Normalklima

Streckspannung	N/mm^2	60	*Dehnung bei Streckspannung*	%	5
Zugfestigkeit	N/mm^2		*Reißdehnung*	%	15
Reißfestigkeit	N/mm^2		% *Dehnspannung*	N/mm^2	
E-Modul	N/mm^2	2750	*Dehnung bei* % *Dehnspg.*	%	

Kriechmoduln und Zeitstandwerte 23 °C

Probekörper: *Form* *Zustand* *Herstellung* *Vorbehandlung*

Kriechmodul	*1 min*	N/mm^2	*Zeitstandzugfestigkeit*	h	N/mm^2
Kriechmodul	*1000 h*	N/mm^2	*Zeitdehnspg.* %	h	N/mm^2
bei Spannung		N/mm^2			

Biegeversuch 23 °C

Probekörper: *Form* *Zustand* *Herstellung* *Vorbehandlung*

Biegefestigkeit	N/mm^2	*E-Modul*	N/mm^2
3,5% *Biegespannung*	N/mm^2		

Härte 23 °C *Probekörper:* *Zustand* *Herstellung* *Vorbehandlung*

Kugeldruckhärte	N/mm^2 bei N, s	*Shore-Härte*	A
Rockwellhärte		*Shore-Härte*	D

Schlagversuch *Probekörper:* *(1)* *(2)* *Zustand* *Herstellung* *Vorbehandlung*

		°C	°C	°C	*Probekörper-Form*
Schlagzähigkeit	kJ/m^2				
Kerbschlagzähigkeit (1)	kJ/m^2				
IZOD-Kerbschlagzähigkeit (2)	J/m				
Kerbschlagzugzähigkeit	kJ/m^2				

Abrieb und Reibung

Taber-Abrieb (Reibradverfahren)	mm^3/100 U		
Abriebfaktor LNP (Thrust washer) Vergleichswert			
Statische Reibungszahl			
Dynamische Reibungszahl	(p·v=	N/mm^2 ·	m/min)
Zulässiger p · v Wert	N/mm^2 · (m/min)	v=	m/min
		v=	m/min

Thermische Eigenschaften

Formbeständigkeit in der Wärme	*Verfahren*			°C
	Verfahren			°C
Vicat Erweichungstemperatur (VST)	*Verfahren*	B/50		79 °C
	Verfahren			°C
Kristallit-Schmelzpunkt	*Verfahren*			
Längenausdehnungskoeffizient	*Bereich*	23–80	°C	$0.8 \cdot 10^{-4} K^{-1}$
	Temperatur			$\cdot 10^{-4} K^{-1}$
Wärmeleitfähigkeit	*Verfahren*			W/(K · m)
Spezifische Wärmekapazität	*Verfahren*			J/(K · g)
Glasumwandlungstemperatur	*Torsionsschwingungsversuch*		°C	
	Differentialkalorimetrie		°C	

Brandverhalten

UL-Test vertikal Dicke mm, Wert
Dicke mm, Wert

	Norm	*Bewertung*	*Abmessungen*
Sauerstoff-Index	ASTM D 2863		
Glühstab-Verfahren			
Brandverhalten	DIN 4102		
MVSS			
FAR			

Elektrische Eigenschaften

		Hz	°C	*Probekörper, Form*
Dielektrizitätszahl		50		
		10^3		
		10^6		
Dielektrischer Verlustfaktor tan δ		50		
		10^3		
		10^6		
Spezifischer Durchgangs-widerstand	Ohm · cm			
Durchschlagfestigkeit	kV/mm			mm dick
Oberflächenwiderstand	Ohm			

Kriechstromfestigkeit KC KB KA
Kriechwegbildung

Elektrolytische Korrosionswirkung
Lichtbogenfestigkeit nach DIN
nach ASTM s

Beständigkeit *(Chemische Beständigkeit siehe Anhang)*
Wasseraufnahme

Feuchtigkeitsaufnahme Normalklima %
Wetterbeständigkeit

Spannungskorrosion

Optische Eigenschaften

Brechungszahl n_D
Transmissionsgrad τ_c % mm dick
Lichtdurchlässigkeit

Datenbank-Nr.	**T01960**		Merkblatt-Nr. **4692**
Produkt	Polyvinylchlorid schlagzaeh		**PVC**
Handelsname	**Vestolit MF 1829**		
Hersteller	HUELS		
DIN-Bez 1	1163-PVC-U,BGPT,079-10-F28	Viskositätszahl ml/g	
DIN-Bez 2		K-Wert	
Zusätze	Gleitmittel; Schmiermittel	Füllstoffe/ Verstärkung	
Bevorzugte Verarbeitung	Blasformen	Lieferform	Pulver
		Farben	Glasklar
Besondere Merkmale	Schlagzaeh modifiziert; Glasklar	Bevorzugte Anwendungen	Lebensmittelverpackung; Kosmetikverpackung; Pharmaverpackung

Kornverteilung

Kornklasse µm	Rückstand %			
		Dichte	g/cm³	1.37
		Schüttdichte	g/cm³	
		Stampfdichte	g/cm³	
		Rieselfähigkeit		
		Rieselzeit	s/100 g	
		Kornbeschaffenheit		
Allgemeine Hinweise		Flüchtige Bestandteile	%	
		Sulfatasche	%	

Zugversuch 23 °C DIN 53455; ISO /R 527; DIN 53457; ISO /R 527

Probekörper: Form Nr. 3; 4 mm dick; Zustand — Herstellung; Vorbehandlung Normalklima

Streckspannung	N/mm^2	60	Dehnung bei Streckspannung	%	5
Zugfestigkeit	N/mm^2		Reißdehnung	%	15
Reißfestigkeit	N/mm^2		% Dehnspannung	N/mm^2	
E-Modul	N/mm^2	2750	Dehnung bei % Dehnspg.	%	

Kriechmoduln und Zeitstandwerte 23 °C

Probekörper: Form; Zustand — Herstellung; Vorbehandlung

Kriechmodul	1 min N/mm^2	Zeitstandzugfestigkeit	h	N/mm^2
Kriechmodul	1000 h N/mm^2	Zeitdehnspg. %	h	N/mm^2
bei Spannung	N/mm^2			

Biegeversuch 23 °C

Probekörper: Form; Zustand — Herstellung; Vorbehandlung

Biegefestigkeit	N/mm^2	E-Modul	N/mm^2
3,5% Biegespannung	N/mm^2		

Härte 23 °C Probekörper: Zustand — Herstellung; Vorbehandlung

Kugeldruckhärte	N/mm^2 bei N, s	Shore-Härte A	
Rockwellhärte		Shore-Härte D	

Schlagversuch Probekörper: (1); (2); Zustand — Herstellung; Vorbehandlung

		°C	°C	°C	Probekörper-Form
Schlagzähigkeit	kJ/m^2				
Kerbschlagzähigkeit (1)	kJ/m^2				
IZOD-Kerbschlagzähigkeit (2)	J/m				
Kerbschlagzugzähigkeit	kJ/m^2				

Abrieb und Reibung

Taber-Abrieb (Reibradverfahren)	mm^3/100 U		
Abriebfaktor LNP (Thrust washer) Vergleichswert			
Statische Reibungszahl			
Dynamische Reibungszahl	(p · v=	N/mm^2 ·	m/min)
Zulässiger p · v Wert	N/mm^2 · (m/min)	v=	m/min
		v=	m/min

Thermische Eigenschaften

Formbeständigkeit in der Wärme	*Verfahren*			°C
	Verfahren			°C
Vicat Erweichungstemperatur (VST)	*Verfahren*	B/50		79 °C
	Verfahren			°C
Kristallit-Schmelzpunkt	*Verfahren*			
Längenausdehnungskoeffizient	*Bereich*	23–80	°C	0.8 · $10^{-4}K^{-1}$
	Temperatur			· $10^{-4}K^{-1}$
Wärmeleitfähigkeit	*Verfahren*			W/(K · m)
Spezifische Wärmekapazität	*Verfahren*			J/(K · g)
Glasumwandlungstemperatur	*Torsionsschwingungsversuch*		°C	
	Differentialkalorimetrie		°C	

Brandverhalten

UL-Test vertikal	Dicke	mm, Wert
	Dicke	mm, Wert

	Norm	*Bewertung*	*Abmessungen*
Sauerstoff-Index	ASTM D 2863		
Glühstab-Verfahren			
Brandverhalten	DIN 4102		
MVSS			
FAR			

Elektrische Eigenschaften

		Hz	°C		*Probekörper, Form*
Dielektrizitätszahl		50			
		10^3			
		10^6			
Dielektrischer Verlustfaktor tan δ		50			
		10^3			
		10^6			
Spezifischer Durchgangs-widerstand	Ohm · cm				
Durchschlagfestigkeit	kV/mm				mm dick
Oberflächenwiderstand	Ohm				
Kriechstromfestigkeit		KC	KB	KA	
Kriechwegbildung					
Elektrolytische Korrosionswirkung					
Lichtbogenfestigkeit nach DIN					
nach ASTM	s				

Beständigkeit *(Chemische Beständigkeit siehe Anhang)*

Wasseraufnahme

Feuchtigkeitsaufnahme Normalklima %

Wetterbeständigkeit

Spannungskorrosion

Optische Eigenschaften

Brechungszahl n_D		
Transmissionsgrad τ_c	%	mm dick
Lichtdurchlässigkeit		

Datenbank-Nr. **T01961** Merkblatt-Nr. **4693**

Produkt	Polyvinylchlorid schlagzaeh		**PVC**
Handelsname	**Vestolit MF 1838**		
Hersteller	HUELS		
DIN-Bez 1	1163-PVC-U,BGPT,078-20-F28	*Viskositätszahl* ml/g	
DIN-Bez 2		*K-Wert*	
Zusätze	Gleitmittel; Schmiermittel	*Füllstoffe/ Verstärkung*	
Bevorzugte Verarbeitung	Blasformen	*Lieferform*	Granulat
		Farben	Glasklar
Besondere Merkmale	Schlagzaeh modifiziert; Glasklar	*Bevorzugte Anwendungen*	Lebensmittelverpackung; Kosmetikverpackung; Pharmaverpackung; Verpakkung fuer fluessiges Spuelmittel

Kornverteilung

Kornklasse µm	*Rückstand* %	*Dichte*	g/cm³	1.34
		Schüttdichte	g/cm³	
		Stampfdichte	g/cm³	
		Rieselfähigkeit		
		Rieselzeit	s/100 g	
		Kornbeschaffenheit		
Allgemeine Hinweise		*Flüchtige Bestandteile*	%	
		Sulfatasche	%	

Zugversuch 23 °C DIN 53455; ISO /R 527; DIN 53457; ISO /R 527

Probekörper: *Form* Nr. 3; 4 mm dick *Herstellung*
Zustand *Vorbehandlung* Normalklima

Streckspannung	N/mm²	55	*Dehnung bei Streckspannung*	%	6
Zugfestigkeit	N/mm²		*Reißdehnung*	%	25
Reißfestigkeit	N/mm²		*% Dehnspannung*	N/mm²	
E-Modul	N/mm²	2400	*Dehnung bei % Dehnspg.*	%	

Kriechmoduln und Zeitstandwerte 23 °C

Probekörper: *Form* *Herstellung*
Zustand *Vorbehandlung*

Kriechmodul	*1 min* N/mm²	*Zeitstandzugfestigkeit*	h	N/mm²
Kriechmodul	*1000 h* N/mm²	*Zeitdehnspg.* %	h	N/mm²
bei Spannung	N/mm²			

Biegeversuch 23 °C

Probekörper: *Form* *Herstellung*
Zustand *Vorbehandlung*

Biegefestigkeit	N/mm²	*E-Modul*	N/mm²
3,5% *Biegespannung*	N/mm²		

Härte 23 °C *Probekörper:* *Zustand* *Herstellung*
Vorbehandlung

Kugeldruckhärte	N/mm² bei N, s	*Shore-Härte* A	
Rockwellhärte		*Shore-Härte* D	

Schlagversuch *Probekörper:* *(1)*
(2) *Herstellung*
Zustand *Vorbehandlung*

		°C	°C	°C	*Probekörper-Form*
Schlagzähigkeit	kJ/m²				
Kerbschlagzähigkeit (1)	kJ/m²				
IZOD-Kerbschlagzähigkeit (2)	J/m				
Kerbschlagzugzähigkeit	kJ/m²				

Abrieb und Reibung

Taber-Abrieb (Reibradverfahren)	mm^3/100 U		
Abriebfaktor LNP (Thrust washer) Vergleichswert			
Statische Reibungszahl			
Dynamische Reibungszahl	(p·v= N/mm^2·		m/min)
Zulässiger p·v Wert	N/mm^2·(m/min)	v=	m/min
		v=	m/min

Thermische Eigenschaften

Formbeständigkeit in der Wärme	Verfahren			°C
	Verfahren			°C
Vicat Erweichungstemperatur (VST)	Verfahren	B/50		78 °C
	Verfahren			°C
Kristallit-Schmelzpunkt	Verfahren			
Längenausdehnungskoeffizient	Bereich	23–80	°C	$0.7 \cdot 10^{-4}K^{-1}$
	Temperatur			$\cdot 10^{-4}K^{-1}$
Wärmeleitfähigkeit	Verfahren			W/(K · m)
Spezifische Wärmekapazität	Verfahren			J/(K · g)
Glasumwandlungstemperatur	Torsionsschwingungsversuch		°C	
	Differentialkalorimetrie		°C	

Brandverhalten

UL-Test vertikal	Dicke	mm, Wert
	Dicke	mm, Wert

	Norm	Bewertung	Abmessungen
Sauerstoff-Index	ASTM D 2863		
Glühstab-Verfahren			
Brandverhalten	DIN 4102		
MVSS			
FAR			

Elektrische Eigenschaften

		Hz	°C	Probekörper, Form
Dielektrizitätszahl		50		
		10^3		
		10^6		
Dielektrischer Verlustfaktor tan δ		50		
		10^3		
		10^6		
Spezifischer Durchgangswiderstand	Ohm · cm			
Durchschlagfestigkeit	kV/mm			mm dick
Oberflächenwiderstand	Ohm			

Kriechstromfestigkeit	KC	KB	KA
Kriechwegbildung			

Elektrolytische Korrosionswirkung
Lichtbogenfestigkeit nach DIN
nach ASTM s

Beständigkeit (Chemische Beständigkeit siehe Anhang)

Wasseraufnahme	
Feuchtigkeitsaufnahme Normalklima	%
Wetterbeständigkeit	
Spannungskorrosion	

Optische Eigenschaften

Brechungszahl n_D		
Transmissionsgrad τ_c	%	mm dick
Lichtdurchlässigkeit		

Datenbank-Nr. **T01962** Merkblatt-Nr. **4694**

Produkt	Polyvinylchlorid schlagzaeh		**PVC**
Handelsname	**Vestolit MF 1839**		
Hersteller	HUELS		
DIN-Bez 1	1163-PVC-U,BGPT,078-20-F28	*Viskositätszahl* ml/g	
DIN-Bez 2		*K-Wert*	
Zusätze	Gleitmittel; Schmiermittel	*Füllstoffe/ Verstärkung*	
Bevorzugte Verarbeitung	Blasformen	*Lieferform*	Pulver
		Farben	Glasklar
Besondere Merkmale	Schlagzaeh modifiziert; Glasklar	*Bevorzugte Anwendungen*	Lebensmittelverpackung; Kosmetikverpackung; Pharmaverpackung; Verpakkung fuer fluessiges Spuelmittel

Kornverteilung

Kornklasse µm — *Rückstand* %

Allgemeine Hinweise

Dichte	g/cm³	1.34
Schüttdichte	g/cm³	
Stampfdichte	g/cm³	
Rieselfähigkeit		
Rieselzeit	s/100 g	
Kornbeschaffenheit		
Flüchtige Bestandteile	%	
Sulfatasche	%	

Zugversuch 23 °C DIN 53455; ISO /R 527; DIN 53457; ISO /R 527

Probekörper: *Form* Nr. 3; 4 mm dick — *Herstellung*

Zustand — *Vorbehandlung* Normalklima

Streckspannung	N/mm²	55	*Dehnung bei Streckspannung*	%	6
Zugfestigkeit	N/mm²		*Reißdehnung*	%	25
Reißfestigkeit	N/mm²		% *Dehnspannung*	N/mm²	
E-Modul	N/mm²	2400	*Dehnung bei* % *Dehnspg.*	%	

Kriechmoduln und Zeitstandwerte 23 °C

Probekörper: *Form* — *Herstellung*

Zustand — *Vorbehandlung*

Kriechmodul	*1 min*	N/mm²	*Zeitstandzugfestigkeit*	h	N/mm²
Kriechmodul	*1000 h*	N/mm²	*Zeitdehnspg.* %	h	N/mm²
bei Spannung		N/mm²			

Biegeversuch 23 °C

Probekörper: *Form* — *Herstellung*

Zustand — *Vorbehandlung*

Biegefestigkeit	N/mm²	*E-Modul*	N/mm²
3,5% *Biegespannung*	N/mm²		

Härte 23 °C *Probekörper:* *Zustand* — *Herstellung*

Vorbehandlung

Kugeldruckhärte	N/mm² bei N, s	*Shore-Härte* A	
Rockwellhärte		*Shore-Härte* D	

Schlagversuch *Probekörper:* *(1)*

(2) — *Herstellung*

Zustand — *Vorbehandlung*

		°C	°C	°C	*Probekörper-Form*
Schlagzähigkeit	kJ/m²				
Kerbschlagzähigkeit (1)	kJ/m²				
IZOD-Kerbschlagzähigkeit (2)	J/m				
Kerbschlagzugzähigkeit	kJ/m²				

Abrieb und Reibung

Taber-Abrieb (Reibradverfahren)	mm^3/100 U		
Abriebfaktor LNP (Thrust washer) Vergleichswert			
Statische Reibungszahl			
Dynamische Reibungszahl	(p · v =	N/mm^2 ·	m/min)
Zulässiger p · v Wert	N/mm^2 · (m/min)	v =	m/min
		v =	m/min

Thermische Eigenschaften

Formbeständigkeit in der Wärme	*Verfahren*			°C
	Verfahren			°C
Vicat Erweichungstemperatur (VST)	*Verfahren*	B/50		78 °C
	Verfahren			°C
Kristallit-Schmelzpunkt	*Verfahren*			
Längenausdehnungskoeffizient	*Bereich*	23–80	°C	$0.7 \cdot 10^{-4} K^{-1}$
	Temperatur			$\cdot 10^{-4} K^{-1}$
Wärmeleitfähigkeit	*Verfahren*			W/(K · m)
Spezifische Wärmekapazität	*Verfahren*			J/(K · g)
Glasumwandlungstemperatur	*Torsionsschwingungsversuch*		°C	
	Differentialkalorimetrie		°C	

Brandverhalten

UL-Test vertikal	Dicke	mm, Wert
	Dicke	mm, Wert

	Norm	*Bewertung*	*Abmessungen*
Sauerstoff-Index	ASTM D 2863		
Glühstab-Verfahren			
Brandverhalten	DIN 4102		
MVSS			
FAR			

Elektrische Eigenschaften

		Hz	°C		*Probekörper, Form*
Dielektrizitätszahl		50			
		10^3			
		10^6			
Dielektrischer Verlustfaktor tan δ		50			
		10^3			
		10^6			
Spezifischer Durchgangs-widerstand	Ohm · cm				
Durchschlagfestigkeit	kV/mm				mm dick
Oberflächenwiderstand	Ohm				
Kriechstromfestigkeit		KC	KB	KA	
Kriechwegbildung					
Elektrolytische Korrosionswirkung					
Lichtbogenfestigkeit nach DIN					
nach ASTM	s				

Beständigkeit *(Chemische Beständigkeit siehe Anhang)*

Wasseraufnahme	
Feuchtigkeitsaufnahme Normalklima	%
Wetterbeständigkeit	
Spannungskorrosion	

Optische Eigenschaften

Brechungszahl n_D		
Transmissionsgrad τ_c	%	mm dick
Lichtdurchlässigkeit		

Datenbank-Nr. **T01963** Merkblatt-Nr. **4695**

Produkt	Hart-PVC-Formmasse		**PVC**
Handelsname	**Vestolit MF 1848**		
Hersteller	HUELS		
DIN-Bez 1	1163-PVC-U,BGPT,077-20-F23	*Viskositätszahl* ml/g	
DIN-Bez 2		*K-Wert*	
Zusätze	Gleitmittel; Schmiermittel	*Füllstoffe/ Verstärkung*	
Bevorzugte Verarbeitung	Blasformen	*Lieferform*	Granulat
		Farben	Glasklar
Besondere Merkmale	Schlagzaeh modifiziert; Glasklar	*Bevorzugte Anwendungen*	Lebensmittelverpackung; Kosmetikverpackung; Pharmaverpackung; Verpakkung fuer fluessiges Spuelmittel

Kornverteilung

Kornklasse µm	*Rückstand* %	*Dichte*	g/cm³	1.32
		Schüttdichte	g/cm³	
		Stampfdichte	g/cm³	
		Rieselfähigkeit		
		Rieselzeit	s/100 g	
		Kornbeschaffenheit		
Allgemeine Hinweise		*Flüchtige Bestandteile*	%	
		Sulfatasche	%	

Zugversuch 23 °C DIN 53455; ISO /R 527; DIN 53457; ISO /R 527

Probekörper: *Form* Nr. 3; 4 mm dick — *Herstellung*
Zustand — *Vorbehandlung* Normalklima

Streckspannung	N/mm²	50	*Dehnung bei Streckspannung*	%	7
Zugfestigkeit	N/mm²		*Reißdehnung*	%	30
Reißfestigkeit	N/mm²		*% Dehnspannung*	N/mm²	
E-Modul	N/mm²	2250	*Dehnung bei % Dehnspg.*	%	

Kriechmoduln und Zeitstandwerte 23 °C

Probekörper: *Form* — *Herstellung*
Zustand — *Vorbehandlung*

Kriechmodul	*1 min* N/mm²	*Zeitstandzugfestigkeit*	h	N/mm²
Kriechmodul	*1000 h* N/mm²	*Zeitdehnspg.* %	h	N/mm²
bei Spannung	N/mm²			

Biegeversuch 23 °C

Probekörper: *Form* — *Herstellung*
Zustand — *Vorbehandlung*

Biegefestigkeit	N/mm²	*E-Modul*	N/mm²
3,5% *Biegespannung*	N/mm²		

Härte 23 °C *Probekörper:* *Zustand* — *Herstellung*
Vorbehandlung

Kugeldruckhärte	N/mm² bei N, s	*Shore-Härte* A	
Rockwellhärte		*Shore-Härte* D	

Schlagversuch *Probekörper:* *(1)*
(2) — *Herstellung*
Zustand — *Vorbehandlung*

		°C	°C	°C	*Probekörper-Form*
Schlagzähigkeit	kJ/m²				
Kerbschlagzähigkeit (1)	kJ/m²				
IZOD-Kerbschlagzähigkeit (2)	J/m				
Kerbschlagzugzähigkeit	kJ/m²				

Abrieb und Reibung

Taber-Abrieb (Reibradverfahren)	mm^3/100 U		
Abriebfaktor LNP (Thrust washer) Vergleichswert			
Statische Reibungszahl			
Dynamische Reibungszahl	(p · v= N/mm^2 ·		m/min)
Zulässiger p · v Wert	N/mm^2 · (m/min)	v=	m/min
		v=	m/min

Thermische Eigenschaften

Formbeständigkeit in der Wärme	*Verfahren*			°C
	Verfahren			°C
Vicat Erweichungstemperatur (VST)	*Verfahren*	B/50		77 °C
	Verfahren			°C
Kristallit-Schmelzpunkt	*Verfahren*			
Längenausdehnungskoeffizient	*Bereich*	23–80	°C	$0.7 \cdot 10^{-4} K^{-1}$
	Temperatur			$\cdot 10^{-4} K^{-1}$
Wärmeleitfähigkeit	*Verfahren*			W/(K · m)
Spezifische Wärmekapazität	*Verfahren*			J/(K · g)
Glasumwandlungstemperatur	*Torsionsschwingungsversuch*		°C	
	Differentialkalorimetrie		°C	

Brandverhalten

UL-Test vertikal	Dicke	mm, Wert
	Dicke	mm, Wert

	Norm	*Bewertung*	*Abmessungen*
Sauerstoff-Index	ASTM D 2863		
Glühstab-Verfahren			
Brandverhalten	DIN 4102		
MVSS			
FAR			

Elektrische Eigenschaften

		Hz	°C			*Probekörper, Form*
Dielektrizitätszahl		50				
		10^3				
		10^6				
Dielektrischer Verlustfaktor tan δ		50				
		10^3				
		10^6				
Spezifischer Durchgangs-widerstand	Ohm · cm					
Durchschlagfestigkeit	kV/mm					mm dick
Oberflächenwiderstand	Ohm					
Kriechstromfestigkeit		KC		KB	KA	
Kriechwegbildung						
Elektrolytische Korrosionswirkung						
Lichtbogenfestigkeit nach DIN						
nach ASTM	s					

Beständigkeit *(Chemische Beständigkeit siehe Anhang)*

Wasseraufnahme

Feuchtigkeitsaufnahme Normalklima %

Wetterbeständigkeit

Spannungskorrosion

Optische Eigenschaften

Brechungszahl n_D		
Transmissionsgrad τ_c	%	mm dick
Lichtdurchlässigkeit		

Datenbank-Nr. **T01964** Merkblatt-Nr. **4696**

Produkt	Hart-PVC-Formmasse		**PVC**
Handelsname	**Vestolit MF 1849**		
Hersteller	HUELS		
DIN-Bez 1	1163-PVC-U,BGPT,077-20-F23	*Viskositätszahl* ml/g	
DIN-Bez 2		*K-Wert*	
Zusätze	Gleitmittel; Schmiermittel	*Füllstoffe/ Verstärkung*	
Bevorzugte Verarbeitung	Blasformen	*Lieferform*	Pulver
		Farben	Glasklar
Besondere Merkmale	Schlagzaeh modifiziert; Glasklar	*Bevorzugte Anwendungen*	Lebensmittelverpackung; Kosmetikverpackung; Pharmaverpackung; Verpakkung fuer fluessiges Spuelmittel

Kornverteilung

Kornklasse μm *Rückstand* %

Dichte	g/cm³	1.32
Schüttdichte	g/cm³	
Stampfdichte	g/cm³	
Rieselfähigkeit		
Rieselzeit	s/100 g	
Kornbeschaffenheit		
Flüchtige Bestandteile	%	
Sulfatasche	%	

Allgemeine Hinweise

Zugversuch 23 °C DIN 53455; ISO /R 527; DIN 53457; ISO /R 527

Probekörper: *Form* Nr. 3; 4 mm dick *Herstellung*
Zustand *Vorbehandlung* Normalklima

Streckspannung	N/mm²	50	*Dehnung bei Streckspannung*	%	7
Zugfestigkeit	N/mm²		*Reißdehnung*	%	30
Reißfestigkeit	N/mm²		% *Dehnspannung*	N/mm²	
E-Modul	N/mm²	2250	*Dehnung bei* % *Dehnspg.*	%	

Kriechmoduln und Zeitstandwerte 23 °C

Probekörper: *Form* *Herstellung*
Zustand *Vorbehandlung*

Kriechmodul	*1 min* N/mm²	*Zeitstandzugfestigkeit*	h	N/mm²
Kriechmodul	*1000 h* N/mm²	*Zeitdehnspg.* %	h	N/mm²
bei Spannung	N/mm²			

Biegeversuch 23 °C

Probekörper: *Form* *Herstellung*
Zustand *Vorbehandlung*

Biegefestigkeit	N/mm²	*E-Modul*	N/mm²
3,5% *Biegespannung*	N/mm²		

Härte 23 °C *Probekörper:* *Zustand* *Herstellung*
Vorbehandlung

Kugeldruckhärte	N/mm² bei N, s	*Shore-Härte* A	
Rockwellhärte		*Shore-Härte* D	

Schlagversuch *Probekörper:* *(1)*
(2) *Herstellung*
Zustand *Vorbehandlung*

		°C	°C	°C	*Probekörper-Form*
Schlagzähigkeit	kJ/m²				
Kerbschlagzähigkeit (1)	kJ/m²				
IZOD-Kerbschlagzähigkeit (2)	J/m				
Kerbschlagzugzähigkeit	kJ/m²				

Abrieb und Reibung

Taber-Abrieb (Reibradverfahren)	mm^3/100 U		
Abriebfaktor LNP (Thrust washer) Vergleichswert			
Statische Reibungszahl			
Dynamische Reibungszahl	(p · v =	N/mm^2 ·	m/min)
Zulässiger p · v Wert	N/mm^2 · (m/min)	v =	m/min
		v =	m/min

Thermische Eigenschaften

Formbeständigkeit in der Wärme	*Verfahren*			°C
	Verfahren			°C
Vicat Erweichungstemperatur (VST)	*Verfahren*	B/50		77 °C
	Verfahren			°C
Kristallit-Schmelzpunkt	*Verfahren*			
Längenausdehnungskoeffizient	*Bereich*	23–80	°C	$0.7 \cdot 10^{-4} K^{-1}$
	Temperatur			$\cdot 10^{-4} K^{-1}$
Wärmeleitfähigkeit	*Verfahren*			W/(K · m)
Spezifische Wärmekapazität	*Verfahren*			J/(K · g)
Glasumwandlungstemperatur	*Torsionsschwingungsversuch*		°C	
	Differentialkalorimetrie		°C	

Brandverhalten

UL-Test vertikal	Dicke	mm, Wert
	Dicke	mm, Wert

	Norm	*Bewertung*	*Abmessungen*
Sauerstoff-Index	ASTM D 2863		
Glühstab-Verfahren			
Brandverhalten	DIN 4102		
MVSS			
FAR			

Elektrische Eigenschaften

		Hz	°C		*Probekörper, Form*
Dielektrizitätszahl		50			
		10^3			
		10^6			
Dielektrischer Verlustfaktor tan δ		50			
		10^3			
		10^6			
Spezifischer Durchgangs-widerstand	Ohm · cm				
Durchschlagfestigkeit	kV/mm				mm dick
Oberflächenwiderstand	Ohm				
Kriechstromfestigkeit		KC	KB	KA	
Kriechwegbildung					
Elektrolytische Korrosionswirkung					
Lichtbogenfestigkeit nach DIN					
nach ASTM	s				

Beständigkeit *(Chemische Beständigkeit siehe Anhang)*

Wasseraufnahme	
Feuchtigkeitsaufnahme Normalklima	%
Wetterbeständigkeit	
Spannungskorrosion	

Optische Eigenschaften

Brechungszahl n_D		
Transmissionsgrad τ_c	%	mm dick
Lichtdurchlässigkeit		

Produkt	Hart-PVC-Formmasse		**PVC**
Handelsname	**Vestolit MSP 1445**		
Hersteller	HUELS		
DIN-Bez 1	1163-PVC-U,MG(D)00,076-02-F28	*Viskositätszahl* ml/g	
DIN-Bez 2		*K-Wert*	
Zusätze	Gleitmittel; Schmiermittel	*Füllstoffe/ Verstärkung*	
Bevorzugte Verarbeitung	Spritzgiessen	*Lieferform*	Granulat; Pulver
		Farben	
Besondere Merkmale	Flammwidrig; Glasklar	*Bevorzugte Anwendungen*	Fitting fuer Trinkwasser

Kornverteilung

Kornklasse µm *Rückstand* %

Allgemeine Hinweise

Dichte	g/cm^3	1.4
Schüttdichte	g/cm^3	
Stampfdichte	g/cm^3	
Rieselfähigkeit		
Rieselzeit	s/100 g	
Kornbeschaffenheit		
Flüchtige Bestandteile	%	
Sulfatasche	%	

Zugversuch 23 °C DIN 53455; ISO /R 527; DIN 53457; ISO /R 527

Probekörper: *Form* Nr. 3; 4 mm dick; *Zustand*

Herstellung; *Vorbehandlung* Normalklima

Streckspannung	N/mm^2	60	*Dehnung bei Streckspannung*	%	6
Zugfestigkeit	N/mm^2		*Reißdehnung*	%	20
Reißfestigkeit	N/mm^2		*% Dehnspannung*	N/mm^2	
E-Modul	N/mm^2	2700	*Dehnung bei % Dehnspg.*	%	

Kriechmoduln und Zeitstandwerte 23 °C

Probekörper: *Form*; *Zustand*

Herstellung; *Vorbehandlung*

Kriechmodul	*1 min*	N/mm^2	*Zeitstandzugfestigkeit*	h	N/mm^2
Kriechmodul	*1000 h*	N/mm^2	*Zeitdehnspg.* %	h	N/mm^2
bei Spannung		N/mm^2			

Biegeversuch 23 °C

Probekörper: *Form*; *Zustand*

Herstellung; *Vorbehandlung*

Biegefestigkeit	N/mm^2	*E-Modul*	N/mm^2
3,5% *Biegespannung*	N/mm^2		

Härte 23 °C *Probekörper:* *Zustand*

Herstellung; *Vorbehandlung*

Kugeldruckhärte N/mm^2 bei N, s — *Shore-Härte* A

Rockwellhärte — *Shore-Härte* D

Schlagversuch *Probekörper:* *(1)*; *(2)*; *Zustand*

Herstellung; *Vorbehandlung*

		°C	°C	°C	*Probekörper-Form*
Schlagzähigkeit	kJ/m^2				
Kerbschlagzähigkeit (1)	kJ/m^2				
IZOD-Kerbschlagzähigkeit (2)	J/m				
Kerbschlagzugzähigkeit	kJ/m^2				

Abrieb und Reibung

Taber-Abrieb (Reibradverfahren)	mm^3/100 U		
Abriebfaktor LNP (Thrust washer) Vergleichswert			
Statische Reibungszahl			
Dynamische Reibungszahl	(p · v =	N/mm² ·	m/min)
Zulässiger p · v Wert	N/mm² · (m/min)	v =	m/min
		v =	m/min

Thermische Eigenschaften

Formbeständigkeit in der Wärme	*Verfahren*			°C
	Verfahren			°C
Vicat Erweichungstemperatur (VST)	*Verfahren*	B/50		77 °C
	Verfahren			°C
Kristallit-Schmelzpunkt	*Verfahren*			
Längenausdehnungskoeffizient	*Bereich*	23–80	°C	$0.8 \cdot 10^{-4} K^{-1}$
	Temperatur			$\cdot 10^{-4} K^{-1}$
Wärmeleitfähigkeit	*Verfahren*			W/(K · m)
Spezifische Wärmekapazität	*Verfahren*			J/(K · g)
Glasumwandlungstemperatur	*Torsionsschwingungsversuch*		°C	
	Differentialkalorimetrie		°C	

Brandverhalten

UL-Test vertikal Dicke 1.6 mm, Wert V-0
Dicke mm, Wert

	Norm	*Bewertung*	*Abmessungen*
Sauerstoff-Index	ASTM D 2863		
Glühstab-Verfahren			
Brandverhalten	DIN 4102		
MVSS			
FAR			

Elektrische Eigenschaften

		Hz	°C		*Probekörper, Form*
Dielektrizitätszahl		50			
		10^3			
		10^6			
Dielektrischer Verlustfaktor tan δ		50			
		10^3			
		10^6			
Spezifischer Durchgangswiderstand	Ohm · cm				
Durchschlagfestigkeit	kV/mm				mm dick
Oberflächenwiderstand	Ohm				
Kriechstromfestigkeit		KC	KB	KA	
Kriechwegbildung					

Elektrolytische Korrosionswirkung
Lichtbogenfestigkeit nach DIN
nach ASTM s

Beständigkeit *(Chemische Beständigkeit siehe Anhang)*

Wasseraufnahme

Feuchtigkeitsaufnahme Normalklima %

Wetterbeständigkeit

Spannungskorrosion

Optische Eigenschaften

Brechungszahl n_D

Transmissionsgrad τ_c % mm dick

Lichtdurchlässigkeit

Datenbank-Nr. **T01974** Merkblatt-Nr. **4698**

Produkt	Hart-PVC-Formmasse		**PVC**
Handelsname	**Vestolit SP 1745**		
Hersteller	HUELS		
DIN-Bez 1	1163-PVC-U,MG(D)00,082-02-F28	*Viskositätszahl* ml/g	
DIN-Bez 2		*K-Wert*	
Zusätze	Gleitmittel; Schmiermittel	*Füllstoffe/ Verstärkung*	
Bevorzugte Verarbeitung	Spritzgiessen	*Lieferform*	Granulat
		Farben	
Besondere Merkmale	Flammwidrig; Glasklar	*Bevorzugte Anwendungen*	Fitting fuer Abwasser; Elektrozubehoerteil

Kornverteilung

Kornklasse µm *Rückstand* %

Allgemeine Hinweise

Dichte	g/cm³	1.4
Schüttdichte	g/cm³	
Stampfdichte	g/cm³	
Rieselfähigkeit		
Rieselzeit	s/100 g	
Kornbeschaffenheit		
Flüchtige Bestandteile	%	
Sulfatasche	%	

Zugversuch 23 °C DIN 53455; ISO /R 527; DIN 53457; ISO /R 527

Probekörper: *Form* Nr. 3; 4 mm dick *Zustand* — *Herstellung* *Vorbehandlung* Normalklima

Streckspannung	N/mm²	60	*Dehnung bei Streckspannung*	%	6
Zugfestigkeit	N/mm²		*Reißdehnung*	%	20
Reißfestigkeit	N/mm²		*% Dehnspannung*	N/mm²	
E-Modul	N/mm²	2750	*Dehnung bei % Dehnspg.*	%	

Kriechmoduln und Zeitstandwerte 23 °C

Probekörper: *Form* *Zustand* — *Herstellung* *Vorbehandlung*

Kriechmodul	*1 min* N/mm²		*Zeitstandzugfestigkeit*	h	N/mm²
Kriechmodul	*1000 h* N/mm²		*Zeitdehnspg.* %	h	N/mm²
bei Spannung	N/mm²				

Biegeversuch 23 °C

Probekörper: *Form* *Zustand* — *Herstellung* *Vorbehandlung*

Biegefestigkeit	N/mm²	*E-Modul*	N/mm²
3,5% *Biegespannung*	N/mm²		

Härte 23 °C *Probekörper:* *Zustand* — *Herstellung* *Vorbehandlung*

Kugeldruckhärte	N/mm² bei N, s	*Shore-Härte* A	
Rockwellhärte		*Shore-Härte* D	

Schlagversuch *Probekörper:* *(1)* *(2)* *Zustand* — *Herstellung* *Vorbehandlung*

		°C	°C	°C	*Probekörper-Form*
Schlagzähigkeit	kJ/m²				
Kerbschlagzähigkeit (1)	kJ/m²				
IZOD-Kerbschlagzähigkeit (2)	J/m				
Kerbschlagzugzähigkeit	kJ/m²				

Abrieb und Reibung

Taber-Abrieb (Reibradverfahren)	mm^3/100 U		
Abriebfaktor LNP (Thrust washer) Vergleichswert			
Statische Reibungszahl			
Dynamische Reibungszahl	(p·v=	N/mm^2·	m/min)
Zulässiger p · v Wert	N/mm^2 · (m/min)	v=	m/min
		v=	m/min

Thermische Eigenschaften

Formbeständigkeit in der Wärme	*Verfahren*			°C
	Verfahren			°C
Vicat Erweichungstemperatur (VST)	*Verfahren*	B/50		82 °C
	Verfahren			°C
Kristallit-Schmelzpunkt	*Verfahren*			
Längenausdehnungskoeffizient	*Bereich*	23–80	°C	0.8 · $10^{-4}K^{-1}$
	Temperatur			· $10^{-4}K^{-1}$
Wärmeleitfähigkeit	*Verfahren*			W/(K · m)
Spezifische Wärmekapazität	*Verfahren*			J/(K · g)
Glasumwandlungstemperatur	*Torsionsschwingungsversuch*		°C	
	Differentialkalorimetrie		°C	

Brandverhalten

UL-Test vertikal — Dicke 1.6 mm, Wert V-0; Dicke mm, Wert

	Norm	*Bewertung*	*Abmessungen*
Sauerstoff-Index	ASTM D 2863		
Glühstab-Verfahren			
Brandverhalten	DIN 4102		
MVSS			
FAR			

Elektrische Eigenschaften

		Hz	°C		*Probekörper, Form*
Dielektrizitätszahl		50			
		10^3			
		10^6			
Dielektrischer Verlustfaktor tan δ		50			
		10^3			
		10^6			
Spezifischer Durchgangswiderstand	Ohm · cm				
Durchschlagfestigkeit	kV/mm				mm dick
Oberflächenwiderstand	Ohm				
Kriechstromfestigkeit		KC	KB	KA	
Kriechwegbildung					
Elektrolytische Korrosionswirkung					
Lichtbogenfestigkeit nach DIN					
nach ASTM	s				

Beständigkeit *(Chemische Beständigkeit siehe Anhang)*

Wasseraufnahme	
Feuchtigkeitsaufnahme Normalklima	%
Wetterbeständigkeit	
Spannungskorrosion	

Optische Eigenschaften

Brechungszahl n_D		
Transmissionsgrad τ_c	%	mm dick
Lichtdurchlässigkeit		

Produkt	Hart-PVC-Formmasse		**PVC**
Handelsname	**Vestolit SP 1746**		
Hersteller	HUELS		
DIN-Bez 1 *DIN-Bez 2*	1163-PVC-U,MG(D)00,082-02-F28	*Viskositätszahl* ml/g *K-Wert*	
Zusätze	Gleitmittel; Schmiermittel	*Füllstoffe/ Verstärkung*	
Bevorzugte Verarbeitung	Spritzgiessen	*Lieferform*	Pulver
		Farben	
Besondere Merkmale	Flammwidrig; Glasklar	*Bevorzugte Anwendungen*	Fitting fuer Abwasser; Elektrozubehoerteil

Kornverteilung

Kornklasse μm *Rückstand* %

Dichte	g/cm^3	1.4
Schüttdichte	g/cm^3	
Stampfdichte	g/cm^3	
Rieselfähigkeit		
Rieselzeit	s/100 g	
Kornbeschaffenheit		
Flüchtige Bestandteile	%	
Sulfatasche	%	

Allgemeine Hinweise

Zugversuch 23 °C DIN 53455; ISO /R 527; DIN 53457; ISO /R 527

Probekörper: *Form* Nr. 3; 4 mm dick *Zustand*
Herstellung
Vorbehandlung Normalklima

Streckspannung	N/mm^2	60	*Dehnung bei Streckspannung*	%	6
Zugfestigkeit	N/mm^2		*Reißdehnung*	%	20
Reißfestigkeit	N/mm^2		% *Dehnspannung*	N/mm^2	
E-Modul	N/mm^2	2750	*Dehnung bei* % *Dehnspg.*	%	

Kriechmoduln und Zeitstandwerte 23 °C

Probekörper: *Form* *Zustand*
Herstellung
Vorbehandlung

Kriechmodul	*1 min*	N/mm^2	*Zeitstandzugfestigkeit*	h	N/mm^2
Kriechmodul	*1000 h*	N/mm^2	*Zeitdehnspg.* %	h	N/mm^2
bei Spannung		N/mm^2			

Biegeversuch 23 °C

Probekörper: *Form* *Zustand*
Herstellung
Vorbehandlung

Biegefestigkeit	N/mm^2	*E-Modul*	N/mm^2
3,5% *Biegespannung*	N/mm^2		

Härte 23 °C *Probekörper:* *Zustand*
Herstellung
Vorbehandlung

Kugeldruckhärte	N/mm^2 bei N, s	*Shore-Härte* A	
Rockwellhärte		*Shore-Härte* D	

Schlagversuch *Probekörper:* *(1)* *(2)* *Zustand*
Herstellung
Vorbehandlung

		°C	°C	°C	*Probekörper-Form*
Schlagzähigkeit	kJ/m^2				
Kerbschlagzähigkeit (1)	kJ/m^2				
IZOD-Kerbschlagzähigkeit (2)	J/m				
Kerbschlagzugzähigkeit	kJ/m^2				

Abrieb und Reibung

Taber-Abrieb (Reibradverfahren)	mm^3/100 U		
Abriebfaktor LNP (Thrust washer) Vergleichswert			
Statische Reibungszahl			
Dynamische Reibungszahl	(p·v=	N/mm^2 ·	m/min)
Zulässiger p · v Wert	N/mm^2 · (m/min)	v=	m/min
		v=	m/min

Thermische Eigenschaften

Formbeständigkeit in der Wärme	*Verfahren*			°C
	Verfahren			°C
Vicat Erweichungstemperatur (VST)	*Verfahren*	B/50		82 °C
	Verfahren			°C
Kristallit-Schmelzpunkt	*Verfahren*			
Längenausdehnungskoeffizient	*Bereich*	23–80	°C	$0.8 \cdot 10^{-4} K^{-1}$
	Temperatur			$\cdot 10^{-4} K^{-1}$
Wärmeleitfähigkeit	*Verfahren*			W/(K · m)
Spezifische Wärmekapazität	*Verfahren*			J/(K · g)
Glasumwandlungstemperatur	*Torsionsschwingungsversuch*		°C	
	Differentialkalorimetrie		°C	

Brandverhalten

UL-Test vertikal	Dicke 1.6 mm, Wert V-0
	Dicke mm, Wert

	Norm	*Bewertung*	*Abmessungen*
Sauerstoff-Index	ASTM D 2863		
Glühstab-Verfahren			
Brandverhalten	DIN 4102		
MVSS			
FAR			

Elektrische Eigenschaften

		Hz	°C	*Probekörper, Form*
Dielektrizitätszahl		50		
		10^3		
		10^6		
Dielektrischer Verlustfaktor tan δ		50		
		10^3		
		10^6		
Spezifischer Durchgangs-widerstand	Ohm · cm			
Durchschlagfestigkeit	kV/mm			mm dick
Oberflächenwiderstand	Ohm			

Kriechstromfestigkeit	KC	KB	KA
Kriechwegbildung			

Elektrolytische Korrosionswirkung
Lichtbogenfestigkeit nach DIN
nach ASTM s

Beständigkeit *(Chemische Beständigkeit siehe Anhang)*

Wasseraufnahme

Feuchtigkeitsaufnahme Normalklima %
Wetterbeständigkeit

Spannungskorrosion

Optische Eigenschaften

Brechungszahl n_D
Transmissionsgrad τ_c % mm dick
Lichtdurchlässigkeit

Datenbank-Nr. **T01977** Merkblatt-Nr. **4700**

Produkt	Hart-PVC-Formmasse		**PVC**
Handelsname	**Vestolit TSE EP 3723**		
Hersteller	HUELS		
DIN-Bez 1 *DIN-Bez 2*		*Viskositätszahl* ml/g *K-Wert*	
Zusätze	Treibmittel; Gleitmittel; Schmiermittel; UV-Stabilisator	*Füllstoffe/ Verstärkung*	
Bevorzugte Verarbeitung	Extrudieren	*Lieferform*	Pulver
		Farben	
Besondere Merkmale	Stabilisiert; Stabil-Bewitterung	*Bevorzugte Anwendungen*	Geschaeumtes Profil

---

Kornverteilung

Kornklasse µm	*Rückstand* %			
		Dichte	g/cm^3	0.65
		Schüttdichte	g/cm^3	
		Stampfdichte	g/cm^3	
		Rieselfähigkeit		
		Rieselzeit	s/100 g	
		Kornbeschaffenheit		
Allgemeine Hinweise		*Flüchtige Bestandteile*	%	
		Sulfatasche	%	

Zugversuch 23 °C DIN 53455; ISO /R 527; DIN 53457; ISO /R 527

Probekörper: *Form* Nr. 3; 4 mm dick — *Herstellung*
Zustand — *Vorbehandlung* Normalklima

Streckspannung	N/mm^2	17	*Dehnung bei Streckspannung*	%	
Zugfestigkeit	N/mm^2		*Reißdehnung*	%	40
Reißfestigkeit	N/mm^2		*% Dehnspannung*	N/mm^2	
E-Modul	N/mm^2	1200	*Dehnung bei % Dehnspg.*	%	

Kriechmoduln und Zeitstandwerte 23 °C

Probekörper: *Form* — *Herstellung*
Zustand — *Vorbehandlung*

Kriechmodul	*1 min*	N/mm^2	*Zeitstandzugfestigkeit*	h	N/mm^2
Kriechmodul	*1000 h*	N/mm^2	*Zeitdehnspg.* %	h	N/mm^2
bei Spannung		N/mm^2			

Biegeversuch 23 °C

Probekörper: *Form* — *Herstellung*
Zustand — *Vorbehandlung*

Biegefestigkeit	N/mm^2	*E-Modul*	N/mm^2
3,5% *Biegespannung*	N/mm^2		

Härte 23 °C *Probekörper:* *Zustand* — *Herstellung*
Vorbehandlung

Kugeldruckhärte	N/mm^2 bei N, s	*Shore-Härte* A	
Rockwellhärte		*Shore-Härte* D	

Schlagversuch *Probekörper:* *(1)*
(2) — *Herstellung*
Zustand — *Vorbehandlung*

		°C	°C	°C	*Probekörper-Form*
Schlagzähigkeit	kJ/m^2				
Kerbschlagzähigkeit (1)	kJ/m^2				
IZOD-Kerbschlagzähigkeit (2)	J/m				
Kerbschlagzugzähigkeit	kJ/m^2				

Abrieb und Reibung

Taber-Abrieb (Reibradverfahren)	mm^3/100 U		
Abriebfaktor LNP (Thrust washer) Vergleichswert			
Statische Reibungszahl			
Dynamische Reibungszahl	(p · v= N/mm^2 ·		m/min)
Zulässiger p · v Wert	N/mm^2 · (m/min)	v=	m/min
		v=	m/min

Thermische Eigenschaften

Formbeständigkeit in der Wärme	*Verfahren*			°C
	Verfahren			°C
Vicat Erweichungstemperatur (VST)	*Verfahren*	A/50		77 °C
	Verfahren	B/50		63 °C
Kristallit-Schmelzpunkt	*Verfahren*			
Längenausdehnungskoeffizient	*Bereich*	23–80	°C	$0.5 \cdot 10^{-4} K^{-1}$
	Temperatur			$\cdot 10^{-4} K^{-1}$
Wärmeleitfähigkeit	*Verfahren*			W/(K · m)
Spezifische Wärmekapazität	*Verfahren*			J/(K · g)
Glasumwandlungstemperatur	*Torsionsschwingungsversuch*		°C	
	Differentialkalorimetrie		°C	

Brandverhalten

UL-Test vertikal	Dicke	mm, Wert
	Dicke	mm, Wert

	Norm	*Bewertung*	*Abmessungen*
Sauerstoff-Index	ASTM D 2863		
Glühstab-Verfahren			
Brandverhalten	DIN 4102		
MVSS			
FAR			

Elektrische Eigenschaften

		Hz	°C		*Probekörper, Form*
Dielektrizitätszahl		50	23	1.8	Durchmesser 80x1 mm
		10^3			
		10^6			
Dielektrischer Verlustfaktor tan δ		50			
		10^3			
		10^6			
Spezifischer Durchgangs-widerstand	Ohm · cm		23	6*10**14	Durchmesser 80x1 mm
Durchschlagfestigkeit	kV/mm				mm dick
Oberflächenwiderstand	Ohm				

Kriechstromfestigkeit	KC	KB	KA
Kriechwegbildung			

Elektrolytische Korrosionswirkung
Lichtbogenfestigkeit nach DIN
nach ASTM s

Beständigkeit *(Chemische Beständigkeit siehe Anhang)*

Wasseraufnahme

Feuchtigkeitsaufnahme Normalklima %
Wetterbeständigkeit

Spannungskorrosion

Optische Eigenschaften

Brechungszahl n_D
Transmissionsgrad τ_c % mm dick
Lichtdurchlässigkeit

Datenbank-Nr. **T01979** Merkblatt-Nr. **4701**

Produkt	Hart-PVC-Formmasse		**PVC**
Handelsname	**Vestolit TSE EP 5461**		
Hersteller	HUELS		
DIN-Bez 1 *DIN-Bez 2*		*Viskositätszahl* ml/g *K-Wert*	
Zusätze	Treibmittel; Gleitmittel; Schmiermittel; UV-Stabilisator	*Füllstoffe/ Verstärkung*	
Bevorzugte Verarbeitung	Extrudieren	*Lieferform*	Pulver
		Farben	
Besondere Merkmale	Stabilisiert; Stabil-Bewitterung	*Bevorzugte Anwendungen*	Geschaeumtes Profil; Geschaeumte Platte

Kornverteilung

Kornklasse µm *Rückstand* %

Dichte	g/cm^3	0.55
Schüttdichte	g/cm^3	
Stampfdichte	g/cm^3	
Rieselfähigkeit		
Rieselzeit	s/100 g	
Kornbeschaffenheit		
Flüchtige Bestandteile	%	
Sulfatasche	%	

Allgemeine Hinweise

Zugversuch 23 °C DIN 53455; ISO /R 527; DIN 53457; ISO /R 527

Probekörper: *Form* Nr. 3; 4 mm dick *Herstellung*
Zustand *Vorbehandlung* Normalklima

Streckspannung	N/mm^2	17	*Dehnung bei Streckspannung*	%	
Zugfestigkeit	N/mm^2		*Reißdehnung*	%	30
Reißfestigkeit	N/mm^2		*% Dehnspannung*	N/mm^2	
E-Modul	N/mm^2	1200	*Dehnung bei % Dehnspg.*	%	

Kriechmoduln und Zeitstandwerte 23 °C

Probekörper: *Form* *Herstellung*
Zustand *Vorbehandlung*

Kriechmodul	*1 min*	N/mm^2	*Zeitstandzugfestigkeit*	h	N/mm^2
Kriechmodul	*1000 h*	N/mm^2	*Zeitdehnspg. %*	h	N/mm^2
bei Spannung		N/mm^2			

Biegeversuch 23 °C

Probekörper: *Form* *Herstellung*
Zustand *Vorbehandlung*

Biegefestigkeit	N/mm^2	*E-Modul*	N/mm^2
3,5% *Biegespannung*	N/mm^2		

Härte 23 °C *Probekörper:* *Zustand* *Herstellung*
Vorbehandlung

Kugeldruckhärte	N/mm^2 bei N, s	*Shore-Härte* A	
Rockwellhärte		*Shore-Härte* D	

Schlagversuch *Probekörper:* *(1)*
(2) *Herstellung*
Zustand *Vorbehandlung*

		°C	°C	°C	*Probekörper-Form*
Schlagzähigkeit	kJ/m^2				
Kerbschlagzähigkeit (1)	kJ/m^2				
IZOD-Kerbschlagzähigkeit (2)	J/m				
Kerbschlagzugzähigkeit	kJ/m^2				

Abrieb und Reibung

Taber-Abrieb (Reibradverfahren)	mm^3/100 U		
Abriebfaktor LNP (Thrust washer) Vergleichswert			
Statische Reibungszahl			
Dynamische Reibungszahl	(p·v= N/mm^2·		m/min)
Zulässiger p · v Wert	N/mm^2 · (m/min)	v=	m/min
		v=	m/min

Thermische Eigenschaften

Formbeständigkeit in der Wärme	*Verfahren*			°C
	Verfahren			°C
Vicat Erweichungstemperatur (VST)	*Verfahren*	B/50		70 °C
	Verfahren			°C
Kristallit-Schmelzpunkt	*Verfahren*			
Längenausdehnungskoeffizient	*Bereich*	23–80	°C	0.6 · $10^{-4}K^{-1}$
	Temperatur			· $10^{-4}K^{-1}$
Wärmeleitfähigkeit	*Verfahren*			W/(K · m)
Spezifische Wärmekapazität	*Verfahren*			J/(K · g)
Glasumwandlungstemperatur	*Torsionsschwingungsversuch*		°C	
	Differentialkalorimetrie		°C	

Brandverhalten

UL-Test vertikal		Dicke mm, Wert	
		Dicke mm, Wert	
	Norm	*Bewertung*	*Abmessungen*
Sauerstoff-Index	ASTM D 2863		
Glühstab-Verfahren			
Brandverhalten	DIN 4102		
MVSS			
FAR			

Elektrische Eigenschaften

		Hz	°C		*Probekörper, Form*
Dielektrizitätszahl		50	23	2	Durchmesser 80x1 mm
		10^3			
		10^6			
Dielektrischer Verlustfaktor tan δ		50	23	0.01	Durchmesser 80x1 mm
		10^3			
		10^6			
Spezifischer Durchgangs-widerstand	Ohm · cm		23	5*10**15	Durchmesser 80x1 mm
Durchschlagfestigkeit	kV/mm		23	6	1 mm dick
Oberflächenwiderstand	Ohm		23	5*10**13	Durchmesser 80x1 mm

Kriechstromfestigkeit	KC	KB	KA
Kriechwegbildung			

Elektrolytische Korrosionswirkung
Lichtbogenfestigkeit nach DIN
nach ASTM s

Beständigkeit *(Chemische Beständigkeit siehe Anhang)*

Wasseraufnahme

Feuchtigkeitsaufnahme Normalklima %
Wetterbeständigkeit

Spannungskorrosion

Optische Eigenschaften

Brechungszahl n_D
Transmissionsgrad τ_c % mm dick
Lichtdurchlässigkeit

Datenbank-Nr. **T01983** *Merkblatt-Nr.* **4702**

Produkt	Polyvinylchlorid schlagzaeh		**PVC**
Handelsname	**Vestolit X 3610**		
Hersteller	HUELS		
DIN-Bez 1	2898-PVC-P,MGN0,A78-50-30	*Viskositätszahl* ml/g	
DIN-Bez 2		*K-Wert*	
Zusätze	Gleitmittel; Schmiermittel; Weichmacher	*Füllstoffe/ Verstärkung*	
Bevorzugte Verarbeitung	Spritzgiessen	*Lieferform*	Granulat
		Farben	
Besondere Merkmale		*Bevorzugte Anwendungen*	Kabelstecker

Kornverteilung

Kornklasse μm *Rückstand* %

Dichte	g/cm³	1.48
Schüttdichte	g/cm³	
Stampfdichte	g/cm³	
Rieselfähigkeit		
Rieselzeit	s/100 g	
Kornbeschaffenheit		
Flüchtige Bestandteile	%	
Sulfatasche	%	

Allgemeine Hinweise

Zugversuch 23 °C DIN 53455; ISO /R 527;

Probekörper: *Form* Nr. 3; 4 mm dick; *Zustand*; *Herstellung*; *Vorbehandlung* Normalklima

Streckspannung	N/mm²	7	*Dehnung bei Streckspannung*	%	
Zugfestigkeit	N/mm²		*Reißdehnung*	%	≧50
Reißfestigkeit	N/mm²		*% Dehnspannung*	N/mm²	
E-Modul	N/mm²		*Dehnung bei % Dehnspg.*	%	

Kriechmoduln und Zeitstandwerte 23 °C

Probekörper: *Form*; *Zustand*; *Herstellung*; *Vorbehandlung*

Kriechmodul	*1 min* N/mm²	*Zeitstandzugfestigkeit*	h N/mm²
Kriechmodul	*1000 h* N/mm²	*Zeitdehnspg.* %	h N/mm²
bei Spannung	N/mm²		

Biegeversuch 23 °C

Probekörper: *Form*; *Zustand*; *Herstellung*; *Vorbehandlung*

Biegefestigkeit	N/mm²	*E-Modul*	N/mm²
3,5% *Biegespannung*	N/mm²		

Härte 23 °C *Probekörper:* *Zustand*; *Herstellung*; *Vorbehandlung*

Kugeldruckhärte	N/mm² bei N, s	*Shore-Härte* A	
Rockwellhärte		*Shore-Härte* D	

Schlagversuch *Probekörper:* *(1)*; *(2)*; *Zustand*; *Herstellung*; *Vorbehandlung*

		°C	°C	°C	*Probekörper-Form*
Schlagzähigkeit	kJ/m²				
Kerbschlagzähigkeit (1)	kJ/m²				
IZOD-Kerbschlagzähigkeit (2)	J/m				
Kerbschlagzugzähigkeit	kJ/m²				

Abrieb und Reibung

Taber-Abrieb (Reibradverfahren)	$mm^3/100$ U		
Abriebfaktor LNP (Thrust washer) Vergleichswert			
Statische Reibungszahl			
Dynamische Reibungszahl	(p · v =	N/mm^2 ·	m/min)
Zulässiger p · v Wert	N/mm^2 · (m/min)	v =	m/min
		v =	m/min

Thermische Eigenschaften

Formbeständigkeit in der Wärme	*Verfahren*			°C
	Verfahren			°C
Vicat Erweichungstemperatur (VST)	*Verfahren*			°C
	Verfahren			°C
Kristallit-Schmelzpunkt	*Verfahren*			
Längenausdehnungskoeffizient	*Bereich*	23–80	°C	$1.2 \cdot 10^{-4} K^{-1}$
	Temperatur			$\cdot 10^{-4} K^{-1}$
Wärmeleitfähigkeit	*Verfahren*			W/(K · m)
Spezifische Wärmekapazität	*Verfahren*			J/(K · g)
Glasumwandlungstemperatur	*Torsionsschwingungsversuch*		°C	
	Differentialkalorimetrie		°C	

Brandverhalten

UL-Test vertikal	Dicke	mm, Wert
	Dicke	mm, Wert

	Norm	*Bewertung*	*Abmessungen*
Sauerstoff-Index	ASTM D 2863		
Glühstab-Verfahren			
Brandverhalten	DIN 4102		
MVSS			
FAR			

Elektrische Eigenschaften

		Hz	°C		*Probekörper, Form*
Dielektrizitätszahl		50	23	7	Durchmesser 80x1 mm
		10^3			
		10^6			
Dielektrischer Verlustfaktor tan δ		50	23	0.05	Durchmesser 80x1 mm
		10^3			
		10^6			
Spezifischer Durchgangs-widerstand	Ohm · cm		23	1*10**12	Durchmesser 80x1 mm
Durchschlagfestigkeit	kV/mm		23	75	1 mm dick
Oberflächenwiderstand	Ohm				

Kriechstromfestigkeit	KC	KB	KA
Kriechwegbildung			

Elektrolytische Korrosionswirkung
Lichtbogenfestigkeit nach DIN
nach ASTM s

Beständigkeit *(Chemische Beständigkeit siehe Anhang)*

Wasseraufnahme

Feuchtigkeitsaufnahme Normalklima %
Wetterbeständigkeit

Spannungskorrosion

Optische Eigenschaften

Brechungszahl n_D
Transmissionsgrad τ_c % mm dick
Lichtdurchlässigkeit

Produkt	Acrylnitril-Butadien-Styrol-Polymerisat		**ABS**
Handelsname	**Lustran 723**		
Hersteller	MONSANTO		
DIN-Bez 1	16772-ABS,EN,095-04-20C		
DIN-Bez 2			
Zusätze		*Füllstoffe/ Verstärkung*	
Bevorzugte Verarbeitung	Extrudieren	*Lieferform*	Granulat
		Farben	Natur; Standard
Besondere Merkmale	Verbesserte Thermostabilitaet der Schmelze; Hoher Glanz; Ausgezeichnete Temperaturwechselfestigkeit; Verbessertes Kosten-Nutzen-Verhaeltnis bei reduzierter Wanddicke	*Bevorzugte Anwendungen*	Hochtechnologie-Typ fuer Kuehleinrichtung

Dichte	g/cm^3	1.06	*Schmelzindex*	g/10 min	2.5:	220/10
Schüttdichte	g/cm^3		*Volumenfließindex*	cm^3/10 min	:	
Viskositätszahl	ml/g					

Verarbeitungsbedingungen für Spritzgießen

Massetemp.	°C	*Schwindung*	%	lgs , quer
Werkzeugtemp.	°C	*Bemerkungen*		
Spritzdruck	bar			

Zugversuch 23 °C ISO 527;

Probekörper:	*Form*	Nr. 3	*Herstellung*	Spritzgiessen
	Zustand		*Vorbehandlung*	Normalklima

Streckspannung	N/mm^2	36	*Dehnung bei Streckspannung*	%	2.0
Zugfestigkeit	N/mm^2		*Reißdehnung*	%	40
Reißfestigkeit	N/mm^2	31	*% Dehnspannung*	N/mm^2	
E-Modul	N/mm^2	2400	*Dehnung bei % Dehnspg.*	%	

Kriechmoduln und Zeitstandwerte 23 °C

Probekörper:	*Form*	*Herstellung*	
	Zustand	*Vorbehandlung*	

Kriechmodul	*1 min* N/mm^2	*Zeitstandzugfestigkeit*	h	N/mm^2
Kriechmodul	*1000 h* N/mm^2	*Zeitdehnspg. %*	h	N/mm^2
bei Spannung	N/mm^2			

Biegeversuch 23 °C ISO 178;

Probekörper:	*Form*	80x10x4 mm	*Herstellung*	Spritzgiessen
	Zustand		*Vorbehandlung*	Normalklima

Biegefestigkeit	N/mm^2		*E-Modul*	N/mm^2	2600
3,5% *Biegespannung*	N/mm^2	68			

Härte 23 °C

Probekörper:	*Zustand*	*Herstellung*	Spritzgiessen
		Vorbehandlung	Normalklima

Kugeldruckhärte	N/mm^2 100	bei 358 N, 30 s	*Shore-Härte*	A
Rockwellhärte			*Shore-Härte*	D

Schlagversuch

Probekörper:	*(1)* U-Kerbe		
	(2)	*Herstellung*	Spritzgiessen
	Zustand	*Vorbehandlung*	Normalklima

		°C	°C	°C	*Probekörper-Form*
Schlagzähigkeit	kJ/m^2	23 o.B.			50x6x4 mm
Kerbschlagzähigkeit (1)	kJ/m^2	23 16			50x6x4 mm
IZOD-Kerbschlagzähigkeit (2)	J/m				
Kerbschlagzugzähigkeit	kJ/m^2				

Abrieb und Reibung

Taber-Abrieb (Reibradverfahren) mm^3/100 U
Abriebfaktor LNP (Thrust washer) Vergleichswert
Statische Reibungszahl
Dynamische Reibungszahl (p · v = N/mm^2 · m/min)
Zulässiger p · v Wert N/mm^2 · (m/min) v = m/min
v = m/min

Thermische Eigenschaften

Formbeständigkeit in der Wärme	*Verfahren*	A	87 °C
	Verfahren		°C
Vicat Erweichungstemperatur (VST)	*Verfahren*	A/50	106 °C
	Verfahren	B/50	99 °C
Kristallit-Schmelzpunkt	*Verfahren*		
Längenausdehnungskoeffizient	*Bereich*	°C	$\cdot 10^{-4} K^{-1}$
	Temperatur 23 °C		$0.80 \cdot 10^{-4} K^{-1}$
Wärmeleitfähigkeit	*Verfahren*		W/(K · m)
Spezifische Wärmekapazität	*Verfahren*		J/(K · g)
Glasumwandlungstemperatur	*Torsionsschwingungsversuch*	°C	
	Differentialkalorimetrie	°C	

Brandverhalten

UL-Test vertikal Dicke mm, Wert
Dicke mm, Wert

	Norm	*Bewertung*	*Abmessungen*
Sauerstoff-Index	ASTM D 2863		
Glühstab-Verfahren			
Brandverhalten	DIN 4102		
MVSS			
FAR			

Elektrische Eigenschaften

		Hz	°C	*Probekörper, Form*
Dielektrizitätszahl		50		
		10^3		
		10^6		
Dielektrischer Verlustfaktor tan δ		50		
		10^3		
		10^6		
Spezifischer Durchgangswiderstand	Ohm · cm			
Durchschlagfestigkeit	kV/mm			mm dick
Oberflächenwiderstand	Ohm			

Kriechstromfestigkeit KC KB KA
Elektrolytische Korrosionswirkung
Lichtbogenfestigkeit nach DIN
nach ASTM s

Beständigkeit *(Chemische Beständigkeit siehe Anhang)*

Wasseraufnahme A/23 C 1 d 0.3 %

Feuchtigkeitsaufnahme Normalklima %
Wetterbeständigkeit

Spannungskorrosion

Optische Eigenschaften

Brechungszahl n_D
Transmissionsgrad τ_c % mm dick
Lichtdurchlässigkeit

Datenbank-Nr. **T01305** *Merkblatt-Nr.* **4704**

Produkt	Acrylnitril-Butadien-Styrol-Polymerisat		**ABS**
Handelsname	**Lustran QE 1160**		
Hersteller	MONSANTO		
DIN-Bez 1	16772-ABS,EN,095-04-20C		
DIN-Bez 2			
Zusätze		*Füllstoffe/ Verstärkung*	
Bevorzugte Verarbeitung	Extrudieren	*Lieferform*	Granulat
		Farben	Natur; Standard
Besondere Merkmale	Standardtyp; Geringer Glanz; Sehr hohe Schlagzaehigkeit	*Bevorzugte Anwendungen*	Coextrusion von Profilen; Freizeitartikel; Koffer; Kfz-Industrie; Moebelindustrie

Dichte	g/cm³	1.04	*Schmelzindex*	g/10 min	3.0:	220/10
Schüttdichte	g/cm³		*Volumenfließindex*	cm³/10 min	:	
Viskositätszahl	ml/g					

Verarbeitungsbedingungen für Spritzgießen

Massetemp.	°C	*Schwindung*	% lgs , quer
Werkzeugtemp.	°C	*Bemerkungen*	
Spritzdruck	bar		

Zugversuch 23 °C ISO 527;
Probekörper: *Form* Nr. 3, *Zustand* — *Herstellung* Spritzgiessen, *Vorbehandlung* Normalklima

Streckspannung	N/mm²	29	*Dehnung bei Streckspannung*	%	2.5
Zugfestigkeit	N/mm²		*Reißdehnung*	%	55
Reißfestigkeit	N/mm²	29	*% Dehnspannung*	N/mm²	
E-Modul	N/mm²	1700	*Dehnung bei % Dehnspg.*	%	

Kriechmoduln und Zeitstandwerte 23 °C
Probekörper: *Form*, *Zustand* — *Herstellung*, *Vorbehandlung*

Kriechmodul	*1 min* N/mm²		*Zeitstandzugfestigkeit*	h	N/mm²
Kriechmodul	*1000 h* N/mm²		*Zeitdehnspg. %*	h	N/mm²
bei Spannung	N/mm²				

Biegeversuch 23 °C ISO 178;
Probekörper: *Form* 80x10x4 mm, *Zustand* — *Herstellung* Spritzgiessen, *Vorbehandlung* Normalklima

Biegefestigkeit	N/mm²		*E-Modul*	N/mm²	1800
3,5% *Biegespannung*	N/mm²	54			

Härte 23 °C *Probekörper:* *Zustand* — *Herstellung* Spritzgiessen, *Vorbehandlung* Normalklima

Kugeldruckhärte	N/mm² 75	bei 358 N, 30 s	*Shore-Härte* A	
Rockwellhärte			*Shore-Härte* D	

Schlagversuch *Probekörper:* *(1)* U-Kerbe, *(2)*, *Zustand* — *Herstellung* Spritzgiessen, *Vorbehandlung* Normalklima

		°C		°C	°C	*Probekörper-Form*
Schlagzähigkeit	kJ/m²	23	o.B.			50x6x4 mm
Kerbschlagzähigkeit (1)	kJ/m²	23	20			50x6x4 mm
IZOD-Kerbschlagzähigkeit (2)	J/m					
Kerbschlagzugzähigkeit	kJ/m²					

Abrieb und Reibung

Taber-Abrieb (Reibradverfahren)	mm^3/100 U		
Abriebfaktor LNP (Thrust washer) Vergleichswert			
Statische Reibungszahl			
Dynamische Reibungszahl	(p · v =	N/mm^2 ·	m/min)
Zulässiger p · v Wert	N/mm^2 · (m/min)	v =	m/min
		v =	m/min

Thermische Eigenschaften

Formbeständigkeit in der Wärme	Verfahren	A		86 °C
	Verfahren			°C
Vicat Erweichungstemperatur (VST)	Verfahren	A/50		105 °C
	Verfahren	B/50		95 °C
Kristallit-Schmelzpunkt	Verfahren			
Längenausdehnungskoeffizient	Bereich	°C		$\cdot 10^{-4} K^{-1}$
	Temperatur 23 °C			$0.90 \cdot 10^{-4} K^{-1}$
Wärmeleitfähigkeit	Verfahren			W/(K · m)
Spezifische Wärmekapazität	Verfahren			J/(K · g)
Glasumwandlungstemperatur	Torsionsschwingungsversuch		°C	
	Differentialkalorimetrie		°C	

Brandverhalten

UL-Test vertikal	Dicke	mm, Wert
	Dicke	mm, Wert

	Norm	Bewertung	Abmessungen
Sauerstoff-Index	ASTM D 2863		
Glühstab-Verfahren			
Brandverhalten	DIN 4102		
MVSS			
FAR			

Elektrische Eigenschaften

		Hz	°C		Probekörper, Form
Dielektrizitätszahl		50			
		10^3			
		10^6			
Dielektrischer Verlustfaktor tan δ		50			
		10^3			
		10^6			
Spezifischer Durchgangswiderstand	Ohm · cm				
Durchschlagfestigkeit	kV/mm				mm dick
Oberflächenwiderstand	Ohm				
Kriechstromfestigkeit		KC	KB	KA	
Elektrolytische Korrosionswirkung					
Lichtbogenfestigkeit nach DIN					
nach ASTM	s				

Beständigkeit *(Chemische Beständigkeit siehe Anhang)*

Wasseraufnahme A/23 C	1 d	0.3 %	
Feuchtigkeitsaufnahme Normalklima			%
Wetterbeständigkeit			
Spannungskorrosion			

Optische Eigenschaften

Brechungszahl n_D		
Transmissionsgrad τ_c	%	mm dick
Lichtdurchlässigkeit		

Datenbank-Nr. **T01306** Merkblatt-Nr. **4705**

Produkt	Acrylnitril-Butadien-Styrol-Polymerisat		**ABS**
Handelsname	**Lustran HH 1655**		
Hersteller	MONSANTO		
DIN-Bez 1	16772-ABS,MN,105-04-15C		
DIN-Bez 2			
Zusätze		*Füllstoffe/ Verstärkung*	
Bevorzugte Verarbeitung	Spritzgiessen	*Lieferform*	Granulat
		Farben	Natur; Standard
Besondere Merkmale	Hohe Waermeformbestaendigkeit	*Bevorzugte Anwendungen*	Gehaeuse; Haushaltsgeraet; Spielzeug; Telefon; Rasenmaeher

Dichte	g/cm^3	1.06	*Schmelzindex*	g/10 min	4:	220/10
Schüttdichte	g/cm^3		*Volumenfließindex*	cm^3/10 min	:	
Viskositätszahl	ml/g					

Verarbeitungsbedingungen für Spritzgießen

Massetemp.	°C	*Schwindung*	%	lgs 0.4–0.6, quer 0.4–0.6
Werkzeugtemp.	°C	*Bemerkungen*		
Spritzdruck	bar			

Zugversuch 23 °C ISO 527;
Probekörper: *Form* Nr. 3 — *Herstellung* Spritzgiessen
Zustand — *Vorbehandlung* Normalklima

Streckspannung	N/mm^2	45	*Dehnung bei Streckspannung*	%	≧2
Zugfestigkeit	N/mm^2		*Reißdehnung*	%	22
Reißfestigkeit	N/mm^2	35	*% Dehnspannung*	N/mm^2	
E-Modul	N/mm^2	2500	*Dehnung bei % Dehnspg.*	%	

Kriechmoduln und Zeitstandwerte 23 °C
Probekörper: *Form* — *Herstellung*
Zustand — *Vorbehandlung*

Kriechmodul	*1 min* N/mm^2		*Zeitstandzugfestigkeit*	h	N/mm^2
Kriechmodul	*1000 h* N/mm^2		*Zeitdehnspg. %*	h	N/mm^2
bei Spannung	N/mm^2				

Biegeversuch 23 °C ISO 178;
Probekörper: *Form* 80x10x4 mm — *Herstellung* Spritzgiessen
Zustand — *Vorbehandlung* Normalklima

Biegefestigkeit	N/mm^2		*E-Modul*	N/mm^2	2500
3,5% *Biegespannung*	N/mm^2	72			

Härte 23 °C *Probekörper:* *Zustand* — *Herstellung* Spritzgiessen
Vorbehandlung Normalklima

Kugeldruckhärte	N/mm^2	100	bei 358 N, 30 s	*Shore-Härte* A
Rockwellhärte				*Shore-Härte* D

Schlagversuch *Probekörper:* *(1)* U-Kerbe
(2) — *Herstellung* Spritzgiessen
Zustand — *Vorbehandlung* Normalklima

		°C		°C		°C		*Probekörper-Form*
Schlagzähigkeit	kJ/m^2	23	o.B.	-40	60			50x6x4 mm
Kerbschlagzähigkeit (1)	kJ/m^2	23	15					50x6x4 mm
IZOD-Kerbschlagzähigkeit (2)	J/m							
Kerbschlagzugzähigkeit	kJ/m^2							

Abrieb und Reibung

Taber-Abrieb (Reibradverfahren)	mm^3/100 U		
Abriebfaktor LNP (Thrust washer) Vergleichswert			
Statische Reibungszahl			
Dynamische Reibungszahl	(p·v=	N/mm^2·	m/min)
Zulässiger p·v Wert	N/mm^2·(m/min)	v=	m/min
		v=	m/min

Thermische Eigenschaften

Formbeständigkeit in der Wärme	*Verfahren* A		97 °C
	Verfahren		°C
Vicat Erweichungstemperatur (VST)	*Verfahren* A/50		112 °C
	Verfahren B/50		104 °C
Kristallit-Schmelzpunkt	*Verfahren*		
Längenausdehnungskoeffizient	*Bereich*	°C	$\cdot 10^{-4}K^{-1}$
	Temperatur 23 °C		$0.75 \cdot 10^{-4}K^{-1}$
Wärmeleitfähigkeit	*Verfahren*		W/(K·m)
Spezifische Wärmekapazität	*Verfahren*		J/(K·g)
Glasumwandlungstemperatur	*Torsionsschwingungsversuch*	°C	
	Differentialkalorimetrie	°C	

Brandverhalten

UL-Test vertikal	Dicke 3.2 mm, Wert HB	
	Dicke mm, Wert	

	Norm	*Bewertung*	*Abmessungen*
Sauerstoff-Index	ASTM D 2863		
Glühstab-Verfahren			
Brandverhalten	DIN 4102		
MVSS			
FAR			

Elektrische Eigenschaften

		Hz	°C			*Probekörper, Form*
Dielektrizitätszahl		50	23	2.6		120x120x1 mm
		10^3	23	2.6		120x120x1 mm
		10^6	23	2.6		120x120x1 mm
Dielektrischer Verlustfaktor tan δ		50	23	0.006		120x120x1 mm
		10^3	23	0.006		120x120x1 mm
		10^6	23	0.006		120x120x1 mm
Spezifischer Durchgangswiderstand	Ohm·cm					
Durchschlagfestigkeit	kV/mm					mm dick
Oberflächenwiderstand	Ohm		23	3.0*10**14		120x120x1 mm
Kriechstromfestigkeit		KC		KB	KA	
Elektrolytische Korrosionswirkung						
Lichtbogenfestigkeit nach DIN						
nach ASTM	s					

009n

Beständigkeit *(Chemische Beständigkeit siehe Anhang)*

Wasseraufnahme A/23 C	1 d	0.3 %
Feuchtigkeitsaufnahme Normalklima		%
Wetterbeständigkeit		
Spannungskorrosion		

Optische Eigenschaften

Brechungszahl n_D		
Transmissionsgrad τ_c	%	mm dick
Lichtdurchlässigkeit		

Datenbank-Nr.	**T01307**	Merkblatt-Nr. **4706**

Produkt	Acrylnitril-Butadien-Styrol-Polymerisat		**ABS**
Handelsname	**Lustran HH 1179**		
Hersteller	MONSANTO		
DIN-Bez 1	16772-ABS,MN,105-08-15C		
DIN-Bez 2			
Zusätze		*Füllstoffe/ Verstärkung*	
Bevorzugte Verarbeitung	Spritzgiessen	*Lieferform*	Granulat
		Farben	Natur; Standard
Besondere Merkmale	Hohe Waermeformbestaendigkeit; Gute Steifigkeit; Gute Zaehigkeit; Hervorragender Glanz	*Bevorzugte Anwendungen*	

Dichte	g/cm³	1.07	*Schmelzindex*	g/10 min	5:	220/10
Schüttdichte	g/cm³		*Volumenfließindex*	cm³/10 min	:	
Viskositätszahl	ml/g					

Verarbeitungsbedingungen für Spritzgießen

Massetemp.	°C	*Schwindung*	%	lgs 0.4–0.6, quer 0.4–0.6
Werkzeugtemp.	°C	*Bemerkungen*		
Spritzdruck	bar			

009n

Zugversuch 23 °C ISO 527;

Probekörper: *Form* Nr. 3 — *Herstellung* Spritzgiessen
Zustand — *Vorbehandlung* Normalklima

Streckspannung	N/mm²	46	*Dehnung bei Streckspannung*	%	≧2
Zugfestigkeit	N/mm²		*Reißdehnung*	%	25
Reißfestigkeit	N/mm²	33	*% Dehnspannung*	N/mm²	
E-Modul	N/mm²	2300	*Dehnung bei % Dehnspg.*	%	

Kriechmoduln und Zeitstandwerte 23 °C

Probekörper: *Form* — *Herstellung*
Zustand — *Vorbehandlung*

Kriechmodul	*1 min* N/mm²		*Zeitstandzugfestigkeit*	h	N/mm²
Kriechmodul	*1000 h* N/mm²		*Zeitdehnspg.* %	h	N/mm²
bei Spannung	N/mm²				

Biegeversuch 23 °C ISO 178;

Probekörper: *Form* 80x10x4 mm — *Herstellung* Spritzgiessen
Zustand — *Vorbehandlung* Normalklima

Biegefestigkeit	N/mm²		*E-Modul*	N/mm²	2400
3,5% *Biegespannung*	N/mm²	72			

Härte 23 °C *Probekörper:* *Zustand* — *Herstellung* Spritzgiessen
Vorbehandlung Normalklima

Kugeldruckhärte	N/mm² 93	bei 358 N, 30 s	*Shore-Härte* A	
Rockwellhärte			*Shore-Härte* D	

Schlagversuch *Probekörper:* *(1)* U-Kerbe
(2) — *Herstellung* Spritzgiessen
Zustand — *Vorbehandlung* Normalklima

		°C		°C		°C	*Probekörper-Form*
Schlagzähigkeit	kJ/m²	23	o.B.	-40	70		50x6x4 mm
Kerbschlagzähigkeit (1)	kJ/m²	23	14				50x6x4 mm
IZOD-Kerbschlagzähigkeit (2)	J/m						
Kerbschlagzugzähigkeit	kJ/m²						

Abrieb und Reibung

Taber-Abrieb (Reibradverfahren)	mm^3/100 U		
Abriebfaktor LNP (Thrust washer) Vergleichswert			
Statische Reibungszahl			
Dynamische Reibungszahl	(p · v=	N/mm^2 ·	m/min)
Zulässiger p · v Wert	N/mm^2 · (m/min)	v=	m/min
		v=	m/min

Thermische Eigenschaften

Formbeständigkeit in der Wärme	*Verfahren*	A		89 °C
	Verfahren			°C
Vicat Erweichungstemperatur (VST)	*Verfahren*	A/50		111 °C
	Verfahren	B/50		102 °C
Kristallit-Schmelzpunkt	*Verfahren*			
Längenausdehnungskoeffizient	*Bereich*	°C		$\cdot 10^{-4} K^{-1}$
	Temperatur 23 °C			$0.80 \cdot 10^{-4} K^{-1}$
Wärmeleitfähigkeit	*Verfahren*			W/(K · m)
Spezifische Wärmekapazität	*Verfahren*			J/(K · g)
Glasumwandlungstemperatur	*Torsionsschwingungsversuch*		°C	
	Differentialkalorimetrie		°C	

Brandverhalten

UL-Test vertikal	Dicke 3.2 mm, Wert HB
	Dicke mm, Wert

	Norm	*Bewertung*	*Abmessungen*
Sauerstoff-Index	ASTM D 2863		
Glühstab-Verfahren			
Brandverhalten	DIN 4102		
MVSS			
FAR			

Elektrische Eigenschaften

		Hz	°C		*Probekörper, Form*
Dielektrizitätszahl		50	23	3.0	120x120x1 mm
		10^3	23	3.0	120x120x1 mm
		10^6	23	3.0	120x120x1 mm
Dielektrischer Verlustfaktor tan δ		50	23	0.008	120x120x1 mm
		10^3	23	0.008	120x120x1 mm
		10^6	23	0.008	120x120x1 mm
Spezifischer Durchgangs-widerstand	Ohm · cm				
Durchschlagfestigkeit	kV/mm				mm dick
Oberflächenwiderstand	Ohm		23	3.0*10**14	120x120x1 mm

Kriechstromfestigkeit	KC	KB	KA
Elektrolytische Korrosionswirkung			
Lichtbogenfestigkeit nach DIN			
nach ASTM s			

Beständigkeit *(Chemische Beständigkeit siehe Anhang)*

Wasseraufnahme A/23 C	1 d	0.3 %	
Feuchtigkeitsaufnahme Normalklima			%
Wetterbeständigkeit			
Spannungskorrosion			

Optische Eigenschaften

Brechungszahl n_D		
Transmissionsgrad τ_c	%	mm dick
Lichtdurchlässigkeit		

Produkt	Polyamid 6		**PA**
Handelsname	**Akulon F235-A**		
Hersteller	AKZO		
DIN-Bez 1			
DIN-Bez 2			
Zusätze		*Füllstoffe/ Verstärkung*	
Bevorzugte Verarbeitung	Spritzgiessen	*Lieferform*	Granulat
		Farben	Natur; Standard
Besondere Merkmale	Hochviskos; Hohe Schlagzaehigkeit im Trockenzustand; Gute Verarbeitbarkeit	*Bevorzugte Anwendungen*	Technisches Formteil

Dichte	g/cm³	1.12	*Schmelzindex*	g/10 min	:
Schüttdichte	g/cm³		*Volumenfließindex*	cm³/10 min	:
Viskositätszahl	ml/g				

Verarbeitungsbedingungen für Spritzgießen

Massetemp.	°C	250–280	*Schwindung*	%	lgs 0.6–1.0, quer 0.6–1.0
Werkzeugtemp.	°C	80–90	*Bemerkungen*		
Spritzdruck	bar				

Zugversuch 23 °C ISO 527;
Probekörper: *Form* — *Herstellung* Spritzgiessen
Zustand Spritzfrisch — *Vorbehandlung*

Streckspannung	N/mm²		*Dehnung bei Streckspannung*	%	
Zugfestigkeit	N/mm²	70	*Reißdehnung*	%	≧100
Reißfestigkeit	N/mm²		*% Dehnspannung*	N/mm²	
E-Modul	N/mm²	2600	*Dehnung bei % Dehnspg.*	%	

Kriechmoduln und Zeitstandwerte 23 °C
Probekörper: *Form* — *Herstellung*
Zustand — *Vorbehandlung*

Kriechmodul	*1 min*	N/mm²	*Zeitstandzugfestigkeit*	h	N/mm²
Kriechmodul	*1000 h*	N/mm²	*Zeitdehnspg. %*	h	N/mm²
bei Spannung		N/mm²			

Biegeversuch 23 °C ISO 178;
Probekörper: *Form* — *Herstellung* Spritzgiessen
Zustand Spritzfrisch — *Vorbehandlung*

Biegefestigkeit	N/mm²	75	*E-Modul*	N/mm²	2400
3,5% *Biegespannung*	N/mm²				

Härte 23 °C *Probekörper:* *Zustand* Spritzfrisch — *Herstellung* Spritzgiessen
Vorbehandlung

Kugeldruckhärte	N/mm²	bei N, s	*Shore-Härte* A	
Rockwellhärte			*Shore-Härte* D	83

Schlagversuch *Probekörper:* *(1)*
(2) — *Herstellung*
Zustand — *Vorbehandlung*

		°C	°C	°C	*Probekörper-Form*
Schlagzähigkeit	kJ/m²				
Kerbschlagzähigkeit (1)	kJ/m²				
IZOD-Kerbschlagzähigkeit (2)	J/m				
Kerbschlagzugzähigkeit	kJ/m²				

Abrieb und Reibung

Taber-Abrieb (Reibradverfahren)	mm^3/100 U		
Abriebfaktor LNP (Thrust washer) Vergleichswert			
Statische Reibungszahl			
Dynamische Reibungszahl	(p · v=	N/mm^2 ·	m/min)
Zulässiger p · v Wert	N/mm^2 · (m/min)	v=	m/min
		v=	m/min

Thermische Eigenschaften

Formbeständigkeit in der Wärme	*Verfahren* A			60 °C
	Verfahren B			160 °C
Vicat Erweichungstemperatur (VST)	*Verfahren*			°C
	Verfahren			°C
Kristallit-Schmelzpunkt	*Verfahren* ASTM D 2117			218 °C
Längenausdehnungskoeffizient	*Bereich* °C			$\cdot 10^{-4}K^{-1}$
	Temperatur 23 °C			$0.9–1.1 \cdot 10^{-4}K^{-1}$
Wärmeleitfähigkeit	*Verfahren* DIN 52612	23 °C		0.25 W/(K · m)
Spezifische Wärmekapazität	*Verfahren* ASTM C 351	23 °C		1.7 J/(K · g)
Glasumwandlungstemperatur	*Torsionsschwingungsversuch*	°C		
	Differentialkalorimetrie	°C		

Brandverhalten

UL-Test vertikal	Dicke mm, Wert HB	
	Dicke mm, Wert	

	Norm	*Bewertung*	*Abmessungen*
Sauerstoff-Index	ASTM D 2863		
Glühstab-Verfahren			
Brandverhalten	DIN 4102		
MVSS			
FAR			

Elektrische Eigenschaften

		Hz	°C			Probekörper, Form
Dielektrizitätszahl		50				
		10^3	23	3.5		
		10^6				
Dielektrischer Verlustfaktor tan δ		50				
		10^3	23	0.02		
		10^6				
Spezifischer Durchgangswiderstand	Ohm · cm		23	1.0*10**15		
Durchschlagfestigkeit	kV/mm		23	50		1 mm dick
Oberflächenwiderstand	Ohm		23	1.0*10**14		
Kriechstromfestigkeit		KC		KB	KA	
Elektrolytische Korrosionswirkung						
Lichtbogenfestigkeit nach DIN						
nach ASTM	s					

Beständigkeit *(Chemische Beständigkeit siehe Anhang)*

Wasseraufnahme 23 C Bis zur Saettigung	10 %	
Feuchtigkeitsaufnahme Normalklima		3.5 %
Wetterbeständigkeit		
Spannungskorrosion		

Optische Eigenschaften

Brechungszahl n_D		
Transmissionsgrad τ_c	%	mm dick
Lichtdurchlässigkeit		

Produkt	Polyamid 6		**PA**
Handelsname	**Akulon K223-HGM15**		
Hersteller	AKZO		
DIN-Bez 1			
DIN-Bez 2			
Zusätze	Waermestabilisator	*Füllstoffe/ Verstärkung*	30% Mineral (25); Glasfaser (5)
Bevorzugte Verarbeitung	Spritzgiessen	*Lieferform*	Granulat
		Farben	Natur; Standard
Besondere Merkmale	Geringe Schwindung; Hohe Waermeformbestaendigkeit; Hohe Steifigkeit; Erlaubt Lackeinbrenntemperaturen von 180-190 C	*Bevorzugte Anwendungen*	Technisches Formteil; Karosserieteil; Kfz-Industrie

Dichte	g/cm^3	1.38	*Schmelzindex*	g/10 min	:
Schüttdichte	g/cm^3		*Volumenfließindex*	$cm^3/10$ min	:
Viskositätszahl	ml/g				

Verarbeitungsbedingungen für Spritzgießen

Massetemp.	°C	250–270	*Schwindung*	%	lgs 0.5, quer 0.8
Werkzeugtemp.	°C	80–90	*Bemerkungen*		
Spritzdruck	bar				

Zugversuch 23 °C ISO 527;

Probekörper: *Form* — *Herstellung* Spritzgiessen
Zustand Spritzfrisch — *Vorbehandlung*

Streckspannung	N/mm^2		*Dehnung bei Streckspannung*	%	
Zugfestigkeit	N/mm^2	96	*Reißdehnung*	%	2.2
Reißfestigkeit	N/mm^2		*% Dehnspannung*	N/mm^2	
E-Modul	N/mm^2		*Dehnung bei % Dehnspg.*	%	

Kriechmoduln und Zeitstandwerte 23 °C

Probekörper: *Form* — *Herstellung*
Zustand — *Vorbehandlung*

Kriechmodul	*1 min*	N/mm^2	*Zeitstandzugfestigkeit*	h	N/mm^2
Kriechmodul	*1000 h*	N/mm^2	*Zeitdehnspg. %*	h	N/mm^2
bei Spannung		N/mm^2			

Biegeversuch 23 °C ISO 178;

Probekörper: *Form* — *Herstellung* Spritzgiessen
Zustand Spritzfrisch — *Vorbehandlung*

Biegefestigkeit	N/mm^2	160	*E-Modul*	N/mm^2	7400
3,5% *Biegespannung*	N/mm^2				

Härte 23 °C *Probekörper:* *Zustand* Spritzfrisch — *Herstellung* Spritzgiessen
Vorbehandlung

Kugeldruckhärte	N/mm^2	bei N, s	*Shore-Härte* A	
Rockwellhärte			*Shore-Härte* D	85

Schlagversuch *Probekörper:* *(1)*
(2) — *Herstellung*
Zustand — *Vorbehandlung*

		°C	°C	°C	*Probekörper-Form*
Schlagzähigkeit	kJ/m^2				
Kerbschlagzähigkeit (1)	kJ/m^2				
IZOD-Kerbschlagzähigkeit (2)	J/m				
Kerbschlagzugzähigkeit	kJ/m^2				

Abrieb und Reibung

Taber-Abrieb (Reibradverfahren)	mm^3/100 U		
Abriebfaktor LNP (Thrust washer) Vergleichswert			
Statische Reibungszahl			
Dynamische Reibungszahl	(p · v =	N/mm^2 ·	m/min)
Zulässiger p · v Wert	N/mm^2 · (m/min)	v =	m/min
		v =	m/min

Thermische Eigenschaften

Formbeständigkeit in der Wärme	*Verfahren*	A		185 °C
	Verfahren	B		210 °C
Vicat Erweichungstemperatur (VST)	*Verfahren*			°C
	Verfahren			°C
Kristallit-Schmelzpunkt	*Verfahren*	ASTM D 2117		218 °C
Längenausdehnungskoeffizient	*Bereich*	°C		$\cdot 10^{-4} K^{-1}$
	Temperatur	23 °C		$0.4–0.6 \cdot 10^{-4} K^{-1}$
Wärmeleitfähigkeit	*Verfahren*	DIN 52612	23 °C	0.25 W/(K · m)
Spezifische Wärmekapazität	*Verfahren*	ASTM C 351	23 °C	1.4 J/(K · g)
Glasumwandlungstemperatur	*Torsionsschwingungsversuch*		°C	
	Differentialkalorimetrie		°C	

Brandverhalten

UL-Test vertikal	Dicke	mm, Wert HB	
	Dicke	mm, Wert	

	Norm	*Bewertung*	*Abmessungen*
Sauerstoff-Index	ASTM D 2863		
Glühstab-Verfahren			
Brandverhalten	DIN 4102		
MVSS			
FAR			

Elektrische Eigenschaften

		Hz	°C		*Probekörper, Form*
Dielektrizitätszahl		50			
		10^3			
		10^6			
Dielektrischer Verlustfaktor tan δ		50			
		10^3			
		10^6			
Spezifischer Durchgangs-widerstand	Ohm · cm		23	1.0*10**17	
Durchschlagfestigkeit	kV/mm		23	50	1 mm dick
Oberflächenwiderstand	Ohm		23	1.0*10**14	

Kriechstromfestigkeit	KC	KB	KA
Elektrolytische Korrosionswirkung			
Lichtbogenfestigkeit nach DIN			
nach ASTM s			

Beständigkeit *(Chemische Beständigkeit siehe Anhang)*

Wasseraufnahme 23 C Bis zur Saettigung	1.3 %	
Feuchtigkeitsaufnahme Normalklima		0.9 %
Wetterbeständigkeit		
Spannungskorrosion		

Optische Eigenschaften

Brechungszahl n_D		
Transmissionsgrad τ_c	%	mm dick
Lichtdurchlässigkeit		

Datenbank-Nr. **T01310** Merkblatt-Nr. **4709**

Produkt	Polyamid 6		**PA**
Handelsname	**Akulon K223-HGR33**		
Hersteller	AKZO		
DIN-Bez 1			
DIN-Bez 2			
Zusätze	Waermestabilisator	*Füllstoffe/ Verstärkung*	30% Glasfaser (15); Glaskugel (15)
Bevorzugte Verarbeitung	Spritzgiessen	*Lieferform*	Granulat
		Farben	Natur; Standard
Besondere Merkmale	Ausgezeichnetes Fliessvermoegen; Verringerte Schwindung; Verbesserte Oberflaeche; Angehobener Glanz; Gute Druckfestigkeit	*Bevorzugte Anwendungen*	Technisches Formteil

Dichte	g/cm³	1.36	*Schmelzindex*	g/10 min	:
Schüttdichte	g/cm³		*Volumenfließindex*	cm³/10 min	:
Viskositätszahl	ml/g				

Verarbeitungsbedingungen für Spritzgießen

Massetemp.	°C	250–270	*Schwindung*	%	lgs 0.3, quer 1.0
Werkzeugtemp.	°C	80–90	*Bemerkungen*		
Spritzdruck	bar				

Zugversuch 23 °C ISO 527;

Probekörper: *Form* — *Zustand* Spritzfrisch — *Herstellung* Spritzgiessen — *Vorbehandlung*

Streckspannung	N/mm²		*Dehnung bei Streckspannung*	%	
Zugfestigkeit	N/mm²	136	*Reißdehnung*	%	2.8
Reißfestigkeit	N/mm²		*% Dehnspannung*	N/mm²	
E-Modul	N/mm²	6500	*Dehnung bei % Dehnspg.*	%	

Kriechmoduln und Zeitstandwerte 23 °C

Probekörper: *Form* — *Zustand* — *Herstellung* — *Vorbehandlung*

Kriechmodul	*1 min*	N/mm²	*Zeitstandzugfestigkeit*	h	N/mm²
Kriechmodul	*1000 h*	N/mm²	*Zeitdehnspg. %*	h	N/mm²
bei Spannung		N/mm²			

Biegeversuch 23 °C ISO 178;

Probekörper: *Form* — *Zustand* Spritzfrisch — *Herstellung* Spritzgiessen — *Vorbehandlung*

Biegefestigkeit	N/mm²	185	*E-Modul*	N/mm²	5600
3,5% *Biegespannung*	N/mm²				

Härte 23 °C *Probekörper:* *Zustand* Spritzfrisch — *Herstellung* Spritzgiessen — *Vorbehandlung*

Kugeldruckhärte	N/mm²	bei N, s	*Shore-Härte A*	
Rockwellhärte			*Shore-Härte D*	85

Schlagversuch *Probekörper:* *(1)* *(2)* *Zustand* — *Herstellung* — *Vorbehandlung*

		°C	°C	°C	*Probekörper-Form*
Schlagzähigkeit	kJ/m²				
Kerbschlagzähigkeit (1)	kJ/m²				
IZOD-Kerbschlagzähigkeit (2)	J/m				
Kerbschlagzugzähigkeit	kJ/m²				

Abrieb und Reibung

Taber-Abrieb (Reibradverfahren)	mm^3/100 U		
Abriebfaktor LNP (Thrust washer) Vergleichswert			
Statische Reibungszahl			
Dynamische Reibungszahl	(p · v=	N/mm² ·	m/min)
Zulässiger p · v Wert	N/mm² · (m/min)	v=	m/min
		v=	m/min

Thermische Eigenschaften

Formbeständigkeit in der Wärme	*Verfahren* A			205 °C
	Verfahren B			220 °C
Vicat Erweichungstemperatur (VST)	*Verfahren*			°C
	Verfahren			°C
Kristallit-Schmelzpunkt	*Verfahren* ASTM D 2117			218 °C
Längenausdehnungskoeffizient	*Bereich*	°C		$\cdot 10^{-4}K^{-1}$
	Temperatur 23 °C			$0.3 \cdot 10^{-4}K^{-1}$
Wärmeleitfähigkeit	*Verfahren* DIN 52612		23 °C	0.35 W/(K · m)
Spezifische Wärmekapazität	*Verfahren* ASTM C 351		23 °C	1.4 J/(K · g)
Glasumwandlungstemperatur	*Torsionsschwingungsversuch*		°C	
	Differentialkalorimetrie		°C	

Brandverhalten

UL-Test vertikal	Dicke	mm, Wert HB
	Dicke	mm, Wert

	Norm	*Bewertung*	*Abmessungen*
Sauerstoff-Index	ASTM D 2863		
Glühstab-Verfahren			
Brandverhalten	DIN 4102		
MVSS			
FAR			

Elektrische Eigenschaften

		Hz	°C		*Probekörper, Form*
Dielektrizitätszahl		50			
		10^3			
		10^6			
Dielektrischer Verlustfaktor tan δ		50			
		10^3			
		10^6			
Spezifischer Durchgangs-widerstand	Ohm · cm		23	1.0*10**14	
Durchschlagfestigkeit	kV/mm		23	50	1 mm dick
Oberflächenwiderstand	Ohm		23	1.0*10**13	

Kriechstromfestigkeit	KC	KB	KA
Elektrolytische Korrosionswirkung			
Lichtbogenfestigkeit nach DIN			
nach ASTM s			

Beständigkeit *(Chemische Beständigkeit siehe Anhang)*

Wasseraufnahme 23 C Bis zur Saettigung	6.3 %	
Feuchtigkeitsaufnahme Normalklima		1.9 %
Wetterbeständigkeit		
Spannungskorrosion		

Optische Eigenschaften

Brechungszahl n_D		
Transmissionsgrad τ_c	%	mm dick
Lichtdurchlässigkeit		

				PA
Produkt	Polyamid 6			
Handelsname	**Akulon K224-HG3**			
Hersteller	AKZO			
DIN-Bez 1 *DIN-Bez 2*				
Zusätze	Waermestabilisator	*Füllstoffe/ Verstärkung*	15% Glasfaser	
Bevorzugte Verarbeitung	Spritzgiessen	*Lieferform*	Granulat	
		Farben	Natur; Standard	
Besondere Merkmale	Hohe Steifigkeit; Dimensionsstabil; Ausgezeichnete Oberflaeche	*Bevorzugte Anwendungen*	Technisches Formteil; Gehaeuse	

Dichte	g/cm^3	1.23	*Schmelzindex*	g/10 min	:
Schüttdichte	g/cm^3		*Volumenfließindex*	$cm^3/10$ min	:
Viskositätszahl	ml/g				

Verarbeitungsbedingungen für Spritzgießen

Massetemp.	°C	260–290	*Schwindung*	%	lgs 0.4–1.1, quer 0.4–1.1
Werkzeugtemp.	°C	80–90	*Bemerkungen*		
Spritzdruck	bar				

Zugversuch 23 °C ISO 527;

Probekörper: *Form* — *Herstellung* Spritzgiessen
Zustand Spritzfrisch — *Vorbehandlung*

Streckspannung	N/mm^2		*Dehnung bei Streckspannung*	%	
Zugfestigkeit	N/mm^2	115	*Reißdehnung*	%	3
Reißfestigkeit	N/mm^2		*% Dehnspannung*	N/mm^2	
E-Modul	N/mm^2	5000	*Dehnung bei % Dehnspg.*	%	

Kriechmoduln und Zeitstandwerte 23 °C

Probekörper: *Form* — *Herstellung*
Zustand — *Vorbehandlung*

Kriechmodul	*1 min*	N/mm^2	*Zeitstandzugfestigkeit*	h	N/mm^2
Kriechmodul	*1000 h*	N/mm^2	*Zeitdehnspg. %*	h	N/mm^2
bei Spannung		N/mm^2			

Biegeversuch 23 °C ISO 178;

Probekörper: *Form* — *Herstellung* Spritzgiessen
Zustand Spritzfrisch — *Vorbehandlung*

Biegefestigkeit	N/mm^2	165	*E-Modul*	N/mm^2	4700
3,5% *Biegespannung*	N/mm^2				

Härte 23 °C *Probekörper:* *Zustand* Spritzfrisch — *Herstellung* Spritzgiessen
Vorbehandlung

Kugeldruckhärte	N/mm^2 155	bei 358 N, 30 s	*Shore-Härte* A	
Rockwellhärte			*Shore-Härte* D	83

Schlagversuch *Probekörper:* *(1)*
(2) — *Herstellung*
Zustand — *Vorbehandlung*

		°C	°C	°C	*Probekörper-Form*
Schlagzähigkeit	kJ/m^2				
Kerbschlagzähigkeit (1)	kJ/m^2				
IZOD-Kerbschlagzähigkeit (2)	J/m				
Kerbschlagzugzähigkeit	kJ/m^2				

Abrieb und Reibung

Taber-Abrieb (Reibradverfahren)	mm^3/100 U		
Abriebfaktor LNP (Thrust washer) Vergleichswert			
Statische Reibungszahl			
Dynamische Reibungszahl	(p · v = N/mm^2 ·		m/min)
Zulässiger p · v Wert	N/mm^2 · (m/min)	v =	m/min
		v =	m/min

Thermische Eigenschaften

Formbeständigkeit in der Wärme	*Verfahren* A			195 °C
	Verfahren B			215 °C
Vicat Erweichungstemperatur (VST)	*Verfahren*			°C
	Verfahren			°C
Kristallit-Schmelzpunkt	*Verfahren* ASTM D 2117			218 °C
Längenausdehnungskoeffizient	*Bereich*	°C		· $10^{-4}K^{-1}$
	Temperatur 23 °C			0.35–0.8 · $10^{-4}K^{-1}$
Wärmeleitfähigkeit	*Verfahren* DIN 52612		23 °C	0.35 W/(K · m)
Spezifische Wärmekapazität	*Verfahren* ASTM C 351		23 °C	1.6 J/(K · g)
Glasumwandlungstemperatur	*Torsionsschwingungsversuch*		°C	
	Differentialkalorimetrie		°C	

Brandverhalten

UL-Test vertikal	Dicke	mm, Wert HB
	Dicke	mm, Wert

	Norm	*Bewertung*	*Abmessungen*
Sauerstoff-Index	ASTM D 2863		
Glühstab-Verfahren			
Brandverhalten	DIN 4102		
MVSS			
FAR			

Elektrische Eigenschaften

		Hz	°C		*Probekörper, Form*
Dielektrizitätszahl		50			
		10^3	23	4.7	
		10^6			
Dielektrischer Verlustfaktor tan δ		50			
		10^3	23	0.08	
		10^6			
Spezifischer Durchgangs-widerstand	Ohm · cm		23	1.0*10**14	
Durchschlagfestigkeit	kV/mm		23	≧55	1 mm dick
Oberflächenwiderstand	Ohm		23	1.0*10**13	

Kriechstromfestigkeit	KC	KB	KA
Elektrolytische Korrosionswirkung			
Lichtbogenfestigkeit nach DIN			
nach ASTM s			

Beständigkeit *(Chemische Beständigkeit siehe Anhang)*

Wasseraufnahme 23 C Bis zur Saettigung	7.7 %
Feuchtigkeitsaufnahme Normalklima	2.3 %
Wetterbeständigkeit	
Spannungskorrosion	

Optische Eigenschaften

Brechungszahl n_D		
Transmissionsgrad τ_c	%	mm dick
Lichtdurchlässigkeit		

Datenbank-Nr. **T01312** Merkblatt-Nr. **4711**

Produkt	Polyamid 6		**PA**
Handelsname	**Akulon K224-HG5**		
Hersteller	AKZO		
DIN-Bez 1			
DIN-Bez 2			
Zusätze	Waermestabilisator	*Füllstoffe/ Verstärkung*	25% Glasfaser
Bevorzugte Verarbeitung	Spritzgiessen	*Lieferform*	Granulat
		Farben	Natur; Standard
Besondere Merkmale	Hohe Steifigkeit; Dimensionsstabil; Ausgezeichnete Oberflaeche	*Bevorzugte Anwendungen*	Technisches Formteil; Gehaeuse

---

Dichte	g/cm³	1.30	*Schmelzindex*	g/10 min	:
Schüttdichte	g/cm³		*Volumenfließindex*	cm³/10 min	:
Viskositätszahl	ml/g				

Verarbeitungsbedingungen für Spritzgießen

Massetemp.	°C	260–290	*Schwindung*	%	lgs	0.3, quer 1.1
Werkzeugtemp.	°C	80–90	*Bemerkungen*			
Spritzdruck	bar					

Zugversuch 23 °C ISO 527;

Probekörper: *Form* — *Herstellung* Spritzgiessen
Zustand Spritzfrisch — *Vorbehandlung*

Streckspannung	N/mm²		*Dehnung bei Streckspannung*	%	
Zugfestigkeit	N/mm²	155	*Reißdehnung*	%	3.5
Reißfestigkeit	N/mm²		*% Dehnspannung*	N/mm²	
E-Modul	N/mm²	7000	*Dehnung bei % Dehnspg.*	%	

Kriechmoduln und Zeitstandwerte 23 °C

Probekörper: *Form* — *Herstellung*
Zustand — *Vorbehandlung*

Kriechmodul	*1 min* N/mm²		*Zeitstandzugfestigkeit*	h	N/mm²
Kriechmodul	*1000 h* N/mm²		*Zeitdehnspg. %*	h	N/mm²
bei Spannung	N/mm²				

Biegeversuch 23 °C ISO 178;

Probekörper: *Form* — *Herstellung* Spritzgiessen
Zustand Spritzfrisch — *Vorbehandlung*

Biegefestigkeit	N/mm²	220	*E-Modul*	N/mm²	6800
3,5% *Biegespannung*	N/mm²				

Härte 23 °C *Probekörper:* *Zustand* Spritzfrisch — *Herstellung* Spritzgiessen
Vorbehandlung

Kugeldruckhärte	N/mm² 185	bei 358 N, 30 s	*Shore-Härte* A	
Rockwellhärte			*Shore-Härte* D	84

Schlagversuch *Probekörper:* *(1)*
(2) — *Herstellung*
Zustand — *Vorbehandlung*

	°C	°C	°C	*Probekörper-Form*
Schlagzähigkeit kJ/m²				
Kerbschlagzähigkeit (1) kJ/m²				
IZOD-Kerbschlagzähigkeit (2) J/m				
Kerbschlagzugzähigkeit kJ/m²				

Abrieb und Reibung

Taber-Abrieb (Reibradverfahren)	mm^3/100 U		
Abriebfaktor LNP (Thrust washer) Vergleichswert			
Statische Reibungszahl			
Dynamische Reibungszahl	(p · v = N/mm^2 ·		m/min)
Zulässiger p · v Wert	N/mm^2 · (m/min)	v =	m/min
		v =	m/min

Thermische Eigenschaften

Formbeständigkeit in der Wärme	*Verfahren* A			205 °C
	Verfahren B			215 °C
Vicat Erweichungstemperatur (VST)	*Verfahren*			°C
	Verfahren			°C
Kristallit-Schmelzpunkt	*Verfahren* ASTM D 2117			218 °C
Längenausdehnungskoeffizient	*Bereich* °C			$\cdot 10^{-4} K^{-1}$
	Temperatur 23 °C			$0.3–0.7 \cdot 10^{-4} K^{-1}$
Wärmeleitfähigkeit	*Verfahren* DIN 52612	23 °C		0.40 W/(K · m)
Spezifische Wärmekapazität	*Verfahren* ASTM C 351	23 °C		1.5 J/(K · g)
Glasumwandlungstemperatur	*Torsionsschwingungsversuch*	°C		
	Differentialkalorimetrie	°C		

Brandverhalten

UL-Test vertikal	Dicke	mm, Wert HB
	Dicke	mm, Wert

	Norm	*Bewertung*	*Abmessungen*
Sauerstoff-Index	ASTM D 2863		
Glühstab-Verfahren			
Brandverhalten	DIN 4102		
MVSS			
FAR			

Elektrische Eigenschaften

		Hz	°C		*Probekörper, Form*
Dielektrizitätszahl		50			
		10^3	23	5.0	
		10^6			
Dielektrischer Verlustfaktor tan δ		50			
		10^3	23	0.09	
		10^6			
Spezifischer Durchgangs-widerstand	Ohm · cm		23	1.0*10**14	
Durchschlagfestigkeit	kV/mm		23	≧55	1 mm dick
Oberflächenwiderstand	Ohm		23	1.0*10**13	

Kriechstromfestigkeit	KC	KB	KA
Elektrolytische Korrosionswirkung			
Lichtbogenfestigkeit nach DIN			
nach ASTM s			

Beständigkeit *(Chemische Beständigkeit siehe Anhang)*

Wasseraufnahme 23 C Bis zur Saettigung	6.8 %	
Feuchtigkeitsaufnahme Normalklima		2.0 %
Wetterbeständigkeit		
Spannungskorrosion		

Optische Eigenschaften

Brechungszahl n_D		
Transmissionsgrad τ_c	%	mm dick
Lichtdurchlässigkeit		

Produkt	Polyamid 6		**PA**
Handelsname	**Akulon K224-HG6**		
Hersteller	AKZO		
DIN-Bez 1			
DIN-Bez 2			
Zusätze	Waermestabilisator	*Füllstoffe/ Verstärkung*	30% Glasfaser
Bevorzugte Verarbeitung	Spritzgiessen	*Lieferform*	Granulat
		Farben	Natur; Standard
Besondere Merkmale	Hohe Steifigkeit; Dimensionsstabil; Ausgezeichnete Oberflaeche	*Bevorzugte Anwendungen*	Technisches Formteil; Gehaeuse

Dichte	g/cm^3	1.35	*Schmelzindex*	g/10 min	:
Schüttdichte	g/cm^3		*Volumenfließindex*	cm^3/10 min	:
Viskositätszahl	ml/g				

Verarbeitungsbedingungen für Spritzgießen

Massetemp.	°C	260–290	*Schwindung*	%	lgs 0.2, quer 1.0
Werkzeugtemp.	°C	80–90	*Bemerkungen*		
Spritzdruck	bar				

Zugversuch 23 °C ISO 527;

Probekörper: *Form* — *Herstellung* Spritzgiessen
Zustand Spritzfrisch — *Vorbehandlung*

Streckspannung	N/mm^2		*Dehnung bei Streckspannung*	%	
Zugfestigkeit	N/mm^2	170	*Reißdehnung*	%	3.5
Reißfestigkeit	N/mm^2		*% Dehnspannung*	N/mm^2	
E-Modul	N/mm^2	8000	*Dehnung bei % Dehnspg.*	%	

Kriechmoduln und Zeitstandwerte 23 °C

Probekörper: *Form* — *Herstellung*
Zustand — *Vorbehandlung*

Kriechmodul	*1 min*	N/mm^2	*Zeitstandzugfestigkeit*	h	N/mm^2
Kriechmodul	*1000 h*	N/mm^2	*Zeitdehnspg.* %	h	N/mm^2
bei Spannung		N/mm^2			

Biegeversuch 23 °C ISO 178;

Probekörper: *Form* — *Herstellung* Spritzgiessen
Zustand Spritzfrisch — *Vorbehandlung*

Biegefestigkeit	N/mm^2	245	*E-Modul*	N/mm^2	8000
3,5% *Biegespannung*	N/mm^2				

Härte 23 °C *Probekörper:* *Zustand* Spritzfrisch — *Herstellung* Spritzgiessen
Vorbehandlung

Kugeldruckhärte	N/mm^2	195	bei 358 N, 30 s	*Shore-Härte A*	
Rockwellhärte				*Shore-Härte D*	86

Schlagversuch *Probekörper:* *(1)*
(2) — *Herstellung*
Zustand — *Vorbehandlung*

		°C	°C	°C	*Probekörper-Form*
Schlagzähigkeit	kJ/m^2				
Kerbschlagzähigkeit (1)	kJ/m^2				
IZOD-Kerbschlagzähigkeit (2)	J/m				
Kerbschlagzugzähigkeit	kJ/m^2				

Abrieb und Reibung

Taber-Abrieb (Reibradverfahren)	mm^3/100 U		
Abriebfaktor LNP (Thrust washer) Vergleichswert			
Statische Reibungszahl			
Dynamische Reibungszahl	(p·v=	N/mm^2·	m/min)
Zulässiger p · v Wert	N/mm^2 · (m/min)	v=	m/min
		v=	m/min

Thermische Eigenschaften

Formbeständigkeit in der Wärme	Verfahren	A		210 °C
	Verfahren	B		220 °C
Vicat Erweichungstemperatur (VST)	Verfahren			°C
	Verfahren			°C
Kristallit-Schmelzpunkt	Verfahren	ASTM D 2117		218 °C
Längenausdehnungskoeffizient	Bereich	°C		$\cdot 10^{-4}K^{-1}$
	Temperatur	23 °C		$0.25–0.7 \cdot 10^{-4}K^{-1}$
Wärmeleitfähigkeit	Verfahren	DIN 52612	23 °C	0.45 W/(K · m)
Spezifische Wärmekapazität	Verfahren	ASTM C 351	23 °C	1.4 J/(K · g)
Glasumwandlungstemperatur	Torsionsschwingungsversuch		°C	
	Differentialkalorimetrie		°C	

Brandverhalten

UL-Test vertikal — Dicke mm, Wert HB; Dicke mm, Wert

	Norm	Bewertung	Abmessungen
Sauerstoff-Index	ASTM D 2863		
Glühstab-Verfahren			
Brandverhalten	DIN 4102		
MVSS			
FAR			

Elektrische Eigenschaften

		Hz	°C			Probekörper, Form
Dielektrizitätszahl		50				
		10^3	23	5.1		
		10^6				
Dielektrischer Verlustfaktor tan δ		50				
		10^3	23	0.10		
		10^6				
Spezifischer Durchgangswiderstand	Ohm · cm		23	1.0*10**14		
Durchschlagfestigkeit	kV/mm		23	≧55		1 mm dick
Oberflächenwiderstand	Ohm		23	1.0*10**13		
Kriechstromfestigkeit		KC		KB	KA	
Elektrolytische Korrosionswirkung						
Lichtbogenfestigkeit nach DIN						
nach ASTM	s					

Beständigkeit *(Chemische Beständigkeit siehe Anhang)*

Wasseraufnahme 23 C Bis zur Saettigung	6.3 %	
Feuchtigkeitsaufnahme Normalklima		1.9 %
Wetterbeständigkeit		
Spannungskorrosion		

Optische Eigenschaften

Brechungszahl n_D		
Transmissionsgrad τ_c	%	mm dick
Lichtdurchlässigkeit		

Produkt	Polyamid 6		**PA**
Handelsname	**Akulon K224-KG6**		
Hersteller	AKZO		
DIN-Bez 1			
DIN-Bez 2			
Zusätze	Waermestabilisator	*Füllstoffe/ Verstärkung*	30% Glasfaser
Bevorzugte Verarbeitung	Spritzgiessen	*Lieferform*	Granulat
		Farben	Natur; Standard
Besondere Merkmale	Farblos waermestabilisiert; Hohe Steifigkeit; Dimensionsstabilitaet; Ausgezeichnete Oberflaeche	*Bevorzugte Anwendungen*	Technisches Formteil; Gehaeuse

Dichte	g/cm^3	1.35	*Schmelzindex*	g/10 min	:
Schüttdichte	g/cm^3		*Volumenfließindex*	$cm^3/10$ min	:
Viskositätszahl	ml/g				

Verarbeitungsbedingungen für Spritzgießen

Massetemp.	°C	260–290	*Schwindung*	% lgs 0.2, quer 1.0
Werkzeugtemp.	°C	80–90	*Bemerkungen*	
Spritzdruck	bar			

Zugversuch 23 °C ISO 527;
Probekörper: *Form* — *Herstellung* Spritzgiessen
Zustand Spritzfrisch — *Vorbehandlung*

Streckspannung	N/mm^2		*Dehnung bei Streckspannung*	%	
Zugfestigkeit	N/mm^2	170	*Reißdehnung*	%	3.5
Reißfestigkeit	N/mm^2		*% Dehnspannung*	N/mm^2	
E-Modul	N/mm^2	8000	*Dehnung bei % Dehnspg.*	%	

Kriechmoduln und Zeitstandwerte 23 °C
Probekörper: *Form* — *Herstellung*
Zustand — *Vorbehandlung*

Kriechmodul	*1 min*	N/mm^2	*Zeitstandzugfestigkeit*	h	N/mm^2
Kriechmodul	*1000 h*	N/mm^2	*Zeitdehnspg. %*	h	N/mm^2
bei Spannung		N/mm^2			

Biegeversuch 23 °C ISO 178;
Probekörper: *Form* — *Herstellung* Spritzgiessen
Zustand Spritzfrisch — *Vorbehandlung*

Biegefestigkeit	N/mm^2	245	*E-Modul*	N/mm^2	8000
3,5% *Biegespannung*	N/mm^2				

Härte 23 °C *Probekörper:* *Zustand* Spritzfrisch — *Herstellung* Spritzgiessen
Vorbehandlung

Kugeldruckhärte	N/mm^2 195	bei 358 N, 30 s	*Shore-Härte* A	
Rockwellhärte			*Shore-Härte* D	86

Schlagversuch *Probekörper:* *(1)*
(2) — *Herstellung*
Zustand — *Vorbehandlung*

		°C	°C	°C	*Probekörper-Form*
Schlagzähigkeit	kJ/m^2				
Kerbschlagzähigkeit (1)	kJ/m^2				
IZOD-Kerbschlagzähigkeit (2)	J/m				
Kerbschlagzugzähigkeit	kJ/m^2				

Abrieb und Reibung

Taber-Abrieb (Reibradverfahren)	mm^3/100 U			
Abriebfaktor LNP (Thrust washer) Vergleichswert				
Statische Reibungszahl				
Dynamische Reibungszahl	(p · v =	N/mm^2 ·		m/min)
Zulässiger p · v Wert	N/mm^2 · (m/min)		v =	m/min
			v =	m/min

Thermische Eigenschaften

Formbeständigkeit in der Wärme	*Verfahren*	A			210 °C
	Verfahren	B			220 °C
Vicat Erweichungstemperatur (VST)	*Verfahren*				°C
	Verfahren				°C
Kristallit-Schmelzpunkt	*Verfahren*	ASTM D 2117			218 °C
Längenausdehnungskoeffizient	*Bereich*	°C			$\cdot 10^{-4} K^{-1}$
	Temperatur	23 °C			$0.25–0.7 \cdot 10^{-4} K^{-1}$
Wärmeleitfähigkeit	*Verfahren*	DIN 52612		23 °C	0.45 W/(K · m)
Spezifische Wärmekapazität	*Verfahren*	ASTM C 351		23 °C	1.4 J/(K · g)
Glasumwandlungstemperatur	*Torsionsschwingungsversuch*			°C	
	Differentialkalorimetrie			°C	

Brandverhalten

UL-Test vertikal	Dicke	mm, Wert HB	
	Dicke	mm, Wert	

	Norm	*Bewertung*	*Abmessungen*
Sauerstoff-Index	ASTM D 2863		
Glühstab-Verfahren			
Brandverhalten	DIN 4102		
MVSS			
FAR			

Elektrische Eigenschaften

		Hz	°C		*Probekörper, Form*
Dielektrizitätszahl		50			
		10^3	23	5.1	
		10^6			
Dielektrischer Verlustfaktor tan δ		50			
		10^3	23	0.10	
		10^6			
Spezifischer Durchgangs-widerstand	Ohm · cm		23	1.0*10**14	
Durchschlagfestigkeit	kV/mm		23	≧55	1 mm dick
Oberflächenwiderstand	Ohm		23	1.0*10**13	

Kriechstromfestigkeit	KC	KB	KA
Elektrolytische Korrosionswirkung			
Lichtbogenfestigkeit nach DIN			
nach ASTM s			

Beständigkeit *(Chemische Beständigkeit siehe Anhang)*

Wasseraufnahme 23 C Bis zur Saettigung	6.3 %	
Feuchtigkeitsaufnahme Normalklima		1.9 %
Wetterbeständigkeit		
Spannungskorrosion		

Optische Eigenschaften

Brechungszahl n_D		
Transmissionsgrad τ_c	%	mm dick
Lichtdurchlässigkeit		

Produkt	Polyamid 6		**PA**
Handelsname	**Akulon K224-TG0**		
Hersteller	AKZO		
DIN-Bez 1			
DIN-Bez 2			
Zusätze		*Füllstoffe/ Verstärkung*	50% Glasfaser
Bevorzugte Verarbeitung	Spritzgiessen	*Lieferform*	Granulat
		Farben	Natur; Standard
Besondere Merkmale	Sehr hohe Steifigkeit; Verbesserte Schlagzaehigkeit ohne Verlust an Steifigkeit; Ausgezeichnete Ermuedungsfestigkeit	*Bevorzugte Anwendungen*	Technisches Formteil; Gehaeuse fuer Elektrowerkzeug; Lenkrad; Sitzschale; Kfz-Industrie; Moebelindustrie

Dichte	g/cm³	1.56	*Schmelzindex*	g/10 min	:
Schüttdichte	g/cm³		*Volumenfließindex*	cm³/10 min	:
Viskositätszahl	ml/g				

Verarbeitungsbedingungen für Spritzgießen

Massetemp.	°C	260–290	*Schwindung*	%	lgs 0.1, quer 1.0
Werkzeugtemp.	°C	80–90	*Bemerkungen*		
Spritzdruck	bar				

Zugversuch 23 °C ISO 527;
Probekörper: *Form* — *Zustand* Spritzfrisch — *Herstellung* Spritzgiessen — *Vorbehandlung*

Streckspannung	N/mm²		*Dehnung bei Streckspannung*	%	
Zugfestigkeit	N/mm²	225	*Reißdehnung*	%	3.5
Reißfestigkeit	N/mm²		*% Dehnspannung*	N/mm²	
E-Modul	N/mm²	14750	*Dehnung bei % Dehnspg.*	%	

Kriechmoduln und Zeitstandwerte 23 °C
Probekörper: *Form* — *Zustand* — *Herstellung* — *Vorbehandlung*

Kriechmodul	*1 min* N/mm²	*Zeitstandzugfestigkeit*	h	N/mm²
Kriechmodul	*1000 h* N/mm²	*Zeitdehnspg. %*	h	N/mm²
bei Spannung	N/mm²			

Biegeversuch 23 °C ISO 178;
Probekörper: *Form* — *Zustand* Spritzfrisch — *Herstellung* Spritzgiessen — *Vorbehandlung*

Biegefestigkeit	N/mm²	350	*E-Modul*	N/mm²	14750
3,5% *Biegespannung*	N/mm²				

Härte 23 °C *Probekörper:* *Zustand* Spritzfrisch — *Herstellung* Spritzgiessen — *Vorbehandlung*

Kugeldruckhärte	N/mm² 235	bei 358 N, 30 s	*Shore-Härte A*	
Rockwellhärte			*Shore-Härte D*	88

Schlagversuch *Probekörper:* *(1)* *(2)* *Zustand* — *Herstellung* — *Vorbehandlung*

		°C	°C	°C	*Probekörper-Form*
Schlagzähigkeit	kJ/m²				
Kerbschlagzähigkeit (1)	kJ/m²				
IZOD-Kerbschlagzähigkeit (2)	J/m				
Kerbschlagzugzähigkeit	kJ/m²				

Abrieb und Reibung

Taber-Abrieb (Reibradverfahren) mm^3/100 U
Abriebfaktor LNP (Thrust washer) Vergleichswert
Statische Reibungszahl
Dynamische Reibungszahl (p·v= N/mm^2· m/min)
Zulässiger p· v Wert N/mm^2· (m/min) v= m/min
v= m/min

Thermische Eigenschaften

Formbeständigkeit in der Wärme	*Verfahren* A			215 °C
	Verfahren B			220 °C
Vicat Erweichungstemperatur (VST)	*Verfahren*			°C
	Verfahren			°C
Kristallit-Schmelzpunkt	*Verfahren* ASTM D 2117			218 °C
Längenausdehnungskoeffizient	*Bereich*	°C		$\cdot 10^{-4}K^{-1}$
	Temperatur 23 °C			0.15–0.5 $\cdot 10^{-4}K^{-1}$
Wärmeleitfähigkeit	*Verfahren* DIN 52612		23 °C	0.50 W/(K · m)
Spezifische Wärmekapazität	*Verfahren* ASTM C 351		23 °C	1.3 J/(K · g)
Glasumwandlungstemperatur	*Torsionsschwingungsversuch*		°C	
	Differentialkalorimetrie		°C	

Brandverhalten

UL-Test vertikal Dicke mm, Wert HB
Dicke mm, Wert

	Norm	*Bewertung*	*Abmessungen*
Sauerstoff-Index	ASTM D 2863		
Glühstab-Verfahren			
Brandverhalten	DIN 4102		
MVSS			
FAR			

Elektrische Eigenschaften

		Hz	°C		*Probekörper, Form*
Dielektrizitätszahl		50			
		10^3	23	5.2	
		10^6			
Dielektrischer Verlustfaktor tan δ		50			
		10^3	23	0.08	
		10^6			
Spezifischer Durchgangs-widerstand	Ohm · cm		23	1.0*10**14	
Durchschlagfestigkeit	kV/mm		23	≧55	1 mm dick
Oberflächenwiderstand	Ohm		23	1.0*10**13	

Kriechstromfestigkeit KC KB KA
Elektrolytische Korrosionswirkung
Lichtbogenfestigkeit nach DIN
nach ASTM s

Beständigkeit *(Chemische Beständigkeit siehe Anhang)*

Wasseraufnahme 23 C Bis zur Saettigung 4.5 %

Feuchtigkeitsaufnahme Normalklima 1.4 %
Wetterbeständigkeit

Spannungskorrosion

Optische Eigenschaften

Brechungszahl n_D
Transmissionsgrad τ_c % mm dick
Lichtdurchlässigkeit

Produkt	Polyamid 6		**PA**
Handelsname	**Akulon K224-TG5**		
Hersteller	AKZO		
DIN-Bez 1			
DIN-Bez 2			
Zusätze		*Füllstoffe/ Verstärkung*	25% Glasfaser
Bevorzugte Verarbeitung	Spritzgiessen	*Lieferform*	Granulat
		Farben	Natur; Standard
Besondere Merkmale	Verbesserte Schlagzaehigkeit; Hohe Steifigkeit; Ausgezeichnete Ermuedungsfestigkeit	*Bevorzugte Anwendungen*	Technisches Formteil; Gehaeuse fuer Elektrowerkzeug; Lenkrad; Sitzschale; Kfz-Industrie; Moebelindustrie

Dichte	g/cm^3	1.30	*Schmelzindex*	g/10 min	:
Schüttdichte	g/cm^3		*Volumenfließindex*	cm^3/10 min	:
Viskositätszahl	ml/g				

Verarbeitungsbedingungen für Spritzgießen

Massetemp.	°C	260–290	*Schwindung*	%	lgs 0.2, quer 1.0
Werkzeugtemp.	°C	80–90	*Bemerkungen*		
Spritzdruck	bar				

Zugversuch 23 °C ISO 527;
Probekörper: *Form* — *Herstellung* Spritzgiessen
Zustand Spritzfrisch — *Vorbehandlung*

Streckspannung	N/mm^2		*Dehnung bei Streckspannung*	%	
Zugfestigkeit	N/mm^2	170	*Reißdehnung*	%	4.5
Reißfestigkeit	N/mm^2		*% Dehnspannung*	N/mm^2	
E-Modul	N/mm^2	8050	*Dehnung bei % Dehnspg.*	%	

Kriechmoduln und Zeitstandwerte 23 °C
Probekörper: *Form* — *Herstellung*
Zustand — *Vorbehandlung*

Kriechmodul	*1 min*	N/mm^2	*Zeitstandzugfestigkeit*	h	N/mm^2
Kriechmodul	*1000 h*	N/mm^2	*Zeitdehnspg. %*	h	N/mm^2
bei Spannung		N/mm^2			

Biegeversuch 23 °C ISO 178;
Probekörper: *Form* — *Herstellung* Spritzgiessen
Zustand Spritzfrisch — *Vorbehandlung*

Biegefestigkeit	N/mm^2	235	*E-Modul*	N/mm^2 7050
3,5% *Biegespannung*	N/mm^2			

Härte 23 °C *Probekörper:* *Zustand* Spritzfrisch — *Herstellung* Spritzgiessen
Vorbehandlung

Kugeldruckhärte	N/mm^2 185	bei 358 N, 30 s	*Shore-Härte A*	
Rockwellhärte			*Shore-Härte D*	84

Schlagversuch *Probekörper:* *(1)*
(2) — *Herstellung*
Zustand — *Vorbehandlung*

		°C	°C	°C	*Probekörper-Form*
Schlagzähigkeit	kJ/m^2				
Kerbschlagzähigkeit (1)	kJ/m^2				
IZOD-Kerbschlagzähigkeit (2)	J/m				
Kerbschlagzugzähigkeit	kJ/m^2				

Abrieb und Reibung

Taber-Abrieb (Reibradverfahren)	mm^3/100 U		
Abriebfaktor LNP (Thrust washer) Vergleichswert			
Statische Reibungszahl			
Dynamische Reibungszahl	(p · v=	N/mm² ·	m/min)
Zulässiger p · v Wert	N/mm² · (m/min)	v=	m/min
		v=	m/min

Thermische Eigenschaften

Formbeständigkeit in der Wärme	*Verfahren*	A		205 °C
	Verfahren	B		215 °C
Vicat Erweichungstemperatur (VST)	*Verfahren*			°C
	Verfahren			°C
Kristallit-Schmelzpunkt	*Verfahren*	ASTM D 2117		218 °C
Längenausdehnungskoeffizient	*Bereich*	°C		$\cdot 10^{-4}K^{-1}$
	Temperatur	23 °C		$0.3–0.7 \cdot 10^{-4}K^{-1}$
Wärmeleitfähigkeit	*Verfahren*	DIN 52612	23 °C	0.40 W/(K · m)
Spezifische Wärmekapazität	*Verfahren*	ASTM C 351	23 °C	1.5 J/(K · g)
Glasumwandlungstemperatur	*Torsionsschwingungsversuch*		°C	
	Differentialkalorimetrie		°C	

Brandverhalten

UL-Test vertikal	Dicke	mm, Wert HB	
	Dicke	mm, Wert	

	Norm	*Bewertung*	*Abmessungen*
Sauerstoff-Index	ASTM D 2863		
Glühstab-Verfahren			
Brandverhalten	DIN 4102		
MVSS			
FAR			

Elektrische Eigenschaften

		Hz	°C		*Probekörper, Form*
Dielektrizitätszahl		50			
		10^3	23	5.0	
		10^6			
Dielektrischer Verlustfaktor tan δ		50			
		10^3	23	0.09	
		10^6			
Spezifischer Durchgangs-widerstand	Ohm · cm		23	1.0*10**14	
Durchschlagfestigkeit	kV/mm		23	≧55	1 mm dick
Oberflächenwiderstand	Ohm		23	1.0*10**13	

Kriechstromfestigkeit	KC	KB	KA
Elektrolytische Korrosionswirkung			
Lichtbogenfestigkeit nach DIN			
nach ASTM s			

Beständigkeit *(Chemische Beständigkeit siehe Anhang)*

Wasseraufnahme 23 C	Bis zur Saettigung	6.8 %	
Feuchtigkeitsaufnahme Normalklima			2.0 %
Wetterbeständigkeit			
Spannungskorrosion			

Optische Eigenschaften

Brechungszahl n_D		
Transmissionsgrad τ_c	%	mm dick
Lichtdurchlässigkeit		

Datenbank-Nr. **T01317** Merkblatt-Nr. **4716**

PA

Produkt	Polyamid 6
Handelsname	**Akulon K224-TG6**
Hersteller	AKZO
DIN-Bez 1	
DIN-Bez 2	
Zusätze	
Füllstoffe/ Verstärkung	30% Glasfaser
Bevorzugte Verarbeitung	Spritzgiessen
Lieferform	Granulat
Farben	Natur; Standard
Besondere Merkmale	Verbesserte Schlagzaehigkeit; Hohe Steifigkeit; Ausgezeichnete Ermuedungsbestaendigkeit
Bevorzugte Anwendungen	Technisches Formteil; Gehaeuse fuer Elektrowerkzeug; Lenkrad; Sitzschale; Kfz-Industrie; Moebelindustrie

Dichte	g/cm³	1.35	*Schmelzindex*	g/10 min	:
Schüttdichte	g/cm³		*Volumenfließindex*	cm³/10 min	:
Viskositätszahl	ml/g				

Verarbeitungsbedingungen für Spritzgießen

Massetemp.	°C	260–290	*Schwindung*	%	lgs 0.2, quer 1.0
Werkzeugtemp.	°C	80–90	*Bemerkungen*		
Spritzdruck	bar				

Zugversuch 23 °C ISO 527;

Probekörper: *Form* — *Zustand* Spritzfrisch — *Herstellung* Spritzgiessen — *Vorbehandlung*

Streckspannung	N/mm²		*Dehnung bei Streckspannung*	%	
Zugfestigkeit	N/mm²	185	*Reißdehnung*	%	3.9
Reißfestigkeit	N/mm²		*% Dehnspannung*	N/mm²	
E-Modul	N/mm²	9000	*Dehnung bei % Dehnspg.*	%	

Kriechmoduln und Zeitstandwerte 23 °C

Probekörper: *Form* — *Zustand* — *Herstellung* — *Vorbehandlung*

Kriechmodul	*1 min* N/mm²	*Zeitstandzugfestigkeit*	h	N/mm²
Kriechmodul	*1000 h* N/mm²	*Zeitdehnspg. %*	h	N/mm²
bei Spannung	N/mm²			

Biegeversuch 23 °C ISO 178;

Probekörper: *Form* — *Zustand* Spritzfrisch — *Herstellung* Spritzgiessen — *Vorbehandlung*

Biegefestigkeit	N/mm²	245	*E-Modul*	N/mm²	8600
3,5% *Biegespannung*	N/mm²				

Härte 23 °C

Probekörper: *Zustand* Spritzfrisch — *Herstellung* Spritzgiessen — *Vorbehandlung*

Kugeldruckhärte	N/mm² 195	bei 358 N, 30 s	*Shore-Härte* A	
Rockwellhärte			*Shore-Härte* D	86

Schlagversuch

Probekörper: *(1)* *(2)* *Zustand* — *Herstellung* — *Vorbehandlung*

		°C	°C	°C	*Probekörper-Form*
Schlagzähigkeit	kJ/m²				
Kerbschlagzähigkeit (1)	kJ/m²				
IZOD-Kerbschlagzähigkeit (2)	J/m				
Kerbschlagzugzähigkeit	kJ/m²				

Abrieb und Reibung

Taber-Abrieb (Reibradverfahren)	mm^3/100 U		
Abriebfaktor LNP (Thrust washer) Vergleichswert			
Statische Reibungszahl			
Dynamische Reibungszahl	(p·v=	N/mm^2·	m/min)
Zulässiger p·v Wert	N/mm^2·(m/min)	v=	m/min
		v=	m/min

Thermische Eigenschaften

Formbeständigkeit in der Wärme	Verfahren	A		210 °C
	Verfahren	B		220 °C
Vicat Erweichungstemperatur (VST)	Verfahren			°C
	Verfahren			°C
Kristallit-Schmelzpunkt	Verfahren	ASTM D 2117		218 °C
Längenausdehnungskoeffizient	Bereich	°C		$\cdot 10^{-4}K^{-1}$
	Temperatur	23 °C		0.25–0.7 $\cdot 10^{-4}K^{-1}$
Wärmeleitfähigkeit	Verfahren	DIN 52612	23 °C	0.45 W/(K·m)
Spezifische Wärmekapazität	Verfahren	ASTM C 351	23 °C	1.4 J/(K·g)
Glasumwandlungstemperatur	Torsionsschwingungsversuch		°C	
	Differentialkalorimetrie		°C	

Brandverhalten

UL-Test vertikal	Dicke	mm, Wert HB
	Dicke	mm, Wert

	Norm	Bewertung	Abmessungen
Sauerstoff-Index	ASTM D 2863		
Glühstab-Verfahren			
Brandverhalten	DIN 4102		
MVSS			
FAR			

Elektrische Eigenschaften

		Hz	°C		Probekörper, Form
Dielektrizitätszahl		50			
		10^3	23	5.1	
		10^6			
Dielektrischer Verlustfaktor tan δ		50			
		10^3	23	0.10	
		10^6			
Spezifischer Durchgangswiderstand	Ohm·cm		23	1.0*10**14	
Durchschlagfestigkeit	kV/mm		23	≧55	1 mm dick
Oberflächenwiderstand	Ohm		23	1.0*10**13	

Kriechstromfestigkeit	KC	KB	KA
Elektrolytische Korrosionswirkung			
Lichtbogenfestigkeit nach DIN			
nach ASTM	s		

Beständigkeit *(Chemische Beständigkeit siehe Anhang)*

Wasseraufnahme 23 C	Bis zur Saettigung	6.3 %
Feuchtigkeitsaufnahme Normalklima		1.9 %
Wetterbeständigkeit		
Spannungskorrosion		

Optische Eigenschaften

Brechungszahl n_D		
Transmissionsgrad τ_c	%	mm dick
Lichtdurchlässigkeit		

Produkt	Polyamid 6		**PA**
Handelsname	**Akulon K224-TG7**		
Hersteller	AKZO		
DIN-Bez 1			
DIN-Bez 2			
Zusätze		*Füllstoffe/ Verstärkung*	35% Glasfaser
Bevorzugte Verarbeitung	Spritzgiessen	*Lieferform*	Granulat
		Farben	Natur; Standard
Besondere Merkmale	Verbesserte Schlagzaehigkeit; Hohe Steifigkeit; Ausgezeichnete Ermuedungsbestaendigkeit	*Bevorzugte Anwendungen*	Technisches Formteil; Gehaeuse fuer Elektrowerkzeug; Lenkrad; Sitzschale; Kfz-Industrie; Moebelindustrie

Dichte	g/cm^3	1.39	*Schmelzindex*	g/10 min	:
Schüttdichte	g/cm^3		*Volumenfließindex*	$cm^3/10$ min	:
Viskositätszahl	ml/g				

Verarbeitungsbedingungen für Spritzgießen

Massetemp.	°C	260–290	*Schwindung*	% lgs 0.2, quer 1.0
Werkzeugtemp.	°C	80–90	*Bemerkungen*	
Spritzdruck	bar			

Zugversuch 23 °C ISO 527;

Probekörper: *Form* — *Zustand* Spritzfrisch — *Herstellung* Spritzgiessen — *Vorbehandlung*

Streckspannung	N/mm^2		*Dehnung bei Streckspannung*	%	
Zugfestigkeit	N/mm^2	190	*Reißdehnung*	%	3.7
Reißfestigkeit	N/mm^2		*% Dehnspannung*	N/mm^2	
E-Modul	N/mm^2	11300	*Dehnung bei % Dehnspg.*	%	

Kriechmoduln und Zeitstandwerte 23 °C

Probekörper: *Form* — *Zustand* — *Herstellung* — *Vorbehandlung*

Kriechmodul	*1 min*	N/mm^2	*Zeitstandzugfestigkeit*	h	N/mm^2
Kriechmodul	*1000 h*	N/mm^2	*Zeitdehnspg. %*	h	N/mm^2
bei Spannung		N/mm^2			

Biegeversuch 23 °C ISO 178;

Probekörper: *Form* — *Zustand* Spritzfrisch — *Herstellung* Spritzgiessen — *Vorbehandlung*

Biegefestigkeit	N/mm^2	280	*E-Modul*	N/mm^2	9300
3,5% *Biegespannung*	N/mm^2				

Härte 23 °C *Probekörper:* *Zustand* Spritzfrisch — *Herstellung* Spritzgiessen — *Vorbehandlung*

Kugeldruckhärte	N/mm^2 205	bei 358 N, 30 s	*Shore-Härte* A	
Rockwellhärte			*Shore-Härte* D	86

Schlagversuch *Probekörper:* *(1)* *(2)* *Zustand* — *Herstellung* — *Vorbehandlung*

		°C	°C	°C	*Probekörper-Form*
Schlagzähigkeit	kJ/m^2				
Kerbschlagzähigkeit (1)	kJ/m^2				
IZOD-Kerbschlagzähigkeit (2)	J/m				
Kerbschlagzugzähigkeit	kJ/m^2				

Abrieb und Reibung

Taber-Abrieb (Reibradverfahren)	$mm^3/100$ U		
Abriebfaktor LNP (Thrust washer) Vergleichswert			
Statische Reibungszahl			
Dynamische Reibungszahl	(p·v= N/mm^2·		m/min)
Zulässiger p·v Wert	N/mm^2·(m/min)	v=	m/min
		v=	m/min

Thermische Eigenschaften

Formbeständigkeit in der Wärme	*Verfahren* A			210 °C
	Verfahren B			220 °C
Vicat Erweichungstemperatur (VST)	*Verfahren*			°C
	Verfahren			°C
Kristallit-Schmelzpunkt	*Verfahren* ASTM D 2117			218 °C
Längenausdehnungskoeffizient	*Bereich*	°C		$\cdot 10^{-4}K^{-1}$
	Temperatur 23 °C			$0.25\text{–}0.6 \cdot 10^{-4}K^{-1}$
Wärmeleitfähigkeit	*Verfahren* DIN 52612		23 °C	0.45 W/(K·m)
Spezifische Wärmekapazität	*Verfahren* ASTM C 351		23 °C	1.4 J/(K·g)
Glasumwandlungstemperatur	*Torsionsschwingungsversuch*		°C	
	Differentialkalorimetrie		°C	

Brandverhalten

UL-Test vertikal	Dicke	mm, Wert HB
	Dicke	mm, Wert

	Norm	*Bewertung*	*Abmessungen*
Sauerstoff-Index	ASTM D 2863		
Glühstab-Verfahren			
Brandverhalten	DIN 4102		
MVSS			
FAR			

Elektrische Eigenschaften

		Hz	°C		*Probekörper, Form*
Dielektrizitätszahl		50			
		10^3	23	5.1	
		10^6			
Dielektrischer Verlustfaktor tan δ		50			
		10^3	23	0.10	
		10^6			
Spezifischer Durchgangs-widerstand	Ohm·cm		23	1.0*10**14	
Durchschlagfestigkeit	kV/mm		23	$\geqq$55	1 mm dick
Oberflächenwiderstand	Ohm		23	1.0*10**13	

Kriechstromfestigkeit	KC	KB	KA
Elektrolytische Korrosionswirkung			
Lichtbogenfestigkeit nach DIN			
nach ASTM s			

Beständigkeit *(Chemische Beständigkeit siehe Anhang)*

Wasseraufnahme 23 C Bis zur Saettigung	5.9 %	
Feuchtigkeitsaufnahme Normalklima		1.8 %
Wetterbeständigkeit		
Spannungskorrosion		

Optische Eigenschaften

Brechungszahl n_D		
Transmissionsgrad τ_c	%	mm dick
Lichtdurchlässigkeit		

Produkt	Polyamid 6			**PA**
Handelsname	**Akulon K224-TG8**			
Hersteller	AKZO			
DIN-Bez 1				
DIN-Bez 2				
Zusätze		*Füllstoffe/ Verstärkung*	40% Glasfaser	
Bevorzugte Verarbeitung	Spritzgiessen	*Lieferform*	Granulat	
		Farben	Natur; Standard	
Besondere Merkmale	Verbesserte Schlagzaehigkeit; Hohe Steifigkeit; Ausgezeichnete Ermuedungsbestaendigkeit	*Bevorzugte Anwendungen*	Technisches Formteil; Gehaeuse fuer Elektrowerkzeug; Lenkrad; Sitzschale; Kfz-Industrie; Moebelindustrie	

Dichte	g/cm^3	1.44	*Schmelzindex*	g/10 min	:
Schüttdichte	g/cm^3		*Volumenfließindex*	$cm^3/10$ min	:
Viskositätszahl	ml/g				

Verarbeitungsbedingungen für Spritzgießen

Massetemp.	°C	260–290	*Schwindung*	%	lgs	0.2, quer 1.0
Werkzeugtemp.	°C	80–90	*Bemerkungen*			
Spritzdruck	bar					

Zugversuch 23 °C ISO 527;

Probekörper: *Form* — *Herstellung* Spritzgiessen
Zustand Spritzfrisch — *Vorbehandlung*

Streckspannung	N/mm^2		*Dehnung bei Streckspannung*	%	
Zugfestigkeit	N/mm^2	205	*Reißdehnung*	%	3.5
Reißfestigkeit	N/mm^2		*% Dehnspannung*	N/mm^2	
E-Modul	N/mm^2	12500	*Dehnung bei % Dehnspg.*	%	

Kriechmoduln und Zeitstandwerte 23 °C

Probekörper: *Form* — *Herstellung*
Zustand — *Vorbehandlung*

Kriechmodul	*1 min*	N/mm^2	*Zeitstandzugfestigkeit*	h	N/mm^2
Kriechmodul	*1000 h*	N/mm^2	*Zeitdehnspg. %*	h	N/mm^2
bei Spannung		N/mm^2			

Biegeversuch 23 °C ISO 178;

Probekörper: *Form* — *Herstellung* Spritzgiessen
Zustand Spritzfrisch — *Vorbehandlung*

Biegefestigkeit	N/mm^2	293	*E-Modul*	N/mm^2	11400
3,5% *Biegespannung*	N/mm^2				

Härte 23 °C *Probekörper:* *Zustand* Spritzfrisch — *Herstellung* Spritzgiessen
Vorbehandlung

Kugeldruckhärte	N/mm^2	215	bei 358 N, 30 s	*Shore-Härte* A	
Rockwellhärte				*Shore-Härte* D	86

Schlagversuch *Probekörper:* *(1)*
(2) — *Herstellung*
Zustand — *Vorbehandlung*

		°C	°C	°C	*Probekörper-Form*
Schlagzähigkeit	kJ/m^2				
Kerbschlagzähigkeit (1)	kJ/m^2				
IZOD-Kerbschlagzähigkeit (2)	J/m				
Kerbschlagzugzähigkeit	kJ/m^2				

Abrieb und Reibung

Taber-Abrieb (Reibradverfahren)	mm^3/100 U		
Abriebfaktor LNP (Thrust washer) Vergleichswert			
Statische Reibungszahl			
Dynamische Reibungszahl	(p·v= N/mm^2·		m/min)
Zulässiger p · v Wert	N/mm^2 · (m/min)	v=	m/min
		v=	m/min

Thermische Eigenschaften

Formbeständigkeit in der Wärme	*Verfahren* A			210 °C
	Verfahren B			220 °C
Vicat Erweichungstemperatur (VST)	*Verfahren*			°C
	Verfahren			°C
Kristallit-Schmelzpunkt	*Verfahren* ASTM D 2117			218 °C
Längenausdehnungskoeffizient	*Bereich*	°C		$\cdot 10^{-4}K^{-1}$
	Temperatur 23 °C			$0.2–0.6 \cdot 10^{-4}K^{-1}$
Wärmeleitfähigkeit	*Verfahren* DIN 52612		23 °C	0.50 W/(K · m)
Spezifische Wärmekapazität	*Verfahren* ASTM C 351		23 °C	1.3 J/(K · g)
Glasumwandlungstemperatur	*Torsionsschwingungsversuch*	°C		
	Differentialkalorimetrie	°C		

Brandverhalten

UL-Test vertikal	Dicke	mm, Wert HB
	Dicke	mm, Wert

	Norm	*Bewertung*	*Abmessungen*
Sauerstoff-Index	ASTM D 2863		
Glühstab-Verfahren			
Brandverhalten	DIN 4102		
MVSS			
FAR			

Elektrische Eigenschaften

		Hz	°C		*Probekörper, Form*
Dielektrizitätszahl		50			
		10^3	23	5.2	
		10^6			
Dielektrischer Verlustfaktor tan δ		50			
		10^3	23	0.09	
		10^6			
Spezifischer Durchgangswiderstand	Ohm · cm		23	1.0*10**14	
Durchschlagfestigkeit	kV/mm		23	≧55	1 mm dick
Oberflächenwiderstand	Ohm		23	1.0*10**13	

Kriechstromfestigkeit	KC	KB	KA
Elektrolytische Korrosionswirkung			
Lichtbogenfestigkeit nach DIN			
nach ASTM s			

Beständigkeit *(Chemische Beständigkeit siehe Anhang)*

Wasseraufnahme 23 C Bis zur Saettigung	5.4 %
Feuchtigkeitsaufnahme Normalklima	1.6 %
Wetterbeständigkeit	
Spannungskorrosion	

Optische Eigenschaften

Brechungszahl n_D		
Transmissionsgrad τ_c	%	mm dick
Lichtdurchlässigkeit		

Produkt	Polyamid 6		**PA**
Handelsname	**Akulon K224-TG9**		
Hersteller	AKZO		
DIN-Bez 1			
DIN-Bez 2			
Zusätze		*Füllstoffe/ Verstärkung*	45% Glasfaser
Bevorzugte Verarbeitung	Spritzgiessen	*Lieferform*	Granulat
		Farben	Natur; Standard
Besondere Merkmale	Verbesserte Schlagzaehigkeit; Hohe Steifigkeit; Ausgezeichnete Ermuedungsbestaendigkeit	*Bevorzugte Anwendungen*	Technisches Formteil; Gehaeuse fuer Elektrowerkzeug; Lenkrad; Sitzschale; Kfz-Industrie; Moebelindustrie

Dichte	g/cm^3	1.50	*Schmelzindex*	g/10 min	:
Schüttdichte	g/cm^3		*Volumenfließindex*	cm^3/10 min	:
Viskositätszahl	ml/g				

Verarbeitungsbedingungen für Spritzgießen

Massetemp.	°C	260–290	*Schwindung*	%	lgs 0.2, quer
Werkzeugtemp.	°C	80–90	*Bemerkungen*		
Spritzdruck	bar				

Zugversuch 23 °C ISO 527;
Probekörper: *Form* — *Herstellung* Spritzgiessen
Zustand Spritzfrisch — *Vorbehandlung*

Streckspannung	N/mm^2		*Dehnung bei Streckspannung*	%	
Zugfestigkeit	N/mm^2	220	*Reißdehnung*	%	3.5
Reißfestigkeit	N/mm^2		*% Dehnspannung*	N/mm^2	
E-Modul	N/mm^2	12600	*Dehnung bei % Dehnspg.*	%	

Kriechmoduln und Zeitstandwerte 23 °C
Probekörper: *Form* — *Herstellung*
Zustand — *Vorbehandlung*

Kriechmodul	*1 min*	N/mm^2	*Zeitstandzugfestigkeit*	h	N/mm^2
Kriechmodul	*1000 h*	N/mm^2	*Zeitdehnspg. %*	h	N/mm^2
bei Spannung		N/mm^2			

Biegeversuch 23 °C ISO 178;
Probekörper: *Form* — *Herstellung* Spritzgiessen
Zustand Spritzfrisch — *Vorbehandlung*

Biegefestigkeit	N/mm^2	345	*E-Modul*	N/mm^2	12600
3,5% *Biegespannung*	N/mm^2				

Härte 23 °C *Probekörper:* *Zustand* Spritzfrisch — *Herstellung* Spritzgiessen
Vorbehandlung

Kugeldruckhärte	N/mm^2	225	bei 358 N, 30 s	*Shore-Härte A*	
Rockwellhärte				*Shore-Härte D*	88

Schlagversuch *Probekörper:* *(1)*
(2) — *Herstellung*
Zustand — *Vorbehandlung*

		°C	°C	°C	*Probekörper-Form*
Schlagzähigkeit	kJ/m^2				
Kerbschlagzähigkeit (1)	kJ/m^2				
IZOD-Kerbschlagzähigkeit (2)	J/m				
Kerbschlagzugzähigkeit	kJ/m^2				

Abrieb und Reibung

Taber-Abrieb (Reibradverfahren)	mm^3/100 U		
Abriebfaktor LNP (Thrust washer) Vergleichswert			
Statische Reibungszahl			
Dynamische Reibungszahl	(p · v =	N/mm^2 ·	m/min)
Zulässiger p · v Wert	N/mm^2 · (m/min)	v =	m/min
		v =	m/min

Thermische Eigenschaften

Formbeständigkeit in der Wärme	*Verfahren* A			215 °C
	Verfahren B			220 °C
Vicat Erweichungstemperatur (VST)	*Verfahren*			°C
	Verfahren			°C
Kristallit-Schmelzpunkt	*Verfahren* ASTM D 2117			218 °C
Längenausdehnungskoeffizient	*Bereich*	°C		$\cdot 10^{-4}K^{-1}$
	Temperatur 23 °C			$0.2–0.5 \cdot 10^{-4}K^{-1}$
Wärmeleitfähigkeit	*Verfahren* DIN 52612		23 °C	0.50 W/(K · m)
Spezifische Wärmekapazität	*Verfahren* ASTM C 351		23 °C	1.3 J/(K · g)
Glasumwandlungstemperatur	*Torsionsschwingungsversuch*		°C	
	Differentialkalorimetrie		°C	

Brandverhalten

UL-Test vertikal	Dicke	mm, Wert HB
	Dicke	mm, Wert

	Norm	*Bewertung*	*Abmessungen*
Sauerstoff-Index	ASTM D 2863		
Glühstab-Verfahren			
Brandverhalten	DIN 4102		
MVSS			
FAR			

Elektrische Eigenschaften

		Hz	°C			Probekörper, Form
Dielektrizitätszahl		50				
		10^3	23	5.2		
		10^6				
Dielektrischer Verlustfaktor tan δ		50				
		10^3	23	0.09		
		10^6				
Spezifischer Durchgangs-widerstand	Ohm · cm		23	1.0*10**14		
Durchschlagfestigkeit	kV/mm		23	≧55		1 mm dick
Oberflächenwiderstand	Ohm		23	1.0*10**13		
Kriechstromfestigkeit		KC		KB	KA	
Elektrolytische Korrosionswirkung						
Lichtbogenfestigkeit nach DIN						
nach ASTM	s					

Beständigkeit *(Chemische Beständigkeit siehe Anhang)*

Wasseraufnahme 23 C Bis zur Saettigung	5.0 %	
Feuchtigkeitsaufnahme Normalklima		1.5 %
Wetterbeständigkeit		
Spannungskorrosion		

Optische Eigenschaften

Brechungszahl n_D		
Transmissionsgrad τ_c	%	mm dick
Lichtdurchlässigkeit		

Datenbank-Nr.	**T01321**	Merkblatt-Nr. **4720**

Produkt	Polyamid 6		**PA**
Handelsname	**Akulon M223-B**		
Hersteller	AKZO		
DIN-Bez 1			
DIN-Bez 2			
Zusätze		*Füllstoffe/ Verstärkung*	
Bevorzugte Verarbeitung	Spritzgiessen	*Lieferform*	Granulat
		Farben	Natur; Standard
Besondere Merkmale	Mittelviskos; Ausgezeichnetes Fliessvermoegen; Verbesserte Schlagzaehigkeit; Sehr gute Entformbarkeit	*Bevorzugte Anwendungen*	Technisches Formteil; Teil mit Wanddicke groesser 2.5mm

Dichte	g/cm^3	1.13	*Schmelzindex*	g/10 min	:
Schüttdichte	g/cm^3		*Volumenfließindex*	$cm^3/10$ min	:
Viskositätszahl	ml/g				

Verarbeitungsbedingungen für Spritzgießen

Massetemp.	°C	240–270	*Schwindung*	%	lgs 0.6–1.0, quer 0.6–1.0
Werkzeugtemp.	°C	80–90	*Bemerkungen*		
Spritzdruck	bar				

Zugversuch 23 °C ISO 527;

Probekörper: *Form* — *Herstellung* Spritzgiessen
Zustand Spritzfrisch — *Vorbehandlung*

Streckspannung	N/mm^2		*Dehnung bei Streckspannung*	%	
Zugfestigkeit	N/mm^2	80	*Reißdehnung*	%	50
Reißfestigkeit	N/mm^2		*% Dehnspannung*	N/mm^2	
E-Modul	N/mm^2		*Dehnung bei % Dehnspg.*	%	

Kriechmoduln und Zeitstandwerte 23 °C

Probekörper: *Form* — *Herstellung*
Zustand — *Vorbehandlung*

Kriechmodul	*1 min* N/mm^2		*Zeitstandzugfestigkeit*	h	N/mm^2
Kriechmodul	*1000 h* N/mm^2		*Zeitdehnspg. %*	h	N/mm^2
bei Spannung	N/mm^2				

Biegeversuch 23 °C ISO 178;

Probekörper: *Form* — *Herstellung* Spritzgiessen
Zustand Spritzfrisch — *Vorbehandlung*

Biegefestigkeit	N/mm^2		*E-Modul*	N/mm^2	2500
3,5% *Biegespannung*	N/mm^2				

Härte 23 °C *Probekörper:* *Zustand* Spritzfrisch — *Herstellung* Spritzgiessen
Vorbehandlung

Kugeldruckhärte	N/mm^2	bei N, s	*Shore-Härte A*	
Rockwellhärte			*Shore-Härte D*	84

Schlagversuch *Probekörper:* *(1)*
(2) — *Herstellung*
Zustand — *Vorbehandlung*

	°C	°C	°C	*Probekörper-Form*
Schlagzähigkeit kJ/m^2				
Kerbschlagzähigkeit (1) kJ/m^2				
IZOD-Kerbschlagzähigkeit (2) J/m				
Kerbschlagzugzähigkeit kJ/m^2				

Abrieb und Reibung

Taber-Abrieb (Reibradverfahren)	mm^3/100 U		
Abriebfaktor LNP (Thrust washer) Vergleichswert			
Statische Reibungszahl			
Dynamische Reibungszahl	(p · v =	N/mm^2 ·	m/min)
Zulässiger p · v Wert	N/mm^2 · (m/min)	v =	m/min
		v =	m/min

Thermische Eigenschaften

Formbeständigkeit in der Wärme	*Verfahren* A			55 °C
	Verfahren B			175 °C
Vicat Erweichungstemperatur (VST)	*Verfahren*			°C
	Verfahren			°C
Kristallit-Schmelzpunkt	*Verfahren* ASTM D 2117			218 °C
Längenausdehnungskoeffizient	*Bereich*	°C		$\cdot 10^{-4}K^{-1}$
	Temperatur 23 °C			$0.8–1.0 \cdot 10^{-4}K^{-1}$
Wärmeleitfähigkeit	*Verfahren* DIN 52612		23 °C	0.29 W/(K · m)
Spezifische Wärmekapazität	*Verfahren* ASTM C 351		23 °C	1.7 J/(K · g)
Glasumwandlungstemperatur	*Torsionsschwingungsversuch*		°C	
	Differentialkalorimetrie		°C	

Brandverhalten

UL-Test vertikal	Dicke	mm, Wert HB
	Dicke	mm, Wert

	Norm	*Bewertung*	*Abmessungen*
Sauerstoff-Index	ASTM D 2863		
Glühstab-Verfahren			
Brandverhalten	DIN 4102		
MVSS			
FAR			

Elektrische Eigenschaften

		Hz	°C			*Probekörper, Form*
Dielektrizitätszahl		50				
		10^3	23	3.25		
		10^6				
Dielektrischer Verlustfaktor tan δ		50				
		10^3	23	0.015		
		10^6				
Spezifischer Durchgangs-widerstand	Ohm · cm		23	1.0*10**15		
Durchschlagfestigkeit	kV/mm		23	50		1 mm dick
Oberflächenwiderstand	Ohm		23	1.0*10**14		
Kriechstromfestigkeit		KC		KB	KA	
Elektrolytische Korrosionswirkung						
Lichtbogenfestigkeit nach DIN						
nach ASTM	s					

Beständigkeit *(Chemische Beständigkeit siehe Anhang)*

Wasseraufnahme 23 C Bis zur Saettigung	9.0 %	
Feuchtigkeitsaufnahme Normalklima		3.0 %
Wetterbeständigkeit		
Spannungskorrosion		

Optische Eigenschaften

Brechungszahl n_D		
Transmissionsgrad τ_c	%	mm dick
Lichtdurchlässigkeit		

Produkt	Polyamid 66		**PA**
Handelsname	**Akulon S223-DH**		
Hersteller	AKZO		
DIN-Bez 1 *DIN-Bez 2*			
Zusätze	Waermestabilisator	*Füllstoffe/ Verstärkung*	
Bevorzugte Verarbeitung	Spritzgiessen	*Lieferform*	Granulat
		Farben	Natur; Standard
Besondere Merkmale	Mittelviskos; Homogene Struktur; Feinkristallin; Sehr kurze Zykluszeit	*Bevorzugte Anwendungen*	Technisches Formteil

Dichte	g/cm^3	1.14	*Schmelzindex*	g/10 min	:
Schüttdichte	g/cm^3		*Volumenfließindex*	cm^3/10 min	:
Viskositätszahl	ml/g				

Verarbeitungsbedingungen für Spritzgießen

Massetemp.	°C	270–290	*Schwindung*	% lgs 0.9, quer 0.9
Werkzeugtemp.	°C	80–90	*Bemerkungen*	
Spritzdruck	bar			

Zugversuch 23 °C ISO 527;
Probekörper: *Form* — *Herstellung* Spritzgiessen
Zustand Spritzfrisch — *Vorbehandlung*

Streckspannung	N/mm^2		*Dehnung bei Streckspannung*	%	
Zugfestigkeit	N/mm^2	90	*Reißdehnung*	%	20
Reißfestigkeit	N/mm^2		*% Dehnspannung*	N/mm^2	
E-Modul	N/mm^2	3400	*Dehnung bei % Dehnspg.*	%	

Kriechmoduln und Zeitstandwerte 23 °C
Probekörper: *Form* — *Herstellung*
Zustand — *Vorbehandlung*

Kriechmodul	*1 min*	N/mm^2	*Zeitstandzugfestigkeit*	h	N/mm^2
Kriechmodul	*1000 h*	N/mm^2	*Zeitdehnspg. %*	h	N/mm^2
bei Spannung		N/mm^2			

Biegeversuch 23 °C ISO 178;
Probekörper: *Form* — *Herstellung* Spritzgiessen
Zustand Spritzfrisch — *Vorbehandlung*

Biegefestigkeit	N/mm^2	115	*E-Modul*	N/mm^2	3300
3,5% *Biegespannung*	N/mm^2				

Härte 23 °C *Probekörper:* *Zustand* Spritzfrisch — *Herstellung* Spritzgiessen
Vorbehandlung

Kugeldruckhärte	N/mm^2 155	bei 358 N, 30 s	*Shore-Härte* A	
Rockwellhärte			*Shore-Härte* D	84

Schlagversuch *Probekörper:* *(1)*
(2) — *Herstellung*
Zustand — *Vorbehandlung*

		°C	°C	°C	*Probekörper-Form*
Schlagzähigkeit	kJ/m^2				
Kerbschlagzähigkeit (1)	kJ/m^2				
IZOD-Kerbschlagzähigkeit (2)	J/m				
Kerbschlagzugzähigkeit	kJ/m^2				

Abrieb und Reibung

Taber-Abrieb (Reibradverfahren)	mm^3/100 U	
Abriebfaktor LNP (Thrust washer) Vergleichswert		
Statische Reibungszahl		
Dynamische Reibungszahl	(p · v = N/mm^2 ·	m/min)
Zulässiger p · v Wert	N/mm^2 · (m/min) v =	m/min
	v =	m/min

Thermische Eigenschaften

Formbeständigkeit in der Wärme	*Verfahren* A			82 °C
	Verfahren B			135 °C
Vicat Erweichungstemperatur (VST)	*Verfahren*			°C
	Verfahren			°C
Kristallit-Schmelzpunkt	*Verfahren* ASTM D 2117			256 °C
Längenausdehnungskoeffizient	*Bereich* °C			$\cdot 10^{-4}K^{-1}$
	Temperatur 23 °C			$0.7–1.0 \cdot 10^{-4}K^{-1}$
Wärmeleitfähigkeit	*Verfahren* DIN 52612		23 °C	0.29 W/(K · m)
Spezifische Wärmekapazität	*Verfahren* ASTM C 351		23 °C	1.7 J/(K · g)
Glasumwandlungstemperatur	*Torsionsschwingungsversuch*		°C	
	Differentialkalorimetrie		°C	

Brandverhalten

UL-Test vertikal Dicke mm, Wert V-2
Dicke mm, Wert

	Norm	*Bewertung*	*Abmessungen*
Sauerstoff-Index	ASTM D 2863		
Glühstab-Verfahren			
Brandverhalten	DIN 4102		
MVSS			
FAR			

Elektrische Eigenschaften

		Hz	°C		Probekörper, Form
Dielektrizitätszahl		50			
		10^3	23	3.3	
		10^6			
Dielektrischer Verlustfaktor tan δ		50			
		10^3	23	0.015	
		10^6			
Spezifischer Durchgangs-widerstand	Ohm · cm		23	1.0*10**14	
Durchschlagfestigkeit	kV/mm		23	≧50	1 mm dick
Oberflächenwiderstand	Ohm		23	1.0*10**13	

Kriechstromfestigkeit KC KB KA
Elektrolytische Korrosionswirkung
Lichtbogenfestigkeit nach DIN
nach ASTM s

Beständigkeit *(Chemische Beständigkeit siehe Anhang)*

Wasseraufnahme 23 C Bis zur Saettigung 8.5 %

Feuchtigkeitsaufnahme Normalklima 2.3 %
Wetterbeständigkeit

Spannungskorrosion

Optische Eigenschaften

Brechungszahl n_D
Transmissionsgrad τ_c % mm dick
Lichtdurchlässigkeit

Produkt	Polyamid 66		**PA**
Handelsname	**Akulon S223-EH**		
Hersteller	AKZO		
DIN-Bez 1			
DIN-Bez 2			
Zusätze	Waermestabilisator	*Füllstoffe/ Verstärkung*	
Bevorzugte Verarbeitung	Spritzgiessen	*Lieferform*	Granulat
		Farben	Natur; Standard
Besondere Merkmale	Mittelviskos; Standardtyp; Leichtfliessend; Gute Verarbeitbarkeit	*Bevorzugte Anwendungen*	Technisches Formteil

---

Dichte	g/cm^3	1.14	*Schmelzindex*	g/10 min	:
Schüttdichte	g/cm^3		*Volumenfließindex*	cm^3/10 min	:
Viskositätszahl	ml/g				

Verarbeitungsbedingungen für Spritzgießen

Massetemp.	°C	270–290	*Schwindung*	%	lgs 1.0, quer 1.0
Werkzeugtemp.	°C	80–90	*Bemerkungen*		
Spritzdruck	bar				

Zugversuch 23 °C ISO 527;

Probekörper: *Form* — *Herstellung* Spritzgiessen
Zustand Spritzfrisch — *Vorbehandlung*

Streckspannung	N/mm^2		*Dehnung bei Streckspannung*	%	
Zugfestigkeit	N/mm^2	85	*Reißdehnung*	%	30
Reißfestigkeit	N/mm^2		*% Dehnspannung*	N/mm^2	
E-Modul	N/mm^2	3300	*Dehnung bei % Dehnspg.*	%	

Kriechmoduln und Zeitstandwerte 23 °C

Probekörper: *Form* — *Herstellung*
Zustand — *Vorbehandlung*

Kriechmodul	*1 min* N/mm^2		*Zeitstandzugfestigkeit*	h	N/mm^2
Kriechmodul	*1000 h* N/mm^2		*Zeitdehnspg. %*	h	N/mm^2
bei Spannung	N/mm^2				

Biegeversuch 23 °C ISO 178;

Probekörper: *Form* — *Herstellung* Spritzgiessen
Zustand Spritzfrisch — *Vorbehandlung*

Biegefestigkeit	N/mm^2	115	*E-Modul*	N/mm^2	3250
3,5% *Biegespannung*	N/mm^2				

Härte 23 °C *Probekörper:* *Zustand* Spritzfrisch — *Herstellung* Spritzgiessen
Vorbehandlung

Kugeldruckhärte	N/mm^2 150	bei 358 N, 30 s	*Shore-Härte A*	
Rockwellhärte			*Shore-Härte D*	83

Schlagversuch *Probekörper:* *(1)*
(2) — *Herstellung*
Zustand — *Vorbehandlung*

		°C	°C	°C	*Probekörper-Form*
Schlagzähigkeit	kJ/m^2				
Kerbschlagzähigkeit (1)	kJ/m^2				
IZOD-Kerbschlagzähigkeit (2)	J/m				
Kerbschlagzugzähigkeit	kJ/m^2				

Abrieb und Reibung

Taber-Abrieb (Reibradverfahren)	mm^3/100 U		
Abriebfaktor LNP (Thrust washer) Vergleichswert			
Statische Reibungszahl			
Dynamische Reibungszahl	(p · v =	N/mm^2 ·	m/min)
Zulässiger p · v Wert	N/mm^2 · (m/min)	v =	m/min
		v =	m/min

Thermische Eigenschaften

Formbeständigkeit in der Wärme	*Verfahren* A			80 °C
	Verfahren B			230 °C
Vicat Erweichungstemperatur (VST)	*Verfahren*			°C
	Verfahren			°C
Kristallit-Schmelzpunkt	*Verfahren* ASTM D 2117			256 °C
Längenausdehnungskoeffizient	*Bereich*	°C		· $10^{-4}K^{-1}$
	Temperatur 23 °C			0.7–1.0 · $10^{-4}K^{-1}$
Wärmeleitfähigkeit	*Verfahren* DIN 52612		23 °C	0.29 W/(K · m)
Spezifische Wärmekapazität	*Verfahren* ASTM C 351		23 °C	1.7 J/(K · g)
Glasumwandlungstemperatur	*Torsionsschwingungsversuch*		°C	
	Differentialkalorimetrie		°C	

Brandverhalten

UL-Test vertikal	Dicke	mm, Wert V-2
	Dicke	mm, Wert

	Norm	*Bewertung*	*Abmessungen*
Sauerstoff-Index	ASTM D 2863		
Glühstab-Verfahren			
Brandverhalten	DIN 4102		
MVSS			
FAR			

Elektrische Eigenschaften

		Hz	°C		*Probekörper, Form*
Dielektrizitätszahl		50			
		10^3	23	3.3	
		10^6			
Dielektrischer Verlustfaktor tan δ		50			
		10^3	23	0.015	
		10^6			
Spezifischer Durchgangs-widerstand	Ohm · cm		23	1.0*10**14	
Durchschlagfestigkeit	kV/mm		23	≧50	1 mm dick
Oberflächenwiderstand	Ohm		23	1.0*10**13	

Kriechstromfestigkeit	KC	KB	KA
Elektrolytische Korrosionswirkung			
Lichtbogenfestigkeit nach DIN			
nach ASTM s			

Beständigkeit *(Chemische Beständigkeit siehe Anhang)*

Wasseraufnahme 23 C Bis zur Saettigung	8.5 %	
Feuchtigkeitsaufnahme Normalklima		2.3 %
Wetterbeständigkeit		
Spannungskorrosion		

Optische Eigenschaften

Brechungszahl n_D		
Transmissionsgrad τ_c	%	mm dick
Lichtdurchlässigkeit		

Datenbank-Nr. **T01324** Merkblatt-Nr. **4723**

Produkt	Polyamid 66		**PA**
Handelsname	**Akulon S223-HG5**		
Hersteller	AKZO		
DIN-Bez 1			
DIN-Bez 2			
Zusätze	Waermestabilisator	*Füllstoffe/ Verstärkung*	25% Glasfaser
Bevorzugte Verarbeitung	Spritzgiessen	*Lieferform*	Granulat
		Farben	Natur; Standard
Besondere Merkmale	Steifigkeit; Dimensionsstabil	*Bevorzugte Anwendungen*	Technisches Formteil

Dichte	g/cm^3	1.31	*Schmelzindex*	g/10 min	:
Schüttdichte	g/cm^3		*Volumenfließindex*	cm^3/10 min	:
Viskositätszahl	ml/g				

Verarbeitungsbedingungen für Spritzgießen

Massetemp.	°C	280–290	*Schwindung*	%	lgs 0.3, quer 1.1
Werkzeugtemp.	°C	80–90	*Bemerkungen*		
Spritzdruck	bar				

Zugversuch 23 °C ISO 527;

Probekörper: *Form* — *Herstellung* Spritzgiessen
Zustand Spritzfrisch — *Vorbehandlung*

Streckspannung	N/mm^2		*Dehnung bei Streckspannung*	%	
Zugfestigkeit	N/mm^2	165	*Reißdehnung*	%	3
Reißfestigkeit	N/mm^2		*% Dehnspannung*	N/mm^2	
E-Modul	N/mm^2	7300	*Dehnung bei % Dehnspg.*	%	

Kriechmoduln und Zeitstandwerte 23 °C

Probekörper: *Form* — *Herstellung*
Zustand — *Vorbehandlung*

Kriechmodul	*1 min*	N/mm^2	*Zeitstandzugfestigkeit*	h	N/mm^2
Kriechmodul	*1000 h*	N/mm^2	*Zeitdehnspg. %*	h	N/mm^2
bei Spannung		N/mm^2			

Biegeversuch 23 °C ISO 178;

Probekörper: *Form* — *Herstellung* Spritzgiessen
Zustand Spritzfrisch — *Vorbehandlung*

Biegefestigkeit	N/mm^2	240	*E-Modul*	N/mm^2	7300
3,5% *Biegespannung*	N/mm^2				

Härte 23 °C *Probekörper:* *Zustand* Spritzfrisch — *Herstellung* Spritzgiessen
Vorbehandlung

Kugeldruckhärte	N/mm^2	205	bei 358 N, 30 s	*Shore-Härte* A	
Rockwellhärte				*Shore-Härte* D	86

Schlagversuch *Probekörper:* *(1)*
(2) — *Herstellung*
Zustand — *Vorbehandlung*

		°C	°C	°C	*Probekörper-Form*
Schlagzähigkeit	kJ/m^2				
Kerbschlagzähigkeit (1)	kJ/m^2				
IZOD-Kerbschlagzähigkeit (2)	J/m				
Kerbschlagzugzähigkeit	kJ/m^2				

Abrieb und Reibung

Taber-Abrieb (Reibradverfahren)	mm^3/100 U		
Abriebfaktor LNP (Thrust washer) Vergleichswert			
Statische Reibungszahl			
Dynamische Reibungszahl	(p · v= N/mm^2 ·		m/min)
Zulässiger p · v Wert	N/mm^2 · (m/min)	v=	m/min
		v=	m/min

Thermische Eigenschaften

Formbeständigkeit in der Wärme	*Verfahren* A			245 °C
	Verfahren B			255 °C
Vicat Erweichungstemperatur (VST)	*Verfahren*			°C
	Verfahren			°C
Kristallit-Schmelzpunkt	*Verfahren* ASTM D 2117			256 °C
Längenausdehnungskoeffizient	*Bereich*	°C		$\cdot 10^{-4} K^{-1}$
	Temperatur 23 °C			$0.25–0.7 \cdot 10^{-4} K^{-1}$
Wärmeleitfähigkeit	*Verfahren* DIN 52612		23 °C	0.40 W/(K · m)
Spezifische Wärmekapazität	*Verfahren* ASTM C 351		23 °C	1.5 J/(K · g)
Glasumwandlungstemperatur	*Torsionsschwingungsversuch*		°C	
	Differentialkalorimetrie		°C	

Brandverhalten

UL-Test vertikal Dicke mm, Wert HB
Dicke mm, Wert

	Norm	*Bewertung*	*Abmessungen*
Sauerstoff-Index	ASTM D 2863		
Glühstab-Verfahren			
Brandverhalten	DIN 4102		
MVSS			
FAR			

Elektrische Eigenschaften

		Hz	°C			*Probekörper, Form*
Dielektrizitätszahl		50				
		10^3	23	4.5		
		10^6				
Dielektrischer Verlustfaktor tan δ		50				
		10^3	23	0.06		
		10^6				
Spezifischer Durchgangswiderstand	Ohm · cm		23	1.0*10**14		
Durchschlagfestigkeit	kV/mm		23	≧55		1 mm dick
Oberflächenwiderstand	Ohm		23	1.0*10**13		
Kriechstromfestigkeit		KC		KB	KA	
Elektrolytische Korrosionswirkung						
Lichtbogenfestigkeit nach DIN						
nach ASTM	s					

Beständigkeit *(Chemische Beständigkeit siehe Anhang)*

Wasseraufnahme 23 C Bis zur Saettigung	6.4 %	
Feuchtigkeitsaufnahme Normalklima		1.7 %
Wetterbeständigkeit		
Spannungskorrosion		

Optische Eigenschaften

Brechungszahl n_D
Transmissionsgrad τ_c % mm dick
Lichtdurchlässigkeit

Produkt	Polyamid 66			**PA**
Handelsname	**Akulon S223-HG6**			
Hersteller	AKZO			
DIN-Bez 1				
DIN-Bez 2				
Zusätze	Waermestabilisator	*Füllstoffe/ Verstärkung*	30% Glasfaser	
Bevorzugte Verarbeitung	Spritzgiessen	*Lieferform*	Granulat	
		Farben	Natur; Standard	
Besondere Merkmale	Steifigkeit; Dimensionsstabil	*Bevorzugte Anwendungen*	Technisches Formteil	

Dichte	g/cm³	1.36	*Schmelzindex*	g/10 min	:
Schüttdichte	g/cm³		*Volumenfließindex*	cm³/10 min	:
Viskositätszahl	ml/g				

Verarbeitungsbedingungen für Spritzgießen

Massetemp.	°C	280–290	*Schwindung*	%	lgs	0.2, quer 1.1
Werkzeugtemp.	°C	80–90	*Bemerkungen*			
Spritzdruck	bar					

Zugversuch 23 °C ISO 527;
Probekörper: *Form* — *Herstellung* Spritzgiessen
Zustand Spritzfrisch — *Vorbehandlung*

Streckspannung	N/mm²		*Dehnung bei Streckspannung*	%	
Zugfestigkeit	N/mm²	180	*Reißdehnung*	%	3
Reißfestigkeit	N/mm²		*% Dehnspannung*	N/mm²	
E-Modul	N/mm²	8500	*Dehnung bei % Dehnspg.*	%	

Kriechmoduln und Zeitstandwerte 23 °C
Probekörper: *Form* — *Herstellung*
Zustand — *Vorbehandlung*

Kriechmodul	*1 min*	N/mm²	*Zeitstandzugfestigkeit*	h	N/mm²
Kriechmodul	*1000 h*	N/mm²	*Zeitdehnspg. %*	h	N/mm²
bei Spannung		N/mm²			

Biegeversuch 23 °C ISO 178;
Probekörper: *Form* — *Herstellung* Spritzgiessen
Zustand Spritzfrisch — *Vorbehandlung*

Biegefestigkeit	N/mm²	265	*E-Modul*	N/mm²	8500
3,5% *Biegespannung*	N/mm²				

Härte 23 °C *Probekörper:* *Zustand* Spritzfrisch — *Herstellung* Spritzgiessen
Vorbehandlung

Kugeldruckhärte	N/mm² 210	bei 358 N, 30 s	*Shore-Härte A*	
Rockwellhärte			*Shore-Härte D*	87

Schlagversuch *Probekörper:* *(1)*
(2) — *Herstellung*
Zustand — *Vorbehandlung*

		°C	°C	°C	*Probekörper-Form*
Schlagzähigkeit	kJ/m²				
Kerbschlagzähigkeit (1)	kJ/m²				
IZOD-Kerbschlagzähigkeit (2)	J/m				
Kerbschlagzugzähigkeit	kJ/m²				

Abrieb und Reibung

Taber-Abrieb (Reibradverfahren)	$mm^3/100$ U		
Abriebfaktor LNP (Thrust washer) Vergleichswert			
Statische Reibungszahl			
Dynamische Reibungszahl	(p · v=	N/mm^2 ·	m/min)
Zulässiger p · v Wert	N/mm^2 · (m/min)	v=	m/min
		v=	m/min

Thermische Eigenschaften

Formbeständigkeit in der Wärme	*Verfahren*	A		250 °C
	Verfahren	B		255 °C
Vicat Erweichungstemperatur (VST)	*Verfahren*			°C
	Verfahren			°C
Kristallit-Schmelzpunkt	*Verfahren*	ASTM D 2117		256 °C
Längenausdehnungskoeffizient	*Bereich*	°C		$\cdot 10^{-4} K^{-1}$
	Temperatur	23 °C		$0.2–0.7 \cdot 10^{-4} K^{-1}$
Wärmeleitfähigkeit	*Verfahren*	DIN 52612	23 °C	0.45 W/(K · m)
Spezifische Wärmekapazität	*Verfahren*	ASTM C 351	23 °C	1.4 J/(K · g)
Glasumwandlungstemperatur	*Torsionsschwingungsversuch*		°C	
	Differentialkalorimetrie		°C	

Brandverhalten

UL-Test vertikal	Dicke	mm, Wert HB
	Dicke	mm, Wert

	Norm	*Bewertung*	*Abmessungen*
Sauerstoff-Index	ASTM D 2863		
Glühstab-Verfahren			
Brandverhalten	DIN 4102		
MVSS			
FAR			

Elektrische Eigenschaften

		Hz	°C		*Probekörper, Form*
Dielektrizitätszahl		50			
		10^3	23	4.6	
		10^6			
Dielektrischer Verlustfaktor tan δ		50			
		10^3	23	0.006	
		10^6			
Spezifischer Durchgangs-widerstand	Ohm · cm		23	1.0*10**14	
Durchschlagfestigkeit	kV/mm		23	≧55	1 mm dick
Oberflächenwiderstand	Ohm		23	1.0*10**13	

Kriechstromfestigkeit	KC	KB	KA
Elektrolytische Korrosionswirkung			
Lichtbogenfestigkeit nach DIN			
nach ASTM	s		

Beständigkeit *(Chemische Beständigkeit siehe Anhang)*

Wasseraufnahme 23 C Bis zur Saettigung	6.0 %	
Feuchtigkeitsaufnahme Normalklima		1.6 %
Wetterbeständigkeit		
Spannungskorrosion		

Optische Eigenschaften

Brechungszahl n_D		
Transmissionsgrad τ_c	%	mm dick
Lichtdurchlässigkeit		

Produkt	Polyamid 66		**PA**
Handelsname	**Akulon S223-HG7**		
Hersteller	AKZO		
DIN-Bez 1			
DIN-Bez 2			
Zusätze	Waermestabilisator	*Füllstoffe/ Verstärkung*	35% Glasfaser
Bevorzugte Verarbeitung	Spritzgiessen	*Lieferform*	Granulat
		Farben	Natur; Standard
Besondere Merkmale	Steifigkeit; Dimensionsstabil	*Bevorzugte Anwendungen*	Technisches Formteil

Dichte	g/cm³	1.40	*Schmelzindex*	g/10 min	:
Schüttdichte	g/cm³		*Volumenfließindex*	cm³/10 min	:
Viskositätszahl	ml/g				

Verarbeitungsbedingungen für Spritzgießen

Massetemp.	°C	280–290	*Schwindung*	%	lgs	0.2, quer 1.0
Werkzeugtemp.	°C	80–90	*Bemerkungen*			
Spritzdruck	bar					

Zugversuch 23 °C ISO 527;

Probekörper: *Form* — *Zustand* Spritzfrisch — *Herstellung* Spritzgiessen — *Vorbehandlung*

Streckspannung	N/mm²		*Dehnung bei Streckspannung*	%	
Zugfestigkeit	N/mm²	195	*Reißdehnung*	%	3
Reißfestigkeit	N/mm²		*% Dehnspannung*	N/mm²	
E-Modul	N/mm²	10000	*Dehnung bei % Dehnspg.*	%	

Kriechmoduln und Zeitstandwerte 23 °C

Probekörper: *Form* — *Zustand* — *Herstellung* — *Vorbehandlung*

Kriechmodul	*1 min*	N/mm²	*Zeitstandzugfestigkeit*	h	N/mm²
Kriechmodul	*1000 h*	N/mm²	*Zeitdehnspg. %*	h	N/mm²
bei Spannung		N/mm²			

Biegeversuch 23 °C ISO 178;

Probekörper: *Form* — *Zustand* Spritzfrisch — *Herstellung* Spritzgiessen — *Vorbehandlung*

Biegefestigkeit	N/mm²	290	*E-Modul*	N/mm²	10000
3,5% *Biegespannung*	N/mm²				

Härte 23 °C *Probekörper:* *Zustand* Spritzfrisch — *Herstellung* Spritzgiessen — *Vorbehandlung*

Kugeldruckhärte	N/mm²	215	bei 358 N, 30 s	*Shore-Härte A*	
Rockwellhärte				*Shore-Härte D*	88

Schlagversuch *Probekörper:* *(1)* *(2)* *Zustand* — *Herstellung* — *Vorbehandlung*

		°C	°C	°C	*Probekörper-Form*
Schlagzähigkeit	kJ/m²				
Kerbschlagzähigkeit (1)	kJ/m²				
IZOD-Kerbschlagzähigkeit (2)	J/m				
Kerbschlagzugzähigkeit	kJ/m²				

Abrieb und Reibung

Taber-Abrieb (Reibradverfahren)	mm^3/100 U		
Abriebfaktor LNP (Thrust washer) Vergleichswert			
Statische Reibungszahl			
Dynamische Reibungszahl	(p · v=	N/mm^2 ·	m/min)
Zulässiger p · v Wert	N/mm^2 · (m/min)	v=	m/min
		v=	m/min

Thermische Eigenschaften

Formbeständigkeit in der Wärme	*Verfahren*	A		250 °C
	Verfahren	B		255 °C
Vicat Erweichungstemperatur (VST)	*Verfahren*			°C
	Verfahren			°C
Kristallit-Schmelzpunkt	*Verfahren*	ASTM D 2117		256 °C
Längenausdehnungskoeffizient	*Bereich*	°C		$\cdot 10^{-4} K^{-1}$
	Temperatur 23 °C			$0.2–0.6 \cdot 10^{-4} K^{-1}$
Wärmeleitfähigkeit	*Verfahren*	DIN 52612	23 °C	0.45 W/(K · m)
Spezifische Wärmekapazität	*Verfahren*	ASTM C 351	23 °C	1.4 J/(K · g)
Glasumwandlungstemperatur	*Torsionsschwingungsversuch*		°C	
	Differentialkalorimetrie		°C	

Brandverhalten

UL-Test vertikal	Dicke	mm, Wert HB
	Dicke	mm, Wert

	Norm	*Bewertung*	*Abmessungen*
Sauerstoff-Index	ASTM D 2863		
Glühstab-Verfahren			
Brandverhalten	DIN 4102		
MVSS			
FAR			

Elektrische Eigenschaften

		Hz	°C		*Probekörper, Form*
Dielektrizitätszahl		50			
		10^3	23	4.7	
		10^6			
Dielektrischer Verlustfaktor tan δ		50			
		10^3	23	0.06	
		10^6			
Spezifischer Durchgangs-widerstand	Ohm · cm		23	1.0*10**14	
Durchschlagfestigkeit	kV/mm		23	≧55	1 mm dick
Oberflächenwiderstand	Ohm		23	1.0*10**13	

Kriechstromfestigkeit	KC	KB	KA
Elektrolytische Korrosionswirkung			
Lichtbogenfestigkeit nach DIN			
nach ASTM s			

Beständigkeit *(Chemische Beständigkeit siehe Anhang)*

Wasseraufnahme 23 C Bis zur Saettigung	5.5 %	
Feuchtigkeitsaufnahme Normalklima		1.5 %
Wetterbeständigkeit		
Spannungskorrosion		

Optische Eigenschaften

Brechungszahl n_D		
Transmissionsgrad τ_c	%	mm dick
Lichtdurchlässigkeit		

Produkt	Polyamid 66		**PA**
Handelsname	**Akulon S224-HR6**		
Hersteller	AKZO		
DIN-Bez 1			
DIN-Bez 2			
Zusätze	Waermestabilisator	*Füllstoffe/ Verstärkung*	30% Glasspheres
Bevorzugte Verarbeitung	Spritzgiessen	*Lieferform*	Granulat
		Farben	Natur; Standard
Besondere Merkmale	Hoch isotrop; Gute Druckfestigkeit; Ausgezeichneter Glanz; Ausgezeichnete Oberflaeche	*Bevorzugte Anwendungen*	Technisches Formteil; Kfz-Industrie

Dichte	g/cm³	1.36	*Schmelzindex*	g/10 min	:
Schüttdichte	g/cm³		*Volumenfließindex*	cm³/10 min	:
Viskositätszahl	ml/g				

Verarbeitungsbedingungen für Spritzgießen

Massetemp.	°C	280–290	*Schwindung*	% lgs 1.0, quer 1.3
Werkzeugtemp.	°C	80–90	*Bemerkungen*	
Spritzdruck	bar			

Zugversuch 23 °C ISO 527;
Probekörper: *Form* — *Herstellung* Spritzgiessen
Zustand Spritzfrisch — *Vorbehandlung*

Streckspannung	N/mm²		*Dehnung bei Streckspannung*	%	
Zugfestigkeit	N/mm²	73	*Reißdehnung*	%	1.8
Reißfestigkeit	N/mm²		*% Dehnspannung*	N/mm²	
E-Modul	N/mm²	4800	*Dehnung bei % Dehnspg.*	%	

Kriechmoduln und Zeitstandwerte 23 °C
Probekörper: *Form* — *Herstellung*
Zustand — *Vorbehandlung*

Kriechmodul	*1 min*	N/mm²	*Zeitstandzugfestigkeit*	h	N/mm²
Kriechmodul	*1000 h*	N/mm²	*Zeitdehnspg. %*	h	N/mm²
bei Spannung		N/mm²			

Biegeversuch 23 °C ISO 178;
Probekörper: *Form* — *Herstellung* Spritzgiessen
Zustand Spritzfrisch — *Vorbehandlung*

Biegefestigkeit	N/mm²	130	*E-Modul*	N/mm²	4480
3,5% *Biegespannung*	N/mm²				

Härte 23 °C *Probekörper:* *Zustand* Spritzfrisch — *Herstellung* Spritzgiessen
Vorbehandlung

Kugeldruckhärte	N/mm²	bei N, s	*Shore-Härte* A	
Rockwellhärte			*Shore-Härte* D	85

Schlagversuch *Probekörper:* *(1)*
(2) — *Herstellung*
Zustand — *Vorbehandlung*

		°C	°C	°C	*Probekörper-Form*
Schlagzähigkeit	kJ/m²				
Kerbschlagzähigkeit (1)	kJ/m²				
IZOD-Kerbschlagzähigkeit (2)	J/m				
Kerbschlagzugzähigkeit	kJ/m²				

Abrieb und Reibung

Taber-Abrieb (Reibradverfahren)	mm^3/100 U		
Abriebfaktor LNP (Thrust washer) Vergleichswert			
Statische Reibungszahl			
Dynamische Reibungszahl	(p · v=	N/mm^2 ·	m/min)
Zulässiger p · v Wert	N/mm^2 · (m/min)	v=	m/min
		v=	m/min

Thermische Eigenschaften

Formbeständigkeit in der Wärme	*Verfahren* A			96 °C
	Verfahren B			245 °C
Vicat Erweichungstemperatur (VST)	*Verfahren*			°C
	Verfahren			°C
Kristallit-Schmelzpunkt	*Verfahren* ASTM D 2117			256 °C
Längenausdehnungskoeffizient	*Bereich* °C			$\cdot 10^{-4}K^{-1}$
	Temperatur 23 °C			$0.5 \cdot 10^{-4}K^{-1}$
Wärmeleitfähigkeit	*Verfahren*			W/(K · m)
Spezifische Wärmekapazität	*Verfahren* ASTM C 351	23 °C		1.4 J/(K · g)
Glasumwandlungstemperatur	*Torsionsschwingungsversuch*	°C		
	Differentialkalorimetrie	°C		

Brandverhalten

UL-Test vertikal	Dicke	mm, Wert V-2
	Dicke	mm, Wert

	Norm	*Bewertung*	*Abmessungen*
Sauerstoff-Index	ASTM D 2863	23%	
Glühstab-Verfahren			
Brandverhalten	DIN 4102		
MVSS			
FAR			

Elektrische Eigenschaften

		Hz	°C		*Probekörper, Form*
Dielektrizitätszahl		50			
		10^3	23	4.1	
		10^6			
Dielektrischer Verlustfaktor tan δ		50			
		10^3	23	0.056	
		10^6			
Spezifischer Durchgangs-widerstand	Ohm · cm		23	5.0*10**14	
Durchschlagfestigkeit	kV/mm		23	50	1 mm dick
Oberflächenwiderstand	Ohm		23	3.0*10**12	

Kriechstromfestigkeit	KC	KB	KA
Elektrolytische Korrosionswirkung			
Lichtbogenfestigkeit nach DIN			
nach ASTM s			

Beständigkeit *(Chemische Beständigkeit siehe Anhang)*

Wasseraufnahme 23 C Bis zur Saettigung	6.0 %	
Feuchtigkeitsaufnahme Normalklima		1.6 %
Wetterbeständigkeit		
Spannungskorrosion		

Optische Eigenschaften

Brechungszahl n_D		
Transmissionsgrad τ_c	%	mm dick
Lichtdurchlässigkeit		

Datenbank-Nr. **T01328** Merkblatt-Nr. **4727**

Produkt	Polyethylenterephthalat		**PET**
Handelsname	**Arnite AO4 102**		
Hersteller	AKZO		
DIN-Bez 1			
DIN-Bez 2			
Zusätze		*Füllstoffe/ Verstärkung*	
Bevorzugte Verarbeitung	Spritzgiessen	*Lieferform*	Granulat
		Farben	Natur; Standard
Besondere Merkmale	Mittelviskos; Transparent; Hoher Glanz; Sehr geringe Schwindung; Gute Schlagzaehigkeit; Gute Abriebfestigkeit; Dimensionsstabil	*Bevorzugte Anwendungen*	Technisches Formteil; Praezisionsformteil; Medizintechnik

Dichte	g/cm^3	1.34	*Schmelzindex*	g/10 min	:
Schüttdichte	g/cm^3		*Volumenfließindex*	cm^3/10 min	:
Viskositätszahl	ml/g				

Verarbeitungsbedingungen für Spritzgießen

Massetemp.	°C	270–290	*Schwindung*	%	lgs 0.2, quer 0.4
Werkzeugtemp.	°C	$\leqq 20$	*Bemerkungen*		
Spritzdruck	bar				

Zugversuch 23 °C ISO 527;

Probekörper: *Form* — *Herstellung* Spritzgiessen
Zustand Spritzfrisch — *Vorbehandlung*

Streckspannung	N/mm^2		*Dehnung bei Streckspannung*	%	
Zugfestigkeit	N/mm^2	55	*Reißdehnung*	%	300
Reißfestigkeit	N/mm^2		*% Dehnspannung*	N/mm^2	
E-Modul	N/mm^2	2200	*Dehnung bei % Dehnspg.*	%	

Kriechmoduln und Zeitstandwerte 23 °C

Probekörper: *Form* — *Herstellung*
Zustand — *Vorbehandlung*

Kriechmodul	*1 min*	N/mm^2	*Zeitstandzugfestigkeit*	h	N/mm^2
Kriechmodul	*1000 h*	N/mm^2	*Zeitdehnspg. %*	h	N/mm^2
bei Spannung		N/mm^2			

Biegeversuch 23 °C ISO 178;

Probekörper: *Form* — *Herstellung* Spritzgiessen
Zustand Spritzfrisch — *Vorbehandlung*

Biegefestigkeit	N/mm^2	80	*E-Modul*	N/mm^2	2300
3,5% *Biegespannung*	N/mm^2				

Härte 23 °C *Probekörper:* *Zustand* Spritzfrisch — *Herstellung* Spritzgiessen
Vorbehandlung

Kugeldruckhärte	N/mm^2	97	bei 358 N, 30 s	*Shore-Härte* A	
Rockwellhärte				*Shore-Härte* D	76

Schlagversuch *Probekörper:* *(1)*
(2) — *Herstellung*
Zustand — *Vorbehandlung*

		°C	°C	°C	*Probekörper-Form*
Schlagzähigkeit	kJ/m^2				
Kerbschlagzähigkeit (1)	kJ/m^2				
IZOD-Kerbschlagzähigkeit (2)	J/m				
Kerbschlagzugzähigkeit	kJ/m^2				

Abrieb und Reibung

Taber-Abrieb (Reibradverfahren)	mm^3/100 U		
Abriebfaktor LNP (Thrust washer) Vergleichswert			
Statische Reibungszahl			
Dynamische Reibungszahl	(p·v=	N/mm^2·	m/min)
Zulässiger p · v Wert	N/mm^2·(m/min)	v=	m/min
		v=	m/min

Thermische Eigenschaften

Formbeständigkeit in der Wärme	*Verfahren* A			70 °C
	Verfahren B			72 °C
Vicat Erweichungstemperatur (VST)	*Verfahren*			°C
	Verfahren			°C
Kristallit-Schmelzpunkt	*Verfahren* ASTM D 2117			255 °C
Längenausdehnungskoeffizient	*Bereich*	°C		$\cdot 10^{-4}K^{-1}$
	Temperatur 23 °C			$0.8 \cdot 10^{-4}K^{-1}$
Wärmeleitfähigkeit	*Verfahren* DIN 52612		23 °C	0.25 W/(K · m)
Spezifische Wärmekapazität	*Verfahren* ASTM C 351		23 °C	1.3 J/(K · g)
Glasumwandlungstemperatur	*Torsionsschwingungsversuch*		°C	
	Differentialkalorimetrie		°C	

Brandverhalten

UL-Test vertikal	Dicke	mm, Wert HB
	Dicke	mm, Wert

	Norm	*Bewertung*	*Abmessungen*
Sauerstoff-Index	ASTM D 2863		
Glühstab-Verfahren			
Brandverhalten	DIN 4102		
MVSS			
FAR			

Elektrische Eigenschaften

		Hz	°C		*Probekörper, Form*
Dielektrizitätszahl		50			
		10^3	23	3.6	
		10^6			
Dielektrischer Verlustfaktor tan δ		50			
		10^3	23	0.002	
		10^6			
Spezifischer Durchgangs-widerstand	Ohm · cm		23	1.0*10**16	
Durchschlagfestigkeit	kV/mm		23	45	1 mm dick
Oberflächenwiderstand	Ohm		23	1.0*10**14	

Kriechstromfestigkeit	KC	KB	KA
Elektrolytische Korrosionswirkung			
Lichtbogenfestigkeit nach DIN			
nach ASTM s			

Beständigkeit *(Chemische Beständigkeit siehe Anhang)*

Wasseraufnahme 23 C Bis zur Saettigung	0.75 %	
Feuchtigkeitsaufnahme Normalklima		0.28 %
Wetterbeständigkeit		
Spannungskorrosion		

Optische Eigenschaften

Brechungszahl n_D		
Transmissionsgrad τ_c	%	mm dick
Lichtdurchlässigkeit		

Datenbank-Nr. **T01329** Merkblatt-Nr. **4728**

Produkt	Polyethylenterephthalat		**PET**
Handelsname	**Arnite AO4 900**		
Hersteller	AKZO		
DIN-Bez 1			
DIN-Bez 2			
Zusätze		*Füllstoffe/ Verstärkung*	
Bevorzugte Verarbeitung	Spritzgiessen	*Lieferform*	Granulat
		Farben	Natur; Standard
Besondere Merkmale	Mittelviskos; Kristallin; Hohe Haerte; Steifigkeit; Dimensionsstabil; Gute Oberflaeche; Guter Glanz; Gute Abriebfestigkeit	*Bevorzugte Anwendungen*	Technisches Formteil; Praezisionsformteil; Lagerteil; Zahnrad; Feinwerktechnik

Dichte	g/cm^3	1.38	*Schmelzindex*	g/10 min	:
Schüttdichte	g/cm^3		*Volumenfließindex*	cm^3/10 min	:
Viskositätszahl	ml/g				

Verarbeitungsbedingungen für Spritzgießen

Massetemp.	°C	270–290	*Schwindung*	%	lgs 1.5–2.0, quer 1.5–2.0
Werkzeugtemp.	°C	130	*Bemerkungen*		
Spritzdruck	bar				

Zugversuch 23 °C ISO 527;
Probekörper: *Form* — *Herstellung* Spritzgiessen
Zustand Spritzfrisch — *Vorbehandlung*

Streckspannung	N/mm^2		*Dehnung bei Streckspannung*	%	
Zugfestigkeit	N/mm^2	80	*Reißdehnung*	%	70
Reißfestigkeit	N/mm^2		% *Dehnspannung*	N/mm^2	
E-Modul	N/mm^2	2800	*Dehnung bei* % *Dehnspg.*	%	

Kriechmoduln und Zeitstandwerte 23 °C
Probekörper: *Form* — *Herstellung*
Zustand — *Vorbehandlung*

Kriechmodul	*1 min*	N/mm^2	*Zeitstandzugfestigkeit*	h	N/mm^2
Kriechmodul	*1000 h*	N/mm^2	*Zeitdehnspg.* %	h	N/mm^2
bei Spannung		N/mm^2			

Biegeversuch 23 °C ISO 178;
Probekörper: *Form* — *Herstellung* Spritzgiessen
Zustand Spritzfrisch — *Vorbehandlung*

Biegefestigkeit	N/mm^2	110	*E-Modul*	N/mm^2	3000
3,5% *Biegespannung*	N/mm^2				

Härte 23 °C *Probekörper:* *Zustand* Spritzfrisch — *Herstellung* Spritzgiessen
Vorbehandlung

Kugeldruckhärte	N/mm^2	150	bei 358 N, 30 s	*Shore-Härte* A	
Rockwellhärte				*Shore-Härte* D	83

Schlagversuch *Probekörper:* *(1)*
(2) — *Herstellung*
Zustand — *Vorbehandlung*

	°C	°C	°C	*Probekörper-Form*
Schlagzähigkeit kJ/m^2				
Kerbschlagzähigkeit (1) kJ/m^2				
IZOD-Kerbschlagzähigkeit (2) J/m				
Kerbschlagzugzähigkeit kJ/m^2				

Abrieb und Reibung

Taber-Abrieb (Reibradverfahren)	mm^3/100 U		
Abriebfaktor LNP (Thrust washer) Vergleichswert			
Statische Reibungszahl			
Dynamische Reibungszahl	(p · v =	N/mm² ·	m/min)
Zulässiger p · v Wert	N/mm² · (m/min)	v =	m/min
		v =	m/min

Thermische Eigenschaften

Formbeständigkeit in der Wärme	*Verfahren* A			80 °C
	Verfahren B			115 °C
Vicat Erweichungstemperatur (VST)	*Verfahren*			°C
	Verfahren			°C
Kristallit-Schmelzpunkt	*Verfahren* ASTM D 2117			255 °C
Längenausdehnungskoeffizient	*Bereich* °C			$\cdot 10^{-4} K^{-1}$
	Temperatur 23 °C			$0.7 \cdot 10^{-4} K^{-1}$
Wärmeleitfähigkeit	*Verfahren* DIN 52612		23 °C	0.29 W/(K · m)
Spezifische Wärmekapazität	*Verfahren* ASTM C 351		23 °C	1.2 J/(K · g)
Glasumwandlungstemperatur	*Torsionsschwingungsversuch*		°C	
	Differentialkalorimetrie		°C	

Brandverhalten

UL-Test vertikal	Dicke	mm, Wert HB
	Dicke	mm, Wert

	Norm	*Bewertung*	*Abmessungen*
Sauerstoff-Index	ASTM D 2863		
Glühstab-Verfahren			
Brandverhalten	DIN 4102		
MVSS			
FAR			

Elektrische Eigenschaften

		Hz	°C			*Probekörper, Form*
Dielektrizitätszahl		50				
		10^3	23	3.4		
		10^6				
Dielektrischer Verlustfaktor tan δ		50				
		10^3	23	0.002		
		10^6				
Spezifischer Durchgangs-widerstand	Ohm · cm		23	1.0*10**16		
Durchschlagfestigkeit	kV/mm		23	≧55		1 mm dick
Oberflächenwiderstand	Ohm		23	1.0*10**14		
Kriechstromfestigkeit		KC		KB	KA	
Elektrolytische Korrosionswirkung						
Lichtbogenfestigkeit nach DIN						
nach ASTM	s					

Beständigkeit *(Chemische Beständigkeit siehe Anhang)*

Wasseraufnahme 23 C Bis zur Saettigung	0.50 %	
Feuchtigkeitsaufnahme Normalklima		0.20 %
Wetterbeständigkeit		
Spannungskorrosion		

Optische Eigenschaften

Brechungszahl n_D		
Transmissionsgrad τ_c	%	mm dick
Lichtdurchlässigkeit		

Produkt	Polyethylenterephthalat		**PET**
Handelsname	**Arnite AV2 343**		
Hersteller	AKZO		
DIN-Bez 1			
DIN-Bez 2			
Zusätze		*Füllstoffe/ Verstärkung*	20% Glasfaser
Bevorzugte Verarbeitung	Spritzgiessen	*Lieferform*	Granulat
		Farben	Natur; Standard
Besondere Merkmale	Hohe Kristallinitaet; Hohe Steifigkeit; Gute Oberflaeche; Guter Glanz; Ausgezeichnete Chemikalienbestaendigkeit; Leichtfliessend	*Bevorzugte Anwendungen*	Technisches Formteil; Duennwandiges Formteil; Substitution von Metall; Haushaltsgeraet; Gehaeuse; Kfz-Industrie; Elektrotechnik

Dichte	g/cm^3	1.50	*Schmelzindex*	g/10 min	:
Schüttdichte	g/cm^3		*Volumenfließindex*	$cm^3/10$ min	:
Viskositätszahl	ml/g				

Verarbeitungsbedingungen für Spritzgießen

Massetemp.	°C	275–290	*Schwindung*	% lgs 0.2, quer 1.5
Werkzeugtemp.	°C	130	*Bemerkungen*	
Spritzdruck	bar			

Zugversuch 23 °C ISO 527;

Probekörper: *Form* — *Herstellung* Spritzgiessen
Zustand Spritzfrisch — *Vorbehandlung*

Streckspannung	N/mm^2		*Dehnung bei Streckspannung*	%	
Zugfestigkeit	N/mm^2	145	*Reißdehnung*	%	2.5
Reißfestigkeit	N/mm^2		*% Dehnspannung*	N/mm^2	
E-Modul	N/mm^2	7000	*Dehnung bei % Dehnspg.*	%	

Kriechmoduln und Zeitstandwerte 23 °C

Probekörper: *Form* — *Herstellung*
Zustand — *Vorbehandlung*

Kriechmodul	*1 min*	N/mm^2	*Zeitstandzugfestigkeit*	h	N/mm^2
Kriechmodul	*1000 h*	N/mm^2	*Zeitdehnspg. %*	h	N/mm^2
bei Spannung		N/mm^2			

Biegeversuch 23 °C ISO 178;

Probekörper: *Form* — *Herstellung* Spritzgiessen
Zustand Spritzfrisch — *Vorbehandlung*

Biegefestigkeit	N/mm^2	200	*E-Modul*	N/mm^2	7000
3,5% *Biegespannung*	N/mm^2				

Härte 23 °C *Probekörper:* *Zustand* Spritzfrisch — *Herstellung* Spritzgiessen
Vorbehandlung

Kugeldruckhärte	N/mm^2 195	bei 358 N, 30 s	*Shore-Härte* A	
Rockwellhärte			*Shore-Härte* D	85

Schlagversuch *Probekörper:* *(1)*
(2) — *Herstellung*
Zustand — *Vorbehandlung*

		°C	°C	°C	*Probekörper-Form*
Schlagzähigkeit	kJ/m^2				
Kerbschlagzähigkeit (1)	kJ/m^2				
IZOD-Kerbschlagzähigkeit (2)	J/m				
Kerbschlagzugzähigkeit	kJ/m^2				

Abrieb und Reibung

Taber-Abrieb (Reibradverfahren)	mm^3/100 U		
Abriebfaktor LNP (Thrust washer) Vergleichswert			
Statische Reibungszahl			
Dynamische Reibungszahl	(p · v =	N/mm^2 ·	m/min)
Zulässiger p · v Wert	N/mm^2 · (m/min)	v =	m/min
		v =	m/min

Thermische Eigenschaften

Formbeständigkeit in der Wärme	*Verfahren*	A		225 °C
	Verfahren	B		240 °C
Vicat Erweichungstemperatur (VST)	*Verfahren*			°C
	Verfahren			°C
Kristallit-Schmelzpunkt	*Verfahren*	ASTM D 2117		255 °C
Längenausdehnungskoeffizient	*Bereich*	°C		$\cdot 10^{-4} K^{-1}$
	Temperatur	23 °C		$0.3–0.7 \cdot 10^{-4} K^{-1}$
Wärmeleitfähigkeit	*Verfahren*	DIN 52612	23 °C	0.32 W/(K · m)
Spezifische Wärmekapazität	*Verfahren*	ASTM C 351	23 °C	1.05 J/(K · g)
Glasumwandlungstemperatur	*Torsionsschwingungsversuch*		°C	
	Differentialkalorimetrie		°C	

Brandverhalten

UL-Test vertikal	Dicke	mm, Wert HB
	Dicke	mm, Wert

	Norm	*Bewertung*	*Abmessungen*
Sauerstoff-Index	ASTM D 2863		
Glühstab-Verfahren			
Brandverhalten	DIN 4102		
MVSS			
FAR			

Elektrische Eigenschaften

		Hz	°C			*Probekörper, Form*
Dielektrizitätszahl		50				
		10^3	23	3.4		
		10^6				
Dielektrischer Verlustfaktor tan δ		50				
		10^3	23	0.006		
		10^6				
Spezifischer Durchgangswiderstand	Ohm · cm		23	1.0*10**17		
Durchschlagfestigkeit	kV/mm		23	55		1 mm dick
Oberflächenwiderstand	Ohm		23	1.0*10**13		
Kriechstromfestigkeit		KC		KB	KA	
Elektrolytische Korrosionswirkung						
Lichtbogenfestigkeit nach DIN						
nach ASTM	s					

Beständigkeit *(Chemische Beständigkeit siehe Anhang)*

Wasseraufnahme 23 C	Bis zur Saettigung	0.45 %	
Feuchtigkeitsaufnahme Normalklima			0.15 %
Wetterbeständigkeit			
Spannungskorrosion			

Optische Eigenschaften

Brechungszahl n_D		
Transmissionsgrad τ_c	%	mm dick
Lichtdurchlässigkeit		

Produkt	Polyethylenterephthalat		**PET**
Handelsname	**Arnite DO2 300**		
Hersteller	AKZO		
DIN-Bez 1			
DIN-Bez 2			
Zusätze		*Füllstoffe/ Verstärkung*	
Bevorzugte Verarbeitung	Spritzgiessen	*Lieferform*	Granulat
		Farben	Natur; Standard
Besondere Merkmale	Niedrigviskos; Ausgezeichnete Transparenz; Farblos	*Bevorzugte Anwendungen*	Formteil mit hoher Anforderung an die optischen Eigenschaften

Dichte	g/cm^3	1.34–1.38	*Schmelzindex*	g/10 min	:
Schüttdichte	g/cm^3		*Volumenfließindex*	cm^3/10 min	:
Viskositätszahl	ml/g				

Verarbeitungsbedingungen für Spritzgießen

Massetemp.	°C	270–290	*Schwindung*	%	lgs 0.2, quer 0.4
Werkzeugtemp.	°C	≦20	*Bemerkungen*		
Spritzdruck	bar				

Zugversuch 23 °C ISO 527;

Probekörper: *Form* | *Herstellung* Spritzgiessen
Zustand Spritzfrisch | *Vorbehandlung*

Streckspannung	N/mm^2		*Dehnung bei Streckspannung*	%	
Zugfestigkeit	N/mm^2	60	*Reißdehnung*	%	40
Reißfestigkeit	N/mm^2		*% Dehnspannung*	N/mm^2	
E-Modul	N/mm^2		*Dehnung bei % Dehnspg.*	%	

Kriechmoduln und Zeitstandwerte 23 °C

Probekörper: *Form* | *Herstellung*
Zustand | *Vorbehandlung*

Kriechmodul	*1 min*	N/mm^2	*Zeitstandzugfestigkeit*	h	N/mm^2
Kriechmodul	*1000 h*	N/mm^2	*Zeitdehnspg. %*	h	N/mm^2
bei Spannung		N/mm^2			

Biegeversuch 23 °C ISO 178;

Probekörper: *Form* | *Herstellung* Spritzgiessen
Zustand Spritzfrisch | *Vorbehandlung*

Biegefestigkeit	N/mm^2	*E-Modul*	N/mm^2	2400
3,5% *Biegespannung*	N/mm^2			

Härte 23 °C *Probekörper:* *Zustand* Spritzfrisch | *Herstellung* Spritzgiessen
Vorbehandlung

Kugeldruckhärte	N/mm^2	bei N, s	*Shore-Härte A*	
Rockwellhärte			*Shore-Härte D*	80

Schlagversuch *Probekörper:* *(1)*
(2) | *Herstellung*
Zustand | *Vorbehandlung*

		°C	°C	°C	*Probekörper-Form*
Schlagzähigkeit	kJ/m^2				
Kerbschlagzähigkeit (1)	kJ/m^2				
IZOD-Kerbschlagzähigkeit (2)	J/m				
Kerbschlagzugzähigkeit	kJ/m^2				

Abrieb und Reibung

Taber-Abrieb (Reibradverfahren)	mm^3/100 U		
Abriebfaktor LNP (Thrust washer) Vergleichswert			
Statische Reibungszahl			
Dynamische Reibungszahl	(p · v = N/mm^2 ·		m/min)
Zulässiger p · v Wert	N/mm^2 · (m/min)	v =	m/min
		v =	m/min

Thermische Eigenschaften

Formbeständigkeit in der Wärme	*Verfahren*	A		70 °C
	Verfahren	B		73 °C
Vicat Erweichungstemperatur (VST)	*Verfahren*			°C
	Verfahren			°C
Kristallit-Schmelzpunkt	*Verfahren*	ASTM D 2117		252 °C
Längenausdehnungskoeffizient	*Bereich*	°C		$\cdot 10^{-4} K^{-1}$
	Temperatur	23 °C		$0.8 \cdot 10^{-4} K^{-1}$
Wärmeleitfähigkeit	*Verfahren*	DIN 52612	23 °C	0.25 W/(K · m)
Spezifische Wärmekapazität	*Verfahren*	ASTM C 351	23 °C	1.3 J/(K · g)
Glasumwandlungstemperatur	*Torsionsschwingungsversuch*		°C	
	Differentialkalorimetrie		°C	

Brandverhalten

UL-Test vertikal	Dicke	mm, Wert HB
	Dicke	mm, Wert

	Norm	*Bewertung*	*Abmessungen*
Sauerstoff-Index	ASTM D 2863		
Glühstab-Verfahren			
Brandverhalten	DIN 4102		
MVSS			
FAR			

Elektrische Eigenschaften

		Hz	°C		*Probekörper, Form*	
Dielektrizitätszahl		50				
		10^3				
		10^6				
Dielektrischer Verlustfaktor tan δ		50				
		10^3				
		10^6				
Spezifischer Durchgangs-widerstand	Ohm · cm		23	1.0*10**16		
Durchschlagfestigkeit	kV/mm		23	45	1	mm dick
Oberflächenwiderstand	Ohm		23	1.0*10**14		

Kriechstromfestigkeit	KC	KB	KA
Elektrolytische Korrosionswirkung			
Lichtbogenfestigkeit nach DIN			
nach ASTM	s		

Beständigkeit *(Chemische Beständigkeit siehe Anhang)*

Wasseraufnahme 23 C Bis zur Saettigung	0.8 %	
Feuchtigkeitsaufnahme Normalklima		0.28 %
Wetterbeständigkeit		
Spannungskorrosion		

Optische Eigenschaften

Brechungszahl n_D		
Transmissionsgrad τ_c	%	mm dick
Lichtdurchlässigkeit		

Produkt	Polyethylenterephthalat		**PET**
Handelsname	**Arnite DO4 300**		
Hersteller	AKZO		
DIN-Bez 1			
DIN-Bez 2			
Zusätze		*Füllstoffe/ Verstärkung*	
Bevorzugte Verarbeitung	Spritzgiessen	*Lieferform*	Granulat
		Farben	Natur; Standard
Besondere Merkmale	Mittelviskos; Ausgezeichnete Transparenz; Farblos	*Bevorzugte Anwendungen*	Formteil mit hohen Anforderungen an die optischen Eigenschaften

Dichte	g/cm^3	1.34–1.38	*Schmelzindex*	g/10 min	:
Schüttdichte	g/cm^3		*Volumenfließindex*	cm^3/10 min	:
Viskositätszahl	ml/g				

Verarbeitungsbedingungen für Spritzgießen

Massetemp.	°C	270–290	*Schwindung*	%	lgs 0.2–0.4, quer 0.2–0.4
Werkzeugtemp.	°C	20	*Bemerkungen*		
Spritzdruck	bar				

Zugversuch 23 °C ISO 527;
Probekörper: *Form* — *Herstellung* Spritzgiessen
Zustand Spritzfrisch — *Vorbehandlung*

Streckspannung	N/mm^2		*Dehnung bei Streckspannung*	%	
Zugfestigkeit	N/mm^2	60	*Reißdehnung*	%	≧100
Reißfestigkeit	N/mm^2		*% Dehnspannung*	N/mm^2	
E-Modul	N/mm^2		*Dehnung bei % Dehnspg.*	%	

Kriechmoduln und Zeitstandwerte 23 °C
Probekörper: *Form* — *Herstellung*
Zustand — *Vorbehandlung*

Kriechmodul	*1 min*	N/mm^2	*Zeitstandzugfestigkeit*	h	N/mm^2
Kriechmodul	*1000 h*	N/mm^2	*Zeitdehnspg. %*	h	N/mm^2
bei Spannung		N/mm^2			

Biegeversuch 23 °C ISO 178;
Probekörper: *Form* — *Herstellung* Spritzgiessen
Zustand Spritzfrisch — *Vorbehandlung*

Biegefestigkeit	N/mm^2	*E-Modul*	N/mm^2	2400
3,5% *Biegespannung*	N/mm^2			

Härte 23 °C *Probekörper:* *Zustand* Spritzfrisch — *Herstellung* Spritzgiessen
Vorbehandlung

Kugeldruckhärte	N/mm^2	bei N, s	*Shore-Härte A*	
Rockwellhärte			*Shore-Härte D*	80

Schlagversuch *Probekörper:* *(1)*
(2) — *Herstellung*
Zustand — *Vorbehandlung*

		°C	°C	°C	*Probekörper-Form*
Schlagzähigkeit	kJ/m^2				
Kerbschlagzähigkeit (1)	kJ/m^2				
IZOD-Kerbschlagzähigkeit (2)	J/m				
Kerbschlagzugzähigkeit	kJ/m^2				

Abrieb und Reibung

Taber-Abrieb (Reibradverfahren)	mm^3/100 U		
Abriebfaktor LNP (Thrust washer) Vergleichswert			
Statische Reibungszahl			
Dynamische Reibungszahl	(p · v=	N/mm^2 ·	m/min)
Zulässiger p · v Wert	N/mm^2 · (m/min)	v=	m/min
		v=	m/min

Thermische Eigenschaften

Formbeständigkeit in der Wärme	*Verfahren* A			70 °C
	Verfahren B			73 °C
Vicat Erweichungstemperatur (VST)	*Verfahren*			°C
	Verfahren			°C
Kristallit-Schmelzpunkt	*Verfahren* ASTM D 2117			252 °C
Längenausdehnungskoeffizient	*Bereich* °C			$\cdot 10^{-4} K^{-1}$
	Temperatur 23 °C			$0.8 \cdot 10^{-4} K^{-1}$
Wärmeleitfähigkeit	*Verfahren* DIN 52612	23 °C		0.25 W/(K · m)
Spezifische Wärmekapazität	*Verfahren* ASTM C 351	23 °C		1.3 J/(K · g)
Glasumwandlungstemperatur	*Torsionsschwingungsversuch*	°C		
	Differentialkalorimetrie	°C		

Brandverhalten

UL-Test vertikal	Dicke	mm, Wert HB
	Dicke	mm, Wert

	Norm	*Bewertung*	*Abmessungen*
Sauerstoff-Index	ASTM D 2863		
Glühstab-Verfahren			
Brandverhalten	DIN 4102		
MVSS			
FAR			

Elektrische Eigenschaften

		Hz	°C		*Probekörper, Form*
Dielektrizitätszahl		50			
		10^3			
		10^6			
Dielektrischer Verlustfaktor tan δ		50			
		10^3			
		10^6			
Spezifischer Durchgangswiderstand	Ohm · cm		23	1.0*10**16	
Durchschlagfestigkeit	kV/mm		23	45	1 mm dick
Oberflächenwiderstand	Ohm		23	1.0*10**14	

Kriechstromfestigkeit	KC	KB	KA
Elektrolytische Korrosionswirkung			
Lichtbogenfestigkeit nach DIN			
nach ASTM s			

Beständigkeit *(Chemische Beständigkeit siehe Anhang)*

Wasseraufnahme 23 C Bis zur Saettigung	0.8 %	
Feuchtigkeitsaufnahme Normalklima		0.28 %
Wetterbeständigkeit		
Spannungskorrosion		

Optische Eigenschaften

Brechungszahl n_D		
Transmissionsgrad τ_c	%	mm dick
Lichtdurchlässigkeit		

Datenbank-Nr.	**T01333**		Merkblatt-Nr. **4732**

Produkt	Polyethylenterephthalat		**PET**
Handelsname	**Arnite DO4 302**		
Hersteller	AKZO		
DIN-Bez 1			
DIN-Bez 2			
Zusätze		*Füllstoffe/ Verstärkung*	
Bevorzugte Verarbeitung	Spritzgiessen	*Lieferform*	Granulat
		Farben	Natur; Standard
Besondere Merkmale	Hochviskos; Ausgezeichnete Transparenz; Farblos	*Bevorzugte Anwendungen*	Formteil mit hohen Anforderungen an die optischen Eigenschaften

Dichte	g/cm³	1.34–1.38	*Schmelzindex*	g/10 min	:
Schüttdichte	g/cm³		*Volumenfließindex*	cm³/10 min	:
Viskositätszahl	ml/g				

Verarbeitungsbedingungen für Spritzgießen

Massetemp.	°C	270–290	*Schwindung*	%	lgs 0.2–0.4, quer 0.2–0.4
Werkzeugtemp.	°C	20	*Bemerkungen*		
Spritzdruck	bar				

Zugversuch 23 °C ISO 527;

Probekörper:	*Form*		*Herstellung*	Spritzgiessen
	Zustand	Spritzfrisch	*Vorbehandlung*	

Streckspannung	N/mm²		*Dehnung bei Streckspannung*	%	
Zugfestigkeit	N/mm²	60	*Reißdehnung*	%	≧100
Reißfestigkeit	N/mm²		*% Dehnspannung*	N/mm²	
E-Modul	N/mm²		*Dehnung bei % Dehnspg.*	%	

Kriechmoduln und Zeitstandwerte 23 °C

Probekörper:	*Form*	*Herstellung*	
	Zustand	*Vorbehandlung*	

Kriechmodul	*1 min* N/mm²		*Zeitstandzugfestigkeit*	h	N/mm²
Kriechmodul	*1000 h* N/mm²		*Zeitdehnspg. %*	h	N/mm²
bei Spannung	N/mm²				

Biegeversuch 23 °C ISO 178;

Probekörper:	*Form*		*Herstellung*	Spritzgiessen
	Zustand	Spritzfrisch	*Vorbehandlung*	

Biegefestigkeit	N/mm²	*E-Modul*	N/mm²	2400
3,5% *Biegespannung*	N/mm²			

Härte 23 °C

Probekörper:	*Zustand*	Spritzfrisch	*Herstellung*	Spritzgiessen
			Vorbehandlung	

Kugeldruckhärte	N/mm²	bei N, s	*Shore-Härte* A	
Rockwellhärte			*Shore-Härte* D	80

Schlagversuch

Probekörper:	*(1)*		
	(2)	*Herstellung*	
	Zustand	*Vorbehandlung*	

	°C	°C	°C	*Probekörper-Form*
Schlagzähigkeit kJ/m²				
Kerbschlagzähigkeit (1) kJ/m²				
IZOD-Kerbschlagzähigkeit (2) J/m				
Kerbschlagzugzähigkeit kJ/m²				

Abrieb und Reibung

Taber-Abrieb (Reibradverfahren)	mm^3/100 U		
Abriebfaktor LNP (Thrust washer) Vergleichswert			
Statische Reibungszahl			
Dynamische Reibungszahl	(p·v=	N/mm^2·	m/min)
Zulässiger p · v Wert	N/mm^2 · (m/min)	v=	m/min
		v=	m/min

Thermische Eigenschaften

Formbeständigkeit in der Wärme	*Verfahren*	A		70 °C
	Verfahren	B		73 °C
Vicat Erweichungstemperatur (VST)	*Verfahren*			°C
	Verfahren			°C
Kristallit-Schmelzpunkt	*Verfahren*	ASTM D 2117		252 °C
Längenausdehnungskoeffizient	*Bereich*	°C		$\cdot 10^{-4}K^{-1}$
	Temperatur 23 °C			$0.8 \cdot 10^{-4}K^{-1}$
Wärmeleitfähigkeit	*Verfahren*	DIN 52612	23 °C	0.25 W/(K · m)
Spezifische Wärmekapazität	*Verfahren*	ASTM C 351	23 °C	1.3 J/(K · g)
Glasumwandlungstemperatur	*Torsionsschwingungsversuch*		°C	
	Differentialkalorimetrie		°C	

Brandverhalten

UL-Test vertikal	Dicke	mm, Wert HB
	Dicke	mm, Wert

	Norm	*Bewertung*	*Abmessungen*
Sauerstoff-Index	ASTM D 2863		
Glühstab-Verfahren			
Brandverhalten	DIN 4102		
MVSS			
FAR			

Elektrische Eigenschaften

		Hz	°C		*Probekörper, Form*
Dielektrizitätszahl		50			
		10^3			
		10^6			
Dielektrischer Verlustfaktor tan δ		50			
		10^3			
		10^6			
Spezifischer Durchgangswiderstand	Ohm · cm		23	1.0*10**16	
Durchschlagfestigkeit	kV/mm		23	45	1 mm dick
Oberflächenwiderstand	Ohm		23	1.0*10**14	

Kriechstromfestigkeit	KC	KB	KA
Elektrolytische Korrosionswirkung			
Lichtbogenfestigkeit nach DIN			
nach ASTM s			

Beständigkeit *(Chemische Beständigkeit siehe Anhang)*

Wasseraufnahme 23 C Bis zur Saettigung	0.8 %	
Feuchtigkeitsaufnahme Normalklima		0.28 %
Wetterbeständigkeit		
Spannungskorrosion		

Optische Eigenschaften

Brechungszahl n_D		
Transmissionsgrad τ_c	%	mm dick
Lichtdurchlässigkeit		

Datenbank-Nr.	**T01335**		Merkblatt-Nr. **4733**

Produkt	Thermoplastisches Polyetherester-Elastomer		**PEE**
Handelsname	**Arnitel EB400**		
Hersteller	AKZO		
DIN-Bez 1 *DIN-Bez 2*			
Zusätze		*Füllstoffe/ Verstärkung*	
Bevorzugte Verarbeitung	Extrusionsblasen	*Lieferform*	Granulat
		Farben	Natur; Standard
Besondere Merkmale	Gute mechanische Eigenschaften; Ausgezeichnete Ermuedungsbestaendigkeit; Gute Flexibilitaet in der Kaelte; Gute Schlagzaehigkeit in der Kaelte; Gute Chemikalienbestaendigkeit; Gute Oelbestaendigkeit	*Bevorzugte Anwendungen*	Technisches Formteil

Dichte	g/cm^3	1.12	*Schmelzindex*	g/10 min	:
Schüttdichte	g/cm^3		*Volumenfließindex*	cm^3/10 min	:
Viskositätszahl	ml/g				

Verarbeitungsbedingungen für Spritzgießen

Massetemp.	°C	*Schwindung*	% lgs , quer
Werkzeugtemp.	°C	*Bemerkungen*	
Spritzdruck	bar		

Zugversuch 23 °C ISO 527;
Probekörper: *Form* — *Herstellung* Spritzgiessen
Zustand Spritzfrisch — *Vorbehandlung*

Streckspannung	N/mm^2		*Dehnung bei Streckspannung*	%	
Zugfestigkeit	N/mm^2	30	*Reißdehnung*	%	800
Reißfestigkeit	N/mm^2		*% Dehnspannung*	N/mm^2	
E-Modul	N/mm^2		*Dehnung bei % Dehnspg.*	%	

Kriechmoduln und Zeitstandwerte 23 °C
Probekörper: *Form* — *Herstellung*
Zustand — *Vorbehandlung*

Kriechmodul	*1 min*	N/mm^2	*Zeitstandzugfestigkeit*	h	N/mm^2
Kriechmodul	*1000 h*	N/mm^2	*Zeitdehnspg. %*	h	N/mm^2
bei Spannung		N/mm^2			

Biegeversuch 23 °C ISO 178;
Probekörper: *Form* — *Herstellung* Spritzgiessen
Zustand Spritzfrisch — *Vorbehandlung*

Biegefestigkeit	N/mm^2	*E-Modul*	N/mm^2	50
3,5% *Biegespannung*	N/mm^2			

Härte 23 °C *Probekörper:* *Zustand* Spritzfrisch — *Herstellung* Spritzgiessen
Vorbehandlung

Kugeldruckhärte	N/mm^2 bei N, s	*Shore-Härte A*	
Rockwellhärte		*Shore-Härte D*	38

Schlagversuch *Probekörper:* *(1)*
(2) — *Herstellung*
Zustand — *Vorbehandlung*

		°C	°C	°C	*Probekörper-Form*
Schlagzähigkeit	kJ/m^2				
Kerbschlagzähigkeit (1)	kJ/m^2				
IZOD-Kerbschlagzähigkeit (2)	J/m				
Kerbschlagzugzähigkeit	kJ/m^2				

Abrieb und Reibung

Taber-Abrieb (Reibradverfahren)	mm^3/100 U		
Abriebfaktor LNP (Thrust washer) Vergleichswert			
Statische Reibungszahl			
Dynamische Reibungszahl	(p · v= N/mm^2 ·		m/min)
Zulässiger p · v Wert	N/mm^2 · (m/min)	v=	m/min
		v=	m/min

Thermische Eigenschaften

Formbeständigkeit in der Wärme	*Verfahren* A		≦50 °C
	Verfahren B		≦100 °C
Vicat Erweichungstemperatur (VST)	*Verfahren*		°C
	Verfahren		°C
Kristallit-Schmelzpunkt	*Verfahren* ASTM D 2117		195 °C
Längenausdehnungskoeffizient	*Bereich*	°C	$\cdot 10^{-4} K^{-1}$
	Temperatur 23 °C		$2.0 \cdot 10^{-4} K^{-1}$
Wärmeleitfähigkeit	*Verfahren*		W/(K · m)
Spezifische Wärmekapazität	*Verfahren*		J/(K · g)
Glasumwandlungstemperatur	*Torsionsschwingungsversuch*	°C	
	Differentialkalorimetrie	°C	

Brandverhalten

UL-Test vertikal Dicke mm, Wert HB
Dicke mm, Wert

	Norm	*Bewertung*	*Abmessungen*
Sauerstoff-Index	ASTM D 2863		
Glühstab-Verfahren			
Brandverhalten	DIN 4102		
MVSS			
FAR			

Elektrische Eigenschaften

		Hz	°C		*Probekörper, Form*
Dielektrizitätszahl		50			
		10^3	23	4.5	
		10^6			
Dielektrischer Verlustfaktor tan δ		50			
		10^3	23	0.005	
		10^6			
Spezifischer Durchgangswiderstand	Ohm · cm		23	1.0*10**12	
Durchschlagfestigkeit	kV/mm		23	50	1 mm dick
Oberflächenwiderstand	Ohm		23	1.0*10**12	

Kriechstromfestigkeit KC KB KA
Elektrolytische Korrosionswirkung
Lichtbogenfestigkeit nach DIN
nach ASTM s

Beständigkeit *(Chemische Beständigkeit siehe Anhang)*

Wasseraufnahme 23 C Bis zur Saettigung 0.75 %

Feuchtigkeitsaufnahme Normalklima 0.32 %
Wetterbeständigkeit

Spannungskorrosion

Optische Eigenschaften

Brechungszahl n_D
Transmissionsgrad τ_c % mm dick
Lichtdurchlässigkeit

Datenbank-Nr. **T01336** Merkblatt-Nr. **4734**

Produkt	Thermoplastisches Polyetherester-Elastomer		**PEE**
Handelsname	**Arnitel EB460**		
Hersteller	AKZO		
DIN-Bez 1 *DIN-Bez 2*			
Zusätze		*Füllstoffe/ Verstärkung*	
Bevorzugte Verarbeitung	Extrusionsblasen	*Lieferform*	Granulat
		Farben	Natur; Standard
Besondere Merkmale	Ausgezeichnete Ermuedungsbestaendigkeit; Gute mechanische Eigenschaften; Gute Flexibilitaet in der Kaelte; Gute Schlagzaehigkeit in der Kaelte; Gute Chemikalienbestaendigkeit; Gute Oelbestaendigkeit	*Bevorzugte Anwendungen*	Technisches Formteil

Dichte	g/cm^3	1.16	*Schmelzindex*	g/10 min	:
Schüttdichte	g/cm^3		*Volumenfließindex*	$cm^3/10$ min	:
Viskositätszahl	ml/g				

Verarbeitungsbedingungen für Spritzgießen

Massetemp.	°C	*Schwindung*	% lgs , quer
Werkzeugtemp.	°C	*Bemerkungen*	
Spritzdruck	bar		

Zugversuch 23 °C ISO 527;

Probekörper: *Form* — *Herstellung* Spritzgiessen
Zustand Spritzfrisch — *Vorbehandlung*

Streckspannung	N/mm^2		*Dehnung bei Streckspannung*	%	
Zugfestigkeit	N/mm^2	31	*Reißdehnung*	%	640
Reißfestigkeit	N/mm^2		% *Dehnspannung*	N/mm^2	
E-Modul	N/mm^2		*Dehnung bei* % *Dehnspg.*	%	

Kriechmoduln und Zeitstandwerte 23 °C

Probekörper: *Form* — *Herstellung*
Zustand — *Vorbehandlung*

Kriechmodul	*1 min* N/mm^2		*Zeitstandzugfestigkeit*	h	N/mm^2
Kriechmodul	*1000 h* N/mm^2		*Zeitdehnspg.* %	h	N/mm^2
bei Spannung	N/mm^2				

Biegeversuch 23 °C ISO 178;

Probekörper: *Form* — *Herstellung* Spritzgiessen
Zustand Spritzfrisch — *Vorbehandlung*

Biegefestigkeit	N/mm^2	*E-Modul*	N/mm^2	100
3,5% *Biegespannung*	N/mm^2			

Härte 23 °C *Probekörper:* *Zustand* Spritzfrisch — *Herstellung* Spritzgiessen
Vorbehandlung

Kugeldruckhärte	N/mm^2	bei N, s	*Shore-Härte* A	
Rockwellhärte			*Shore-Härte* D	45

Schlagversuch *Probekörper:* *(1)*
(2) — *Herstellung*
Zustand — *Vorbehandlung*

	°C	°C	°C	*Probekörper-Form*
Schlagzähigkeit kJ/m^2				
Kerbschlagzähigkeit (1) kJ/m^2				
IZOD-Kerbschlagzähigkeit (2) J/m				
Kerbschlagzugzähigkeit kJ/m^2				

Abrieb und Reibung

Taber-Abrieb (Reibradverfahren)	mm^3/100 U		
Abriebfaktor LNP (Thrust washer) Vergleichswert			
Statische Reibungszahl			
Dynamische Reibungszahl	(p · v =	N/mm^2 ·	m/min)
Zulässiger p · v Wert	N/mm^2 · (m/min)	v =	m/min
		v =	m/min

Thermische Eigenschaften

Formbeständigkeit in der Wärme	*Verfahren* A		≦50 °C
	Verfahren B		≦100 °C
Vicat Erweichungstemperatur (VST)	*Verfahren*		°C
	Verfahren		°C
Kristallit-Schmelzpunkt	*Verfahren* ASTM D 2117		205 °C
Längenausdehnungskoeffizient	*Bereich* °C		$\cdot 10^{-4} K^{-1}$
	Temperatur 23 °C		$1.6 \cdot 10^{-4} K^{-1}$
Wärmeleitfähigkeit	*Verfahren*		W/(K · m)
Spezifische Wärmekapazität	*Verfahren*		J/(K · g)
Glasumwandlungstemperatur	*Torsionsschwingungsversuch*	°C	
	Differentialkalorimetrie	°C	

Brandverhalten

UL-Test vertikal	Dicke	mm, Wert HB
	Dicke	mm, Wert

	Norm	*Bewertung*	*Abmessungen*
Sauerstoff-Index	ASTM D 2863		
Glühstab-Verfahren			
Brandverhalten	DIN 4102		
MVSS			
FAR			

Elektrische Eigenschaften

		Hz	°C		*Probekörper, Form*
Dielektrizitätszahl		50			
		10^3	23	4.5	
		10^6			
Dielektrischer Verlustfaktor tan δ		50			
		10^3	23	0.006	
		10^6			
Spezifischer Durchgangs-widerstand	Ohm · cm		23	1.0*10**13	
Durchschlagfestigkeit	kV/mm		23	50	1 mm dick
Oberflächenwiderstand	Ohm		23	1.0*10**13	

Kriechstromfestigkeit	KC	KB	KA
Elektrolytische Korrosionswirkung			
Lichtbogenfestigkeit nach DIN			
nach ASTM s			

Beständigkeit *(Chemische Beständigkeit siehe Anhang)*

Wasseraufnahme 23 C Bis zur Saettigung	0.72 %	
Feuchtigkeitsaufnahme Normalklima		0.30 %
Wetterbeständigkeit		
Spannungskorrosion		

Optische Eigenschaften

Brechungszahl n_D		
Transmissionsgrad τ_c	%	mm dick
Lichtdurchlässigkeit		

Produkt	Thermoplastisches Polyetherester-Elastomer		**PEE**
Handelsname	**Arnitel EL550**		
Hersteller	AKZO		
DIN-Bez 1 *DIN-Bez 2*			
Zusätze		*Füllstoffe/ Verstärkung*	
Bevorzugte Verarbeitung	Spritzgiessen	*Lieferform*	Granulat
		Farben	Natur; Standard
Besondere Merkmale	Hohe Tragfaehigkeit; Hohe Biegeermuedungsbestaendigkeit; Hohe Abriebfestigkeit; Gute Kaeltebestaendigkeit; Ausgezeichnete Witterungsbestaendigkeit; Ausgezeichnete Chemikalienbestaendigkeit	*Bevorzugte Anwendungen*	Technisches Formteil; Sportartikel; Kfz-Industrie

Dichte	g/cm³	1.20	*Schmelzindex*	g/10 min	:
Schüttdichte	g/cm³		*Volumenfließindex*	cm³/10 min	:
Viskositätszahl	ml/g				

Verarbeitungsbedingungen für Spritzgießen

Massetemp.	°C	220–250	*Schwindung*	%	lgs	1.3, quer 1.3
Werkzeugtemp.	°C	20–50	*Bemerkungen*			
Spritzdruck	bar					

Zugversuch 23 °C ISO 527;

Probekörper: *Form* — *Herstellung* Spritzgiessen
Zustand Spritzfrisch — *Vorbehandlung*

Streckspannung	N/mm²		*Dehnung bei Streckspannung*	%	
Zugfestigkeit	N/mm²	27	*Reißdehnung*	%	460
Reißfestigkeit	N/mm²		*% Dehnspannung*	N/mm²	
E-Modul	N/mm²		*Dehnung bei % Dehnspg.*	%	

Kriechmoduln und Zeitstandwerte 23 °C

Probekörper: *Form* — *Herstellung*
Zustand — *Vorbehandlung*

Kriechmodul	*1 min*	N/mm²	*Zeitstandzugfestigkeit*	h	N/mm²
Kriechmodul	*1000 h*	N/mm²	*Zeitdehnspg. %*	h	N/mm²
bei Spannung		N/mm²			

Biegeversuch 23 °C ISO 178;

Probekörper: *Form* — *Herstellung* Spritzgiessen
Zustand Spritzfrisch — *Vorbehandlung*

Biegefestigkeit	N/mm²	*E-Modul*	N/mm²	185
3,5% *Biegespannung*	N/mm²			

Härte 23 °C *Probekörper:* *Zustand* Spritzfrisch — *Herstellung* Spritzgiessen
Vorbehandlung

Kugeldruckhärte	N/mm²	bei N, s	*Shore-Härte A*	
Rockwellhärte			*Shore-Härte D*	55

Schlagversuch *Probekörper:* *(1)*
(2) — *Herstellung*
Zustand — *Vorbehandlung*

		°C	°C	°C	*Probekörper-Form*
Schlagzähigkeit	kJ/m²				
Kerbschlagzähigkeit (1)	kJ/m²				
IZOD-Kerbschlagzähigkeit (2)	J/m				
Kerbschlagzugzähigkeit	kJ/m²				

Abrieb und Reibung

Taber-Abrieb (Reibradverfahren)	mm^3/100 U		
Abriebfaktor LNP (Thrust washer) Vergleichswert			
Statische Reibungszahl			
Dynamische Reibungszahl	(p · v = N/mm^2 ·		m/min)
Zulässiger p · v Wert	N/mm^2 · (m/min)	v =	m/min
		v =	m/min

Thermische Eigenschaften

Formbeständigkeit in der Wärme	*Verfahren* A			≦50 °C
	Verfahren B			110 °C
Vicat Erweichungstemperatur (VST)	*Verfahren*			°C
	Verfahren			°C
Kristallit-Schmelzpunkt	*Verfahren* ASTM D 2117			202 °C
Längenausdehnungskoeffizient	*Bereich* °C			$\cdot 10^{-4} K^{-1}$
	Temperatur 23 °C			$1.5 \cdot 10^{-4} K^{-1}$
Wärmeleitfähigkeit	*Verfahren*			W/(K · m)
Spezifische Wärmekapazität	*Verfahren* ASTM C 351	23 °C		1.9 J/(K · g)
Glasumwandlungstemperatur	*Torsionsschwingungsversuch*	°C		
	Differentialkalorimetrie	°C		

Brandverhalten

UL-Test vertikal		Dicke mm, Wert HB	
		Dicke mm, Wert	
	Norm	*Bewertung*	*Abmessungen*
Sauerstoff-Index	ASTM D 2863	21 %	
Glühstab-Verfahren			
Brandverhalten	DIN 4102		
MVSS			
FAR			

Elektrische Eigenschaften

		Hz	°C		*Probekörper, Form*
Dielektrizitätszahl		50			
		10^3	23	4.3	
		10^6			
Dielektrischer Verlustfaktor tan δ		50			
		10^3	23	0.012	
		10^6			
Spezifischer Durchgangswiderstand	Ohm · cm		23	2.0*10**12	
Durchschlagfestigkeit	kV/mm		23	51	1 mm dick
Oberflächenwiderstand	Ohm		23	8.0*10**10	

Kriechstromfestigkeit	KC	KB	KA
Elektrolytische Korrosionswirkung			
Lichtbogenfestigkeit nach DIN			
nach ASTM s			

Beständigkeit *(Chemische Beständigkeit siehe Anhang)*

Wasseraufnahme 23 C Bis zur Saettigung	0.63 %	
Feuchtigkeitsaufnahme Normalklima		0.20 %
Wetterbeständigkeit		
Spannungskorrosion		

Optische Eigenschaften

Brechungszahl n_D		
Transmissionsgrad τ_c	%	mm dick
Lichtdurchlässigkeit		

Produkt	Thermoplastisches Polyetherester-Elastomer		**PEE**
Handelsname	**Arnitel EL630**		
Hersteller	AKZO		
DIN-Bez 1			
DIN-Bez 2			
Zusätze		*Füllstoffe/ Verstärkung*	
Bevorzugte Verarbeitung	Spritzgiessen	*Lieferform*	Granulat
		Farben	Natur; Standard
Besondere Merkmale	Ausgezeichnete Tragfaehigkeit; Hohe Biegeermuedungsbestaendigkeit; Hohe Abriebfestigkeit; Gute Kaeltebestaendigkeit; Ausgezeichnete Witterungsbestaendigkeit; Ausgezeichnete Chemikalienbestaendigkeit	*Bevorzugte Anwendungen*	Technisches Formteil; Sportartikel; Kfz-Industrie

Dichte	g/cm³	1.23	*Schmelzindex*	g/10 min	:
Schüttdichte	g/cm³		*Volumenfließindex*	cm³/10 min	:
Viskositätszahl	ml/g				

Verarbeitungsbedingungen für Spritzgießen

Massetemp.	°C	220–255	*Schwindung*	%	lgs 1.4, quer 1.3
Werkzeugtemp.	°C	20–50	*Bemerkungen*		
Spritzdruck	bar				

Zugversuch 23 °C ISO 527;
Probekörper: *Form* — *Herstellung* Spritzgiessen
Zustand Spritzfrisch — *Vorbehandlung*

Streckspannung	N/mm²		*Dehnung bei Streckspannung*	%	
Zugfestigkeit	N/mm²	32	*Reißdehnung*	%	440
Reißfestigkeit	N/mm²		*% Dehnspannung*	N/mm²	
E-Modul	N/mm²		*Dehnung bei % Dehnspg.*	%	

Kriechmoduln und Zeitstandwerte 23 °C
Probekörper: *Form* — *Herstellung*
Zustand — *Vorbehandlung*

Kriechmodul	*1 min*	N/mm²	*Zeitstandzugfestigkeit*	h	N/mm²
Kriechmodul	*1000 h*	N/mm²	*Zeitdehnspg. %*	h	N/mm²
bei Spannung		N/mm²			

Biegeversuch 23 °C ISO 178;
Probekörper: *Form* — *Herstellung* Spritzgiessen
Zustand Spritzfrisch — *Vorbehandlung*

Biegefestigkeit	N/mm²	*E-Modul*	N/mm²	330
3,5% *Biegespannung*	N/mm²			

Härte 23 °C *Probekörper:* *Zustand* Spritzfrisch — *Herstellung* Spritzgiessen
Vorbehandlung

Kugeldruckhärte	N/mm² bei N, s	*Shore-Härte* A	
Rockwellhärte		*Shore-Härte* D	63

Schlagversuch *Probekörper:* *(1)*
(2) — *Herstellung*
Zustand — *Vorbehandlung*

	°C	°C	°C	*Probekörper-Form*
Schlagzähigkeit kJ/m²				
Kerbschlagzähigkeit (1) kJ/m²				
IZOD-Kerbschlagzähigkeit (2) J/m				
Kerbschlagzugzähigkeit kJ/m²				

Abrieb und Reibung

Taber-Abrieb (Reibradverfahren)	mm^3/100 U		
Abriebfaktor LNP (Thrust washer) Vergleichswert			
Statische Reibungszahl			
Dynamische Reibungszahl	(p · v= N/mm^2 ·		m/min)
Zulässiger p · v Wert	N/mm^2 · (m/min)	v=	m/min
		v=	m/min

Thermische Eigenschaften

Formbeständigkeit in der Wärme	*Verfahren* A			≦50 °C
	Verfahren B			145 °C
Vicat Erweichungstemperatur (VST)	*Verfahren*			°C
	Verfahren			°C
Kristallit-Schmelzpunkt	*Verfahren* ASTM D 2117			213 °C
Längenausdehnungskoeffizient	*Bereich* °C			$\cdot 10^{-4} K^{-1}$
	Temperatur 23 °C			$1.0–2.0 \cdot 10^{-4} K^{-1}$
Wärmeleitfähigkeit	*Verfahren*			W/(K · m)
Spezifische Wärmekapazität	*Verfahren* ASTM C 351	23 °C		2.4 J/(K · g)
Glasumwandlungstemperatur	*Torsionsschwingungsversuch*	°C		
	Differentialkalorimetrie	°C		

Brandverhalten

UL-Test vertikal	Dicke	mm, Wert HB
	Dicke	mm, Wert

	Norm	*Bewertung*	*Abmessungen*
Sauerstoff-Index	ASTM D 2863		
Glühstab-Verfahren			
Brandverhalten	DIN 4102		
MVSS			
FAR			

Elektrische Eigenschaften

		Hz	°C		*Probekörper, Form*
Dielektrizitätszahl		50			
		10^3	23	4.1	
		10^6			
Dielektrischer Verlustfaktor tan δ		50			
		10^3	23	0.017	
		10^6			
Spezifischer Durchgangs-widerstand	Ohm · cm		23	1.2*10**13	
Durchschlagfestigkeit	kV/mm		23	50	1 mm dick
Oberflächenwiderstand	Ohm		23	2.5*10**14	

Kriechstromfestigkeit	KC	KB	KA
Elektrolytische Korrosionswirkung			
Lichtbogenfestigkeit nach DIN			
nach ASTM s			

Beständigkeit *(Chemische Beständigkeit siehe Anhang)*

Wasseraufnahme 23 C Bis zur Saettigung	0.63 %	
Feuchtigkeitsaufnahme Normalklima		0.18 %
Wetterbeständigkeit		
Spannungskorrosion		

Optische Eigenschaften

Brechungszahl n_D

Transmissionsgrad τ_c % mm dick

Lichtdurchlässigkeit

Datenbank-Nr.	**T01339**		Merkblatt-Nr. **4737**

Produkt	Thermoplastisches Polyetherester-Elastomer		**PEE**
Handelsname	**Arnitel EL740**		
Hersteller	AKZO		
DIN-Bez 1			
DIN-Bez 2			
Zusätze		*Füllstoffe/ Verstärkung*	
Bevorzugte Verarbeitung	Spritzgiessen	*Lieferform*	Granulat
		Farben	Natur; Standard
Besondere Merkmale	Ausgezeichnete Tragfaehigkeit; Hohe Biegeermuedungsbestaendigkeit; Hohe Abriebfestigkeit; Gute Kaeltebestaendigkeit; Witterungsbestaendigkeit; Chemikalienbestaendigkeit; Gute Verarbeitbarkeit	*Bevorzugte Anwendungen*	Technisches Formteil

Dichte	g/cm^3	1.27	*Schmelzindex*	g/10 min	:
Schüttdichte	g/cm^3		*Volumenfließindex*	$cm^3/10$ min	:
Viskositätszahl	ml/g				

Verarbeitungsbedingungen für Spritzgießen

Massetemp.	°C	220–250	*Schwindung*	%	lgs 1.5, quer 1.3
Werkzeugtemp.	°C	20–50	*Bemerkungen*		
Spritzdruck	bar				

Zugversuch 23 °C ISO 527;

Probekörper: *Form* — *Zustand* Spritzfrisch — *Herstellung* Spritzgiessen — *Vorbehandlung*

Streckspannung	N/mm^2		*Dehnung bei Streckspannung*	%	
Zugfestigkeit	N/mm^2	45	*Reißdehnung*	%	360
Reißfestigkeit	N/mm^2		*% Dehnspannung*	N/mm^2	
E-Modul	N/mm^2		*Dehnung bei % Dehnspg.*	%	

Kriechmoduln und Zeitstandwerte 23 °C

Probekörper: *Form* — *Zustand* — *Herstellung* — *Vorbehandlung*

Kriechmodul	*1 min* N/mm^2		*Zeitstandzugfestigkeit*	h	N/mm^2
Kriechmodul	*1000 h* N/mm^2		*Zeitdehnspg. %*	h	N/mm^2
bei Spannung	N/mm^2				

Biegeversuch 23 °C ISO 178;

Probekörper: *Form* — *Zustand* Spritzfrisch — *Herstellung* Spritzgiessen — *Vorbehandlung*

Biegefestigkeit	N/mm^2	*E-Modul*	N/mm^2	830
3,5% *Biegespannung*	N/mm^2			

Härte 23 °C

Probekörper: *Zustand* Spritzfrisch — *Herstellung* Spritzgiessen — *Vorbehandlung*

Kugeldruckhärte	N/mm^2	bei N, s	*Shore-Härte* A	
Rockwellhärte			*Shore-Härte* D	74

Schlagversuch

Probekörper: *(1)* *(2)* *Zustand* — *Herstellung* — *Vorbehandlung*

		°C	°C	°C	*Probekörper-Form*
Schlagzähigkeit	kJ/m^2				
Kerbschlagzähigkeit (1)	kJ/m^2				
IZOD-Kerbschlagzähigkeit (2)	J/m				
Kerbschlagzugzähigkeit	kJ/m^2				

Abrieb und Reibung

Taber-Abrieb (Reibradverfahren)	mm^3/100 U		
Abriebfaktor LNP (Thrust washer) Vergleichswert			
Statische Reibungszahl			
Dynamische Reibungszahl	(p · v =	N/mm^2 ·	m/min)
Zulässiger p · v Wert	N/mm^2 · (m/min)	v =	m/min
		v =	m/min

Thermische Eigenschaften

Formbeständigkeit in der Wärme	*Verfahren*	A		≦50 °C
	Verfahren	B		170 °C
Vicat Erweichungstemperatur (VST)	*Verfahren*			°C
	Verfahren			°C
Kristallit-Schmelzpunkt	*Verfahren*	ASTM D 2117		221 °C
Längenausdehnungskoeffizient	*Bereich*	°C		$\cdot 10^{-4} K^{-1}$
	Temperatur 23 °C			$1.4 \cdot 10^{-4} K^{-1}$
Wärmeleitfähigkeit	*Verfahren*			W/(K · m)
Spezifische Wärmekapazität	*Verfahren*	ASTM C 351	23 °C	2.4 J/(K · g)
Glasumwandlungstemperatur	*Torsionsschwingungsversuch*		°C	
	Differentialkalorimetrie		°C	

Brandverhalten

UL-Test vertikal		Dicke mm, Wert HB	
		Dicke mm, Wert	
	Norm	*Bewertung*	*Abmessungen*
Sauerstoff-Index	ASTM D 2863	22%	
Glühstab-Verfahren			
Brandverhalten	DIN 4102		
MVSS			
FAR			

Elektrische Eigenschaften

		Hz	°C		*Probekörper, Form*
Dielektrizitätszahl		50			
		10^3	23	3.4	
		10^6			
Dielektrischer Verlustfaktor tan δ		50			
		10^3	23	0.04	
		10^6			
Spezifischer Durchgangs-widerstand	Ohm · cm		23	1.0*10**14	
Durchschlagfestigkeit	kV/mm		23	≧53	1 mm dick
Oberflächenwiderstand	Ohm		23	1.0*10**11	

Kriechstromfestigkeit	KC	KB	KA
Elektrolytische Korrosionswirkung			
Lichtbogenfestigkeit nach DIN			
nach ASTM s			

Beständigkeit *(Chemische Beständigkeit siehe Anhang)*

Wasseraufnahme 23 C Bis zur Saettigung	0.58 %	
Feuchtigkeitsaufnahme Normalklima		0.54 %
Wetterbeständigkeit		
Spannungskorrosion		

Optische Eigenschaften

Brechungszahl n_D

Transmissionsgrad τ_c % mm dick

Lichtdurchlässigkeit

Datenbank-Nr. **T01340** Merkblatt-Nr. **4738**

Produkt	Thermoplastisches Polyetherester-Elastomer		**PEE**
Handelsname	**Arnitel EM400**		
Hersteller	AKZO		
DIN-Bez 1			
DIN-Bez 2			
Zusätze		*Füllstoffe/ Verstärkung*	
Bevorzugte Verarbeitung	Spritzgiessen; Extrudieren	*Lieferform*	Granulat
		Farben	Natur; Standard
Besondere Merkmale	Ausgezeichnete Biegeermuedungsbestaendigkeit; Ausgezeichnete Kaeltebestaendigkeit; Ausgezeichnete Kaelteschlagzaehigkeit; Gute Chemikalienbestaendigkeit; Gute Oelbestaendigkeit	*Bevorzugte Anwendungen*	Technisches Formteil

Dichte	g/cm³	1.12	*Schmelzindex*	g/10 min	:
Schüttdichte	g/cm³		*Volumenfließindex*	cm³/10 min	:
Viskositätszahl	ml/g				

Verarbeitungsbedingungen für Spritzgießen

Massetemp.	°C	215–225	*Schwindung*	%	lgs 1.4, quer 1.2
Werkzeugtemp.	°C	20–50	*Bemerkungen*		
Spritzdruck	bar				

Zugversuch 23 °C ISO 527;
Probekörper: *Form* — *Herstellung* Spritzgiessen
Zustand Spritzfrisch — *Vorbehandlung*

Streckspannung	N/mm²		*Dehnung bei Streckspannung*	%	
Zugfestigkeit	N/mm²	17	*Reißdehnung*	%	650
Reißfestigkeit	N/mm²		*% Dehnspannung*	N/mm²	
E-Modul	N/mm²		*Dehnung bei % Dehnspg.*	%	

Kriechmoduln und Zeitstandwerte 23 °C
Probekörper: *Form* — *Herstellung*
Zustand — *Vorbehandlung*

Kriechmodul	*1 min* N/mm²	*Zeitstandzugfestigkeit*	h	N/mm²
Kriechmodul	*1000 h* N/mm²	*Zeitdehnspg.* %	h	N/mm²
bei Spannung	N/mm²			

Biegeversuch 23 °C ISO 178;
Probekörper: *Form* — *Herstellung* Spritzgiessen
Zustand Spritzfrisch — *Vorbehandlung*

Biegefestigkeit	N/mm²	*E-Modul*	N/mm²	50
3,5% *Biegespannung*	N/mm²			

Härte 23 °C *Probekörper:* *Zustand* Spritzfrisch — *Herstellung* Spritzgiessen
Vorbehandlung

Kugeldruckhärte	N/mm²	bei N, s	*Shore-Härte* A	
Rockwellhärte			*Shore-Härte* D	38

Schlagversuch *Probekörper:* *(1)*
(2) — *Herstellung*
Zustand — *Vorbehandlung*

		°C	°C	°C	*Probekörper-Form*
Schlagzähigkeit	kJ/m²				
Kerbschlagzähigkeit (1)	kJ/m²				
IZOD-Kerbschlagzähigkeit (2)	J/m				
Kerbschlagzugzähigkeit	kJ/m²				

Abrieb und Reibung

Taber-Abrieb (Reibradverfahren)	mm^3/100 U		
Abriebfaktor LNP (Thrust washer) Vergleichswert			
Statische Reibungszahl			
Dynamische Reibungszahl	(p · v =	N/mm^2 ·	m/min)
Zulässiger p · v Wert	N/mm^2 · (m/min)	v =	m/min
		v =	m/min

Thermische Eigenschaften

Formbeständigkeit in der Wärme	*Verfahren*	A	≦50 °C
	Verfahren	B	≦100 °C
Vicat Erweichungstemperatur (VST)	*Verfahren*		°C
	Verfahren		°C
Kristallit-Schmelzpunkt	*Verfahren*	ASTM D 2117	195 °C
Längenausdehnungskoeffizient	*Bereich*	°C	$\cdot 10^{-4} K^{-1}$
	Temperatur 23 °C		$2.2 \cdot 10^{-4} K^{-1}$
Wärmeleitfähigkeit	*Verfahren*		W/(K · m)
Spezifische Wärmekapazität	*Verfahren*		J/(K · g)
Glasumwandlungstemperatur	*Torsionsschwingungsversuch*	°C	
	Differentialkalorimetrie	°C	

Brandverhalten

UL-Test vertikal	Dicke	mm, Wert HB
	Dicke	mm, Wert

	Norm	*Bewertung*	*Abmessungen*
Sauerstoff-Index	ASTM D 2863		
Glühstab-Verfahren			
Brandverhalten	DIN 4102		
MVSS			
FAR			

Elektrische Eigenschaften

		Hz	°C		*Probekörper, Form*
Dielektrizitätszahl		50			
		10^3	23	4.5	
		10^6			
Dielektrischer Verlustfaktor tan δ		50			
		10^3	23	0.005	
		10^6			
Spezifischer Durchgangs-widerstand	Ohm · cm		23	1.0*10**12	
Durchschlagfestigkeit	kV/mm		23	50	1 mm dick
Oberflächenwiderstand	Ohm		23	1.0*10**12	

Kriechstromfestigkeit	KC	KB	KA
Elektrolytische Korrosionswirkung			
Lichtbogenfestigkeit nach DIN			
nach ASTM s			

Beständigkeit *(Chemische Beständigkeit siehe Anhang)*

Wasseraufnahme 23 C Bis zur Saettigung	0.75 %	
Feuchtigkeitsaufnahme Normalklima		0.32 %
Wetterbeständigkeit		
Spannungskorrosion		

Optische Eigenschaften

Brechungszahl n_D		
Transmissionsgrad τ_c	%	mm dick
Lichtdurchlässigkeit		

Datenbank-Nr. **T01341** Merkblatt-Nr. **4739**

Produkt	Thermoplastisches Polyetherester-Elastomer		**PEE**
Handelsname	**Arnitel EM400-LG2**		
Hersteller	AKZO		
DIN-Bez 1			
DIN-Bez 2			
Zusätze	UV-Stabilisator	*Füllstoffe/ Verstärkung*	10% Glasfaser
Bevorzugte Verarbeitung	Spritzgiessen	*Lieferform*	Granulat
		Farben	Natur; Standard
Besondere Merkmale	Angehobene Steifigkeit; Elastizitaet; Gute Kaeltebestaendigkeit; Niedriger Waermeausdehnungskoeffizient; Soft-Touch-Oberflaeche	*Bevorzugte Anwendungen*	Technisches Formteil

Dichte	g/cm^3	1.19	*Schmelzindex*	g/10 min	:
Schüttdichte	g/cm^3		*Volumenfließindex*	cm^3/10 min	:
Viskositätszahl	ml/g				

Verarbeitungsbedingungen für Spritzgießen

Massetemp.	°C	215–225	*Schwindung*	% lgs 0.25, quer 1.1
Werkzeugtemp.	°C	50	*Bemerkungen*	
Spritzdruck	bar			

Zugversuch 23 °C ISO 527;

Probekörper: *Form* — *Zustand* Spritzfrisch — *Herstellung* Spritzgiessen — *Vorbehandlung*

Streckspannung	N/mm^2		*Dehnung bei Streckspannung*	%	
Zugfestigkeit	N/mm^2	15	*Reißdehnung*	%	600
Reißfestigkeit	N/mm^2		*% Dehnspannung*	N/mm^2	
E-Modul	N/mm^2		*Dehnung bei % Dehnspg.*	%	

Kriechmoduln und Zeitstandwerte 23 °C

Probekörper: *Form* — *Zustand* — *Herstellung* — *Vorbehandlung*

Kriechmodul	*1 min*	N/mm^2	*Zeitstandzugfestigkeit*	h	N/mm^2
Kriechmodul	*1000 h*	N/mm^2	*Zeitdehnspg. %*	h	N/mm^2
bei Spannung		N/mm^2			

Biegeversuch 23 °C ISO 178;

Probekörper: *Form* — *Zustand* Spritzfrisch — *Herstellung* Spritzgiessen — *Vorbehandlung*

Biegefestigkeit	N/mm^2	*E-Modul*	N/mm^2	160
3,5% *Biegespannung*	N/mm^2			

Härte 23 °C *Probekörper:* *Zustand* Spritzfrisch — *Herstellung* Spritzgiessen — *Vorbehandlung*

Kugeldruckhärte	N/mm^2	bei N, s	*Shore-Härte A*	
Rockwellhärte			*Shore-Härte D*	44

Schlagversuch *Probekörper:* *(1)* *(2)* *Zustand* — *Herstellung* — *Vorbehandlung*

		°C	°C	°C	*Probekörper-Form*
Schlagzähigkeit	kJ/m^2				
Kerbschlagzähigkeit (1)	kJ/m^2				
IZOD-Kerbschlagzähigkeit (2)	J/m				
Kerbschlagzugzähigkeit	kJ/m^2				

Abrieb und Reibung

Taber-Abrieb (Reibradverfahren)	mm^3/100 U		
Abriebfaktor LNP (Thrust washer) Vergleichswert			
Statische Reibungszahl			
Dynamische Reibungszahl	(p · v= N/mm^2 ·		m/min)
Zulässiger p · v Wert	N/mm^2 · (m/min)	v=	m/min
		v=	m/min

Thermische Eigenschaften

Formbeständigkeit in der Wärme	*Verfahren*	A		80 °C
	Verfahren	B		≦150 °C
Vicat Erweichungstemperatur (VST)	*Verfahren*			°C
	Verfahren			°C
Kristallit-Schmelzpunkt	*Verfahren*	ASTM D 2117		195 °C
Längenausdehnungskoeffizient	*Bereich*	°C		$\cdot 10^{-4}K^{-1}$
	Temperatur 23 °C			$2.0 \cdot 10^{-4}K^{-1}$
Wärmeleitfähigkeit	*Verfahren*			W/(K · m)
Spezifische Wärmekapazität	*Verfahren*			J/(K · g)
Glasumwandlungstemperatur	*Torsionsschwingungsversuch*		°C	
	Differentialkalorimetrie		°C	

Brandverhalten

UL-Test vertikal Dicke mm, Wert HB
Dicke mm, Wert

	Norm	*Bewertung*	*Abmessungen*
Sauerstoff-Index	ASTM D 2863		
Glühstab-Verfahren			
Brandverhalten	DIN 4102		
MVSS			
FAR			

Elektrische Eigenschaften

		Hz	°C		*Probekörper, Form*
Dielektrizitätszahl		50			
		10^3			
		10^6			
Dielektrischer Verlustfaktor tan δ		50			
		10^3			
		10^6			
Spezifischer Durchgangs-widerstand	Ohm · cm				
Durchschlagfestigkeit	kV/mm		23	50	1 mm dick
Oberflächenwiderstand	Ohm		23	1.0*10**12	
Kriechstromfestigkeit		KC	KB	KA	
Elektrolytische Korrosionswirkung					
Lichtbogenfestigkeit nach DIN					
nach ASTM	s				

Beständigkeit *(Chemische Beständigkeit siehe Anhang)*

Wasseraufnahme 23 C Bis zur Saettigung 0.69 %

Feuchtigkeitsaufnahme Normalklima 0.23 %
Wetterbeständigkeit

Spannungskorrosion

Optische Eigenschaften

Brechungszahl n_D
Transmissionsgrad τ_c % mm dick
Lichtdurchlässigkeit

Datenbank-Nr. **T01342** Merkblatt-Nr. **4740**

Produkt	Thermoplastisches Polyetherester-Elastomer		**PEE**
Handelsname	**Arnitel EM400-LG6**		
Hersteller	AKZO		
DIN-Bez 1			
DIN-Bez 2			
Zusätze	UV-Stabilisator	*Füllstoffe/ Verstärkung*	30% Glasfaser
Bevorzugte Verarbeitung	Spritzgiessen	*Lieferform*	Granulat
		Farben	Natur; Standard
Besondere Merkmale	Angehobene Steifigkeit; Hohe Waermeformbestaendigkeit; Gute Kaelteschlagzaehigkeit; Niedriger Waermeausdehnungskoeffizient; Soft-Touch-Oberflaeche	*Bevorzugte Anwendungen*	Technisches Formteil

Dichte	g/cm^3	1.35	*Schmelzindex*	g/10 min	:
Schüttdichte	g/cm^3		*Volumenfließindex*	$cm^3/10$ min	:
Viskositätszahl	ml/g				

Verarbeitungsbedingungen für Spritzgießen

Massetemp.	°C	215–225	*Schwindung*	%	lgs 0.1, quer 1.0
Werkzeugtemp.	°C	50	*Bemerkungen*		
Spritzdruck	bar				

Zugversuch 23 °C ISO 527;

Probekörper: *Form* — *Herstellung* Spritzgiessen
Zustand Spritzfrisch — *Vorbehandlung*

Streckspannung	N/mm^2		*Dehnung bei Streckspannung*	%	
Zugfestigkeit	N/mm^2	37	*Reißdehnung*	%	20
Reißfestigkeit	N/mm^2		*% Dehnspannung*	N/mm^2	
E-Modul	N/mm^2		*Dehnung bei % Dehnspg.*	%	

Kriechmoduln und Zeitstandwerte 23 °C

Probekörper: *Form* — *Herstellung*
Zustand — *Vorbehandlung*

Kriechmodul	*1 min*	N/mm^2	*Zeitstandzugfestigkeit*	h	N/mm^2
Kriechmodul	*1000 h*	N/mm^2	*Zeitdehnspg. %*	h	N/mm^2
bei Spannung		N/mm^2			

Biegeversuch 23 °C ISO 178;

Probekörper: *Form* — *Herstellung* Spritzgiessen
Zustand Spritzfrisch — *Vorbehandlung*

Biegefestigkeit	N/mm^2	*E-Modul*	N/mm^2	950
3,5% *Biegespannung*	N/mm^2			

Härte 23 °C *Probekörper:* *Zustand* Spritzfrisch — *Herstellung* Spritzgiessen
Vorbehandlung

Kugeldruckhärte	N/mm^2	bei N, s	*Shore-Härte A*	
Rockwellhärte			*Shore-Härte D*	54

Schlagversuch *Probekörper:* *(1)*
(2) — *Herstellung*
Zustand — *Vorbehandlung*

	°C	°C	°C	*Probekörper-Form*
Schlagzähigkeit kJ/m^2				
Kerbschlagzähigkeit (1) kJ/m^2				
IZOD-Kerbschlagzähigkeit (2) J/m				
Kerbschlagzugzähigkeit kJ/m^2				

Abrieb und Reibung

Taber-Abrieb (Reibradverfahren)	mm^3/100 U		
Abriebfaktor LNP (Thrust washer) Vergleichswert			
Statische Reibungszahl			
Dynamische Reibungszahl	(p · v= N/mm^2 ·		m/min)
Zulässiger p · v Wert	N/mm^2 · (m/min)	v=	m/min
		v=	m/min

Thermische Eigenschaften

Formbeständigkeit in der Wärme	*Verfahren*	A	125 °C
	Verfahren	B	165 °C
Vicat Erweichungstemperatur (VST)	*Verfahren*		°C
	Verfahren		°C
Kristallit-Schmelzpunkt	*Verfahren*	ASTM D 2117	195 °C
Längenausdehnungskoeffizient	*Bereich*	°C	$\cdot 10^{-4}K^{-1}$
	Temperatur 23 °C		$1.6 \cdot 10^{-4}K^{-1}$
Wärmeleitfähigkeit	*Verfahren*		W/(K · m)
Spezifische Wärmekapazität	*Verfahren*		J/(K · g)
Glasumwandlungstemperatur	*Torsionsschwingungsversuch*	°C	
	Differentialkalorimetrie	°C	

Brandverhalten

UL-Test vertikal Dicke mm, Wert HB
Dicke mm, Wert

	Norm	*Bewertung*	*Abmessungen*
Sauerstoff-Index	ASTM D 2863		
Glühstab-Verfahren			
Brandverhalten	DIN 4102		
MVSS			
FAR			

Elektrische Eigenschaften

		Hz	°C			*Probekörper, Form*
Dielektrizitätszahl		50				
		10^3				
		10^6				
Dielektrischer Verlustfaktor tan δ		50				
		10^3				
		10^6				
Spezifischer Durchgangswiderstand	Ohm · cm					
Durchschlagfestigkeit	kV/mm		23	50		1 mm dick
Oberflächenwiderstand	Ohm		23	1.0*10**12		
Kriechstromfestigkeit		KC		KB	KA	
Elektrolytische Korrosionswirkung						
Lichtbogenfestigkeit nach DIN						
nach ASTM	s					

Beständigkeit *(Chemische Beständigkeit siehe Anhang)*

Wasseraufnahme 23 C Bis zur Saettigung	0.55 %	
Feuchtigkeitsaufnahme Normalklima		0.15 %
Wetterbeständigkeit		
Spannungskorrosion		

Optische Eigenschaften

Brechungszahl n_D		
Transmissionsgrad τ_c	%	mm dick
Lichtdurchlässigkeit		

Produkt	Thermoplastisches Polyetherester-Elastomer		**PEE**
Handelsname	**Arnitel EM460**		
Hersteller	AKZO		
DIN-Bez 1 *DIN-Bez 2*			
Zusätze		*Füllstoffe/ Verstärkung*	
Bevorzugte Verarbeitung	Spritzgiessen; Extrudieren	*Lieferform*	Granulat
		Farben	Natur; Standard
Besondere Merkmale	Gute mechanische Eigenschaften; Ausgezeichnete Biegeermuedungsbestaendigkeit; Gute Kaelteschlagzaehigkeit; Gute Chemikalienbestaendigkeit; Gute Oelbestaendigkeit	*Bevorzugte Anwendungen*	Technisches Formteil

Dichte	g/cm³	1.16	*Schmelzindex*	g/10 min	:
Schüttdichte	g/cm³		*Volumenfließindex*	cm³/10 min	:
Viskositätszahl	ml/g				

Verarbeitungsbedingungen für Spritzgießen

Massetemp.	°C	210–230	*Schwindung*	% lgs 1.1, quer 1.1
Werkzeugtemp.	°C	20–50	*Bemerkungen*	
Spritzdruck	bar			

Zugversuch 23 °C ISO 527;

Probekörper: *Form* — *Herstellung* Spritzgiessen
Zustand Spritzfrisch — *Vorbehandlung*

Streckspannung	N/mm²		*Dehnung bei Streckspannung*	%	
Zugfestigkeit	N/mm²	21	*Reißdehnung*	%	700
Reißfestigkeit	N/mm²		*% Dehnspannung*	N/mm²	
E-Modul	N/mm²		*Dehnung bei % Dehnspg.*	%	

Kriechmoduln und Zeitstandwerte 23 °C

Probekörper: *Form* — *Herstellung*
Zustand — *Vorbehandlung*

Kriechmodul	*1 min*	N/mm²	*Zeitstandzugfestigkeit*	h	N/mm²
Kriechmodul	*1000 h*	N/mm²	*Zeitdehnspg. %*	h	N/mm²
bei Spannung		N/mm²			

Biegeversuch 23 °C ISO 178;

Probekörper: *Form* — *Herstellung* Spritzgiessen
Zustand Spritzfrisch — *Vorbehandlung*

Biegefestigkeit	N/mm²	*E-Modul*	N/mm²	100
3,5% *Biegespannung*	N/mm²			

Härte 23 °C *Probekörper:* *Zustand* Spritzfrisch — *Herstellung* Spritzgiessen
Vorbehandlung

Kugeldruckhärte	N/mm²	bei N, s	*Shore-Härte* A	
Rockwellhärte			*Shore-Härte* D	45

Schlagversuch *Probekörper:* *(1)*
(2) — *Herstellung*
Zustand — *Vorbehandlung*

		°C	°C	°C	*Probekörper-Form*
Schlagzähigkeit	kJ/m²				
Kerbschlagzähigkeit (1)	kJ/m²				
IZOD-Kerbschlagzähigkeit (2)	J/m				
Kerbschlagzugzähigkeit	kJ/m²				

Abrieb und Reibung

Taber-Abrieb (Reibradverfahren)	mm^3/100 U		
Abriebfaktor LNP (Thrust washer) Vergleichswert			
Statische Reibungszahl			
Dynamische Reibungszahl	(p · v = N/mm^2 ·		m/min)
Zulässiger p · v Wert	N/mm^2 · (m/min)	v =	m/min
		v =	m/min

Thermische Eigenschaften

Formbeständigkeit in der Wärme	*Verfahren* A		≦50 °C
	Verfahren B		≦100 °C
Vicat Erweichungstemperatur (VST)	*Verfahren*		°C
	Verfahren		°C
Kristallit-Schmelzpunkt	*Verfahren* ASTM D 2117		185 °C
Längenausdehnungskoeffizient	*Bereich*	°C	$\cdot 10^{-4} K^{-1}$
	Temperatur 23 °C		$1.6 \cdot 10^{-4} K^{-1}$
Wärmeleitfähigkeit	*Verfahren*		W/(K · m)
Spezifische Wärmekapazität	*Verfahren*		J/(K · g)
Glasumwandlungstemperatur	*Torsionsschwingungsversuch*	°C	
	Differentialkalorimetrie	°C	

Brandverhalten

UL-Test vertikal		Dicke mm, Wert HB	
		Dicke mm, Wert	
	Norm	*Bewertung*	*Abmessungen*
Sauerstoff-Index	ASTM D 2863		
Glühstab-Verfahren			
Brandverhalten	DIN 4102		
MVSS			
FAR			

Elektrische Eigenschaften

		Hz	°C		*Probekörper, Form*
Dielektrizitätszahl		50			
		10^3	23	4.5	
		10^6			
Dielektrischer Verlustfaktor tan δ		50			
		10^3	23	0.006	
		10^6			
Spezifischer Durchgangswiderstand	Ohm · cm		23	1.0*10**13	
Durchschlagfestigkeit	kV/mm		23	50	1 mm dick
Oberflächenwiderstand	Ohm		23	1.0*10**13	

Kriechstromfestigkeit	KC	KB	KA
Elektrolytische Korrosionswirkung			
Lichtbogenfestigkeit nach DIN			
nach ASTM s			

Beständigkeit *(Chemische Beständigkeit siehe Anhang)*

Wasseraufnahme 23 C Bis zur Saettigung	0.72 %	
Feuchtigkeitsaufnahme Normalklima		0.30 %
Wetterbeständigkeit		
Spannungskorrosion		

Optische Eigenschaften

Brechungszahl n_D		
Transmissionsgrad τ_c	%	mm dick
Lichtdurchlässigkeit		

Datenbank-Nr. **T01344** Merkblatt-Nr. **4742**

Produkt	Thermoplastisches Polyetherester-Elastomer		**PEE**
Handelsname	**Arnitel EM460-LG2**		
Hersteller	AKZO		
DIN-Bez 1			
DIN-Bez 2			
Zusätze	UV-Stabilisator	*Füllstoffe/ Verstärkung*	10% Glasfaser
Bevorzugte Verarbeitung	Spritzgiessen	*Lieferform*	Granulat
		Farben	Natur; Standard
Besondere Merkmale	Angehobene Steifigkeit; Gute Elastizitaet; Gute Waermeformbestaendigkeit; Niedriger Waermeausdehnungskoeffizient; Soft-Touch-Oberflaeche	*Bevorzugte Anwendungen*	Technisches Formteil

Dichte	g/cm³	1.23	*Schmelzindex*	g/10 min	:
Schüttdichte	g/cm³		*Volumenfließindex*	cm³/10 min	:
Viskositätszahl	ml/g				

Verarbeitungsbedingungen für Spritzgießen

Massetemp.	°C	220–230	*Schwindung*	%	lgs 0.3, quer 1.1
Werkzeugtemp.	°C	20	*Bemerkungen*		
Spritzdruck	bar				

Zugversuch 23 °C ISO 527;

Probekörper: *Form* — *Zustand* Spritzfrisch — *Herstellung* Spritzgiessen — *Vorbehandlung*

Streckspannung	N/mm²		*Dehnung bei Streckspannung*	%	
Zugfestigkeit	N/mm²	20	*Reißdehnung*	%	36
Reißfestigkeit	N/mm²		*% Dehnspannung*	N/mm²	
E-Modul	N/mm²		*Dehnung bei % Dehnspg.*	%	

Kriechmoduln und Zeitstandwerte 23 °C

Probekörper: *Form* — *Zustand* — *Herstellung* — *Vorbehandlung*

Kriechmodul	*1 min* N/mm²	*Zeitstandzugfestigkeit*	h	N/mm²
Kriechmodul	*1000 h* N/mm²	*Zeitdehnspg. %*	h	N/mm²
bei Spannung	N/mm²			

Biegeversuch 23 °C ISO 178;

Probekörper: *Form* — *Zustand* Spritzfrisch — *Herstellung* Spritzgiessen — *Vorbehandlung*

Biegefestigkeit	N/mm²	*E-Modul*	N/mm²	300
3,5% *Biegespannung*	N/mm²			

Härte 23 °C *Probekörper:* *Zustand* Spritzfrisch — *Herstellung* Spritzgiessen — *Vorbehandlung*

Kugeldruckhärte	N/mm² bei N, s	*Shore-Härte* A	
Rockwellhärte		*Shore-Härte* D	53

Schlagversuch *Probekörper:* *(1)* *(2)* *Zustand* — *Herstellung* — *Vorbehandlung*

		°C	°C	°C	*Probekörper-Form*
Schlagzähigkeit	kJ/m²				
Kerbschlagzähigkeit (1)	kJ/m²				
IZOD-Kerbschlagzähigkeit (2)	J/m				
Kerbschlagzugzähigkeit	kJ/m²				

Abrieb und Reibung

Taber-Abrieb (Reibradverfahren)	mm^3/100 U		
Abriebfaktor LNP (Thrust washer) Vergleichswert			
Statische Reibungszahl			
Dynamische Reibungszahl	(p · v =	N/mm^2 ·	m/min)
Zulässiger p · v Wert	N/mm^2 · (m/min)	v =	m/min
		v =	m/min

Thermische Eigenschaften

Formbeständigkeit in der Wärme	*Verfahren* A		90 °C
	Verfahren B		≦150 °C
Vicat Erweichungstemperatur (VST)	*Verfahren*		°C
	Verfahren		°C
Kristallit-Schmelzpunkt	*Verfahren* ASTM D 2117		185 °C
Längenausdehnungskoeffizient	*Bereich*	°C	$\cdot 10^{-4} K^{-1}$
	Temperatur 23 °C		$1.7 \cdot 10^{-4} K^{-1}$
Wärmeleitfähigkeit	*Verfahren*		W/(K · m)
Spezifische Wärmekapazität	*Verfahren*		J/(K · g)
Glasumwandlungstemperatur	*Torsionsschwingungsversuch*	°C	
	Differentialkalorimetrie	°C	

Brandverhalten

UL-Test vertikal	Dicke	mm, Wert HB
	Dicke	mm, Wert

	Norm	*Bewertung*	*Abmessungen*
Sauerstoff-Index	ASTM D 2863		
Glühstab-Verfahren			
Brandverhalten	DIN 4102		
MVSS			
FAR			

Elektrische Eigenschaften

		Hz	°C		*Probekörper, Form*
Dielektrizitätszahl		50			
		10^3			
		10^6			
Dielektrischer Verlustfaktor tan δ		50			
		10^3			
		10^6			
Spezifischer Durchgangs-widerstand	Ohm · cm				
Durchschlagfestigkeit	kV/mm		23	50	1 mm dick
Oberflächenwiderstand	Ohm		23	1.0*10**13	

Kriechstromfestigkeit	KC	KB	KA
Elektrolytische Korrosionswirkung			
Lichtbogenfestigkeit nach DIN			
nach ASTM s			

Beständigkeit *(Chemische Beständigkeit siehe Anhang)*

Wasseraufnahme 23 C Bis zur Saettigung	0.64 %	
Feuchtigkeitsaufnahme Normalklima		%
Wetterbeständigkeit		
Spannungskorrosion		

Optische Eigenschaften

Brechungszahl n_D		
Transmissionsgrad τ_c	%	mm dick
Lichtdurchlässigkeit		

Produkt	Thermoplastisches Polyetherester-Elastomer		**PEE**
Handelsname	**Arnitel EM460-LG4**		
Hersteller	AKZO		
DIN-Bez 1			
DIN-Bez 2			
Zusätze	UV-Stabilisator	*Füllstoffe/ Verstärkung*	20% Glasfaser
Bevorzugte Verarbeitung	Spritzgiessen	*Lieferform*	Granulat
		Farben	Natur; Standard
Besondere Merkmale	Angehobene Steifigkeit; Gute Elastizitaet; Hohe Waermeformbestaendigkeit; Gute Kaelteschlagzaehigkeit; Niedriger Waermeausdehnungskoeffizient; Soft-Touch-Oberflaeche	*Bevorzugte Anwendungen*	Technisches Formteil

Dichte	g/cm³	1.27	*Schmelzindex*	g/10 min	:
Schüttdichte	g/cm³		*Volumenfließindex*	cm³/10 min	:
Viskositätszahl	ml/g				

Verarbeitungsbedingungen für Spritzgießen

Massetemp.	°C	220–230	*Schwindung*	%	lgs	0.1, quer 1.0
Werkzeugtemp.	°C	50	*Bemerkungen*			
Spritzdruck	bar					

Zugversuch 23 °C ISO 527;

Probekörper: *Form* *Herstellung* Spritzgiessen
Zustand Spritzfrisch *Vorbehandlung*

Streckspannung	N/mm²		*Dehnung bei Streckspannung*	%	
Zugfestigkeit	N/mm²	30	*Reißdehnung*	%	18
Reißfestigkeit	N/mm²		*% Dehnspannung*	N/mm²	
E-Modul	N/mm²		*Dehnung bei % Dehnspg.*	%	

Kriechmoduln und Zeitstandwerte 23 °C

Probekörper: *Form* *Herstellung*
Zustand *Vorbehandlung*

Kriechmodul	*1 min*	N/mm²	*Zeitstandzugfestigkeit*	h	N/mm²
Kriechmodul	*1000 h*	N/mm²	*Zeitdehnspg. %*	h	N/mm²
bei Spannung		N/mm²			

Biegeversuch 23 °C ISO 178;

Probekörper: *Form* *Herstellung* Spritzgiessen
Zustand Spritzfrisch *Vorbehandlung*

Biegefestigkeit	N/mm²	*E-Modul*	N/mm²	900
3,5% *Biegespannung*	N/mm²			

Härte 23 °C *Probekörper:* *Zustand* Spritzfrisch *Herstellung* Spritzgiessen
Vorbehandlung

Kugeldruckhärte	N/mm²	bei N, s	*Shore-Härte A*	
Rockwellhärte			*Shore-Härte D*	57

Schlagversuch *Probekörper:* *(1)*
(2) *Herstellung*
Zustand *Vorbehandlung*

		°C	°C	°C	*Probekörper-Form*
Schlagzähigkeit	kJ/m²				
Kerbschlagzähigkeit (1)	kJ/m²				
IZOD-Kerbschlagzähigkeit (2)	J/m				
Kerbschlagzugzähigkeit	kJ/m²				

Abrieb und Reibung

Taber-Abrieb (Reibradverfahren)	mm^3/100 U		
Abriebfaktor LNP (Thrust washer) Vergleichswert			
Statische Reibungszahl			
Dynamische Reibungszahl	(p · v=	N/mm^2 ·	m/min)
Zulässiger p · v Wert	N/mm^2 · (m/min)	v=	m/min
		v=	m/min

Thermische Eigenschaften

Formbeständigkeit in der Wärme	*Verfahren* A		120 °C
	Verfahren B		≦150 °C
Vicat Erweichungstemperatur (VST)	*Verfahren*		°C
	Verfahren		°C
Kristallit-Schmelzpunkt	*Verfahren* ASTM D 2117		185 °C
Längenausdehnungskoeffizient	*Bereich*	°C	$\cdot 10^{-4}K^{-1}$
	Temperatur 23 °C		$1.6 \cdot 10^{-4}K^{-1}$
Wärmeleitfähigkeit	*Verfahren*		W/(K · m)
Spezifische Wärmekapazität	*Verfahren*		J/(K · g)
Glasumwandlungstemperatur	*Torsionsschwingungsversuch*	°C	
	Differentialkalorimetrie	°C	

Brandverhalten

UL-Test vertikal	Dicke mm, Wert HB	
	Dicke mm, Wert	

	Norm	*Bewertung*	*Abmessungen*
Sauerstoff-Index	ASTM D 2863		
Glühstab-Verfahren			
Brandverhalten	DIN 4102		
MVSS			
FAR			

Elektrische Eigenschaften

		Hz	°C		Probekörper, Form
Dielektrizitätszahl		50			
		10^3			
		10^6			
Dielektrischer Verlustfaktor tan δ		50			
		10^3			
		10^6			
Spezifischer Durchgangswiderstand	Ohm · cm				
Durchschlagfestigkeit	kV/mm		23	50	1 mm dick
Oberflächenwiderstand	Ohm		23	1.0*10**13	

Kriechstromfestigkeit	KC	KB	KA
Elektrolytische Korrosionswirkung			
Lichtbogenfestigkeit nach DIN			
nach ASTM s			

Beständigkeit *(Chemische Beständigkeit siehe Anhang)*

Wasseraufnahme 23 C Bis zur Saettigung	0.64 %	
Feuchtigkeitsaufnahme Normalklima		0.21 %
Wetterbeständigkeit		
Spannungskorrosion		

Optische Eigenschaften

Brechungszahl n_D		
Transmissionsgrad τ_c	%	mm dick
Lichtdurchlässigkeit		

Datenbank-Nr.	**T01346**	Merkblatt-Nr. **4744**

Produkt	Thermoplastisches Polyetherester-Elastomer		**PEE**
Handelsname	**Arnitel EM460-LG8**		
Hersteller	AKZO		
DIN-Bez 1			
DIN-Bez 2			
Zusätze	UV-Stabilisator	*Füllstoffe/ Verstärkung*	40% Glasfaser
Bevorzugte Verarbeitung	Spritzgiessen	*Lieferform*	Granulat
		Farben	Natur; Standard
Besondere Merkmale	Hohe Steifigkeit; Gute Elastizitaet; Hohe Waermeformbestaendigkeit; Gute Kaelteschlagzaehigkeit; Niedriger Waermeausdehnungskoeffizient; Soft-Touch-Oberflaeche	*Bevorzugte Anwendungen*	Technisches Formteil

Dichte	g/cm^3	1.48	*Schmelzindex*	g/10 min	:
Schüttdichte	g/cm^3		*Volumenfließindex*	$cm^3/10$ min	:
Viskositätszahl	ml/g				

Verarbeitungsbedingungen für Spritzgießen

Massetemp.	°C	220–230	*Schwindung*	%	lgs	0.1, quer 1.0
Werkzeugtemp.	°C	50	*Bemerkungen*			
Spritzdruck	bar					

Zugversuch 23 °C ISO 527;

Probekörper: *Form* — *Herstellung* Spritzgiessen
Zustand Spritzfrisch — *Vorbehandlung*

Streckspannung	N/mm^2		*Dehnung bei Streckspannung*	%	
Zugfestigkeit	N/mm^2	45	*Reißdehnung*	%	11
Reißfestigkeit	N/mm^2		*% Dehnspannung*	N/mm^2	
E-Modul	N/mm^2		*Dehnung bei % Dehnspg.*	%	

Kriechmoduln und Zeitstandwerte 23 °C

Probekörper: *Form* — *Herstellung*
Zustand — *Vorbehandlung*

Kriechmodul	*1 min*	N/mm^2	*Zeitstandzugfestigkeit*	h	N/mm^2
Kriechmodul	*1000 h*	N/mm^2	*Zeitdehnspg. %*	h	N/mm^2
bei Spannung		N/mm^2			

Biegeversuch 23 °C ISO 178;

Probekörper: *Form* — *Herstellung* Spritzgiessen
Zustand Spritzfrisch — *Vorbehandlung*

Biegefestigkeit	N/mm^2	*E-Modul*	N/mm^2	2200
3,5% *Biegespannung*	N/mm^2			

Härte 23 °C *Probekörper:* *Zustand* Spritzfrisch — *Herstellung* Spritzgiessen
Vorbehandlung

Kugeldruckhärte	N/mm^2	bei N, s	*Shore-Härte* A	
Rockwellhärte			*Shore-Härte* D	66

Schlagversuch *Probekörper:* *(1)*
(2) — *Herstellung*
Zustand — *Vorbehandlung*

		°C	°C	°C	*Probekörper-Form*
Schlagzähigkeit	kJ/m^2				
Kerbschlagzähigkeit (1)	kJ/m^2				
IZOD-Kerbschlagzähigkeit (2)	J/m				
Kerbschlagzugzähigkeit	kJ/m^2				

Abrieb und Reibung

Taber-Abrieb (Reibradverfahren)	$mm^3/100$ U		
Abriebfaktor LNP (Thrust washer) Vergleichswert			
Statische Reibungszahl			
Dynamische Reibungszahl	(p · v =	N/mm^2 ·	m/min)
Zulässiger p · v Wert	N/mm^2 · (m/min)	v =	m/min
		v =	m/min

Thermische Eigenschaften

Formbeständigkeit in der Wärme	*Verfahren* A		135 °C
	Verfahren B		165 °C
Vicat Erweichungstemperatur (VST)	*Verfahren*		°C
	Verfahren		°C
Kristallit-Schmelzpunkt	*Verfahren* ASTM D 2117		185 °C
Längenausdehnungskoeffizient	*Bereich* °C		$\cdot 10^{-4} K^{-1}$
	Temperatur 23 °C		$1.3 \cdot 10^{-4} K^{-1}$
Wärmeleitfähigkeit	*Verfahren*		W/(K · m)
Spezifische Wärmekapazität	*Verfahren*		J/(K · g)
Glasumwandlungstemperatur	*Torsionsschwingungsversuch*	°C	
	Differentialkalorimetrie	°C	

Brandverhalten

UL-Test vertikal	Dicke	mm, Wert HB
	Dicke	mm, Wert

	Norm	*Bewertung*	*Abmessungen*
Sauerstoff-Index	ASTM D 2863		
Glühstab-Verfahren			
Brandverhalten	DIN 4102		
MVSS			
FAR			

Elektrische Eigenschaften

		Hz	°C		*Probekörper, Form*	
Dielektrizitätszahl		50				
		10^3				
		10^6				
Dielektrischer Verlustfaktor tan δ		50				
		10^3				
		10^6				
Spezifischer Durchgangs-widerstand	Ohm · cm					
Durchschlagfestigkeit	kV/mm		23	50	1	mm dick
Oberflächenwiderstand	Ohm		23	1.0*10**13		

Kriechstromfestigkeit	KC	KB	KA
Elektrolytische Korrosionswirkung			
Lichtbogenfestigkeit nach DIN			
nach ASTM s			

Beständigkeit *(Chemische Beständigkeit siehe Anhang)*

Wasseraufnahme 23 C Bis zur Saettigung	0.50 %	
Feuchtigkeitsaufnahme Normalklima		0.16 %
Wetterbeständigkeit		
Spannungskorrosion		

Optische Eigenschaften

Brechungszahl n_D		
Transmissionsgrad τ_c	%	mm dick
Lichtdurchlässigkeit		

Datenbank-Nr. **T01347** Merkblatt-Nr. **4745**

Produkt	Thermoplastisches Polyetherester-Elastomer		**PEE**
Handelsname	**Arnitel EM550**		
Hersteller	AKZO		
DIN-Bez 1			
DIN-Bez 2			
Zusätze		*Füllstoffe/ Verstärkung*	
Bevorzugte Verarbeitung	Spritzgiessen; Extrudieren	*Lieferform*	Granulat
		Farben	Natur; Standard
Besondere Merkmale	Mittelviskos; Ausgezeichnete Tragfaehigkeit; Hohe Biegeermuedungsfestigkeit; Hohe Abriebfestigkeit; Gute Kaelteschlagzaehigkeit; Hohe Waermeformbestaendigkeit; Ausgezeichnete Witterungsbestaendigkeit	*Bevorzugte Anwendungen*	Technisches Formteil; Wintersportartikel; Rohr; Schlauch; Dynamisch belastetes Teil; Flexible Kupplung; Kabelschuh; Schutzkappe; Kfz-Industrie; Elektrotechnik

Dichte	g/cm^3	1.20	*Schmelzindex*	g/10 min	:
Schüttdichte	g/cm^3		*Volumenfließindex*	cm^3/10 min	:
Viskositätszahl	ml/g				

Verarbeitungsbedingungen für Spritzgießen

Massetemp.	°C	220–250	*Schwindung*	% lgs 1.3, quer 1.3
Werkzeugtemp.	°C	20–50	*Bemerkungen*	
Spritzdruck	bar			

Zugversuch 23 °C ISO 527;
Probekörper: *Form* — *Zustand* Spritzfrisch — *Herstellung* Spritzgiessen — *Vorbehandlung*

Streckspannung	N/mm^2		*Dehnung bei Streckspannung*	%	
Zugfestigkeit	N/mm^2	27	*Reißdehnung*	%	460
Reißfestigkeit	N/mm^2		*% Dehnspannung*	N/mm^2	
E-Modul	N/mm^2		*Dehnung bei % Dehnspg.*	%	

Kriechmoduln und Zeitstandwerte 23 °C
Probekörper: *Form* — *Zustand* — *Herstellung* — *Vorbehandlung*

Kriechmodul	*1 min*	N/mm^2	*Zeitstandzugfestigkeit*	h	N/mm^2
Kriechmodul	*1000 h*	N/mm^2	*Zeitdehnspg. %*	h	N/mm^2
bei Spannung		N/mm^2			

Biegeversuch 23 °C ISO 178;
Probekörper: *Form* — *Zustand* Spritzfrisch — *Herstellung* Spritzgiessen — *Vorbehandlung*

Biegefestigkeit	N/mm^2	*E-Modul*	N/mm^2	185
3,5% *Biegespannung*	N/mm^2			

Härte 23 °C *Probekörper:* *Zustand* Spritzfrisch — *Herstellung* Spritzgiessen — *Vorbehandlung*

Kugeldruckhärte	N/mm^2	bei N, s	*Shore-Härte* A	
Rockwellhärte			*Shore-Härte* D	55

Schlagversuch *Probekörper:* *(1)* *(2)* *Zustand* — *Herstellung* — *Vorbehandlung*

		°C	°C	°C	*Probekörper-Form*
Schlagzähigkeit	kJ/m^2				
Kerbschlagzähigkeit (1)	kJ/m^2				
IZOD-Kerbschlagzähigkeit (2)	J/m				
Kerbschlagzugzähigkeit	kJ/m^2				

Abrieb und Reibung

Taber-Abrieb (Reibradverfahren)	mm^3/100 U		
Abriebfaktor LNP (Thrust washer) Vergleichswert			
Statische Reibungszahl			
Dynamische Reibungszahl	(p · v = N/mm^2 ·		m/min)
Zulässiger p · v Wert	N/mm^2 · (m/min)	v =	m/min
		v =	m/min

Thermische Eigenschaften

Formbeständigkeit in der Wärme	*Verfahren*	A		≦50 °C
	Verfahren	B		110 °C
Vicat Erweichungstemperatur (VST)	*Verfahren*			°C
	Verfahren			°C
Kristallit-Schmelzpunkt	*Verfahren*	ASTM D 2117		202 °C
Längenausdehnungskoeffizient	*Bereich*	°C		$\cdot 10^{-4} K^{-1}$
	Temperatur 23 °C			$1.5 \cdot 10^{-4} K^{-1}$
Wärmeleitfähigkeit	*Verfahren*			W/(K · m)
Spezifische Wärmekapazität	*Verfahren*	ASTM C 351	23 °C	1.9 J/(K · g)
Glasumwandlungstemperatur	*Torsionsschwingungsversuch*		°C	
	Differentialkalorimetrie		°C	

Brandverhalten

UL-Test vertikal	Dicke	mm, Wert HB	
	Dicke	mm, Wert	

	Norm	*Bewertung*	*Abmessungen*
Sauerstoff-Index	ASTM D 2863	21 %	
Glühstab-Verfahren			
Brandverhalten	DIN 4102		
MVSS			
FAR			

Elektrische Eigenschaften

		Hz	°C		*Probekörper, Form*
Dielektrizitätszahl		50			
		10^3	23	4.3	
		10^6			
Dielektrischer Verlustfaktor tan δ		50			
		10^3	23	0.012	
		10^6			
Spezifischer Durchgangs-widerstand	Ohm · cm		23	2.0*10**12	
Durchschlagfestigkeit	kV/mm		23	51	1 mm dick
Oberflächenwiderstand	Ohm		23	8.0*10**10	

Kriechstromfestigkeit	KC	KB	KA
Elektrolytische Korrosionswirkung			
Lichtbogenfestigkeit nach DIN			
nach ASTM s			

Beständigkeit *(Chemische Beständigkeit siehe Anhang)*

Wasseraufnahme 23 C Bis zur Saettigung	0.63 %	
Feuchtigkeitsaufnahme Normalklima		0.20 %
Wetterbeständigkeit		
Spannungskorrosion		

Optische Eigenschaften

Brechungszahl n_D		
Transmissionsgrad τ_c	%	mm dick
Lichtdurchlässigkeit		

Produkt	Thermoplastisches Polyetherester-Elastomer		**PEE**
Handelsname	**Arnitel EM630**		
Hersteller	AKZO		
DIN-Bez 1			
DIN-Bez 2			
Zusätze		*Füllstoffe/ Verstärkung*	
Bevorzugte Verarbeitung	Spritzgiessen	*Lieferform*	Granulat
		Farben	Natur; Standard
Besondere Merkmale	Ausgezeichnete Tragfaehigkeit; Hohe Biegeermuedungsbestaendigkeit; Hohe Weiterreissfestigkeit; Hohe Abriebfestigkeit; Ausgezeichnete Witterungsbestaendigkeit; Ausgezeichnete Chemikalienbestaendigkeit	*Bevorzugte Anwendungen*	Technisches Formteil; Sportartikel; Kfz-Industrie

Dichte	g/cm^3	1.23	*Schmelzindex*	g/10 min	:
Schüttdichte	g/cm^3		*Volumenfließindex*	cm^3/10 min	:
Viskositätszahl	ml/g				

Verarbeitungsbedingungen für Spritzgießen

Massetemp.	°C	220–255	*Schwindung*	% lgs 1.4, quer 1.3
Werkzeugtemp.	°C	20–50	*Bemerkungen*	
Spritzdruck	bar			

Zugversuch 23 °C ISO 527;
Probekörper: *Form* — *Herstellung* Spritzgiessen
Zustand Spritzfrisch — *Vorbehandlung*

Streckspannung	N/mm^2		*Dehnung bei Streckspannung*	%	
Zugfestigkeit	N/mm^2	32	*Reißdehnung*	%	440
Reißfestigkeit	N/mm^2		*% Dehnspannung*	N/mm^2	
E-Modul	N/mm^2		*Dehnung bei % Dehnspg.*	%	

Kriechmoduln und Zeitstandwerte 23 °C
Probekörper: *Form* — *Herstellung*
Zustand — *Vorbehandlung*

Kriechmodul	*1 min* N/mm^2		*Zeitstandzugfestigkeit*	h N/mm^2
Kriechmodul	*1000 h* N/mm^2		*Zeitdehnspg. %*	h N/mm^2
bei Spannung	N/mm^2			

Biegeversuch 23 °C ISO 178;
Probekörper: *Form* — *Herstellung* Spritzgiessen
Zustand Spritzfrisch — *Vorbehandlung*

Biegefestigkeit	N/mm^2	*E-Modul*	N/mm^2	330
3,5% *Biegespannung*	N/mm^2			

Härte 23 °C *Probekörper:* *Zustand* Spritzfrisch — *Herstellung* Spritzgiessen
Vorbehandlung

Kugeldruckhärte	N/mm^2 bei N, s	*Shore-Härte* A	
Rockwellhärte		*Shore-Härte* D	63

Schlagversuch *Probekörper:* *(1)*
(2) — *Herstellung*
Zustand — *Vorbehandlung*

	°C	°C	°C	*Probekörper-Form*
Schlagzähigkeit kJ/m^2				
Kerbschlagzähigkeit (1) kJ/m^2				
IZOD-Kerbschlagzähigkeit (2) J/m				
Kerbschlagzugzähigkeit kJ/m^2				

Abrieb und Reibung

Taber-Abrieb (Reibradverfahren)	mm^3/100 U		
Abriebfaktor LNP (Thrust washer) Vergleichswert			
Statische Reibungszahl			
Dynamische Reibungszahl	(p · v =	N/mm^2 ·	m/min)
Zulässiger p · v Wert	N/mm^2 · (m/min)	v =	m/min
		v =	m/min

Thermische Eigenschaften

Formbeständigkeit in der Wärme	*Verfahren*	A		≦50 °C
	Verfahren	B		145 °C
Vicat Erweichungstemperatur (VST)	*Verfahren*			°C
	Verfahren			°C
Kristallit-Schmelzpunkt	*Verfahren*	ASTM D 2117		213 °C
Längenausdehnungskoeffizient	*Bereich*	°C		$\cdot 10^{-4} K^{-1}$
	Temperatur 23 °C			$1.0–2.0 \cdot 10^{-4} K^{-1}$
Wärmeleitfähigkeit	*Verfahren*			W/(K · m)
Spezifische Wärmekapazität	*Verfahren*	ASTM C 351	23 °C	2.4 J/(K · g)
Glasumwandlungstemperatur	*Torsionsschwingungsversuch*		°C	
	Differentialkalorimetrie		°C	

Brandverhalten

UL-Test vertikal	Dicke	mm, Wert HB
	Dicke	mm, Wert

	Norm	*Bewertung*	*Abmessungen*
Sauerstoff-Index	ASTM D 2863		
Glühstab-Verfahren			
Brandverhalten	DIN 4102		
MVSS			
FAR			

Elektrische Eigenschaften

		Hz	°C		*Probekörper, Form*
Dielektrizitätszahl		50			
		10^3	23	4.1	
		10^6			
Dielektrischer Verlustfaktor tan δ		50			
		10^3	23	0.017	
		10^6			
Spezifischer Durchgangswiderstand	Ohm · cm		23	1.2*10**13	
Durchschlagfestigkeit	kV/mm		23	50	1 mm dick
Oberflächenwiderstand	Ohm		23	2.5*10**14	

Kriechstromfestigkeit	KC	KB	KA
Elektrolytische Korrosionswirkung			
Lichtbogenfestigkeit nach DIN			
nach ASTM s			

Beständigkeit *(Chemische Beständigkeit siehe Anhang)*

Wasseraufnahme 23 C Bis zur Saettigung	0.63 %	
Feuchtigkeitsaufnahme Normalklima		0.18 %
Wetterbeständigkeit		
Spannungskorrosion		

Optische Eigenschaften

Brechungszahl n_D		
Transmissionsgrad τ_c	%	mm dick
Lichtdurchlässigkeit		

Datenbank-Nr. **T01349** Merkblatt-Nr. **4747**

Produkt	Thermoplastisches Polyetherester-Elastomer		**PEE**
Handelsname	**Arnitel EM740**		
Hersteller	AKZO		
DIN-Bez 1			
DIN-Bez 2			
Zusätze		*Füllstoffe/ Verstärkung*	
Bevorzugte Verarbeitung	Spritzgiessen	*Lieferform*	Granulat
		Farben	Natur; Standard
Besondere Merkmale	Ausgezeichnete Tragfaehigkeit; Hohe Biegeermuedungsbestaendigkeit; Hohe Weiterreissfestigkeit; Hohe Abriebfestigkeit; Witterungsbestaendigkeit; Chemikalienbestaendigkeit; Gute Verarbeitbarkeit	*Bevorzugte Anwendungen*	Technisches Formteil

Dichte	g/cm³	1.27	*Schmelzindex*	g/10 min	:
Schüttdichte	g/cm³		*Volumenfließindex*	cm³/10 min	:
Viskositätszahl	ml/g				

Verarbeitungsbedingungen für Spritzgießen

Massetemp.	°C	220–250	*Schwindung*	%	lgs	1.3, quer 1.5
Werkzeugtemp.	°C	20–50	*Bemerkungen*			
Spritzdruck	bar					

Zugversuch 23 °C ISO 527;

Probekörper: *Form* — *Herstellung* Spritzgiessen
Zustand Spritzfrisch — *Vorbehandlung*

Streckspannung	N/mm²		*Dehnung bei Streckspannung*	%	
Zugfestigkeit	N/mm²	45	*Reißdehnung*	%	360
Reißfestigkeit	N/mm²		*% Dehnspannung*	N/mm²	
E-Modul	N/mm²		*Dehnung bei % Dehnspg.*	%	

Kriechmoduln und Zeitstandwerte 23 °C

Probekörper: *Form* — *Herstellung*
Zustand — *Vorbehandlung*

Kriechmodul	*1 min*	N/mm²	*Zeitstandzugfestigkeit*	h	N/mm²
Kriechmodul	*1000 h*	N/mm²	*Zeitdehnspg. %*	h	N/mm²
bei Spannung		N/mm²			

Biegeversuch 23 °C ISO 178;

Probekörper: *Form* — *Herstellung* Spritzgiessen
Zustand Spritzfrisch — *Vorbehandlung*

Biegefestigkeit	N/mm²		*E-Modul*	N/mm² 830
3,5% *Biegespannung*	N/mm²			

Härte 23 °C *Probekörper:* *Zustand* Spritzfrisch — *Herstellung* Spritzgiessen
Vorbehandlung

Kugeldruckhärte	N/mm²	bei N, s	*Shore-Härte* A	
Rockwellhärte			*Shore-Härte* D	74

Schlagversuch *Probekörper:* *(1)*
(2) — *Herstellung*
Zustand — *Vorbehandlung*

		°C	°C	°C	*Probekörper-Form*
Schlagzähigkeit	kJ/m²				
Kerbschlagzähigkeit (1)	kJ/m²				
IZOD-Kerbschlagzähigkeit (2)	J/m				
Kerbschlagzugzähigkeit	kJ/m²				

Abrieb und Reibung

Taber-Abrieb (Reibradverfahren)	mm^3/100 U		
Abriebfaktor LNP (Thrust washer) Vergleichswert			
Statische Reibungszahl			
Dynamische Reibungszahl	(p · v =	N/mm^2 ·	m/min)
Zulässiger p · v Wert	N/mm^2 · (m/min)	v =	m/min
		v =	m/min

Thermische Eigenschaften

Formbeständigkeit in der Wärme	*Verfahren*	A		≦50 °C
	Verfahren	B		170 °C
Vicat Erweichungstemperatur (VST)	*Verfahren*			°C
	Verfahren			°C
Kristallit-Schmelzpunkt	*Verfahren*	ASTM D 2117		221 °C
Längenausdehnungskoeffizient	*Bereich*	°C		$\cdot 10^{-4} K^{-1}$
	Temperatur 23 °C			$1.4 \cdot 10^{-4} K^{-1}$
Wärmeleitfähigkeit	*Verfahren*			W/(K · m)
Spezifische Wärmekapazität	*Verfahren*	ASTM C 351	23 °C	2.4 J/(K · g)
Glasumwandlungstemperatur	*Torsionsschwingungsversuch*		°C	
	Differentialkalorimetrie		°C	

Brandverhalten

UL-Test vertikal	Dicke	mm, Wert HB
	Dicke	mm, Wert

	Norm	*Bewertung*	*Abmessungen*
Sauerstoff-Index	ASTM D 2863	22%	
Glühstab-Verfahren			
Brandverhalten	DIN 4102		
MVSS			
FAR			

Elektrische Eigenschaften

		Hz	°C		*Probekörper, Form*
Dielektrizitätszahl		50			
		10^3	23	3.4	
		10^6			
Dielektrischer Verlustfaktor tan δ		50			
		10^3	23	0.04	
		10^6			
Spezifischer Durchgangswiderstand	Ohm · cm		23	1.0*10**14	
Durchschlagfestigkeit	kV/mm		23	≧53	1 mm dick
Oberflächenwiderstand	Ohm		23	1.0*10**11	

Kriechstromfestigkeit	KC	KB	KA
Elektrolytische Korrosionswirkung			
Lichtbogenfestigkeit nach DIN			
nach ASTM s			

Beständigkeit *(Chemische Beständigkeit siehe Anhang)*

Wasseraufnahme 23 C Bis zur Saettigung	0.58 %	
Feuchtigkeitsaufnahme Normalklima		0.15 %
Wetterbeständigkeit		
Spannungskorrosion		

Optische Eigenschaften

Brechungszahl n_D		
Transmissionsgrad τ_c	%	mm dick
Lichtdurchlässigkeit		

Produkt	Thermoplastisches Polyetherester-Elastomer		**PEE**
Handelsname	**Arnitel PL380**		
Hersteller	AKZO		
DIN-Bez 1			
DIN-Bez 2			
Zusätze		*Füllstoffe/ Verstärkung*	
Bevorzugte Verarbeitung	Spritzgiessen	*Lieferform*	Granulat
		Farben	Natur; Standard
Besondere Merkmale	Niedrigviskos; Hohe Biegeermuedungsbestaendigkeit; Kaelteflexibilitaet; Gute Kaelteschlagzaehigkeit; Niedrige ASTM-Oel-Absorption	*Bevorzugte Anwendungen*	Technisches Formteil; Kfz-Innenteil; Kfz-Aussenteil; Spoiler

Dichte	g/cm³	1.12	*Schmelzindex*	g/10 min	:
Schüttdichte	g/cm³		*Volumenfließindex*	cm³/10 min	:
Viskositätszahl	ml/g				

Verarbeitungsbedingungen für Spritzgießen

Massetemp.	°C	230–240	*Schwindung*	%	lgs 1.6–2.0, quer 1.6–2.0
Werkzeugtemp.	°C	20–50	*Bemerkungen*		
Spritzdruck	bar				

Zugversuch 23 °C ISO 527;
Probekörper: *Form* — *Zustand* Spritzfrisch — *Herstellung* Spritzgiessen — *Vorbehandlung*

Streckspannung	N/mm²		*Dehnung bei Streckspannung*	%	
Zugfestigkeit	N/mm²	20	*Reißdehnung*	%	1000
Reißfestigkeit	N/mm²		*% Dehnspannung*	N/mm²	
E-Modul	N/mm²		*Dehnung bei % Dehnspg.*	%	

Kriechmoduln und Zeitstandwerte 23 °C
Probekörper: *Form* — *Zustand* — *Herstellung* — *Vorbehandlung*

Kriechmodul	*1 min*	N/mm²	*Zeitstandzugfestigkeit*	h	N/mm²
Kriechmodul	*1000 h*	N/mm²	*Zeitdehnspg. %*	h	N/mm²
bei Spannung		N/mm²			

Biegeversuch 23 °C ISO 178;
Probekörper: *Form* — *Zustand* Spritzfrisch — *Herstellung* Spritzgiessen — *Vorbehandlung*

Biegefestigkeit	N/mm²	*E-Modul*	N/mm² 60
3,5% *Biegespannung*	N/mm²		

Härte 23 °C *Probekörper:* *Zustand* Spritzfrisch — *Herstellung* Spritzgiessen — *Vorbehandlung*

Kugeldruckhärte	N/mm² bei N, s	*Shore-Härte A*	
Rockwellhärte		*Shore-Härte D*	38

Schlagversuch *Probekörper:* *(1)* *(2)* *Zustand* — *Herstellung* — *Vorbehandlung*

	°C	°C	°C	*Probekörper-Form*
Schlagzähigkeit kJ/m²				
Kerbschlagzähigkeit (1) kJ/m²				
IZOD-Kerbschlagzähigkeit (2) J/m				
Kerbschlagzugzähigkeit kJ/m²				

Abrieb und Reibung

Taber-Abrieb (Reibradverfahren)	mm^3/100 U		
Abriebfaktor LNP (Thrust washer) Vergleichswert			
Statische Reibungszahl			
Dynamische Reibungszahl	(p · v =	N/mm^2 ·	m/min)
Zulässiger p · v Wert	N/mm^2 · (m/min)	v =	m/min
		v =	m/min

Thermische Eigenschaften

Formbeständigkeit in der Wärme	*Verfahren* A		≦50 °C
	Verfahren B		≦100 °C
Vicat Erweichungstemperatur (VST)	*Verfahren* A/50		147 °C
	Verfahren		°C
Kristallit-Schmelzpunkt	*Verfahren* ASTM D 2117		215 °C
Längenausdehnungskoeffizient	*Bereich* °C		$\cdot 10^{-4}K^{-1}$
	Temperatur 23 °C		1.1–1.5 $\cdot 10^{-4}K^{-1}$
Wärmeleitfähigkeit	*Verfahren*		W/(K · m)
Spezifische Wärmekapazität	*Verfahren*		J/(K · g)
Glasumwandlungstemperatur	*Torsionsschwingungsversuch*	°C	
	Differentialkalorimetrie	°C	

Brandverhalten

UL-Test vertikal		Dicke mm, Wert HB	
		Dicke mm, Wert	
	Norm	*Bewertung*	*Abmessungen*
Sauerstoff-Index	ASTM D 2863		
Glühstab-Verfahren			
Brandverhalten	DIN 4102		
MVSS			
FAR			

Elektrische Eigenschaften

		Hz	°C		Probekörper, Form
Dielektrizitätszahl		50			
		10^3	23	4.8	
		10^6			
Dielektrischer Verlustfaktor tan δ		50			
		10^3	23	0.04	
		10^6			
Spezifischer Durchgangs-widerstand	Ohm · cm		23	1.0*10**11	
Durchschlagfestigkeit	kV/mm		23	≧55	1 mm dick
Oberflächenwiderstand	Ohm		23	1.0*10**13	

Kriechstromfestigkeit	KC	KB	KA
Elektrolytische Korrosionswirkung			
Lichtbogenfestigkeit nach DIN			
nach ASTM s			

Beständigkeit *(Chemische Beständigkeit siehe Anhang)*

Wasseraufnahme 23 C Bis zur Saettigung	7.0 %	
Feuchtigkeitsaufnahme Normalklima		0.20 %
Wetterbeständigkeit		
Spannungskorrosion		

Optische Eigenschaften

Brechungszahl n_D		
Transmissionsgrad τ_c	%	mm dick
Lichtdurchlässigkeit		

Datenbank-Nr. **T01351** Merkblatt-Nr. **4749**

Produkt	Thermoplastisches Polyetherester-Elastomer		**PEE**
Handelsname	**Arnitel PM380**		
Hersteller	AKZO		
DIN-Bez 1			
DIN-Bez 2			
Zusätze		*Füllstoffe/ Verstärkung*	
Bevorzugte Verarbeitung	Spritzgiessen; Extrudieren	*Lieferform*	Granulat
		Farben	Natur; Standard
Besondere Merkmale	Mittelviskos; Hohe Biegeermuedungsbestaendigkeit; Kaelteflexibilitaet; Hohe Kaelteschlagzaehigkeit; Niedrige ASTM-Oel-Absorption	*Bevorzugte Anwendungen*	Technisches Formteil; Innenrohr fuer Hydraulikschlauch; Kfz-Innenteil; Kfz-Aussenteil; Spoiler; Wintersportartikel; Kfz-Industrie

Dichte	g/cm^3	1.12	*Schmelzindex*	g/10 min	:
Schüttdichte	g/cm^3		*Volumenfließindex*	cm^3/10 min	:
Viskositätszahl	ml/g				

Verarbeitungsbedingungen für Spritzgießen

Massetemp.	°C	230–240	*Schwindung*	%	lgs 1.6–2.0, quer 1.6–2.0
Werkzeugtemp.	°C	20–50	*Bemerkungen*		
Spritzdruck	bar				

Zugversuch 23 °C ISO 527;

Probekörper: *Form* — *Herstellung* Spritzgiessen
Zustand Spritzfrisch — *Vorbehandlung*

Streckspannung	N/mm^2		*Dehnung bei Streckspannung*	%	
Zugfestigkeit	N/mm^2	20	*Reißdehnung*	%	1000
Reißfestigkeit	N/mm^2		*% Dehnspannung*	N/mm^2	
E-Modul	N/mm^2		*Dehnung bei % Dehnspg.*	%	

Kriechmoduln und Zeitstandwerte 23 °C

Probekörper: *Form* — *Herstellung*
Zustand — *Vorbehandlung*

Kriechmodul	*1 min*	N/mm^2	*Zeitstandzugfestigkeit*	h	N/mm^2
Kriechmodul	*1000 h*	N/mm^2	*Zeitdehnspg. %*	h	N/mm^2
bei Spannung		N/mm^2			

Biegeversuch 23 °C ISO 178;

Probekörper: *Form* — *Herstellung* Spritzgiessen
Zustand Spritzfrisch — *Vorbehandlung*

Biegefestigkeit	N/mm^2	*E-Modul*	N/mm^2	60
3,5% *Biegespannung*	N/mm^2			

Härte 23 °C *Probekörper:* *Zustand* Spritzfrisch — *Herstellung* Spritzgiessen
Vorbehandlung

Kugeldruckhärte	N/mm^2	bei N, s	*Shore-Härte A*	
Rockwellhärte			*Shore-Härte D*	38

Schlagversuch *Probekörper:* *(1)*
(2) — *Herstellung*
Zustand — *Vorbehandlung*

		°C	°C	°C	*Probekörper-Form*
Schlagzähigkeit	kJ/m^2				
Kerbschlagzähigkeit (1)	kJ/m^2				
IZOD-Kerbschlagzähigkeit (2)	J/m				
Kerbschlagzugzähigkeit	kJ/m^2				

Abrieb und Reibung

Taber-Abrieb (Reibradverfahren)	mm^3/100 U		
Abriebfaktor LNP (Thrust washer) Vergleichswert			
Statische Reibungszahl			
Dynamische Reibungszahl	(p · v =	N/mm^2 ·	m/min)
Zulässiger p · v Wert	N/mm^2 · (m/min)	v =	m/min
		v =	m/min

Thermische Eigenschaften

Formbeständigkeit in der Wärme	*Verfahren*	A	≦50 °C
	Verfahren	B	≦100 °C
Vicat Erweichungstemperatur (VST)	*Verfahren*	A/50	147 °C
	Verfahren		°C
Kristallit-Schmelzpunkt	*Verfahren*	ASTM D 2117	215 °C
Längenausdehnungskoeffizient	*Bereich*	°C	$\cdot 10^{-4} K^{-1}$
	Temperatur	23 °C	$1.1–1.5 \cdot 10^{-4} K^{-1}$
Wärmeleitfähigkeit	*Verfahren*		W/(K · m)
Spezifische Wärmekapazität	*Verfahren*		J/(K · g)
Glasumwandlungstemperatur	*Torsionsschwingungsversuch*	°C	
	Differentialkalorimetrie	°C	

Brandverhalten

UL-Test vertikal	Dicke	mm, Wert HB
	Dicke	mm, Wert

	Norm	*Bewertung*	*Abmessungen*
Sauerstoff-Index	ASTM D 2863		
Glühstab-Verfahren			
Brandverhalten	DIN 4102		
MVSS			
FAR			

Elektrische Eigenschaften

		Hz	°C		*Probekörper, Form*
Dielektrizitätszahl		50			
		10^3	23	4.8	
		10^6			
Dielektrischer Verlustfaktor tan δ		50			
		10^3	23	0.04	
		10^6			
Spezifischer Durchgangs-widerstand	Ohm · cm		23	1.0*10**11	
Durchschlagfestigkeit	kV/mm		23	≧55	1 mm dick
Oberflächenwiderstand	Ohm		23	1.0*10**13	

Kriechstromfestigkeit	KC	KB	KA
Elektrolytische Korrosionswirkung			
Lichtbogenfestigkeit nach DIN			
nach ASTM s			

Beständigkeit *(Chemische Beständigkeit siehe Anhang)*

Wasseraufnahme 23 C Bis zur Saettigung	7.0 %	
Feuchtigkeitsaufnahme Normalklima		0.20 %
Wetterbeständigkeit		
Spannungskorrosion		

Optische Eigenschaften

Brechungszahl n_D		
Transmissionsgrad τ_c	%	mm dick
Lichtdurchlässigkeit		

Produkt	Thermoplastisches Polyetherester-Elastomer		**PEE**
Handelsname	**Arnitel SL550**		
Hersteller	AKZO		
DIN-Bez 1 *DIN-Bez 2*			
Zusätze		*Füllstoffe/ Verstärkung*	
Bevorzugte Verarbeitung	Spritzgiessen; Extrudieren	*Lieferform*	Granulat
		Farben	Natur; Standard
Besondere Merkmale	Ausgezeichnete Flexibilitaet; Gute Biegeermuedungsbestaendigkeit; Ausgezeichnete Weiterreissfestigkeit; Extreme Witterungsbestaendigkeit; Hohe Hitzebestaendigkeit; Hohe Abriebfestigkeit	*Bevorzugte Anwendungen*	Technisches Formteil; Teil im Motorraum; Stahlkabelbeschichtung; Kfz-Industrie; Elektrotechnik

---

Dichte	g/cm³	1.25	*Schmelzindex*	g/10 min	:
Schüttdichte	g/cm³		*Volumenfließindex*	cm³/10 min	:
Viskositätszahl	ml/g				

Verarbeitungsbedingungen für Spritzgießen

Massetemp.	°C	250–270	*Schwindung*	% lgs , quer
Werkzeugtemp.	°C	20–50	*Bemerkungen*	
Spritzdruck	bar			

Zugversuch 23 °C ISO 527;

Probekörper: *Form* | *Herstellung* Spritzgiessen
Zustand Spritzfrisch | *Vorbehandlung*

Streckspannung	N/mm²		*Dehnung bei Streckspannung*	%	
Zugfestigkeit	N/mm²	37	*Reißdehnung*	%	500
Reißfestigkeit	N/mm²		*% Dehnspannung*	N/mm²	
E-Modul	N/mm²		*Dehnung bei % Dehnspg.*	%	

Kriechmoduln und Zeitstandwerte 23 °C

Probekörper: *Form* | *Herstellung*
Zustand | *Vorbehandlung*

Kriechmodul	*1 min*	N/mm²	*Zeitstandzugfestigkeit*	h	N/mm²
Kriechmodul	*1000 h*	N/mm²	*Zeitdehnspg. %*	h	N/mm²
bei Spannung		N/mm²			

Biegeversuch 23 °C ISO 178;

Probekörper: *Form* | *Herstellung* Spritzgiessen
Zustand Spritzfrisch | *Vorbehandlung*

Biegefestigkeit	N/mm²	*E-Modul*	N/mm²	180
3,5% *Biegespannung*	N/mm²			

Härte 23 °C *Probekörper:* *Zustand* Spritzfrisch | *Herstellung* Spritzgiessen
Vorbehandlung

Kugeldruckhärte	N/mm²	bei N, s	*Shore-Härte* A	
Rockwellhärte			*Shore-Härte* D	55

Schlagversuch *Probekörper:* *(1)*
(2) | *Herstellung*
Zustand | *Vorbehandlung*

	°C	°C	°C	*Probekörper-Form*
Schlagzähigkeit kJ/m²				
Kerbschlagzähigkeit (1) kJ/m²				
IZOD-Kerbschlagzähigkeit (2) J/m				
Kerbschlagzugzähigkeit kJ/m²				

Abrieb und Reibung

Taber-Abrieb (Reibradverfahren)	mm^3/100 U		
Abriebfaktor LNP (Thrust washer) Vergleichswert			
Statische Reibungszahl			
Dynamische Reibungszahl	(p · v= N/mm^2 ·		m/min)
Zulässiger p · v Wert	N/mm^2 · (m/min)	v=	m/min
		v=	m/min

Thermische Eigenschaften

Formbeständigkeit in der Wärme	*Verfahren*	A		≦50 °C
	Verfahren	B		≦100 °C
Vicat Erweichungstemperatur (VST)	*Verfahren*			°C
	Verfahren			°C
Kristallit-Schmelzpunkt	*Verfahren*	ASTM D 2117		200 °C
Längenausdehnungskoeffizient	*Bereich*	°C		$\cdot 10^{-4}K^{-1}$
	Temperatur	23 °C		$1.6\text{–}1.9 \cdot 10^{-4}K^{-1}$
Wärmeleitfähigkeit	*Verfahren*	DIN 52612	23K	0.18 W/(K · m)
Spezifische Wärmekapazität	*Verfahren*	ASTM C 351	23 °C	0.48 J/(K · g)
Glasumwandlungstemperatur	*Torsionsschwingungsversuch*		°C	
	Differentialkalorimetrie		°C	

Brandverhalten

UL-Test vertikal	Dicke	mm, Wert HB
	Dicke	mm, Wert

	Norm	*Bewertung*	*Abmessungen*
Sauerstoff-Index	ASTM D 2863		
Glühstab-Verfahren			
Brandverhalten	DIN 4102		
MVSS			
FAR			

Elektrische Eigenschaften

		Hz	°C		*Probekörper, Form*
Dielektrizitätszahl		50			
		10^3	23	4.6	
		10^6			
Dielektrischer Verlustfaktor tan δ		50			
		10^3	23	0.022	
		10^6			
Spezifischer Durchgangs-widerstand	Ohm · cm		23	1.0*10**15	
Durchschlagfestigkeit	kV/mm		23	54	1 mm dick
Oberflächenwiderstand	Ohm		23	1.0*10**14	

Kriechstromfestigkeit	KC	KB	KA
Elektrolytische Korrosionswirkung			
Lichtbogenfestigkeit nach DIN			
nach ASTM s			

Beständigkeit *(Chemische Beständigkeit siehe Anhang)*

Wasseraufnahme 23 C Bis zur Saettigung	0.75 %	
Feuchtigkeitsaufnahme Normalklima		0.25 %
Wetterbeständigkeit		
Spannungskorrosion		

Optische Eigenschaften

Brechungszahl n_D		
Transmissionsgrad τ_c	%	mm dick
Lichtdurchlässigkeit		

Datenbank-Nr. **T01353** Merkblatt-Nr. **4751**

Produkt	Acrylnitril-Butadien-Styrol-Polymerisat		**ABS**
Handelsname	**Sinkral A02**		
Hersteller	ENICHEM		
DIN-Bez 1			
DIN-Bez 2			
Zusätze		*Füllstoffe/ Verstärkung*	
Bevorzugte Verarbeitung	Spritzgiessen	*Lieferform*	Granulat
		Farben	Natur; Standard
Besondere Merkmale	Standardtyp; Mittelschlagzaeh	*Bevorzugte Anwendungen*	Technisches Formteil; Gehaeuse; Haushaltsgeraet; Zahnbuerste; Moebelindustrie

Dichte	g/cm^3	1.06	*Schmelzindex*	g/10 min	10:	220/10
Schüttdichte	g/cm^3		*Volumenfließindex*	cm^3/10 min	:	
Viskositätszahl	ml/g					

Verarbeitungsbedingungen für Spritzgießen

Massetemp.	°C	*Schwindung*	%	lgs 0.4–0.6, quer 0.4–0.6
Werkzeugtemp.	°C	*Bemerkungen*		
Spritzdruck	bar			

Zugversuch 23 °C ASTM D 638;

Probekörper: *Form* / *Zustand* — *Herstellung* Spritzgiessen / *Vorbehandlung* Normalklima

Streckspannung	N/mm^2		*Dehnung bei Streckspannung*	%	
Zugfestigkeit	N/mm^2	52	*Reißdehnung*	%	
Reißfestigkeit	N/mm^2		*% Dehnspannung*	N/mm^2	
E-Modul	N/mm^2		*Dehnung bei % Dehnspg.*	%	

Kriechmoduln und Zeitstandwerte 23 °C

Probekörper: *Form* / *Zustand* — *Herstellung* / *Vorbehandlung*

Kriechmodul	*1 min*	N/mm^2	*Zeitstandzugfestigkeit*	h	N/mm^2
Kriechmodul	*1000 h*	N/mm^2	*Zeitdehnspg. %*	h	N/mm^2
bei Spannung		N/mm^2			

Biegeversuch 23 °C ASTM D 790;

Probekörper: *Form* / *Zustand* — *Herstellung* Spritzgiessen / *Vorbehandlung* Normalklima

Biegefestigkeit	N/mm^2	80	*E-Modul*	N/mm^2	2800
3,5% *Biegespannung*	N/mm^2				

Härte 23 °C *Probekörper:* *Zustand* — *Herstellung* Spritzgiessen / *Vorbehandlung* Normalklima

Kugeldruckhärte	N/mm^2	bei N, s	*Shore-Härte* A	
Rockwellhärte	R 117		*Shore-Härte* D	

Schlagversuch *Probekörper:* *(1)* / *(2)* V-Kerbe / *Zustand* — *Herstellung* Spritzgiessen / *Vorbehandlung* Normalklima

		°C	°C	°C	*Probekörper-Form*
Schlagzähigkeit	kJ/m^2				
Kerbschlagzähigkeit (1)	kJ/m^2				
IZOD-Kerbschlagzähigkeit (2)	J/m	23 100	0 60	-40 40	6.4 mm dick
Kerbschlagzugzähigkeit	kJ/m^2				

Abrieb und Reibung

Taber-Abrieb (Reibradverfahren)	mm^3/100 U		
Abriebfaktor LNP (Thrust washer) Vergleichswert			
Statische Reibungszahl			
Dynamische Reibungszahl	(p · v= N/mm^2 ·		m/min)
Zulässiger p · v Wert	N/mm^2 · (m/min)	v=	m/min
		v=	m/min

Thermische Eigenschaften

Formbeständigkeit in der Wärme	*Verfahren* A			102 °C
	Verfahren A			90 °C
Vicat Erweichungstemperatur (VST)	*Verfahren* B/120			102 °C
	Verfahren			°C
Kristallit-Schmelzpunkt	*Verfahren*			
Längenausdehnungskoeffizient	*Bereich*	°C		$\cdot 10^{-4}K^{-1}$
	Temperatur 23 °C			$0.9 \cdot 10^{-4}K^{-1}$
Wärmeleitfähigkeit	*Verfahren*		23 °C	0.17 W/(K · m)
Spezifische Wärmekapazität	*Verfahren*			J/(K · g)
Glasumwandlungstemperatur	*Torsionsschwingungsversuch*		°C	
	Differentialkalorimetrie		°C	

Brandverhalten

UL-Test vertikal — Dicke 3.2 mm, Wert HB; Dicke 1.6 mm, Wert HB

	Norm	*Bewertung*	*Abmessungen*
Sauerstoff-Index	ASTM D 2863		
Glühstab-Verfahren			
Brandverhalten	DIN 4102		
MVSS			
FAR			

Elektrische Eigenschaften

		Hz	°C		*Probekörper, Form*
Dielektrizitätszahl		50			
		10^3	23	3.1	
		10^6			
Dielektrischer Verlustfaktor tan δ		50			
		10^3	23	0.015	
		10^6			
Spezifischer Durchgangswiderstand	Ohm · cm		23	1.0*10**15	
Durchschlagfestigkeit	kV/mm		23	30	mm dick
Oberflächenwiderstand	Ohm		23	1.0*10**14	

Kriechstromfestigkeit	KC	KB	KA
Elektrolytische Korrosionswirkung			
Lichtbogenfestigkeit nach DIN			
nach ASTM s			

Beständigkeit *(Chemische Beständigkeit siehe Anhang)*

Wasseraufnahme 23 C	1 d	0.3 %
Feuchtigkeitsaufnahme Normalklima		%
Wetterbeständigkeit		
Spannungskorrosion		

Optische Eigenschaften

Brechungszahl n_D		
Transmissionsgrad τ_c	%	mm dick
Lichtdurchlässigkeit		

Produkt	Acrylnitril-Butadien-Styrol-Polymerisat		**ABS**
Handelsname	**Sinkral A112**		
Hersteller	ENICHEM		
DIN-Bez 1			
DIN-Bez 2			
Zusätze		*Füllstoffe/ Verstärkung*	
Bevorzugte Verarbeitung	Spritzgiessen	*Lieferform*	Granulat
		Farben	Natur; Standard
Besondere Merkmale	Standardtyp; Niedrigviskos; Mittelschlagzaeh	*Bevorzugte Anwendungen*	Technisches Formteil; Gehaeuse; Haushaltsgeraet; Zahnbuerste; Moebelindustrie

Dichte	g/cm³	1.05	*Schmelzindex*	g/10 min	38:	220/10
Schüttdichte	g/cm³		*Volumenfließindex*	cm³/10 min	:	
Viskositätszahl	ml/g					

Verarbeitungsbedingungen für Spritzgießen

Massetemp.	°C	*Schwindung*	%	lgs 0.4–0.6, quer 0.4–0.6
Werkzeugtemp.	°C	*Bemerkungen*		
Spritzdruck	bar			

Zugversuch 23 °C ASTM D 638;
Probekörper: *Form* / *Zustand* — *Herstellung* Spritzgiessen; *Vorbehandlung* Normalklima

Streckspannung	N/mm²		*Dehnung bei Streckspannung*	%
Zugfestigkeit	N/mm²	48	*Reißdehnung*	%
Reißfestigkeit	N/mm²		*% Dehnspannung*	N/mm²
E-Modul	N/mm²		*Dehnung bei % Dehnspg.*	%

Kriechmoduln und Zeitstandwerte 23 °C
Probekörper: *Form* / *Zustand* — *Herstellung*; *Vorbehandlung*

Kriechmodul	*1 min*	N/mm²	*Zeitstandzugfestigkeit*	h	N/mm²
Kriechmodul	*1000 h*	N/mm²	*Zeitdehnspg. %*	h	N/mm²
bei Spannung		N/mm²			

Biegeversuch 23 °C ASTM D 790;
Probekörper: *Form* / *Zustand* — *Herstellung* Spritzgiessen; *Vorbehandlung* Normalklima

Biegefestigkeit	N/mm²	70	*E-Modul*	N/mm²	2600
3,5% *Biegespannung*	N/mm²				

Härte 23 °C *Probekörper:* *Zustand* — *Herstellung* Spritzgiessen; *Vorbehandlung* Normalklima

Kugeldruckhärte	N/mm²	bei N, s	*Shore-Härte* A
Rockwellhärte	R 116		*Shore-Härte* D

Schlagversuch *Probekörper:* *(1)* / *(2)* V-Kerbe / *Zustand* — *Herstellung* Spritzgiessen; *Vorbehandlung* Normalklima

		°C		°C		°C		*Probekörper-Form*
Schlagzähigkeit	kJ/m²							
Kerbschlagzähigkeit (1)	kJ/m²							
IZOD-Kerbschlagzähigkeit (2)	J/m	23	100	0	60	-40	40	6.4 mm dick
Kerbschlagzugzähigkeit	kJ/m²							

Abrieb und Reibung

Taber-Abrieb (Reibradverfahren)	mm^3/100 U		
Abriebfaktor LNP (Thrust washer) Vergleichswert			
Statische Reibungszahl			
Dynamische Reibungszahl	(p · v = N/mm^2 ·		m/min)
Zulässiger p · v Wert	N/mm^2 · (m/min)	v =	m/min
		v =	m/min

Thermische Eigenschaften

Formbeständigkeit in der Wärme	*Verfahren* A			101 °C
	Verfahren A			85 °C
Vicat Erweichungstemperatur (VST)	*Verfahren* B/120			98 °C
	Verfahren			°C
Kristallit-Schmelzpunkt	*Verfahren*			
Längenausdehnungskoeffizient	*Bereich*	°C		$\cdot 10^{-4} K^{-1}$
	Temperatur 23 °C			$0.9 \cdot 10^{-4} K^{-1}$
Wärmeleitfähigkeit	*Verfahren*		23 °C	0.17 W/(K · m)
Spezifische Wärmekapazität	*Verfahren*			J/(K · g)
Glasumwandlungstemperatur	*Torsionsschwingungsversuch*		°C	
	Differentialkalorimetrie		°C	

Brandverhalten

UL-Test vertikal	Dicke 3.2 mm, Wert HB
	Dicke 1.6 mm, Wert HB

	Norm	*Bewertung*	*Abmessungen*
Sauerstoff-Index	ASTM D 2863		
Glühstab-Verfahren			
Brandverhalten	DIN 4102		
MVSS			
FAR			

Elektrische Eigenschaften

		Hz	°C		*Probekörper, Form*
Dielektrizitätszahl		50			
		10^3	23	3.1	
		10^6			
Dielektrischer Verlustfaktor tan δ		50			
		10^3	23	0.015	
		10^6			
Spezifischer Durchgangswiderstand	Ohm · cm		23	1.0*10**15	
Durchschlagfestigkeit	kV/mm		23	30	mm dick
Oberflächenwiderstand	Ohm		23	1.0*10**14	

Kriechstromfestigkeit	KC	KB	KA
Elektrolytische Korrosionswirkung			
Lichtbogenfestigkeit nach DIN			
nach ASTM s			

Beständigkeit *(Chemische Beständigkeit siehe Anhang)*

Wasseraufnahme 23 C	1 d	0.3 %	
Feuchtigkeitsaufnahme Normalklima			%
Wetterbeständigkeit			
Spannungskorrosion			

Optische Eigenschaften

Brechungszahl n_D		
Transmissionsgrad τ_c	%	mm dick
Lichtdurchlässigkeit		

Produkt	Acrylnitril-Butadien-Styrol-Polymerisat		**ABS**
Handelsname	**Sinkral A12**		
Hersteller	ENICHEM		
DIN-Bez 1			
DIN-Bez 2			
Zusätze		*Füllstoffe/ Verstärkung*	
Bevorzugte Verarbeitung	Spritzgiessen	*Lieferform*	Granulat
		Farben	Natur; Standard
Besondere Merkmale	Standardtyp; Mittelschlagzaeh	*Bevorzugte Anwendungen*	Technisches Formteil; Gehaeuse; Haushaltsgeraet; Zahnbuerste; Moebelindustrie

Dichte	g/cm^3	1.05	*Schmelzindex*	g/10 min	26:	220/10
Schüttdichte	g/cm^3		*Volumenfließindex*	$cm^3/10$ min	:	
Viskositätszahl	ml/g					

Verarbeitungsbedingungen für Spritzgießen

Massetemp.	°C	*Schwindung*	%	lgs 0.4–0.6, quer 0.4–0.6
Werkzeugtemp.	°C	*Bemerkungen*		
Spritzdruck	bar			

Zugversuch 23 °C ASTM D 638;
Probekörper: *Form* / *Zustand* — *Herstellung* Spritzgiessen, *Vorbehandlung* Normalklima

Streckspannung	N/mm^2		*Dehnung bei Streckspannung*	%	
Zugfestigkeit	N/mm^2	47	*Reißdehnung*	%	
Reißfestigkeit	N/mm^2		*% Dehnspannung*	N/mm^2	
E-Modul	N/mm^2		*Dehnung bei % Dehnspg.*	%	

Kriechmoduln und Zeitstandwerte 23 °C
Probekörper: *Form* / *Zustand* — *Herstellung*, *Vorbehandlung*

Kriechmodul	*1 min* N/mm^2	*Zeitstandzugfestigkeit*	h	N/mm^2
Kriechmodul	*1000 h* N/mm^2	*Zeitdehnspg. %*	h	N/mm^2
bei Spannung	N/mm^2			

Biegeversuch 23 °C ASTM D 790;
Probekörper: *Form* / *Zustand* — *Herstellung* Spritzgiessen, *Vorbehandlung* Normalklima

Biegefestigkeit	N/mm^2	70	*E-Modul*	N/mm^2	2600
3,5% *Biegespannung*	N/mm^2				

Härte 23 °C *Probekörper:* *Zustand* — *Herstellung* Spritzgiessen, *Vorbehandlung* Normalklima

Kugeldruckhärte	N/mm^2 bei N, s	*Shore-Härte* A	
Rockwellhärte	R 115	*Shore-Härte* D	

Schlagversuch *Probekörper:* *(1)* / *(2)* V-Kerbe / *Zustand* — *Herstellung* Spritzgiessen, *Vorbehandlung* Normalklima

		°C	°C	°C	*Probekörper-Form*
Schlagzähigkeit	kJ/m^2				
Kerbschlagzähigkeit (1)	kJ/m^2				
IZOD-Kerbschlagzähigkeit (2)	J/m	23 110	0 70	-40 40	6.4 mm dick
Kerbschlagzugzähigkeit	kJ/m^2				

Abrieb und Reibung

Taber-Abrieb (Reibradverfahren)	mm^3/100 U			
Abriebfaktor LNP (Thrust washer) Vergleichswert				
Statische Reibungszahl				
Dynamische Reibungszahl	(p · v =	N/mm^2 ·		m/min)
Zulässiger p · v Wert	N/mm^2 · (m/min)		v =	m/min
			v =	m/min

Thermische Eigenschaften

Formbeständigkeit in der Wärme	*Verfahren*	A		101 °C
	Verfahren	A		86 °C
Vicat Erweichungstemperatur (VST)	*Verfahren*	B/120		99 °C
	Verfahren			°C
Kristallit-Schmelzpunkt	*Verfahren*			
Längenausdehnungskoeffizient	*Bereich*	°C		$\cdot 10^{-4} K^{-1}$
	Temperatur 23 °C			$0.9 \cdot 10^{-4} K^{-1}$
Wärmeleitfähigkeit	*Verfahren*		23 °C	0.17 W/(K · m)
Spezifische Wärmekapazität	*Verfahren*			J/(K · g)
Glasumwandlungstemperatur	*Torsionsschwingungsversuch*		°C	
	Differentialkalorimetrie		°C	

Brandverhalten

UL-Test vertikal	Dicke 3.2 mm, Wert HB
	Dicke 1.6 mm, Wert HB

	Norm	*Bewertung*	*Abmessungen*
Sauerstoff-Index	ASTM D 2863		
Glühstab-Verfahren			
Brandverhalten	DIN 4102		
MVSS			
FAR			

Elektrische Eigenschaften

		Hz	°C			*Probekörper, Form*
Dielektrizitätszahl		50				
		10^3	23	3.1		
		10^6				
Dielektrischer Verlustfaktor tan δ		50				
		10^3	23	0.015		
		10^6				
Spezifischer Durchgangs-widerstand	Ohm · cm		23	1.0*10**15		
Durchschlagfestigkeit	kV/mm		23	30		mm dick
Oberflächenwiderstand	Ohm		23	1.0*10**14		
Kriechstromfestigkeit		KC		KB	KA	
Elektrolytische Korrosionswirkung						
Lichtbogenfestigkeit nach DIN						
nach ASTM	s					

Beständigkeit *(Chemische Beständigkeit siehe Anhang)*

Wasseraufnahme 23 C	1 d	0.3 %	
Feuchtigkeitsaufnahme Normalklima			%
Wetterbeständigkeit			
Spannungskorrosion			

Optische Eigenschaften

Brechungszahl n_D		
Transmissionsgrad τ_c	%	mm dick
Lichtdurchlässigkeit		

Produkt	Acrylnitril-Butadien-Styrol-Polymerisat		**ABS**
Handelsname	**Sinkral MI22**		
Hersteller	ENICHEM		
DIN-Bez 1			
DIN-Bez 2			
Zusätze		*Füllstoffe/ Verstärkung*	
Bevorzugte Verarbeitung	Spritzgiessen	*Lieferform*	Granulat
		Farben	Natur; Standard
Besondere Merkmale	Standardtyp; Mittelschlagzaeh	*Bevorzugte Anwendungen*	Technisches Formteil; Gehaeuse; Haushaltsgeraet; Zahnbuerste; Moebelindustrie

Dichte	g/cm^3	1.04	*Schmelzindex*	g/10 min	18:	220/10
Schüttdichte	g/cm^3		*Volumenfließindex*	cm^3/10 min	:	
Viskositätszahl	ml/g					

Verarbeitungsbedingungen für Spritzgießen

Massetemp.	°C	*Schwindung*	%	lgs 0.4–0.6, quer 0.4–0.6
Werkzeugtemp.	°C	*Bemerkungen*		
Spritzdruck	bar			

Zugversuch 23 °C ASTM D 638;
Probekörper: *Form* / *Zustand* — *Herstellung* Spritzgiessen; *Vorbehandlung* Normalklima

Streckspannung	N/mm^2		*Dehnung bei Streckspannung*	%	
Zugfestigkeit	N/mm^2	42	*Reißdehnung*	%	
Reißfestigkeit	N/mm^2		*% Dehnspannung*	N/mm^2	
E-Modul	N/mm^2		*Dehnung bei % Dehnspg.*	%	

Kriechmoduln und Zeitstandwerte 23 °C
Probekörper: *Form* / *Zustand* — *Herstellung* / *Vorbehandlung*

Kriechmodul	*1 min*	N/mm^2	*Zeitstandzugfestigkeit*	h	N/mm^2
Kriechmodul	*1000 h*	N/mm^2	*Zeitdehnspg. %*	h	N/mm^2
bei Spannung		N/mm^2			

Biegeversuch 23 °C ASTM D 790;
Probekörper: *Form* / *Zustand* — *Herstellung* Spritzgiessen; *Vorbehandlung* Normalklima

Biegefestigkeit	N/mm^2	65	*E-Modul*	N/mm^2	2300
3,5% *Biegespannung*	N/mm^2				

Härte 23 °C *Probekörper:* *Zustand* — *Herstellung* Spritzgiessen; *Vorbehandlung* Normalklima

Kugeldruckhärte	N/mm^2	bei N, s	*Shore-Härte* A	
Rockwellhärte	R 110		*Shore-Härte* D	

Schlagversuch *Probekörper:* *(1)* / *(2)* V-Kerbe / *Zustand* — *Herstellung* Spritzgiessen; *Vorbehandlung* Normalklima

		°C		°C		°C		*Probekörper-Form*
Schlagzähigkeit	kJ/m^2							
Kerbschlagzähigkeit (1)	kJ/m^2							
IZOD-Kerbschlagzähigkeit (2)	J/m	23	200	0	140	-40	70	6.4 mm dick
Kerbschlagzugzähigkeit	kJ/m^2							

Abrieb und Reibung

Taber-Abrieb (Reibradverfahren)	mm^3/100 U		
Abriebfaktor LNP (Thrust washer) Vergleichswert			
Statische Reibungszahl			
Dynamische Reibungszahl	(p · v =	N/mm^2 ·	m/min)
Zulässiger p · v Wert	N/mm^2 · (m/min)	v =	m/min
		v =	m/min

Thermische Eigenschaften

Formbeständigkeit in der Wärme	*Verfahren* A			101 °C
	Verfahren A			86 °C
Vicat Erweichungstemperatur (VST)	*Verfahren* B/120			98 °C
	Verfahren			°C
Kristallit-Schmelzpunkt	*Verfahren*			
Längenausdehnungskoeffizient	*Bereich*	°C		$\cdot 10^{-4} K^{-1}$
	Temperatur 23 °C			$0.9 \cdot 10^{-4} K^{-1}$
Wärmeleitfähigkeit	*Verfahren*		23 °C	0.17 W/(K · m)
Spezifische Wärmekapazität	*Verfahren*			J/(K · g)
Glasumwandlungstemperatur	*Torsionsschwingungsversuch*		°C	
	Differentialkalorimetrie		°C	

Brandverhalten

UL-Test vertikal — Dicke 3.2 mm, Wert HB; Dicke 1.6 mm, Wert HB

	Norm	*Bewertung*	*Abmessungen*
Sauerstoff-Index	ASTM D 2863		
Glühstab-Verfahren			
Brandverhalten	DIN 4102		
MVSS			
FAR			

Elektrische Eigenschaften

		Hz	°C			*Probekörper, Form*
Dielektrizitätszahl		50				
		10^3	23	3.1		
		10^6				
Dielektrischer Verlustfaktor tan δ		50				
		10^3	23	0.015		
		10^6				
Spezifischer Durchgangs-widerstand	Ohm · cm		23	1.0*10**15		
Durchschlagfestigkeit	kV/mm		23	30		mm dick
Oberflächenwiderstand	Ohm		23	1.0*10**14		
Kriechstromfestigkeit		KC		KB	KA	
Elektrolytische Korrosionswirkung						
Lichtbogenfestigkeit nach DIN						
nach ASTM	s					

Beständigkeit *(Chemische Beständigkeit siehe Anhang)*

Wasseraufnahme 23 C	1 d	0.3 %	
Feuchtigkeitsaufnahme Normalklima			%
Wetterbeständigkeit			
Spannungskorrosion			

Optische Eigenschaften

Brechungszahl n_D		
Transmissionsgrad τ_c	%	mm dick
Lichtdurchlässigkeit		

Produkt	Acrylnitril-Butadien-Styrol-Polymerisat		**ABS**
Handelsname	**Sinkral PDM12**		
Hersteller	ENICHEM		
DIN-Bez 1			
DIN-Bez 2			
Zusätze		*Füllstoffe/ Verstärkung*	
Bevorzugte Verarbeitung	Spritzgiessen	*Lieferform*	Granulat
		Farben	Natur; Standard
Besondere Merkmale	Mittelviskos; FDA-Type	*Bevorzugte Anwendungen*	Technisches Formteil; Lebensmittelsektor; Haushaltsgeraet; Spielzeug

Dichte	g/cm^3	1.04	*Schmelzindex*	g/10 min	24:	220/10
Schüttdichte	g/cm^3		*Volumenfließindex*	cm^3/10 min	:	
Viskositätszahl	ml/g					

Verarbeitungsbedingungen für Spritzgießen

Massetemp.	°C	*Schwindung*	%	lgs 0.4–0.6, quer 0.4–0.6
Werkzeugtemp.	°C	*Bemerkungen*		
Spritzdruck	bar			

Zugversuch 23 °C ASTM D 638;
Probekörper: *Form* — *Herstellung* Spritzgiessen
Zustand — *Vorbehandlung* Normalklima

Streckspannung	N/mm^2		*Dehnung bei Streckspannung*	%
Zugfestigkeit	N/mm^2	41	*Reißdehnung*	%
Reißfestigkeit	N/mm^2		*% Dehnspannung*	N/mm^2
E-Modul	N/mm^2		*Dehnung bei % Dehnspg.*	%

Kriechmoduln und Zeitstandwerte 23 °C
Probekörper: *Form* — *Herstellung*
Zustand — *Vorbehandlung*

Kriechmodul	*1 min* N/mm^2	*Zeitstandzugfestigkeit*	h	N/mm^2
Kriechmodul	*1000 h* N/mm^2	*Zeitdehnspg. %*	h	N/mm^2
bei Spannung	N/mm^2			

Biegeversuch 23 °C ASTM D 790;
Probekörper: *Form* — *Herstellung* Spritzgiessen
Zustand — *Vorbehandlung* Normalklima

Biegefestigkeit	N/mm^2	65	*E-Modul*	N/mm^2	2100
3,5% *Biegespannung*	N/mm^2				

Härte 23 °C *Probekörper:* *Zustand* — *Herstellung* Spritzgiessen
Vorbehandlung Normalklima

Kugeldruckhärte	N/mm^2	bei N, s	*Shore-Härte*	A
Rockwellhärte	R 106		*Shore-Härte*	D

Schlagversuch *Probekörper:* *(1)*
(2) V-Kerbe — *Herstellung* Spritzgiessen
Zustand — *Vorbehandlung* Normalklima

		°C		°C		°C		*Probekörper-Form*
Schlagzähigkeit	kJ/m^2							
Kerbschlagzähigkeit (1)	kJ/m^2							
IZOD-Kerbschlagzähigkeit (2)	J/m	23	180	0	120	-40	60	6.4 mm dick
Kerbschlagzugzähigkeit	kJ/m^2							

Datenbank-Nr. **T01357** Merkblatt-Nr. **4755**

Abrieb und Reibung

Taber-Abrieb (Reibradverfahren)	mm^3/100 U		
Abriebfaktor LNP (Thrust washer) Vergleichswert			
Statische Reibungszahl			
Dynamische Reibungszahl	(p · v=	N/mm^2 ·	m/min)
Zulässiger p · v Wert	N/mm^2 · (m/min)	v=	m/min
		v=	m/min

Thermische Eigenschaften

Formbeständigkeit in der Wärme	*Verfahren* A			100 °C
	Verfahren A			84 °C
Vicat Erweichungstemperatur (VST)	*Verfahren* B/120			95 °C
	Verfahren			°C
Kristallit-Schmelzpunkt	*Verfahren*			
Längenausdehnungskoeffizient	*Bereich*	°C		$\cdot 10^{-4} K^{-1}$
	Temperatur 23 °C			$0.9 \cdot 10^{-4} K^{-1}$
Wärmeleitfähigkeit	*Verfahren*		23 °C	0.17 W/(K · m)
Spezifische Wärmekapazität	*Verfahren*			J/(K · g)
Glasumwandlungstemperatur	*Torsionsschwingungsversuch*		°C	
	Differentialkalorimetrie		°C	

Brandverhalten

UL-Test vertikal	Dicke 3.2 mm, Wert HB
	Dicke 1.6 mm, Wert HB

	Norm	*Bewertung*	*Abmessungen*
Sauerstoff-Index	ASTM D 2863		
Glühstab-Verfahren			
Brandverhalten	DIN 4102		
MVSS			
FAR			

Elektrische Eigenschaften

		Hz	°C			*Probekörper, Form*
Dielektrizitätszahl		50				
		10^3	23	3.1		
		10^6				
Dielektrischer Verlustfaktor tan δ		50				
		10^3	23	0.015		
		10^6				
Spezifischer Durchgangs-widerstand	Ohm · cm		23	1.0*10**15		
Durchschlagfestigkeit	kV/mm		23	30		mm dick
Oberflächenwiderstand	Ohm		23	1.0*10**14		
Kriechstromfestigkeit		KC		KB	KA	
Elektrolytische Korrosionswirkung						
Lichtbogenfestigkeit nach DIN						
nach ASTM	s					

Beständigkeit *(Chemische Beständigkeit siehe Anhang)*

Wasseraufnahme 23 C	1 d	0.3 %	
Feuchtigkeitsaufnahme Normalklima			%
Wetterbeständigkeit			
Spannungskorrosion			

Optische Eigenschaften

Brechungszahl n_D		
Transmissionsgrad τ_c	%	mm dick
Lichtdurchlässigkeit		

Datenbank-Nr. **T01358** Merkblatt-Nr. **4756**

Produkt	Acrylnitril-Butadien-Styrol-Polymerisat		**ABS**
Handelsname	**Sinkral M22**		
Hersteller	ENICHEM		
DIN-Bez 1			
DIN-Bez 2			
Zusätze		*Füllstoffe/ Verstärkung*	
Bevorzugte Verarbeitung	Spritzgiessen	*Lieferform*	Granulat
		Farben	Natur; Standard
Besondere Merkmale	Mittelviskos; FDA-Type	*Bevorzugte Anwendungen*	Technisches Formteil; Lebensmittelsektor; Haushaltsgeraet; Spielzeug

Dichte	g/cm^3	1.04	*Schmelzindex*	g/10 min	18:	220/10
Schüttdichte	g/cm^3		*Volumenfließindex*	cm^3/10 min	:	
Viskositätszahl	ml/g					

Verarbeitungsbedingungen für Spritzgießen

Massetemp.	°C	*Schwindung*	%	lgs 0.4–0.6, quer 0.4–0.6
Werkzeugtemp.	°C	*Bemerkungen*		
Spritzdruck	bar			

Zugversuch 23 °C ASTM D 638;

Probekörper: *Form* — *Herstellung* Spritzgiessen
Zustand — *Vorbehandlung* Normalklima

Streckspannung	N/mm^2		*Dehnung bei Streckspannung*	%
Zugfestigkeit	N/mm^2	42	*Reißdehnung*	%
Reißfestigkeit	N/mm^2		% *Dehnspannung*	N/mm^2
E-Modul	N/mm^2		*Dehnung bei* % *Dehnspg.*	%

Kriechmoduln und Zeitstandwerte 23 °C

Probekörper: *Form* — *Herstellung*
Zustand — *Vorbehandlung*

Kriechmodul	*1 min*	N/mm^2	*Zeitstandzugfestigkeit*	h	N/mm^2
Kriechmodul	*1000 h*	N/mm^2	*Zeitdehnspg.* %	h	N/mm^2
bei Spannung		N/mm^2			

Biegeversuch 23 °C ASTM D 790;

Probekörper: *Form* — *Herstellung* Spritzgiessen
Zustand — *Vorbehandlung* Normalklima

Biegefestigkeit	N/mm^2	65	*E-Modul*	N/mm^2	2300
3,5% *Biegespannung*	N/mm^2				

Härte 23 °C *Probekörper:* *Zustand* — *Herstellung* Spritzgiessen
Vorbehandlung Normalklima

Kugeldruckhärte	N/mm^2	bei N, s	*Shore-Härte* A
Rockwellhärte	R 108		*Shore-Härte* D

Schlagversuch *Probekörper:* *(1)*
(2) V-Kerbe — *Herstellung* Spritzgiessen
Zustand — *Vorbehandlung* Normalklima

		°C		°C		°C		*Probekörper-Form*
Schlagzähigkeit	kJ/m^2							
Kerbschlagzähigkeit (1)	kJ/m^2							
IZOD-Kerbschlagzähigkeit (2)	J/m	23	210	0	140	-40	70	6.4 mm dick
Kerbschlagzugzähigkeit	kJ/m^2							

Abrieb und Reibung

Taber-Abrieb (Reibradverfahren)	mm^3/100 U		
Abriebfaktor LNP (Thrust washer) Vergleichswert			
Statische Reibungszahl			
Dynamische Reibungszahl	(p·v= N/mm^2·		m/min)
Zulässiger p · v Wert	N/mm^2 · (m/min)	v=	m/min
		v=	m/min

Thermische Eigenschaften

Formbeständigkeit in der Wärme	*Verfahren* A			100 °C
	Verfahren A			86 °C
Vicat Erweichungstemperatur (VST)	*Verfahren* B/120			96 °C
	Verfahren			°C
Kristallit-Schmelzpunkt	*Verfahren*			
Längenausdehnungskoeffizient	*Bereich* °C			$\cdot 10^{-4}K^{-1}$
	Temperatur 23 °C			$0.9 \cdot 10^{-4}K^{-1}$
Wärmeleitfähigkeit	*Verfahren*		23 °C	0.17 W/(K · m)
Spezifische Wärmekapazität	*Verfahren*			J/(K · g)
Glasumwandlungstemperatur	*Torsionsschwingungsversuch*		°C	
	Differentialkalorimetrie		°C	

Brandverhalten

UL-Test vertikal	Dicke 3.2 mm, Wert HB
	Dicke 1.6 mm, Wert HB

	Norm	*Bewertung*	*Abmessungen*
Sauerstoff-Index	ASTM D 2863		
Glühstab-Verfahren			
Brandverhalten	DIN 4102		
MVSS			
FAR			

Elektrische Eigenschaften

		Hz	°C			*Probekörper, Form*
Dielektrizitätszahl		50				
		10^3	23	3.1		
		10^6				
Dielektrischer Verlustfaktor tan δ		50				
		10^3	23	0.015		
		10^6				
Spezifischer Durchgangs-widerstand	Ohm · cm		23	1.0*10**15		
Durchschlagfestigkeit	kV/mm		23	30		mm dick
Oberflächenwiderstand	Ohm		23	1.0*10**14		
Kriechstromfestigkeit		KC		KB	KA	
Elektrolytische Korrosionswirkung						
Lichtbogenfestigkeit nach DIN						
nach ASTM	s					

Beständigkeit *(Chemische Beständigkeit siehe Anhang)*

Wasseraufnahme 23 C	1 d	0.3 %	
Feuchtigkeitsaufnahme Normalklima			%
Wetterbeständigkeit			
Spannungskorrosion			

Optische Eigenschaften

Brechungszahl n_D		
Transmissionsgrad τ_c	%	mm dick
Lichtdurchlässigkeit		

Produkt	Acrylnitril-Butadien-Styrol-Polymerisat		**ABS**
Handelsname	**Sinkral A012**		
Hersteller	ENICHEM		
DIN-Bez 1			
DIN-Bez 2			
Zusätze		*Füllstoffe/ Verstärkung*	
Bevorzugte Verarbeitung	Spritzgiessen	*Lieferform*	Granulat
		Farben	Natur; Standard
Besondere Merkmale	Sehr leicht fliessend	*Bevorzugte Anwendungen*	Technisches Formteil; Gehaeuseteil; Rundfunkindustrie; Fernsehindustrie; Telekommunikationssektor

Dichte	g/cm³	1.05	*Schmelzindex*	g/10 min	≧40:	220/10
Schüttdichte	g/cm³		*Volumenfließindex*	cm³/10 min	:	
Viskositätszahl	ml/g					

Verarbeitungsbedingungen für Spritzgießen

Massetemp.	°C	*Schwindung*	%	lgs 0.4–0.6, quer 0.4–0.6
Werkzeugtemp.	°C	*Bemerkungen*		
Spritzdruck	bar			

Zugversuch 23 °C ASTM D 638;

Probekörper:	*Form*		*Herstellung*	Spritzgiessen
	Zustand		*Vorbehandlung*	Normalklima

Streckspannung	N/mm²		*Dehnung bei Streckspannung*	%
Zugfestigkeit	N/mm²	45	*Reißdehnung*	%
Reißfestigkeit	N/mm²		*% Dehnspannung*	N/mm²
E-Modul	N/mm²		*Dehnung bei % Dehnspg.*	%

Kriechmoduln und Zeitstandwerte 23 °C

Probekörper:	*Form*	*Herstellung*	
	Zustand	*Vorbehandlung*	

Kriechmodul	*1 min* N/mm²		*Zeitstandzugfestigkeit*	h	N/mm²
Kriechmodul	*1000 h* N/mm²		*Zeitdehnspg. %*	h	N/mm²
bei Spannung	N/mm²				

Biegeversuch 23 °C ASTM D 790;

Probekörper:	*Form*	*Herstellung*	Spritzgiessen
	Zustand	*Vorbehandlung*	Normalklima

Biegefestigkeit	N/mm²	70	*E-Modul*	N/mm²	2500
3,5% *Biegespannung*	N/mm²				

Härte 23 °C

Probekörper:	*Zustand*	*Herstellung*	Spritzgiessen
		Vorbehandlung	Normalklima

Kugeldruckhärte	N/mm²	bei N, s	*Shore-Härte* A	
Rockwellhärte	R 112		*Shore-Härte* D	

Schlagversuch

Probekörper:	*(1)*		
	(2) V-Kerbe	*Herstellung*	Spritzgiessen
	Zustand	*Vorbehandlung*	Normalklima

		°C		°C		°C		*Probekörper-Form*
Schlagzähigkeit	kJ/m²							
Kerbschlagzähigkeit (1)	kJ/m²							
IZOD-Kerbschlagzähigkeit (2)	J/m	23	110	0	60	-40	40	6.4 mm dick
Kerbschlagzugzähigkeit	kJ/m²							

Abrieb und Reibung

Taber-Abrieb (Reibradverfahren)	mm^3/100 U		
Abriebfaktor LNP (Thrust washer) Vergleichswert			
Statische Reibungszahl			
Dynamische Reibungszahl	(p · v =	N/mm^2 ·	m/min)
Zulässiger p · v Wert	N/mm^2 · (m/min)	v =	m/min
		v =	m/min

Thermische Eigenschaften

Formbeständigkeit in der Wärme	*Verfahren* A			99 °C
	Verfahren A			86 °C
Vicat Erweichungstemperatur (VST)	*Verfahren* B/120			98 °C
	Verfahren			°C
Kristallit-Schmelzpunkt	*Verfahren*			
Längenausdehnungskoeffizient	*Bereich*	°C		$\cdot 10^{-4}K^{-1}$
	Temperatur 23 °C			$0.9 \cdot 10^{-4}K^{-1}$
Wärmeleitfähigkeit	*Verfahren*		23 °C	0.17 W/(K · m)
Spezifische Wärmekapazität	*Verfahren*			J/(K · g)
Glasumwandlungstemperatur	*Torsionsschwingungsversuch*		°C	
	Differentialkalorimetrie		°C	

Brandverhalten

UL-Test vertikal	Dicke 3.2 mm, Wert HB
	Dicke 1.6 mm, Wert HB

	Norm	*Bewertung*	*Abmessungen*
Sauerstoff-Index	ASTM D 2863		
Glühstab-Verfahren			
Brandverhalten	DIN 4102		
MVSS			
FAR			

Elektrische Eigenschaften

		Hz	°C		*Probekörper, Form*
Dielektrizitätszahl		50			
		10^3	23	3.1	
		10^6			
Dielektrischer Verlustfaktor tan δ		50			
		10^3	23	0.015	
		10^6			
Spezifischer Durchgangs-widerstand	Ohm · cm		23	1.0*10**15	
Durchschlagfestigkeit	kV/mm		23	30	mm dick
Oberflächenwiderstand	Ohm		23	1.0*10**14	

Kriechstromfestigkeit	KC	KB	KA
Elektrolytische Korrosionswirkung			
Lichtbogenfestigkeit nach DIN			
nach ASTM s			

Beständigkeit *(Chemische Beständigkeit siehe Anhang)*

Wasseraufnahme 23 C	1 d	0.3 %
Feuchtigkeitsaufnahme Normalklima		%
Wetterbeständigkeit		
Spannungskorrosion		

Optische Eigenschaften

Brechungszahl n_D		
Transmissionsgrad τ_c	%	mm dick
Lichtdurchlässigkeit		

Datenbank-Nr. **T01360** Merkblatt-Nr. **4758**

Produkt	Acrylnitril-Butadien-Styrol-Polymerisat		**ABS**
Handelsname	**Sinkral A122**		
Hersteller	ENICHEM		
DIN-Bez 1			
DIN-Bez 2			
Zusätze		*Füllstoffe/ Verstärkung*	
Bevorzugte Verarbeitung	Spritzgiessen	*Lieferform*	Granulat
		Farben	Natur; Standard
Besondere Merkmale	Sehr leicht fliessend	*Bevorzugte Anwendungen*	Technisches Formteil; Gehaeuseteil; Rundfunkindustrie; Fernsehgeraeteindustrie; Telekommunikationssektor

Dichte	g/cm^3	1.05	*Schmelzindex*	g/10 min	40:	220/10
Schüttdichte	g/cm^3		*Volumenfließindex*	cm^3/10 min	:	
Viskositätszahl	ml/g					

Verarbeitungsbedingungen für Spritzgießen

Massetemp.	°C	*Schwindung*	%	lgs 0.4–0.6, quer 0.4–0.6
Werkzeugtemp.	°C	*Bemerkungen*		
Spritzdruck	bar			

Zugversuch 23 °C ASTM D 638;
Probekörper: *Form* — *Herstellung* Spritzgiessen
Zustand — *Vorbehandlung* Normalklima

Streckspannung	N/mm^2		*Dehnung bei Streckspannung*	%
Zugfestigkeit	N/mm^2	42	*Reißdehnung*	%
Reißfestigkeit	N/mm^2		*% Dehnspannung*	N/mm^2
E-Modul	N/mm^2		*Dehnung bei % Dehnspg.*	%

Kriechmoduln und Zeitstandwerte 23 °C
Probekörper: *Form* — *Herstellung*
Zustand — *Vorbehandlung*

Kriechmodul	*1 min* N/mm^2	*Zeitstandzugfestigkeit*	h	N/mm^2
Kriechmodul	*1000 h* N/mm^2	*Zeitdehnspg. %*	h	N/mm^2
bei Spannung	N/mm^2			

Biegeversuch 23 °C ASTM D 790;
Probekörper: *Form* — *Herstellung* Spritzgiessen
Zustand — *Vorbehandlung* Normalklima

Biegefestigkeit	N/mm^2	70	*E-Modul*	N/mm^2	2400
3,5% *Biegespannung*	N/mm^2				

Härte 23 °C *Probekörper:* *Zustand* — *Herstellung* Spritzgiessen
Vorbehandlung Normalklima

Kugeldruckhärte	N/mm^2 bei N, s	*Shore-Härte* A	
Rockwellhärte	R 110	*Shore-Härte* D	

Schlagversuch *Probekörper:* *(1)*
(2) V-Kerbe — *Herstellung* Spritzgiessen
Zustand — *Vorbehandlung* Normalklima

		°C		°C		°C		*Probekörper-Form*
Schlagzähigkeit	kJ/m^2							
Kerbschlagzähigkeit (1)	kJ/m^2							
IZOD-Kerbschlagzähigkeit (2)	J/m	23	180	0	110	-40	50	6.4 mm dick
Kerbschlagzugzähigkeit	kJ/m^2							

Abrieb und Reibung

Taber-Abrieb (Reibradverfahren)	mm^3/100 U		
Abriebfaktor LNP (Thrust washer) Vergleichswert			
Statische Reibungszahl			
Dynamische Reibungszahl	(p·v= N/mm^2·		m/min)
Zulässiger p · v Wert	N/mm^2 · (m/min)	v=	m/min
		v=	m/min

Thermische Eigenschaften

Formbeständigkeit in der Wärme	*Verfahren* A			98 °C
	Verfahren A			85 °C
Vicat Erweichungstemperatur (VST)	*Verfahren* B/120			97 °C
	Verfahren			°C
Kristallit-Schmelzpunkt	*Verfahren*			
Längenausdehnungskoeffizient	*Bereich*	°C		$\cdot 10^{-4}K^{-1}$
	Temperatur 23 °C			$0.9 \cdot 10^{-4}K^{-1}$
Wärmeleitfähigkeit	*Verfahren*		23 °C	0.17 W/(K · m)
Spezifische Wärmekapazität	*Verfahren*			J/(K · g)
Glasumwandlungstemperatur	*Torsionsschwingungsversuch*		°C	
	Differentialkalorimetrie		°C	

Brandverhalten

UL-Test vertikal	Dicke 3.2 mm, Wert HB	
	Dicke 1.6 mm, Wert HB	

	Norm	*Bewertung*	*Abmessungen*
Sauerstoff-Index	ASTM D 2863		
Glühstab-Verfahren			
Brandverhalten	DIN 4102		
MVSS			
FAR			

Elektrische Eigenschaften

		Hz	°C			*Probekörper, Form*
Dielektrizitätszahl		50				
		10^3	23	3.1		
		10^6				
Dielektrischer Verlustfaktor tan δ		50				
		10^3	23	0.015		
		10^6				
Spezifischer Durchgangswiderstand	Ohm · cm		23	1.0*10**15		
Durchschlagfestigkeit	kV/mm		23	30		mm dick
Oberflächenwiderstand	Ohm		23	1.0*10**14		
Kriechstromfestigkeit		KC		KB	KA	
Elektrolytische Korrosionswirkung						
Lichtbogenfestigkeit nach DIN						
nach ASTM	s					

Beständigkeit *(Chemische Beständigkeit siehe Anhang)*

Wasseraufnahme 23 C	1 d	0.3 %	
Feuchtigkeitsaufnahme Normalklima			%
Wetterbeständigkeit			
Spannungskorrosion			

Optische Eigenschaften

Brechungszahl n_D		
Transmissionsgrad τ_c	%	mm dick
Lichtdurchlässigkeit		

Produkt	Acrylnitril-Butadien-Styrol-Polymerisat		**ABS**
Handelsname	**Sinkral M12G**		
Hersteller	ENICHEM		
DIN-Bez 1 *DIN-Bez 2*			
Zusätze		*Füllstoffe/ Verstärkung*	
Bevorzugte Verarbeitung	Spritzgiessen	*Lieferform*	Granulat
		Farben	Natur; Standard
Besondere Merkmale	Galvanisierbar	*Bevorzugte Anwendungen*	Technisches Formteil; Kfz-Industrie

Dichte	g/cm^3	1.04	*Schmelzindex*	g/10 min	24:	220/10
Schüttdichte	g/cm^3		*Volumenfließindex*	cm^3/10 min	:	
Viskositätszahl	ml/g					

Verarbeitungsbedingungen für Spritzgießen

Massetemp.	°C	*Schwindung*	%	lgs 0.4–0.6, quer 0.4–0.6
Werkzeugtemp.	°C	*Bemerkungen*		
Spritzdruck	bar			

Zugversuch 23 °C ASTM D 638;

Probekörper: *Form* — *Herstellung* Spritzgiessen
Zustand — *Vorbehandlung* Normalklima

Streckspannung	N/mm^2		*Dehnung bei Streckspannung*	%	
Zugfestigkeit	N/mm^2	41	*Reißdehnung*	%	
Reißfestigkeit	N/mm^2		*% Dehnspannung*	N/mm^2	
E-Modul	N/mm^2		*Dehnung bei % Dehnspg.*	%	

Kriechmoduln und Zeitstandwerte 23 °C

Probekörper: *Form* — *Herstellung*
Zustand — *Vorbehandlung*

Kriechmodul	*1 min*	N/mm^2	*Zeitstandzugfestigkeit*	h	N/mm^2
Kriechmodul	*1000 h*	N/mm^2	*Zeitdehnspg. %*	h	N/mm^2
bei Spannung		N/mm^2			

Biegeversuch 23 °C ASTM D 790;

Probekörper: *Form* — *Herstellung* Spritzgiessen
Zustand — *Vorbehandlung* Normalklima

Biegefestigkeit	N/mm^2	65	*E-Modul*	N/mm^2	2100
3,5% *Biegespannung*	N/mm^2				

Härte 23 °C *Probekörper:* *Zustand* — *Herstellung* Spritzgiessen
Vorbehandlung Normalklima

Kugeldruckhärte	N/mm^2	bei N, s	*Shore-Härte*	A
Rockwellhärte	R 106		*Shore-Härte*	D

Schlagversuch *Probekörper:* *(1)*
(2) V-Kerbe — *Herstellung* Spritzgiessen
Zustand — *Vorbehandlung* Normalklima

		°C		°C		°C		*Probekörper-Form*
Schlagzähigkeit	kJ/m^2							
Kerbschlagzähigkeit (1)	kJ/m^2							
IZOD-Kerbschlagzähigkeit (2)	J/m	23	180	0	120	-40	60	6.4 mm dick
Kerbschlagzugzähigkeit	kJ/m^2							

Abrieb und Reibung

Taber-Abrieb (Reibradverfahren)	mm^3/100 U		
Abriebfaktor LNP (Thrust washer) Vergleichswert			
Statische Reibungszahl			
Dynamische Reibungszahl	(p · v=	N/mm^2 ·	m/min)
Zulässiger p · v Wert	N/mm^2 · (m/min)	v=	m/min
		v=	m/min

Thermische Eigenschaften

Formbeständigkeit in der Wärme	Verfahren A			100 °C
	Verfahren A			84 °C
Vicat Erweichungstemperatur (VST)	Verfahren B/120			95 °C
	Verfahren			°C
Kristallit-Schmelzpunkt	Verfahren			
Längenausdehnungskoeffizient	Bereich	°C		$\cdot 10^{-4}K^{-1}$
	Temperatur 23 °C			$0.9 \cdot 10^{-4}K^{-1}$
Wärmeleitfähigkeit	Verfahren		23 °C	0.17 W/(K · m)
Spezifische Wärmekapazität	Verfahren			J/(K · g)
Glasumwandlungstemperatur	Torsionsschwingungsversuch		°C	
	Differentialkalorimetrie		°C	

Brandverhalten

UL-Test vertikal — Dicke 3.2 mm, Wert HB; Dicke 1.6 mm, Wert HB

	Norm	Bewertung	Abmessungen
Sauerstoff-Index	ASTM D 2863		
Glühstab-Verfahren			
Brandverhalten	DIN 4102		
MVSS			
FAR			

Elektrische Eigenschaften

		Hz	°C		Probekörper, Form
Dielektrizitätszahl		50			
		10^3	23	3.1	
		10^6			
Dielektrischer Verlustfaktor tan δ		50			
		10^3	23	0.015	
		10^6			
Spezifischer Durchgangswiderstand	Ohm · cm		23	1.0*10**15	
Durchschlagfestigkeit	kV/mm		23	30	mm dick
Oberflächenwiderstand	Ohm		23	1.0*10**14	

Kriechstromfestigkeit	KC	KB	KA
Elektrolytische Korrosionswirkung			
Lichtbogenfestigkeit nach DIN			
nach ASTM	s		

Beständigkeit *(Chemische Beständigkeit siehe Anhang)*

Wasseraufnahme 23 C	1 d	0.3 %	
Feuchtigkeitsaufnahme Normalklima			%
Wetterbeständigkeit			
Spannungskorrosion			

Optische Eigenschaften

Brechungszahl n_D		
Transmissionsgrad τ_c	%	mm dick
Lichtdurchlässigkeit		

Produkt	Acrylnitril-Butadien-Styrol-Polymerisat		**ABS**
Handelsname	**Sinkral M22G**		
Hersteller	ENICHEM		
DIN-Bez 1			
DIN-Bez 2			
Zusätze		*Füllstoffe/ Verstärkung*	
Bevorzugte Verarbeitung	Spritzgiessen	*Lieferform*	Granulat
		Farben	Natur; Standard
Besondere Merkmale	Galvanisierbar	*Bevorzugte Anwendungen*	Technisches Formteil; Kfz-Industrie

Dichte	g/cm³	1.04	*Schmelzindex*	g/10 min	18:	220/10
Schüttdichte	g/cm³		*Volumenfließindex*	cm³/10 min	:	
Viskositätszahl	ml/g					

Verarbeitungsbedingungen für Spritzgießen

Massetemp.	°C	*Schwindung*	%	lgs 0.4–0.6, quer 0.4–0.6
Werkzeugtemp.	°C	*Bemerkungen*		
Spritzdruck	bar			

Zugversuch 23 °C ASTM D 638;

Probekörper: *Form* | *Zustand* — *Herstellung* Spritzgiessen, *Vorbehandlung* Normalklima

Streckspannung	N/mm²		*Dehnung bei Streckspannung*	%
Zugfestigkeit	N/mm²	42	*Reißdehnung*	%
Reißfestigkeit	N/mm²		*% Dehnspannung*	N/mm²
E-Modul	N/mm²		*Dehnung bei % Dehnspg.*	%

Kriechmoduln und Zeitstandwerte 23 °C

Probekörper: *Form* | *Zustand* — *Herstellung*, *Vorbehandlung*

Kriechmodul	*1 min*	N/mm²	*Zeitstandzugfestigkeit*	h	N/mm²
Kriechmodul	*1000 h*	N/mm²	*Zeitdehnspg. %*	h	N/mm²
bei Spannung		N/mm²			

Biegeversuch 23 °C ASTM D 790;

Probekörper: *Form* | *Zustand* — *Herstellung* Spritzgiessen, *Vorbehandlung* Normalklima

Biegefestigkeit	N/mm²	65	*E-Modul*	N/mm²	2300
3,5% *Biegespannung*	N/mm²				

Härte 23 °C *Probekörper:* *Zustand* — *Herstellung* Spritzgiessen, *Vorbehandlung* Normalklima

Kugeldruckhärte	N/mm²	bei N, s	*Shore-Härte* A	
Rockwellhärte	R 110		*Shore-Härte* D	

Schlagversuch *Probekörper:* *(1)* | *(2)* V-Kerbe | *Zustand* — *Herstellung* Spritzgiessen, *Vorbehandlung* Normalklima

		°C		°C		°C		*Probekörper-Form*
Schlagzähigkeit	kJ/m²							
Kerbschlagzähigkeit (1)	kJ/m²							
IZOD-Kerbschlagzähigkeit (2)	J/m	23	210	0	140	-40	70	6.4 mm dick
Kerbschlagzugzähigkeit	kJ/m²							

Abrieb und Reibung

Taber-Abrieb (Reibradverfahren)	mm^3/100 U		
Abriebfaktor LNP (Thrust washer) Vergleichswert			
Statische Reibungszahl			
Dynamische Reibungszahl	(p·v= N/mm^2 ·		m/min)
Zulässiger p · v Wert	N/mm^2 · (m/min)	v=	m/min
		v=	m/min

Thermische Eigenschaften

Formbeständigkeit in der Wärme	*Verfahren* A			101 °C
	Verfahren A			86 °C
Vicat Erweichungstemperatur (VST)	*Verfahren* B/120			98 °C
	Verfahren			°C
Kristallit-Schmelzpunkt	*Verfahren*			
Längenausdehnungskoeffizient	*Bereich*	°C		$\cdot 10^{-4}K^{-1}$
	Temperatur 23 °C			$0.9 \cdot 10^{-4}K^{-1}$
Wärmeleitfähigkeit	*Verfahren*		23 °C	0.17 W/(K · m)
Spezifische Wärmekapazität	*Verfahren*			J/(K · g)
Glasumwandlungstemperatur	*Torsionsschwingungsversuch*		°C	
	Differentialkalorimetrie		°C	

Brandverhalten

UL-Test vertikal	Dicke 3.2 mm, Wert HB	
	Dicke 1.6 mm, Wert HB	

	Norm	*Bewertung*	*Abmessungen*
Sauerstoff-Index	ASTM D 2863		
Glühstab-Verfahren			
Brandverhalten	DIN 4102		
MVSS			
FAR			

Elektrische Eigenschaften

		Hz	°C			*Probekörper, Form*
Dielektrizitätszahl		50				
		10^3	23	3.1		
		10^6				
Dielektrischer Verlustfaktor tan δ		50				
		10^3	23	0.015		
		10^6				
Spezifischer Durchgangs-widerstand	Ohm · cm		23	1.0*10**15		
Durchschlagfestigkeit	kV/mm		23	30		mm dick
Oberflächenwiderstand	Ohm		23	1.0*10**14		
Kriechstromfestigkeit		KC		KB	KA	
Elektrolytische Korrosionswirkung						
Lichtbogenfestigkeit nach DIN						
nach ASTM	s					

Beständigkeit *(Chemische Beständigkeit siehe Anhang)*

Wasseraufnahme 23 C	1 d	0.3 %	
Feuchtigkeitsaufnahme Normalklima			%
Wetterbeständigkeit			
Spannungskorrosion			

Optische Eigenschaften

Brechungszahl n_D		
Transmissionsgrad τ_c	%	mm dick
Lichtdurchlässigkeit		

Datenbank-Nr. **T01363** Merkblatt-Nr. **4761**

Produkt	Acrylnitril-Butadien-Styrol-Polymerisat		**ABS**
Handelsname	**Sinkral B32**		
Hersteller	ENICHEM		
DIN-Bez 1			
DIN-Bez 2			
Zusätze		*Füllstoffe/ Verstärkung*	
Bevorzugte Verarbeitung	Spritzgiessen; Extrudieren	*Lieferform*	Granulat
		Farben	Natur; Standard
Besondere Merkmale	Hohe Schlagzaehigkeit; Hochviskos	*Bevorzugte Anwendungen*	Technisches Formteil; Haushaltsgeraet; Abdeckung; Kfz-Industrie

Dichte	g/cm^3	1.04	*Schmelzindex*	g/10 min	4:	220/10
Schüttdichte	g/cm^3		*Volumenfließindex*	cm^3/10 min	:	
Viskositätszahl	ml/g					

Verarbeitungsbedingungen für Spritzgießen

Massetemp.	°C	*Schwindung*	%	lgs 0.4–0.6, quer 0.4–0.6
Werkzeugtemp.	°C	*Bemerkungen*		
Spritzdruck	bar			

Zugversuch 23 °C ASTM D 638;
Probekörper: *Form* / *Zustand* — *Herstellung* Spritzgiessen; *Vorbehandlung* Normalklima

Streckspannung	N/mm^2		*Dehnung bei Streckspannung*	%
Zugfestigkeit	N/mm^2	40	*Reißdehnung*	%
Reißfestigkeit	N/mm^2		*% Dehnspannung*	N/mm^2
E-Modul	N/mm^2		*Dehnung bei % Dehnspg.*	%

Kriechmoduln und Zeitstandwerte 23 °C
Probekörper: *Form* / *Zustand* — *Herstellung* / *Vorbehandlung*

Kriechmodul	*1 min*	N/mm^2	*Zeitstandzugfestigkeit*	h	N/mm^2
Kriechmodul	*1000 h*	N/mm^2	*Zeitdehnspg. %*	h	N/mm^2
bei Spannung		N/mm^2			

Biegeversuch 23 °C ASTM D 790;
Probekörper: *Form* / *Zustand* — *Herstellung* Spritzgiessen; *Vorbehandlung* Normalklima

Biegefestigkeit	N/mm^2	62	*E-Modul*	N/mm^2	2100
3,5% *Biegespannung*	N/mm^2				

Härte 23 °C *Probekörper:* *Zustand* — *Herstellung* Spritzgiessen; *Vorbehandlung* Normalklima

Kugeldruckhärte	N/mm^2	bei N, s	*Shore-Härte* A	
Rockwellhärte	R 105		*Shore-Härte* D	

Schlagversuch *Probekörper:* *(1)* / *(2)* V-Kerbe / *Zustand* — *Herstellung* Spritzgiessen; *Vorbehandlung* Normalklima

		°C		°C		°C		*Probekörper-Form*
Schlagzähigkeit	kJ/m^2							
Kerbschlagzähigkeit (1)	kJ/m^2							
IZOD-Kerbschlagzähigkeit (2)	J/m	23	320	0	260	-40	140	6.4 mm dick
Kerbschlagzugzähigkeit	kJ/m^2							

Abrieb und Reibung

Taber-Abrieb (Reibradverfahren)	mm^3/100 U	
Abriebfaktor LNP (Thrust washer) Vergleichswert		
Statische Reibungszahl		
Dynamische Reibungszahl	(p · v = N/mm^2 ·	m/min)
Zulässiger p · v Wert	N/mm^2 · (m/min) v =	m/min
	v =	m/min

Thermische Eigenschaften

Formbeständigkeit in der Wärme	*Verfahren* A		102 °C
	Verfahren A		86 °C
Vicat Erweichungstemperatur (VST)	*Verfahren* B/120		96 °C
	Verfahren		°C
Kristallit-Schmelzpunkt	*Verfahren*		
Längenausdehnungskoeffizient	*Bereich* °C		· $10^{-4}K^{-1}$
	Temperatur 23 °C		0.9 · $10^{-4}K^{-1}$
Wärmeleitfähigkeit	*Verfahren*	23 °C	0.17 W/(K · m)
Spezifische Wärmekapazität	*Verfahren*		J/(K · g)
Glasumwandlungstemperatur	*Torsionsschwingungsversuch*	°C	
	Differentialkalorimetrie	°C	

Brandverhalten

UL-Test vertikal — Dicke 3.2 mm, Wert HB; Dicke 1.6 mm, Wert HB

	Norm	*Bewertung*	*Abmessungen*
Sauerstoff-Index	ASTM D 2863		
Glühstab-Verfahren			
Brandverhalten	DIN 4102		
MVSS			
FAR			

Elektrische Eigenschaften

		Hz	°C		*Probekörper, Form*
Dielektrizitätszahl		50			
		10^3	23	3.1	
		10^6			
Dielektrischer Verlustfaktor tan δ		50			
		10^3	23	0.015	
		10^6			
Spezifischer Durchgangs-widerstand	Ohm · cm		23	1.0*10**15	
Durchschlagfestigkeit	kV/mm		23	30	mm dick
Oberflächenwiderstand	Ohm		23	1.0*10**14	

Kriechstromfestigkeit	KC	KB	KA
Elektrolytische Korrosionswirkung			
Lichtbogenfestigkeit nach DIN			
nach ASTM s			

Beständigkeit *(Chemische Beständigkeit siehe Anhang)*

Wasseraufnahme 23 C	1 d	0.3 %	
Feuchtigkeitsaufnahme Normalklima			%
Wetterbeständigkeit			
Spannungskorrosion			

Optische Eigenschaften

Brechungszahl n_D		
Transmissionsgrad τ_c	%	mm dick
Lichtdurchlässigkeit		

Datenbank-Nr. **T01364** Merkblatt-Nr. **4762**

Produkt	Acrylnitril-Butadien-Styrol-Polymerisat		**ABS**
Handelsname	**Sinkral B42**		
Hersteller	ENICHEM		
DIN-Bez 1			
DIN-Bez 2			
Zusätze		*Füllstoffe/ Verstärkung*	
Bevorzugte Verarbeitung	Spritzgiessen; Extrudieren	*Lieferform*	
		Farben	Natur; Standard
Besondere Merkmale	Hohe Schlagzaehigkeit; Hochviskos	*Bevorzugte Anwendungen*	Technisches Formteil; Haushaltsgeraet; Abdeckung; Kfz-Industrie

Dichte	g/cm^3	1.04	*Schmelzindex*	g/10 min	10:	220/10
Schüttdichte	g/cm^3		*Volumenfließindex*	cm^3/10 min	:	
Viskositätszahl	ml/g					

Verarbeitungsbedingungen für Spritzgießen

Massetemp.	°C	*Schwindung*	%	lgs 0.4–0.6, quer 0.4–0.6
Werkzeugtemp.	°C	*Bemerkungen*		
Spritzdruck	bar			

Zugversuch 23 °C ASTM D 638;
Probekörper: *Form* — *Herstellung* Spritzgiessen
Zustand — *Vorbehandlung* Normalklima

Streckspannung	N/mm^2		*Dehnung bei Streckspannung*	%
Zugfestigkeit	N/mm^2	36	*Reißdehnung*	%
Reißfestigkeit	N/mm^2		*% Dehnspannung*	N/mm^2
E-Modul	N/mm^2		*Dehnung bei % Dehnspg.*	%

Kriechmoduln und Zeitstandwerte 23 °C
Probekörper: *Form* — *Herstellung*
Zustand — *Vorbehandlung*

Kriechmodul	*1 min* N/mm^2	*Zeitstandzugfestigkeit*	h	N/mm^2
Kriechmodul	*1000 h* N/mm^2	*Zeitdehnspg. %*	h	N/mm^2
bei Spannung	N/mm^2			

Biegeversuch 23 °C ASTM D 790;
Probekörper: *Form* — *Herstellung* Spritzgiessen
Zustand — *Vorbehandlung* Normalklima

Biegefestigkeit	N/mm^2	54	*E-Modul*	N/mm^2 1900
3,5% *Biegespannung*	N/mm^2			

Härte 23 °C *Probekörper:* *Zustand* — *Herstellung* Spritzgiessen
Vorbehandlung Normalklima

Kugeldruckhärte	N/mm^2	bei N, s	*Shore-Härte*	A
Rockwellhärte	R 101		*Shore-Härte*	D

Schlagversuch *Probekörper:* *(1)*
(2) V-Kerbe — *Herstellung* Spritzgiessen
Zustand — *Vorbehandlung* Normalklima

		°C		°C		°C		*Probekörper-Form*
Schlagzähigkeit	kJ/m^2							
Kerbschlagzähigkeit (1)	kJ/m^2							
IZOD-Kerbschlagzähigkeit (2)	J/m	23	280	0	220	-40	110	6.4 mm dick
Kerbschlagzugzähigkeit	kJ/m^2							

Abrieb und Reibung

Taber-Abrieb (Reibradverfahren)	mm^3/100 U		
Abriebfaktor LNP (Thrust washer) Vergleichswert			
Statische Reibungszahl			
Dynamische Reibungszahl	(p · v =	N/mm^2 ·	m/min)
Zulässiger p · v Wert	N/mm^2 · (m/min)	v =	m/min
		v =	m/min

Thermische Eigenschaften

Formbeständigkeit in der Wärme	*Verfahren* A			101 °C
	Verfahren A			85 °C
Vicat Erweichungstemperatur (VST)	*Verfahren* B/120			94 °C
	Verfahren			°C
Kristallit-Schmelzpunkt	*Verfahren*			
Längenausdehnungskoeffizient	*Bereich*	°C		$\cdot 10^{-4} K^{-1}$
	Temperatur 23 °C			$0.9 \cdot 10^{-4} K^{-1}$
Wärmeleitfähigkeit	*Verfahren*		23 °C	0.17 W/(K · m)
Spezifische Wärmekapazität	*Verfahren*			J/(K · g)
Glasumwandlungstemperatur	*Torsionsschwingungsversuch*		°C	
	Differentialkalorimetrie		°C	

Brandverhalten

UL-Test vertikal Dicke 3.2 mm, Wert HB
Dicke 1.6 mm, Wert HB

	Norm	*Bewertung*	*Abmessungen*
Sauerstoff-Index	ASTM D 2863		
Glühstab-Verfahren			
Brandverhalten	DIN 4102		
MVSS			
FAR			

Elektrische Eigenschaften

		Hz	°C		*Probekörper, Form*
Dielektrizitätszahl		50			
		10^3	23	3.1	
		10^6			
Dielektrischer Verlustfaktor tan δ		50			
		10^3	23	0.015	
		10^6			
Spezifischer Durchgangs-widerstand	Ohm · cm		23	1.0*10**15	
Durchschlagfestigkeit	kV/mm		23	30	mm dick
Oberflächenwiderstand	Ohm		23	1.0*10**14	

Kriechstromfestigkeit	KC	KB	KA
Elektrolytische Korrosionswirkung			
Lichtbogenfestigkeit nach DIN			
nach ASTM s			

Beständigkeit *(Chemische Beständigkeit siehe Anhang)*

Wasseraufnahme 23 C	1 d	0.3 %	
Feuchtigkeitsaufnahme Normalklima			%
Wetterbeständigkeit			
Spannungskorrosion			

Optische Eigenschaften

Brechungszahl n_D
Transmissionsgrad τ_c % mm dick
Lichtdurchlässigkeit

Produkt	Acrylnitril-Butadien-Styrol-Polymerisat		**ABS**
Handelsname	**Sinkral B52**		
Hersteller	ENICHEM		
DIN-Bez 1			
DIN-Bez 2			
Zusätze		*Füllstoffe/ Verstärkung*	
Bevorzugte Verarbeitung	Spritzgiessen; Extrudieren	*Lieferform*	Granulat
		Farben	Natur; Standard
Besondere Merkmale	Hohe Schlagzaehigkeit; Hochviskos	*Bevorzugte Anwendungen*	Technisches Formteil; Haushaltsgeraet; Abdeckung; Kfz-Industrie

Dichte	g/cm^3	1.04	*Schmelzindex*	g/10 min	8:	220/10
Schüttdichte	g/cm^3		*Volumenfließindex*	cm^3/10 min	:	
Viskositätszahl	ml/g					

Verarbeitungsbedingungen für Spritzgießen

Massetemp.	°C	*Schwindung*	%	lgs 0.4–0.6, quer 0.4–0.6
Werkzeugtemp.	°C	*Bemerkungen*		
Spritzdruck	bar			

Zugversuch 23 °C ASTM D 638;

Probekörper: *Form* — *Herstellung* Spritzgiessen
Zustand — *Vorbehandlung* Normalklima

Streckspannung	N/mm^2		*Dehnung bei Streckspannung*	%	
Zugfestigkeit	N/mm^2	34	*Reißdehnung*	%	
Reißfestigkeit	N/mm^2		*% Dehnspannung*	N/mm^2	
E-Modul	N/mm^2		*Dehnung bei % Dehnspg.*	%	

Kriechmoduln und Zeitstandwerte 23 °C

Probekörper: *Form* — *Herstellung*
Zustand — *Vorbehandlung*

Kriechmodul	*1 min* N/mm^2		*Zeitstandzugfestigkeit*	h	N/mm^2
Kriechmodul	*1000 h* N/mm^2		*Zeitdehnspg. %*	h	N/mm^2
bei Spannung	N/mm^2				

Biegeversuch 23 °C ASTM D 790;

Probekörper: *Form* — *Herstellung* Spritzgiessen
Zustand — *Vorbehandlung* Normalklima

Biegefestigkeit	N/mm^2	48	*E-Modul*	N/mm^2	1700
3,5% *Biegespannung*	N/mm^2				

Härte 23 °C *Probekörper:* *Zustand* — *Herstellung* Spritzgiessen
Vorbehandlung Normalklima

Kugeldruckhärte	N/mm^2	bei N, s	*Shore-Härte* A	
Rockwellhärte	R 96		*Shore-Härte* D	

Schlagversuch *Probekörper:* *(1)*
(2) V-Kerbe — *Herstellung* Spritzgiessen
Zustand — *Vorbehandlung* Normalklima

		°C		°C		°C		*Probekörper-Form*
Schlagzähigkeit	kJ/m^2							
Kerbschlagzähigkeit (1)	kJ/m^2							
IZOD-Kerbschlagzähigkeit (2)	J/m	23	340	0	270	-40	160	6.4 mm dick
Kerbschlagzugzähigkeit	kJ/m^2							

Abrieb und Reibung

Taber-Abrieb (Reibradverfahren)	mm^3/100 U		
Abriebfaktor LNP (Thrust washer) Vergleichswert			
Statische Reibungszahl			
Dynamische Reibungszahl	(p · v =	N/mm^2 ·	m/min)
Zulässiger p · v Wert	N/mm^2 · (m/min)	v =	m/min
		v =	m/min

Thermische Eigenschaften

Formbeständigkeit in der Wärme	*Verfahren* A			101 °C
	Verfahren A			84 °C
Vicat Erweichungstemperatur (VST)	*Verfahren* B/120			93 °C
	Verfahren			°C
Kristallit-Schmelzpunkt	*Verfahren*			
Längenausdehnungskoeffizient	*Bereich*	°C		$\cdot 10^{-4} K^{-1}$
	Temperatur 23 °C			$0.9 \cdot 10^{-4} K^{-1}$
Wärmeleitfähigkeit	*Verfahren*		23 °C	0.17 W/(K · m)
Spezifische Wärmekapazität	*Verfahren*			J/(K · g)
Glasumwandlungstemperatur	*Torsionsschwingungsversuch*		°C	
	Differentialkalorimetrie		°C	

Brandverhalten

UL-Test vertikal	Dicke 3.2 mm, Wert HB
	Dicke 1.6 mm, Wert HB

	Norm	*Bewertung*	*Abmessungen*
Sauerstoff-Index	ASTM D 2863		
Glühstab-Verfahren			
Brandverhalten	DIN 4102		
MVSS			
FAR			

Elektrische Eigenschaften

		Hz	°C		*Probekörper, Form*
Dielektrizitätszahl		50			
		10^3	23	3.1	
		10^6			
Dielektrischer Verlustfaktor tan δ		50			
		10^3	23	0.015	
		10^6			
Spezifischer Durchgangs-widerstand	Ohm · cm		23	1.0*10**15	
Durchschlagfestigkeit	kV/mm		23	30	mm dick
Oberflächenwiderstand	Ohm		23	1.0*10**14	

Kriechstromfestigkeit	KC	KB	KA
Elektrolytische Korrosionswirkung			
Lichtbogenfestigkeit nach DIN			
nach ASTM s			

Beständigkeit *(Chemische Beständigkeit siehe Anhang)*

Wasseraufnahme 23 C	1 d	0.3 %
Feuchtigkeitsaufnahme Normalklima		%
Wetterbeständigkeit		
Spannungskorrosion		

Optische Eigenschaften

Brechungszahl n_D		
Transmissionsgrad τ_c	%	mm dick
Lichtdurchlässigkeit		

Datenbank-Nr.	**T01366**	*Merkblatt-Nr.* **4764**

Produkt	Acrylnitril-Butadien-Styrol-Polymerisat		**ABS**
Handelsname	**Sinkral A02E**		
Hersteller	ENICHEM		
DIN-Bez 1			
DIN-Bez 2			
Zusätze		*Füllstoffe/ Verstärkung*	
Bevorzugte Verarbeitung	Extrudieren	*Lieferform*	Granulat
		Farben	Natur; Standard
Besondere Merkmale	Hochviskos	*Bevorzugte Anwendungen*	Technisches Formteil; Koffer; Kfz-Industrie

Dichte	g/cm^3	1.04	*Schmelzindex*	g/10 min		3:	220/10
Schüttdichte	g/cm^3		*Volumenfließindex*	cm^3/10 min		:	
Viskositätszahl	ml/g						

Verarbeitungsbedingungen für Spritzgießen

Massetemp.	°C		*Schwindung*	%	lgs 0.4–0.6, quer 0.4–0.6
Werkzeugtemp.	°C		*Bemerkungen*		
Spritzdruck	bar				

Zugversuch 23 °C ASTM D 638;
Probekörper: *Form* / *Zustand* — *Herstellung* Spritzgiessen; *Vorbehandlung* Normalklima

Streckspannung	N/mm^2		*Dehnung bei Streckspannung*	%	
Zugfestigkeit	N/mm^2	44	*Reißdehnung*	%	
Reißfestigkeit	N/mm^2		*% Dehnspannung*	N/mm^2	
E-Modul	N/mm^2		*Dehnung bei % Dehnspg.*	%	

Kriechmoduln und Zeitstandwerte 23 °C
Probekörper: *Form* / *Zustand* — *Herstellung* / *Vorbehandlung*

Kriechmodul	*1 min*	N/mm^2	*Zeitstandzugfestigkeit*	h	N/mm^2
Kriechmodul	*1000 h*	N/mm^2	*Zeitdehnspg. %*	h	N/mm^2
bei Spannung		N/mm^2			

Biegeversuch 23 °C ASTM D 790;
Probekörper: *Form* / *Zustand* — *Herstellung* Spritzgiessen; *Vorbehandlung* Normalklima

Biegefestigkeit	N/mm^2	65	*E-Modul*	N/mm^2	2500
3,5% *Biegespannung*	N/mm^2				

Härte 23 °C *Probekörper:* *Zustand* — *Herstellung* Spritzgiessen; *Vorbehandlung* Normalklima

Kugeldruckhärte	N/mm^2		bei N, s	*Shore-Härte* A	
Rockwellhärte		R 110		*Shore-Härte* D	

Schlagversuch *Probekörper:* *(1)* / *(2)* V-Kerbe / *Zustand* — *Herstellung* Spritzgiessen; *Vorbehandlung* Normalklima

		°C		°C		°C		*Probekörper-Form*
Schlagzähigkeit	kJ/m^2							
Kerbschlagzähigkeit (1)	kJ/m^2							
IZOD-Kerbschlagzähigkeit (2)	J/m	23	180	0	110	-40	60	6.4 mm dick
Kerbschlagzugzähigkeit	kJ/m^2							

Abrieb und Reibung

Taber-Abrieb (Reibradverfahren)	mm^3/100 U		
Abriebfaktor LNP (Thrust washer) Vergleichswert			
Statische Reibungszahl			
Dynamische Reibungszahl	(p · v =	N/mm^2 ·	m/min)
Zulässiger p · v Wert	N/mm^2 · (m/min)	v =	m/min
		v =	m/min

Thermische Eigenschaften

Formbeständigkeit in der Wärme	*Verfahren* A			100 °C
	Verfahren A			85 °C
Vicat Erweichungstemperatur (VST)	*Verfahren* B/120			97 °C
	Verfahren			°C
Kristallit-Schmelzpunkt	*Verfahren*			
Längenausdehnungskoeffizient	*Bereich*	°C		$\cdot 10^{-4}K^{-1}$
	Temperatur 23 °C			$0.9 \cdot 10^{-4}K^{-1}$
Wärmeleitfähigkeit	*Verfahren*		23 °C	0.17 W/(K · m)
Spezifische Wärmekapazität	*Verfahren*			J/(K · g)
Glasumwandlungstemperatur	*Torsionsschwingungsversuch*		°C	
	Differentialkalorimetrie		°C	

Brandverhalten

UL-Test vertikal Dicke 3.2 mm, Wert HB
Dicke .6 mm, Wert HB

	Norm	*Bewertung*	*Abmessungen*
Sauerstoff-Index	ASTM D 2863		
Glühstab-Verfahren			
Brandverhalten	DIN 4102		
MVSS			
FAR			

Elektrische Eigenschaften

		Hz	°C			*Probekörper, Form*
Dielektrizitätszahl		50				
		10^3	23	3.1		
		10^6				
Dielektrischer Verlustfaktor tan δ		50				
		10^3	23	0.015		
		10^6				
Spezifischer Durchgangswiderstand	Ohm · cm		23	1.0*10**15		
Durchschlagfestigkeit	kV/mm		23	30		mm dick
Oberflächenwiderstand	Ohm		23	1.0*10**14		
Kriechstromfestigkeit		KC		KB	KA	
Elektrolytische Korrosionswirkung						
Lichtbogenfestigkeit nach DIN						
nach ASTM	s					

Beständigkeit *(Chemische Beständigkeit siehe Anhang)*

Wasseraufnahme 23 C	1 d	0.3 %	
Feuchtigkeitsaufnahme Normalklima			%
Wetterbeständigkeit			
Spannungskorrosion			

Optische Eigenschaften

Brechungszahl n_D		
Transmissionsgrad τ_c	%	mm dick
Lichtdurchlässigkeit		

Datenbank-Nr. **T01367** Merkblatt-Nr. **4765**

Produkt	Acrylnitril-Butadien-Styrol-Polymerisat		**ABS**
Handelsname	**Sinkral B22E**		
Hersteller	ENICHEM		
DIN-Bez 1			
DIN-Bez 2			
Zusätze		*Füllstoffe/ Verstärkung*	
Bevorzugte Verarbeitung	Extrudieren	*Lieferform*	Granulat
		Farben	Natur; Standard
Besondere Merkmale	Hochviskos; Schlagzaehigkeit	*Bevorzugte Anwendungen*	Technisches Formteil; Koffer; Kfz-Industrie

Dichte	g/cm^3	1.04	*Schmelzindex*	g/10 min	2.5:	220/10
Schüttdichte	g/cm^3		*Volumenfließindex*	cm^3/10 min	:	
Viskositätszahl	ml/g					

Verarbeitungsbedingungen für Spritzgießen

Massetemp.	°C	*Schwindung*	%	lgs 0.4–0.6, quer 0.4–0.6
Werkzeugtemp.	°C	*Bemerkungen*		
Spritzdruck	bar			

Zugversuch 23 °C ASTM D 638;
Probekörper: *Form* / *Zustand* — *Herstellung* Spritzgiessen / *Vorbehandlung* Normalklima

Streckspannung	N/mm^2		*Dehnung bei Streckspannung*	%
Zugfestigkeit	N/mm^2	40	*Reißdehnung*	%
Reißfestigkeit	N/mm^2		*% Dehnspannung*	N/mm^2
E-Modul	N/mm^2		*Dehnung bei % Dehnspg.*	%

Kriechmoduln und Zeitstandwerte 23 °C
Probekörper: *Form* / *Zustand* — *Herstellung* / *Vorbehandlung*

Kriechmodul	*1 min*	N/mm^2	*Zeitstandzugfestigkeit*	h	N/mm^2
Kriechmodul	*1000 h*	N/mm^2	*Zeitdehnspg. %*	h	N/mm^2
bei Spannung		N/mm^2			

Biegeversuch 23 °C ASTM D 790;
Probekörper: *Form* / *Zustand* — *Herstellung* Spritzgiessen / *Vorbehandlung* Normalklima

Biegefestigkeit	N/mm^2	55	*E-Modul*	N/mm^2 2100
3,5% *Biegespannung*	N/mm^2			

Härte 23 °C *Probekörper:* *Zustand* — *Herstellung* Spritzgiessen / *Vorbehandlung* Normalklima

Kugeldruckhärte	N/mm^2 bei N, s	*Shore-Härte* A	
Rockwellhärte	R 103	*Shore-Härte* D	

Schlagversuch *Probekörper:* *(1)* / *(2)* V-Kerbe / *Zustand* — *Herstellung* Spritzgiessen / *Vorbehandlung* Normalklima

		°C		°C		°C		*Probekörper-Form*
Schlagzähigkeit	kJ/m^2							
Kerbschlagzähigkeit (1)	kJ/m^2							
IZOD-Kerbschlagzähigkeit (2)	J/m	23	260	0	180	-40	110	6.4 mm dick
Kerbschlagzugzähigkeit	kJ/m^2							

Abrieb und Reibung

Taber-Abrieb (Reibradverfahren)	mm^3/100 U		
Abriebfaktor LNP (Thrust washer) Vergleichswert			
Statische Reibungszahl			
Dynamische Reibungszahl	(p · v=	N/mm^2 ·	m/min)
Zulässiger p · v Wert	N/mm^2 · (m/min)	v=	m/min
		v=	m/min

Thermische Eigenschaften

Formbeständigkeit in der Wärme	*Verfahren*	A		100 °C
	Verfahren	A		84 °C
Vicat Erweichungstemperatur (VST)	*Verfahren*	B/120		95 °C
	Verfahren			°C
Kristallit-Schmelzpunkt	*Verfahren*			
Längenausdehnungskoeffizient	*Bereich*	°C		· $10^{-4}K^{-1}$
	Temperatur 23 °C			0.9 · $10^{-4}K^{-1}$
Wärmeleitfähigkeit	*Verfahren*		23 °C	0.17 W/(K · m)
Spezifische Wärmekapazität	*Verfahren*			J/(K · g)
Glasumwandlungstemperatur	*Torsionsschwingungsversuch*		°C	
	Differentialkalorimetrie		°C	

Brandverhalten

UL-Test vertikal — Dicke 3.2 mm, Wert HB; Dicke 1.6 mm, Wert HB

	Norm	*Bewertung*	*Abmessungen*
Sauerstoff-Index	ASTM D 2863		
Glühstab-Verfahren			
Brandverhalten	DIN 4102		
MVSS			
FAR			

Elektrische Eigenschaften

		Hz	°C			*Probekörper, Form*
Dielektrizitätszahl		50				
		10^3	23	3.1		
		10^6				
Dielektrischer Verlustfaktor tan δ		50				
		10^3	23	0.015		
		10^6				
Spezifischer Durchgangswiderstand	Ohm · cm		23	1.0*10**15		
Durchschlagfestigkeit	kV/mm		23	30		mm dick
Oberflächenwiderstand	Ohm		23	1.0*10**14		
Kriechstromfestigkeit		KC		KB	KA	
Elektrolytische Korrosionswirkung						
Lichtbogenfestigkeit nach DIN						
nach ASTM	s					

Beständigkeit *(Chemische Beständigkeit siehe Anhang)*

Wasseraufnahme 23 C	1 d	0.3 %	
Feuchtigkeitsaufnahme Normalklima			%
Wetterbeständigkeit			
Spannungskorrosion			

Optische Eigenschaften

Brechungszahl n_D		
Transmissionsgrad τ_c	%	mm dick
Lichtdurchlässigkeit		

Datenbank-Nr. **T01368** *Merkblatt-Nr.* **4766**

Produkt	Acrylnitril-Butadien-Styrol-Polymerisat		**ABS**
Handelsname	**Sinkral B32E**		
Hersteller	ENICHEM		
DIN-Bez 1			
DIN-Bez 2			
Zusätze		*Füllstoffe/ Verstärkung*	
Bevorzugte Verarbeitung	Extrudieren	*Lieferform*	Granulat
		Farben	Natur; Standard
Besondere Merkmale	Hochviskos; Hohe Schlagzaehigkeit	*Bevorzugte Anwendungen*	Technisches Formteil; Koffer; Kfz-Industrie

Dichte	g/cm^3	1.04	*Schmelzindex*	g/10 min	8:	220/10
Schüttdichte	g/cm^3		*Volumenfließindex*	cm^3/10 min	:	
Viskositätszahl	ml/g					

Verarbeitungsbedingungen für Spritzgießen

Massetemp.	°C	*Schwindung*	%	lgs 0.4–0.6, quer 0.4–0.6
Werkzeugtemp.	°C	*Bemerkungen*		
Spritzdruck	bar			

Zugversuch 23 °C ASTM D 638;

Probekörper: *Form*		*Herstellung*	Spritzgiessen
Zustand		*Vorbehandlung*	Normalklima

Streckspannung	N/mm^2		*Dehnung bei Streckspannung*	%
Zugfestigkeit	N/mm^2	35	*Reißdehnung*	%
Reißfestigkeit	N/mm^2		*% Dehnspannung*	N/mm^2
E-Modul	N/mm^2		*Dehnung bei % Dehnspg.*	%

Kriechmoduln und Zeitstandwerte 23 °C

Probekörper: *Form*		*Herstellung*	
Zustand		*Vorbehandlung*	

Kriechmodul	*1 min* N/mm^2		*Zeitstandzugfestigkeit*	h	N/mm^2
Kriechmodul	*1000 h* N/mm^2		*Zeitdehnspg. %*	h	N/mm^2
bei Spannung	N/mm^2				

Biegeversuch 23 °C ASTM D 790;

Probekörper: *Form*		*Herstellung*	Spritzgiessen
Zustand		*Vorbehandlung*	Normalklima

Biegefestigkeit	N/mm^2	50	*E-Modul*	N/mm^2	1700
3,5% *Biegespannung*	N/mm^2				

Härte 23 °C

Probekörper: *Zustand*		*Herstellung*	Spritzgiessen
		Vorbehandlung	Normalklima

Kugeldruckhärte	N/mm^2	bei N, s	*Shore-Härte* A	
Rockwellhärte	R 96		*Shore-Härte* D	

Schlagversuch

Probekörper: *(1)*			
(2) V-Kerbe		*Herstellung*	Spritzgiessen
Zustand		*Vorbehandlung*	Normalklima

		°C	°C	°C	*Probekörper-Form*
Schlagzähigkeit	kJ/m^2				
Kerbschlagzähigkeit (1)	kJ/m^2				
IZOD-Kerbschlagzähigkeit (2)	J/m	23 300	0 220	-40 110	6.4 mm dick
Kerbschlagzugzähigkeit	kJ/m^2				

Abrieb und Reibung

Taber-Abrieb (Reibradverfahren)	$mm^3/100$ U		
Abriebfaktor LNP (Thrust washer) Vergleichswert			
Statische Reibungszahl			
Dynamische Reibungszahl	(p·v=	N/mm^2 ·	m/min)
Zulässiger p · v Wert	N/mm^2 · (m/min)	v=	m/min
		v=	m/min

Thermische Eigenschaften

Formbeständigkeit in der Wärme	Verfahren	A		98 °C
	Verfahren	A		80 °C
Vicat Erweichungstemperatur (VST)	Verfahren	B/120		90 °C
	Verfahren			°C
Kristallit-Schmelzpunkt	Verfahren			
Längenausdehnungskoeffizient	Bereich	°C		$\cdot 10^{-4}K^{-1}$
	Temperatur 23 °C			$0.9 \cdot 10^{-4}K^{-1}$
Wärmeleitfähigkeit	Verfahren		23 °C	0.17 W/(K · m)
Spezifische Wärmekapazität	Verfahren			J/(K · g)
Glasumwandlungstemperatur	Torsionsschwingungsversuch		°C	
	Differentialkalorimetrie		°C	

Brandverhalten

UL-Test vertikal	Dicke 3.2 mm,	Wert HB
	Dicke 1.6 mm,	Wert HB

	Norm	Bewertung	Abmessungen
Sauerstoff-Index	ASTM D 2863		
Glühstab-Verfahren			
Brandverhalten	DIN 4102		
MVSS			
FAR			

Elektrische Eigenschaften

		Hz	°C		Probekörper, Form
Dielektrizitätszahl		50			
		10^3	23	3.1	
		10^6			
Dielektrischer Verlustfaktor tan δ		50			
		10^3	23	0.015	
		10^6			
Spezifischer Durchgangs-widerstand	Ohm · cm		23	1.0*10**15	
Durchschlagfestigkeit	kV/mm		23	30	mm dick
Oberflächenwiderstand	Ohm		23	1.0*10**14	

Kriechstromfestigkeit	KC	KB	KA
Elektrolytische Korrosionswirkung			
Lichtbogenfestigkeit nach DIN			
nach ASTM	s		

Beständigkeit *(Chemische Beständigkeit siehe Anhang)*

Wasseraufnahme 23 C	1 d	0.3 %
Feuchtigkeitsaufnahme Normalklima		%
Wetterbeständigkeit		
Spannungskorrosion		

Optische Eigenschaften

Brechungszahl n_D		
Transmissionsgrad τ_c	%	mm dick
Lichtdurchlässigkeit		

Produkt	Acrylnitril-Butadien-Styrol-Polymerisat		**ABS**
Handelsname	**Sinkral B133PW**		
Hersteller	ENICHEM		
DIN-Bez 1 *DIN-Bez 2*			
Zusätze		*Füllstoffe/ Verstärkung*	
Bevorzugte Verarbeitung	Extrudieren	*Lieferform*	Granulat
		Farben	Natur; Standard
Besondere Merkmale	Hochviskos; Hohe Schlagzaehigkeit	*Bevorzugte Anwendungen*	Technisches Formteil; Koffer; Kfz-Industrie

Dichte	g/cm^3	1.04	*Schmelzindex*	g/10 min	3:	220/10
Schüttdichte	g/cm^3		*Volumenfließindex*	cm^3/10 min	:	
Viskositätszahl	ml/g					

Verarbeitungsbedingungen für Spritzgießen

Massetemp.	°C	*Schwindung*	%	lgs 0.4–0.6, quer 0.4–0.6
Werkzeugtemp.	°C	*Bemerkungen*		
Spritzdruck	bar			

Zugversuch 23 °C ASTM D 638;

Probekörper: *Form* / *Zustand* — *Herstellung* Spritzgiessen; *Vorbehandlung* Normalklima

Streckspannung	N/mm^2		*Dehnung bei Streckspannung*	%
Zugfestigkeit	N/mm^2	40	*Reißdehnung*	%
Reißfestigkeit	N/mm^2		% *Dehnspannung*	N/mm^2
E-Modul	N/mm^2		*Dehnung bei* % *Dehnspg.*	%

Kriechmoduln und Zeitstandwerte 23 °C

Probekörper: *Form* / *Zustand* — *Herstellung*; *Vorbehandlung*

Kriechmodul	*1 min*	N/mm^2	*Zeitstandzugfestigkeit*	h	N/mm^2
Kriechmodul	*1000 h*	N/mm^2	*Zeitdehnspg.* %	h	N/mm^2
bei Spannung		N/mm^2			

Biegeversuch 23 °C ASTM D 790;

Probekörper: *Form* / *Zustand* — *Herstellung* Spritzgiessen; *Vorbehandlung* Normalklima

Biegefestigkeit	N/mm^2	62	*E-Modul*	N/mm^2	2100
3,5% *Biegespannung*	N/mm^2				

Härte 23 °C *Probekörper:* *Zustand* — *Herstellung* Spritzgiessen; *Vorbehandlung* Normalklima

Kugeldruckhärte	N/mm^2	bei N, s	*Shore-Härte* A	
Rockwellhärte	R 106		*Shore-Härte* D	

Schlagversuch *Probekörper:* *(1)* / *(2)* V-Kerbe / *Zustand* — *Herstellung* Spritzgiessen; *Vorbehandlung* Normalklima

		°C		°C		°C		*Probekörper-Form*
Schlagzähigkeit	kJ/m^2							
Kerbschlagzähigkeit (1)	kJ/m^2							
IZOD-Kerbschlagzähigkeit (2)	J/m	23	320	0	260	-40	140	6.4 mm dick
Kerbschlagzugzähigkeit	kJ/m^2							

Abrieb und Reibung

Taber-Abrieb (Reibradverfahren)	$mm^3/100$ U	
Abriebfaktor LNP (Thrust washer) Vergleichswert		
Statische Reibungszahl		
Dynamische Reibungszahl	(p·v= N/mm²·	m/min)
Zulässiger p · v Wert	N/mm²· (m/min) v=	m/min
	v=	m/min

Thermische Eigenschaften

Formbeständigkeit in der Wärme	*Verfahren* A		102 °C
	Verfahren A		86 °C
Vicat Erweichungstemperatur (VST)	*Verfahren* B/120		99 °C
	Verfahren		°C
Kristallit-Schmelzpunkt	*Verfahren*		
Längenausdehnungskoeffizient	*Bereich* °C		$\cdot 10^{-4}K^{-1}$
	Temperatur 23 °C		$0.9 \cdot 10^{-4}K^{-1}$
Wärmeleitfähigkeit	*Verfahren*	23 °C	0.17 W/(K · m)
Spezifische Wärmekapazität	*Verfahren*		J/(K · g)
Glasumwandlungstemperatur	*Torsionsschwingungsversuch*	°C	
	Differentialkalorimetrie	°C	

Brandverhalten

UL-Test vertikal	Dicke 3.2 mm, Wert HB	
	Dicke 1.6 mm, Wert HB	

	Norm	*Bewertung*	*Abmessungen*
Sauerstoff-Index	ASTM D 2863		
Glühstab-Verfahren			
Brandverhalten	DIN 4102		
MVSS			
FAR			

Elektrische Eigenschaften

		Hz	°C			*Probekörper, Form*
Dielektrizitätszahl		50				
		10^3	23	3.1		
		10^6				
Dielektrischer Verlustfaktor tan δ		50				
		10^3	23	0.015		
		10^6				
Spezifischer Durchgangs-widerstand	Ohm · cm		23	1.0*10**15		
Durchschlagfestigkeit	kV/mm		23	30		mm dick
Oberflächenwiderstand	Ohm		23	1.0*10**14		
Kriechstromfestigkeit		KC		KB	KA	
Elektrolytische Korrosionswirkung						
Lichtbogenfestigkeit nach DIN						
nach ASTM	s					

Beständigkeit *(Chemische Beständigkeit siehe Anhang)*

Wasseraufnahme 23 C	1 d	0.3 %	
Feuchtigkeitsaufnahme Normalklima			%
Wetterbeständigkeit			
Spannungskorrosion			

Optische Eigenschaften

Brechungszahl n_D		
Transmissionsgrad τ_c	%	mm dick
Lichtdurchlässigkeit		

Produkt	Acrylnitril-Butadien-Styrol-Polymerisat		**ABS**
Handelsname	**Sinkral B133P**		
Hersteller	ENICHEM		
DIN-Bez 1			
DIN-Bez 2			
Zusätze		*Füllstoffe/ Verstärkung*	
Bevorzugte Verarbeitung	Extrudieren	*Lieferform*	Granulat
		Farben	Natur; Standard
Besondere Merkmale	Hochviskos; Hohe Waermeformbe-staendigkeit	*Bevorzugte Anwendungen*	Technisches Formteil; Koffer; Kfz-Industrie

Dichte	g/cm^3	1.06	*Schmelzindex*	g/10 min	2.5:	220/10
Schüttdichte	g/cm^3		*Volumenfließindex*	cm^3/10 min	:	
Viskositätszahl	ml/g					

Verarbeitungsbedingungen für Spritzgießen

Massetemp.	°C	*Schwindung*	%	lgs 0.4–0.6, quer 0.4–0.6
Werkzeugtemp.	°C	*Bemerkungen*		
Spritzdruck	bar			

Zugversuch 23 °C ASTM D 638;

Probekörper: *Form* — *Herstellung* Spritzgiessen
Zustand — *Vorbehandlung* Normalklima

Streckspannung	N/mm^2		*Dehnung bei Streckspannung*	%
Zugfestigkeit	N/mm^2	43	*Reißdehnung*	%
Reißfestigkeit	N/mm^2		*% Dehnspannung*	N/mm^2
E-Modul	N/mm^2		*Dehnung bei % Dehnspg.*	%

Kriechmoduln und Zeitstandwerte 23 °C

Probekörper: *Form* — *Herstellung*
Zustand — *Vorbehandlung*

Kriechmodul	*1 min* N/mm^2	*Zeitstandzugfestigkeit*	h	N/mm^2
Kriechmodul	*1000 h* N/mm^2	*Zeitdehnspg. %*	h	N/mm^2
bei Spannung	N/mm^2			

Biegeversuch 23 °C ASTM D 790;

Probekörper: *Form* — *Herstellung* Spritzgiessen
Zustand — *Vorbehandlung* Normalklima

Biegefestigkeit	N/mm^2	64	*E-Modul*	N/mm^2 2300
3,5% *Biegespannung*	N/mm^2			

Härte 23 °C *Probekörper:* *Zustand* — *Herstellung* Spritzgiessen
Vorbehandlung Normalklima

Kugeldruckhärte	N/mm^2	bei N, s	*Shore-Härte*	A
Rockwellhärte	R 107		*Shore-Härte*	D

Schlagversuch *Probekörper:* *(1)*
(2) V-Kerbe — *Herstellung* Spritzgiessen
Zustand — *Vorbehandlung* Normalklima

		°C		°C		°C		*Probekörper-Form*
Schlagzähigkeit	kJ/m^2							
Kerbschlagzähigkeit (1)	kJ/m^2							
IZOD-Kerbschlagzähigkeit (2)	J/m	23	220	0	150	-40	70	6.4 mm dick
Kerbschlagzugzähigkeit	kJ/m^2							

Abrieb und Reibung

Taber-Abrieb (Reibradverfahren)	mm³/100 U		
Abriebfaktor LNP (Thrust washer) Vergleichswert			
Statische Reibungszahl			
Dynamische Reibungszahl	(p · v =	N/mm² ·	m/min)
Zulässiger p · v Wert	N/mm² · (m/min)	v =	m/min
		v =	m/min

Thermische Eigenschaften

Formbeständigkeit in der Wärme	*Verfahren* A			110 °C
	Verfahren A			93 °C
Vicat Erweichungstemperatur (VST)	*Verfahren* B/120			110 °C
	Verfahren			°C
Kristallit-Schmelzpunkt	*Verfahren*			
Längenausdehnungskoeffizient	*Bereich*	°C		$\cdot 10^{-4} K^{-1}$
	Temperatur 23 °C			$0.9 \cdot 10^{-4} K^{-1}$
Wärmeleitfähigkeit	*Verfahren*		23 °C	0.17 W/(K · m)
Spezifische Wärmekapazität	*Verfahren*			J/(K · g)
Glasumwandlungstemperatur	*Torsionsschwingungsversuch*		°C	
	Differentialkalorimetrie		°C	

Brandverhalten

UL-Test vertikal	Dicke 3.2 mm, Wert HB	
	Dicke 1.6 mm, Wert HB	

	Norm	*Bewertung*	*Abmessungen*
Sauerstoff-Index	ASTM D 2863		
Glühstab-Verfahren			
Brandverhalten	DIN 4102		
MVSS			
FAR			

Elektrische Eigenschaften

		Hz	°C			*Probekörper, Form*
Dielektrizitätszahl		50				
		10^3	23	3.1		
		10^6				
Dielektrischer Verlustfaktor tan δ		50				
		10^3	23	0.015		
		10^6				
Spezifischer Durchgangs-widerstand	Ohm · cm		23	1.0*10**15		
Durchschlagfestigkeit	kV/mm		23	30		mm dick
Oberflächenwiderstand	Ohm		23	1.0*10**14		
Kriechstromfestigkeit		KC		KB	KA	
Elektrolytische Korrosionswirkung						
Lichtbogenfestigkeit nach DIN						
nach ASTM	s					

Beständigkeit *(Chemische Beständigkeit siehe Anhang)*

Wasseraufnahme 23 C	1 d	0.3 %	
Feuchtigkeitsaufnahme Normalklima			%
Wetterbeständigkeit			
Spannungskorrosion			

Optische Eigenschaften

Brechungszahl n_D		
Transmissionsgrad τ_c	%	mm dick
Lichtdurchlässigkeit		

Produkt	Acrylnitril-Butadien-Styrol-Polymerisat		**ABS**
Handelsname	**Sinkral TBA**		
Hersteller	ENICHEM		
DIN-Bez 1			
DIN-Bez 2			
Zusätze		*Füllstoffe/ Verstärkung*	
Bevorzugte Verarbeitung	Spritzgiessen	*Lieferform*	Granulat
		Farben	Natur; Standard
Besondere Merkmale	Mittelviskos	*Bevorzugte Anwendungen*	Rohr

Dichte	g/cm³	1.04	*Schmelzindex*	g/10 min	15:	220/10
Schüttdichte	g/cm³		*Volumenfließindex*	cm³/10 min	:	
Viskositätszahl	ml/g					

Verarbeitungsbedingungen für Spritzgießen

Massetemp.	°C	*Schwindung*	%	lgs 0.4–0.6, quer 0.4–0.6
Werkzeugtemp.	°C	*Bemerkungen*		
Spritzdruck	bar			

Zugversuch 23 °C ASTM D 638;

Probekörper:	*Form*		*Herstellung*	Spritzgiessen
	Zustand		*Vorbehandlung*	Normalklima

Streckspannung	N/mm²		*Dehnung bei Streckspannung*	%
Zugfestigkeit	N/mm²	38	*Reißdehnung*	%
Reißfestigkeit	N/mm²		% *Dehnspannung*	N/mm²
E-Modul	N/mm²		*Dehnung bei* % *Dehnspg.*	%

Kriechmoduln und Zeitstandwerte 23 °C

Probekörper:	*Form*	*Herstellung*	
	Zustand	*Vorbehandlung*	

Kriechmodul	*1 min*	N/mm²	*Zeitstandzugfestigkeit*	h	N/mm²
Kriechmodul	*1000 h*	N/mm²	*Zeitdehnspg.* %	h	N/mm²
bei Spannung		N/mm²			

Biegeversuch 23 °C ASTM D 790;

Probekörper:	*Form*	*Herstellung*	Spritzgiessen
	Zustand	*Vorbehandlung*	Normalklima

Biegefestigkeit	N/mm²	50	*E-Modul*	N/mm²	2000
3,5% *Biegespannung*	N/mm²				

Härte 23 °C

Probekörper:	*Zustand*	*Herstellung*	Spritzgiessen
		Vorbehandlung	Normalklima

Kugeldruckhärte	N/mm²	bei N, s	*Shore-Härte* A	
Rockwellhärte	R 105		*Shore-Härte* D	

Schlagversuch

Probekörper:	*(1)*		
	(2) V-Kerbe	*Herstellung*	Spritzgiessen
	Zustand	*Vorbehandlung*	Normalklima

		°C		°C		°C		*Probekörper-Form*
Schlagzähigkeit	kJ/m²							
Kerbschlagzähigkeit (1)	kJ/m²							
IZOD-Kerbschlagzähigkeit (2)	J/m	23	150	0	100	-40	20	6.4 mm dick
Kerbschlagzugzähigkeit	kJ/m²							

Abrieb und Reibung

Taber-Abrieb (Reibradverfahren)	mm^3/100 U		
Abriebfaktor LNP (Thrust washer) Vergleichswert			
Statische Reibungszahl			
Dynamische Reibungszahl	(p · v =	N/mm^2 ·	m/min)
Zulässiger p · v Wert	N/mm^2 · (m/min)	v =	m/min
		v =	m/min

Thermische Eigenschaften

Formbeständigkeit in der Wärme	*Verfahren* A			90 °C
	Verfahren A			80 °C
Vicat Erweichungstemperatur (VST)	*Verfahren* B/120			94 °C
	Verfahren			°C
Kristallit-Schmelzpunkt	*Verfahren*			
Längenausdehnungskoeffizient	*Bereich*	°C		$\cdot 10^{-4}K^{-1}$
	Temperatur 23 °C			$0.9 \cdot 10^{-4}K^{-1}$
Wärmeleitfähigkeit	*Verfahren*		23 °C	0.17 W/(K · m)
Spezifische Wärmekapazität	*Verfahren*			J/(K · g)
Glasumwandlungstemperatur	*Torsionsschwingungsversuch*		°C	
	Differentialkalorimetrie		°C	

Brandverhalten

UL-Test vertikal	Dicke 3.2 mm, Wert HB
	Dicke 1.6 mm, Wert HB

	Norm	*Bewertung*	*Abmessungen*
Sauerstoff-Index	ASTM D 2863		
Glühstab-Verfahren			
Brandverhalten	DIN 4102		
MVSS			
FAR			

Elektrische Eigenschaften

		Hz	°C		*Probekörper, Form*
Dielektrizitätszahl		50			
		10^3	23	4.0	
		10^6			
Dielektrischer Verlustfaktor tan δ		50			
		10^3	23	0.015	
		10^6			
Spezifischer Durchgangswiderstand	Ohm · cm		23	1.0*10**13	
Durchschlagfestigkeit	kV/mm		23	20	mm dick
Oberflächenwiderstand	Ohm		23	1.0*10**12	

Kriechstromfestigkeit	KC	KB	KA
Elektrolytische Korrosionswirkung			
Lichtbogenfestigkeit nach DIN			
nach ASTM s			

Beständigkeit *(Chemische Beständigkeit siehe Anhang)*

Wasseraufnahme 23 C	1 d	0.3 %
Feuchtigkeitsaufnahme Normalklima		%
Wetterbeständigkeit		
Spannungskorrosion		

Optische Eigenschaften

Brechungszahl n_D		
Transmissionsgrad τ_c	%	mm dick
Lichtdurchlässigkeit		

Datenbank-Nr. **T01372** Merkblatt-Nr. **4770**

Produkt	Acrylnitril-Butadien-Styrol-Polymerisat		**ABS**
Handelsname	**Sinkral A123**		
Hersteller	ENICHEM		
DIN-Bez 1			
DIN-Bez 2			
Zusätze		*Füllstoffe/ Verstärkung*	
Bevorzugte Verarbeitung	Spritzgiessen	*Lieferform*	Granulat
		Farben	Natur; Standard
Besondere Merkmale	Mittelviskos; Waermeformbestaendigkeit	*Bevorzugte Anwendungen*	Technisches Formteil; Kfz-Industrie

Dichte	g/cm³ 1.05	*Schmelzindex*	g/10 min	15:	220/10
Schüttdichte	g/cm³	*Volumenfließindex*	cm³/10 min	:	
Viskositätszahl	ml/g				

Verarbeitungsbedingungen für Spritzgießen

Massetemp.	°C	*Schwindung*	% lgs 0.4–0.6, quer 0.4–0.6
Werkzeugtemp.	°C	*Bemerkungen*	
Spritzdruck	bar		

Zugversuch 23 °C ASTM D 638;
Probekörper: *Form* | *Herstellung* Spritzgiessen
Zustand | *Vorbehandlung* Normalklima

Streckspannung	N/mm²	*Dehnung bei Streckspannung*	%
Zugfestigkeit	N/mm² 47	*Reißdehnung*	%
Reißfestigkeit	N/mm²	*% Dehnspannung*	N/mm²
E-Modul	N/mm²	*Dehnung bei % Dehnspg.*	%

Kriechmoduln und Zeitstandwerte 23 °C
Probekörper: *Form* | *Herstellung*
Zustand | *Vorbehandlung*

Kriechmodul	*1 min* N/mm²	*Zeitstandzugfestigkeit*	h N/mm²
Kriechmodul	*1000 h* N/mm²	*Zeitdehnspg. %*	h N/mm²
bei Spannung	N/mm²		

Biegeversuch 23 °C ASTM D 790;
Probekörper: *Form* | *Herstellung* Spritzgiessen
Zustand | *Vorbehandlung* Normalklima

Biegefestigkeit	N/mm² 64	*E-Modul*	N/mm² 2500
3,5% *Biegespannung*	N/mm²		

Härte 23 °C *Probekörper:* *Zustand* | *Herstellung* Spritzgiessen
Vorbehandlung Normalklima

Kugeldruckhärte	N/mm² bei N, s	*Shore-Härte*	A
Rockwellhärte	R 112	*Shore-Härte*	D

Schlagversuch *Probekörper:* *(1)*
(2) V-Kerbe | *Herstellung* Spritzgiessen
Zustand | *Vorbehandlung* Normalklima

		°C		°C		°C		*Probekörper-Form*
Schlagzähigkeit	kJ/m²							
Kerbschlagzähigkeit (1)	kJ/m²							
IZOD-Kerbschlagzähigkeit (2)	J/m	23	130	0	100	-40	45	6.4 mm dick
Kerbschlagzugzähigkeit	kJ/m²							

Abrieb und Reibung

Taber-Abrieb (Reibradverfahren)	$mm^3/100$ U		
Abriebfaktor LNP (Thrust washer) Vergleichswert			
Statische Reibungszahl			
Dynamische Reibungszahl	(p·v= N/mm^2·		m/min)
Zulässiger p · v Wert	N/mm^2·(m/min)	v=	m/min
		v=	m/min

Thermische Eigenschaften

Formbeständigkeit in der Wärme	*Verfahren* A			103 °C
	Verfahren A			91 °C
Vicat Erweichungstemperatur (VST)	*Verfahren* B/120			102 °C
	Verfahren			°C
Kristallit-Schmelzpunkt	*Verfahren*			
Längenausdehnungskoeffizient	*Bereich* °C			$\cdot 10^{-4} K^{-1}$
	Temperatur 23 °C			$0.9 \cdot 10^{-4} K^{-1}$
Wärmeleitfähigkeit	*Verfahren*		23 °C	0.17 W/(K · m)
Spezifische Wärmekapazität	*Verfahren*			J/(K · g)
Glasumwandlungstemperatur	*Torsionsschwingungsversuch*		°C	
	Differentialkalorimetrie		°C	

Brandverhalten

UL-Test vertikal Dicke 3.2 mm, Wert HB
Dicke 1.6 mm, Wert HB

	Norm	*Bewertung*	*Abmessungen*
Sauerstoff-Index	ASTM D 2863		
Glühstab-Verfahren			
Brandverhalten	DIN 4102		
MVSS			
FAR			

Elektrische Eigenschaften

		Hz	°C			*Probekörper, Form*
Dielektrizitätszahl		50				
		10^3	23	3.1		
		10^6				
Dielektrischer Verlustfaktor tan δ		50				
		10^3	23	0.015		
		10^6				
Spezifischer Durchgangs-widerstand	Ohm · cm		23	1.0*10**15		
Durchschlagfestigkeit	kV/mm		23	30		mm dick
Oberflächenwiderstand	Ohm		23	1.0*10**14		
Kriechstromfestigkeit		KC		KB	KA	
Elektrolytische Korrosionswirkung						
Lichtbogenfestigkeit nach DIN						
nach ASTM	s					

Beständigkeit *(Chemische Beständigkeit siehe Anhang)*

Wasseraufnahme 23 C	1 d	0.3 %	
Feuchtigkeitsaufnahme Normalklima			%
Wetterbeständigkeit			
Spannungskorrosion			

Optische Eigenschaften

Brechungszahl n_D
Transmissionsgrad τ_c % mm dick
Lichtdurchlässigkeit

Produkt	Acrylnitril-Butadien-Styrol-Polymerisat		**ABS**
Handelsname	**Sinkral M223**		
Hersteller	ENICHEM		
DIN-Bez 1			
DIN-Bez 2			
Zusätze		*Füllstoffe/ Verstärkung*	
Bevorzugte Verarbeitung	Spritzgiessen	*Lieferform*	Granulat
		Farben	Natur; Standard
Besondere Merkmale	Waermeformbestaendigkeit	*Bevorzugte Anwendungen*	Technisches Formteil; Kfz-Industrie

Dichte	g/cm^3	1.05	*Schmelzindex*	g/10 min	7:	220/10
Schüttdichte	g/cm^3		*Volumenfließindex*	cm^3/10 min	:	
Viskositätszahl	ml/g					

Verarbeitungsbedingungen für Spritzgießen

Massetemp.	°C	*Schwindung*	%	lgs 0.4–0.6, quer 0.4–0.6
Werkzeugtemp.	°C	*Bemerkungen*		
Spritzdruck	bar			

Zugversuch 23 °C ASTM D 638;
Probekörper: *Form* / *Zustand* — *Herstellung* Spritzgiessen; *Vorbehandlung* Normalklima

Streckspannung	N/mm^2		*Dehnung bei Streckspannung*	%
Zugfestigkeit	N/mm^2	43	*Reißdehnung*	%
Reißfestigkeit	N/mm^2		*% Dehnspannung*	N/mm^2
E-Modul	N/mm^2		*Dehnung bei % Dehnspg.*	%

Kriechmoduln und Zeitstandwerte 23 °C
Probekörper: *Form* / *Zustand* — *Herstellung*; *Vorbehandlung*

Kriechmodul	*1 min* N/mm^2	*Zeitstandzugfestigkeit*	h N/mm^2
Kriechmodul	*1000 h* N/mm^2	*Zeitdehnspg. %*	h N/mm^2
bei Spannung	N/mm^2		

Biegeversuch 23 °C ASTM D 790;
Probekörper: *Form* / *Zustand* — *Herstellung* Spritzgiessen; *Vorbehandlung* Normalklima

Biegefestigkeit	N/mm^2	64	*E-Modul*	N/mm^2	2300
3,5% *Biegespannung*	N/mm^2				

Härte 23 °C *Probekörper:* *Zustand* — *Herstellung* Spritzgiessen; *Vorbehandlung* Normalklima

Kugeldruckhärte	N/mm^2 bei N, s	*Shore-Härte A*	
Rockwellhärte	R 109	*Shore-Härte D*	

Schlagversuch *Probekörper:* *(1)* / *(2)* V-Kerbe / *Zustand* — *Herstellung* Spritzgiessen; *Vorbehandlung* Normalklima

		°C		°C		°C		*Probekörper-Form*
Schlagzähigkeit	kJ/m^2							
Kerbschlagzähigkeit (1)	kJ/m^2							
IZOD-Kerbschlagzähigkeit (2)	J/m	23	240	0	160	-40	80	6.4 mm dick
Kerbschlagzugzähigkeit	kJ/m^2							

Abrieb und Reibung

Taber-Abrieb (Reibradverfahren)	$mm^3/100$ U		
Abriebfaktor LNP (Thrust washer) Vergleichswert			
Statische Reibungszahl			
Dynamische Reibungszahl	(p · v =	N/mm^2 ·	m/min)
Zulässiger p · v Wert	N/mm^2 · (m/min)	v =	m/min
		v =	m/min

Thermische Eigenschaften

Formbeständigkeit in der Wärme	*Verfahren* A			102 °C
	Verfahren A			90 °C
Vicat Erweichungstemperatur (VST)	*Verfahren* B/120			102 °C
	Verfahren			°C
Kristallit-Schmelzpunkt	*Verfahren*			
Längenausdehnungskoeffizient	*Bereich*	°C		$\cdot 10^{-4} K^{-1}$
	Temperatur 23 °C			$0.9 \cdot 10^{-4} K^{-1}$
Wärmeleitfähigkeit	*Verfahren*		23 °C	0.17 W/(K · m)
Spezifische Wärmekapazität	*Verfahren*			J/(K · g)
Glasumwandlungstemperatur	*Torsionsschwingungsversuch*		°C	
	Differentialkalorimetrie		°C	

Brandverhalten

UL-Test vertikal	Dicke 3.2 mm, Wert HB	
	Dicke 1.6 mm, Wert HB	

	Norm	*Bewertung*	*Abmessungen*
Sauerstoff-Index	ASTM D 2863		
Glühstab-Verfahren			
Brandverhalten	DIN 4102		
MVSS			
FAR			

Elektrische Eigenschaften

		Hz	°C		*Probekörper, Form*
Dielektrizitätszahl		50			
		10^3	23	3.1	
		10^6			
Dielektrischer Verlustfaktor tan δ		50			
		10^3	23	0.015	
		10^6			
Spezifischer Durchgangswiderstand	Ohm · cm		23	1.0*10**15	
Durchschlagfestigkeit	kV/mm		23	30	mm dick
Oberflächenwiderstand	Ohm		23	1.0*10**14	

Kriechstromfestigkeit	KC	KB	KA
Elektrolytische Korrosionswirkung			
Lichtbogenfestigkeit nach DIN			
nach ASTM	s		

Beständigkeit *(Chemische Beständigkeit siehe Anhang)*

Wasseraufnahme 23 C	1 d	0.3 %	
Feuchtigkeitsaufnahme Normalklima			%
Wetterbeständigkeit			
Spannungskorrosion			

Optische Eigenschaften

Brechungszahl n_D		
Transmissionsgrad τ_c	%	mm dick
Lichtdurchlässigkeit		

Datenbank-Nr. **T01374** Merkblatt-Nr. **4772**

Produkt	Acrylnitril-Butadien-Styrol-Polymerisat		**ABS**
Handelsname	**Sinkral M323**		
Hersteller	ENICHEM		
DIN-Bez 1			
DIN-Bez 2			
Zusätze		*Füllstoffe/ Verstärkung*	
Bevorzugte Verarbeitung	Spritzgiessen	*Lieferform*	Granulat
		Farben	Natur; Standard
Besondere Merkmale	Hochviskos; Waermeformbestaendigkeit	*Bevorzugte Anwendungen*	Technisches Formteil; Kfz-Industrie

Dichte	g/cm^3	1.05	*Schmelzindex*	g/10 min	5:	220/10
Schüttdichte	g/cm^3		*Volumenfließindex*	cm^3/10 min	:	
Viskositätszahl	ml/g					

Verarbeitungsbedingungen für Spritzgießen

Massetemp.	°C	*Schwindung*	%	lgs 0.4–0.6, quer 0.4–0.6
Werkzeugtemp.	°C	*Bemerkungen*		
Spritzdruck	bar			

Zugversuch 23 °C ASTM D 638;

Probekörper: *Form* — *Zustand* — *Herstellung* Spritzgiessen — *Vorbehandlung* Normalklima

Streckspannung	N/mm^2		*Dehnung bei Streckspannung*	%
Zugfestigkeit	N/mm^2	43	*Reißdehnung*	%
Reißfestigkeit	N/mm^2		*% Dehnspannung*	N/mm^2
E-Modul	N/mm^2		*Dehnung bei % Dehnspg.*	%

Kriechmoduln und Zeitstandwerte 23 °C

Probekörper: *Form* — *Zustand* — *Herstellung* — *Vorbehandlung*

Kriechmodul	*1 min*	N/mm^2	*Zeitstandzugfestigkeit*	h	N/mm^2
Kriechmodul	*1000 h*	N/mm^2	*Zeitdehnspg. %*	h	N/mm^2
bei Spannung		N/mm^2			

Biegeversuch 23 °C ASTM D 790;

Probekörper: *Form* — *Zustand* — *Herstellung* Spritzgiessen — *Vorbehandlung* Normalklima

Biegefestigkeit	N/mm^2	62	*E-Modul*	N/mm^2	2300
3,5% *Biegespannung*	N/mm^2				

Härte 23 °C *Probekörper:* *Zustand* — *Herstellung* Spritzgiessen — *Vorbehandlung* Normalklima

Kugeldruckhärte	N/mm^2	bei N, s	*Shore-Härte* A	
Rockwellhärte	R 109		*Shore-Härte* D	

Schlagversuch *Probekörper:* *(1)* — *(2)* V-Kerbe — *Zustand* — *Herstellung* Spritzgiessen — *Vorbehandlung* Normalklima

		°C		°C		°C		*Probekörper-Form*
Schlagzähigkeit	kJ/m^2							
Kerbschlagzähigkeit (1)	kJ/m^2							
IZOD-Kerbschlagzähigkeit (2)	J/m	23	230	0	150	-40	80	6.4 mm dick
Kerbschlagzugzähigkeit	kJ/m^2							

Abrieb und Reibung

Taber-Abrieb (Reibradverfahren)	mm^3/100 U		
Abriebfaktor LNP (Thrust washer) Vergleichswert			
Statische Reibungszahl			
Dynamische Reibungszahl	(p·v= N/mm^2·		m/min)
Zulässiger p · v Wert	N/mm^2· (m/min)	v=	m/min
		v=	m/min

Thermische Eigenschaften

Formbeständigkeit in der Wärme	*Verfahren* A			105 °C
	Verfahren A			92 °C
Vicat Erweichungstemperatur (VST)	*Verfahren* B/120			105 °C
	Verfahren			°C
Kristallit-Schmelzpunkt	*Verfahren*			
Längenausdehnungskoeffizient	*Bereich*	°C		$\cdot 10^{-4}K^{-1}$
	Temperatur 23 °C			$0.9 \cdot 10^{-4}K^{-1}$
Wärmeleitfähigkeit	*Verfahren*		23 °C	0.17 W/(K · m)
Spezifische Wärmekapazität	*Verfahren*			J/(K · g)
Glasumwandlungstemperatur	*Torsionsschwingungsversuch*		°C	
	Differentialkalorimetrie		°C	

Brandverhalten

UL-Test vertikal	Dicke 3.2 mm, Wert HB	
	Dicke 1.6 mm, Wert HB	

	Norm	*Bewertung*	*Abmessungen*
Sauerstoff-Index	ASTM D 2863		
Glühstab-Verfahren			
Brandverhalten	DIN 4102		
MVSS			
FAR			

Elektrische Eigenschaften

		Hz	°C		*Probekörper, Form*
Dielektrizitätszahl		50			
		10^3	23	3.1	
		10^6			
Dielektrischer Verlustfaktor tan δ		50			
		10^3	23	0.015	
		10^6			
Spezifischer Durchgangs-widerstand	Ohm · cm		23	1.0*10**15	
Durchschlagfestigkeit	kV/mm		23	30	mm dick
Oberflächenwiderstand	Ohm		23	1.0*10**14	

Kriechstromfestigkeit	KC	KB	KA
Elektrolytische Korrosionswirkung			
Lichtbogenfestigkeit nach DIN			
nach ASTM s			

Beständigkeit *(Chemische Beständigkeit siehe Anhang)*

Wasseraufnahme 23 C	1 d	0.3 %	
Feuchtigkeitsaufnahme Normalklima			%
Wetterbeständigkeit			
Spannungskorrosion			

Optische Eigenschaften

Brechungszahl n_D		
Transmissionsgrad τ_c	%	mm dick
Lichtdurchlässigkeit		

Produkt	Acrylnitril-Butadien-Styrol-Polymerisat		**ABS**
Handelsname	**Sinkral B423**		
Hersteller	ENICHEM		
DIN-Bez 1			
DIN-Bez 2			
Zusätze		*Füllstoffe/ Verstärkung*	
Bevorzugte Verarbeitung	Spritzgiessen	*Lieferform*	Granulat
		Farben	Natur; Standard
Besondere Merkmale	Hochviskos; Waermebestaendigkeit	*Bevorzugte Anwendungen*	Technisches Formteil; Kfz-Industrie

Dichte	g/cm^3 1.05	*Schmelzindex*	g/10 min	2:	220/10
Schüttdichte	g/cm^3	*Volumenfließindex*	cm^3/10 min	:	
Viskositätszahl	ml/g				

Verarbeitungsbedingungen für Spritzgießen

Massetemp.	°C	*Schwindung*	%	lgs 0.4–0.6, quer 0.4–0.6
Werkzeugtemp.	°C	*Bemerkungen*		
Spritzdruck	bar			

Zugversuch 23 °C ASTM D 638;

Probekörper:	*Form*		*Herstellung*	Spritzgiessen
	Zustand		*Vorbehandlung*	Normalklima
Streckspannung	N/mm^2		*Dehnung bei Streckspannung*	%
Zugfestigkeit	N/mm^2 37		*Reißdehnung*	%
Reißfestigkeit	N/mm^2		*% Dehnspannung*	N/mm^2
E-Modul	N/mm^2		*Dehnung bei % Dehnspg.*	%

Kriechmoduln und Zeitstandwerte 23 °C

Probekörper:	*Form*		*Herstellung*	
	Zustand		*Vorbehandlung*	
Kriechmodul	*1 min* N/mm^2		*Zeitstandzugfestigkeit*	h N/mm^2
Kriechmodul	*1000 h* N/mm^2		*Zeitdehnspg. %*	h N/mm^2
bei Spannung	N/mm^2			

Biegeversuch 23 °C ASTM D 790;

Probekörper:	*Form*		*Herstellung*	Spritzgiessen
	Zustand		*Vorbehandlung*	Normalklima
Biegefestigkeit	N/mm^2 50		*E-Modul*	N/mm^2 1800
3,5% *Biegespannung*	N/mm^2			

Härte 23 °C

Probekörper:	*Zustand*		*Herstellung*	Spritzgiessen
			Vorbehandlung	Normalklima
Kugeldruckhärte	N/mm^2	bei N, s	*Shore-Härte* A	
Rockwellhärte	R 100		*Shore-Härte* D	

Schlagversuch

Probekörper:	*(1)*			
	(2) V-Kerbe		*Herstellung*	Spritzgiessen
	Zustand		*Vorbehandlung*	Normalklima

		°C	°C	°C	*Probekörper-Form*
Schlagzähigkeit	kJ/m^2				
Kerbschlagzähigkeit (1)	kJ/m^2				
IZOD-Kerbschlagzähigkeit (2)	J/m	23 250	0 180	-40 90	6.4 mm dick
Kerbschlagzugzähigkeit	kJ/m^2				

Abrieb und Reibung

Taber-Abrieb (Reibradverfahren)	mm^3/100 U		
Abriebfaktor LNP (Thrust washer) Vergleichswert			
Statische Reibungszahl			
Dynamische Reibungszahl	(p · v=	N/mm^2 ·	m/min)
Zulässiger p · v Wert	N/mm^2 · (m/min)	v=	m/min
		v=	m/min

Thermische Eigenschaften

Formbeständigkeit in der Wärme	*Verfahren* A			105 °C
	Verfahren A			92 °C
Vicat Erweichungstemperatur (VST)	*Verfahren* B/120			105 °C
	Verfahren			°C
Kristallit-Schmelzpunkt	*Verfahren*			
Längenausdehnungskoeffizient	*Bereich*	°C		$\cdot 10^{-4}K^{-1}$
	Temperatur 23 °C			$0.9 \cdot 10^{-4}K^{-1}$
Wärmeleitfähigkeit	*Verfahren*		23 °C	0.17 W/(K · m)
Spezifische Wärmekapazität	*Verfahren*			J/(K · g)
Glasumwandlungstemperatur	*Torsionsschwingungsversuch*		°C	
	Differentialkalorimetrie		°C	

Brandverhalten

UL-Test vertikal — Dicke 3.2 mm, Wert HB; Dicke 1.6 mm, Wert HB

	Norm	*Bewertung*	*Abmessungen*
Sauerstoff-Index	ASTM D 2863		
Glühstab-Verfahren			
Brandverhalten	DIN 4102		
MVSS			
FAR			

Elektrische Eigenschaften

		Hz	°C			*Probekörper, Form*
Dielektrizitätszahl		50				
		10^3	23	3.1		
		10^6				
Dielektrischer Verlustfaktor tan δ		50				
		10^3	23	0.015		
		10^6				
Spezifischer Durchgangs-widerstand	Ohm · cm		23	1.0*10**15		
Durchschlagfestigkeit	kV/mm		23	30		mm dick
Oberflächenwiderstand	Ohm		23	1.0*10**14		
Kriechstromfestigkeit		KC		KB	KA	
Elektrolytische Korrosionswirkung						
Lichtbogenfestigkeit nach DIN						
nach ASTM	s					

Beständigkeit *(Chemische Beständigkeit siehe Anhang)*

Wasseraufnahme 23 C	1 d	0.3 %	
Feuchtigkeitsaufnahme Normalklima			%
Wetterbeständigkeit			
Spannungskorrosion			

Optische Eigenschaften

Brechungszahl n_D		
Transmissionsgrad τ_c	%	mm dick
Lichtdurchlässigkeit		

Datenbank-Nr. **T01376** Merkblatt-Nr. **4774**

Produkt	Acrylnitril-Butadien-Styrol-Polymerisat		**ABS**
Handelsname	**Sinkral A223**		
Hersteller	ENICHEM		
DIN-Bez 1 *DIN-Bez 2*			
Zusätze		*Füllstoffe/ Verstärkung*	
Bevorzugte Verarbeitung	Spritzgiessen	*Lieferform*	Granulat
		Farben	Natur; Standard
Besondere Merkmale	Hochviskos; Hohe Waermebestaendigkeit	*Bevorzugte Anwendungen*	Technisches Formteil; Aussenanwendung; Kfz-Industrie

Dichte	g/cm³	1.06	*Schmelzindex*	g/10 min	4:	220/10
Schüttdichte	g/cm³		*Volumenfließindex*	cm³/10 min	:	
Viskositätszahl	ml/g					

Verarbeitungsbedingungen für Spritzgießen

Massetemp.	°C	*Schwindung*	%	lgs 0.4–0.6, quer 0.4–0.6
Werkzeugtemp.	°C	*Bemerkungen*		
Spritzdruck	bar			

Zugversuch 23 °C ASTM D 638;
Probekörper: *Form* — *Herstellung* Spritzgiessen
Zustand — *Vorbehandlung* Normalklima

Streckspannung	N/mm²		*Dehnung bei Streckspannung*	%	
Zugfestigkeit	N/mm²	43	*Reißdehnung*	%	
Reißfestigkeit	N/mm²		*% Dehnspannung*	N/mm²	
E-Modul	N/mm²		*Dehnung bei % Dehnspg.*	%	

Kriechmoduln und Zeitstandwerte 23 °C
Probekörper: *Form* — *Herstellung*
Zustand — *Vorbehandlung*

Kriechmodul	*1 min*	N/mm²	*Zeitstandzugfestigkeit*	h	N/mm²
Kriechmodul	*1000 h*	N/mm²	*Zeitdehnspg. %*	h	N/mm²
bei Spannung		N/mm²			

Biegeversuch 23 °C ASTM D 790;
Probekörper: *Form* — *Herstellung* Spritzgiessen
Zustand — *Vorbehandlung* Normalklima

Biegefestigkeit	N/mm²	65	*E-Modul*	N/mm²	2400
3,5% *Biegespannung*	N/mm²				

Härte 23 °C *Probekörper:* *Zustand* — *Herstellung* Spritzgiessen
Vorbehandlung Normalklima

Kugeldruckhärte	N/mm²	bei N, s	*Shore-Härte* A	
Rockwellhärte	R 111		*Shore-Härte* D	

Schlagversuch *Probekörper:* *(1)*
(2) V-Kerbe — *Herstellung* Spritzgiessen
Zustand — *Vorbehandlung* Normalklima

		°C		°C		°C		*Probekörper-Form*
Schlagzähigkeit	kJ/m²							
Kerbschlagzähigkeit (1)	kJ/m²							
IZOD-Kerbschlagzähigkeit (2)	J/m	23	180	0	120	-40	60	6.4 mm dick
Kerbschlagzugzähigkeit	kJ/m²							

Abrieb und Reibung

Taber-Abrieb (Reibradverfahren)	mm^3/100 U		
Abriebfaktor LNP (Thrust washer) Vergleichswert			
Statische Reibungszahl			
Dynamische Reibungszahl	(p·v= N/mm^2·		m/min)
Zulässiger p · v Wert	N/mm^2·(m/min)	v=	m/min
		v=	m/min

Thermische Eigenschaften

Formbeständigkeit in der Wärme	*Verfahren* A			107 °C
	Verfahren A			94 °C
Vicat Erweichungstemperatur (VST)	*Verfahren* B/120			107 °C
	Verfahren			°C
Kristallit-Schmelzpunkt	*Verfahren*			
Längenausdehnungskoeffizient	*Bereich*	°C		$\cdot 10^{-4}K^{-1}$
	Temperatur 23 °C			$0.9 \cdot 10^{-4}K^{-1}$
Wärmeleitfähigkeit	*Verfahren*		23 °C	0.17 W/(K · m)
Spezifische Wärmekapazität	*Verfahren*			J/(K · g)
Glasumwandlungstemperatur	*Torsionsschwingungsversuch*		°C	
	Differentialkalorimetrie		°C	

Brandverhalten

UL-Test vertikal	Dicke 3.2 mm, Wert HB	
	Dicke 1.6 mm, Wert HB	

	Norm	*Bewertung*	*Abmessungen*
Sauerstoff-Index	ASTM D 2863		
Glühstab-Verfahren			
Brandverhalten	DIN 4102		
MVSS			
FAR			

Elektrische Eigenschaften

		Hz	°C		*Probekörper, Form*
Dielektrizitätszahl		50			
		10^3	23	3.1	
		10^6			
Dielektrischer Verlustfaktor tan δ		50			
		10^3	23	0.015	
		10^6			
Spezifischer Durchgangswiderstand	Ohm · cm		23	1.0*10**15	
Durchschlagfestigkeit	kV/mm		23	30	mm dick
Oberflächenwiderstand	Ohm		23	1.0*10**14	

Kriechstromfestigkeit	KC	KB	KA
Elektrolytische Korrosionswirkung			
Lichtbogenfestigkeit nach DIN			
nach ASTM s			

Beständigkeit *(Chemische Beständigkeit siehe Anhang)*

Wasseraufnahme 23 C	1 d	0.3 %	
Feuchtigkeitsaufnahme Normalklima			%
Wetterbeständigkeit			
Spannungskorrosion			

Optische Eigenschaften

Brechungszahl n_D		
Transmissionsgrad τ_c	%	mm dick
Lichtdurchlässigkeit		

Datenbank-Nr. **T01377** Merkblatt-Nr. **4775**

Produkt	Acrylnitril-Butadien-Styrol-Polymerisat		**ABS**
Handelsname	**Sinkral A23**		
Hersteller	ENICHEM		
DIN-Bez 1			
DIN-Bez 2			
Zusätze		*Füllstoffe/ Verstärkung*	
Bevorzugte Verarbeitung	Spritzgiessen	*Lieferform*	Granulat
		Farben	Natur; Standard
Besondere Merkmale	Hohe Waermebestaendigkeit	*Bevorzugte Anwendungen*	Technisches Formteil; Aussenanwendung; Kfz-Industrie

Dichte	g/cm^3	1.06	*Schmelzindex*	g/10 min	8: 220/10
Schüttdichte	g/cm^3		*Volumenfließindex*	$cm^3/10$ min	:
Viskositätszahl	ml/g				

Verarbeitungsbedingungen für Spritzgießen

Massetemp.	°C	*Schwindung*	%	lgs 0.4–0.6, quer 0.4–0.6
Werkzeugtemp.	°C	*Bemerkungen*		
Spritzdruck	bar			

Zugversuch 23 °C ASTM D 638;
Probekörper: *Form* — *Herstellung* Spritzgiessen
Zustand — *Vorbehandlung* Normalklima

Streckspannung	N/mm^2		*Dehnung bei Streckspannung*	%
Zugfestigkeit	N/mm^2	45	*Reißdehnung*	%
Reißfestigkeit	N/mm^2		*% Dehnspannung*	N/mm^2
E-Modul	N/mm^2		*Dehnung bei % Dehnspg.*	%

Kriechmoduln und Zeitstandwerte 23 °C
Probekörper: *Form* — *Herstellung*
Zustand — *Vorbehandlung*

Kriechmodul	*1 min*	N/mm^2	*Zeitstandzugfestigkeit*	h	N/mm^2
Kriechmodul	*1000 h*	N/mm^2	*Zeitdehnspg. %*	h	N/mm^2
bei Spannung		N/mm^2			

Biegeversuch 23 °C ASTM D 790;
Probekörper: *Form* — *Herstellung* Spritzgiessen
Zustand — *Vorbehandlung* Normalklima

Biegefestigkeit	N/mm^2	70	*E-Modul*	N/mm^2	2500
3,5% *Biegespannung*	N/mm^2				

Härte 23 °C *Probekörper:* *Zustand* — *Herstellung* Spritzgiessen
Vorbehandlung Normalklima

Kugeldruckhärte	N/mm^2	bei N, s	*Shore-Härte* A	
Rockwellhärte	R 113		*Shore-Härte* D	

Schlagversuch *Probekörper:* *(1)*
(2) V-Kerbe — *Herstellung* Spritzgiessen
Zustand — *Vorbehandlung* Normalklima

		°C		°C		°C		*Probekörper-Form*
Schlagzähigkeit	kJ/m^2							
Kerbschlagzähigkeit (1)	kJ/m^2							
IZOD-Kerbschlagzähigkeit (2)	J/m	23	120	0	90	-40	45	6.4 mm dick
Kerbschlagzugzähigkeit	kJ/m^2							

Abrieb und Reibung

Taber-Abrieb (Reibradverfahren)	mm^3/100 U		
Abriebfaktor LNP (Thrust washer) Vergleichswert			
Statische Reibungszahl			
Dynamische Reibungszahl	(p · v =	N/mm^2 ·	m/min)
Zulässiger p · v Wert	N/mm^2 · (m/min)	v =	m/min
		v =	m/min

Thermische Eigenschaften

Formbeständigkeit in der Wärme	*Verfahren* A		110 °C
	Verfahren A		96 °C
Vicat Erweichungstemperatur (VST)	*Verfahren* B/120		110 °C
	Verfahren		°C
Kristallit-Schmelzpunkt	*Verfahren*		
Längenausdehnungskoeffizient	*Bereich* °C		· $10^{-4}K^{-1}$
	Temperatur 23 °C		0.9 · $10^{-4}K^{-1}$
Wärmeleitfähigkeit	*Verfahren*	23 °C	0.17 W/(K · m)
Spezifische Wärmekapazität	*Verfahren*		J/(K · g)
Glasumwandlungstemperatur	*Torsionsschwingungsversuch*	°C	
	Differentialkalorimetrie	°C	

Brandverhalten

UL-Test vertikal	Dicke 3.2 mm, Wert HB
	Dicke 1.6 mm, Wert HB

	Norm	*Bewertung*	*Abmessungen*
Sauerstoff-Index	ASTM D 2863		
Glühstab-Verfahren			
Brandverhalten	DIN 4102		
MVSS			
FAR			

Elektrische Eigenschaften

		Hz	°C			*Probekörper, Form*
Dielektrizitätszahl		50				
		10^3	23	3.1		
		10^6				
Dielektrischer Verlustfaktor tan δ		50				
		10^3	23	0.015		
		10^6				
Spezifischer Durchgangs-widerstand	Ohm · cm		23	1.0*10**15		
Durchschlagfestigkeit	kV/mm		23	30		mm dick
Oberflächenwiderstand	Ohm		23	1.0*10**14		
Kriechstromfestigkeit		KC		KB	KA	
Elektrolytische Korrosionswirkung						
Lichtbogenfestigkeit nach DIN						
nach ASTM	s					

Beständigkeit *(Chemische Beständigkeit siehe Anhang)*

Wasseraufnahme 23 C	1 d	0.3 %	
Feuchtigkeitsaufnahme Normalklima			%
Wetterbeständigkeit			
Spannungskorrosion			

Optische Eigenschaften

Brechungszahl n_D		
Transmissionsgrad τ_c	%	mm dick
Lichtdurchlässigkeit		

Datenbank-Nr. **T01378** Merkblatt-Nr. **4776**

Produkt	Acrylnitril-Butadien-Styrol-Polymerisat		**ABS**
Handelsname	**Sinkral B23**		
Hersteller	ENICHEM		
DIN-Bez 1			
DIN-Bez 2			
Zusätze		*Füllstoffe/ Verstärkung*	
Bevorzugte Verarbeitung	Spritzgiessen	*Lieferform*	Granulat
		Farben	Natur; Standard
Besondere Merkmale	Hochviskos; Hohe Waermebestaendigkeit	*Bevorzugte Anwendungen*	Technisches Formteil; Aussenanwendung; Kfz-Industrie

Dichte	g/cm³	1.06	*Schmelzindex*	g/10 min	4:	220/10
Schüttdichte	g/cm³		*Volumenfließindex*	cm³/10 min	:	
Viskositätszahl	ml/g					

Verarbeitungsbedingungen für Spritzgießen

Massetemp.	°C	*Schwindung*	%	lgs 0.4–0.6, quer 0.4–0.6
Werkzeugtemp.	°C	*Bemerkungen*		
Spritzdruck	bar			

Zugversuch 23 °C ASTM D 638;

Probekörper: *Form* — *Herstellung* Spritzgiessen
Zustand — *Vorbehandlung* Normalklima

Streckspannung	N/mm²		*Dehnung bei Streckspannung*	%
Zugfestigkeit	N/mm²	45	*Reißdehnung*	%
Reißfestigkeit	N/mm²		*% Dehnspannung*	N/mm²
E-Modul	N/mm²		*Dehnung bei % Dehnspg.*	%

Kriechmoduln und Zeitstandwerte 23 °C

Probekörper: *Form* — *Herstellung*
Zustand — *Vorbehandlung*

Kriechmodul	*1 min*	N/mm²	*Zeitstandzugfestigkeit*	h	N/mm²
Kriechmodul	*1000 h*	N/mm²	*Zeitdehnspg. %*	h	N/mm²
bei Spannung		N/mm²			

Biegeversuch 23 °C ASTM D 790;

Probekörper: *Form* — *Herstellung* Spritzgiessen
Zustand — *Vorbehandlung* Normalklima

Biegefestigkeit	N/mm²	68	*E-Modul*	N/mm²	2500
3,5% *Biegespannung*	N/mm²				

Härte 23 °C *Probekörper:* *Zustand* — *Herstellung* Spritzgiessen
Vorbehandlung Normalklima

Kugeldruckhärte	N/mm²	bei N, s	*Shore-Härte* A	
Rockwellhärte	R 110		*Shore-Härte* D	

Schlagversuch *Probekörper:* *(1)*
(2) V-Kerbe — *Herstellung* Spritzgiessen
Zustand — *Vorbehandlung* Normalklima

		°C		°C		°C		*Probekörper-Form*
Schlagzähigkeit	kJ/m²							
Kerbschlagzähigkeit (1)	kJ/m²							
IZOD-Kerbschlagzähigkeit (2)	J/m	23	150	0	130	-40	60	6.4 mm dick
Kerbschlagzugzähigkeit	kJ/m²							

Abrieb und Reibung

Taber-Abrieb (Reibradverfahren)	mm^3/100 U		
Abriebfaktor LNP (Thrust washer) Vergleichswert			
Statische Reibungszahl			
Dynamische Reibungszahl	(p · v =	N/mm^2 ·	m/min)
Zulässiger p · v Wert	N/mm^2 · (m/min)	v =	m/min
		v =	m/min

Thermische Eigenschaften

Formbeständigkeit in der Wärme	*Verfahren*	A			110 °C
	Verfahren	A			96 °C
Vicat Erweichungstemperatur (VST)	*Verfahren*	B/120			110 °C
	Verfahren				°C
Kristallit-Schmelzpunkt	*Verfahren*				
Längenausdehnungskoeffizient	*Bereich*	°C			$\cdot 10^{-4}K^{-1}$
	Temperatur 23 °C				$0.9 \cdot 10^{-4}K^{-1}$
Wärmeleitfähigkeit	*Verfahren*			23 °C	0.17 W/(K · m)
Spezifische Wärmekapazität	*Verfahren*				J/(K · g)
Glasumwandlungstemperatur	*Torsionsschwingungsversuch*			°C	
	Differentialkalorimetrie			°C	

Brandverhalten

UL-Test vertikal	Dicke 3.2 mm, Wert HB
	Dicke 1.6 mm, Wert HB

	Norm	*Bewertung*	*Abmessungen*
Sauerstoff-Index	ASTM D 2863		
Glühstab-Verfahren			
Brandverhalten	DIN 4102		
MVSS			
FAR			

Elektrische Eigenschaften

		Hz	°C		*Probekörper, Form*
Dielektrizitätszahl		50			
		10^3	23	3.1	
		10^6			
Dielektrischer Verlustfaktor tan δ		50			
		10^3	23	0.015	
		10^6			
Spezifischer Durchgangs-widerstand	Ohm · cm		23	1.0*10**15	
Durchschlagfestigkeit	kV/mm		23	30	mm dick
Oberflächenwiderstand	Ohm		23	1.0*10**14	

Kriechstromfestigkeit	KC	KB	KA
Elektrolytische Korrosionswirkung			
Lichtbogenfestigkeit nach DIN			
nach ASTM s			

Beständigkeit *(Chemische Beständigkeit siehe Anhang)*

Wasseraufnahme 23 C	1 d	0.3 %	
Feuchtigkeitsaufnahme Normalklima			%
Wetterbeständigkeit			
Spannungskorrosion			

Optische Eigenschaften

Brechungszahl n_D
Transmissionsgrad τ_c % mm dick
Lichtdurchlässigkeit

Datenbank-Nr. **T01379** Merkblatt-Nr. **4777**

Produkt	Acrylnitril-Butadien-Styrol-Polymerisat		**ABS**
Handelsname	**Sinkral PDB23/2**		
Hersteller	ENICHEM		
DIN-Bez 1			
DIN-Bez 2			
Zusätze		*Füllstoffe/ Verstärkung*	
Bevorzugte Verarbeitung	Spritzgiessen	*Lieferform*	Granulat
		Farben	Natur; Standard
Besondere Merkmale	Hochviskos; Hohe Waermebestaendigkeit	*Bevorzugte Anwendungen*	Technisches Formteil; Aussenanwendung; Kfz-Industrie

Dichte	g/cm^3	1.06	*Schmelzindex*	g/10 min	2.5:	220/10
Schüttdichte	g/cm^3		*Volumenfließindex*	$cm^3/10$ min	:	
Viskositätszahl	ml/g					

Verarbeitungsbedingungen für Spritzgießen

Massetemp.	°C	*Schwindung*	%	lgs 0.4–0.6, quer 0.4–0.6
Werkzeugtemp.	°C	*Bemerkungen*		
Spritzdruck	bar			

Zugversuch 23 °C ASTM D 638;

Probekörper: *Form* / *Zustand* — *Herstellung* Spritzgiessen, *Vorbehandlung* Normalklima

Streckspannung	N/mm^2		*Dehnung bei Streckspannung*	%	
Zugfestigkeit	N/mm^2	41	*Reißdehnung*	%	
Reißfestigkeit	N/mm^2		*% Dehnspannung*	N/mm^2	
E-Modul	N/mm^2		*Dehnung bei % Dehnspg.*	%	

Kriechmoduln und Zeitstandwerte 23 °C

Probekörper: *Form* / *Zustand* — *Herstellung* / *Vorbehandlung*

Kriechmodul	*1 min*	N/mm^2	*Zeitstandzugfestigkeit*	h	N/mm^2
Kriechmodul	*1000 h*	N/mm^2	*Zeitdehnspg. %*	h	N/mm^2
bei Spannung		N/mm^2			

Biegeversuch 23 °C ASTM D 790;

Probekörper: *Form* / *Zustand* — *Herstellung* Spritzgiessen, *Vorbehandlung* Normalklima

Biegefestigkeit	N/mm^2	50	*E-Modul*	N/mm^2	2200
3,5% *Biegespannung*	N/mm^2				

Härte 23 °C *Probekörper:* *Zustand* — *Herstellung* Spritzgiessen, *Vorbehandlung* Normalklima

Kugeldruckhärte	N/mm^2 bei N, s	*Shore-Härte* A	
Rockwellhärte	R 106	*Shore-Härte* D	

Schlagversuch *Probekörper:* *(1)* / *(2)* V-Kerbe / *Zustand* — *Herstellung* Spritzgiessen, *Vorbehandlung* Normalklima

		°C		°C		°C		*Probekörper-Form*
Schlagzähigkeit	kJ/m^2							
Kerbschlagzähigkeit (1)	kJ/m^2							
IZOD-Kerbschlagzähigkeit (2)	J/m	23	250	0	180	-40	90	6.4 mm dick
Kerbschlagzugzähigkeit	kJ/m^2							

Abrieb und Reibung

Taber-Abrieb (Reibradverfahren)	mm^3/100 U		
Abriebfaktor LNP (Thrust washer) Vergleichswert			
Statische Reibungszahl			
Dynamische Reibungszahl	(p · v = N/mm² ·		m/min)
Zulässiger p · v Wert	N/mm² · (m/min)	v =	m/min
		v =	m/min

Thermische Eigenschaften

Formbeständigkeit in der Wärme	*Verfahren* A			108 °C
	Verfahren A			97 °C
Vicat Erweichungstemperatur (VST)	*Verfahren* B/120			108 °C
	Verfahren			°C
Kristallit-Schmelzpunkt	*Verfahren*			
Längenausdehnungskoeffizient	*Bereich*	°C		$\cdot 10^{-4}K^{-1}$
	Temperatur 23 °C			$0.9 \cdot 10^{-4}K^{-1}$
Wärmeleitfähigkeit	*Verfahren*		23 °C	0.17 W/(K · m)
Spezifische Wärmekapazität	*Verfahren*			J/(K · g)
Glasumwandlungstemperatur	*Torsionsschwingungsversuch*		°C	
	Differentialkalorimetrie		°C	

Brandverhalten

UL-Test vertikal	Dicke 3.2 mm, Wert HB
	Dicke 1.6 mm, Wert HB

	Norm	*Bewertung*	*Abmessungen*
Sauerstoff-Index	ASTM D 2863		
Glühstab-Verfahren			
Brandverhalten	DIN 4102		
MVSS			
FAR			

Elektrische Eigenschaften

		Hz	°C		*Probekörper, Form*
Dielektrizitätszahl		50			
		10^3	23	3.1	
		10^6			
Dielektrischer Verlustfaktor tan δ		50			
		10^3	23	0.015	
		10^6			
Spezifischer Durchgangs-widerstand	Ohm · cm		23	1.0*10**15	
Durchschlagfestigkeit	kV/mm		23	30	mm dick
Oberflächenwiderstand	Ohm		23	1.0*10**14	

Kriechstromfestigkeit	KC	KB	KA
Elektrolytische Korrosionswirkung			
Lichtbogenfestigkeit nach DIN			
nach ASTM s			

Beständigkeit *(Chemische Beständigkeit siehe Anhang)*

Wasseraufnahme 23 C	1 d	0.3 %	
Feuchtigkeitsaufnahme Normalklima			%
Wetterbeständigkeit			
Spannungskorrosion			

Optische Eigenschaften

Brechungszahl n_D		
Transmissionsgrad τ_c	%	mm dick
Lichtdurchlässigkeit		

Datenbank-Nr. **T01380** Merkblatt-Nr. **4778**

Produkt	Acrylnitril-Butadien-Styrol-Polymerisat		**ABS**
Handelsname	**Sinkral A24**		
Hersteller	ENICHEM		
DIN-Bez 1			
DIN-Bez 2			
Zusätze		*Füllstoffe/ Verstärkung*	
Bevorzugte Verarbeitung	Spritzgiessen	*Lieferform*	Granulat
		Farben	Natur; Standard
Besondere Merkmale	Hochviskos; Sehr hohe Waermeform-bestaendigkeit	*Bevorzugte Anwendungen*	Technisches Formteil; Aussenanwendung; Kfz-Industrie

Dichte	g/cm³	1.06	*Schmelzindex*	g/10 min	2.5:	220/10
Schüttdichte	g/cm³		*Volumenfließindex*	cm³/10 min	:	
Viskositätszahl	ml/g					

Verarbeitungsbedingungen für Spritzgießen

Massetemp.	°C	*Schwindung*	%	lgs 0.4–0.6, quer 0.4–0.6
Werkzeugtemp.	°C	*Bemerkungen*		
Spritzdruck	bar			

Zugversuch 23 °C ASTM D 638;
Probekörper: *Form* — *Herstellung* Spritzgiessen
Zustand — *Vorbehandlung* Normalklima

Streckspannung	N/mm²		*Dehnung bei Streckspannung*	%
Zugfestigkeit	N/mm²	50	*Reißdehnung*	%
Reißfestigkeit	N/mm²		*% Dehnspannung*	N/mm²
E-Modul	N/mm²		*Dehnung bei % Dehnspg.*	%

Kriechmoduln und Zeitstandwerte 23 °C
Probekörper: *Form* — *Herstellung*
Zustand — *Vorbehandlung*

Kriechmodul	*1 min* N/mm²		*Zeitstandzugfestigkeit*	h	N/mm²
Kriechmodul	*1000 h* N/mm²		*Zeitdehnspg. %*	h	N/mm²
bei Spannung	N/mm²				

Biegeversuch 23 °C ASTM D 790;
Probekörper: *Form* — *Herstellung* Spritzgiessen
Zustand — *Vorbehandlung* Normalklima

Biegefestigkeit	N/mm²	75	*E-Modul*	N/mm²	2700
3,5% *Biegespannung*	N/mm²				

Härte 23 °C *Probekörper:* *Zustand* — *Herstellung* Spritzgiessen
Vorbehandlung Normalklima

Kugeldruckhärte	N/mm²	bei N, s	*Shore-Härte* A
Rockwellhärte	R 114		*Shore-Härte* D

Schlagversuch *Probekörper:* *(1)*
(2) V-Kerbe — *Herstellung* Spritzgiessen
Zustand — *Vorbehandlung* Normalklima

		°C		°C		°C		*Probekörper-Form*
Schlagzähigkeit	kJ/m²							
Kerbschlagzähigkeit (1)	kJ/m²							
IZOD-Kerbschlagzähigkeit (2)	J/m	23	80	0	60	-40	30	6.4 mm dick
Kerbschlagzugzähigkeit	kJ/m²							

Abrieb und Reibung

Taber-Abrieb (Reibradverfahren)	mm^3/100 U		
Abriebfaktor LNP (Thrust washer) Vergleichswert			
Statische Reibungszahl			
Dynamische Reibungszahl	(p·v= N/mm^2·		m/min)
Zulässiger p·v Wert	N/mm^2·(m/min)	v=	m/min
		v=	m/min

Thermische Eigenschaften

Formbeständigkeit in der Wärme	*Verfahren* A			115 °C
	Verfahren A			101 °C
Vicat Erweichungstemperatur (VST)	*Verfahren* B/120			115 °C
	Verfahren			°C
Kristallit-Schmelzpunkt	*Verfahren*			
Längenausdehnungskoeffizient	*Bereich*	°C		$\cdot 10^{-4}K^{-1}$
	Temperatur 23 °C			$0.9 \cdot 10^{-4}K^{-1}$
Wärmeleitfähigkeit	*Verfahren*		23 °C	0.17 W/(K·m)
Spezifische Wärmekapazität	*Verfahren*			J/(K·g)
Glasumwandlungstemperatur	*Torsionsschwingungsversuch*		°C	
	Differentialkalorimetrie		°C	

Brandverhalten

UL-Test vertikal	Dicke 3.2 mm, Wert HB	
	Dicke 1.6 mm, Wert HB	

	Norm	*Bewertung*	*Abmessungen*
Sauerstoff-Index	ASTM D 2863		
Glühstab-Verfahren			
Brandverhalten	DIN 4102		
MVSS			
FAR			

Elektrische Eigenschaften

		Hz	°C		*Probekörper, Form*
Dielektrizitätszahl		50			
		10^3	23	3.1	
		10^6			
Dielektrischer Verlustfaktor tan δ		50			
		10^3	23	0.015	
		10^6			
Spezifischer Durchgangs-widerstand	Ohm·cm		23	1.0*10**15	
Durchschlagfestigkeit	kV/mm		23	30	mm dick
Oberflächenwiderstand	Ohm		23	1.0*10**14	

Kriechstromfestigkeit	KC	KB	KA
Elektrolytische Korrosionswirkung			
Lichtbogenfestigkeit nach DIN			
nach ASTM s			

Beständigkeit *(Chemische Beständigkeit siehe Anhang)*

Wasseraufnahme 23 C	1 d	0.3 %	
Feuchtigkeitsaufnahme Normalklima			%
Wetterbeständigkeit			
Spannungskorrosion			

Optische Eigenschaften

Brechungszahl n_D		
Transmissionsgrad τ_c	%	mm dick
Lichtdurchlässigkeit		

Datenbank-Nr.	**T01381**	Merkblatt-Nr. **4779**

Produkt	Acrylnitril-Butadien-Styrol-Polymerisat		**ABS**
Handelsname	**Sinkral PDFRI-UV**		
Hersteller	ENICHEM		
DIN-Bez 1			
DIN-Bez 2			
Zusätze	Flammschutzmittel	*Füllstoffe/ Verstärkung*	
Bevorzugte Verarbeitung	Spritzgiessen	*Lieferform*	Granulat
		Farben	Natur; Standard
Besondere Merkmale	Niedrigviskos; UL-Type	*Bevorzugte Anwendungen*	Technisches Formteil; Haushaltsgeraet; Telekommunikationssektor

Dichte	g/cm^3	1.26	*Schmelzindex*	g/10 min	26:	220/10
Schüttdichte	g/cm^3		*Volumenfließindex*	cm^3/10 min	:	
Viskositätszahl	ml/g					

Verarbeitungsbedingungen für Spritzgießen

Massetemp.	°C	*Schwindung*	%	lgs 0.4–0.6, quer 0.4–0.6
Werkzeugtemp.	°C	*Bemerkungen*		
Spritzdruck	bar			

Zugversuch 23 °C ASTM D 638;

Probekörper: *Form* — *Herstellung* Spritzgiessen
Zustand — *Vorbehandlung* Normalklima

Streckspannung	N/mm^2		*Dehnung bei Streckspannung*	%	
Zugfestigkeit	N/mm^2	40	*Reißdehnung*	%	
Reißfestigkeit	N/mm^2		*% Dehnspannung*	N/mm^2	
E-Modul	N/mm^2		*Dehnung bei % Dehnspg.*	%	

Kriechmoduln und Zeitstandwerte 23 °C

Probekörper: *Form* — *Herstellung*
Zustand — *Vorbehandlung*

Kriechmodul	*1 min* N/mm^2	*Zeitstandzugfestigkeit*	h	N/mm^2
Kriechmodul	*1000 h* N/mm^2	*Zeitdehnspg. %*	h	N/mm^2
bei Spannung	N/mm^2			

Biegeversuch 23 °C ASTM D 790;

Probekörper: *Form* — *Herstellung* Spritzgiessen
Zustand — *Vorbehandlung* Normalklima

Biegefestigkeit	N/mm^2	60	*E-Modul*	N/mm^2	2500
3,5% *Biegespannung*	N/mm^2				

Härte 23 °C *Probekörper:* *Zustand* — *Herstellung* Spritzgiessen
Vorbehandlung Normalklima

Kugeldruckhärte	N/mm^2	bei N, s	*Shore-Härte* A	
Rockwellhärte	R 104		*Shore-Härte* D	

Schlagversuch *Probekörper:* *(1)*
(2) V-Kerbe — *Herstellung* Spritzgiessen
Zustand — *Vorbehandlung* Normalklima

		°C		°C		°C		*Probekörper-Form*
Schlagzähigkeit	kJ/m^2							
Kerbschlagzähigkeit (1)	kJ/m^2							
IZOD-Kerbschlagzähigkeit (2)	J/m	23	110	0	80	-40	30	6.4 mm dick
Kerbschlagzugzähigkeit	kJ/m^2							

Abrieb und Reibung

Taber-Abrieb (Reibradverfahren)	mm^3/100 U		
Abriebfaktor LNP (Thrust washer) Vergleichswert			
Statische Reibungszahl			
Dynamische Reibungszahl	(p · v= N/mm^2 ·		m/min)
Zulässiger p · v Wert	N/mm^2 · (m/min)	v=	m/min
		v=	m/min

Thermische Eigenschaften

Formbeständigkeit in der Wärme	*Verfahren* A			88 °C
	Verfahren A			76 °C
Vicat Erweichungstemperatur (VST)	*Verfahren* B/120			88 °C
	Verfahren			°C
Kristallit-Schmelzpunkt	*Verfahren*			
Längenausdehnungskoeffizient	*Bereich*	°C		$\cdot 10^{-4}K^{-1}$
	Temperatur 23 °C			$0.9 \cdot 10^{-4}K^{-1}$
Wärmeleitfähigkeit	*Verfahren*		23 °C	0.17 W/(K · m)
Spezifische Wärmekapazität	*Verfahren*			J/(K · g)
Glasumwandlungstemperatur	*Torsionsschwingungsversuch*		°C	
	Differentialkalorimetrie		°C	

Brandverhalten

UL-Test vertikal — Dicke 1.6 mm, Wert V-0; Dicke 3.2 mm, Wert 5 V

	Norm	*Bewertung*	*Abmessungen*
Sauerstoff-Index	ASTM D 2863		
Glühstab-Verfahren			
Brandverhalten	DIN 4102		
MVSS			
FAR			

Elektrische Eigenschaften

		Hz	°C		*Probekörper, Form*
Dielektrizitätszahl		50			
		10^3	23	3.1	
		10^6			
Dielektrischer Verlustfaktor tan δ		50			
		10^3	23	0.02	
		10^6			
Spezifischer Durchgangswiderstand	Ohm · cm		23	1.0*10**15	
Durchschlagfestigkeit	kV/mm		23	30	mm dick
Oberflächenwiderstand	Ohm		23	1.0*10**14	

Kriechstromfestigkeit	KC	KB	KA
Elektrolytische Korrosionswirkung			
Lichtbogenfestigkeit nach DIN			
nach ASTM s			

Beständigkeit *(Chemische Beständigkeit siehe Anhang)*

Wasseraufnahme 23 C	1 d	0.3 %	
Feuchtigkeitsaufnahme Normalklima			%
Wetterbeständigkeit			
Spannungskorrosion			

Optische Eigenschaften

Brechungszahl n_D
Transmissionsgrad τ_c % mm dick
Lichtdurchlässigkeit

Produkt	Acrylnitril-Butadien-Styrol-Polymerisat		**ABS**
Handelsname	**Sinkral PDA02/V**		
Hersteller	ENICHEM		
DIN-Bez 1			
DIN-Bez 2			
Zusätze		*Füllstoffe/ Verstärkung*	Glasfaser
Bevorzugte Verarbeitung	Spritzgiessen; Extrudieren	*Lieferform*	Granulat
		Farben	Natur; Standard
Besondere Merkmale	Angehobene mechanische Eigenschaften	*Bevorzugte Anwendungen*	Technisches Formteil; Bueromaschinentechnik; Kfz-Industrie

Dichte	g/cm³	1.17	*Schmelzindex*	g/10 min	:
Schüttdichte	g/cm³		*Volumenfließindex*	cm³/10 min	:
Viskositätszahl	ml/g				

Verarbeitungsbedingungen für Spritzgießen

Massetemp.	°C	*Schwindung*	%	lgs 0.2–0.4, quer
Werkzeugtemp.	°C	*Bemerkungen*		
Spritzdruck	bar			

Zugversuch 23 °C ASTM D 638;
Probekörper: *Form* / *Zustand* — *Herstellung* Spritzgiessen; *Vorbehandlung* Normalklima

Streckspannung	N/mm²		*Dehnung bei Streckspannung*	%	
Zugfestigkeit	N/mm²	64	*Reißdehnung*	%	
Reißfestigkeit	N/mm²		*% Dehnspannung*	N/mm²	
E-Modul	N/mm²		*Dehnung bei % Dehnspg.*	%	

Kriechmoduln und Zeitstandwerte 23 °C
Probekörper: *Form* / *Zustand* — *Herstellung* / *Vorbehandlung*

Kriechmodul	*1 min*	N/mm²	*Zeitstandzugfestigkeit*	h	N/mm²
Kriechmodul	*1000 h*	N/mm²	*Zeitdehnspg. %*	h	N/mm²
bei Spannung		N/mm²			

Biegeversuch 23 °C ASTM D 790;
Probekörper: *Form* / *Zustand* — *Herstellung* Spritzgiessen; *Vorbehandlung* Normalklima

Biegefestigkeit	N/mm²	100	*E-Modul*	N/mm²	5500
3,5% *Biegespannung*	N/mm²				

Härte 23 °C *Probekörper:* *Zustand* — *Herstellung* / *Vorbehandlung*

Kugeldruckhärte	N/mm²	bei N, s	*Shore-Härte* A	
Rockwellhärte			*Shore-Härte* D	

Schlagversuch *Probekörper:* *(1)* / *(2)* V-Kerbe / *Zustand* — *Herstellung* Spritzgiessen; *Vorbehandlung* Normalklima

		°C		°C		°C		*Probekörper-Form*
Schlagzähigkeit	kJ/m²							
Kerbschlagzähigkeit (1)	kJ/m²							
IZOD-Kerbschlagzähigkeit (2)	J/m	23	60	0	50	-40	35	6.4 mm dick
Kerbschlagzugzähigkeit	kJ/m²							

Abrieb und Reibung

Taber-Abrieb (Reibradverfahren)	mm^3/100 U		
Abriebfaktor LNP (Thrust washer) Vergleichswert			
Statische Reibungszahl			
Dynamische Reibungszahl	(p · v= N/mm^2 ·		m/min)
Zulässiger p · v Wert	N/mm^2 · (m/min)	v=	m/min
		v=	m/min

Thermische Eigenschaften

Formbeständigkeit in der Wärme	*Verfahren* A			104 °C
	Verfahren A			94 °C
Vicat Erweichungstemperatur (VST)	*Verfahren*			°C
	Verfahren			°C
Kristallit-Schmelzpunkt	*Verfahren*			
Längenausdehnungskoeffizient	*Bereich*	°C		$\cdot 10^{-4}K^{-1}$
	Temperatur 23 °C			$0.9 \cdot 10^{-4}K^{-1}$
Wärmeleitfähigkeit	*Verfahren*		23 °C	0.16 W/(K · m)
Spezifische Wärmekapazität	*Verfahren*			J/(K · g)
Glasumwandlungstemperatur	*Torsionsschwingungsversuch*		°C	
	Differentialkalorimetrie		°C	

Brandverhalten

UL-Test vertikal	Dicke 3.2 mm, Wert HB
	Dicke 1.6 mm, Wert HB

	Norm	*Bewertung*	*Abmessungen*
Sauerstoff-Index	ASTM D 2863		
Glühstab-Verfahren			
Brandverhalten	DIN 4102		
MVSS			
FAR			

Elektrische Eigenschaften

		Hz	°C		*Probekörper, Form*
Dielektrizitätszahl		50			
		10^3	23	3.3	
		10^6			
Dielektrischer Verlustfaktor tan δ		50			
		10^3	23	0.015	
		10^6			
Spezifischer Durchgangs-widerstand	Ohm · cm		23	1.0*10**15	
Durchschlagfestigkeit	kV/mm		23	33	mm dick
Oberflächenwiderstand	Ohm		23	1.0*10**14	

Kriechstromfestigkeit	KC	KB	KA
Elektrolytische Korrosionswirkung			
Lichtbogenfestigkeit nach DIN			
nach ASTM s			

Beständigkeit *(Chemische Beständigkeit siehe Anhang)*

Wasseraufnahme 23 C	1 d	0.2 %	
Feuchtigkeitsaufnahme Normalklima			%
Wetterbeständigkeit			
Spannungskorrosion			

Optische Eigenschaften

Brechungszahl n_D		
Transmissionsgrad τ_c	%	mm dick
Lichtdurchlässigkeit		

Datenbank-Nr. **T01383** Merkblatt-Nr. **4781**

Produkt	Acrylnitril-Butadien-Styrol-Polymerisat		**ABS**
Handelsname	**Sinkral PDA23/V**		
Hersteller	ENICHEM		
DIN-Bez 1			
DIN-Bez 2			
Zusätze		*Füllstoffe/ Verstärkung*	
Bevorzugte Verarbeitung	Spritzgiessen; Extrudieren	*Lieferform*	Granulat
		Farben	Natur; Standard
Besondere Merkmale	Angehobene mechanische Eigenschaften; Hohe Waermeformbestaendigkeit	*Bevorzugte Anwendungen*	Technisches Formteil; Bueromaschinentechnik; Kfz-Industrie

Dichte	g/cm³	1.17	*Schmelzindex*	g/10 min	:
Schüttdichte	g/cm³		*Volumenfließindex*	cm³/10 min	:
Viskositätszahl	ml/g				

Verarbeitungsbedingungen für Spritzgießen

Massetemp.	°C	*Schwindung*	%	lgs 0.2–0.4, quer
Werkzeugtemp.	°C	*Bemerkungen*		
Spritzdruck	bar			

Zugversuch 23 °C ASTM D 638;
Probekörper: *Form* — *Herstellung* Spritzgiessen
Zustand — *Vorbehandlung* Normalklima

Streckspannung	N/mm²		*Dehnung bei Streckspannung*	%
Zugfestigkeit	N/mm²	60	*Reißdehnung*	%
Reißfestigkeit	N/mm²		*% Dehnspannung*	N/mm²
E-Modul	N/mm²		*Dehnung bei % Dehnspg.*	%

Kriechmoduln und Zeitstandwerte 23 °C
Probekörper: *Form* — *Herstellung*
Zustand — *Vorbehandlung*

Kriechmodul	*1 min* N/mm²	*Zeitstandzugfestigkeit*	h	N/mm²
Kriechmodul	*1000 h* N/mm²	*Zeitdehnspg. %*	h	N/mm²
bei Spannung	N/mm²			

Biegeversuch 23 °C ASTM D 790;
Probekörper: *Form* — *Herstellung* Spritzgiessen
Zustand — *Vorbehandlung* Normalklima

Biegefestigkeit	N/mm²	90	*E-Modul*	N/mm²	5200
3,5% *Biegespannung*	N/mm²				

Härte 23 °C *Probekörper:* *Zustand* — *Herstellung*
Vorbehandlung

Kugeldruckhärte	N/mm² bei N, s	*Shore-Härte* A	
Rockwellhärte		*Shore-Härte* D	

Schlagversuch *Probekörper:* *(1)*
(2) V-Kerbe — *Herstellung* Spritzgiessen
Zustand — *Vorbehandlung* Normalklima

		°C		°C		°C		*Probekörper-Form*
Schlagzähigkeit	kJ/m²							
Kerbschlagzähigkeit (1)	kJ/m²							
IZOD-Kerbschlagzähigkeit (2)	J/m	23	60	0	50	-40	35	6.4 mm dick
Kerbschlagzugzähigkeit	kJ/m²							

Abrieb und Reibung

Taber-Abrieb (Reibradverfahren)	mm^3/100 U		
Abriebfaktor LNP (Thrust washer) Vergleichswert			
Statische Reibungszahl			
Dynamische Reibungszahl	(p · v =	N/mm^2 ·	m/min)
Zulässiger p · v Wert	N/mm^2 · (m/min)	v =	m/min
		v =	m/min

Thermische Eigenschaften

Formbeständigkeit in der Wärme	*Verfahren* A		118 °C
	Verfahren A		100 °C
Vicat Erweichungstemperatur (VST)	*Verfahren*		°C
	Verfahren		°C
Kristallit-Schmelzpunkt	*Verfahren*		
Längenausdehnungskoeffizient	*Bereich* °C		$\cdot 10^{-4} K^{-1}$
	Temperatur 23 °C		$0.9 \cdot 10^{-4} K^{-1}$
Wärmeleitfähigkeit	*Verfahren*	23 °C	0.16 W/(K · m)
Spezifische Wärmekapazität	*Verfahren*		J/(K · g)
Glasumwandlungstemperatur	*Torsionsschwingungsversuch*	°C	
	Differentialkalorimetrie	°C	

Brandverhalten

UL-Test vertikal — Dicke 3.2 mm, Wert HB; Dicke 1.6 mm, Wert HB

	Norm	*Bewertung*	*Abmessungen*
Sauerstoff-Index	ASTM D 2863		
Glühstab-Verfahren			
Brandverhalten	DIN 4102		
MVSS			
FAR			

Elektrische Eigenschaften

		Hz	°C		*Probekörper, Form*
Dielektrizitätszahl		50			
		10^3	23	3.3	
		10^6			
Dielektrischer Verlustfaktor tan δ		50			
		10^3	23	0.015	
		10^6			
Spezifischer Durchgangswiderstand	Ohm · cm		23	1.0*10**15	
Durchschlagfestigkeit	kV/mm		23	33	mm dick
Oberflächenwiderstand	Ohm		23	1.0*10**14	

Kriechstromfestigkeit	KC	KB	KA
Elektrolytische Korrosionswirkung			
Lichtbogenfestigkeit nach DIN			
nach ASTM s			

Beständigkeit *(Chemische Beständigkeit siehe Anhang)*

Wasseraufnahme 23 C	1 d	0.2 %
Feuchtigkeitsaufnahme Normalklima		%
Wetterbeständigkeit		
Spannungskorrosion		

Optische Eigenschaften

Brechungszahl n_D
Transmissionsgrad τ_c % mm dick
Lichtdurchlässigkeit

Datenbank-Nr. **T01384** Merkblatt-Nr. **4782**

Produkt	Acrylnitril-Butadien-Styrol-Polymerisat		**ABS**
Handelsname	**Sinkral TBA/V**		
Hersteller	ENICHEM		
DIN-Bez 1			
DIN-Bez 2			
Zusätze		*Füllstoffe/ Verstärkung*	
Bevorzugte Verarbeitung	Extrudieren	*Lieferform*	Granulat
		Farben	
Besondere Merkmale	Verbesserte Durchschlagfestigkeit	*Bevorzugte Anwendungen*	Technisches Formteil; Folie; Profil; Crash-Pad; Abmischung mit PVC; Kfz-Industrie; Moebel-Industrie

---

Dichte	g/cm^3	1.10	*Schmelzindex*	g/10 min		:
Schüttdichte	g/cm^3		*Volumenfließindex*	cm^3/10 min		:
Viskositätszahl	ml/g					

Verarbeitungsbedingungen für Spritzgießen

Massetemp.	°C	*Schwindung*	%	lgs 0.3–0.5, quer
Werkzeugtemp.	°C	*Bemerkungen*		
Spritzdruck	bar			

Zugversuch 23 °C ASTM D 638;

Probekörper: *Form* / *Zustand* — *Herstellung* Spritzgiessen, *Vorbehandlung* Normalklima

Streckspannung	N/mm^2		*Dehnung bei Streckspannung*	%	
Zugfestigkeit	N/mm^2	43	*Reißdehnung*	%	
Reißfestigkeit	N/mm^2		*% Dehnspannung*	N/mm^2	
E-Modul	N/mm^2		*Dehnung bei % Dehnspg.*	%	

Kriechmoduln und Zeitstandwerte 23 °C

Probekörper: *Form* / *Zustand* — *Herstellung* / *Vorbehandlung*

Kriechmodul	*1 min*	N/mm^2	*Zeitstandzugfestigkeit*	h	N/mm^2
Kriechmodul	*1000 h*	N/mm^2	*Zeitdehnspg. %*	h	N/mm^2
bei Spannung		N/mm^2			

Biegeversuch 23 °C ASTM D 790;

Probekörper: *Form* / *Zustand* — *Herstellung* Spritzgiessen, *Vorbehandlung* Normalklima

Biegefestigkeit	N/mm^2	60	*E-Modul*	N/mm^2	2500
3,5% *Biegespannung*	N/mm^2				

Härte 23 °C *Probekörper:* *Zustand* — *Herstellung* / *Vorbehandlung*

Kugeldruckhärte	N/mm^2 bei N, s	*Shore-Härte* A	
Rockwellhärte		*Shore-Härte* D	

Schlagversuch *Probekörper:* *(1)* / *(2)* V-Kerbe / *Zustand* — *Herstellung* Spritzgiessen, *Vorbehandlung* Normalklima

		°C		°C		°C		*Probekörper-Form*
Schlagzähigkeit	kJ/m^2							
Kerbschlagzähigkeit (1)	kJ/m^2							
IZOD-Kerbschlagzähigkeit (2)	J/m	23	100	0	70	-40	30	6.4 mm dick
Kerbschlagzugzähigkeit	kJ/m^2							

Abrieb und Reibung

Taber-Abrieb (Reibradverfahren)	mm^3/100 U		
Abriebfaktor LNP (Thrust washer) Vergleichswert			
Statische Reibungszahl			
Dynamische Reibungszahl	(p·v= N/mm^2·		m/min)
Zulässiger p · v Wert	N/mm^2 · (m/min)	v=	m/min
		v=	m/min

Thermische Eigenschaften

Formbeständigkeit in der Wärme	*Verfahren* A			92 °C
	Verfahren A			82 °C
Vicat Erweichungstemperatur (VST)	*Verfahren*			°C
	Verfahren			°C
Kristallit-Schmelzpunkt	*Verfahren*			
Längenausdehnungskoeffizient	*Bereich*	°C		$\cdot 10^{-4}K^{-1}$
	Temperatur 23 °C			$0.9 \cdot 10^{-4}K^{-1}$
Wärmeleitfähigkeit	*Verfahren*		23 °C	0.17 W/(K · m)
Spezifische Wärmekapazität	*Verfahren*			J/(K · g)
Glasumwandlungstemperatur	*Torsionsschwingungsversuch*		°C	
	Differentialkalorimetrie		°C	

Brandverhalten

UL-Test vertikal	Dicke 3.2 mm, Wert HB
	Dicke 1.6 mm, Wert HB

	Norm	*Bewertung*	*Abmessungen*
Sauerstoff-Index	ASTM D 2863		
Glühstab-Verfahren			
Brandverhalten	DIN 4102		
MVSS			
FAR			

Elektrische Eigenschaften

		Hz	°C		*Probekörper, Form*
Dielektrizitätszahl		50			
		10^3	23	4.1	
		10^6			
Dielektrischer Verlustfaktor tan δ		50			
		10^3	23	0.015	
		10^6			
Spezifischer Durchgangs-widerstand	Ohm · cm		23	1.0*10**13	
Durchschlagfestigkeit	kV/mm		23	40	mm dick
Oberflächenwiderstand	Ohm		23	1.0*10**12	

Kriechstromfestigkeit KC KB KA
Elektrolytische Korrosionswirkung
Lichtbogenfestigkeit nach DIN
nach ASTM s

Beständigkeit *(Chemische Beständigkeit siehe Anhang)*

Wasseraufnahme 23 C	1 d	0.3 %
Feuchtigkeitsaufnahme Normalklima		%
Wetterbeständigkeit		
Spannungskorrosion		

Optische Eigenschaften

Brechungszahl n_D
Transmissionsgrad τ_c % mm dick
Lichtdurchlässigkeit

Datenbank-Nr. **T01385** Merkblatt-Nr. **4783**

Produkt	Acrylnitril-Butadien-Styrol-Polymerisat		**ABS**
Handelsname	**Sinkral MA**		
Hersteller	ENICHEM		
DIN-Bez 1			
DIN-Bez 2			
Zusätze		*Füllstoffe/ Verstärkung*	
Bevorzugte Verarbeitung	Extrudieren	*Lieferform*	Pulver
		Farben	
Besondere Merkmale	Zaehigkeit; Hohe Schlagzaehigkeit	*Bevorzugte Anwendungen*	Technisches Formteil; Folie; Profil; Crash-Pad; Abmischung mit PVC; Kfz-Industrie; Moebel-Industrie

Dichte	g/cm^3	1.01	*Schmelzindex*	g/10 min	:
Schüttdichte	g/cm^3		*Volumenfließindex*	cm^3/10 min	:
Viskositätszahl	ml/g				

Verarbeitungsbedingungen für Spritzgießen

Massetemp.	°C	*Schwindung*	% lgs , quer
Werkzeugtemp.	°C	*Bemerkungen*	
Spritzdruck	bar		

Zugversuch 23 °C ASTM D 638;
Probekörper: *Form* / *Zustand* — *Herstellung* Spritzgiessen; *Vorbehandlung* Normalklima

Streckspannung	N/mm^2		*Dehnung bei Streckspannung*	%	
Zugfestigkeit	N/mm^2	30	*Reißdehnung*	%	
Reißfestigkeit	N/mm^2		*% Dehnspannung*	N/mm^2	
E-Modul	N/mm^2		*Dehnung bei % Dehnspg.*	%	

Kriechmoduln und Zeitstandwerte 23 °C
Probekörper: *Form* / *Zustand* — *Herstellung* / *Vorbehandlung*

Kriechmodul	*1 min*	N/mm^2	*Zeitstandzugfestigkeit*	h	N/mm^2
Kriechmodul	*1000 h*	N/mm^2	*Zeitdehnspg. %*	h	N/mm^2
bei Spannung		N/mm^2			

Biegeversuch 23 °C ASTM D 790;
Probekörper: *Form* / *Zustand* — *Herstellung* Spritzgiessen; *Vorbehandlung* Normalklima

Biegefestigkeit	N/mm^2	45	*E-Modul*	N/mm^2	1200
3,5% *Biegespannung*	N/mm^2				

Härte 23 °C *Probekörper:* *Zustand* — *Herstellung* Spritzgiessen; *Vorbehandlung* Normalklima

Kugeldruckhärte	N/mm^2	bei N, s	*Shore-Härte*	A
Rockwellhärte	R 84		*Shore-Härte*	D

Schlagversuch *Probekörper:* *(1)* / *(2)* V-Kerbe / *Zustand* — *Herstellung* Spritzgiessen; *Vorbehandlung* Normalklima

		°C		°C		°C		*Probekörper-Form*
Schlagzähigkeit	kJ/m^2							
Kerbschlagzähigkeit (1)	kJ/m^2							
IZOD-Kerbschlagzähigkeit (2)	J/m	23	350	0	180	-40	90	6.4 mm dick
Kerbschlagzugzähigkeit	kJ/m^2							

Abrieb und Reibung

Taber-Abrieb (Reibradverfahren)	mm^3/100 U		
Abriebfaktor LNP (Thrust washer) Vergleichswert			
Statische Reibungszahl			
Dynamische Reibungszahl	(p·v=	N/mm^2·	m/min)
Zulässiger p · v Wert	N/mm^2·(m/min)	v=	m/min
		v=	m/min

Thermische Eigenschaften

Formbeständigkeit in der Wärme	*Verfahren* A			95 °C
	Verfahren A			80 °C
Vicat Erweichungstemperatur (VST)	*Verfahren* B/120			88 °C
	Verfahren			°C
Kristallit-Schmelzpunkt	*Verfahren*			
Längenausdehnungskoeffizient	*Bereich*	°C		$\cdot 10^{-4}K^{-1}$
	Temperatur 23 °C			$0.9 \cdot 10^{-4}K^{-1}$
Wärmeleitfähigkeit	*Verfahren*		23 °C	0.17 W/(K · m)
Spezifische Wärmekapazität	*Verfahren*			J/(K · g)
Glasumwandlungstemperatur	*Torsionsschwingungsversuch*		°C	
	Differentialkalorimetrie		°C	

Brandverhalten

UL-Test vertikal	Dicke	mm, Wert
	Dicke	mm, Wert

	Norm	*Bewertung*	*Abmessungen*
Sauerstoff-Index	ASTM D 2863		
Glühstab-Verfahren			
Brandverhalten	DIN 4102		
MVSS			
FAR			

Elektrische Eigenschaften

		Hz	°C	*Probekörper, Form*
Dielektrizitätszahl		50		
		10^3		
		10^6		
Dielektrischer Verlustfaktor tan δ		50		
		10^3		
		10^6		
Spezifischer Durchgangswiderstand	Ohm · cm			
Durchschlagfestigkeit	kV/mm			mm dick
Oberflächenwiderstand	Ohm			

Kriechstromfestigkeit	KC	KB	KA
Elektrolytische Korrosionswirkung			
Lichtbogenfestigkeit nach DIN			
nach ASTM s			

Beständigkeit *(Chemische Beständigkeit siehe Anhang)*

Wasseraufnahme 23 C	1 d	1.0 %	
Feuchtigkeitsaufnahme Normalklima			%
Wetterbeständigkeit			
Spannungskorrosion			

Optische Eigenschaften

Brechungszahl n_D		
Transmissionsgrad τ_c	%	mm dick
Lichtdurchlässigkeit		

Datenbank-Nr.	**T01386**		Merkblatt-Nr. **4784**

Produkt	Acrylnitril-Butadien-Styrol-Polymerisat		**ABS**
Handelsname	**Sinkral MB**		
Hersteller	ENICHEM		
DIN-Bez 1			
DIN-Bez 2			
Zusätze		*Füllstoffe/ Verstärkung*	
Bevorzugte Verarbeitung	Extrudieren	*Lieferform*	Pulver
		Farben	
Besondere Merkmale	Zaehigkeit; Hohe Schlagzaehigkeit	*Bevorzugte Anwendungen*	Technisches Formteil; Folie; Profil; Crash-Pad; Abmischung mit PVC; Kfz-Industrie; Moebel-Industrie

Dichte	g/cm^3	1.02	*Schmelzindex*	g/10 min	:
Schüttdichte	g/cm^3		*Volumenfließindex*	cm^3/10 min	:
Viskositätszahl	ml/g				

Verarbeitungsbedingungen für Spritzgießen

Massetemp.	°C	*Schwindung*	% lgs , quer
Werkzeugtemp.	°C	*Bemerkungen*	
Spritzdruck	bar		

Zugversuch 23 °C

Probekörper: *Form* / *Zustand* — *Herstellung* / *Vorbehandlung*

Streckspannung	N/mm^2	*Dehnung bei Streckspannung*	%
Zugfestigkeit	N/mm^2	*Reißdehnung*	%
Reißfestigkeit	N/mm^2	*% Dehnspannung*	N/mm^2
E-Modul	N/mm^2	*Dehnung bei % Dehnspg.*	%

Kriechmoduln und Zeitstandwerte 23 °C

Probekörper: *Form* / *Zustand* — *Herstellung* / *Vorbehandlung*

Kriechmodul	*1 min* N/mm^2	*Zeitstandzugfestigkeit*	h	N/mm^2
Kriechmodul	*1000 h* N/mm^2	*Zeitdehnspg. %*	h	N/mm^2
bei Spannung	N/mm^2			

Biegeversuch 23 °C ASTM D 790;

Probekörper: *Form* / *Zustand* — *Herstellung* Spritzgiessen / *Vorbehandlung* Normalklima

Biegefestigkeit	N/mm^2	47	*E-Modul*	N/mm^2 1400
3,5% *Biegespannung*	N/mm^2			

Härte 23 °C *Probekörper:* *Zustand* — *Herstellung* Spritzgiessen / *Vorbehandlung* Normalklima

Kugeldruckhärte	N/mm^2 bei N, s	*Shore-Härte*	A
Rockwellhärte	R 86	*Shore-Härte*	D

Schlagversuch *Probekörper:* *(1)* / *(2)* V-Kerbe / *Zustand* — *Herstellung* Spritzgiessen / *Vorbehandlung* Normalklima

		°C		°C		°C		*Probekörper-Form*
Schlagzähigkeit	kJ/m^2							
Kerbschlagzähigkeit (1)	kJ/m^2							
IZOD-Kerbschlagzähigkeit (2)	J/m	23	450	0	300	-40	150	6.4 mm dick
Kerbschlagzugzähigkeit	kJ/m^2							

Abrieb und Reibung

Taber-Abrieb (Reibradverfahren)	mm^3/100 U		
Abriebfaktor LNP (Thrust washer) Vergleichswert			
Statische Reibungszahl			
Dynamische Reibungszahl	(p·v= N/mm^2 ·		m/min)
Zulässiger p · v Wert	N/mm^2 · (m/min)	v=	m/min
		v=	m/min

Thermische Eigenschaften

Formbeständigkeit in der Wärme	*Verfahren* A			95 °C
	Verfahren A			78 °C
Vicat Erweichungstemperatur (VST)	*Verfahren* B/120			85 °C
	Verfahren			°C
Kristallit-Schmelzpunkt	*Verfahren*			
Längenausdehnungskoeffizient	*Bereich*	°C		· $10^{-4}K^{-1}$
	Temperatur 23 °C			0.9 · $10^{-4}K^{-1}$
Wärmeleitfähigkeit	*Verfahren*		23 °C	0.17 W/(K · m)
Spezifische Wärmekapazität	*Verfahren*			J/(K · g)
Glasumwandlungstemperatur	*Torsionsschwingungsversuch*		°C	
	Differentialkalorimetrie		°C	

Brandverhalten

UL-Test vertikal	Dicke	mm, Wert
	Dicke	mm, Wert

	Norm	*Bewertung*	*Abmessungen*
Sauerstoff-Index	ASTM D 2863		
Glühstab-Verfahren			
Brandverhalten	DIN 4102		
MVSS			
FAR			

Elektrische Eigenschaften

		Hz	°C		*Probekörper, Form*
Dielektrizitätszahl		50			
		10^3			
		10^6			
Dielektrischer Verlustfaktor tan δ		50			
		10^3			
		10^6			
Spezifischer Durchgangs-widerstand	Ohm · cm				
Durchschlagfestigkeit	kV/mm				mm dick
Oberflächenwiderstand	Ohm				
Kriechstromfestigkeit		KC	KB	KA	
Elektrolytische Korrosionswirkung					
Lichtbogenfestigkeit nach DIN					
nach ASTM	s				

Beständigkeit *(Chemische Beständigkeit siehe Anhang)*

Wasseraufnahme 23 C	1 d	1.0 %	
Feuchtigkeitsaufnahme Normalklima			%
Wetterbeständigkeit			
Spannungskorrosion			

Optische Eigenschaften

Brechungszahl n_D		
Transmissionsgrad τ_c	%	mm dick
Lichtdurchlässigkeit		

Produkt	Acrylnitril-Butadien-Styrol-Polymerisat		**ABS**
Handelsname	**Sinkral ME3**		
Hersteller	ENICHEM		
DIN-Bez 1 *DIN-Bez 2*			
Zusätze		*Füllstoffe/ Verstärkung*	
Bevorzugte Verarbeitung	Extrudieren	*Lieferform*	Pulver
		Farben	
Besondere Merkmale	Schlagzaehigkeit	*Bevorzugte Anwendungen*	Technisches Formteil; Folie; Profil; Crash-Pad; Abmischung mit PVC; Kfz-Industrie; Moebel-Industrie

Dichte	g/cm^3	1.04	*Schmelzindex*	g/10 min		:
Schüttdichte	g/cm^3		*Volumenfließindex*	cm^3/10 min		:
Viskositätszahl	ml/g					

Verarbeitungsbedingungen für Spritzgießen

Massetemp.	°C	*Schwindung*	%	lgs	, quer
Werkzeugtemp.	°C	*Bemerkungen*			
Spritzdruck	bar				

Zugversuch 23 °C ASTM D 638;

Probekörper: *Form* / *Zustand* — *Herstellung* Spritzgiessen, *Vorbehandlung* Normalklima

Streckspannung	N/mm^2		*Dehnung bei Streckspannung*	%	
Zugfestigkeit	N/mm^2	41	*Reißdehnung*	%	
Reißfestigkeit	N/mm^2		*% Dehnspannung*	N/mm^2	
E-Modul	N/mm^2		*Dehnung bei % Dehnspg.*	%	

Kriechmoduln und Zeitstandwerte 23 °C

Probekörper: *Form* / *Zustand* — *Herstellung*, *Vorbehandlung*

Kriechmodul	*1 min* N/mm^2		*Zeitstandzugfestigkeit*	h	N/mm^2
Kriechmodul	*1000 h* N/mm^2		*Zeitdehnspg.* %	h	N/mm^2
bei Spannung	N/mm^2				

Biegeversuch 23 °C ASTM D 790;

Probekörper: *Form* / *Zustand* — *Herstellung* Spritzgiessen, *Vorbehandlung* Normalklima

Biegefestigkeit	N/mm^2	60	*E-Modul*	N/mm^2	1900
3,5% *Biegespannung*	N/mm^2				

Härte 23 °C *Probekörper:* *Zustand* — *Herstellung* Spritzgiessen, *Vorbehandlung* Normalklima

Kugeldruckhärte	N/mm^2	bei N, s	*Shore-Härte* A	
Rockwellhärte	R 102		*Shore-Härte* D	

Schlagversuch *Probekörper:* *(1)* / *(2)* V-Kerbe / *Zustand* — *Herstellung* Spritzgiessen, *Vorbehandlung* Normalklima

		°C		°C		°C		*Probekörper-Form*
Schlagzähigkeit	kJ/m^2							
Kerbschlagzähigkeit (1)	kJ/m^2							
IZOD-Kerbschlagzähigkeit (2)	J/m	23	300	0	180	-40	100	6.4 mm dick
Kerbschlagzugzähigkeit	kJ/m^2							

Abrieb und Reibung

Taber-Abrieb (Reibradverfahren)	mm^3/100 U		
Abriebfaktor LNP (Thrust washer) Vergleichswert			
Statische Reibungszahl			
Dynamische Reibungszahl	(p · v = N/mm^2 ·		m/min)
Zulässiger p · v Wert	N/mm^2 · (m/min)	v =	m/min
		v =	m/min

Thermische Eigenschaften

Formbeständigkeit in der Wärme	*Verfahren* A			98 °C
	Verfahren A			85 °C
Vicat Erweichungstemperatur (VST)	*Verfahren* B/120			90 °C
	Verfahren			°C
Kristallit-Schmelzpunkt	*Verfahren*			
Längenausdehnungskoeffizient	*Bereich*	°C		· $10^{-4}K^{-1}$
	Temperatur 23 °C			0.9 · $10^{-4}K^{-1}$
Wärmeleitfähigkeit	*Verfahren*		23 °C	0.17 W/(K · m)
Spezifische Wärmekapazität	*Verfahren*			J/(K · g)
Glasumwandlungstemperatur	*Torsionsschwingungsversuch*		°C	
	Differentialkalorimetrie		°C	

Brandverhalten

UL-Test vertikal	Dicke mm, Wert	
	Dicke mm, Wert	

	Norm	*Bewertung*	*Abmessungen*
Sauerstoff-Index	ASTM D 2863		
Glühstab-Verfahren			
Brandverhalten	DIN 4102		
MVSS			
FAR			

Elektrische Eigenschaften

		Hz	°C	*Probekörper, Form*
Dielektrizitätszahl		50		
		10^3		
		10^6		
Dielektrischer Verlustfaktor tan δ		50		
		10^3		
		10^6		
Spezifischer Durchgangswiderstand	Ohm · cm			
Durchschlagfestigkeit	kV/mm			mm dick
Oberflächenwiderstand	Ohm			

Kriechstromfestigkeit	KC	KB	KA
Elektrolytische Korrosionswirkung			
Lichtbogenfestigkeit nach DIN			
nach ASTM s			

Beständigkeit *(Chemische Beständigkeit siehe Anhang)*

Wasseraufnahme 23 C	1 d	1.0 %	
Feuchtigkeitsaufnahme Normalklima			%
Wetterbeständigkeit			
Spannungskorrosion			

Optische Eigenschaften

Brechungszahl n_D		
Transmissionsgrad τ_c	%	mm dick
Lichtdurchlässigkeit		

Datenbank-Nr. **T01388** Merkblatt-Nr. **4786**

Produkt	Acrylnitril-Butadien-Styrol-Polymerisat		**ABS**
Handelsname	**Sinkral PDMC**		
Hersteller	ENICHEM		
DIN-Bez 1			
DIN-Bez 2			
Zusätze		*Füllstoffe/ Verstärkung*	
Bevorzugte Verarbeitung	Extrudieren	*Lieferform*	Pulver
		Farben	
Besondere Merkmale	Zaehigkeit; Schlagzaehigkeit	*Bevorzugte Anwendungen*	Technisches Formteil; Folie; Profil; Crash-Pad; Abmischung mit PVC; Kfz-Industrie; Moebel-Industrie

Dichte	g/cm^3	1.04	*Schmelzindex*	g/10 min	:
Schüttdichte	g/cm^3		*Volumenfließindex*	cm^3/10 min	:
Viskositätszahl	ml/g				

Verarbeitungsbedingungen für Spritzgießen

Massetemp.	°C	*Schwindung*	% lgs , quer
Werkzeugtemp.	°C	*Bemerkungen*	
Spritzdruck	bar		

Zugversuch 23 °C ASTM D 638;

Probekörper: *Form* — *Herstellung* Spritzgiessen
Zustand — *Vorbehandlung* Normalklima

Streckspannung	N/mm^2		*Dehnung bei Streckspannung*	%
Zugfestigkeit	N/mm^2	34	*Reißdehnung*	%
Reißfestigkeit	N/mm^2		*% Dehnspannung*	N/mm^2
E-Modul	N/mm^2		*Dehnung bei % Dehnspg.*	%

Kriechmoduln und Zeitstandwerte 23 °C

Probekörper: *Form* — *Herstellung*
Zustand — *Vorbehandlung*

Kriechmodul	*1 min* N/mm^2		*Zeitstandzugfestigkeit*	h N/mm^2
Kriechmodul	*1000 h* N/mm^2		*Zeitdehnspg. %*	h N/mm^2
bei Spannung	N/mm^2			

Biegeversuch 23 °C ASTM D 790;

Probekörper: *Form* — *Herstellung* Spritzgiessen
Zustand — *Vorbehandlung* Normalklima

Biegefestigkeit	N/mm^2	48	*E-Modul*	N/mm^2	1700
3,5% *Biegespannung*	N/mm^2				

Härte 23 °C *Probekörper:* *Zustand* — *Herstellung* Spritzgiessen
Vorbehandlung Normalklima

Kugeldruckhärte	N/mm^2 bei N, s	*Shore-Härte* A	
Rockwellhärte	R 96	*Shore-Härte* D	

Schlagversuch *Probekörper:* *(1)*
(2) V-Kerbe — *Herstellung* Spritzgiessen
Zustand — *Vorbehandlung* Normalklima

		°C		°C		°C		*Probekörper-Form*
Schlagzähigkeit	kJ/m^2							
Kerbschlagzähigkeit (1)	kJ/m^2							
IZOD-Kerbschlagzähigkeit (2)	J/m	23	340	0	270	-40	160	6.4 mm dick
Kerbschlagzugzähigkeit	kJ/m^2							

Abrieb und Reibung

Taber-Abrieb (Reibradverfahren) mm^3/100 U
Abriebfaktor LNP (Thrust washer) Vergleichswert
Statische Reibungszahl
Dynamische Reibungszahl (p·v= N/mm^2· m/min)
Zulässiger p · v Wert N/mm^2·(m/min) v= m/min
v= m/min

Thermische Eigenschaften

Formbeständigkeit in der Wärme	*Verfahren* A		98 °C
	Verfahren A		82 °C
Vicat Erweichungstemperatur (VST)	*Verfahren* B/120		90 °C
	Verfahren		°C
Kristallit-Schmelzpunkt	*Verfahren*		
Längenausdehnungskoeffizient	*Bereich* °C		$\cdot 10^{-4}K^{-1}$
	Temperatur 23 °C		$0.9 \cdot 10^{-4}K^{-1}$
Wärmeleitfähigkeit	*Verfahren*	23 °C	0.17 W/(K · m)
Spezifische Wärmekapazität	*Verfahren*		J/(K · g)
Glasumwandlungstemperatur	*Torsionsschwingungsversuch*	°C	
	Differentialkalorimetrie	°C	

Brandverhalten

UL-Test vertikal Dicke mm, Wert
Dicke mm, Wert

	Norm	*Bewertung*	*Abmessungen*
Sauerstoff-Index	ASTM D 2863		
Glühstab-Verfahren			
Brandverhalten	DIN 4102		
MVSS			
FAR			

Elektrische Eigenschaften

		Hz	°C	*Probekörper, Form*
Dielektrizitätszahl		50		
		10^3		
		10^6		
Dielektrischer Verlustfaktor tan δ		50		
		10^3		
		10^6		
Spezifischer Durchgangswiderstand	Ohm · cm			
Durchschlagfestigkeit	kV/mm			mm dick
Oberflächenwiderstand	Ohm			

Kriechstromfestigkeit KC KB KA
Elektrolytische Korrosionswirkung
Lichtbogenfestigkeit nach DIN
nach ASTM s

Beständigkeit *(Chemische Beständigkeit siehe Anhang)*

Wasseraufnahme 23 C 1 d 1.0 %

Feuchtigkeitsaufnahme Normalklima %
Wetterbeständigkeit

Spannungskorrosion

Optische Eigenschaften

Brechungszahl n_D
Transmissionsgrad τ_c % mm dick
Lichtdurchlässigkeit

Produkt	Polyamid 6		**PA**
Handelsname	**Nivionplast 273 FP**		
Hersteller	ENICHEM		
DIN-Bez 1			
DIN-Bez 2			
Zusätze		*Füllstoffe/ Verstärkung*	
Bevorzugte Verarbeitung	Spritzgiessen	*Lieferform*	Granulat
		Farben	Natur; Standard
Besondere Merkmale	Niedrigviskos; Hervorragende kristalline Struktur	*Bevorzugte Anwendungen*	Technisches Formteil; Teil mit hohem Laengen/Dicken-Verhaeltnis; Niedrige Zykluszeit

Dichte	g/cm^3	1.14	*Schmelzindex*	g/10 min		:
Schüttdichte	g/cm^3		*Volumenfließindex*	$cm^3/10$ min		:
Viskositätszahl	ml/g					

Verarbeitungsbedingungen für Spritzgießen

Massetemp.	°C	*Schwindung*	%	lgs 0.9–1.1, quer 0.9–1.1
Werkzeugtemp.	°C	*Bemerkungen*		
Spritzdruck	bar			

Zugversuch 23 °C ASTM D 638;

Probekörper: *Form* — *Herstellung* Spritzgiessen
Zustand Spritzfrisch — *Vorbehandlung*

Streckspannung	N/mm^2		*Dehnung bei Streckspannung*	%	85
Zugfestigkeit	N/mm^2		*Reißdehnung*	%	40–100
Reißfestigkeit	N/mm^2	65	*% Dehnspannung*	N/mm^2	
E-Modul	N/mm^2	3200	*Dehnung bei % Dehnspg.*	%	

Kriechmoduln und Zeitstandwerte 23 °C

Probekörper: *Form* — *Herstellung*
Zustand — *Vorbehandlung*

Kriechmodul	*1 min* N/mm^2		*Zeitstandzugfestigkeit*	h	N/mm^2
Kriechmodul	*1000 h* N/mm^2		*Zeitdehnspg. %*	h	N/mm^2
bei Spannung	N/mm^2				

Biegeversuch 23 °C ASTM D 790;

Probekörper: *Form* — *Herstellung* Spritzgiessen
Zustand Spritzfrisch — *Vorbehandlung*

Biegefestigkeit	N/mm^2	120	*E-Modul*	N/mm^2	2800
3,5% *Biegespannung*	N/mm^2				

Härte 23 °C *Probekörper:* *Zustand* Spritzfrisch — *Herstellung* Spritzgiessen
Vorbehandlung

Kugeldruckhärte	N/mm^2	bei N, s	*Shore-Härte* A	
Rockwellhärte	R 120		*Shore-Härte* D	

Schlagversuch *Probekörper:* *(1)*
(2) V-Kerbe — *Herstellung* Spritzgiessen
Zustand Spritzfrisch — *Vorbehandlung*

		°C	°C	°C	*Probekörper-Form*
Schlagzähigkeit	kJ/m^2				
Kerbschlagzähigkeit (1)	kJ/m^2				
IZOD-Kerbschlagzähigkeit (2)	J/m	23 35			3.2 mm dick
Kerbschlagzugzähigkeit	kJ/m^2				

Abrieb und Reibung

Taber-Abrieb (Reibradverfahren)	mm^3/100 U		
Abriebfaktor LNP (Thrust washer) Vergleichswert			
Statische Reibungszahl			
Dynamische Reibungszahl	(p · v =	N/mm^2 ·	m/min)
Zulässiger p · v Wert	N/mm^2 · (m/min)	v =	m/min
		v =	m/min

Thermische Eigenschaften

Formbeständigkeit in der Wärme	*Verfahren*	A		65–75 °C
	Verfahren	B		180 °C
Vicat Erweichungstemperatur (VST)	*Verfahren*			°C
	Verfahren			°C
Kristallit-Schmelzpunkt	*Verfahren*	DTA		215–220 °C
Längenausdehnungskoeffizient	*Bereich*	°C		$\cdot 10^{-4} K^{-1}$
	Temperatur 23 °C			$0.7 \cdot 10^{-4} K^{-1}$
Wärmeleitfähigkeit	*Verfahren*			W/(K · m)
Spezifische Wärmekapazität	*Verfahren*		23 °C	1.7 J/(K · g)
Glasumwandlungstemperatur	*Torsionsschwingungsversuch*		°C	
	Differentialkalorimetrie		°C	

Brandverhalten

UL-Test vertikal	Dicke 3.2 mm,	Wert V-2
	Dicke mm,	Wert

	Norm	*Bewertung*	*Abmessungen*
Sauerstoff-Index	ASTM D 2863		
Glühstab-Verfahren			
Brandverhalten	DIN 4102		
MVSS			
FAR			

Elektrische Eigenschaften

		Hz	°C			Probekörper, Form
Dielektrizitätszahl		50				
		10^3				
		10^6				
Dielektrischer Verlustfaktor tan δ		50				
		10^3				
		10^6				
Spezifischer Durchgangswiderstand	Ohm · cm		23	1.0*10**15		
Durchschlagfestigkeit	kV/mm		23	100		1 mm dick
Oberflächenwiderstand	Ohm		23	1.0*10**13		
Kriechstromfestigkeit		KC		KB > 600	KA	
Elektrolytische Korrosionswirkung						
Lichtbogenfestigkeit nach DIN						
nach ASTM	s					

Beständigkeit *(Chemische Beständigkeit siehe Anhang)*

Wasseraufnahme 23 C	1 d	1.10–1.30 %
Feuchtigkeitsaufnahme Normalklima		%
Wetterbeständigkeit		
Spannungskorrosion		

Optische Eigenschaften

Brechungszahl n_D		
Transmissionsgrad τ_c	%	mm dick
Lichtdurchlässigkeit		

Produkt	Polyamid 6		**PA**
Handelsname	**Nivionplast R 15 G**		
Hersteller	ENICHEM		
DIN-Bez 1			
DIN-Bez 2			
Zusätze		*Füllstoffe/ Verstärkung*	15% Glasfaser
Bevorzugte Verarbeitung	Spritzgiessen	*Lieferform*	Granulat
		Farben	Natur; Standard
Besondere Merkmale	Hohe Steifigkeit; Hohe Dimensionsstabilitaet	*Bevorzugte Anwendungen*	Technisches Formteil

Dichte	g/cm^3	1.24	*Schmelzindex*	g/10 min	:
Schüttdichte	g/cm^3		*Volumenfließindex*	$cm^3/10$ min	:
Viskositätszahl	ml/g				

Verarbeitungsbedingungen für Spritzgießen

Massetemp.	°C	*Schwindung*	%	lgs 0.5–0.6, quer
Werkzeugtemp.	°C	*Bemerkungen*		
Spritzdruck	bar			

Zugversuch 23 °C ASTM D 638;
Probekörper: *Form* — *Herstellung* Spritzgiessen
Zustand Spritzfrisch — *Vorbehandlung*

Streckspannung	N/mm^2		*Dehnung bei Streckspannung*	%	
Zugfestigkeit	N/mm^2		*Reißdehnung*	%	4.5
Reißfestigkeit	N/mm^2	120	*% Dehnspannung*	N/mm^2	
E-Modul	N/mm^2	5500	*Dehnung bei % Dehnspg.*	%	

Kriechmoduln und Zeitstandwerte 23 °C
Probekörper: *Form* — *Herstellung*
Zustand — *Vorbehandlung*

Kriechmodul	*1 min*	N/mm^2	*Zeitstandzugfestigkeit*	h	N/mm^2
Kriechmodul	*1000 h*	N/mm^2	*Zeitdehnspg. %*	h	N/mm^2
bei Spannung		N/mm^2			

Biegeversuch 23 °C ASTM D 790;
Probekörper: *Form* — *Herstellung* Spritzgiessen
Zustand Spritzfrisch — *Vorbehandlung*

Biegefestigkeit	N/mm^2	190	*E-Modul*	N/mm^2 5000
3,5% *Biegespannung*	N/mm^2			

Härte 23 °C *Probekörper:* *Zustand* Spritzfrisch — *Herstellung* Spritzgiessen
Vorbehandlung

Kugeldruckhärte	N/mm^2	bei N, s	*Shore-Härte* A	
Rockwellhärte	R 122		*Shore-Härte* D	

Schlagversuch *Probekörper:* *(1)*
(2) V-Kerbe — *Herstellung* Spritzgiessen
Zustand Spritzfrisch — *Vorbehandlung*

		°C	°C	°C	*Probekörper-Form*
Schlagzähigkeit	kJ/m^2				
Kerbschlagzähigkeit (1)	kJ/m^2				
IZOD-Kerbschlagzähigkeit (2)	J/m	23 55			3.2 mm dick
Kerbschlagzugzähigkeit	kJ/m^2				

Abrieb und Reibung

Taber-Abrieb (Reibradverfahren)	mm^3/100 U		
Abriebfaktor LNP (Thrust washer) Vergleichswert			
Statische Reibungszahl			
Dynamische Reibungszahl	(p·v=	N/mm^2·	m/min)
Zulässiger p · v Wert	N/mm^2 · (m/min)	v=	m/min
		v=	m/min

Thermische Eigenschaften

Formbeständigkeit in der Wärme	*Verfahren* A			170 °C
	Verfahren B			200 °C
Vicat Erweichungstemperatur (VST)	*Verfahren*			°C
	Verfahren			°C
Kristallit-Schmelzpunkt	*Verfahren* DTA			215–220 °C
Längenausdehnungskoeffizient	*Bereich*	°C		$\cdot 10^{-4} K^{-1}$
	Temperatur 23 °C			$0.3–0.4 \cdot 10^{-4} K^{-1}$
Wärmeleitfähigkeit	*Verfahren*			W/(K · m)
Spezifische Wärmekapazität	*Verfahren*		23 °C	1.6 J/(K · g)
Glasumwandlungstemperatur	*Torsionsschwingungsversuch*		°C	
	Differentialkalorimetrie		°C	

Brandverhalten

UL-Test vertikal	Dicke 3.2 mm, Wert HB
	Dicke mm, Wert

	Norm	*Bewertung*	*Abmessungen*
Sauerstoff-Index	ASTM D 2863		
Glühstab-Verfahren			
Brandverhalten	DIN 4102		
MVSS			
FAR			

Elektrische Eigenschaften

		Hz	°C			*Probekörper, Form*
Dielektrizitätszahl		50				
		10^3				
		10^6				
Dielektrischer Verlustfaktor tan δ		50				
		10^3				
		10^6				
Spezifischer Durchgangs-widerstand	Ohm · cm		23	1.0*10**15		
Durchschlagfestigkeit	kV/mm		23	60		1 mm dick
Oberflächenwiderstand	Ohm		23	1.0*10**13		
Kriechstromfestigkeit		KC		KB >450	KA	
Elektrolytische Korrosionswirkung						
Lichtbogenfestigkeit nach DIN						
nach ASTM	s					

Beständigkeit *(Chemische Beständigkeit siehe Anhang)*

Wasseraufnahme 23 C	1 d	1.10–1.20 %	
Feuchtigkeitsaufnahme Normalklima			%
Wetterbeständigkeit			
Spannungskorrosion			

Optische Eigenschaften

Brechungszahl n_D		
Transmissionsgrad τ_c	%	mm dick
Lichtdurchlässigkeit		

Datenbank-Nr.	**T01391**		Merkblatt-Nr. **4789**
Produkt	Polyamid 6		**PA**
Handelsname	**Nivionplast R 25 GS**		
Hersteller	ENICHEM		
DIN-Bez 1			
DIN-Bez 2			
Zusätze		Füllstoffe/ Verstärkung	25% Glasfaser
Bevorzugte Verarbeitung	Spritzgiessen	Lieferform	Granulat
		Farben	Natur; Standard
Besondere Merkmale	Erhoehte Schlagzaehigkeit; Hohe Steifigkeit	Bevorzugte Anwendungen	Technisches Formteil

Dichte	g/cm^3	1.30	Schmelzindex	g/10 min	:
Schüttdichte	g/cm^3		Volumenfließindex	cm^3/10 min	:
Viskositätszahl	ml/g				

Verarbeitungsbedingungen für Spritzgießen

Massetemp.	°C	Schwindung	%	lgs 0.3–0.4, quer
Werkzeugtemp.	°C	Bemerkungen		
Spritzdruck	bar			

Zugversuch 23 °C ASTM D 638;
Probekörper: Form — Herstellung Spritzgiessen
Zustand Spritzfrisch — Vorbehandlung

Streckspannung	N/mm^2		Dehnung bei Streckspannung	%	
Zugfestigkeit	N/mm^2		Reißdehnung	%	3.5
Reißfestigkeit	N/mm^2	160	% Dehnspannung	N/mm^2	
E-Modul	N/mm^2	8000	Dehnung bei % Dehnspg.	%	

Kriechmoduln und Zeitstandwerte 23 °C
Probekörper: Form — Herstellung
Zustand — Vorbehandlung

Kriechmodul	1 min	N/mm^2	Zeitstandzugfestigkeit	h	N/mm^2
Kriechmodul	1000 h	N/mm^2	Zeitdehnspg. %	h	N/mm^2
bei Spannung		N/mm^2			

Biegeversuch 23 °C ASTM D 790;
Probekörper: Form — Herstellung Spritzgiessen
Zustand Spritzfrisch — Vorbehandlung

Biegefestigkeit	N/mm^2	230	E-Modul	N/mm^2	7000
3,5% Biegespannung	N/mm^2				

Härte 23 °C Probekörper: Zustand Spritzfrisch — Herstellung Spritzgiessen
Vorbehandlung

Kugeldruckhärte	N/mm^2	bei N, s	Shore-Härte A	
Rockwellhärte		R 122	Shore-Härte D	

Schlagversuch Probekörper: (1)
(2) V-Kerbe — Herstellung Spritzgiessen
Zustand Spritzfrisch — Vorbehandlung

		°C		°C		°C		Probekörper-Form
Schlagzähigkeit	kJ/m^2							
Kerbschlagzähigkeit (1)	kJ/m^2							
IZOD-Kerbschlagzähigkeit (2)	J/m	23	100					3.2 mm dick
Kerbschlagzugzähigkeit	kJ/m^2							

Abrieb und Reibung

Taber-Abrieb (Reibradverfahren)	mm^3/100 U		
Abriebfaktor LNP (Thrust washer) Vergleichswert			
Statische Reibungszahl			
Dynamische Reibungszahl	(p · v =	N/mm^2 ·	m/min)
Zulässiger p · v Wert	N/mm^2 · (m/min)	v =	m/min
		v =	m/min

Thermische Eigenschaften

Formbeständigkeit in der Wärme	*Verfahren* A			200 °C
	Verfahren B			210 °C
Vicat Erweichungstemperatur (VST)	*Verfahren*			°C
	Verfahren			°C
Kristallit-Schmelzpunkt	*Verfahren* DTA			215–220 °C
Längenausdehnungskoeffizient	*Bereich* °C			· $10^{-4}K^{-1}$
	Temperatur 23 °C			0.2–0.3 · $10^{-4}K^{-1}$
Wärmeleitfähigkeit	*Verfahren*			W/(K · m)
Spezifische Wärmekapazität	*Verfahren*	23 °C		1.5 J/(K · g)
Glasumwandlungstemperatur	*Torsionsschwingungsversuch*	°C		
	Differentialkalorimetrie	°C		

Brandverhalten

UL-Test vertikal	Dicke 3.2 mm,	Wert HB
	Dicke mm,	Wert

	Norm	*Bewertung*	*Abmessungen*
Sauerstoff-Index	ASTM D 2863		
Glühstab-Verfahren			
Brandverhalten	DIN 4102		
MVSS			
FAR			

Elektrische Eigenschaften

		Hz	°C			*Probekörper, Form*
Dielektrizitätszahl		50				
		10^3				
		10^6				
Dielektrischer Verlustfaktor tan δ		50				
		10^3				
		10^6				
Spezifischer Durchgangs-widerstand	Ohm · cm		23	1.0*10**15		
Durchschlagfestigkeit	kV/mm		23	60		1 mm dick
Oberflächenwiderstand	Ohm		23	1.0*10**13		
Kriechstromfestigkeit		KC		KB >450	KA	
Elektrolytische Korrosionswirkung						
Lichtbogenfestigkeit nach DIN						
nach ASTM	s					

Beständigkeit *(Chemische Beständigkeit siehe Anhang)*

Wasseraufnahme 23 C	1 d	0.9–1.0 %	
Feuchtigkeitsaufnahme Normalklima			%
Wetterbeständigkeit			
Spannungskorrosion			

Optische Eigenschaften

Brechungszahl n_D		
Transmissionsgrad τ_c	%	mm dick
Lichtdurchlässigkeit		

Datenbank-Nr. **T01392** *Merkblatt-Nr.* **4790**

Produkt	Polyamid 6		**PA**
Handelsname	**Nivionplast R 256 GS**		
Hersteller	ENICHEM		
DIN-Bez 1 *DIN-Bez 2*			
Zusätze	Waermestabilisator	*Füllstoffe/ Verstärkung*	25% Glasfaser
Bevorzugte Verarbeitung	Spritzgiessen	*Lieferform*	Granulat
		Farben	Natur; Standard
Besondere Merkmale	Erhoehte Schlagzaehigkeit; Hohe Steifigkeit	*Bevorzugte Anwendungen*	Technisches Formteil; Hochtemperaturbereich

Dichte	g/cm³	1.30	*Schmelzindex*	g/10 min	:
Schüttdichte	g/cm³		*Volumenfließindex*	cm³/10 min	:
Viskositätszahl	ml/g				

Verarbeitungsbedingungen für Spritzgießen

Massetemp.	°C	*Schwindung*	%	lgs 0.3–0.4, quer
Werkzeugtemp.	°C	*Bemerkungen*		
Spritzdruck	bar			

Zugversuch 23 °C ASTM D 638;
Probekörper: *Form* — *Herstellung* Spritzgiessen
Zustand Spritzfrisch — *Vorbehandlung*

Streckspannung	N/mm²		*Dehnung bei Streckspannung*	%	
Zugfestigkeit	N/mm²		*Reißdehnung*	%	3.5
Reißfestigkeit	N/mm²	160	% *Dehnspannung*	N/mm²	
E-Modul	N/mm²	8000	*Dehnung bei* % *Dehnspg.*	%	

Kriechmoduln und Zeitstandwerte 23 °C
Probekörper: *Form* — *Herstellung*
Zustand — *Vorbehandlung*

Kriechmodul	*1 min*	N/mm²	*Zeitstandzugfestigkeit*	h	N/mm²
Kriechmodul	*1000 h*	N/mm²	*Zeitdehnspg.* %	h	N/mm²
bei Spannung		N/mm²			

Biegeversuch 23 °C ASTM D 790;
Probekörper: *Form* — *Herstellung* Spritzgiessen
Zustand Spritzfrisch — *Vorbehandlung*

Biegefestigkeit	N/mm²	230	*E-Modul*	N/mm²	7000
3,5% *Biegespannung*	N/mm²				

Härte 23 °C *Probekörper:* *Zustand* Spritzfrisch — *Herstellung* Spritzgiessen
Vorbehandlung

Kugeldruckhärte	N/mm²	bei N, s	*Shore-Härte* A	
Rockwellhärte	R 122		*Shore-Härte* D	

Schlagversuch *Probekörper:* *(1)*
(2) V-Kerbe — *Herstellung* Spritzgiessen
Zustand Spritzfrisch — *Vorbehandlung*

		°C	°C	°C	*Probekörper-Form*
Schlagzähigkeit	kJ/m²				
Kerbschlagzähigkeit (1)	kJ/m²				
IZOD-Kerbschlagzähigkeit (2)	J/m	23 90			3.2 mm dick
Kerbschlagzugzähigkeit	kJ/m²				

Abrieb und Reibung

Taber-Abrieb (Reibradverfahren)	mm^3/100 U		
Abriebfaktor LNP (Thrust washer) Vergleichswert			
Statische Reibungszahl			
Dynamische Reibungszahl	(p·v= N/mm^2·		m/min)
Zulässiger p · v Wert	N/mm^2 · (m/min)	v=	m/min
		v=	m/min

Thermische Eigenschaften

Formbeständigkeit in der Wärme	*Verfahren* A			200 °C
	Verfahren B			210 °C
Vicat Erweichungstemperatur (VST)	*Verfahren*			°C
	Verfahren			°C
Kristallit-Schmelzpunkt	*Verfahren* DTA			215–220 °C
Längenausdehnungskoeffizient	*Bereich*	°C		$\cdot 10^{-4}K^{-1}$
	Temperatur 23 °C			$0.2–0.3 \cdot 10^{-4}K^{-1}$
Wärmeleitfähigkeit	*Verfahren*			W/(K · m)
Spezifische Wärmekapazität	*Verfahren*		23 °C	1.5 J/(K · g)
Glasumwandlungstemperatur	*Torsionsschwingungsversuch*		°C	
	Differentialkalorimetrie		°C	

Brandverhalten

UL-Test vertikal	Dicke 3.2 mm, Wert HB
	Dicke mm, Wert

	Norm	*Bewertung*	*Abmessungen*
Sauerstoff-Index	ASTM D 2863		
Glühstab-Verfahren			
Brandverhalten	DIN 4102		
MVSS			
FAR			

Elektrische Eigenschaften

		Hz	°C			*Probekörper, Form*
Dielektrizitätszahl		50				
		10^3				
		10^6				
Dielektrischer Verlustfaktor tan δ		50				
		10^3				
		10^6				
Spezifischer Durchgangswiderstand	Ohm · cm		23	1.0*10**15		
Durchschlagfestigkeit	kV/mm		23	60		1 mm dick
Oberflächenwiderstand	Ohm		23	1.0*10**13		
Kriechstromfestigkeit		KC		KB >450	KA	
Elektrolytische Korrosionswirkung						
Lichtbogenfestigkeit nach DIN						
nach ASTM	s					

Beständigkeit *(Chemische Beständigkeit siehe Anhang)*

Wasseraufnahme 23 C	1 d	0.9–1.0 %	
Feuchtigkeitsaufnahme Normalklima			%
Wetterbeständigkeit			
Spannungskorrosion			

Optische Eigenschaften

Brechungszahl n_D		
Transmissionsgrad τ_c	%	mm dick
Lichtdurchlässigkeit		

Produkt	Polyamid 6			**PA**
Handelsname	**Nivionplast R 30 G**			
Hersteller	ENICHEM			
DIN-Bez 1				
DIN-Bez 2				
Zusätze		*Füllstoffe/ Verstärkung*	30% Glasfaser	
Bevorzugte Verarbeitung	Spritzgiessen	*Lieferform*	Granulat	
		Farben	Natur; Standard	
Besondere Merkmale	Erhoehte Steifigkeit; Hohe Dimensionsstabilitaet	*Bevorzugte Anwendungen*	Technisches Formteil	

Dichte	g/cm³	1.35	*Schmelzindex*	g/10 min	:
Schüttdichte	g/cm³		*Volumenfließindex*	cm³/10 min	:
Viskositätszahl	ml/g				

Verarbeitungsbedingungen für Spritzgießen

Massetemp.	°C	*Schwindung*	%	lgs 0.25–0.35, quer
Werkzeugtemp.	°C	*Bemerkungen*		
Spritzdruck	bar			

Zugversuch 23 °C ASTM D 638;
Probekörper: *Form* — *Herstellung* Spritzgiessen
Zustand Spritzfrisch — *Vorbehandlung*

Streckspannung	N/mm²		*Dehnung bei Streckspannung*	%	
Zugfestigkeit	N/mm²		*Reißdehnung*	%	3.5
Reißfestigkeit	N/mm²	170–185	*% Dehnspannung*	N/mm²	
E-Modul	N/mm²	9300	*Dehnung bei % Dehnspg.*	%	

Kriechmoduln und Zeitstandwerte 23 °C
Probekörper: *Form* — *Herstellung*
Zustand — *Vorbehandlung*

Kriechmodul	*1 min*	N/mm²	*Zeitstandzugfestigkeit*	h	N/mm²
Kriechmodul	*1000 h*	N/mm²	*Zeitdehnspg. %*	h	N/mm²
bei Spannung		N/mm²			

Biegeversuch 23 °C ASTM D 790;
Probekörper: *Form* — *Herstellung* Spritzgiessen
Zustand Spritzfrisch — *Vorbehandlung*

Biegefestigkeit	N/mm²	250	*E-Modul*	N/mm²	8000
3,5% *Biegespannung*	N/mm²				

Härte 23 °C *Probekörper:* *Zustand* Spritzfrisch — *Herstellung* Spritzgiessen
Vorbehandlung

Kugeldruckhärte	N/mm² bei N, s	*Shore-Härte* A	
Rockwellhärte	R 122	*Shore-Härte* D	

Schlagversuch *Probekörper:* *(1)*
(2) V-Kerbe — *Herstellung* Spritzgiessen
Zustand Spritzfrisch — *Vorbehandlung*

		°C		°C	°C	*Probekörper-Form*
Schlagzähigkeit	kJ/m²					
Kerbschlagzähigkeit (1)	kJ/m²					
IZOD-Kerbschlagzähigkeit (2)	J/m	23	110			3.2 mm dick
Kerbschlagzugzähigkeit	kJ/m²					

Abrieb und Reibung

Taber-Abrieb (Reibradverfahren)	mm^3/100 U		
Abriebfaktor LNP (Thrust washer) Vergleichswert			
Statische Reibungszahl			
Dynamische Reibungszahl	(p · v = N/mm² ·		m/min)
Zulässiger p · v Wert	N/mm² · (m/min)	v =	m/min
		v =	m/min

Thermische Eigenschaften

Formbeständigkeit in der Wärme	*Verfahren* A		205 °C
	Verfahren B		210 °C
Vicat Erweichungstemperatur (VST)	*Verfahren*		°C
	Verfahren		°C
Kristallit-Schmelzpunkt	*Verfahren* DTA		215–220 °C
Längenausdehnungskoeffizient	*Bereich* °C		$\cdot 10^{-4} K^{-1}$
	Temperatur 23 °C		0.2–0.3 $\cdot 10^{-4} K^{-1}$
Wärmeleitfähigkeit	*Verfahren*		W/(K · m)
Spezifische Wärmekapazität	*Verfahren*	23 °C	1.5 J/(K · g)
Glasumwandlungstemperatur	*Torsionsschwingungsversuch*	°C	
	Differentialkalorimetrie	°C	

Brandverhalten

UL-Test vertikal	Dicke 3.2 mm, Wert HB	
	Dicke mm, Wert	

	Norm	*Bewertung*	*Abmessungen*
Sauerstoff-Index	ASTM D 2863		
Glühstab-Verfahren			
Brandverhalten	DIN 4102		
MVSS			
FAR			

Elektrische Eigenschaften

		Hz	°C			*Probekörper, Form*
Dielektrizitätszahl		50				
		10^3				
		10^6				
Dielektrischer Verlustfaktor tan δ		50				
		10^3				
		10^6				
Spezifischer Durchgangswiderstand	Ohm · cm		23	1.0*10**15		
Durchschlagfestigkeit	kV/mm		23	60		1 mm dick
Oberflächenwiderstand	Ohm		23	1.0*10**13		
Kriechstromfestigkeit		KC		KB > 450	KA	
Elektrolytische Korrosionswirkung						
Lichtbogenfestigkeit nach DIN						
nach ASTM	s					

Beständigkeit *(Chemische Beständigkeit siehe Anhang)*

Wasseraufnahme 23 C	1 d	0.9–1.0 %	
Feuchtigkeitsaufnahme Normalklima			%
Wetterbeständigkeit			
Spannungskorrosion			

Optische Eigenschaften

Brechungszahl n_D		
Transmissionsgrad τ_c	%	mm dick
Lichtdurchlässigkeit		

PA

Produkt	Polyamid 6		
Handelsname	**Nivionplast R 30 GS**		
Hersteller	ENICHEM		
DIN-Bez 1			
DIN-Bez 2			
Zusätze		*Füllstoffe/ Verstärkung*	30% Glasfaser
Bevorzugte Verarbeitung	Spritzgiessen	*Lieferform*	Granulat
		Farben	Natur; Standard
Besondere Merkmale	Erhoehte Schlagzaehigkeit; Ausgewogenes Verhaeltnis von Zaehigkeit und Steifigkeit	*Bevorzugte Anwendungen*	Technisches Formteil

Dichte	g/cm^3	1.35	*Schmelzindex*	g/10 min	:
Schüttdichte	g/cm^3		*Volumenfließindex*	cm^3/10 min	:
Viskositätszahl	ml/g				

Verarbeitungsbedingungen für Spritzgießen

Massetemp.	°C	*Schwindung*	%	lgs 0.25–0.35, quer
Werkzeugtemp.	°C	*Bemerkungen*		
Spritzdruck	bar			

Zugversuch 23 °C ASTM D 638;
Probekörper: *Form* | *Zustand* Spritzfrisch | *Herstellung* Spritzgiessen | *Vorbehandlung*

Streckspannung	N/mm^2		*Dehnung bei Streckspannung*	%	
Zugfestigkeit	N/mm^2		*Reißdehnung*	%	3.5
Reißfestigkeit	N/mm^2	170–185	*% Dehnspannung*	N/mm^2	
E-Modul	N/mm^2	9300	*Dehnung bei % Dehnspg.*	%	

Kriechmoduln und Zeitstandwerte 23 °C
Probekörper: *Form* | *Zustand* | *Herstellung* | *Vorbehandlung*

Kriechmodul	*1 min* N/mm^2		*Zeitstandzugfestigkeit*	h	N/mm^2
Kriechmodul	*1000 h* N/mm^2		*Zeitdehnspg. %*	h	N/mm^2
bei Spannung	N/mm^2				

Biegeversuch 23 °C ASTM D 790;
Probekörper: *Form* | *Zustand* Spritzfrisch | *Herstellung* Spritzgiessen | *Vorbehandlung*

Biegefestigkeit	N/mm^2	250	*E-Modul*	N/mm^2	8000
3,5% *Biegespannung*	N/mm^2				

Härte 23 °C *Probekörper:* *Zustand* Spritzfrisch | *Herstellung* Spritzgiessen | *Vorbehandlung*

Kugeldruckhärte	N/mm^2	bei N, s	*Shore-Härte* A	
Rockwellhärte	R 122		*Shore-Härte* D	

Schlagversuch *Probekörper:* *(1)* | *(2)* V-Kerbe | *Zustand* Spritzfrisch | *Herstellung* Spritzgiessen | *Vorbehandlung*

		°C	°C	°C	*Probekörper-Form*
Schlagzähigkeit	kJ/m^2				
Kerbschlagzähigkeit (1)	kJ/m^2				
IZOD-Kerbschlagzähigkeit (2)	J/m	23 130			3.2 mm dick
Kerbschlagzugzähigkeit	kJ/m^2				

Abrieb und Reibung

Taber-Abrieb (Reibradverfahren)	mm^3/100 U		
Abriebfaktor LNP (Thrust washer) Vergleichswert			
Statische Reibungszahl			
Dynamische Reibungszahl	(p · v= N/mm² ·		m/min)
Zulässiger p · v Wert	N/mm² · (m/min)	v=	m/min
		v=	m/min

Thermische Eigenschaften

Formbeständigkeit in der Wärme	*Verfahren* A		205 °C
	Verfahren B		210 °C
Vicat Erweichungstemperatur (VST)	*Verfahren*		°C
	Verfahren		°C
Kristallit-Schmelzpunkt	*Verfahren* DTA		215–220 °C
Längenausdehnungskoeffizient	*Bereich* °C		$\cdot 10^{-4}K^{-1}$
	Temperatur 23 °C		$0.2–0.3 \cdot 10^{-4}K^{-1}$
Wärmeleitfähigkeit	*Verfahren*		W/(K · m)
Spezifische Wärmekapazität	*Verfahren*	23 °C	1.5 J/(K · g)
Glasumwandlungstemperatur	*Torsionsschwingungsversuch*	°C	
	Differentialkalorimetrie	°C	

Brandverhalten

UL-Test vertikal	Dicke 3.2 mm, Wert HB
	Dicke mm, Wert

	Norm	*Bewertung*	*Abmessungen*
Sauerstoff-Index	ASTM D 2863		
Glühstab-Verfahren			
Brandverhalten	DIN 4102		
MVSS			
FAR			

Elektrische Eigenschaften

		Hz	°C		*Probekörper, Form*
Dielektrizitätszahl		50			
		10^3			
		10^6			
Dielektrischer Verlustfaktor tan δ		50			
		10^3			
		10^6			
Spezifischer Durchgangswiderstand	Ohm · cm		23	1.0*10**15	
Durchschlagfestigkeit	kV/mm		23	60	1 mm dick
Oberflächenwiderstand	Ohm		23	1.0*10**13	

Kriechstromfestigkeit	KC	KB > 450	KA
Elektrolytische Korrosionswirkung			
Lichtbogenfestigkeit nach DIN			
nach ASTM s			

Beständigkeit *(Chemische Beständigkeit siehe Anhang)*

Wasseraufnahme 23 C	1 d	0.9–1.0 %
Feuchtigkeitsaufnahme Normalklima		%
Wetterbeständigkeit		
Spannungskorrosion		

Optische Eigenschaften

Brechungszahl n_D		
Transmissionsgrad τ_c	%	mm dick
Lichtdurchlässigkeit		

Datenbank-Nr. **T01395** Merkblatt-Nr. **4793**

Produkt	Polyamid 6		**PA**
Handelsname	**Nivionplast R 306 GS**		
Hersteller	ENICHEM		
DIN-Bez 1			
DIN-Bez 2			
Zusätze	Waermestabilisator	*Füllstoffe/ Verstärkung*	30% Glasfaser
Bevorzugte Verarbeitung	Spritzgiessen	*Lieferform*	Granulat
		Farben	Natur; Standard
Besondere Merkmale	Ausgewogenes Verhaeltnis von Zaehigkeit und Steifigkeit	*Bevorzugte Anwendungen*	Technisches Formteil; Hochtemperaturbereich

Dichte	g/cm³	1.35	*Schmelzindex*	g/10 min		:
Schüttdichte	g/cm³		*Volumenfließindex*	cm³/10 min		:
Viskositätszahl	ml/g					

Verarbeitungsbedingungen für Spritzgießen

Massetemp.	°C	*Schwindung*	%	lgs 0.25–0.35, quer
Werkzeugtemp.	°C	*Bemerkungen*		
Spritzdruck	bar			

Zugversuch 23 °C ASTM D 638;
Probekörper: *Form* — *Herstellung* Spritzgiessen
Zustand Spritzfrisch — *Vorbehandlung*

Streckspannung	N/mm²		*Dehnung bei Streckspannung*	%	
Zugfestigkeit	N/mm²		*Reißdehnung*	%	3.5
Reißfestigkeit	N/mm²	170–185	*% Dehnspannung*	N/mm²	
E-Modul	N/mm²	9300	*Dehnung bei % Dehnspg.*	%	

Kriechmoduln und Zeitstandwerte 23 °C
Probekörper: *Form* — *Herstellung*
Zustand — *Vorbehandlung*

Kriechmodul	*1 min*	N/mm²	*Zeitstandzugfestigkeit*	h	N/mm²
Kriechmodul	*1000 h*	N/mm²	*Zeitdehnspg. %*	h	N/mm²
bei Spannung		N/mm²			

Biegeversuch 23 °C ASTM D 790;
Probekörper: *Form* — *Herstellung* Spritzgiessen
Zustand Spritzfrisch — *Vorbehandlung*

Biegefestigkeit	N/mm²	250	*E-Modul*	N/mm²	8000
3,5% *Biegespannung*	N/mm²				

Härte 23 °C *Probekörper:* *Zustand* Spritzfrisch — *Herstellung* Spritzgiessen
Vorbehandlung

Kugeldruckhärte	N/mm²	bei N, s	*Shore-Härte*	A
Rockwellhärte	R 122		*Shore-Härte*	D

Schlagversuch *Probekörper:* *(1)*
(2) V-Kerbe — *Herstellung* Spritzgiessen
Zustand Spritzfrisch — *Vorbehandlung*

		°C	°C	°C	*Probekörper-Form*
Schlagzähigkeit	kJ/m²				
Kerbschlagzähigkeit (1)	kJ/m²				
IZOD-Kerbschlagzähigkeit (2)	J/m	23 120			3.2 mm dick
Kerbschlagzugzähigkeit	kJ/m²				

Abrieb und Reibung

Taber-Abrieb (Reibradverfahren)	mm^3/100 U		
Abriebfaktor LNP (Thrust washer) Vergleichswert			
Statische Reibungszahl			
Dynamische Reibungszahl	(p · v = N/mm^2 ·		m/min)
Zulässiger p · v Wert	N/mm^2 · (m/min)	v =	m/min
		v =	m/min

Thermische Eigenschaften

Formbeständigkeit in der Wärme	*Verfahren* A			205 °C
	Verfahren B			210 °C
Vicat Erweichungstemperatur (VST)	*Verfahren*			°C
	Verfahren			°C
Kristallit-Schmelzpunkt	*Verfahren* DTA			215–220 °C
Längenausdehnungskoeffizient	*Bereich* °C			$\cdot 10^{-4} K^{-1}$
	Temperatur 23 °C			0.2–0.3 $\cdot 10^{-4} K^{-1}$
Wärmeleitfähigkeit	*Verfahren*			W/(K · m)
Spezifische Wärmekapazität	*Verfahren*	23 °C		1.5 J/(K · g)
Glasumwandlungstemperatur	*Torsionsschwingungsversuch*	°C		
	Differentialkalorimetrie	°C		

Brandverhalten

UL-Test vertikal		Dicke 3.2 mm, Wert HB	
		Dicke mm, Wert	
	Norm	*Bewertung*	*Abmessungen*
Sauerstoff-Index	ASTM D 2863		
Glühstab-Verfahren			
Brandverhalten	DIN 4102		
MVSS			
FAR			

Elektrische Eigenschaften

		Hz	°C		*Probekörper, Form*
Dielektrizitätszahl		50			
		10^3			
		10^6			
Dielektrischer Verlustfaktor tan δ		50			
		10^3			
		10^6			
Spezifischer Durchgangswiderstand	Ohm · cm		23	1.0*10**15	
Durchschlagfestigkeit	kV/mm		23	60	1 mm dick
Oberflächenwiderstand	Ohm		23	1.0*10**13	
Kriechstromfestigkeit		KC		KB > 450	KA
Elektrolytische Korrosionswirkung					
Lichtbogenfestigkeit nach DIN					
nach ASTM	s				

Beständigkeit *(Chemische Beständigkeit siehe Anhang)*

Wasseraufnahme 23 C	1 d	0.9–1.0 %	
Feuchtigkeitsaufnahme Normalklima			%
Wetterbeständigkeit			
Spannungskorrosion			

Optische Eigenschaften

Brechungszahl n_D		
Transmissionsgrad τ_c	%	mm dick
Lichtdurchlässigkeit		

Datenbank-Nr. **T01396** Merkblatt-Nr. **4794**

Produkt	Polyamid 6		**PA**
Handelsname	**Nivionplast R 35 GS**		
Hersteller	ENICHEM		
DIN-Bez 1			
DIN-Bez 2			
Zusätze		*Füllstoffe/ Verstärkung*	35% Glasfaser
Bevorzugte Verarbeitung	Spritzgiessen	*Lieferform*	Granulat
		Farben	Natur; Standard
Besondere Merkmale	Erhoehte Schlagzaehigkeit; Sehr hohe Steifigkeit; Zaehigkeit	*Bevorzugte Anwendungen*	Technisches Formteil

Dichte	g/cm³	1.38	*Schmelzindex*	g/10 min	:
Schüttdichte	g/cm³		*Volumenfließindex*	cm³/10 min	:
Viskositätszahl	ml/g				

Verarbeitungsbedingungen für Spritzgießen

Massetemp.	°C	*Schwindung*	%	lgs 0.2–0.3, quer
Werkzeugtemp.	°C	*Bemerkungen*		
Spritzdruck	bar			

Zugversuch 23 °C ASTM D 638;
Probekörper: *Form* — *Zustand* Spritzfrisch — *Herstellung* Spritzgiessen — *Vorbehandlung*

Streckspannung	N/mm²		*Dehnung bei Streckspannung*	%	
Zugfestigkeit	N/mm²		*Reißdehnung*	%	3.5
Reißfestigkeit	N/mm²	180–200	*% Dehnspannung*	N/mm²	
E-Modul	N/mm²	11000	*Dehnung bei % Dehnspg.*	%	

Kriechmoduln und Zeitstandwerte 23 °C
Probekörper: *Form* — *Zustand* — *Herstellung* — *Vorbehandlung*

Kriechmodul	*1 min*	N/mm²	*Zeitstandzugfestigkeit*	h	N/mm²
Kriechmodul	*1000 h*	N/mm²	*Zeitdehnspg. %*	h	N/mm²
bei Spannung		N/mm²			

Biegeversuch 23 °C ASTM D 790;
Probekörper: *Form* — *Zustand* Spritzfrisch — *Herstellung* Spritzgiessen — *Vorbehandlung*

Biegefestigkeit	N/mm²	270–300	*E-Modul*	N/mm²	9500
3,5% *Biegespannung*	N/mm²				

Härte 23 °C *Probekörper:* *Zustand* Spritzfrisch — *Herstellung* Spritzgiessen — *Vorbehandlung*

Kugeldruckhärte	N/mm² bei N, s	*Shore-Härte* A	
Rockwellhärte	R 122	*Shore-Härte* D	

Schlagversuch *Probekörper:* *(1)* — *(2)* V-Kerbe — *Zustand* Spritzfrisch — *Herstellung* Spritzgiessen — *Vorbehandlung*

		°C		°C		°C		*Probekörper-Form*
Schlagzähigkeit	kJ/m²							
Kerbschlagzähigkeit (1)	kJ/m²							
IZOD-Kerbschlagzähigkeit (2)	J/m	23	160					3.2 mm dick
Kerbschlagzugzähigkeit	kJ/m²							

Abrieb und Reibung

Taber-Abrieb (Reibradverfahren)	mm^3/100 U		
Abriebfaktor LNP (Thrust washer) Vergleichswert			
Statische Reibungszahl			
Dynamische Reibungszahl	(p · v=	N/mm^2 ·	m/min)
Zulässiger p · v Wert	N/mm^2 · (m/min)	v=	m/min
		v=	m/min

Thermische Eigenschaften

Formbeständigkeit in der Wärme	*Verfahren* A			207 °C
	Verfahren B			215 °C
Vicat Erweichungstemperatur (VST)	*Verfahren*			°C
	Verfahren			°C
Kristallit-Schmelzpunkt	*Verfahren* DTA			215–220 °C
Längenausdehnungskoeffizient	*Bereich*	°C		$\cdot 10^{-4} K^{-1}$
	Temperatur 23 °C			$0.2–0.3 \cdot 10^{-4} K^{-1}$
Wärmeleitfähigkeit	*Verfahren*			W/(K · m)
Spezifische Wärmekapazität	*Verfahren*		23 °C	1.4 J/(K · g)
Glasumwandlungstemperatur	*Torsionsschwingungsversuch*		°C	
	Differentialkalorimetrie		°C	

Brandverhalten

UL-Test vertikal Dicke 3.2 mm, Wert HB
Dicke mm, Wert

	Norm	*Bewertung*	*Abmessungen*
Sauerstoff-Index	ASTM D 2863		
Glühstab-Verfahren			
Brandverhalten	DIN 4102		
MVSS			
FAR			

Elektrische Eigenschaften

		Hz	°C		*Probekörper, Form*
Dielektrizitätszahl		50			
		10^3			
		10^6			
Dielektrischer Verlustfaktor tan δ		50			
		10^3			
		10^6			
Spezifischer Durchgangswiderstand	Ohm · cm		23	1.0*10**15	
Durchschlagfestigkeit	kV/mm		23	60	1 mm dick
Oberflächenwiderstand	Ohm		23	1.0*10**13	
Kriechstromfestigkeit		KC		KB >450	KA
Elektrolytische Korrosionswirkung					
Lichtbogenfestigkeit nach DIN					
nach ASTM	s				

Beständigkeit *(Chemische Beständigkeit siehe Anhang)*

Wasseraufnahme 23 C	1 d	0.8–0.9 %
Feuchtigkeitsaufnahme Normalklima		%
Wetterbeständigkeit		
Spannungskorrosion		

Optische Eigenschaften

Brechungszahl n_D
Transmissionsgrad τ_c % mm dick
Lichtdurchlässigkeit

Datenbank-Nr.	**T01397**	Merkblatt-Nr. **4795**

Produkt	Polyamid 6		**PA**
Handelsname	**Nivionplast R 356 GS**		
Hersteller	ENICHEM		
DIN-Bez 1			
DIN-Bez 2			
Zusätze	Waermestabilisator	*Füllstoffe/ Verstärkung*	35% Glasfaser
Bevorzugte Verarbeitung	Spritzgiessen	*Lieferform*	Granulat
		Farben	Natur; Standard
Besondere Merkmale	Sehr hohe Steifigkeit; Zaehigkeit	*Bevorzugte Anwendungen*	Technisches Formteil; Hochtemperaturbereich

Dichte	g/cm^3	1.38	*Schmelzindex*	g/10 min	:
Schüttdichte	g/cm^3		*Volumenfließindex*	$cm^3/10$ min	:
Viskositätszahl	ml/g				

Verarbeitungsbedingungen für Spritzgießen

Massetemp.	°C	*Schwindung*	%	lgs 0.2–0.3, quer
Werkzeugtemp.	°C	*Bemerkungen*		
Spritzdruck	bar			

Zugversuch 23 °C ASTM D 638;
Probekörper: *Form* — *Herstellung* Spritzgiessen
Zustand Spritzfrisch — *Vorbehandlung*

Streckspannung	N/mm^2		*Dehnung bei Streckspannung*	%	
Zugfestigkeit	N/mm^2		*Reißdehnung*	%	3.5
Reißfestigkeit	N/mm^2	180–200	*% Dehnspannung*	N/mm^2	
E-Modul	N/mm^2	10000	*Dehnung bei % Dehnspg.*	%	

Kriechmoduln und Zeitstandwerte 23 °C
Probekörper: *Form* — *Herstellung*
Zustand — *Vorbehandlung*

Kriechmodul	*1 min*	N/mm^2	*Zeitstandzugfestigkeit*	h	N/mm^2
Kriechmodul	*1000 h*	N/mm^2	*Zeitdehnspg. %*	h	N/mm^2
bei Spannung		N/mm^2			

Biegeversuch 23 °C ASTM D 790;
Probekörper: *Form* — *Herstellung* Spritzgiessen
Zustand Spritzfrisch — *Vorbehandlung*

Biegefestigkeit	N/mm^2	270–300	*E-Modul*	N/mm^2	9500
3,5% *Biegespannung*	N/mm^2				

Härte 23 °C *Probekörper:* *Zustand* Spritzfrisch — *Herstellung* Spritzgiessen
Vorbehandlung

Kugeldruckhärte	N/mm^2 bei N, s	*Shore-Härte A*	
Rockwellhärte	R 122	*Shore-Härte D*	

Schlagversuch *Probekörper:* *(1)*
(2) V-Kerbe — *Herstellung* Spritzgiessen
Zustand Spritzfrisch — *Vorbehandlung*

		°C	°C	°C	*Probekörper-Form*
Schlagzähigkeit	kJ/m^2				
Kerbschlagzähigkeit (1)	kJ/m^2				
IZOD-Kerbschlagzähigkeit (2)	J/m	23 150			3.2 mm dick
Kerbschlagzugzähigkeit	kJ/m^2				

Abrieb und Reibung

Taber-Abrieb (Reibradverfahren)	mm^3/100 U		
Abriebfaktor LNP (Thrust washer) Vergleichswert			
Statische Reibungszahl			
Dynamische Reibungszahl	(p · v =	N/mm^2 ·	m/min)
Zulässiger p · v Wert	N/mm^2 · (m/min)	v =	m/min
		v =	m/min

Thermische Eigenschaften

Formbeständigkeit in der Wärme	*Verfahren* A			207 °C
	Verfahren B			215 °C
Vicat Erweichungstemperatur (VST)	*Verfahren*			°C
	Verfahren			°C
Kristallit-Schmelzpunkt	*Verfahren* DTA			215–220 °C
Längenausdehnungskoeffizient	*Bereich*	°C		$\cdot 10^{-4} K^{-1}$
	Temperatur 23 °C			$0.2–0.3 \cdot 10^{-4} K^{-1}$
Wärmeleitfähigkeit	*Verfahren*			W/(K · m)
Spezifische Wärmekapazität	*Verfahren*		23 °C	1.4 J/(K · g)
Glasumwandlungstemperatur	*Torsionsschwingungsversuch*		°C	
	Differentialkalorimetrie		°C	

Brandverhalten

UL-Test vertikal	Dicke 3.2	mm,	Wert HB
	Dicke	mm,	Wert

	Norm	*Bewertung*	*Abmessungen*
Sauerstoff-Index	ASTM D 2863		
Glühstab-Verfahren			
Brandverhalten	DIN 4102		
MVSS			
FAR			

Elektrische Eigenschaften

		Hz	°C		*Probekörper, Form*
Dielektrizitätszahl		50			
		10^3			
		10^6			
Dielektrischer Verlustfaktor tan δ		50			
		10^3			
		10^6			
Spezifischer Durchgangswiderstand	Ohm · cm		23	1.0*10**15	
Durchschlagfestigkeit	kV/mm		23	60	1 mm dick
Oberflächenwiderstand	Ohm		23	1.0*10**13	

Kriechstromfestigkeit	KC	KB >450	KA
Elektrolytische Korrosionswirkung			
Lichtbogenfestigkeit nach DIN			
nach ASTM s			

Beständigkeit *(Chemische Beständigkeit siehe Anhang)*

Wasseraufnahme 23 C	1 d	0.8–0.9 %
Feuchtigkeitsaufnahme Normalklima		%
Wetterbeständigkeit		
Spannungskorrosion		

Optische Eigenschaften

Brechungszahl n_D		
Transmissionsgrad τ_c	%	mm dick
Lichtdurchlässigkeit		

Produkt	Polyamid 6-Blend		**PA**
Handelsname	**Nivionplast R 30 G/R**		
Hersteller	ENICHEM		
DIN-Bez 1			
DIN-Bez 2			
Zusätze		*Füllstoffe/ Verstärkung*	30% Glasfaser
Bevorzugte Verarbeitung	Spritzgiessen	*Lieferform*	Granulat
		Farben	Natur; Standard
Besondere Merkmale	Gute Oberflaechenqualitaet	*Bevorzugte Anwendungen*	Technisches Formteil; Teil mit komplexer Gestaltung

Dichte	g/cm³	1.27	*Schmelzindex*	g/10 min	:
Schüttdichte	g/cm³		*Volumenfließindex*	cm³/10 min	:
Viskositätszahl	ml/g				

Verarbeitungsbedingungen für Spritzgießen

Massetemp.	°C	*Schwindung*	%	lgs 0.25–0.35, quer
Werkzeugtemp.	°C	*Bemerkungen*		
Spritzdruck	bar			

Zugversuch 23 °C ASTM D 638;
Probekörper: *Form* — *Herstellung* Spritzgiessen
Zustand Spritzfrisch — *Vorbehandlung*

Streckspannung	N/mm²		*Dehnung bei Streckspannung*	%	
Zugfestigkeit	N/mm²		*Reißdehnung*	%	3
Reißfestigkeit	N/mm²	150	*% Dehnspannung*	N/mm²	
E-Modul	N/mm²	8300	*Dehnung bei % Dehnspg.*	%	

Kriechmoduln und Zeitstandwerte 23 °C
Probekörper: *Form* — *Herstellung*
Zustand — *Vorbehandlung*

Kriechmodul	*1 min* N/mm²		*Zeitstandzugfestigkeit*	h	N/mm²
Kriechmodul	*1000 h* N/mm²		*Zeitdehnspg. %*	h	N/mm²
bei Spannung	N/mm²				

Biegeversuch 23 °C ASTM D 790;
Probekörper: *Form* — *Herstellung* Spritzgiessen
Zustand Spritzfrisch — *Vorbehandlung*

Biegefestigkeit	N/mm²	215	*E-Modul*	N/mm²	7500
3,5% *Biegespannung*	N/mm²				

Härte 23 °C *Probekörper:* *Zustand* Spritzfrisch — *Herstellung* Spritzgiessen
Vorbehandlung

Kugeldruckhärte	N/mm²	bei N, s	*Shore-Härte* A	
Rockwellhärte	R 120		*Shore-Härte* D	

Schlagversuch *Probekörper:* *(1)*
(2) V-Kerbe — *Herstellung* Spritzgiessen
Zustand Spritzfrisch — *Vorbehandlung*

		°C	°C	°C	*Probekörper-Form*
Schlagzähigkeit	kJ/m²				
Kerbschlagzähigkeit (1)	kJ/m²				
IZOD-Kerbschlagzähigkeit (2)	J/m	23 120			3.2 mm dick
Kerbschlagzugzähigkeit	kJ/m²				

Abrieb und Reibung

Taber-Abrieb (Reibradverfahren)	mm^3/100 U		
Abriebfaktor LNP (Thrust washer) Vergleichswert			
Statische Reibungszahl			
Dynamische Reibungszahl	(p · v= N/mm^2 ·		m/min)
Zulässiger p · v Wert	N/mm^2 · (m/min)	v=	m/min
		v=	m/min

Thermische Eigenschaften

Formbeständigkeit in der Wärme	*Verfahren* A		200 °C
	Verfahren B		210 °C
Vicat Erweichungstemperatur (VST)	*Verfahren*		°C
	Verfahren		°C
Kristallit-Schmelzpunkt	*Verfahren* DTA		215–220 °C
Längenausdehnungskoeffizient	*Bereich* °C		· $10^{-4}K^{-1}$
	Temperatur 23 °C		0.2–0.3 · $10^{-4}K^{-1}$
Wärmeleitfähigkeit	*Verfahren*		W/(K · m)
Spezifische Wärmekapazität	*Verfahren*	23 °C	1.4 J/(K · g)
Glasumwandlungstemperatur	*Torsionsschwingungsversuch*	°C	
	Differentialkalorimetrie	°C	

Brandverhalten

UL-Test vertikal	Dicke 3.2 mm, Wert HB	
	Dicke mm, Wert	

	Norm	*Bewertung*	*Abmessungen*
Sauerstoff-Index	ASTM D 2863		
Glühstab-Verfahren			
Brandverhalten	DIN 4102		
MVSS			
FAR			

Elektrische Eigenschaften

		Hz	°C		Probekörper, Form
Dielektrizitätszahl		50			
		10^3			
		10^6			
Dielektrischer Verlustfaktor tan δ		50			
		10^3			
		10^6			
Spezifischer Durchgangs-widerstand	Ohm · cm		23	1.0*10**15	
Durchschlagfestigkeit	kV/mm		23	60	1 mm dick
Oberflächenwiderstand	Ohm		23	1.0*10**13	

Kriechstromfestigkeit	KC	KB >450	KA
Elektrolytische Korrosionswirkung			
Lichtbogenfestigkeit nach DIN			
nach ASTM s			

Beständigkeit *(Chemische Beständigkeit siehe Anhang)*

Wasseraufnahme 23 C	1 d	0.7–0.8 %	
Feuchtigkeitsaufnahme Normalklima			%
Wetterbeständigkeit			
Spannungskorrosion			

Optische Eigenschaften

Brechungszahl n_D		
Transmissionsgrad τ_c	%	mm dick
Lichtdurchlässigkeit		

Produkt	Polyamid 66		**PA**
Handelsname	**Nivionplast A 273**		
Hersteller	ENICHEM		
DIN-Bez 1			
DIN-Bez 2			
Zusätze		*Füllstoffe/ Verstärkung*	
Bevorzugte Verarbeitung	Spritzgiessen	*Lieferform*	Granulat
		Farben	Natur; Standard
Besondere Merkmale	Niedrigviskos; Standardtype	*Bevorzugte Anwendungen*	Technisches Formteil; Kompliziertes, duennwandiges Teil

Dichte	g/cm³	1.14	*Schmelzindex*	g/10 min	:
Schüttdichte	g/cm³		*Volumenfließindex*	cm³/10 min	:
Viskositätszahl	ml/g				

Verarbeitungsbedingungen für Spritzgießen

Massetemp.	°C	*Schwindung*	%	lgs 1.3–2.2, quer 1.3–2.2
Werkzeugtemp.	°C	*Bemerkungen*		
Spritzdruck	bar			

Zugversuch 23 °C ASTM D 638;
Probekörper: *Form* — *Herstellung* Spritzgiessen
Zustand Spritzfrisch — *Vorbehandlung*

Streckspannung	N/mm²	85–95	*Dehnung bei Streckspannung*	%	4.5–7.0
Zugfestigkeit	N/mm²		*Reißdehnung*	%	15–50
Reißfestigkeit	N/mm²		*% Dehnspannung*	N/mm²	
E-Modul	N/mm²	3000–3500	*Dehnung bei % Dehnspg.*	%	

Kriechmoduln und Zeitstandwerte 23 °C
Probekörper: *Form* — *Herstellung*
Zustand — *Vorbehandlung*

Kriechmodul	*1 min* N/mm²	*Zeitstandzugfestigkeit*	h N/mm²
Kriechmodul	*1000 h* N/mm²	*Zeitdehnspg.* %	h N/mm²
bei Spannung	N/mm²		

Biegeversuch 23 °C ASTM D 790;
Probekörper: *Form* — *Herstellung* Spritzgiessen
Zustand Spritzfrisch — *Vorbehandlung*

Biegefestigkeit	N/mm²	135–150	*E-Modul*	N/mm²	2600–2900
3,5% *Biegespannung*	N/mm²				

Härte 23 °C *Probekörper:* *Zustand* Spritzfrisch — *Herstellung* Spritzgiessen
Vorbehandlung

Kugeldruckhärte	N/mm² bei N, s	*Shore-Härte* A	
Rockwellhärte	L 100–106	*Shore-Härte* D	

Schlagversuch *Probekörper:* *(1)*
(2) V-Kerbe — *Herstellung* Spritzgiessen
Zustand Spritzfrisch — *Vorbehandlung*

		°C	°C	°C	*Probekörper-Form*
Schlagzähigkeit	kJ/m²				
Kerbschlagzähigkeit (1)	kJ/m²				
IZOD-Kerbschlagzähigkeit (2)	J/m	23 35–50			3.2 mm dick
Kerbschlagzugzähigkeit	kJ/m²				

Abrieb und Reibung

Taber-Abrieb (Reibradverfahren)	$mm^3/100$ U		
Abriebfaktor LNP (Thrust washer) Vergleichswert			
Statische Reibungszahl			
Dynamische Reibungszahl	(p · v = N/mm^2 ·		m/min)
Zulässiger p · v Wert	N/mm^2 · (m/min)	v =	m/min
		v =	m/min

Thermische Eigenschaften

Formbeständigkeit in der Wärme	*Verfahren* A			105 °C
	Verfahren B			220 °C
Vicat Erweichungstemperatur (VST)	*Verfahren*			°C
	Verfahren			°C
Kristallit-Schmelzpunkt	*Verfahren* ASTM D 2117			256 °C
Längenausdehnungskoeffizient	*Bereich* °C			$\cdot 10^{-4} K^{-1}$
	Temperatur 23 °C			$0.5–1.0 \cdot 10^{-4} K^{-1}$
Wärmeleitfähigkeit	*Verfahren*			W/(K · m)
Spezifische Wärmekapazität	*Verfahren*		23 °C	1.7 J/(K · g)
Glasumwandlungstemperatur	*Torsionsschwingungsversuch*		°C	
	Differentialkalorimetrie		°C	

Brandverhalten

UL-Test vertikal — Dicke 3.2 mm, Wert V-2; Dicke mm, Wert

	Norm	*Bewertung*	*Abmessungen*
Sauerstoff-Index	ASTM D 2863		
Glühstab-Verfahren			
Brandverhalten	DIN 4102		
MVSS			
FAR			

Elektrische Eigenschaften

		Hz	°C		*Probekörper, Form*
Dielektrizitätszahl		50			
		10^3	23	3.0–3.5	
		10^6			
Dielektrischer Verlustfaktor tan δ		50			
		10^3			
		10^6			
Spezifischer Durchgangs-widerstand	Ohm · cm		23	1.0*10**15	
Durchschlagfestigkeit	kV/mm				mm dick
Oberflächenwiderstand	Ohm		23	1.0*10**14	

Kriechstromfestigkeit	KC >600	KB	KA
Elektrolytische Korrosionswirkung			
Lichtbogenfestigkeit nach DIN			
nach ASTM s			

Beständigkeit *(Chemische Beständigkeit siehe Anhang)*

Wasseraufnahme 23 C	1 d	1.0–1.2 %	
Feuchtigkeitsaufnahme Normalklima			%
Wetterbeständigkeit			
Spannungskorrosion			

Optische Eigenschaften

Brechungszahl n_D
Transmissionsgrad τ_c % mm dick
Lichtdurchlässigkeit

Datenbank-Nr.	**T01401**		Merkblatt-Nr. **4798**
Produkt	Polyamid 66		**PA**
Handelsname	**Nivionplast A 273 FP**		
Hersteller	ENICHEM		
DIN-Bez 1 DIN-Bez 2			
Zusätze		Füllstoffe/ Verstärkung	
Bevorzugte Verarbeitung	Spritzgiessen	Lieferform	Granulat
		Farben	Natur; Standard
Besondere Merkmale	Niedrigviskos; Homogene feinkristalline Struktur; Hohe Kristallisationsrate; Reduzierte Zykluszeit	Bevorzugte Anwendungen	Technisches Formteil

Dichte	g/cm^3	1.14	Schmelzindex	g/10 min	:
Schüttdichte	g/cm^3		Volumenfließindex	cm^3/10 min	:
Viskositätszahl	ml/g				

Verarbeitungsbedingungen für Spritzgießen

Massetemp.	°C	Schwindung	%	lgs 1.3–2.2, quer 1.3–2.2
Werkzeugtemp.	°C	Bemerkungen		
Spritzdruck	bar			

Zugversuch 23 °C ASTM D 638;

Probekörper: Form — Zustand Spritzfrisch — Herstellung Spritzgiessen — Vorbehandlung

Streckspannung	N/mm^2	85–95	Dehnung bei Streckspannung	%	4.5–7.0
Zugfestigkeit	N/mm^2		Reißdehnung	%	15–50
Reißfestigkeit	N/mm^2		% Dehnspannung	N/mm^2	
E-Modul	N/mm^2	3000–3500	Dehnung bei % Dehnspg.	%	

Kriechmoduln und Zeitstandwerte 23 °C

Probekörper: Form — Zustand — Herstellung — Vorbehandlung

Kriechmodul	1 min	N/mm^2	Zeitstandzugfestigkeit	h	N/mm^2
Kriechmodul	1000 h	N/mm^2	Zeitdehnspg. %	h	N/mm^2
bei Spannung		N/mm^2			

Biegeversuch 23 °C ASTM D 790;

Probekörper: Form — Zustand Spritzfrisch — Herstellung Spritzgiessen — Vorbehandlung

Biegefestigkeit	N/mm^2	135–150	E-Modul	N/mm^2	2600–2900
3,5% Biegespannung	N/mm^2				

Härte 23 °C

Probekörper: Zustand Spritzfrisch — Herstellung Spritzgiessen — Vorbehandlung

Kugeldruckhärte	N/mm^2	bei N, s	Shore-Härte A	
Rockwellhärte	L 100–106		Shore-Härte D	

Schlagversuch

Probekörper: (1) — (2) V-Kerbe — Zustand Spritzfrisch — Herstellung Spritzgiessen — Vorbehandlung

		°C		°C	°C	Probekörper-Form
Schlagzähigkeit	kJ/m^2					
Kerbschlagzähigkeit (1)	kJ/m^2					
IZOD-Kerbschlagzähigkeit (2)	J/m	23	35–50			3.2 mm dick
Kerbschlagzugzähigkeit	kJ/m^2					

Abrieb und Reibung

Taber-Abrieb (Reibradverfahren)	mm^3/100 U		
Abriebfaktor LNP (Thrust washer) Vergleichswert			
Statische Reibungszahl			
Dynamische Reibungszahl	(p · v =	N/mm^2 ·	m/min)
Zulässiger p · v Wert	N/mm^2 · (m/min)	v =	m/min
		v =	m/min

Thermische Eigenschaften

Formbeständigkeit in der Wärme	*Verfahren*	A		105 °C
	Verfahren	B		220 °C
Vicat Erweichungstemperatur (VST)	*Verfahren*			°C
	Verfahren			°C
Kristallit-Schmelzpunkt	*Verfahren*	ASTM D 2117		256 °C
Längenausdehnungskoeffizient	*Bereich*	°C		$\cdot 10^{-4} K^{-1}$
	Temperatur 23 °C			$0.5–1.0 \cdot 10^{-4} K^{-1}$
Wärmeleitfähigkeit	*Verfahren*			W/(K · m)
Spezifische Wärmekapazität	*Verfahren*		23 °C	1.7 J/(K · g)
Glasumwandlungstemperatur	*Torsionsschwingungsversuch*		°C	
	Differentialkalorimetrie		°C	

Brandverhalten

UL-Test vertikal	Dicke 3.2 mm, Wert V-2
	Dicke mm, Wert

	Norm	*Bewertung*	*Abmessungen*
Sauerstoff-Index	ASTM D 2863		
Glühstab-Verfahren			
Brandverhalten	DIN 4102		
MVSS			
FAR			

Elektrische Eigenschaften

		Hz	°C		*Probekörper, Form*
Dielektrizitätszahl		50			
		10^3	23	3.0–3.5	
		10^6			
Dielektrischer Verlustfaktor tan δ		50			
		10^3			
		10^6			
Spezifischer Durchgangs-widerstand	Ohm · cm		23	1.0*10**15	
Durchschlagfestigkeit	kV/mm				mm dick
Oberflächenwiderstand	Ohm		23	1.0*10**14	

Kriechstromfestigkeit	KC >600	KB	KA
Elektrolytische Korrosionswirkung			
Lichtbogenfestigkeit nach DIN			
nach ASTM s			

Beständigkeit *(Chemische Beständigkeit siehe Anhang)*

Wasseraufnahme 23 C	1 d	1.0–1.2 %
Feuchtigkeitsaufnahme Normalklima		%
Wetterbeständigkeit		
Spannungskorrosion		

Optische Eigenschaften

Brechungszahl n_D		
Transmissionsgrad τ_c	%	mm dick
Lichtdurchlässigkeit		

Produkt	Polyamid 66		**PA**
Handelsname	**Nivionplast A 273 SL**		
Hersteller	ENICHEM		
DIN-Bez 1			
DIN-Bez 2			
Zusätze	Gleitmittel; Trennmittel	*Füllstoffe/ Verstärkung*	
Bevorzugte Verarbeitung	Spritzgiessen	*Lieferform*	Granulat
		Farben	Natur; Standard
Besondere Merkmale	Niedrigviskos; Verbesserte Kristallisationsrate; Extrem kurze Zykluszeit; Verbesserte Trenneigenschaft	*Bevorzugte Anwendungen*	Technisches Formteil

Dichte	g/cm³	1.14	*Schmelzindex*	g/10 min	:
Schüttdichte	g/cm³		*Volumenfließindex*	cm³/10 min	:
Viskositätszahl	ml/g				

Verarbeitungsbedingungen für Spritzgießen

Massetemp.	°C	*Schwindung*	%	lgs 1.3–2.2, quer 1.3–2.2
Werkzeugtemp.	°C	*Bemerkungen*		
Spritzdruck	bar			

Zugversuch 23 °C ASTM D 638;
Probekörper: *Form* — *Herstellung* Spritzgiessen
Zustand Spritzfrisch — *Vorbehandlung*

Streckspannung	N/mm²	85–95	*Dehnung bei Streckspannung*	%	4.5–7.0
Zugfestigkeit	N/mm²		*Reißdehnung*	%	15–50
Reißfestigkeit	N/mm²		*% Dehnspannung*	N/mm²	
E-Modul	N/mm²	3000–3500	*Dehnung bei % Dehnspg.*	%	

Kriechmoduln und Zeitstandwerte 23 °C
Probekörper: *Form* — *Herstellung*
Zustand — *Vorbehandlung*

Kriechmodul	*1 min*	N/mm²	*Zeitstandzugfestigkeit*	h	N/mm²
Kriechmodul	*1000 h*	N/mm²	*Zeitdehnspg.* %	h	N/mm²
bei Spannung		N/mm²			

Biegeversuch 23 °C ASTM D 790;
Probekörper: *Form* — *Herstellung* Spritzgiessen
Zustand Spritzfrisch — *Vorbehandlung*

Biegefestigkeit	N/mm²	135–150	*E-Modul*	N/mm²	2600–2900
3,5% *Biegespannung*	N/mm²				

Härte 23 °C *Probekörper:* *Zustand* Spritzfrisch — *Herstellung* Spritzgiessen
Vorbehandlung

Kugeldruckhärte	N/mm²	bei N, s	*Shore-Härte* A	
Rockwellhärte	L 100–106		*Shore-Härte* D	

Schlagversuch *Probekörper:* *(1)*
(2) V-Kerbe — *Herstellung* Spritzgiessen
Zustand Spritzfrisch — *Vorbehandlung*

		°C	°C	°C	*Probekörper-Form*
Schlagzähigkeit	kJ/m²				
Kerbschlagzähigkeit (1)	kJ/m²				
IZOD-Kerbschlagzähigkeit (2)	J/m	23 35–50			3.2 mm dick
Kerbschlagzugzähigkeit	kJ/m²				

Abrieb und Reibung

Taber-Abrieb (Reibradverfahren)	mm^3/100 U		
Abriebfaktor LNP (Thrust washer) Vergleichswert			
Statische Reibungszahl			
Dynamische Reibungszahl	(p·v= N/mm^2·		m/min)
Zulässiger p·v Wert	N/mm^2·(m/min)	v=	m/min
		v=	m/min

Thermische Eigenschaften

Formbeständigkeit in der Wärme	*Verfahren* A		105 °C
	Verfahren B		220 °C
Vicat Erweichungstemperatur (VST)	*Verfahren*		°C
	Verfahren		°C
Kristallit-Schmelzpunkt	*Verfahren* ASTM D 2117		256 °C
Längenausdehnungskoeffizient	*Bereich* °C		$\cdot 10^{-4}K^{-1}$
	Temperatur 23 °C		$0.5–1.0 \cdot 10^{-4}K^{-1}$
Wärmeleitfähigkeit	*Verfahren*		W/(K·m)
Spezifische Wärmekapazität	*Verfahren*	23 °C	1.7 J/(K·g)
Glasumwandlungstemperatur	*Torsionsschwingungsversuch*	°C	
	Differentialkalorimetrie	°C	

Brandverhalten

UL-Test vertikal	Dicke 3.2 mm,	Wert V-2
	Dicke mm,	Wert

	Norm	*Bewertung*	*Abmessungen*
Sauerstoff-Index	ASTM D 2863		
Glühstab-Verfahren			
Brandverhalten	DIN 4102		
MVSS			
FAR			

Elektrische Eigenschaften

		Hz	°C		*Probekörper, Form*
Dielektrizitätszahl		50			
		10^3	23	3.0–3.5	
		10^6			
Dielektrischer Verlustfaktor tan δ		50			
		10^3			
		10^6			
Spezifischer Durchgangswiderstand	Ohm·cm		23	1.0*10**15	
Durchschlagfestigkeit	kV/mm				mm dick
Oberflächenwiderstand	Ohm		23	1.0*10**14	

Kriechstromfestigkeit	KC >600	KB	KA
Elektrolytische Korrosionswirkung			
Lichtbogenfestigkeit nach DIN			
nach ASTM s			

Beständigkeit *(Chemische Beständigkeit siehe Anhang)*

Wasseraufnahme 23 C	1 d	1.0–1.2 %
Feuchtigkeitsaufnahme Normalklima		%
Wetterbeständigkeit		
Spannungskorrosion		

Optische Eigenschaften

Brechungszahl n_D		
Transmissionsgrad τ_c	%	mm dick
Lichtdurchlässigkeit		

Datenbank-Nr.	**T01403**		Merkblatt-Nr. **4800**

Produkt	Polyamid 66		**PA**
Handelsname	**Nivionplast A 303**		
Hersteller	ENICHEM		
DIN-Bez 1			
DIN-Bez 2			
Zusätze		*Füllstoffe/ Verstärkung*	
Bevorzugte Verarbeitung	Extrudieren	*Lieferform*	Granulat
		Farben	Natur; Standard
Besondere Merkmale	Mittelviskos; Standardtype	*Bevorzugte Anwendungen*	Monofilament

Dichte	g/cm^3	1.14	*Schmelzindex*	g/10 min		:
Schüttdichte	g/cm^3		*Volumenfließindex*	cm^3/10 min		:
Viskositätszahl	ml/g					

Verarbeitungsbedingungen für Spritzgießen

Massetemp.	°C	*Schwindung*	%	lgs 1.3–2.2, quer 1.3–2.2
Werkzeugtemp.	°C	*Bemerkungen*		
Spritzdruck	bar			

Zugversuch 23 °C ASTM D 638;

Probekörper:	*Form*		*Herstellung*	Spritzgiessen
	Zustand	Spritzfrisch	*Vorbehandlung*	

Streckspannung	N/mm^2	85–95	*Dehnung bei Streckspannung*	%	4.5–7.0
Zugfestigkeit	N/mm^2		*Reißdehnung*	%	20–50
Reißfestigkeit	N/mm^2		*% Dehnspannung*	N/mm^2	
E-Modul	N/mm^2	2900–3300	*Dehnung bei % Dehnspg.*	%	

Kriechmoduln und Zeitstandwerte 23 °C

Probekörper:	*Form*	*Herstellung*	
	Zustand	*Vorbehandlung*	

Kriechmodul	*1 min*	N/mm^2	*Zeitstandzugfestigkeit*	h	N/mm^2
Kriechmodul	*1000 h*	N/mm^2	*Zeitdehnspg. %*	h	N/mm^2
bei Spannung		N/mm^2			

Biegeversuch 23 °C ASTM D 790;

Probekörper:	*Form*		*Herstellung*	Spritzgiessen
	Zustand	Spritzfrisch	*Vorbehandlung*	

Biegefestigkeit	N/mm^2	140–155	*E-Modul*	N/mm^2	2600–2900
3,5% *Biegespannung*	N/mm^2				

Härte 23 °C

Probekörper:	*Zustand*	Spritzfrisch	*Herstellung*	Spritzgiessen
			Vorbehandlung	

Kugeldruckhärte	N/mm^2	bei N, s	*Shore-Härte* A	
Rockwellhärte	L 100–106		*Shore-Härte* D	

Schlagversuch

Probekörper:	*(1)*			
	(2) V-Kerbe		*Herstellung*	Spritzgiessen
	Zustand	Spritzfrisch	*Vorbehandlung*	

		°C	°C	°C		*Probekörper-Form*
Schlagzähigkeit	kJ/m^2					
Kerbschlagzähigkeit (1)	kJ/m^2					
IZOD-Kerbschlagzähigkeit (2)	J/m	23 45–60				3.2 mm dick
Kerbschlagzugzähigkeit	kJ/m^2					

Abrieb und Reibung

Taber-Abrieb (Reibradverfahren)	mm^3/100 U		
Abriebfaktor LNP (Thrust washer) Vergleichswert			
Statische Reibungszahl			
Dynamische Reibungszahl	(p · v=	N/mm^2 ·	m/min)
Zulässiger p · v Wert	N/mm^2 · (m/min)	v=	m/min
		v=	m/min

Thermische Eigenschaften

Formbeständigkeit in der Wärme	*Verfahren* A			105 °C
	Verfahren B			220 °C
Vicat Erweichungstemperatur (VST)	*Verfahren*			°C
	Verfahren			°C
Kristallit-Schmelzpunkt	*Verfahren* ASTM D 2117			256 °C
Längenausdehnungskoeffizient	*Bereich* °C			· $10^{-4}K^{-1}$
	Temperatur 23 °C			0.5–1.0 · $10^{-4}K^{-1}$
Wärmeleitfähigkeit	*Verfahren*			W/(K · m)
Spezifische Wärmekapazität	*Verfahren*		23 °C	1.7 J/(K · g)
Glasumwandlungstemperatur	*Torsionsschwingungsversuch*		°C	
	Differentialkalorimetrie		°C	

Brandverhalten

UL-Test vertikal — Dicke 3.2 mm, Wert V-2
Dicke mm, Wert

	Norm	*Bewertung*	*Abmessungen*
Sauerstoff-Index	ASTM D 2863		
Glühstab-Verfahren			
Brandverhalten	DIN 4102		
MVSS			
FAR			

Elektrische Eigenschaften

		Hz	°C		*Probekörper, Form*
Dielektrizitätszahl		50			
		10^3	23	3.0–3.5	
		10^6			
Dielektrischer Verlustfaktor tan δ		50			
		10^3			
		10^6			
Spezifischer Durchgangswiderstand	Ohm · cm		23	1.0*10**15	
Durchschlagfestigkeit	kV/mm				mm dick
Oberflächenwiderstand	Ohm		23	1.0*10**14	

Kriechstromfestigkeit	KC >600	KB	KA
Elektrolytische Korrosionswirkung			
Lichtbogenfestigkeit nach DIN			
nach ASTM s			

Beständigkeit *(Chemische Beständigkeit siehe Anhang)*

Wasseraufnahme 23 C	1 d	1.0–1.2 %
Feuchtigkeitsaufnahme Normalklima		%
Wetterbeständigkeit		
Spannungskorrosion		

Optische Eigenschaften

Brechungszahl n_D		
Transmissionsgrad τ_c	%	mm dick
Lichtdurchlässigkeit